新工科暨卓越工程师教育培养计划电子信息类专业系列教材
普通高等学校"双一流"建设电子信息类专业特色教材

丛书顾问／郝 跃

U0641943

ZIDONG KONGZHI YUANLI

自动控制原理

（第三版）

- 主 编／刘 胜
- 副主编／张兰勇 陈明杰
  王 辉 原 新

华中科技大学出版社
http://www.hustp.com
中国·武汉

内 容 简 介

本书全面系统地介绍了自动控制理论经典部分的基本分析、设计方法及应用,重点加强了对基本理论及其工程应用的阐述,并以船舶航向控制系统、船舶横摇减摇鳍控制系统、船载稳定平台控制系统、机械臂控制系统为主要研究对象贯穿全书。全书共分 8 章。书中深入浅出地介绍了自动控制的基本概念,控制系统在时域和复域中的数学模型及其结构图和信号流图;全面地阐述了线性控制系统的时域分析法、复域根轨迹法、频域分析法及校正与设计等;详细讨论了线性离散系统的基础理论、数学模型、稳定性及稳态误差、动态性能分析以及数字校正等问题;在非线性控制系统分析方面,探讨了相平面和描述函数法等非线性系统的基本分析方法。

全书内容取材新颖,阐述深入浅出,理论分析紧密联系工程应用,凸显船海工程领域特色。各章均附有丰富的例题和习题,同时配套了习题答案讲解的书籍。

本书可作为高等工科院校自动化、电气工程及其自动化、探测制导与控制技术、测控技术与仪器、机械设计制造及其自动化、船舶与海洋工程、通信工程、计算机科学与技术、电子信息工程等专业的本科生教材,亦可作为相关专业的研究生或从事自动化类的各专业工程技术人员的参考书,特别适合面向船海领域及新工科的本科生和从事船舶自动化领域研究的研究生及工程技术人员。

图书在版编目(CIP)数据

自动控制原理/刘胜主编. —3 版. —武汉:华中科技大学出版社,2021.8
ISBN 978-7-5680-7307-3

Ⅰ.①自… Ⅱ.①刘… Ⅲ.①自动控制理论-高等学校-教材 Ⅳ.①TP13

中国版本图书馆 CIP 数据核字(2021)第 142787 号

自动控制原理(第三版)　　　　　　　　　　　　　　　　　刘　胜　主编
Zidong Kongzhi Yuanli(Di-san Ban)

策划编辑:祖　鹏
责任编辑:刘艳花
封面设计:秦　茹
责任校对:刘　竣
责任监印:周治超
出版发行:华中科技大学出版社(中国·武汉)　　　　电话:(027)81321913
　　　　　武汉市东湖新技术开发区华工科技园　　　　邮编:430223
录　　排:武汉市洪山区佳年华文印部
印　　刷:武汉科源印刷设计有限公司
开　　本:787mm×1092mm　1/16
印　　张:33.75
字　　数:813 千字
版　　次:2021 年 8 月第 3 版第 1 次印刷
定　　价:99.00 元

前言

　　自动控制技术已广泛地应用于工业、农业、交通运输和国防建设的各个领域。自动控制技术以自动控制理论为基础，在科学技术现代化的发展与创新过程中，正在发挥着越来越重要的作用。尤其是在工业化、信息化两化融合中，扮演着越来越重要的角色。20 世纪 50 年代发展起来以传递函数为核心的经典控制理论，至今仍被成功地应用于控制工程领域。

　　自动控制原理是自动化学科的重要理论基础，是专门研究有关自动控制系统中基本概念、基本原理和基本方法的一门课程，是高等学校自动化类专业的一门核心基础理论课程。本书是作者在多年讲授"自动控制原理"课程讲义的基础上，经不断修改和完善，并结合作者多年自动控制领域的科研成果编写而成的。内容涉及自动控制的基本概念、控制系统的数学模型、线性系统的时域分析法、线性系统的根轨迹法、线性系统的频域分析法、线性系统的校正设计、非线性控制系统分析以及线性离散控制系统的分析与校正等。

　　本书以船海工程领域为背景，以教育部自动化特色专业、卓越工程师培训计划专业、教育部工程研究中心——船舶控制研究中心为平台，以省级教学名师牵头，以省级优秀教学团队骨干成员为核心进行编写。从基本概念、基本分析方法入手，结合工程和生活中的实例，并将作者部分科研成果引入教学内容，写入本书，丰富学生的知识结构，使学生所学知识具有前沿性、创新性和学术性，从而缩短了理论和实践的距离。全书共分 8 章。

　　第 1 章，简要回顾了自动控制理论的发展历史，介绍了控制系统的一般概念与基本原理，控制系统基本组成、分类及基本要求，并给出了自动控制系统的应用举例。

　　第 2 章，介绍了控制系统的数学模型，建立了描述控制系统运动的微分方程、传递函数等数学模型，并着重探讨了结构图等效变换及简化、信号流图及梅森公式等。

　　第 3 章，介绍了线性系统的时域分析法，重点讨论了典型一阶、二阶和高阶系统的动态响应与动态性能指标分析方法，稳定性的基本概念，稳定性分析代数判据，以及稳态误差分析方法，并给出了劳斯稳定判据和赫尔维茨稳定判据的证明过程。

　　第 4 章，介绍了线性系统的根轨迹法，给出了根轨迹及根轨迹方程的概念，并重点介绍了根轨迹的基本绘制规则以及基于根轨迹的控制系统性能分析方法。增加了延迟系统的根轨迹及其分析。

　　第 5 章，介绍了线性系统的频域分析法，频率特性的基本概念、典型环节的频率特性以及开环系统频率特性，重点介绍了奈奎斯特稳定判据，给出了更易于理解的奈奎斯特稳定判据的推导过程，探讨了稳定裕量以及系统频率特性与时域性能指标的关系。

　　第 6 章，介绍了线性系统的校正设计，包括分析法校正、根轨迹法校正、综合法校正和复合校正，重点探讨了基于频率分析法的串联校正设计和根轨迹法的串联校正设计方法。

第 7 章,介绍了非线性控制系统分析,给出了典型非线性特性,并着重探讨了非线性系统的描述函数法和相平面法。

第 8 章,介绍了线性离散系统的分析与校正,数字控制系统的一般概念和数学基础,并重点探讨了数字控制系统的数学模型、分析及其设计方法。

本书面向自动化、电气工程及其自动化、探测制导与控制技术、测控技术与仪器、机械设计制造及其自动化、船舶与海洋工程、通信工程、计算机科学与技术、电子信息工程以及相关专业本科生,适于作为开设"自动控制原理"课程的教材。在全面系统地介绍自动控制理论经典部分的基本分析、设计方法及应用基础上,本书配备了多层次的自动控制系统工程实例,并以船舶航向控制系统、船舶横摇减摇鳍控制系统、船载稳定平台控制系统、机械臂控制系统为主要研究对象贯穿全书。

本书的特点体现在以下几个方面:

(1) 内容取材新颖,面向新工科,凸显鲜明的船海工程特色。

以船舶航向控制系统为例探讨了恒值控制系统的性能分析与设计,以船舶横摇减摇鳍控制系统为例阐述了控制系统的抗随机干扰性能的分析与设计,以船载稳定平台控制系统为例研究了随机信号输入下随动系统的分析与设计,面向新工科以机械臂控制系统为例阐述针对复杂系统的建模与分析设计问题。教材内容新颖,特色鲜明。

(2) 层次化工程实例循序渐进,强化基本理论与工程实践的联系。

在对控制系统建模、分析与设计等基本理论进行清晰阐释的同时,突出自动控制理论的工程背景,强化基本理论与工程实践的联系。每章配备两个层次的工程实例。第一层次,常见控制系统的工程实例,夯实学生的理论基础,引领学生掌握控制系统的分析与设计的详细过程;第二层次,船舶与海洋工程装置系统的研究实例,探讨非典型输入信号下复杂系统的建模、分析与设计等基本方法。

(3) 理论阐述深入浅出,逻辑性强。

加强了基本理论和基本概念的阐述,增加了通用性的内容,理论阐述深入浅出,利用通俗易懂的叙述加深读者对理论的理解;突出逻辑性,加强对线性系统时域分析法、根轨迹分析法以及频域分析法之间联系的论述,使学生形成对自动控制理论的整体认识;完整地给出了劳斯稳定判据和赫尔维茨稳定判据的证明过程。

(4) 配备立体化的学生自学与自我反馈资源体系。

设计了基本例题、工程实例以及多层次不同用途的课后习题,力求由浅入深、循序渐进和突出重点,构建出立体化的学生自学与自我反馈资源体系,同时给学生自学留有充分的空间,也为进一步激发和调动学生的潜能和积极性创造了条件。由张兰勇教授撰写的配套习题集同步出版,其除了有传统习题的解题过程外,还有以下特点:解题思路,阐述习题的解题过程及其逻辑推理;解题过程,概念清晰、步骤完整、数据准确、附图齐全;把解题思路、解题过程串起来,做到融会贯通;给出教材课后习题的答案,在解题思路和解题过程上进行精练分析和引导,巩固所学,达到举一反三的效果。

本书为新工科电子信息类专业系列教材,由哈尔滨工程大学刘胜教授主编,编写了第 1 章、第 3 章,以及第 1 章至第 8 章中的船舶航向控制系统、船舶横摇减摇鳍控制系统、船载稳定平台控制系统的原理及构成、数学建模、性能分析部分,并对全书进行了统稿。张兰勇教授、陈明杰副教授、王辉副教授和原新副教授为副主编。其中,张兰勇教授编写了第 2 章至第 8 章中的机械臂控制系统和机械腿控制系统数学建模、分析及设计部分内容,并修正了控制系统时域分析法、根轨迹分析法、频域分析法、校正设计、非线性分析等存在的推导纰漏,并对时域分析法、频域分析法、校正设计等的仿真进行了修订,并进行了全书整理工作;陈明杰副教授负责编写了第 4 章、第 5 章;王辉副教授负责编写了第 2 章、第 6 章、第 7 章;原新副教授负责编写了第 8 章。

　　本书在编写过程中得到了哈尔滨工程大学的大力支持,北京理工大学邓志红教授、哈尔滨工业大学(深圳)马广富教授作为评审专家为本书提供了很多宝贵的修改意见,对本书质量的提高起到了重要的作用。哈尔滨工程大学段应坤、杨海乐、王嘉豪等研究生在本书的资料搜集、编辑校稿等方面做了大量工作。在此一并表示衷心的感谢。

　　由于作者水平有限,书中难免有不妥之处,敬请专家和广大读者批评指正。

编　者

2021 年 1 月于哈尔滨

目　录

1

绪论

本章主要介绍自动控制系统的基本概念及基本原理,详细给出了自动控制系统的基本组成,分析了反馈对控制系统的影响,介绍了自动控制理论的发展概况,并举例说明了自动控制系统在各个领域的应用。

【本章重点】
- 明确自动控制系统基本原理与基本组成,掌握绘制系统原理方框图的方法;
- 理解反馈的含义及作用;
- 掌握对自动控制系统的基本要求;
- 了解自动控制理论发展概况。

1.1　自动控制系统基本原理

1.1.1　自动控制的一般概念

所谓自动控制就是指在没有人直接参与的情况下,利用外加的设备和装置(称为控制装置或控制器)使机器、设备或生产过程(统称为被控对象)自动地按照给定的规律运行,使被控对象的一个或几个物理量(即被控量,如空间运动体姿态、电压、电流、速度、位移、温度、压力、流量、张力、浓度、化学成分等)能够在一定的精度范围内按照给定的规律变化。例如,船舶在海上航行时,能按预定的航迹和航向航行;船舶横摇减摇系统能有效地减小横摇;数控机床按照预定程序自动地对工件进行切削加工;化学反应釜的温度(或流量和压力)自动地维持恒定;轧钢机按照预定的轧制速度和板材厚度自动地变化轧辊速度和压下装置的位移;无人驾驶飞行器按照预定的航迹自动起落和飞行;人造卫星准确地进入预先计算好的轨道和位置,自动地保持正确的姿态运行并准确地回收等,这一切都是以高水平的自动控制技术为前提的。

为达到这一目的,由一些相互联系和相互制约的环节按一定规律组成的并具有一定功能的整体称为系统。每个系统都有输入量和输出量。由控制器、执行机构和被控对象所组成的整体就称为控制系统。在控制系统中,控制器接收输入信号,通过执行机构产生相应的控制作用去操纵被控对象,使其输出符合系统所要求的性能。被控对象能由控制器与执行机构自动操纵,这样的系统就称为自动控制系统。

被控对象总是有惯性的,所以控制系统一般都是动态系统。在动态系统中,当输入量变化时,系统输出量的相应变化(称输出响应)不可能瞬时完成,存在着一个稳态到另一个稳态的动态变化过程,称为动态响应,即过渡过程。

1.1.2 开环控制与闭环控制

自动控制系统有两种最基本的控制形式,即开环控制和闭环控制。

开环控制是一种最简单的控制方式。开环控制的特点是,在控制器与被控对象之间只有顺向控制作用,没有反向联系,即控制是单方向进行的,系统的输出量对控制作用没有影响,控制作用直接由系统的输入量经控制器产生。在开环控制系统中,每一个参考输入量有一个对应的控制作用和相应的工作状态及输出量。开环控制系统的优点是系统简单、易行;缺点是系统的控制精度取决于组成系统的元器件的精度和特性调整的精度,因此,开环控制系统对元器件的要求比较高。因为输出量不能反向影响控制作用,所以输出量受扰动信号的影响比较大,系统抗干扰能力差。

扰动是加入系统的一些不需要的信号作用或参数变化,它对被控制量产生不利影响。扰动可以分为内扰和外扰。内扰是由于组成系统的元器件参数的变化引起的;外扰是由于系统的动力源或外部环境及负载等外部因素所引起的。在一定的输入量(信号)作用下,这些扰动都会使系统相应的输出量出现偏差,开环控制系统并不具有抑制这种偏差的能力。因此,开环控制系统的准确度或控制精度较低。开环控制系统的动态响应较差,其输出量往往不能及时跟随输入量的变化而变化。

闭环控制系统的特点是,在控制器与被控对象之间,不仅存在着顺向控制作用,而且存在着反向控制作用,即控制系统的输出量对控制作用有直接影响。闭环控制系统能够检测出输出量并将其送回到系统的输入端,与输入量进行比较,从而产生偏差信号,偏差信号作用于控制器上,使系统的输出量向着趋向于期望输出量且减小偏差的方向变化。闭环控制的实质,就是利用系统的输出对控制器的作用来减小系统的偏差,以提高控制的精度。

在研究自动控制系统时,为了便于分析并直观地表示系统各个组成部分间的相互影响和信号传递关系,一般采用方框(块)图表示。开环控制系统的方框图如图 1-1 所示。闭环控制系统的方框图如图 1-2 所示。在方框图中,被控对象和控制装置的各元部件(硬件)分别用一些方框表示。系统中感兴趣的物理量(信号),如电流、电压、温度、位置、速度、压力等,标志在信号线上,其流向用箭头表示。用进入方框的箭头表示各元

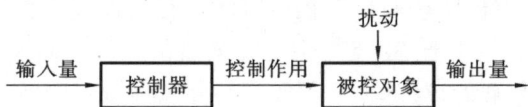

图 1-1 开环控制系统的方框图

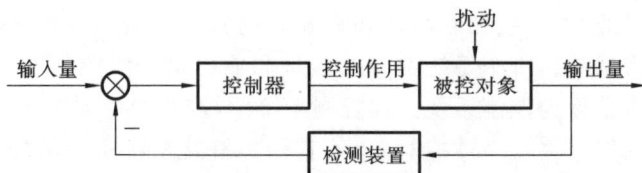

图 1-2 闭环控制系统的方框图

部件的输入量,用离开方框的箭头表示其输出量。被控对象的输出量便是系统的输出量,即被控量,一般置于方框图的最右侧;系统的输入量一般置于系统方框图的左侧。"+"和"−"分别表示参与比较的信号相加和相减。

1.1.3　反馈控制原理

上述闭环控制系统中,系统的输出量通过测量装置返回到系统的输入端,并与系统的输入量进行比较的过程称为反馈,检测装置的输出信号称为反馈量。如果输入量与反馈量极性相反,两者合成的过程是相减,称为负反馈;反之,则称为正反馈。因此,闭环控制又称为反馈控制。反馈控制系统一般采用负反馈方式,输入量与反馈量之差称为偏差,又称误差。

在反馈控制系统中,控制器对被控对象的控制作用具有来自被控对象输出量的反馈信息,用来不断修正被控输出量的偏差,从而实现对被控对象实施控制的目的,这就是反馈控制原理。

采用负反馈控制,可以有效地抑制被反馈通道(由输出到输入)所包围的顺向通道(由输入到输出)中各种扰动对系统输出量的影响,使系统的输出量能够自动地跟踪输入量,减少偏差,提高系统的控制精度。除此之外,采用负反馈控制构成闭环控制系统还具有其他优点:引进反馈通道后,使得系统对前向通道中各元件、部件参数的变化不灵敏,从而对前向通道中元件、部件的精度要求不高;反馈作用还可以使得整个系统对某些非线性影响不敏感;由于负反馈的存在,对应于一定输出量的输入量必然加大,因此在到达稳态之前的动态过程中,施于控制器的输入信号比较大,产生强激作用,提高了系统输出量跟踪输入量的速度等。但是,反馈控制的引入也给控制系统带来了新的问题:由于系统中惯性的存在,控制作用所起的控制效果是由时间延迟的,系统得不到及时的校正。如果控制器的强激作用与被控对象的惯性延时之间匹配不当,反馈控制的闭环控制系统可能产生振荡,甚至不稳定,不能正常工作。

1.1.4　偏差控制与扰动控制

反馈控制原理是自动控制的基本原理,反馈控制的基本思想是按照被控对象的实际输出量偏离设定输出量(与给定输入量相对应的理想输出量)的方向(即偏差的极性)且向相反方向(即减小偏差)改变控制作用,所以也称为偏差控制,反馈控制原理就是偏差控制原理。这是一种广泛使用的重要控制方式。

除了偏差控制之外,控制方式还有扰动控制。在这种控制方式中,如果扰动因素已知,并且可以直接或间接地检测出来,则可以利用扰动信号产生一种补偿作用(即与扰动的影响相反的作用),以抵消扰动的影响。这种控制方式称为扰动控制或补偿控制。

扰动控制从扰动作用取得信息,产生控制作用来影响输出量。信息和控制的作用是单方向传送的,没有反馈,而是顺馈;不构成闭环,而是开环。扰动控制实际上也是扰动补偿。扰动控制系统的方框图如图 1-3 所示。

扰动控制在技术上常常比偏差控制简单,但它只适用于扰动是可以测量的场合,而且一个补偿装置通常只能补偿一个扰动因素,对加于系统的其他扰动均不起补偿作用。如果系统中有多种扰动存在,则为每一种扰动配备一个补偿装置就比较复杂,可靠性也差;而且各种补偿装置之间有时还会有矛盾。因此,比较合理的控制方式是把偏差的反馈控

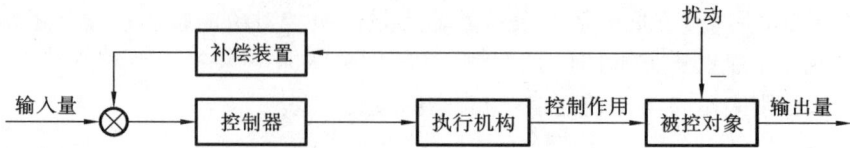

图 1-3 扰动控制系统的方框图

制和扰动的顺馈控制结合起来,对主要的扰动采用适当的补偿装置实现扰动的顺馈控制;同时,再组成闭环负反馈方式的偏差反馈控制,以消除其他扰动造成的偏差。这样,系统的主要扰动已被补偿或近似补偿,系统所受到的扰动就大大减轻,偏差的反馈控制部分就比较容易设计,控制效果也会更好。像这样按偏差的反馈控制和扰动的顺馈控制相结合的控制方式称为复合控制方式。按扰动补偿的复合控制系统的方框图如图 1-4 所示。

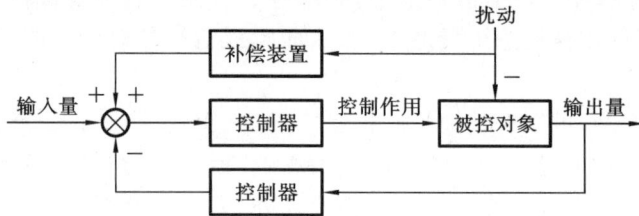

图 1-4 按扰动补偿的复合控制系统的方框图

除了按扰动补偿的复合控制系统外,复合控制系统还有按输入补偿的,如图 1-5 所示。因为任何自动控制系统的输出量总是与一定形式的输入量相对应的,同一个控制系统对不同形式的输入量的控制精度是不同的,为了提高控制系统对不同形式输入量的适应性,当输入量形式发生变化时,如果系统的输出量仍能保持满意的控制精度,则可以构成按输入量补偿的复合控制系统。

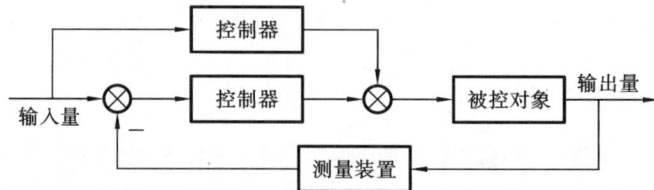

图 1-5 按输入补偿的复合控制系统的方框图

1.2 自动控制系统基本组成

自动控制系统通常都是带有输出量负反馈的闭环控制系统,是由各种结构不同的元件、部件组成的。从完成"自动控制"这一职能来看,自动控制系统是由被控对象和控制器这两大部分组成的,其中控制器又是由各种基本的部件或元件构成的,每个部件或元件发挥一定的职能。在不同的系统中,结构完全不同的元件、部件可以具有相同的职能。因此,按职能划分,控制系统基本上由以下基本元件和部件组成。

1.2.1 反馈测量元件

反馈测量元件的职能是检测被控制的物理量。如果这个物理量是非电物理量,如温度、压力、流量、位移、转速等，那么一般要把它转换成电物理量。因此，反馈测量元件是用电的手段测量非电物理量的元件，又称为传感器。传感器可以把上述非电物理量变换成标准的电信号后作为反馈量送到控制器。

反馈测量元件应当牢固、可靠，其特性应当准确、稳定，不受环境条件的影响。优良的反馈测量元件是好的控制系统的基本保证。

1.2.2 给定元件

给定元件的职能是给出与期望的输出量相对应的系统输入量，又称给定输入信号、参考输入信号或设定值。给定元件给出的给定输入信号必须准确、稳定，其精度应当高于系统要求的控制精度。

1.2.3 比较元件

比较元件的职能是把反馈测量元件检测到的代表实际输出量的反馈信号与给定元件给出的设定信号进行比较，用以产生偏差信号来形成控制信号。常用的比较元件有差动放大器和信号比较器等。有些控制系统中，比较元件常常与反馈测量元件或线路结合在一起，统称为偏差检测器或偏差传感器，如某些机械差动装置和电桥电路等。

1.2.4 校正元件

校正元件又称为校正装置，也称补偿元件。校正元件是结构或参数易于调整的元件，用串联或反馈的方式连接在系统中，以改善系统的性能。在某些控制系统中，由于控制器的控制作用与被控对象的动态特性不相适应，其控制质量很差，甚至不能发挥控制作用。因此，实际系统中通常需要引入一些装置来改变控制器的动态性质，使其产生的控制作用既足够强、足够快，又能与被控对象的动态特性很好地配合，最好地发挥控制作用。这些引入的装置就是校正元件，它可以实现某种"控制规律"，是控制系统中极为重要的部分。最简单的校正元件是由电阻、电容组成的无源或有源网络，复杂的校正元件可以包含控制计算机及控制软件。

1.2.5 放大元件

放大元件的职能是将比较元件给出的偏差信号进行放大。因为比较元件给出的偏差信号通常比较微弱，不能直接驱动执行元件去控制被控对象。放大元件的输出必须有足够的幅值和功率，才能实现控制功能。电信号放大元件可用电子管、晶体管、集成电路、晶闸管及全控型电力电子器件等组成。

1.2.6 执行元件

执行元件的职能是直接驱动被控对象，使被控对象的输出量发生变化。有时放大元件的输出可以直接驱动被控对象，但是大多数情况下被控对象都是大功率级的，而且其输入信号是非电物理量，因此需要进行功率级别或者物理量纲的转换，实现这种转换的装置就是执行元件，又称为执行机构。常见的执行元件有各类电动机、液压传动装置、阀以及各种驱动装置等。

1.2.7 能源元件

能源元件的职能是为整个控制器及执行机构提供能源,如电源、液压源等。

1.2.8 被控对象

被控对象是控制系统所要控制的对象。例如,在电动机转速自动控制系统中,对象为电动机,也可能是与电机同转连接的负载(工作台、机床、空间运动体姿态控制面等);船舶航向控制系统和船舶横摇减摇控制系统中的被控对象是船舶;汽车操纵控制系统中的被控对象是汽车;宇宙飞船姿态控制系统中的被控对象是宇宙飞船等。一般来说,被控对象的输出量即为控制系统的被控量,如电机转速、船舶航向、横摇角、汽车速度、方向、宇宙飞船姿态等。

综上所述,一个典型的自动控制系统的基本组成可以用如图 1-6 所示的方框图表示。图 1-6 中,信号从输入端沿箭头方向到达输出端的传输通路(或称通道)称为顺馈通路或前向通路;系统输出量经测量元件反馈到输入端的通路称为主反馈通路。顺馈通路和主反馈通路共同构成主回路(或称回环)。此外,还有局部反馈通路以及由它构成的内回路。只包含主反馈通路的系统称单回路系统或单回环系统,简称单环系统;有两个或两个以上反馈通路的系统称为多回路系统或多回环系统,简称多环系统。

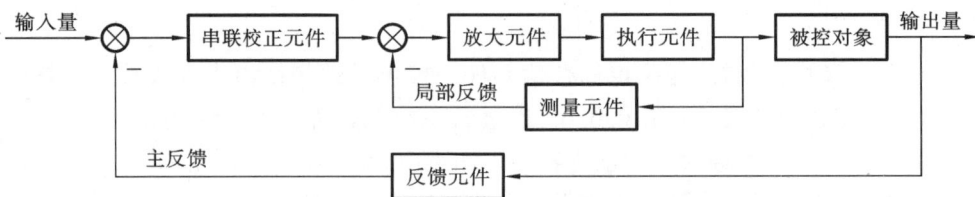

图 1-6 典型的自动控制系统的基本组成方框图

1.3 反馈的含义及作用

反馈在控制系统中具有深刻的意义。减小系统偏差只是反馈对系统的重要作用之一,反馈对稳定性、带宽、总增益、阻抗和敏感度等系统品质均具有影响。

要理解反馈对系统的作用,就必须在广义上考察这种现象。如果反馈是为了实现控制而有意识地引入到系统中的,那么反馈的存在性是很容易识别的。但是,也有很多被认为应该是无反馈的物理系统却存在反馈。一般地,只要系统变量中存在闭合的因果关系,系统就存在反馈。按这种观点,很多通常被认为是无反馈的系统都存在反馈。不过,控制理论不管系统是否具有物理反馈,只要能够确定其具有前面提到的反馈,就可以用系统的方法加以研究。

为讨论反馈对系统各方面性能的影响,设典型的反馈控制系统如图 1-7 所示。其中,设 r 代表输入信号,c 代表输出信号,e 是偏差,b 是反馈信号;参数 G 和 H 可以看作常量增益。于是得到反馈控制系统的输入、输出关系为

$$\frac{c}{r}=\frac{G}{1+GH} \tag{1.1}$$

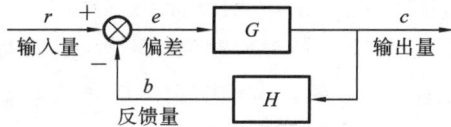

图 1-7 典型的反馈控制系统

根据反馈控制系统结构的基本关系,可以得到反馈的一些重要作用。

1.3.1 反馈对于总增益的影响

由式(1.1)可以看出,图 1-7 所示的反馈控制系统的增益比无反馈系统的增益多了一个因子 $1+GH$。由于系统包含负反馈,反馈信号是负的,乘积 GH 可能是负的,因此反馈的一般作用是它可以增加或减小增益 G。在实际系统中,G 和 H 是频率的函数,所以 $1+GH$ 的幅值可能在某个频段大于 1,而在另一个频段小于 1。由此可知,反馈可以在一个频段增加系统的增益,而在另一个频段减小系统的增益。

1.3.2 反馈对于稳定性的影响

稳定性概念用于描述系统能否跟随输入命令,也就是一般意义下的可用性,一般地,系统输出失去控制就称系统不稳定。为了研究反馈对系统稳定性的影响,仍然考虑式(1.1),若 $GH=-1$,则任意的有限输入,系统输出均为无穷,系统不稳定。这意味着反馈可以使原来稳定的系统变成不稳定。确实,反馈是一把双刃剑,使用不当也会有害。需要指出的是,这里讨论的只是静态情况,一般情况下 $GH=-1$ 并非是使系统不稳定的唯一条件。有关系统稳定性的内容将在后面章节中讨论。

反馈的好处之一在于可以使不稳定的系统变得稳定。假设图 1-7 所示的系统不稳定,因为 $GH=-1$,如果按照图 1-8,使用负反馈增益 F,引入另一个反馈环到系统中,则整个系统的输入、输出关系为

$$\frac{c}{r}=\frac{G}{1+GH+GF} \qquad (1.2)$$

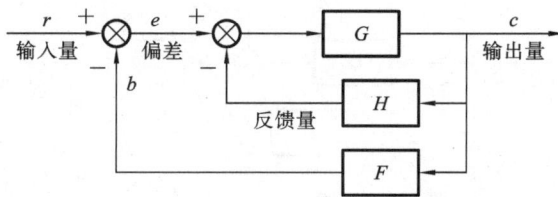

图 1-8 具有两个反馈环的反馈系统

显然,虽然 $GH=-1$ 使得反馈系统内环不稳定,但通过适当选择外环增益 F 可以使整个系统稳定。实际上,GH 是频率的函数,闭环系统的稳定性条件依赖于 GH 的幅值和相位。综上所述,反馈可以改善系统的稳定性,也会因为不恰当的使用而损害系统的稳定性。

敏感度也是设计控制系统时需要考虑的一个重要因素。由于所有物理元件都具有随环境和使用时间改变而改变的性质,不能认为控制系统的参数在系统的使用中是一

成不变的。例如,电动机的绕线电阻在其运行时会随着温度的升高而改变。

一般而言,一个好的控制系统应该对参数变化不敏感,而对输入指令敏感。下面研究当参数变化时反馈对敏感度的影响。考虑图 1-7 的系统,G 是可能变化的增益参数,整个系统的增益 M 对 G 的变化敏感度的定义为

$$S_G^M = \frac{\partial M/M}{\partial G/G} = \frac{M \text{ 变化的百分比}}{G \text{ 变化的百分比}} \tag{1.3}$$

式中:∂M 表示 G 的增量∂G 引起的 M 的增量。使用敏感度方程式(1.1),式(1.3)可以写成

$$S_G^M = \frac{\partial M}{\partial G} \frac{G}{M} = \frac{1}{1+GH} \tag{1.4}$$

上述关系式表明,如果 GH 是正常数,可以在系统保持稳定的情况下,通过增加 GH 来减小敏感度函数的幅值。显然在开环系统中,系统增益与 G 的变化是一一对应的。如前所述,GH 是频率的函数,$1+GH$ 的幅值在某些频段内可能小于 1,因此反馈可能在某些情况下增大系统对参数变化的敏感度。一般地,反馈系统增益对于参数变化的敏感度取决于参数所在的位置。读者可以推导出图 1-7 的系统对于 H 变化的敏感度。

1.3.3   反馈对于外部干扰或噪声的作用

所有物理系统在运行时都会受到外部信号或噪声的影响。例如,电路中的热噪电压和电动机电刷或换向器噪声,船在海上航行时由于海风、海浪、海流的干扰作用而对其航向、横摇的影响,作用在天线上的阵风等,在控制系统中均为常见的干扰或噪声。因此,控制系统应当被设计成对噪声和干扰作用不敏感,对输入指令敏感。

反馈对噪声和干扰的作用在很大程度上取决于这类外加信号在系统中出现的位置,尽管没有一般性的结论,但是在多数情况下反馈可以减小噪声和干扰对系统性能的影响。考察如图 1-9 所示的系统,设 r 表示指令信号,n 表示噪声信号。在系统没有反馈的情况下,即 $H=0$,当 n 单独作用时系统输出为

$$c = G_2 n \tag{1.5}$$

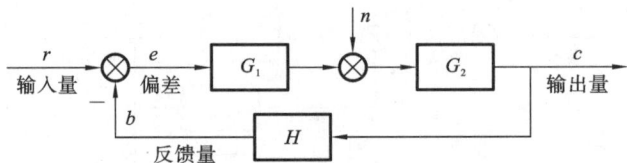

图 1-9   有噪声信号的反馈系统

设系统在有反馈的情况下,当 n 单独作用时系统输出为

$$c = \frac{G_2}{1+G_1 G_2 H} n \tag{1.6}$$

比较式(1.6)与式(1.5)可以看出,当 $1+G_1 G_2 H>1$ 且系统保持稳定时,包含在输出中的噪声被削弱了。

一般来说,反馈对带宽、阻抗、暂态响应、频率响应等品质特性也都有影响,这些影响将在本书后续章节中讨论。

1.4 自动控制系统应用举例

1.4.1 汽车操纵控制系统

在汽车操纵控制系统中,如果设两个前轮的方向可当作被控量或输出量,方向盘的方向是激励信号或输入,那么这样的控制系统或者类似的过程是由驾驶机构与整车动力系统组成的;如果控制的目的是控制汽车的速度,那么激励信号或输入就是施加在加速器油门上的压力,被控量就是车辆速度。因此,可以认为简化的汽车控制系统有两个输入(方向盘和加速器)和两个输出(方向和速度)。这里两个控制量和两个输出量互相独立,汽车方向、速度控制系统如图 1-10 所示。

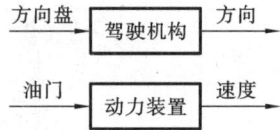

图 1-10 汽车方向、速度控制系统

1.4.2 汽车发动机速度控制系统

汽车发动机速度控制系统是在发动机上施加诸如传动、电力辅助转向、空调等负载的情况下,维持发动机以较低的速度运转,以降低损耗。如果没有速度控制系统,任何

图 1-11 汽车发动机速度控制系统的方框图

突加于发动机的负载都会造成发动机速度陡降,甚至导致发动机熄火。因此,汽车发动机速度控制系统的主要作用在于,当发动机上施加负载时,消除或尽量减少转速下降,使发动机运转速度稳定在期望值上。汽车发动机速度控制系统的方框图如图 1-11 所示。其中,节气阀调节角和负载转矩(使用空调、电力辅助转向或电力制动产生的转矩)是输入,发动机转速是输出,发动机是被控过程或系统。

1.4.3 直流电动机速度控制系统

直流电动机速度控制系统的原理图如图 1-12 所示。图 1-12 中,M 为直流电动机,由功率放大器供电,K 是电压放大器,TG 是转速测量元件——测速发电机。这是一个速度自动控制系统。当给定电压 U_r 为某一数值时,通过放大器使电动机 M 的速

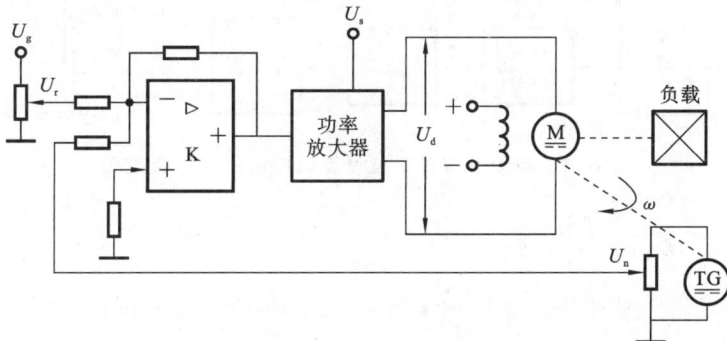

图 1-12 直流电动机速度控制系统的原理图

度维持在与 U_r 相对应的一个数值上,由测速发电机 TG 产生的反馈电压 U_n 接近或等于 U_r 的值,系统处于稳定运行状态。当由于负载力矩的变化引起电动机 M 的速度 ω 发生变化时,测速发电机 TG 输出的反馈电压 U_n 将会偏离原来的数值而降低,从而使 U_n 与 U_r 的偏差变大,经电压放大器 K 后,送入功率放大器,使得功率放大器的输出电压 U_d 升高,逐步使电动机 M 的速度上升至原来的与给定电压 U_r 相对应的数值附近,从而实现电动机速度 ω 的自动调节。直流电动机速度控制系统的方框图如图 1-13 所示。

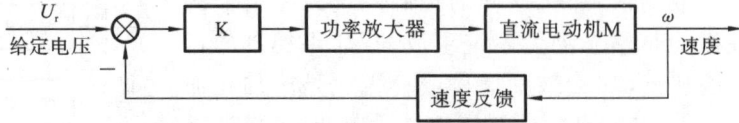

图 1-13　直流电动机速度控制系统的方框图

1.4.4　电阻炉温度控制系统

用于工业生产中的电阻炉温度控制系统具有精度高、功能强、经济性好、无噪声、显示醒目、操作简单、灵活性和适应性好等一系列优点。许多新建和在建的工业过程控制系统都采用微型计算机实现了电阻炉温度的实时控制。图 1-14 为电阻炉温度微型计算机控制系统的原理图。电阻丝通过固态继电器主电路加热,电阻炉温度的设定值用微型计算机键盘预先设置,电阻炉温度的实际值由铂电阻检测,并转换成电压信号,经放大器放大滤波后,经模/数(A/D)转换器将模拟量电压信号变换为易被微型计算机接受的数字量信号进入微型计算机。在这里微型计算机是控制器的核心,起比较、校正、补偿等作用。在微型计算机中,经 A/D 转换器转换后送入微型计算机的反映电阻炉实际温度的反馈电压数字量信号与电阻炉温度的设定值进行比较,然后产生偏差信号,微型计算机根据预定的控制算法(即控制规律)计算出相应的控制量,该控制量是数字信号,需经数/模(D/A)转换器将其变换成模拟电压(或电流),控制固态继电器的通断时间,调节电阻丝通电时间的长短,达到控制电阻炉温度的目的。该电阻炉温度微型计算机控制系统具有比较精确的温度控制功能,还兼有实时温度显示,以及超温、极值、电阻丝或铂电阻损坏报警功能等。

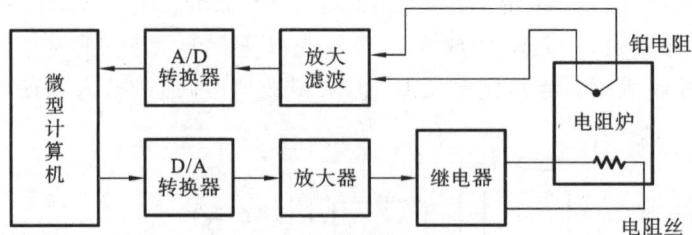

图 1-14　电阻炉温度微型计算机控制系统的原理图

1.4.5　液面控制系统

化工与制药等行业中有许多反应釜等被控对象,经常需要控制釜内液面的位置,存在各种不同的液面控制系统。储槽液面自动控制系统如图 1-15 所示。图 1-15 中 V_1 和 V_2 分别是输入液流和输出液流的阀门,M 是电动机,K 是放大器。该液面自动控制系统,不论阀门 V_2 的开度多大,或通过 V_2 的输出液流如何变化,都能维持储槽内液面的高度在一定水平上,不超过允许的偏差值。该系统储槽内浮子的位置就是测量出来的液面的实际高度,它与电位器的滑动端相连,电位器的中点接地(电源的零电位)。当液面的实际高度恰好为某一希望高度 h 时,电位器的滑动端处于中点位置,电位器没有输出电压,电动机不转。当储槽内液面的高度偏离希望高度 h 时,电位器的滑动端便会偏离中点,于是电位器便输出一个电压 u_e,u_e 经放大器 K 后作用于电动机 M 上,随着电动机 M 旋转,调节阀门 V_1 的开度,从而调节输入液流的流量,使储槽内液面的高度恢复到希望高度 h 值附近。反映液面高度的浮子也使电位器复原,滑动端移到中点,电压 $u_e=0$,电动机 M 停止转动;储槽内液面高度维持在 h 值附近不超过允许偏差的范围。液面自动控制系统的方框图如图 1-16 所示。

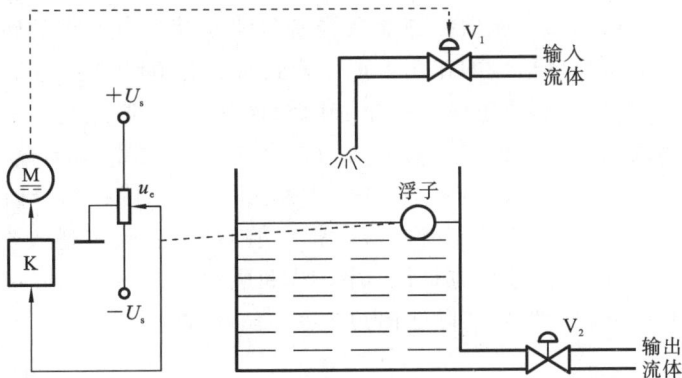

图 1-15 储槽液面自动控制系统

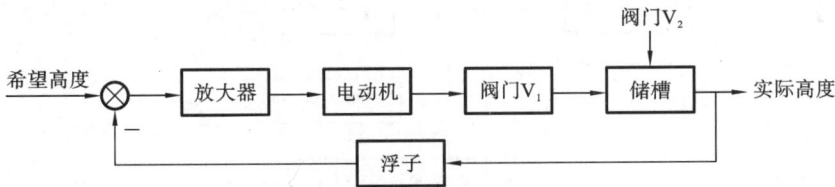

图 1-16 液面自动控制系统的方框图

1.4.6 船舶航向保持控制系统

船舶作为空间运动体,在海上航行时,具有六个自由度运动。船舶六个自由度运动示意图如图 1-17 所示,有三个摇摆运动,三个位移运动。沿 x 轴方向位移运动称为纵荡运动,沿 y 轴方向位移运动称为横荡运动,沿 z 轴方向位移运动称为垂荡运动,绕 x 轴旋转的运动称为横摇(φ),绕 y 轴旋转的运动称为纵摇(θ),绕 z 轴旋转的运动称为艏摇或航向(ψ)。

在船舶控制工程中,船舶的航向控制是最基本的。不论何种船舶,为了完成各种任务必须进行航向控制。

船舶在航行过程中需要具有良好的航向保持能力和灵敏的机动性。最常用的航向控制装置就是舵伺服系统。船舶航向控制一般通过操纵舵的运动来完成。船舶的航向一般由罗经来测量。当船舶在海上航行时,在海风、海浪、海流等扰动作用下,船舶的航

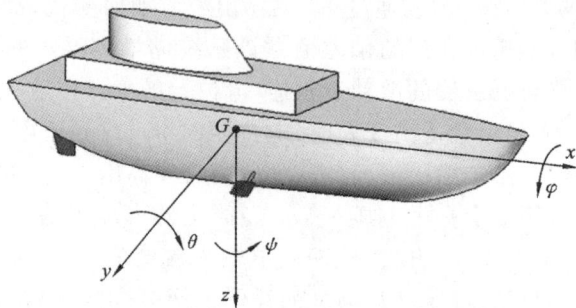

图 1-17   船舶六个自由度运动示意图

向将偏离给定的航向。这时,罗经在测得的航向与指令航向进行比较后,产生一个航向偏差信号,送入航向控制器。航向控制器根据航向偏差计算出所需的转舵舵角指令信号,舵伺服系统在舵角指令信号的作用下把舵转到所需的角度,在舵上产生的水动力与船舶到艏摇中心的力臂一起产生一个校正航向的控制力矩,通过舵和船舶一系列水动力作用,船舶开始改变航向。当船舶的航向与指令航向一致时,航向偏差为零,于是航向控制器输出零舵角指令信号,舵机使舵回到零位,船舶保持在指令航向上航行。因此,海风、海浪和海流等扰动使船舶航向偏离指令航向时,航向控制系统可使船舶回到指令航向上。船舶航向控制系统方框图如图 1-18 所示。设船舶指令航向为船舶航向保持控制系统的输入信号,船舶实际航向角为系统输出量。

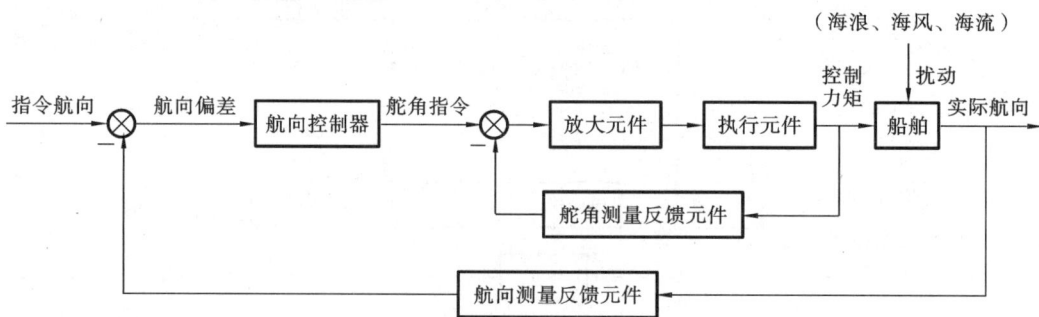

图 1-18   船舶航向控制系统方框图

1.4.7   船舶横摇减摇鳍控制系统

船舶在海上航行时,在海风、海浪、海流等作用下,船舶将产生摇荡运动。其中横摇是较为严重的一种运动。过大的横摇会直接影响船上人员的舒适感和航行的安全性;对于军舰而言,会影响武备系统的命中率。为了减少船舶的横摇运动,就要寻求一种手段,能够产生抵消海浪对船的横摇干扰力矩的稳定力矩。船舶减摇鳍就是人类经过多年探索找到的一种有效减小船舶横摇的方法。船舶减摇鳍是一种主动式减摇装置,它利用装在船的两弦侧的一对鳍(或两对鳍)的转动(差动)来产生与海浪等对船的横摇干扰力矩方向相反的稳定力矩,稳定力矩的大小和方向依赖于鳍的转角大小和方向(在鳍的形状和结构尺寸确定的条件下)及船与水流的速度,其示意图如图 1-19 所示。

船舶减摇鳍控制系统的原理是,当船舶在海上航行时,期望的理想状态是船平稳航行,即横摇角为零,但在通常情况下这是不可能的。在海浪等干扰作用下,船将产生横摇运动(横摇的大小和频率与海情和浪向有关),通过测量元件(角速度陀螺或角度陀螺或其他测量元件)测得船的横摇偏差信息,送入控制器计算后,给出鳍角指令信号,经鳍伺服系统,将鳍转到期望的位置,产生一个抵消海浪、海流、海风等扰动的控制(扶正)力矩,从而将船的横摇运动稳定在很小的范围内。在这个系统中,给定输入是零(期望船的横摇运动是零),横摇角是系统的输出量。船舶横摇减摇鳍控制系统方框图如图 1-20 所示。

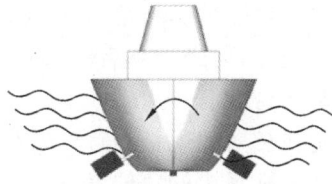

图 1-19   船舶横摇减摇鳍
原理示意图

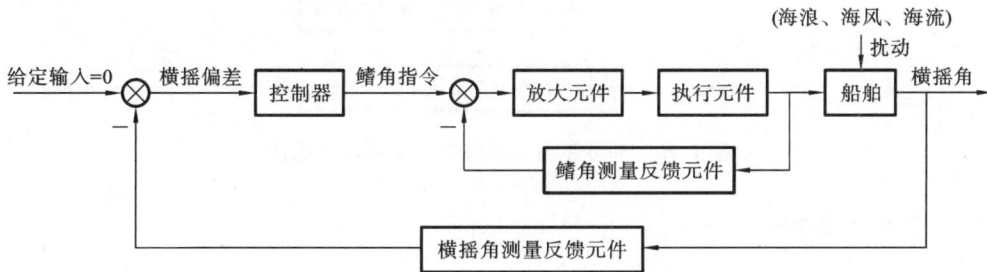

图 1-20   船舶横摇减摇鳍控制系统方框图

我国在二十世纪六十年代初开始研制船舶减摇鳍控制系统。目前,哈尔滨工程大学设计、研制了数十种型号的减摇鳍控制系统,并已装备了数百艘军船、出口船、火车轮渡及其他船舶。

1.4.8   船载平台稳定控制系统

船舶在海上航行时,在风浪干扰下产生的纵摇、横摇、艏摇运动对船载设备(如舰载雷达、卫星天线、武器系统、导航设备等)的性能产生很大影响,为了保证船载设备性能不受船舶摇摆运动的影响、保持这些设备在地球坐标系中的角位置不变,就需要提供一个能隔离船舶摇摆运动的稳定平台。

船载平台纵摇稳定控制系统原理示意图如图 1-21 所示。船载平台纵摇稳定控制系统由平台机械组合体、减速器、力矩电机、功率放大器、控制器、平台转角测量元件等

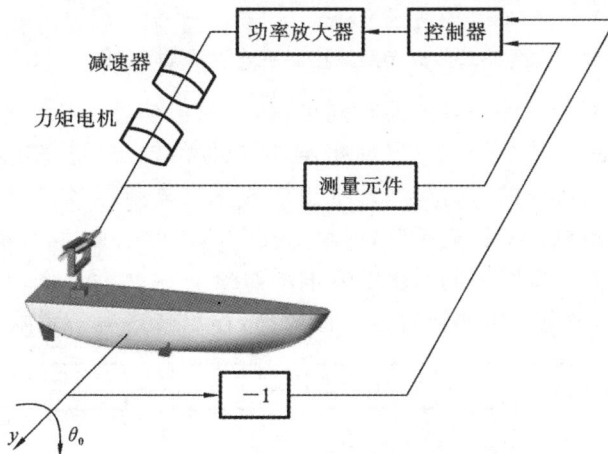

图 1-21   船载平台纵摇稳定控制系统原理示意图

构成。当船的纵摇角为θ_o时,由罗经测出的θ_o经反向器后,将$-\theta_o$作为指令信号输入到控制器,并经计算后输入到功率放大器,驱动力矩电机朝着$-\theta_o$方向转动,经减速器带动平台朝着$-\theta_o$方向转动,直到转到$-\theta_o$位置,这时偏差为零,电机停止转动,平台稳定在相对船甲板而言$-\theta_o$位置(此时相对地球坐标系而言,平台纵摇角为零),平台在地球坐标系中的角位置保持不变,船载平台纵摇稳定控制系统方框图如图1-22所示。

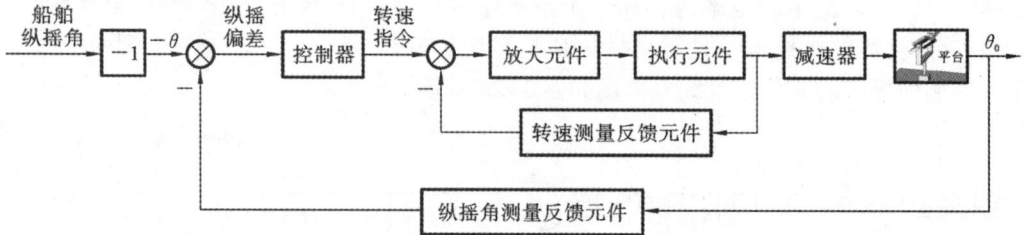

图 1-22　船载平台纵摇稳定控制系统方框图

1.4.9　火炮跟踪控制系统

火炮跟踪控制系统是军事工业中一类典型的自动控制系统。图1-23是火炮跟踪控制系统的原理示意图。在火炮跟踪控制系统中,雷达测到的敌方目标的方位转变成指令信息,即输入角度θ_i,炮身当时的实际输出角度θ_o。经同位仪(角差检测装置)发出一个偏差信号,再经放大器和功率放大器后,使电动机带动火炮的炮架转动;与此同时,反馈装置又把炮架转动的即时角度送入同位仪中,使同位仪输出的偏差信号发生相应变化。直到反馈角度的信号与输入角度的信号相等时,偏差信号以及放大器的输出电压信号均变为零,功率放大器加到电动机两端的电压也为零,电动机停止转动,火炮炮架被转动到了指令的角度,发射炮弹即可命中敌方目标。

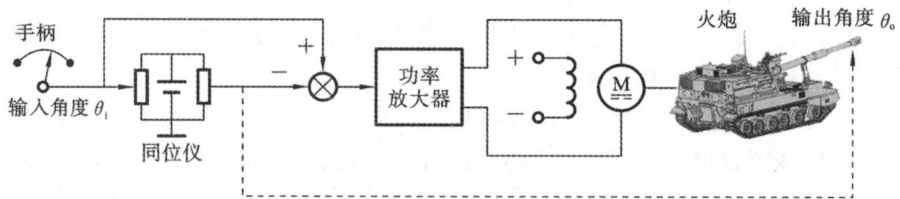

图 1-23　火炮跟踪控制系统的原理示意图

在图1-23中,测量元件是电位器式同位仪,一对电位器组成桥式测量电路。两只电位器的滑动端分别与指令轴和输出轴相连,同位仪的输出电压信号正比于输入角度和输出角度的差值。实际的雷达火炮系统当然要比这复杂得多,如测量元件一般采用精度比较高的自整角机或旋转变压器,但是从控制的角度来看,其基本的系统结构和工作原理是相同的。火炮跟踪控制系统的方框图如图1-24所示。图1-24中减速机构一般由齿轮系组成,因为电动机的转速通常比较高,输出转矩有一定限制,通过齿轮系可

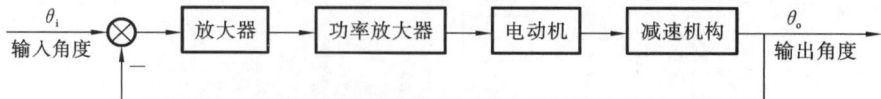

图 1-24　火炮跟踪控制系统的方框图

以使转矩增大、速度变低,满足火炮的需要。

1.4.10 飞机自动驾驶仪控制系统

飞机自动驾驶仪是一种能保持或改变飞机飞行状态的自动装置。它可以稳定飞行的姿态、高度和航迹;可以操纵飞机爬高、下滑和转弯。飞机与自动驾驶仪组成的自动控制系统称为飞机自动驾驶仪控制系统。

如同飞行员操纵飞机一样,自动驾驶仪控制飞机飞行是通过控制飞机的三个操纵面(升降舵、方向舵、副翼)的偏转来改变操纵面的空气动力特性,以形成围绕飞机质心旋转的转矩,从而改变飞机的飞行姿态和轨迹。现以自动驾驶仪稳定飞机俯仰角为例,说明其工作原理。图 1-25 为飞机自动驾驶仪原理示意图。图 1-25 中,垂直陀螺仪作为测量元件用以测量飞机的俯仰角,当飞机以给定俯仰角水平飞行时,反馈电位器没有电压输出;如果飞机受到扰动,则俯仰角向下偏离期望值,反馈电位器输出与俯仰角偏差成正比的信号,经放大器放大后驱动舵机,一方面推动升降舵面向上偏转,产生使飞机抬头的转矩,以减小俯仰角偏差;同时还带动反馈电位器滑臂,输出与舵偏角成正比的电压并反馈到输入端。随着俯仰角偏差减小,垂直陀螺仪电位器输出信号越来越小,舵偏角也随之减小,直到俯仰角回到期望值,这时,舵面也恢复到原来状态。

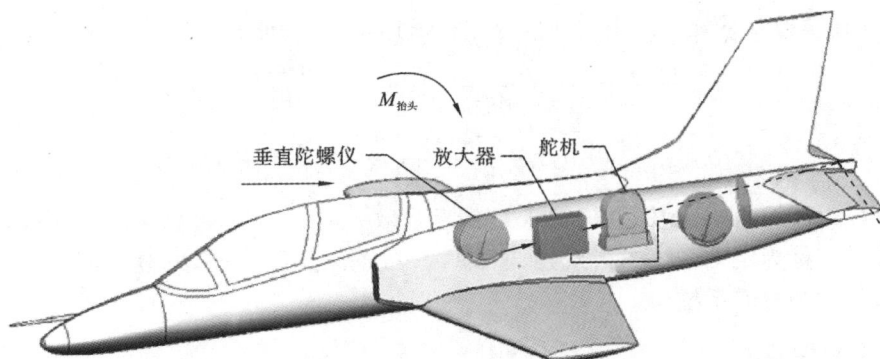

图 1-25 飞机自动驾驶仪原理示意图

图 1-26 为飞机自动驾驶仪稳定俯仰角控制系统方框图。图 1-26 中,飞机是被控对象,俯仰角是被控量,放大器、舵机、垂直陀螺仪、反馈电位器等是控制装置,即自动驾驶仪。输入是给定的常值俯仰角,控制系统的任务就是在任何扰动(如阵风或气流冲击)作用下,始终保持飞机以给定俯仰角飞行。

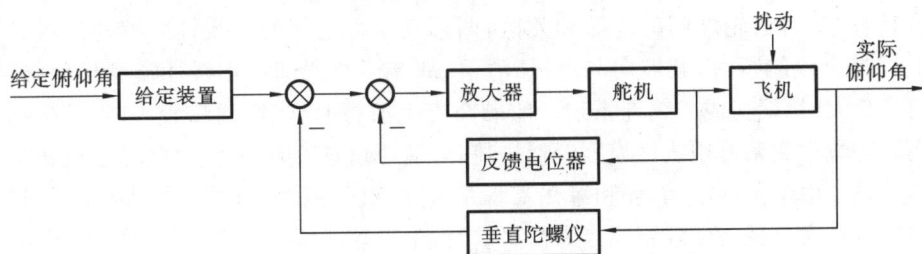

图 1-26 飞机自动驾驶仪稳定俯仰角控制系统方框图

1.5 自动控制系统类型

1.5.1 线性系统与非线性系统

根据描述系统的数学模型以及分析和设计系统的手段,自动控制系统可以分为线性系统和非线性系统。

1. 线性系统

系统的输入、输出关系均为线性(或基本为线性),能用线性微分方程或差分方程描述的系统称为线性系统。线性系统的主要特点是具有齐次性和叠加性,系统时间响应的特征与初始状态无关。如果系统的输入信号分别为 $r_1(t)$ 和 $r_2(t)$,则系统对应的输出信号分别为 $y_1(t)$ 和 $y_2(t)$;如果系统的输入信号为 $r(t)=a_1 r_1(t)+a_2 r_2(t)$,则系统的输出信号为 $y(t)=a_1 y_1(t)+a_2 y_2(t)$,其中 a_1、a_2 为常系数。

如果描述线性系统的线性方程的各项系数都是与时间无关的常数,则此系统称为线性定常系统,也称线性时不变系统或自治系统。如果描述系统的线性微分方程的各项系数中有时间函数,则此系统称为线性时变系统,也称非自治系统。

线性连续控制系统可以用线性微分方程描述,其一般形式为

$$a_n \frac{\mathrm{d}^n c(t)}{\mathrm{d}t^n}+a_{n-1}\frac{\mathrm{d}^{n-1}c(t)}{\mathrm{d}t^{n-1}}+\cdots+a_1\frac{\mathrm{d}c(t)}{\mathrm{d}t}+a_0 c(t)$$

$$=b_m\frac{\mathrm{d}^m r(t)}{\mathrm{d}t^m}+b_{m-1}\frac{\mathrm{d}^{m-1}r(t)}{\mathrm{d}t^{m-1}}+\cdots+b_1\frac{\mathrm{d}r(t)}{\mathrm{d}t}+b_0 r(t)$$

式中:$c(t)$ 为被控量;$r(t)$ 是系统输入量。当系数 $a_n,a_{n-1},\cdots,a_0,b_m,b_{m-1},\cdots,b_0$ 是常数时,此系统称为定常系统。当系数 $a_n,a_{n-1},\cdots,a_0,b_m,b_{m-1},\cdots,b_0$ 随时间变化而变化时,此系统称为时变系统。

2. 非线性系统

在构成系统的元部件中,只要有一个输入或输出特性是非性的,则此系统称为非线性系统。非线性系统要用非线性方程来描述其输入、输出关系,非线性方程的特点是系数与变量有关,或者方程中含有变量及导数的高次幂或乘积项,例如

$$\frac{\mathrm{d}^2 c(t)}{\mathrm{d}t^2}+c(t)\frac{\mathrm{d}c(t)}{\mathrm{d}t}+c^2(t)=r(t)$$

严格说来,实际的物理系统都含有不同程度的非线性元部件,如放大器和电磁元件的饱和特性,啮合齿轮之间的齿隙和死区,两移动组件之间的非线性摩擦特性等。船舶在海上保持直线航行时,其航向与海风、海浪、海流干扰之间可用线性模型近似描述,当航向角变化大时,就变成非线性系统。船舶在海上航行时,当横摇角较小时,其横摇角与海浪之间的数学关系可用线性模型近似描述,当横摇角较大时,它们之间就显现出明显的非线性关系。由于条件限制,舵和鳍在工程系统实现时往往对舵角和鳍角在机械设计和安装中都有最大机械角度限制。当海情严重时,由于舵或鳍需要提供较大的控制力矩,此时的舵或鳍就可能经常工作在饱和限幅状态,舵或鳍伺服系统就出现了饱和非线性。

非线性系统在数学处理上较困难,也没有适用于各种非线性系统的通用方法。但对于非线性程度不太严重的元部件,可采用在一定范围内线性化的方法,将其近似为线

性控制系统。

1.5.2　定常系统与时变系统

根据系统的数学模型中参数是否随时间变化而变化来分类,自动控制系统可以分为定常系统与时变系统。

如果系统参数在系统运行过程中相对于时间的变化是不变的,那么此系统称为定常系统,否则称为时变系统。实际上,多数物理系统都包含一些参数随时间波动或变化而变化的部件。例如,在电动机刚启动以及温度升高时,电动机的绕线电阻会发生变化。时变系统的另一个例子是,船舶在航行中将带动一部分水与船体一起做摇摆运动,形成附加转动惯量,附加的转动惯量大小与船型及船体姿态有关。因此,严格地说,船舶的三个摇摆运动是时变系统。尽管不具有非线性的时变系统仍然是线性系统,但是这类系统的分析和设计往往比定常系统困难得多。

1.5.3　恒值控制系统、随动控制系统与程序控制系统

根据系统给定输入信号的变化规律不同,自动控制系统可以分为恒值控制系统、随动控制系统和程序控制系统。

1. 恒值控制系统

恒值控制系统的给定输入信号是一个常值,控制的任务是保持被控对象的输出信号也等于一个期望的常值。如果由于扰动的作用使输出量偏离期望值而出现偏差,控制系统会根据偏差产生控制作用,克服扰动的影响,使输出量恢复到与输入量相对应的期望的常值。因此,恒值控制系统又称为自动调节系统。恒值控制系统分析设计的重点是研究各种干扰对被控对象的影响及抑制干扰的措施。在恒值控制系统中,给定输入量可以根据条件的变化和需求而改变,但是,一经调整后,输出量就应与调整好的输入量保持一致,而且这种改变给定输入量的情况不是恒值控制系统经常遇到的工作情况。前面自动控制系统示例中的液面控制系统、直流电动机速度控制系统、电阻炉温度控制系统、船舶航向保持控制系统、船舶横摇减摇鳍控制系统等都属于恒值控制系统。它们的给定输入量一经调整好,就不轻易变动。此外,空间运动体姿态控制系统、稳压系统、压力控制系统、张力控制系统等也都属于这类系统。

2. 随动控制系统

随动控制系统简称随动系统,又称伺服系统,其特点是输入信号是预先未知的随时间变化而任意变化的函数,系统控制的任务是使被控对象的输出量能够以尽可能小的偏差跟踪输入量的变化。随动系统也受到各种干扰的影响,但干扰的影响是次要的。在随动系统中,系统分析设计的重点是研究被控对象输出量跟踪输入量的快速性和准确性。这类系统的设计往往要找到一个典型的等效正弦信号作为参考输入,来设计系统的控制器,使其满足稳态性能和动态性能要求。航向控制系统中的舵驱动伺服系统、船舶减摇鳍控制系统中的鳍驱动伺服系统、船载平台稳定控制系统及火炮跟踪控制系统便是随动系统的典型实例。此外,跟踪卫星的雷达天线控制系统、坦克炮塔自稳系统等都属于随动系统。

一般来说,空间运动体姿态控制系统的内环子系统,即控制面驱动伺服系统,都是

随动系统(多为电驱动或液压驱动)。

3. 程序控制系统

程序控制系统的输入信号是按预定规律随时间变化而变化的函数,要求被控量迅速、准确地加以复现。机械加工的程序控制以及化学、食品工业的过程控制中,广泛应用着程序控制系统,如炼钢炉中的微机控制系统、洲际弹道导弹的程序控制系统、电梯升降控制系统、退火炉的炉温控制系统等。程序控制系统和随动系统的输入信号都是时间函数,它们的不同之处在于,前者是已知的时间函数,后者是未知的时间函数,而恒值控制系统也可视为程序控制系统的特例。

1.5.4 连续系统与离散系统

根据控制系统中传送时间信号性质的不同,自动控制系统可分为连续系统与离散系统。

1. 连续系统

连续系统各部分的输入信号和输出信号都是随时间变化而连续变化的模拟量,是以连续时间函数 $u(t)$ 和 $c(t)$ 来表示的,因此连续系统也称为连续时间系统。例如,液面控制系统、直流电动机速度控制系统、火炮跟踪控制系统等都属于连续系统。

2. 离散系统

离散系统是指系统的某一处或几处,信号以脉冲序列或数码的形式传送,信号在时间上是离散的,是以离散时间函数 $u(kT)$ 与 $y(kT)$ 来表示的。例如,电阻炉温度控制系统即为典型的离散系统。离散系统也称为离散时间系统,通常用差分方程描述。

连续信号经过采样开关的采样就可以转换成离散信号。若离散信号以脉冲的形式传送和控制,则这种离散系统称为脉冲控制系统或采样控制系统;若离散信号是以数码形式传送和控制的,则这种离散系统称为采样数字控制系统或数字控制系统(微机控制系统就属于这一类)。

一般来说,同样是反馈闭环控制系统,数字控制系统的精度高于连续控制系统的,因为数码形式的控制信号远比模拟控制信号的抗干扰能力强。因此,目前在要求控制精度高且控制规律复杂的场合,大量使用计算机控制系统。计算机控制系统的智能化和可靠性使得复杂系统的智能控制成为可能,因此计算机控制系统具有广阔的应用前景。

1.5.5 单输入单输出系统与多输入多输出系统

根据输入、输出信号的数量及其之间的耦合关系的不同,自动控制系统可以分为单输入单输出系统与多输入多输出系统。

1. 单输入单输出(SISO)系统

单输入单输出系统也称单变量系统,是指只有一个输入量和一个输出量的控制系统。这种系统结构较为简单,是经典控制理论的主要研究对象。直流电动机速度控制系统、船舶航向保持控制系统、船舶横摇减摇控制系统、船载平台纵摇稳定控制系统、火炮跟踪控制系统和电阻炉温度控制系统都属于单输入单输出系统。

2. 多输入多输出(MIMO)系统

多输入多输出系统也称多变量系统,是指具有多个输入量和多个输出量的控制系统。这种系统结构较为复杂,回路多,其主要特点是输出量与输入量之间呈现多路耦合作用,即每个输入量对数个输出量,每个输入量都有控制作用,每个输出量又往往受数个输入量控制。

如果考虑船舶航向和横摇运动的耦合影响,则舵和鳍联合控制航向、横摇的控制系统就是多输入多输出控制系统。如果考虑船的纵摇、横摇、艏摇之间的耦合影响,则船载平台纵摇、横摇、艏摇三轴稳定控制系统就是多输入多输出控制系统。

1.5.6 确定性系统与不确定性系统

根据系统的结构参数和输入信号特征的不同,自动控制系统可以分为确定性系统和不确定性系统。

1. 确定性系统

如果系统的结构和参数都是确定的、已知的,系统的全部输入信号(包括给定输入量和各种干扰)也都是确定的,可以用解析式或图表确切表示,则这种系统称为确定性系统。如果系统的输入信号基本上是确定的,但夹杂有不严重且影响可以忽略不计的噪声,则此系统也可以视为确定性系统。

2. 不确定性系统

如果系统本身的结构或参数,或者作用于该系统的输入信号不确定,则此系统称为不确定性系统,或称为随机控制系统。例如,系统的输入信号混有随机噪声,系统使用的元件、部件的特性有随机干扰,就构成简单的不确定系统。海浪干扰是随机过程,因此,航向控制系统、减摇鳍控制系统、船载平台稳定控制系统均属随机控制系统。

1.5.7 集中参数系统与分布参数系统

根据描述系统的数学模型能否用常微分方程描述,自动控制系统可以分为集中参数系统与分布参数系统。

1. 集中参数系统

能用常微分方程描述的系统称为集中参数系统。这种系统中的参量或者是定常的,或者是时间的函数,系统的输入量、输出量和其他内部变量都只是时间的函数,因此,可以用时间作为变量的常微分方程描述其运动规律。

2. 分布参数系统

分布参数系统是除时间变量外,还有其他变量(如高度、压力、距离等)作为变量的系统,因此不能用常微分方程描述,需要用偏微分方程描述。在这种系统中,可能一部分元部件的参量不仅是时间的函数(也许与时间无关,对时间而言是定常的),还明显地依赖这一元部件的状态。因此,系统的输出量将不再单纯地只是时间变量的函数,还是系统内部状态变量的函数,所以需要用偏微分方程描述系统。

除了以上分类方法外,自动控制系统还有其他分类方法。例如,按控制系统的功能,自动控制系统可分为温度控制系统、速度控制系统、位置控制系统等;按控制对象的范畴,自动控制系统可分为运动控制系统、过程控制系统等;按系统元件的组成,自动控制系统可分为机械系统、电气系统、电机系统、液压系统、气动系统、生物系统等;按控制理论的分支,自动控制系统可分最优控制系统、自适应控制系统、智能控制系统等。

本书所涉及的内容主要是单输入单输出、集中参数的线性定常连续控制系统和线性定常离散控制系统。

1.6 对自动控制系统的基本要求

自动控制系统理论是研究自动控制共同规律的一门学科,尽管自动控制系统有不同的类型,对每个系统也都有不同的特殊要求,但对于各类系统来说,在已知系统的结构和参数时,研究的都是系统在某种典型输入信号下,其被控量变化的全过程。例如,调节控制系统是研究干扰作用输入下被控量变化的全过程;随动系统是研究被控量如何克服干扰影响并跟随给定量的变化全过程。但是,对每一类系统被控量变化全过程提出的共同基本要求都是一样的,且可以归结为稳定性、快速性和准确性,即稳、准、快的要求。

1.6.1 稳定性

稳定性是保证控制系统正常工作的先决条件。对于一个稳定的控制系统,被控量偏离期望值的初始偏差应随时间的增长逐渐减小并趋于零。具体来说,对于稳定的调节控制系统,被控量因扰动而偏离期望值后,经过一个过渡过程时间,被控量应恢复到原来的期望值状态;对于稳定的随动系统,被控量应能始终跟踪给定量的变化。反之,不稳定的控制系统,被控量偏离期望值的初始偏差将随时间的增长而发散,因此,不稳定的控制系统无法实现预定的控制任务。

闭环的自动控制系统存在稳定和不稳定的问题。所谓不稳定就是指系统失控,被控对象的输出量不是趋于期望的数值,而是趋于所能达到的极限值,或者系统产生强烈的振荡,此时常常会损坏设备,甚至造成系统的彻底破坏,引起重大事故。所以稳定是对系统最基本且最重要的要求。

线性自动控制系统的稳定性是由系统结构决定的,与外界因素无关。这是因为控制系统中一般含有储能元件和惯性元件,如绕组的电感、电枢转动惯量、电阻炉的热电容量、物体质量等,储能元件的能量不可能突变,因此,当系统受到干扰或有输入量时,控制过程不会立即完成,而是有一定的延缓,这就使得被控量恢复到期望值或跟踪给定量有一个时间过程,称为过渡过程。例如,在反馈控制系统中,被控对象的惯性会使控制动作不能瞬时纠正被控量的偏差;控制装置的惯性会使偏差信号不能及时转化为控制动作。这样,在控制过程中,当被控量已回到期望值而使偏差为零时,执行机构本应立即停止工作,但由于控制装置的惯性,控制动作仍继续向原来的方向进行,被控量超过期望值而产生符号相反的偏差,导致执行机构向相反的方向动作,以减小这个新的偏差;当控制动作已经到位时,又由于被控对象的惯性,偏差并未减小为零,因而执行机构继续向原来的方向运动,被控量又产生符号相反的偏差;如此反复进行,致使被控量在期望值附近来回摆动,过渡过程呈现振荡形式。如果这个振荡过程是逐渐减弱的,系统最后可以达到平衡状态,控制目的得以实现,此系统称为稳定系统;反之,如果振荡过程逐步增强,系统被控量失控,则此系统称为不稳定系统。

1.6.2　快速性

为了很好地完成控制任务,控制系统仅仅满足稳定性的要求是不够的,尽管最终的准确度可能很高,但人们还是对其过渡过程的形式和快慢提出了要求,这就是自动控制系统的动态性能。人们希望自动控制系统的过渡过程既快速又平稳。例如,一个拖动龙门刨床工作台的直流电动机速度控制系统经常运行于启动、停车的交替过程中,尽管加工时其速度是稳定的,能保证加工的精度,但如果快速性差,启动的过渡过程时间很长,这将会降低工作效率。对于稳定的高射炮射角随动系统,虽然炮身最终能跟踪目标,但如果目标变动迅速,而炮身跟踪目标所需的过渡时间过长,就不可能击中目标;再如,船舶航向航迹控制系统,当船舶受到海风、海浪、海流的扰动作用而偏离预定航迹、航向时,虽然系统具有能使船体恢复到预定航迹、航向的能力,但在恢复过程中,如果过程过长,则会影响航迹、航向的控制精度,如果船体的恢复幅度过大、恢复速度过快,则会消耗过多的能量,使船上的人员不适。因此,快速性和稳定性一般都有具体要求,希望过渡时间尽可能短,输出量的最大振荡度(即超调量)尽可能小。

1.6.3　准确性

准确性就是被控对象的实际输出量与期望输出量之间的偏差达到所要求的精度范围。要求被控对象的输出量在任何时刻、任何情况下都不超出规定的偏差范围,对于自动控制系统来说,实现起来是困难的。因此,控制的准确性总是用稳态精度来度量。理想情况下,对于稳定的自动控制系统,当过渡过程结束后就达到了稳态,此时被控对象的输出称为稳态值,该稳态值与期望值之间会有偏差存在,这就是稳态偏差。稳态偏差是衡量自动控制系统精度的重要标志,一般在系统技术指标中对其有具体要求。

1.7　控制系统的分析与设计

控制系统的分析与设计是两个互逆的研究过程。前者是从已知的确定的系统出发,分析计算系统所具有的性能指标,后者是根据要求的性能指标来确定系统应具备的结构模式。

1.7.1　控制系统分析

系统分析是在描述系统数学模型的基础上,用数学方法进行研究、讨论。在规定的工作条件下,控制系统分析应该对已知系统按如下步骤进行分析。

步骤1:建立系统的数学模型。

步骤2:分析系统的性能,计算三大性能指标是否满足要求。

步骤3:分析参数变化对上述性能指标的影响,决定如何合理选取。

步骤4:控制系统的分析方法会因数学模型的类型不同而不同,本书主要介绍时域分析、复域分析和频域分析方法。

1.7.2　控制系统设计

控制系统设计的目的是寻找一个能够实现所要求性能的自动控制系统。因此,在系统完成的任务和应具备的性能已知的条件下,根据被控对象的特点,构造出适当的控制器是设计的主要任务。控制系统设计应按如下的步骤设计。

步骤 1:根据要求的性能指标给出系统应有的系统结构及结构图和系统数学模型。

步骤 2:根据已知的被控对象求出对象的数学模型,并绘出系统结构图。

步骤 3:按结构图与数学模型关系,根据已知部分和系统应有的数学模型,求出控制器的数学模型和控制规律。

步骤 4:各部分结构确定后,按已定结构求出系统数学模型,进行性能分析,验证它在各种信号作用下是否满足要求,若不满足,及时修正。

步骤 5:在结构参数最终确定后,进行试验验证,若效果理想即可制作样机。

1.8　自动控制理论

1.8.1　早期的自动控制

远在两千年前,我国就有自动控制技术方面的发明。据历史记载,春秋战国时期,发明的指南针就是一个按扰动控制原理构成的开环控制系统。北宋时期苏颂和韩公廉制造的水运仪象台里使用了一个天衡装置,该装置实际上就是一个按被测量偏差控制原理构成的闭环控制系统,而且是一个直接调节的位置继电式的无差闭环非线性自动控制系统。

荷兰人 Drebhel 在 1620 年前后发明的温度调节器能够保持鸡蛋孵化器温度的恒定。孵化器是用火通过其内外夹层中的水间接加热的,火焰的大小靠孵化器顶部通风口挡板的开度来调节,内部温度由温度计测量,温度升降可以使通风口开度减小或增大。

人们普遍认为最早应用于工业过程的闭环自动控制装置是 1788 年左右瓦特(JamesWatt)发明的飞球调节器,它被用来控制蒸汽机的转速。此装置利用飞球的转动控制阀门的开度,从而控制进入蒸汽机的蒸汽流量,达到控制蒸汽机转速的目的。

然而,早期的控制装置中产生了难以用简单直觉可以解释的问题,从而引起了自动控制系统初期的理论研究,从那时起控制工程就在理论与实践相互促进下发展。

1.8.2　经典控制理论

最初的控制系统主要是自动镇定系统。它要求被控量准确地维持在某一常值,如果出现扰动,只要能回到原来的数值就行了,至于返回过程中的确切情况只是次要问题。所以,控制系统主要的设计准则是静态准确度和防止不稳定,而瞬态响应平滑性及快慢是次要的。在 19 世纪末至 20 世纪初,控制系统相关研究主要研究系统的稳定性问题,并且取得了较大的进展。

首先对反馈控制系统的稳定性进行系统研究的是麦克斯韦(J. C. Maxwell)。1868年,他的一篇论文"论调节器"基于微分方程描述,从理论上给出了系统的稳定性条件是其特征方程的根是否具有负实部。

数学家劳斯(E. J. Routh)和赫尔维茨(A. Hurwitz)分别在 1877 年和 1896 年独立地提出了两种著名的代数形式稳定判据,这两种方法不求解微分方程式,而是直接从方程式的系数,也就是从"对象"的已知特性来判断系统的稳定性。劳斯稳定判据简单、易行,至今仍广泛应用。

1892 年,俄国学者李雅普诺夫发表了题为"运动稳定性的一般问题"的论文。他在数学上给出了稳定的精确定义,提出了两个著名的研究稳定问题的方法(李氏第一法和第二法),为线性和非线性系统理论奠定了坚实的理论基础。他所创立的运动稳定性理论具有非常重要的意义,成为后来一切有关稳定性研究的出发点。他的研究成果直到20 世纪 50 年代末才被引进自动控制系统理论领域中。

1922 年,米纳斯基(N. Minorsky)给出了位置控制系统的分析,并用 PID 控制给出了控制规律公式;研制了船舶操纵自动控制器,并且证明了如何从描述系统的微分方程中确定系统的稳定性。

1931 年,美国开始出售带有线性放大器和积分(I)作用的气动控制器。

1934 年,哈仁(H. L. Hazen)给出了伺服机构的理论研究成果。

1942 年,齐格勒(J. G. Zigler)和尼克尔斯(N. B. Nichols)给出了 PID 控制器的最优参数整定法。

控制理论的发展也与反馈放大器的发展紧密相关。

第一次世界大战之后,随着电子管放大器的诞生,长距离的电话通信变成可能。但是随着距离的增加,信号能量损耗加大,造成信号失真。针对长距离电话线路负反馈放大器应用中出现的失真等问题,1932 年,奈奎斯特(Nyquist)提出了用回路频率特性图形判别系统稳定性的频率域稳定性判据,这种方法只需利用频率响应的实验数据,不用导出和求解微分方程。根据这个理论,波特(H. Bode)进一步研究通信系统频域方法,提出了频域响应的对数坐标图描述方法。1945 年,美国学者波特发表"网络分析与反馈放大器设计",将反馈放大器原理应用到了自动控制系统中,是一项重大突破,出现了闭环负反馈控制系统,提出了反馈放大器的一般设计方法(频域分析法)。

1943 年,哈尔(A. C. Hall)利用传递函数(复数域模型)和方框图,把通信工程的频域响应方法和机械工程的时域方法统一起来,人们称此方法为复域方法。频域分析法主要用于描述反馈放大器的带宽和其他频域特性指标。

第二次世界大战期间,使用和发展自动控制系统的主要动力就是设计和发展自动导航系统、自动瞄准系统、自动雷达探测系统和其他在自动控制系统基础上发展起来的军事系统。这些控制系统的高性能要求和复杂性促进了对非线性系统、采样数据系统以及随机控制系统的研究。

第二次世界大战结束后,经典控制技术和理论基本建立了。1948 年,伊文斯(W. R. Evans)又进一步提出了属于经典方法的根轨迹设计法,发表了"根轨迹法",从理论上提供了从系统的微分方程式模型研究问题的一个简单而有效的方法。他给出了系统参数变化与时域性能变化之间的关系,其根据是当系统参数变化时特征方程式根变化的几何轨迹。直到现在,它还是系统设计和稳定性分析的一个重要方法。至此,复域与频域的方法得到了进一步完善。由于这项贡献,控制工程发展的第一个阶段基本上完成了。建立在奈奎斯特判据及伊文斯根轨迹法上的理论,目前统称为经典控制理论。到 20 世纪 50 年代,它已发展到相当成熟的地步,并在工程应用中,几乎是迅速引起爆炸性的增长,并列为大学正式课程。

以奈奎斯特稳定性判据和波特图为核心的频域分析法和根轨迹分析法两大系统分

析方法和配以数学解析方法的时域分析法,构成了经典控制理论的基础。在经典控制理论的研究中,使用的数学工具主要是线性微分方程、基于 Laplace(拉普拉斯)变换的传递函数和基于傅立叶变换的频率特性函数;研究对象基本上是单输入单输出系统,以线性定常系统为主。在此阶段,较为突出的应用是直流电动机调速系统、高射炮随动跟踪控制系统及一些初期的过程控制系统等。在此期间,也产生了一些非线性系统的分析方法,如相平面法和描述函数法,以及采样离散系统的分析方法。

1.8.3 现代控制理论

经典控制理论以传递函数作为系统数学模型,常利用图表进行分析和设计,可以通过实验方法建立数学模型,物理概念清晰,至今仍得到广泛的工程应用,推动了现代科学技术的进步和发展。但是经典控制理论只适应单输入单输出线性定常系统,对系统内部状态缺少了解,因此研究对象和范围有限,还不能解决控制中的许多复杂问题。从 20 世纪 50 年代开始,由于航空航天技术和电子计算机的迅速发展,在经典控制理论充分发展的基础上,形成了所谓的"现代控制理论",这是人类在自动控制技术认识上的一次飞跃。许多经典控制理论不能解决的问题在此期间都得到了满意的答案。

现代控制理论研究所使用的数学工具主要是状态空间法,研究的对象更为广泛,如线性系统与非线性系统、定常系统与时变系统、多输入多输出系统、强变量耦合系统等。

1954 年,钱学森在美国用英文出版的《工程控制论》一书,可以看作是由经典控制理论向现代控制理论发展的启蒙著作,影响很大,1956 年译成俄文版,1957 年译成德文版,1958 年译成中文版。在该著作中,钱学森除了阐述经典控制理论外,提出了多变量系统协调控制、最优控制、离散控制、冗余技术和容错等分析与设计方法。

为现代控制理论状态空间法的建立做出开拓性贡献的还有美国学者贝尔曼(R. Bellman)、卡尔曼(R. E. Kalman)和苏联的庞特里雅金(L. S. Pontryagin)。在 20 世纪 50 年代,他们开始考虑用常微分方程作为控制系统的数学模型,这个工作在很大程度上是因为人造地球卫星的开发而提出的。卫星要求重量轻、控制精确,在分析和设计中用常微分方程作为数学模型比较方便,而且由于数字计算机的发展已经有可能解决过去尚不能实现的计算问题。在此期间,李雅普诺夫的工作开始被应用到控制系统中,维纳等人在第二次世界大战期间关于最优控制的研究也被推广以研究轨迹的优化问题。1954 年贝尔曼的动态规划理论、1956 年庞特里雅金的极大值原理、1960 年卡尔曼的多变量最优控制和最优滤波理论均属于状态空间方法。状态空间方法属于时域方法,它以状态空间描述(实际上是一阶微分或差分方程组)作为数学模型,利用计算机作为系统建模分析、设计乃至控制的手段,适用于多输入多输出系统、非线性系统、时变系统,它不仅在航空航天、军事武器控制中有成功的应用,在工业生产过程控制中也得到逐步应用。

1.8.4 近代控制理论

20 世纪 70 年代开始,现代控制理论继续向深度和广度发展,出现了一些新的控制理论和方法。如现代多变量频域理论,该理论以传递函数矩阵作为数学模型,研究线性定常多变量控制系统;自适应控制理论和方法,该方法以系统辨识和参数估计为基础,处理被控对象的不确定和缓时变,在实时辨识基础上在线确定最优控制规律;鲁棒控制方法,该方法在保证系统稳定性和其他性能的基础上,设计不变的鲁棒控制器,以处理数学模型的不确定性;预测控制方法,该方法是一种计算机控制算法,在预测模型的基础上,采用滚动优化和反馈校正,可以处理多变量系统。

控制理论应用范围不断扩大,从个别小系统的控制,发展到若干个相互关联的子系统组成大系统的整体控制,从传统的工程控制领域推广到能源、运输、环境、经济管理、生物工程、生物医学等大系统以及社会科学领域,人们开始对大系统理论进行研究。

大系统理论是过程控制与信息处理相结合的综合自动化的理论基础,是动态的系统工程理论,具有规模庞大、结果复杂、功能综合、目标多样、因素众多等特点。它是一个多输入、多输出、多干扰、多变量的系统。例如人体,就可以看成是一个大系统,有体温的控制、化学成分的控制、情感的控制、动作的控制等。大系统理论目前仍处于发展阶段。

1.8.5 智能控制理论阶段

智能控制理论是近年来新发展起来的一种控制理论,是建立在现代控制理论的发展和其他相关学科的发展基础上的,是人工智能在控制上的应用。所谓智能,全称为人工智能,是基于人脑的思维、推理决策功能而言的。智能控制的概念和原理主要是针对被控对象、环境、指控目标或任务的复杂性提出来的,它的指导思想是依照人的思维方式和处理问题的技巧,解决那些目前需要人的智能才能解决的复杂控制问题。被控对象的复杂性体现在模型的不确定性、高度非线性上,如分布式的传感器和执行器、动态突变、多时间标度、复杂的信息模式、庞大的数据量以及严格的性能指标等。环境的复杂性体现为变化的不确定性和难以辨识。用传统的控制理论和方法解决复杂的对象、复杂的环境和复杂的任务是不可能的。

智能控制理论的研究是从"仿人"的概念出发的,以人工智能的研究为方向,引导人们去探讨自然界更为深刻的运动机理。当前主要的研究方向包括模糊控制理论研究、人工神经元网络研究、混沌理论研究和专家控制系统研究,并且已有许多研究成果产生。不依赖于系统数学模型的模糊控制器等工业控制产品已经投入使用,超大规模集成电路芯片(VLSI)的神经网络计算机已经运行,美国宇航专家应用混沌控制理论将一颗要报废的人造卫星(利用卫星仅残存的燃料)成功地发射到了火星等。

智能控制理论的研究与发展,在信息与控制学科研究中注入了蓬勃的生命力,启发与促进了人的思维方式,标志着信息与控制学科的发展没有止境。

习 题 1

1-1 什么是自动控制系统?试列举几个日常生活中的闭环和开环控制系统,并说明其工作原理。

1-2 液位自动控制系统原理示意图如题 1-2 图所示。当排出流量 Q_2 变化时,期望系统保持水箱中液面高度 c 不变,试说明系统工作原理并绘出系统方框图。

1-3 自动开关门控制系统原理示意图如题 1-3 图所示。说明系统工作原理并绘出系统方框图。

1-4 水温控制系统原理示意图如题 1-4 图所示。其中,冷水在热交换器中由通入的蒸汽加热,从而得到一定温度的热水。冷水流量变化用流量计测量。试绘制系统方

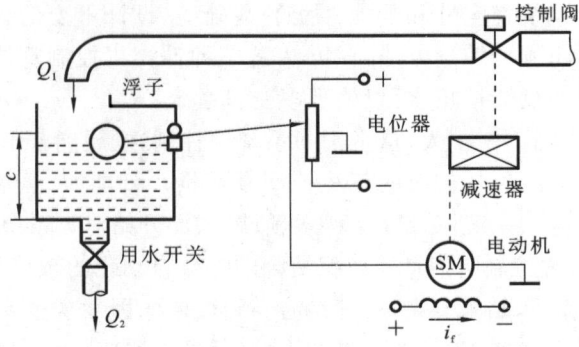

题 1-2 图   液位自动控制系统原理示意图

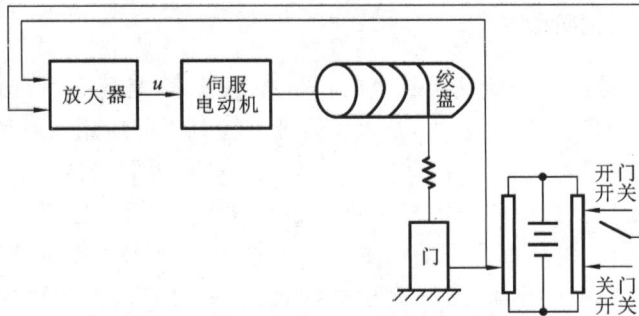

题 1-3 图   自动开关门控制系统原理示意图

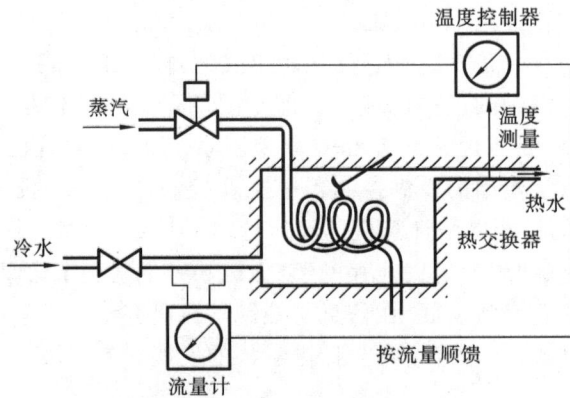

题 1-4 图   水温控制系统原理示意图

框图,并说明为了保持热水温度为期望值,系统是如何工作的,系统的被控对象和控制装置各是什么。

1-5   电阻炉温度控制系统原理示意图如题 1-5 图所示。试分析系统保持电阻炉温度恒定的工作原理,并指出系统的被控对象、被控量及各部件的作用,最后绘出系统的方框图。

1-6   自整角机随动系统原理示意图如题 1-6 图所示。系统的功能是使接收自整角机 TR 的转子角位移 θ_o 与发送自整角机 TX 的转子角位移 θ_i 始终保持一致。试说明系统是如何保证输出角度与给定角度一致的。并指出系统的被控对象、被控量及各部件的作用,最后绘出系统的方框图。

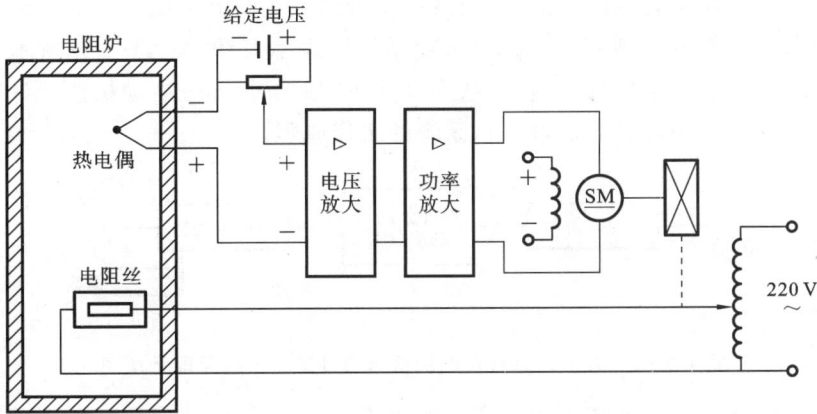

题 1-5 图　电阻炉温度控制系统原理示意图

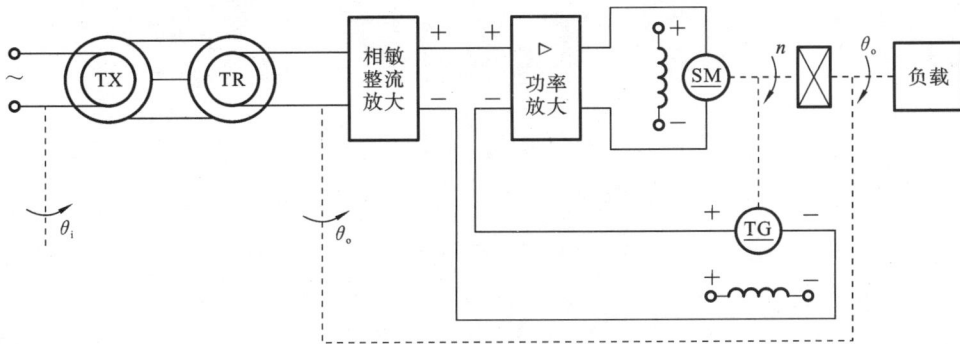

题 1-6 图　自整角机随动系统原理示意图

1-7　谷物湿度控制系统原理示意图如题 1-7 图所示。在谷物磨粉的生产过程中，在最佳湿度条件下，出粉率最高。因此，磨粉之前要给谷物加水以得到给定的湿度。图中，谷物用传送装置按一定的流量通过加水点，加水量由自动阀门控制。在加水过程中，谷物流量、加水前谷物湿度以及水压都是对谷物湿度控制的扰动作用。为了提高控

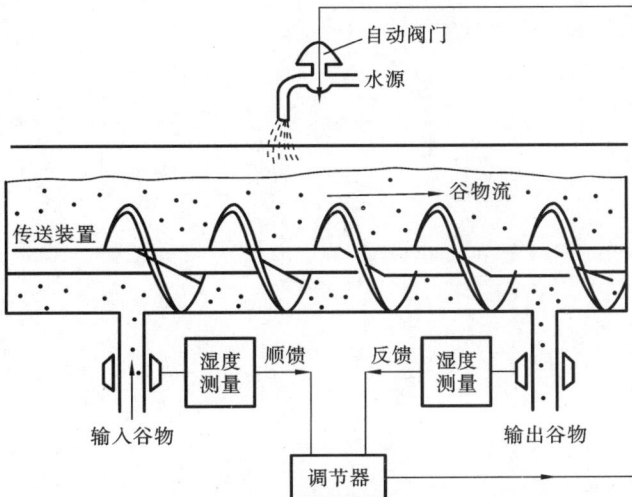

题 1-7 图　谷物湿度控制系统原理示意图

制精度,系统中采用了谷物湿度的顺馈控制,试绘出系统的方框图。

1-8 数字计算机控制的机床刀具进给系统原理示意图如题 1-8 图所示。要求将工件的加工过程编制成程序预先存入数字计算机,加工时,步进电动机按照计算机给出的信息动作,完成加工任务。试说明该系统的工作原理。

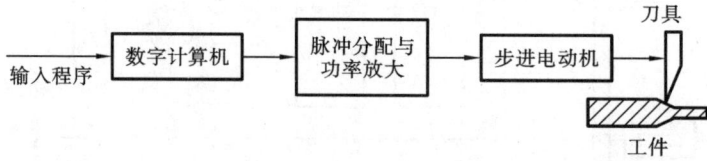

题 1-8 图 数字计算机控制的机床刀具进给系统原理示意图

1-9 船舶航向控制系统原理示意图如 1.4.6 节的图 1-18 所示。该图描述的是哪类反馈控制系统?并指出系统的被控对象、被控量及各部件的作用。

2

控制系统的数学模型

反馈控制的总体目标是不管动态过程或对象受到什么样的外部干扰或者是系统参数如何改变,都要利用反馈原理使动态过程或对象的输出变量精确地跟随给定的参考变量。为了达到目标,需要完成许多简单、独立的步骤。为了获取有效的控制律,先要获取被控过程或对象的数学描述,即数学模型。在实际工程中,不管是机械的、电气的、液压的、气动的系统,还是经济学的、生物学的系统等,它们虽然具有不同的物理特性,但是都具有最基本的、相当确切的相似性,即它们的动态行为都可以用微分方程描述,不同的物理系统可以具有相同形式的数学模型。

本章主要讨论控制系统的时域数学(微分方程)模型和控制系统的复域数学(传递函数)模型的建立方法,以及控制系统中一些典型对象的传递函数、系统结构图及其化简方法。

【本章重点】

- 熟练掌握建立系统微分方程的方法和步骤;
- 正确理解传递函数的概念;
- 熟练掌握结构图、信号流图的组成及绘制方法;
- 熟练运用结构图等效变换和化简的方法求取传递函数;
- 熟练掌握运用梅森公式求取系统传递函数的方法。

2.1　控制系统的数学模型概述

动态系统的数学模型往往是一组微分方程式,它精确地或至少相当好地表示了系统的动态特性。应当指出,对于给定的系统,数学模型不是唯一的,一个系统可以用不同的方式表示。因此,一个系统可以具有许多种数学模型。

2.1.1　数学模型的定义

控制系统的数学模型就是描述系统内部和外部物理量(各变量)之间关系的数学表达式。要分析和设计动态系统,首先应推导出它的数学模型。数学模型是用数学方法分析系统的基础,数学分析能够用准确的数学语言描述系统的工作过程和特性。自动控制原理就是将实际控制系统进行抽象,用数学符号来描述系统的工作过程和特性,用数学表达式来描述控制系统的原理,进而可以采用数学的方法对系统进行分析和设计。

因此,建立一个合理的数学模型,是整个分析过程中最重要的环节。

数学模型可以有许多种形式。根据具体系统和条件的不同,一种数学表达式可能比另一种更合适。例如,在最佳控制问题中,采用状态空间表达式比较有利;在单输入单输出线性定常系统的瞬态响应或频率响应分析中,采用传递函数表达式可能比其他方法更为方便。一旦获得了系统的数学模型,就可以用各种分析方法和计算机工具对系统进行分析和设计。

2.1.2 数学模型的简化性与分析的准确性

实际系统往往是很复杂的,具有不同程度的非线性、时变性,甚至还带有分布参数因素,很难准确地用数学表达式描述各个变量间的关系。工程上为了寻求一种行之有效的方法,必须对问题进行简化,忽略一些次要因素,避免数学处理上的困难,同时又不影响分析系统的准确性。因此,只要建立一个比较合理的简化模型就可以了。

一般来说,在求解一个新问题时,常常需要先建立一个简化的数学模型,以便对问题的解能有一个一般的了解;再建立系统的较完善的数学模型,用来对系统进行比较精确的分析。

在建立合理的简化数学模型时,当忽略了非线性因素,并认为参数是集中、定常时,描述系统的数学模型为线性定常微分方程,对应的系统就近似为线性系统。线性系统的特点之一就是可以应用叠加原理并具有齐次性。若考虑了非线性因素,则数学模型就为非线性微分方程,对应的系统为非线性系统。若参数是非定常的,则对应的系统是时变系统。

必须说明,线性定常参数模型只在低频范围工作时才适合,当频率相当高时,被忽略的分布参数特性可能变为系统动态特性中的重要因素,所以仍作为线性定常参数模型来研究是不恰当的。例如,在低频范围工作时,弹簧的质量可以忽略,但在高频范围工作时,弹簧的质量却可能变成系统的重要性质。因此,数学模型的简化是在一定条件下进行的。如果这些被忽略掉的因素对响应的影响较小,那么简化模型的分析结果与物理系统的实验研究结果能很好地吻合。分析结果的准确程度取决于数学模型对给定物理系统的近似程度,因此必须在模型的简化性和分析结果的准确性之间做出折中的考虑。

2.1.3 数学模型的分类

数学模型是对系统运动规律的定量描述,表现为各种形式的数学表达式。根据数学模型的功能不同,数学模型可分为以下几种类型。

1. 静态模型与动态模型

描述系统静态(工作状态不变或过程慢变)特性的模型称为静态数学模型。静态数学模型一般是以代数方程表示的,数学表达式中的变量不依赖于时间,是输入、输出之间的稳态关系。描述系统动态或瞬态特性的模型称为动态数学模型。动态数学模型中的变量依赖于时间,一般是微分方程形式。静态数学模型可以看成是动态数学模型的特殊情况。

2. 输入输出描述模型与内部描述模型

描述系统输入与输出之间关系的数学模型称为输入输出描述模型,如微分方程、传递函数、频率特性等数学模型。状态空间模型描述了系统内部状态和系统输入与输出之间的关系,所以称为内部描述模型。内部描述模型不仅描述了系统输入与输出之间的关系,而且描述了系统内部信息传递的关系,所以比输入输出模型更深入地揭示了系统的动态特性。

3. 连续时间模型与离散时间模型

根据数学模型所描述的系统中的信号是连续信号还是离散信号,数学模型分为连续时间模型和离散时间模型,简称连续模型和离散模型。连续时间模型有微分方程、传递函数、状态空间表达式等数学表达式。离散时间模型有差分方程、Z传递函数、离散状态空间表达式等数学表达式。

4. 参数模型与非参数模型

从描述方式上看,数学模型分为参数模型和非参数模型。参数模型是用数学表达式表示的数学模型,如传递函数、差分方程、状态方程等。非参数模型是直接或间接从物理系统的试验分析中得到的响应曲线表示的数学模型,如脉冲响应、阶跃响应、频率特性曲线等。

数学模型虽然有不同的表示形式,但它们之间可以互相转换,可以由一种形式的模型转换为另一种形式的模型。例如,一个集中参数的系统,可以用参数模型表示,也可以用非参数模型表示;可以用输入输出模型表示,也可以用状态空间模型表示;可以用连续时间模型表示,也可以用离散时间模型表示。在古典控制理论中着重研究单输入单输出线性系统的输入量与输出量之间的对应关系,一般用输入与输出描述。本章主要介绍这一类系统的建模问题。

2.1.4　控制系统建模方法

建立系统数学模型简称为建模。系统建模有两类方法:一类是机理分析建模方法,称为分析法;另一类是实验建模方法,通常称为实验法或辨识法。

1. 分析法

分析法是通过对系统内在机理的分析,运用各种物理、化学等定律,推导出描述系统的数学关系式。采用机理建模必须清楚地了解系统的内部结构,所以分析法常称为"白箱"建模方法。机理建模得到的模型能展示系统的内在结构与联系,较好地描述系统特性。但是,机理建模方法具有局限性,特别是当系统内部过程变化机理还不很清楚时,很难采用机理建模方法。一方面,当系统结构比较复杂时,所得到的机理模型往往比较复杂,难以满足实时控制的要求。另一方面,机理建模总是基于许多简化和假设之上的,所以机理模型与实际系统之间存在建模误差。机理分析法适用于简单、典型、通用、常见的系统。

2. 实验法

实验法是利用系统输入与输出的实验数据或者过程正常运行数据,构造数学模型的实验建模方法。因为系统建模方法只依赖于系统的输入与输出关系,即使对系统内部机理不了解,也可以建立模型,所以实验法常称为"黑箱"建模方法。由于系统辨识是基于建模对象的实验数据或者过程正常的运行数据,所以建模对象必须已经存在,并能够进行实验。但是,辨识得到的模型只反映系统输入与输出的特性,不能反映系统的内

输入（已知）→ 黑匣子 → 输出（已知）

图 2-1 实验法建立数学模型

在信息,难以描述系统的本质。通常在对系统一无所知的情况下,采用这种建模方法。实验法建立数学模型如图 2-1 所示。

在一般情况下,最有效的建模方法是将分析法与实验法结合起来。事实上,人们在建模时,对系统不是一点都不了解的(了解系统的一些特性,如系统的类型、阶次等),只是不能准确地描述系统的定量关系,因此,系统像一只"灰箱"。实用的建模方法是尽量利用人们对物理系统的认识,由机理分析提出模型结构,然后用观测数据估计出模型参数,这种方法常称为"灰箱"建模方法,实践证明这种建模方法是非常有效的。

本章将着重介绍机理分析建模方法,并介绍几种典型控制系统的数学模型。

2.2 控制系统的时域数学模型

要想对系统进行分析和设计,首先就是建立系统的数学模型。在自动控制理论中,常用的数学模型有微分方程、差分方程和状态方程。本节重点研究以微分方程形式来描述的系统时间域数学模型。

2.2.1 控制系统微分方程的建立

控制系统的微分方程一般是利用变量导数之间的关系建立的,变量依赖于时间,因此,微分方程主要揭示系统在运动过程中各变量之间的相互关系及系统行为。控制系统的微分方程是根据描述系统特性的基本物理定律写出的,它既定性又定量地描述整个系统的运行过程。因此,要分析和研究控制系统的运动特性,就必须建立其微分方程。由于控制系统由具有不同功能的元件组成,所以在列写其运动方程时,需先写出各个元件的运动方程以及这些元件在系统中相互连接时彼此的影响。

古典控制理论主要研究单输入单输出系统的输入量与输出量之间的对应关系。下面通过微分方程的建立来分析控制系统输入变量和输出变量之间的关系。

要建立一个控制系统的微分方程,首先必须了解整个系统的组成、工作原理,然后根据支配各组成单元的物理定律,列写整个系统输出变量和输入变量之间的动态关系式,即微分方程。列写系统微分方程的一般步骤如下。

(1)分析:根据系统的工作原理及其各变量间的关系,确定系统的输入量和输出量及中间变量。

(2)列写:根据描述系统运动特性的基本定律(物理、化学定律),从系统的输出端或输入端开始,按照信号的传送顺序,依次列写组成系统各单元的运动方程式,一般为微分方程组。

在列写系统各元件的微分方程时,一要注意信号传送的单向性,即前一个单元的输出是后一个单元的输入,一级一级的单向传送;二要注意前后相连的两个单元中,后级对前级的负载效应,如无源网络输入阻抗对前级的影响,传动装置对电动机转动惯量的影响等。

(3)消去:消去中间变量,列写只含有输入变量和输出变量以及它们的各阶导数的微分方程。

（4）规范：将微分方程写成规范形式，即将与输出变量有关的项放在方程式的左边，与输入变量有关的项放在右边，各导数项按降幂顺序排列。

1. 电路系统

电路是包括电压源、电流源和其他电子元件（如电阻、电容、电感等）的互连网络。在电路中，一种重要的结构单元是运算放大器（op-amp），这也是一种复杂的反馈系统。一些重要的反馈系统设计方法就是由设计高增益、宽频带反馈放大器的设计者提出的，主要在贝尔实验室（1925—1940 年）。电气、电子元器件同样在电动机械能量转换设备中扮演重要角色，如电动机、发电机和电传感器。

线性电路元件的符号以及它们的关系如图 2-2 所示。无源电路由电阻、电容、电感的互连网络组成。在电子学中，还加入了有源器件，包括二极管、晶体管和放大器。

符号	方程
电阻	$u=Ri$
电容	$i=C\dfrac{\mathrm{d}u}{\mathrm{d}t}$
电感	$u=L\dfrac{\mathrm{d}i}{\mathrm{d}t}$
电压源	$u=u_s$
电流源	$i=i_s$

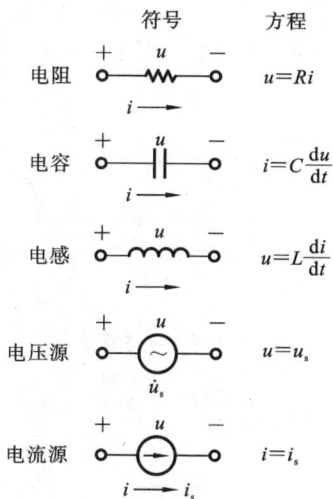

图 2-2　线性电路元件的符号以及它们的关系

电路的基本定律——基尔霍夫定律如下。

基尔霍夫电流定律（KCL）：流出一个节点的电流的代数和等于流入这个节点的电流的代数和。

基尔霍夫电压定律（KVL）：在电路中环绕一个闭合回路一周的所有电压的代数和为零。

【例 2-1】 由电阻 R、电感 L 和电容 C 组成的四端无源网络如图 2-3 所示，列写以 $u_r(t)$ 为输入量，$u_c(t)$ 为输出量的网络微分方程。

解 （1）分析：系统的输入量为 $u_r(t)$，输出量为 $u_c(t)$。

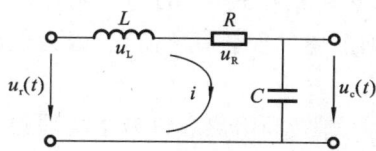

（2）列写：从输入到输出顺序列写各元件方程，网络中各电压、电流的参考方向如图 2-3。由基尔霍夫电压定律得

$$\begin{cases} u_r(t) = L\dfrac{\mathrm{d}i(t)}{\mathrm{d}t} + Ri(t) + \dfrac{1}{C}\int i(t)\,\mathrm{d}t \\ u_c(t) = \dfrac{1}{C}\int i(t)\,\mathrm{d}t \end{cases}$$

图 2-3　四端无源网络

（3）消去：利用输出电压与回路电流的关系消去中间变量。

$$i(t) = C\dfrac{\mathrm{d}u_c(t)}{\mathrm{d}t}$$

$$\dfrac{\mathrm{d}i(t)}{\mathrm{d}t} = C\dfrac{\mathrm{d}^2 u_c(t)}{\mathrm{d}t^2}$$

$$u_r(t) = LC\dfrac{\mathrm{d}^2 u_c(t)}{\mathrm{d}t^2} + RC\dfrac{\mathrm{d}u_c(t)}{\mathrm{d}t} + u_c(t)$$

（4）规范：写成规范的微分方程（标准形式）。

$$LC\dfrac{\mathrm{d}^2 u_c(t)}{\mathrm{d}t^2} + RC\dfrac{\mathrm{d}u_c(t)}{\mathrm{d}t} + u_c(t) = u_r(t) \tag{2.1}$$

显然,这是一个二阶线性微分方程。

【例 2-2】 列写以 $u_r(t)$ 为输入量、$u_c(t)$ 为输出量的无源网络(见图 2-4)的微分方程。

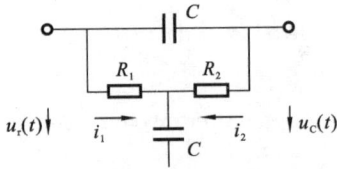

图 2-4 无源网络

解
$$
\begin{cases}
u_r(t) = R_1 i_1(t) + \dfrac{1}{C}\displaystyle\int (i_1(t) + i_2(t))\,\mathrm{d}t \\[2mm]
\dfrac{1}{C}\displaystyle\int i_2(t)\,\mathrm{d}t + R_2 i_2(t) = R_1 i_1(t) \\[2mm]
u_c(t) = R_2 i_2(t) + \dfrac{1}{C}\displaystyle\int (i_1(t) + i_2(t))\,\mathrm{d}t
\end{cases}
$$

消去中间变量,并写成规范形式:

$$
T_1 T_2 \frac{\mathrm{d}^2 u_c(t)}{\mathrm{d}t} + (2T_1 + T_2)\frac{\mathrm{d}u_c(t)}{\mathrm{d}t} + u_c(t) = T_1 T_2 \frac{\mathrm{d}^2 u_r(t)}{\mathrm{d}t} + (T_1 + T_2)\frac{\mathrm{d}u_r(t)}{\mathrm{d}t} + u_r(t) \tag{2.2}
$$

式中:$T_1 = R_1 C$;$T_2 = R_2 C$。

2. 机械系统

求取机械系统的数学模型或者运动方程(equation of motion),其基石就是牛顿定律,即

$$
F = ma \tag{2.3}
$$

$$
T = J\varepsilon \tag{2.4}
$$

式(2.3)中:F 为作用到系统每一个部位的所有力的矢量和,单位为牛顿(N)或英磅(lb, 1 lb $= 0.45$ kg);a 为系统每一个部位相对于惯性系(即相对于恒星既不加速也不旋转的参考系)的矢量加速度,通常称为惯性加速度,单位为 m/s^2 或 ft/s^2;m 为物体的质量,单位为千克(kg)。式(2.4)中:J 为转动惯量;$\varepsilon = \dfrac{\mathrm{d}\Omega}{\mathrm{d}t}$,$\varepsilon$ 为角速度。

应用牛顿定律需要建立一个合适的坐标系,方便描述物体的运动(位移、速度以及加速度)。画出自由体受力图以分析物体的受力情况,然后根据式(2.3)写出物体的运动方程。如果选择惯性系作为坐标描述物体的位移,则上述过程会有所简化,因为这样牛顿定律中的加速度就是坐标位移对时间的二阶导数。

机械系统的分析中常使用三种理想化的要素:质量、弹簧和阻尼。机械系统理想化要素如表 2-1 所示。

表 2-1 机械系统理想化要素

基本要素	示 意 图	运 动 方 程
质量		$F = m\dfrac{\mathrm{d}v}{\mathrm{d}t} = m\dfrac{\mathrm{d}^2 x}{\mathrm{d}t^2}$
弹性		$F = k(x_1 - x_2) = kx$ $= k\displaystyle\int_0^t (v_1 - v_2)\,\mathrm{d}t = k\displaystyle\int_0^t v\,\mathrm{d}t$

基 本 要 素	示　意　图	运 动 方 程
阻尼		$F = f(v_1 - v_2) = fv$ $= f(\dot{x}_1 - \dot{x}_2) = f\dot{x}$

【例 2-3】　机械平移系统。设由一个弹簧、质量块、阻尼器组成的机械平移系统如图 2-5 所示。f 为阻尼系数。系统最初处于平衡状态,质量块静止不动。当外力 F 作用于系统时,系统将产生平移。试列写出以系统外力 F 为输入量,以质量块位移 x 为输出量的系统运动方程式(忽略质量块重力)。

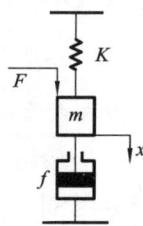

图 2-5　机械平移系统

解　(1)外力 F 为输入量,以质量块位移 x 为输出量。

(2)在外力 F 作用下,设质量块的质量为 m,其相对于初始状态的位移、速度、加速度分别为 $x(t)$、$\dfrac{\mathrm{d}x(t)}{\mathrm{d}t}$、$\dfrac{\mathrm{d}^2 x(t)}{\mathrm{d}t^2}$。如果弹簧恢复力和阻尼器阻力与外力 F 不能平衡,质量块 m 将有加速度。

根据牛顿第二定律,得力平衡方程

$$ma = F(t) - F_{弹} - F_{阻尼}$$

$$m\frac{\mathrm{d}^2 x(t)}{\mathrm{d}t^2} = F(t) - Kx(t) - f\frac{\mathrm{d}x(t)}{\mathrm{d}t}$$

(3)整理,得以位移 x 为输出量的运动方程

$$m\frac{\mathrm{d}^2 x(t)}{\mathrm{d}t^2} + f\frac{\mathrm{d}x(t)}{\mathrm{d}t} + Kx(t) = F(t) \tag{2.5}$$

【例 2-4】　机械转动系统。设一个机械转动系统由惯性负载和黏性摩擦阻尼器组成,如图 2-6 所示。试列写以外力矩 M_1 为输入量、负载转动角速度 ω 为输出量的系统运动方程。

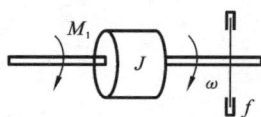

图 2-6　机械转动系统

解　(1)以外力矩 M_1 为输入量、负载转动角速度 ω 为输出量。

(2)由牛顿第二定律,得力矩平衡方程为

$$\sum M = J\frac{\mathrm{d}\omega}{\mathrm{d}t}$$

$$M_1 - M_{阻尼} = J\frac{\mathrm{d}\omega}{\mathrm{d}t}$$

式中:J 为系统的转动惯量;$M_{阻尼}$ 为特性阻尼力矩,它和 ω 成正比,即 $M_{阻尼} = f\omega$,f 为黏性阻尼系数。由此,系统运动方程为

$$M_1 - f\omega = J\frac{\mathrm{d}\omega}{\mathrm{d}t}$$

(3)整理得

$$J\frac{\mathrm{d}\omega}{\mathrm{d}t} + f\omega = M_1 \tag{2.6}$$

3. 液位系统

工业过程中常常涉及液流通过连接管道和油箱,在这里液流通常是紊流,要用非线性方程描述液流的动态特性。

液体流动状态通常分为层流和紊流。层流是由一层液体通向另一层的平滑运动,而紊流表现为不规则的运动。从层流到紊流的飞越条件与一组无量纲的数有关,这些数统称为雷诺数 R_e。当雷诺数 R_e 小于 2000 时,管内液流为层流;当 R_e 大于 3000 时,管内液流为紊流;当 R_e 为 2000~3000 时,液流的形式不可预测。

设有一液流通过连接两个容器的导管。这时导管的液阻定义为产生单位流量变化所需的液位差(两个容器的液面高度之差)的变化量,即

$$R = \frac{液位差变化(m)}{流量变化(m^3/s)}$$

层流和紊流的流量与液位差之间的关系是不同的,下面分两种情况讨论。

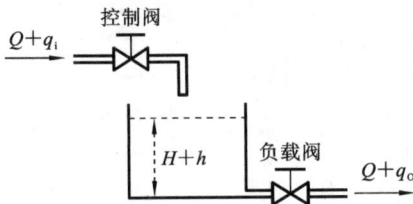

图 2-7 液位系统

如图 2-7 所示的液位系统,$Q+q_i$ 和 $Q+q_o$ 分别为输入流量和输出流量(m^3/s),$H+h$ 为液面高度(m),而 Q、H 分别为稳态时的流量和液面高度。如果流过节流孔的液流是层流,则有

$$Q = KH$$

式中:K 是与液体黏度及管的直径等因素有关的系数。此时的液阻为一常数,即

$$R_t = \frac{\mathrm{d}H}{\mathrm{d}Q} = \frac{H}{Q} = \frac{1}{K}$$

如果通过节流器的是紊流,则稳态流量与液面高度的关系为

$$Q = K\sqrt{H}$$

式中:K 为系数($m^{2.5}/s$)。此时 Q 与 H 之间是非线性关系(见图 2-8),两边同时求导可得

$$\mathrm{d}Q = \frac{K}{2\sqrt{H}}\mathrm{d}H$$

根据定义知道此时的液阻为

$$R_t = \frac{\mathrm{d}H}{\mathrm{d}Q} = \frac{2\sqrt{H}}{K} = \frac{2\sqrt{H}\sqrt{H}}{Q} = \frac{2H}{Q} \tag{2.7}$$

显然此时 R_t 是一个与 Q 和 H 都有关的变量。但如果只考虑在某一稳态附近的变化情况,则 R_t 可近似看成一个常数,这样流量与液面高度之间的关系可以看成如下线性关系:

$$Q = \frac{2H}{R_t}$$

而 R_t 可由图 2-8 中曲线的切线斜率求出。

综上所述,可得出如下结论:当流过节流孔的液流是层流时,液面高度与流量之间是线性关系;当液流是紊流时,液面高度与流量之间是非线性关系,但经过近似线性化,仍可以看成线性关系。

设 q_i 和 q_o 分别为输入和输出流量,C 为容器底面积

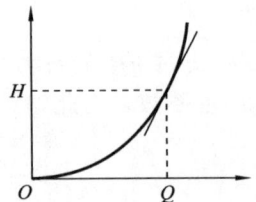

图 2-8 液面与流量的关系曲线

（m²），h 为当前液面高度，则有

$$Cdh = (q_i - q_o)dt \qquad (2.8)$$

根据前述的线性关系，有

$$q_o = \frac{h}{R}$$

式中：R 为液阻。将上式代入式（2.8）中，得液位系统的运动方程为

$$RC\frac{dh}{dt} + h = Rq_i \qquad (2.9)$$

4. 直流电动机系统

【**例 2-5**】 已知直流电动机定子与转子的电磁关系如图 2-9 所示，直流电动机系统原理图如图 2-10 所示，试写出其运动方程。

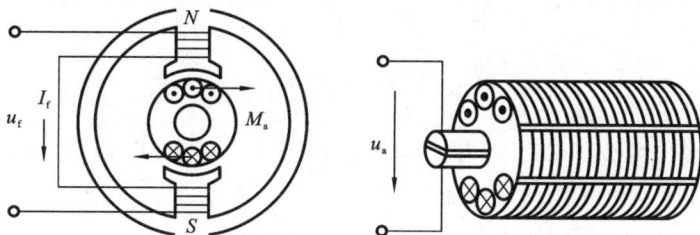

图 2-9 直流电动机定子与转子的电磁关系

解 直流电动机的运动是一组合系统的运动。它由两部分构成：一部分是电网络，由电网络得到电能，产生电磁转矩；另一部分是机械运动，输出的机械能带动负载转动。在图 2-9 的电机结构示意图中，设主磁通 Φ 为恒定磁通，也就是说在励磁电压 U_f 为常数时，产生常数值的励磁电流 I_f，从而主磁通 Φ 也为常数。若忽略旋转黏滞系数 f_a，则可以写出各平衡方程如下。

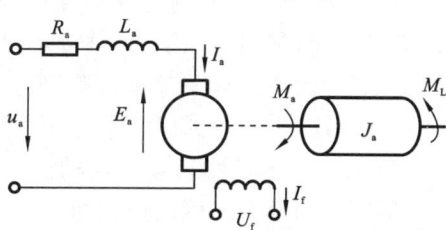

图 2-10 直流电动机系统原理图

（1）电网络平衡方程为

$$L_a\frac{di_a(t)}{dt} + R_a i_a(t) + E_a = u_a(t)$$

式中：$u_a(t)$ 为电动机的电枢电压（V）；$i_a(t)$ 为电动机的电枢电流（A）；R_a 为电枢绕组的电阻（Ω）；L_a 为电枢绕组的电感（H）；E_a 为电枢绕组的感应电动势（V）。

（2）电动势平衡方程为

$$E_a = k_e\omega(t)$$

式中：$\omega(t)$ 为电枢旋转角速度（rad/s）；k_e 为电动势常数（V/s），由电动机的结构参数确定。

（3）机械平衡方程为

$$J_a\frac{d\omega(t)}{dt} = M_a - M_L$$

式中：J_a 为电动机转子的转动惯量（kg/m²）；M_a 为电动机的电磁转矩（N/m）；M_L 为折

合阻力矩(N/m)。

（4）转矩平衡方程为

$$M_a = k_c i_a(t)$$

式中：k_c 为电磁转矩常数（N/(m·A^{-1})），由电动机的结构参数确定。

将上述四个方程联立，如在空载下，阻力力矩很小，可略去 M_L，得方程组如下：

$$\begin{cases} L_a \dfrac{di_a(t)}{dt} + R_a i_a(t) + E_a = u_a(t) \\ E_a = k_e \omega(t) \\ J_a \dfrac{d\omega(t)}{dt} = M_a \\ M_a = k_c i_a(t) \end{cases}$$

消去中间变量 $i_a(t)$、E_a、M_a，得输入为电枢电压 $u_i(t) = u_a(t)$、输出为转轴角速度 $\omega(t)$ 的二阶微分方程为

$$\frac{J_a L_a}{k_c} \frac{d^2 \omega(t)}{dt} + \frac{J_a R_a}{k_c} \frac{d\omega(t)}{dt} + k_e \omega(t) = u_i(t) \tag{2.10}$$

这是一个二阶线性微分方程。因为电枢绕组的电感一般都很小，如果略去电枢绕组的电感 L_a，则可以得一阶线性微分方程为

$$\frac{J_a R_a}{k_c} \frac{d\omega(t)}{dt} + k_e \omega(t) = u_i(t) \tag{2.11}$$

通过对前面几个例题的分析可知，要列写系统的微分方程，首先必须了解系统的组成和工作原理，利用物理学、化学等定律，按信号流向列写整个系统的微分方程组，消去中间变量，从而得到只关于输入量和输出量的 n 阶微分方程。

综上所述，可以得到以下结论。

（1）对于不同的物理系统，只要它们有相同的内在规律，其运动方程的形式是相同的，即不同的物理系统可以得到相同形式的数学模型。具有相同形式的数学模型的系统称为相似系统。

（2）利用相似系统的概念，可以将在一个系统上得到的分析结果或实验结论推广到它所有相似的系统上去，可利用简单易实现的系统（如电的系统）去研究机械系统，因为一般来说，电的或电子的系统更容易通过试验进行研究。

（3）对于同一个线性系统，当输入量和输出量确定时，描述它的微分方程是唯一的，同样，对于同一个系统，当输入量与输出量不同时，描述它的微分方程也是不同的。

2.2.2　非线性微分方程的线性化

前面讨论的元件和系统，假设它们都是线性的，因而描述它们的数学模型也都是线性微分方程。事实上，任何一个元件或系统总是存在一定程度的非线性。例如，弹簧的刚度与其形变有关，并不一定是常数；电阻 R、电感 L、电容 C 等参数值与周围环境（温度、湿度、压力等）及流经它们的电流有关，也不一定是常数；电动机本身的摩擦、死区等非线性因素会使其运动方程复杂化而成为非线性方程等。严格地说，实际系统的数学模型一般都是非线性的，而非线性微分方程没有通用的求解方法。因此，在研究系统时总是力图将非线性问题在合理、可能的条件下简化为线性问题处理。如果做某些近似或缩小一些研究问题的范围，可以将大部分非线性方程在一定的工作范围内近似用线

性方程来代替,这样就可以用线性理论来分析和设计系统。虽然这种方法是近似的,但它便于分析、计算,在一定的工作范围内能反映系统的特性,在工程实践中具有实际意义。

控制系统中有关非线性因素的问题可以分两大类:一类是元件本身存在本质上的非线性特性,如饱和特性、继电器特性,具有这样元件的系统只能采用非线性系统的分析方法进行分析和设计;另一类是系统存在非本质上的非线性问题,一般这类问题可以通过小偏差法(或切线法)进行线性化处理。

1. 线性化的定义

利用计算机能对具体非线性问题计算出结果,但仍然难以求得一些符合各类非线性系统的普遍规律。因此在研究系统时力图将非线性问题在合理、可能的条件下简化为线性问题,即非线性系统数学模型的线性化。如果做某种近似或缩小一些研究问题的范围,可以将大部分非线性方程在一定工作范围内用近似的线性方程来代替,这样就可以用线性理论来分析和设计系统。

工程上,常常将非线性微分方程在一定条件下转化为线性微分方程的方法称为非线性微分方程的线性化,即非线性系统的线性化。

虽然这种方法是近似的,但在一定的工作范围内能够反映系统的特性,在工程实践中具有很大的实际意义,便于分析和处理。

2. 非线性微分方程线性化的基本假设

自动控制系统在正常情况下都处于一个稳定的工作点(平衡点),也是预期工作点,系统的输入和输出变量不变化,即它们的各阶导数均为零。这时,控制系统也不进行控制作用,一旦被控量偏离期望值而产生偏差,控制系统便开始控制动作,以便减少或消除这个偏差。因此,控制系统中被控量的偏差不会很大,只是小偏差。

非线性微分方程能进行线性化的基本假设是变量偏离其预期工作点的偏差甚小。

只要在该点处有导数和偏导数存在,则在预期工作点的微小领域便可将非线性函数通过变量的偏差展开成泰勒级数。例如,将级数中偏差二阶以上的高阶项忽略,可以获得以变量的偏差为自变量的线性函数。

3. 线性化方法

常用的线性化方法有小偏差线性化方法(简称小偏差法或者切线法)。

图 2-11 所示的为发电机激磁曲线。A 点为激磁工作点。曲线为发电机电压 U_f 随激磁电流 I_f 变化的激磁曲线,这是一个非线性关系。但是,如果 I_f 在 A 点附近只有微小的变化,那么可以近似地认为 U_f 是沿着激磁曲线在 A 点的切线变化,即激磁特性用切线这一直线来代替,即

$$\Delta U_f = \Delta I_f \tan\alpha_0$$

这样就把非线性问题线性化了,这种方法称为小偏差法,它是常用的一种线性化方法。

小偏差法特别适用于具有连续变化的非线性特性函数,其实质就是在一个小范围内,将非线性特性用一段直线来代替。如果用数学公式解释的话,小偏差法线性化就是用变量在平衡点邻域的一阶泰勒展开式替换原变量。下面来看一

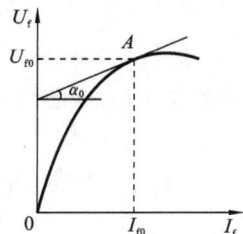

图 2-11 发电机激磁曲线

下具体的线性化过程。

1) 具有一个变量的非线性函数的线性化

设连续变化的非线性函数为 $y=f(x)$，如果系统的平衡点(工作点)为 $A(x_0,y_0)$，$y_0=f(x_0)$，若 $x=x_0+\Delta x$，那么在 $y_0=f(x_0)$ 附近展开成泰勒级数为

$$y=f(x_0)+\left(\frac{\mathrm{d}f(x_0)}{\mathrm{d}x}\right)_{x_0}(x-x_0)+\frac{1}{2!}\left(\frac{\mathrm{d}^2f(x_0)}{\mathrm{d}x^2}\right)_{x_0}(x-x_0)^2+\cdots$$

忽略二阶以上各项，可写成

$$y=f(x_0)+\left(\frac{\mathrm{d}f(x_0)}{\mathrm{d}x}\right)_{x_0}(x-x_0)$$

或者
$$\Delta y=K\Delta x$$

式中：K 为比例系数，即函数在 x_0 点的切线的斜率。

2) 两个变量的非线性函数

对于具有两个自变量的非线性函数，设输入量为 $x_1(t)$ 和 $x_2(t)$，输出量为 $y(t)$，如果系统的工作点为 $y_0=f(x_{10},x_{20})$，则在工作点附近展开成泰勒级数为

$$y=f(x_1,x_2)$$
$$=f(x_{10},x_{20})+\left[\left(\frac{\partial f}{\partial x_1}\right)_{x_{10},x_{20}}(x_1-x_{10})+\left(\frac{\partial f}{\partial x_2}\right)_{x_{10},x_{20}}(x_2-x_{20})\right]$$
$$+\frac{1}{2!}f(x_{10},x_{20})+\left[\left(\frac{\partial^2 f}{\partial x_1^2}\right)_{x_{10},x_{20}}(x_1-x_{10})^2+2\left(\frac{\partial^2 f}{\partial x_1 x_2}\right)_{x_{10},x_{20}}(x_1-x_{10})(x_2-x_{20})\right.$$
$$\left.+\left(\frac{\partial^2 f}{\partial x_2^2}\right)_{x_{10},x_{20}}(x_2-x_{20})^2\right]+\cdots$$

式中：偏导数都在 $x_1=x_{10}$、$x_2=x_{20}$ 上求取。忽略二阶以上各项，可以写成

$$y=f(x_{10},x_{20})+\frac{\partial f}{\partial x_1}(x_1-x_{10})+\frac{\partial f}{\partial x_2}(x_2-x_{20})$$

$$y-y_0=K_1(x_1-x_{10})+K_2(x_2-x_{20})$$

式中：$K_1=\left(\dfrac{\partial f}{\partial x_1}\right)_{\substack{x_1=x_{10}\\x_2=x_{20}}}$；$K_2=\left(\dfrac{\partial f}{\partial x_2}\right)_{\substack{x_1=x_{10}\\x_2=x_{20}}}$。

这种小偏差线性化方法对于控制系统大多数工作状态是可行的，平衡点附近偏差一般不会很大，都是"小偏差点"。得到的方程是以偏差为自变量的方程，若去掉增量符号，可以得到形式上与线性方程完全相同的方程，但本质上仍然是以偏差为自变量的方程。对于控制系统来说，只要系统是稳定系统，则一定是连续变化的，偏差非常小但一定存在，偏差一定在某一点附近振荡，这与小偏差线性化的思想类似。因此，对于含有非本质非线性问题的控制系统来说，可以采用小偏差线性化方法，将其转化为线性系统。从这章以后，所有系统都用线性系统来代替。

4. 线性化实例

【例 2-6】 铁芯线圈如图 2-12 所示。试列写以电压 u_r 为输入、电流 i 为输出的铁芯线圈的微分方程。

解 设 u_1 为线圈的感应电势，它正比于线圈中磁通变化率，即

$$u_1=K_1\frac{\mathrm{d}\phi(i)}{\mathrm{d}t}$$

式中：K_1 为比例常数。铁芯线圈的磁通是线圈中电流 i 的非线性函数，如图 2-13 所示。

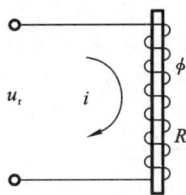

图 2-12 铁芯线圈

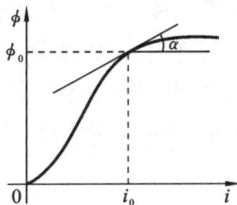

图 2-13 磁通曲线

根据基尔霍夫定律有

$$u_r = u_1 + Ri$$

以上两式联立得

$$K_1 \frac{\mathrm{d}\phi(i)}{\mathrm{d}i}\frac{\mathrm{d}i}{\mathrm{d}t} + Ri = u_r \tag{2.12}$$

显然这是一个非线性微分方程。

如果在工作过程中,线圈的电压、电流只在平衡工作点(u_0, i_0)附近做微小的变化,$\phi(i)$在i_0的邻域内连续可导,则在平衡点i_0的邻域内,磁通$\phi(i)$可表示成泰勒级数,即

$$\phi(i) = \phi_0(i) + \frac{\mathrm{d}\phi(i)}{\mathrm{d}i}\bigg|_{i_0} \Delta i + \frac{1}{2!}\frac{\mathrm{d}^2\phi(i)}{\mathrm{d}i^2}\bigg|_{i_0}(\Delta i)^2 + \cdots$$

式中:$\Delta i = i - i_0$。当Δi足够小时,略去上式高阶项,取其一次近似,有

$$\phi(i) = \phi_0(i) + \frac{\mathrm{d}\phi(i)}{\mathrm{d}i}\bigg|_{i_0}\Delta i$$

式中:$\dfrac{\mathrm{d}\phi(i)}{\mathrm{d}i}\bigg|_{i_0}$为平衡点$i_0$处$\phi(i)$的导数值。令它为$C_1$,则有

$$\phi(i) \approx \phi_0(i) + C_1\Delta i$$

$$\phi(i) - \phi_0(i) = \Delta\phi(i) \approx C_1\Delta i$$

上式表明,经小扰动线性化处理后,线圈中电流增量与磁通增量之间已经近似为线性关系。将式(2.12)中的u_r、$\phi(i)$、i均表示成平衡点附近的增量方程,即

$$u_r = u_0 + \Delta u_r$$

$$i = i_0 + \Delta i$$

$$\phi(i) \approx \phi_0(i) + C_1\Delta i$$

将上述三式代入方程(2.12),消去中间变量并整理,可得

$$K_1 C_1 \frac{\mathrm{d}\Delta i}{\mathrm{d}t} + R\Delta i = \Delta u_r \tag{2.13}$$

式(2.13)就是铁芯线圈的线性化增量微分方程。在实际使用中,为简便起见,常常略去增量符号而写成

$$K_1 C_1 \frac{\mathrm{d}i}{\mathrm{d}t} + Ri = u_r \tag{2.14}$$

但必须明确,u_r和i均为相对于平衡工作点的增量(小变化量),而不是本身的真正值。

综上所述,可以得到如下结论。

(1) 在应用小偏差线性化时,必须明确预定工作点的参数,对于不同的工作点,得出的线性微分方程的系数是不同的。

（2）若系统或元件的原有特性很接近线性，则得到的方程能在变化范围较大时适用。

（3）线性化只适用于连续非线性系统。对于不连续非线性特性（如继电器特性），因为处处不满足展开成泰勒级数的条件，所以不能线性化，即对在工作点不能进行泰勒展开的系统，不可能进行线性化处理。

2.3 控制系统的复域数学模型

控制系统的微分方程是在时间域描述系统动态性能的数学模型，有了时域模型，就可以分析时间域内系统的特点。例如，求出微分方程就知道了输出和输入之间的关系，在给定外部作用及初始条件下，求微分方程的解可以得到系统输出响应随时间变化的规律。可见，微分方程这一数学模型的优点就是比较直观的，对于低阶系统或较简单的系统可以迅速而准确地求得结果。但是，当要研究系统的结构或参数变化对输出的影响时，利用这种方法，就需要进行多次重复求解微分方程的计算。微分方程的阶次越高，这种计算越烦琐。因此使用微分方程这一数学模型对系统进行分析和设计既不方便，又难求得一个规律性的结论。

用拉氏变换法求取线性系统的微分方程时，可以得到控制系统在复数域中的数学模型——传递函数。传递函数不仅可以表征系统的动态性能，而且可以用来研究系统的结构或参数变化对系统性能的影响。经典控制理论中广泛应用的频率法和根轨迹法就是以传递函数为基础建立起来的，传递函数是经典控制理论中最基本和最重要的概念。

2.3.1 传递函数

为了说明传递函数的概念，下面介绍一个简单的无源 RC 网络的例子。

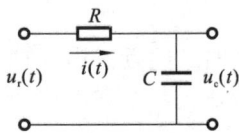

图 2-14 无源 RC 网络

如图 2-14 所示的为无源 RC 网络，系统的微分方程为

$$RC\frac{du_c(t)}{dt}+u_c(t)=u_r(t)$$

设输入信号 $u_r(t)=u_{r0}\cdot 1(t)$，初始条件 $u_c(0)=u_{c0}$，则用拉氏变换方法求解上述微分方程，可得

$$RCsU_c(s)-RCU_c(0)+U_c(s)=U_r(s)$$

$$U_c(s)=\frac{1}{RCs+1}U_r(s)+\frac{RC}{RCs+1}U_{c0}$$

$$u_c(t)=u_{r0}(1-e^{-t/T})+u_{c0}e^{-t/T} \tag{2.15}$$

式(2.15)右端第一项为零状态响应，第二项为零输入响应。令初始条件为零，则上两式变为

$$U_c(s)=\frac{1}{RCs+1}U_r(s) \tag{2.16}$$

$$u_c(t)=u_{r0}(1-e^{-t/T}) \tag{2.17}$$

从式(2.16)看出，RC 网络的输入与输出通过 $\frac{1}{RCs+1}$ 有一一对应关系，即 $u_r(t)$ 给定，$U_r(s)$ 是确定的，而 $U_c(s)$ 就完全由 $\frac{1}{RCs+1}$ 确定了，于是称 $\frac{1}{RCs+1}$ 为 RC 无源网络的传递函数，并表示为

$$G(s) = \frac{U_c(s)}{U_r(s)} = \frac{1}{RCs+1} \tag{2.18}$$

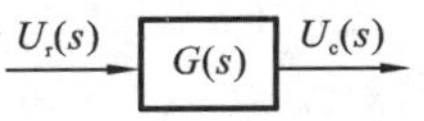

图 2-15　传递函数图示

式中：$\dfrac{1}{RCs+1}$ 完全由 RC 网络的参数、结构决定，它是在复域中描写 RC 网络输入与输出动态关系的数学模型。传递函数图示如图 2-15 所示。

1. 传递函数定义

在用拉氏变换求解微分方程的过程中，当令初始条件为零时，就可以得到输出与输入的一个确定的对应关系，这对一般的元件或系统也是适合的，如例 2-1 RLC 网络、例 2-3 机械平移系统，其微分方程均为二阶微分方程，如下：

$$LC\frac{d^2 u_0(t)}{dt^2} + RC\frac{du_0(t)}{dt} + u_0(t) = u_i(t)$$

$$m\frac{d^2 x(t)}{dt^2} + f\frac{dx(t)}{dt} + Kx = F(t)$$

若用 $c(t)$ 代表输出，$r(t)$ 代表输入，将参数取为一致，上述两方程可化成统一的形式

$$a_2\frac{d^2 c(t)}{dt^2} + a_1\frac{dc(t)}{dt} + a_0 c(t) = b_0 r(t)$$

式中：a_2、a_1、a_0、b_0 是与系统结构和参数有关的参数，结构决定系统的阶数，参数决定 a_2、a_1、a_0、b_0 的大小。若初始条件为零，对上式两边取拉氏变换，可得

$$a_2 s^2 C(s) + a_1 s C(s) + a_0 C(s) = b_0 R(s)$$

则

$$\frac{C(s)}{R(s)} = \frac{b_0}{a_2 s^2 + a_1 s + a_0}$$

表示成另外一种形式，即为传递函数

$$G(s) = \frac{C(s)}{R(s)} = \frac{L[c(t)]}{L[r(t)]}$$

传递函数定义：线性定常系统的传递函数是在初始条件（状态）为零的情况下，系统或装置输出信号的拉氏变换式 $C(s)$ 与输入信号的拉氏变换式 $R(s)$ 之比，称为该系统或装置的传递函数，记为 $G(s) = \dfrac{C(s)}{R(s)}$。

传递函数是在零初始条件下定义的。零初始条件有两个含义：一是指输入作用是在 $t=0$ 以后才作用于系统的，因此，系统输入量及其各阶导数在 $t \leqslant 0$ 时均为零；二是指输入作用于系统之前，系统是"相对静止"的，即系统输出量及各阶导数在 $t \leqslant 0$ 时的值也为零。大多数实际工程系统都满足这样的条件。零初始条件的规定不仅能简化运算，而且有利于在同等条件下比较系统性能。所以，这样规定是必要的。当输入和输出的位置确定后，传递函数表达式唯一，与输入和输出信号的形式无关，只与系统的固有结构和参数有关。

从传递函数定义可知，系统的输入和输出可以看作是一个黑匣子的输入和输出，只要知道了输入和输出及其零初始条件，就可以按照定义求出隐藏在黑匣子里的传递函数。

2. 传递函数的表达形式

1）传递函数的有理分式形式（多项式形式）

设线性定常系统由下述 n 阶线性定常微分方程描述

$$(a_n p^n + a_{n-1} p^{n-1} + \cdots + a_1 p + a_0) C(s) = (b_m p^m + b_{m-1} p^{m-1} + \cdots + b_1 p + b_0) R(s)$$

式中：$a_i(i=0,2,\cdots,n)$ 和 $b_j(j=0,2,\cdots,m)$ 是与系统结构和参数有关的常系数；p 为微分算子，$p=\mathrm{d}/\mathrm{d}t$。设 $C(t)$ 和 $R(t)$ 的初始条件为零，即其各阶导数在 $t=0$ 时的值为零，则对上式两边同时进行拉氏变换，可得线性定常系统的传递函数为

$$G(s) = \frac{C(s)}{R(s)} = \frac{b_m s^m + b_{m-1} s^{m-1} + \cdots + b_1 s + b_0}{a_n s^n + a_{n-1} s^{n-1} + \cdots + a_1 s + a_0} = \frac{M(s)}{D(s)}, \quad n \geqslant m \qquad (2.19)$$

式中：$D(s) = a_n s^n + a_{n-1} s^{n-1} + \cdots + a_1 s + a_0$；$M(s) = b_m s^m + b_{m-1} s^{m-1} + \cdots + b_1 s + b_0$。

传递函数的分母多项式 $D(s)$ 称为系统的特征多项式，$D(s)=0$ 称为系统的特征方程，$D(s)=0$ 的根称为系统的特征根或极点。分母多项式 $D(s)$ 的阶次 n 定义为系统对应于系统微分方程的阶次。对于实际的物理系统，多项式 $D(s)$、$M(s)$ 的所有系数均为实数，且分母多项式 $D(s)$ 的阶次 n 高于或等于分子多项式 $M(s)$ 的阶次 m，即 $n \geqslant m$。

2) 传递函数的零点、极点形式——首 1 标准型

将传递函数的分子、分母多项式变为首 1 多项式，然后在复数范围内因式分解，可得

$$G(s) = \frac{b_m (s-z_1)(s-z_2) \cdots (s-z_m)}{a_n (s-p_1)(s-p_2) \cdots (s-p_n)} = K^* \frac{\prod\limits_{i=1}^{m}(s-z_i)}{\prod\limits_{j=1}^{n}(s-p_j)} \qquad (2.20)$$

式中：z_i 为分子多项式的零点，称为传递函数的零点；p_j 为分母多项式的零点，称为传递函数的极点；$K^* = \dfrac{b_m}{a_n}$，称为系统的传递系数。

当 $K^* = \dfrac{b_m}{a_n}$ 不变时，$G(s)$ 对应的闭环系统零点、极点分布不变；当 $K^* = \dfrac{b_m}{a_n}$ 变化时，会引起闭环系统零点、极点的相关运动，使零点、极点分布产生变化，进而影响系统的性能。这种用零点和极点表示传递函数的方法在根轨迹法中使用较多，K^* 也称为根轨迹增益。

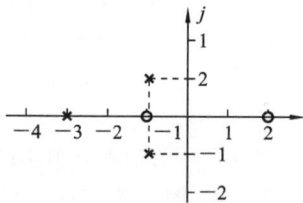

图 2-16 零点、极点分布图

系统零点、极点的分布决定了系统的特性，因此，可以在复平面上画出传递函数的零点、极点分布图，直接分析系统特性。在零点、极点分布图上，用"×"表示极点位置，用"○"表示零点位置。例如，传递函数

$$G(s) = \frac{2s^2 - 2s - 4}{s^3 + 5s^2 + 8s + 6} = \frac{2(s+1)(s-2)}{(s+3)(s+1+j)(s+1-j)}$$

的零点、极点分布图如图 2-16 所示。

下面简单分析一下传递函数的零点和极点对系统输出的影响。

极点是微分方程的特征根，因此，极点决定了所描述系统自由运动的模态。传递函数与系统的微分方程一一对应。分母多项式(极点)：在输入为零时，系统输出变量是如何变化的，即有几种自由演变模态。分子多项式(零点)：系统输出变量是以什么方式来响应输入信号的，即各自由模态和输入信号模态在总响应中各占多大比例。

零点距极点的距离越远，该极点所产生的模态所占比重越大；零点距极点的距离越近，该极点所产生的模态所占比重越小。如果零点、极点重合，则该极点所产生的模态为零，因为分子与分母相互抵消。

3）时间常数形式——尾 1 标准型

将传递函数的分子、分母多项式变为尾 1 多项式，然后在复数范围内因式分解，得

$$G(s) = K \frac{\prod\limits_{i=1}^{m}(\tau_i s + 1)}{\prod\limits_{j=1}^{n}(T_j s + 1)} \qquad (2.21)$$

式中：$\tau_i = \dfrac{1}{z_i}$；$T_j = \dfrac{1}{p_j}$。τ_i、T_j 分别称为时间常数，K 称为放大系数。显然

$$K = K^* \frac{\prod\limits_{i=1}^{m} z_i}{\prod\limits_{j=1}^{n} p_j}$$

注意：对于共轭复数的零点和极点常用二阶项表示。例如，$-p_1$、$-p_2$ 为共轭复极点，T_1、T_2 为共轭复数，相应的二阶项表示为

$$\frac{1}{(s+p_1)(s+p_2)} = \frac{1}{s^2 + 2\xi\omega_n s + \omega_n^2}$$

$$\frac{1}{(T_1 s + 1)(T_2 s + 1)} = \frac{1}{T^2 s^2 + 2\xi T s + 1}$$

同理，共轭复零点可表示为

$$(s+z_1)(s+z_2) = s^2 + 2\xi\omega_n s + \omega_n^2$$

或者

$$(T_1 s + 1)(T_2 s + 1) = T^2 s^2 + 2\xi T s + 1$$

若再考虑有 n 个零值极点，则传递函数的通式可以写成

$$G(s) = \frac{K}{s^v} \times \frac{\prod\limits_{i=1}^{m_1}(\tau_i s + 1) \prod\limits_{k=1}^{m_2}(\tau_k^2 s^2 + 2\xi_k \tau_k s + 1)}{\prod\limits_{j=1}^{n_1}(T_j s + 1) \prod\limits_{l=1}^{n_2}(T_l^2 s^2 + 2\xi_l T_l s + 1)} \qquad (2.22)$$

式中：$m_1 + 2m_2 = m$；$v + n_1 + 2n_2 = n$。

3. 传递函数的性质

（1）传递函数只适用于线性定常系统。

传递函数是微分方程经拉氏变换导出的，而拉氏变换是一种线性积分运算，因此传递函数的概念只适用于线性定常系统，即只有线性定常系统具有传递函数。

（2）$G(s)$ 取决于系统或元件的结构和参数，与输入量、输出量、扰动量等外部因素无关，只表示系统的固有属性。因此，传递函数可作为系统的动态数学模型，即系统在复数域的数学模型。

（3）不同系统或元件只要内部特征相同，就可能具有相同形式的传递函数。

不同类型的元件或系统可能具有形式相同的传递函数，具有相同形式传递函数的系统称为相似系统。在相同条件下，相似系统具有相同的动态特性。

（4）传递函数是在零初始条件下进行的。系统内部没有任何能量储存，即零输入表示输入信号从零时刻开始作用，零输出表示零时刻之前没有任何输出。

（5）在实际系统中，$n \geqslant m$。

$n \geqslant m$ 可以理解为传递函数是复变量 s 的有理真分式函数,具有复变量函数的所有性质,且所有系数均为实数。对实际系统来说,分母多项式的最高阶次 n 大于或等于分子多项式的最高阶次 m,即 $n \geqslant m$。这是因为实际系统或元件总是具有惯性及能源有限的缘故。输入是分母,输出是分子,因此在 $m \leqslant n$ 的传递函数分母多项式中,s 的最高阶次 n 等于输出量最高导数的阶次,这种系统称为 n 阶系统。

(6)传递函数若有复数的零点或极点,则它们必为共轭的复数零点或极点。

(7)传递函数与微分方程有相通性。

在进行拉氏变换时,所有初始状态均为零,传递函数与微分方程一一对应。传递函数中 S 置换成微分方程中的 $\mathrm{d}/\mathrm{d}t$,就可以将传递函数转变为微分方程。

(8)传递函数 $G(s)$ 的拉氏反变换是脉冲响应函数 $g(t)$。脉冲响应函数是指系统对单位脉冲输入 $\delta(t)$ 的输出响应,即

$$g(t) = L^{-1}[G(s)]$$

$$c(t) = L^{-1}[C(s)] = L^{-1}[G(s)R(s)] = L^{-1}[G(s)] = g(t)$$

4. 传递函数的求取方法

1)直接法

对于一般的元件或简单的系统,可根据传递函数的定义直接求取传递函数,即由它们的运动方程进行拉氏变换,在初始条件为零的条件下找出输出函数与输入函数之比,这种方法称为直接法。直接计算法求取传递函数的基本步骤如下。

(1)列写系统的运动方程。

(2)初始状态为零,对方程两边进行拉氏变换。

(3)写出标准的传递函数形式。

"系统初始条件均为零"是指在零时刻以前系统的输入和输出及其各阶导数均为零。在复数域,复变量 s 对应微分运算,而 $1/s$ 对应积分运算。"输出对输入的响应"是指初始条件为零时,系统在输入信号作用下输出的运动情况。因此,可以直接列写控制系统在复数域的方程。

【例 2-7】 求例 2-1 的 RLC 无源网络的传递函数 $\dfrac{U_c(s)}{U_r(s)}$。

解 根据前面的研究,RLC 无源网络的微分方程为

$$LC \frac{\mathrm{d}^2 u_c(t)}{\mathrm{d}t^2} + RC \frac{\mathrm{d}u_c(t)}{\mathrm{d}t} + u_c(t) = u_r(t)$$

在零初始条件下,对上述方程中的各项进行拉氏变换,并令 $U_r(s) = L[u_r(t)]$,$U_c(s) = L[u_c(t)]$,可得 s 的代数方程为

$$LCs^2 U_c(s) + RCs U_c(s) + U_c(s) = U_r(s)$$

由传递函数定义,RLC 网络的传递函数为

$$G(s) = \frac{U_c(s)}{U_r(s)} = \frac{1}{LCs^2 + RCs + 1}$$

当然也可以用电路的方法,利用阻抗的方式进行求解,即

$$U_r(s) = \frac{\dfrac{1}{sC}}{R + sL + \dfrac{1}{sC}} \cdot U_c(s) = \frac{1}{LCs^2 + RCs + 1} U_c(s)$$

2）间接法

间接法求取系统传递函数的步骤如下。

（1）列写系统各部分的微分方程。

（2）在初始状态为零的条件下，先对各个方程两边做拉氏变换。

（3）消去中间变量，写出标准的传递函数形式。

【例 2-8】 计算如图 2-17 所示的四端网络的传递函数 $\dfrac{U_c(s)}{U_r(s)}$。

解 列写系统各部分的微分方程为

$$\begin{cases} u_r(t) = u_{R1} + u_{c1} = R_1 i_1(t) + \dfrac{1}{C_1}\int (i_1(t) - i_2(t))\mathrm{d}t \\[2mm] \dfrac{1}{C_1}\int (i_1(t) - i_2(t))\mathrm{d}t = R_2 i_2(t) + u_c(t) \\[2mm] u_c(t) = \dfrac{1}{C_2}\int i_2(t)\mathrm{d}t \end{cases}$$

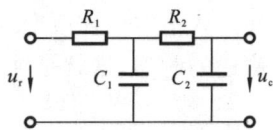

图 2-17 四端网络

在零初始条件下，对各个方程两边做拉氏变换，得

$$\begin{cases} U_r(s) = R_1 I_1(s) + \dfrac{1}{C_1 s}(I_1(s) - I_2(s)) \\[2mm] \dfrac{1}{C_1 s}(I_1(s) - I_2(s)) = R_2 I_2(s) + U_c(s) \\[2mm] U_c(s) = \dfrac{1}{C_2 s} I_2(s) \end{cases}$$

消掉中间变量，并假设 $C_1 = C_2 = C$，$R_1 = R_2 = R$，$CR = T$，得

$$\frac{U_c(s)}{U_r(s)} = \frac{1}{T_1 T_2 s^2 + (T_1 + T_2 + T_3)s + 1} = \frac{1}{T^2 s^2 + 3Ts + 1}$$

2.3.2 控制系统典型环节传递函数

1. 问题的提出

即使只限于各种线性连续系统，要逐一研究各种系统也是不可能的。自动控制理论采用的方法是通过系统的数学模型进行系统的分析、设计研究。这样，不仅避开了各种实际系统的物理背景，容易揭示控制系统的共性，而且使研究的工作量大为减少，因为许多不同性质的物理系统常常有相同的数学模型。但这还不够，要逐一研究数学模型的各种可能形式也是不可能的。

现在的问题是能否找出组成系统数学模型的基本环节，使得任何线性连续系统的数学模型总能由这些基本环节中的一部分组合而成。如果能找到，就可以研究这些为数不多的基本环节以及一些重要的组合系统。当弄清了这些基本环节的特性后，也就容易对任何系统分析其特性了。

下面先提出线性连续系统的传递函数的一般形式，然后分析其结构，得到线性连续系统的基本环节。

2. 传递函数的一般形式

前面已经说过，传递函数一般可写成式（2.19）的形式，但这里没有考虑系统中可能存在的延时效应，而是认为一旦有输入作用，系统立即会有响应。但实际系统大多数都有延时效应,即在输入作用一段时间 τ 后,系统才有输出响应。在时间 τ 内,输入虽然做了变化,但系统输出量并不做相应变化,这种现象称为纯滞后现象,输出量的变化落后于输入量变化的时间 τ 称为纯滞后时间。若延时时间很短,可忽略不计,但许多系统尤其是过程控制中,延时时间往往很长,分析系统时必须考虑延时效应。

下面举一个具有延时效应的例子。

【例 2-9】 溶解槽溶解系统如图 2-18 所示,料斗中的溶质用皮带输送机送至加料口。若在料斗处加大送料量,溶解槽中的溶液浓度要等到增加的溶质由料斗送到加料口并落入槽中后才改变,也就是说,溶液浓度的变化时间比加料量的改变时间落后输送带输送的时间,这就是纯滞后现象,纯滞后时间为

$$\tau = \frac{输送带长度}{输送带速度} = \frac{l}{v}$$

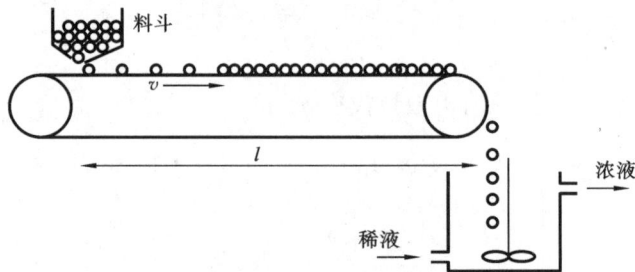

图 2-18 溶解槽溶解系统

解 下面推导该系统的传递函数。首先不考虑纯滞后,即假设料斗的溶质直接落入溶解槽,则溶液浓度 $y(t)$ 与料斗加料量 $x(t)$ 的关系为

$$T\frac{\mathrm{d}y(t)}{\mathrm{d}t} + y(t) = Kx(t)$$

传递函数为

$$G(s) = \frac{K}{Ts+1}$$

当溶质由输送机输送时,即考虑纯滞后,其微分方程应为

$$T\frac{\mathrm{d}y(t+\tau)}{\mathrm{d}t} + y(t+\tau) = Kx(t)$$

或

$$T\frac{\mathrm{d}y(t)}{\mathrm{d}t} + y(t) = Kx(t-\tau)$$

由拉氏变换实位移定理可导出系统的传递函数为

$$Tse^{\tau s}Y(s) + e^{\tau s}Y(s) = KX(s)$$
$$(Ts+1)e^{\tau s}Y(s) = KX(s)$$

则

$$G(s) = \frac{K}{Ts+1}e^{-\tau s}$$

从上面结果可以看出,延时效应在 $G(s)$ 中表现为增加了 $e^{-\tau s}$ 因子。对一般的线性常微分方程进行类似于上面的推导,会有相同的结论。因此,线性连续定常系统的传递函数的一般形式为

$$G(s) = \frac{b_m s^m + b_{m-1}s^{m-1} + \cdots + b_1 s + b_0}{a_n s^n + a_{n-1}s^{n-1} + \cdots + a_1 s + a_0} e^{-\tau s} \tag{2.23}$$

3. 典型环节的分类

应用因式分解理论,将线性系统的传递函数的一般形式(式(2.21))的分子、分母多项式在实数范围内进行因式分解,得到一次因式和二次因式的积。整个传递函数可以写成这些简单传递函数的乘积,这表明整个系统可以认为是由这些环节组成的。因为所有的线性连续定常系统的传递函数都可以写成式(2.21)的形式,所以,就数学意义而言,线性连续定常系统的传递函数总是由这几种类型的因子组成的,这些因子称为基本环节,或者称为典型环节。下面根据这些基本环节的特性命名它们。

1) 比例环节(放大环节)

时域方程:$c(t) = kr(t)$,$t \geqslant 0$。传递函数:$G(s) = \dfrac{C(s)}{R(s)} = k$,式中 k 为增益。

特点:输入量与输出量成比例,无失真和时间延迟。

实例:电子放大器、齿轮、电阻(电位器)、感应式变送器等。

2) 惯性环节

时域方程:$T\dfrac{\mathrm{d}c(t)}{\mathrm{d}t} + c(t) = kr(t)$,$t \geqslant 0$。传递函数:$G(s) = \dfrac{1}{Ts+1}$,$T$ 为时间常数。

特点:含一个储能元件,对于突变的输入,其输出不能立即复现,输出无振荡。

实例:RC 网络,直流电动机的传递函数也包含这一环节。

3) 微分环节(描述微分特性)

理想微分:时域方程为 $c(t) = \dfrac{\mathrm{d}r(t)}{\mathrm{d}t}$,传递函数为 $G(s) = s$。

一阶微分:时域方程为 $c(t) = \tau\dfrac{\mathrm{d}r(t)}{\mathrm{d}t} + r(t)$,传递函数为 $G(s) = \tau s + 1$。

二阶微分:时域方程为 $c(t) = \tau^2 \dfrac{\mathrm{d}^2 r(t)}{\mathrm{d}t^2} + 2\xi\tau\dfrac{\mathrm{d}r(t)}{\mathrm{d}t} + r(t)$,传递函数为 $G(s) = \tau^2 s^2 + 2\xi\tau s + 1$。

特点:输出量正比于输入量变化的速度,能预示输入信号的变化趋势。

实例:测速发电机输出电压与输入角度间的传递函数即为微分环节。

4) 积分环节(描述积分特性)

时域方程:$c(t) = \displaystyle\int_0^t r(t)\mathrm{d}t$,$t \geqslant 0$;传递函数:$G(s) = \dfrac{1}{Ts+1}$。

特点:输出量与输入量的积分成正比例,当输入消失,输出具有记忆功能。

实例:电动机角速度与角度间的传递函数、直线运动体的速度与位移之间的传递函数等。

5) 二阶振荡环节

时域方程:$\ddot{c}(t) + 2\xi\omega_n\dot{c}(t) + \omega_n^2 c(t) = \omega_n^2 r(t)$。

传递函数:$G(s) = \dfrac{\omega_n^2}{s^2 + 2\xi\omega_n s + \omega_n^2} = \dfrac{1}{T^2 s^2 + 2\xi T s + 1}$。

式中:ξ 为阻尼比($0 \leqslant \xi < 1$);ω_n 为自然振荡角频率(无阻尼振荡角频率);$T = \dfrac{1}{\omega_n}$。

特点:环节中有两个独立的储能元件,并可进行能量交换,其输出出现振荡。

实例:RLC 电路的输出与输入电压间的传递函数。

6)延时环节(又称时滞环节、时延环节)

时域方程:$c(t)=r(t-\tau)$。传递函数:$G(s)=\mathrm{e}^{-\tau s}$。式中 τ 为延迟时间。

特点:输出量能准确复现输入量,但需延迟一固定的时间间隔。

实例:管道压力、流量等物理量的控制,其数学模型包含延迟环节。

上面各环节称为稳定基本环节,下面几个基本环节一般称为不稳定基本环节。

不稳定惯性环节:$G(s)=\dfrac{1}{Ts-1}$。

不稳定二阶振荡环节:$G(s)=\dfrac{1}{T^2 s^2-2\xi Ts+1}$。

不稳定一阶微分环节:$G(s)=\tau s-1$。

不稳定二阶微分环节:$G(s)=\tau^2 s^2-2\xi \tau s+1$。

因为不稳定惯性、振荡环节是不稳定的,但形式上与惯性、振荡环节相似,所以称为不稳定惯性环节和不稳定振荡环节。但不稳定一阶、二阶微分环节只是为了与一阶、二阶微分环节区别,才称为不稳定一阶微分环节和不稳定二阶微分环节。

上述分类是从数学角度来划分的,主要是为了简化对控制系统的分析与设计。各种基本环节反映了物理系统内在的共同运动规律,也是组成系统的基本环节。一个系统或一个元件(线性连续)总可以由一个或几个基本环节组成。有些基本环节在实际中可以单独存在,但各种微分环节实际上是不能单独存在的。

引进系统基本环节的概念,可以引进结构图、信号流图等各种能表示系统结构的数学模型,从而能对控制系统做更详细的分析。

2.3.3 典型控制元件的传递函数

1. 电位器

电位器可以把线位移或角位移变换成电压量。在控制系统中,单个电位器常用作信号变换装置,如图 2-19(a)所示;一对电位器可组成误差检测器,如图 2-19(b)所示。空载时,单个电位器的电刷角位移 $\theta(t)$ 与输出电压 $u(t)$ 的关系曲线如图 2-19(c)所示,图中阶梯形状是绕线线径产生的误差,理论分析时可用直线近似。由图 2-19 可得输出电压为

$$u(t)=K_1\theta(t) \tag{2.24}$$

式中:K_1 是电刷单位角位移对应的输出电压,称为电位器传递系数,$K_1=E/\theta_{\max}$,E 是电位器电压电源,$\theta_{\max}$ 是电位器最大工作角度(单位为 rad)。对式(2.24)求拉氏变换,可求得电位器传递函数为

$$G(s)=\frac{U(s)}{\Theta(s)}=K_1 \tag{2.25}$$

式(2.25)表明,电位器的传递函数是一个常数,它取决于电压电源 E 和电位器最大工作角度 $\theta_{\max}$。电位器的传递函数可用图 2-19(d)的方框图表示。

用一对相同的电位器组成误差角检测器时,其输出电压为

$$u(t)=u_1(t)-u_2(t)=K_1[\theta_1(t)-\theta_2(t)]=K_1\Delta\theta(t)$$

式中:K_1 是单个电位器的传递函数。$\Delta\theta(t)=\theta_1(t)-\theta_2(t)$ 是两个电位器电刷角位移之差,称为误差角。因此,以误差角作为输入量时,误差检测器的传递函数与单个电位器

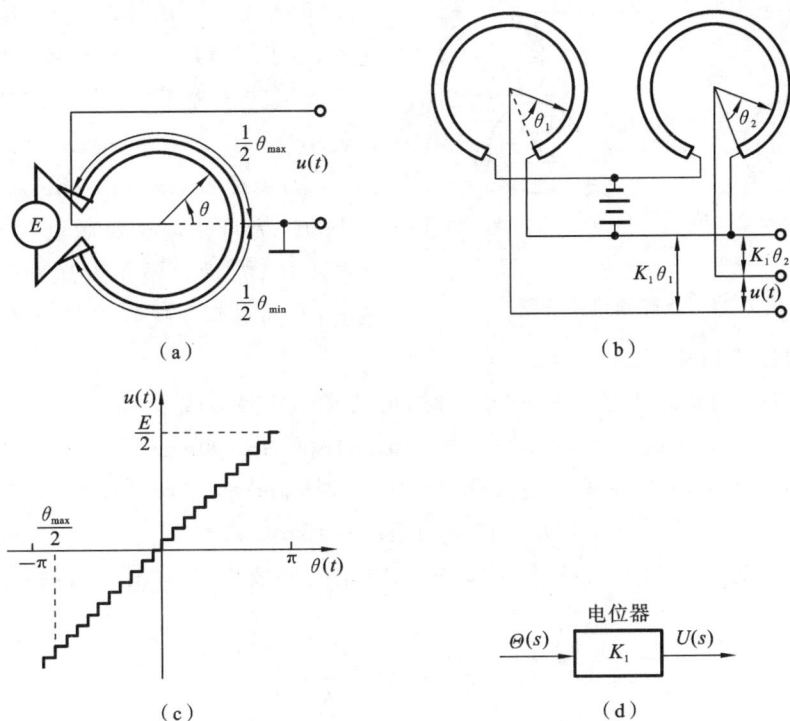

图 2-19 电位器及其特性

传递函数形式相同,即为

$$G(s)=\frac{U(s)}{\Delta\Theta(s)}=K_1 \qquad (2.26)$$

在使用电位器时应注意其负载效应。负载效应是指在元部件输出端接有负载时所产生的影响。图 2-20 表示电位器输出端接有负载电阻 R_L 时的电路图。设电位器电阻为 R_p,回路电流为

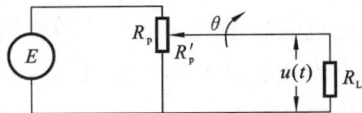

图 2-20 电位器的负载效应

$$\frac{E-u(t)}{R_p-R_p'}=\frac{u(t)}{R_p'}+\frac{u(t)}{R_L}$$

整理可得电位器输出电压为

$$u(t)=\frac{E}{\frac{R_p}{R_p'}+\frac{R_p}{R_L}\left(1-\frac{R_p'}{R_p}\right)}=\frac{E\theta(t)}{\theta_{max}\left[1+\frac{R_p}{R_L}\frac{\theta(t)}{\theta_{max}}\left(1-\frac{\theta(t)}{\theta_{max}}\right)\right]} \qquad (2.27)$$

可见,由于负载电阻 R_L 的影响,输出电压 $u(t)$ 与电刷角位移 $\theta(t)$ 不再保持线性关系。如果负载电阻 R_L 很大,如 $R_L \geqslant 10R_p$ 时,可以近似得到

$$u(t)\approx E\theta(t)/\theta_{max}=K_1\theta(t)$$

2. 自整角机

自整角机由一个发送器和一个接收器(也称控制变压器)组成,其原理图如图 2-21 所示。它的工作原理如下。

在发送器的转子单相绕组上加上交流激磁电压 $e_1(t)=E_1\sin(\omega t)$ 后,在发送器上就产生脉动磁通 ϕ_r,使定子三相绕组中产生电流,该电流在接收器中产生一脉动磁通

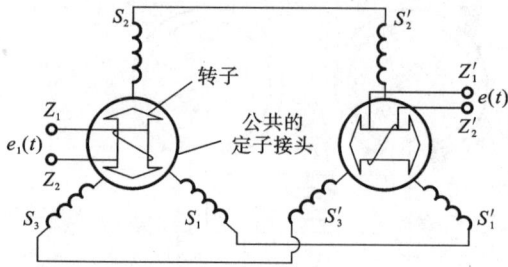

图 2-21 自整角机原理图

ϕ_c。当 $\theta_c = 90° + \theta_r$ 时,转子绕组不感应磁通 ϕ_c,输出 $e(t) = 0$;当 $\theta_c \neq 90° + \theta_r$ 时,ϕ_c 在接收机转子绕组中产生感应电势 $e(t)$,其大小为

$$e(t) = K_s \cos(\theta_r - \theta_c) \sin(\omega t) \quad (2.28)$$

式中:K_s 为自整角机灵敏度(V/℃);E 为误差电压;θ_r 为自整角发送器转子转动的角度;θ_c 为自整角接收器转子转动的角度;ω 为交流信号的角频率。

当 θ_c 与 θ_r 的初态满足 $\theta_c = 90° + \theta_r$ 时,可把式(2.28)写成

$$e(t) = K_s \sin(\theta_r - \theta_c) \sin(\omega t) = K_s \sin\theta_e \sin(\omega t)$$

式中:$\theta_e = \theta_r - \theta_c$,称为失调角。当失调角 $\theta_e < 15°$ 时,$\sin\theta_e \approx \theta_e$(rad),所以

$$e(t) = K_s \theta_e \sin(\omega t) = E\sin(\omega t)$$

即 $K_s \theta_e = E$。若以失调角 θ_e 为输入,以输出电压的幅值 E 为输出,得自整角机的传递函数为

$$G(s) = K_s = \frac{E}{\theta_r - \theta_c} = \frac{E}{\theta_e} \quad (2.29)$$

3. 测速发电机

图 2-22 为测速发电机的示意图。测速发电机的转子与待测设备的转轴相连,无论是直流或交流测速发电机,其输出电压均正比于转子的角速度,故其微分方程可写成

$$u = K_t \omega = K_t \frac{\mathrm{d}\theta}{\mathrm{d}t} \quad (2.30)$$

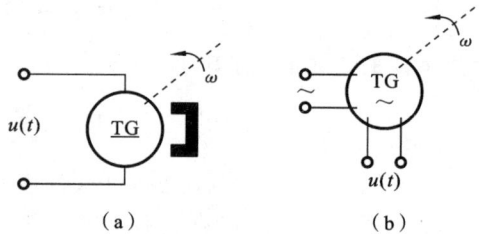

图 2-22 测速发电机的示意图

式中:θ 为转子的转角;ω 为转速;u 为输出电压;K_t 为测速发电机输出电压的斜率。当转子改变旋转方向时,测速发电机改变输出电压的极性或相位。

在零初始条件下对式(2.30)进行拉氏变换,得

$$U(s) = K_t \Omega(s) = K_t s\Theta(s) \quad (2.31)$$

于是,可得测速发电机的传递函数为

$$G(s) = \frac{U(s)}{\Omega(s)} = K_t \quad 或 \quad G(s) = \frac{U(s)}{\Theta(s)} = K_t s \quad (2.32)$$

式(2.32)中的两式都可表示测速发电机的传递函数,只是当输入量取转速 ω 时用前者,输入量取转角 θ 时用后者。

可见,对同一个元部件,若输入与输出物理量选择不同,对应的传递函数就不同。

4. 两相异步电动机

两相异步电动机具有重量轻、惯性小、加速特性好的优点,是控制系统中广泛应用的一种小功率交流执行机构。

两相异步电动机由相互垂直配置的两相定子线圈和一个高电阻值的转子组成。定

子线圈的一相是激磁绕组,另一相是控制绕组,通常接在功率放大器的输出端,提供数值和极性可变的交流控制电压。

两相异步电动机的转矩-速度特性曲线有负的斜率,且呈非线性。图 2-23(b)是取不同控制电压 u_a 的一组机械特性曲线。考虑到在控制系统中,异步电动机一般工作在零转速附近,作为线性化的一种方法,通常把低速部分的线性段延伸到高速范围,用低速直线近似代替非线性特性,如图 2-23(b)中虚线所示。此外,也可用小偏差线性化方程。一般,两相异步电动机机械特性的线性化方程可表示为

$$M_m = -C_\Omega \omega_m + M_s \tag{2.33}$$

式中:M_m 是电动机输出转矩;ω_m 是电动机的角速度;C_Ω 是阻尼系数,即机械特性线性化的直线斜率,$C_\Omega = \mathrm{d}M_m/\mathrm{d}\omega_m$;$M_s$ 是堵转转矩,由图 2-23(b)可求得 $M_s = C_M u_a$,其中 C_M 可用额定电压 $u_a = E$ 时的堵转转矩确定,即 $C_M = M_s/E$。

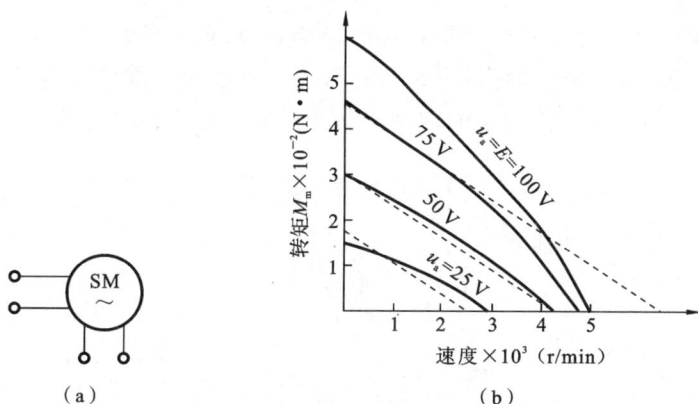

图 2-23　两相异步电动机及其特性曲线

电动机输出转矩 M_m 用来驱动负载并克服黏性摩擦,由牛顿定律可得转矩平衡方程为

$$M_m = J_m \frac{\mathrm{d}^2 \theta_m}{\mathrm{d}t^2} + f_m \frac{\mathrm{d}\theta_m}{\mathrm{d}t} \tag{2.34}$$

式中:θ_m 是电动机转子角位移;J_m 和 f_m 分别是折算到电动机轴上的总转动惯量和总黏性摩擦系数。

由式(2.33)和式(2.34)消去中间变量 M_s 和 M_m,并在零初始条件下求拉氏变换。令 $U_a(s) = L[u_a(t)]$,$\Theta_m(s) = L[\theta_m(t)]$,可求得两相异步电动机的传递函数为

$$G(s) = \frac{\Theta_m(s)}{U_a(s)} = \frac{C_M}{s(J_m s + f_m + C_\Omega)} = \frac{K_m}{s(T_m s + 1)} \tag{2.35}$$

式中:K_m 是电动机传递系数,$K_m = C_M/(f_m + C_\Omega)$;$T_m$ 是电动机时间常数,$T_m = J_m/(f_m + C_\Omega)$。由于 $\Omega_m(s) = s\Theta_m(s)$,故式(2.34)也可写为

$$G(s) = \frac{\Omega_m(s)}{U_a(s)} = \frac{K_m}{T_m s + 1} \tag{2.36}$$

式(2.35)和式(2.36)是两相异步电动机传递函数的两种不同形式,它们与直流电动机的传递函数在形式上完全相同。

5. 齿轮系

在许多控制系统中常用高转速、小转矩电动机来组成执行机构,而负载通常要求低

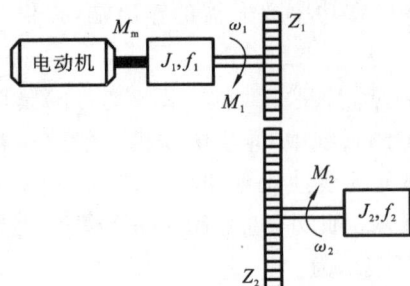

图 2-24 齿轮组

转速、大转矩进行调整,需要引入减速器进行匹配。减速器一般是一个齿轮组,它们在机械系统中的作用相当于电气系统中的变压器。齿轮组如图 2-24 所示,主动齿轮与从动齿轮的转速和齿数分别用 ω_1、Z_1 和 ω_2、Z_2 表示。一级齿轮的传动比定义为

$$i_1 = \frac{\omega_1}{\omega_2} = \frac{Z_2}{Z_1} \tag{2.37}$$

控制系统一般用减速齿轮系,故 $i_1 > 1$。明显地,一级齿轮减速器的传递函数可写为

$$G(s) = \frac{\Omega_2(s)}{\Omega_1(s)} = \frac{1}{i_1} \tag{2.38}$$

为了考虑负载和齿轮系对电动机特性的影响,一般要将负载和齿轮系的力矩、转动惯量以及黏滞摩擦折合到电动机轴上进行计算。依据牛顿定律列写电动机轴上的力矩平衡方程,导出折算到电动机轴上的转动惯量和黏滞摩擦系数分别为

$$J = J_1 + \frac{1}{i_1^2} J_2, \quad f = f_1 + \frac{1}{i_1^2} f_2$$

对于多级齿轮系,总的传动比为

$$i = \frac{\omega_1}{\omega_2} \frac{\omega_2}{\omega_3} \cdots$$

对应的传递函数可写为

$$G(s) = \frac{\Omega_2(s)}{\Omega_1(s)} \frac{\Omega_3(s)}{\Omega_2(s)} \cdots = \frac{1}{i_1} \frac{1}{i_2} \cdots$$

折算到电动机轴上的等效转动惯量和等效黏滞摩擦系数分别为

$$J = J_1 + \left(\frac{1}{i_1}\right)^2 J_2 + \left(\frac{1}{i_1 i_2}\right)^2 J_3 + \cdots \tag{2.39}$$

$$f = f_1 + \left(\frac{1}{i_1}\right)^2 f_2 + \left(\frac{1}{i_1 i_2}\right)^2 f_3 + \cdots \tag{2.40}$$

从方程式(2.39)和式(2.40)可知,随着传动级数和传动比的增大,负载轴上的转动惯量和黏滞摩擦的作用将迅速减小。因此,在实际系统中,越靠近输入轴的转动惯量及黏滞摩擦对电动机的负载影响越大。尽量减小前级齿轮的转动惯量及相应黏滞摩擦,有利于提高电动机的动态性能。

2.4 控制系统的结构图和信号流图

前面介绍的微分方程、传递函数等数学模型都是用数学表达式描述系统特性,不能反映系统中各元部件对整个系统性能的影响。系统原理图虽然反映了系统的物理结构,但缺少系统中各变量间的定量关系。本节介绍的结构图(也称方框图、方块图)和信号流图是描述控制系统各元器件之间信号传递关系的数学图形。它既能描述系统中各变量间的定量关系,又能明显地表示系统各部件对系统性能的影响,是控制理论中描述复杂系统的一种常用方法。

2.4.1 控制系统的结构图及其化简

1. 结构图的组成及绘制

1) 结构图的定义

任何复杂的系统都是由基本元部件组成的。在考虑负载效应的情况下,元部件的传递函数可以独立确定。传递函数描述的元件、部件可以用一个或几个单向性的方框表示,称为函数方框,如图 2-25 所示。输入信号的箭头指向方框,离开方框的箭头表示输出信号,这样通过函数方框就可以清晰

$$R(s) \quad \boxed{G(s)} \quad C(s)=G(s)R(s)$$

图 2-25 函数方框

地表示一个基本元部件的信号传递关系。以此类推,将整个控制系统的元部件均表示成函数方框,并按系统中信号传递的顺序,用信号线依次将各个方框连接就可以形成整个系统的结构图。

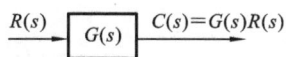

应用函数方框将控制系统的全部变量联系起来以描述信号在系统中流通过程的图示称为控制系统的结构图。

注意,结构图中的方框与实际系统的元部件并不具有一一对应的关系。在引入传递函数后,可以把各环节的传递函数标在结构图的方框里,并把输入量和输出量用拉氏变换表示。

由此可见,控制系统的结构图主要是函数方框和一些信号线组成的。下面分别介绍这几部分。

2) 结构图的组成

(1) 函数方框(或环节):表示输入量与输出量之间的信号传递关系。它表示对一个信号所进行的数学变换。对于线性定常系统或元件,通常在方框中写入其传递函数或者频率特性。系统输出的象函数等于输入的象函数乘以方框中的传递函数或者频率特性,如图 2-26(f)所示。

(2) 信号线:带有箭头的直线,箭头表示信号的传递方向,线上标记信号的时间函数或象函数。信号沿箭头方向单向传递,不可逆,如图 2-26(a)所示。

(3) 引出点(分支点):引出或者测量信号的位置。从同一信号线上引出的信号在数值和性质上完全相同,如图 2-26(b)所示。这里引出的信号与测量信号一样,不影响原信号,所以也称为测量点。

(4) 相加点(比较点,比较环节):表示两个或两个以上的信号进行加减运算。"+"号表示相加,"−"号表示相减,"+"号可以省略不写,如图 2-26(c)所示。比较点可以有多个输入信号,但一般只画一个输出信号,如图 2-26(d)所示。若需要几个输出,通常加引出点,如图 2-26(e)所示。

3) 结构图的意义

(1) 通过结构图易于求解系统的输入与输出信号拉氏变换式之间的关系式,从而获得与系统动态特性相关的信息。

(2) 既可用于研究整个系统的性能,也可用于研究个别环节对系统的影响。

(3) 对于同一系统,研究的问题不同,结构图形式也不同——系统的结构图不是唯一的。

结构图也可以表示非线性系统和离散系统。对于非线性系统,方框表示非线性环

$u(t)$

$U(s)$

(a)

$u(t)$　$u(t)$

$u(t)$

$U(s)$　$U(s)$

$U(s)$

(b)

$u(t)$ $\otimes$ $u(t)\pm c(t)$

$\pm$

$c(t)$

$U(s)$ $\otimes$ $U(s)\pm C(s)$

$\pm$

$C(s)$

(c)

$y(t)$

$u(t)$ $\pm$ $\otimes$ $\pm u(t)\pm c(t)\pm y(t)$

$\pm$

$c(t)$

$Y(s)$

$U(s)$ $\pm$ $\otimes$ $\pm U(s)\pm C(s)\pm Y(s)$

$\pm$

$C(s)$

(d)

$u(t)$ $\otimes$ $u(t)\pm c(t)$

$\pm$

$c(t)$ $u(t)\pm c(t)$

$U(s)$ $\otimes$ $U(s)\pm C(s)$

$\pm$

$C(s)$ $U(s)\pm C(s)$

(e)

$U(s)$ $\boxed{G(s)}$ $C(s)=G(s)U(s)$

(f)

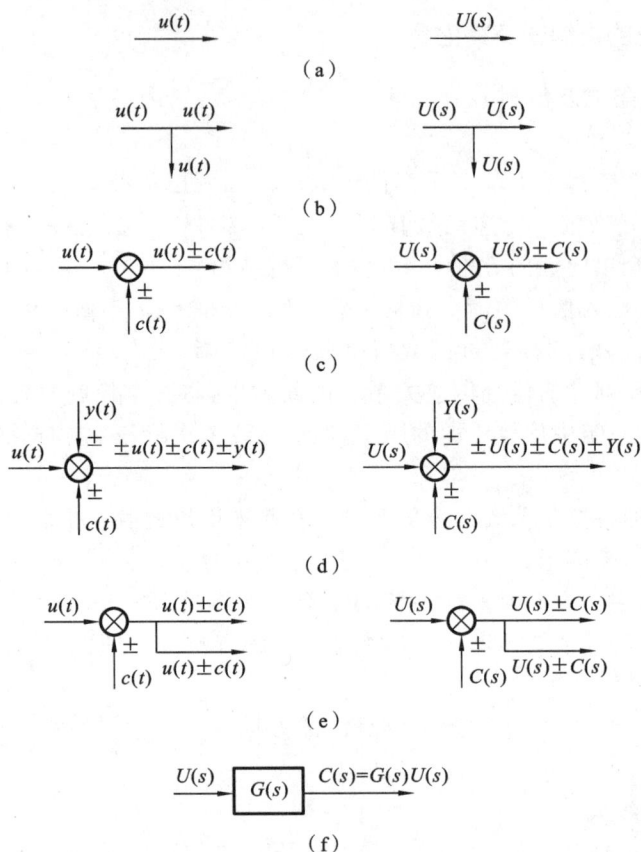

图 2-26　结构图基本单元

节,方框中的内容可以是非线性特性的数学表达式、输入与输出关系图,或者是要介绍的描述函数。对于离散系统,方框中是传递函数,并且结构图中还包含采样开关等环节。后面将详细介绍这些内容。

4) 绘制步骤

(1) 考虑负载效应,列写系统各元件的运动方程。

(2) 由运动方程求取各个环节的传递函数,即将运动方程进行拉氏变换,将拉氏变换表达成易于绘图的规范形式(输入变量是第一个已知变量,放在等号右边;未知变量放在等号左边,前面给出方程左边的变量都作为已知变量),并用函数方框表示。

(3) 按信号的流向将函数方框一一连接起来,得到系统的结构图。

【**例 2-10**】 试绘制图 2-27 所示的无源网络结构图。

解　从输入端开始列写系统运动方程组:

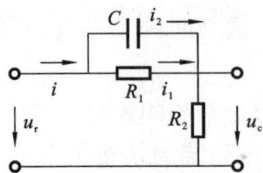

图 2-27　无源网络结构图

$$\begin{cases} u_r(t) = R_1 i_1(t) + u_c(t) \\ R_1 i_1(t) = \dfrac{1}{C}\displaystyle\int i_2(t)\,\mathrm{d}t \\ i(t) = i_1(t) + i_2(t) \\ R_2 i(t) = u_c(t) \end{cases}$$

在零初始条件下,对方程进行拉氏变换得

$$U_r(s) = R_1 I_1(s) + U_c(s)$$

$$R_1 I_1(s) = \frac{1}{Cs} I_2(s)$$

$$I(s) = I_1(s) + I_2(s)$$

$$U_c(s) = R_2 I(s)$$

将拉氏变换表达式整理成易于绘图的规范形式,其整理的原则就是用已知量表示未知量。现假设已知输入量 $U_r(s)$ 和输出量 $U_c(s)$,则

$$I_1(s) = \frac{1}{R_1}[U_r(s) - U_c(s)], I_1(s) 已知$$

$$I_2(s) = R_1 Cs I_1(s), I_2(s) 已知$$

$$I(s) = I_1(s) + I_2(s), I(s) 已知$$

从第一个方程开始绘制,逐个完成,如图 2-28 所示。

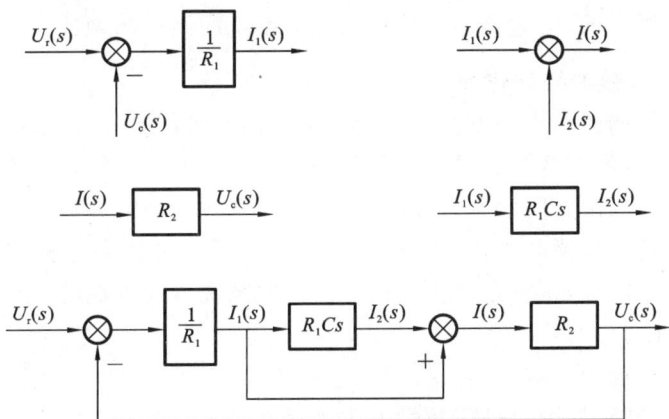

图 2-28　无源网络系统结构图绘制

若方程 $u_r(t) = R_1 i_1(t) + u_c(t)$ 改写成 $u_r(t) = \frac{1}{C}\int i_2(t)\mathrm{d}t + u_c(t)$,则其对应的拉氏变换式为 $I_2(s) = Cs(U_r(s) - U_c(s))$,其他方程没变,对应的结构图如图 2-29 所示。

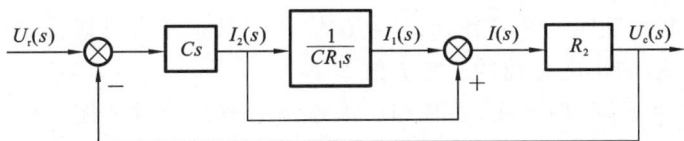

图 2-29　无源网络系统结构图

注意,求传递函数要消去中间变量,中间变量越少越好;绘结构图,中间变量越多越好,最好是第一个中间变量直接由输入与输出给出,后面的中间变量由前面的中间变量和输入与输出给出。

若按元件列写方程组,一个方程代表一个环节,中间变量增加一个 $U_{R1}(s)$,则拉氏变换的方程组为

$$\begin{cases} U_{R1}(s) = U_i(s) - U_c(s) \\ I_1(s) = \frac{1}{R_1} U_{R1}(s) \\ I_2(s) = Cs U_{R1}(s) \\ I(s) = I_1(s) + I_2(s) \\ U_c(s) = R_2 I(s) \end{cases}$$

其对应的结构图如图 2-30 所示。

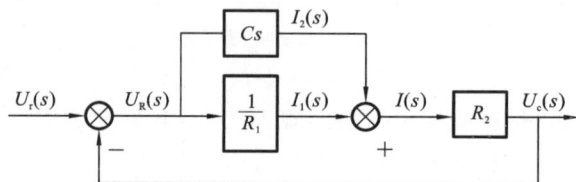

图 2-30   中间变量增加的无源网络系统结构图

从以上例题可以看出,运动方程列写顺序不一样,或中间变量的选取不一样,结构图都会不同。在绘制结构图时,中间变量选取得越多,变量之间的关系越明确,结构图越好绘制。但这里要注意一点,在输入和输出确定的前提下,系统的结构图可以不同,但是传递函数是唯一的,因为传递函数只取决于系统的结构和参数。

2. 结构图的等效变换和化简

控制系统的结构图可用来方便地确定系统的传递函数。如果系统的结构图已经得到,则系统中各变量间的数学关系便一目了然。但是,对于一个复杂的控制系统,如果只研究系统输入与输出之间的关系,或某一环节对系统性能的影响,可用化简的方法对系统结构图进行等效变换和简化。结构图等效变换便于分析和计算传递函数,从而起到简化的作用。实际上,也就是消去中间变量求取系统传递函数的过程。

1) 等效原则

等效是指变换部分两端的信号传递关系不变,或输入量和输出量在变换和简化的前后保持一致,只在结构图上进行数学方程的运算。

2) 等效方法

为了求传递函数,若能够将结构图化简成图 2-25 所示的函数方框图,传递函数迎刃而解。

对于一个复杂系统,其结构图的连接必然是错综复杂的,但结构图间的基本连接方式只有串联、并联和反馈连接三种,而且在结构图中只有两个可以移动的点(即引出点和相加点)。因此,结构图化简的一般方法如下。

(1) 进行方框运算,将串联、并联和反馈连接的方框合并成图 2-25 所示的传递函数方框,进而求得传递函数。

(2) 移动引出点(分支点)或相加点(比较点),交换相加点,目的是将函数方框之间的连接关系简化成标准的串联、并联和反馈的形式。

(3) 环节的合并,在等效原则的基础上,将系统中串联、并联或反馈连接的方框合并成图 2-25 所示的传递函数方框,进而求得系统的传递函数。

① 串联环节的等效传递函数。

传递函数分别为 $G_1(s)$ 和 $G_2(s)$ 的两个方框,若 $G_1(s)$ 的输出量作为 $G_2(s)$ 的输入量,则 $G_1(s)$ 与 $G_2(s)$ 称为串联连接(见图 2-31(a))。注意,两个串联连接元件的方框图应考虑负载效应。由图 2-31(a),有

$$X(s)=G_1(s)R(s), \quad C(s)=G_2(s)X(s)$$

由上面两式消去中间变量 $X(s)$,得

$$C(s)=G_1(s)G_2(s)R(s)=G(s)R(s) \tag{2.41}$$

式中：$G(s)=G_1(s)G_2(s)$，是串联方框的等效传递函数，可用图 2-31(b)的方框图表示。由此可知，两个串联连接的等效方框等于各个方框传递函数的乘积。这个结论可推广到 n 个串联方框情况。

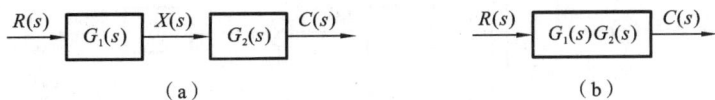

图 2-31 方框串联连接及其简化

② 并联环节的等效传递函数。

传递函数分别为 $G_1(s)$ 和 $G_2(s)$ 的两个方框，如果它们有相同的输入量，而输出量等于两个方框输出量的代数和，则 $G_1(s)$ 和 $G_2(s)$ 称为并联连接（见图 2-32(a)）。

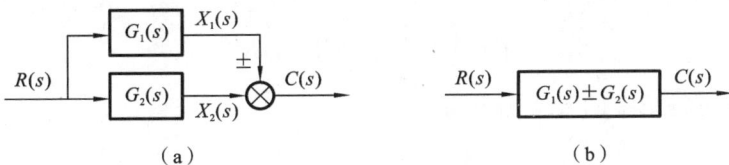

图 2-32 方框图并联连接及其简化

由图 2-32(a)，有
$$X_1(s)=G_1(s)R(s), \quad X_2(s)=G_2(s)R(s), \quad C(s)=X_1(s)\pm X_2(s)$$
由上述三式消去 $X_1(s)$ 和 $X_2(s)$，得
$$C(s)=[X_1(s)\pm X_2(s)]R(s)=G(s)R(s) \tag{2.42}$$

③ 反馈连接环节的等效传递函数。

若传递函数分别为 $G_1(s)$ 和 $G_2(s)$ 的两个方框，按图 2-33(a)形式连接，则称为反馈连接。"+"号为正反馈，表示输入信号与反馈信号相加；"-"号表示相减，是负反馈。

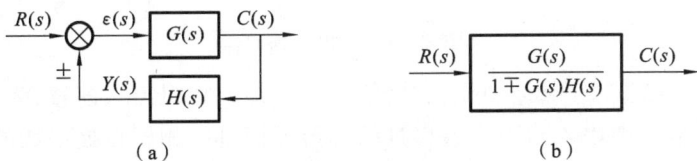

图 2-33 方框的反馈连接及其简化

由图 2-33(a)，有
$$C(s)=G_1(s)\varepsilon(s), \quad Y(s)=H(s)C(s), \quad \varepsilon(s)=R(s)\pm Y(s)$$
消去中间变量 $\varepsilon(s)$ 和 $Y(s)$，得
$$C(s)=G(s)[R(s)\pm H(s)C(s)]$$
于是有
$$C(s)=\frac{G(s)}{1\mp G(s)H(s)}R(s)=\varPhi(s)R(s) \tag{2.43}$$
式中
$$\varPhi(s)=\frac{G(s)}{1\mp G(s)H(s)} \tag{2.44}$$

称为闭环传递函数，是反馈连接方框图的等效传递函数，式中负号对应正反馈连接，正号对应负反馈连接，式(2.43)可用图 2-33(b)的方框表示。

在例 2-10 中绘制的无源网络的结构图，采用上述环节合并的方式，如图 2-34 所示,即可得出其传递函数。

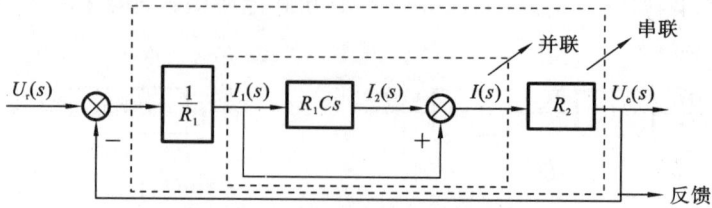

图 2-34 例 2-10 系统结构图

并联部分等效传递函数为

$$G'(s)=1+R_1Cs$$

串联部分等效传递函数为

$$G(s)=\frac{1}{R_1}(1+R_1Cs)R_2$$

利用反馈环节可得系统的传递函数为

$$\Phi(s)=\frac{R_1R_2Cs+R_2}{R_1R_2Cs+R_1+R_2}$$

3) 引出点等效移动

如果上述三种连接交叉在一起而无法化简,则要考虑移动某些信号的相加点和分支点。引出点等效移动原则是移动前后的分支信号保持不变。

(1) 引出点前移,如图 2-35 所示。

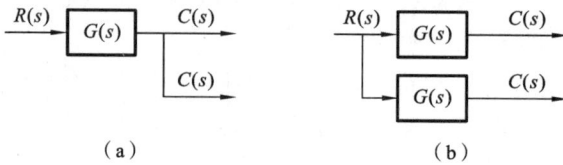

图 2-35 引出点前移

由图 2-35(a)可知,引出点处的分支信号为 $C(s)$。将引出点前移,为使分支信号保持不变,需要在分支中串入与引出点移过的函数方框具有相同传递函数的函数方框,如图 2-35(b)所示。

(2) 引出点后移,如图 2-36 所示。

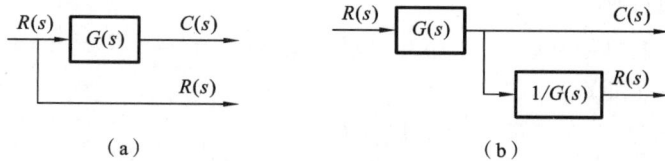

图 2-36 引出点后移

由图 2-36(a)可知,引出点处的分支信号为 $R(s)$。将引出点后移,为使分支信号保持不变,需要在分支中串入与引出点移过的函数方框中传递函数倒数的函数方框,如图 2-36(b)所示。

4) 相加点等效移动

相加点等效移动的原则是保证相加点移动前后的信号传递关系不变。

（1）相加点后移，如图 2-37 所示。

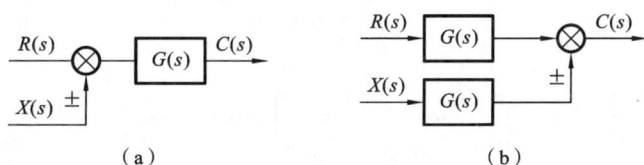

图 2-37 相加点后移

由图 2-37(a)可知，相加点前后的信号关系为

$$C(s) = [R(s) \pm X(s)]G(s) = R(s)G(s) \pm X(s)G(s)$$

因此，将相加点后移后，为保持移动前后的信号传递函数关系不变，需在移动的分支中串入与引出点移过的函数方框具有相同传递函数的函数方框，如图 2-37(b)所示。

（2）相加点前移，如图 2-38 所示。

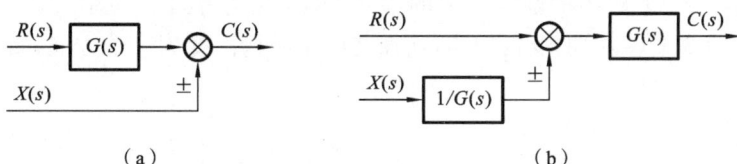

图 2-38 相加点前移

由图 2-38(a)可知，相加点前后的信号关系为

$$C(s) = R(s)G(s) \pm X(s) = [R(s) \pm X(s)/G(s)]G(s)$$

因此，将相加点前移后，为保持移动前后的信号传递函数关系不变，需在移动的分支中串入传递函数为引出点移过的函数方框中传递函数倒数的函数方框，如图 2-38(b)所示。

在系统结构图化简过程中，有时为了便于方框的串联、并联或反馈连接的运算，还需要进行相加点或引出点互换位置或合并的运算。相加点与相加点之间、引出点与引出点之间互换位置，信号传递关系不变；相加点与引出点之间互换位置，信号关系发生变化，尽可能不采用。结构图等效化简示例如表 2-2。此外，"—"号可以在信号线上越过方框移动，但不能越过比较点和引出点。

表 2-2 结构图等效化简示例

原 结 构 图	等 效 结 构 图	等 效 运 算 关 系
		交换和合并比较点，有 $$C(s) = E_1(s) \pm R_3(s)$$ $$= R_1(s) \pm R_2(s) \pm R_3(s)$$ $$= R_1(s) \pm R_3(s) \pm R_2(s)$$
		交换比较点和引出点（一般不采用），有 $$C(s) = R_1(s) - R_2(s)$$

原 结 构 图	等 效 结 构 图	等 效 运 算 关 系
		负号在支路上移动,有 $E(s)=R(s)-H(s)C(s)$ $=R(s)+H(s)\times(-1)C(s)$

【例 2-11】 化简图 2-39(a)所示系统的结构图。

解 简化步骤如下。

(1) 合并图 2-39(a)中的串联和并联方块,变换为图 2-39(b)。

(2) 消除图 2-39(b)中的内部反馈回路,变换为图 2-39(c)。

(3) 合并图 2-39(c)中的前向通道的串联方块,变换为图 2-39(d)。

(4) 消除图 2-39(d)中的反馈回路,从而使整个结构图变为一个方框,如图 2-39(e)。

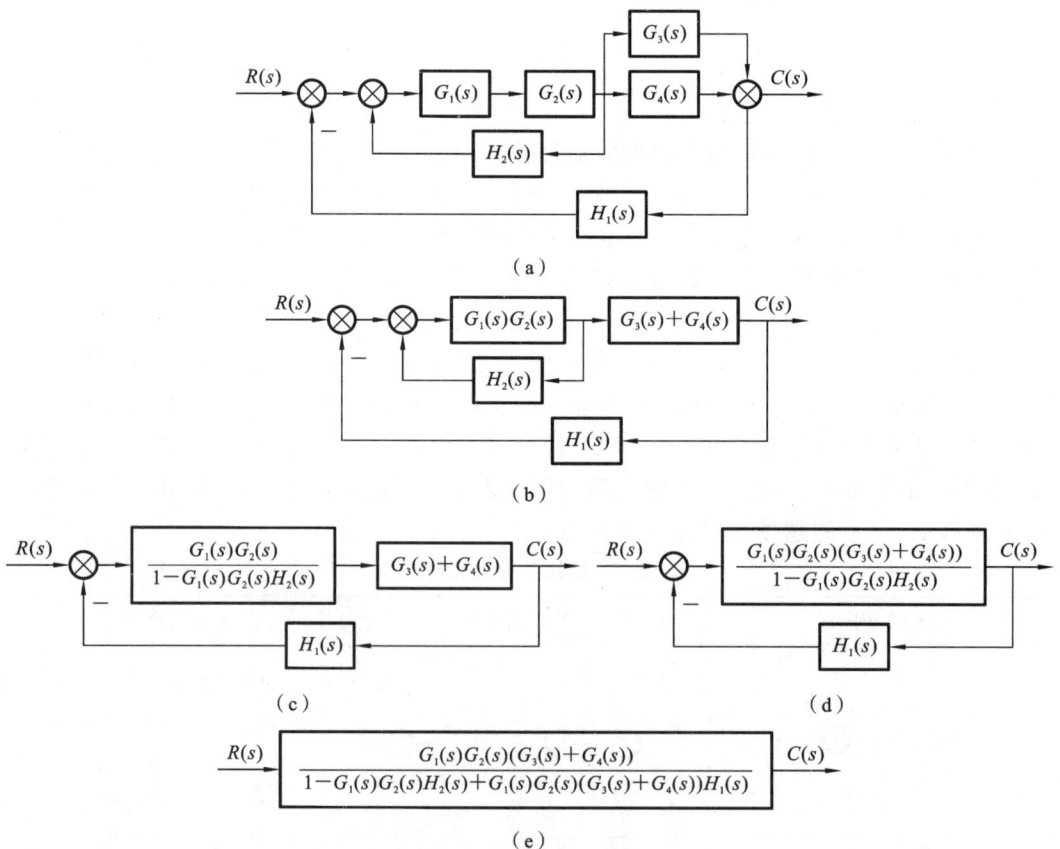

图 2-39 系统结构图化简

所以系统的传递函数为

$$\Phi(s)=\frac{C(s)}{R(s)}=\frac{G_1(s)G_2(s)[G_3(s)+G_4(s)]}{1-G_1(s)G_2(s)H_2(s)+G_1(s)G_2(s)[G_3(s)+G_4(s)]H_1(s)}$$

简化结构图一般可以合并串联和并联方框、并联方框、消除反馈回路,然后移动引出点和综合点,出现新的串联和并联方框、反馈回路,再合并、简化。重复上述过程直到化简为只有一个方框。但很多情况下上述步骤不是最佳方法,可以采用更简单的方法。例如,下面的例子中,移动所有引出点和综合点以后,将所有反馈回路合并,然后消除反馈回路,从而使整个结构图变为一个方框。

【例 2-12】 系统结构图如图 2-40 所示,试求系统传递函数 $C(s)/R(s)$。

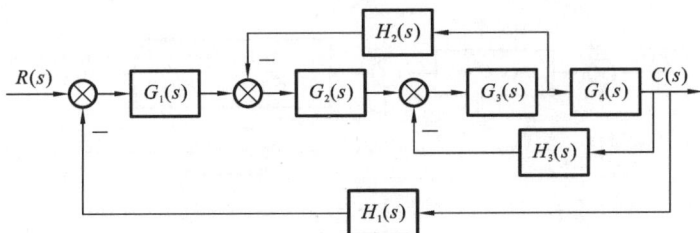

图 2-40 系统结构图

本题特点:具有引出点、相加点的多回路结构。

解题思路:消除交叉连接,由内向外逐步化简。

解 方法一

步骤 1:将相加点②后移,然后与相加点③交换,如图 2-41(a)所示。

步骤 2:将相加点②与相加点③交换位置,如图 2-41(b)所示。

步骤 3:计算最内环反馈环节的传递函数,如图 2-41(c)所示。

步骤 4:串联环节等效变换,如图 2-41(d)所示。

步骤 5:内反馈环节等效变换,如图 2-41(e)所示。

步骤 6:计算最外环反馈环节的传递函数,如图 2-41(f)所示。

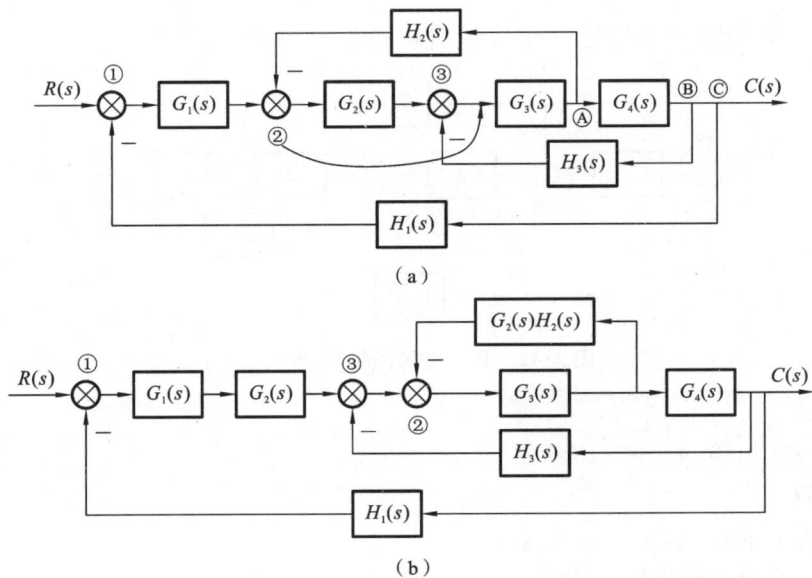

(a)

(b)

图 2-41 系统结构图化简(方法一)

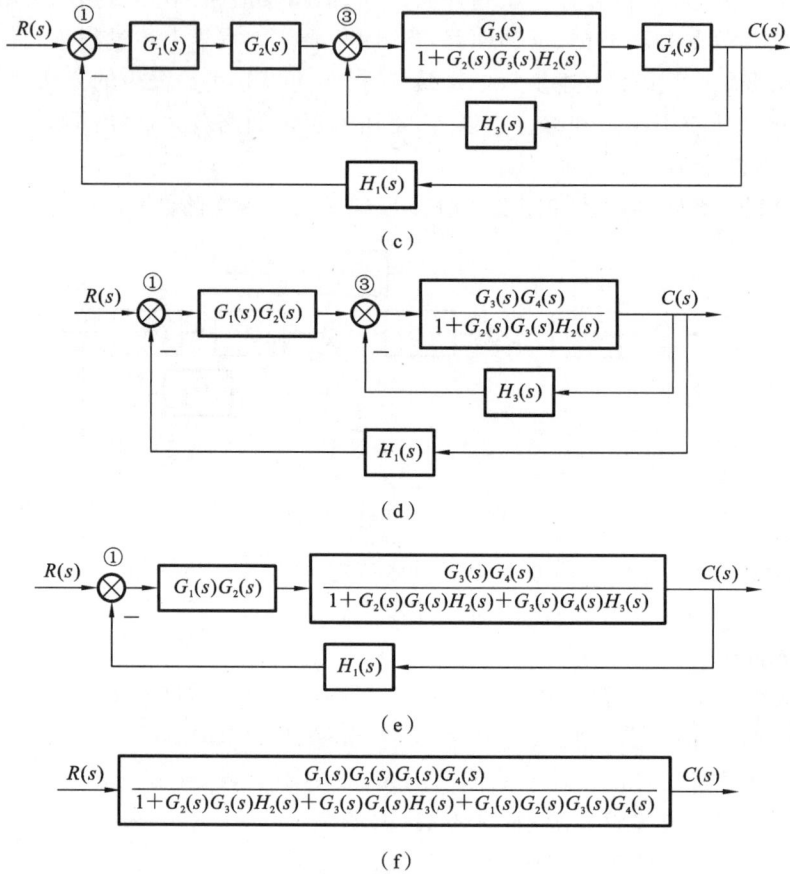

（c）

（d）

（e）

（f）

续图 2-41

方法二

将相加点③前移,然后与相加点②交换,如图 2-42 所示。

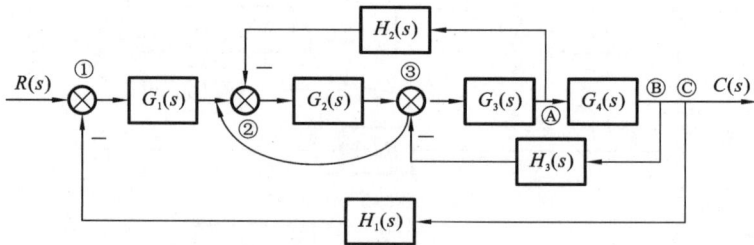

图 2-42　系统结构图化简(方法二)

方法三

引出点Ⓐ后移,如图 2-43 所示。

方法四

引出点Ⓑ前移,如图 2-44 所示。

结构图化简步骤小结。

（1）确定输入量与输出量。如果作用在系统上的输入量有多个,则必须分别对每个输入量逐个进行结构图化简,求得各自的传递函数。

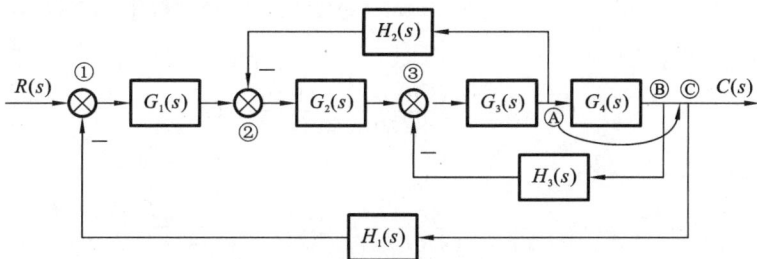

图 2-43　系统结构图化简(方法三)

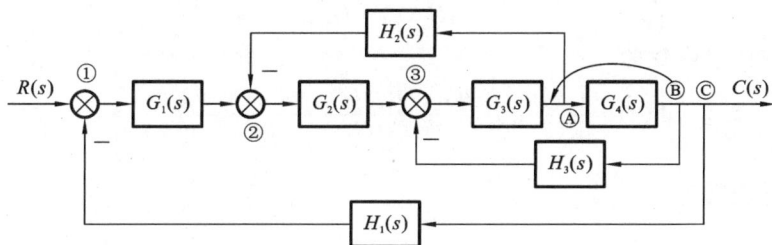

图 2-44　系统结构图化简(方法四)

（2）若结构图中有交叉联系，则应运用移动规则，将交叉消除，化为无交叉的多回路结构。

（3）对多回路结构，可由里向外进行变换，直至变换为一个等效的方框，即得到所求的传递函数。

注意，在结构图化简时，有效输入信号所对应的相加点尽量不要移动；尽量避免综合点和引出点之间的移动。

结构图是线性代数方程组的图形表示，所以简化结构图本质是求解线性代数方程组。最直接的求解方法是根据结构图写出线性代数方程组，然后用代数方法消除中间变量。这种方法对简化环节少、信号传递复杂的结构图是很有效的。但当系统中有很多环节时，必然有很多中间变量，导致求解线性代数方程组很麻烦。下面举例说明。

【例 2-13】　化简如图 2-45 所示的系统结构图。

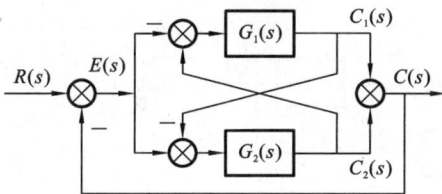

图 2-45　系统结构图

解　由系统结构图所示关系，得

$$E(s) = R(s) - C(s) \tag{2.45}$$

$$C_1(s) = G_1(s)[C_2(s) - E(s)] \tag{2.46}$$

$$C_2(s) = G_2(s)[E(s) - C_1(s)] \tag{2.47}$$

$$C(s) = C_1(s) + C_2(s) \tag{2.48}$$

将式(2.47)代入式(2.46)，得

$$C_1(s)=G_1(s)G_2(s)E(s)-G_1(s)G_2(s)C_1(s)-G_1(s)E(s)$$

则

$$C_1(s)=\frac{G_1(s)G_2(s)-G_1(s)}{1+G_1(s)G_2(s)}E(s)$$

将 $C_1(s)$ 代入式(2.47),得

$$C_2(s)=G_2(s)\left[E(s)-\frac{G_1(s)G_2(s)-G_1(s)}{1+G_1(s)G_2(s)}E(s)\right]=\frac{G_1(s)G_2(s)+G_2(s)}{1+G_1(s)G_2(s)}E(s)$$

将 $C_1(s)$ 和 $C_2(s)$ 代入式(2.48),得

$$C(s)=\frac{2G_1(s)G_2(s)-G_1(s)+G_2(s)}{1+3G_1(s)G_2(s)-G_1(s)+G_2(s)}R(s)$$

因此,系统的传递函数为

$$\Phi(s)=\frac{C(s)}{R(s)}=\frac{2G_1(s)G_2(s)-G_1(s)+G_2(s)}{1+3G_1(s)G_2(s)-G_1(s)+G_2(s)}$$

2.4.2 信号流图

上面介绍的系统结构图是应用最为广泛的图解描述反馈系统的方法。但当系统的回环增多时,结构图简化和推导它的传递函数就很麻烦。

1953 年,美国学者梅森(Mason)在线性系统分析中首次引进信号流图,用图形表示线性代数方程组。当这个方程组代表一个物理系统时,正如它名称的含义一样,信号流图描述了信号从系统上一点到另一点的流动情况。因为信号流图从直观上表示系统变量间的基本因果关系,所以它是线性系统分析中一个有用的工具。1956 年,梅森在他发表的一篇论文中提出了一个增益公式,解决了复杂系统信号流图的化简问题,从而完善了信号流图方法。利用这个公式,几乎通过观察就能得到系统的传递函数。

信号流图是图论的一个重要分支,它已经被成功地应用到很多工程领域,在自控理论中也获得了广泛的应用,尤其是在计算机辅助分析和设计中非常有用。下面介绍信号流图的基本理论及其在自控理论中的应用。

1. 信号流图的组成

信号流图是由节点和支路组成的一种信号传递网络,如图 2-46 所示。

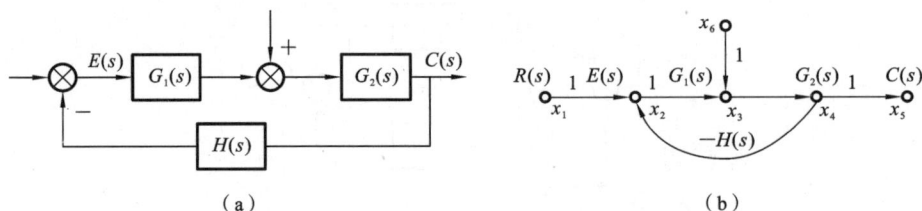

图 2-46 系统结构图及对应的信号流图

组成信号流图的三个基本要素为节点、支路和传输。

(1) 节点:表示变量或信号,以小圆圈表示。

(2) 支路:连接两节点的有向线段,箭头表示信号流向。

(3) 传输:表示两节点间的关系,也称为增益、传递;传输与支路一起表示方框的输入与输出关系。

此外,信号流图中常使用以下术语。

(1) 源节点(或称为输入节点):只有输出支路、没有输入支路的节点,它与控制系统的输入信号相对应。图 2-46(b)中的节点 x_1、x_6 就是源节点。

(2) 阱节点(或称为输出节点):只有输入支路、没有输出支路的节点,它与控制系统的输出信号相对应。图 2-46(b)中的节点 x_5 就是阱节点。

(3) 混合节点:既有输入支路又有输出支路的节点。混合节点相当于结构图中的信号比较点和引出点,如图 2-46(b)中的节点 x_2、x_3、x_4 均是混合节点。

(4) 通路:沿支路箭头方向穿过各个相连支路的路线。通路上各支路增益的乘积称为通路增益。通路 $x_1 \rightarrow x_2 \rightarrow x_3 \rightarrow x_4 \rightarrow x_5$ 的增益为 $G_1(s)G_2(s)$。

(5) 开通路:与任一节点相交不多于一次,即在这条通路上没有重复节点,且起点和终点不是同一节点的通路。通路 $x_1 \rightarrow x_2 \rightarrow x_3 \rightarrow x_4 \rightarrow x_5$ 就是一条开通路。

(6) 回路:起点和终点在同一节点,而且信号通过每一节点不多于一次的闭合通路称为单独回路,简称回路。回路中所有支路增益的乘积称为回路增益,用 L_a 表示。图 2-46(b)中共有一个回路,起于节点 x_2,经过节点 x_3、x_4,最后回到 x_2。其回路增益 $L_1 = -G_1(s)G_2(s)H(s)$。

(7) 前向通路:起点在源节点,终点在阱节点的开通路。前向通路上各支路增益的乘积,称为前向通路总增益,一般用 p_k 表示。图 2-46(b)从源节点到阱节点共有两条前向通路:一条是 $x_1 \rightarrow x_2 \rightarrow x_3 \rightarrow x_4 \rightarrow x_5$,其前向通路总增益 $p_1 = G_1(s)G_2(s)$;另一条是 $x_6 \rightarrow x_3 \rightarrow x_4 \rightarrow x_5$,其前向通路总增益 $p_2 = G_2(s)$。

(8) 不接触回路:回路之间没有公共节点,这种回路称为不接触回路。图 2-46(b)中由于只有一个回路,所以不存在不接触回路。当然,信号流图中可以有多对不接触回路。

2. 信号流图的性质

(1) 支路相当于乘法器。

支路终点信号等于始点信号乘以支路传递函数。

例如,代数方程 $x_2 = ax_1$ 可以表示为图 2-47 所示信号流图。

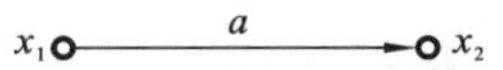

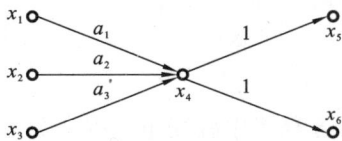

图 2-47 $x_2 = ax_1$ 的信号流图

(2) 节点表示系统的变量。

一般,节点自左向右顺序设置,每个节点标志的变量是所有流向该节点的信号的代数和,即节点可以把所有输入支路的信号叠加,并把叠加信号等同地送到所有输出支路。其值为所有输入信号乘各自的支路传输之和。

例如,$x_4 = a_1x_1 + a_2x_2 + a_3x_3$ 可以表示为图 2-48。

(3) 信号在支路上只能沿箭头单向传递。

信号在支路上传递时只有因果关系。虽然写成 $x_1 = \dfrac{1}{a}x_2$,但在系统中,当 x_1 作为输入、x_2 作为输出时,信号流图就不能绘成图 2-49。

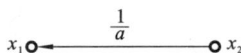

图 2-48 $x_4 = a_1x_1 + a_2x_2 + a_3x_3$ 的信号流图

图 2-49 $x_1 = \dfrac{1}{a}x_2$ 的信号流图

(4) 对于给定的系统,节点变量的设置是任意的,因此信号流图不是唯一的。

用信号流图的方法求系统的传递函数时,可以不对信号流图进行等效化简,利用梅森增益公式直接求解。对于复杂的系统来说,这比通过结构图化简求解系统的传递函数更方便。信号流图起源于梅森利用图示法描述一个或一组线性代数方程式,但它只适用于线性系统,而结构图还可使用于非线性系统。

3. 信号流图的绘制

信号流图可以根据系统微分方程绘制,也可以由系统结构图按照对应关系得到。

1) 由系统微分方程绘制信号流图

任何线性数学方程都可以用信号流图表示,但含有微分或积分的线性方程一般应通过拉氏变换,将微分方程或积分方程变换为 s 的代数方程,再绘制信号流图。绘制信号流图时,首先要对系统的每个变量制定一个节点,并按照系统中变量的因果关系,从左向右顺序排列。再将各变量用相应增益的支路连接,并标明各支路增益,从而可得到系统的信号流图。

【例 2-14】 试绘制图 2-50 的 RC 无源网络的信号流图。设初始电压为 $u_1(0)$。

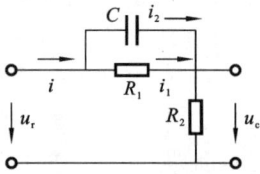

图 2-50 RC 无源网络

分析:在前面研究传递函数时,都是假设零初始条件,而系统的结构图也是建立在传递函数基础上的,因此此题也可以假设零初始条件。但是,信号流图起源于梅森利用图示法描述一个或一组线性代数方程式,因此不需要零初始条件。

解 由基尔霍夫定律,列写网络的微分方程组:

$$\begin{cases} u_r(t) = i_1(t)R_1 + u_c(t) \\ u_c(t) = i(t)R_2 \\ \dfrac{1}{C}\int i_2(t)\mathrm{d}t = i_1(t)R_1 = u_1(t) \\ i_1(t) + i_2(t) = i(t) \end{cases}$$

对上述微分方程组进行拉氏变换,并考虑初始电压 $u_1(0)$,则

$$\begin{cases} U_r(s) = I_1(s)R_1 + U_c(s) \\ U_c(s) = I(s)R_2 \\ \dfrac{1}{Cs}I_2(s) + \dfrac{1}{Cs}i_2(0) = I_1(s)R_1 \\ I(s) = I_1(s) + I_2(s) \end{cases}$$

将上述方程组中各变量按照因果关系排列得

$$\begin{cases} I_1(s) = \dfrac{U_r(s) - U_c(s)}{R_1} = \dfrac{U_{R1}(s)}{R_1} \\ U_c(s) = I(s)R_2 \\ I_2(s) = sR_1CI_1(s) - Cu_1(0) \\ I(s) = I_1(s) + I_2(s) \end{cases}$$

根据上述方程组,将变量 $U_r(s)$、$U_{R1}(s)$、$I_1(s)$、$I_2(s)$、$I(s)$、$U_c(s)$ 及 $u_1(0)$ 分别设置 7 个节点并按自左向右顺序排列;然后按照数学方程式中各变量的因果关系,用相应增益的支路连接,得到信号流图如图 2-51 所示。可见,变量的初始值可以作为输入变量表示出来,这在结构图上是没有的。

如果本题满足零初始条件,则上述方程组可表示为

$$\begin{cases} U_{R1}(s)=U_r(s)-U_c(s) \\ I_1(s)=\dfrac{1}{R_1}U_{R1}(s) \\ I_2(s)=CsU_{R1}(s) \\ I(s)=I_1(s)+I_2(s) \\ U_c(s)=R_2 I(s) \end{cases}$$

对应的信号流图如图 2-52 所示。

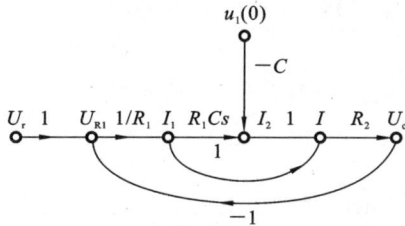

图 2-51 图 2-50 所示系统的信号流图

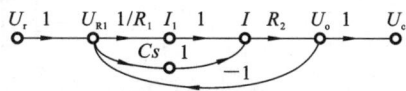

图 2-52 图 2-50 所示系统零初始值 的信号流图

2)依据结构图绘制信号流图

在结构图中,由于传递的信号标记在信号线上,方框则是对变量进行变换或运算的算子。因此,从系统结构图绘制信号流图时,只需进行以下操作。

(1)在结构图的信号线上用小圆圈标志出传递的信号,便得到节点。

(2)用标有传递函数的线段代替结构图中的方框,便得到支路,于是结构图就变换成为相应的信号流图了。结构图与信号流图的对应关系如图 2-53 所示。

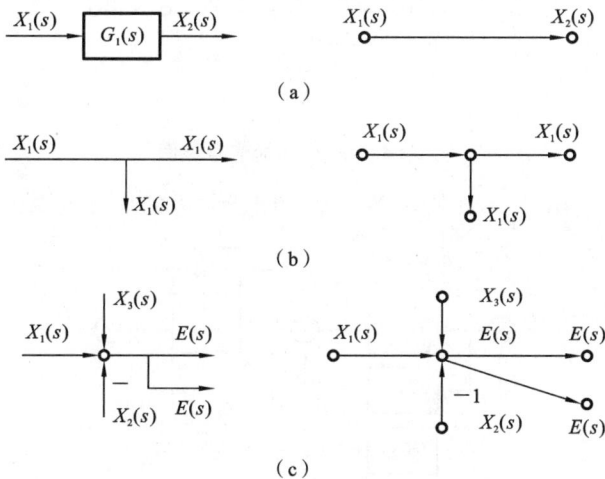

图 2-53 结构图与信号流图的对应关系

依据结构图绘制信号流图,首先要确定信号流图中的节点,并且应尽量精简节点的数目。确定信号流图中的节点应遵循以下原则。

(1)系统的输入为源节点,输出为阱节点。

(2)在结构图的主前向通路上选取信号节点,原则是每条信号线都选取一个节点。

但为了精简节点数目,一般只取比较点后的信号和引出点(有分支点)的信号为节点,且当两信号是同一个信号时只作为一个节点。

(3) 其他通路上,仅将反馈结构求和点后的信号选作节点。

(4) 最后,依据信号流,用支路连接这些节点。注意支路上的正负号。

【例 2-15】 绘制例 2-10 所求取的无源网络结构图的信号流图。

解 (1) 确定信号流图中的节点:源点、阱点、比较点后的信号节点、引出点(有分支点)的信号节点,根据规则应有 9 个节点,如图 2-54(a)所示。但由于比较点 2 后的信号和引出点 3 的信号是同一个信号,只作为一个节点。节点 4、5 均以增益 1 传到节点 6,所以均合并到节点 6。该题中反馈通路上并没有求和点,所以反馈通路上不需要选节点。因此,此结构图只需 5 个节点即可。

(2) 依据信号流,用支路连接这些节点。信号流图如图 2-54(c)所示。

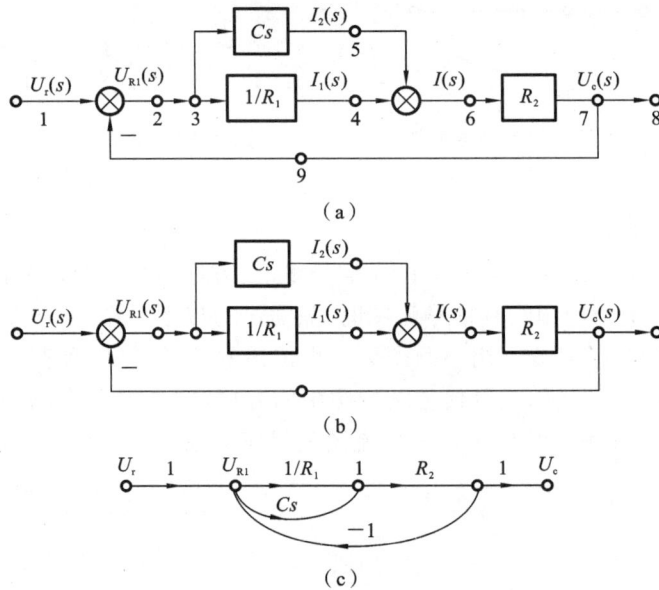

图 2-54 例 2-10 的信号流图

【例 2-16】 试绘出图 2-55 所示系统结构图所对应的信号流图。

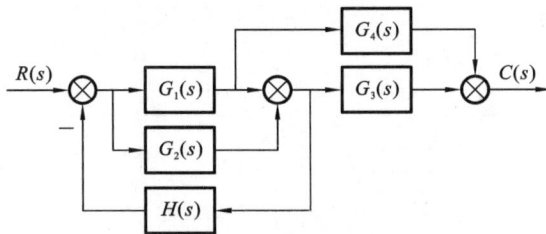

图 2-55 系统结构图

解 主前向支路上需要画出节点的信号只有 5 个,如图 2-56 所示。

依据信号流,用支路连接这些节点,如图 2-57 所示。

4. 梅森公式

上面介绍了信号流图的简化法则。利用这些法则可以求出系统的总传递函数,但

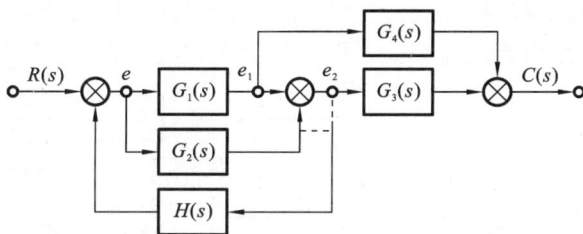

图 2-56　例 2-16 系统信号流图的节点

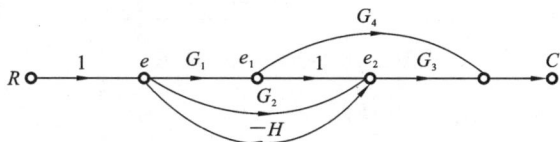

图 2-57　例 2-16 系统的信号流图

对于比较复杂的系统,与结构图化简一样,仍然要花费很多时间。为了解决这个问题,梅森在 1956 年提出了一个求取信号流图总传递增益的公式,称为梅森增益公式。这个公式对求解比较复杂的多回环系统的传递函数,具有很大的优越性。它不必进行费时的简化过程,直接观察信号流图便可求得系统的传递函数。梅森按照克莱姆规则求解线性联立方程时,将解的分子和分母多项式与信号流图的拓扑图巧妙联系,得出了梅森公式。具体证明可参考有关书籍,这里只给出梅森公式的一般形式、各符号的意义及其应用。

在信号流图中,任意输入节点与输出节点之间传递函数的梅森增益公式的一般形式为

$$P = \frac{1}{\Delta} \sum_{k=1}^{n} P_k \Delta_k$$

式中:P 为总增益,即待求的传递函数 $G(s)$;n 为前向通道总数;P_k 为从输入端到输出端第 k 条前向通道的总传递函数;Δ 为系统特征式,即 $\Delta = 1 - \sum L_a + \sum L_b L_c - \sum L_d L_e L_f + \cdots$;$\Delta_k$ 为特征式 Δ 中将其与第 k 条前向通道接触的回路所在项删去后余下的部分,称为余子式;$\sum L_a$ 为各回路的"回路传递函数"之和;$\sum L_b L_c$ 为两两互不接触的回路,即"回路传递函数"乘积之和;$\sum L_d L_e L_f$ 为三个互不接触的回路,即"回路传递函数"乘积之和。

应用梅森公式求解信号流图传递函数的具体步骤可以总结为如下几点。

(1) 观察并写出所有从输入节点到输出节点的前向通道的增益。

(2) 观察信号流图,找出所有的回路,并写出它们的回路增益 $L_1,L_2,L_3,\cdots$。

(3) 找出所有可能组合的 2 个,3 个,$\cdots$ 互不接触(无公共节点)回路,并写出回路增益。

(4) 写出信号流图特征式。

(5) 分别写出与第 k 条前向通道不接触部分信号流图的特征式。

(6) 代入梅森增益公式。

下面举例说明应用梅森增益公式由信号流图求取控制系统传递函数的过程。

【例 2-17】 应用梅森增益公式求图 2-58 所示控制系统的传递函数。

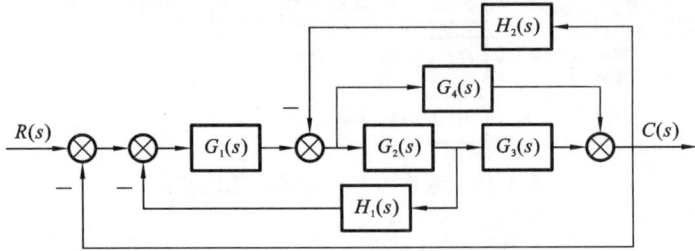

图 2-58 控制系统结构图

解 绘制信号流图,如图 2-59 所示。

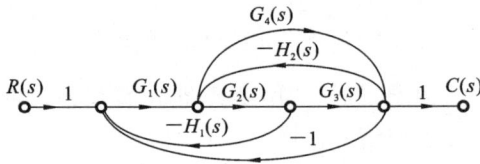

图 2-59 系统信号流图

由图 2-59 可知,从源节点 R 到阱节点 C 有两条前向通路,即 $n=2$,其前向通路总增益分别是 $P_1=G_1G_2G_3$,$P_2=G_1G_4$;共有 5 个单独回路,其回路增益分别是 $-G_1G_2H_1$,$-G_2G_3H_2$,$-G_4H_2$,$-G_1G_2G_3$,$-G_1G_4$;没有不接触回路,且各条前向通路与每个回路都接触,因此 $\Delta_1=\Delta_2=1$,$\Delta=1+G_1G_2H_1+G_2G_3H_2+G_4H_2+G_1G_2G_3+G_1G_4$。于是,由梅森公式求得系统传递函数为

$$\Phi(s)=\frac{G_1G_2G_3+G_1G_4}{1+G_1G_2H_1+G_2G_3H_2+G_4H_2+G_1G_2G_3+G_1G_4}$$

【例 2-18】 已知系统结构图如 2-60 所示。试求闭环传递函数 $\Phi(s)=\dfrac{C(s)}{R(s)}$(应用信号流图及梅森公式)。

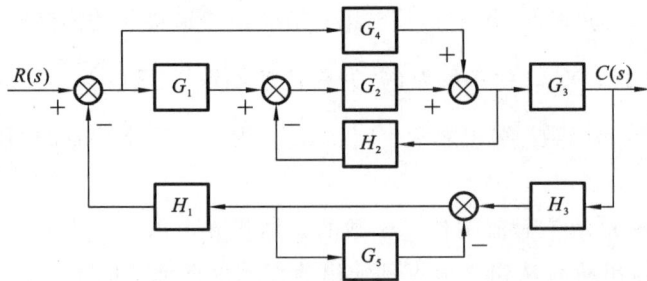

图 2-60 系统结构图

解 绘制系统的信号流图,如图 2-61 所示。

本例中,单独回路有 4 个,即

$$\sum L_a=-G_2H_2-G_1G_2G_3H_3H_1-G_5-G_3G_4H_3H_1$$

有互不接触的回路。于是,信号流图特征式为

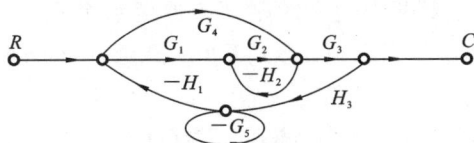

图 2-61 信号流图

$$\Delta = 1 + G_2 H_2 + G_1 G_2 G_3 H_1 H_3 + G_5 + G_3 G_4 H_3 H_1 + G_2 G_5 H_2$$

从源节点 R 到阱节点 C 的前向通路共有 2 条,其前向通路总增益以及余因子式分别为

$$P_1 = G_1 G_2 G_3, \quad \Delta_1 = 1 + G_5$$

$$P_2 = G_4 G_3, \quad \Delta_2 = 1 + G_5$$

因此,由梅森公式求得系统传递函数为

$$\Phi(s) = \frac{(G_1 G_2 + G_4) G_3 (1 + G_5)}{1 + G_2 H_2 + G_1 G_2 G_3 H_1 H_3 + G_5 + G_2 G_5 H_2}$$

2.5　反馈控制系统的传递函数

自动控制系统在工作过程中受到参考输入和扰动输入这两类输入的作用,参考输入通常作用在控制装置的输入端,而干扰输入一般作用在受控对象上,但也可能出现在其他元部件上,甚至输入信号中。典型反馈控制系统结构图如图 2-62 所示。

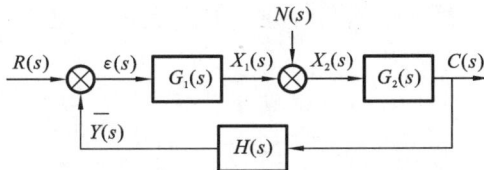

图 2-62　典型反馈控制系统结构图

图 2-62 中,$R(s)$ 为有用输入,$C(s)$ 为输出,$N(s)$ 为扰动作用,$Y(s)$ 为反馈信号,$\varepsilon(s)$ 为偏差/误差信号。这是一个闭环控制系统。如果将反馈线断开,则系统变成一个开环系统。

从输入端沿信号传递方向到输出端的通道称为前向通道,前向通道传递函数为 $G_1(s)G_2(s)$。从输出端沿信号传递方向到输入端的通道称为反馈通道,反馈通道传递函数为 $H(s)$。当主反馈通道断开时,反馈信号对参考输入信号的传递函数称为开环传递函数,记为 $G(s)H(s)$。

$$G(s)H(s) = \frac{Y(s)}{R(s)} = G_1(s)G_2(s)H(s) \tag{2.49}$$

由式(2.49)可知,开环传递函数等于前向通道的传递函数与反馈通道的传递函数的乘积。

闭环系统的输出信号对参考输入信号的传递函数称为闭环传递函数。一般情况下,需要研究有用输入下的闭环传递函数 $C(s)/R(s)$,同样,为了研究扰动作用 $N(s)$ 对输出的影响,也需要求取扰动下的闭环传递函数 $C(s)/N(s)$。此外,还经常用到在输入信号 $R(s)$ 或 $N(s)$ 作用下以误差信号 $E(s)$ 为输出的闭环误差传递函数 $E(s)/R(s)$、

$E(s)/N(s)$。下面考虑输出对两个输入的闭环传递函数关系。其中,$R(s)$为有用输入,$N(s)$为扰动输入,$C(s)$为输出,$Y(s)$、$\varepsilon(s)$、$X_1(s)$、$X_2(s)$为中间变量。

首先按信号传递关系列写方程组:

$$\begin{cases} \varepsilon(s) = R(s) - Y(s) \\ X_1(s) = G(s)\varepsilon(s) \\ X_2(s) = X_1(s) + N(s) \\ C(s) = G_2(s)X_2(s) \\ Y(s) = C(s)H(s) \end{cases}$$

消掉中间变量,可以得到输出与输入的关系。由于线性系统满足叠加原理,即在两个输入信号 $R(s)$ 和 $N(s)$ 的共同作用下,得出输出 $C(s)$,即

$$C(s) = \frac{G_1(s)G_2(s)}{1+G_1(s)G_2(s)H(s)}R(s) + \frac{G_2(s)}{1+G_1(s)G_2(s)H(s)}N(s) \tag{2.50}$$

为了求取输入信号 $R(s)$ 作用下的闭环传递函数 $\dfrac{C(s)}{R(s)}$,根据叠加原理,可以只考虑 $R(s)$ 的作用,即令 $N(s)=0$,式(2.50)变为

$$C(s) = \frac{G_1(s)G_2(s)}{1+G_1(s)G_2(s)H(s)}R(s) \tag{2.51}$$

式(2.51)表示成如下形式:

$$\Phi(s) = \frac{C(s)}{R(s)} = \frac{G_1(s)G_2(s)}{1+G_1(s)G_2(s)H(s)} \tag{2.52}$$

式(2.52)即为输入信号 $R(s)$ 作用下的闭环传递函数,也是通常所说的输出对输入的传递函数。

在式(2.50)中令 $R(s)=0$,即可得到干扰信号 $N(s)$ 作用下的系统闭环传递函数 $\Phi_n(s)$:

$$\Phi_n(s) = \frac{C(s)}{N(s)} = \frac{G_2(s)}{1+G_1(s)G_2(s)H(s)} \tag{2.53}$$

考虑误差信号对两个输入的闭环传递函数关系。根据图 2-62 所列写的方程组可得

$$\varepsilon(s) = \frac{1}{1+G_1(s)G_2(s)H(s)}R(s) + \frac{-G_2(s)H(s)}{1+G_1(s)G_2(s)H(s)}N(s) \tag{2.54}$$

令 $N(s)=0$,可得对输入信号 $r(t)$ 的误差传递函数 $\Phi_{\varepsilon r}(s)$,简记为 $\Phi_\varepsilon(s)$,即

$$\Phi_\varepsilon(s) = \frac{\varepsilon(s)}{R(s)} = \frac{1}{1+G_1(s)G_2(s)H(s)} \tag{2.55}$$

令 $R(s)=0$,可得对干扰信号 $n(t)$ 的误差传递函数 $\Phi_{\varepsilon n}(s)$,即

$$\Phi_{\varepsilon n}(s) = \frac{\varepsilon(s)}{N(s)} = \frac{-G_2(s)H(s)}{1+G_1(s)G_2(s)H(s)} \tag{2.56}$$

系统 4 种闭环传递函数都具有相同的分母,这个分母与外部输入和输出信号的形式以及其在系统中的作用位置无关,只与系统的结构、参数有关,它代表了系统的特征,$1+G_1(s)G_2(s)H(s)=0$ 称为系统的特征方程。特征方程的根就是闭环传递函数的极点。

【例 2-19】 某系统结构图如图 2-63 所示。试绘制系统的信号流图,并求闭环传

递函数 $\Phi(s) = \dfrac{C(s)}{R(s)}$。什么条件下 $C(s)$ 可以不受扰动 $N(s)$ 的影响？

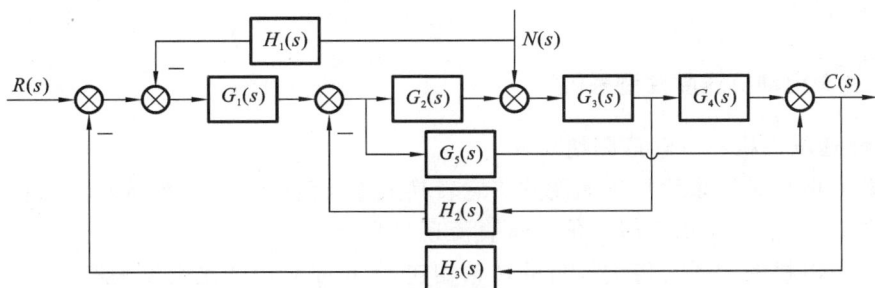

图 2-63 某系统结构图

解 （1）绘制系统的信号流图，如图 2-64 所示。

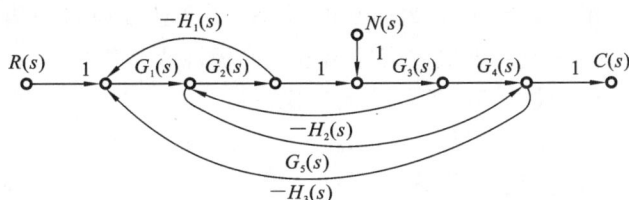

图 2-64 信号流图

（2）令 $N(s) = 0$，利用梅森公式求 $\Phi(s)$。

从信号流图可知，由源节点 R 到阱节点 C 有两条前向通路，即 $n = 2$，且 $P_1 = G_1 G_2 G_3 G_4$，$P_2 = G_1 G_5$；单独回路有 4 个，即 $L_1 = -G_1 G_2 H_1$，$L_2 = -G_2 G_3 H_2$，$L_3 = -G_1 G_2 G_3 G_4 H_3$，$L_4 = -G_1 G_5 H_3$；没有不接触的回路，且所有回路均与两条前向通路接触，因此 $\Delta_1 = \Delta_2 = 1$，而

$$\Delta = 1 + G_1 G_2 H_1 + G_2 G_3 H_2 + G_1 G_2 G_3 G_4 H_3 + G_1 G_5 H_3$$

故由梅森公式求得系统的传递函数为

$$\Phi(s) = \frac{C(s)}{R(s)} = \frac{G_1 G_2 G_3 G_4 + G_1 G_5}{1 + G_1 G_2 H_1 + G_2 G_3 H_2 + G_1 G_2 G_3 G_4 H_3 + G_1 G_5 H_3}$$

（3）令 $R(s) = 0$，仍然利用梅森公式求 $\Phi_n(s)$。从信号流图可知，有 4 个单独回路，即

$$L_1 = -G_1 G_2 H_1, \quad L_2 = -G_2 G_3 H_2, \quad L_3 = -G_1 G_2 G_3 G_4 H_3, \quad L_4 = -G_1 G_5 H_3$$

由源节点 N 到阱节点 C 有两条前向通路，即 $n = 2$。其前向通路总增益以及余子式分别为

$$P_1 = G_3 G_4, \quad \Delta_1 = 1 + G_1 G_2 H_1, \quad P_2 = -G_3 G_5 H_2, \quad \Delta_2 = 1$$

系统特征式为

$$\Delta = 1 + G_1 G_2 H_1 + G_2 G_3 H_2 + G_1 G_2 G_3 G_4 H_3 + G_1 G_5 H_3$$

故由梅森公式求得系统干扰传递函数为

$$\Phi_n(s) = \frac{C(s)}{N(s)} = \frac{(1 + G_1 G_2 H_1) G_3 G_4 - G_3 G_5 H_2}{1 + G_1 G_2 H_1 + G_2 G_3 H_2 + G_1 G_2 G_3 G_4 H_3 + G_1 G_5 H_3}$$

从 $\Phi_n(s)$ 的表达式可知，当 $(1 + G_1 G_2 H_1) G_3 G_4 = G_3 G_5 H_2$ 时，$C(s)$ 不受扰动 $N(s)$ 的影响。

2.6 控制系统建模实例

2.6.1 直流电动机速度控制系统

1. 测速发电机——转速测量元件

测速发电机是用来测量角速度并将它转换成电压量的装置。测速发电机有直流和交流两种,其区别在于输出电压信号是直流还是交流。

测速发电机的转子与待测设备的转轴相连,无论是直流还是交流测速发电机,其输出电压均正比于转子的角速度,故其微分方程可写成

$$u = K_t \omega = K_t \frac{\mathrm{d}\theta}{\mathrm{d}t} \tag{2.57}$$

式中:θ 为转子的转角;ω 为转速;u 为输出电压,K_t 为测速发电机输出电压的斜率。当转子改变旋转方向时,测速发电机改变输出电压的极性或相位。

在零初始条件下对式(2.57)进行拉氏变换,得

$$U(s) = K_t \Omega(s) = K_t s \Theta(s) \tag{2.58}$$

于是,可得测速发电机的传递函数为

$$G(s) = \frac{U(s)}{\Omega(s)} = K_t \quad \text{或} \quad G(s) = \frac{U(s)}{\Theta(s)} = K_t s \tag{2.59}$$

式中:测速发电机的系数 $K_t = 1$。只是当输出量取转速 $\omega(t)$ 时用前者,输出量取转角 $\theta(t)$ 时用后者。分别用方框图表示它们的示意图,如图 2-65 所示。

2. 直流力矩电动机——电枢控制式直流伺服电动机

在所有执行电机中,直流电机的工作特性最好。因此,在要求高的调速装置的控制系统中,都选用直流电机。和其他电机相比,直流电机体积小、效率高、启动转矩大、过载能力强、动态特性好、控制方便,电枢控制式直流电动机等效电路如图 2-66 所示。

图 2-65 测速发电机的示意图

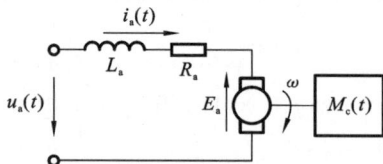

图 2-66 电枢控制式直流电动机等效电路

这是一个电学与力学系统。电枢控制式直流电动机是将输入的电能转换为机械能,在控制系统中广泛用作执行机构实现对被控对象机械运动的快速控制。电枢控制式直流电动机工作原理是,由输入的电枢电压 $u_a(t)$ 在电枢回路中产生电枢电流 $i_a(t)$,再由电流 $i_a(t)$ 与激磁磁通相互作用对电动机转子产生电磁转矩 $M_m(t)$,从而拖动负载运动。图 2-66 中,电枢电压 $u_a(t)$ 为输入量;电动机转速 ω 为输出量;R_a、L_a 分别是电枢电路的电阻和电感;$M_c(t)$ 是折合到电动机轴上的总负载转矩。假设激磁电流 i_f 为常值。当电枢绕组流过直流 $i_a(t)$ 时,一方面在电枢导体中产生电磁力,使转子旋转;另一方面,电枢导体在定子磁场中以转速 ω 旋转并切割磁力线,产生感应电动势 E_a。感应电动势 E_a 的方向与电枢电流 $i_a(t)$ 方向相反,称为反电势。

由图 2-66 电枢控制的直流电动机等效电路，根据电磁学原理和物理学原理对直流电动机写出如下几个方程式。

电枢回路电压平衡方程为

$$u_a(t) = L_a \frac{\mathrm{d}i_a(t)}{\mathrm{d}t} + R_a i_a(t) + E_a \qquad (2.60)$$

式中：E_a 是电枢旋转时产生的反电动势，其大小与转速成正比，即 $E_a = C_e \omega(t)$，C_e(V/(rad·s^{-1}))是反电动势系数。

电磁转矩方程为

$$M_m(t) = C_m(t) i_a(t) \qquad (2.61)$$

式中：$C_m(t)$(N·m/A)是电动机转矩系数；$M_m(t)$ 是电枢电流产生的电磁转矩。

电动机轴上的转矩平衡方程为

$$J_m \frac{\mathrm{d}\omega(t)}{\mathrm{d}t} + f_m \omega(t) = M_m(t) - M_c(t) \qquad (2.62)$$

式中：f_m(N·m/(rad·s^{-1}))是电动机和负载折合到电动机轴上的黏性摩擦系数；J_m(kg·m^2)是电动机和负载折合到电动机轴上的转动惯量。将式(2.60)～(2.62)消去中间变量 $i_a(t)$、E_a、$M_m(t)$，便可以得到以 $\omega(t)$ 为输出量、以 $u_a(t)$ 为输入量的电动机微分方程为

$$L_a J_m \frac{\mathrm{d}^2\omega(t)}{\mathrm{d}t^2} + (L_a f_m + R_a J_m)\frac{\mathrm{d}\omega(t)}{\mathrm{d}t} + (R_a f_m + C_m C_e)\omega(t)$$
$$= C_m u_a(t) - L_a \frac{\mathrm{d}M_c(t)}{\mathrm{d}t} - R_a M_c(t) \qquad (2.63)$$

可见，式(2.63)为二阶线性微分方程。在工程应用中，由于电枢电路电感 L_a 较小，通常可忽略不计，因而式(2.63)可简化成

$$T_m \frac{\mathrm{d}\omega(t)}{\mathrm{d}t} + \omega(t) = K_a u_a(t) - K_c M_c(t) \qquad (2.64)$$

式中：T_m 是电动机的机电时间常数（单位：s），$T_m = \dfrac{R_a J_m}{R_a f_m + C_m C_e}$；$K_a$、$K_c$ 是电动机的传动系数，$K_a = \dfrac{C_m}{R_a f_m + C_m C_e}$，$K_c = \dfrac{R_a}{R_a f_m + C_m C_e}$。若 T_m、K_a、K_c 均为常数，则式(2.64)就是一个一阶常系数线性微分方程。

另外，在随动系统中，也常以电动机的转角 $\theta(t)$ 作为输出量，将 $\omega(t) = \dfrac{\mathrm{d}\theta(t)}{\mathrm{d}t}$ 代入式(2.64)，有

$$T_m \frac{\mathrm{d}\theta^2(t)}{\mathrm{d}t^2} + \frac{\mathrm{d}\theta}{\mathrm{d}t} = K_a u_a(t) - K_c M_c(t) \qquad (2.65)$$

电动机输出转矩 M_m 用来驱动负载并克服黏性摩擦，由牛顿定律可得转矩平衡方程

$$M_m = J_m \frac{\mathrm{d}^2\theta_m}{\mathrm{d}t^2} + f_m \frac{\mathrm{d}\theta_m}{\mathrm{d}t} \qquad (2.66)$$

式中：θ_m 是电动机转子角位移；J_m 和 f_m 分别是折算到电动机轴上的总转动惯量和总黏性摩擦系数。

将式(2.65)和式(2.66)消去中间变量 M_s 和 M_m，并在零初始条件下求拉氏变换。

令 $U_a(s)=L[u_a(t)]$，$\Theta_m(s)=L[\theta_m(t)]$，可求得直流力矩电动机的传递函数为

$$G(s)=\frac{\Theta_m(s)}{U_a(s)}=\frac{C_M}{s(J_m s+f_m+C_\Omega)}=\frac{K_m}{s(T_m s+1)} \qquad (2.67)$$

式中：K_m 是电动机传递系数，$K_m=\dfrac{C_M}{f_m+C_\Omega}$；$T_m$ 是电动机时间常数，$T_m=\dfrac{J_m}{f_m+C_\Omega}$。由于 $\Omega_m(s)=s\Theta(s)$，故式(2.67)也可写为

$$G(s)=\frac{\Omega_m(s)}{U_a(s)}=\frac{K_m}{T_m s+1} \qquad (2.68)$$

式(2.67)和式(2.68)是直流力矩电动机传递函数的两种不同形式，它们与直流电动机的传递函数在形式上完全相同。

3. 放大电路

放大电路包括放大器 K 和功率放大器。电压经放大器 K 后，送入功率放大器，使得功率放大器的输出电压升高。

4. 给定电位器的传递系数 K_1 的测定

给定电位器与反馈电位器的结构参数相同，测量 K_1 时，利用给定电位器或反馈电位器均可。测量方法：将电位器的转轴对准某一角度，测量其输出电压，然后将转轴转过一定角度，再测量其输出电压，于是求得电位器的传递系数 K_1。

综上，直流电动机速度控制系统的结构图如图 2-67 所示。

图 2-67 直流电动机速度控制系统的结构图

图 2-67 中，$R(s)$ 为期望的电动机转速，$R'(s)$ 为电枢电压 $U_a(s)$，输出量 $C(s)$ 为电动机转速 $\Omega_m(s)$。

2.6.2 电阻炉温度控制系统

自动控制系统在各个领域尤其是工业领域有着极其广泛的应用。温度控制是控制系统中最为常见的控制类型之一。电阻炉是工业生产中常用的电加热设备，广泛应用于冶金、机械、建材等行业。电阻炉本身是一个时变的、大滞后的被控对象，且升温具有单向性。

在实际应用中，将电阻炉炉内的温度作为唯一变量，电阻炉可以看成是一种能自衡的对象，如图 2-68 所示。u 为电阻丝两端电压，T_1 为实际炉内温度。设电阻丝质量为 M，比热为 C，传热系数为 H，传热面积为 A，未加热前炉内温度为 T_0，加热后温度为 T_1，单位时间内电阻丝产生的热量为 Q_i。根据热力学知识，有

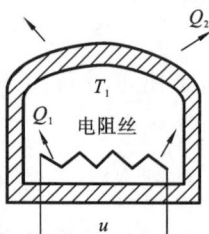

图 2-68 电阻炉热量示意图

$$MC\frac{d(T_1-T_0)}{dt}+HA(T_1-T_0)=Q_i \qquad (2.69)$$

当电阻炉炉内温度稳定时,某一时刻加热元件发出的热量 Q_i 等于该时刻炉内积累的热量 Q_1 与通过炉体散失掉的热量 Q_2 之和,即

$$Q_i = Q_1 + Q_2$$

式中:$Q_1 = MC \dfrac{\mathrm{d}(T_1 - T_0)}{\mathrm{d}t}$;$Q_2 = HA(T_1 - T_0)$。

由于 Q_i 与外加电压 u 的平方成比例,故 Q_i 与 u 呈非线性关系,可在平衡点(Q_0,u_0)附近进行线性化,得 $K_u = \Delta Q_i / \Delta u$,于是可得电阻炉的增量微分方程

$$R \frac{\mathrm{d}\Delta T}{\mathrm{d}t} + \Delta T = K \Delta u \tag{2.70}$$

式中:ΔT 为温度差,$\Delta T = T_1 - T_0$;R 为电阻炉时间常数,$R = MC/HA$;K 为电阻炉的放大系数,$K = K_u/HA$。在零初始条件下,两端进行拉氏变换,可得炉内温度变化量对控制电压变化量之间的电阻炉传递函数为

$$G(s) = \frac{\Delta T(s)}{\Delta U(s)} = \frac{K}{Rs + 1}$$

当炉内温度 T_1 远远大于 T_0 时,T_0 可忽略,设未加热前外加电压 u 为 0,于是电阻炉外加电压与实际炉内温度之间的传递函数为

$$G(s) = \frac{T_1(s)}{U(s)} = \frac{K}{Rs + 1}$$

由于测量元件的时间滞后,加上电阻炉本身所固有的热惯性,控制电压信号与实际炉内温度之间存在一个时滞环节,即

$$G(s) = \frac{T_1(s)}{U(s)} = \frac{K}{Rs + 1} \mathrm{e}^{-\tau s} \tag{2.71}$$

电阻炉温度控制系统结构图如图 2-69 所示。输入信号 $T_r(s)$ 为期望的电阻炉内温度,输出信号 $T_1(s)$ 为实际电阻炉炉内温度,$U(s)$ 为控制电压信号。

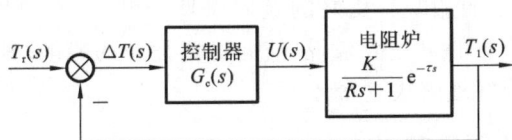

图 2-69　电阻炉温度控制系统结构图

2.6.3　船舶航向控制系统

船舶航行时必须对船舶航向进行控制。为了尽快到达目的地和减少燃料的消耗,总是力求使船舶以一定的速度直线航行,这是船舶的航向保持问题,也就是航向稳定性问题。而当在预定的航线上发现障碍物或其他船舶,或者在有限航道内航行(内河或进出港等)时,必须及时改变航速和航向,这就是船舶航行的机动性问题。航向稳定性和机动性好坏是衡量船舶操纵性好坏的标准。

实际航行的船舶经常受到海浪、海风和海流等海洋环境的扰动,所以它不可能完全按直线航行。设有 A、B 两艘船,它们在海上的实际航迹如图 2-70 所示。其中航向稳定性较好的 A 船,经过很少的操舵即能维持航向,并且航迹也较接近于理想航线。航向稳定性较差的 B 船需要频繁地进行操纵以纠正航向偏离,并且航迹曲折得多。曲折的航迹一方面增加了航程,另一方面由于校正航向偏差而增加了操纵机械和推进机械

的功率消耗。通常由于上述原因而增加的功率消耗占主机功率的 $2\%\sim3\%$,而对于航向稳定性较差的船甚至可高达 20%。由此可见,船舶操纵性对经济性有重要影响。

图 2-71 表示两艘机动性不同的船舶在改变航向时的不同航迹。机动性较好的船C,经过较短的时间在较小的范围内就能改变航向;而机动性较差的 D 船,则要经过较长的时间在大得多的水域内才能完成转向。所以后者在曲折、狭窄的航道和船舶较多的水域中航行时,会增加碰撞的危险。

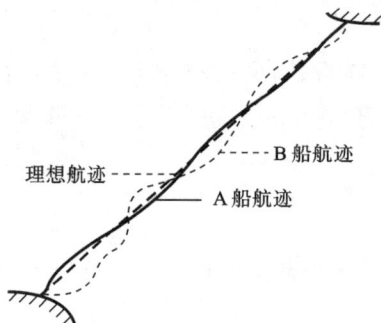

图 2-70 航向稳定性不同的船舶
在海上的实际航迹

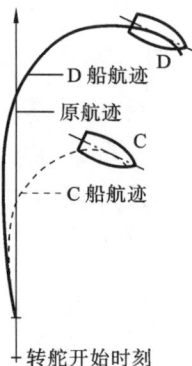

图 2-71 机动性不同的船舶改变
航向时的不同航迹

据统计,全世界 100 吨以上排水量的船舶,每年有 $160\sim170$ 艘主要由于碰撞和搁浅等事故而沉没。每艘船一年平均要出现大小事故 4 次之多。造成这些事故的重要原因之一就是船舶的操纵性不好。由此可见,操纵性对船舶的安全使用是极为重要的。作战舰艇的操纵性对提高武器射击的命中率、占据有利阵位和规避敌舰攻击等有重要意义。

在船舶设计中,希望船舶既有良好的航向保持功能,又有灵敏的机动性,而航向稳定性和机动性往往是矛盾的。一般来说,航向稳定性好的船舶,其航向机动性就差。船舶航向控制系统可以较好地解决这个矛盾。

1. 船舶航向控制系统原理

船舶的航向一般由罗经来测量。罗经在测得的航向与指令航向比较后,产生一个航向误差信号,送入自动控制系统。系统根据航向误差计算出所需的舵角指令信号,舵机伺服系统在舵角指令信号的作用下把舵转到所需的角度。在舵的作用下,船舶开始改变航向,当船舶的航向与指令航向一致时,航向误差为零,于是控制系统控制器输出零舵角指令信号,舵机使舵回到零位,船舶在指令航向上航行。因此,海浪、海风和海流等扰动使船舶航向偏离指令航向时,在航向自动系统的作用下,可使船舶回到指令航向上。

在船舶工程中,经常把船舶航向控制系统的控制器部分称为自动操舵仪。船舶航向控制系统原理图如图 2-72 所示。

一艘左右舷形状对称的船舶,舵位于中间位置时,如果沿纵剖面方向直线航行,则由于流体的对称性,船舶不会受到侧向力作用,如图 2-73(a)所示。若舵偏转一个 δ 角,则改变了水流的对称性,首先在舵上产生一个侧向力 Y_p,Y_p 的作用点距船舶重心 G 为 L_p 时,同时也产生一个绕船舶重心的力矩 $N_p=Y_pL_p$,如图 2-73(b)所示。在力矩 N_p

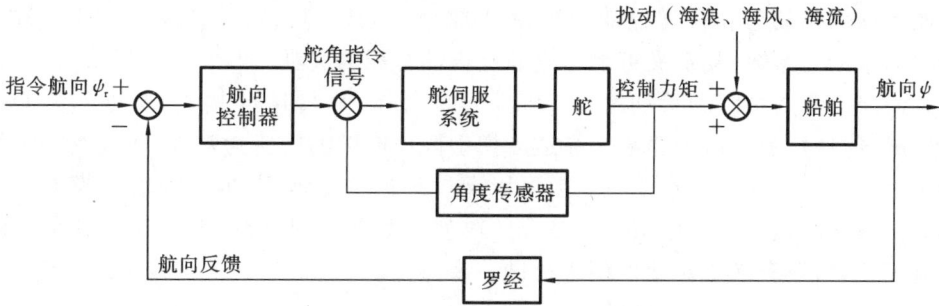

图 2-72 船舶航向控制系统原理图

作用下,船体相对于水流发生偏转,船体纵剖面与水流速度方向形成一漂角 β,船体也产生一绕重心 G 的角速度 r,这就进一步改变了水流的对称性,从而产生一个作用于船体的侧向力 Y_s 和绕重心 G 的力矩 N_s,如图 2-73(c)所示。Y_s 和 N_s 都与 β 和 r 有关。

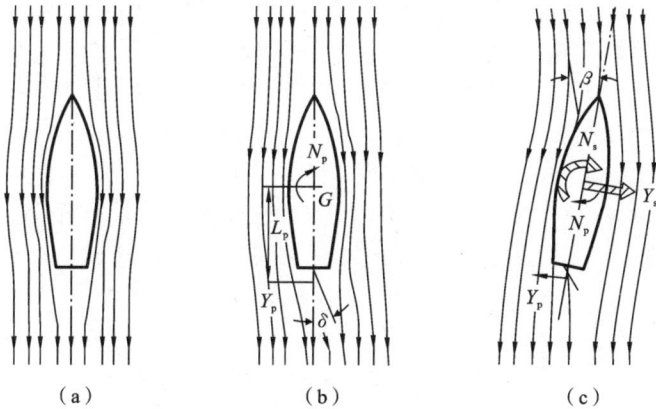

图 2-73 舵-船系统的水动力作用情况

此后,船舶就在 N_p 和 N_s 的作用下继续转向和横移运动。这就是利用转舵来改变船舶航向的一个水动力过程。船舶操纵性的好坏不仅与舵的大小、形状及位置有关,而且与船体的形状等有密切关系。

2. 船舶操纵运动数学模型

(1) 船舶操纵运动 Davidson-Schiff 线性模型

设船舶在图 2-74 所示的平面内运动。如果把运动坐标的原点选在船的重心 G 上,并考虑到船舶的对称性,船舶在平衡位置做小幅度运动,则船舶横荡和首摇运动方程分别为

$$m(\dot{v}+ur)=Y_\delta\delta+Y_v v+Y_{\dot{v}}\dot{v}+Y_r r+Y_{\dot{r}}\dot{r}+Y_d$$

$$(2.72)$$

$$I_z\dot{r}=N_\delta\delta+N_r r+N_{\dot{r}}\dot{r}+N_v v+N_{\dot{v}}\dot{v}+N_d$$

$$(2.73)$$

式中:u 为船的纵向运动速度,当不考虑扰动作用下的纵荡速度 Δv 时,u 等于航速;v 为船的横荡速度;r 为船的艏摇角速度;m 为船的质量;I_z 为船的艏摇转动惯量;Y_d 和 N_d 是海浪、海风、海流

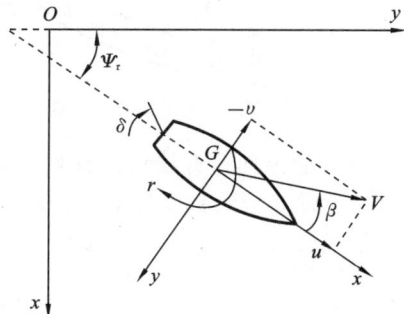

图 2-74 船舶在平面内的运动

对船舶的横荡扰动力和首摇扰动力矩;δ 为舵角;Y_{δ}、Y_{v}、$Y_{\dot{v}}$、Y_{r}、$Y_{\dot{r}}$、N_{δ}、N_{r}、$N_{\dot{r}}$、N_{v}、$N_{\dot{v}}$ 为相应的水动力系数,其定义可参考船舶操纵性方面的文献。

式(2.72)和式(2.73)最初由 Davidson 和 Schiff 于 1946 年提出,所以称为 Davidson-Schiff 线性模型。这个船舶操纵运动模型假设船舶的航速为常数,所以忽略了船舶的纵荡运动方程。式中的水动力系数可以通过理论估算得到,但主要由船模或实船的水动力试验和测试得到。Davidson-Schiff 模型很简单,但是对航向自动控制系统的设计还显复杂,所以有必要对此模型进行进一步简化。

(2) 船舶操纵运动野本模型

野本谦作(Nomoto)在 Davidson-Schiff 模型的基础上,于 1957 年提出了两个简单的线性模型。

式(2.72)和式(2.73)可以改写成

$$(m-Y_{\dot{v}})\dot{v}-Y_{v}v+(mu-Y_{r})r-Y_{\dot{r}}\dot{r}=Y_{\delta}\delta+Y_{d} \tag{2.74}$$

$$(I_{z}-N_{\dot{r}})\dot{r}-N_{r}r-N_{v}v-N_{\dot{v}}\dot{v}=N_{\delta}\delta+N_{d} \tag{2.75}$$

对以上两式进行拉氏变换得

$$[s(m-Y_{\dot{v}})-Y_{v}]v(s)+[s(-Y_{\dot{r}})+(mu-Y_{r})]r(s)=Y_{\delta}\delta(s)+Y_{d}(s) \tag{2.76}$$

$$[s(I_{z}-N_{\dot{r}})-N_{r}]r(s)+[s(-N_{\dot{v}})-N_{v}]v(s)=N_{\delta}\delta(s)+N_{d}(s) \tag{2.77}$$

从式(2.76)中解出 $v(s)$,代入式(2.77)得

$$[(I_{z}-N_{\dot{r}})(m-Y_{\dot{v}})-N_{\dot{v}}Y_{\dot{r}}]s^{2}r(s)+[-(I_{z}-N_{\dot{r}})Y_{v}-(m-Y_{\dot{v}})N_{r}+$$
$$(mu-Y_{r})N_{\dot{v}}-Y_{\dot{r}}N_{v}]sr(s)+[(mu-Y_{r})N_{v}+N_{r}Y_{v}]r(s)=(-Y_{v}N_{\delta}+N_{v}Y_{\delta})\delta(s)$$
$$+[(m-Y_{\dot{v}})N_{\delta}+N_{\dot{v}}Y_{\delta}]s\delta(s)+N_{v}Y_{d}(s)+N_{\dot{v}}sY_{d}(s)-Y_{v}N_{d}(s)+(m-Y_{\dot{v}})sN_{d}(s)$$
$$\tag{2.78}$$

定义

$$D_{s}=(mu-Y_{r})N_{v}+N_{r}Y_{v} \tag{2.79}$$

式(2.79)在船舶操纵性理论中称为船舶操纵性的稳定性衡准式,D_{s} 称为稳定性衡准数,它是表示船舶操纵运动稳定性的一个重要参数。对于水面船舶,原始的定常运动为沿 Ox 轴的匀速直线运动,如图 2-75 所示。当它受到一个航向扰动力后,不经过操舵作用,船舶重心的运动轨迹最终恢复为一直线,但航向发生了变化。这种情况称为船舶具有直线运动稳定性,它表示原来做直线定常航行的船舶在受扰动并在扰动消失后,不经过操舵作用,船舶最终还可以恢复为沿直线航行的定常运动。

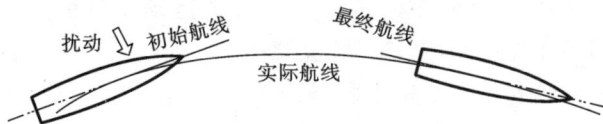

图 2-75　直线运动稳定的船舶

船舶是否具有直线稳定性可以利用稳定性衡准数来判别。当 $D_{s}>0$ 时,船舶在平面内的运动具有直线稳定性,当 $D_{s}<0$ 时,没有直线稳定性。

把式(2.78)两边同时除以 D_{s},进行拉氏反变换,并令

$$\psi=r \tag{2.80}$$

于是得二阶野本模型为

$$\tau_{1}\tau_{2}\dddot{\psi}+(\tau_{1}+\tau_{2})\ddot{\psi}+\dot{\psi}=k_{\delta}(\delta+\tau_{3}\dot{\delta})+k_{YD}(Y_{d}+\tau_{4}\dot{Y}_{d})+k_{ND}(N_{d}+\tau_{5}\dot{N}_{d}) \tag{2.81}$$

式中

$$\tau_1\tau_2 = \frac{(m-Y_{\dot{v}})(I_z-N_{\dot{r}})-N_{\dot{v}}Y_{\dot{r}}}{D_s}$$

$$\tau_1+\tau_2 = \frac{-Y_v(I_z-N_{\dot{r}})-N_r(m-Y_{\dot{v}})+N_{\dot{v}}(mu-Y_r)-Y_{\dot{r}}N_v}{D_s}$$

$$k_\delta = \frac{-Y_v N_\delta + N_v Y_\delta}{D_s}, \quad \tau_3 = \frac{N_\delta(m-Y_{\dot{v}})+N_{\dot{v}}Y_\delta}{N_v Y_\delta - Y_v N_\delta}$$

$$k_{YD} = \frac{N_v}{D_s}, \quad \tau_4 = \frac{N_{\dot{v}}}{N_v}$$

$$k_{ND} = -\frac{Y_v}{D_s}, \quad \tau_5 = -\frac{-m-Y_{\dot{v}}}{Y_v}$$

对式(2.81)进行零初始条件的 Laplace 变换，得

$$(\tau_1\tau_2 s^3 + (\tau_1+\tau_2)s^2 + s)\psi(s)$$
$$= k_\delta(\tau_3 s+1)\delta(s) + k_{YD}(\tau_4 s+1)y_D(s) + k_{ND}(\tau_5 s+1)N_d(s) \tag{2.82}$$

于是

$$\frac{\psi(s)}{\delta(s)} = \frac{k_\delta(\tau_3 s+1)}{s(\tau_1 s+1)(\tau_2 s+1)} \tag{2.83}$$

$$\frac{\psi(s)}{y_d(s)} = \frac{k_{yD}(\tau_4 s+1)}{s(\tau_1 s+1)(\tau_2 s+1)} \tag{2.84}$$

$$\frac{\psi(s)}{N_d(s)} = \frac{k_{ND}(\tau_5 s+1)}{s(\tau_1 s+1)(\tau_2 s+1)} \tag{2.85}$$

二阶野本模型的方框图如图 2-76 所示。

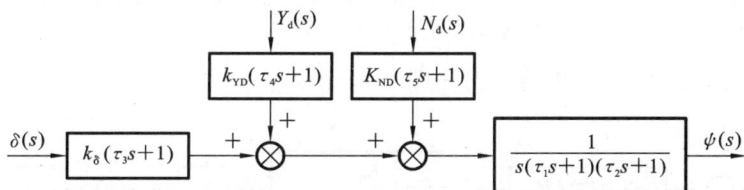

图 2-76 二阶野本模型的方框图

　　船舶在舵作用下的运动基本上是一个质量很大的物体的缓慢的转艏运动，于是野本提出用一个惯性环节来描述船舶艏摇角速度运动方程，也就是著名的一阶野本模型，即

$$I_z\ddot{\psi} + N_{\dot{\psi}}\dot{\psi} = C_\delta\delta + N_d \tag{2.86}$$

式中：I_z、$N_{\dot{\psi}}$ 和 C_δ 分别为船舶的回转惯性力矩系数、回转中所受阻尼力矩系数和舵产生的回转力矩系数。式(2.86)可以改写为

$$T_\psi\ddot{\psi} + \dot{\psi} = K_\delta\delta + \frac{N_d}{N_{\dot{\psi}}} \tag{2.87}$$

式中：$T_\psi = \frac{I_z}{N_{\dot{\psi}}} = \tau_1+\tau_2+\tau_3$；$K_\delta = \frac{C_\delta}{N_{\dot{\psi}}}$。从力学的观点看，$T_\psi$ 和 K_δ 都具有鲜明的物理意义，它们是被广泛用来评定船舶操纵性的参数，K_δ 称为回转性参数；T_ψ 称为稳定性参数。T_ψ 和 K_δ 可以通过船舶在海上做"Z"形试验得到。

　　对式(2.87)进行零初始条件下的 Laplace 变换，得

$$(T_\psi s^2 + s)\psi(s) = k_\delta \delta(s) + \frac{1}{N_{\dot\psi}} N_d(s) \tag{2.88}$$

于是

$$\frac{\psi(s)}{\delta(s)} = \frac{k_\delta}{s(T_\psi s + 1)} \tag{2.89}$$

$$\frac{\psi(s)}{N_d(s)} = \frac{1/N\dot\psi}{s(T_\psi s + 1)} \tag{2.90}$$

一阶野本模型的方框图如图 2-77 所示。

（3）舵伺服系统数学模型

舵伺服系统是连接来自航向控制器控制信号和转舵机械组合体的中间转换和功率放大装置。舵伺服系统主要由控制器、功放与驱动装置和舵机三个部分组成。

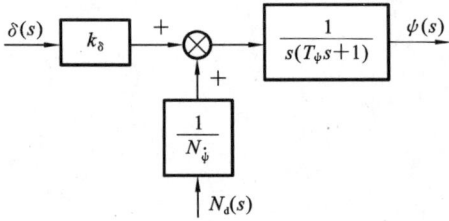

图 2-77 一阶野本模型的方框图

无论是采用电液伺服系统，还是采用电驱动伺服系统，所设计的伺服系统的闭环系统动态特性一般都具有二阶振荡环节的特性，即伺服系统的闭环传递函数为

$$G_Q(s) = \frac{K_Q}{T_Q s^2 + 2T_Q \xi_Q s + 1} \tag{2.91}$$

式中：$T_Q \ll T_\psi$。所以，在设计航向控制系统时，通常可将伺服系统近似为一个比例环节。

（4）反馈通道数学模型

航向控制系统中航向的测量一般采用电罗经，电罗经的响应比电液伺服系统和船舵系统的响应快得多，故可近似为比例环节。

至此，船舶航向控制系统结构图如图 2-78 所示。

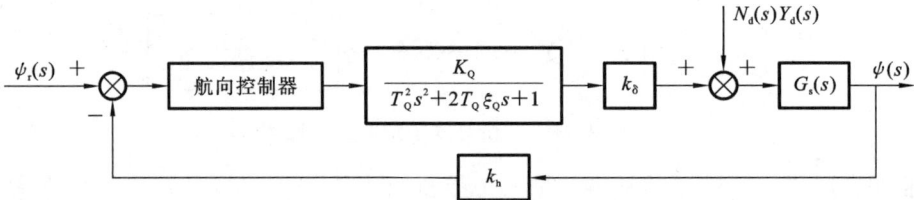

图 2-78 船舶航向控制系统结构图

图 2-78 中，有

$$G_s(s) = \frac{1}{s(T_\psi s + 1)} \quad \text{或} \quad G_s(s) = \frac{\tau_3 + 1}{s(\tau_1 s + 1)(\tau_2 s + 1)}$$

2.6.4 船舶横摇减摇鳍控制系统

1. 减摇鳍控制系统原理

减摇鳍由船体两舷伸出船体，安装于水下一定深度处，它的外形和舵差不多。当船体在风浪中航行产生横摇运动时，鳍在控制系统的控制下，根据船的横摇运动和控制器输出的指令信号，在鳍伺服驱动系统作用下做相应的转动，此时在鳍上产生升力。升力作用线垂直水流相对速度和减摇鳍的轴线。由于减摇鳍的布置左右对称，当一舷的减

摇鳍升力指向鳍面上方时,另一舷的减摇鳍升力将指向鳍面下方。这样左右减摇鳍产生升力和相对横摇轴的控制力矩(稳定力矩),如图 2-79 所示。

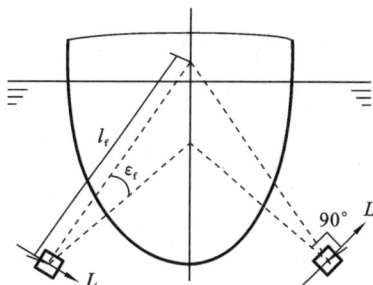

减摇鳍装置作为一个自动控制装置,它可以分成三部分:鳍、随动伺服系统和控制。当船舶在风浪中航行产生横摇时,控制系统通过角速度陀螺仪获得船舶横摇的信息,通过控制器的运算处理得到鳍角控制信号,经放大后送到电液或电

图 2-79　鳍产生的横摇控制力矩示意图

动随动伺服系统,随动伺服系统根据鳍角控制信号驱动鳍按指定动作运行。船体两边的鳍在驱动力和水动力的共同作用下,产生稳定力矩来平衡波浪对船舶产生的扰动力矩,以达到减摇的目的。稳定力矩和波浪的扰动力矩大小尽量相同,方向相反,称为平衡力矩。减摇鳍控制系统构成的原理图如图 2-80 所示。

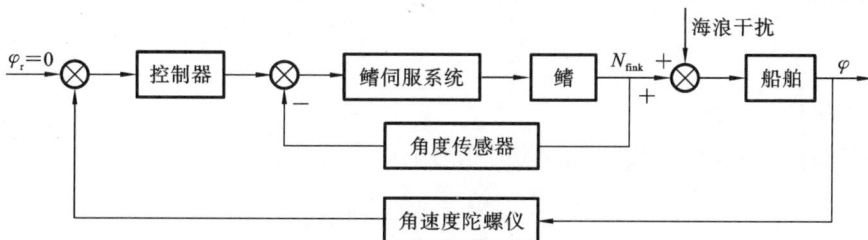

图 2-80　减摇鳍控制系统构成的原理图

鳍角是受控制系统控制的,因此,鳍所产生的升力也是受控制系统控制的。减摇效果不仅与减摇鳍的水动力特性有关,还与控制系统的性能有关。

2. 船舶减摇鳍控制系统数学模型

1) 船舶线性横摇运动数学模型

如果船舶的横摇运动角度很小,可以应用线性横摇理论来分析船舶的横摇运动。依照 Conolly 的理论,没有安装减摇鳍的船舶线性横摇运动可以表示为

$$(I_X+\Delta I_X)\ddot{\varphi}+2N_{\mu}\dot{\varphi}+Dh\varphi=N_d \quad (2.92)$$

式中:I_X 和 ΔI_X 分别为相对于通过船舶重心纵轴的惯量和附加惯量;$2N_{\mu}$ 为每单位横摇角速度的船舶阻尼力矩;D 为船的排水量;h 为横稳心高;N_d 为海浪对船的横摇扰动力矩。

当安装减摇鳍时,船舶线性横摇运动方程为

$$(I_X+\Delta I_X)\ddot{\varphi}+2N_{\mu}\dot{\varphi}+Dh\varphi=N_{\text{fink}}+N_d \quad (2.93)$$

式中:N_{fink} 为鳍产生的控制力矩(稳定力矩),它与海浪扰动力矩 N_d 方向相反。式(2.93)两边同时除以 Dh,得

$$\frac{(I_X+\Delta I_X)}{Dh}\ddot{\varphi}+\frac{2N_{\mu}}{Dh}\dot{\varphi}+\varphi=M_{\text{fink}}+M_d \quad (2.94)$$

式中:$M_{\text{fink}}=N_{\text{fink}}/(Dh)$;$M_d=N_d/(Dh)$。

如果令 $T_{\varphi}=\sqrt{(I_X+\Delta I_X)/(Dh)}$,$T_{\varphi}\xi=N_{\mu}/(Dh)$,则式(2.94)可写为

$$T_\varphi^2\ddot{\varphi}+2T_\varphi\xi_\varphi\dot{\varphi}+\varphi=M_{\text{fink}}+M_d \tag{2.95}$$

在零初始条件下,即 $\varphi(0)=\dot{\varphi}(0)=\ddot{\varphi}(0)=0$,对式(2.95)进行 Laplace 变换,得船舶横摇运动传递函数为

$$G_\varphi(s)=\frac{\Phi(s)}{M_{\text{fink}}(s)}=\frac{\Phi(s)}{M_d(s)}=\frac{1}{T_\varphi^2 s^2+2T_\varphi\xi_\varphi s+1} \tag{2.96}$$

即

$$G_\varphi(s)=\frac{\omega_n^2}{s^2+2\xi\omega_n+\omega_n^2} \tag{2.97}$$

式中:T_φ 为船的横摇运动时间常数;ξ_φ 为阻尼比,在船舶设计时一般取 $0<\xi_\varphi<1$;$\omega_n=\frac{1}{T_\varphi}$。式(2.97)表明船舶线性横摇运动是一个典型的二阶振荡环节。

由于 $\omega_n=2\pi/T_s$,T_s 为船的横摇固有周期,故有

$$T_s=2\pi/\omega_n=2\pi T_\varphi \tag{2.98}$$

从式(2.98)看出,T_φ 不是船的横摇固有周期,它与 T_s 之间存在 2π 的关系。

将某船的参数代入式(2.97),得

$$G_\varphi(s)=\frac{1}{2.052s^2+0.3929s+1} \tag{2.99}$$

2)减摇鳍数学模型

设鳍绕鳍轴转动的鳍角为 α_{fin},此时在鳍上产生的升力为

$$L_{\text{fin}}=\frac{1}{2}\rho V^2 A_F C_y(\alpha)\alpha_{\text{fin}} \tag{2.100}$$

式中:A_F 为鳍的投影面积,单位为 m^2;ρ 为海水密度,单位为 kg/m^3;V 为航速,单位为 m/s;$C_y(\alpha)$ 为鳍的单位鳍角升力系数。

这样左右减摇鳍产生的升力相对横摇轴的控制力矩(稳定力矩)为

$$N_{\text{fink}}=2L_{\text{fink}}l_f\cos\varepsilon_f \tag{2.101}$$

式中:ε_f 为鳍轴轴线与自鳍中心至穿过船重心的纵轴垂线 l_f 间的夹角。由于 ε_f 通常很小,故上式可以近似为

$$N_{\text{fink}}\approx 2L_{\text{fink}}l_f \tag{2.102}$$

3)减摇鳍(伺服)随动系统模型

伺服系统是减摇鳍系统的重要组成部分,是连接来自控制器控制信号和转鳍机械组合体的中间转换和功率放大装置。减摇鳍伺服系统由控制器、功放与驱动装置和鳍机构组合体三个主要部分组成。

无论是采用电液伺服系统,还是采用电动伺服系统,所设计的伺服系统闭环系统动态特性一般均具有二阶振荡环节的特性,即伺服系统的闭环传递函数为

$$G_Q(s)=\frac{k_Q}{T_Q^2 s^2+2T_Q\xi_Q s+1} \tag{2.103}$$

式中:$T_Q\ll T_\varphi$。所以,在设计横摇减摇系统控制器时,通常可将伺服系统近似为一个比例环节。

某减摇鳍电液伺服系统闭环传递函数为

$$G_Q(s)=\frac{2}{\frac{1}{225}s^2+\frac{3}{125}s+1}$$

4）反馈通道数学模型

在减摇鳍控制系统中经常用角速度陀螺作为测量船舶横摇运动的敏感元件。它的运动方程为

$$\begin{cases} J_T \Omega \dfrac{\mathrm{d}\varphi}{\mathrm{d}t} = J_R \dfrac{\mathrm{d}^2 \beta_T}{\mathrm{d}t^2} + d\dfrac{\mathrm{d}\beta_T}{\mathrm{d}t} + C\beta_T \\ U_{TC} = K_{TC}\beta_T \end{cases} \tag{2.104}$$

式中：J_T 和 J_R 分别是陀螺马达绕其转轴的转动惯量和马达转动角速度 Ω 绕框架轴的转动惯量；β_T 为框架的转角；d 和 C 为框架转动的阻尼系数和框架扭矩力轴的刚度系数；K_{TC} 为微动同步器的比例系数。

角速度陀螺的传递函数为

$$W_T(s) = \frac{k_h s}{T_h^2 s^2 + 2T_h \xi_h s + 1} \tag{2.105}$$

某型角速度陀螺传递函数为

$$W_T(s) = \frac{0.1s}{0.00025s^2 + 0.002s + 1} \tag{2.106}$$

至此，船舶横摇减摇鳍控制系统的结构图如图 2-81 所示。

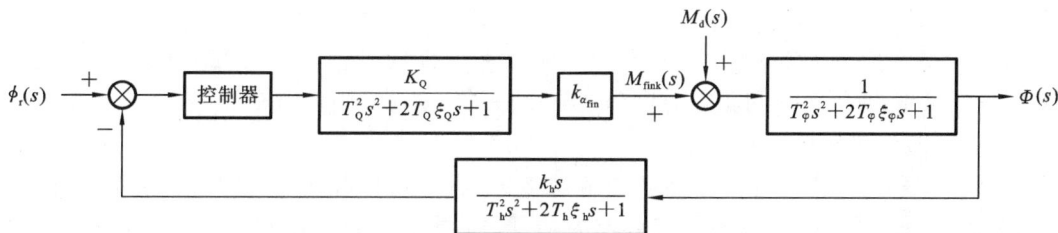

图 2-81 船舶横摇减摇鳍控制系统的结构图

2.6.5 船载稳定平台控制系统

1. 坐标变换

船舶在海上航行时，在风浪扰动下产生的纵摇、横摇、艏摇运动对船载设备（如船载雷达、卫星天线、武器系统、导航设备等）的性能产生很大影响，为了保证船载设备的性能不受船舶摇摆的影响，保持这些设备在地理坐标系中的角位置不变，就需要提供一个能隔离船舶摇摆运动的稳定平台。船载稳定平台一般采用三个框架（三个转轴）串联结构，即内框、中框和外框，以抵消船的三个摇摆运动。船载三轴稳定平台原理图如图 2-82 所示。船载三轴稳定平台控制系统主要有两个功能：一方面，隔离船纵摇、横摇、艏摇三个摇摆运动对平台相对地理坐标系姿态的影响，将船的三个摇摆运动分解在平台的三个转轴上，补偿对平台姿态的影响，使船载稳定平台相对地理坐标系稳定；另一方面，根据指向控制信号将平台驱动到预期位置。为了实现这两个功能，就要求在船做摇摆运动并已获悉船的摇摆信息的条件下，根据平台俯仰和方位指向控制信号，得到平台三个转轴伺服系统的指令信号，驱动伺服系统转轴使平台姿态保持在相对地理坐标系期望的位置。

如果船载平台的三个框架是独立的，则在测出船的纵摇、横摇、艏摇信号后，将其反相后作为指令信号输入对应的框架伺服系统，即可达到隔离船的摇摆运动对平台姿态

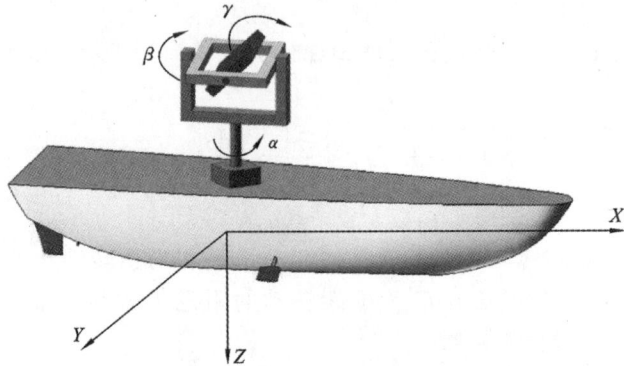

图 2-82　船载三轴稳定平台原理图

影响的目的。但遗憾的是,三轴框架串联结构平台的三个框架的角度、角速度及转动惯量等是相互耦合影响的,这就需要研究坐标变换,以便求出在船摇摆运动和给定平台指向控制信号条件下三轴伺服系统的指令信号。

为给出船载三轴稳定平台伺服系统指令信号,需要进行坐标变换,为此,首先要定义几个有关的坐标系。

1)地理坐标系 $O_0X_0Y_0Z_0$

该坐标系原点为船的初始位置,X_0 轴为正东方向,Y_0 轴为正北方向,给定航向(角)ψ_r 是船的期望航线与正北方向(Y_0 轴)的夹角,如图 2-83(a)所示。

2)联船地理坐标系 $O_eX_eY_eZ_e$

该坐标系是原点与船一起运动的地理坐标系,当船在海面上无摇摆运动处于平衡状态时,X_e 轴、Y_e 轴、Z_e 轴分别与船的纵轴、横轴、垂直轴重合,如图 2-83(b)所示。

3)船体固联轴坐标系 $O_sX_sY_sZ_s$

该坐标系与船体固联,其三个坐标轴与船体的纵轴、横轴、垂直轴重合,坐标原点与船的摇摆中心重合,当船处于平衡状态时,联船地理坐标系 $O_eX_eY_eZ_e$ 与该坐标系 $O_sX_sY_sZ_s$ 完全重合,如图 2-83(b)所示。

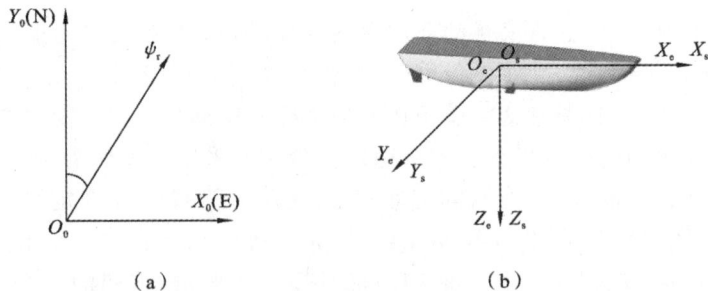

(a)　　　　　　　　　　　　　　(b)

图 2-83　联船地理坐标系与船体固联轴坐标系

4)平台坐标系 $O_aX_aY_aZ_a$

该坐标系与平台固联,X_a 轴、Y_a 轴、Z_a 轴分别与平台的横滚轴、俯仰轴、方位轴重合,坐标原点与平台摇摆中心重合,且呈右手坐标系,如图 2-84 所示。

为了描述一个空间矢量在不同坐标系中其坐标值之间的关系,通常采用变换矩阵表示其转换关系。如果一个坐标系围绕其一坐标轴旋转角度 A,则一个空间矢量在原坐标系中的坐标值 $[x,y,z]^\tau$ 与它在新坐标系中的坐标值 $[x',y',z']^\tau$ 之间的关系为

$$\begin{bmatrix} x' \\ y' \\ z' \end{bmatrix} = \boldsymbol{T}(A) \begin{bmatrix} x \\ y \\ z \end{bmatrix} \qquad (2.107)$$

式中: $\boldsymbol{T}(A)$ 为变换矩阵。

坐标系绕 X 轴、Y 轴、Z 轴分别旋转 A_X、A_Y、A_Z 角度的变换矩阵为

图 2-84　平台坐标系

$$\boldsymbol{T}_X(A_X) = \begin{bmatrix} 1 & 0 & 0 \\ 0 & \cos A_X & \sin A_X \\ 0 & -\sin A_X & \cos A_X \end{bmatrix} \quad (2.108)$$

$$\boldsymbol{T}_Y(A_Y) = \begin{bmatrix} \cos A_Y & 0 & -\sin A_Y \\ 0 & 1 & 0 \\ \sin A_Y & 0 & \cos A_Y \end{bmatrix} \qquad (2.109)$$

$$\boldsymbol{T}_Z(A_Z) = \begin{bmatrix} \cos A_Z & \sin A_Z & 0 \\ -\sin A_Z & \cos A_Z & 0 \\ 0 & 0 & 1 \end{bmatrix} \qquad (2.110)$$

式中: A_X、A_Y、A_Z 的旋转正方向为绕旋转轴成右手定则。如果坐标系连续多次旋转,可根据旋转次序通过旋转矩阵乘积的方法求得总的坐标变换矩阵。

船体固联轴坐标系 $O_s X_s Y_s Z_s$ 与联船地理坐标系 $O_e X_e Y_e Z_e$ 之间的角度是由于船的摇摆运动引起的。其摇摆角是由船上的平台罗经提供的,考虑到平台罗经的常平架结构及测量机理,船体固联轴坐标系 $O_s X_s Y_s Z_s$ 从联船地理坐标系 $O_e X_e Y_e Z_e$ 偏离的次序为

$$\text{艏摇角 } \psi \rightarrow \text{纵摇角 } \theta \rightarrow \text{横摇角 } \varphi$$

于是,船上任一点的三维坐标值在两个坐标系 $O_s X_s Y_s Z_s$、$O_e X_e Y_e Z_e$ 的关系为

$$\begin{bmatrix} x_s \\ y_s \\ z_s \end{bmatrix} = \boldsymbol{T}_{es}(\varphi, \theta, \psi, \psi_g) = \begin{bmatrix} x_e \\ y_e \\ z_e \end{bmatrix} \qquad (2.111)$$

式中:变换矩阵

$$\begin{aligned}
&\boldsymbol{T}_{es}(\varphi, \theta, \psi, \psi_g) \\
&= \boldsymbol{T}_X(\varphi) \boldsymbol{T}_Y(\theta) \boldsymbol{T}_z(\psi - \psi_g) \\
&= \begin{bmatrix} 1 & 0 & 0 \\ 0 & \cos\varphi & \sin\varphi \\ 0 & -\sin\varphi & \cos\varphi \end{bmatrix} \begin{bmatrix} \cos\theta & 0 & -\sin\theta \\ 0 & 1 & 0 \\ \sin\theta & 0 & \cos\theta \end{bmatrix} \begin{bmatrix} \cos(\psi-\psi_g) & \sin(\psi-\psi_g) & 0 \\ -\sin(\psi-\psi_g) & \cos(\psi-\psi_g) & 0 \\ 0 & 0 & 1 \end{bmatrix}
\end{aligned}$$

$$(2.112)$$

如果不考虑线位移,规定平台的初始位置使得平台坐标系与船体固联轴坐标系完全重合,则当平台在伺服系统驱动下绕 Z_a、X_a、Y_a 三个轴依次转动 α、γ、β 角度时,内框为俯仰运动,中框为横滚运动,外框为方位运动,那么平台从船体固联轴坐标系中偏离的次序为

$$\text{方位角 } \alpha \rightarrow \text{横滚角 } \gamma \rightarrow \text{俯仰角 } \beta$$

于是,平台上任一点的三维坐标值在两个坐标系 $O_a X_a Y_a Z_a$ 与 $O_s X_s Y_s Z_s$ 中的关系为

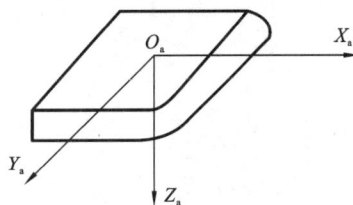

$$\begin{bmatrix} x_a \\ y_a \\ z_a \end{bmatrix} = \boldsymbol{T}_{sa}(\alpha,\gamma,\beta,\beta_g)\begin{bmatrix} x_s \\ y_s \\ z_s \end{bmatrix} \tag{2.113}$$

式中：变换矩阵

$$\boldsymbol{T}_{sa}(\alpha,\gamma,\beta) = \boldsymbol{T}_y(\beta)\cdot\boldsymbol{T}_x(\gamma)\cdot\boldsymbol{T}_z(\alpha)$$

$$= \begin{bmatrix} \cos\beta & 0 & \sin\beta \\ 0 & 1 & 0 \\ \sin\beta & 0 & \cos\beta \end{bmatrix}\begin{bmatrix} 1 & 0 & 0 \\ 0 & \cos\gamma & \sin\gamma \\ 0 & -\sin\gamma & \cos\gamma \end{bmatrix}\begin{bmatrix} \cos\gamma & \sin\gamma & 0 \\ -\sin\gamma & \cos\gamma & 0 \\ 0 & 0 & 1 \end{bmatrix} \tag{2.114}$$

平台坐标系与联船地理坐标系之间的关系是通过船体固联轴坐标系相联系的，由式(2.111)和式(2.112)得

$$\begin{bmatrix} x_a \\ y_a \\ z_a \end{bmatrix} = \boldsymbol{T}_{sa}(\alpha,\gamma,\beta)\boldsymbol{T}_{es}(\phi,\theta,\psi,\psi_g)\begin{bmatrix} x_e \\ y_e \\ z_e \end{bmatrix} \tag{2.115}$$

坐标转换的作用就是保持平台上任意一点的坐标值在平台坐标系中和在联船地理坐标系中是相等的，即

$$\begin{bmatrix} x_a \\ y_a \\ z_a \end{bmatrix} = \begin{bmatrix} x_e \\ y_e \\ z_e \end{bmatrix} \tag{2.116}$$

于是，由式(2.115)和式(2.116)有

$$\boldsymbol{T}_{sa}(\alpha,\gamma,\beta)\boldsymbol{T}_{es}(\phi,\theta,\psi,\psi_g) = \boldsymbol{I}$$

由此得出船舶摇摆运动时经坐标变换后的三轴伺服系统指令信号为

$$\begin{cases} \alpha_k = \text{arccot}[\cot(\psi-\psi_g)\cos\varphi/\cos\theta - \tan\theta\sin\varphi], & -\pi\leqslant\psi\leqslant\pi \\ \gamma_k = \arcsin[\sin(\psi-\psi_g)\sin\theta\cos\varphi - \cos(\psi-\psi_g)\sin\varphi], & -\pi\leqslant\varphi\leqslant\pi \\ \beta_k = \arctan[\tan\varphi\sin(\psi-\psi_g)/\cos\theta - \tan\theta\cos(\psi-\psi_g)], & -\frac{\pi}{2}<\theta<\frac{\pi}{2} \end{cases}$$

$$\tag{2.117}$$

2. 稳定平台三轴伺服系统数学建模

船载稳定平台三轴伺服系统是平台俯仰、横滚、方位三自由度转动的执行系统。俯仰角姿态伺服系统是平台在横向垂直面内转动的执行系统，它一方面要抵消船的纵摇及横摇运动对平台俯仰角姿态的影响，另一方面根据俯仰角指令信号使平台俯仰角姿态转动到预期的位置。横滚角姿态伺服系统是平台在纵向垂直面内转动的执行系统，它主要是用来抵消船的横摇及纵摇运动对平台横滚角姿态的影响，从而达到稳定平台相对水平面基准的姿态。方位角姿态伺服系统是平台在水平面转动的执行系统，一方面用来克服船的艏摇、横摇、纵摇对平台方位角姿态的影响，同时根据方位角指令信号将平台驱动到指定的方位。因此，伺服系统性能直接影响平台运动姿态的控制效果。图 2-85 为船载稳定平台控制系统原理结构图。

图 2-85 中，α_g、β_g 分别为平台方位角和俯仰角指令信号，$\alpha_{gi}=\alpha_g+\alpha_k$，$\gamma_{gi}=\gamma_k$，$\beta_{gi}=\beta_g+\beta_k$，平台的俯仰、横滚、方位角三个回路结构基本相同，均采用脉宽调制式无刷直流力矩电机(PWM BDCM)伺服系统结构，如图 2-86 所示。

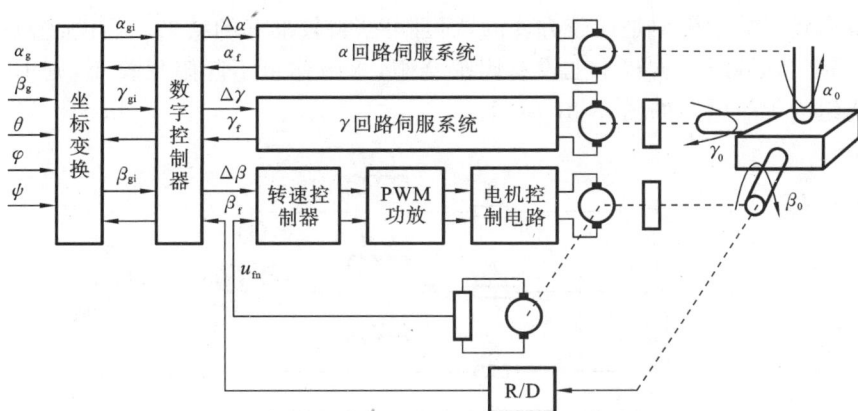

图 2-85 船载稳定平台控制系统原理结构图

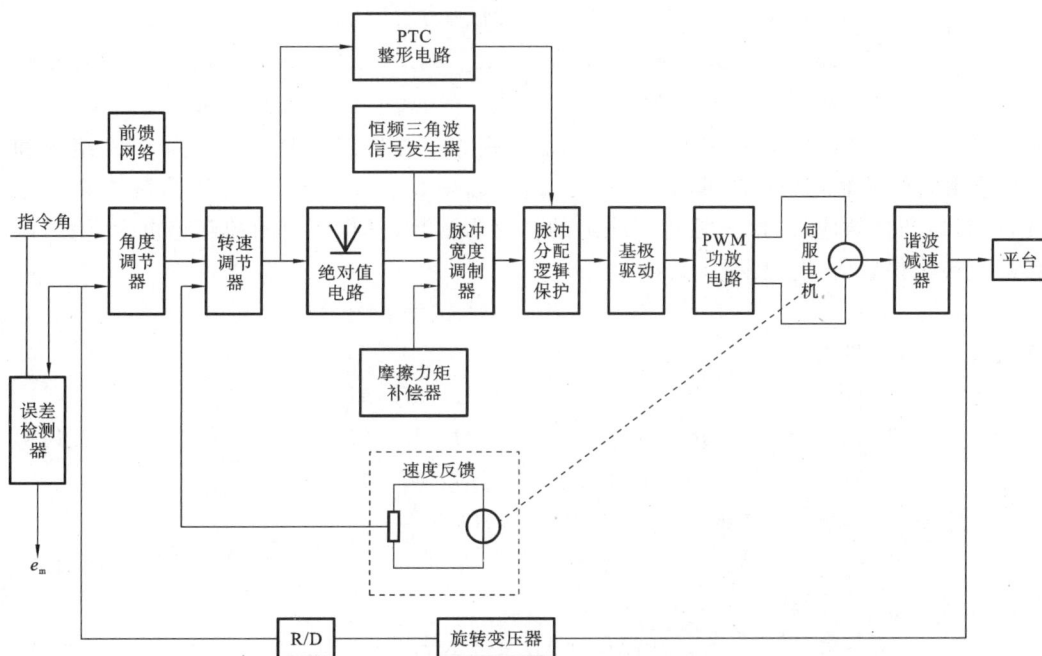

图 2-86 船载稳定平台 PWM BDCM 伺服系统原理结构图

  旋转变压器的输出是交流 400 Hz 电压信号,为了与计算机接口,需要模拟/数字转换装置。本系统选用跟踪式双速轴角/数字转换器(R/D)来完成模拟/数字转换功能。输入为旋转变压器的粗机正弦、粗机余弦、精机正弦、精机余弦信号,输出为粗、精组合的十六位角度数字信号和一个模拟量的角度信号,其主要性能指标:最大跟踪速率为 $1000°/s$;分辨力为 16 位;精度为 $40''$。该转换器转换精度高、跟踪速度快、使用方便。

  PWM BDCM 伺服系统采用角度、角速度双环从属控制结构。伺服电机是伺服系统的执行元件,将电能转化为机械能,通过谐波减速器带动平台的一个轴转动。

  PWM 功放装置有两个作用:一方面它起着脉冲宽度调制信号功率转换装置的作用;另一方面它又起着电机的换向功率开关的作用。采用这种结构使得整体控制回路简化。这种情形下,PWM 功放电路受 BDCM 换向信号和 PWM 脉宽信号的联合控制。

  以俯仰回路伺服系统为例对无刷直流力矩电机进行数学建模,直接利用电机原有的相变量来建立数学模型是比较方便的,而且可获得较准确的结果。假设:忽略磁路饱和,不计涡流和磁滞损耗,转子上没有阻尼绕组,永磁体也不起阻尼作用,则 BDCM 定子三相绕组的等效电路如图 2- 87 所示。

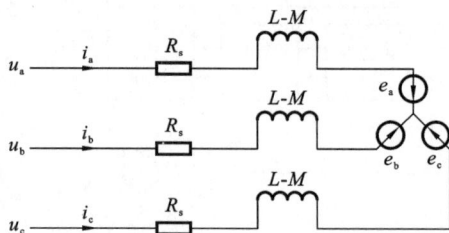

图 2-87　BDCM 定子三相绕组的等效电路

BDCM 定子三相绕组的电压方程为

$$\begin{bmatrix} u_a \\ u_b \\ u_c \end{bmatrix} = \begin{bmatrix} R_s & 0 & 0 \\ 0 & R_s & 0 \\ 0 & 0 & R_s \end{bmatrix} \begin{bmatrix} i_a \\ i_b \\ i_c \end{bmatrix} + \frac{\mathrm{d}}{\mathrm{d}t} \begin{bmatrix} L_a & L_{ab} & L_{ac} \\ L_{ba} & L_b & L_{bc} \\ L_{ca} & L_{cb} & L_c \end{bmatrix} \begin{bmatrix} i_a \\ i_b \\ i_c \end{bmatrix} + \begin{bmatrix} e_a \\ e_b \\ e_c \end{bmatrix} \tag{2.118}$$

式中:假定三相绕组的电阻相等,L_a、L_b、L_c 分别为三相绕组的自感,L_{ab} 为 A 相绕组和 B 相绕组间的互感,其他类同,且有 $L_{ab} = L_{ba}$、$L_{ac} = L_{ca}$、$L_{bc} = L_{cb}$。对于凸装式转子结构,可忽略凸极效应,因此三相定子绕组的自感为常数,三相绕组间的互感也为常数,两者都与转子位置无关。因此,如果令

$$L_a = L_b = L_c = L, \quad L_{ab} = L_{bc} = L_{ca} = M$$

则式(2.118)可写为

$$\begin{bmatrix} u_a \\ u_b \\ u_c \end{bmatrix} = \begin{bmatrix} R_s & 0 & 0 \\ 0 & R_s & 0 \\ 0 & 0 & R_s \end{bmatrix} \begin{bmatrix} i_a \\ i_b \\ i_c \end{bmatrix} + \frac{\mathrm{d}}{\mathrm{d}t} \begin{bmatrix} L & M & M \\ M & L & M \\ M & M & L \end{bmatrix} \begin{bmatrix} i_a \\ i_b \\ i_c \end{bmatrix} + \begin{bmatrix} e_a \\ e_b \\ e_c \end{bmatrix} \tag{2.119}$$

若定子三相绕组为 Y 形连接,且没有中线,则有

$$i_a + i_b + i_c = 0 \tag{2.120}$$

于是可得

$$\begin{cases} Mi_a + Mi_c = -Mi_b \\ Mi_b + Mi_c = -Mi_a \\ Mi_a + Mi_b = -Mi_c \end{cases} \tag{2.121}$$

将上述关系代入式(2.119)得

$$\begin{bmatrix} u_a \\ u_b \\ u_c \end{bmatrix} = \begin{bmatrix} R_s & 0 & 0 \\ 0 & R_s & 0 \\ 0 & 0 & R_s \end{bmatrix} \begin{bmatrix} i_a \\ i_b \\ i_c \end{bmatrix} + \frac{\mathrm{d}}{\mathrm{d}t} \begin{bmatrix} L-M & 0 & 0 \\ 0 & L-M & 0 \\ 0 & 0 & L-M \end{bmatrix} \begin{bmatrix} i_a \\ i_b \\ i_c \end{bmatrix} + \begin{bmatrix} e_a \\ e_b \\ e_c \end{bmatrix} \tag{2.122}$$

因在任意时刻只有二相绕组导通,故有

$$\begin{cases} u_a - u_b = R_s(i_a - i_b) + (L-M)\dfrac{\mathrm{d}(i_a - i_b)}{\mathrm{d}t} + (e_a - e_b) \\[3mm] u_b - u_c = R_s(i_b - i_c) + (L-M)\dfrac{\mathrm{d}(i_b - i_c)}{\mathrm{d}t} + (e_b - e_c) \\[3mm] u_c - u_a = R_s(i_c - i_a) + (L-M)\dfrac{\mathrm{d}(i_c - i_a)}{\mathrm{d}t} + (e_c - e_a) \end{cases} \tag{2.123}$$

由于三相绕组具有对称性,因此可令

$$u_d = u_a - u_b = u_b - u_c = u_c - u_a \tag{2.124}$$

$$i_d = i_a - i_b = i_b - i_c = i_c - i_a \tag{2.125}$$

$$e_d = e_a - e_b = e_b - e_c = e_c - e_a \tag{2.126}$$

$$L_d = L - M \tag{2.127}$$

式中:u_d 为电机定子电枢电压;i_d 为电枢电流;e_d 为电枢反电势。BDCM 电枢电压平衡方程式为

$$u_d = R_s i_d + L_d \frac{\mathrm{d}i_d}{\mathrm{d}t} + e_d \tag{2.128}$$

$$K_m i_d = J_{\beta\Sigma} \frac{\mathrm{d}\omega}{\mathrm{d}t} \tag{2.129}$$

于是有

$$u_d = \frac{R_s J_\Sigma}{K_m} \frac{\mathrm{d}\omega}{\mathrm{d}t} + \frac{L_d J_\Sigma}{K_m} \frac{\mathrm{d}^2 \omega_d}{\mathrm{d}t^2} + K_e \omega_d \tag{2.130}$$

对式(2.130)在零初始条件下取拉普拉斯变换得

$$\frac{\Omega_d(s)}{U_d(s)} = \frac{1/K_e}{(T_m s + 1)(T_l s + 1)} \tag{2.131}$$

式中:T_m 为电动机的机电时间常数,$T_m = \frac{R_s J_{\beta\Sigma}}{K_e K_m}$;$T_l$ 为电动机的电磁时间常数,$T_l = \frac{L_d}{R_s}$;$J_{\beta\Sigma}$ 为等效到电机轴上的转动惯量。

设 PWM 放大系数为 $K_{PWM} = \frac{v_d(s)}{v_g(s)}$,角速度反馈系数为 $f_n = \frac{v_g(s)}{\Omega_d(s)}$,角度反馈系数为 $f_\beta = \frac{\beta_g(s)}{\beta_0(s)}$,谐波减速器的变比为 i,则减速器的传递函数为

$$G(s) = \frac{1}{is} \tag{2.132}$$

综上,俯仰角伺服系统的结构图如图 2-88 所示。

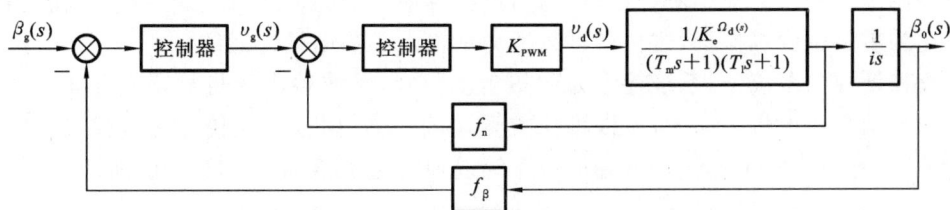

图 2-88 俯仰角伺服系统的结构图

需要指出,尽管方位角回路和横滚角回路伺服系统的结构图与俯仰角回路伺服系统的结构图非常相似,但由于三轴框架串联结构的特点,使得三轴间的转动惯量存在耦合影响,具体说就是

$$J_{\alpha\Sigma} = J_\alpha + f_\alpha(J_\gamma) + g_\alpha(J_\beta), \quad J_{\gamma\Sigma} = J_\gamma + g_\gamma(J_\beta)$$

式中:$J_{\alpha\Sigma}$ 为等效到 α 轴上的总转动惯量;J_α 为 α 轴自身转动惯量;$f_\alpha(J_\gamma)$ 为 γ 轴对 α 轴转动惯量的影响部分;$g_\alpha(J_\beta)$ 为 β 轴对 α 轴转动惯量的影响部分;$J_{\gamma\Sigma}$ 为等效到 γ 轴上的总转动惯量;J_γ 为 γ 轴自身转动惯量;$g_\gamma(J_\beta)$ 为 β 轴对 γ 轴转动惯量的影响部分。

3. 机械臂控制系统数学建模

图 2-89 是一个五自由度机械臂,它是一款桌面机械臂。此产品易于二次开发,集教育、实验、展示于一体,而且面对教育系统已经是一个比较成熟的产品。机械臂具有 5 个可活动关节,每个关节配置一个舵机,每个关节可以在 0°～180°旋转,机械臂末端是一个机械手爪,可用于物品的抓取;关节的控制是由机械臂配备的集成控制板完成的,此机械臂采用 STM32 单片机进行控制,通过串口数据线与计算机连接。操作人员通过上位 PC 机输入控制命令,经过数据处理,由串口数据线将控制信息传输至机械臂的单片机中,单片机解析控制命令以控制相应关节进行转动,使得机械臂到达指定的位置或位姿,完成相应任务。

图 2-89 机械臂系统图

五自由度机械臂是一个多输入多输出、高度非线性、强耦合的复杂系统。为了应用经典控制理论的相关知识对其进行研究,选择其中一个关节进行控制,将五自由度机械臂简化为单自由度机械臂,这样就可以视为单输入单输出线性系统。

机械臂控制系统中,系统输入为期望角度位置,系统输出为机械臂实际角度位置。关节的转动是由电机驱动的,所以将执行元件等效为电机,建立传递函数模型,被控对象为关节,等效为一个比例环节。机械臂等效控制系统结构图如图 2-90 所示。

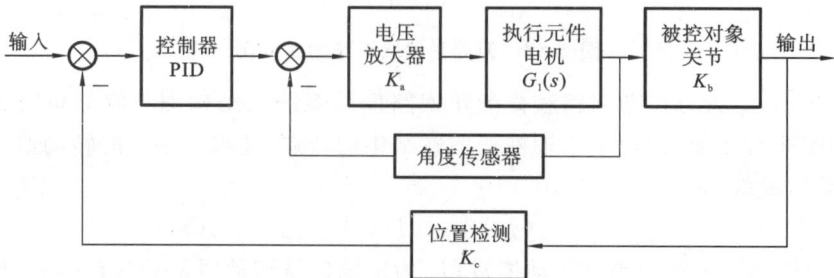

图 2-90 机械臂等效控制系统结构图

简单来说,电机有两个系统:一个是电网络系统,电机从网络里得到电能,产生电磁力矩;另一个是电机带动负载转动,进行机械运动。我们设 i_a 为电动机的电枢电流,R_a 为电动机的电阻,L_a 为电动机的电感,E_a 为电枢绕组的感应电动势,K_c 为电磁力矩常数系数,K_e 为电动势常数,J_a 为电动机的转动惯量,M_a 为电动机的电磁转矩,M_1 为折合的阻力矩。

电机的运动方程由以下几部分组成。

(1) 电枢回路电压平衡方程:

$$u_a(t) = L_a \frac{\mathrm{d}i_a(t)}{\mathrm{d}t} + R_a i_a(t) + E_a \tag{2.133}$$

(2) 电机转矩方程:

$$M_a = K_c i_a(t) \tag{2.134}$$

(3) 机械平衡方程:

$$J_a \frac{\mathrm{d}w(t)}{\mathrm{d}t} = M_a - M_1 \tag{2.135}$$

(4) 电动势平衡方程:

$$E_a = K_e w \tag{2.136}$$

将上述 4 个方程联立起来,消掉中间变量 $i_a(t)$、E_a、M_a,忽略折合的阻力矩,就可以得到一个关于输出和输入的微分方程:

$$\frac{J_a L_a}{K_c} \frac{\mathrm{d}^2 w}{\mathrm{d}t^2} + \frac{J_a R_a}{K_c} \frac{\mathrm{d}w}{\mathrm{d}t} + K_c w = U_a \tag{2.137}$$

这个是一个二阶的线性微分方程,由于我们所用的微型的电枢绕组的电感都是相当小的,可以忽略,这样就可以简化式(2.137),得到一阶线性方程:

$$\frac{J_a R_a}{K_c} \frac{\mathrm{d}w}{\mathrm{d}t} + K_c w = U_a \tag{2.138}$$

$$\frac{2\pi J_a R_a}{K_c} \frac{\mathrm{d}n}{\mathrm{d}t} + 2\pi K_c n = U_a \tag{2.139}$$

初始条件设为零,采取拉普拉斯变换,按照 $G(s) = \dfrac{N(s)}{U(s)}$ 可以求得传递函数为

$$G_1(s) = \frac{N(s)}{U_a(s)} = \frac{1}{2\pi K_e \left(\dfrac{J_a R_a}{K_c K_e} s + 1 \right)} \tag{2.140}$$

令 $\dfrac{1}{2\pi K_e} = K$,$\dfrac{J_a R_a}{K_c K_e} = T$,经过简化可以得到传递函数为

$$G_1(s) = \frac{K}{Ts + 1} \tag{2.141}$$

此传递函数的输出为角速度,而在实际机械臂控制系统中,输出是机械臂转动的角度,位置检测也是关节转动的角度,所以由角速度为角度的微分关系,得输出为角度的电机传递函数为

$$G_1(s) = \frac{K}{s(Ts + 1)} \tag{2.142}$$

电机的实际参数为 $K_e = 0.1 \, \mathrm{N} \cdot (\mathrm{m/A})$,$J_a = 0.00032 \, \mathrm{kg} \cdot \mathrm{m}^2$,$R_a = 1 \, \Omega$,$K_c = 0.04 \, \mathrm{N} \cdot \mathrm{m}$,代入传递函数得

$$G_1(s) = \frac{1.59}{s(0.08s+1)} \qquad (2.143)$$

由于 PID 控制器相当于对控制系统的校正,所以将 PID 控制器放在校正环节进行研究。经过上述分析,可以得出机械臂(不加入 PID 控制器)控制系统结构图如图 2-91 所示。

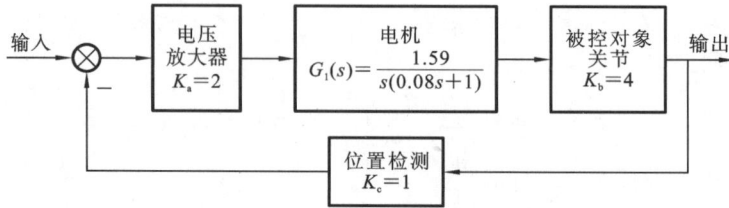

图 2-91　机械臂控制系统结构图

机械臂控制系统开环传递函数为

$$G(s) = \frac{12.72}{s(0.08s+1)} \qquad (2.144)$$

机械臂控制系统闭环传递函数为

$$\Phi(s) = \frac{12.72}{0.08s^2 + s + 12.72} \qquad (2.145)$$

即

$$\Phi(s) = \frac{159}{s^2 + 12.5s + 159} \qquad (2.146)$$

机械臂伺服系统结构图如图 2-92 所示。

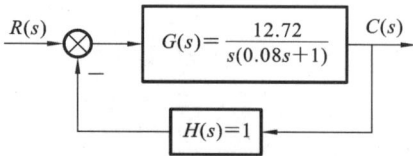

图 2-92　机械臂伺服系统结构图

4. 自由度机械腿系统数学建模

如图 2-93 所示,机械狗可以看作由两个伺服电机驱动的控制系统。在工业应用中,高精度的机械腿控制为多轴联合控制,即多输入多输出系统,可以实现纳秒级的路径规划与跟踪;同时,机械狗的四条腿是一种协作运动,具备一定的节律才能保证机械狗的稳定运动。下面探索如何应用经典自动控制理论的单输入单输出控制系统解决机械狗单腿运动控制的问题。

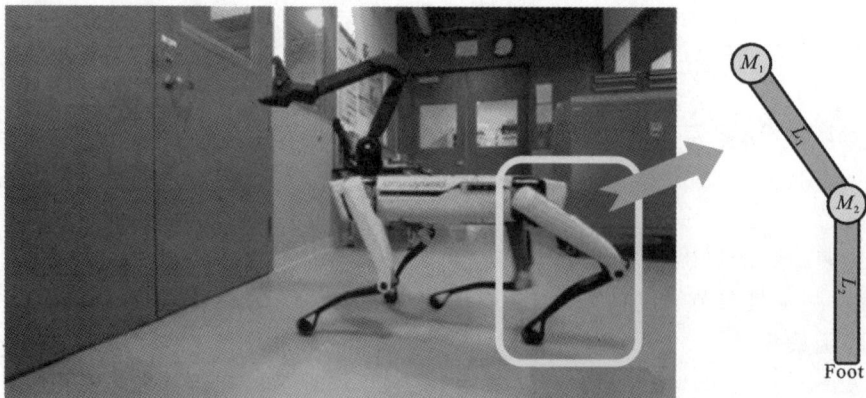

图 2-93　机械腿的简化模型

机械腿的坐标转换关系如图 2-94 所示。现对每个关节进行逐个分析。

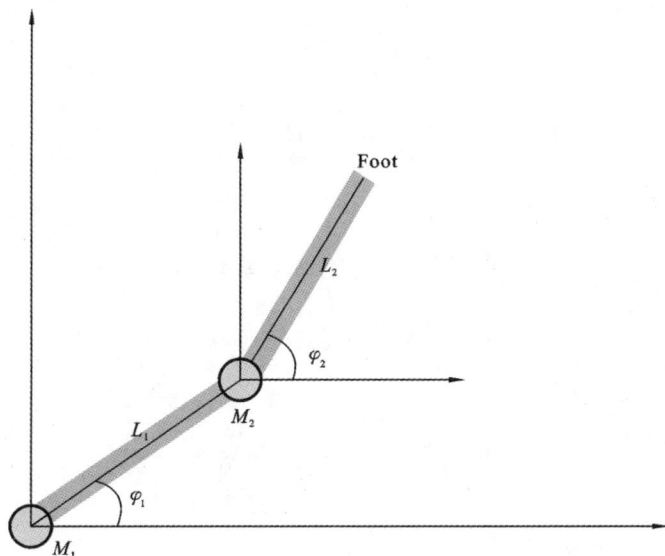

图 2-94 机械腿的坐标变换关系

M_2 点的坐标为

$$M_{2x} = \cos(\text{phi\_1})L_1$$
$$M_{2y} = \sin(\text{phi\_1})L_1$$

Foot 点的坐标为

$$\text{Foot}_x = M_{2x} + \cos(\text{phi\_2})L_2 = \cos(\text{phi\_1})L_1 + \cos(\text{phi\_2})L_2$$
$$\text{Foot}_y = M_{2y} + \sin(\text{phi\_2})L_2 = \sin(\text{phi\_1})L_1 + \sin(\text{phi\_2})L_2$$

其中，L_1 和 L_2 为已知量，控制终端位置 Foot 只需要确定伺服电机的运动角度信息 phi_1 和 phi_2，而相应的 y 坐标可以由 x 坐标表示。

在实际机械腿中，臂 L_1 和 L_2 在运动过程中，不同的角度对伺服电机系统作用力不同。为了简化模型，在伺服电机带动肢体运动的过程中，我们以恒力 M_{L_1} 和 M_{L_2} 来表示伺服电机的受力。

1）关节 M_1 以及 L_1 运动分析

（1）伺服电机系统方程。

设 i_a 为电动机的电枢电流，R_a 为电机的电阻，L_a 为电动机的电感，E_a 为电枢绕组的感应电动势，K_c 为电磁力矩常数系数，K_e 为电动势常数，J_a 为电动机的转动惯量，M_a 为电动机的电磁转矩，M_1 为电机阻尼力。

电机的运动方程由以下几部分组成。

电枢回路电压平衡方程：

$$u_a(t) = L_a \frac{di_a(t)}{dt} + R_a i_a(t) + E_a$$

电机转矩方程：

$$M_a = K_c i_a(t)$$

机械平衡方程：

$$J_a \frac{dw_1(t)}{dt} = M_a - M_1 - M_{L_1}$$

电动势平衡方程：

$$E_a = K_e w_1$$

综上，可得

$$U_a = \frac{J_a L_a}{K_c} \frac{d^2 w_1}{d^2 t} + \frac{J_a L_a}{K_c} \frac{d w_1}{dt} + \frac{R_a}{K_c}(M_1 + M_{L_{12}}) + K_e w_1$$

为了便于分析，消掉电感和恒力，得

$$\frac{J_a R_a}{k_c} \frac{d w_1(t)}{dt} + K_e w_1(t) = u_a(t)$$

$$\frac{2\pi J_a R_a}{K_c} \frac{d n_1}{dt} + 2\pi K_e n_1 = U_a$$

拉氏变换得

$$G_1(s) = \frac{N(s)}{U_a(s)} = \frac{1}{2\pi K_e \left(\dfrac{J_a R_a}{K_c K_e} s + 1 \right)}$$

(2) 单关节运动系统方程。

由 1.2 节分析知，M_1 驱动臂 L_1 达到的终端位置 $M_2(M_{2x}, M_{2y})$ 是由臂长 L_1 和角度 φ_1 确定的。M_2 的坐标由 M_{2x} 即可表示。

$$\cos(\varphi_1(t)) L_1 = M_{2x}(t)$$

$$\frac{d\varphi_1(t)}{dt} = w_1$$

综上，得

$$-\sin(\varphi_1(t)) w_1 L_1 = \frac{d M_{2x}}{dt}$$

拉氏变换得

$$-2\pi \sin(\varphi(s)) N(s) L_1 = s M_{2x}(s)$$

则

$$N(s) = \frac{s M_{2x}(s)}{-2\pi \sin(\varphi(s)) L_1}$$

代入 $G_1(s)$ 得

$$G_{M_1}(s) = \frac{P(s)}{U_0(s)} = \frac{-\sin(\varphi(s)) L_1}{s K_e \left(\dfrac{J_a R_a}{K_c K_e} s + 1 \right)}$$

在初始条件已知时，令 $\dfrac{-\sin(\varphi(s)) L_1}{K_e} = K$，$\dfrac{J_a R_a}{K_c K_e} = T$，则传递函数为

$$G_{M_1}(s) = \frac{K}{s(Ts+1)}$$

电机的实际参数为：$K_e = 0.1$ N·(m/A)，$J_a = 0.00032$ kg·m^2，$R_a = 1$ Ω，$K_c = 0.04$ N·m，$L_1 = 1$ m，初始角度为 45°，代入传递函数得

$$G_{M_1}(s) = \frac{-1.47}{s(0.08s+1)}$$

因为 PID 控制器相当于对控制系统的校正，所以将 PID 控制器放在校正环节进行研究。经过上述分析，可以得出机械腿控制系统(不加入 PID 控制器)结构图如图 2-95 所示。

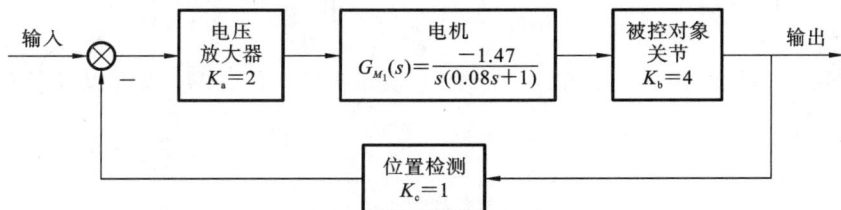

图 2-95　机械腿控制系统结构图

机械腿控制系统的开环传递函数为

$$G_{Mk_1}(s) = \frac{-11.76}{s(0.08s+1)}$$

机械腿控制系统的闭环传递函数为

$$\Phi_{M_1}(s) = \frac{-11.76}{0.08s^2 + s + 11.76}$$

即

$$\Phi_{M_1}(s) = \frac{-138}{s^2 + 11.76s + 138}$$

等效控制系统结构图如图 2-96 所示。

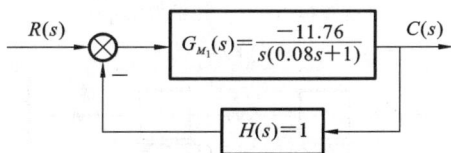

图 2-96　等效控制系统结构图

2）关节 M_2 以及 L_2 的运动分析

（1）伺服电机系统方程。

在简单情况下，M_2 电机与 M_1 电机采用同构参数，因此传递函数与 2.1.1 中的传递函数一致。传递函数方程为

$$G_2(s) = G_1(s) = \frac{N(s)}{U_a(s)} = \frac{1}{2\pi K_e\left(\dfrac{J_a R_a}{K_c K_e}s + 1\right)}$$

（2）单关节运动系统方程。

由 1.2 节分析知，M_2 驱动臂 L_2 达到的终端位置 $\mathrm{Foot}(\mathrm{Foot}_x, \mathrm{Foot}_y)$ 是由臂长 L_1、L_2 和角度 φ_1、φ_2 确定的。Foot 的坐标由 Foot_x 即可表示。

$$\cos(\varphi_1(t))L_1 + \cos(\varphi_2(t))L_2 = \mathrm{Foot}_x$$

$$\frac{\mathrm{d}\varphi_1(t)}{\mathrm{d}t} = w_1$$

$$\frac{\mathrm{d}\varphi_2(t)}{\mathrm{d}t} = w_2$$

综上，得

$$-\sin(\varphi_1(t))w_1 L_1 - \sin(\varphi_2(t))w_2 L_2 = \frac{\mathrm{d}\mathrm{Foot}_x}{\mathrm{d}t}$$

对于逐个控制方式来说，M_1 的参数可以看作常量，因此，可得

$$-\sin(\varphi_2(t))w_2 L_2 = \frac{\mathrm{d}\mathrm{Foot}_x}{\mathrm{d}t}$$

由此可知，M_2 的传递函数在 1.3 节的假设情况下，不受 M_1 角度以及臂位置的影响，所以

$$G_{M_2}(s) = \frac{-1.47}{s(0.08s+1)}$$

$$G_{Mk_2}(s) = \frac{-11.76}{s(0.08s+1)}$$

$$\Phi_{M_2}(s) = \frac{-138}{s^2+11.76s+138}$$

习　题　2

2-1　写出题 2-1 图所示的机械系统的微分方程。

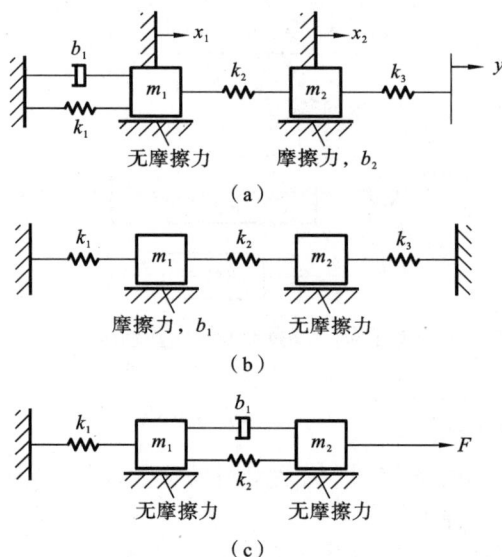

（a）

（b）

（c）

题 2-1 图　机械系统图

2-2　试证明题 2-2 图(a)的电网络与题 2-2 图(b)的机械系统有相同的数学模型。

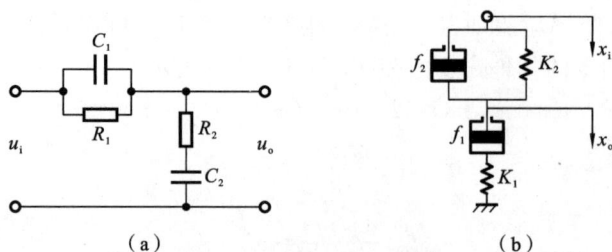

（a）　　　　　　（b）

题 2-2 图　电网络与机械系统

2-3　题 2-3 图所示为双摆系统，双摆悬挂在无摩擦的旋轴上，并且用弹簧把它们中点连在一起。假设摆的质量为 M，摆杆长度为 l，摆杆质量不计，弹簧置于摆杆的 $l/2$

处,其弹性系数为 k,摆的角位移很小,$\sin\theta$、$\cos\theta$ 均可进行线性近似处理,当 $\theta_1=\theta_2$ 时,位于杆中间的弹簧无变形,且外力输入 $f(t)$ 只作用于左侧的杆。若令 $a=g/l+k/4M$,$b=k/4M$,则

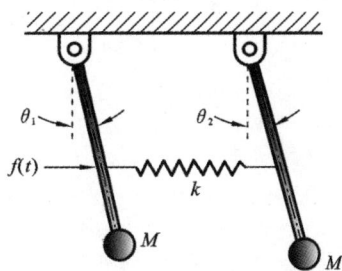

（1）列写双摆系统的运动方程;

（2）确定传递函数 $\Theta_1(s)/F(s)$;

（3）绘出双摆系统的结构图和信号流图。

题 2-3 图　双摆系统

2-4　写出题 2-4 图各电路的动态方程以及传递函数。

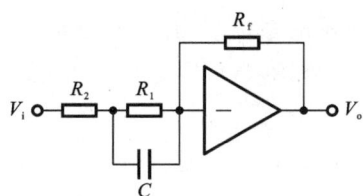 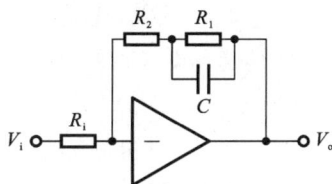 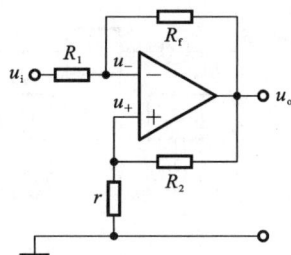

（a）　　　　　　　　　（b）　　　　　　　　　（c）

题 2-4 图　有源网络图

2-5　已知一系统由如下方程组成:

$$X_1(s)=G_1(s)R(s)-G_1(s)[G_7(s)-G_8(s)]C(s)$$
$$X_2(s)=G_2(s)[X_1(s)-G_6(s)X_3(s)]$$
$$X_3(s)=[X_2(s)-G_5(s)C(s)]G_3(s)$$
$$C(s)=G_4(s)X_3(s)$$

试绘制系统结构图,并求闭环传递函数 $C(s)/R(s)$。

2-6　在电机位置控制中一个非常经典的问题是,电机驱动有一种主要振动方式的负载。这个问题出现在计算机硬盘读写磁头控制、轴到轴磁带驱动,以及其他很多实际应用中。题 2-6 图绘出了带柔性负载的电机原理图。电机有电动势常数 K_e、转矩常数 K_1、电枢电感 L_a,以及电枢电阻 R_a;转子有转动惯量 J_1 和黏滞摩擦系数 B;负载有转动惯量 J_2;转子和负载通过一个转轴连接,其弹簧系数为 k,等效阻尼系数为 b。写出系统的运动方程。

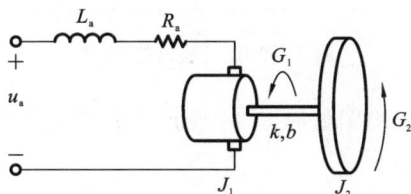

题 2-6 图　带柔性负载的电机原理图

2-7　某系统的微分方程组如下:

$$\begin{cases} x_1(t)=r(t)-\tau\dot{c}(t)+K_1 n(t) \\ x_2(t)=K_0 x_1(t) \\ x_3(t)=x_2(t)-n(t)-x_5(t) \\ T\dot{x}_4(t)=x_3(t) \\ x_5(t)=x_4(t)-c(t) \\ \dot{c}(t)+c(t)=x_5(t) \end{cases}$$

式中:$r(t)$、$n(t)$分别为控制输入量和扰动输入量;$x_1(t)$、$x_2(t)$、$x_3(t)$、$x_4(t)$、$x_5(t)$为中间变量。试绘出系统结构图,并求出 $r(t)$ 作用下的系统闭环传递函数 $\Phi(s)=\dfrac{C(s)}{R(s)}$, $n(t)$ 作用下的系统闭环传递函数 $\Phi_n(s)=\dfrac{C(s)}{N(s)}$。

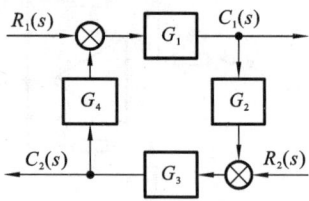

题 2-8 图　系统结构图

2-8　试简化题 2-8 图所示的系统结构图,并分别求出传递函数 $C_1(s)/R_1(s)$、$C_1(s)/R_2(s)$、$C_2(s)/R_1(s)$ 及 $C_2(s)/R_2(s)$。

2-9　飞机俯仰角控制系统结构图如题 2-9 图所示,试逐步简化结构图,并求闭环传递函数 $\Theta_o(s)/\Theta_i(s)$。

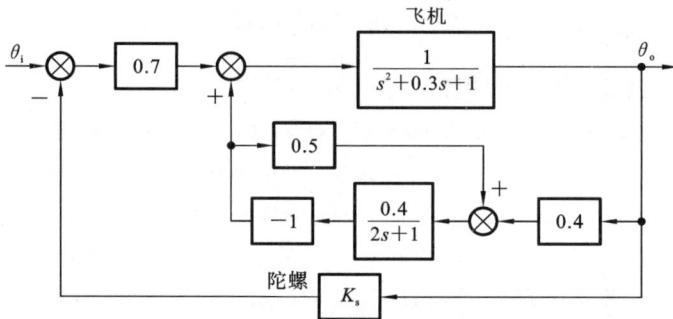

题 2-9 图　飞机俯仰角控制系统结构图

2-10　系统结构图如题 2-10 图所示,试确定系统的闭环传递函数 $C(s)/R(s)$。

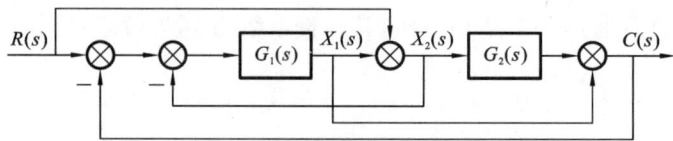

题 2-10 图　系统结构图

2-11　已知控制系统结构图如题 2-11 图所示,试通过结构图等效变换求系统传递函数 $C(s)/R(s)$。

2-12　试绘制题 2-11 图中各系统结构图对应的信号流图,并用梅森增益公式求各系统的传递函数 $C(s)/R(s)$。

2-13　试用梅森增益公式求题 2-13 图中各系统信号流图的传递函数 $C(s)/R(s)$。

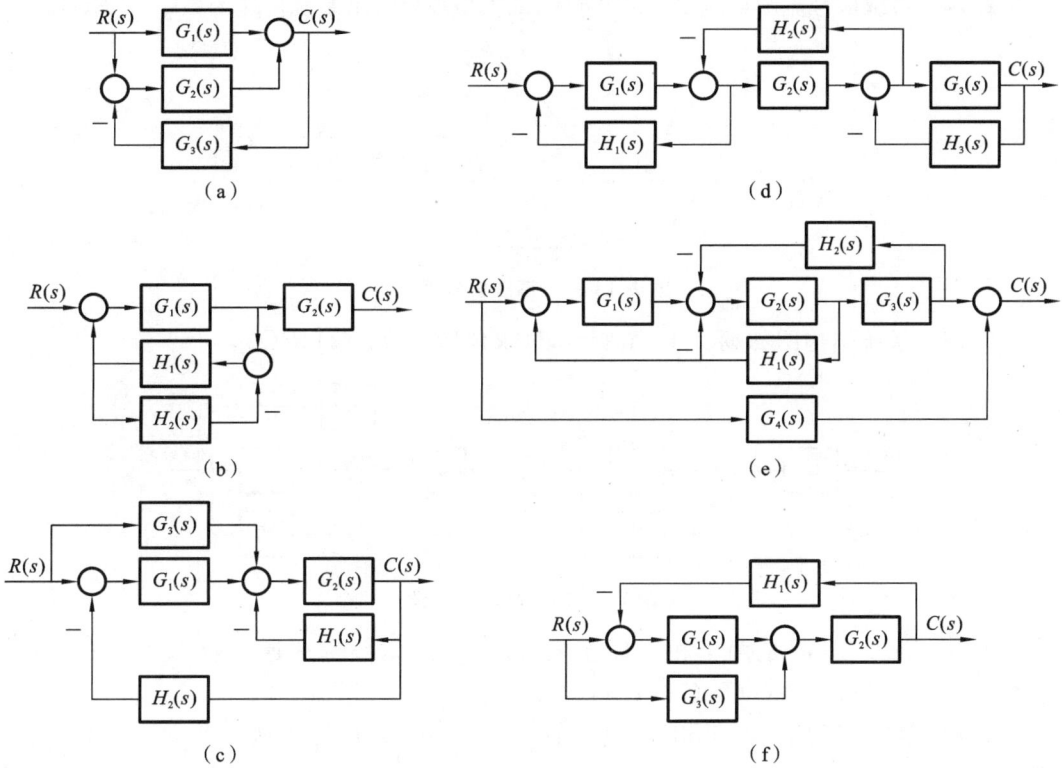

題 2-11 图　控制系统结构图

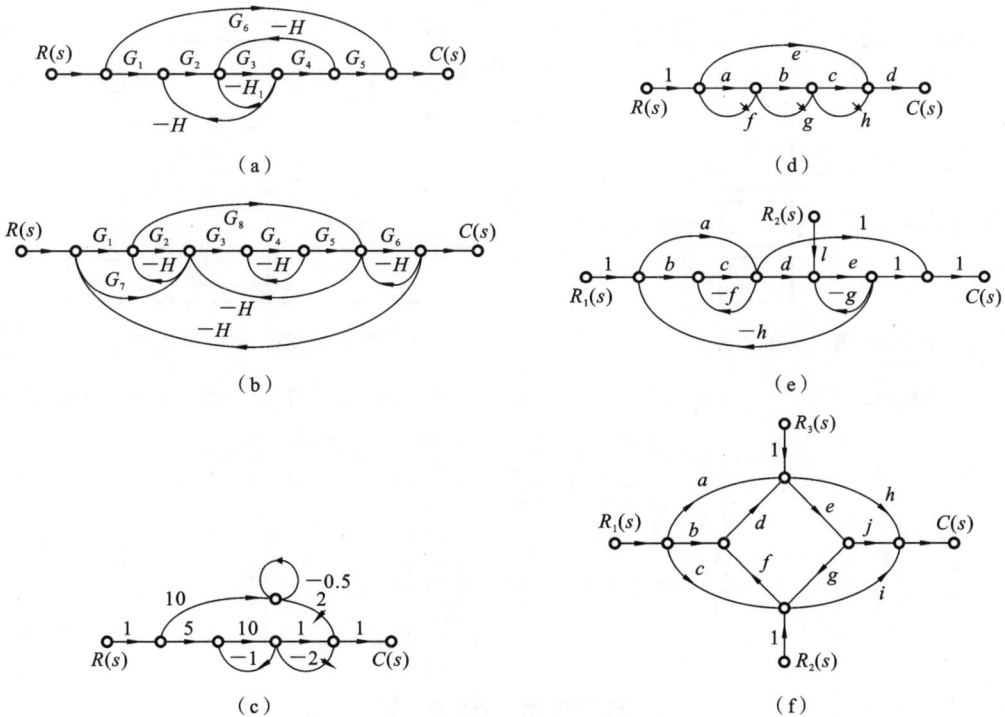

題 2-13 图　系统结构图

2-14 系统信号流图如题 2-14 图所示,试用梅森公式求系统传递函数$C(s)/R(s)$。

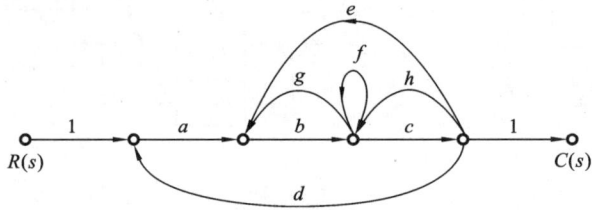

题 2-14 图　系统信号流图

2-15 系统结构图如题 2-15 图所示,试求传递函数 $Z(s)/R(s)$。

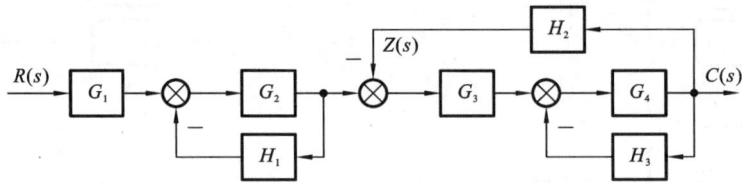

题 2-15 图　系统结构图

2-16 题 2-16 图是两个相互联系的控制系统,试确定传递函数 $C_1(s)/R_1(s)$、$C_1(s)/R_2(s)$、$C_2(s)/R_1(s)$ 及 $C_2(s)/R_2(s)$。

2-17 题 2-17 图是两个相互有联系的控制系统,试确定传递函数 $C_1(s)/R_1(s)$、$C_1(s)/R_2(s)$、$C_2(s)/R_1(s)$、$C_2(s)/R_2(s)$。

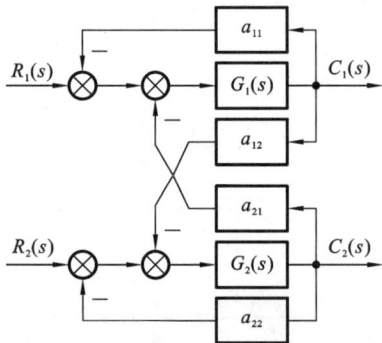

题 2-16 图　系统结构图

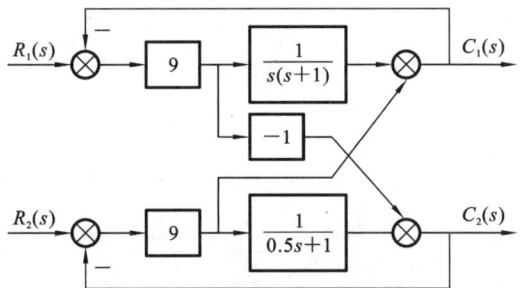

题 2-17 图　系统结构图

2-18 已知系统结构图如题 2-18 图所示,试简化结构图并求传递函数 $C(s)/R(s)$。

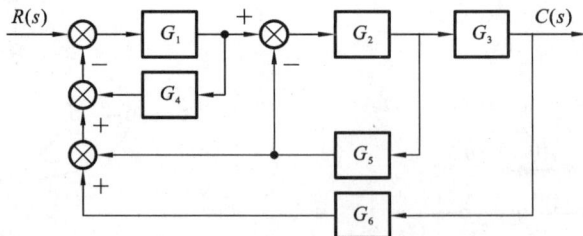

题 2-18 图　系统结构图

3

线性系统的时域分析法

在建立系统的数学模型后,即可对其主要性能进行分析。在经典控制理论中,常用时域分析法、复域根轨迹分析法或频域分析法分析控制系统的主要性能。本章主要研究线性系统的时域分析法,第4章和第5章分别探讨线性系统的复域根轨迹分析法和频域分析法。显然,不同的分析法有不同的特点和适用范围。

时域分析法是一种直接在时间域中对系统进行分析的方法,一般在输入端给系统施加典型信号,用系统输出响应的时间函数分析系统的品质。由于系统的输出一般是时间的函数,故这种响应称为时域响应。时域分析法可以提供系统时间响应的全部信息,具有直观、准确的特点,但有时较烦琐。

本章主要围绕时域中线性系统的动态性能、稳态性能与稳定性展开,分别研究线性系统时间响应的性能指标,一阶、二阶及高阶系统的时域分析,线性系统的稳定性分析及其代数稳定判据,稳态误差的计算及减小或消除稳态误差的方法。本章旨在从控制系统的动态性能、稳态性能和稳定性分析三方面出发,详细展示系统性能的时域分析思路及分析方法,为后续其他域的分析法提供借鉴。

【本章重点】
- 牢记典型一阶、二阶系统的模型及其主要参数;
- 熟练掌握二阶系统欠阻尼情况下的响应分析及其主要动态性能指标的计算方法;
- 正确理解高阶系统闭环主导极点的概念;
- 灵活运用劳斯稳定判据实现系统的稳定性分析;
- 熟练掌握稳态误差的影响因素和计算方法,以及减小或消除稳态误差的措施。

3.1 系统时间响应的性能指标

在时域分析法中,控制系统的性能可以通过系统对输入信号的输出时间响应过程来评价。一个系统的时间响应不仅取决于系统本身的特性,还与输入信号(即外作用)的形式有关。

3.1.1 典型输入信号

一般来说,控制系统的设计都是针对某一类输入信号进行的。某些系统输入信号是人们所熟知的,如恒温控制系统和水位调节系统。但是在大多数情况下,控制系统的外加输入信号以无法预测的方式变化。例如,火炮控制系统在跟踪目标过程中,雷达需时刻跟踪飞行目标,而目标(尤其是在战争中的敌机)可以在空中随意飞行,轨迹是无法预知的,因此,火炮系统的外加输入信号因具有随机性而无法确定,也不可能用任何简单的函数进行描述。实际系统中输入信号的不确定性给系统分析带来了困难。

为了便于进行分析和设计,同时对各种控制系统的性能进行比较,需要有一个共同的基准,即系统对预先规定的具有典型意义输入信号的响应。因此,假定一些基本的输入函数形式,称其为典型输入信号。所谓典型输入信号,是根据系统常遇到的输入信号形式,在数学描述上加以理想化的一些基本输入函数。控制系统在这种函数作用下的性能应代表其在实际工作条件下的性能,反映系统工作过程中大部分时间的实际输入情况。在控制系统中,常用的典型输入信号有阶跃函数、单位脉冲函数、斜坡函数、加速度函数、正弦函数,如图 3-1 所示。这些函数都是简单的时间函数,便于数学分析和实验研究。

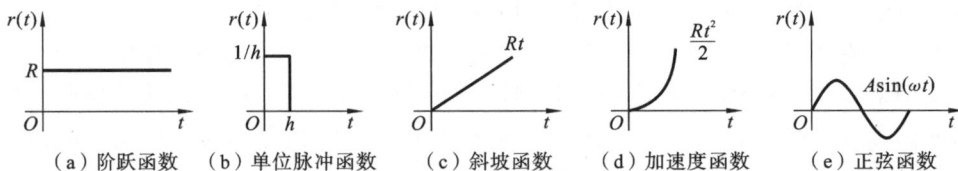

（a）阶跃函数　（b）单位脉冲函数　（c）斜坡函数　（d）加速度函数　（e）正弦函数

图 3-1　典型输入信号

1. 阶跃函数(step function)

阶跃函数如图 3-1(a)所示,其数学表达式为

$$r(t)=\begin{cases} R, & t\geqslant 0 \\ 0, & t<0 \end{cases}$$

式中,R 为常数。其拉氏变换为

$$R(s)=\frac{R}{s}$$

当 $R=1$ 时,$R(s)=\frac{1}{s}$,称为单位阶跃函数,记为 $1(t)$。

2. 单位脉冲函数(unit impulse function)

工程上经常使用的单位脉冲函数如图 3-1(b)所示,其数学表达式为

$$r(t)=\begin{cases} 1/h, & 0<t\leqslant h \\ 0, & 其他 \end{cases}$$

式中:h 为脉冲宽度。当 $h\to 0$ 时,脉冲宽度无穷小,则脉冲高度 $1/h$ 趋于无穷大,这时的脉冲函数称为理想单位脉冲函数,记为 $\delta(t)$,即

$$\delta(t)=\begin{cases} \infty, & t=0 \\ 0, & t\neq 0 \end{cases}$$

此时,$\int_{-\infty}^{\infty}\delta(t)\mathrm{d}t=1$。理想单位脉冲函数的拉氏变换为

$$R(s)=\mathscr{L}\{\delta(t)\}=1$$

3. 斜坡函数（速度函数）（ramp function）

斜坡函数如图 3-1(c)所示，其数学表达式为

$$r(t) = \begin{cases} Rt, & t \geq 0 \\ 0, & t < 0 \end{cases}$$

式中：R 为常数。其拉氏变换为

$$R(s) = \frac{R}{s^2}$$

当 $R=1$ 时，$R(s) = \frac{1}{s^2}$，称为单位斜坡函数。在实际系统中，这意味着其是一个随时间变化以恒定速率增长的外作用信号。

4. 加速度函数（抛物线函数）（acceleration function）

加速度函数如图 3-1(d)所示，其数学表达式为

$$r(t) = \begin{cases} \dfrac{Rt^2}{2}, & t \geq 0 \\ 0, & t < 0 \end{cases}$$

式中：R 为常数。其拉氏变换为

$$R(s) = \frac{R}{s^3}$$

当 $R=1$ 时，$R(s) = \frac{1}{s^3}$，称为单位加速度函数。

5. 正弦函数（sinusoidal function）

以正弦函数作为输入信号，可以求得系统在不同频率正弦函数输入下的稳态响应，这种响应称为频率响应（或频率特性）。正弦函数如图 3-1(e)所示，其数学表达式为

$$r(t) = A\sin(\omega t)$$

式中：A 为正弦函数的振幅；ω 为振荡的角频率。其拉氏变换为

$$R(s) = \frac{A\omega}{s^2 + \omega^2}$$

实际应用中究竟采用哪一种典型输入信号，取决于系统常见的工作状态；同时，在所有可能的输入信号中，往往选取最不利的信号作为系统的典型输入信号。这种处理方法在许多场合是可行的。例如，恒温调节系统、电动机恒速调节系统、水位调节系统、船舶航向控制系统等工作状态突然改变或者恒定输入作用的系统，都可采用阶跃函数作为典型输入信号；跟踪通信卫星的天线控制系统等输入信号随时间变化逐渐变化的控制系统，斜坡函数是比较合适的典型函数；宇宙飞船控制系统的典型输入一般采用加速度函数；当控制系统经常出现的输入信号是冲击量时，采用脉冲函数最为合适；当系统的输入作用具有周期性的变化时，可选用正弦函数作为典型输入。例如，船舶在海上航行时经常受海浪的干扰，海浪干扰为随机信号，其特性接近正弦函数，根据信号的实际特性一般可用等效正弦信号来近似。船载稳定平台控制系统接收的指令信号是与船舶摇摆相等的随机信号，因此其控制系统的输入也可看成等效正弦函数，船舶伺服转台的输入指令、电源及机械振动的噪声等均可以近似为等效正弦作用而选择正弦函数为典型输入。注意，同一系统中，不同形式的输入信号所对应的输出响应是不同的，但对于线性控制系统来说，不管采用何种典型输入信号，对同一系统，其响应过程所表征的

特征是一致的。通常以单位阶跃函数作为典型输入作用,可在一个统一的基础上对各种控制系统的特性进行比较和研究。

特别指出,有些控制系统实际输入信号是变化无常的随机信号。例如,定位雷达天线控制系统的输入信号中既有运动目标的不规则信号,又包含许多随机噪声分量。此时不能用上述确定的典型输入信号去代替实际输入信号,而必须采用可随机过程理论进行处理。

为了评价线性系统时间响应的性能指标,需要研究控制系统在典型输入信号作用下的时间响应过程。

3.1.2 动态过程与稳态过程

在典型输入信号作用下,任何一个控制系统的时间响应从时间顺序上可以划分为动态过程和稳态过程。动态过程是指系统从初始状态到接近最终状态的响应过程,又称瞬态响应、过渡过程、暂态响应或动态响应,用系统的动态性能来描述。稳态过程是指当时间 t 趋近于无穷大时系统的输出状态,又称稳态响应。稳态响应表征系统输出量最终复现输入量的程度,用系统的稳态性能来描述。

设系统在零初始条件下,其闭环传递函数为 $\Phi(s)$,典型输入信号作用下的时间响应的拉氏变换式为

$$C(s) = \Phi(s)R(s) \tag{3.1}$$

对上式取拉氏反变换,得其对典型输入信号的时间响应为

$$c(t) = \mathscr{L}^{-1}\{C(s)\} = c_{ts}(t) + c_{ss}(t) \tag{3.2}$$

式中:$c_{ts}(t)$ 为瞬态分量或动态响应;$c_{ss}(t)$ 为稳态分量或稳态响应。由此可见,控制系统在典型输入信号作用下的响应性能,通常由动态性能和稳态性能两部分组成。

必须指出,稳定是控制系统能够运行的首要条件,只有当系统稳定时研究系统的响应性能才有意义。由于实际控制系统具有惯性、摩擦以及其他一些原因,系统输出量不可能完全复现输入量的变化。根据系统结构和参数选择情况,动态过程表现为衰减、发散或等幅振荡形式。显然,一个可以实际运行的控制系统,其动态响应必须是衰减的。换句话说,系统必须是稳定的。因此,动态过程除了提供系统稳定性的信息外,还可以提供响应速度及阻尼情况等信息,而这些信息用动态性能来描述。

3.1.3 动态性能和稳态性能

控制系统的性能指标分为动态性能指标和稳态性能指标两大类。

1. 动态性能指标

通常在阶跃函数作用下测定或计算系统的动态性能指标。一般认为,阶跃输入对系统来说是最严峻的工作状态。如果系统在阶跃函数作用下的动态性能满足要求,那么系统在其他形式的函数作用下的动态性能也是令人满意的。

描述稳定系统在单位阶跃函数作用下的动态过程随时间 t 的变化状况的指标,称为动态性能指标。为了便于分析和比较,假定系统在单位阶跃信号作用前处于静止状态,且输出量及其各阶导数均等于零。对于大多数控制系统来说,这种假设是符合实际情况的。单位阶跃响应曲线及动态性能指标如图 3-2 所示,实际控制系统的单位阶跃响应在达到稳态以前常常表现为衰减振荡过程,其动态性能指标通常如下。

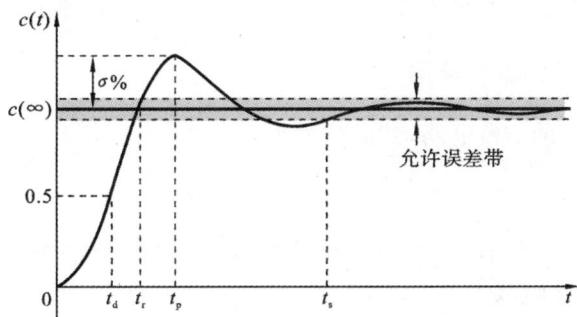

图 3-2 单位阶跃响应曲线及动态性能指标

(1) 延迟时间(delay time)t_d:指响应曲线第一次达到其终值的一半所需的时间。

(2) 上升时间(rise time)t_r:对于无振荡的系统,指响应曲线从终值的 10% 上升到 90% 所需的时间;对于有振荡的系统,指响应曲线从零到第一次上升到终值所需的时间。上升时间是系统响应速度的一种度量,上升时间越短,响应速度越快。

(3) 峰值时间(peak time)t_p:指响应曲线超过其终值,到达第一个峰值所需的时间。

(4) 超调量(maximum overshoot)$\sigma\%$:指响应曲线的最大偏离量 $c(t_p)$ 与终值 $c(\infty)$ 的差与终值 $c(\infty)$ 比的百分数,也称为最大超调量,或百分比超调量,即

$$\sigma\% = \frac{c(t_p) - c(\infty)}{c(\infty)} \times 100\% \tag{3.3}$$

若 $c(t_p) < c(\infty)$,则响应无超调。超调量表征振荡性的强弱或稳定性。

(5) 调节时间(settling time)t_s:指响应曲线到达并保持在终值允许误差范围内所需要的最短时间,即响应曲线满足

$$\frac{|c(t) - c(\infty)|}{c(\infty)} \leqslant \Delta \tag{3.4}$$

的最短时间,也称过渡过程时间。其中,允许误差 Δ 通常取 5% 或 2%。

上述五个动态性能指标,基本上可以体现系统动态过程的特征。在实际应用中,常用的动态性能多为上升时间、峰值时间、调节时间和超调量。通常,t_r 或 t_p 用于评价系统的响应速度;$\sigma\%$ 用于评价系统的阻尼振荡程度;而 t_s 反映响应速度和阻尼振荡程度的综合性指标。一般地,动态性能指标中,系统既要满足快速性(即响应速度),又要满足稳定性(即阻尼振荡程度)。应当指出,除简单的一阶、二阶系统外,要精确确定这些动态性能指标的解析表达式是非常困难的。

2. 稳态性能指标

稳态误差(steady-state error)是描述稳态性能的一种性能指标,通常在阶跃函数、斜坡函数或加速度函数作用下进行测定或计算,一般用 e_{ss} 来表示。若时间趋于无穷,系统的输出量不等于输入量或输入量的确定函数,则系统存在稳态误差。稳态误差是系统控制精度或抗扰动能力的一种度量。

3.2 一阶系统的时域分析

凡以一阶微分方程作为运动方程的控制系统称为一阶系统。在工程实践中,一阶

系统不乏其例。有些高阶系统的特性常常可用一阶系统的特性来近似表征。

3.2.1 典型一阶系统的数学模型

如图 3-3(a)所示的 RC 电路,其微分方程为

$$T\frac{\mathrm{d}c(t)}{\mathrm{d}t}+c(t)=r(t) \tag{3.5}$$

式中:$c(t)$ 为电路输出电压;$r(t)$ 为电路输入电压;$T=RC$ 为时间常数。当该电路的初始条件为零时,其传递函数为

$$\Phi(s)=\frac{C(s)}{R(s)}=\frac{1}{Ts+1} \tag{3.6}$$

相应的结构图如图 3-3(b)所示。可以证明,室温调节系统、恒温箱及水位调节系统的闭环传递函数形式与式(3.6)完全相同,仅时间常数的含义有所区别。故式(3.5)和式(3.6)称为典型一阶系统的数学模型。以下分析和计算中,均假设系统初始条件为零。可见,典型一阶系统实际上是一个非周期性的惯性环节,也称惯性环节。

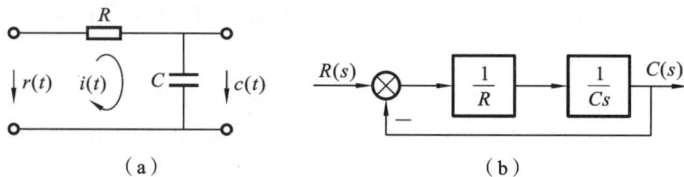

图 3-3 一阶系统电路图及结构图

应当指出,具有同一运动方程或传递函数的所有线性系统对同一输入信号的响应是相同的。当然,对于不同形式或不同功能的一阶系统,其响应特性的数学表达式具有不同的物理意义。

3.2.2 一阶系统的单位阶跃响应

当系统的输入信号为单位阶跃函数 $r(t)=1(t)$ 时,由式(3.6)得一阶系统的单位阶跃响应的拉氏变换式为

$$C(s)=\frac{1}{Ts+1}\frac{1}{s}=\frac{1}{s}-\frac{1}{s+1/T}$$

对上式进行拉氏反变换,可得一阶系统的单位阶跃响应为

$$c(t)=1-\mathrm{e}^{-t/T}, \quad t\geqslant 0 \tag{3.7}$$

式中:1 为稳态分量,其变化由输入信号的形式决定;$-\mathrm{e}^{-t/T}$ 为瞬态分量,其变化由闭环传递函数的极点 $s=-1/T$ 决定。当时间 t 趋于无穷时,瞬态分量将按指数规律衰减为零。由式(3.7)可见,一阶系统的单位阶跃响应曲线是一条初始值为零,以指数规律上升并最终趋于稳态值1的曲线,如图 3-4 所示。

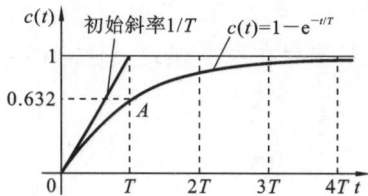

图 3-4 一阶系统的单位阶跃响应曲线

图 3-4 表明,一阶系统的单位阶跃响应为非周期响应,具备如下两个重要特点。

(1) 时间常数 T 可用于度量系统输出量的数值。例如,当 $t=0$ 时,$c(0)=0$;当 $t=T$ 时,$c(T)=0.632$;而当 t 分别等于 $2T$,$3T$ 和 $4T$ 时,$c(t)$

的数值分别等于终值的86.5%、95.0%和98.2%。根据这一特点,可用实验方法测定一阶系统的时间常数T或判定所测系统是否属于一阶系统。如图3-4所示,当时间$t=T$时,系统输出达到响应过程总变化量的63.2%,对应图中A点。反之,系统输出达到响应过程总变化量的63.2%的时间即为一阶系统时间常数T。

(2)一阶系统的单位阶跃响应曲线的斜率初始值为$1/T$,且随着时间的推移而下降。例如,$\dfrac{dc(t)}{dt}\Big|_{t=0}=\dfrac{1}{T}$,$\dfrac{dc(t)}{dt}\Big|_{t=T}=0.368\dfrac{1}{T}$,$\cdots$,$\dfrac{dc(t)}{dt}\Big|_{t\to\infty}=0$。这表明一阶系统的单位阶跃响应速度随着时间的推移而下降。此外,初始斜率特性也常用来确定一阶系统的时间常数。

根据动态性能指标的定义,一阶系统的动态性能指标为

$$t_d=0.69T, \quad t_r=2.20T, \quad t_s=3T(\Delta=5\%), \quad t_s=4T(\Delta=2\%)$$

显然,峰值时间和超调量都不存在。

特别指出,由于时间常数T反映系统的惯性,因此一阶系统的惯性越小,其响应过程越快;反之,惯性越大,响应越慢。

3.2.3 一阶系统的理想单位脉冲响应

当输入信号为理想单位脉冲函数$r(t)=\delta(t)$时,由于$R(s)=1$,此时系统输出量的拉氏变换式与系统的传递函数相同。由式(3.6)可见,一阶系统的单位脉冲响应的拉氏变换式为

$$C(s)=\Phi(s)R(s)=\frac{1}{Ts+1}$$

对上式取拉氏反变换,得一阶系统的单位脉冲响应为

$$c(t)=\frac{1}{T}e^{-t/T}, \quad t\geqslant 0 \qquad (3.8)$$

若令时间t分别等于T、$2T$、$3T$和$4T$,可绘出一阶系统的理想单位脉冲响应曲线,如图3-5所示。由式(3.8)计算响应曲线的斜率为

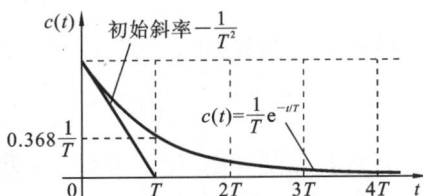

图3-5 一阶系统的理想单位
脉冲响应曲线

$$\frac{dc(t)}{dt}\Big|_{t=0}=-\frac{1}{T^2}, \quad \frac{dc(t)}{dt}\Big|_{t=T}=-0.368\frac{1}{T^2}, \quad \cdots, \quad \frac{dc(t)}{dt}\Big|_{t\to\infty}=0$$

由图3-5可见,一阶系统的理想单位脉冲响应曲线为单调下降的指数曲线。若允许误差为稳态值的5%,即当$\Delta=5\%$时,$t_s=3T$;当$\Delta=0.02$时,$t_s=4T$。可见,一阶系统的惯性越小,系统响应过程持续的时间越短,即响应输入信号的快速性越好。

在初始条件为零的情况下,一阶系统的闭环传递函数与脉冲响应包含着相同的动态过程信息。这一特点同样适用于其他各阶线性定常系统,因此常以单位脉冲输入信号作用于系统,根据被测定系统的单位脉冲响应,可以求得被测系统的闭环传递函数。

鉴于工程上无法得到理想单位脉冲函数,常用具有一定脉宽h和有限幅度的矩形脉冲函数来代替理想脉冲。为得到近似度较高的脉冲响应函数,要求实际脉冲函数的宽度h远小于系统的时间常数T,通常要求$h<0.1T$。

3.2.4 一阶系统的单位斜坡(速度)响应

当输入信号为单位斜坡函数 $r(t)=t$ 时,由式(3.6)得一阶系统的单位斜坡响应的拉氏变换式为

$$C(s)=\Phi(s)R(s)=\frac{1}{Ts+1}\frac{1}{s^2}=\frac{1}{s^2}-\frac{T}{s}+\frac{T^2}{Ts+1}$$

对上式取拉氏反变换,得一阶系统的单位斜坡响应为

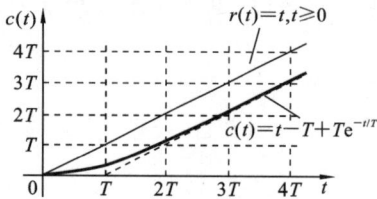

图 3-6　一阶系统的单位
斜坡响应曲线

$$c(t)=t-T+Te^{-t/T},\quad t\geqslant0 \qquad(3.9)$$

式中:$t-T$ 为稳态分量,是一个与单位斜坡输入信号斜率相同但时间滞后时间常数 T 的斜坡函数。$Te^{-t/T}$ 为暂态分量,按照指数规律衰减,其衰减速度由闭环传递函数的极点 $s=-1/T$ 决定。一阶系统的单位斜坡响应曲线如图 3-6 所示。由图 3-6 可见,一阶系统跟踪速度输入信号时在位置上存在稳态误差,其值正好等于时间常数 T。系统时间常数 T 越小,其响应越快,跟踪的准确度越高。

3.2.5 一阶系统的单位加速度响应

当输入信号为单位加速度函数 $r(t)=\frac{1}{2}t^2$ 时,由式(3.6)得一阶系统的单位加速度响应的拉氏变换式为

$$C(s)=\frac{1}{Ts+1}\frac{1}{s^3}=\frac{1}{s^3}-\frac{T}{s^2}+\frac{T^2}{s}-\frac{T^3}{Ts+1}$$

对上式取拉氏反变换,得一阶系统的单位加速度响应为

$$c(t)=\frac{1}{2}t^2-Tt+T^2(1-e^{-t/T}),\quad t\geqslant0 \qquad(3.10)$$

因此,一阶系统跟踪加速度输入信号的跟踪误差为

$$e(t)=r(t)-c(t)=Tt-T^2(1-e^{-t/T}),\quad t\geqslant0 \qquad(3.11)$$

表明一阶系统跟踪加速度输入信号的跟踪误差随时间推移而增大,直至无穷大。因此一阶系统不能实现对加速度输入信号的跟踪。

一阶系统对典型输入信号的输出响应如表 3-1 所示。可见,单位脉冲函数与单位

表 3-1　一阶系统对典型输入信号的输出响应

输 入 信 号	输 出 响 应
$\delta(t)$	$\frac{1}{T}e^{-t/T},\quad t\geqslant0$
$1(t)$	$1-e^{-t/T},\quad t\geqslant0$
t	$t-T+Te^{-t/T},\quad t\geqslant0$
$\frac{1}{2}t^2$	$\frac{1}{2}t^2-Tt+T^2(1-e^{-t/T}),\quad t\geqslant0$

阶跃函数的一阶导数及单位斜坡函数的二阶导数的等价关系,对应有单位脉冲响应与单位阶跃响应的一阶导数及单位斜坡响应的二阶导数的等价关系。这个等价对应关系表明:系统对输入信号导数的响应,等于系统对该输入信号响应的导数;或者,系统对输入信号积分的响应,等于系统对该输入信号响应的积分,而积分常数由零初始条件确定。这是线性定常系统的一个重要特性,适用于任何阶线性定常系统,但不适用于线性时变系统和非线性系统。因此,研究线性定常系统的时间响应,不必对每种输入信号形式进行测定和计算,往往只取其中一种典型形式进行研究。

3.3 二阶系统的时域分析

凡以二阶微分方程作为运动方程的控制系统称为二阶系统。在控制工程中,不仅二阶系统的典型应用极为普遍,而且为数众多的高阶系统在一定条件下可近似作为二阶系统来研究。因此,深入分析二阶系统的特性具有极其重要的实际意义。

3.3.1 典型二阶系统的数学模型

考虑如图 3-7 所示的典型的 RLC 电路,其运动方程为

$$LC \frac{\mathrm{d}^2 u_\mathrm{o}(t)}{\mathrm{d}t^2} + RC \frac{\mathrm{d}u_\mathrm{o}(t)}{\mathrm{d}t} + u_\mathrm{o}(t) = u_\mathrm{i}(t)$$

式中:R、L、C 分别对应着 RLC 电路的电阻、电感和电容参数。显然,这是一个二阶微分方程。在零初始条件下,输出电压和输入电压之间的闭环传递函数为

$$\Phi(s) = \frac{1}{LCs^2 + RCs + 1}$$

显然,该闭环传递函数对应的系统是一个二阶系统。

为使研究结果具有普遍意义,令 $\omega_\mathrm{n} = \sqrt{1/LC}$,$2\xi\omega_\mathrm{n} = R/L$,上式化成如下标准形式

$$\Phi(s) = \frac{\omega_\mathrm{n}^2}{s^2 + 2\xi\omega_\mathrm{n}s + \omega_\mathrm{n}^2} \tag{3.12}$$

式中:ξ 为阻尼比;ω_n 为无阻尼自振频率。式(3.12)称为典型二阶系统的数学模型,其结构图如图 3-8 所示。应当指出,对于结构和功用不同的二阶系统,ξ 和 ω_n 的物理含义不同。

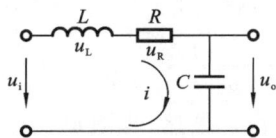

图 3-7 RLC 电路原理图   **图 3-8 典型二阶系统的结构图**

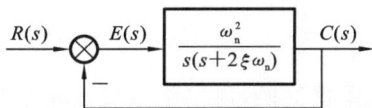

令式(3.12)的闭环传递函数的分母多项式为零,则二阶系统的闭环特征方程式为

$$D(s) = s^2 + 2\xi\omega_\mathrm{n}s + \omega_\mathrm{n}^2 = 0 \tag{3.13}$$

其两个特征根(闭环极点)为

$$s_{1,2} = -\xi\omega_\mathrm{n} \pm \omega_\mathrm{n}\sqrt{\xi^2 - 1} \tag{3.14}$$

显然,二阶系统的时间响应取决于 ξ 和 ω_n 这两个参数。下面根据式(3.12)这一数学模型,研究二阶系统时间响应及其动态性能指标的求法。

3.3.2　二阶系统的单位阶跃响应

式(3.14)表明,二阶系统特征根的性质取决于阻尼比 ξ 的大小。阻尼比 ξ 不同,二阶系统的特征根分布也不同,如图 3-9 所示。当 $0<\xi<1$ 时,两个特征根为一对共轭复根 $s_{1,2}=-\xi\omega_n\pm j\omega_n\sqrt{1-\xi^2}$,对应于 s 左半平面的共轭复数极点,如图 3-9(a)所示;当 $\xi=1$ 时,特征方程具有两个相等的负实根 $s_{1,2}=-\omega_n$,对应于 s 平面负实轴上的相等实极点,如图 3-9(b)所示;当 $\xi>1$ 时,特征方程具有两个不等的负实根 $s_{1,2}=-\xi\omega_n\mp\omega_n\sqrt{\xi^2-1}$,对应于 s 平面负实轴上不相等的实极点,如图 3-9(c)所示;当 $\xi=0$ 时,特征方程具有一对纯虚根 $s_{1,2}=\pm j\omega_n$,对应于 s 平面虚轴上的一对共轭极点,如图 3-9(d)所示;当 $-1<\xi<0$ 时,特征方程具有两个正实部的共轭复根 $s_{1,2}=-\xi\omega_n\pm j\omega_n\sqrt{1-\xi^2}$,对应于 s 右半平面的共轭复数极点,如图 3-9(e)所示;当 $\xi<-1$ 时,特征方程具有两个不等的正实根 $s_{1,2}=-\xi\omega_n\mp\omega_n\sqrt{\xi^2-1}$,对应于 s 平面正实轴上不相等的实极点,如图 3-9(f)所示;当 $\xi=-1$ 时,特征方程具有两个相等的正实根 $s_{1,2}=\omega_n$,对应于 s 平面正实轴上的相等实极点,如图 3-9(f)中的 2 个正实极点。

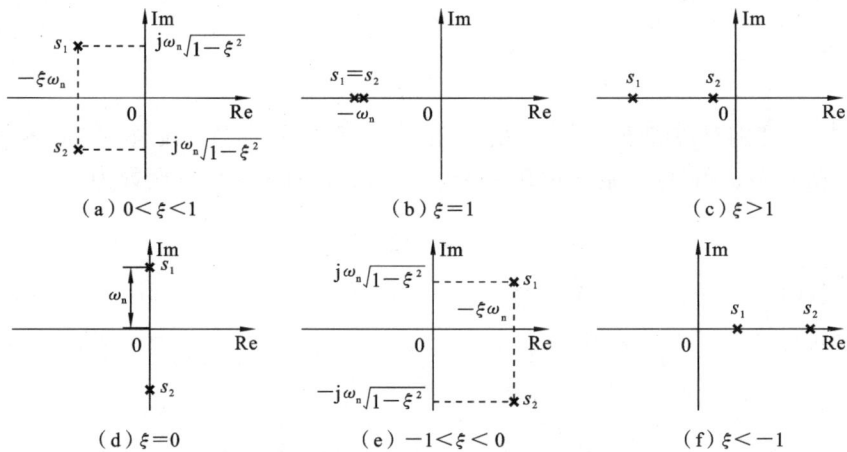

图 3-9　二阶系统的闭环极点分布

当系统输入信号为单位阶跃函数 $r(t)=1(t)$ 时,由式(3.12)得二阶系统单位阶跃响应的拉氏变换式为

$$C(s)=\Phi(s)R(s)=\frac{\omega_n^2}{s^2+2\xi\omega_n s+\omega_n^2}\frac{1}{s} \tag{3.15}$$

对上式取拉氏反变换,得二阶系统的单位阶跃响应 $c(t)$。显然,当阻尼比 ξ 不同时,二阶系统的特征根分布不同,对输入信号的响应也呈现不同特性。下面讨论阻尼比 ξ 在不同取值下的二阶系统单位阶跃响应。

1. 无阻尼($\xi=0$)二阶系统的单位阶跃响应

$\xi=0$ 又称无阻尼,此时系统的响应称为无阻尼响应。当 $\xi=0$ 时,式(3.15)变为

$$C(s)=\frac{1}{s}\frac{\omega_n^2}{s^2+\omega_n^2}=\frac{1}{s}-\frac{s}{s^2+\omega_n^2}$$

对上式取拉氏反变换,则无阻尼二阶系统的单位阶跃响应为

$$c(t) = 1 - \cos(\omega_n t), \quad t \geqslant 0 \tag{3.16}$$

显然,这是一条平均值为 1 的正、余弦形式的等幅振荡曲线。无阻尼二阶系统单位阶跃响应的振荡频率为 ω_n,无阻尼自振频率这一名称由此而来。由于 ω_n 的取值完全取决于系统本身的结构参数,是系统的固有频率,也称为自然频率。

2. 欠阻尼($0 < \xi < 1$)二阶系统的单位阶跃响应

$0 < \xi < 1$ 又称欠阻尼。当 $0 < \xi < 1$ 时,二阶系统的特征根 $s_{1,2} = -\xi\omega_n \pm j\omega_n\sqrt{1-\xi^2}$,设 $\sigma = \xi\omega_n$ 为衰减系数,$\omega_d = \omega_n\sqrt{1-\xi^2}$ 为阻尼振荡频率,则 $s_{1,2} = -\xi\omega_n \pm j\omega_d$。于是式(3.15)变为

$$C(s) = \frac{1}{s} - \frac{s + 2\xi\omega_n}{s^2 + 2\xi\omega_n s + \omega_n^2} = \frac{1}{s} - \frac{s + \xi\omega_n}{(s + \xi\omega_n)^2 + \omega_d^2} - \frac{\xi\omega_n}{(s + \xi\omega_n)^2 + \omega_d^2}$$

对上式取拉氏反变换,并考虑到

$$\mathscr{L}^{-1}\left\{\frac{s + \xi\omega_n}{(s + \xi\omega_n)^2 + \omega_d^2}\right\} = e^{-\xi\omega_n t}\cos(\omega_d t), \quad \mathscr{L}^{-1}\left\{\frac{\omega_d}{(s + \xi\omega_n)^2 + \omega_d^2}\right\} = e^{-\xi\omega_n t}\sin(\omega_d t)$$

则有

$$c(t) = \mathscr{L}^{-1}\left\{\frac{1}{s} - \left[\frac{s + \xi\omega_n}{(s + \xi\omega_n)^2 + \omega_d^2} + \frac{\xi}{\sqrt{1-\xi^2}}\frac{\omega_d}{(s + \xi\omega_n)^2 + \omega_d^2}\right]\right\}$$

于是,欠阻尼二阶系统的单位阶跃响应为

$$c(t) = 1 - e^{-\xi\omega_n t}\cos(\omega_d t) - e^{-\xi\omega_n t}\frac{\xi}{\sqrt{1-\xi^2}}\sin(\omega_d t)$$

$$= 1 - \frac{1}{\sqrt{1-\xi^2}}e^{-\xi\omega_n t}\left[\sqrt{1-\xi^2}\cos(\omega_d t) + \xi\sin(\omega_d t)\right]$$

$$= 1 - \frac{1}{\sqrt{1-\xi^2}}e^{-\xi\omega_n t}\sin(\omega_d t + \beta), \quad t \geqslant 0 \tag{3.17}$$

式中:$\beta = \arctan\dfrac{\sqrt{1-\xi^2}}{\xi}$ 或 $\beta = \arccos\xi$。

由式(3.17)可以看出,欠阻尼二阶系统的单位阶跃响应由两部分组成:稳态分量为 1,表明系统在阶跃函数作用下不存在稳态误差;瞬态分量为阻尼正弦振荡项,其振荡频率为 ω_d,故称为阻尼振荡频率。由于瞬态分量衰减的快慢速取决于包络线 $e^{-\xi\omega_n t}/\sqrt{1-\xi^2}$ 的收敛速度,当 ξ 一定时,欠阻尼响应的包络线的收敛速度取决于指数函数 $e^{-\xi\omega_n t}$ 的幂,因此,称 $\sigma = \xi\omega_n$ 为衰减系数。当衰减系数越大,即系统的共轭复极点距离虚轴越远时,欠阻尼响应衰减得越快。因此,欠阻尼二阶系统的单位阶跃响应为衰减的正弦振荡曲线。

应当指出,实际控制系统通常都有一定的阻尼比,因此不可能通过实验方法测得无阻尼自振频率 ω_n,而只能测得 ω_d,且其值总小于 ω_n。只有当阻尼比 $\xi = 0$ 时,$\omega_d = \omega_n$。当阻尼比 ξ 增大时,阻尼振荡频率 ω_d 将减小。当 $\xi \geqslant 1$ 时,$\omega_d = 0$,意味系统的输出响应将不再出现振荡。但是,为了分析和叙述,ω_n 和 ω_d 的符号和名称在 $\xi \geqslant 1$ 时将沿用下去。

3. 临界阻尼($\xi = 1$)二阶系统的单位阶跃响应

$\xi = 1$ 又称临界阻尼。当 $\xi = 1$ 时,式(3.15)变为

$$C(s) = \frac{\omega_n^2}{(s+\omega_n)^2}\frac{1}{s} = \frac{1}{s} - \frac{\omega_n}{(s+\omega_n)^2} - \frac{1}{s+\omega_n}$$

对上式取拉氏反变换,则临界阻尼二阶系统的单位阶跃响应为

$$c(t) = 1 - e^{-\omega_n t}(1 + \omega_n t), \quad t \geqslant 0 \tag{3.18}$$

显然,这是一个稳态值为 1 的无超调单调上升过程,且其变化率为

$$\frac{dc(t)}{dt} = \omega_n^2 t e^{-\omega_n t}$$

当 $t=0$ 时,响应过程的变化率为零;当 $t>0$ 时,响应过程的变化率为正,响应过程单调上升;当 $t \to \infty$ 时,变化率趋于零,响应过程趋于常值 1。

4. 过阻尼($\xi>1$)二阶系统的单位阶跃响应

$\xi>1$ 又称过阻尼。当 $\xi>1$ 时,式(3.15)可改写为

$$C(s) = \frac{\omega_n^2}{(s-s_1)(s-s_2)}\frac{1}{s} = \frac{1}{s} + \frac{\omega_n}{2\sqrt{\xi^2-1}}\frac{1}{s_1(s-s_1)} - \frac{\omega_n}{2\sqrt{\xi^2-1}}\frac{1}{s_2(s-s_2)}$$

对上式取拉氏反变换,则过阻尼二阶系统的单位阶跃响应为

$$c(t) = 1 + \frac{\omega_n}{2\sqrt{\xi^2-1}}\left(\frac{e^{s_2 t}}{s_2} - \frac{e^{s_1 t}}{s_1}\right), \quad t \geqslant 0 \tag{3.19}$$

上式表明,当 $\xi>1$ 时,二阶系统的单位阶跃响应中包含两个单调衰减的指数项,其代数和绝不会超过稳态值1,因而其响应曲线是单调上升的。但其响应速度比临界阻尼缓慢,通常称为过阻尼情况。实际上,当 $\xi \gg 1$ 时,二阶系统的特征根 $s_1 = -\xi\omega_n - \omega_n\sqrt{\xi^2-1}$ 比 $s_2 = -\xi\omega_n + \omega_n\sqrt{\xi^2-1}$ 距离虚轴远得多,随时间推移,$e^{s_1 t}$ 比 $e^{s_2 t}$ 衰减得快,且与 s_1 有关指数项的系数小于与 s_2 有关指数项的系数,因此,在一定条件下,可忽略与 s_1 有关指数项对单位阶跃响应的影响,而将二阶系统近似为一阶系统来处理。于是其单位阶跃响应曲线按照指数规律单调上升至稳态值 1。

5. 负阻尼($\xi<0$)二阶系统的单位阶跃响应

$\xi<0$ 又称负阻尼。当 $\xi<0$ 时,二阶系统具有两个正实部的特征根,其单位阶跃响应为

$$c(t) = 1 - \frac{1}{\sqrt{1-\xi^2}}e^{-\xi\omega_n t}\sin(\omega_d t + \beta), \quad -1<\xi<0, \quad t \geqslant 0$$

或者

$$c(t) = 1 + \frac{\omega_n}{2\sqrt{\xi^2-1}}\left(\frac{e^{s_2 t}}{s_2} - \frac{e^{s_1 t}}{s_1}\right), \quad \xi<-1, \quad t \geqslant 0$$

式中:$\omega_d = \omega_n\sqrt{1-\xi^2}, \beta = \arctan\frac{\sqrt{1-\xi^2}}{\xi}$。

由于阻尼比为负,指数因子具有正幂指数,因此二阶系统的单位阶跃响应具有发散正弦振荡或单调发散的形式。显然,在负阻尼情况下,二阶系统的单位阶跃响应永远达不到稳态。

在以上 $\xi \geqslant 0$ 的情况下,二阶系统的单位阶跃响应曲线如图 3-10 所示,其横坐标为无因次时间 $\omega_n t$。

从图 3-10 可以看出,二阶系统的单位阶跃响应在过阻尼及临界阻尼($\xi \geqslant 1$)情况下,具有无振荡、单调上升的特性,其中,临界阻尼响应具有最少的上升时间,响应速度

最快;欠阻尼($0<\xi<1$)响应曲线,随阻尼比的减小,单位阶跃响应的振荡特性将增强,直至经无阻尼($\xi=0$)时的等幅振荡,终于在负阻尼($\xi<0$)时出现了发散振荡。

控制工程中一般要求兼顾考虑快速性和稳定性。因此,希望二阶系统工作在响应过程振荡特性适度、响应速度较快的欠阻尼状态。由图 3-10 可见,欠阻尼($0<\xi<1$)二阶系统的单位阶跃响应曲线,在自然频率相同的条件下,阻尼比越小,超调量越大,上升时间越短。通常取 ξ 为 0.4~0.8,此时超调量适度,调整时间较短;若二阶系统具有相同的阻尼比 ξ 和不同的自然频率 ω_n,则其振荡特性相同而响应速度不同,ω_n 越大,响应速度越快。

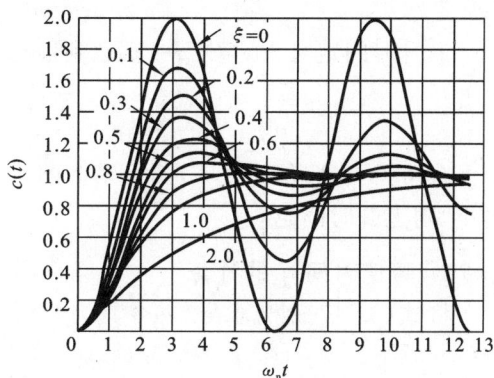

图 3-10 二阶系统的单位阶跃响应曲线

3.3.3 二阶系统的动态过程分析

通常,控制系统的性能指标是通过响应单位阶跃函数的性能指标来定义的。因此,为按性能指标定量地评价二阶系统的性能,必须进一步分析系统阻尼比 ξ 和自然频率 ω_n 对系统单位阶跃响应的影响,并根据单位阶跃响应的性能指标来评价二阶系统的性能指标。

在控制工程中,除了那些不容许产生振荡响应的系统外,通常都希望控制系统具有适度的阻尼、较快的响应速度和较短的调节时间。因此,二阶系统的设计一般取阻尼比 ξ 为 0.4~0.8。其各项动态性能指标,除峰值时间、超调量和上升时间可用 ξ 和 ω_n 准确表示外,延迟时间和调节时间很难用 ξ 和 ω_n 准确描述,不得不采用工程上的近似计算方法。

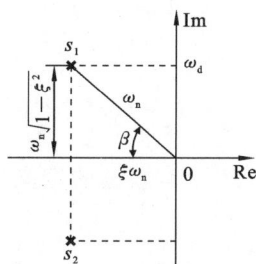

图 3-11 欠阻尼二阶系统

为了便于说明改善系统动态性能的方法,图 3-11 表示了欠阻尼二阶系统各特征参量之间的关系。由图 3-11 可见,衰减系数 $\xi\omega_n$ 是闭环极点到虚轴之间的距离;阻尼振荡频率 ω_d 是闭环极点到实轴之间的距离;自然频率 ω_n 是闭环极点到坐标原点之间的距离;ω_n 与负实轴夹角的余弦正好是阻尼比,即

$$\xi=\cos\beta$$

故 β 称为阻尼角,且 $\beta=\arctan\dfrac{\sqrt{1-\xi^2}}{\xi}$。

下面推导式(3.12)的典型二阶系统在欠阻尼情况下的动态性能指标计算公式。

1. 上升时间 t_r 的计算

在式(3.17)中,当 $t=t_r$ 时,$c(t_r)=1.0$,则

$$c(t_r)=1-\frac{1}{\sqrt{1-\xi^2}}e^{-\xi\omega_n t_r}\sin(\omega_d t_r+\beta)=1$$

因为 $e^{-\xi\omega_n t_r}\neq0$,所以 $\sin(\omega_d t_r+\beta)=0$,即

$$\omega_d t_r + \beta = n\pi, \quad n = 0, 1, 2, \cdots$$

上升时间定义为 $c(t)$ 第一次达到稳态值的时间,即 $n = 1$,所以

$$t_r = \frac{\pi - \beta}{\omega_d} = \frac{\pi - \beta}{\omega_n \sqrt{1 - \xi^2}} \tag{3.20}$$

由上式可见,当阻尼比 ξ 一定时,系统的响应速度与 ω_n 成反比;当 ω_n 一定时,阻尼比 ξ 越小,则上升时间越短。

2. 峰值时间 t_p 的计算

将式(3.17)对 t 求导,并令其为零,得

$$\xi\omega_n e^{-\xi\omega_n t_p}\sin(\omega_d t_p + \beta) - \omega_d e^{-\xi\omega_n t_p}\cos(\omega_d t_p + \beta) = 0$$

整理得

$$\text{tg}(\omega_d t_p + \beta) = \frac{\sqrt{1 - \xi^2}}{\xi}$$

根据图 3-11 中的 β 与 ξ 的关系,有 $\text{tg}\beta = \sqrt{1-\xi^2}/\xi$。解上述三角方程得

$$\omega_d t_p = n\pi, \quad n = 0, 1, 2, \cdots$$

峰值时间定义为 $c(t)$ 达到第一个峰值的时间,即 $n = 1$,则

$$\omega_d t_p = \pi \tag{3.21}$$

因此,有

$$t_p = \frac{\pi}{\omega_d} = \frac{\pi}{\omega_n \sqrt{1 - \xi^2}} \tag{3.22}$$

上式表明,峰值时间与闭环极点的虚部数值成反比。当阻尼比一定时,闭环极点离负实轴的距离越远,系统的峰值时间越短。

3. 超调量 $\sigma\%$ 的计算

因为超调量发生在峰值时间上,所以将式(3.22)代入式(3.17),得输出量的最大值为

$$c(t_p) = 1 - \frac{1}{\sqrt{1 - \xi^2}} e^{-\xi\omega_n t_p}\sin(\omega_d t_p + \beta)$$

根据式(3.21)及图 3-11,则

$$\sin(\pi + \beta) = -\sqrt{1 - \xi^2}$$

于是 $c(t_p) = 1 + e^{-\xi\pi/\sqrt{1-\xi^2}}$。按照超调量的定义式(3.3),并考虑 $c(\infty) = 1$,则

$$\sigma\% = e^{-\xi\pi/\sqrt{1-\xi^2}} \times 100\% \tag{3.23}$$

上式表明,超调量 $\sigma\%$ 只是阻尼比 ξ 的函数,而与自然频率 ω_n 无关。欠阻尼二阶系统超调量 $\sigma\%$ 与阻尼比 ξ 之间的关系曲线如图 3-12 所示。由图 3-12 可见,阻尼比越大,超调量越小,反之亦然。

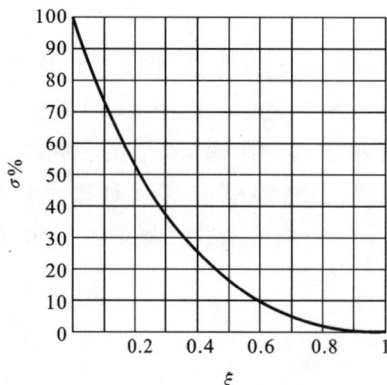

图 3-12 欠阻尼二阶系统超调量 $\sigma\%$ 与阻尼比 ξ 之间的关系曲线

一般地,当 ξ 为 0.4～0.8 时,超调量 $\sigma\%$ 为 1.5% ～ 25.4%。

4. 调节时间 t_s 的计算

将式(3.17)代入调节时间的定义式(3.4),并考虑 $c(\infty) = 1$,则

$$\left| \frac{1}{\sqrt{1-\xi^2}} e^{-\xi\omega_n t} \sin(\omega_d t + \beta) \right| \leqslant \Delta, \quad t \geqslant t_s$$

由于 $\dfrac{1}{\sqrt{1-\xi^2}} e^{-\xi\omega_n t}$ 为式(3.17)描述的衰减正弦振荡函数的包络线或振幅,上式可变为

$$\left| \frac{1}{\sqrt{1-\xi^2}} e^{-\xi\omega_n t} \right| \leqslant \Delta, \quad t \geqslant t_s$$

于是调节时间 t_s 的计算式为

$$t_s = \frac{1}{\xi\omega_n} \ln \frac{1}{\Delta\sqrt{1-\xi^2}} \tag{3.24}$$

上式中,若允许误差 $\Delta = 0.05$,则

$$t_s \approx \frac{1}{\xi\omega_n} \left(3 + \ln \frac{1}{\sqrt{1-\xi^2}} \right) \tag{3.25}$$

若允许误差 $\Delta = 0.02$,则

$$t_s \approx \frac{1}{\xi\omega_n} \left(4 + \ln \frac{1}{\sqrt{1-\xi^2}} \right) \tag{3.26}$$

当 $0 < \xi < 0.9$ 时,式(3.25)及(3.26)又可分别近似为

$$t_s \approx \frac{3.5}{\xi\omega_n}, \quad \Delta = 0.05 \tag{3.27}$$

$$t_s \approx \frac{4.4}{\xi\omega_n}, \quad \Delta = 0.02 \tag{3.28}$$

上述两式表明,调节时间 t_s 与闭环极点的实部数值 $\xi\omega_n$ 成反比。当阻尼比一定时,闭环极点距虚轴的距离越远,调节时间越短。因为阻尼比主要根据对系统超调量的要求来确定,所以调节时间主要由自然频率 ω_n 决定。若能保持阻尼比 ξ 不变而加大 ω_n,则可在不改变超调量情况下缩短调节时间 t_s。

调节时间 t_s 随阻尼比 ξ 变化的关系曲线如图 3-13 所示。图 3-13 中,$T = 1/\xi\omega_n$。从图 3-13 可以看出,对于 $\Delta = 0.05$,$\xi = 0.68$ 对应的 t_s 最小;对于 $\Delta = 0.02$,$\xi = 0.76$ 对应的 t_s 最小,即快速性最好。过了曲线 $t_s(\xi)$ 的最低点,t_s 将随 ξ 的增大而近似线性增大。

5. 延迟时间 t_d 的计算

根据延迟时间的定义,在式(3.17)中,在 $t = t_d$ 时,输出值 c 为 0.5,即令 $c(t_d) = 0.5$,可得 t_d 的隐函数表达式为

$$\omega_n t_d = \frac{1}{\xi} \ln \frac{2\sin(\sqrt{1-\xi^2}\,\omega_n t_d + \arccos\xi)}{\sqrt{1-\xi^2}} \tag{3.29}$$

则二阶系统 $\omega_n t_d$ 与 ξ 的关系曲线如图 3-14 所示。利用曲线拟合法,在较大的 ξ 值范围内,近似有

$$t_d = \frac{1 + 0.6\xi + 0.2\xi^2}{\omega_n} \tag{3.30}$$

当 $0 < \xi < 1$ 时,也可以近似描述为

$$t_d = \frac{1 + 0.7\xi}{\omega_n} \tag{3.31}$$

上述两式表明,增大自然频率 ω_n 或减小阻尼比 ξ,都可以减小延迟时间。或者说,

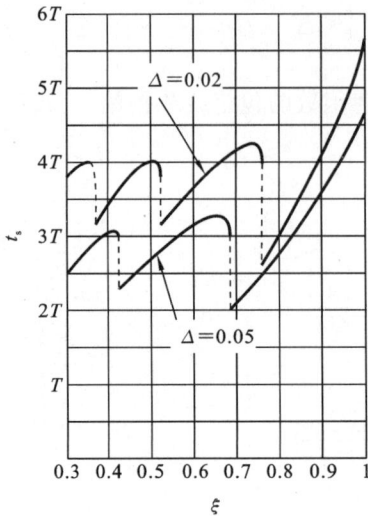

图 3-13 调节时间 t_s 随阻尼比 ξ 变化的关系曲线

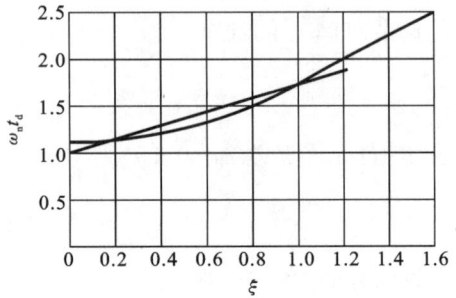

图 3-14 二阶系统 $\omega_n t_d$ 与 ξ 的关系曲线

当 ξ 不变时,闭环极点距 s 平面的坐标原点越远,系统的延迟时间越短;当 ω_n 不变时,闭环极点距 s 平面上的虚轴越近,系统的延迟时间越短。

从上述各项性能指标的计算式看出,欲使二阶系统具有满意的性能指标,必须选取合适的阻尼比 ξ 和自然频率 ω_n。提高 ω_n 可以提高系统的响应速度;增大 ξ 可以提高系统的阻尼程度,从而使超调量降低。一般来说,系统响应速度和阻尼程度之间存在着一定的矛盾。对于那些既要求增强系统的阻尼程度,又要求系统具有较高响应速度的二阶控制系统设计,需采取合理的折中或补偿方案才能实现。

【例 3-1】 设控制系统结构图如图 3-15。若要求系统具有性能指标 $\sigma\% = 20\%$,$t_p = 1$ s,试确定系统参数 K 和 τ,并计算单位阶跃响应的性能指标 t_r 和 t_s。

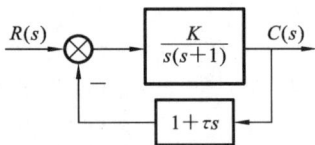

图 3-15 控制系统结构图

解 由控制系统结构图知,系统闭环传递函数为

$$\Phi(s) = \frac{C(s)}{R(s)} = \frac{K}{s^2 + (1+K\tau)s + K}$$

与式(3.12)的二阶系统闭环传递函数的标准形式对比,可得

$$K = \omega_n^2, \quad 1 + K\tau = 2\xi\omega_n$$

根据阻尼比和超调量的关系式(3.23),由

$$\sigma\% = e^{-\xi\pi/\sqrt{1-\xi^2}} = 0.2$$

解得阻尼比 $\xi = 0.456$。根据峰值时间计算式(3.22),由

$$t_p = \frac{\pi}{\omega_n \sqrt{1-\xi^2}} = 1 \text{ s}$$

解得自然频率 $\omega_n = 3.53$ rad/s,从而有

$$K = \omega_n^2 = 12.46, \quad \tau = \frac{2\zeta\omega_n - 1}{K} = 0.178$$

根据式(3.20)、式(3.27)和式(3.28),得系统的性能指标为

$$t_r = \frac{\pi - \beta}{\omega_n \sqrt{1-\xi^2}} = 0.65 \text{ s}$$

$$t_s \approx 3.5/\xi\omega_n = 2.17 \text{ s}, \quad \Delta = 0.05$$

$$t_s \approx 4.4/\xi\omega_n = 2.74 \text{ s}, \quad \Delta = 0.02$$

3.3.4　二阶系统的单位脉冲响应

当二阶系统的输入信号为理想单位脉冲函数时,其响应称为二阶系统的单位脉冲响应。由式(3.12)知,此时二阶系统输出量的拉氏变换为

$$C(s) = \frac{\omega_n^2}{s^2 + 2\xi\omega_n s + \omega_n^2}$$

其闭环特征根如式(3.14),闭环极点分布如图 3-9 所示。

当 $\xi = 0$ 时,无阻尼二阶系统单位脉冲响应为

$$c(t) = \omega_n \sin(\omega_n t), \quad t \geqslant 0 \tag{3.32}$$

当 $0 < \xi < 1$ 时,欠阻尼二阶系统单位脉冲响应为

$$c(t) = \frac{\omega_n}{\sqrt{1-\xi^2}} e^{-\xi\omega_n t} \sin(\omega_n \sqrt{1-\xi^2}\, t), \quad t \geqslant 0 \tag{3.33}$$

当 $\xi = 1$ 时,临界阻尼单位脉冲响应为

$$c(t) = \omega_n^2 t e^{-\omega_n t}, \quad t \geqslant 0 \tag{3.34}$$

当 $\xi > 1$ 时,过阻尼单位脉冲响应为

$$c(t) = \frac{\omega_n}{2\sqrt{\xi^2-1}} (e^{-(\xi-\sqrt{\xi^2-1})\omega_n t} - e^{-(\xi+\sqrt{\xi^2-1})\omega_n t}), \quad t \geqslant 0 \tag{3.35}$$

在不同阻尼比下,二阶系统的单位脉冲响应曲线如图 3-16 所示。由图 3-16 可见,无阻尼二阶系统的单位脉冲响应曲线是一条平均值为 0 的正弦、余弦形式的等幅振荡曲线;欠阻尼($0 < \xi < 1$)脉冲响应曲线是稳态值为 0 的衰减振荡曲线;临界阻尼和过阻尼脉冲响应曲线具有无振荡、单调衰减的特性。

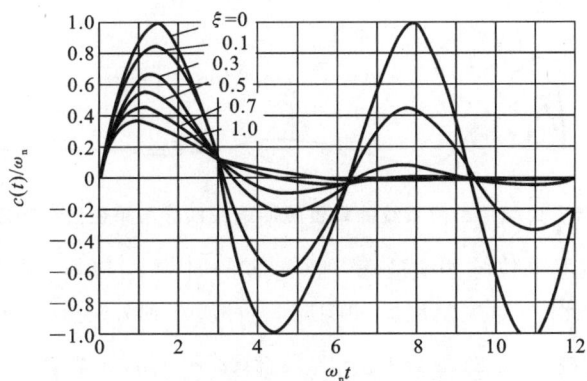

图 3-16　二阶系统的单位脉冲响应曲线

下面探讨根据二阶系统的单位脉冲响应求取系统性能指标的方法。这里以系统工作在欠阻尼($0 < \xi < 1$)情况下为例。为区分单位脉冲响应和单位阶跃响应,设 $c_1(t)$ 为欠阻尼二阶系统单位阶跃响应,$c_2(t)$ 为欠阻尼二阶系统单位脉冲响应,相应的性能指标也是如此区分。

由于欠阻尼单位脉冲响应的最大超调量发生在峰值时间 t_{p2} 上,此时,有

$$\frac{\mathrm{d}c_2(t)}{\mathrm{d}t}\bigg|_{t=t_{p2}} = 0$$

将式(3.33)的 $c(t)$ 替换为 $c_2(t)$ 代入上式,于是

$$t_{p2} = \frac{\arctan\dfrac{\sqrt{1-\xi^2}}{\xi}}{\omega_n\sqrt{1-\xi^2}}, \quad 0<\xi<1$$

将上式的 t_{p2} 代入式(3.33),可得欠阻尼单位脉冲响应的超调量为

$$\sigma_2\% = \frac{\omega_n}{\sqrt{1-\xi^2}}e^{-\xi\omega_n\frac{\arctan\frac{\sqrt{1-\xi^2}}{\xi}}{\omega_n\sqrt{1-\xi^2}}}\sin\left(\arctan\frac{\sqrt{1-\xi^2}}{\xi}\right) = \omega_n e^{-\frac{\xi}{\sqrt{1-\xi^2}}\arctan\frac{\sqrt{1-\xi^2}}{\xi}}$$

考虑到单位脉冲响应即为单位阶跃响应的导数,可直接根据二阶系统的单位脉冲响应曲线推导其单位阶跃响应的性能指标。图 3-17 为欠阻尼二阶系统的单位脉冲响应曲线与单位阶跃响应曲线。设 t_2 为欠阻尼单位脉冲响应 $c_2(t)$ 第一次过零的时刻,则

$$c_2(t)\big|_{t=t_2} = 0$$

根据式(3.33),得

$$c_2(t_2) = \frac{\omega_n}{\sqrt{1-\xi^2}}e^{-\xi\omega_n t_2}\sin(\omega_n\sqrt{1-\xi^2}t_2) = 0$$

由于 $e^{-\xi\omega_n t_2} \neq 0$,则有 $\sin(\omega_n\sqrt{1-\xi^2}t_2) = 0$,即

$$\omega_n\sqrt{1-\xi^2}t_2 = \pi$$

于是

$$t_2 = \frac{\pi}{\omega_n\sqrt{1-\xi^2}}$$

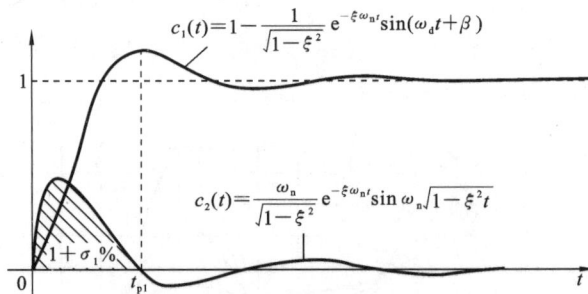

图 3-17 欠阻尼二阶系统的单位脉冲响应曲线与单位阶跃响应曲线

由此可见,欠阻尼单位脉冲响应第一次过零的时刻 t_2 与其欠阻尼单位阶跃响应的峰值时间 t_{p1} 相同。此时,对欠阻尼脉冲响应 $c_2(t)$ 从 0 到 t_{p1} 进行积分,则

$$\int_0^{t_{p1}}c_2(t)\mathrm{d}t = \int_0^{t_{p1}}\frac{\omega_n}{\sqrt{1-\xi^2}}e^{-\xi\omega_n t}\sin(\omega_n\sqrt{1-\xi^2}t)\mathrm{d}t = e^{-\frac{\xi\pi}{\sqrt{1-\xi^2}}} = 1+\sigma_1\%$$

上式说明,$c_2(t)$ 与从 0 到 t_{p1} 段的时间轴包围的面积等于 $1+\sigma_1\%$,其中,$\sigma_1\%$ 为欠阻尼二阶系统的单位阶跃响应的超调量。上述分析揭示了欠阻尼二阶系统的单位脉冲响应与单位阶跃响应特征量之间的重要关系。

此外,当二阶系统的输入信号为单位斜坡函数时,其响应称为二阶系统的单位斜坡响应,可直接由单位阶跃响应积分得到,这里不再赘述。

【**例 3-2**】 设位置随动系统结构图如图 3-18 所示。试计算当放大器增益 K_a 分别为 13.5、200、1500 时,单位阶跃响应的峰值时间 t_p、超调量 $\sigma\%$。

解 由系统结构图知,系统闭环传递函数为

$$\Phi(s)=\frac{5K_a}{s^2+34.5s+5K_a}$$

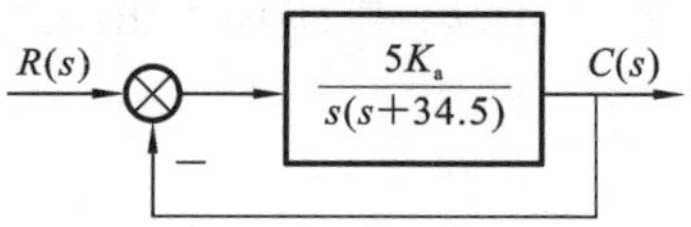

图 3-18 位置随动系统结构图

与式(3.12)的二阶系统闭环传递函数的标准形式对比,得

$$5K_a=\omega_n^2,\quad 34.5=2\xi\omega_n$$

当 $K_a=13.5$ 时,$\omega_n=\sqrt{67.5}=8.22$,$\xi=17.25/\omega_n=2.1$。此时系统处于过阻尼状态,因此,无峰值时间 t_p 和超调量 $\sigma\%$,即 $t_p=\infty$,$\sigma\%=0$。

当 $K_a=200$ 时,$\omega_n=\sqrt{1000}=31.6$,$\xi=17.25/\omega_n=0.545$。根据式(3.22)、式(3.23),可得单位阶跃响应的性能指标为

$$t_p=\frac{\pi}{\omega_n\sqrt{1-\xi^2}}=0.12\text{ s},\quad \sigma\%=e^{-\xi\pi/\sqrt{1-\xi^2}}=13\%$$

同理,当 $K_a=1500$ 时,$\omega_n=\sqrt{7500}=86.2$,$\xi=17.25/\omega_n=0.2$,则单位阶跃响应的性能指标为

$$t_p=\frac{\pi}{\omega_n\sqrt{1-\xi^2}}=0.037\text{ s},\quad \sigma\%=e^{-\xi\pi/\sqrt{1-\xi^2}}=52\%$$

本例中,增大放大器增益会导致阻尼比下降,系统的响应速度加快,但超调量增加。因此,阻尼比 ξ 不宜过小,而自然频率 ω_n 的值宜足够大。但是,该例中通常只有放大器增益可以调整,要同时满足动态性能快速性和稳定性的要求以及系统对稳态性能的要求是很困难的。例如,本例中,若输入为斜坡函数,为改善系统稳态性能要求,需增大放大器增益,但同时导致系统响应的超调量增加,因此,要兼顾考虑并取得折中的方案比较困难。

3.3.5 二阶系统性能的改善

二阶系统的性能与阻尼比密切相关。若式(3.12)的典型二阶系统的性能不能满足系统要求,一般通过改变阻尼比 ξ 来改善系统的快速性和稳定性。在二阶系统的性能改善方法中,误差信号的比例-微分控制和输出量的测速反馈控制常用来改善系统的动态性能。

1. 比例-微分控制

比例-微分控制二阶系统结构图如图 3-19 所示。图 3-19 中,$E(s)$ 为误差信号,T_d 为微分时间常数。由图 3-19 可见,系统输出量同时受误差信号及其速率的双重作用。因而,比例-微分控制是一种早期控制,可在出现误差前提前产生修正作用,从而达到改善系统性能的目的。此时,二阶系统的闭环传递函数为

$$\Phi(s)=\frac{C(s)}{R(s)}=\frac{\omega_n^2(T_d s+1)}{s^2+(2\xi+\omega_n T_d)\omega_n s+\omega_n^2}$$

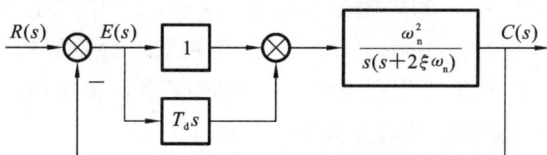

图 3-19 比例-微分控制二阶系统结构图

若令 $z=1/T_d$,则闭环传递函数为

$$\Phi(s)=\frac{\omega_n^2(s+z)}{z(s^2+2\xi_d\omega_n s+\omega_n^2)} \qquad (3.36)$$

式中:s 为比例-微分控制附加的闭环零点 $s=-\frac{1}{T_d}=-z$;ξ_d 为等效阻尼比 $\xi_d=\xi+\frac{T_d\omega_n}{2}$
$=\xi+\frac{\omega_n}{2z}$。

与式(3.12)的无零点的典型二阶系统相比,比例-微分控制不但为二阶系统附加了一个闭环零点,而且在不改变系统自然频率的前提下可增大系统的阻尼比。这种控制方法工业上又称为 PD 控制(详见第 6 章)。

下面研究附加的闭环零点对二阶系统动态性能的影响。设二阶系统结构图如图 3-20 所示,其闭环传递函数为

$$\Phi(s)=\frac{C(s)}{R(s)}=\frac{\omega_n^2(T_d s+1)}{s^2+2\xi\omega_n s+\omega_n^2}$$

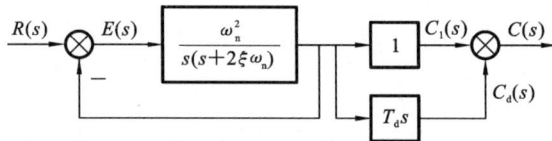

图 3-20 二阶系统结构图

为研究方便,令 $z=1/T_d>0$,则闭环传递函数为

$$\Phi(s)=\frac{\omega_n^2(s+z)}{z(s^2+2\xi\omega_n s+\omega_n^2)} \qquad (3.37)$$

显然,与式(3.12)相比,系统只是附加了闭环负实零点 $s=-1/T_d=-z$,而阻尼比不变。当输入为单位阶跃函数时,二阶系统单位阶跃响应的拉氏变换为

$$C(s)=\frac{\omega_n^2(s+z)}{z(s^2+2\xi\omega_n s+\omega_n^2)}\frac{1}{s} \qquad (3.38)$$

于是有

$$C(s)=\frac{\omega_n^2}{s^2+2\xi\omega_n s+\omega_n^2}\frac{1}{s}+\frac{1}{z}\frac{\omega_n^2}{s^2+2\xi\omega_n s+\omega_n^2}\cdot 1 \qquad (3.39)$$

对上式进行拉氏反变换,则附加闭环负实零点的二阶系统的单位阶跃响应为

$$c(t)=c_1(t)+\frac{1}{z}c_2(t),\quad t\geq 0,\quad z>0 \qquad (3.40)$$

式中:$c_1(t)$ 和 $c_2(t)$ 分别为典型二阶系统的单位阶跃响应和单位脉冲响应。由上式可见,附加闭环负实零点相当于为 $c_1(t)$ 增加一个微分信号 $c_d(t)=c_2(t)/z$(见图 3-20)。微分作用,即 $c_1(t)$ 的导数,产生了一种早期控制(或称超前控制),能在实际动态性能出来之前产生一个修正作用,因此,能改善系统的动态性能。

假设系统工作在 $0<\xi<1$ 的欠阻尼情况下,图 3-21 为附加闭环负实零点的二阶系统欠阻尼单位阶跃响应曲线。由图 3-21 可见,与典型二阶系统的单位阶跃响应曲线对比,附加的闭环负实零点可使二阶系统单位阶跃响应速度加快,超调量略有增大。特别在响应过程的起始阶段这种作用尤为显著。实际上,当 $0<\xi<1$ 时,式(3.38)可写成

$$C(s)=\frac{A_1}{s}+\frac{A_2}{s+\xi\omega_n+j\omega_n\sqrt{1-\xi^2}}+\frac{A_3}{s+\xi\omega_n-j\omega_n\sqrt{1-\xi^2}} \qquad (3.41)$$

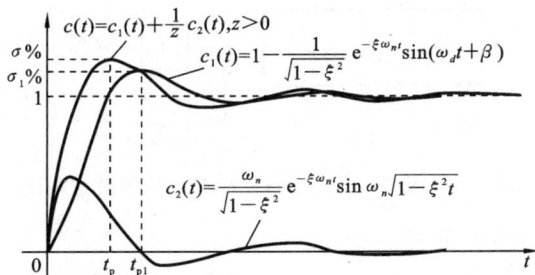

图 3-21　附加闭环负实零点的二阶系统欠阻尼单位阶跃响应曲线

式中：$A_1 = 1$，$A_2 = \dfrac{\dfrac{\omega_n^2}{z}(z - \xi\omega_n - j\omega_n\sqrt{1-\xi^2})}{(-\xi\omega_n - j\omega_n\sqrt{1-\xi^2})(-j2\omega_n\sqrt{1-\xi^2})} = -\dfrac{\sqrt{z^2 - 2\xi\omega_n z + \omega_n^2}}{2jz\sqrt{1-\xi^2}}\,e^{-j(\varphi+\beta)}$；

$A_3 = \dfrac{\dfrac{\omega_n^2}{z}(z - \xi\omega_n + j\omega_n\sqrt{1-\xi^2})}{(-\xi\omega_n + j\omega_n\sqrt{1-\xi^2})(j2\omega_n\sqrt{1-\xi^2})} = \dfrac{\sqrt{z^2 - 2\xi\omega_n z + \omega_n^2}}{2jz\sqrt{1-\xi^2}}\,e^{j(\varphi+\beta)}$。其中，$\varphi =$

$\arctan\dfrac{\omega_n\sqrt{1-\xi^2}}{z - \xi\omega_n}$，$\beta = \arctan\dfrac{\sqrt{1-\xi^2}}{\xi}$。

对式(3.41)进行拉氏反变换，得附加闭环负实零点的二阶系统单位阶跃响应为

$$c(t) = 1 - \frac{\sqrt{(z-\xi\omega_n)^2 + (\omega_n\sqrt{1-\xi^2})^2}}{z\sqrt{1-\xi^2}}\,e^{-\xi\omega_n t}\sin(\omega_n\sqrt{1-\xi^2}\,t + \varphi + \beta) \quad (3.42)$$

根据上升时间 t_r、峰值时间 t_p、超调量 $\sigma\%$ 及调整时间 t_s 的定义，由式(3.42)得附加闭环负实零点二阶系统的性能指标为

$$t_r = \frac{\pi - \varphi - \beta}{\omega_n\sqrt{1-\xi^2}} \quad (3.43)$$

$$t_p = \frac{\pi - \varphi}{\omega_n\sqrt{1-\xi^2}} \quad (3.44)$$

$$\sigma\% = \frac{l}{z}\,e^{-\frac{\xi(\pi-\varphi)}{\sqrt{1-\xi^2}}} \times 100\% \quad (3.45)$$

$$t_s \approx \frac{3 + \ln\dfrac{l}{z\sqrt{1-\xi^2}}}{\xi\omega_n}, \quad \Delta = 0.05 \quad (3.46)$$

$$t_s \approx \frac{4 + \ln\dfrac{l}{z\sqrt{1-\xi^2}}}{\xi\omega_n}, \quad \Delta = 0.02 \quad (3.47)$$

式中：$\varphi = \arctan\dfrac{\omega_n\sqrt{1-\xi^2}}{z - \xi\omega_n}$；$\beta = \arctan\dfrac{\sqrt{1-\xi^2}}{\xi}$；$l = \sqrt{(z-\xi\omega_n)^2 + (\omega_n\sqrt{1-\xi^2})^2}$。

同理，比例-微分控制二阶系统结构图（图 3-19）可等效成图 3-22。由图 3-22 可见，比例-微分控制只是在上述附加闭环负实零点的二阶系统基础上，增大了系统的等效阻尼比。因此，若系统工作在欠阻尼情况下，则其性能指标可按式(3.43)~式(3.47)求得，其中阻尼比由 ξ 变为 $\xi_d = \xi + \dfrac{T_d\omega_n}{2} = \xi + \dfrac{\omega_n}{2z}$。

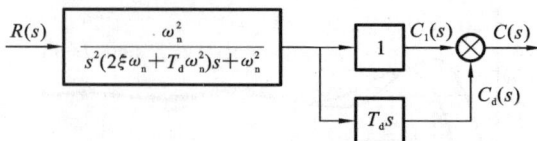

图 3-22　比例-微分控制二阶系统的等效结构图

【**例 3-3**】　设附加闭环负实零点的二阶系统结构图如图 3-20 所示。比例-微分控制二阶系统结构图如图 3-19 所示。已知 $\xi=0.173$，$\omega_n=1.732$ rad/s。试计算微分时间常数 T_d 分别为 0.03、0.147、0.38 和 0.67 时二阶系统的单位阶跃响应的 t_r，t_p，$\sigma\%$ 和 t_s，并对其性能指标进行比较。

解　由题意，当 $\xi=0.173$，$\omega_n=1.732$ rad/s 时，根据式(3.20)、式(3.22)、式(3.23)、式(3.27)及式(3.28)，求得典型二阶系统单位阶跃响应的动态性能指标如下：

$$t_r=1.02\text{ s}，\quad t_p=1.84\text{ s}，\quad \sigma\%=57.6\%$$

$$t_s\approx11.7\text{ s}(\Delta=0.05)，\quad t_s\approx14.7\text{ s}(\Delta=0.02)$$

由图 3-19 和图 3-20 可知，二阶系统的闭环传递函数 $s=-1/T_d=-z$ 为附加的闭环负实零点。当 T_d 分别为 0.03、0.147、0.38 和 0.67，即 $z=32.1$、6.8、2.63 和 1.5 时，根据式(3.43)~式(3.47)，分别计算出附加闭环负实零点的二阶系统单位阶跃响应的动态性能指标，归纳于表 3-2 中。其中，当 $z=\infty$，即 $T_d=0$ 时，对应典型二阶系统。

表 3-2　附加闭环负实零点对二阶系统单位阶跃响应动态性能的影响

序号	T_d	z	$z/\xi\omega_n$	t_r/s	t_p/s	$\sigma\%$	t_s/s	
							$\Delta=0.05$	$\Delta=0.02$
1	0	∞	∞	1.02	1.84	57.6%	11.68	14.68
2	0.03	32.1	107.1	1.01	1.81	57.69%	10.04	13.37
3	0.147	6.8	22.7	0.87	1.69	59.54%	10.02	13.36
4	0.38	2.63	8.8	0.65	1.47	70.44%	10.4	13.7
5	0.67	1.5	5	0.46	1.27	94.98%	11.17	14.51

同理，根据式(3.43)~式(3.47)，分别计算出比例-微分控制二阶系统单位阶跃响应的动态性能指标，其中，阻尼比 $\xi_d=\xi+\dfrac{\omega_n}{2z}$，归纳于表 3-3 中。其中，当 $z=\infty$，即 $T_d=0$ 时，对应典型二阶系统。

表 3-3　比例-微分控制对二阶系统单位阶跃响应动态性能的影响

序号	T_d	z	ξ_d	t_r/s	t_p/s	$\sigma\%$	t_s/s	
							$\Delta=0.05$	$\Delta=0.02$
1	0	∞	0.173	1.02	1.84	57.6%	11.68	14.68
2	0.03	32.1	0.2	1.01	1.82	52.74%	8.69	11.58
3	0.147	6.8	0.3	0.98	1.75	38.55%	5.78	7.70
4	0.38	2.63	0.5	0.7	1.63	22%	3.49	4.57
5	0.67	1.5	0.75	0.89	1.74	15.05%	2.43	3.20

由表 3-2 可见,附加的闭环负实零点可以使得二阶系统阶跃响应的响应速度加快,上升时间和峰值时间缩短,但同时削弱了系统的阻尼,从而使系统阶跃响应的超调量增大。上述现象随着闭环负实零点向虚轴靠近而变得越发明显。

由表 3-3 可见,比例-微分控制可以增大系统的阻尼,使阶跃响应的超调量下降,调节时间缩短。这是因为,一方面,比例-微分控制为系统增加了一个闭环负实零点,相当于为系统增加一个微分修正信号,使得系统响应速度加快,上升时间和峰值时间缩短,但同时也削弱了系统的阻尼,使系统超调量增大。另一方面,比例-微分控制可使系统等效阻尼比 $\xi_d = \xi + T_d\omega_n/2$ 增大,从而抑制振荡,使超调量减弱,可以改善系统的稳定性。因此,若微分的作用过强,而等效阻尼比 ξ_d 不够大,则系统快速性变好,稳定性变差;若微分的作用弱,而等效阻尼比 ξ_d 足够大,则系统稳定性变好,快速性变差。综上所述,引入比例-微分控制能否真正改善二阶系统的动态响应,还需要合理选择比例-微分的时间常数 T_d,使系统既有较高的快速性,又有良好的稳定性,平衡两者之间的矛盾。

应该指出,由于微分运算对噪声(特别是高频噪声)的放大作用远远大于对缓慢变化的输入信号的放大作用,因此,在系统输入端噪声较强的情况下,不宜采用比例-微分控制。此时,可考虑选用控制工程中常用的测速反馈控制。

2. 测速反馈控制

将输出量的速度信号反馈到系统输入端,并与误差信号相比较,构成一个内回路,称为测速反馈控制。若系统输出量是机械位置,如角位移,则可以采用测速发电机将角位移变换为正比于角速度的电压,从而获得输出速度反馈。图 3-23 是测速反馈控制的二阶系统。此时系统的闭环传递函数为

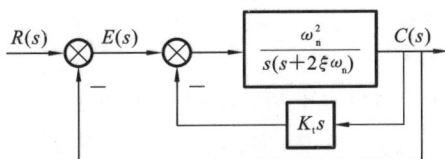

图 3-23　测速反馈控制的二阶系统

$$\Phi(s) = \frac{C(s)}{R(s)} = \frac{\omega_n^2}{s^2 + (2\xi\omega_n + K_t\omega_n^2)s + \omega_n^2}$$

于是,测速反馈控制的二阶系统的闭环传递函数为

$$\Phi(s) = \frac{\omega_n^2}{s^2 + \xi_t\omega_n s + \omega_n^2} \tag{3.48}$$

式中:$\xi_t = \xi + \dfrac{1}{2}K_t\omega_n$ 为等效阻尼比。

比较式(3.36)和式(3.48),它们的形式类似。测速反馈控制,同比例-微分控制一样,在不改变系统自然频率的前提下,等效阻尼比增大了,因此,振荡倾向和超调量减小了,改善了系统的稳定性。若系统工作在欠阻尼情况下,系统响应的性能指标仍可按式(3.43)～式(3.47)求得,其中,阻尼比由 ξ 变为 $\xi_t = \xi + \dfrac{1}{2}K_t\omega_n$。但是,由于测速反馈控制不形成闭环零点,因此其与比例-微分控制对系统动态性能的改善程度是不同的。从成本角度看,比例-微分控制系统结构简单、成本低,而测速反馈控制部件较昂贵;从抗干扰角度来看,测速反馈控制抗干扰能力较比例-微分控制差;从对动态性能的影响看,比例-微分控制在系统中增加闭环零点,会加快系统上升时间和峰值时间,但在相同阻尼比的条件下,比例-微分控制的超调量会大于测速反馈控制的超调量。关于闭环零点

对系统动态性能的影响,将在第 4 章中详细讨论。

3.3.6 非零初始条件下二阶系统的响应过程

前面分析二阶系统的响应过程都是假设系统的初始条件为零。然而,实际上当输入信号作用于系统的瞬间,系统的初始条件并不一定为零。例如,对于电动机转速控制系统来说,若在控制信号作用于系统之前,电动机负载曾发生过波动,则当控制信号作用于系统瞬间,负载波动的影响尚未完全消除,此时,研究系统对控制信号的响应过程需要考虑初始条件的影响。

设二阶系统的运动方程为

$$a_2\ddot{c}(t)+a_1\dot{c}(t)+a_0c(t)=b_0r(t)$$

对上式进行拉氏变换,并考虑初始条件,可得

$$a_2[s^2C(s)-c(0)s-\dot{c}(0)]+a_1[sC(s)-c(0)]+a_0C(s)=b_0R(s)$$

则

$$C(s)=\frac{b_0}{a_2s^2+a_1s+a_0}R(s)+\frac{a_2[c(0)s+\dot{c}(0)]+a_1c(0)}{a_2s^2+a_1s+a_0}$$

上式可写成如下的标准形式

$$C(s)=\frac{b_0}{a_0}\cdot\frac{\omega_n^2}{s^2+2\xi\omega_ns+\omega_n^2}R(s)+\frac{c(0)(s+2\xi\omega_n)+\dot{c}(0)}{s^2+2\xi\omega_ns+\omega_n^2} \tag{3.49}$$

式中:$\omega_n=\sqrt{a_0/a_2}$,$2\xi\omega_n=a_1/a_2$。对上式进行拉氏反变换,得

$$c(t)=\frac{b_0}{a_0}c_1(t)+c_2(t) \tag{3.50}$$

式中:$c_1(t)$为零初始条件下的响应分量;$c_2(t)$为非零初始条件下的响应分量。关于响应分量 $c_1(t)$,前面的分析中已进行了详尽讨论,这里着重分析响应分量 $c_2(t)$。当 $0<\xi<1$ 时,有

$$c_2(t)=e^{-\xi\omega_nt}\left[c(0)\cos(\omega_dt)+\frac{c(0)\xi\omega_n+\dot{c}(0)}{\omega_n\sqrt{1-\xi^2}}\sin(\omega_dt)\right]$$

$$=\sqrt{[c(0)]^2+\left[\frac{c(0)\xi\omega_n+\dot{c}(0)}{\omega_n\sqrt{1-\xi^2}}\right]^2}e^{-\xi\omega_nt}\sin(\omega_dt+\theta),\quad t\geqslant0 \tag{3.51}$$

式中:$\theta=\arctan\dfrac{\omega_n\sqrt{1-\xi^2}}{c(0)/c(0)+\xi\omega_n}$。若 $\xi=0$,则有

$$c_2(t)=\sqrt{[c(0)]^2+[\dot{c}(0)/\omega_n]^2}\sin\left(\omega_nt+\arctan\frac{\omega_n}{c(0)/c(0)}\right),\quad t\geqslant0 \tag{3.52}$$

由式(3.51)和式(3.52)可见,欠阻尼二阶系统的非零初始条件响应分量 $c_2(t)$ 具有阻尼正弦衰减振荡特性。其初始幅值和相位与初始条件有关,而振荡特性同分量 $c_1(t)$ 一样,取决于系统的阻尼比 ξ。ξ 值越大,振荡特性越弱;ξ 值越小,振荡特性越强。响应分量的衰减速度取决于 $\xi\omega_n$。当 $\xi=0$ 时,$c_2(t)$ 为不再衰减的等幅振荡,幅值与初始条件有关。

上述分析表明,由于响应分量 $c_2(t)$ 与响应分量 $c_1(t)$ 的传递函数分母相同,因此关于响应分量 $c_2(t)$ 所得的各项结论与分析分量 $c_1(t)$ 所得的相应结论完全相同。因此,若仅限于分析系统固有特性,则可不考虑非零初始条件对响应过程的影响。

3.4　高阶系统的时域分析

控制系统的输出信号与输入信号之间的关系由三阶或三阶以上的高阶微分方程描述的系统称为高阶系统。

在控制工程中，几乎所有的控制系统都是高阶系统。由于高阶系统传递函数形式多样，对于不能用一阶、二阶系统近似的高阶系统来说，其动态过程分析及性能指标的确定一般比较复杂，且不易得到普适的解析表达式。因此，在高阶系统的时域分析时，应抓住主要矛盾而忽略次要因素，使分析过程得到合理简化。例如，火炮随动系统实际过程非常类似于二阶系统的时间响应，因此可将其近似为二阶系统进行分析。工程上常采用闭环主导极点的概念对高阶系统进行近似。高阶系统的时域分析正是基于闭环主导极点这一重要概念。

3.4.1　高阶系统的闭环主导极点及其动态性能分析

设 n 阶系统的闭环传递函数为

$$\Phi(s)=\frac{C(s)}{R(s)}=\frac{b_m s^m+b_{m-1}s^{m-1}+\cdots+b_1 s+b_0}{a_n s^n+a_{n-1}s^{n-1}+\cdots+a_1 s+a_0},\quad m\leqslant n$$

将上式写成零点、极点形式，得

$$\Phi(s)=\frac{C(s)}{R(s)}=\frac{M(s)}{D(s)}=\frac{k\prod_{j=1}^{m}(s-z_j)}{\prod_{i=1}^{n}(s-s_i)} \tag{3.53}$$

式中：$k=b_m/a_n$；z_j 为 $M(s)=0$ 的根，称为闭环零点；s_i 为 $D(s)=0$ 的根，称为闭环极点。

由于闭环传递函数的分子和分母多项式的系数都是实数，因此零点 z_j 和极点 s_i 只可能是实数或共轭复数两种情况。若系统所有闭环极点各不相同（实际系统通常如此），且均分布在 s 左半平面，则系统单位阶跃响应的拉氏变换具有的一般形式，即

$$C(s)=\frac{k\prod_{j=1}^{m}(s-z_j)}{\prod_{i=1}^{q}(s-s_i)\prod_{k=1}^{r}(s^2+2\xi_k\omega_k s+\omega_k^2)}\frac{1}{s} \tag{3.54}$$

式中：q 为实数极点的个数；r 为共轭复数极点的对数，$q+2r=n$。

在 $0<\xi_k<1$ 的欠阻尼情况下，将上式展成如下的部分分式形式：

$$C(s)=\frac{1}{s}+\sum_{i=1}^{q}\frac{A_i}{s-s_i}+\sum_{k=1}^{r}\frac{B_k(s+\xi_k\omega_k)+C_k\omega_k\sqrt{1-\xi_k^2}}{s^2+2\xi_k\omega_k s+\omega_k^2}$$

式中：A_i 为 $C(s)$ 在闭环实极点 $s=s_i$ 处的留数，$A_i=\lim C(s)(s-s_i)$，$i=1,2,\cdots q$；B_k、C_k 为 $C(s)$ 在闭环复数极点 $s_k=-\xi_k\omega_k\pm j\omega_k\sqrt{1-\xi_k^2}$，$k=1,2,\cdots r$ 处的留数有关的常系数。

对上式求拉氏反变换，得高阶系统的单位阶跃响应为

$$c(t)=1+\sum_{i=1}^{q}A_i e^{s_i t}+\sum_{k=1}^{r}B_k e^{-\xi_k\omega_k t}\cos(\omega_k\sqrt{1-\xi_k^2})t$$

$$+ \sum_{k=1}^{r} C_k e^{-\xi_k \omega_k t} \sin(\omega_k \sqrt{1-\xi_k{}^2})t, \quad t \geqslant 0 \qquad (3.55)$$

由上式可见,高阶系统时域响应的瞬态分量是由一阶系统和二阶系统的响应函数组成的,且一般含有由闭环极点决定的指数函数分量和衰减的正余弦函数分量。显然,对于稳定的高阶系统,闭环极点负实部的绝对值越大,其对应的响应分量衰减得越迅速;反之,则衰减得越缓慢。应该指出,系统时间响应的类型取决于闭环极点的性质和大小,时间响应的形状与闭环零点有关。

对于稳定的高阶系统,其闭环极点与闭环零点在 s 左半平面的分布具有多种多样的模式,但就距虚轴的距离而言,只有远近之别。如果在所有的闭环极点中,距虚轴最近的闭环极点周围没有闭环零点,而其他闭环极点又远离虚轴,那么距虚轴最近的闭环极点所对应的响应分量随时间的推移衰减变慢,在系统的时间响应过程中起主导作用,这样的闭环极点称为闭环主导极点。闭环主导极点可以是实数极点,也可以是复数极点,或者是它们的组合。除闭环主导极点外,所有其他闭环极点由于其对应的响应分量随时间的推移迅速衰减,对系统的响应过程影响甚微,因而统称为非主导极点。例如,设高阶系统的闭环极点在复变量 s 平面上的分布图如 3-24(a)所示,图 3-24(b)为构成该系统单位阶跃响应的各分量。由图 3-24 可见,由闭环共轭复数极点 s_1、s_2 决定的响应分量衰减得最慢,在单位阶跃响应中起主导作用。其他远离虚轴的极点 s_3、s_4、s_5 决定的响应分量,由于衰减较快,仅在系统响应过程开始的较短时间内呈现出一定的影响,可以忽略。此时,系统的响应可近似地视为由一对共轭复数闭环主导极点所决定,因而可近似为二阶系统。

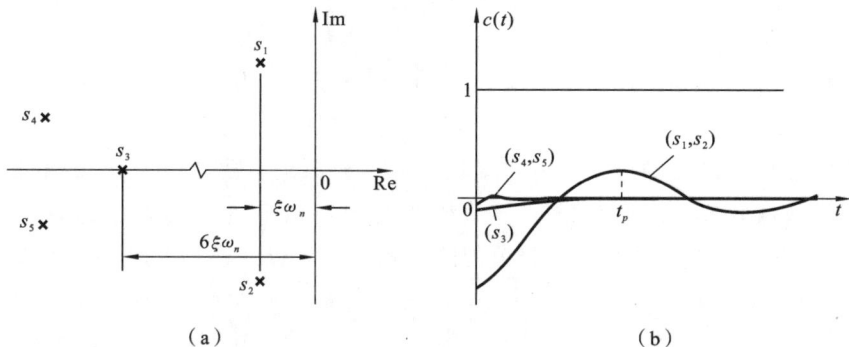

图 3-24 高阶系统的闭环极点分布及构成高阶系统单位阶跃响应的各分量

在控制工程中,一般认为,若高阶系统可以找到闭环主导极点满足:

① 距虚轴最近,且附近无闭环零点;

② 其他闭环极点到虚轴的距离都比该闭环主导极点到虚轴距离大 5 倍以上。

则该高阶系统可通过闭环主导极点实现降阶,且降阶后系统的动态性能与原系统的动态性能基本一致,如图 3-24 所示。应该指出,应用闭环主导极点的概念分析与设计高阶系统,高阶系统可实现降阶,相应的性能指标可按降阶后系统的性能近似估算,使分析与设计工作得到很大简化,这种分析方法是一种很重要的近似分析方法。在控制工程实践中,通常要求控制系统既具有较快的响应速度,又具有一定的阻尼程度。因此,在设计高阶系统时,常常以共轭复数形式的闭环主导极点为目标设计控制系统,从而把一个高阶系统近似地用一对共轭复数闭环主导极点的二阶系统表征。但应用这种近似分析方法时,事先必须确认系统闭环极点的分布模式符合闭环主导极点的存在条件。若上述条件不成立,则应用该法会给分析结果带来较大的误差。

【例 3-4】　已知某系统的闭环传递函数为

$$\Phi(s)=\frac{C(s)}{R(s)}=\frac{1.05(0.4762s+1)}{(0.125s+1)(0.5s+1)(s^2+s+1)}$$

结合闭环主导极点的概念分析该四阶系统的动态性能。

解　将闭环传递函数改写为零点、极点形式,则

$$\Phi(s)=\frac{C(s)}{R(s)}=\frac{8(s+2.1)}{(s+8)(s+2)(s^2+s+1)}$$

可见,该高阶系统具有一对闭环共轭复数主导极点 $s_{1,2}=-0.5\pm j0.866$,闭环非主导极点 $s_3=-2$, $s_4=-8$ 实部的模是闭环主导极点实部的模的 4 倍以上,闭环零点 $z=-2.1$ 不在主导极点附近,因此,该四阶系统可近似成如下的二阶系统

$$\Phi(s)=\frac{C(s)}{R(s)}\approx\frac{1.05}{s^2+s+1}$$

根据各动态性能指标的定义,分别计算上述四阶和二阶系统的动态性能指标并归纳于表 3-4 的第二行和第六行中。对比可见,该四阶系统与基于一对共轭复数主导极点求取的近似欠阻尼二阶系统的动态性能指标不完全相同,但非常接近。

表 3-4　高阶系统动态性能的分析与比较

系统编号	系统闭环传递函数	t_r/s	t_p/s	$\sigma\%$	$t_s/s(\Delta=0.02)$
1	$\dfrac{1.05}{(0.125s+1)(0.5s+1)(s^2+s+1)}$	1.89	4.42	13.8%	8.51
2	$\dfrac{1.05(0.4762s+1)}{(0.125s+1)(0.5s+1)(s^2+s+1)}$	1.68	3.75	15.9%	8.20
3	$\dfrac{1.05(s+1)}{(0.125s+1)(0.5s+1)(s^2+s+1)}$	1.26	3.20	25.3%	8.10
4	$\dfrac{1.05(0.4762s+1)}{(0.25s+1)(0.5s+1)(s^2+s+1)}$	1.73	4.09	15.0%	8.36
5	$\dfrac{1.05(0.4762s+1)}{(0.5s+1)(s^2+s+1)}$	1.66	3.64	16.0%	8.08
6	$\dfrac{1.05}{s^2+s+1}$	1.64	3.64	16.3%	8.08

事实上,高阶系统毕竟不是二阶系统,因而在用二阶系统性能进行近似时,还需要考虑其他非主导闭环极点对系统动态性能的影响。下面结合例 3-4 对此加以讨论。

(1) 闭环零点的影响。改变例 3-4 系统的闭环传递函数,使其无闭环零点,计算该无闭环零点系统的动态性能指标并归纳于表 3-4 的第一行中。若例 3-4 系统的闭环零点 $z=-1$,将其动态性能指标归纳于表 3-4 的第三行中。由表 3-4 的前三行可见,闭环零点对高阶系统动态性能的影响,表现为减小峰值时间,使系统响应速度加快、超调量增加。这表明闭环零点会减小系统阻尼,并且这种作用随着闭环零点接近虚轴而加剧。因此,配置闭环零点时,要折中考虑闭环零点对系统响应速度和阻尼程度的影响。

(2) 闭环非主导极点的影响。改变例 3-4 系统的闭环非主导极点 s_4,令 $s_4=-4$,

此时系统的动态性能指标如表 3-4 的第四行。若改变系统闭环传递函数,使其无闭环非主导极点 s_4,此时系统的动态性能指标如表 3-4 的第五行。比较第四行和第五行的动态性能可见,闭环非主导极点对高阶系统动态性能的影响,表现为增大峰值时间,使系统响应速度变缓、超调量减小。这表明闭环非主导极点会增大系统阻尼,且这种作用将随着闭环极点接近虚轴而加剧。

(3) 比较表 3-4 中的第五行和第六行的动态性能可知,若闭环零点、极点彼此靠得较近,则它们对系统响应速度的影响会相互削弱。

在高阶系统设计时,常常利用闭环主导极点的概念来选择系统参数,使高阶系统具有一对闭环共轭主导极点。关于闭环零点、极点位置对系统动态性能的影响,以及利用闭环主导极点的概念设计高阶系统等问题,将在本书第 4 章和第 6 章中进一步论述。

3.4.2 三阶系统的单位阶跃响应

下面以在 s 左半平面具有一对闭环共轭复极点和一个闭环实极点的分布模式为例,分析三阶系统的单位阶跃响应。其闭环传递函数的一般形式为

$$\Phi(s)=\frac{C(s)}{R(s)}=\frac{\omega_n^2 s_0}{(s+s_0)(s^2+2\xi\omega_n s+\omega_n^2)} \tag{3.56}$$

式中:$s=-s_0$ 为三阶系统的闭环负实极点。当输入为单位阶跃函数,且在 $0<\xi<1$ 的情况下,输出量 $c(t)$ 的拉氏变换可分解为

$$C(s)=\frac{1}{s}+\frac{A}{s+s_0}+\frac{B}{s+\xi\omega_n-j\omega_n\sqrt{1-\xi^2}}+\frac{C}{s+\xi\omega_n+j\omega_n\sqrt{1-\xi^2}}$$

式中:$A=\dfrac{-\omega_n^2}{s_0^2-2\xi\omega_n s_0+\omega_n^2}$;$B=\dfrac{s_0(2\xi\omega_n-s_0)-js_0(2\xi^2\omega_n-\xi s_0-\omega_n)/\sqrt{1-\xi^2}}{2[(2\xi^2\omega_n-\xi s_0-\omega_n)^2+(2\xi\omega_n-s_0)^2(1-\xi^2)]}$;$C$ 为 B 的共轭。

对上式取拉氏反变换,并令 $a=s_0/\xi\omega_n$,则该三阶系统当 $0<\xi<1$ 时的单位阶跃响应为

$$c(t)=1-\frac{1}{a\xi^2(a-2)+1}e^{-s_0 t}-\frac{1}{a\xi^2(a-2)+1}e^{-\xi\omega_n t}[a\xi^2(a-2)\cos(\omega_n\sqrt{1-\xi^2}t)$$
$$+a\xi\frac{\xi^2(a-2)+1}{\sqrt{1-\xi^2}}\sin(\omega_n\sqrt{1-\xi^2}t)],\quad t\geq0 \tag{3.57}$$

图 3-25 为当 $\xi=0.5$,$a\geq1$ 时三阶系统的单位阶跃响应曲线。式(3.57)中,因为 $a\xi^2(a-2)+1=\xi^2(a-1)^2+(1-\xi^2)>0$,所以不论 $a=s_0/\xi\omega_n$ 值大于或小于 1,$e^{-s_0 t}$ 项的系数总为负。因此,闭环负实极点 $s=-s_0$ 可使单位阶跃响应的超调量下降且响应速度变慢。由图 3-25 可见,当阻尼比 ξ 不变时,随着闭环负实极点向虚轴方向移动,即随着 $a=s_0/\xi\omega_n$ 值的下降,单位阶跃响应的超调量不断下降,上升时间、峰值时间不断加长。闭环负实极点越靠近虚轴,这种作用越明显。若闭环负实极点位于共轭复极点的右侧,则当 $a\leq1$ 时,三阶系统的响应特性表现出过阻尼特性而响应过程单调。

实际上,三阶系统可等效为典型二阶系统附加闭环负实极点 $s=-s_0$,如图 3-26 所示。当 $0<\xi<1$ 时,若闭环共轭复数极点 $s_{1,2}=-\xi\omega_n\pm j\omega_n\sqrt{1-\xi^2}$ 起主导作用,则三阶系统可近似用二阶系统来表征;若闭环实极点起主导作用,则三阶系统可近似用一阶系统来表征;若闭环实极点与闭环共轭复极点彼此靠得很近,则表明三阶系统将存在闭环

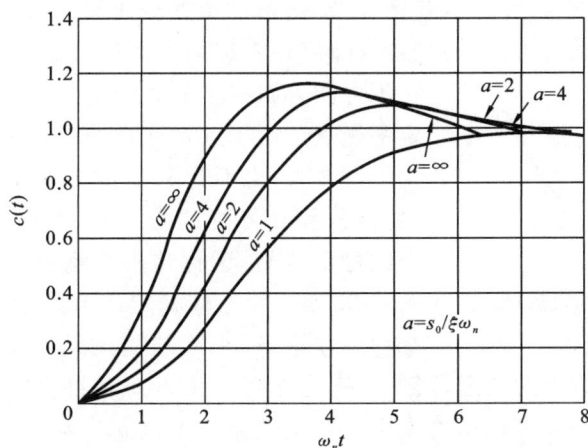

图 3-25 当 $\xi=0.5, a\geqslant1$ 时三阶系统的单位阶跃响应曲线

主导极点。此时,若输入为单位阶跃函数,则分析图 3-26 的三阶系统的单位阶跃响应。与二阶系统的单位阶跃响应对比,闭环负实极点使得该三阶系统的单位阶跃响应速度减缓而超调量增加。

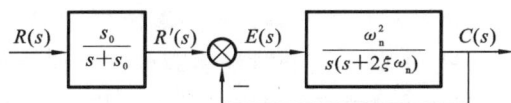

图 3-26 三阶系统的等效结构图

3.5 线性系统的稳定性分析

稳定是控制系统的重要性能,也是系统能够正常运行的首要条件。控制系统在实际运行过程中,总会受到外界和内部一些因素的扰动,如负载和能源的波动、系统参数的变化、环境条件的改变等。如果系统不稳定,就会在任何微小的扰动作用下偏离原来的平衡状态,并随时间的推移而发散。即使在扰动消失后,也不可能恢复到原来的平衡状态。因而,如何分析系统的稳定性并提出保证系统稳定的措施,是自动控制理论的基本任务之一。

3.5.1 稳定性的基本概念

任何系统在扰动作用下都会偏离原平衡状态,产生初始偏差。稳定性是指系统在扰动消失后,由初始偏差状态恢复到原平衡状态的性能。

为了便于说明稳定性的基本概念,首先看两个直观示例。图 3-27 是单摆运动示意图,其中,O 为支点。设在外界扰动力的作用下,单摆由原平衡点 a 偏移到新的位置 b,偏摆角为 ϕ。当外界扰动力去除后,单摆在重力作用下由点 b 回到原平衡点 a。但由于惯性作用,单摆经过点 a 继续运动到点 c。此后,单摆经来回几次减幅摆动,可以回到原平衡点

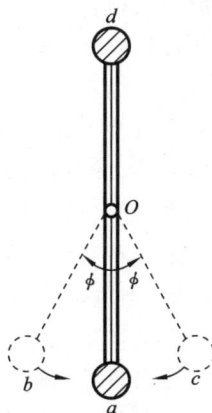

图 3-27 单摆运动示意图

a,故 a 称为稳定平衡点。反之,若图 3-27 所示的单摆处于另一平衡点 d,则一旦受到外界扰动力的作用偏离了原平衡位置,即使外界扰动力消失,无论经过多长时间,单摆也不可能再回到原平衡点 d。这样的平衡点称为不稳定平衡点。对于点 a 这样的稳定平衡点,无论外界扰动力有多大,也不管由外界扰动力造成的初始偏差有多大,只要外界扰动力消失,系统最终都可以回到原来的稳定平衡点,称这类平衡点具有大范围稳定性。图 3-28 是一个小球稳定区域的示意图。如果在外界扰动力作用下,小球的初始偏差限制在一定范围内,如图中以 d、e 两点为界的范围,当外界扰动力消失后,小球最终会回到原平衡点 a,则 a 称为稳定平衡点。若外界扰动力作用下初始偏差超出以 b、c 为界的范围,即使外界扰动力消失,无论经过多长时间,小球也不可能再回到原平衡点 a。因此,稳定平衡点 a 只是在平衡点附近小偏差范围内稳定,而对于大初始偏差是不稳定的,这类平衡点不具有大范围稳定性。

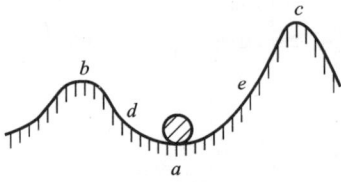

图 3-28 小球稳定区域

上述两例中关于稳定的概念可以推广于控制系统。假设系统具有一个平衡工作状态,如果系统受到有界扰动,偏离了原平衡状态,无论扰动引起的初始偏差有多大,当扰动消失后,系统都能以足够的准确度恢复到初始平衡状态,则这种系统称为大范围稳定的系统;如果系统受到有界扰动后,只有当扰动引起的初始偏差小于某一范围时,系统才能在扰动消失后恢复到初始平衡状态,则这样的系统称为小范围稳定的系统。对于稳定的线性系统,必然在大范围内和小范围内都能稳定。只有非线性系统才可能有小范围稳定而大范围不稳定的情况,有关非线性系统的稳定性将在本书第 7 章中详细讨论。

实际上,关于系统的稳定性有多种定义方法。上面所阐述的稳定性概念,实则是指平衡状态稳定性,由俄国学者李雅普诺夫(A. M. Lyapunov)首先提出,一直沿用至今。1892 年,俄罗斯伟大的数学力学家李雅普诺夫发表了具有深远历史意义的博士论文《运动稳定性的一般问题》(*The General Problem of the Stability of Motion*)。论文中他提出了为当今学术界广为应用且影响巨大的李雅普诺夫方法,即李雅普诺夫第二方法或李雅普诺夫直接方法。这一方法不仅可用于线性系统,也可用于非线性时变系统的分析与设计。

在分析线性系统的稳定性时,实际上关心的是系统的运动稳定性,即系统方程在不受任何外界输入作用下,系统方程的解在时间 t 趋于无穷时的渐近行为。毫无疑问,这种解就是系统齐次微分方程的解,而"解"通常称为系统方程的一个"运动",因而称之为运动稳定性。严格地说,平衡状态稳定性与运动稳定性并不是一回事。但是,对于线性系统而言,可以证明运动稳定性与平衡状态稳定性是等价的。

按照李雅普诺夫稳定性分析的观点,首先假设系统具有一个平衡工作点,在该平衡工作点上,当输入信号为零时,系统的输出信号亦为零。一旦扰动信号作用于系统,系统的输出量将偏离原平衡工作点。若取扰动信号的消失瞬间作为计时起点,则 $t=0$ 时刻系统输出量的增量及其各阶导数便是研究 $t \geqslant 0$ 时输出量增量的初始偏差。于是,$t \geqslant 0$ 时系统输出量增量的变化过程可以认为是控制系统在初始扰动影响下的动态过程。因而,根据李雅普诺夫稳定性理论,线性控制系统的稳定性定义如下。

若线性控制系统在初始扰动的影响下,其动态过程随时间的推移逐渐衰减并趋于零(原平衡工作点),则称系统渐近稳定,简称稳定;反之,若在初始扰动影响下,系统的动态过程随时间的推移而发散,则称系统不稳定。

3.5.2 线性系统稳定性的充分必要条件

上述稳定性定义表明,线性系统的稳定性仅取决于系统自身的固有特性,而与外界条件无关。因此,设线性系统在初始条件为零时,作用一个理想单位脉冲 $\delta(t)$,这时系统的输出增量为脉冲响应 $c(t)$。这相当于系统在扰动信号作用下,输出信号偏离原系统的输出增量为脉冲响应 $c(t)$,即系统在扰动信号作用下,输出信号偏离原平衡工作点的问题。当 $t\rightarrow\infty$ 时,脉冲响应为

$$\lim_{t\to\infty}c(t)=0 \tag{3.58}$$

即输出增量收敛于原平衡工作点,则线性系统是稳定的。设闭环传递函数如式(3.53),$s_i(i=1,2,\cdots,n)$ 为特征方程 $D(s)=0$ 的根,且彼此不等。由于 $\delta(t)$ 的拉氏变换为1,则系统输出增量的拉氏变换为

$$C(s)=\frac{M(s)}{D(s)}=\sum_{i=1}^{n}\frac{A_i}{s-s_i}=\frac{k\prod_{j=1}^{m}(s-z_j)}{\prod_{i=1}^{q}(s-s_i)\prod_{k=1}^{r}(s^2+2\xi_k\omega_k+\omega_k^2)}$$

式中:$q+2r=n$。将上式展成部分分式,并设 $0<\xi_k<1,k=1,2,\cdots,r$,可得

$$C(s)=\sum_{i=1}^{q}\frac{A_i}{s-s_i}+\sum_{k=1}^{r}\frac{B_k s+C_k}{s^2+2\xi_k\omega_k s+\omega_k^2}$$

式中:A_i 是 $C(s)$ 在闭环实极点 $s=s_i$ 处的留数,且 $A_i=\lim_{s\to s_i}C(s)(s-s_i),i=1,2,\cdots,q$;$B_k$、$C_k$ 为 $C(s)$ 在闭环复数极点 $s_k=-\xi_k\omega_k\pm j\omega_k\sqrt{1-\xi_k^2}$ 处的留数有关的常系数。

将上式进行拉氏反变化,并设初始条件全部为零,可得 $t\geqslant 0$ 时系统的脉冲响应为

$$c(t)=\sum_{i=1}^{q}A_i e^{s_i t}+\sum_{k=1}^{r}B_k e^{-\xi_k\omega_k t}\cos(\omega_k\sqrt{1-\xi_k^2})t$$
$$+\sum_{k=1}^{r}\frac{C_k-B_k\xi_k\omega_k t}{\omega_k\sqrt{1-\xi_k^2}}e^{-\xi_k\omega_k t}\sin[(\omega_k\sqrt{1-\xi_k^2})t] \tag{3.59}$$

上式表明,当且仅当系统的特征根全部具有负实部时,式(3.58)才能成立;若特征根中有一个或一个以上正实部根,则 $\lim c(t)\rightarrow\infty$,表明系统不稳定;若特征根中有一个或一个以上的零实部根,而其余的特征根均有负实部,则脉冲响应趋于常数,或趋于等幅正弦振荡,按照稳定性定义,此时系统不是渐近稳定的。顺便指出,最后一种情况处于稳定和不稳定的临界状态,常称为临界稳定。在经典控制理论中,只有渐近稳定的系统才称为稳定系统;否则,称为不稳定系统。

由此可见,线性系统稳定的充分必要条件是:闭环系统特征方程的所有根均有负实部;或者说,闭环传递函数的极点均严格位于 s 左半平面。

应该指出,由于所研究系统实质上都是线性化的系统,在建立系统线性化模型的过程中略去了许多次要因素,同时系统的参数又处于不断的微小变化之中,所以临界稳定现象实际上是观察不到的。对于稳定的线性系统而言,当输入信号为有界函数时,由于响应过程中的动态分量随时间推移最终衰减至零,故系统输出必为有界函数;对于不稳

定的线性系统而言,在有界输入信号作用下,系统的输出信号随时间的推移而发散,但也不意味会无限增大,实际控制系统的输出量只能增大到一定的程度,此后或受到机械制动装置的限制,或使系统遭到破坏,或其运动形态进入非线性工作状态,产生大幅度的等幅振荡。

3.5.3 线性系统的代数稳定判据

根据线性系统稳定的充要条件判断系统的稳定性,需求出系统的全部特征根。但当系统阶次较高时,一般求解其特征方程困难较大。因此希望使用一种间接判断系统特征根是否全部严格位于 s 左半平面的代替方法。1877 年和 1895 年,劳斯(E. J. Routh)和赫尔维茨(A. Hurwitz)分别独立提出了判断系统稳定性的代数判据并以自己名字命名。由于劳斯稳定判据和赫尔维茨稳定判据在本质上是一致的,无需求解特征方程,仅通过特征方程的系数来分析线性系统的稳定性,因此,它们统称为劳斯-赫尔维茨稳定判据[3-4]。

设线性系统的特征方程为

$$D(s) = a_n s^n + a_{n-1} s^{n-1} + \cdots + a_1 s + a_0 = 0 \tag{3.60}$$

式中:$a_i(i=1,2,\cdots,n)$ 为线性系统特征方程的实常数。不失一般性,这里设 $a_n > 0$,则线性系统稳定的必要条件是:式(3.60)的线性系统的特征方程中,各项系数为正数。

上述判断线性系统稳定性的必要条件是容易证明的。这是因为,设 $s_i(i=1,2,\cdots,n)$ 为线性系统的特征根,则线性系统的特征方程可表示为

$$D(s) = a_n(s-s_1)(s-s_2)\cdots(s-s_n) = 0$$

于是,有

$$D(s) = a_n \Big[s^n - \Big(\sum_{i=1}^{n} s_i \Big) s^{n-1} + \Big(\sum_{\substack{i=1,j=1 \\ i \neq j}}^{n} s_i s_j \Big) s^{n-2}$$

$$- \Big(\sum_{\substack{i=1,j=1,k=1 \\ i \neq j \neq k}}^{n} s_i s_j s_k \Big) s^{n-3} + \cdots + (-1)^n \Big(\prod_{i=1}^{n} s_i \Big) \Big] = 0$$

根据代数方程的根与系数之间的关系,有下列关系式成立:

$$\frac{a_{n-1}}{a_n} = -\sum_{i=1}^{n} s_i, \frac{a_{n-2}}{a_n} = \sum_{\substack{i=1,j=1 \\ i \neq j}}^{n} s_i s_j, \frac{a_{n-3}}{a_n} = -\sum_{\substack{i=1,j=1,k=1 \\ i \neq j \neq k}}^{n} s_i s_j s_k, \cdots, \frac{a_0}{a_n} = (-1)^n \prod_{i=1}^{n} s_i$$

若线性系统稳定,则其特征根 $s_i(i=1,2,\cdots,n)$ 无论为负实根或实部为负的共轭复数根,均位于 s 左半平面。此时,根据上述代数方程的根与系数之间的关系式,所有比值必须大于零,否则系统至少有一个正实部根,即特征方程式(3.60)的各项系数 $a_i(i=0,1,\cdots,n)$ 必须同号且均不为 0(不缺项)。

应该指出,对于一阶和二阶线性定常系统,其特征方程式的系数全为正值,是系统稳定的充分条件和必要条件。但对于三阶以上的系统,特征方程式的各项系数均为正值仅是系统稳定的必要条件。因为各项系数为正且不为零的系统特征方程完全可能拥有正实部的根。例如,若系统的特征方程为

$$D(s) = s(s+2)(s^2-s+4) = s^3 + s^2 + 2s + 8 = 0$$

则此时,尽管多项式的系数均为正数,但系统却是不稳定的。因此,线性系统的特征方程中各项系数为正数只是线性系统稳定的必要条件。

劳斯-赫尔维茨判据正是在上述线性系统稳定的必要条件基础上发展起来的,是线性系统稳定的充分必要条件,最早是以行列式的形式给出的。

1. 劳斯稳定判据

劳斯稳定判据是基于劳斯表(见表 3-5)而得出的,劳斯表也称劳斯阵列。

表 3-5　劳斯表

s^n	a_n	a_{n-2}	a_{n-4}	a_{n-6}	$\cdots$
s^{n-1}	a_{n-1}	a_{n-3}	a_{n-5}	a_{n-7}	$\cdots$
s^{n-2}	$c_{3,1}=\dfrac{a_{n-1}a_{n-2}-a_na_{n-3}}{a_{n-1}}$	$c_{3,2}=\dfrac{a_{n-1}a_{n-4}-a_na_{n-5}}{a_{n-1}}$	$c_{3,3}=\dfrac{a_{n-1}a_{n-6}-a_na_{n-7}}{a_{n-1}}$	$c_{3,4}$	$\cdots$
s^{n-3}	$c_{4,1}=\dfrac{c_{3,1}a_{n-3}-a_{n-1}c_{3,2}}{c_{3,1}}$	$c_{4,2}=\dfrac{c_{3,1}a_{n-5}-a_{n-1}c_{3,3}}{c_{3,1}}$	$c_{4,3}=\dfrac{c_{3,1}a_{n-7}-a_{n-1}c_{3,4}}{c_{3,1}}$	$c_{4,4}$	$\cdots$
s^{n-4}	$c_{5,1}=\dfrac{c_{4,1}c_{3,2}-c_{3,1}c_{4,2}}{c_{4,1}}$	$c_{5,2}=\dfrac{c_{4,1}c_{3,3}-c_{3,1}c_{4,3}}{c_{4,1}}$	$c_{5,3}=\dfrac{c_{4,1}c_{3,4}-c_{3,1}c_{4,4}}{c_{4,1}}$	$c_{5,4}$	$\cdots$
$\vdots$	$\vdots$	$\vdots$	$\vdots$		
s^2	$c_{n-1,1}$	$c_{n-1,2}$			
s^1	$c_{n,1}$				
s^0	$c_{n+1,1}$				

劳斯表的行数由线性系统特征方程式(3.60)的阶数决定,从 s^n 行一直要列写到 s^0 行,共 $n+1$ 行。劳斯表的前两行由线性系统特征方程式(3.60)的系数直接构成。劳斯表的第一行由特征方程的第一项,第三项,第五项,…系数组成;第二行由第二项,第四项,第六项,…系数组成;以后各行的数值 $c_{i,j}$ 由其前两行的数值按照表 3-5 逐行递推计算获得。其中,$c_{i,j}$ 以上一行的第一列元素为分母,且 $i=3,4,\cdots,n+1$ 表示劳斯表中各元素所在的行数,$j=1,2,3,\cdots$ 表示劳斯表中各元素所在的列数。凡在运算过程中出现的空位,均置零。这种过程一直进行到第 $n+1$ 行为止,第 $n+1$ 行仅第一列有值,且正好等于线性系统的特征方程的最后一项系数 a_0。由表 3-5 可见,劳斯表中各元素排列呈上三角形。

劳斯稳定判据可描述为:由闭环特征方程式(3.60)所表征的线性系统稳定的充分必要条件是其劳斯表中第一列各元素均为正。若劳斯表中第一列元素出现小于零的值则系统不稳定,且第一列各元素符号的改变次数代表特征方程中的正实部根的个数。

在劳斯稳定判据中,劳斯表实际上是采用列表的方法实现仅通过特征方程的系数来分析线性系统的稳定性。劳斯稳定判据以及劳斯表可用欧几里得算法(Euclidean algorithm)和斯图姆定理(Sturm's theorem)估算柯西指标(Cauchy index)获得,劳斯稳定判据的推导证明过程详见附录 A。

【例 3-5】　设系统的特征方程如下,试用劳斯判据判别该系统的稳定性。

$$D(s)=s^4+2s^3+3s^2+4s+5=0$$

解　列劳斯表为

s^4	1	3	5
s^3	2	4	0
s^2	$\dfrac{2\times3-1\times4}{2}=1$	5	0
s^1	$\dfrac{1\times4-2\times5}{1}=-6$	0	
s^0	5		

由于劳斯表第一列元素变号两次,故该系统不稳定,且有两个正实部根。

2. 劳斯稳定判据的特殊情况

当应用劳斯稳定判据分析线性系统的稳定性时,有时会遇到两种特殊情况,使劳斯表中的计算无法进行到底。此时,需要进行相应的数学处理,处理的原则是不影响劳斯稳定判据的判别结果。

1) 当劳斯表某行的第一列元素为零,而其余各元素不为零或不全为零

此时,在计算劳斯表下一行的第一个元素时,出现无穷大,使劳斯稳定判据的运用失效。例如,系统特征方程为

$$D(s)=s^3-3s+2=0$$

其劳斯表为

s^3	1	-3
s^2	0	2
s^1	∞	

为克服上述在求取劳斯表过程中出现的困难,可用因子$(s+a)$乘以原特征方程,其中,a可为任意正数,再对新的特征方程应用劳斯稳定判据,可以避免上述特殊情况出现。例如,以$(s+3)$乘以原特征方程,则新的特征方程为

$$D'(s)=(s^3-3s+2)(s+3)=s^4+3s^3-3s^2-7s+6=0$$

列写新劳斯表为

s^4	1	-3	6
s^3	3	-7	0
s^2	$-2/3$	6	0
s^1	20	0	
s^0	6		

由新劳斯表可知,第一列元素有两次符号变化,故系统不稳定,且有两个正实部根。的确,原特征方程可分解为$D(s)=s^3-3s+2=(s-1)^2(s+2)=0$,有两个$s=1$的正实部根。

2) 当劳斯表中出现全零行

研究发现,若系统特征方程中存在一些绝对值相同但符号相异的特征根,如两个大小相等但符号相反的实根、一对共轭纯虚根,或者对称于实轴的两对共轭复根,则劳斯表中会出现全零行。

此时,可利用全零行的上一行的系数构筑辅助方程$F(s)=0$,并将辅助方程对复变量s求导,用所得导数方程的系数取代全零行的元素,便可按劳斯稳定判据的要求继续

运算下去直到得出完整的劳斯表。特别指出,辅助方程的次数通常为偶数,它表示数值相同但符号相反的根数。所有那些数值相同但符号相反的根,均可由辅助方程求得。

【例 3-6】 已知系统特征方程为

(1) $D(s)=s^6+s^5-2s^4-3s^3-7s^2-4s-4=0$;

(2) $D(s)=s^3+2s^2+s+2=0$。

试用劳斯稳定判据分析系统的稳定性。

解 (1) 按劳斯稳定判据的要求,列写劳斯表,得

$$
\begin{array}{lllll}
s^6 & 1 & -2 & -7 & -4 \\
s^5 & 1 & -3 & -4 & 0 \\
s^4 & 1 & -3 & -4 & \text{(辅助方程 } F(s)=0 \text{ 的系数)} \\
s^3 & 0 & 0 & 0 &
\end{array}
$$

由于出现全零行,故用 s^4 行系数构造如下辅助方程:

$$F(s)=s^4-3s^2-4=0$$

取辅助方程对变量 s 的导数,得其导数方程为

$$dF(s)/ds=4s^3-6s=0$$

用导数方程的系数取代全零行相应的元素,便可按劳斯表的计算规则运算下去,得

$$
\begin{array}{lllll}
s^6 & 1 & -2 & -7 & -4 \\
s^5 & 1 & -3 & -4 & 0 \\
s^4 & 1 & -3 & -4 & \\
s^3 & 4 & -6 & 0 & \text{(导数方程 } dF(s)/ds=0 \text{ 的系数)} \\
s^2 & -1.5 & -4 & & \\
s^1 & -16.7 & 0 & & \\
s^0 & -4 & & &
\end{array}
$$

由此可见,劳斯表第一列元素有一次符号变化,故本例中的系统不稳定,且有一个正实根。如果解辅助方程 $F(s)=s^4-3s^2-4=0$,可求出产生全零行的特征方程的根为 $\pm j$ 和 ±2。若直接求解原特征方程,其特征根为 $\pm j$、±2 及 $(-1\pm j\sqrt{3})/2$,表明劳斯表的判断结果正确。

(2) 同理,列写劳斯表,得

$$
\begin{array}{lll}
s^3 & 1 & 1 \\
s^2 & 2 & 2 & \text{(辅助方程 } F(s)=0 \text{ 的系数)} \\
s^1 & 0 & 0 &
\end{array}
$$

出现全零行,故用 s^2 行系数构造如下辅助方程:

$$F(s)=2s^2+2=0$$

取辅助方程对变量 s 的导数,得其导数方程为

$$dF(s)/ds=4s=0$$

用导数方程的系数取代全零行相应的元素,得

$$
\begin{array}{lll}
s^3 & 1 & 1 \\
s^2 & 2 & 2 & \text{(导数方程 } dF(s)/ds=0 \text{ 的系数)} \\
s^1 & 4 & 0 \\
s^0 & 2 &
\end{array}
$$

若仅从劳斯表第一列各元素为正看,系统稳定。但是,由辅助方程 $F(s)=2s^2+2=0$ 求出产生全零行的系统特征方程的根为一对共轭纯虚根 $\pm j$,可判定系统临界稳定。若直接求解原特征方程,其特征根为 $\pm j$ 和 -2,表明劳斯表的判断结果正确。

3. 劳斯稳定判据的应用

在线性系统分析与设计中,劳斯稳定判据主要用来判断系统的稳定性,如例 3-4～例 3-6。反过来,应用劳斯稳定判据可确定系统的可调参数对其稳定性的影响,包括确定使系统稳定的参数取值范围,或确定使系统特征根全部位于 $s=-a$ 垂线之左的参数取值范围。这是因为,劳斯稳定判据只能确定系统特征根是否都在 s 左半平面,却不能表明系统特征根相对于虚轴的距离。若线性系统稳定,则由高阶系统单位脉冲响应表达式(3.59)可见,当系统负实部的特征根(即闭环极点)紧靠虚轴时,系统动态过程将具有缓慢的非周期特性或强烈的振荡特性。为使稳定的系统具有良好的动态响应,常常希望在 s 左半平面的系统特征根的位置与虚轴之间有一定的距离。为此,可在 s 左半平面上作一条 $s=-a$ 的垂线,a 是系统特征根的位置与虚轴之间的最小给定距离,通常称为给定稳定度,然后用新变量 $s_1=s+a$ 代入原系统特征方程,得到一个以 s_1 为变量的新特征方程。对新特征方程应用劳斯稳定判据,即可判断系统的特征根是否全部位于 $s=-a$ 垂线之左。若需要确定系统其他参数(如时间常数)对系统稳定性的影响,则方法类似。一般来说,这种待定参数不能超过两个,参见 2.7.2 节。

【例 3-7】 已知系统结构图如图 3-29 所示。试确定使系统稳定的开环增益 K 的取值范围。若要求闭环系统的极点全部位于 $s=-1$ 垂线之左,问 K 的取值范围又应为多少?

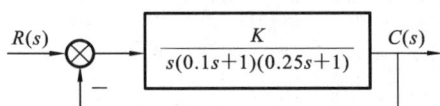

图 3-29 例 3-7 的系统结构图

解 根据结构图,可得系统的闭环传递函数为

$$\Phi(s)=\frac{K}{s(0.1s+1)(0.25s+1)+K}$$

则闭环特征方程为

$$D(s)=s(0.1s+1)(0.25s+1)=0.025s^3+0.35s^2+s+K=0$$

列劳斯表,得

s^3	0.025	1
s^2	0.35	K
s^1	$\dfrac{0.35-0.025K}{0.35}$	0
s^0	K	

根据劳斯稳定判据,令劳斯表中第一列各元素为正,求得使系统稳定的 K 的取值范围为

$$0<K<14$$

注意到,当 $K=14$ 时,可以验证系统存在一对纯虚根而处于临界稳定状态,因此称 $K=14$ 为系统的临界开环增益,且开环增益 K 越接近于临界值,系统距离临界稳定状态越近,即相对稳定性越差。因此,实际系统 s 左半平面上的根距离虚轴也应该有一定的距离。

当要求系统的特征根全部位于 $s=-1$ 垂线之左时,可令 $s=s_1-1$,代入原特征方

程,得到新特征方程为

$$0.025(s_1-1)^3+0.35(s_1-1)^2+(s_1-1)+K=0$$

整理得

$$0.025s_1^3+0.275s_1^2+0.375s_1+K-0.675=0$$

于是问题转化为新系统的特征根全部位于 $s_1=0$ 之左的 K 的取值范围。列劳斯表,得

s_1^3	0.025	0.375
s_1^2	0.275	$K-0.675$
s_1^1	$\dfrac{0.375\times0.275-0.025(K-0.675)}{0.275}$	0
s_1^0	$K-0.675$	

令新劳斯表中第一列各元素均为正,使全部特征根位于 $s=-1$ 垂线之左的 K 的取值范围为

$$0.675<K<4.8$$

由此可见,劳斯稳定判据还可以估计一个稳定系统的各特征根中最靠近右侧的根距离虚轴有多远,从而了解系统稳定的"程度",即判别系统的相对稳定性。

4. 赫尔维茨稳定判据

赫尔维茨稳定判据可描述为:由特征方程式(3.60)所表征的线性系统稳定的充分必要条件是由特征方程的系数 $a_i(i=0,1,\cdots,n)$ 所构成的主行列式

$$\Delta_n=\begin{vmatrix} a_{n-1} & a_{n-3} & a_{n-5} & \cdots & 0 & 0 \\ a_n & a_{n-2} & a_{n-4} & \cdots & 0 & 0 \\ 0 & a_{n-1} & a_{n-3} & \cdots & 0 & 0 \\ 0 & a_n & a_{n-2} & \cdots & 0 & 0 \\ 0 & 0 & a_{n-1} & \cdots & 0 & 0 \\ 0 & 0 & a_n & \cdots & 0 & 0 \\ \vdots & \vdots & \vdots & & \vdots & \vdots \\ 0 & 0 & 0 & \cdots & 0 & 0 \\ 0 & 0 & 0 & \cdots & a_1 & 0 \\ 0 & 0 & 0 & \cdots & a_2 & a_0 \end{vmatrix}$$

及其主对角线上的各阶子行列式(或称顺序行列式)$\Delta_i(i=1,2,\cdots,n-1)$ 均为正,即

$$\Delta_1=a_{n-1}>0,\Delta_2=\begin{vmatrix} a_{n-1} & a_{n-3} \\ a_n & a_{n-2} \end{vmatrix}>0,\Delta_3=\begin{vmatrix} a_{n-1} & a_{n-3} & a_{n-5} \\ a_n & a_{n-2} & a_{n-4} \\ 0 & a_{n-1} & a_{n-3} \end{vmatrix}>0,\cdots,\Delta_n>0$$

注意,赫尔维茨主行列式的特点是第一行为第二项、第四项等偶数项的系数,第二行为第一项、第三项等奇数项的系数;第三行、第四行重复上两行的排列,但向右移动一列,而前一列则以 0 代替;以下各行,以此类推。

按照赫尔维茨稳定判据,对于 $n\leqslant4$ 的线性系统,其稳定的充分必要条件还可以表示为如下简单形式:

对于 $n=2,a_2>0,a_1>0,a_0>0$;

对于 $n=3,a_3>0,a_2>0,a_1>0,a_0>0,a_2a_1-a_0a_3>0$;

对于 $n=4, a_4>0, a_3>0, a_2>0, a_1>0, a_0>0, a_2a_3-a_1a_4>0, a_1a_2a_3-a_1^2a_4-a_0a_3^2>0$。

赫尔维茨稳定判据的推导证明详见附录 B。

实际上,赫尔维茨稳定判据与劳斯稳定判据在实质上是相同的,可以仅从与劳斯稳定判据之间的关系入手解释。很显然,劳斯表中第一列各数与各顺序赫尔维茨行列式之间满足:$a_{n-1}=\Delta_1, c_{1,3}=\Delta_2/\Delta_1, c_{1,4}=\Delta_3/\Delta_2, \cdots, c_{1,n}=\Delta_{n-1}/\Delta_{n-2}, c_{1,n+1}=\Delta_n/\Delta_{n-1}$。由此可见,如果所有的顺序赫尔维茨行列式为正,则劳斯表中第一列的所有元素必大于零。

【例 3-8】 系统的特征方程为

$$D(s)=2s^4+s^3+3s^2+5s+10=0$$

试用赫尔维茨稳定判据判断系统的稳定性。

解 由闭环特征方程,得

$$\Delta_1=a_3=1>0$$

$$\Delta_2=\begin{vmatrix} a_3 & a_1 \\ a_4 & a_2 \end{vmatrix}=1\times3-2\times5=-7<0$$

由于 $\Delta_2<0$,不满足主对角线上的各阶顺序赫尔维茨行列式为正,因此,Δ_3、Δ_4 不需计算,系统不稳定。

特别指出,当系统特征方程的次数较高时,应用赫尔维茨判据的计算工作量较大。为减少计算量,黎纳德-切帕特(Liénard-Chipart)经过证明指出,在系统特征方程的所有系数为正的条件下,若各阶奇次顺序赫尔维茨行列式为正,则各阶偶数顺序赫尔维茨行列式必为正;反之亦然。这就是黎纳德-切帕特稳定判据。虽然根据黎纳德-切帕特稳定判据,使用赫尔维茨稳定判据时计算量可以减少一半,但当系统特征方程的次数较高时,仍然不便于人工计算。这时,可以考虑采用劳斯稳定判据来判别系统的稳定性。

3.6 线性系统的稳态误差计算

控制系统的稳态误差是系统控制准确度(精度)的一种度量,通常称为稳态性能。在控制系统设计中,稳态误差是一项重要的技术指标,反映控制系统跟踪控制信号或抑制扰动信号的能力和准确度。对于一个实际的控制系统,由于系统结构、输入作用的类型(控制量或扰动量)、输入函数的形式(阶跃、斜坡或加速度)不同,控制系统的稳态输出不可能在任何情况下都与输入量一致或相当,也不可能在任何形式的扰动作用下都能准确地恢复到原平衡位置。此外,控制系统中不可避免地存在摩擦、间隙、不灵敏区等非线性因素,这些因素都会造成附加的稳态误差。可以说,控制系统的稳态误差是不可避免的,控制系统设计的任务之一是尽量减小系统的稳态误差,或使稳态误差小于某一容许值。必须指出,只有当系统稳定时,研究稳态误差才有意义;对于不稳定的系统而言,根本不存在研究稳态误差的可能性。

由于系统结构、输入作用形式和类型所产生的稳态误差称为原理性稳态误差,至于非线性因素引起的系统稳态误差称为附加稳态误差,或结构性稳态误差。本节主要讨论线性系统由于系统结构、输入作用形式和类型所产生的原理性稳态误差,包括稳态误差的定义和计算方法、系统类型与稳态误差的关系、稳态误差与静态误差系数、动态误差系数的关系、扰动作用下的稳态误差以及减小或消除稳态误差的措施等。一般地,在阶跃函数作用下没有原理性稳态误差的系统称为无差系统,具有原理性稳态误差的系统称为有差系统。

3.6.1　反馈控制系统的稳态误差定义

1. 误差与偏差

为建立反馈控制系统的稳态误差概念,需对反馈控制系统的误差给出确切的定义。设反馈控制系统的结构图如图 3-30(a)所示。误差有两种不同的定义方法。一种是从系统输入端定义的误差,指反馈控制系统的给定输入信号 $R(s)$ 与主反馈信号 $B(s)$ 之差。为了区别,通常将从系统输入端定义的误差称为偏差,记为 $\varepsilon(s)$,即

$$\varepsilon(s) = R(s) - H(s)C(s) \tag{3.61}$$

另一种是从系统输出端定义的误差,指反馈控制系统输出量的期望值与实际值之差,记为 $E(s)$,即

$$E(s) = C_r(s) - C(s) \tag{3.62}$$

式中: $C_r(s)$ 和 $C(s)$ 分别为响应给定输入信号 $R(s)$ 的期望输出量与实际输出量。

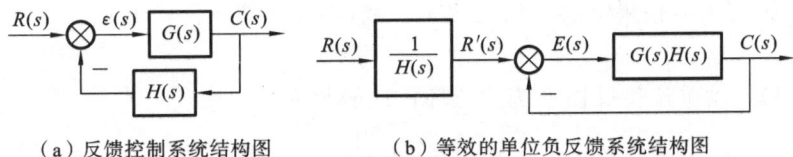

(a) 反馈控制系统结构图　　　　(b) 等效的单位负反馈系统结构图

图 3-30　反馈控制系统及其等效的单位反馈控制系统结构图

从输入端定义的偏差,在实际系统中是可以测量的,具有一定的物理意义。而从输出端定义的误差,在实际系统中有时无法测量,但是在系统性能指标中经常使用。不过,两种误差定义之间存在着内在联系。将图 3-30(a)转换成图 3-30(b)的等效形式,则 $R'(s)$ 相当于等效的单位负反馈系统的输入,即输出量的期望值 $C_r(s)$。因而,图 3-30(b)中的 $E(s)$ 是从系统输出端定义的非单位反馈系统的误差。不难证明,$\varepsilon(s)$ 和 $E(s)$ 之间存在如下的简单关系:

$$E(s) = \frac{1}{H(s)}[R(s) - C(s)H(s)] = \frac{\varepsilon(s)}{H(s)} \tag{3.63}$$

特别指出,对于单位反馈控制系统,输出量的期望值即输入信号,此时两种误差定义的方法是一致的。所以,在本书以下叙述中,均采用从系统输出端定义的误差 $E(s)$ 来进行计算和分析。如求 $\varepsilon(s)$,可利用式(3.63)进行换算。

由于误差本身是时间的函数,其时域表达式为

$$e(t) = \mathcal{L}^{-1}[E(s)] = \mathcal{L}^{-1}[\Phi_e(s)R(s)] \tag{3.64}$$

式中: $\Phi_e(s)$ 为系统误差传递函数。图 3-30 的控制系统,当 $H(s) \neq 1$ 为非单位反馈系统时,有

$$\Phi_e(s) = \frac{E(s)}{R(s)} = \frac{1}{H(s)[1+G(s)H(s)]} \tag{3.65}$$

当 $H(s) = 1$ 为单位反馈控制系统时,有

$$\Phi_e(s) = \frac{E(s)}{R(s)} = \frac{1}{1+G(s)H(s)} \tag{3.66}$$

此时,系统开环传递函数 $G(s)H(s)$ 也可简写为 $G(s)$。

2. 稳态误差

在误差信号 $e(t)$ 中,包含有瞬态分量 $e_{ts}(t)$ 和稳态分量 $e_{ss}(t)$ 两部分。由于系统必须稳定,故当时间 t 趋于无穷时,必有 $e_{ts}(t)$ 趋于零。因此,控制系统的稳态误差定义为误差信号 $e(t)$ 的稳态分量 $e_{ss}(\infty)$,简记为 e_{ss}。于是,反馈控制系统在给定输入信号作用下的稳态误差为

$$e_{ss} = \lim_{t \to \infty} e(t) = \lim_{t \to \infty} \mathscr{L}^{-1}[E(s)] = \lim_{t \to \infty} \mathscr{L}^{-1}[\Phi_e(s)R(s)] \tag{3.67}$$

如果有理函数 $sE(s)$ 除在原点处有唯一的极点外,在 s 右半平面及虚轴解析,即 $sE(s)$ 的极点均位于 s 左半平面(包括坐标原点),则可根据拉氏变换的终值定理求出系统在给定输入信号作用下的稳态误差为

$$e_{ss} = \lim_{s \to 0} sE(s) = \lim_{s \to 0} s\Phi_e(s)R(s) \tag{3.68}$$

特别指出,当 $sE(s)$ 在 s 平面的原点处有极点时,$sE(s)$ 并不满足在虚轴上解析的条件。严格来说,此时不能采用终值定理计算稳态误差,若强行使用,则只能得到无穷大的结果。而这一无穷大的结果与实际情况完全一致,因此从便于使用的观点出发,认为此时可用上式。

【例 3-9】 设单位负反馈系统的开环传递函数为

$$G(s) = \frac{1}{Ts}$$

试求输入信号分别为 $r(t) = t^2/2$ 和 $r(t) = \sin(\omega t)$ 时系统的稳态误差。

解 根据式(3.66),求得系统的误差传递函数为

$$\Phi_e(s) = \frac{E(s)}{R(s)} = \frac{1}{1+G(s)} = \frac{s}{s+1/T}$$

当 $r(t) = t^2/2$ 时,$R(s) = 1/s^3$,误差信号的拉氏变换为

$$E(s) = \Phi_e(s)R(s) = \frac{T}{s^2} - \frac{T^2}{s} + \frac{T^2}{s+1/T}$$

对上式进行拉氏反变换,则

$$e(t) = T^2 e^{-t/T} + T(t-T)$$

式中:$e_{ts}(t) = T^2 e^{-t/T}$ 随时间增长逐渐衰减至零;$e_{ss}(t) = T(t-T)$ 表明稳态误差 $e_{ss} = \infty$。由于 $sE(s)$ 在 $s=0$ 处有一个极点,故可直接应用终值定理得系统的稳态误差为

$$e_{ss} = \lim_{s \to 0} sE(s) = \lim_{s \to 0} \frac{1}{s(s+1/T)} = \infty$$

可见,两种方法结论一致。

当 $r(t) = \sin(\omega t)$ 时,$R(s) = \dfrac{\omega}{s^2+\omega^2}$,由于

$$E(s) = \Phi_e(s)R(s) = \frac{\omega s}{(s+1/T)(s^2+\omega^2)}$$

$$= -\frac{T\omega}{(T^2\omega^2+1)(s+1/T)} + \frac{T\omega}{(T^2\omega^2+1)}\frac{s}{s^2+\omega^2} + \frac{T^2\omega^2}{(T^2\omega^2+1)}\frac{\omega}{s^2+\omega^2}$$

所以得

$$e(t) = -\frac{T\omega}{T^2\omega^2+1}e^{-t/T} + \frac{T\omega}{T^2\omega^2+1}\cos(\omega t) + \frac{T^2\omega^2}{T^2\omega^2+1}\sin(\omega t)$$

于是正弦函数作用下的稳态误差为

$$e_{ss}(t) = \lim_{t\to\infty}e(t) = \frac{T\omega}{T^2\omega^2+1}\cos(\omega t) + \frac{T^2\omega^2}{T^2\omega^2+1}\sin(\omega t)$$

显然，$e_{ss}(\infty)\neq 0$。由于正弦函数的拉氏变换式在虚轴上不解析，此时不能应用终值定理计算系统在正弦函数作用下的稳态误差，否则会出现

$$e_{ss}(\infty) = \lim_{s\to0}sE(s) = \lim_{s\to0}\frac{\omega s^2}{(s+1/T)(s^2+\omega^2)} = 0$$

的错误结论。

例 3-9 表明，对于闭环稳定的系统，当输入信号为阶跃函数、斜坡函数、加速度函数或其组合时，均可用拉氏变换的终值定理求稳态误差。

3.6.2 稳态误差计算与误差系数法分析

由式(3.68)可见，反馈控制系统的稳态误差与开环传递函数 $G(s)H(s)$ 的结构(系统固有特性)和输入信号的形式密切相关。对于一个给定的稳定系统，当输入信号形式一定时，系统是否存在稳态误差取决于开环传递函数描述的系统结构。因此，按照控制系统跟踪不同输入信号的能力来进行系统分类是必要的。对于一个稳定的系统来说，稳态性能的优劣一般是根据系统响应某些典型输入信号的稳态误差来评价的。

1. 稳态误差与系统型别

一般情况下，设分子阶次为 m、分母阶次为 n 的系统开环传递函数为

$$G(s)H(s) = \frac{K\prod_{j=1}^{m}(\tau_j s+1)}{s^{\nu}\prod_{i=1}^{n-\nu}(T_i s+1)}, \quad m\leqslant n \tag{3.69}$$

式中：K 为系统开环增益；T_i、τ_j 为时间常数；ν 为开环系统在 s 平面坐标原点上的极点数，即开环传递函数中串联的积分环节数。现在的分类方法是 ν 的值对系统分类：$\nu=0$ 称为 0 型系统，$\nu=1$ 称为 Ⅰ 型系统，$\nu=2$ 称为 Ⅱ 型系统，…。当 $\nu>2$ 时，除复合控制系统外，使系统稳定是相当困难的，因此Ⅲ型和Ⅲ型以上系统几乎不采用。

这种以开环系统在 s 平面坐标原点上的极点数来分类的方法，可以根据已知的输入信号形式，迅速判断系统是否存在原理性稳态误差及稳态误差大小。它与按系统的阶次进行分类的方法不同，阶次 m 和 n 的大小与系统的型别无关，且不影响稳态误差的数值。

为便于讨论，令

$$G_1(s) = \prod_{i=1}^{m}(\tau_i s+1)\Big/\prod_{j=1}^{n-\nu}(T_j s+1)$$

显然，$m\leqslant n$，且 $\lim_{s\to0}G_1(s)=1$。此时，式(3.69)可改写为

$$G(s)H(s) = \frac{K}{s^{\nu}}G_1(s) \tag{3.70}$$

为研究方便，又不失一般性，下面设图 3-30 的反馈控制系统为单位反馈系统，即

$H(s)=1$,则系统稳态误差计算通式可表示为

$$e_{ss}=\lim_{s\to 0}\frac{sR(s)}{1+G(s)H(s)}=\frac{\lim_{s\to 0}[s^{\nu+1}R(s)]}{K+\lim_{s\to 0}s^{\nu}} \tag{3.71}$$

由此可见,影响稳态误差的因素包括系统型别、开环增益,以及输入信号的形式和幅值。

以式(3.71)为基础,下面讨论不同型别的系统在不同输入信号形式作用下的稳态误差计算。由于实际输入多为阶跃函数、斜坡函数、加速度函数或其组合,因此只考虑系统分别在阶跃、斜坡或加速度函数输入作用下的稳态误差计算问题。由此引入了误差系数。

2. 稳态误差与静态误差系数

(1) 阶跃输入作用下的稳态误差与静态位置误差系数

若 $r(t)=R \cdot 1(t)$,其中,R 为输入阶跃函数的幅值,则 $R(s)=R/s$。由式(3.71)可得系统在阶跃输入作用下的稳态误差为

$$e_{ss}=\frac{R}{1+\lim_{s\to 0}G(s)H(s)}=\frac{R}{1+K_p} \tag{3.72}$$

式中:

$$K_p=\lim_{s\to 0}G(s)H(s)=\lim_{s\to 0}\frac{K}{s^{\nu}} \tag{3.73}$$

称为静态位置误差系数。由式(3.73)及式(3.71)可得各型系统的静态位置误差系数为

$$K_p=\begin{cases}K, & \nu=0 \\ \infty, & \nu\geqslant 1\end{cases}$$

则各型系统在阶跃输入作用下的稳态误差为

$$e_{ss}=\begin{cases}R/(1+K)=常数, & \nu=0 \\ 0, & \nu\geqslant 1\end{cases}$$

通常,由式(3.72)表达的稳态误差称为位置误差。对于 0 型单位反馈控制系统,在单位阶跃输入作用下的稳态误差图示可参见图 3-2。显然,其稳态误差为希望输出 1 与实际输出 $K/(1+K)$ 之间的位置误差。

习惯上常把系统在阶跃输入作用下的稳态误差称为静差。因而,0 型系统可称为有差(静)系统或零阶无差度系统,Ⅰ型系统称为一阶无差系统,Ⅱ型系统称为二阶无差系统,依此类推。可见,若要求系统对阶跃输入下无稳态误差,必须选用Ⅰ型及Ⅰ型以上的系统。

2) 斜坡(速度)输入作用下的稳态误差与静态速度误差系数

若 $r(t)=Rt$,其中,R 为斜坡(速度)输入函数的斜率,则 $R(s)=R/s^2$。由式(3.71)可得系统在斜坡(速度)输入作用下的稳态误差为

$$e_{ss}=\frac{R}{\lim_{s\to 0}sG(s)H(s)}=\frac{R}{K_\nu} \tag{3.74}$$

式中:

$$K_\nu=\lim_{s\to 0}sG(s)H(s)=\lim_{s\to 0}\frac{K}{s^{\nu-1}} \tag{3.75}$$

称为静态速度误差系数。其单位与开环增益 K 的单位相同,为 s^{-1}。显然,0 型系统的 $K_\nu=0$,Ⅰ型系统的 $K_\nu=K$,Ⅱ型及Ⅱ型以上系统的 $K_\nu=\infty$。

通常,由式(3.74)表达的稳态误差称为速度误差。速度误差并非指系统稳态输出与输入之间存在速度上的误差,而是指系统在速度(斜坡)输入作用下,系统稳态输出与输入之间存在位置上的误差。由式(3.74),显然,0型系统在稳态时不能跟踪斜坡输入;对于Ⅰ型单位反馈系统,稳态输出速度与输入速度函数相同,但存在一个稳态位置误差 R/K;对于Ⅱ型及Ⅱ型以上系统,在稳态时能准确跟踪斜坡输入,不存在位置误差。如图3-31为Ⅰ型单位反馈系统的速度误差。

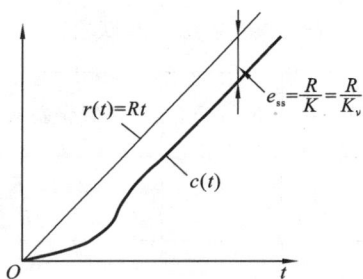

图 3-31　Ⅰ型单位反馈系统
的速度误差

如果系统为非单位反馈系统,$H(s)=K_\mathrm{h}$ 为常数,那么系统输出量的期望值为 $R'(s)=R(s)/K_\mathrm{h}$,系统输出端的稳态位置误差为

$$e'_\mathrm{ss}=e_\mathrm{ss}/K_\mathrm{h}$$

上式表示的关系同样适用于系统在加速度输入作用下的稳态误差问题。

3) 加速度输入作用下的稳态误差与静态加速度误差系数

若 $r(t)=Rt^2/2$,其中,R 为加速度输入函数的速度变化率,则 $R(s)=R/s^3$。由式(3.71)可得系统在加速度输入作用下的稳态误差为

$$e_\mathrm{ss}=\frac{R}{\lim\limits_{s\to0}s^2G(s)H(s)}=\frac{R}{K_\mathrm{a}} \tag{3.76}$$

式中:

$$K_\mathrm{a}=\lim_{s\to0}s^2G(s)H(s)=\lim_{s\to0}\frac{K}{s^{\nu-2}} \tag{3.77}$$

称为静态加速度误差系数,单位为 s^{-2}。显然,0型及Ⅰ型系统的 $K_\mathrm{a}=0$,Ⅱ型系统的 $K_\mathrm{a}=K$,Ⅱ型以上系统的 $K_\mathrm{a}=\infty$。

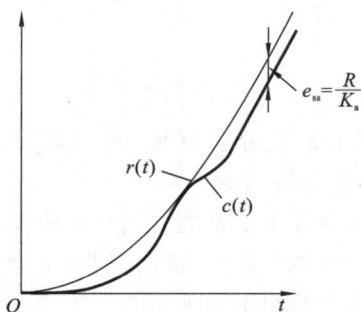

图 3-32　Ⅱ型单位反馈系统
的加速度误差

通常,由式(3.76)表达的稳态误差称为加速度误差。加速度误差是指系统在加速度函数输入作用下,系统稳态输出与输入之间存在位置误差。由式(3.76),显然,0型和Ⅰ型单位反馈系统在稳态时不能跟踪加速度输入;对于Ⅱ型系统,稳态输出的加速度恰好与输入加速度函数相同,但存在一个稳态位置误差 R/K;对于Ⅱ型以上系统,其稳态输出能准确跟踪加速度输入信号,不存在位置误差。图3-32为Ⅱ型单位反馈系统的加速度误差。

综上可见,静态误差系数 K_p、K_v 和 K_a 定量描述了系统跟踪不同形式输入信号的能力。当系统输入信号形式、输出量的期望值及容许的稳态位置误差确定后,可以方便地根据静态误差系数去选择系统的型别和开环增益。但是,对于非单位反馈控制系统而言,静态误差系数没有明显的物理意义,也不便于图形表示。

将反馈控制系统的型别、静态误差系数和输入信号形式间的关系统一归纳在表3-6中。

表 3-6　不同输入信号和系统型别的稳态误差与静态误差系数

系统型别	静态误差系数			阶跃输入 $r(t)=R \cdot 1(t)$	斜坡输入 $r(t)=Rt$	加速度输入 $r(t)=\dfrac{R}{2}t^2$
	K_p	K_v	K_a	位置误差 $e_{ss}=\dfrac{R}{1+K_p}$	速度误差 $e_{ss}=\dfrac{R}{K_v}$	加速度误差 $e_{ss}=\dfrac{R}{K_a}$
0	K	0	0	$\dfrac{R}{1+K}$	∞	∞
I	∞	K	0	0	$\dfrac{R}{K}$	∞
II	∞	∞	K	0	0	$\dfrac{R}{K}$
III	∞	∞	∞	0	0	0

【例 3-10】 设具有测速发电机内反馈的位置随动系统结构图如图 3-33 所示。计算当$r(t)$分别为 $1(t)$、t 和 $t^2/2$ 时系统的稳态误差,并对系统在不同输入下具有不同稳态误差的现象进行物理说明。

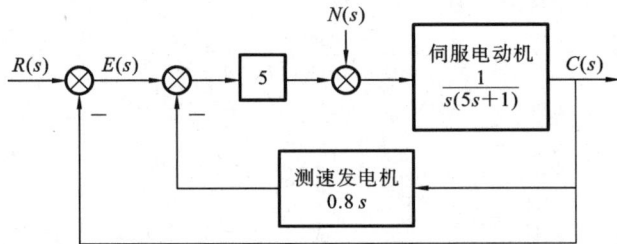

图 3-33　位置随动系统结构图

解 由图 3-33 可得系统的开环传递函数为

$$G(s)=\frac{1}{s(s+1)}$$

可见,本例是系统开环增益 $K=1$ 的 I 型系统,其静态误差系数分别为 $K_p=\infty$、$K_v=1$、$K_a=0$。当 $r(t)$ 分别为 $1(t)$、t 和 $t^2/2$ 时,相应的稳态误差分别为 0、1 和∞。

系统对于阶跃输入信号不存在稳态误差的物理解释是非常清楚的。当单位阶跃输入信号作用于系统时,其稳态输出必定是一个恒定的位置(角位移)。这时,伺服电动机必须停止转动。显然,要使电动机不转动,加在电动机控制绕组上的电压必须为零。这就意味着系统输入端误差信号的稳态值应为零。因此,系统在单位阶跃输入信号作用下,不存在位置误差;当单位速度(斜坡)输入信号作用于系统时,系统的稳态输出速度必定与输入信号速度相同。这样就要求电动机进行恒速运转,因而在电动机控制绕组上需要作用一个恒定的电压。由此可知,误差信号的稳态值应等于一个常量。所以,系统存在常值速度误差;当单位加速度输入信号作用于系统时,系统的稳态输出也应当进行等加速度变化。为此,要求电动机控制绕组上有等速度变化的电压输入,最后归结为要求误差信号应随时间线性增长。显然,当 $t \to \infty$ 时,系统的加速度误差必为无穷大。

如果系统承受的给定输入信号是多种典型函数的组合,如

$$r(t)=R_0 \cdot 1(t)+R_1 t+\frac{1}{2}R_2 t^2$$

式中：R_0、R_1 和 R_2 为系数，则根据线性叠加原理，可将每一输入分量单独作用于系统，再将各稳态误差分量叠加起来，得

$$e_{ss}=\frac{R_0}{1+K_p}+\frac{R_1}{K_\nu}+\frac{R_2}{K_a}$$

显然，这时至少应选用Ⅱ型系统，否则稳态误差将为无穷大。无穷大的稳态误差表示系统输出量与输入量之间在位置上的误差随时间 t 增长而增大，稳态时达无穷大。由此可见，采用高型别系统对提高系统的控制准确度有利，但应以确保系统的稳定性为前提，同时还要兼顾系统的动态性能要求。

【例 3-11】 设某 PD 控制的系统结构图如图 3-34 所示，设输入信号 $r(t)=1(t)+t+\frac{1}{2}t^2$，试对系统进行稳定性及稳态误差分析。

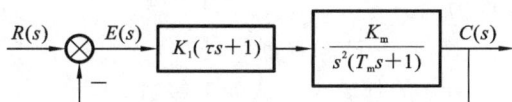

图 3-34 某 PD 控制的系统结构图

解 （1）稳定性分析。

由图 3-34 可知，系统的闭环特征方程为

$$s^2(T_m s+1)+K_1 K_m(\tau s+1)=0$$

整理得

$$T_m s^3+s^2+K_1 K_m \tau s+K_1 K_m=0$$

列劳斯表，得

$$
\begin{array}{lcc}
s^3 & T_m & K_1 K_m \tau \\
s^2 & 1 & K_1 K_m \\
s^1 & K_1 K_m \tau - T_m K_1 K_m & 0 \\
s^0 & K_1 K_m &
\end{array}
$$

令劳斯表中第一列各元素为正，得系统稳定的充要条件为 $T_m>0$，$K_1 K_m>0$，且 $\tau>T_m$。由此可见，该 PD 控制器微分时间常数 τ 的大小会影响该系统的稳定性。

（2）稳态误差分析。

由图 3-34 可知，系统的开环传递函数为

$$G(s)=\frac{K_1 K_m(\tau s+1)}{s^2(T_m s+1)}$$

式中：开环增益 $K=K_1 K_m$。因为 $\nu=2$，此时，$K_p=\infty$，$K_\nu=\infty$，$K_a=K=K_1 K_m$。当输入信号为 $r(t)=1(t)+t+\frac{1}{2}t^2$ 时，应用线性系统的叠加原理，系统的稳态误差为

$$e_{ss}=\frac{1}{1+K_p}+\frac{1}{K_\nu}+\frac{1}{K_a}=\frac{1}{K_1 K_m}$$

由上述分析可知，增大 PD 控制器的增益 K_1，可以在不影响系统稳定性的前提下，减少对加速度信号的跟踪误差。

应当指出，在系统的误差分析中，只有当输入信号是阶跃函数、斜坡函数和加速度

函数或这三种函数的线性组合时,静态误差系数才有意义。用静态误差系数求得的系统稳态误差值,其实质是用终值定理法求得系统的终值误差,即 $t \to \infty$ 时系统误差的极限值,不能表示稳态误差随时间变化的规律。例如,开环传递函数分别为 $G(s) = 1/(2s+1)$ 和 $G(s) = 1/(3s+1)$ 的两个系统具有相同的静态误差系数,因而位置误差和速度误差都是一样的,且其速度误差为 ∞。但是若分别求出两个系统在单位速度(斜坡)输入下误差的时域表达式,则两系统误差随时间变化的情况是不一样的。此外,有些控制系统没有一定的极限或者在有效时间内达不到极限。例如,导弹控制系统,其有效工作时间不长,往往在输出量达不到要求的稳态值时便已结束工作,无法使用静态误差系数法进行误差分析。为此,需要引入动态误差系数的概念。

3. 稳态误差与动态误差系数

利用动态误差系数进行误差分析,可以研究输入信号几乎为任意时间函数时的系统稳态误差随时间变化的规律,因此,动态误差系数又称广义误差系数。给定输入信号下的误差信号的拉氏变换为

$$E(s) = \Phi_e(s)R(s)$$

将误差传递函数 $\Phi_e(s)$ 在 $s = 0$ 的邻域内展成泰勒级数,得

$$\Phi_e(s) = \Phi_e(0) + \Phi'_e(0)s + \frac{1}{2!}\Phi_e^{(2)}(0)s^2 + \cdots + \frac{1}{l!}\Phi_e^{(l)}(0)s^l + \cdots$$

于是误差信号可以表示为如下级数:

$$E(s) = \Phi_e(0)R(s) + \Phi'_e(0)sR(s) + \frac{1}{2!}\Phi_e^{(2)}(0)s^2R(s) + \cdots + \frac{1}{l!}\Phi_e^{(l)}(0)s^lR(s) + \cdots$$

$$(3.78)$$

上述无穷级数收敛于 $s = 0$ 的邻域,称为误差级数,相当于在时间域内 $t \to \infty$ 时成立。在系统初始条件为零时,对上式进行拉氏反变换,得到稳定系统在给定输入作用下的稳态误差表达式为

$$e_{ss}(t) = \sum_{i=0}^{\infty} C_i r^{(i)}(t) \tag{3.79}$$

式中:C_i 称为系统对给定输入信号的动态误差系数,且

$$C_i = \frac{1}{i!}\Phi_e^{(i)}(0) = \frac{1}{i!}\frac{\mathrm{d}^i}{\mathrm{d}s^i}\Phi_e(s)\big|_{s=0}, \quad i = 0,1,2,\cdots \tag{3.80}$$

习惯上称 C_0 为动态位置误差系数,C_1 为动态速度误差系数,C_2 为动态加速度误差系数。应当指出,"动态"的含意是指这种方法可以完整描述系统稳态误差 $e_{ss}(t)$ 随时间变化而变化的规律,而不是指误差信号中的瞬态分量 $e_{ts}(t)$ 随时间变化而变化的情况。此外,由于式(3.79)描述的误差级数在 $t \to \infty$ 时才能成立,因此若输入信号含有随时间增长而趋于零的分量,则这一输入分量不应包含在其输入信号及其各阶导数之内。

式(3.79)表明,稳态误差 $e_{ss}(t)$ 与动态误差系数 C_i、输入信号 $r(t)$ 及其各阶导数的稳态分量有关。由于给定输入信号的稳态分量是已知的,因此确定稳态误差的关键是根据给定的系统求出各动态误差系数。在系统阶次较高的情况下,利用式(3.79)来确定动态误差系数是不方便的。下面介绍一种简便的求法——长除法。

将开环传递函数的分子和分母多项式分别按 s 升幂排列,写成如下形式:

$$G(s)H(s) = \frac{K(1 + b_1s + b_2s^2 + \cdots b_ms^m)}{s^\nu(1 + a_1s + a_2s^2 + \cdots a_ns^{n-\nu})} = \frac{M(s)}{N_0(s)} \tag{3.81}$$

对于单位反馈系统,其误差传递函数可表示为

$$\Phi_e(s)=\frac{1}{1+G(s)H(s)}=\frac{N_0(s)}{N_0(s)+M(s)} \tag{3.82}$$

用式(3.82)的分母多项式去除其分子多项式,得到一个关于 s 的升幂级数

$$\Phi_e(s)=C_0+C_1s+C_2s^2+\cdots \tag{3.83}$$

将式(3.83)的误差传递函数代入误差信号表达式中,则

$$E(s)=\Phi_e(s)R(s)=C_0R(s)+C_1sR(s)+C_2s^2R(s)+\cdots \tag{3.84}$$

将式(3.78)和式(3.84)对比可知,它们是等价的无穷级数,其收敛域是 $s=0$ 的邻域。因此,式(3.83)中的系数 $C_i(i=0,1,2,\cdots)$ 正是要求的动态误差系数。例如,已知

$$\Phi_e(s)=\frac{s+1.2s^2+0.2s^3}{10+s+1.2s^2+0.2s^3}$$

应用长除法,可求得动态误差系数 $C_0=0,C_1=0.1,C_2=0.11,C_3=-0.003,\cdots$。

对于单位反馈系统,可以建立某些动态误差系数与静态误差系数之间的关系。利用式(3.81)和式(3.82)进行长除,可得如下简单关系。

0 型系统: $$C_0=\frac{1}{1+K_p}$$

Ⅰ 型系统: $$C_1=\frac{1}{K_v}$$

Ⅱ 型系统: $$C_2=\frac{1}{K_a}$$

因此,在控制系统设计中,也可以把 C_0、C_1 和 C_2 作为一种性能指标。某些系统,如导弹控制系统,常以对动态误差系数的要求来表达对系统稳态误差过程的要求。

【例 3-12】 设单位反馈控制系统的开环传递函数为

$$G(s)=\frac{100}{s(0.1s+1)}$$

若输出信号为 $r(t)=\sin(5t)$,试求系统的稳态误差 $e_{ss}(t)$。

解 由于输入信号为正弦函数,无法采用静态误差系数法,现采用动态误差系数法求系统的稳态误差 $e_{ss}(t)$。系统误差传递函数为

$$\Phi_e(s)=\frac{1}{1+G(s)}=\frac{0.1s^2+s}{0.1s^2+s+100}=0+10^{-2}s+9\times10^{-4}s^2-1.9\times10^{-5}s^3+\cdots$$

故动态误差系数为 $C_0=0,C_1=10^{-2},C_2=9\times10^{-4},C_3=-1.9\times10^{-5},\cdots$。稳态误差为

$$e_{ss}(t)=\sum_{i=0}^{\infty}C_ir^{(i)}(t)=(C_0-C_2\omega_0^2+C_4\omega_0^4-\cdots)\sin(\omega_0t)$$
$$+(C_1\omega_0-C_3\omega_0^3+C_5\omega_0^5-\cdots)\cos(\omega_0t)$$

式中:$\omega_0=5$。对上述级数求和,得

$$e_{ss}(t)=-0.055\cos(5t-24.9°)$$

因此,该系统的稳态误差为余弦函数,其最大幅值为 0.055。

4. 扰动作用下的稳态误差

控制系统除受给定输入信号作用外,还经常处于各种扰动作用之下。例如,负载力矩的变动、放大器的零位和噪声、电源电压的频率的波动、环境温度的变化、船舶运行时海浪的干扰等。因此,控制系统在扰动作用下的稳态误差值反映了系统抗干扰的能力。

在理想情况下,系统对于任意形式的扰动输入作用,其稳态误差应该为零,但实际上这是不能实现的。

在理论上,扰动作用下的稳态误差与给定输入作用下的稳态误差分析方法相同,即在理论上将扰动看作是另一个输入信号。由于给定输入和扰动输入作用于系统的不同位置,因而即使系统对某种形式的输入信号的稳态误差为零,但对于同一形式的扰动作用,其稳态误差未必为零。设控制系统结构图如图 3-35 所示,其中,$N(s)$ 为扰动输入信号 $n(t)$ 的拉氏变换式。由式(3.67)和式(3.68)可见,求给定输入信号作用下的稳态误差的实质问题归结为求误差 $E(s)$。同理,求扰动作用下的稳态误差的实质问题归结为求误差 $E_n(s)$。

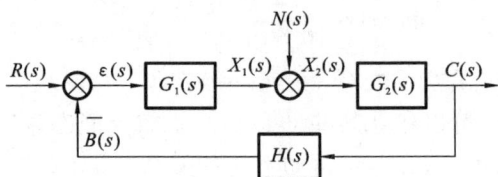

图 3-35　给定输入与扰动输入共同作用下的系统结构图

设输入信号 $r(t)=0$。由于在扰动信号 $N(s)$ 作用下系统的理想输出应为零,故该非单位反馈系统响应扰动信号 $n(t)$ 的输出端误差信号为

$$E_n(s)=0-C_n(s)=-C_n(s)=-\frac{G_2(s)}{1+G(s)H(s)}N(s) \tag{3.85}$$

式中:$G(s)H(s)=G_1(s)G_2(s)H(s)$ 为非单位反馈系统的开环传递函数;$G_2(s)$ 是以 $n(t)$ 为输入、$C_n(t)$ 为输出的非单位反馈系统前向通道的传递函数。于是,系统在扰动作用下的误差传递函数为

$$\Phi_{en}(s)=\frac{E_n(s)}{N(s)}=\frac{-G_2(s)}{1+G(s)H(s)} \tag{3.86}$$

根据稳态误差的定义,可得系统在扰动作用下的稳态误差为

$$e_{ssn}=\lim_{t\to\infty}\mathscr{L}^{-1}[E_n(s)]=\lim_{t\to\infty}\mathscr{L}^{-1}[\Phi_{en}(s)N(s)] \tag{3.87}$$

若 $sE_n(s)$ 在 s 右半平面及虚轴上解析,则可以采用拉氏变换的终值定理得到系统在扰动下的稳态误差为

$$e_{ssn}=\lim_{s\to0}sE_n(s)=\lim_{s\to0}s\Phi_{en}(s)N(s) \tag{3.88}$$

扰动作用下的稳态误差也可以应用动态误差系数法计算。由式(3.86)可以得出扰动作用下的误差信号的拉氏变换为

$$E_n(s)=\Phi_{en}(s)N(s)$$

将扰动作用下的误差传递函数 $\Phi_{en}(s)$ 在 $s=0$ 的邻域内展成泰勒级数,得

$$\Phi_{en}(s)=\Phi_{en}(0)+\Phi'_{en}(0)s+\frac{1}{2!}\Phi_{en}^{(2)}(0)s^2+\cdots+\frac{1}{l!}\Phi_{en}^{(l)}(0)s^l+\cdots$$

则其误差级数为

$$E_n(s)=\Phi_{en}(0)R(s)+\Phi'_{en}(0)sR(s)+\frac{1}{2!}\Phi_{en}^{(2)}(0)s^2+\cdots+\frac{1}{l!}\Phi_{en}^{(l)}(0)s^lR(s)+\cdots$$

在零初始条件下,对上式进行拉氏反变换,则稳定系统在扰动作用下的稳态误差表达式为

$$e_{\mathrm{ssn}}(t) = \sum_{i=0}^{\infty} \frac{1}{i!} \Phi_{\mathrm{en}}^{(i)}(0) r^{(i)}(t) = \sum_{i=0}^{\infty} C_{in} r^{(i)}(t) \qquad (3.89)$$

式中：

$$C_{in} = \frac{1}{i!} \Phi_{\mathrm{en}}^{(i)}(0) = \frac{1}{i!} \frac{\mathrm{d}^i}{\mathrm{d} s^i} \Phi_{\mathrm{en}}(s) \mid_{s=0}, i = 0, 1, 2, \cdots \qquad (3.90)$$

称为系统对扰动信号的动态误差系数。当然，也可以将 $\Phi_{\mathrm{en}}(s)$ 的分母多项式与分子多项式按照 s 的升幂排列，利用长除法求得 C_{in}。

特别指出，在控制工程中，常常给定输入信号 $r(t)$ 和扰动输入信号 $n(t)$ 的作用同时存在。此时，可利用线性系统的叠加原理将两种作用分别引起的误差或稳态误差相叠加。

【例 3-13】 设比例控制系统结构图如图 3-36 所示。设 $M(t)$ 为比例控制器的输出转矩，用以改变被控对象的位置；$n(t) = 1(t)$ 为单位阶跃扰动转矩。试求系统在阶跃扰动转矩作用下的稳态误差。

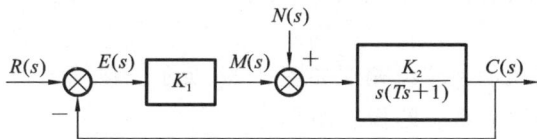

图 3-36 比例控制系统结构图

解 由题意可知，令 $R(s) = 0$，则系统在扰动作用下的输出量的实际值为

$$C_{\mathrm{n}}(s) = \frac{K_2}{s(T_2 s + 1) + K_1 K_2} N(s)$$

由于输出的期望值为零，因此，扰动作用下的误差信号为

$$E_{\mathrm{n}}(s) = 0 - C_{\mathrm{n}}(s) = -\frac{K_2}{s(T_2 s + 1) + K_1 K_2} N(s)$$

由此可得系统在扰动作用下的误差传递函数为

$$\Phi_{\mathrm{en}}(s) = \frac{E_{\mathrm{n}}(s)}{N(s)} = -\frac{K_2}{T_2 s^2 + s + K_1 K_2}$$

由于 $N(s) = \frac{1}{s}$，系统在阶跃扰动转矩作用下的稳态误差为

$$e_{\mathrm{ssn}} = \lim_{s \to 0} s E_{\mathrm{n}}(s) = \lim_{s \to 0} s \Phi_{\mathrm{en}}(s) N(s) = -\frac{1}{K_1}$$

本例中，系统在单位阶跃扰动作用下存在稳态误差的物理意义是明显的。在稳态时，比例控制器产生一个与扰动转矩大小相等而方向相反的转矩以进行平衡，该转矩折算到比较装置输出端的数值为 $-1/K_1$，所以系统必定存在常值稳态误差 $-1/K_1$。

【例 3-14】 设电动机转速控制系统结构图如图 3-37 所示。其中，输入信号 $r(t) = 0$，负载扰动 $n(t) = -t$。试计算该系统的稳态误差。

解 根据题意，根据式(3.86)可得系统在扰动信号下的误差传递函数为

$$\Phi_{\mathrm{en}}(s) = \frac{E_{\mathrm{n}}(s)}{N(s)} = -\frac{T_B s + 1}{(T_B s + 1)(T_{\mathrm{m}} s + 1) + K_0 K_{\mathrm{c}}}$$

由于 $n(t) = -t$，故 $i = 0, 1; n^{(1)}(t) = -1, C_{0n} = \Phi_{\mathrm{en}}(0) = -\frac{1}{1 + K_0 K_{\mathrm{c}}}; C_{1n} = \Phi_{\mathrm{en}}^{(1)}(0) =$

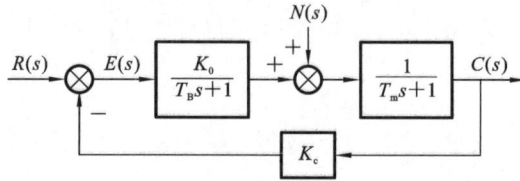

图 3-37 电动机转速控制系统结构图

$$-\frac{T_B K_0 K_c - T_m}{(1+K_0 K_c)^2}。$$

由式(3.89)得系统在斜坡扰动下的稳态误差为

$$e_{ssn}(t) = C_{0n} n(t) + C_{1n} n^{(1)}(t) = -\frac{1}{1+K_0 K_c}\left[t + T_B - \frac{T_m + T_B}{1+K_0 K_c}\right]$$

上式表示,当斜坡负载转矩作用于电动机转速控制系统时,系统的稳态输出转速与其期望值之差将随时间的推移而增大,其增长斜率为负常值 $1/(1+K_0 K_c)$,而终值误差为无穷大。

【例 3-15】 已知随动系统结构图如图 3-38 所示。设输入信号 $r(t)=t$,扰动信号 $n(t)=-1(t)$,计算该随动系统的稳态误差。

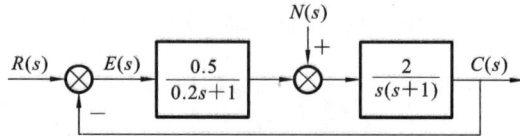

图 3-38 随动系统结构图

解 方法一 根据系统结构图,令 $N(s)=0$,则系统在给定输入作用下的误差传递函数为

$$\Phi_e(s) = \frac{E(s)}{R(s)} = \frac{1}{1+G_1(s)G_2(s)} = \frac{s(s+1)(0.2s+1)}{s(s+1)(0.2s+1)+1}$$

令 $R(s)=0$,系统在扰动信号下的误差传递函数为

$$\Phi_{en}(s) = \frac{E_n(s)}{N(s)} = \frac{-G_2(s)}{1+G_1(s)G_2(s)} = \frac{-2(0.2s+1)}{s(s+1)(0.2s+1)+1}$$

利用劳斯判据可验证闭环系统稳定,由于输入为典型输入,故可用终值定理计算不同输入下的稳态误差。当 $r(t)=t$ 时,$R(s)=1/s^2$,则系统在给定输入作用下的稳态误差为

$$e_{ss} = \lim_{s\to 0} sE(s) = \lim_{s\to 0} s\Phi_e(s)R(s) = \lim_{s\to 0} \frac{s(s+1)(0.2s+1)}{s(s+1)(0.2s+1)+1}\frac{1}{s^2} = 1$$

由于 $n(t)=-1(t)$,则 $N(s)=-1/s$。此时,系统在扰动信号作用下的稳态误差为

$$e_{ssn} = \lim_{s\to 0} sE_n(s) = \lim_{s\to 0} s\Phi_{en}(s)N(s) = \lim_{s\to 0} \frac{-2(0.2s+1)}{s(s+1)(0.2s+1)+1} = 2$$

因此,系统的总稳态误差

$$e_{ss总} = e_{ss} + e_{ssn} = 3$$

方法二 动态误差系数法。由于 $r(t)=t$,故 $i=0,1$。则 $C_0 = \Phi_e(0) = 0$,$C_1 = \Phi_e'(0) = 1$。于是

$$e_{ss}(t) = C_0 r(t) + C_1 r^{(1)}(t) = 1$$

由于 $n(t)=-1(t)$,故 $i=0$。$C_{0n} = \Phi_{en}(0) = -2$,于是

$$e_{ssn}(t)=C_{0n}n(t)=2$$

因此，系统的总稳态误差

$$e_{ss总}(t)=e_{ss}(t)+e_{ssn}(t)=3$$

由此可见，应用动态误差系数法求解的稳态误差与终值定理的结论完全一致。

3.6.3　减小或消除稳态误差的措施

1. 增大系统开环增益或扰动作用点之前系统的前向通道增益

由表 3-6 可知，增大系统开环增益 K 以后，对于 0 型系统，可减少系统在阶跃输入时的位置误差；对于 I 型系统，可减小系统在斜坡输入时的速度误差；对于 II 型系统，可减小系统在加速度输入时的加速度误差。在例 3-13 中，增大扰动作用点之前的比例控制器增益 K_1，可减小系统对阶跃扰动产生的稳态误差。由于该例中的稳态误差与 K_2、T_2 无关，增大扰动点之后的系统前向通路增益，不会改变系统对扰动作用下的稳态误差数值。

2. 在系统的前向通道或主反馈通道设置串联积分环节

由表 3-6 可知，提高系统的型别，即在系统开环传递函数中串联积分环节，可以减小或者消除稳态误差。在图 3-35 所示的非单位反馈控制系统中，设

$$G_1(s)=\frac{A_1(s)}{s^{\nu_1}B_1(s)},\quad G_2(s)=\frac{A_2(s)}{s^{\nu_2}B_2(s)},\quad H(s)=\frac{H_1(s)}{H_2(s)}$$

式中：$B_1(s)$、$B_2(s)$、$A_1(s)$、$A_2(s)$、$H_1(s)$、$H_2(s)$ 均不含 $s=0$ 的因子；ν_1,ν_2 为系统前向通道的积分环节数目，则系统对给定输入信号的误差传递函数为

$$\Phi_e(s)=\frac{1}{1+G_1(s)G_2(s)H(s)}\frac{1}{H(s)}=\frac{s^{\nu}B_1(s)B_2(s)H_2(s)}{s^{\nu}B_1(s)B_2(s)H_2(s)+A_1(s)A_2(s)H_1(s)}\frac{H_2(s)}{H_1(s)}$$

$$(3.91)$$

式中：$\nu=\nu_1+\nu_2$。

如果系统主反馈通道传递函数 $H(s)$ 中不含 $s=0$ 的零点、极点时，式(3.91)表明，给定输入信号作用下的误差传递函数 $\Phi_e(s)$ 具有 $\nu=\nu_1+\nu_2$ 个 $s=0$ 的零点，其中，ν_1 为系统扰动作用点前的前向通道串联积分环节数，ν_2 为系统扰动作用点前的前向通道串联积分环节数。根据给定输入信号作用下的动态误差系数定义式(3.80)，必有动态误差系数 $C_i=0(i=0,1,\cdots,\nu-1)$，从而系统响应给定输入信号 $r(t)=\sum\limits_{i=0}^{\nu-1}R_it^i$（$R_i$ 为系数）时的稳态误差等于零。这类系统称为响应给定输入信号的 ν 型系统。

由于误差传递函数 $\Phi_e(s)$ 所含 $s=0$ 的零点数，等价于系统前向通道所含串联积分环节数，为 ν，故对于响应给定输入信号作用的系统，有下列结论成立。

（1）系统前向通道所含串联积分环节数 ν 决定了系统响应的给定输入信号的型别。该型别与扰动作用点之前、之后的前向通道的积分环节数均有关。

（2）如果要消除在给定输入信号 $r(t)=\sum\limits_{i=0}^{\nu-1}R_it^i$（$R_i$ 为系数）作用下的稳态误差，则只要在系统前向通道中设置 ν 个串联积分环节即可。

如果系统的主反馈通道传递函数含有 ν_3 个积分环节，即

$$H(s)=\frac{H_1(s)}{s^{\nu_3}H_2(s)}$$

而其余假定同上,则系统对扰动作用的误差传递函数为

$$\Phi_{en}(s) = -\frac{G_2(s)}{1+G_1(s)G_2(s)H(s)} = -\frac{s^{\nu_1+\nu_3}A_2(s)B_1(s)H_2(s)}{s^{\nu}B_1(s)B_2(s)H_2(s)+A_1(s)A_2(s)H_1(s)}$$

(3.92)

式中:$\nu = \nu_1 + \nu_2 + \nu_3$。

式(3.92)表明,扰动作用下的误差传递函数 $\Phi_{en}(s)$ 具有 $\nu_1 + \nu_3$ 个 $s=0$ 的零点,其中,ν_1 为系统扰动作用点前的前向通道串联积分环节数,ν_3 为主反馈通道串联积分环节数。根据扰动作用下的动态误差系数定义式(3.90),必有 $C_{in}=0(i=0,1,\cdots,\nu_1+\nu_3-1)$,从而系统响应扰动信号 $n(t) = \sum_{i=0}^{\nu_1+\nu_3-1} n_i t^i (n_i$ 为系数)时的稳态误差等于零。这类系统称为响应扰动信号的 $\nu_1 + \nu_3$ 型系统。

由于误差传递函数 $\Phi_{en}(s)$ 所含 $s=0$ 的零点数,等价于系统扰动作用点前的前向通道串联积分环节数 ν_1 与主反馈通道串联积分环节数 ν_3 之和,故对于响应扰动作用的系统,有下列结论成立。

(1) 系统扰动作用点前的前向通道串联积分环节数与主反馈通道串联积分环节数之和决定了系统响应的扰动信号的型别。该型别与扰动作用点之后前向通道的积分环节无关。

(2) 如果要消除系统响应 $n(t) = \sum_{i=0}^{\nu_1+\nu_3-1} n_i t^i (n_i$ 为系数) 作用时的稳态误差,则只需在系统扰动作用点之前的前向通道或主反馈通道中设置 $\nu_1 + \nu_3$ 个串联积分环节。

若式(3.91)和式(3.92)对应的系统,在给定输入信号和扰动信号作用下均满足拉氏变换的终值定理使用条件,则系统在输入信号和扰动信号作用下的稳态误差分别为

$$e_{ss} = \lim_{s \to 0} s\Phi_e(s)R(s)$$
$$= \lim_{s \to 0} s\frac{s^{\nu}B_1(s)B_2(s)H_2(s)}{s^{\nu}B_1(s)B_2(s)H_2(s)+M_1(s)M_2(s)H_1(s)}\frac{H_2(s)}{H_1(s)}R(s)$$

(3.93)

$$e_{ssn} = \lim_{s \to 0} s\Phi_{en}(s)N(s)$$
$$= \lim_{s \to 0} s\frac{-s^{\nu_1+\nu_3}A_2(s)B_1(s)H_2(s)}{s^{\nu}B_1(s)B_2(s)H_2(s)+A_1(s)A_2(s)H_1(s)}N(s)$$

(3.94)

由此可以得到一个关于稳态误差的非常有用的结论:从自身的特性来看,若 $\Phi_e(s)$ 的零点包含输入信号 $R(s)$ 的全部极点,则系统对给定输入信号 $R(s)$ 的稳态误差为零。同理,若 $\Phi_{en}(s)$ 的零点包含了扰动信号 $N(s)$ 的全部极点,则系统对扰动信号 $N(s)$ 的稳态误差为零。例如,例 3-15 中,由于误差传递函数 $\Phi_e(s)$ 中含一个 $s=0$ 的零点,因此,当输入信号 $r(t)=t$ 时,$R(s)=1/s^2$,稳态误差为非零的常值误差。若输入信号 $r(t)=1(t)$,$R(s)=1/s$,$\Phi_e(s)$ 的零点包含了 $R(s)$ 的全部极点,则系统的稳态误差为

$$e_{ss} = \lim_{s \to 0} sE(s) = \lim_{s \to 0} s\Phi_e(s)R(s) = \lim_{s \to 0} s\frac{s(s+1)(0.2s+1)}{s(s+1)(0.2s+1)+1}\frac{1}{s} = 0$$

特别指出,在反馈控制系统中,增大开环增益或提高系统型别以减小或消除稳态误差的措施,必然导致系统稳定性降低,降低系统的动态性能,甚至造成系统的不稳定。因此,如何权衡系统稳定性、稳定误差与动态性能之间的关系,成为系统校正设计的主

要内容。

3. 引入复合控制方法

如果控制系统中存在强扰动,特别是低频强扰动,则一般的反馈控制方式难以满足高精度的要求,此时可以采用复合控制方式。

复合控制系统是在系统的反馈控制回路中加入前馈通路,组成一个前馈控制与反馈控制相结合的系统。只要系统参数选择合适,不但可以保持系统稳定,极大地减小乃至消除稳态误差,而且可以抑制几乎所有的可测量扰动,其中包括低频强扰动,详见本书第6章。

此外,当控制系统中存在多个扰动信号,且控制精度要求较高时,宜采用串级控制方式,可以显著抑制内回路的扰动影响。与单回路控制系统相比,串级控制系统在结构上多了一个内回路,因此对内回路扰动的抑制能力有很大的提高,一般可以提高 $10\sim100$ 倍。但串级控制设计更为复杂,多用于速度、水位等过程控制系统中。

3.7 控制系统的时域分析实例

3.7.1 直流电动机速度控制系统

【例 3-16】 某直流电动机速度控制系统的结构图如图 3-39 所示。

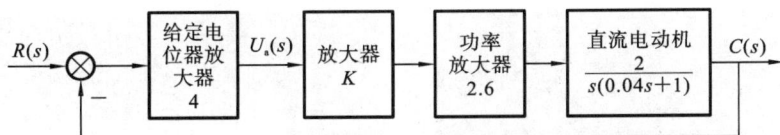

图 3-39 直流电动机速度控制系统的结构图

图 3-39 中,$R(s)$ 为期望的电动机转速,$U_a(s)$ 为电枢电压,$C(s)$ 表示电动机转速。本例的目的是分析当放大器 $K=6$ 时系统在阶跃信号和斜坡信号下的稳态误差。

解 对于图 3-39 的 I 型单位负反馈系统,当放大器 $K=6$ 时,系统开环传递函数为

$$G(s) = \frac{124.8}{s(0.04s+1)}$$

则该单位负反馈系统的闭环特征方程为

$$D(s) = 0.04s^2 + s + 124.8 = 0$$

可以验证,此时闭环系统稳定。故此时系统的稳态误差可表示为

$$e_{ss} = \lim_{s \to 0} s \frac{1}{1+G(s)} R(s)$$

由表 3-6 可知,对于 I 型系统来说,在阶跃输入下的稳态误差为 0。若输入为斜坡信号 $r(t) = Rt$(R 为斜坡输入的幅值),则其稳态误差 $e_{ss} = \dfrac{R}{K_v} = \dfrac{R}{124.8}$。

图 3-40 为直流电动机速度控制系统在单位阶跃输入下的稳态误差,图 3-41 为直流电动机速度控制系统在单位斜坡下的输入和输出曲线。

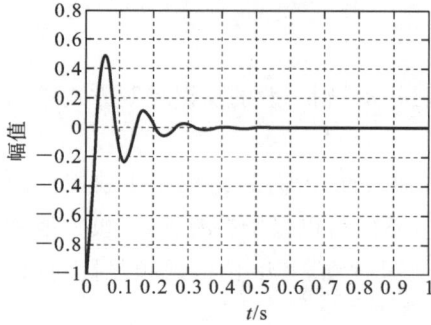

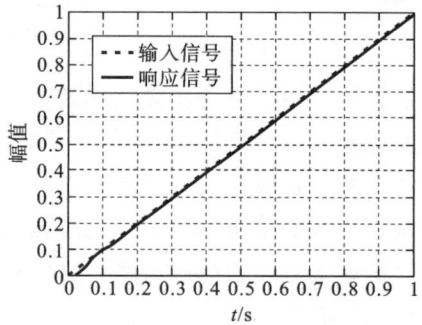

图 3-40 直流电动机速度控制系统在单位　　图 3-41 直流电动机速度控制系统在单位
　　　　阶跃输入下的稳态误差　　　　　　　　　　斜坡下的输入和输出曲线

3.7.2 火星漫游车转向控制系统

【例 3-17】 1997 年 7 月 4 日,以太阳能作动力的"逗留者号"漫游车在火星上着陆,其外形图如图 3-43(a)所示。漫游车重 10.4 kg,可由地球上发出的路径控制信号(即输入信号)实施遥控。漫游车的两组车轮以不同的速度运行,以便实现整个装置的转向。为进一步探测火星上是否有水,2004 年美国国家宇航局又发射了"勇气号"火星探测器。为了便于对比,图 3-42(b)给出了"勇气号"的外形图。由图 3-42 可见,两者有许多相似之处,但是"勇气号"上的装备和技术更为先进。

（a）"逗留者号"　　　　　　　　　　　　　（b）"勇气号"

图 3-42　火星漫游车外形图

本例仅研究"逗留者号"漫游车的转向控制,火星漫游车转向系统结构图如图 3-43 所示。

图 3-43 中,$R(s)$ 为火星漫游车转向控制系统预期的转动方向,$C(s)$ 为火星漫游车转向控制系统实际的转动方向。本例的目的是,试选择参数 K_1 与 a,确保系统稳定且对斜坡输入的稳态误差不超过输入指令幅度的 24%。

解 由图 3-43(b)控制系统结构图,可得火星漫游车转向控制系统的闭环传递函数为

$$\Phi(s)=\frac{G_c(s)G_0(s)}{1+G_c(s)G_0(s)}$$

式中:系统的开环传递函数为 $G_c(s)G_0(s)=\dfrac{K_1(s+a)}{s(s+1)(s+2)(s+5)}$。系统的闭环特征方

（a）火星漫游车双轮组漫游车的转向控制系统

（b）火星漫游车转向控制系统结构图

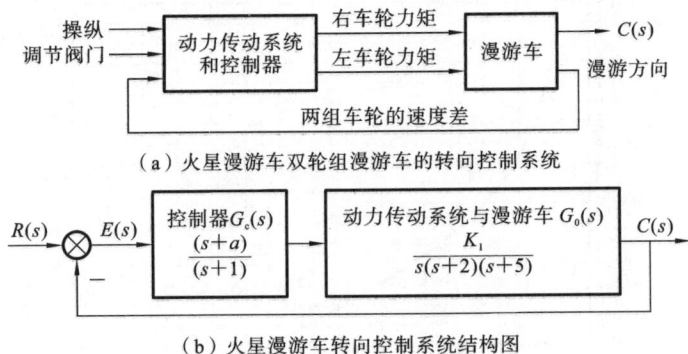

图 3-43　火星漫游车转向系统结构图

程为

$$D(s)=1+G_c(s)G(s)=1+\frac{K_1(s+a)}{s(s+1)(s+2)(s+5)}=0$$

整理得

$$s^4+8s^3+17s^2+(10+K_1)s+aK_1=0$$

为了确定 K_1 和 a 的稳定区域,列写劳斯表为

s^4	1	17	aK_1
s^3	8	$10+K_1$	
s^2	$\dfrac{126-K_1}{8}$	aK_1	
s^1	$\dfrac{1260+(116-64a)K_1-K_1^2}{126-K_1}$		
s^0	aK_1		

由劳斯稳定判据可知,使火星漫游车转向控制系统闭环稳定的充分必要条件为

$$K_1<126$$
$$aK_1>0$$
$$1260+(116-64a)K_1-K_1^2>0$$

当 $K_1>0$ 时,火星漫游车转向控制系统的稳定区域如图 3-44 所示。

由于设计指标要求系统在斜坡输入时的稳态误差不大于输入指令幅度的 24%,故需要对 K_1 与 a 的取值关系加以约束。令 $r(t)=Rt$(R 为斜坡输入的幅值),则系统的稳态误差为

$$e_{ss}=\frac{R}{K_\nu}$$

式中:静态速度误差系数 $K_\nu=\lim\limits_{s\to0}sG_c(s)G(s)=\dfrac{aK_1}{10}$。于是

$$e_{ss}=\frac{10R}{aK_1}$$

例如,若取 $aK_1=42$,则 e_{ss} 等于 A 的 23.8%,正好满足指标要求。因此,在图 3-44 的稳定区域中,在 $K_1<126$ 的限制条件下,任取满足 $aK_1=42$ 的 a 与 K_1 值。例如,$K_1=70,a=0.6$;或者 $K_1=50,a=0.84$ 等参数组合。

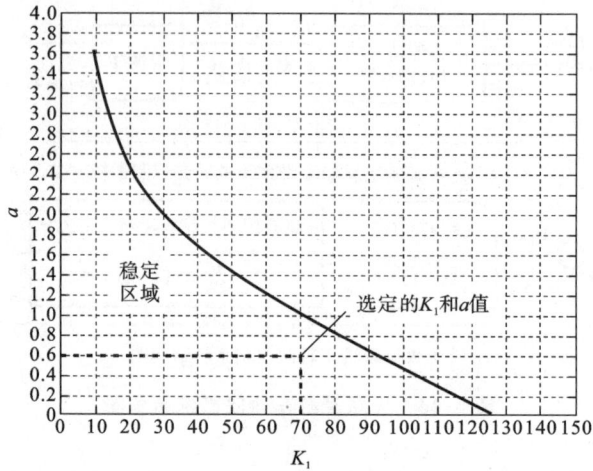

图 3-44 火星漫游车转向控制系统的稳定区域

3.7.3 船舶航向控制系统

【例 3-18】 船舶航行时,必须对船舶的航向进行控制。为了尽快地到达目的地和减少燃料的消耗,总是力求使船舶以一定的速度进行直线航行。这是船舶的航向保持问题。当在预定的航线上发现障碍物或其他船舶时,或者在有限航道内航行(内河或进出港等)时,船舶必须及时改变航速和航向。船舶航向控制系统是使船舶自动稳定在期望航向上的控制系统,为了分析方便,将第 2 章图 2-72 简化,等效单位反馈系统结构图如图 3-45 所示。图 3-45 中,$C(s)$ 为实际的航向,$R(s)$ 为给定的航向,$N(s)$ 为影响航向的扰动因素。

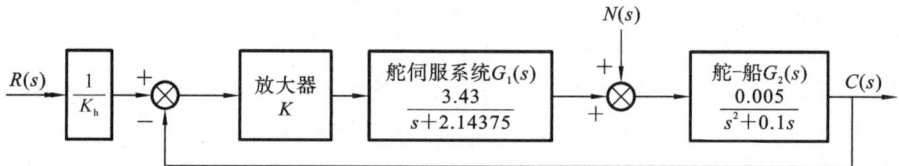

图 3-45 等效单位反馈系统结构图

本例的目的如下。

(1) 分析参数 K 对闭环系统性能的影响,并选择合适的参数 K 使得系统在斜坡输入下的稳态误差和单位阶跃扰动下的稳态误差较小。

(2) 分析开环系统当扰动 $N(s)$ 分别为单位阶跃信号和正弦信号时的输出响应。

(3) 分析闭环系统当输入 $R(s)$ 为 10 倍单位阶跃信号、扰动 $N(s)$ 为正弦信号时的输出响应。

解 (1) 由系统结构图,设 $N(s)=0$,则系统在输入 $R(s)$ 作用下的闭环传递函数为

$$\Phi(s)=\frac{C(s)}{R(s)}=\frac{KG_1(s)G_2(s)}{1+KG_1(s)G_2(s)}$$

式中:系统的开环传递函数为 $KG_1(s)G_2(s)=\dfrac{0.01715K}{s(s+0.1)(s+2.14375)}$。系统的闭环特征方程为

$$D(s)=1+KG_1(s)G_2(s)=1+\frac{0.01715K}{s(s+0.1)(s+2.14375)}=0$$

代入整理得

$$D(s)=s^3+2.24375s^2+0.214375s+0.01715K=0$$

列劳斯表,得

s^3	1	0.214375
s^2	2.24375	0.01715K
s^1	$0.214375-0.007643454K$	0
s^0	0.01715K	

由劳斯稳定判据知,令劳斯表首列元素为正,则使系统闭环稳定的充分必要条件为

$$0<K<28.046875$$

若使系统在斜坡输入时的稳态误差较小,需要对 K 的取值加以约束。设 $N(s)=0$,令 $r(t)=Rt$,其中,R 为斜坡输入的幅值,则 $R(s)=\dfrac{R}{s^2}$。于是,系统在斜坡输入下的稳态误差为

$$e_{ss}=\frac{R}{K_\nu}$$

式中:静态速度误差系数 $K_\nu=\lim\limits_{s\to0}sKG_1(s)G_2(s)=\lim\limits_{s\to0}s\dfrac{0.01715K}{s(s+0.1)(s+2.14375)}=0.08K$,于是

$$e_{ss}=\frac{R}{0.08K}$$

可见,在满足 $0<K<28.046875$ 的前提下,K 值越大,稳态误差越小。当 $K=28$ 时,闭环系统的单位斜坡响应曲线如图 3-46 所示。

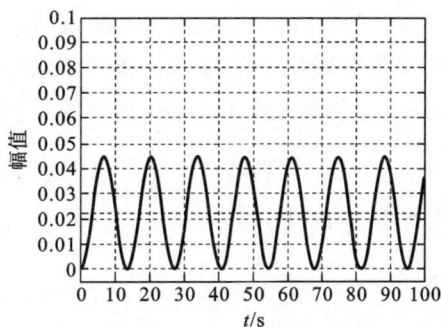

设 $R(s)=0$,则系统在扰动作用下的闭环传递函数为

$$\Phi_n(s)=\frac{C(s)}{N(s)}=\frac{G_2(s)}{1+KG_1(s)G_2(s)}=\frac{0.005(s+2.14375)}{s(s+0.1)(s+2.14375)+0.01715K}$$

设扰动信号 $N(s)=\dfrac{1}{s}$,则闭环系统在单位阶跃扰动作用下的稳态输出为

$$C_n(\infty)=\lim\limits_{s\to0}s\Phi_n(s)N(s)=\frac{0.625}{K}$$

为减小扰动对输出的影响,从系统的稳态性能考虑,K 值越大越好。例如,当取 $K=28$ 时,$|C_n(\infty)|<0.0233$。当 $K=28$ 时,闭环系统在单位阶跃扰动下的输出响应曲线如图 3-47 所示。

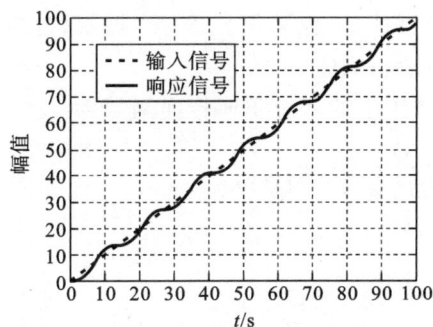

图 3-46 闭环系统的单位斜坡响应曲线　图 3-47 闭环系统在单位阶跃扰动下的输出响应曲线

（2）考虑到船舶实际航行过程中，经常受到随机海浪的干扰。变化无常的随机海浪干扰信号应该采用随机过程理论进行分析处理。为方便分析，实际船舶控制中，海浪干扰信号常常采用适当频率的等效正弦信号来模拟。考虑到海浪有义波高 2.5～5 m 时，海浪主要能量集中频段频率为 0.25～2.0 rad/s，因此，选择影响航向的扰动因素信号频率为 1.6 rad/s，即信号周期为 10 s。此时，设系统的等效正弦扰动信号为

$$n(t)=\sin\left(\frac{2\pi}{10}t+\frac{\pi}{6}\right)$$

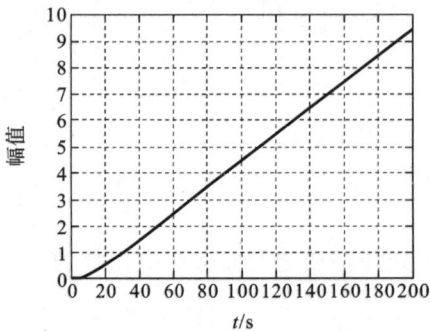

图 3-48　开环系统在单位阶跃扰动信号
作用下的响应曲线

图 3-48 和图 3-49 分别为开环系统在单位阶跃和等效正弦扰动信号作用下的输出响应曲线。

（3）综上所述，选择 $K=28$，输入 $R(s)$ 为 10 倍单位阶跃信号，扰动 $N(s)$ 为正弦信号，此时单位阶跃输入和等效正弦扰动信号共同作用下的响应曲线如图 3-50 所示。

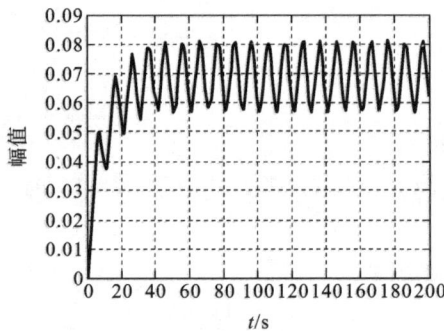

图 3-49　开环系统在等效正弦扰动
信号作用下的响应曲线

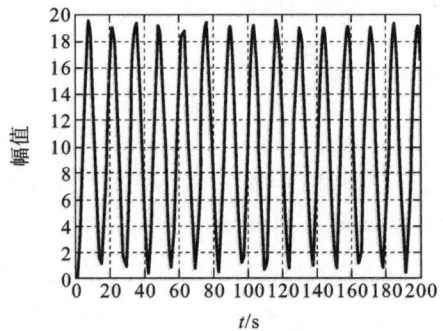

图 3-50　单位阶跃输入和等效正弦扰动
信号共同作用下的响应曲线

3.7.4　船舶横摇减摇鳍控制系统

【例 3-19】　在船舶横摇减摇鳍控制系统中，横摇减摇效果的好坏不仅与横摇减摇鳍的水动力特性有关，还与控制系统的性能有关。图 3-51 为船舶横摇减摇鳍控制系统结构图。图 3-51 中，$R(s)$ 为预期的横摇减摇鳍角，通常 $R(s)=0$，$C(s)$ 为实际的横摇鳍角，$N(s)$ 为影响横摇的随机海浪扰动因素。本例的目的是，仅采用比例（P）控制，分析系统在单位阶跃扰动信号和正弦扰动信号作用下的动态响应。

解　（1）根据系统结构图，扰动输入信号 $N(s)$ 作用下的系统闭环传递函数为

$$\Phi_{\mathrm{en}}(s)=\frac{C(s)}{N(s)}=\frac{G_2(s)}{1+0.286G_{\mathrm{c}}(s)G_1(s)G_2(s)H(s)}$$

系统仅采用比例（P）控制，即 $G_{\mathrm{c}}(s)=K_{\mathrm{p}}$，则

$$\Phi_{\mathrm{en}}(s)=\frac{G_2(s)}{1+0.286K_{\mathrm{p}}G_1(s)G_2(s)H(s)}$$

$$=\frac{0.487(s^2+15s+225)(s^2+80s+4000)}{(s^2+15s+225)(s^2+0.191s+0.487)(s^2+80s+4000)+30642.04K_{\mathrm{p}}s}$$

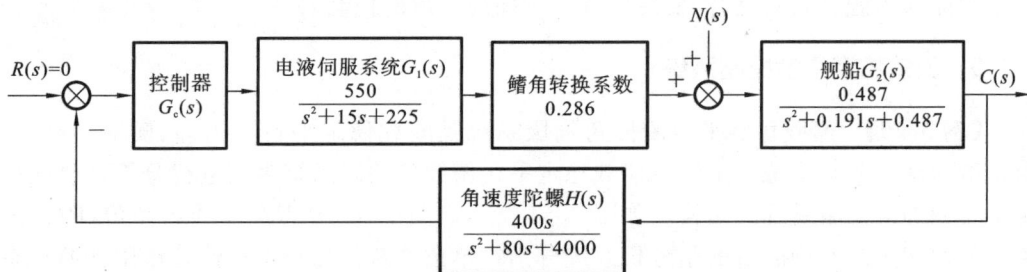

图 3-51 船舶横摇减摇鳍控制系统结构图

在扰动输入信号作用时,系统的闭环特征方程为

$$D(s) = 1 + 0.286 K_p G_1(s) G_2(s) H(s) = 0$$

代入整理得

$$D(s) = s^6 + 95.191s^5 + 5443.632s^4 + 79082.44s^3 + 917640.535s^2$$
$$+ (209886 + 30642.04K_p)s + 438300$$

设 $N(s) = \dfrac{1}{s}$,则系统在单位阶跃扰动输入信号作用下的稳态输出为

$$C(\infty) = \lim_{s \to 0} s\Phi_{en}(s)N(s)$$

$$= \lim_{s \to 0} s \frac{0.487(s^2 + 15s + 225)(s^2 + 80s + 4000)}{(s^2 + 15s + 225)(s^2 + 0.191s + 0.487)(s^2 + 80s + 4000) + 30642.04K_p} \frac{1}{s}$$

$$= 1$$

选择合适的比例(P)控制系数 K_p,以满足闭环系统稳定。这里,选择 $K_p = 1.43$,此时 $C(\infty) = 1$。当 $K_p = 1.43$ 时,系统在单位阶跃扰动信号下的响应曲线如图 3-52 所示。由图 3-52 可见,系统出现了较大振荡,其动态性能较差。

(2)考虑到船舶横摇减摇鳍控制系统的实际扰动为海浪干扰信号。设海浪干扰输入信号的频率为 0.785 rad/s,即信号周期为 8 s。采用如下的等效正弦扰动信号作为海浪干扰

$$n(t) = 10\sin\left(\frac{2\pi}{8}t + \frac{\pi}{6}\right)$$

当 $K_p = 1.43$ 时,系统在等效正弦扰动信号作用下的响应曲线如图 3-53 所示。

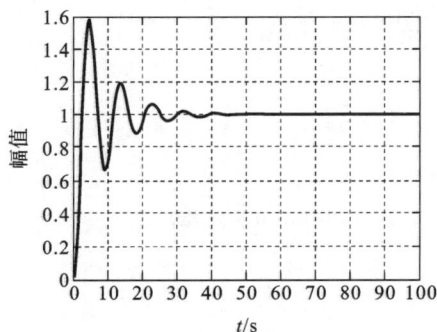

图 3-52 船舶横摇减摇鳍控制系统
的单位阶跃响应曲线

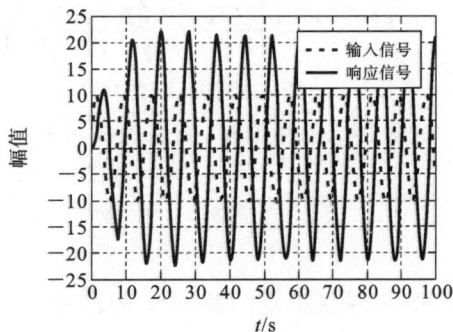

图 3-53 船舶横摇减摇鳍控制系统的
等效正弦响应曲线

由图 3-52 和图 3-53 可见,船舶横摇减摇鳍控制系统中,若仅仅采用比例控制,其

动态性能并不能令人满意,需要后续进一步探讨合适的控制器。

3.7.5 船载稳定平台控制系统

【**例 3-20**】 船载稳定平台俯仰角伺服系统是船载稳定平台在俯仰、横滚、方位三自由度运动的驱动系统。本例以船载稳定平台俯仰角伺服系统为例进行分析。船载稳定平台俯仰角伺服系统的结构图如图 3-54 所示。图中,$C(s)$ 为实际的俯仰角,$R(s)$ 为给定的俯仰角。本例的目的是分析系统分别在单位阶跃信号和正弦信号作用下的动态性能和稳态性能。

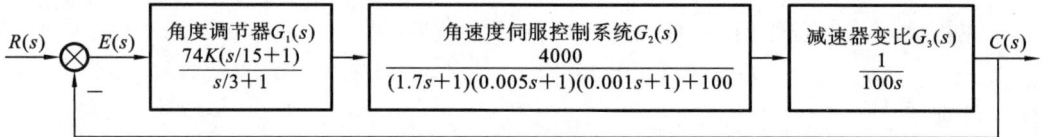

图 3-54 船载稳定平台俯仰角伺服系统的结构图

解 (1)由系统结构图可知,在系统输入信号 $R(s)$ 作用下的闭环传递函数为

$$\Phi(s)=\frac{C(s)}{R(s)}=\frac{G_1(s)G_2(s)G_3(s)}{1+G_1(s)G_2(s)G_3(s)}$$

式中:系统的开环传递函数为 $G_1(s)G_2(s)G_3(s)$。系统的闭环特征方程为

$$D(s)=1+G_1(s)G_2(s)G_3(s)=0$$

代入整理得

$$D(s)=0.0002833s^5+0.341s^4+57.89s^3+3537s^2+(10100+19730K)s+296000K$$
$$=0$$

列写劳斯表得

s^5	0.0002833	57.89	$10100+19730K$
s^4	0.341	3537	$296000K$
s^3	54.95	$10100+19484.08563K$	0
s^2	$3474.323-120.911K$	$296000K$	
s^1	$\dfrac{-2355840.2776K^2+50207605.738K+3509066.2}{3474.323-120.911K}$	0	
s^0	$296000K$		

由劳斯稳定判据知,使系统闭环稳定的充分必要条件为

$$3474.323-120.911K>0$$
$$2355840.2776K^2-50207605.738K-3509066.2<0$$
$$K>0$$

由此可得,系统稳定的参数 K 的范围是 $0<K<21.39$。

从稳态性能考虑,系统在输入信号 $R(s)$ 作用下的误差传递函数为

$$\Phi_e(s)=\frac{E(s)}{R(s)}=\frac{1}{1+G_1(s)G_2(s)G_3(s)}$$

当系统稳定时,有

$$e_{ss} = \lim_{s \to 0} s\Phi_e(s)R(s)$$

$$= \lim_{s \to 0} s\frac{s[(1.7s+1)(0.005s+1)(0.001s+1)+100](s/3+1)}{s[(1.7s+1)(0.005s+1)(0.001s+1)+100](s/3+1)+2960K(s/15+1)}\frac{1}{s}$$

$$= 0$$

上式表明,系统在单位阶跃输入下的稳态误差为零,此时开环增益 K 的取值不会影响系统的稳态性能。当 $K=5$ 和 $K=0.09$ 时,系统的单位阶跃响应曲线如图 3-55 和图 3-56 所示。由图 3-55 和图 3-56 可见,当 $K=5$ 时,系统对输入信号的响应速度很快,但超调量非常大。当开环增益 K 减小至 $K=0.09$ 时,系统对输入信号的超调量减小,但响应速度变慢。因此,应根据系统对动态性能的要求选择 K 的最佳值,以使得系统响应能兼顾快速性和阻尼程度的要求。

（2）对于船载稳定平台俯仰角伺服系统,由于船舶摇摆是随机的,所有三轴平台伺服系统的输入指令也是随机信号。为了分析和设计该系统,有必要求出船载稳定平台俯仰角伺服系统的等效正弦运动及系统的等效正弦输入,并分析正弦输入信号下的系统响应。

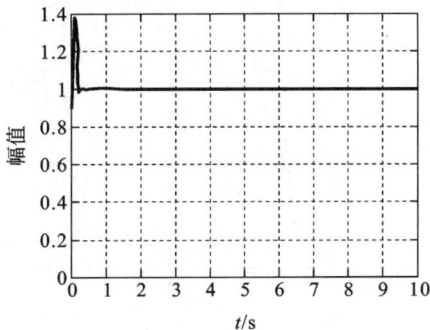

图 3-55　船载稳定平台俯仰角伺服系统 $K=5$ 时的单位阶跃响应曲线

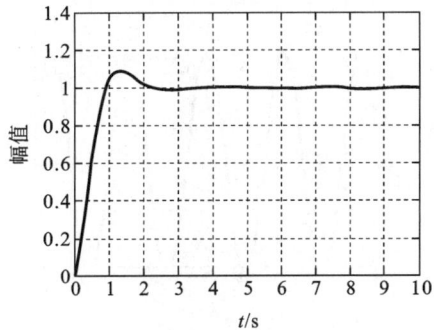

图 3-56　船载稳定平台俯仰角伺服系统 $K=0.09$ 时的单位阶跃响应曲线

这里以俯仰角伺服系统为例。设船的纵摇周期为 T_θ,纵摇角最大幅度为 θ_m,则船的纵摇等效正弦运动为

$$\theta(t) = \theta_m \sin\left(\frac{2\pi}{T}t\right)$$

于是,有

$$\dot{\theta}(t) = \frac{2\pi}{T}\theta_m \sin\left(\frac{2\pi}{T}t + \frac{\pi}{2}\right)$$

$$\ddot{\theta}(t) = -\left(\frac{2\pi}{T}\right)^2 \theta_m \sin\left(\frac{2\pi}{T}t\right)$$

由此可得

$$\dot{\theta}_m = \frac{2\pi}{T}\theta_m, \quad \ddot{\theta}_m = \left(\frac{2\pi}{T}\right)^2 \theta_m$$

设俯仰角伺服系统等效正弦输入为

$$\beta_r(t) = \beta_m \sin(\omega_\beta t)$$

于是,有
$$\dot{\beta}(t) = \omega_\beta \beta_m \sin\left(\omega_\beta t + \frac{\pi}{2}\right)$$

$$\ddot{\beta}(t) = -\omega_\beta^2 \beta_m \sin(\omega_\beta t)$$

由此可得
$$\dot{\beta}_m = \omega_\beta \beta_m, \quad \ddot{\beta}_m = \omega_\beta^2 \beta_m$$

由于俯仰角伺服系统在隔离船的纵摇运动的同时,还要实现其转向控制。设转向控制最大角速度为 $\dot{\beta}_{gm}$,则俯仰角伺服系统的等效正弦输入最大角速度为

$$\dot{\beta}_m = \theta_m + \dot{\beta}_{gm}, \quad \beta_m = \theta_m$$

于是有
$$\omega_\beta = \dot{\beta}_m / \beta_m = (\dot{\theta}_m + \dot{\beta}_{gm}) / \theta_m$$

进一步得等效正弦输入为

$$\beta_r(t) = \theta_m \sin\left(\frac{\dot{\theta}_m + \dot{\beta}_{gm}}{\theta_m} t\right)$$

设某船载稳定平台俯仰角伺服系统的参数为 $T_\theta = 3.5\ \text{s}$,$\beta_m = 5°$,$\dot{\beta}_{gm} = 5°/\text{s}$。于是,有

$$\beta_r(t) = 5\sin(2.8t)$$

本例中,设给定的俯仰角 $R(s) = \beta_r(t) = 5\sin(2.8t)$,船载稳定平台俯仰角伺服系统当 $K = 5$ 和 $K = 0.09$ 时在等效正弦输入下的系统响应曲线如图 3-57 和图 3-58 所示。

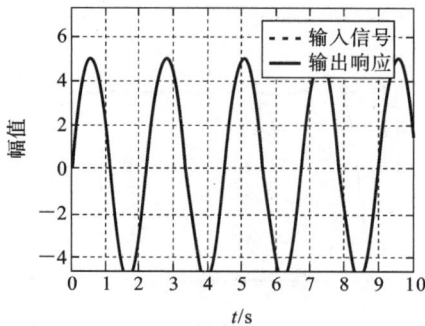

图 3-57 船载稳定平台俯仰角伺服系统当 $K = 5$ 时在等效正弦输入下的响应曲线

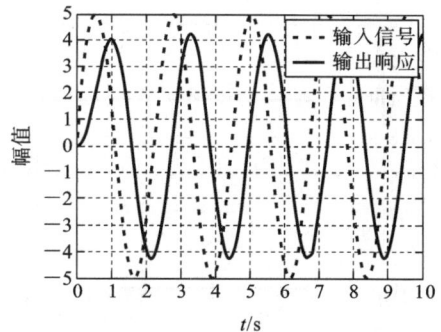

图 3-58 船载稳定平台俯仰角伺服系统当 $K = 0.09$ 时在等效正弦输入下的响应曲线

3.7.6 机械臂控制系统

【例 3-21】 一般认为,阶跃输入对系统来说是最严峻的工作状态,所以在机械臂控制系统中,选择单位阶跃信号 $R(t) = 1(t)$ 进行系统的动态性能分析。

由于 PID 控制器相当于对控制系统的校正,所以将 PID 控制器放在校正环节进行研究。经过上述分析,可以得出机械臂(不加入 PID 控制器)控制系统框图如图 3-59 所示。

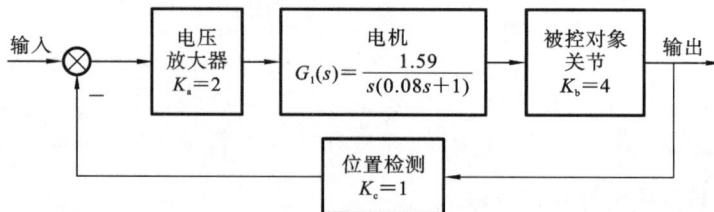

图 3-59 机械臂(不加入 PID 控制器)控制系统框图

机械臂控制系统开环传递函数为

$$G(s)=\frac{12.72}{s(0.08s+1)}$$

机械臂控制系统闭环传递函数为

$$\Phi(s)=\frac{12.72}{0.08s^2+s+12.72}$$

即

$$\Phi(s)=\frac{159}{s^2+12.5s+159}$$

由系统的传递函数，可以得

$$w_n=12.61,\quad \xi=0.50$$

系统为欠阻尼的二阶系统，特征方程根为一对具有负实部的共轭负根，即

$$s_{1,2}=-6.305\pm j10.92$$

机械臂控制系统的单位阶跃响应曲线如图 3-60 所示。

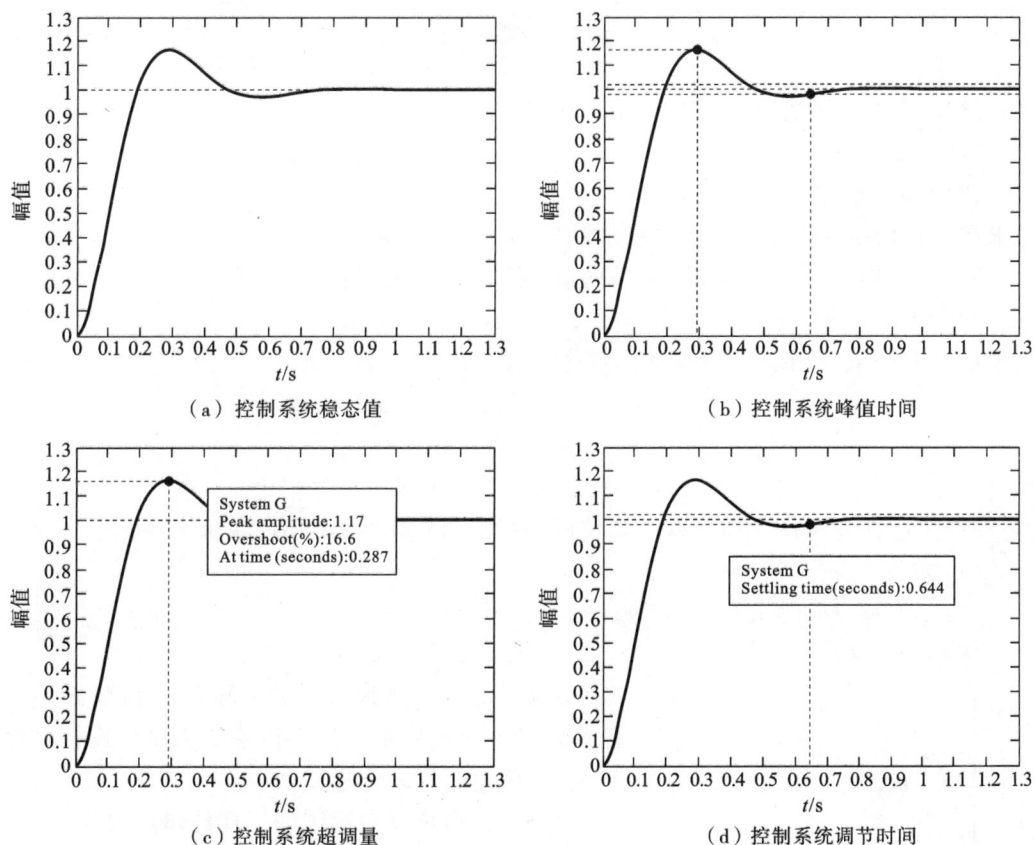

（a）控制系统稳态值　　　（b）控制系统峰值时间

（c）控制系统超调量　　　（d）控制系统调节时间

图 3-60　机械臂控制系统的单位阶跃响应曲线

上升时间 $t_r=0.1916$ s，峰值时间 $t_p=0.287$ s，调节时间 $t_s=0.644$ s，超调量 $\sigma\%=16.6476$。

由开环传递函数 $G(s)=\dfrac{12.72}{s(0.08s+1)}$ 判断得出 $\nu=1$，系统为 I 型系统，在单位阶跃输入下，系统的稳态误差为 0。

同时,可由系统闭环传递函数 $\Phi(s)=\dfrac{12.72}{0.08s^2+s+12.72}$,得

$$E(s)=\lim_{s\to 0}\frac{1}{s}\Phi_e(s)=\lim_{s\to 0}\frac{1}{s}(1-\Phi(s))=s\frac{1}{s}\frac{0.08s^2+s}{0.08s^2+s+12.72}=0$$

也可以得出系统稳态误差为 0。

由闭环传递函数得出系统的特征方程为

$$s^2+12.5s+159=0$$

列出劳斯表为

$$
\begin{array}{ccc}
s^2 & 1 & 159 \\
s^1 & 12.5 & 0 \\
s^0 & 159 &
\end{array}
$$

根据劳斯判据,第一列全为正值,系统稳定。

习 题 3

3-1 已知系统的微分方程如下:

(1) $0.2\dot{c}(t)=2r(t)$;

(2) $0.04\ddot{c}(t)+0.24\dot{c}(t)+c(t)=r(t)$。

试求在零初始条件下系统的单位脉冲响应和单位阶跃响应。

3-2 设某高阶系统可用下列一阶微分方程近似描述:

$$T\dot{c}(t)+c(t)=\tau\dot{r}(t)+r(t)$$

式中:$0<T-\tau<1$。试证明系统的动态性能指标为

$$t_d=\{0.693-\ln T+\ln(T-\tau)\}T$$

$$t_r=2.2T$$

$$t_s=\{3+\ln(T-\tau)\}T$$

3-3 已知各单位反馈系统的单位脉冲响应,试求系统闭环传递函数 $\Phi(s)$。

(1) $c(t)=0.0125e^{-1.25t}$;

(2) $c(t)=5t+10\sin(4t+45°)$;

(3) $c(t)=0.1(1-e^{-t/3})$。

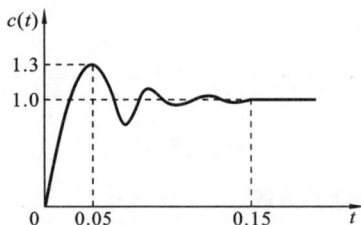

题 3-4 图　某二阶系统的单位
阶跃响应曲线

3-4 由实验测得某二阶系统的单位阶跃响应曲线如题 3-4 图所示。如果该系统为单位反馈控制系统,试确定其开环传递函数。

3-5 设单位反馈系统的开环传递函数为

$$G(s)=\frac{0.4s+1}{s(s+0.6)}$$

试求系统在单位阶跃输入下的动态性能。

3-6 已知二阶系统的单位阶跃响应为

$$c(t)=10-12.5e^{-1.2t}\sin(1.6t+53.1°)$$

试求系统的超调量 $\sigma\%$、峰值时间 t_p 和调节时间 t_s。

3-7 已知控制系统的单位阶跃响应为

$$c(t)=1+0.2\mathrm{e}^{-60t}-1.2\mathrm{e}^{-10t}$$

试确定系统的阻尼比 ξ 和无阻尼自振频率 ω_n。

3-8 设某单位负反馈的角速度指示随动系统的开环传递函数为

$$G(s)=\frac{K}{s(0.1s+1)}$$

（1）求阻尼比 $\xi=0.5$ 时的 K 值；

（2）当 $K=5$ 时，求系统动态性能指标 t_p、t_s 和 $\sigma\%$；

（3）若要求系统单位阶跃响应无超调，且调节时间尽可能短，则开环增益 K 应取何值？调节时间 t_s 是多少？

3-9 设控制系统结构图如题 3-9 图所示。如果要求系统的最大超调量 $\sigma\%=15\%$，上升时间 $t_r=0.54$ s。试确定放大系数 K_1 和反馈系数 K_f 的数值，并求出在此情况下系统的峰值时间 t_p 和调整时间 t_s（取允许误差带为稳态值的 $\pm 2\%$）。

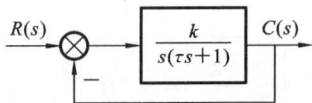

3-10 某单位负反馈位置随动系统结构图如题 3-10 图所示，其中，$k=40$，$\tau=0.1$。

（1）求系统的开环极点和闭环极点；

（2）当输入为单位阶跃函数时，求系统的自然频率 ω_n 和阻尼比 ξ。

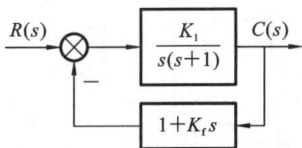

题 3-9 图　控制系统结构图　　　　题 3-10 图　某单位负反馈位置随动系统结构图

3-11 已知系统结构图如题 3-11 图所示，$r(t)=2 \cdot 1(t)$。

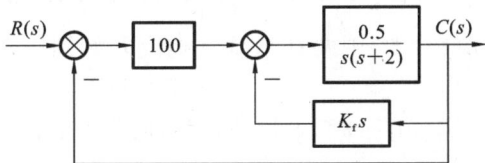

题 3-11　系统结构图

（1）当 $k_f=1$ 时，求系统的超调量 $\sigma\%$ 和调节时间 t_s；

（2）当 k_f 不等于零时，若要使 $\sigma\%=20\%$，则 k_f 应为多大？此时的调整时间 t_s 为多少？

（3）比较上述两种情况，说明内反馈 $k_f s$ 的作用是什么？

3-12 已知系统的两种控制方案如题 3-12 图所示，其中，$T>0$ 不可改变。

（1）在两种方案中，参数 K_1、K_2 和 K_3 如何影响系统的动态性能？

（2）比较两种结构方案的特点。

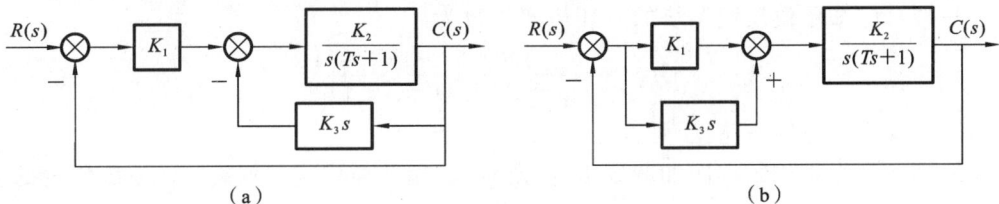

题 3-12 图　系统的两种控制方案

3-13 某电子心脏起搏器心律控制系统如题 3-13 图所示,其中模仿心脏的传递函数相当于一个纯积分环节。

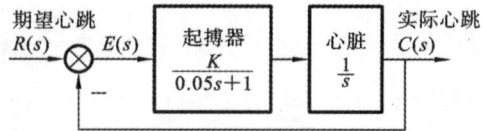

（a）电子心脏起搏器外形图　　　（b）电子心脏起搏器心律控制系统结构图

题 3-13 图　某电子心脏起搏器心律控制系统

(1) 若 $\xi=0.5$ 对应最佳响应,则起搏器增益 K 应取多大?

(2) 若期望心速为 60 次/min,并突然接通起搏器,则 1 s 后实际心速为多少?瞬时最大心速多大?

3-14 在许多化学过程中,反应槽内的温度要保持恒定,题 3-14 图(a)和(b)分别为开环和闭环温度控制系统的结构图,两种系统正常的 K 值为 1。

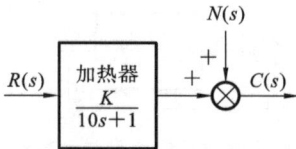

（a）开环温度控制系统的结构图　　　（b）闭环温度控制系统的结构图

题 3-14 图　开环和闭环温度控制系统的结构图

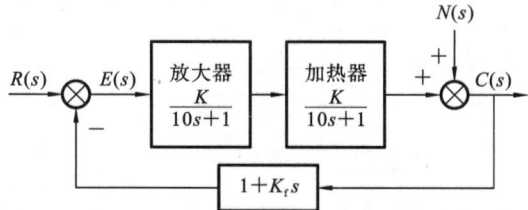

(1) 若 $r(t)=1(t),n(t)=0$,则两种系统从响应开始到稳态温度值的 63.2% 各需多长时间?

(2) 当有阶跃扰动 $n(t)=0.1$ 时,求扰动对两种系统的温度影响。

3-15 已知系统的特征方程为

$$3s^4+10s^3+5s^2+s+2=0$$

试用劳斯稳定判据判断系统的稳定性。

3-16 已知系统的特征方程如下:

(1) $s^5+3s^4+12s^3+24s^2+32s+48=0$;

(2) $s^6+4s^5-4s^4+4s^3-7s^2-8s+10=0$;

(3) $s^5+3s^4+12s^3+20s^2+35s+25=0$。

试求系统在 s 右半平面的根数及虚根值。

3-17 已知单位反馈系统的开环传递函数为

$$G(s)=\frac{K(0.5s+1)}{s(s+1)(0.5s^2+s+1)}$$

试确定系统稳定时的 K 值范围。

3-18 已知系统结构图如题 3-18 图所示,试用劳斯稳定判据确定使系统稳定的参数 τ 的取值范围。

3-19 设单位反馈系统的开环传递函数为

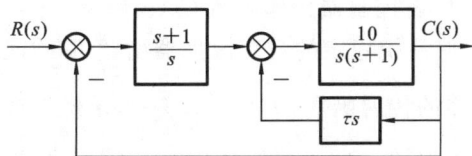

题 3-18 图　系统结构图

$$G(s)=\frac{K(s+1)}{s(Ts+1)(2s+1)}$$

试确定使系统稳定的 K 和 T 值的范围,并绘出稳定区域(用阴影线表示)。

3-20　设单位反馈系统的开环传递函数为

$$G(s)=\frac{K}{s(Ts+1)}$$

要求系统的所有特征根均位于 s 平面上垂线 $s=-2$ 的左侧区域,且阻尼比 ξ 不小于 0.5。试绘出系统的特征根在 s 平面上的分布范围(用阴影线表示),并求出 K、T 的取值范围。

3-21　题 3-21 图是某垂直起降飞机的高度控制系统结构图,试确定使系统稳定的 K 值范围。

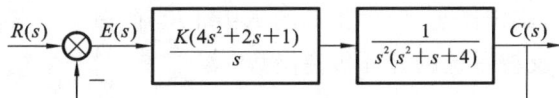

题 3-21 图　某垂直起降飞机的高度控制系统结构图

3-22　已知单位反馈系统的开环传递函数为

$$G(s)=\frac{K}{s(s+3)(s+5)}$$

要求系统特征根的实部不大于 -2,试确定开环增益的取值范围。

3-23　已知单位负反馈系统的开环传递函数为

$$G(s)=\frac{K(s+1)}{s^3+as^2+2s+1}$$

试确定 K 和 a 的值,使系统以 2 rad/s 的频率持续振荡。

3-24　题 3-24 图为核反应堆石墨棒位置控制系统结构图。图中,$R(s)$ 为希望辐射水平,$C(s)$ 为实际辐射水平。为获得希望的辐射水平,设增益 4.4 就是石墨棒位置和辐射水平的变换系数,传感器的传递函数 $H(s)=\dfrac{1}{Ts+1}$,其中,辐射传感器的时间常数为

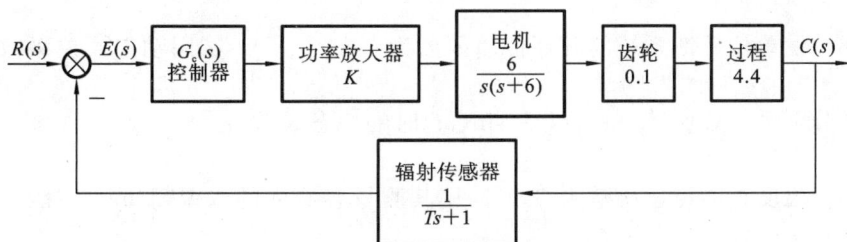

题 3-24 图　核反应堆石墨棒位置控制系统结构图

τ(单位为 s),直流增益为 1,设控制器传递函数 $G_c(s)=1$。

(1) 当 $\tau=0.1$ 时,求使系统稳定的功率放大器增益 K 的取值范围;

(2) 设 $K=20$,传感器的传递函数 $H(s)=\dfrac{1}{Ts+1}$,求使系统稳定的 τ 的取值范围。

3-25 题 3-25 图为船舶横摇镇定系统结构图,引入内环速度反馈的目的是增加船的阻尼。

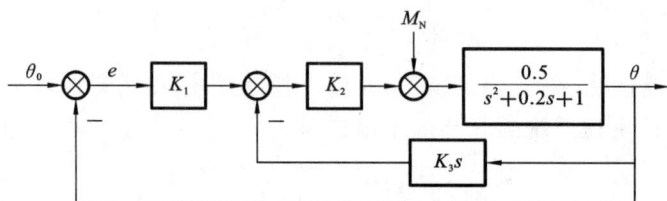

题 3-25 图 船舶横摇镇定系统结构图

(1) 求海浪扰动力矩对船只倾斜角的传递函数 $\dfrac{\Theta(s)}{M_N(s)}$;

(2) 保证 M_N 为单位阶跃函数的倾斜角 θ 的值不超过 0.1,且系统的阻尼比为0.5,求 K_2、K_1 和 K_3 应满足的方程;

(3) 当 $K_2=1$ 时,确定满足(2)中指标的 K_1 和 K_3 的值。

3-26 已知单位反馈系统的开环传递函数:

(1) $G(s)=\dfrac{100}{(0.1s+1)(s+5)}$;

(2) $G(s)=\dfrac{50}{s(0.1s+1)(s+5)}$;

(3) $G(s)=\dfrac{10(2s+1)}{s^2(s^2+6s+100)}$。

试求输入分别为 $r_1(t)=2t$ 和 $r_2(t)=2+2t+t^2$ 时系统的稳态误差。

3-27 已知单位反馈系统的开环传递函数:

(1) $G(s)=\dfrac{50}{(0.1s+1)(2s+1)}$;

(2) $G(s)=\dfrac{K}{s(s^2+4s+200)}$;

(3) $G(s)=\dfrac{10(2s+1)(4s+1)}{s^2(s^2+2s+10)}$。

试求静态位置误差系数 K_p、静态速度误差系数 K_v 和静态加速度误差系数 K_a。

3-28 设单位反馈系统的开环传递函数为 $G(s)=\dfrac{1}{Ts}$。试用动态误差级数法求当输入信号分别为 $r_1(t)=\dfrac{t^2}{2}$ 和 $r_2(t)=\sin(2t)$ 时的稳态误差。

3-29 温度计的传递函数为 $\dfrac{1}{Ts}+1$,用其测量容器内的水温,1 min 才能显示出该温度的 98% 的数值。若加热容器使水温按 10 ℃/min 的速度匀速上升,温度计的稳态指示误差有多大?

3-30 已知控制系统如题 3-30 图所示。其中，$G(s)=K_p+\dfrac{K}{s}$，$F(s)=\dfrac{1}{Js}$，输入

$r(t)$ 及扰动 $n_1(t)$ 和 $n_2(t)$ 均为单位阶跃函数。试求：

(1) 响应 $r(t)$ 的稳态误差；

(2) 响应 $n_1(t)$ 的稳态误差；

(3) 同时响应 $n_1(t)$ 和 $n_2(t)$ 的稳态误差。

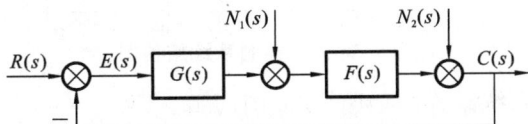

题 3-30 图　控制系统结构图

3-31 设某闭环传递函数的一般形式为

$$\Phi(s)=\frac{G(s)}{1+G(s)H(s)}=\frac{b_m s^m+b_{m-1}s^{m-1}+\cdots+b_1 s+b_0}{s^n+a_{n-1}s^{n-1}+\cdots+a_1 s+a_0}$$

误差定义取 $e(t)=r(t)-c(t)$。试证明：

(1) 系统在阶跃信号输入下，稳态误差为零的充分条件是 $b_0=a_0,b_i=0(i=1,2,$
$\cdots,m)$；

(2) 系统在速度信号输入下，稳态误差为零的充分条件是 $b_0=a_0,b_1=a_1,b_i=0$ $(i$
$=2,3,\cdots,m)$。

3-32 设单位负反馈系统的开环传递函数为

$$G(s)=\frac{K}{s(Ts+1)(s+1)}, \quad K>0, \quad T>0$$

(1) 试确定使系统稳定的 K 和 T 的取值范围，并在 K-T 坐标系中画出该区域；

(2) 计算在输入 $r(t)=t\cdot 1(t)$ 作用下系统的稳态误差。

3-33 设控制系统结构图如题 3-33 图所示，已知 $r(t)=n(t)=1(t)$，试求：

(1) 当 $K=40$ 时，系统的稳态误差；

(2) 当 $K=20$ 时，系统的稳态误差；

(3) 在扰动作用点之前的前向通道中引入积分环节对结果有何影响？在扰动作用
点之后呢？

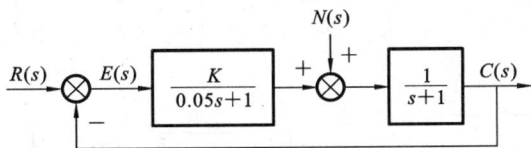

题 3-33 图　控制系统结构图

3-34 已知单位反馈系统的闭环传递函数为

$$\Phi(s)=\frac{5s+200}{0.01s^3+0.502s^2+6s+200}$$

设输入 $r(t)=5+20t+10t^2$，求其动态误差表达式。

3-35 控制系统结构图如题 3-35 图所示。其中 $K_1,K_2>0,\beta\geqslant 0$。试分析：

(1) β 值变化（增大）对系统稳定性的影响；

（2）β 值变化(增大)对动态性能($\sigma\%,t_s$)的影响；

（3）β 值变化(增大)对 $r(t)=at$ 作用下稳态误差的影响。

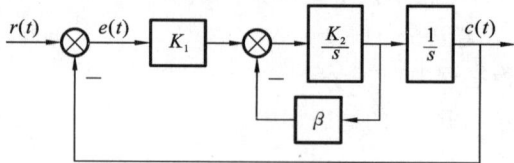

题 3-35 图　控制系统结构图

3-36　已知控制系统结构图如题 3-36 图所示。

（1）确定使得系统稳定的参数 K 的值；

（2）为使系统特征根全部位于 s 平面 $s=-1$ 的左侧，K 应取何值？

（3）当 $r(t)=2t+2$ 时，若要求系统稳态误差 $e_{ss}\leqslant0.25$，则 K 应取何值？

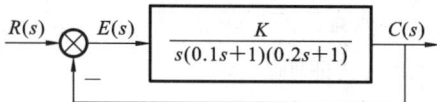

题 3-36 图　控制系统结构图

3-37　已知某控制系统结构图如题 3-37 图(a)所示，其单位阶跃响应曲线如题 3-37图(b)所示，系统的稳态位置误差 $e_{ss}=0$。试确定 K、ν 和 T 的值。

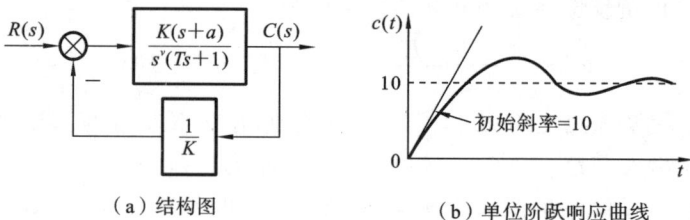

（a）结构图　　　　　　（b）单位阶跃响应曲线

题 3-37 图　某控制系统结构图及其单位阶跃响应曲线

3-38　已知控制系统结构图如题 3-38 图所示。

（1）若希望原系统(见题 3-38 图(a))的全部闭环极点位于垂线 $s=-2$ 之左，且 $\xi\geqslant0.5$，试求满足条件的 K 和 T 的取值范围，并在 s 平面中画出相应的区域；

（2）对于改进系统(见题 3-38 图(b))，若要使其响应 $r(t)=t$ 的 $e_{ss}=0$，求此时的 K 值。

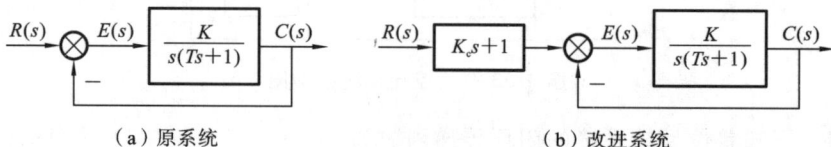

（a）原系统　　　　　　　　（b）改进系统

题 3-38 图　控制系统结构图

3-39　宇航员机动控制系统结构图如题 3-39 图所示。其中控制器可以用增益 K_2 来表示，宇航员及其装备的总转动惯量 $I=25$ kg·m²。

（1）当输入为斜坡信号 $r(t)=t$ 时，试确定 K_3 的取值，使系统稳态误差 $e_{ss}=1$（单

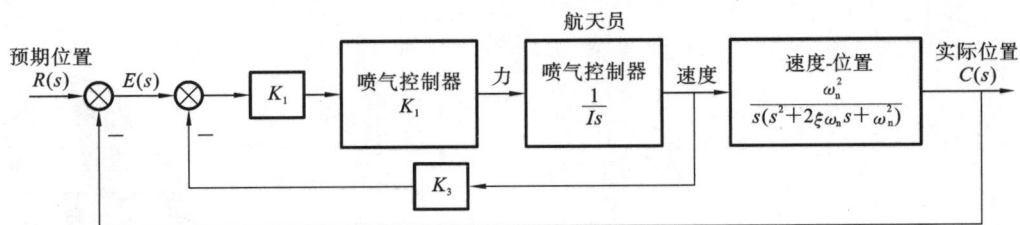

题 3-39 图 宇航员机动控制系统结构图

位为 cm);

(2) 采用(1)中的 K_3 值,试确定 K_1、K_2 的取值,使系统超调量 $\sigma\%$ 限制在 10% 以内。

3-40 大型天线伺服系统结构图如题 3-40 图所示,其中,$\xi = 0.707$,$\omega_n = 15$,$T = 0.15\ \text{s}$。

(1) 当干扰 $n(t) = 10 \cdot 1(t)$,输入 $r(t) = 0$ 时,为保证系统的稳态误差小于 0.01,试确定 K_a 的取值;

(2) 当系统开环工作($K_a = 0$),且输入 $r(t) = 0$ 时,确定由干扰 $n(t) = 10 \cdot 1(t)$ 引起的系统响应的稳态值。

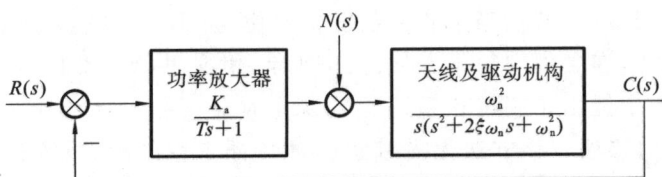

题 3-40 图 大型天线伺服系统结构图

4

线性系统的根轨迹法

由线性系统的时域分析可知,控制系统的性能取决于其闭环传递函数。这是因为,线性系统的稳定性取决于闭环特征方程的根在 s 平面上的分布。当闭环系统没有零点与极点相消时,闭环特征方程的根就是闭环传递函数的极点,即闭环极点;而系统的动态性能和稳态性能与闭环零点和极点在 s 平面上的分布位置有密切关系。

一般来说,当闭环特征方程的阶数较高时,采用解析法求取系统的闭环特征方程的根通常是比较困难的,特别当系统参数发生变化,且不能兼顾参数变化时对闭环特征方程的影响趋势,在工程中很不方便。1948 年,伊文思(W. R. Evans)在《控制系统的图解分析》一文中提出了一种在系统参数变化时分析和设计线性定常控制系统的图解方法——根轨迹法。该方法无需求解闭环特征方程的根,只需根据反馈控制系统的开环、闭环传递函数之间的关系,由已知的开环零点、极点研究参数变化对闭环特征方程根(闭环极点)的分布的影响。根轨迹法使用十分简便,特别在进行多回路系统的分析时,应用根轨迹法比用其他方法更为方便、直观,因此在控制工程中获得了广泛应用。

本章主要围绕根轨迹法的基本概念、根轨迹的绘制及系统性能的根轨迹法分析等方面展开研究。重点探讨绘制根轨迹的基本规则及系统性能的根轨迹法分析。

【本章重点】

● 熟练掌握根据闭环特征方程求根轨迹方程的方法,并能将其转化为相角条件和幅值条件;

● 理解并牢记绘制根轨迹的基本规则,在此基础上,能根据已知的开环传递函数绘制各种系统的概略根轨迹图;

● 掌握根轨迹法分析系统性能的方法;理解闭环零点、极点以及开环零点、极点分布对系统的根轨迹及其性能的影响。

4.1 根轨迹的基本概念

本节主要介绍根轨迹的基本概念、根轨迹与系统性能之间的关系,并从闭环零点、极点与开环零点、极点之间的关系推导出根轨迹方程,并转化为常用的相角条件和幅值条件形式,为后续绘制根轨迹奠定基础。

4.1.1 反馈控制系统的根轨迹

根轨迹是当开环系统某一或多个参数从零变化到无穷时,闭环特征方程的根(闭环极点)在 s 平面上移动的轨迹。为具体说明根轨迹的概念,设控制系统结构图如图 4-1 所示,则其开环传递函数为

$$G(s)=\frac{K}{s(0.5s+1)}=\frac{k}{s(s+2)}$$

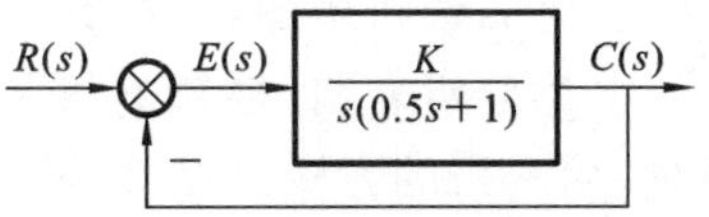

图 4-1 控制系统结构图

式中:K 为开环增益;参数 $k=2K$ 为开环传递函数写成零点、极点形式时的增益系数,称为根轨迹增益。显然,闭环传递函数为

$$\Phi(s)=\frac{k}{s^2+2s+k}$$

于是,闭环特征方程可写为

$$D(s)=s^2+2s+k=0$$

显然,闭环特征方程的根为

$$s_{1,2}=-1\pm\sqrt{1-k}$$

可见,闭环特征方程的根随 k 的变化而变化。如果令 k 从零变化到无穷,可用解析方法求得闭环极点的全部数值。当 $k=0$ 时,$s_1=0$,$s_2=-2$,开环、闭环极点相同;当 $k=1$ 时,$s_1=s_2=-1$;当 k 继续增大,$s_{1,2}=-1\pm$j$\sqrt{k-1}$ 为实部为 -1 而虚部随 k 增大而增大的共轭复极点。将这些数值标在 s 平面上,并连成光滑的粗实线,如图 4-2 所示。图 4-2 中,粗实线称为系统的根轨迹,根轨迹上的箭头方向表示闭环特征根随 k 增大而增大时的变化趋势,而标注的数值则代表与闭环极点位置相应的 k 值。

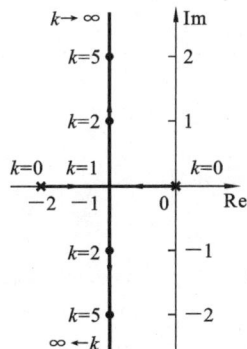

图 4-2 二阶系统根轨迹图

由图 4-2 可见,根轨迹图清晰地反映出闭环特征根随根轨迹增益 k 从零变化到无穷时在 s 平面的变化情况,根据根轨迹图可以立即分析系统的性能。下面以图 4-2 为例进行说明。

(1)稳定性:当 $0<k<\infty$ 时,图 4-2 中的根轨迹不会越过虚轴进入 s 右半平面,因此系统是稳定的,这与在 3.5 节的稳定性结论完全相同。若分析其他系统的根轨迹图,那么根轨迹有可能越过虚轴进入 s 右半平面。此时,根轨迹与虚轴交点处的 k 值为临界稳定时的根轨迹增益。

(2)动态性能:当 $0<k<1$ 时,闭环特征根为两个不等的负实根,系统呈过阻尼状态,单位阶跃响应为单调上升过程;当 $k=1$ 时,闭环特征根为一对相等的负实根,系统呈临界阻尼状态,单位阶跃响应为单调上升,但响应速度较 $0<k<1$ 情况快;当 $k>1$ 时,闭环特征根为一对负实部的共轭复根,系统呈欠阻尼状态,单位阶跃响应为衰减的阻尼振荡,且超调量随 k 值的增大而增大,但调节时间不会显著变化。

(3)稳态性能:由图 4-2 可见,开环系统在坐标原点有一个极点,系统属Ⅰ型系统,因而由根轨迹上任一点对应的根轨迹增益 k 可求出开环增益 K,即静态速度误差系数。若对给定系统的稳态误差有要求,则由根轨迹图可以确定闭环极点位置的容许范围。

在一般情况下,根轨迹图上标注出的参数为根轨迹增益。考虑到开环增益和根轨迹增益仅相差一个比例常数,容易进行换算。对于图 4-1 的系统,若绘制随开环增益 K 从零变化到无穷时的根轨迹,只需将图 4-2 中标注出的 k 值经 $k = 2K$ 换成开环增益 K 值,其他不变,由 K 从零变化到无穷时的根轨迹分析系统的性能结果同上。对于其他参数变化的根轨迹图,情况类似。

上述分析表明,根轨迹与系统性能之间确实有着比较密切的联系。然而,对于高阶系统,用解析的方法绘制系统的根轨迹图,显然是不适用的。因此,有必要研究根据已知的开环传递函数迅速绘出闭环系统根轨迹的方法。为此,需研究闭环零点、极点与开环零点、极点之间的关系。

4.1.2 闭环零点、极点与开环零点、极点之间的关系

由于已知开环零点、极点,因此建立开环零点、极点与闭环零点、极点之间的关系,有助于绘制闭环系统根轨迹,并由此导出根轨迹方程。设控制系统结构图如图 4-3 所示,其闭环传递函数为

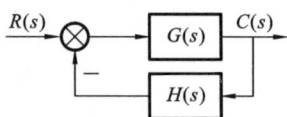

图 4-3 控制系统结构图

$$\Phi(s) = \frac{G(s)}{1 + G(s)H(s)} \tag{4.1}$$

通常,前向通路传递函数 $G(s)$ 和反馈通路传递函数 $H(s)$ 可表示成如下的零点、极点标准形式:

$$G(s) = \frac{K_G(\tau_1 s + 1)(\tau_2^2 s^2 + 2\xi_1 \tau_2 s + 1)\cdots}{s^\nu (T_1 s + 1)(T_2^2 s^2 + 2\xi_2 T_2 s + 1)\cdots} = \frac{k_G \displaystyle\prod_{i=1}^{f}(s - z_i)}{\displaystyle\prod_{i=1}^{q}(s - p_i)}$$

式中:K_G 和 k_G 为前向通路的开环增益和根轨迹增益。而

$$H(s) = \frac{k_H \displaystyle\prod_{j=1}^{l}(s - z_j)}{\displaystyle\prod_{j=1}^{h}(s - p_j)}$$

式中:k_H 为反馈通路根轨迹增益。于是,系统的开环传递函数可表示为

$$G(s)H(s) = \frac{k \displaystyle\prod_{i=1}^{f}(s - z_i) \displaystyle\prod_{j=1}^{l}(s - z_j)}{\displaystyle\prod_{i=1}^{q}(s - p_i) \displaystyle\prod_{j=1}^{h}(s - p_j)} \tag{4.2}$$

式中:$k = k_G k_H$ 为开环系统根轨迹增益。对于有 m 个开环零点和 n 个开环极点的系统,必有 $f + l = n$ 和 $q + h = m$。于是,图 4-3 的系统闭环传递函数为

$$\Phi(s) = \frac{k_G \displaystyle\prod_{i=1}^{f}(s - z_i) \displaystyle\prod_{j=1}^{h}(s - p_j)}{\displaystyle\prod_{i=1}^{n}(s - p_i) + k \displaystyle\prod_{j=1}^{m}(s - z_j)} \tag{4.3}$$

比较式(4.2)和式(4.3),可得如下结论。

(1)闭环零点由开环前向通路传递函数的零点和反馈通路传递函数的极点组成。对于单位反馈系统,闭环零点就是开环零点。

(2)闭环极点与开环零点、极点以及根轨迹增益 k 均有关。

根轨迹法的基本任务就是,由已知的开环零点、极点的分布及根轨迹增益通过图解的方法找出闭环极点。一旦闭环极点确定,闭环传递函数的形式便不难确定,因为闭环零点可由式(4.2)直接得到。在已知闭环传递函数的情况下,闭环系统的时间响应可利用拉氏反变换的方法求出,从而分析系统性能。下面只需研究由开环零点、极点确定闭环极点的方法。

4.1.3　根轨迹方程

根轨迹是随参数变化而变化的闭环特征根的轨迹,是系统所有闭环极点的集合,因此,根轨迹上的点必须遵循系统闭环特征方程,闭环特征方程即根轨迹方程。设负反馈控制系统如图 4-1 所示,令式(4.1)的闭环传递函数的分母为零,其闭环系统特征方程为

$$D(s) = 1 + G(s)H(s) = 0 \tag{4.4}$$

将上式写成如下形式:

$$G(s)H(s) = -1 \tag{4.5}$$

式中:$G(s)H(s)$ 为含参变量的系统开环传递函数。通常,式(4.5)称为负反馈系统的根轨迹方程。显然,式(4.5)明确了系统的开环传递函数与闭环极点之间的关系。系统开环传递函数可化成如下的零点、极点标准形式:

$$G(s)H(s) = \frac{k \prod_{j=1}^{m}(s - z_j)}{\prod_{i=1}^{n}(s - p_i)} \tag{4.6}$$

式中:$z_j(j = 1, 2, \cdots, m)$ 为开环零点;$p_i(i = 1, 2, \cdots, n)$ 为开环极点;k 从零到无穷变化,为开环系统根轨迹增益。特别指出,式(4.6)必须具有如下特征:变化的参数必须是系统开环传递函数分子的实比例系数;$m \leqslant n$;将开环传递函数写成零点、极点形式后,s 项的系数必为 $+1$。于是,可得如下的根轨迹方程标准形式:

$$G(s)H(s) = \frac{k \prod_{j=1}^{m}(s - z_j)}{\prod_{i=1}^{n}(s - p_i)} = -1 \tag{4.7}$$

显然,式(4.7)明确了开环零点、极点与闭环极点之间的关系。根据式(4.7),可以绘出 k 从零变化到无穷时系统的连续根轨迹。

根轨迹方程实质上是一个向量方程,直接使用很不方便。考虑到

$$-1 = 1e^{j(2l+1)\pi}, \quad l = 0, \pm 1, \pm 2, \cdots$$

因此,根轨迹方程式(4.7)可用如下两个方程描述:

$$\sum_{j=1}^{m} \angle (s - z_j) - \sum_{i=1}^{n} \angle (s - p_i) = (2l+1)\pi, \quad l = 0, \pm 1, \pm 2, \cdots \tag{4.8}$$

$$k = \frac{\prod_{i=1}^{n} |s - p_i|}{\prod_{j=1}^{m} |s - z_j|} \tag{4.9}$$

式(4.8)和式(4.9)是根轨迹上的点应该同时满足的两个条件,前者称为相角条件;后者称为幅值(或模值)条件。比较式(4.8)和式(4.9)可见,幅值条件与根轨迹增益 k

有关,而相角条件却与 k 无关。这意味着:在 s 平面上满足相角条件的点,必定也同时满足幅值条件。因此,相角条件是确定 s 平面上一点是否在根轨迹上的充分必要条件。在绘制根轨迹时只需要使用相角条件;而当需要确定根轨迹上某一点的 k 值时,才使用幅值条件。若按式(4.8)绘制的根轨迹,其相角遵循 $180°+2l\pi$ 的条件,则其称为 $180°$ 根轨迹。

【例 4.1】 已知负反馈系统的开环传递函数为

$$G(s)H(s)=\frac{2k}{(s+2)^2}$$

试证明 $s_{1,2}=-2\pm j4$ 是该系统根轨迹上的点。

证明 该系统的开环极点有两个,且 $p_{1,2}=-2$,无零点。图 4-4 为系统开环零点、极点图。若 $s_{1,2}$ 为系统根轨迹上的点,应满足式(4.8),即

$$0°-\angle(s-p_1)-\angle(s-p_2)=(2l+1)\pi, \quad l=0,\pm1,\pm2,\cdots$$

以 s_1 为试验点,可得

$$-\angle(s_1-p_1)-\angle(s_1-p_2)=-90°-90°=(2l+1)\pi, \quad l=-1$$

同理,以 s_2 为试验点,可得

$$-\angle(s_2-p_1)-\angle(s_2-p_2)=90°+90°=(2l+1)\pi, \quad l=0$$

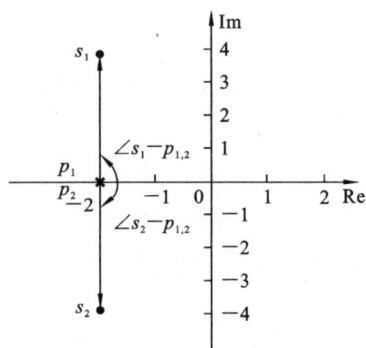

图 4-4 系统开环零点、极点图

由此可见,s_1、s_2 点是系统根轨迹上的点。

实际工程中,某些控制系统的根轨迹的绘制,其相角遵循 $0°+2l\pi$ 的条件。一般说来,产生这种根轨迹的来源有两个方面。其一是非最小相位系统中包含 s 最高次幂的系数为负的因子。这是由于被控对象(如飞机、导弹)本身的特性所产生的,或者是在系统结构图变换过程中所产生的。所谓的非最小相位系统的定义和特性将在下一章详细介绍。其二是控制系统中包含有正反馈内回路。这是由于某种性能指标要求,使得在复杂的控制系统设计中,必须包含正反馈内回路。这里,以正反馈系统为例,设某个复杂的正反馈控制系统如图 4-5 所示,其中内回路采用正反馈,这种系统通常由外回路加以稳定。为了分析整个控制系统的性能,首先要确定内回路的零点、极点。当用根轨迹法确定内回路的零点、极点时,其内回路同图 4-6 的正反馈系统。对于图 4-6 的正反馈系统,其闭环系统特征方程为

$$D(s)=1-G(s)H(s)=0 \tag{4.10}$$

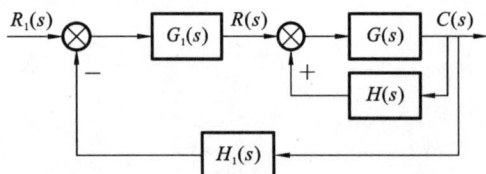

图 4-5 复杂控制系统结构图

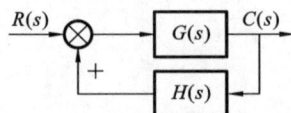

图 4-6 某个复杂的正反馈控制系统

将式(4.10)写成如下形式:

$$G(s)H(s)=1 \tag{4.11}$$

通常,称式(4.11)为正反馈系统的根轨迹方程。开环传递函数化成形如式(4.6)的标准形式后,得到如下的根轨迹方程标准形式:

$$G(s)H(s) = \frac{k \prod\limits_{j=1}^{m}(s-z_j)}{\prod\limits_{i=1}^{n}(s-p_i)} = 1 \qquad (4.12)$$

此时,根轨迹方程式的相角条件和幅值条件为

$$\sum_{j=1}^{m} \angle(s-z_j) - \sum_{i=1}^{n} \angle(s-p_i) = 2l\pi, \quad l = 0, \pm 1, \pm 2, \cdots \qquad (4.13)$$

$$k = \frac{\prod\limits_{i=1}^{n}|s-p_i|}{\prod\limits_{j=1}^{m}|s-z_j|}$$

若按式(4.13)绘制的根轨迹,其相角遵循 $0° + 2l\pi$ 的条件,则其一般称为零度根轨迹。

需要特别指出,只要反馈控制系统的闭环特征方程可以化成式(4.7)或式(4.12)的形式,就可以绘制其根轨迹。其中,处于变动地位的实参数并不限定是根轨迹增益,也可以是系统其他参变量。但是,用式(4.7)和式(4.12)形式表达的开环零点和开环极点,在 s 平面上的位置必须是确定的,否则无法绘制根轨迹。一般说来,以根轨迹增益为参变量绘制的根轨迹为常规根轨迹。若参变量为开环传递函数的其他参数(详见4.2.3 节),则绘制的根轨迹可等效为随等效根轨迹增益变化的常规根轨迹(见4.1.4节)。因此,实际绘制根轨迹时,变化的参数均可为根轨迹增益。此外,当需绘制一个以上的参数变化的根轨迹图时,绘的不再是简单的根轨迹,而是根轨迹簇。

4.1.4 根轨迹法的一般步骤

综上所述,线性系统的根轨迹法的一般步骤可以总结如下。

步骤 1 列写系统的闭环特征方程为

$$D(s) = 1 \pm G(s)H(s) = 0 \qquad (4.14)$$

式中:"+"号对应负反馈系统,"-"号对应正反馈系统。

步骤 2 将闭环特征方程式(4.14)等效转化,转化成形如式(4.7)或式(4.12)的根轨迹方程标准形式,并确保变化的参数放在根轨迹增益的位置上。具体方法:首先,从根轨迹方程式(4.14)出发,将含开环传递函数 $G(s)H(s)$ 中参变量的项单独放于等式左侧,并用不含该参数的多项式除方程的两边,从而将参变量放在了等式左侧分子中并作为比例系数,即参变量放于式(4.6)根轨迹增益的位置上,而同时也确保了等式右侧为 ±1;然后,将等式左侧的开环传递函数或等效开环传递函数按式(4.6)化成零点、极点形式,由此将根轨迹方程转化成式(4.7)或式(4.12)的根轨迹方程标准形式,并明确此时系统根轨迹增益与参变量的关系式。

步骤 3 由标准形式的根轨迹方程,若等式右侧为 -1,则需绘制180°根轨迹;若为 $+1$,则需绘制 0°根轨迹。

【例 4-2】 已知系统结构图如图 4-7 所示,试求参变量 a 变化时根轨迹方程的标准形式。

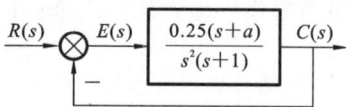

图 4-7 系统结构图

解 由题意得系统的开环传递函数为

$$G(s)H(s)=\frac{0.25(s+a)}{s^2(s+1)}$$

显然,参变量 a 为非根轨迹增益。闭环特征方程为

$$D(s)=s^3+s^2+0.25s+0.25a=0$$

将上式中含 a 的项单独放于等式左侧,并用不含 a 的多项式除方程的两边,可得

$$\frac{0.25a}{s(s^2+s+0.25)}=-1$$

对比可见,等式左侧与系统开环传递函数明显不同,故称其为等效开环传递函数。将等式左侧的等效开环传递函数写成零点、极点形式,得标准形式的根轨迹方程如下:

$$\frac{k}{s(s+0.5)^2}=-1$$

式中:$k=0.25a$ 为等效根轨迹增益,且随参变量 a 从零变化到无穷。基于此根轨迹方程,需绘制当 $k=0.25a$ 从零变化到无穷时的180°根轨迹。

　　步骤 4 由标准形式的根轨迹方程,按照其相应的根轨迹绘制规则绘制根轨迹。

　　步骤 5 根据根轨迹图分析控制系统的性能。

4.2　根轨迹的概略绘制

　　本节讨论根轨迹法中根轨迹的概略绘制以及闭环极点的确定方法,重点放在概略绘制根轨迹的基本规则的叙述和证明上。

　　为方便研究,下面的讨论中假定所研究的参变量为根轨迹增益,当参变量为系统其他参数时,这些基本规则仍然适用。若相角遵循180°$+2l\pi$ 的条件,需要绘制180°根轨迹,则通常当参变量为根轨迹增益时绘制的180°根轨迹称为标准根轨迹,除此之外的根轨迹统称为广义根轨迹。所以,当参变量为根轨迹增益时180°根轨迹的绘制规则为概略绘制根轨迹的基本规则,并可推广至广义根轨迹。这些基本规则非常简单,可以找出根轨迹上的一些特殊点,如起点、终点、对称性、渐近线以及与坐标轴的交点等。熟练地掌握它们,对于分析和设计控制系统是非常有益的。实际上,只用规则绘制的根轨迹是不够准确的,但基本满足工程上使用的精度要求。

4.2.1　绘制根轨迹的基本规则

　　规则 1　根轨迹的分支数。根轨迹的分支数等于闭环特征方程的阶数或开环极点数。

　　证明　按定义,根轨迹是当开环系统某一或多个参数从零变化到无穷时,闭环特征方程的根在 s 平面上移动的轨迹。因此,根轨迹分支数取决于闭环特征方程根的数目,即闭环特征方程的阶数。

　　设控制系统的闭环传递函数如式(4.3),则其闭环特征方程为

$$\prod_{i=1}^{n}(s-p_i)+k\prod_{j=1}^{m}(s-z_j)=0 \tag{4.15}$$

其中:根轨迹增益 k 从零变化到无穷。对于物理可实现的系统,开环零点数 m 和开环极点数 n 之间满足 $m \leqslant n$。因此,闭环特征方程根的数目为 n。可见,根轨迹的分支数

等于开环极点数。

规则 2 根轨迹的对称性和连续性。根轨迹连续且对称于实轴。

证明 由闭环特征方程式(4.15)可见,闭环特征方程中某些系数是根轨迹增益 k 的函数。当 k 从零到无穷大连续变化时,这些系数也随之连续变化,因而特征根的变化也必然是连续的,故根轨迹具有连续性。

一般物理系统闭环特征方程的系数为实数,因此,其根只有实数根和共轭复根两种,即位于复平面的实轴上或对称于实轴,故根轨迹必然对称于实轴。

规则 3 根轨迹的起点和终点。根轨迹起始于开环极点,终止于开环零点。如果开环零点数 m 少于开环极点数 n,则有 $n-m$ 条根轨迹终止于无穷远处。

证明 根轨迹的起点是根轨迹增益 $k=0$ 时的根轨迹点,而终点是 $k\to\infty$ 时的根轨迹点。因此,当 $k=0$ 时,由闭环特征方程式(4.15),有

$$s=p_i, \quad i=1,2,\cdots,n$$

说明当 $k=0$ 时,闭环特征方程的根就是开环传递函数的极点,即根轨迹起始于开环极点。

将根轨迹方程式(4.15)改写成如下形式:

$$\frac{1}{k}\prod_{i=1}^{n}(s-p_i)+\prod_{j=1}^{m}(s-z_j)=0$$

当 $k\to\infty$ 时,有

$$s\to z_j, \quad j=1,2,\cdots,m$$

所以根轨迹终止于开环零点。在实际系统中,$m\leqslant n$。当系统的开环零点数 m 小于开环极点数 n 时,有 $n-m$ 个条根轨迹的终点将在无穷远处。这是因为,当 $s\to\infty$ 时,有

$$k=\lim_{s\to\infty}\frac{\prod_{i=1}^{n}|s-p_i|}{\prod_{j=1}^{m}|s-z_j|}=\lim_{s\to\infty}|s|^{n-m}\to\infty, \quad m<n$$

若称有限数值的零点为有限零点,无穷远处的零点为无限零点,则根轨迹终止于开环零点。

规则 4 根轨迹的渐近线。当系统的开环有限零点数 m 少于其开环极点数 n 时,有 $n-m$ 条根轨迹分支沿着与实轴交角为 φ_a、交点为 σ_a 的一组渐近线趋向无穷远处。其中,

$$\varphi_a=\frac{(2l+1)\pi}{n-m}, \quad l=0,1,2,\cdots,n-m-1 \tag{4.16}$$

$$\sigma_a=\frac{\sum_{i=1}^{n}p_i-\sum_{j=1}^{m}z_j}{n-m} \tag{4.17}$$

证明 设 $s\to\infty$ 为无穷远处的根轨迹渐近线上一点。由规则 3 知,若 $m<n$,当 $k\to\infty$ 时,则 $s\to\infty$。故无穷远处的根轨迹渐近线就是当 $s\to\infty$ 时的根轨迹,必满足根轨迹方程。将根轨迹方程式(4.7)改写,并将其分子、分母展开成多项式形式,得

$$\frac{\prod_{j=1}^{m}(s-z_j)}{\prod_{i=1}^{n}(s-p_i)}=\frac{s^m+b_{m-1}s^{m-1}+\cdots+b_1s+b_0}{s^n+a_{n-1}s^{n-1}+\cdots+a_1s+a_0}=-\frac{1}{k} \tag{4.18}$$

显然有
$$b_{m-1}=\sum_{j=1}^{m}z_j, \quad a_{n-1}=\sum_{i=1}^{n}p_i$$

由式(4.18)的分母多项式去除分子多项式得到关于 s 的幂级数展开式。考虑到 $s\to\infty$，只保留其多项式展开式的前两项，则式(4.18)可近似表示为

$$s^{m-n}+(b_{m-1}-a_{n-1})s^{m-n-1}=-\frac{1}{k}$$

上式即为根轨迹的渐近线方程。进一步，将上式整理、开方得

$$s\left(1+\frac{b_{m-1}-a_{n-1}}{s}\right)^{\frac{1}{m-n}}=\left(-\frac{1}{k}\right)^{\frac{1}{m-n}} \tag{4.19}$$

根据二项式定理，有

$$\left(1+\frac{b_{m-1}-a_{n-1}}{s}\right)^{\frac{1}{m-n}}=1+\frac{b_{m-1}-a_{n-1}}{(m-n)s}+\frac{1}{2!}\frac{1}{m-n}\left(\frac{1}{m-n}-1\right)\left(\frac{b_{m-1}-a_{n-1}}{s}\right)^2+\cdots$$

由于 $s\to\infty$，式(4.19)可近似为

$$\left(1+\frac{b_{m-1}-a_{n-1}}{s}\right)^{\frac{1}{m-n}}=1+\frac{b_{m-1}-a_{n-1}}{(m-n)s} \tag{4.20}$$

将式(4.20)代入式(4.19)，整理得根轨迹的渐近线方程为

$$s+\frac{a_{n-1}-b_{m-1}}{n-m}=(-k)^{\frac{1}{n-m}}$$

设 $s=x+\mathrm{j}y$，利用欧拉公式，有 $-1=\cos(2l+1)\pi+\mathrm{j}\sin(2l+1)\pi$，并根据德莫弗(De Moive)代数定理，有

$$(\cos q+\mathrm{j}\sin q)^n=\cos(nq)+\mathrm{j}\sin(nq)$$

则上式可写为

$$x+\mathrm{j}y+\frac{a_{n-1}-b_{m-1}}{n-m}=k^{\frac{1}{n-m}}\left[\cos\frac{(2l+1)\pi}{n-m}+\mathrm{j}\sin\frac{(2l+1)\pi}{n-m}\right], \quad l=0,\pm1,\pm2,\cdots$$

令实部和虚部分别相等，即

$$x+\frac{a_{n-1}-b_{m-1}}{n-m}=k^{\frac{1}{n-m}}\cos\frac{(2l+1)\pi}{n-m}, \quad y=k^{\frac{1}{n-m}}\sin\frac{(2l+1)\pi}{n-m}, \quad l=0,\pm1,\pm2,\cdots$$

由上述两式解得根轨迹的渐近线上任一点的 x 和 y 满足：

$$y=\tan\frac{(2l+1)\pi}{n-m}\left(x+\frac{a_{n-1}-b_{m-1}}{n-m}\right)=\tan\varphi_a(x+\sigma_a), \quad l=0,\pm1,\pm2,\cdots$$

式中：$\sigma_a=\dfrac{a_{n-1}-b_{m-1}}{n-m}=\dfrac{\sum\limits_{i=1}^{n}p_i-\sum\limits_{j=1}^{m}z_j}{n-m}$，$\varphi_a=\dfrac{(2l+1)\pi}{n-m}$。考虑到共有 $n-m$ 条渐近线，且与实轴正方向的夹角具有周期性，故 $l=0,1,2,\cdots,n-m-1$。

特别指出，一般当 $n-m\geqslant2$ 时，需要计算渐近线与实轴的交点和夹角。当 $n-m=1$ 时，渐近线与实轴的夹角为180°，即与实轴上某区域重合。此时，求与实轴的交点 σ_a 无意义。

【例 4-3】 已知系统的开环传递函数为

$$G(s)H(s)=\frac{k(s+1)}{s(s+4)(s^2+2s+2)}$$

试求根轨迹的渐近线。

解 由规则3，根轨迹起点 $p_1=0$，$p_2=-4$，$p_{3,4}=-1\pm\mathrm{j}1$，$n=4$，根轨迹终点 $z=$

－1 以及无穷远处，$m=1$。

由规则 4，共有 $n-m=3$ 条渐近线，且

$$\varphi_a = \frac{(2l+1)\pi}{n-m} = \frac{(2l+1)\pi}{3}$$

$$= \begin{cases} 60°, & l=0 \\ 180°, & l=1 \\ 300°, & l=2 \end{cases}$$

$$\sigma_a = \frac{\sum_{i=1}^{n} p_i - \sum_{j=1}^{m} z_j}{n-m} = \frac{0+4-1-1-(-1)}{3} = -\frac{5}{3}$$

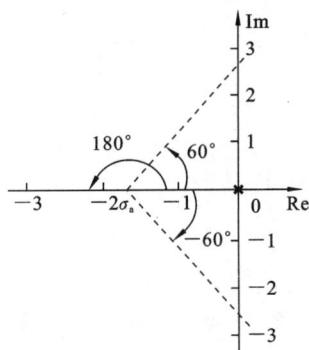

图 4-8　根轨迹渐近线

其根轨迹渐近线如图 4-8 所示。

规则 5　实轴上的根轨迹。实轴上的某一区域，若其右边开环实数零点、极点数之和为奇数，则该区域必是根轨迹。

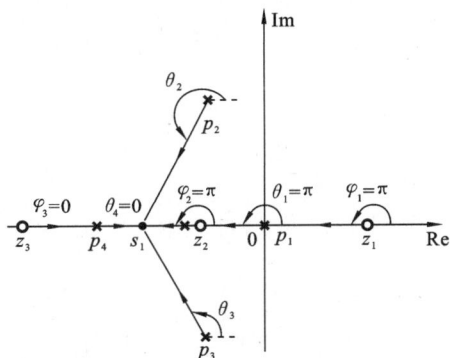

图 4-9　系统开环零点、极点分布

证明　设系统开环零点、极点分布如图 4-9 所示。在实轴上任取一个试验点 s_1。若 s_1 是根轨迹上的点，则必满足

$$\sum_{j=1}^{m} \angle(s_1 - z_j) - \sum_{i=1}^{n} \angle(s_1 - p_i)$$
$$= (2l+1)\pi, \quad l=0, \pm1, \pm2, \cdots$$

即根轨迹方程的相角条件等于奇数个 π。φ_j 为开环零点到 s_1 点的向量相角，θ_i 为开环极点到 s_1 点的向量相角。由图 4-9 可见，复数共轭开环极点到实轴上 s_1 的向量相角之和为 2π，即 $\angle(s_1-p_1) + \angle(s_1-p_2) = 2\pi$。若系统存在复数共轭开环零点，则情况相同；$s_1$ 点左边开环实零点、极点到 s_1 的向量相角为零，即 $\angle(s_1-p_3) = \angle(s_1-p_4) = 0°$；而 s_1 点右边开环实零点、极点到 s_1 的向量相角为 π，即 $\angle(s_1-z_1) = \angle(s_1-p_1) = \angle(s_1-z_2) = \pi$。由此可见，只有试验点 s_1 右边的开环实零点、极点到 s_1 的向量相角才能产生奇数个 π。

设试验点 s_1 右边的开环实零点、极点数分别为 p、q，如果 s_1 是实轴上根轨迹上的一点，则根据根轨迹方程的相角条件，必有 $(p\pi - q\pi)$ 等于奇数个 π。考虑到 s_1 点右边开环实零点、极点到 s_1 的向量相角为 π，而 π 与 $-\pi$ 代表相同的角度，因此，s_1 是实轴上根轨迹上一点的等效条件为 $(p\pi + q\pi)$ 等于奇数个 π。由此得出，实轴上一点，若其右边开环实零点、极点数之和为奇数，那么该点一定是根轨迹上的点。

由此得到一个很实用的推论：从实轴上最右端的开环零点、极点算起，奇数开环零点、极点到偶数开环零点、极点之间的区域必是根轨迹。如图 4-9 所示，实轴上 z_1 到 p_1 之间、z_2 到 p_4 之间及 z_3 到 $-\infty$ 之间是根轨迹的一部分。

规则 6　根轨迹的起始角和终止角。若系统存在开环复极点，则根轨迹离开开环复极点处的切线与正实轴的夹角称为起始角，用 θ_{pl} 表示；若系统存在开环复零点，则根轨迹进入开环复零点处的切线与正实轴的夹角称为终止角，用 θ_{zl} 表示。它们可按如下关系式求出：

$$\theta_{\mathrm{pl}} = (2l+1)\pi + \sum_{j=1}^{m} \angle(p_1 - z_j) - \sum_{i=1, i \neq l}^{n} \angle(p_1 - p_i), \quad l = 0, \pm 1, \pm 2, \cdots$$

$$(4.21)$$

$$\theta_{\mathrm{zl}} = (2l+1)\pi + \sum_{i=1}^{n} \angle(z_l - p_i) - \sum_{j=1, j \neq l}^{m} \angle(z_l - z_j), \quad l = 0, \pm 1, \pm 2, \cdots$$

$$(4.22)$$

证明 设系统有 m 个开环有限零点, n 个开环极点。在离开开环复极点 p_1 的根轨迹上取一点 s_1 ,并使 s_1 无限靠近 p_1 ,如图 4-10(a)所示。根据 s_1 必满足根轨迹的相角条件,则有

$$\sum_{j=1}^{m} \angle(s_1 - z_j) - \sum_{i=1}^{n} \angle(s_1 - p_i) = (2l+1)\pi, \quad l = 0, \pm 1, \pm 2, \cdots$$

由于 s_1 与开环复极点 p_1 无限靠近,因此,除 p_1 外的其他开环零点、极点到 s_1 点的向量相角,可看成它们到 p_1 的向量相角,而 p_1 到 s_1 点的向量与正实轴的夹角为起始角 θ_{pl} ,则

$$\sum_{j=1}^{m} \angle(p_1 - z_j) - \sum_{i=1, i \neq l}^{n} \angle(p_1 - p_i) - \theta_{\mathrm{pl}} = (2l+1)\pi, \quad l = 0, \pm 1, \pm 2, \cdots$$

移项后,得

$$\theta_{\mathrm{pl}} = -(2l+1)\pi + \sum_{j=1}^{m} \angle(p_1 - z_j) - \sum_{i=1, i \neq l}^{n} \angle(p_1 - p_i), \quad l = 0, \pm 1, \pm 2, \cdots$$

应当指出,在根轨迹的相角条件中, $(2l+1)\pi$ 与 $-(2l+1)\pi$ 是等价的,因此

$$\theta_{\mathrm{pl}} = (2l+1)\pi + \sum_{j=1}^{m} \angle(p_1 - z_j) - \sum_{i=1, i \neq l}^{n} \angle(p_1 - p_i), \quad l = 0, \pm 1, \pm 2, \cdots$$

同理,在进入开环复零点 z_1 的根轨迹上取一点 s_2 ,并使 s_2 无限靠近开环复零 z_1 ,如图 4-10(b)所示。根据 s_2 必满足根轨迹的相角条件,则有

$$\sum_{j=1}^{m} \angle(s_2 - z_j) - \sum_{i=1}^{n} \angle(s_2 - p_i) = (2l+1)\pi, \quad l = 0, \pm 1, \pm 2, \cdots$$

由于 s_2 与开环复零点 z_1 无限靠近,因此,除 z_1 外的其他开环零点、极点到 s_2 点的向量相角,可看成它们到 z_1 的相角,而 z_1 到 s_2 点的向量与正实轴的夹角即为终止角 θ_{zl} ,则

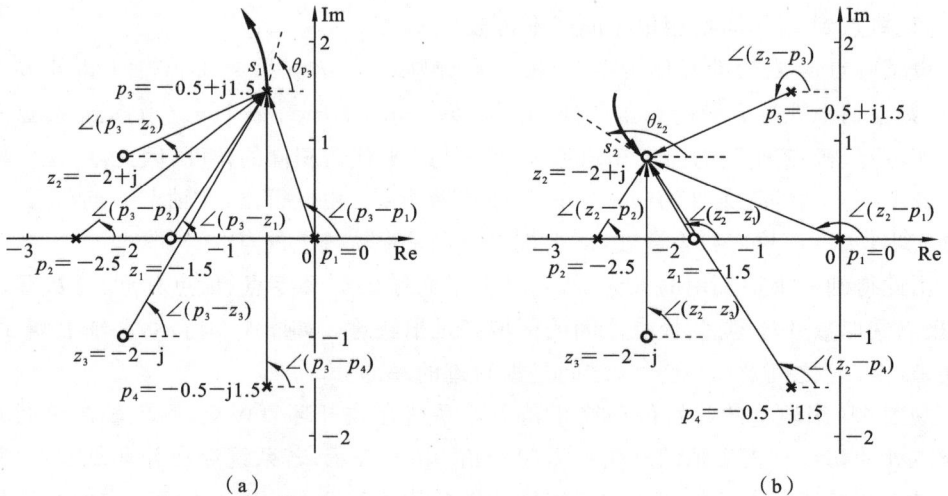

图 4-10 根轨迹开环复极点处的起始角和终止角

$$\sum_{j=1,j\neq l}^{m} \angle(z_1-z_j) + \theta_{zl} - \sum_{i=1}^{n} \angle(z_1-p_i) = (2l+1)\pi, \quad l=0,\pm 1,\pm 2,\cdots$$

移项后,得

$$\theta_{zl} = (2l+1)\pi + \sum_{i=1}^{n} \angle(z_1-p_i) - \sum_{j=1,j\neq l}^{m} \angle(z_1-z_j), \quad l=0,\pm 1,\pm 2,\cdots$$

特别指出,考虑到式(4.21)的根轨迹的起始角和式(4.22)的终止角的周期性,若系统无重开环复零点、极点,则可直接取 $l=0$;若系统有平 r 个重开环复零点、极点,则可取 $l=0,1,\cdots,r-1$。此外,根据根轨迹的对称性,共轭复极点(或复零点)的起始角(或终止角)互为相反数。

【例 4-4】　已知单位负反馈系统开环传递函数为

$$G(s) = \frac{k(s+1.5)(s+2+j)(s+2-j)}{s(s+2.5)(s+0.5+j1.5)(s+0.5-j1.5)}$$

试绘制系统的概略根轨迹。

解　由根轨迹方程 $G(s)=-1$,依绘制 $180°$ 根轨迹的规则逐步绘制概略根轨迹。

(1) $n=4$,系统有 4 条根轨迹分支。

(2) 根轨迹起点 $p_1=0,p_2=-2.5,p_3=-0.5+j1.5,p_4=-0.5-j1.5$。根轨迹终点 $z_1=-1.5,z_2=-2+j,z_3=-2-j$,以及无穷远处的无限零点,$m=3$。将开环有限零点和开环极点画在坐标比例尺相同的 s 平面中,如图 4-11 所示。

(3) 由于 $n-m=1$,不需要求渐近线。

(4) 实轴上 $-\infty \sim -2.5$ 以及 $-1.5 \sim 0$ 的区域为根轨迹。

(5) 确定根轨迹的起始角和终止角。

根据规则 6,根轨迹在 $p_3=-0.5+j1.5$ 处的起始角为

$$\theta_{p_3} = 180° + \angle(p_3-z_1) + \angle(p_3-z_2) + \angle(p_3-z_3) - \angle(p_3-p_1)$$
$$\quad - \angle(p_3-p_2) - \angle(p_3-p_4)$$

将各开环零点、极点坐标代入,则

$$\theta_{p_3} = 180° + \angle(1+j1.5) + \angle(1.5+j0.5) + \angle(1.5+j2.5) - \angle(-0.5+j1.5)$$
$$\quad - \angle(2+j1.5) - \angle(j3)$$

求各向量的相角,得

$$\theta_{p_3} = 180° + \arctan\frac{1.5}{1} + \arctan\frac{0.5}{1.5} + \arctan\frac{2.5}{1.5} - \arctan\frac{1.5}{-0.5} - \arctan\frac{1.5}{2} - 90°$$
$$= 90° + 56.3° + 18.4° + 59.0° - 108.5° - 36.9° = 78.5°$$

根据对称性,有 $\theta_{p_4} = -78.5°$。其他开环零点、极点到 $p_3=-0.5+j1.5$ 的向量相角如图 4-10(a)所示。

用类似方法可求根轨迹在 $z_2=-2+j$ 处的终止角为

$$\theta_{z_2} = 180° + \angle(z_2-p_1) + \angle(z_2-p_2) + \angle(z_2-p_3) + \angle(z_2-p_4)$$
$$\quad - \angle(z_2-z_1) - \angle(z_2-z_3) = 149.7°$$

根据对称性,有 $\theta_{z_3} = -149.7°$。其他开环零点、极点到 $z_2=-2+j$ 的向量相角如图 4-10(b)所示。

特别提示,在应用式(4.21)或式(4.21)确定系统根轨迹的起始角或终止角数值时,首先将各开环零点、极点代入式(4.21)或式(4.21),分别求出其他开环零点、极点到开环复零点(或极点)的各个向量,然后,由各个向量的虚部与实部的反正切及其所在象

限,确定各向量的相角,从而确定根轨迹的起始角(或终止角)。

规则7 根轨迹在实轴上的分离点与分离角。

两条或两条以上根轨迹分支在 s 平面上相遇又立即分开的点称为根轨迹的分离点。

由于根轨迹是对称的,根轨迹的分离点或位于实轴上,如图 4-12(a)所示,或以共轭复数形式成对出现在 s 平面中,如图 4-12(b)所示。一般情况下,常见的根轨迹分离点是位于实轴上的两条根轨迹分支的分离点。特别指出,如果根轨迹位于实轴上两个相邻的开环零点之间(其一可以是无限零点),则在这两个零点之间也至少有一个分离点;同样,如果根轨迹位于实轴上两个相邻的开环极点之间(其一可以是无限极点),则在这两个极点之间至少存在一个分离点。一个系统的根轨迹可能没有分离点(见图 4-11),也可能不止一个分离点(见图 4-12(a))。设根轨迹分离点的坐标为 $s=s_x$,下面给出确定根轨迹分离点的方法。

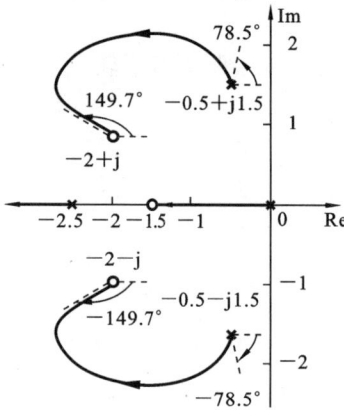

图 4-11　根轨迹图

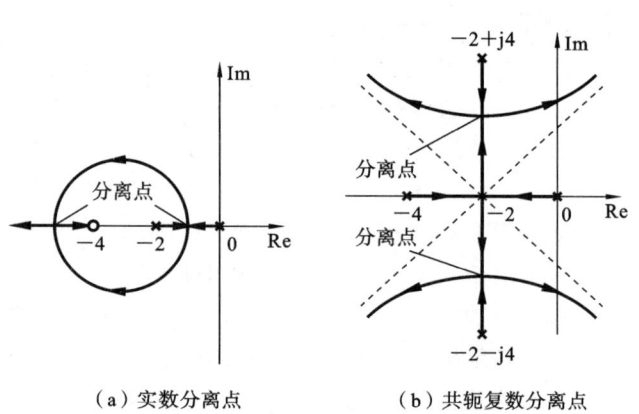

（a）实数分离点　　　　（b）共轭复数分离点

图 4-12　根轨迹的实数和共轭复数分离点

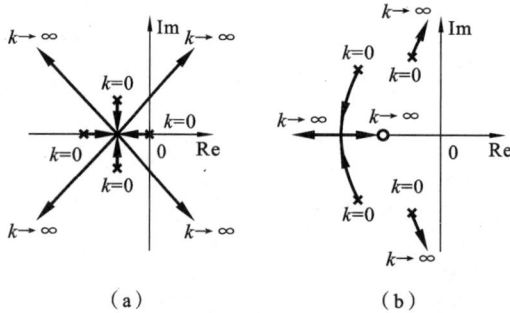

（a）　　　　（b）

图 4-13　根轨迹在实轴上的分离点

（1）极值法。

若根轨迹在实轴上出现分离点,一般包括如图 4-13 所示的两种情况。一种是实轴上两个相邻的开环极点之间的分离点,如图 4-13(a)所示。此时,分离点处的 k 值为实轴上根轨迹增益的最大值;另一种是实轴上两个相邻的开环零点之间的分离点,如图 4-13(b)所示。此时,分离点处的 k 值为实轴上根轨迹增益的最小值。因此,根轨迹在实轴上的分离点可由根轨迹增益求极值的方法求得。

设根轨迹方程式(4.7)中的开环传递函数为

$$G(s)H(s) = \frac{k\prod_{j=1}^{m}(s-z_j)}{\prod_{i=1}^{n}(s-p_i)} = \frac{kB(s)}{A(s)}$$

由于 $G(s)H(s)=-1$,故根轨迹增益可表示为

$$k = -\frac{\prod\limits_{i=1}^{n}(s-p_i)}{\prod\limits_{j=1}^{m}(s-z_j)} = -\frac{A(s)}{B(s)} \tag{4.23}$$

将上式中根轨迹增益 k 对 s 求导数，可得

$$\frac{\mathrm{d}k}{\mathrm{d}s} = \frac{\mathrm{d}}{\mathrm{d}s}\Big[-\frac{A(s)}{B(s)}\Big] = 0 \tag{4.24}$$

由于式(4.24)可进一步等效为

$$A(s)B'(s) - A'(s)B(s) = 0 \tag{4.25}$$

由此可见，求导后，式(4.24)中不再含有 k，因此，解式(4.24)可得系统在实轴上的分离点坐标 $s = s_x$。

（2）经典法。

分离点坐标 s_x 是下列方程的解：

$$\sum_{j=1}^{m}\frac{1}{s-z_j} = \sum_{i=1}^{n}\frac{1}{s-p_i} \tag{4.26}$$

证明　按定义，根轨迹分离点是根轨迹在 s 平面上相遇又分离处的坐标，说明在分离点处闭环特征方程出现了重根。而根轨迹出现重根的条件为，分离点坐标 $s = s_x$ 必须同时满足以下两式：

$$D(s) = \prod_{i=1}^{n}(s-p_i) + k\prod_{j=1}^{m}(s-z_j) = 0$$

$$\frac{\mathrm{d}D(s)}{\mathrm{d}s} = \frac{\mathrm{d}}{\mathrm{d}s}\Big[\prod_{i=1}^{n}(s-p_i) + k\prod_{j=1}^{m}(s-z_j)\Big] = 0$$

即满足

$$\prod_{i=1}^{n}(s-p_i) = -k\prod_{j=1}^{m}(s-z_j)$$

$$\frac{\mathrm{d}}{\mathrm{d}s}\Big[\prod_{i=1}^{n}(s-p_i)\Big] = -k\frac{\mathrm{d}}{\mathrm{d}s}\Big[\prod_{j=1}^{m}(s-z_j)\Big]$$

以上两式相除，得

$$\frac{\dfrac{\mathrm{d}}{\mathrm{d}s}\prod\limits_{i=1}^{n}(s-p_i)}{\prod\limits_{i=1}^{n}(s-p_i)} = \frac{\dfrac{\mathrm{d}}{\mathrm{d}s}\prod\limits_{j=1}^{m}(s-z_j)}{\prod\limits_{j=1}^{m}(s-z_j)}$$

应用微分公式 $(\ln x)' = \dfrac{x'}{x}$，则上式可变为

$$\frac{\mathrm{d}}{\mathrm{d}s}\ln\Big[\prod_{i=1}^{n}(s-p_i)\Big] = \frac{\mathrm{d}}{\mathrm{d}s}\ln\Big[\prod_{j=1}^{m}(s-z_j)\Big]$$

由于 $\ln\Big[\prod\limits_{i=1}^{n}(s-p_i)\Big] = \sum\limits_{i=1}^{n}\ln(s-p_i)$，$\ln\Big[\prod\limits_{j=1}^{m}(s-z_j)\Big] = \sum\limits_{j=1}^{m}\ln(s-z_j)$，代入上式，得

$$\sum_{i=1}^{n}\frac{\mathrm{d}}{\mathrm{d}s}\ln(s-p_i) = \sum_{j=1}^{m}\frac{\mathrm{d}}{\mathrm{d}s}\ln(s-z_j)$$

再次应用微分公式 $(\ln x)' = \dfrac{x'}{x}$，得

$$\sum_{i=1}^{n}\frac{1}{s-p_i} = \sum_{j=1}^{m}\frac{1}{s-z_j}$$

解该方程即得分离点坐标 $s = s_x$。

将极值法或经典法求得的分离点坐标 s_x 代入根轨迹方程或闭环特征方程,可以求得分离点处根轨迹的增益 k。此外,分离点也可利用重根法求解,即分离点坐标 s_x 必须同时满足系统的闭环特征方程式及闭环特征方程式对 s 的导数方程。将此两式联立,可求根轨迹的分离点 s_x 及此时对应的根轨迹增益值。特别指出,无论用上述哪种方法求解得出的分离点坐标 s_x 都只是分离点的必要条件而不是充分条件。此外,只有当开环零点、极点分布非常对称时,系统才会在复平面上出现分离点(见图 4-12(b))。

若根轨迹存在分离点,则进入分离点的切线方向或离开分离点的切线方向与正实轴方向之间的夹角称为分离角。这里不加证明地指出,当 i 条根轨迹分支进入并立即离开分离点时,分离角可由 $(2l+1)\pi/i$ 决定,其中,$l = 0,1,2,\cdots,l-1$。显然,当根轨迹分支数为 $i=2$ 时,分离角必定为直角。

【**例 4-5**】 已知负反馈系统开环传递函数为

$$G(s)H(s) = \frac{k(s+1)}{s^2+3s+3.25}$$

试绘制 $k = 0 \rightarrow \infty$ 时的概略根轨迹。

解 由题意可知,根轨迹方程为

$$G(s)H(s) = \frac{k(s+1)}{s^2+3s+3.25} = \frac{k(s+1)}{(s+1.5+j)(s+1.5-j)} = -1$$

依绘制 180° 根轨迹的规则逐步绘制概略根轨迹。

(1) $n=2$,系统有两条根轨迹分支。

(2) 根轨迹起点 $p_1 = -1.5+j$,$p_2 = -1.5-j$,根轨迹终点 $z_1 = -1$ 以及无穷远处的无限零点,$m=1$。将开环有限零点和开环极点画在坐标比例尺相同的 s 平面中,如图 4-11 所示。

(3) 由于 $n-m=1$,故不需要求渐近线。

(4) $-\infty \sim -1$ 是实轴上的根轨迹区间。

(5) 根轨迹的初始角:$\theta_{p_1} = 180° + \angle(p_1-z_1) - \angle(p_1-p_2) = 180° + 116.57° - 90° = 206.6°$。由对称性得 $\theta_{p_2} = -206.6°$。

(6) 根轨迹在实轴上的分离点:观察可知,实轴上 $-\infty \sim -1$ 必存在分离点。

极值法:由根轨迹方程得

$$k = -\frac{s^2+3s+3.25}{s+1}$$

将上式求导,得

$$\frac{dk}{ds} = \frac{d}{ds}\left[-\frac{s^2+3s+3.25}{s+1}\right] = 0$$

上式等效为

$$s^2+2s+3 = 0$$

解方程得 $s_{x_1} = -2.12$,$s_{x_2} = 0.12$。考虑到 $s_{x_2} = 0.12$ 不在实轴上根轨迹区间内,故舍去。所以,实轴上分离点坐标 $s_{x_1} = -2.12$。此时,代入根轨迹方程可得 $k = 1.24$。

经典法:根据式(4.26),有

$$\frac{1}{s_x+1} = \frac{1}{s_x+1.5+j} + \frac{1}{s_x+1.5-j}$$

通分整理后,解方程得 $s_{x_1} = -2.12$,$s_{x_2} = 0.12$(舍)。

重根法:系统的闭环特征方程及其导数方程为

$$D(s) = s^2 + 3s + 3.25 + k(s+1) = 0$$

$$\mathrm{d}D(s)/\mathrm{d}s = k + 2s + 3 = 0$$

将上述两式联立,解得 $s_{x_1} = -2.12, s_{x_2} = 0.12$(舍)。

应用相角条件,可以绘出本例系统的准确根轨迹图,如图 4-14 所示,其复数根轨迹部分是圆的一部分。由图 4-12(a)和图 4-14 可知,由两个极点(可以是实数或复数)和一个有限零点组成的开环系统,只要开环有限零点没有位于两个开环实极点之间,当 k 从零变化到无穷时,闭环根轨迹的复数部分是以开环有限零点为圆心,以开环有限零点到分离点的距离为半径的一个圆或圆的一部分。从根轨迹定义出发,这一结论在数学上是很容易得到严格证明的。具体思路是,从系统闭环特征方程出发,由此时特征根的实部与虚部随 k 变化时的关系导出;或将此时闭环特征根直接代入根轨迹方程的相角条件,从而推导出特征根的实部与和虚部之间的关系表达式。

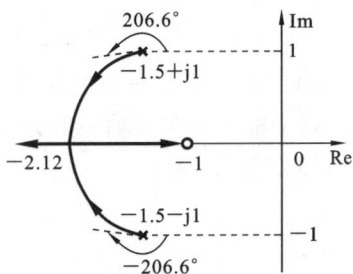

图 4-14 根轨迹图

规则 8 根轨迹与虚轴的交点。若根轨迹与虚轴相交,则交点处的根轨迹增益 k 值和 ω 值可以用劳斯判据确定;或令闭环特征方程中的 $s = \mathrm{j}\omega$,然后令虚部和实部分别为零而求得。

证明 根轨迹与虚轴有交点,表明闭环系统存在纯虚根,此时的 k 值使系统处于临界稳定状态。

若按此时系统的闭环特征方程列劳斯表,则必会出现全零行。因此,根据劳斯表出现全零行的情况,可求得根轨迹与虚轴的交点处的 ω 值及对应的根轨迹增益 k 值。具体方法为,首先需要先判断哪行可能存在全零行(最后一行除外),根据劳斯判据,令劳斯表第一列中包含 k 的项为零,就可以求出根轨迹与虚轴交点的 k 值;将劳斯表 s^2 行的系数构成辅助方程,可求解一对纯虚根的 ω 值。如果根轨迹与正虚轴(或负虚轴)有一个以上的交点,则令劳斯表中幂次大于 2 的偶次方行构成辅助方程求取。

确定根轨迹与虚轴交点处参数的另一方法是,将 $s = \mathrm{j}\omega$ 代入闭环特征方程中,即

$$D(\mathrm{j}\omega) = 1 + G(\mathrm{j}\omega)H(\mathrm{j}\omega) = 0$$

令上述方程的实部和虚部分别为零,即

$$\begin{cases} \mathrm{Re}[1 + G(\mathrm{j}\omega)H(\mathrm{j}\omega)] = 0 \\ \mathrm{Im}[1 + G(\mathrm{j}\omega)H(\mathrm{j}\omega)] = 0 \end{cases}$$

求解此方程组,不难解出根轨迹与虚轴交点处的 ω 值及对应的根轨迹增益 k 值。

【例 4-6】 某负反馈系统的开环传递函数为

$$G(s)H(s) = \frac{k}{s(s+1)(s+2)}$$

试绘制系统的概略根轨迹,并求分离点处和与虚轴交点处的 k 值。

解 由题意可知,根轨迹方程为

$$G(s)H(s) = \frac{k}{s(s+1)(s+2)} = -1$$

依 180° 根轨迹绘制规则,按下列步骤绘制概略根轨迹。

(1) 根轨迹起点 $p_1 = 0, p_2 = -1, p_3 = -2, n = 3$,无开环有限零点,$m = 0$,根轨迹将终于无穷远处。

(2) 根轨迹渐近线:共 $n-m=3$ 条。且

$$\varphi_a = (2l+1)\pi/3 = 60°, 180°, 300°, \quad l=0,1,2$$

$$\sigma_a = \frac{\sum\limits_{i=1}^{n} p_i - \sum\limits_{j=1}^{m} z_j}{3} = -1$$

(3) 实轴上 $p_1 - p_2$ 之间及 p_3 的左边是根轨迹。

(4) 根轨迹在实轴上的分离点:观察发现,实轴上 $p_1 - p_2$ 之间必存在分离点。由根轨迹方程得

$$k = -s(s+1)(s+2)$$

令

$$\frac{\mathrm{d}k}{\mathrm{d}s} = \frac{\mathrm{d}}{\mathrm{d}s}[-(s^3+3s^2+2s)] = -(3s^2+6s+2) = 0$$

解得 $s_{x1} = -0.423, s_{x2} = -1.577(舍)$。当 $s_{x1} = -0.423$ 时,$k = |s_{x1} - p_1||s_{x1} - p_2||s_{x1} - p_3| = 0.385$。

(5) 根轨迹与虚轴的交点。

系统闭环特征方程为

$$D(s) = s^3 + 3s^2 + 2s + k = 0$$

列劳斯表得

$$
\begin{array}{c|cc}
s^3 & 1 & 2 \\
s^2 & 3 & k \\
s^1 & \dfrac{6-k}{3} & \\
s^0 & k &
\end{array}
$$

令 $\dfrac{6-k}{3} = 0$,s^1 行为全零行,得 $k=6$。此时,构筑辅助方程 $3s^2+6=0$,得 $s=\pm\mathrm{j}\sqrt{2}$。

根轨迹与虚轴相交时的参数,也可将 $s=\mathrm{j}\omega$ 代入闭环特征方程直接求出,即

$$D(\mathrm{j}\omega) = (k-3\omega^2) + \mathrm{j}(2\omega - \omega^3) = 0$$

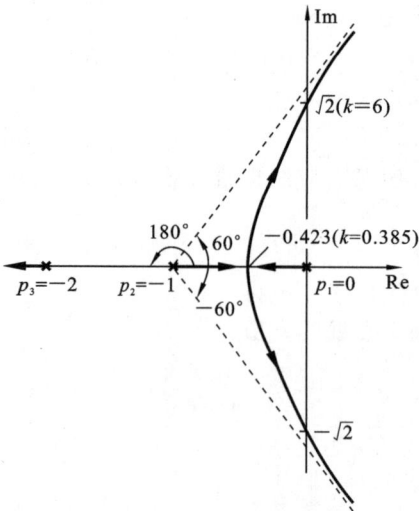

令其实部、虚部分别等于 0,得

$$\begin{cases} \omega=0 \\ k=0 \end{cases} \quad 或 \quad \begin{cases} \omega=\pm\sqrt{2} \\ k=6 \end{cases}$$

即

$$\begin{cases} s=0 \\ k=0 \end{cases} \quad 或 \quad \begin{cases} s=\pm\mathrm{j}\sqrt{2} \\ k=6 \end{cases}$$

若只看根轨迹与正、负虚轴的交点的解,则劳斯判据法的结果与其完全一样。概略根轨迹图如图 4-15 所示。由图 4-15 显然可见,当 $k=6$ 时,闭环系统具有纯虚根,此时系统临界稳定;当 k 继续增大,将有根轨迹分支进入 s 右半平面,闭环系统不稳定。因此,当 $0<k<6$ 时,闭环系统稳定。

图 4-15 例 4-6 的概略根轨迹图

【例 4-7】　设负反馈系统的开环传递函数为

$$G(s)H(s) = \frac{k}{s(s+3)(s^2+2s+2)}$$

试绘制 $k=0 \rightarrow \infty$ 时闭环系统的概略根轨迹。

解　由题意可知,根轨迹方程为

$$G(s)H(s) = \frac{k}{s(s+3)(s+1+\mathrm{j})(s+1-\mathrm{j})} = -1$$

依 180° 根轨迹的规则,按下列步骤绘制概略根轨迹。

（1）根轨迹起点为

$$p_1 = 0, \quad p_2 = -3, \quad p_3 = -1+\mathrm{j}1, \quad p_4 = -1-\mathrm{j}1, \quad n = 4, \quad m = 0$$

（2）根轨迹渐近线:有 $n-m=4$ 条渐近线,且

$$\varphi_a = \frac{(2l+1)\pi}{4} = \pm 45°, \pm 135°, \quad l = 0,1,2,3$$

$$\sigma_a = \frac{\displaystyle\sum_{i=1}^{n} p_i - \sum_{j=1}^{m} z_j}{4} = -1.25$$

（3）实轴上的根轨迹在 $-3 \sim 0$ 的区间。

（4）根轨迹的起始角为

$$\theta_{p_3} = 180° - \angle(p_3-p_1) - \angle(p_3-p_2) - \angle(p_3-p_4) = -71.56°$$

由对称性得 $\theta_{p_4} = 71.56°$。

（5）根轨迹在实轴上的分离点:观察发现,实轴上 $-3 \sim 0$ 必存在分离点。

由根轨迹方程得

$$k = -s(s+3)(s^2+2s+2)$$

令

$$\frac{\mathrm{d}k}{\mathrm{d}s} = -(4s^3+15s^2+16s+6) = 0$$

采用试探法求解此高阶系统,得 $s_{x1} = -2.3, s_{x2,3} = -0.92 \pm \mathrm{j}0.37$(舍)。

（6）根轨迹与虚轴的交点。

系统闭环特征方程为

$$D(s) = s(s+3)(s^2+2s+2)+k = s^4+5s^3+8s^2+6s+k = 0$$

列劳斯表得

s^4	1	8	k
s^3	5	6	
s^2	34/5	k	
s^1	$\dfrac{204-25k}{34}$		
s^0	k		

令 $\dfrac{204-25k}{34} = 0$,s^1 行为全零行,得 $k=8.16$。构筑辅助方程 $\dfrac{34}{5}s^2+k=0$,将 $k=8.16$ 代入,得 $s = \pm \mathrm{j}1.095$。绘制概略根轨迹图,如图 4-16 所示。显然,当 $0<k<8.16$ 时,闭环系统稳定。

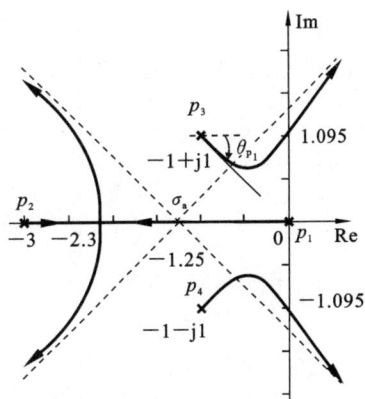

图 4-16　概略根轨迹图

规则 9 根之和。

系统闭环特征方程在 $n > m$ 的情况下,一般可以表示为

$$D(s) = \prod_{i=1}^{n}(s-p_i) + k\prod_{j=1}^{m}(s-z_j) = s^n + a_{n-1}s^{n-1} + \cdots + a_1 s + a_0$$

$$= \prod_{i=1}^{n}(s-s_i) = s^n + \left(-\sum_{i=1}^{n}s_i\right)s^{n-1} + \cdots + \prod_{i=1}^{n}(-s_i) = 0$$

式中:s_i 为闭环极点。

当 $n-m \geqslant 2$ 时,闭环特征方程的第二项 s^{n-1} 完全来源于 $\prod_{i=1}^{n}(s-p_i)$,其系数 a_{n-1} 与 k 无关。无论 k 取何值,开环系统 n 个极点之和总是等于闭环系统特征方程的 n 个根之和,即

$$\sum_{i=1}^{n}s_i = \sum_{i=1}^{n}p_i \tag{4.27}$$

在开环极点确定的情况下,当根轨迹增益 k 从零变化到无穷时,闭环特征根之和是一个不变的常数。这就是说,随着根轨迹增益 k 的增大,在某些闭环极点在 s 平面上向左移动时,必有另一些极点向右移动,如图 4-16 所示。此规则对判断根轨迹的走向是很有用的。

为便于查阅,将所有绘制180°根轨迹的规则统一纳入表 4-1 中作为绘制根轨迹的基本规则。实际上,根据上述前 7 条规则,不难绘制出系统的概略根轨迹。

表 4-1 绘制根轨迹的基本规则

序号	内　　容	基本规则(设 $m \leqslant n$)
1	根轨迹的分支数	根轨迹的分支数等于闭环特征方程的阶数(闭环极点数)或开环极点数
2	根轨迹的对称性	根轨迹连续且对称于实轴
3	根轨迹的起点和终点	根轨迹起始于开环极点,终止于开环零点(包括开环无限零点)
4	实轴上的根轨迹	实轴上某一区域,若其右边开环实零点、极点数之和为奇数,则该区域必是根轨迹
5	根轨迹的渐近线	$n-m$ 条根轨迹渐近线与实轴的交角与交点为 $$\varphi_a = \frac{(2l+1)\pi}{n-m}, l=0,1,2,\cdots,n-m-1, \sigma_a = \frac{\sum\limits_{i=1}^{n}p_i - \sum\limits_{j=1}^{m}z_j}{n-m}$$
6	根轨迹的起始角和终止角	起始角:$\theta_{pl} = (2l+1)\pi + \sum\limits_{j=1}^{m}\angle(p_l-z_j) - \sum\limits_{i=1,i\neq l}^{n}\angle(p_l-p_i), l=0,\pm1,\pm2,\cdots$ 终止角:$\theta_{zl} = (2l+1)\pi + \sum\limits_{i=1}^{n}\angle(z_l-p_i) - \sum\limits_{j=1,j\neq l}^{m}\angle(z_l-z_j), l=0,\pm1,\pm2,\cdots$

续表

序号	内　容	基本规则（设 $m \leqslant n$）
7	根轨迹在实轴上的分离点与分离角	i 条根轨迹分支相遇又分离，其分离角为 $(2l+1)\pi/i$，$l=0,1,2,\cdots$，$l-1$，其分离点的坐标及 k 值可由下列任一方法求得： 方法 1 $\begin{cases} \mathrm{d}k/\mathrm{d}s=0 \\ D(s)=0 \end{cases}$； 方法 2 $\begin{cases} \sum\limits_{j=1}^{m} \dfrac{1}{s-z_j} = \sum\limits_{i=1}^{n} \dfrac{1}{s-p_i} \\ D(s)=0 \end{cases}$，其中，$D(s)=0$ 为闭环特征方程； 方法 3 $\begin{cases} D(s)=0 \\ \mathrm{d}D(s)/\mathrm{d}s=0 \end{cases}$
8	根轨迹与虚轴的交点	根轨迹与虚轴交点的坐标及其 k 值，可由 $s=\mathrm{j}\omega$ 代入闭环特征方程，并分别令其实部和虚部为零求得，或应用劳斯判据出现全零行的情况确定
9	根之和	$\sum\limits_{i=1}^{n} s_i = -a_{n-1}$。当 $n-m \geqslant 2$ 时，$\sum\limits_{i=1}^{n} s_i = \sum\limits_{i=1}^{n} p_i$

【例 4-8】 某负反馈系统的开环传递函数为

$$G(s)H(s) = \frac{k(s+1)}{s(s-1)(s^2+4s+16)}$$

试绘制当 $k=0 \to \infty$ 变化时系统的概略根轨迹。

解 由题意知，系统的根轨迹方程为

$$G(s)H(s) = \frac{k(s+1)}{s(s-1)(s^2+4s+16)} = -1$$

利用 180° 根轨迹绘制规则绘制概略根轨迹。

（1）根轨迹的起点 $p_1=0$，$p_2=1$，$p_{3,4}=-2\pm\mathrm{j}2\sqrt{3}$，$n=4$。终点 $z_1=-1$，$m=1$。

（2）根轨迹的渐近线：共 $n-m=3$ 条，且

$$\varphi_a = (2l+1)\pi/3 = 60°, 180°, 300°, \quad l=0,1,2$$

$$\sigma_a = \frac{\sum\limits_{i=1}^{n} p_i - \sum\limits_{j=1}^{m} z_j}{3} = -\frac{2}{3}$$

（3）实轴上 $-\infty \sim -1$ 以及 $0 \sim 1$ 的区域是根轨迹。

（4）根轨迹的起始角：

$$\theta_{p_3} = 180° + \angle(p_3-z_1) - \angle(p_3-p_1) - \angle(p_3-p_2) - \angle(p_3-p_4) = -54.8°$$

由对称性得 $\theta_{p_4}=54.8°$。

（5）根轨迹在实轴上的分离点：观察发现，实轴上 $-\infty \sim -1$ 以及 $0 \sim 1$ 必存在分离点。由根轨迹方程得

$$k = -\frac{s(s-1)(s^2+4s+16)}{(s+1)}$$

令 $\dfrac{\mathrm{d}k}{\mathrm{d}s}=\dfrac{\mathrm{d}}{\mathrm{d}s}\left[-\dfrac{s(s-1)(s^2+4s+16)}{(s+1)}\right]=0$,等效于 $3s^4+10s^3+21s^2+24s-16=0$。采用试探法,解得 $s_{x1}=0.45,s_{x2}=-2.26,s_{x3,4}=-0.76\pm\mathrm{j}3.7$(舍)。

(6) 根轨迹与虚轴的交点为

$$D(s)=s^4+3s^3+12s^2+(k-16)s+k=0$$

列劳斯表得

s^4	1	12	k
s^3	3	$k-16$	0
s^2	$\dfrac{52-k}{3}$	k	0
s^1	$\dfrac{-k^2+59k-832}{52-k}$	0	0
s^0	k		

令 $\dfrac{-k^2+59k-832}{52-k}=0$,$s^1$ 行为全零行。解得

$$k_1=23.3 \quad 或 \quad k_2=35.7$$

此时,构筑辅助方程

$$\frac{52-k}{3}s^2+k=0$$

当 $k_1=23.3$,解得 $s_{1,2}=\pm\mathrm{j}1.56$。当 $k_2=35.7$,解得 $s_{3,4}=\pm\mathrm{j}2.56$。

注意,本例中,当绘制根轨迹时分析发现,根轨迹与虚轴的 4 个交点是由两条对称于实轴的根轨迹随 k 增大分别在 $k=23.3$ 和 $k=35.7$ 时与虚轴相交而产生的。由此,综合分析绘制根轨迹的各条规则,可得由 p_3,p_4 出发的两条根轨迹分支,其形状可由起始角 θ_{p_3}、θ_{p_4} 和分离点 -2.26 决定;由 p_1、p_2 出发的两条根轨迹分支,其形状可由与虚轴的交点、渐近线以及分离点 0.45 决定。概略根轨迹图如图 4-17 所示。可见,本例系统的

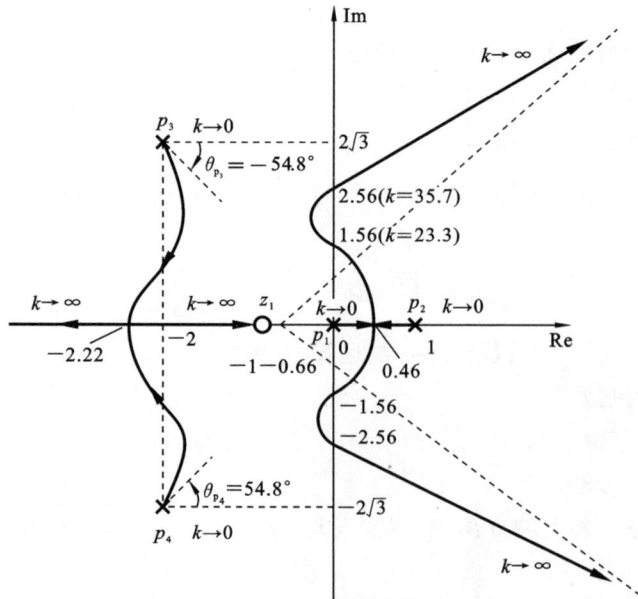

图 4-17 闭环系统概略根轨迹图

开环传递函数相对复杂,但只要按照基本规则逐步绘制,仍可得到正确的概略根轨迹图。

图 4-18 绘出了几种常见的开环零点、极点分布及其相应的闭环根轨迹图,供绘制概略根轨迹时参考。

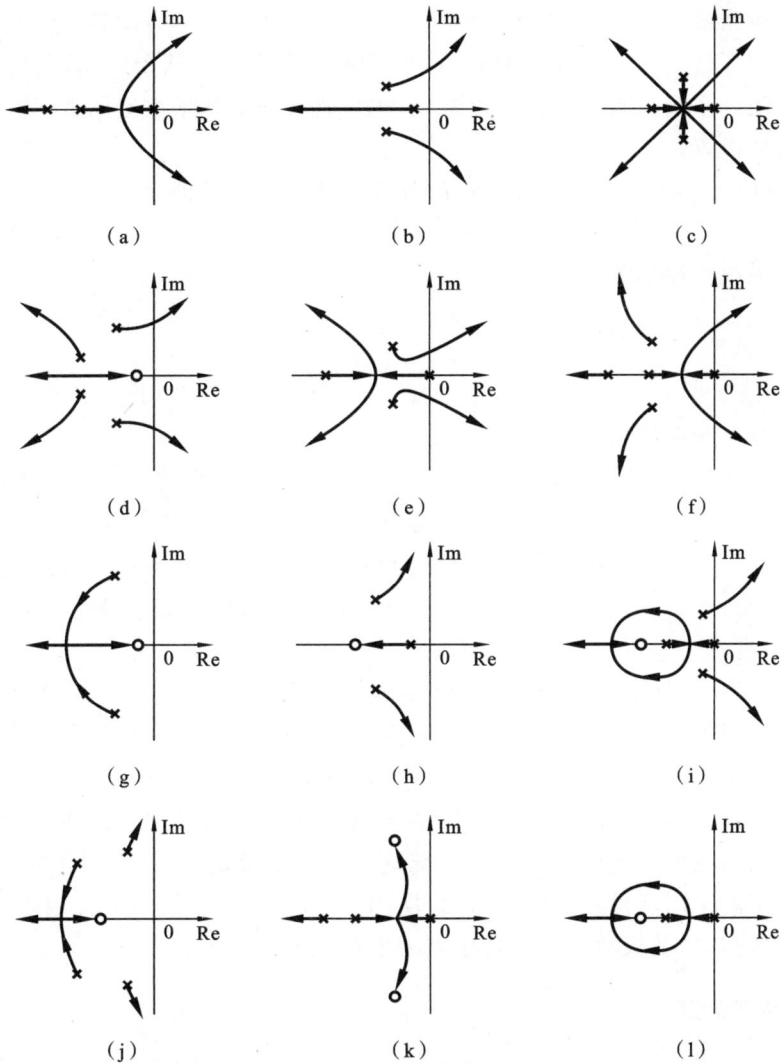

图 4-18　常见的开环零点、极点分布及其相应的闭环根轨迹图

前面论述了绘制根轨迹的基本规则,下面讨论根轨迹法中确定闭环极点的方法。要绘制出准确的系统根轨迹,或判断复杂系统的根轨迹走向,如例 4-8,可由根轨迹法确定系统的若干闭环极点。对于高阶系统,无法解析求解获得闭环极点的相关数据,此时,也需要采用根轨迹法确定系统准确的闭环极点。对于特定参数下的闭环极点的确定,根轨迹法中可采用幅值条件。

例如,对于某些简单系统,若部分闭环极点已知,一般由式(4.27)的根之和以及根轨迹的幅值条件,很容易得出解析表达式,确定其余的闭环极点在 s 平面上的分布位置及此时的 k。例如,例 4-6 中已知开环极点 $p_1=0$,$p_2=-1$,$p_3=-2$ 和一对共轭复数闭环极点 $s_{1,2}=-0.33\pm j0.58$,考虑到闭环特征方程为

$$D(s)=s^3+3s^2+2s+k=0$$

由根之和 $s_1+s_2+s_3=-3$, 得 $s_3=-2.333$。根轨迹增益可由幅值条件获得, 即
$$k=|s_1-p_1|\cdot|s_1-p_2|\cdot|s_1-p_3|=0.667\times0.886\times1.77=1.05$$
当然, 也可直接将已知的极点代入闭环特征方程求得。

对于高阶系统, 确定特定参数下的闭环极点的比较简单的方法是, 使用幅值条件先用试探法确定部分闭环实数极点的数值, 然后用综合除法求其余的闭环极点。若在特定参数下的闭环系统只有一对共轭复极点, 也可直接在概略根轨迹图上, 用上述方法获得要求的闭环极点。

【例 4-9】 已知例 4-7 中的根轨迹图(图 4-16)是准确的, 试确定 $k=4$ 时的闭环极点。

解 由系统的幅值条件得
$$k=\prod_{i=1}^{4}|s-p_i|$$
$$=|s-0|\cdot|s-(-3)|\cdot|s-(-1+j1)|\cdot|s-(-1+j1)|=4$$
由此确定此时高阶系统的闭环极点。

考虑到闭环特征方程 $D(s)=s^4+5s^3+8s^2+6s+k=0$, 由实轴上的分离点坐标处满足 $s=-2.3$, 得 $k=4.33$。由图 4-16 可得, 该方程在 $(-3,-2.3)$ 和 $(-2.3,0)$ 区间上各有一个接近 -2.3 的实根。采用试探法, 可找到满足幅值条件 $k=4$ 的两个闭环实数极点实根为 $s_1=-2$, $s_2=-2.521$。将 $s_1=-2$, $s_2=-2.521$ 以及 $k=4$ 代入上述闭环特征方程中, 有
$$D(s)=s^4+5s^3+8s^2+6s+4=(s+2)(s+2.521)(s-s_3)(s-s_4)=0$$
应用综合除法, 得 $s_{3,4}=-0.239\pm j0.858$。在相除过程中, 通常不会除尽, 因此在图解时不可避免地要引入一些误差。

综上所述, 在已知开环零点、极点的情况下, 利用以上绘制根轨迹的基本规则可以迅速地确定根轨迹的大致形状。如果要准确地求出系统的根轨迹, 可根据幅值条件利用试探法确定若干闭环极点。应该指出, 应用 Matlab 软件包可以方便地获得系统较为准确的根轨迹图, 以及根轨迹图上特定点的根轨迹增益。

4.2.2 零度根轨迹

由于相角遵循 $0°+2l\pi$ 的条件, 零度根轨迹的绘制方法, 与 $180°$ 根轨迹的绘制方法略有不同。将零度根轨迹的根轨迹方程式(4.12)的相角条件和幅值条件, 与 $180°$ 根轨迹方程式(4.7)的相角条件和幅值条件对比可知, 它们的幅值条件相同, 而相角条件相差 $180°$。因此, $180°$ 根轨迹的绘制规则在原则上可以应用于零度根轨迹的绘制, 只是需要在与相角条件有关的一些规则中做适当的调整。从这种意义上讲, 零度根轨迹可看成是 $180°$ 根轨迹的推广。

绘制零度根轨迹时, 需要调整的绘制规则如下。

规则 4 中根轨迹的渐近线与实轴的交角应改为
$$\varphi_a=\frac{2l\pi}{n-m}, \quad l=0,1,2,\cdots,n-m-1 \tag{4.28}$$

规则 5 中实轴上的根轨迹的分布应改为:实轴上某一区域, 若其右方开环实数零点、极点个数之和为偶数(包括 0), 则该区域必是根轨迹。

简记为：从实轴上最右端的开环零点、极点算起，偶数（包括 0）个开环零点、极点到奇数开环零点、极点之间的区域必是根轨迹。

规则 6 中根轨迹的起始角与终止角公式应改为

$$\theta_{p1} = 2l\pi + \sum_{j=1}^{m} \angle(p_1 - z_j) - \sum_{i=1, i \neq l}^{n} \angle(p_1 - p_i), l = 0, \pm 1, \pm 2, \cdots \quad (4.29)$$

$$\theta_{z1} = 2l\pi + \sum_{j=1}^{n} \angle(z_1 - p_i) - \sum_{j=1, j \neq l}^{m} \angle(z_1 - z_j), l = 0, \pm 1, \pm 2, \cdots \quad (4.30)$$

除上述三个规则外，其他规则不变。实际上，零度根轨迹就是将180°根轨迹绘制规则中的$(2l+1)\pi$换成了$2l\pi$。为了便于使用，表 4-2 列出了零度根轨迹的绘制规则。

表 4-2 零度根轨迹的绘制规则

序号	内 容	规则（设 $m \leqslant n$）
1	根轨迹的分支数	根轨迹的分支数等于闭环特征方程的阶数（闭环极点数）或开环极点数
2	根轨迹的对称性	根轨迹连续且对称于实轴
3	根轨迹的起点和终点	根轨迹起始于开环极点，终止于开环零点（包括开环无限零点）
4	实轴上的根轨迹	实轴上某一区域，若其右边开环实零点、极点数之和为偶数（包括零个），则该区域必是根轨迹
5	根轨迹的渐近线	$n-m$ 条根轨迹渐近线与实轴的交角与交点为 $$\varphi_a = \frac{2l\pi}{n-m}, l = 0, 1, 2, \cdots, n-m-1, \quad \sigma_a = \frac{\sum_{i=1}^{n} p_i - \sum_{j=1}^{m} z_j}{n-m}$$
6	根轨迹的起始角和终止角	起始角：$\theta_{p1} = 2l\pi + \sum_{j=1}^{m} \angle(p_l - z_j) - \sum_{i=1, i \neq l}^{n} \angle(p_l - p_i), l = 0, \pm 1, \pm 2, \cdots$ 终止角：$\theta_{z1} = 2l\pi + \sum_{i=1}^{n} \angle(z_l - p_i) - \sum_{j=1, j \neq l}^{m} \angle(z_l - z_j), l = 0, \pm 1, \pm 2, \cdots$
7	根轨迹在实轴上的分离点与分离角	i 条根轨迹分支相遇又分离，其分离角为$(2l+1)\pi/i, l = 0, 1, 2, \cdots, l-1$，其分离点的坐标及 k 值可由下列任一方法求得： 方法 1 $\begin{cases} dk/ds = 0; \\ D(s) = 0 \end{cases}$ 方法 2 $\begin{cases} \sum_{j=1}^{m} \frac{1}{s-z_j} = \sum_{i=1}^{n} \frac{1}{s-p_i}, \text{其中 } D(s)=0 \text{ 为闭环特征方程}; \\ D(s) = 0 \end{cases}$ 方法 3 $\begin{cases} D(s) = 0 \\ dD(s)/ds = 0 \end{cases}$
8	根轨迹与虚轴的交点	根轨迹与虚轴交点的坐标及其 k 值，可由 $s = j\omega$ 代入闭环特征方程，并分别令其实部和虚部为零求得，或应用劳斯判据出现全零行的情况确定
9	根之和	$\sum_{i=1}^{n} s_i = -a_{n-1}$。当 $n-m \geqslant 2$ 时，$\sum_{i=1}^{n} s_i = \sum_{i=1}^{n} p_i$

【**例 4-10**】 设某单位正反馈系统结构图如图 4-6 所示,其开环传递函数为

$$G(s)=\frac{k(s+2)}{(s+3)(s^2+2s+2)}$$

试绘制当 $k=0\rightarrow\infty$ 变化时系统的概略根轨迹,并求分离点处和与虚轴交点处的 k 值。

解 根据题意,得系统的根轨迹方程为

$$G(s)=\frac{k(s+2)}{(s+3)(s^2+2s+2)}=1$$

可见,需绘制零度根轨迹。利用零度根轨迹规则,按步骤绘制系统的概略根轨迹。

(1)根轨迹起点 $p_1=-3$,$p_2=-1+\mathrm{j}1$,$p_3=-1-\mathrm{j}1$,$n=3$,终点 $z_1=-2$ 以及无穷远处的无限零点,$m=1$。在 s 平面上画出开环有限零点和开环极点,如图 4-19 所示。

(2)根轨迹的渐近线:共有 $n-m=2$ 条渐近线,且

$$\varphi_{\mathrm{a}}=\frac{2l\times180°}{n-m}=\begin{cases}0,&l=0\\180°,&l=1\end{cases}$$

$$\sigma_{\mathrm{a}}=\frac{\sum\limits_{i=1}^{n}p_i-\sum\limits_{j=1}^{m}z_j}{n-m}=-\frac{3}{2}$$

(3)实轴上在 $-\infty\sim-3$ 和 $-2\sim+\infty$ 的区间是根轨迹。

(4)根轨迹的起始角:

$$\begin{aligned}\theta_{\mathrm{p}_2}&=\angle(p_2-z_1)-\angle(p_2-p_1)-\angle(p_2-p_3)\\&=45°-90°-26.6°=-71.6°\end{aligned}$$

利用对称性,则 $\theta_{\mathrm{p}_3}=71.6°$。

(5)根轨迹在实轴上的分离点:观察可见,实轴上开环零点 $z_1=-2$ 与 $+\infty$ 之间必存在分离点。由根轨迹方程得

$$k=\frac{k(s+2)}{(s+3)(s^2+2s+2)}$$

令

$$\frac{\mathrm{d}k}{\mathrm{d}s}=\frac{\mathrm{d}}{\mathrm{d}s}\left[\frac{k(s+2)}{(s+3)(s^2+2s+2)}\right]=0$$

上式等效为 $2s^3+11s^2+20s+10=0$,解得 $s_{x1}=-0.8$,$s_{x2,3}=-2.35\pm\mathrm{j}2.64$(舍)。此时,有

$$k=\frac{|s_{x1}-p_1|\cdot|s_{x1}-p_2|\cdot|s_{x1}-p_3|}{|s_{x1}-z_1|}\Big|_{s_{x1}=0.8}=1.9$$

(7)根轨迹与虚轴的交点:将 $s=\mathrm{j}\omega$ 代入特征方程得

$$D(s)=s(s+3)(s^2+2s+2)-k(s+2)=0$$

令其实部和虚部分别为零,得

$$\begin{cases}-5\omega^2+(6-2k)=0\\-\omega^3-(8-k)\omega=0\end{cases}$$

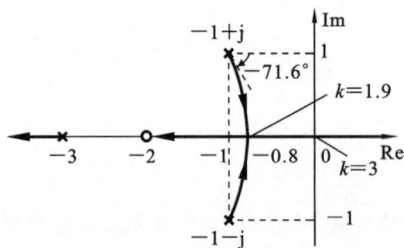

图 4-19 概略根轨迹图

解得

$$\begin{cases}\omega=0\\k=3\end{cases}$$

当 $k=3$ 时,根轨迹与虚轴交于 $s=0$ 处,即原点处。概略根轨迹图如图 4-19 所示。

【**例 4-11**】 反馈系统结构图如图 4-20 所示,试绘制根轨迹增益变化时的概略根

轨迹。

解 从结构图得负反馈系统的开环传递函数为

$$G(s) = \frac{k(2-s)}{s(s+4)}$$

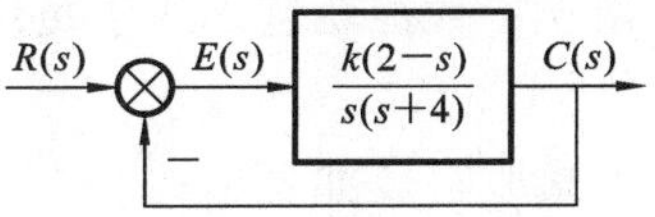

图 4-20 反馈系统结构图

由闭环特征方程为 $D(s) = 1 + G(s) = 0$,得根轨迹方程为

$$G(s) = \frac{k(2-s)}{s(s+4)} = -1$$

将上式等号左侧化成标准的零点、极点形式,得标准形式的根轨迹方程为

$$\frac{k(s-2)}{s(s+4)} = 1$$

利用零度根轨迹规则,按下列步骤概略绘制系统根轨迹。

(1) 根轨迹的起点 $p_1 = 0, p_2 = -4, n = 2$,根轨迹终点 $z_1 = 2$ 及无穷远处,$m = 1$。

(2) 由于 $n - m = 1$,不需要求渐近线。

(3) 实轴上 $-4 \sim 0$ 以及 $2 \sim +\infty$ 的区域是根轨迹。

(4) 根轨迹在实轴上的分离点:观察可见,实轴上 $-4 \sim 0$ 以及 $2 \sim +\infty$ 都必存在分离点,由根轨迹方程,得

$$k = \frac{s(s+4)}{s-2}$$

令

$$\frac{dk}{ds} = \frac{d}{ds}\left[\frac{s(s+4)}{s-2}\right] = 0$$

即 $s^2 - 4s - 8 = 0$。解得分离点 $s_{x1} = 2 + 2\sqrt{3}, s_{x2} = 2 - 2\sqrt{3}$。

(5) 根轨迹与虚轴的交点:令 $s = j\omega$,代入闭环特征方程 $D(s) = s(s+4) - k(s-2) = 0$ 中,并令其实部、虚部分别为零,则

图 4-21 根轨迹图

$$\begin{cases} 4\omega^3 - k\omega = 0 \\ \omega^2 - 2k = 0 \end{cases}$$

则根轨迹与虚轴交点处有

$$\begin{cases} \omega = 0 \\ k = 0 \end{cases} \quad 或 \quad \begin{cases} \omega = \pm 2\sqrt{2} \\ k = 4 \end{cases}$$

即

$$\begin{cases} s = 0 \\ k = 0 \end{cases} \quad 或 \quad \begin{cases} s = \pm j2\sqrt{2} \\ k = 4 \end{cases}$$

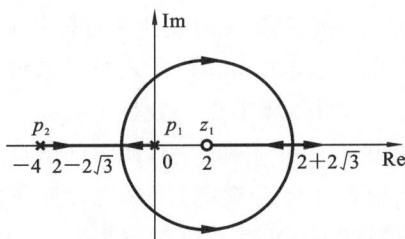

同例 4-5,可以证明系统的根轨迹图的一部分是一个以零点 $z_1 = 2$ 为圆心、以零点到分离点的距离为半径的圆。图 4-21 为绘制的准确根轨迹图。由本例可见,负反馈系统并非一定绘制 180° 根轨迹。

4.2.3 参数根轨迹

在控制系统中,除已讨论的以根轨迹增益为参变量的常规根轨迹外,还可以研究其他诸如时间常数、反馈系数、开环零点和极点等参数或多参数变化时的根轨迹。通常,以非根轨迹增益为参变量绘制的根轨迹称为参数(或参量)根轨迹。

绘制参数根轨迹的规则与绘制常规根轨迹的规则完全相同。只要在绘制参数根之前,引入等效单位反馈系统和等效传递函数概念,那么常规根轨迹的所有绘制规则就均

适用于参数根轨迹。对于负反馈系统,设其闭环特征方程为

$$1+G(s)H(s)=0$$

将上式改写成如下形式:

$$\frac{AP(s)}{Q(s)}=-1 \tag{4.31}$$

式中:A 为除 k 外系统的任意参变量;$P(s)$ 和 $Q(s)$ 为两个与 A 无关的首一多项式。显然,要保证等效前后根轨迹相同,必须保证等效前后系统的闭环特征方程不变,即

$$Q(s)+AP(s)=1+G(s)H(s)=0 \tag{4.32}$$

由此可得单位反馈系统的等效开环传递函数为

$$G_1(s)H_1(s)=\frac{AP(s)}{Q(s)} \tag{4.33}$$

将式(4.33)代入式(4.31),则等效根轨迹方程为

$$G_1(s)H_1(s)=\frac{AP(s)}{Q(s)}=-1 \tag{4.34}$$

式中:A 为等效根轨迹增益。按式(4.34)绘制的根轨迹即为参数 A 变化时的参数根轨迹。实际上,这一等效思想,同 4.1.4 节一样,就是通过等效将非根轨迹增益放在了根轨迹增益的位置上。

需要特别说明的是,参数根轨迹中,等效开环传递函数 $G_1(s)H_1(s)$ 是通过等效而来的,并非实际物理可实现的系统,因此,该等效开环传递函数可能会出现零点个数多于极点个数的情况,这表示将有根轨迹始于无穷远处而终于开环有限零点。这对绘制根轨迹的初始段带来不便。为此,可将上式两端同时取倒数而闭环特征方程不变,即

$$G_2(s)H_2(s)=\frac{A_1Q(s)}{P(s)}=-1 \tag{4.35}$$

式中:A_1 为等效根轨迹增益,$A_1=1/A$。此时,根据式(4.35),按常规根轨迹规则绘制参数 A_1 从零变化到无穷的根轨迹,只是在根轨迹图中应按参数 A 的变化来标注。

特别强调,参数根轨迹中,等效开环传递函数只保证对应的闭环特征式与原系统相同,因此“等效”的含义仅在闭环极点相同这一点上成立,而闭环零点一般是不同的。

由 3.4 节可知,系统时间响应的类型取决于闭环极点的性质和大小,而时间响应的形状却与闭环零点有关,也就是说,闭环零点对系统动态性能有影响,当然也影响稳态误差,所以由闭环零点、极点分布来分析和估算系统性能时,可以采用参数根轨迹上的闭环极点,但必须采用原来闭环系统的零点。这一处理方法和结论,对于绘制开环零点、极点变化时的根轨迹同样适用。

【例 4-12】 设位置随动系统结构图如图 4-22 所示。图 4-22 中,系统 I 和系统 III 分别为比例控制、比例-微分控制和测速反馈控制系统。其中,T_a 表示微分时间常数或测速反馈系数,试绘制参变量 T_a 变化时系统 I 和系统 III 的闭环极点分布的影响。

解 由图 4-22 可知,系统 I 的闭环传递函数与参变量 T_a 无关,即

$$\Phi_{\text{I}}(s)=\frac{1}{s^2+0.2s+1}$$

而系统 II 和系统 III 与 T_a 有关,且其开环传递函数相同,即

$$G(s)H(s)=\frac{5(T_as+1)}{s(5s+1)}$$

但它们的闭环传递函数不同,即

$$\Phi_{\mathrm{II}}(s)=\frac{T_{\mathrm{a}}s+1}{s^2+0.2s+1+T_{\mathrm{a}}s}, \quad \Phi_{\mathrm{III}}(s)=\frac{1}{s^2+0.2s+1+T_{\mathrm{a}}s}$$

可见,两者闭环极点相同而闭环零点不同。由于两者闭环特征方程相同,即

$$s^2+0.2s+1+T_{\mathrm{a}}s=0$$

将上式中含参变量 T_{a} 的项放在等式左边,并用不含 T_{a} 的多项式除方程的两边,得

$$\frac{T_{\mathrm{a}}s}{s^2+0.2s+1}=-1$$

此时,等效开环传递函数为

$$G_1(s)H_1(s)=\frac{T_{\mathrm{a}}s}{s^2+0.2s+1}$$

式中:T_{a} 为等效根轨迹增益。则根轨迹方程为

$$\frac{ks}{s^2+0.2s+1}=-1$$

按180°根轨迹绘制规则,绘制当 T_{a} 变化时系统Ⅱ和系统Ⅲ的根轨迹,如图 4-23 所示。根轨迹图中,当 $T_{\mathrm{a}}=0$ 时,闭环极点 $s_{1,2}=-0.1\pm j0.995$,即系统Ⅰ的闭环极点。由图 4-23 显然可见,当参变量 T_{a} 为任意正数时,系统Ⅱ和系统Ⅲ均闭环稳定。该例中,更多有关 T_{a} 变化对系统Ⅱ和系统Ⅲ性能的影响分析,详见 4.3 节。

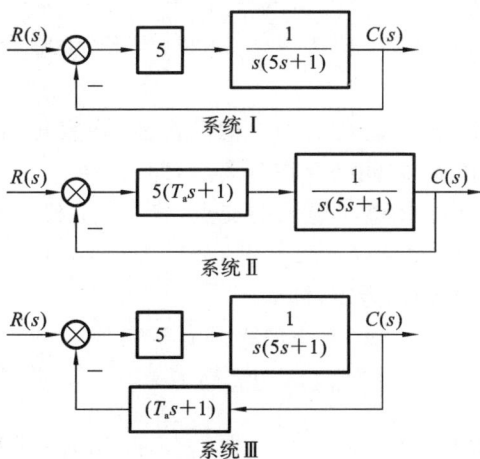

图 4-22 位置随动系统结构图 图 4-23 系统Ⅱ和系统Ⅲ的根轨迹

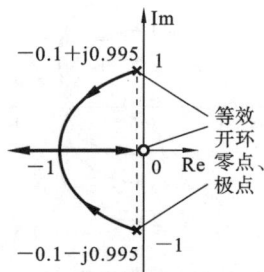

【例 4-13】 设单位负反馈系统的开环传递函数为

$$G(s)=\frac{K}{s(s+1)(T_{\mathrm{a}}s+1)}$$

开环增益 K 可自行选定。试绘制时间常数 T_{a} 为 0→∞ 变化时的根轨迹。

解 由开环传递函数得闭环特征方程为

$$D(s)=s(s+1)(T_{\mathrm{a}}s+1)+K=0$$

将含 T_{a} 的项单独写在等式的左边,并用不含 T_{a} 的多项式除方程的两边,得

$$\frac{T_{\mathrm{a}}s^2(s+1)}{s^2+s+K}=-1$$

可见,等效开环传递函数 $G_1(s)=\frac{T_{\mathrm{a}}s^2(s+1)}{s^2+s+K}$ 的零点数比极点数多,将上式两端同取倒

数,得

$$\frac{1/T_a(s^2+s+K)}{s^2(s+1)}=-1$$

式中,$1/T_a$ 为等效根轨迹增益。此时,等效开环传递函数为

$$G_2(s)=\frac{1/T_a(s^2+s+K)}{s^2(s+1)}$$

根据180°根轨迹绘制规则,按下列步骤绘制 $1/T_a$ 从零变化到无穷时的概略参数根轨迹(注意,最后的根轨迹图应按照参数 T_a 的变化来标注)。

(1) 参数根轨迹的起点和终点等效开环传递函数 $G_2(s)$ 的零点和极点,或 $G_1(s)$ 的极点和零点。由题意知,当 $T_a=0$ 时,闭环特征方程的根即为 $G_1(s)$ 的极点,得

$$s(s+1)+K=0$$

解得 $G_2(s)$ 的零点为

$$z_{1,2}=-1/2\pm\sqrt{1/4-K}$$

当选择 K 为 2、1 和 0.5 时,由上式计算得

$$z_{1,2}=-0.5\pm j1.32, \quad z_{1,2}=-0.5\pm j0.87, \quad z_{1,2}=-0.5\pm j0.5$$

$G_2(s)$ 的极点为 $p_{1,2}=0,p_3=-1$。将等效开环零点、极点绘制在图中。

(2) 实轴上 $-\infty\sim-1$ 是根轨迹。

(3) 根轨迹的终止角:当 $K=2$ 时,$\theta_{z_1}=180°+2\angle(z_1-p_1)+\angle(z_1-p_3)-\angle(z_1-z_2)=20.5°$,$\theta_{z_2}=-20.5°$;当 $K=1$ 时,$\theta_{z_1}=29.9°,\theta_{z_2}=-29.9°$;当 $K=0.5$ 时,$\theta_{z_1}=45°,\theta_{z_2}=-45°$。

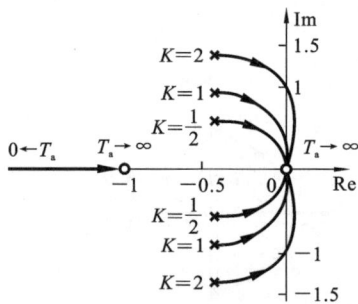

图 4-24　根轨迹簇

(4) 根轨迹在实轴上的分离点:观察可得,实轴上 p_1 和 p_2 之间必存在分离点,即 $s_x=0$。

(5) 根轨迹与虚轴的交点:将 $s=j\omega$ 代入闭环特征方程 $D(s)=s(s+1)(T_a s+1)+K=0$ 中,并令实部和虚部分别为零,即

$$\begin{cases} K-(1+T_a)\omega^2=0 \\ \omega(1-T_a\omega^2)=0 \end{cases}$$

当 $K=2$ 时,$\begin{cases}\omega=1\\T_a=1\end{cases}$,即 $\begin{cases}s=j\\T_a=1\end{cases}$;当 $K=1$ 和 $K=1/2$ 时,与虚轴无交点,如图 4-24 所示。

实际上,图 4-24 为参数 K 和 T_a 均可变化的根轨迹簇。由图 4-24 可见,对于给定的开环增益 K,T_a 增大相当于可变开环极点向坐标原点方向移动,那么闭环极点就会向 s 右半平面方向移动,从而使系统稳定性变差。若取更多的开环增益 K,发现当 $0<K\leqslant0.25$ 时,$G_1(s)$ 中将会有实数极点。图 4-25 为当 $K=0.09$ 时的根轨迹图。图 4-24 中,T_a 取任何正值时闭环系统都是稳定的。综合图 4-24 和图 4-25 可见,当 $T_a\geqslant1$ 时,开

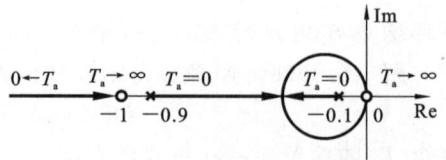

图 4-25　当 $K=0.09$ 时的根轨迹图

环增益 K 应不小 2,否则闭环系统不稳定;当 $0<K\leqslant1$ 时,T_a 取任何正值时闭环系统都是稳定的。

4.3 系统性能的根轨迹法分析

4.3.1 闭环零点、极点分布对系统性能的影响分析

应用根轨迹法可以迅速确定系统随参数变化时的闭环极点分布情况,还可以确定特定参变量的闭环极点的位置,这就为分析和估算系统性能提供了依据。一旦确定闭环极点,闭环零点可由式(4.2)直接得到。本节主要讨论,根据已知的闭环零点、极点,利用根轨迹法对系统的性能进行定性分析和定量估算。

1. 主导极点法与时间响应

由已知的闭环零点、极点可得系统闭环传递函数,利用拉氏反变换法求得系统的单位阶跃响应,从而可以对系统性能进行分析。然而,在工程分析与设计中,常利用闭环主导极点的概念对高阶系统进行近似,并采用闭环主导极点代替系统全部闭环极点来估算系统性能指标,这种方法称为主导极点法。

【例 4-14】 应用主导极点法估算具有如下闭环传递函数的系统性能指标:

$$\Phi(s) = \frac{44}{(s+7.63)(s+1.2-j2.08)(s+1.2+j2.08)}$$

解 系统存在一对闭环复数极点 $s_{1,2} = -1.2 \pm j2.08$ 和一个闭环实数极点 $s_3 = -7.63$,且 $\frac{|s_3|}{|\mathrm{Re}(s_{1,2})|} > 6$。可见,闭环复数极点离虚轴较近,其响应分量在系统响应中起主导作用,基本决定了系统动态性能,则 $s_{1,2}$ 为闭环主导极点,s_3 的响应分量可忽略。于是,原三阶系统可近似为如下的二阶系统:

$$\Phi(s) = \frac{44}{(s+1.2-j2.08)(s+1.2+j2.08)}$$

原三阶系统的性能指标可由上式进行估算。考虑到上式与其对应的典型二阶系统所有动态性能指标完全相同,故将上式变成如下的标准形式:

$$\Phi(s) = \frac{44}{7.63(s+1.2-j2.08)(s+1.2+j2.08)} = \frac{5.7664}{s^2+2.4s+5.7664}$$

与典型二阶系统相比,可得 $\omega_n^2 = 5.7664$ 且 $2\xi\omega_n = 2.4$。于是,系统的特征参数为

$$\omega_n = 2.4, \quad \xi = 0.5$$

由此,可近似估算出原系统单位阶跃响应的超调量和调节时间为

$$\sigma\% = \mathrm{e}^{-\pi\xi/\sqrt{1-\xi^2}} \times 100\% = 16.3\%, \quad t_s = 3.5/\xi\omega_n = 2.92 \text{ s} \ (\Delta = 0.05)$$

必须注意,系统时间响应的快慢除了与相应闭环极点的实部有关外,还与闭环零点、极点的相互位置有关,因此,只有接近虚轴,且又不十分接近闭环零点的闭环极点,才可能成为闭环主导极点。此外,还应注意偶极子对系统的影响。

如果闭环零点、极点相距很近,那么这样的闭环零点、极点常称为偶极子。偶极子分实数偶极子和复数偶极子,且复数偶极子必以共轭形式出现。不难看出,只要偶极子不十分接近坐标原点,那么其对系统动态性能的影响甚微,从而可以忽略偶极子的存在。例如,研究具有如下闭环传递函数的系统:

$$\Phi(s) = \frac{2a}{a+\delta} \frac{s+a+\delta}{(s+a)(s^2+2s+2)} \tag{4.36}$$

式中,系统有一对闭环复数极点 $s_{1,2}=-1\pm j$,一个闭环实数极点 $s_3=-a$ 和一个闭环实数零点 $-(a+\delta)$。假设 $\delta\to 0$,则实数闭环零点、极点十分接近而构成一对偶极子。若假设闭环实数极点 $s_3=-a$ 不是非常接近坐标原点,则系统(式(4.36))的单位阶跃响应为

$$c(t)=1-\frac{2\delta}{(a+\delta)(a^2-2a+2)}e^{-at}$$

$$+\frac{2a}{(a+\delta)}\frac{\sqrt{1+(a+\delta-1)^2}}{\sqrt{2}\sqrt{1+(a-1)^2}}e^{-t}\sin\left(t+\arctan\frac{1}{a+\delta-1}-\arctan\frac{1}{a-1}-135°\right)$$

$$(4.37)$$

由于 $\delta\to 0$,上式可简化为

$$c(t)\approx 1+\sqrt{2}e^{-t}\sin(t-135°) \tag{4.38}$$

此时,偶极子的影响完全略去不计,系统单位阶跃响应主要由闭环主导极点 $s_{1,2}=-1\pm j$ 决定。如果偶极子十分接近原点,即 $\delta\to 0$,且 $a\to 0$,则式(4.37)应简化为

$$c(t)\approx 1-\frac{\delta}{a}+\sqrt{2}e^{-t}\sin(t-135°)$$

这时 δ 和 a 是可以相比的,δ/a 不能略去不计。因此,接近原点的偶极子对系统的动态响应必须考虑。然而不论偶极子接近原点的程度如何,并不影响系统主导极点的地位,复数偶极子也具有上述同样性质。工程中具体确定偶极子的经验是,如果闭环零点、极点之间的距离与它们自身的模相比小一个数量级,则这一对闭环零点、极点构成了偶极子。

综上所述,主导极点法的原则是,在系统全部闭环极点中,选留最靠近虚轴而又不十分靠近闭环零点的一个或几个闭环极点作为主导极点,略去不十分接近原点的偶极子,以及比主导极点距虚轴远 5 倍以上的非主导闭环零点、极点。主导极点法将设计中所遇到的绝大多数有实际意义的高阶系统简化为只有一两个闭环零点和两三个闭环极点的系统,因而可应用比较简便的方法来估算系统的性能。特别要说明的是,在许多实际应用中,比闭环主导极点距虚轴远 2~3 倍的闭环零点、极点,也常可放在略去之列。当需要选留主导零点来改进系统性能时,选留的主导零点数不应多于主导极点数。

此外,在用主导极点代替全部闭环极点绘制系统时间响应曲线时,形状误差仅出现在曲线的起始段,而主要决定性能指标的曲线中、后段的形状基本不变。最后指出,在略去偶极子和非主导零点、极点的情况下,闭环系统的根轨迹增益常会发生改变,必须注意核算,否则会导致性能的估算错误。例如,在式(4.36)中,显然有 $\Phi(0)=1$,表明系统在单位阶跃响应函数作用下的稳态误差为 $e_{ss}(\infty)=0$。如果略去偶极子,简单化成

$$\Phi(s)=\left(\frac{2a}{a+\delta}\right)\frac{1}{s^2+2s+2}$$

则有 $\Phi(0)\neq 1$,因而得出单位阶跃响应函数作用下的稳态误差不为零的错误结果。

2. 系统性能的定性分析与定量估算

在用根轨迹法分析系统的性能时,闭环零点、极点对系统时间响应的影响,大体归纳如下。

1)稳定性

稳定性只与闭环极点的位置有关,而与闭环零点的位置无关。当参变量从零变化

到无穷时,若系统的闭环极点全部位于 s 左半平面,则系统稳定;若根轨迹与虚轴有交点,则交点处的参变量称为临界稳定参变量,由此可求使闭环系统稳定的参变量的选择范围。

例 4-4 中,由其根轨迹图可见,当根轨迹增益 k 为任意正数时,根轨迹分支均位于 s 左半平面,因此闭环系统稳定。例 4-8 中,当 k 变化时,由 p_3、p_4 出发的两条根轨迹始终位于 s 左半平面,但由 p_1、p_2 出发的两条根轨迹分支,只有当 $23.5 < k < 35.7$ 时才位于 s 左半平面,因此闭环系统稳定的范围是 $23.5 < k < 35.7$。显然,由根轨迹图直观、迅速地分析出闭环系统的稳定性及稳定时的参变量范围是根轨迹法的一大优势。

2) 运动形式

当闭环系统无零点时,如果只有闭环实数极点,则系统时间响应一定是单调的;如果系统存在闭环实数复数极点,则系统时间响应必然是振荡的。

当闭环系统只有一个负实零点时,如果起主导作用的闭环极点离虚轴更近,且与闭环负实零点不十分靠近,则系统时间响应的运动形式与无闭环零点的情况一致。

由例 4-6 的根轨迹图可见,系统共有 3 条根轨迹分支,且无闭环零点。当根轨迹增益 k 从零变化到无穷时,由 -2 出发的根轨迹向负实轴方向运动,而由 -1 和 0 出发的根轨迹先沿实轴向分离点靠近,再在分离点处分开,离开实轴向 s 右半平面方向移动。由图 4-15 可见,当根轨迹增益 k 满足 $0 < k \leqslant 0.385$ 时,闭环系统有三个闭环负实极点。此时,系统的时间响应呈现无超调量的单调非周期过程。当 $k = 0.385$ 时,根轨迹处于分离点,距离虚轴较近的两个闭环负实极点重合;当 $0.385 < k < 6$ 时,产生一对离虚轴越来越近的共轭复数闭环极点,此时,系统的时间响应呈现衰减振荡形式;当 $k = 6$ 时,根轨迹与虚轴交于 $\pm \mathrm{j}\sqrt{2}$ 点,此时,系统具有一对纯虚根而处于临界稳定状态,其时间响应为等幅振荡形式,且振幅为 $\sqrt{2}$;当 k 继续增大,将有两条根轨迹越过虚轴而进入 s 右半平面,此后系统的时间响应为发散振荡形式。例 4-10 中,系统的闭环传递函数为

$$\Phi(s) = \frac{k(s+2)}{(s+3)(s^2+2s+2)+k(s+2)}$$

可见,存在一个闭环负实零点 $s = -2$。由根轨迹图可见,当 $0 < k < 1.9$ 时,系统存在一对实部在 $-1 \sim -0.8$ 的共轭复数闭环极点,以及由 -3 出发、距离虚轴越来越远的闭环实极点。闭环负实零点的存在会对系统响应有一定影响。但是相较于闭环负实零点,共轭复数闭环极点离虚轴更近,且与闭环实数零点并不十分靠近,因此系统的时间响应还是呈现衰减振荡形式;当 $1.9 \leqslant k < 3$ 时,所有闭环零点、极点均为实数。其中,靠近虚轴的两个闭环实数极点中,一个由 -0.8 沿负实轴快速向坐标原点靠拢,并快速成为闭环主导实极点,另一个由 -0.8 沿负实轴向闭环负实零点 $s = -2$ 方向移动,基本抵消了闭环负实零点对系统响应的影响。因此,此时系统的时间响应将呈现无超调量的非周期过程。

3) 超调量与调节时间

利用主导极点法,高阶系统常常被降阶而简化成二阶系统,从而可按二阶系统的性能指标公式估算其性能指标。为不失一般性,设高阶系统简化成负反馈二阶系统系统,其开环传递函数为

$$G(s)H(s) = \frac{\omega_n^2}{s(s+2\xi\omega_n)}$$

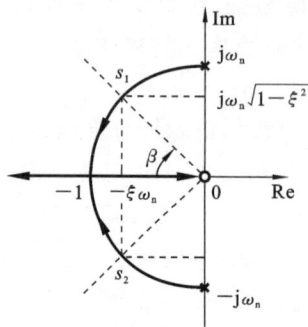

图 4-26 ξ 从零变化到无穷的
参数根轨迹

设阻尼比 ξ 为参变量,由系统的闭环特征方程

$$D(s) = s^2 + 2\xi\omega_n s + \omega_n^2 = 0$$

得等效的根轨迹方程为

$$\frac{2\xi\omega_n s}{s^2 + \omega_n^2} = -1$$

式中:$2\xi\omega_n$ 为等效根轨迹增益,且随 ξ 从零变化到无穷。ξ 从零变化到无穷的参数根轨迹如图 4-26 所示。图 4-26 中,β 为阻尼角,且满足 $\beta = \arctan(\sqrt{1-\xi^2}/\xi)$ 或 $\xi = \cos\beta$。

超调量和调节时间常用来描述动态性能。考虑到欠阻尼二阶系统的超调量、调节时间公式为

$$\sigma\% = e^{-\pi\xi/\sqrt{1-\xi^2}} \times 100\%, \quad t_s = 3.5/\xi\omega_n(\Delta = 0.05)$$

由图 4-26 可见,当 $0 < \xi < 1$ 时,根轨迹上任一点坐标为 $s_{1,2} = -\xi\omega_n \pm \omega_n\sqrt{1-\xi^2}$。因此,根轨迹上任一点与虚轴的距离远近直接反映出了系统的超调量和调节时间的大小。离虚轴越近,则调节时间越短,超调量越大。进一步,考虑到阻尼角只与 ξ 有关。在根轨迹图中,也可由 β 确定系统此时的超调量和调节时间。阻尼角越大,则超调量越大,调节时间越短;若 $\xi \geq 1$,则系统无超调量,调节时间随 ξ 增大而变长。由根轨迹图能够非常直观地观察出随阻尼比 ξ 变化的调节时间和超调量的变化情况。由此可得如下结论。

超调量主要取决于闭环复数主导极点的衰减率 $\xi\omega_n/\omega_d = \xi/\sqrt{1-\xi^2}$,并与其他闭环零点、极点接近坐标原点的程度有关;如果闭环复数极点靠近虚轴,则调节时间主要由其实部的绝对值 $\xi\omega_n$ 决定;如果闭环实数极点靠近虚轴,且附近无实数零点,则调节时间主要由该实数极点的幅值决定。

4)闭环实数零点、极点的影响

闭环负实零点减小系统阻尼,使上升时间、峰值时间提前,超调量增大;闭环实数极点增大系统阻尼,使上升时间、峰值时间滞后,超调量减小,且它们的作用随其本身接近原点的程度而加强。

例 4-12 中,根据三个系统的闭环传递函数,可分析参变量 T_a 对比例-微分控制系统 Ⅱ 和测速反馈控制系统 Ⅲ 性能的影响。与系统 Ⅰ 对比,可得如下结论。

(1)系统 Ⅱ 增加了一个随 T_a 变化的闭环零点 $s = -1/T_a$。考虑到在根轨迹图中无法反映出闭环零点的作用,由 3.3.5 节的结论可知,当参数 T_a 从零变化到无穷时,闭环负实零点 $s = -1/T_a$ 的加入将使系统 Ⅱ 阶跃响应的上升时间、峰值时间缩短,这相当于减小了闭环系统的阻尼,从而使其阶跃响应的超调量增大,且随 T_a 的增大,闭环负实零点离虚轴越来越近,上述作用越发明显。

(2)系统 Ⅱ 和系统 Ⅲ 由于 $T_a s$ 项的加入导致其闭环极点随 T_a 变化而改变。由根轨迹图(图 4-23)可见,当参数 T_a 从零变化到无穷时,在根轨迹到达分离点之前,系统 Ⅱ 和系统 Ⅲ 具有一对共轭复数闭环极点,其时间响应呈现衰减振荡;自到达根轨迹分离点后,两系统具有一对负实极点,其时间响应变为无超调量的非周期过程,且随 T_a 的增大,系统 Ⅱ 和系统 Ⅲ 阶跃响应的上升时间、峰值时间变长而超调量变小。也就是说,比

例-微分控制和测速反馈控制相当于等效阻尼比增大,因而超调量变小,上升时间、峰值时间变长。这与 3.3.5 节的结论完全一致。

综上所述,当参数 T_a 从零变化到无穷时,比例-微分控制系统 Ⅱ 中,同时反映系统快速性和平稳性的调节时间变短了。

5) 偶极子及其处理

如果闭环零点、极点之间的距离比它们本身的模值小一个数量级,则该零点、极点构成偶极子。远离虚轴的偶极子可以忽略,但对于接近原点的偶极子则要考虑其影响。

6) 主导极点

最靠近虚轴且附近又无零点的一些闭环极点对系统性能影响最大,称为主导极点,其他比主导极点距虚轴远 5 倍以上的非主导闭环零点、极点均可忽略。如果再消除可忽略的偶极子,高阶系统可实现降阶,并按例 4-14 的方法估算系统的性能指标。

【例 4-15】 已知例 4-6 中系统的开环传递函数和根轨迹图(图 4-15),试计算当系统阻尼比 $\xi=0.5$ 时的根轨迹增益 k 值、相应的闭环极点,并估算此时系统的动态性能指标。

解 在根轨迹图(图 4-16)中画出当 $\xi=0.5$ 时的等阻尼线 OA 和 OB,使其与负实轴方向的夹角 $\beta=\arccos\xi=60°$,如图 4-27 所示。等阻尼线与根轨迹的交点即为相应的共轭复数闭环极点,设为 $s_{1,2}$,则

$$s_{1,2}=-\xi\omega_n\pm j\omega_n\sqrt{1-\xi^2}$$
$$=-0.5\omega_n\pm j0.866\omega_n$$

代入闭环特征方程,则有

$$D(s)=s^3+3s^2+2s+k=0$$
$$=(s-s_1)(s-s_2)(s-s_3)$$
$$=s^3+(\omega_n-s_3)s^2+(\omega_n^2-s_3\omega_n)s-s_3\omega_n^2$$

图 4-27 加等阻尼线的根轨迹图

比较上式两边的系数,有 $\begin{cases}\omega_n-s_3=3\\\omega_n^2-s_3\omega_n=2\\-s_3\omega_n^2=k\end{cases}$,解得 $\begin{cases}\omega_n=0.667\\s_3=-2.33\\k=1.05\end{cases}$。

于是,共轭复数闭环极点 $s_{1,2}=-0.33\pm j0.58$。由此得系统的闭环传递函数为

$$\Phi(s)=\frac{1.05}{(s+2.33)(s+0.33-j0.58)(s+0.33+j0.58)}$$

由于 $\dfrac{|s_3|}{|\mathrm{Re}(s_{1,2})|}>7$,且系统无闭环零点,故 $s_{1,2}$ 可认为是闭环主导极点,则原三阶系统可近似成如下的二阶系统:

$$\Phi(s)=\frac{1.05}{(s+0.33-j0.58)(s+0.33+j0.58)}$$

原系统的动态性能指标可由此闭环主导极点 $s_{1,2}$ 所构成的二阶系统来估算。考虑到上式与其典型二阶系统所有动态性能指标完全相同,故将上式变成如下的标准形式:

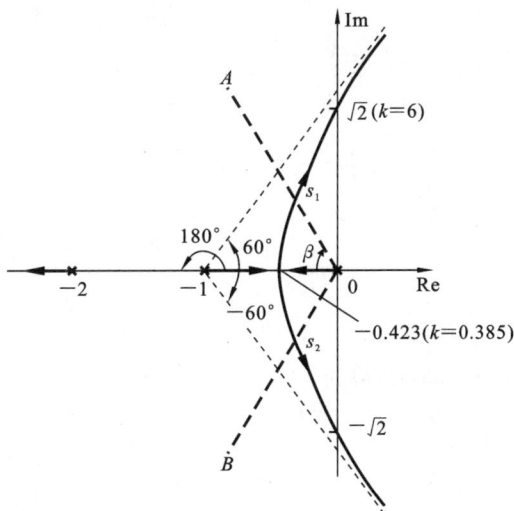

$$\Phi(s) = \frac{0.33^2 + 0.58^2}{(s+0.33-j0.58)(s+0.33+j0.58)} = \frac{0.667^2}{s^2+0.667s+0.667^2}$$

换言之,就是将 $\omega_n = 0.667$,$\xi = 0.5$ 直接代入下式:

$$\sigma\% = e^{-\xi\pi/\sqrt{1-\xi^2}} \times 100\% = 16.3\%$$

得

$$t_s = \frac{3.5}{\xi\omega_n} = 10.5 \text{ s} \quad (\Delta = 0.05)$$

7) 稳态误差

由 3.6 节可知,系统的稳态误差除了与输入信号有关,还与误差传递函数有关,从而与系统型别 ν 和开环增益 K 有关。

在根轨迹法中,若绘制的是随根轨迹增益 k 变化的常规根轨迹,系统型别 ν 与开环增益 K 均可由根轨迹图得到。这是因为,在根轨迹图中,原点处开环极点的个数(即系统型别)、开环增益 K 与根轨迹增益 k 之间可以互相转化。设开环传递函数为

$$G(s)H(s) = \frac{K\prod_{j=1}^{m}(\tau_j s + 1)}{\prod_{i=1}^{n}(T_i s + 1)} = \frac{K\prod_{j=1}^{m}\tau_j \prod_{j=1}^{m}\left(s+\frac{1}{\tau_j}\right)}{\prod_{i=1}^{n}T_i \prod_{i=1}^{n}\left(s+\frac{1}{T_i}\right)}, \quad m \leqslant n$$

令 $\frac{1}{\tau_j} = -z_j$,$\frac{1}{T_i} = -p_i$,则

$$G(s)H(s) = \frac{K\prod_{j=1}^{m}\left(\frac{1}{-z_j}\right)\prod_{j=1}^{m}(s-z_j)}{\prod_{i=1}^{n}\left(\frac{1}{-p_i}\right)\prod_{i=1}^{n}(s-p_i)} = \frac{k\prod_{j=1}^{m}(s-z_j)}{\prod_{i=1}^{n}(s-p_i)}$$

于是开环增益为

$$K = \frac{k\prod_{j=1}^{m}(-z_j)}{\prod_{i=1}^{n}(-p_i)} \tag{4.39}$$

由于根轨迹图上任一点的根轨迹增益 k 可由幅值条件获得,因此,由式(4.39)很容易获得根轨迹上任何一点的开环增益 K 值,求得稳态误差。

例如,由例 4-15 中的常规根轨迹图,可求得当 $\xi = 0.5$ 时系统在单位斜坡信号作用下的稳态误差。当 $\xi = 0.5$,即 $k = 1.05$ 时,系统开环传递函数为

$$G(s)H(s) = \frac{k}{s(s+1)(s+2)} = \frac{k}{2s(s+1)(0.5s+1)}$$

则开环增益 $K = k/2 = 0.525$。因为 $\nu = 1$,则系统在单位斜坡信号作用下的稳态误差为

$$e_{ss} = 1/K_\nu = 1/K = 1.9$$

特别指出,若绘制的是参数根轨迹,则 ν 和 K 必须由原开环传递函数求得,而不能由等效开环传递函数及由此绘制的根轨迹图直接求得。这是因为,参数根轨迹只能保证等效前后系统的闭环特征方程相同,即误差传递函数的闭环极点相同,而不能保证其闭环零点相同。根轨迹法中,凡涉及闭环零点相关的性能时,必须由原开环传递函数求得。

【例 4-16】 设单位负反馈系统的开环传递函数为

$$G(s) = \frac{s+a}{s(s+1)^2}$$

绘制 a 从 $0 \to +\infty$ 时闭环系统的概略根轨迹,并确定当输入 $r(t)=1.2t$ 时系统 $e_{ss} \leqslant 0.6$ 的 a 值范围。

解 (1)闭环特征方程为
$$D(s)=s(s+1)^2+s+a=s^3+2s^2+2s+a=0$$
将含 a 的项单独写在等式左边,并用不含 a 的多项式除方程两边,得等效根轨迹方程为
$$\frac{a}{s(s^2+2s+2)}=-1$$
式中:a 为等效根轨迹增益。依180°根轨迹绘制规则,按下列步骤绘制概略参数根轨迹。

根轨迹起点 $p_{1,2}=-1\pm j$,$p_3=0$。

根轨迹渐近线:$n-m=3$,$\varphi_a=(2l+1)\pi/3=60°,180°,300°$,$\sigma_a=(p_1+p_2+p_3)/3=-2/3$。

实轴上 $-\infty \sim 0$ 的区域是根轨迹。

观察可发现,实轴上无分离点。

根轨迹的起始角:$\theta_{p_1}=180°-\angle(-1+j)-90°=90°-135°=-45°$;$\theta_{p_2}=45°$。

根轨迹与虚轴交点:由闭环特征方程,列劳斯表为

s^3	1	2
s^2	2	a
s^1	$\frac{4-a}{2}$	0
s^0	a	

令 $(4-a)/2=0$,则 $a=4$,代入辅助方程 $2s^2+a=0$,得 $\omega=\pm\sqrt{2}$,即与虚轴交于 $\pm j\sqrt{2}$。根轨迹图如图 4-28 所示。

(2)求 $e_{ss}\leqslant 0.6$ 的 a 值范围。

由于绘制的是参数根轨迹,考虑到稳态误差与误差传递函数有关,涉及误差传递函数的闭环零点。有关涉及闭环零点的性能需要由原系统提供。由原系统开环传递函数得

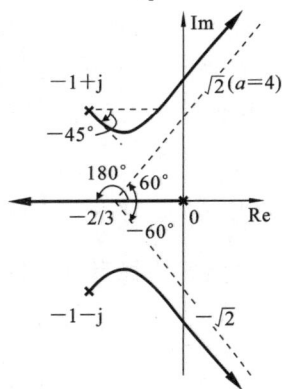

图 4-28 根轨迹图

$$G(s)=\frac{s+a}{s(s+1)^2}=\frac{a\left(\frac{1}{a}s+1\right)}{s(s+1)^2}$$

可见,原系统为Ⅰ型系统,开环增益 $K=a$。当 $r(t)=1.2t$ 时,闭环系统的稳态误差为
$$e_{ss}=\frac{1.2}{K_v}=\frac{1.2}{a}\leqslant 0.6$$
得
$$a\geqslant 2$$
由图 4-28 可知,当 $0<a<4$ 时,闭环系统是稳定的。因此,当 $2\leqslant a<4$ 时,满足系统的 $e_{ss}\leqslant 0.6$。

4.3.2 开环零点、极点分布对系统性能的影响分析

利用根轨迹法能够分析结构和参数已确定的系统的性能,还可以根据对系统性能的要求确定可变参数的范围。若系统的性能不尽如人意,考虑到根轨迹的形状取决于开环零点、极点的分布,可以通过调整控制器的结构和参数,改变相应的开环零点、极点

分布,调整根轨迹的形状,来改善系统的性能。

1. 附加开环零点的作用

【例 4-17】 设单位负反馈系统的开环传递函数为

$$G(s) = \frac{k(s-z_1)}{s^2(s+a)}$$

式中,a 为已知常数,$a > 0$;$z_1 > 0$。试分析附加开环零点对系统根轨迹的影响。

解 令 z_1 为不同数值,附加开环零点前后的根轨迹对比图如图 4-29 所示,其中 $a = 3$。

(1) 设 $z_1 \to \infty$,即系统不存在开环有限实零点,根据

$$G(s) = \frac{k}{s^2(s+a)}$$

依 180° 根轨迹规则,按下列步骤绘制概略闭环系统的根轨迹,如图 4-29(a)所示。

$p_1 = p_2 = 0$,$p_3 = -a$。

$n - m = 3$,$\sigma_a = -a/3$,$\varphi_a = (2l+1)\pi/3 = 60°$,$180°$,$-60°$,$l = 0, 1, 2$。

实轴上 $-\infty \sim -a$ 的区域是根轨迹。

观察可知,根轨迹与实轴的分离点及与虚轴的交点均为原点。由图 4-29(a)可见,无论 k 取何值,闭环系统均不稳定。

(2) 设系统存在开环有限实零点,因为 $n - m = 2$,此时,$\varphi_a = (2l+1)\pi/2 = \pm 90°$,$l = 0, 1$。

当 $z_1 > a$ 时,$\sigma_a = \dfrac{z_1 - a}{2} > 0$。闭环根轨迹如图 4-29(b)所示。可见,无论 k 取何值,闭环系统都不稳定,说明需附加恰当的开环零点才能改善性能。

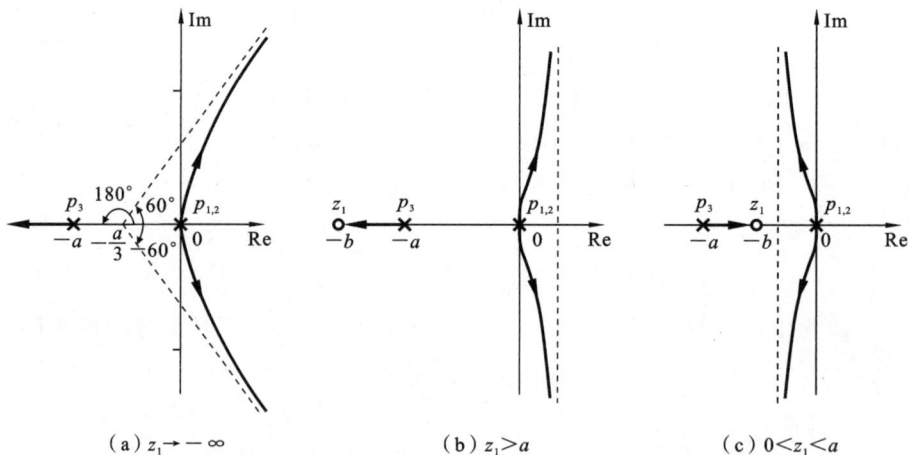

图 4-29 附加开环零点前后的根轨迹对比图

当 $0 < z_1 < a$ 时,$\sigma_a = \dfrac{z_1 - a}{2} < 0$,闭环根轨迹如图 4-29(c)所示。可见,$k$ 取任意正数,闭环系统都稳定。

由图 4-29 可见,系统中附加开环负实零点,可使系统根轨迹向 s 左半平面方向移动,即使系统的根轨迹图发生趋向附加零点方向的弯曲变形,且弯曲程度随开环零点接近坐标系的程度而加强。研究还发现,若附加具有负实部的共轭零点,则其作用与开环

负实零点的作用完全相同。综上,附加位于 s 左半平面的开环零点,通过适当确定开环零点在 s 平面上的位置,可以显著提高系统的相对稳定性,从而改善系统的稳定性。

附加开环零点的目的,除了可以改善系统的稳定性外,还可以对系统的动态性能有明显改善。然而稳定性和动态性能对附加开环零点位置的要求,有时并不一致。例如,设单位负反馈系统的开环传递函数为

$$G(s) = \frac{k(s-z_1)}{s(s^2+2s+2)}$$

式中:$z_1 > 0$。令 z_1 为不同数值,对应的闭环系统根轨迹如图 4-30 所示。对比可见,图 4-30(d)对稳定性最为有利,但对动态性能的改善却不利。这是因为,开环零点对于单位反馈系统而言就是闭环零点,当增加的开环零点与坐标原点闭环极点重合或距离非常近(实际系统中很容易出现这样的误差)时,构成偶极子。虽然闭环零点、极点之间作用大体抵消,但是接近原点的偶极子对系统的动态响应必须考虑。然而不论偶极子接近原点的程度如何,并不影响系统主导极点的地位。此时,图 4-30(d)对应的系统可以近似为具有一对共轭复数极点的二阶系统。对于二阶系统,阻尼比适中导致超调量较小、响应速度较快和调节时间较短,正是设计中一般系统所期望具备的动态性能。由图 4-30(d)可见,其时间响应为衰减振荡,且振荡频率随 k 的增大而增大。说明增加开环零点后,响应速度虽然加快,但超调量会显著增加,且这种作用随开环零点离虚轴越近越显著。

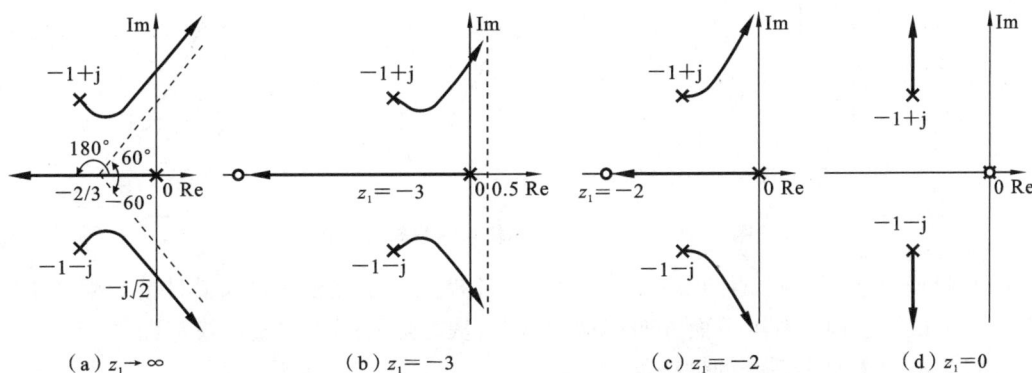

图 4-30 附加不同开环零点的根轨迹对比图

实际上,对于系统闭环传递函数来说,附加开环零点起到两方面的影响。一方面,对于单位反馈系统而言就是增加了闭环零点。闭环零点对动态系统性能产生影响,闭环系统的阻尼减小,超调量增大,响应时间减小,且影响随闭环零点接近坐标原点的程度而加强。另一方面,附加开环零点也影响系统的闭环极点分布,使闭环系统等效阻尼比增大,超调量变小,响应时间变长。可见,附加开环零点对系统动态性能的影响相当于3.3.5节的比例-微分控制。只要附加开环零点位置选配得当,可以同时改善系统的阻尼程度和响应速度,这一点详见第 6 章的 PD 控制。

从以上定性分析可以看出,只有当附加开环零点相对于原有开环极点的位置选配得当,才能使系统的稳定性及动态性能同时得到显著改善。

大量研究表明,附加位于 s 左半平面的开环零点对系统根轨迹及其性能的主要影响如下。

（1）根轨迹向 s 左半平面方向移动或弯曲，从而提高系统的相对稳定性。

（2）相当于 PD 控制。当附加开环零点相对于原有开环极点的位置选配得当时，可以同时改善系统的阻尼程度和响应速度。

（3）附加开环零点越接近坐标原点，上述作用越明显。

2. 附加开环极点对根轨迹的影响

设单位负反馈系统的开环传递函数为

$$G(s) = \frac{k}{s(s+1)(s-p_1)}$$

式中：$p_1 > 0$。令 p_1 为不同数值，对应的闭环系统根轨迹如图 4-31 所示。由图 4-31 可见，附加的开环负实极点可使系统根轨迹向 s 右半平面方向移动，系统的根轨迹图发生趋向附加极点方向的弯曲变形。因此，附加开环负实极点降低了系统的相对稳定性，且随开环负实极点离虚轴越近，这种作用越显著。

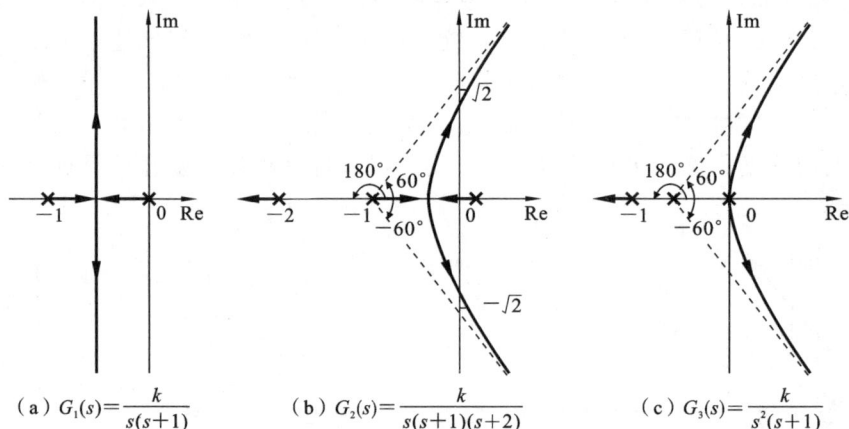

（a）$G_1(s) = \dfrac{k}{s(s+1)}$ 　（b）$G_2(s) = \dfrac{k}{s(s+1)(s+2)}$ 　（c）$G_3(s) = \dfrac{k}{s^2(s+1)}$

图 4-31　附加不同开环极点的根轨迹对比图

大量研究表明，附加位于 s 左半平面的开环极点对系统根轨迹及其性能影响如下。

（1）根轨迹向 s 右半平面方向移动或弯曲，从而降低系统的相对稳定性。

（2）不利于改善系统的动态性能。

（3）附加开环极点越接近坐标原点，上述作用越明显。

3. 附加开环偶极子的作用

如果开环零点、极点之间的距离比它们本身的模值小一个数量级，则该开环零点、极点也可以称为开环偶极子。增加一对开环偶极子，可以改善系统的稳态性能。

设 z_c 为开环零点，p_c 为开环极点，满足 $z_c \approx p_c$，构成开环偶极子，则根轨迹上任何一点到这对开环偶极子的向量满足

$$\angle(s - z_c) = \angle(s - p_c)$$
$$|s - z_c| = |s - p_c|$$

可见，它们对根轨迹几乎没有影响。设系统在没有增加开环偶极子时的开环增益为

$$K = \lim_{s \to 0} \frac{k \prod\limits_{i=1}^{m}(s - z_i)}{\prod\limits_{j=1}^{n}(s - p_j)} = \frac{k \prod\limits_{i=1}^{m}(-z_i)}{\prod\limits_{j=1}^{n}(-p_j)}$$

如果增加开环偶极子后的开环增益为 K_c,则

$$K_c = \frac{k\prod\limits_{i=1}^{m}(-z_i)}{\prod\limits_{j=1}^{n}(-p_j)}\frac{z_c}{p_c} = K\frac{z_c}{p_c} \qquad (4.40)$$

显然,选择合适的开环偶极子可增大开环增益,从而提高系统稳态精度。例如,$z_c = -0.5, p_c = -0.05$,则 $K_c = K\frac{z_c}{p_c} = 10K$。由此可见,附加开环偶极子可以改善系统的稳态性能。

设单位负反馈系统的开环传递函数为

$$G(s) = \frac{k(s-z_c)}{s(s+1)(s-p_c)}$$

式中:$z_c > 0$;$p_c > 0$。当 z_c 和 p_c 取不同数值时,对应的闭环系统根轨迹如图 4-32 所示。

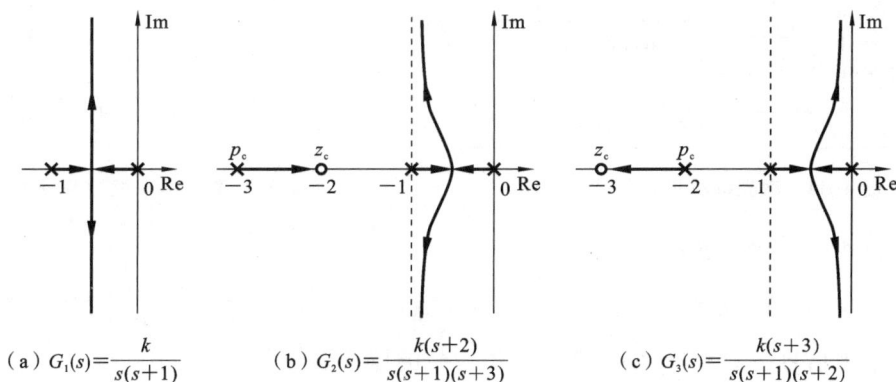

图 4-32 附加开环偶极子的根轨迹对比图

由图 4-32(b)可知,当 $|z_c| < |p_c|$ 时,增加的开环零点靠近虚轴,因此,新增的开环零点对系统的影响强于开环极点。此时,$\angle(s-z_c) > \angle(s-p_c)$,即这对开环零点、极点为系统附加了超前相角,相当于附加开环零点的作用,使根轨迹向左偏移,改善了系统动态性能,因此,合理选择校正装置参数,设置相应的开环零点、极点位置,可以改善系统动态性能;当 $|z_c| > |p_c|$ 时,增加的开环极点靠近虚轴,因此,新增的开环极点对系统的影响强于开环零点。极点为系统附加了滞后相角,相当于附加开环极点的作用,使根轨迹向右偏移。此时,若选择合适的 z_c 和 p_c 来构成开环偶极子,则可以改善系统稳态性能。

有关开环零点、极点的选择及其对系统性能的影响将在第 6 章中详细论述。

4.4 控制系统的根轨迹法分析实例

4.4.1 激光操纵控制系统

为了置入灵巧的人造关节,需要用激光在人体内钻孔。在应用激光进行外科手术时,激光操纵系统必须有高度精确的位置和速度响应。

【例 4-18】考虑如图 4-33 所示的系统,用直流电机来操纵激光,设电机参数选为

励磁磁场时间常数 $T_1=0.1$ s,电机和载荷组合的时间常数 $T_2=0.2$ s。本例的目的是利用根轨迹法分析增益 K 对激光操纵控制系统稳态性能的影响,并选择合适的增益 K,使系统响应斜坡输入 $r(t)=Rt$,$R=1$ mm/s 的稳态误差小于或等于 0.1 mm。其中,R 为斜坡输入的幅值。

解　系统开环传递函数为

$$G(s)=\frac{K}{s(T_1s+1)(T_2s+1)}=\frac{K}{s(0.1s+1)(0.2s+1)}$$

则当 K 变化时,激光操纵控制系统的根轨迹如图 4-34 所示。

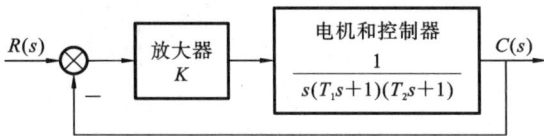

图 4-33　激光操纵控制系统结构图

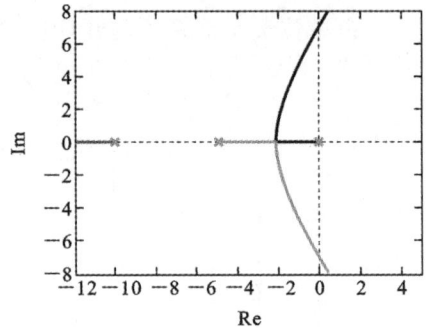

图 4-34　激光操纵控制系统的根轨迹

系统闭环传递函数为

$$\Phi(s)=\frac{K}{s(T_1s+1)(T_2s+1)+K}=\frac{5K}{s^3+15s^2+50s+50K}$$

设输入斜坡信号 $r(t)=Rt$,则系统响应该信号的稳态误差为

$$e_{ss}=\lim_{s\to0}s\Phi(s)R(s)=\frac{R}{K_v}=\frac{R}{K}$$

根据 $R=1$ mm/s 以及稳态误差的要求,则 $K\geqslant10$。为保证系统稳定,由系统的特征方程列写劳斯表,则

$$D(s)=s^3+15s^2+50s+50K=0$$

$$
\begin{array}{ccc}
s^3 & 1 & 50 \\[2mm]
s^2 & 15 & 50K \\[2mm]
s^1 & \dfrac{750-50K}{15} & 0 \\[2mm]
s^0 & 50K &
\end{array}
$$

因此,系统稳定的条件是 $0\leqslant K\leqslant15$。综上所述选取 $K=10$。

由图 4-34 可见,系统有 3 条根轨迹,分离点为 -2.11。当 $K=10$ 时,对应的闭环特征根

$$s_{1,2}=-0.509\pm j5.96, \quad s_3=-13.98$$

的阻尼比 $\xi=0.0851$,$\xi\omega_n=0.509$。由此可见,$s_{1,2}$ 可以认为是闭环主导极点。因此,系统可以近似为欠阻尼二阶系统系统,计算系统在单位阶跃输入下的超调量和调节时间分别为

$$\sigma\%=e^{-\frac{\xi\pi}{\sqrt{1-\xi^2}}}\times100\%=76.5\%, \quad t_s=\frac{3.5}{\xi\omega_n}=6.88 \text{ s }(\Delta=0.05)$$

4.4.2　自动焊接头控制系统

【例 4-19】　工业上,自动焊接头需要进行精确定位控制,图 4-35 为自动焊接头控制系统结构图。图 4-35 中,K_1 为放大器增益,K_2 为测速反馈增益。

本例的目的是用根轨迹法分析参数 K_1 与 K_2 的变化对系统性能的影响,并选择合适的参数 K_1 与 K_2,使系统满足如下性能指标。

(1) 系统对斜坡输入响应的稳态误差≤斜坡幅值的 35%。

(2) 系统主导极点的阻尼比 $\xi \geqslant 0.707$。

图 4-35　自动焊接头控制系统结构图

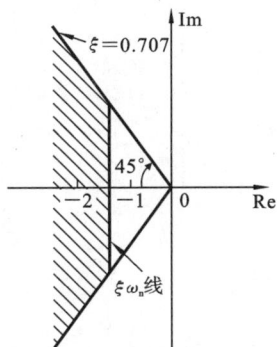

(3) 系统阶跃响应的调节时间 $t_s \leqslant 3$ s($\Delta = 2\%$)。

解　由图 4-35 知,系统开环传递函数为

$$G(s) = \frac{K_1}{s(s+2+K_1 K_2)}$$

显然,该系统为 Ⅰ 型系统,在斜坡输入作用下,存在稳态误差。系统的误差信号为

$$E(s) = \frac{R(s)}{1+G(s)} = \frac{s(s+2+K_1 K_2)}{s^2+(2+K_1 K_2)s+K_1} R(s)$$

令 $R(s) = R/s^2$,则稳态误差为

$$e_{ss} = \lim_{t \to \infty} e(t) = \lim_{s \to 0} sE(s) = \frac{2+K_1 K_2}{K_1} R$$

根据系统对稳态误差的性能指标要求,K_1 与 K_2 的选取应满足如下要求:

$$\frac{e_{ss}}{R} = \frac{2+K_1 K_2}{K_1} \leqslant 0.35$$

上式表明,为了获得较小的稳态误差,应该选择小的 K_2 值。根据系统对主导极点的阻尼比要求,系统的闭环极点应位于 s 平面上 $\xi = 0.707$ 的 $\pm 45°$ 斜线之间;再由对系统的调节时间的指标要求可知,主导极点实部的绝对值应满足:

$$t_s = \frac{4.4}{\xi \omega_n} \leqslant 3 \text{ s}$$

因此有 $\xi \omega_n \geqslant 1.47$。于是,满足设计指标要求的闭环极点应全部位于图 4-36 所示的扇形区域内。

图 4-36　闭环极点的可行区域

设待定参数 $\alpha = K_1$,$\beta = K_1 K_2$,则闭环特征方程为

$$D(s) = s^2 + (2+K_1 K_2)s + K_1 = s^2 + 2s + \beta s + \alpha = 0$$

首先考虑参数 $\alpha = K_1$ 的选择。令 $\beta = 0$,则 α 变化时的根轨迹方程为

$$1 + \frac{\alpha}{s(s+2)} = 0$$

令 α 从 0 变化到 ∞,其根轨迹如图 4-37(a)所示。利用模值条件,在图 4-37(a)中试取 $K_1 = \alpha = 20$,其对应的闭环极点为 $-1 \pm j4.36$,于是参数 $\beta = 20 K_2$。

其次,考虑参数 β 的选择。在闭环特征方程 $D(s) = 0$ 中,代入 $\alpha = 20$,则 β 变化时的根轨迹方程为

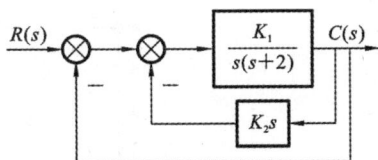

$$1+\frac{\beta s}{s^2+2s+20}=0$$

即
$$1+\beta\frac{s}{(s+1+j4.36)(s+1-j4.36)}=0$$

令 β 从 0 变化到 ∞,其根轨迹如图 4-37(b)所示。

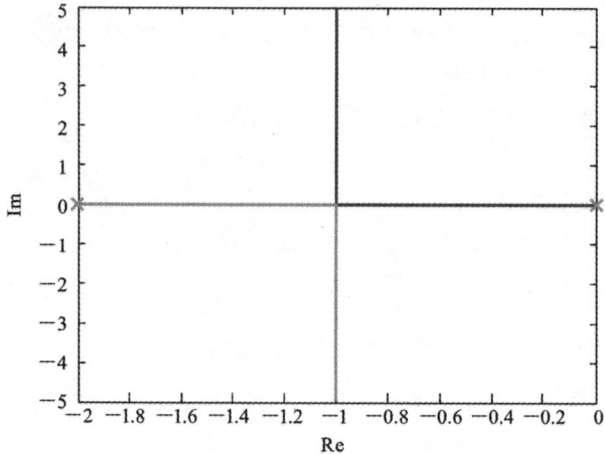

(a) α ($\alpha=K_1$) 从0变化到 ∞ 时的根轨迹

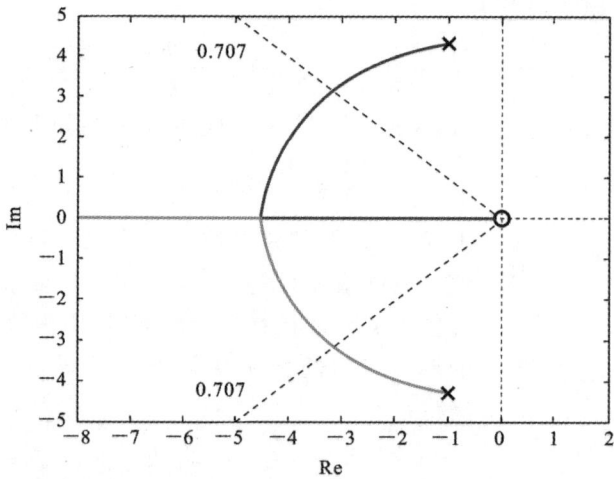

(b) β ($\beta=20K_2$) 从0变化到 ∞ 时的根轨迹

图 4-37   自动焊接头控制系统根轨迹

由图 4-37(b)可见,分离点坐标为($-4.47,0$)。当取模值条件 $\beta=4.33=20K_2$,即 $K_2=0.2165$ 时,得到满足阻尼比 $\xi=0.707$ 的闭环主导极点 $s_{1,2}=-3.15\pm j3.15$,则其决定的调节时间为

$$t_s=\frac{4.4}{\xi\omega_n}=1.47<3(\Delta=2\%)$$

相应的稳态误差值为

$$\frac{e_{ss}}{R}=\frac{2+K_1K_2}{K_1}=\frac{2+\beta}{\alpha}=0.3156<0.35$$

综上所述,选择 $K_1=20$, $K_2=0.2165$,则系统的单位阶跃响应和单位斜坡响应分别如图 4-38(a)和图 4-38(b)所示。

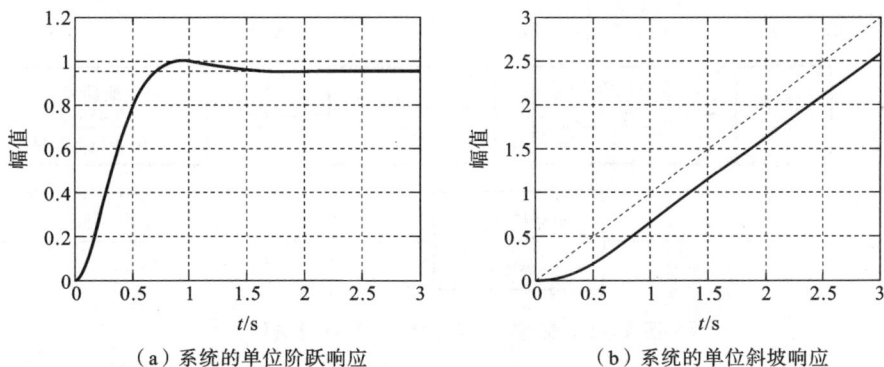

（a）系统的单位阶跃响应 （b）系统的单位斜坡响应

图 4-38 自动焊接头控制系统的时间响应

4.4.3 船舶航向控制系统

【例 4-20】 船舶航向控制系统结构图如图 4-39 所示。图 4-39 中，$C(s)$ 为实际的航向，$R(s)$ 为给定的航向，$N(s)$ 为影响航向的扰动因素。设控制器 $G_c(s)=K$。本例的目的是用根轨迹法分析参数 K 变化时船舶航向控制系统的根轨迹，并分析系统主导极点当阻尼比 $\xi=0.4$ 时的闭环极点，以及使系统稳定的参数 K 的范围。

图 4-39 船舶航向控制系统结构图

解 闭环特征方程为

$$D(s)=1+\frac{0.01715K}{s(s+0.1)(s+2.14375)}=0$$

则根轨迹方程为

$$G(s)=\frac{0.01715K}{s(s+0.1)(s+2.14375)}$$

令 $k=0.01715K$，则 K 从 0 变化到 ∞ 时系统的根轨迹如图 4-40 所示。

由图 4-40 可见，该系统的闭环主导极点当阻尼比 $\xi=0.4$ 时的闭环极点为 $-0.0464\pm j0.106$。当 $k=0.01715K=0.448$ 时，系统稳定，此时 $K=26.12$。

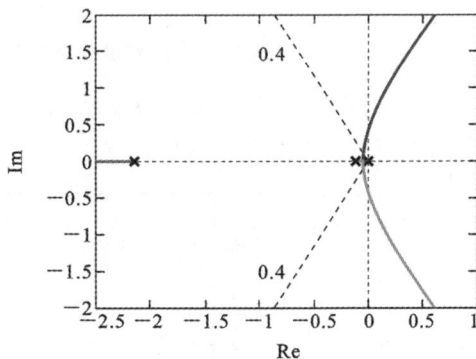

图 4-40 船舶航向控制系统当参数 K 从 0 变化到 ∞ 时的根轨迹

4.4.4 船舶横摇减摇鳍控制系统

【例 4-21】 船舶横摇减摇鳍控制系统结构图如图 4-41 所示。图 4-41 中，$R(s)$ 为预期的横摇角，通常设 $R(s)=0$，$C(s)$ 为实际的横摇角；$N(s)$ 为影响横摇角的扰动因素。为分析简便，本例中采用比例控制器。本例的目的是分析参数 K_p 从 0 变化到 ∞ 时的系统根轨迹。

解 由图 4-41 可知，系统的开环传递函数为

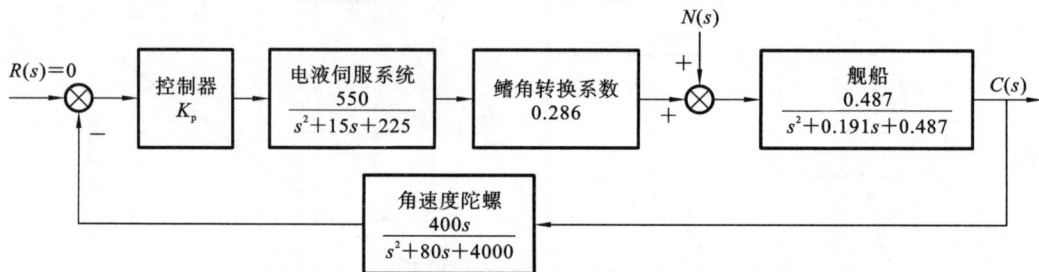

图 4-41　船舶横摇减摇鳍控制系统结构图

$$G(s) = \frac{30642.04K_{p}s}{(s^{2}+15s+225)(s^{2}+0.191s+0.487)(s^{2}+80s+4000)}$$

则开环系统的零点、极点分布图如图 4-42 所示。

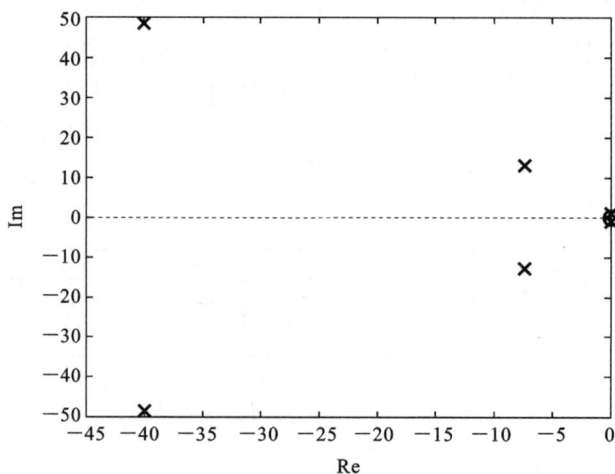

图 4-42　船舶横摇减摇鳍开环系统的零点、极点分布图

令 $K=30642.04K_{p}$,则当 K_{p} 从 0 变化到∞时,可绘出 K 从 0 变化到∞时系统的根轨迹如图 4-43 和图 4-44 所示。

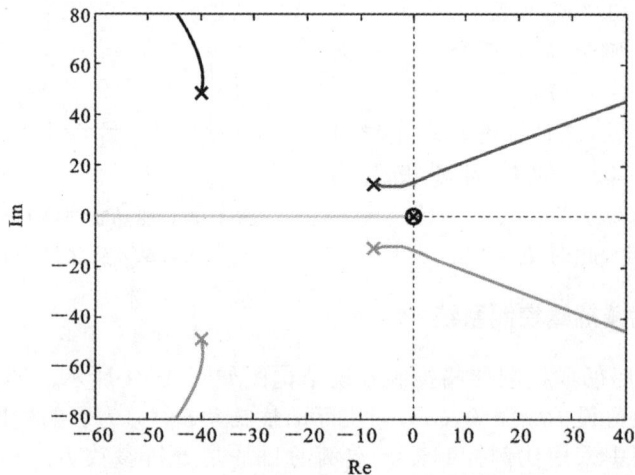

图 4-43　船舶横摇减摇鳍控制系统根轨迹图

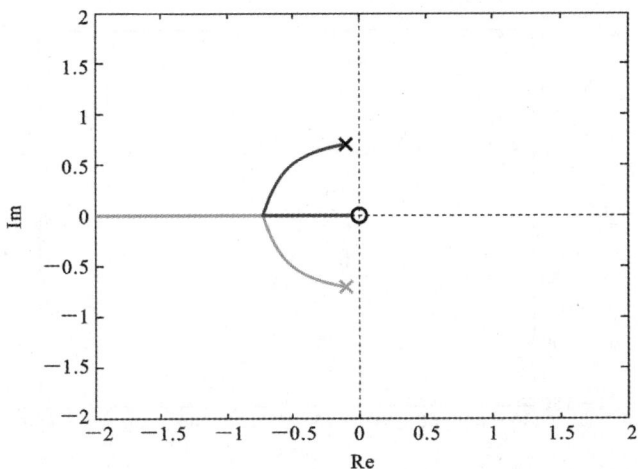

图 4-44 船舶横摇减摇鳍控制系统根轨迹中虚轴附近的根轨迹图

4.4.5 船载稳定平台控制系统

【例 4-22】 船载稳定平台俯仰角伺服系统的结构图如图 4-45 所示。本例的目的是用根轨迹法分析参数 K 的变化对系统的影响。

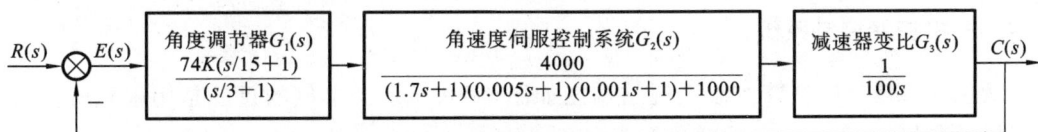

图 4-45 船载稳定平台俯仰角伺服系统的结构图

解 由图 4-45 可知,系统开环传递函数为

$$G(s) = \frac{2960K(s/15+1)}{s(s/3+1)[(1.7s+1)(0.005s+1)(0.001s+1)+100]}$$

$$= \frac{69643487.46911K(s+15)}{s(s+3)[(s+0.588)(s+200)(s+1000)+11764705.88]}$$

令 $k = 69643487.46911K$。当参数 k 从 0 变化到 ∞,其根轨迹图如图 4-46 和图 4-47 所示。其中,图 4-47 为图 4-46 放大后虚轴附近的根轨迹图。

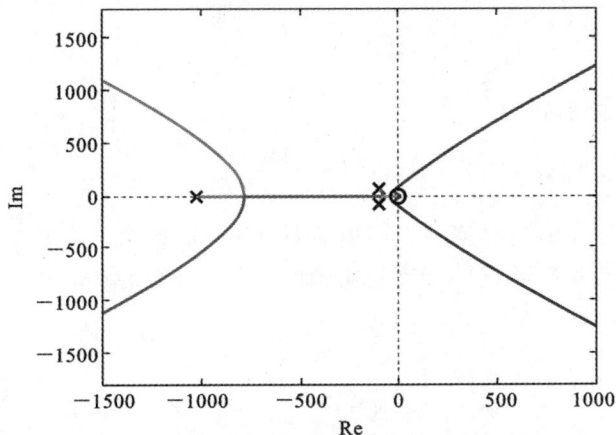

图 4-46 船载稳定平台俯仰角伺服系统根轨迹图

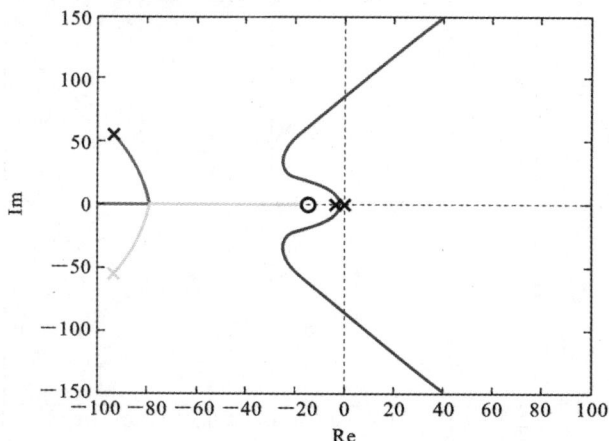

图 4-47 船载稳定平台俯仰角伺服系统根轨迹中虚轴附近的根轨迹图

由图 4-46 和图 4-47 可见,当参数 K 从 0 变化到 ∞ 时,只有右侧的两支根轨迹延伸至 s 平面的右半平面,其他各支根轨迹分支都在 s 左半平面。从图中读出根轨迹与虚轴交点处的参数值,并根据 $k=69643487.46911K$,得到使系统稳定的参数 K 的范围是 $0<K<21.39$。

4.4.6 机械臂控制系统

【例 4-23】 机械臂控制系统结构图如图 4-48 所示。本例的目的是用根轨迹法分析机械臂控制系统。

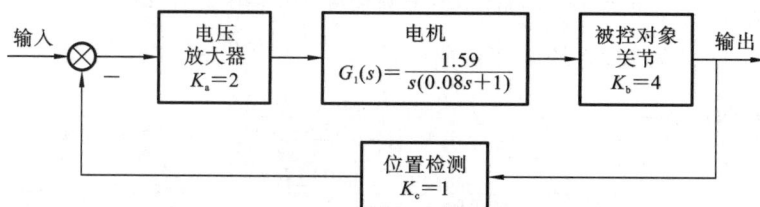

图 4-48 机械臂控制系统结构图

解 (1) 系统开环传递函数为

$$G(s)=\frac{159}{s^2+12.5s}$$

转化成标准零极点的形式为

$$G(s)=\frac{159}{s(s+12.5)}$$

解得 $p_1=0,p_2=-12.5$,零点数 $m=0$,极点数 $n=2$,根轨迹有 2 个分支。

(2) 根据公式得出根轨迹的分支与实轴的交角 φ_a 和交点 σ_a 为

$$\varphi_a=\frac{(2k+1)\pi}{n-m}=\frac{\pi}{2},\quad \frac{3\pi}{2},\quad k=0,1$$

$$\sigma_a=\frac{\sum_{i=1}^{n}p_i-\sum_{j=1}^{m}z_j}{n-m}=\frac{-12.5}{2}=-6.25$$

（3）根据判定法则得知，在$[-12.5,0]$区间内存在根轨迹。

（4）由判定公式得出分离点d为

$$\sum_{j=1}^{m} \frac{1}{d-z_j} = \sum_{i=1}^{n} \frac{1}{d-p_i}$$

$$\frac{1}{d} + \frac{1}{d+12.5} = 0$$

得出分离点坐标d为-6.25，分离角为$\pm \dfrac{\pi}{2}$。

（5）根据公式得出起始角为$0°$、$180°$。

（6）与虚轴无交点。

机械臂控制系统的根轨迹如图$4\text{-}49$所示。

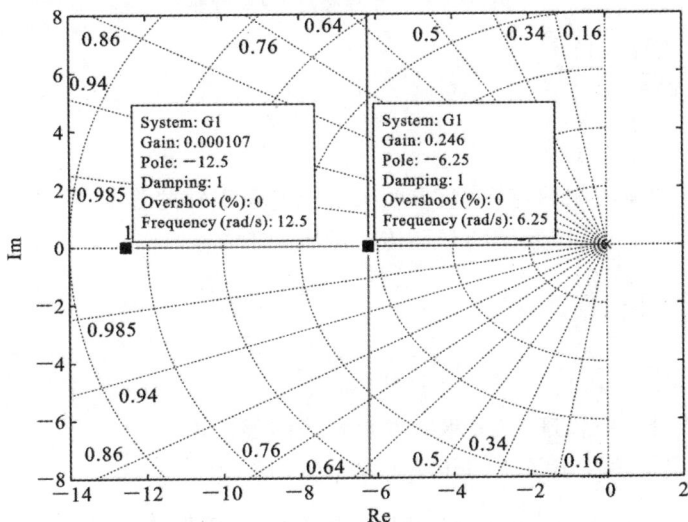

图 4-49　机械臂控制系统的根轨迹

习　题　4

4-1　已知负反馈系统的开环传递函数为

$$G(s)H(s) = \frac{k}{(s+1)(s+2)(s+4)}$$

试证明点$s_1 = -1+j\sqrt{3}$在根轨迹上，并求出相应的根轨迹增益k和开环增益K。

4-2　设单位负反馈控制系统的开环传递函数为

$$G(s) = \frac{K(3s+1)}{s(2s+1)}$$

试用解析法绘出K从0变化到∞时闭环系统的根轨迹图。

4-3　已知开环零点、极点分布如题$4\text{-}3$图所示，试绘制出相应的$180°$概略根轨迹图。

4-4　已知单位负反馈系统的开环传递函数如下：

（1）$G(s) = \dfrac{K}{s(0.2s+1)(0.5s+1)}$；

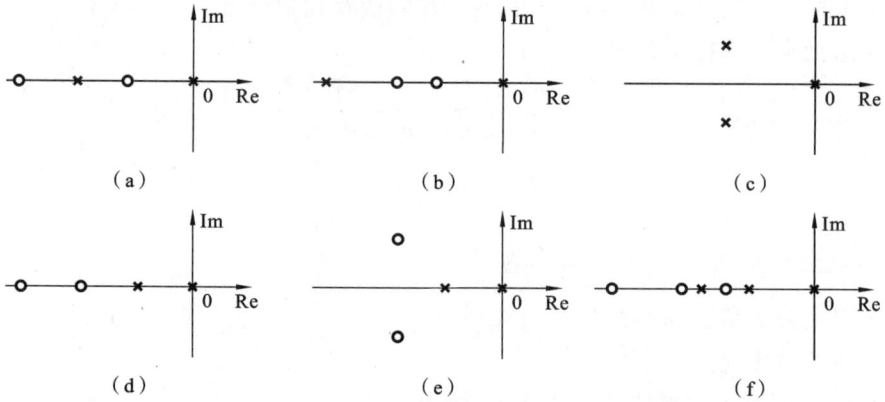

题 4-3 图 开环零点、极点分布

(2) $G(s) = \dfrac{K(s+1)}{s(2s+1)}$；

(3) $G(s) = \dfrac{k(s+5)}{s(s+2)(s+3)}$。

试绘制闭环系统的概略根轨迹图(要求明确根轨迹与实轴的分离点)。

4-5 已知单位负反馈系统的开环传递函数如下：

(1) $G(s) = \dfrac{k(s+2)}{s^2+2s+5}$；

(2) $G(s) \dfrac{k(s+20)}{s(s+10+j10)(s+10-j10)}$。

绘制闭环系统的概略根轨迹图(要求明确根轨迹的起始角)。

4-6 已知单位负反馈系统的开环传递函数如下：

(1) 确定 $G(s) = \dfrac{k}{s(s+1)(s+10)}$ 产生纯虚根时的开环增益 K；

(2) 确定 $G(s) = \dfrac{k(s+z)}{s^2(s+10)(s+20)}$ 产生纯虚根为 $\pm j$ 的 z 值和 k 值；

(3) 绘制 $G(s) = \dfrac{k}{s(s+1)(s+3.5)(s^2+6s+13)}$ 的概略根轨迹图，明确与实轴的交点、起始角和与虚轴的交点。

4-7 设单位负反馈系统的开环传递函数为

$$G(s) = \dfrac{k(s+2)}{s(s+1)}$$

试从数学上证明：复数根轨迹部分是以 $(-2,j0)$ 为圆心，以 $\sqrt{2}$ 为半径的一个圆。

4-8 设某负反馈系统的开环传递函数为

$$G(s)H(s) = \dfrac{a(s+1)}{s^2(s+10)}$$

试绘制该系统当 a 从 0 变化到 ∞ 时的概略根轨迹图。

4-9 已知单位负反馈系统的开环传递函数为

$$G(s) = \dfrac{k}{s(s+4)(s^2+4s+20)}$$

试绘制该系统的概略根轨迹图。

4-10 已知单位负反馈系统的开环传递函数为

$$G(s) = \frac{k(s+2)}{(s^2+4s+9)^2}$$

试绘制当参数 k 为变量时该系统的概略根轨迹图。

4-11 已知某负反馈系统的开环传递函数为

$$G(s)H(s) = \frac{K}{s(s+1)(0.25s+1)}$$

(1) 绘制当参数 K 为变量时系统的根轨迹图;

(2) 为使系统的阶跃响应呈现衰减振荡形式,试确定 K 值范围。

4-12 应用根轨迹法确定如题 4-12 图所示的系统在阶跃信号作用下无超调响应的 K 值范围。

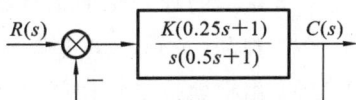

题 4-12 图　系统结构图

4-13 已知单位负反馈系统的开环传递函数为

$$G(s) = \frac{K}{s(0.01s+1)(0.02s+1)}$$

(1) 绘制系统的概略根轨迹图;

(2) 确定临界稳定时的开环增益 K;

(3) 确定与系统阻尼比 $\xi = 0.5$ 相应的开环增益 K。

4-14 已知单位负反馈系统的传递函数为

$$G(s) = \frac{k}{s^2(s+2)(s+5)}$$

(1) 绘制系统的概略根轨迹图,并判断闭环系统的稳定性;

(2) 若 $H(s) = 2s+1$,试判断 $H(s)$ 改变后的系统稳定性,研究 $H(s)$ 改变所产生的效应。

4-15 绘制下列多项式方程当 k 为参变量时的根轨迹:

(1) $s^3 + 2s^2 + 3s + ks + 2k = 0$;

(2) $s^3 + 3s^2 + (k+2)s + 10k = 0$。

4-16 已知单位负反馈系统的开环传递函数如下:

(1) $G(s) = \dfrac{20}{(s+4)(s+b)}$;

(2) $G(s) = \dfrac{30(s+b)}{s(s+10)}$。

试绘出 b 从 0 变化到 ∞ 的根轨迹图。

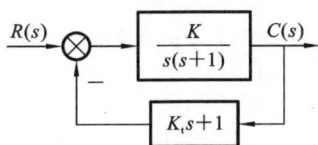

题 4-17 图　某控制系统结构图

4-17 设某控制系统结构图如题 4-17 图所示。试绘制 $K_t = 0$、$0 < K_t < 1$ 和 $K_t > 1$ 的概略根轨迹和单位阶跃响应曲线。若取 $K_t = 0.5$,试求出 $K = 10$ 时的闭环零点、极点,并估算系统的动态性能。

4-18 设单位反馈系统的开环传递函数为

$$G(s) = \frac{k(s+1)}{s^2(s+2)(s+4)}$$

试分别绘出正反馈系统和负反馈系统的根轨迹图,并指出它们的稳定情况有何不同。

4-19 设控制系统结构图如题 4-19 图所示。试绘制闭环系统的根轨迹,并分析 k 值变化对系统在阶跃扰动作用下响应 $c(t)$ 的影响。

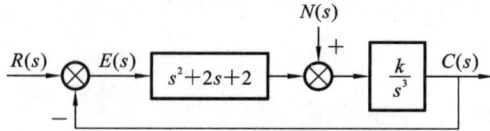

题 4-19 图　控制系统结构图

4-20　设单位负反馈系统的闭环传递函数为

$$\Phi(s)=\frac{as}{s^2+as+16}\ (a>0)$$

要求：(1) 绘出闭环系统的根轨迹；

(2) 判断 $(-\sqrt{3}, j)$ 点是否在根轨迹上；

(3) 由根轨迹求出使闭环系统阻尼比 $\xi=0.5$ 的 a 值。

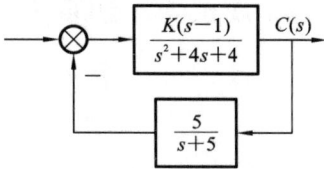

题 4-21 图　系统结构图

4-21　已知系统结构图如题 4-21 图所示。

(1) 绘出系统的根轨迹图，并确定使闭环系统稳定的 K 值范围；

(2) 若已知闭环系统的一个极点为 $s_1=-1$，试确定闭环传递函数。

4-22　设单位负反馈系统开环传递函数为

$$G(s)=\frac{k(s+1)}{s(s-1)}$$

(1) 绘出系统以 k 为参数的根轨迹；

(2) 系统是否对所有的 k 都稳定？若不是，求出系统稳定时 k 的取值范围，并求出引起系统持续振荡的 k 的临界值及振荡频率。

4-23　设单位负反馈系统的开环传递函数为

$$G(s)=\frac{k(1-s)}{s(s+2)}$$

试绘制根轨迹图，并求出使系统产生重实根和纯虚根的 k 值。

4-24　某单位反馈系统结构图如题 4-24 图所示，试分别绘出控制器传递函数 $G_c(s)$ 为

(1) $G_{c1}(s)=k$；

(2) $G_{c2}(s)=k(s+3)$；

(3) $G_{c3}(s)=k(s+1)$

时系统的根轨迹，并讨论比例-微分控制器 $G_c(s)=k(s+z_c)$ 中，零点 $-z_c$ 的取值对系统稳定性的影响。

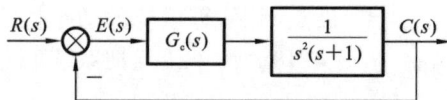

题 4-24 图　某单位反馈系统结构图

4-25　某单位负反馈系统的开环传递函数为

$$G(s)=\frac{K}{(0.5s+1)^4}$$

试根据系统的根轨迹分析其稳定性,并估算 $\sigma\%=16.3\%$ 时的 K 值。

4-26 已知某反馈控制系统的开环传递函数为

$$G(s)H(s)=\frac{k}{(s^2+2s+2)(s^2+2s+5)}, \quad k>0$$

但反馈极性未知,试确定使闭环系统稳定的根轨迹增益 k 的范围。

4-27 已知负反馈系统的开环传递函数为

$$G(s)H(s)=\frac{k}{s(s+a)}$$

(1) 求以 K 和 a 为参变量的根轨迹簇;

(2) 当 $k=4$ 时,绘出以 a 为参变量的根轨迹。

4-28 设单位反馈系统的开环传递函数为

$$G(s)=\frac{k}{s(s+4)(s+6)}$$

试判断闭环极点 $s_{1,2}=-1.20\pm j2.08$ 是否是系统的闭环主导极点。若是,试估算闭环系统的主要动态性能指标。

4-29 某激光操作控制系统用于外科手术时在人体内钻孔,其系统结构图如题 4-29 图所示。手术要求激光操作系统必须有高度精确的位置和速度响应,因此直流电机的参数选为:激磁时间常数 $T_1=0.1$ s,电机和载荷组合的机电时间常数 $T_2=0.2$ s。要求调整放大器增益 K_a,使系统在斜坡输入 $r(t)=Rt(R=1$ mm/s$)$ 时,系统稳态误差 $e_{ss}\leqslant0.1$ mm。

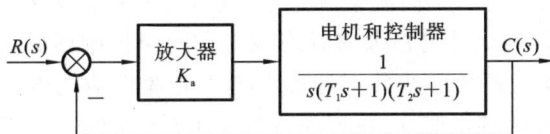

题 4-29 图 激光操作控制系统结构图

5

线性系统的频域分析法

控制系统中的信号可以表示为不同频率的正弦信号的合成。描述控制系统在不同频率下,正弦函数作用时的稳态输出和输入信号之间的关系的数学模型称为频率特性,它反映了正弦信号作用下系统响应的性能。应用频率特性研究线性系统的经典方法称为频域分析法。频域分析法是 20 世纪 30 年代发展起来的一种工程实用方法,具有如下特点。

(1)控制系统及其元部件的频率特性可以运用分析法和实验方法获得,并可用多种形式的曲线表示,因而系统分析与设计可以应用图解法进行。

(2)频率特性物理意义明确。对于一阶系统和二阶系统,频域性能指标和时域性能指标有确定的对应关系;对于高阶系统,可建立近似的对应关系。

(3)控制系统的频域设计可以兼顾动态响应和噪声抑制两方面的要求。

(4)频域分析法不仅适用于线性定常系统,还可以推广应用于某些非线性控制系统。

本章介绍频率特性的基本概念、典型环节与开环系统的频率特性、频率特性的实验确定方法、频率域稳定判据与系统的相对稳定性、闭环频率特性及系统性能的频域法分析。

【本章重点】

● 正确理解频率特性的概念,能够根据开环传递函数快速求出系统频率特性;

● 熟练掌握典型环节及开环频率特性,能够根据开环传递函数快速绘制开环幅相曲线和对数频率特性曲线,掌握频率特性的实验确定方法;

● 熟练运用频率域稳定判据分析系统的稳定性,掌握稳定裕度的含义及计算方法;

● 理解闭环频率特性与系统性能之间的关系,掌握三频段与系统性能之间的关系。

5.1 频率特性

5.1.1 频率特性的基本概念

设稳定的 n 阶线性定常系统的闭环传递函数为

$$\Phi(s) = \frac{C(s)}{R(s)} = \frac{b_m s^m + b_{m-1} s^{m-1} + \cdots + b_1 s + b_0}{a_n s^n + a_{n-1} s^{n-1} + \cdots + a_1 s + a_0} = \frac{k \prod\limits_{j=1}^{m} (s - z_j)}{\prod\limits_{i=1}^{n} (s - s_i)}, \quad m \leqslant n$$

式中:$k=b_m/a_n$;s_i 为闭环极点。设输入正弦信号为

$$r(t)=A_r\sin(\omega t)$$

式中:A_r 为振幅;ω 为频率。其拉氏变换式为

$$R(s)=\frac{A_r\omega}{s^2+\omega^2}$$

则系统输出响应的拉氏变换式为

$$C(s)=\Phi(s)R(s)=\sum_{i=1}^{n}\frac{C_i}{s-s_i}+\frac{B}{s+\mathrm{j}\omega}+\frac{D}{s-\mathrm{j}\omega}$$

式中:C_i、B、D 均为待定系数。

对上式进行拉氏反变换,得系统在正弦信号作用下的输出响应为

$$c(t)=\sum_{i=1}^{n}C_i\mathrm{e}^{s_it}+(B\mathrm{e}^{-\mathrm{j}\omega t}+D\mathrm{e}^{\mathrm{j}\omega t})=c_{ts}(t)+c_{ss}(t)$$

式中:第一项 $c_{ts}(t)$ 为系统输出响应的瞬态分量,由于系统是稳定的,其特征根 s_i 均具有负实部,故此项随时间 t 趋于无穷而最终趋于 0;第二项 $c_{ss}(t)$ 为系统输出响应的稳态分量(或称稳态输出),即

$$c_{ss}(t)=B\mathrm{e}^{-\mathrm{j}\omega t}+D\mathrm{e}^{\mathrm{j}\omega t} \tag{5.1}$$

$$B=C(s)(s+\mathrm{j}\omega)|_{s=-\mathrm{j}\omega}=\Phi(s)\frac{A_r\omega}{s^2+\omega^2}(s+\mathrm{j}\omega)|_{s=-\mathrm{j}\omega}$$

$$=\Phi(-\mathrm{j}\omega)\frac{A_r}{-2\mathrm{j}}=\frac{|\Phi(\mathrm{j}\omega)|}{2}A_r\mathrm{e}^{-\mathrm{j}\left[\angle\Phi(\mathrm{j}\omega)-\frac{\pi}{2}\right]}$$

同理得

$$D=\frac{|\Phi(\mathrm{j}\omega)|}{2}A_r\mathrm{e}^{\mathrm{j}\left[\angle\Phi(\mathrm{j}\omega)-\frac{\pi}{2}\right]}$$

将 B、D 代入式(5.1)中,得

$$c_{ss}(t)=\frac{|\Phi(\mathrm{j}\omega)|}{2}A_r(\mathrm{e}^{-\mathrm{j}\left[\omega t+\angle\Phi(\mathrm{j}\omega)-\frac{\pi}{2}\right]}+\mathrm{e}^{\mathrm{j}\left[\omega t+\angle\Phi(\mathrm{j}\omega)-\frac{\pi}{2}\right]})$$

$$=|\Phi(\mathrm{j}\omega)|A_r\cos\left[\omega t+\angle\Phi(\mathrm{j}\omega)-\frac{\pi}{2}\right]$$

$$=|\Phi(\mathrm{j}\omega)|A_r\sin[\omega t+\angle\Phi(\mathrm{j}\omega)]=A_c\sin(\omega t+\varphi) \tag{5.2}$$

式中:$A_c=|\Phi(\mathrm{j}\omega)|A_r$ 为输出响应稳态分量的振幅;$\varphi=\angle\Phi(\mathrm{j}\omega)$ 为输出响应稳态分量的相位。

从式(5.2)可以看出,对于稳定的线性定常系统,在正弦信号作用下的输出响应的稳态分量是与输入同频率的正弦信号,其振幅是输入振幅的 $|\Phi(\mathrm{j}\omega)|$ 倍,而相位与输入相位差 $\angle\Phi(\mathrm{j}\omega)$ 度。由于其振幅和相位均是频率 ω 的函数,且与系统数学模型相关。由此得出了频率特性的概念。

在正弦信号作用下,定义输出响应的稳态分量与输入的幅值之比为幅频特性,记为 $A(\omega)$,相位之差为相频特性,记为 $\varphi(\omega)$,即

$$A(\omega)=\frac{A_c}{A_r}=|\Phi(\mathrm{j}\omega)| \tag{5.3}$$

$$\varphi(\omega)=[\omega t+\angle\Phi(\mathrm{j}\omega)]-\omega t=\angle\Phi(\mathrm{j}\omega) \tag{5.4}$$

幅频特性与相频特性统称为频率特性,记为 $\Phi(\mathrm{j}\omega)$,其指数表达形式为

$$\Phi(\mathrm{j}\omega)=A(\omega)\mathrm{e}^{\mathrm{j}\varphi(\omega)}=|\Phi(\mathrm{j}\omega)|\mathrm{e}^{\mathrm{j}\angle\Phi(\mathrm{j}\omega)} \tag{5.5}$$

可见,频率特性可定义为正弦信号作用下输出响应的稳态分量与输入的复数比。幅频

特性 $A(\omega)$ 描述系统对不同频率的输入信号在稳态情况下的衰减(或放大)特性;相频特性 $\varphi(\omega)$ 描述系统的输出响应稳态分量对不同频率的正弦输入信号的相位滞后(或超前)特性。

上述频率特性定义既适用于稳定系统,也适用于不稳定系统。稳定系统的频率特性可以用实验方法确定,即在系统的输入端施加不同频率的正弦信号,然后测量系统输出响应的稳态分量(也称为频率响应),再根据幅值之比和相位之差绘出系统的频率特性曲线。可见,频率特性也是系统数学模型的一种表达形式;对于不稳定系统,由于输出响应中含有由系统传递函数的不稳定极点产生的呈发散的分量,其输出响应的瞬态分量不可能消失,瞬态分量和稳态分量始终存在,无法由实际系统直接观察到其稳态响应,所以不稳定系统的频率特性不能通过实验方法确定。但理论推导动态过程时,其稳态分量总是可以分离出来的。因此,频率特性的概念可扩展到不稳定系统。

不难证明,频率特性与传递函数之间有着非常简单的关系,即

$$\Phi(j\omega) = \Phi(s)\big|_{s=j\omega} = |\Phi(j\omega)|e^{j\angle\Phi(j\omega)} \tag{5.6}$$

这是因为,线性定常系统在零初始条件下的输出和输入之间的拉氏变换之比为

$$\Phi(s) = \frac{C(s)}{R(s)}$$

上式的反变换式为

$$\mathscr{L}^{-1}\{\Phi(s)\} = \frac{1}{2\pi j}\int_{\sigma-j\infty}^{\sigma+j\infty}\Phi(s)e^{st}\,ds$$

式中:σ 位于 $\Phi(s)$ 的收敛域。若系统稳定,则 σ 可以取零。如果输入 $r(t)$ 的傅里叶变换存在,可令 $s=j\omega$,则

$$\mathscr{L}^{-1}\{\Phi(s)\} = \frac{1}{2\pi}\int_{-\infty}^{\infty}\Phi(j\omega)e^{j\omega t}\,d\omega = \frac{1}{2\pi}\int_{-\infty}^{\infty}\frac{C(j\omega)}{R(j\omega)}e^{j\omega t}\,d\omega$$

即

$$\Phi(j\omega) = \frac{C(j\omega)}{R(j\omega)} = \Phi(s)\big|_{s=j\omega}$$

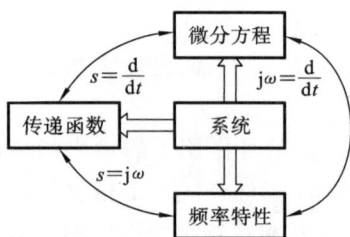

图 5-1 线性系统三种数学模型之间的关系

由此可知,稳定系统的频率特性等于输出和输入的傅里叶变换之比,而这正是频率特性的物理意义。频率特性与微分方程和传递函数一样,也表征了系统的运动规律,成为系统频域分析的理论依据。线性系统三种描述方法的关系可用图 5-1 说明。

值得大家注意的是,频率特性定义不只是对系统而言,也适用于系统中的元部件、控制装置。若已知其传递函数为 $G(s)$,则由式(5.6)得其频率特性为

$$G(j\omega) = G(s)\big|_{s=j\omega} = |G(j\omega)|e^{j\angle G(j\omega)} \tag{5.7}$$

式中:幅频特性和相频特性分别为

$$A(\omega) = |G(j\omega)| \tag{5.8}$$

$$\varphi(\omega) = \angle G(j\omega) \tag{5.9}$$

若 $\mathrm{Re}G(j\omega)$ 和 $\mathrm{Im}G(j\omega)$ 分别是 $G(j\omega)$ 的实部和虚部,则频率特性可表示为

$$G(j\omega) = \mathrm{Re}G(j\omega) + j\mathrm{Im}G(j\omega) \tag{5.10}$$

式中:

$$A(\omega) = \sqrt{\mathrm{Re}G^2(\mathrm{j}\omega) + \mathrm{Im}G^2(\mathrm{j}\omega)} \tag{5.11}$$

$$\varphi(\omega) = \arctan\frac{\mathrm{Im}G(\mathrm{j}\omega)}{\mathrm{Re}G(\mathrm{j}\omega)} \tag{5.12}$$

下面以图 5-2(a)的 RC 网络为例,说明频率特性的物理意义,并分别用实验法和分析法求频率特性。设输入电压为正弦信号 $u_\mathrm{i}(t) = A\sin(\omega t)$,电容 C 初始电压为 $u_{\mathrm{o}0}$。当输出响应呈稳态时,记录 RC 网络的输入和稳态输出信号,如图 5-2(b)所示。由图 5-2 可见,RC 网络的稳态输出确实是与输入信号同频率的正弦信号,只是幅值较输入信号有一定的衰减,其相位存在一定的延迟。注意到,该 RC 网络的输入、输出关系可用如下微分方程描述:

$$T\frac{\mathrm{d}u_\mathrm{o}}{\mathrm{d}t} + u_\mathrm{o} = u_\mathrm{i}$$

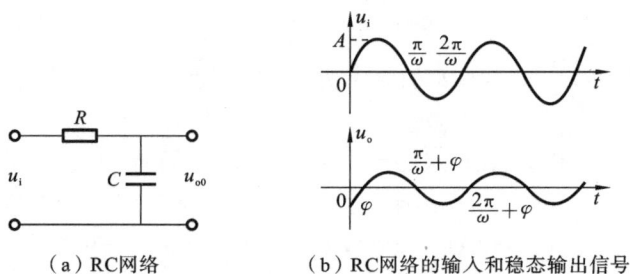

(a)RC网络   (b)RC网络的输入和稳态输出信号

图 5-2 RC 网络在正弦输入下的输出信号

式中:T 为时间常数,$T = RC > 0$。对上式取拉氏变化,并代入初始条件 $u_\mathrm{o}(0) = u_{\mathrm{o}0}$,得

$$U_\mathrm{o}(s) = \frac{1}{Ts+1}[U_\mathrm{i}(s) + Tu_{\mathrm{o}0}] = \frac{1}{Ts+1}\left[\frac{A\omega}{s^2+\omega^2} + Tu_{\mathrm{o}0}\right]$$

取拉氏反变换,得

$$u_\mathrm{o}(t) = \left(u_{\mathrm{o}0} + \frac{A\omega T}{1+T^2\omega^2}\right)\mathrm{e}^{-\frac{t}{T}} + \frac{A}{\sqrt{1+T^2\omega^2}}\sin(\omega t - \arctan\omega t)$$

式中:等号右边第一项为输出响应的瞬态分量,由于 $T > 0$,其将随时间增大而趋于零;而第二项输出响应的稳态分量为

$$u_{\mathrm{oss}}(t) = \frac{A}{\sqrt{1+T^2\omega^2}}\sin(\omega t - \arctan\omega t) = A \cdot A(\omega)\sin[\omega t + \varphi(\omega)]$$

由频率特性定义,得其幅频特性和相频特性分别为

$$A(\omega) = \frac{1}{\sqrt{1+T^2\omega^2}}, \quad \varphi(\omega) = -\arctan T\omega$$

或者令 $s = \mathrm{j}\omega$,代入 RC 网络的传递函数,得

$$G(s) = \frac{U_\mathrm{o}(s)}{U_\mathrm{i}(s)} = \frac{1}{1+Ts}$$

根据式(5.11)和式(5.12),则其频率特性为

$$G(\mathrm{j}\omega) = \frac{U_\mathrm{o}(\mathrm{j}\omega)}{U_\mathrm{i}(\mathrm{j}\omega)} = \frac{1}{1+\mathrm{j}T\omega} = \frac{1}{\sqrt{1+T^2\omega^2}}\mathrm{e}^{-\arctan T\omega}$$

由此可见,实验法和分析法求得的频率特性相同,显示了频率特性这一数学模型的优越性。

【例 5-1】 某单位负反馈系统的开环传递函数为

$$G(s) = \frac{4}{s(s+2)}$$

若输入信号 $r(t) = 2\sin(2t)$，试求系统的稳态输出和稳态误差。

解 在正弦信号作用下，稳定的线性定常系统的稳态输出和稳态误差也是正弦信号，本题可以利用频率特性的概念来求解。

（1）稳态输出。

由题意知，系统的闭环传递函数为

$$\Phi(s) = \frac{4}{s^2 + 2s + 4}$$

令 $s = j\omega$，对应的频率特性为

$$\Phi(j\omega) = \frac{4}{4 - \omega^2 + j2\omega}$$

由于输入正弦信号 $r(t) = 2\sin(2t)$ 的频率为 $\omega = 2$，可得

$$\Phi(j2) = -j = 1 \cdot e^{-j90°}$$

即幅频特性 $A(2) = 1$，相频特性 $\varphi(2) = -90°$。由频率特性定义知，此时系统的稳态输出为

$$c_{ss}(t) = 2A(2)\sin(2t + \varphi(2)) = 2\sin(2t - 90°)$$

（2）稳态误差。

在计算稳态误差时，可把误差作为系统的输出量，利用误差传递函数可计算系统的稳态输出，即稳态误差。由于

$$\Phi_e(s) = 1 - \Phi(s) = \frac{s^2 + 2s}{s^2 + 2s + 4}$$

则其频率特性为

$$\Phi_e(j\omega) = \frac{-\omega^2 + j2\omega}{4 - \omega^2 + j2\omega}$$

由于输入正弦信号 $r(t) = 2\sin(2t)$ 的频率为 $\omega = 2$，可得

$$\Phi_e(j2) = \frac{-4 + j4}{j4} = \sqrt{2}e^{j45°}$$

因此，系统的稳态误差 $e_{ss}(t) = 2\sqrt{2}\sin(2t + 45°)$。

特别指出，例 5-1 中，由于输入为正弦信号，不能利用拉氏变换的终值定理来求解系统在正弦信号作用下的稳态输出和稳态误差，但运用频率特性的概念来求解却非常方便。

5.1.2 频率特性的几何表示

在工程分析和设计中，通常把线性系统的频率特性绘成曲线，再运用图解法进行研究。频率特性曲线也称为频率特性的几何表示。常用的频率特性曲线有以下三种。

1. 幅相频率特性曲线

幅相频率特性曲线简称幅相曲线或极坐标图。它以实轴为横轴、虚轴为纵轴构成复数平面。对于任意给定的频率 ω，频率特性值为复数，幅相曲线表征频率特性值在复平面上随频率 ω 变化留下的运动轨迹。若将频率特性表示为实数和虚数和的形式，则

其实部为实轴坐标值,其虚部为虚轴坐标值。若将频率特性表示为复指数形式,则频率特性为复平面上的向量,而向量的长度为频率特性的幅值,向量与实轴正方向的夹角等于频率特性的相位。注意到,由于幅频特性是 ω 的偶函数,相频特性是 ω 的奇函数,ω 从 0 到 $+\infty$ 时的幅相曲线与 ω 从 0 到 $-\infty$ 时的幅相曲线关于实轴对称。因此,一般只需研究当 ω 从 0 到 $+\infty$ 时的幅相曲线。在幅相曲线中,频率 ω 为参变量,一般用小箭头表示频率 ω 增大的变化方向。

例如,对于图 5-2 的 RC 网络,将其频率特性表示为实数和虚数和的形式,则

$$G(j\omega) = \frac{1}{1+jT\omega} = ReG(j\omega) + jImG(j\omega) = \frac{1}{1+T^2\omega^2} + j\frac{-T\omega}{1+T^2\omega^2}$$

根据其实部和虚部随频率 ω 变化的数据,可绘制 RC 网络的幅相曲线如图 5-3 所示。实际上,不难证明

$$\left[ReG(j\omega) - \frac{1}{2}\right]^2 + ImG(j\omega)^2 = \left(\frac{1}{2}\right)^2$$

上式说明 RC 电路的幅相曲线是以 $\left(\frac{1}{2}, 0\right)$ 为圆心、

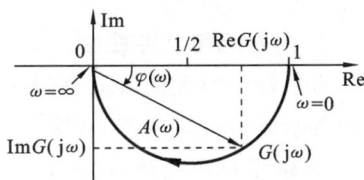

图 5-3 RC 网络的幅相曲线

$\frac{1}{2}$ 为半径的半圆。由图 5-3 可见,幅相曲线不利于观察幅频与相频之间的对应关系。

2. 对数频率特性曲线

对数频率特性曲线又称伯德(Bode)曲线或伯德图。对数频率特性曲线由对数幅频特性曲线和对数相频特性曲线组成,是工程中广泛使用的一组曲线。对数频率特性曲线横坐标是频率 ω,采用 $\lg\omega$ 的对数分度,单位是弧度/秒(rad/s)。对数幅频特性曲线纵坐标按

$$L(\omega) = 20\lg A(\omega) \tag{5.13}$$

线性分度,单位为分贝(dB)。对数频率特性曲线纵坐标是 $\varphi(\omega)$,记为

$$\varphi(\omega) = \angle G(j\omega)$$

线性分度,单位是度(°)。由此构成的坐标系称为半对数坐标系。

对数分度是指横坐标以 $\lg\omega$ 进行均匀分度,即横坐标对 $\lg\omega$ 而言是均匀刻度,对 ω 而言是不均匀刻度。对数分度与线性分度对比图如图 5-4 所示。由图 5-4 可知,在线性分度中,当频率 ω 每增大或减小 1 时,坐标间距离变化一个单位长度;在对数分度中,当变量每增大或减小 10 倍(称为十倍频程(dec)),坐标间距离变化一个单位长度。对数分度中的单位长度为 L,ω 的某个十倍频程的左端点为 ω_0,则坐标点相对于左端点的距离为表 5-1 所示的值乘以 L。特别指出,对数频率特性曲线标横坐标以 ω 标出,但不

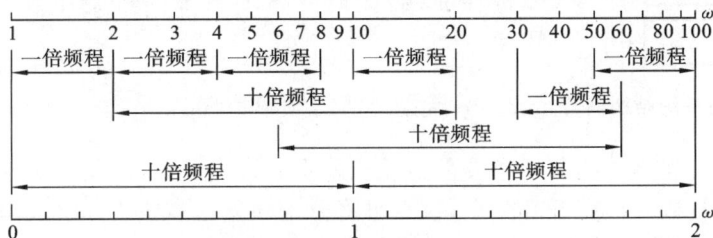

图 5-4 对数分度与线性分度对比图

应标出 $\omega=0$ 的点,两坐标轴的交点可根据需要自行决定,如$\cdots,0.1,1,10,\cdots$。此外,半对数坐标系中,相同倍频程之间的距离相等。

表 5-1　十倍频程中的对数分度

ω/ω_0	1	2	3	4	5	6	7	8	9	10
$\lg(\omega/\omega_0)$	0	0.301	0.477	0.602	0.699	0.788	0.845	0.903	0.954	1

对数频率特性采用 ω 的对数分度实现了横坐标的非线性压缩,便于在较大频率范围反映频率特性的变化情况。对数幅频特性采用 $20\lg A(\omega)$,将幅值的乘除运算化为加减运算,可以简化曲线的绘制过程。图 5-5 为 RC 网络中 $T=0.5$ 时的对数频率特性曲线。由图 5-5 可见,对数频率特性曲线,直观地反映出幅频与相频之间的对应关系。

3. 对数幅相特性曲线

对数幅相特性曲线又称尼柯尔斯(Nichols)曲线或尼柯尔斯图。对数幅相特性是由对数幅频特性和对数相频特性合并而成的曲线,其特点是横轴为 $\varphi(\omega)$,单位是度(°)。纵轴为对数幅频值 $L(\omega)=20\lg A(\omega)$,单位是分贝(dB),横坐标和纵坐标均为线性分度。图 5-6 为 RC 网络中 $T=0.5$ 时的对数幅相曲线。

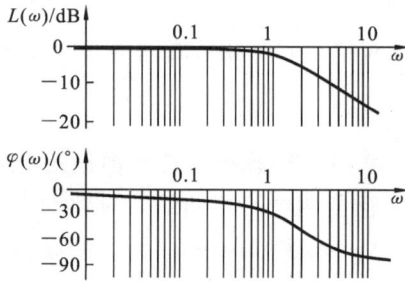

图 5-5　RC 网络中 $T=0.5$ 时的对数
频率特性曲线

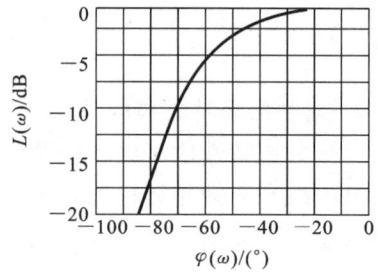

图 5-6　RC 网络中 $T=0.5$ 时的对数
幅相曲线

在对数幅相曲线对应的坐标系中,可以根据系统开环和闭环的关系,绘制关于闭环幅频特性的等 M 簇线和闭环相频特性的等 α 簇线,因而可以根据频域指标要求确定校正网络,简化系统的设计过程。

5.2　典型环节与开环系统的频率特性

频域分析法一般是根据系统的开环频率特性进行的。设如图 5-7 所示的线性定常系统开环传递函数为 $G(s)H(s)$。为了绘制系统开环频率特性曲线,先研究开环系统的典型环节及相应的频率特性。

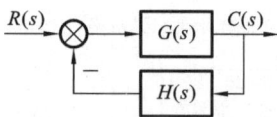

图 5-7　控制系统结构图

5.2.1　典型环节的频率特性

由于开环传递函数的分子和分母多项式的系数皆为实数,因此系统开环零点、极点为实数或共轭复数。根据开环零点、极点可将分子和分母多项式分解成因式,再将因式分类,即得典型环节。典型环节可分为两大类:一类为最小相位环节,另一类为非最小相位环节。

最小相位环节有下列七种。

（1）比例环节 $K(K>0)$。

（2）积分环节 $1/s$。

（3）微分环节 s。

（4）惯性环节 $1/(Ts+1)(T>0)$。

（5）一阶微分环节 $\tau s+1(\tau>0)$。

（6）振荡环节 $1/(s^2/\omega_n^2+2\xi s/\omega_n+1)=1/(T^2s^2+2\xi Ts+1)$，其中，$\omega_n=1/T>0,0\leqslant\xi<1$。

（7）二阶微分环节 $s^2/\omega_n^2+2\xi s/\omega_n+1=\tau^2s^2+2\xi\tau s+1$，其中，$\omega_n=1/\tau>0,0\leqslant\xi<1$。

非最小相位环节有下列五种。

（1）比例环节 $K(K<0)$。

（2）惯性环节 $1/(-Ts+1)(T>0)$。

（3）一阶微分环节 $-\tau s+1$ $(\tau>0)$。

（4）振荡环节 $1/(s^2/\omega_n^2-2\xi s/\omega_n+1)=1/(T^2s^2-2\xi Ts+1)$，其中，$\omega_n=1/T>0,0<\xi<1$。

（5）二阶微分环节 $s^2/\omega_n^2-2\xi s/\omega_n+1=\tau^2s^2-2\xi\tau s+1$，其中，$\omega_n=1/\tau>0,0<\xi<1$。

除比例环节外，非最小相位环节和与之相对应的最小相位环节的区别在于开环零点、极点的位置。非最小相位(2)～(5)环节对应于 s 右半平面的开环零点或极点，而最小相位(2)～(5)环节对应 s 左半平面的开环零点或极点。

开环传递函数的典型环节分解可将开环系统表示为 N 个典型环节的串联形式，即

$$G(s)H(s)=\prod_{i=1}^{N}G_i(s) \tag{5.14}$$

设各个典型环节的频率特性为

$$G_i(j\omega)=A_i(\omega)e^{j\varphi_i(\omega)} \tag{5.15}$$

则系统开环频率特性为

$$G(j\omega)=\Big[\prod_{i=1}^{N}A_i(\omega)\Big]e^{j\big[\sum_{i=1}^{N}\varphi_i(\omega)\big]} \tag{5.16}$$

于是，系统开环幅频特性和开环相频特性为

$$A(\omega)=\prod_{i=1}^{N}A_i(\omega),\quad \varphi(\omega)=\sum_{i=1}^{N}\varphi_i(\omega) \tag{5.17}$$

系统开环对数幅频特性为

$$L(\omega)=20\lg A(\omega)=20\lg\prod_{i=1}^{N}A_i(\omega)=\sum_{i=1}^{N}L_i(\omega) \tag{5.18}$$

式(5.17)、式(5.18)表明，系统开环频率特性表现为组成开环系统的诸典型环节频率特性的合成；而系统开环对数频率特性表现为诸典型环节对数频率特性叠加这一更为简单的形式。本节首先研究开环系统的典型环节及其相应的频率特性，然后，在此基础上探讨开环频率特性曲线的绘制方法。

由典型环节的传递函数和频率特性的定义，取频率 ω 由 0 到 $+\infty$ 变化，可以绘制典型环节的幅相曲线和对数频率特性曲线分别如图 5-8 和图 5-9 所示(图中，令 $T=\tau$)。

为加深对典型环节频率特性的理解，以下分别介绍各典型环节频率特性曲线的重

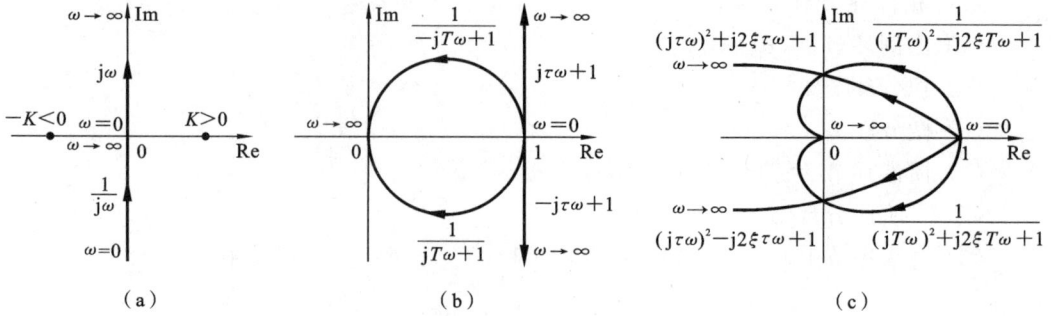

图 5-8　典型环节的幅相曲线

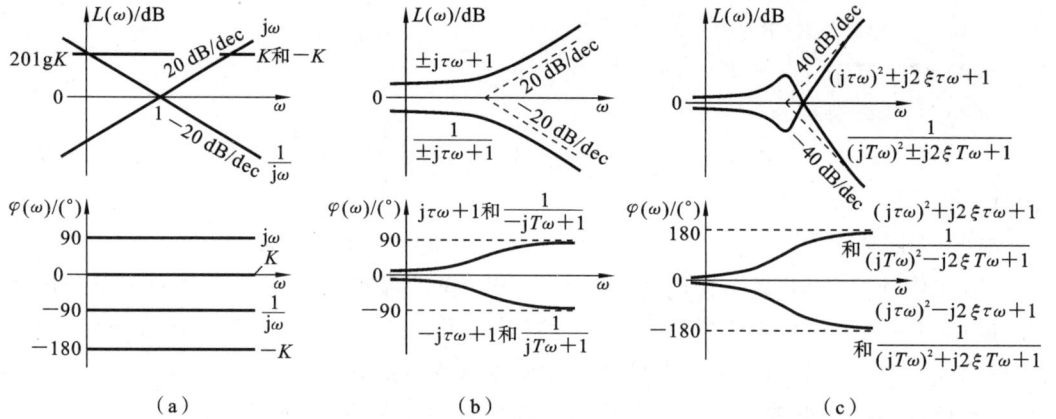

图 5-9　典型环节的对数频率特性曲线

要特点。

1. 最小相位比例环节的频率特性

最小相位比例环节简称比例环节,其传递函数为 $G(s)=K(K>0)$,频率特性为

$$G(j\omega)=K$$

则幅频和相频特性为

$$A(\omega)=K, \quad \varphi(\omega)=0° \tag{5.19}$$

可见,比例环节的幅相曲线与频率 ω 无关,为正实轴上 K 这一点(见图 5-8(a))。

比例环节的对数幅频特性为

$$L(\omega)=20\lg A(\omega)=20\lg K \tag{5.20}$$

可见,比例环节的对数幅频特性曲线是一条幅值恒为 $20\lg K$ 的平行于 ω 轴的直线,对数相频特性恒为 $0°$(见图 5-9(a))。

2. 最小相位积分环节与微分环节的频率特性

最小相位积分环节简称积分环节,其传递函数为 $G(s)=1/s$,频率特性为

$$G(j\omega)=\frac{1}{j\omega}=\frac{1}{\omega}e^{-j90°}$$

则幅频和相频特性为

$$A(\omega)=\frac{1}{\omega}, \quad \varphi(\omega)=-90° \tag{5.21}$$

可见,当频率 ω 由 0 到 $+\infty$ 变化时,积分环节的幅频特性由 $+\infty$ 衰减为 0,相频特性恒为 $-90°$。幅相曲线是一条与负虚轴重合的直线(见图 5-8(a))。

积分环节的对数幅频特性为

$$L(\omega)=20\lg\frac{1}{\omega}=-20\lg\omega \tag{5.22}$$

可见,积分环节的对数幅频特性是一条过$(1,0)$点且斜率为-20 dB/dec 的直线,相频特性是一条平行于横轴且恒为$-90°$的直线(见图 5-9(a))。

最小相位微分环节简称微分环节,其传递函数为 $G(s)=s$,频率特性为

$$G(\mathrm{j}\omega)=\mathrm{j}\omega=\omega\mathrm{e}^{\mathrm{j}90°}$$

则幅频和相频特性为

$$A(\omega)=\omega,\quad \varphi(\omega)=90° \tag{5.23}$$

可见,当频率 ω 由 0 到 $+\infty$ 变化时,微分环节的幅频特性由 0 变化到 $+\infty$,相频特性恒为 $90°$,其幅相曲线是一条与正虚轴重合的直线(见图 5-8(a))。

微分环节的对数幅频特性为

$$L(\omega)=20\lg\omega \tag{5.24}$$

可见,微分环节的对数幅频特性是一条过$(1,0)$点且斜率为 20 dB/dec 的直线,相频特性是一条平行于横轴且恒为$+90°$的直线(见图 5-9(a))。显然,积分环节与微分环节的对数频率特性曲线,相对于 ω 轴互为镜像。

在最小相位典型环节中,积分环节与微分环节以及当时间常数 $T=\tau$ 时的惯性环节与一阶微分环节、振荡环节和二阶微分环节的传递函数互为倒数。若传递函数互为倒数,即设

$$G_1(s)=1/G_2(s) \tag{5.25}$$

若 $G_1(\mathrm{j}\omega)=A_1(\omega)\mathrm{e}^{\mathrm{j}\varphi_1(\omega)}$,则有下述关系成立:

$$\begin{cases} \varphi_2(\omega)=-\varphi_1(\omega) \\ L_2(\omega)=20\lg A_2(\omega)=20\lg\frac{1}{A_1(\omega)}=-L_1(\omega) \end{cases} \tag{5.26}$$

由此可知,传递函数互为倒数的典型环节,其对数幅频曲线关于 0 dB 线对称,对数相频曲线关于 0°线对称。这一结论同样适用于非最小相位环节。

3. 最小相位惯性环节与一阶微分环节的频率特性

最小相位惯性环节简称惯性环节,其传递函数为 $G(s)=\dfrac{1}{Ts+1}(T>0)$,频率特性为

$$G(\mathrm{j}\omega)=\frac{1}{\mathrm{j}T\omega+1}=\frac{1}{\sqrt{T^2\omega^2+1}}\mathrm{e}^{-\mathrm{j}\arctan T\omega}$$

则幅频和相频特性为

$$A(\omega)=\frac{1}{\sqrt{T^2\omega^2+1}},\quad \varphi(\omega)=-\arctan T\omega \tag{5.27}$$

研究发现,当频率 ω 由 0 到 $+\infty$ 变化时,惯性环节的幅频特性由 1 衰减到 0,相频特性由 0°单调减至 $-90°$。其中,当 $\omega=1/T$ 时,$A(1/T)=1/\sqrt{2}$,$\varphi(1/T)=-45°$,其幅相曲线如图 5-8(b)所示。

惯性环节的对数幅频特性为

$$L(\omega) = -20\lg \sqrt{(T\omega)^2 + 1} \tag{5.28}$$

其对数频率特性曲线如图 5-9(b)所示。工程中,常用低频和高频渐近线近似表示对数幅频特性曲线,称为对数幅频渐近特性曲线。当 $\omega \ll 1/T$ 时,$L(\omega) \approx -20\lg 1 = 0$;当 $\omega \gg 1/T$ 时,$L(\omega) \approx -20\lg(T\omega)$。因此,惯性环节的对数幅频渐近特性为

$$L_a(\omega) = \begin{cases} 0, & \omega < 1/T \\ -20\lg(T\omega), & \omega > 1/T \end{cases} \tag{5.29}$$

可见,惯性环节对数幅频渐近特性的低频渐近线为零分贝线,高频渐近线为斜率为 -20 dB/dec 的直线,两条直线交于 $\omega = 1/T$ 处,称为交接频率或转折频率。由于 $\varphi(\omega)$ 和 ω 是反正切函数关系,故惯性环节的对数相频特性曲线关于 $(1/T, 45°)$ 这一点斜对称。惯性环节的对数幅频(渐近)特性与对数相频特性曲线如图 5-10 所示。显然,用渐近特性近似表示对数幅频特性曲线存在误差,即

$$\Delta L(\omega) = L(\omega) - L_a(\omega)$$

最大误差发生在 $\omega = 1/T$ 处,约为 -3 dB。图 5-11 为惯性环节对数幅频特性的误差修正曲线,由此可修正渐近特性曲线获得精确曲线。

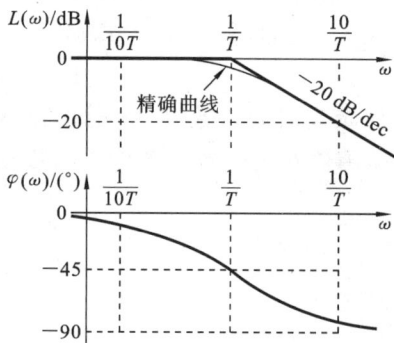

图 5-10　惯性环节的对数幅频(渐近)
特性与对数相频特性曲线

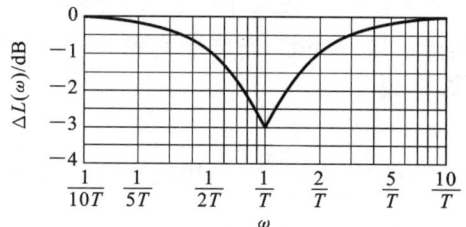

图 5-11　惯性环节对数幅频特性的
误差修正曲线

特别指出,半对数坐标系中的直线斜率为

$$k = \frac{L_a(\omega_1) - L_a(\omega_2)}{\lg\omega_1 - \lg\omega_2} \tag{5.30}$$

式中:$(\omega_1, L_a(\omega_1))$ 和 $(\omega_2, L_a(\omega_2))$ 为直线上的两点,k(dB/dec)为直线斜率。

最小相位一阶微分环节简称一阶微分环节。其传递函数为 $G(s) = \tau s + 1 (\tau > 0)$,频率特性为

$$G(j\omega) = \tau j\omega + 1 = \sqrt{(\tau\omega)^2 + 1}\, e^{j\arctan^{-1}\tau\omega}$$

则幅频和相频特性为

$$A(\omega) = \sqrt{(\tau\omega)^2 + 1}, \quad \varphi(\omega) = \arctan\tau\omega \tag{5.31}$$

研究发现,当频率 ω 由 0 到 $+\infty$ 变化时,一阶微分环节幅频特性由 1 变化到 $+\infty$,相频特性由 0° 单调增至 90°。其中,当 $\omega = 1/\tau$ 时,$A(1/\tau) = \sqrt{2}$,$\varphi(1/\tau) = 45°$,其幅相曲线如图 5-8(b)所示。

一阶微分环节对数幅频特性为

$$L(\omega)=20\lg\sqrt{1+(\tau\omega)^2} \qquad (5.32)$$

一阶微分环节的对数频率特性曲线如图 5-9(b)所示,其对数幅频渐近特性为

$$L_a(\omega)=\begin{cases} 0, & \omega<1/\tau \\ 20\lg\tau\omega, & \omega>1/\tau \end{cases} \qquad (5.33)$$

可见,一阶微分环节对数幅频渐近特性的低频渐近线为零分贝线,高频渐近线为斜率为 $+20$ dB/dec 的直线,两条渐近线交于交接频率 $\omega=1/\tau$ 处。对数相频特性曲线关于这一交点呈斜对称,其对数幅频(渐近)特性与对数相频特性曲线如图 5-12 所示。对数幅频渐近特性曲线与精确曲线之间存在误差,最大误差发生在 $\omega=\dfrac{1}{\tau}$ 处,约为 3 dB。

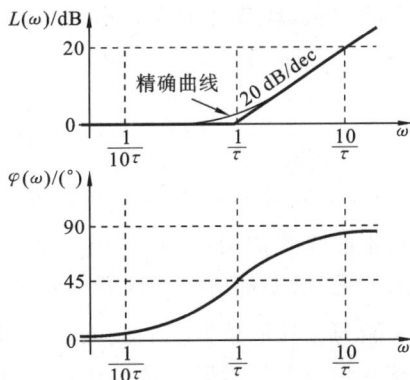

图 5-12 一阶微分环节的对数幅频(渐近)特性与对数相频特性曲线

4. 最小相位振荡环节与二阶微分环节的频率特性

最小相位振荡环节简称振荡环节,其传递函数为

$$G(s)=\frac{\omega_n^2}{s^2+2\xi\omega_n s+\omega_n^2}=\frac{1}{T^2 s^2+2\xi T s+1}$$

式中:T 为时间常数;$\omega_n=1/T>0$ 为自然频率;阻尼比 $0\leqslant\xi<1$。则频率特性为

$$G(j\omega)=\frac{1}{(1-T^2\omega^2)+j2\xi\omega T}=\frac{1}{\sqrt{(1-T^2\omega^2)^2+4\xi^2 T^2\omega^2}}e^{-j\arctan\frac{2\xi T\omega}{1-T^2\omega^2}}$$

幅频和相频特性为

$$A(\omega)=\frac{1}{\sqrt{(1-T^2\omega^2)^2+(2\xi\omega T)^2}}, \quad \varphi(\omega)=-\arctan\frac{2\xi\omega T}{1-T^2\omega^2} \qquad (5.34)$$

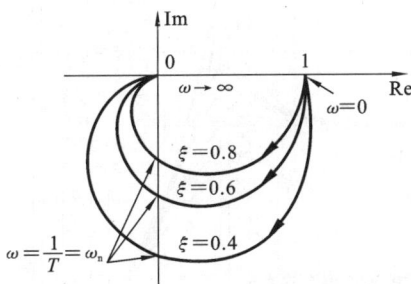

图 5-13 振荡环节的幅相曲线

研究发现,当频率 ω 由 0 到 $+\infty$ 变化时,振荡环节的幅频特性由 1 变化到 0,相频特性由 $0°$ 单调减至 $-180°$,其中,当 $\omega=1/T=\omega_n$ 时,$A(1/T)=1/2\xi$,$\varphi(1/T)=-90°$,其幅相曲线如图 5-8(c)所示。考虑到振荡环节的幅频特性与阻尼比 ξ 有关,图 5-13 为 ξ 不同时振荡环节的幅相曲线。分析发现,当 ξ 较小时,$A(\omega)$ 出现极值。令

$$\frac{dA(\omega)}{d\omega}=\frac{d}{d\omega}\frac{1}{\sqrt{(1-T^2\omega^2)^2+(2\xi\omega T)^2}}\bigg|_{\omega=\omega_r}=0$$

得

$$\omega_r=\omega_n\sqrt{1-2\xi^2} \qquad (5.35)$$

称为谐振频率。显然,$0\leqslant\xi\leqslant1/\sqrt{2}$。将 ω_r 代入式(5.34)中,得其幅频为

$$M_r=A(\omega_r)=\frac{1}{2\xi\sqrt{1-\xi^2}} \qquad (5.36)$$

称为谐振峰值。由上式可见,谐振峰值 M_r 只与阻尼比 ξ 有关。当 $\xi=0$ 时,M_r 趋于无穷大,ω_r 趋于 ω_n,表明当外加正弦输入信号的角频率等于振荡环节的自然频率时,引起

环节的共振,环节处于临界稳定状态。当 $0<\xi\leqslant1/\sqrt{2}$ 时,$M_r>0$,$\omega_r>0$。研究发现,当 $0\leqslant\xi<1/\sqrt{2}$ 时,有

$$\frac{dM_r}{d\xi}=\frac{-(1-2\xi^2)}{\xi^2(1-\xi^2)^{\frac{3}{2}}}<0$$

可见,ω_r、M_r 为 ξ 的减函数,即 ξ 越小,ω_r 和 M_r 越大;当 $\xi=1/\sqrt{2}$ 时,$A(\omega)=1$,$\omega_r=0$,对应幅相曲线的初始点频率;当 $1/\sqrt{2}<\xi<1$ 时,幅频特性不出现峰值,$A(\omega)$ 单调衰减。由此可见,谐振峰值的物理意义就是反映该环节对角频率在 ω_r 附近的输入信号的幅值放大能力比其他角频率的放大能力强,这种现象称为谐振效应。当 $0<\xi\leqslant1/\sqrt{2}$ 时,振荡环节相当于欠阻尼二阶系统,ξ 越小,M_r 越大,超调量越大。这与第3章时域分析的结论一致。

振荡环节的对数幅频特性为

$$L(\omega)=20\lg A(\omega)=-20\lg\sqrt{(1-T^2\omega^2)^2+(2\zeta\omega T)^2} \tag{5.37}$$

振荡环节的对数频率特性曲线如图5-9(c)所示。工程实际中,振荡环节的对数幅频特性常由两条渐近线组成的对数幅频渐近特性

$$L_a(\omega)=\begin{cases}0, & \omega<1/T \\ -40\lg T\omega & \omega>1/T\end{cases} \tag{5.38}$$

来近似。可见,振荡环节的对数幅频渐近特性曲线的低频渐近线为零分贝线,高频渐近线为斜率为 -40 dB/dec 的直线,两直线交于交接频率 $\omega=1/T=\omega_n$ 处。而对数相频特性曲线关于这一点斜对称。振荡环节的对数幅频渐近特性与对数相频特性曲线如图5-14所示。

由于对数幅频特性与阻尼比 ξ 有关,幅频特性在谐振频率处有谐振峰值的这一特点也反映在对数幅频特性曲线上。振荡环节的对数频率特性曲线如图5-15所示。由

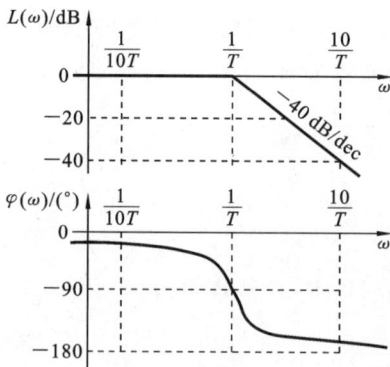

图 5-14 振荡环节的对数幅频渐近特性与对数相频特性曲线

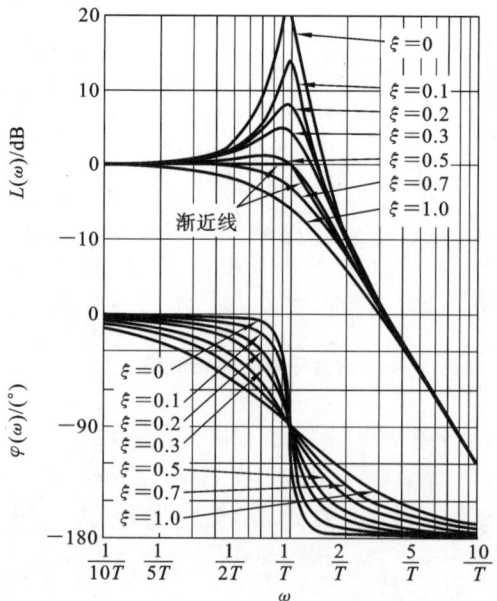

图 5-15 振荡环节的对数频率特性曲线

图 5-15 可见,当 $0\leqslant\xi\leqslant1/\sqrt{2}$ 时,振荡环节的幅频特性出现谐振峰值,$L(\omega)$ 也产生峰值。因此,用渐近线表示对数幅频特性曲线时存在误差,即

$$\Delta L(\omega,\xi)=L(\omega)-L_a(\omega)$$

不同 ξ 时,振荡环节的对数幅频特性误差曲线如图 5-16。由此误差曲线按误差公式可修正对数幅频渐近特性曲线而获得精确曲线。

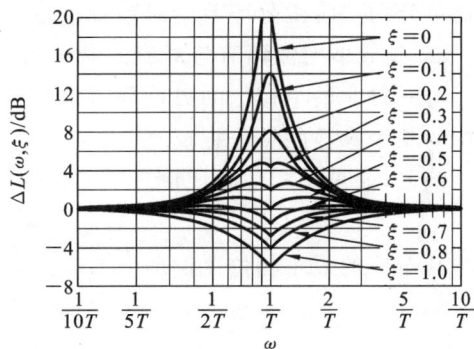

图 5-16　振荡环节的对数幅频特性误差曲线

最小相位二阶微分环节简称二阶微分环节,其传递函数为

$$G(s)=\left(\frac{s}{\omega_n}\right)^2+2\xi\frac{s}{\omega_n}+1=\tau^2s^2+2\xi\tau s+1$$

式中:τ 为时间常数,$\omega_n=1/\tau>0$ 为自然频率,阻尼比 $0\leqslant\xi<1$。则频率特性为

$$G(j\omega)=1-\tau^2\omega^2+j2\xi\omega\tau$$

其幅频和相频特性为

$$A(\omega)=\sqrt{(1-\tau^2\omega^2)^2+(2\xi\omega\tau)^2},\quad \varphi(\omega)=\arctan\frac{2\xi\omega\tau}{1-\tau^2\omega^2} \tag{5.39}$$

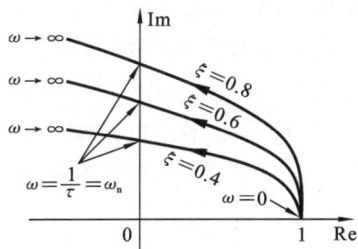

图 5-17　二阶微分环节的幅相曲线

显然,当频率 ω 由 0 到 $+\infty$ 变化时,二阶微分环节的幅频特性由 1 变化到 $+\infty$,相频特性由 $0°$ 单调增至 $180°$。其中,当 $\omega=1/\tau=\omega_n$ 时,$A(1/\tau)=2\xi$,$\varphi(1/\tau)=90°$,二阶微分环节幅相曲线如图 5-8(c)所示。由上式可见,二阶微分环节的幅频特性与阻尼比 ξ 有关,图 5-17 为不同 ξ 时的二阶微分环节的幅相曲线。同振荡环节一样,当阻尼比在一定范围时,二阶微分环节在谐振频率处也将产生谐振峰值。

二阶微分环节的对数幅频特性为

$$L(\omega)=20\lg\sqrt{(1-\tau^2\omega^2)^2+(2\xi\omega\tau)^2} \tag{5.40}$$

对数频率特性曲线如图 5-9(c)所示,其对数幅频渐近特性为

$$L_a(\omega)=\begin{cases}0,&\omega<1/\tau\\40\lg\tau\omega,&\omega>1/\tau\end{cases} \tag{5.41}$$

即低频渐近线为零分贝线,高频渐近线为斜率为 $+40$ dB/dec 的直线,两直线交于交接频率 $\omega=1/\tau$ 处,对数相频特性曲线关于这一点斜对称。二阶微分环节的对数幅频特性与对数相频特性曲线如图 5-18 所示。考虑到当 $T=\tau$ 时,二阶微分环节与振荡环节的传递函数互为倒数,其对数频率特性曲线相对于 ω 轴互为镜像。

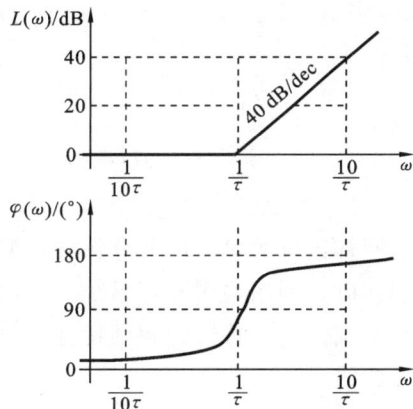

图 5-18　二阶微分环节的对数幅频特性与对数相频特性曲线

由此可分析二阶微分环节的对数幅频特性与阻尼比 ξ 的关系。

5. 非最小相位环节与对应的最小相位环节的频率特性

每一种非最小相位的典型环节都有一种最小相位环节与之对应,其特点是典型环节中的某个参数的符号相反。

例如,非最小相位的比例环节 $G(s)=-K(K>0)$,其幅频和相频特性为

$$A(\omega)=K, \quad \varphi(\omega)=180° \tag{5.42}$$

而与其对应的最小相位比例环节 $G(s)=K(K>0)$,则有

$$A(\omega)=K, \quad \varphi(\omega)=0°$$

非最小相位的惯性环节又称为不稳定惯性环节,传递函数为 $G(s)=\dfrac{1}{1-Ts}(T>0)$,其幅频和相频特性为

$$A(\omega)=\frac{1}{\sqrt{T^2\omega^2+1}}, \quad \varphi(\omega)=\arctan T\omega \tag{5.43}$$

而与其对应的最小相位惯性环节 $G(s)=\dfrac{1}{Ts+1}(T>0)$,则有

$$A(\omega)=\frac{1}{\sqrt{T^2\omega^2+1}}, \quad \varphi(\omega)=-\arctan T\omega$$

对比可见,非最小相位环节与其对应的最小相位环节之间,幅频特性相同,而相频特性符号相反。因而,幅相曲线关于实轴对称;对数幅频曲线相同,对数相频曲线关于 0°线对称。上述特点对于振荡环节与非最小相位(或不稳定)振荡环节、一阶微分环节与非最小相位一阶微分环节、二阶微分环节与非最小相位二阶微分环节均适用。

一般地,开环传递函数全部由最小相位环节构成的系统称为最小相位系统。开环传递函数中含有非最小相位环节的系统称为非最小相位系统。设线性定常系统的开环传递函数为

$$G(s)H(s)=\frac{K\prod_{j=1}^{m}(\tau_j s+1)}{s^\nu\prod_{i=1}^{n-\nu}(T_i s+1)}, \quad m\leqslant n$$

显然,当 $K>0$ 且 $T_i,\tau_j\geqslant 0$ 时系统为最小相位系统,否则为非最小相位系统。其开环频率特性为

$$G(j\omega)H(j\omega)=\frac{K\prod_{j=1}^{m}(j\tau_j\omega+1)}{(j\omega)^\nu\prod_{i=1}^{n-\nu}(jT_i\omega+1)}, \quad m\leqslant n \tag{5.44}$$

开环系统的典型环节分解和典型环节频率特性曲线的特点是开环频率特性曲线绘制的基础。利用构成开环系统的各典型环节的幅频特性之积、相频特性之和,即可得到开环系统的幅频特性和相频特性。由此可以绘制系统的开环幅相曲线和开环对数频率特性曲线。

5.2.2 开环幅相曲线的绘制

根据系统开环频率特性的表达式,可通过取点、计算和作图等方法绘制系统开环幅

相曲线。这里着重介绍结合工程需要,绘制概略开环幅相曲线的方法。

概略开环幅相曲线应反映开环频率特性的三个重要特征因素。

(1) 开环幅相曲线的起点($\omega=0_+$)和终点($\omega\rightarrow\infty$)。

当 $\omega=0_+$ 时,由式(5.44)得开环幅相曲线的起点为

$$\lim_{\omega\rightarrow 0_+}G(j\omega)H(j\omega)=\lim_{\omega\rightarrow 0_+}\frac{K}{(j\omega)^\nu} \tag{5.45}$$

对于最小相位系统,有

$$\lim_{\omega\rightarrow 0_+}G(j\omega)H(j\omega)=\lim_{\omega\rightarrow 0_+}\frac{K}{(j\omega)^\nu}=\lim_{\omega\rightarrow 0_+}\frac{K}{\omega^\nu}e^{j(-\nu\cdot 90°)} \tag{5.46}$$

当 $\omega\rightarrow\infty$ 时,由式(5.44)得开环幅相曲线的终点为

$$\lim_{\omega\rightarrow\infty}G(j\omega)H(j\omega)=\lim_{\omega\rightarrow\infty}\frac{K\,(j\tau_j\infty)^m}{(j\infty)^\nu\,(jT_i\infty)^{n-\nu}} \tag{5.47}$$

对于最小相位系统,当 $n>m$ 时,有

$$\lim_{\omega\rightarrow\infty}G(j\omega)H(j\omega)=0e^{-j(n-m)90°} \tag{5.48}$$

图 5-19 为最小相位系统幅相曲线的起点和终点示意图。

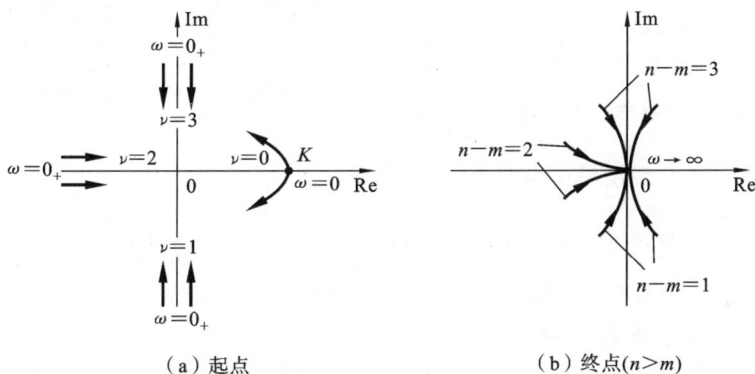

(a) 起点   (b) 终点($n>m$)

图 5-19   最小相位系统幅相曲线的起点和终点示意图

(2) 开环幅相曲线与实轴的交点。

设式(5.44)的系统的开环幅相曲线与实轴的交点频率为 $\omega=\omega_x$,则 $G(j\omega_x)H(j\omega_x)$ 的虚部为

$$\text{Im}[G(j\omega_x)H(j\omega_x)]=0 \tag{5.49}$$

或 $$\varphi(j\omega_x)=\angle G(j\omega_x)H(j\omega_x)=l\pi,\quad l=0,\pm 1,\pm 2,\cdots \tag{5.50}$$

于是,开环幅相曲线与实轴的交点坐标值为

$$\text{Re}[G(j\omega_x)H(j\omega_x)]=G(j\omega_x)H(j\omega_x) \tag{5.51}$$

(3) 开环幅相曲线的变化范围(象限、单调性)。

通常,由开环幅相曲线的起点、终点及其与实轴的交点位置判断其变化范围。下面结合具体系统加以分析。

【例 5-2】 某 0 型单位反馈系统的开环传递函数为

$$G(s)=\frac{K}{(T_1 s+1)(T_1 s+1)},\quad K,T_1,T_2>0$$

试绘制系统概略开环幅相曲线。

解   系统开环频率特性为

$$G(j\omega)=\frac{K}{(jT_1\omega+1)(jT_2\omega+1)}$$

则该系统开环幅相曲线的起点:当 $\omega=0$ 时,$A(0)=K$,$\varphi(0)=0°$。

终点:当 $\omega\to\infty$ 时,$A(\infty)=0$,$\varphi(\infty)=-180°$。

与实轴的交点:将开环频率特性改写成实部与虚部和的形式,即

$$G(j\omega)=\frac{K(1-T_1T_2\omega^2)-jK(T_1+T_2)\omega}{(1+T_1{}^2\omega^2)(1+T_2{}^2\omega^2)}$$

令 $\mathrm{Im}G(j\omega)=0$,得 $\omega_x=0$,则开环幅相曲线与实轴交点处有

$$\mathrm{Re}G(j\omega)=K$$

即系统开环幅相曲线除在 $\omega=0$ 处外与实轴无交点。

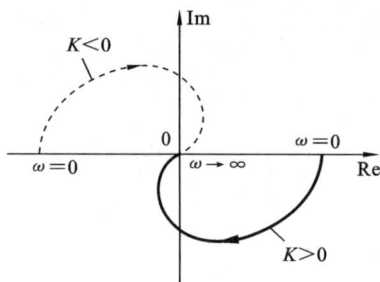

图 5-20   系统概略开环幅相曲线

变化范围(象限、单调性):由于比例环节的相角恒为 $0°$,惯性环节的相角由 $0°$ 单调减至 $-90°$,因此,系统幅相曲线的相角将由 $0°$ 单调减至 $-180°$,该系统开环幅相曲线的变化范围为第Ⅲ和第Ⅳ象限。图 5-20 为系统概略开环幅相曲线。

例 5-2 中,若取 $K<0$,非最小相位比例环节的相角恒为 $-180°$,则此时系统概略开环幅相曲线由原曲线绕原点顺时针旋转 $180°$ 而得,如图 5-20 中的虚线所示。

【例 5-3】 某Ⅰ型系统的开环传递函数为

$$G(s)H(s)=\frac{K}{s(T_1s+1)(T_2s+1)},\quad K,T_1,T_2>0$$

试绘制系统概略开环幅相曲线。

解 系统开环频率特性为

$$G(j\omega)H(j\omega)=\frac{K}{j\omega(j\omega T_1+1)(j\omega T_2+1)}=\frac{-K(T_1+T_2)\omega-jK(T_1T_2\omega^2-1)}{\omega(1+T_1^2\omega^2)(1+T_2^2\omega^2)}$$

则该系统开环幅相曲线的起点:$A(0_+)=\infty$,$\varphi(0_+)=-90°$。

终点:$A(\infty)=0$,$\varphi(\infty)=-270°$。

与实轴的交点:令 $\mathrm{Im}[G(j\omega)H(j\omega)]=0$,得 $\omega_x=\dfrac{1}{\sqrt{T_1T_2}}$。则开环幅相曲线与实轴的交点为

$$\mathrm{Re}[G(j\omega_x)H(j\omega_x)]=-\frac{KT_1T_2}{T_1+T_2}$$

变化范围:由于比例环节的相角恒为 $0°$,惯性环节的相角由 $0°$ 单调减至 $-90°$。因此,系统幅相曲线的相角将由 $-90°$ 单调减至 $-270°$,该系统开环幅相曲线的变化范围为第Ⅱ和第Ⅲ象限。

由此可绘制系统概略开环幅相曲线如图 5-21 所示。值得注意的是,本例中开环幅相曲线始于相角为 $-90°$ 的无穷远处,但无穷远处具体指哪里? 研究发现,当 $\omega=0_+$ 时,有

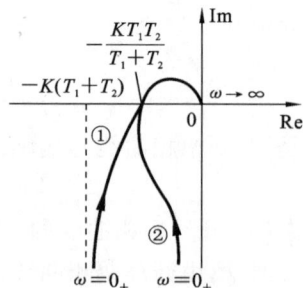

图 5-21   系统概略开环幅相曲线

$$\text{Re}\big[G(j0_+)H(j0_+)\big]=\lim_{\omega\to 0^+}\frac{-K(T_1+T_2)}{(1+T_1^2\omega^2)(1+T_2^2\omega^2)}=-K(T_1+T_2)$$

上式为开环幅相曲线的低频渐近线(见图 5-21 中的虚线),曲线①为按此渐近线绘制的概略开环幅相曲线。实际上,由于开环幅相曲线用于系统分析时不需要知道起点渐近线的准确位置,故一般只需根据相角 $\varphi(0_+)$ 直接取坐标轴为渐近线,曲线②为相应的开环概略幅相曲线。

【例 5-4】 设单位反馈系统开环传递函数为

$$G(s)=\frac{K(\tau s+1)}{s(T_1 s+1)(T_2 s+1)},\quad K,\tau,T_1,T_2>0$$

试绘制系统概略开环幅相曲线。

解 系统开环频率特性为

$$G(j\omega)=\frac{K(j\omega\tau+1)}{j\omega(j\omega T_1+1)(j\omega T_2+1)}$$

$$=\frac{K\omega(\tau-T_1-T_2-T_1 T_2\tau\omega^2)-jK(1-T_1 T_2\omega^2+T_1\tau\omega^2+T_2\tau\omega^2)}{\omega(1+T_1^2\omega^2)(1+T_2^2\omega^2)}$$

则系统开环幅相曲线的起点: $A(0_+)=\infty$, $\varphi(0_+)=-90°$。

终点: $A(\infty)=0$, $\varphi(\infty)=-180°$。

与实轴的交点:令 $\text{Im}G(j\omega)=0$,即 $1-T_1 T_2\omega^2+T_1\tau\omega^2+T_2\tau\omega^2=0$。当 $\tau<T_1 T_2/(T_1+T_2)$ 时,

$$\omega_x=\frac{1}{\sqrt{T_1 T_2-\tau(T_1+T_2)}}$$

此时,开环幅相曲线与实轴的交点为

$$\text{Re}G(j\omega_x)=\frac{-K(1-\tau^2\omega_x^2)}{(T_1+T_2)\omega_x^2-\tau(1-T_1 T_2\omega_x^2)\omega_x^2}$$

$$=\frac{-K(T_1+T_2)(T_1 T_2-\tau T_1-\tau T_2+\tau^2)}{(T_1 T_2-\tau T_1-\tau T_2+T_1^2)(T_1 T_2-\tau T_1-\tau T_2+T_2^2)}$$

变化范围:当 $\tau>T_1 T_2/(T_1+T_2)$ 时,开环幅相曲线与实轴无交点,此时开环幅相曲线在第Ⅲ象限变化;当 $\tau<T_1 T_2/(T_1+T_2)$ 时,开环幅相曲线与实轴有 1 个交点,此时开环幅相曲线在第Ⅲ和第Ⅱ象限间变化。系统概略开环幅相曲线如图 5-22 所示。

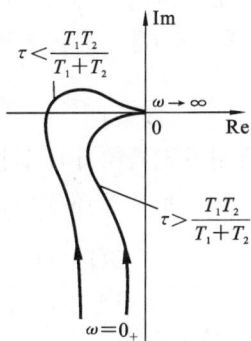

图 5-22 系统概略开环幅相曲线

特别指出,例 5-4 中,由于系统中存在一阶微分环节,一阶微分环节的相角由 0° 单调增至 +90°,则视系统中一阶微分环节与惯性环节的时间常数的数值大小的不同,其开环幅相曲线的相角可能不是同一方向单调变化的,这时系统的开环幅相曲线可能会出现凹凸现象。考虑到绘制的是概略开环幅相曲线,实际绘制时一般这一凹凸现象无需准确反映。

【例 5-5】 某Ⅱ型系统开环传递函数为

$$G(s)H(s)=\frac{K(\tau s+1)}{s^2(Ts+1)},\tau,T>0,\tau\neq T$$

试绘制系统概略开环幅相曲线。

解 系统的开环频率特性为

$$G(j\omega)H(j\omega)=\frac{K(j\tau\omega+1)}{(j\omega)^2(jT\omega+1)}=\frac{K(1+\tau T\omega^2)+jK(\tau-T)\omega}{-\omega^2(T^2\omega^2+1)}$$

起点：$A(0_+)=\infty$，$\varphi(0_+)=-180°$。

终点：$A(\infty)=0$，$\varphi(\infty)=-180°$。

由于 $\tau\neq T$，系统开环幅相曲线与实轴无交点，且其形状视 τ 和 T 的数值大小不同而不同。

将系统频率特性改成指数向量形式，即

$$G(j\omega)H(j\omega)=\frac{K}{\omega^2}\frac{\sqrt{(\tau\omega)^2+1}}{\sqrt{(T\omega)^2+1}}e^{j(\arctan\tau\omega-180°-\arctan T\omega)}$$

则 $\varphi(\omega)=\arctan\tau\omega-180°-\arctan T\omega$。可见，当 $\tau<T$ 时，$\arctan\tau\omega<\arctan T\omega$，开环幅相曲线位于第Ⅱ象限，如图 5-23(a)所示；当 $\tau>T$ 时，$\arctan\tau\omega>\arctan T\omega$，开环幅相曲线位于第Ⅲ象限，如图 5-23(b)所示。

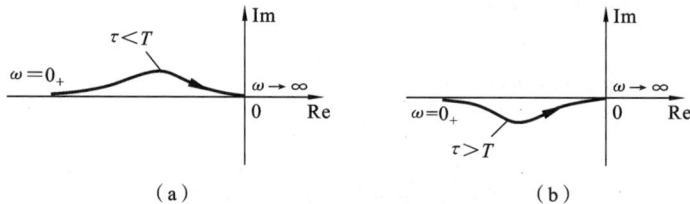

(a)　　　　　　　　　(b)

图 5-23　系统概略开环幅相曲线

必须指出的是，如果系统为非最小相位系统，则系统中至少含有一个非最小相位环节，非最小相位环节的存在将对系统的频率特性产生一定的影响。前面已经分析，非最小相位环节与对应的最小相位环节之间具有相同的幅频特性，而相频特性则对称于它们相角终值的坐标线。因此，在分析控制系统时必须加以重视。

【例 5-6】 设系统开环传递函数为

$$G(s)H(s)=\frac{K(-\tau s+1)}{s(Ts+1)},\quad K,\tau,T>0$$

试绘制系统概略开环幅相曲线。

解 系统开环频率特性为

$$G(j\omega)H(j\omega)=\frac{K(-j\tau\omega+1)}{j\omega(jT\omega+1)}=\frac{-K(T+\tau)\omega-jK(1-T\tau\omega^2)}{\omega(1+T^2\omega^2)}$$

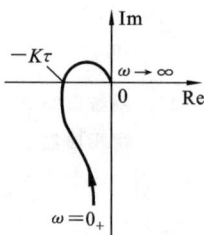

图 5-24　系统概略开环幅相曲线

起点：$A(0_+)=\infty$，$\varphi(0_+)=-90°$。

终点：$A(\infty)=0$，$\varphi(\infty)=-270°$。

与实轴交点：令其虚部为零，解得

$$\omega_x=\frac{1}{\sqrt{T\tau}},\quad G(j\omega_x)H(j\omega_x)=-K\tau$$

变化范围：$\varphi(\omega)$ 从 $-90°$ 单调减至 $-270°$，故幅相曲线在第Ⅱ和第Ⅲ象限间变化，如图 5-24 所示。

【例 5-7】 设系统开环传递函数为

$$G(s)H(s)=\frac{K}{s(Ts+1)(s^2/\omega_n^2+1)},\quad K,T>0$$

试绘制系统开环概略幅相曲线。

解 系统开环频率特性为

$$G(\mathrm{j}\omega)H(\mathrm{j}\omega)=\frac{K}{\mathrm{j}\omega(\mathrm{j}T\omega+1)(-\omega^2/\omega_n^2+1)}=\frac{-KT\omega-\mathrm{j}K}{\omega(T^2\omega^2+1)(1-\omega^2/\omega_n^2)},\quad K,T>0$$

起点: $A(0_+)=\infty$, $\varphi(0_+)=-90°$。

终点: $A(\infty)=0$, $\varphi(\infty)=-360°$。

与实轴的交点:由其开环频率特性知, $G(\mathrm{j}\omega)H(\mathrm{j}\omega)$ 的虚部不为0,故与实轴无交点。

注意到,开环系统含有等幅振荡环节($\xi=0$),当 ω 趋于 ω_n 时, $A(\omega_n)$ 趋于无穷大,而相频特性为

$$\varphi(\omega_n^-)\approx-90°-\arctan T\omega_n>-180°(\omega_n^-=\omega_n-\varepsilon,\varepsilon>0)$$

$$\varphi(\omega_n^+)\approx-90°-\arctan T\omega_n-180°(\omega_n^+=\omega_n+\varepsilon,\varepsilon>0)$$

即 $\varphi(\omega)$ 在 $\omega=\omega_n$ 附近,相角突变 $-180°$,幅相曲线在 ω_n 处呈现不连续现象。系统开环概略幅相曲线如图5-25所示。

综上所述,总结绘制系统开环概略幅相曲线的规律如下。

(1)开环幅相曲线的起点取决于比例环节 K 和系统积分或微分环节的个数 ν(系统型别)。

(2)开环幅相曲线的终点取决于开环传递函数分子、分母多项式中最小相位环节和非最小相位环节的阶次和。

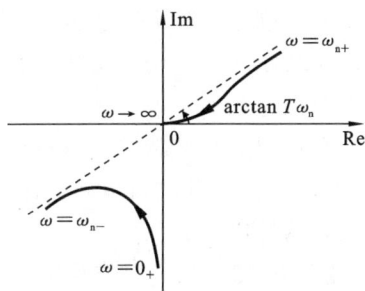

图5-25 系统开环概略幅相曲线

设系统开环传递函数的分子和分母多项式的阶次分别为 m 和 n,记除 K 外分子多项式中最小相位环节的阶次和为 m_1,非最小相位环节的阶次和为 m_2,分母多项式中最小相位环节的阶次和为 n_1,非最小相位环节的阶次和为 n_2,则有 $m=m_1+m_2,n=n_1+n_2$,且

$$\varphi(\infty)=\begin{cases}[(m_1-m_2)-(n_1-n_2)]\times90°,&K>0\\ [(m_1-m_2)-(n_1-n_2)]\times90°-180°,&K<0\end{cases}$$

特殊地,当开环系统为最小相位系统时,有

$$n=m,\quad G(\mathrm{j}\infty)H(\mathrm{j}\infty)=k$$

$$n>m,\quad G(\mathrm{j}\infty)H(\mathrm{j}\infty)=0e^{-\mathrm{j}(n-m)90°}$$

式中: k 为开环系统根轨迹增益。

(3)若开环系统存在等幅振荡环节,重数 l 为正整数,则开环传递函数具有下述形式:

$$G(s)H(s)=\frac{1}{(s^2/\omega_n^2+1)^l}G_1(s)H_1(s)$$

式中: $G_1(s)H_1(s)$ 不含 $\pm\mathrm{j}\omega_n$ 的极点,则当 ω 趋于 ω_n 时, $A(\omega)$ 趋于无穷,而

$$\varphi(\omega_n^-)\approx\varphi_1(\omega_n)=\angle G_1(\mathrm{j}\omega_n)H(\mathrm{j}\omega_n)$$

$$\varphi(\omega_n^+)\approx\varphi_1(\omega_n)-l\times180°$$

即 $\varphi(\omega)$ 在 $\omega = \omega_n$ 附近,相角突变 $-l \times 180°$。

5.2.3 开环对数频率特性曲线的绘制

系统开环传递函数进行典型环节分解后,根据式(5.14)和式(5.18),可先绘出各典型环节的对数频率特性曲线,然后采用叠加方法即可绘制系统开环对数频率特性曲线。

鉴于系统开环对数幅频渐近特性在控制系统的分析和设计中具有十分重要的作用,以下着重介绍开环对数幅频渐近特性曲线的绘制方法。注意到,典型环节中,K 及 $-K(K>0)$、微分环节和积分环节的对数幅频特性曲线均为直线,故可直接取其为渐近特性。因此,典型环节的对数幅频渐近特性为不同斜率的直线或折线,叠加后的开环对数幅频渐近特性仍为不同斜率的线段组成的折线。由式(5.18)可以得出系统的对数幅频渐近特性为

$$L_a(\omega) = \sum_{i=1}^{N} L_{a_i}(\omega) \qquad (5.52)$$

考虑到用叠加方法原理简单,当系统环节较多时叠加很不方便。不过,由叠加方法得出对数幅频渐近特性可以抛砖引玉,由此可得出本节着重介绍的开环对数幅频渐近特性曲线绘制的一般步骤。

开环对数相频特性曲线的绘制,一般由典型环节下的相频特性表达式,取若干频率点,列表计算各点的相角并标注在对数坐标图中,最后将各点光滑连接,即可得开环对数相频特性曲线。

【例 5-8】 某一单位反馈系统的开环传递函数为

$$G(s) = \frac{2500}{s(s+5)(s+50)}$$

试用叠加法绘制系统开环对数频率特性曲线。

解 (1)将系统开环传递函数化成时间常数形式,即

$$G(s) = \frac{10}{s(0.2s+1)(0.02s+1)}$$

其频率特性为

$$G(s) = \frac{10}{j\omega(j0.2\omega+1)(j0.02\omega+1)}$$

由此可见,系统由一个比例环节、积分环节和两个惯性环节组成。

(2)分析各典型环节的对数幅频和相频特性,确定各典型环节对数幅频渐近特性的交接频率、斜率变化值,以及相频变化范围、单调性。

① 比例环节 $\left(G_1(j\omega) = 10\right)$:$L_1(\omega) = 20\lg K = 20$ dB,$\varphi_1(\omega) = 0$。

② 积分环节 $\left(G_2(j\omega) = \dfrac{1}{j\omega}\right)$:$L_2(\omega) = -20\lg\omega$,过 $\omega = 1$ 点且斜率为 -20 dB/dec;$\varphi_2(\omega) = -90°$。

③ 惯性环节 $\left(G_3(j\omega) = \dfrac{1}{j0.2\omega+1}\right)$:$L_3(\omega) = -20\lg\sqrt{0.04\omega^2+1}$,交接频率 $\omega_1 = 5$;$\varphi_3(\omega) = -\arctan 0.2\omega$ 从 $0°$ 单调减至 $-90°$。

④ 惯性环节 $\left(G_4(j\omega) = \dfrac{1}{j0.02\omega+1}\right)$:$L_4(\omega) = -20\lg\sqrt{0.0004\omega^2+1}$,交接频率 $\omega_2 = 50$;$\varphi_4(\omega) = -\arctan 0.02\omega$ 从 $0°$ 单调减至 $-90°$。

（3）将各交接频率按由低到高的顺序从左向右依次标注在对数幅频和相频特性的半对数坐标图的 ω 轴上。依次绘制上述典型环节①～④的对数幅频渐近特性和相频特性（见图 5-26）。图 5-26 中，①～④分别对应典型环节①～④。将上述各典型环节的对数幅频渐近特性、相频特性分别叠加，得该开环系统的对数幅频渐近特性和相频特性，如图 5-26 中的⑤。

例 5-8 可见，利用典型环节的开环对数幅频渐近特性叠加方法绘制系统开环对数幅频渐近特性较麻烦，尤其当同一频段多个环节起作用时很不方便。但是，从图 5-26 观察可见，开环对数幅频渐近特性在每个交接频率处斜率发生改变，而改变的值取决于该交接频率对应的典型环节的斜率。由此，可以得出开环对数幅频渐近特性曲线绘制的一般步骤。

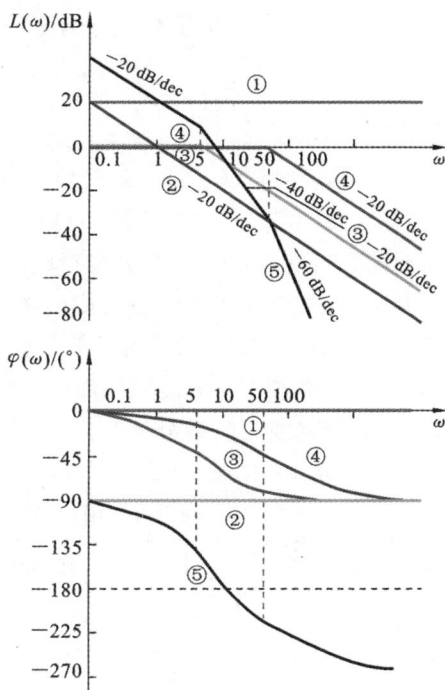

图 5-26　开环对数频率特性曲线

（1）将开环传递函数分解成典型环节乘积的形式。实际上，对于任意的开环传递函数，可按典型环节分解，将其组成系统的各典型环节分成三部分。

① $\dfrac{K}{s^\nu}$ 或 $\dfrac{-K}{s^\nu}$（$K>0$）。

② 一阶环节，包括惯性环节、一阶微分环节以及对应的非最小相位环节。

③ 二阶环节，包括振荡环节、二阶微分环节以及对应的非最小相位环节。

（2）确定一阶环节、二阶环节的交接频率，将各交接频率按由低到高的顺序从左向右依次标注在半对数坐标图的 ω 轴上。记 $\omega_{\min}$ 为最小交接频率，称 $\omega<\omega_{\min}$ 的频率范围为低频段。

（3）绘制低频段幅频渐近特性。由于一阶环节或二阶环节的对数幅频渐近特性曲线在交接频率前的斜率为 0 dB/dec，只在交接频率处斜率才发生变化，故在 $\omega<\omega_{\min}$ 频段内，开环系统幅频渐近特性取决于 $\dfrac{K}{\omega^\nu}$。此时，低频段的幅频渐近特性或渐近线为

$$L_a(\omega)=20\lg\frac{K}{\omega^\nu}=20\lg K-20\nu\lg\omega \qquad (5.53)$$

由此可见，直线的斜率为 -20ν dB/dec。

为获得低频段幅频渐近特性，还需确定该直线上的一点，可采用以下三种方法。

方法一：在 $\omega<\omega_{\min}$ 范围内，任选一点 ω_0，计算

$$L_a(\omega_0)=20\lg K-20\nu\lg\omega_0$$

方法二：取特定频率 $\omega_0=1$，计算

$$L_a(\omega_0)=20\lg K$$

方法三:取 $L_a(\omega_0)$ 为特殊值 0,则 $\dfrac{K}{\omega_0^\nu}=1$,计算

$$\omega_0 = K^{\frac{1}{\nu}}$$

于是,过点 $(\omega_0, L_a(\omega_0))$ 在 $\omega < \omega_{\min}$ 范围内作斜率为 -20ν dB/dec 的直线。值得注意的是,若 $\omega_0 > \omega_{\min}$,则点 $(\omega_0, L_a(\omega_0))$ 位于低频幅频渐近特性直线的延长线上。

(4) 绘制 $\omega \geqslant \omega_{\min}$ 频段的开环对数幅频渐近特性曲线。在 $\omega \geqslant \omega_{\min}$ 频段,系统开环对数幅频渐近特性曲线表现为分段折线。每两个相邻交接频率之间为直线,沿频率 ω 增大的方向,在每个交接频率处直线斜率发生改变,其变化规律取决于该交接频率对应典型环节的种类。如表 5-2 所示,若典型环节为惯性环节(或振荡环节)及其对应的非最小相位环节,在交接频率之后,斜率变化 -20 dB/dec(或 -40 dB/dec);若典型环节为一阶微分环节(或二阶微分环节)及对应的非最小相位环节,在交接频率之后,斜率变化 20 dB/dec(或 40 dB/dec)。

表 5-2　对数幅频渐近特性曲线交接频率处直线斜率变化规律表

典型环节类别	典型环节传递函数	交接频率	斜率变化规律
一阶环节 $(T>0)$	$\dfrac{1}{Ts+1}$	$\dfrac{1}{T}$	-20 dB/dec
	$\dfrac{1}{-Ts+1}$		
一阶环节 $(\tau>0)$	$\tau s+1$	$\dfrac{1}{\tau}$	20 dB/dec
	$-\tau s+1$		
二阶环节 $\left(\omega_n=\dfrac{1}{T}>0, 0\leqslant\xi<1\right)$	$\dfrac{\omega_n^2}{s^2+2\xi\omega_n s+\omega_n^2}=\dfrac{1}{T^2 s^2+2\xi Ts+1}$	$\dfrac{1}{T}$	-40 dB/dec
	$\dfrac{\omega_n^2}{s^2-2\xi\omega_n s+\omega_n^2}=\dfrac{1}{T^2 s^2-2\xi Ts+1}$		
二阶环节 $\left(\omega_n=\dfrac{1}{\tau}>0, 0\leqslant\xi<1\right)$	$\left(\dfrac{s}{\omega_n}\right)^2+2\xi\dfrac{s}{\omega_n}+1=\tau^2 s^2+2\xi\tau s+1$	$\dfrac{1}{\tau}$	40 dB/dec
	$\left(\dfrac{s}{\omega_n}\right)^2-2\xi\dfrac{s}{\omega_n}+1=\tau^2 s^2-2\xi\tau s+1$		

应该注意的是,当系统的多个环节具有相同交接频率时,该交接频率处斜率的变化应为各个环节对应的斜率变化值的代数和。

(5) 如有必要,可利用误差修正曲线对系统对数幅频渐近特性线进行修正,通常只需修正交接频率附近的曲线。由 5.2.1 节的误差修正曲线可知,对于一阶环节,其交接频率处的修正值为 ± 3 dB;对于二阶环节,其谐振频率处的修正值可由相应的误差计算公式 $\Delta L(\omega, \xi) = L(\omega) - L_a(\omega)$ 求得。

【例 5-9】　某系统的开环传递函数为

$$G(s)H(s) = \frac{50(s+1)}{s(5s+1)(s^2+2s+25)}$$

试绘制其开环对数幅频渐近特性曲线。

解　(1) 开环传递函数的典型环节分解形式为

$$G(s)H(s)=\frac{2(s+1)}{s(5s+1)\left[\left(\dfrac{s}{5}\right)^2+\dfrac{2\times0.2}{5}s+1\right]}$$

其频率特性为

$$G(s)H(s)=\frac{2(j\omega+1)}{j\omega(j5\omega+1)\left[\left(\dfrac{j\omega}{5}\right)^2+j\dfrac{2\times0.2}{5}\omega+1\right]}$$

可见,此系统为最小相位系统,由一个比例环节、一个一阶微分环节、一个积分环节、一个惯性环节、一个振荡环节构成。

(2)确定各交接频率及斜率变化值:

惯性环节:$\omega_1=0.2$,斜率变化-20 dB/dec。

一阶微分环节:$\omega_2=1$,斜率变化-20 dB/dec。

振荡环节:$\omega_3=5$,斜率变化-40 dB/dec。

将各交接频率按由低到高的顺序从左向右依次标注在半对数坐标图的ω轴上。设$\omega<0.2$的频率范围为低频段。

(3)绘制$\omega<0.2$的低频段幅频渐近特性。

本例中,低频段幅频渐近特性取决于$L_a(\omega)=20\lg\dfrac{2}{\omega}$。由于$\nu=1$,则低频段幅频渐近特性的斜率为$-20$ dB/dec,按方法二得低频幅频渐近特性直线的延长线上一点$(\omega_0,L_a(\omega_0))=(1,20\lg2)$,由此可绘制$\omega<0.2$的低频段幅频渐近特性。

(4)绘制$\omega\geqslant0.2$频段的开环对数幅频渐近特性线:在各交接频率处依次改变斜率,从而获得开环对数幅频特性曲线的渐近线,并在图中标注出各段斜率值,具体如下。

① 在$0.2\leqslant\omega<1$频段,渐近线斜率由低频段的-20 dB/dec变为-40 dB/dec。

② 在$1\leqslant\omega<5$频段,渐近线斜率变为-20 dB/dec。

③ 在$\omega>5$频段,渐近线斜率变为-60 dB/dec。

图 5-27 为开环系统对数幅频渐近特性曲线。

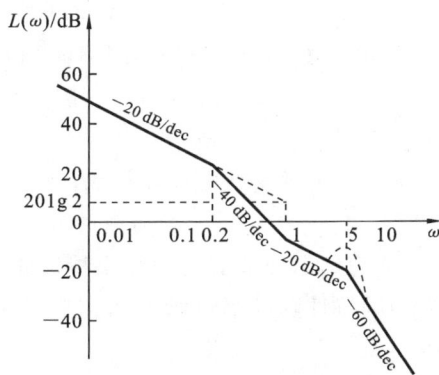

图 5-27　开环系统对数幅频渐近特性曲线

(5)如有必要,利用误差修正曲线对其对数幅频渐近特性曲线进行必要的修正。对于一阶环节,其交接频率处的修正值为±3 dB,工程上一般不需要修正。但是,本例中存在二阶振荡环节,且$T=1/\omega_3=0.2$,$\omega_n=5$,$\xi=0.2$,则谐振频率为

$$\omega_r=\omega_n\sqrt{1-2\xi^2}=4.796\text{ rad/s}$$

谐振峰值为

$$M_r=A(\omega_r)=\frac{1}{2\xi\sqrt{1-\xi^2}}=2.55$$

谐振频率处的修正值为

$$\Delta L(\omega_r,\xi)=L(\omega_r)-L_a(\omega_r)=20\lg M_r=20\lg2.55=8.13\text{ dB}$$

为使得修正后的幅频更精确,则

$$L_a(\omega_r) = 20\lg \left| \frac{2\sqrt{\omega_r^2+1}}{\omega_r \sqrt{(5\omega_r)^2+1}} \right| = -21.40 \text{ dB}$$

根据图 5-15 或图 5-16,当 $\xi=0.2$ 时,需在 $L_a(\omega_r)$ 基础上在谐振频率处向上进行修正,并使谐振频率处修正后的精确幅频为

$$L(\omega) = L_a(\omega_r) + \Delta L(\omega_r, \xi) = -21.40 + 8.13 = -13.27 \text{ dB}$$

修正曲线如图 5-27 中的虚弧线。研究发现,此例修正前后不影响系统的稳定性(详见 5.3 节),故可不必修正而直接使用其对数幅频渐近特性。

5.2.4 延迟环节与延迟系统的频率特性

输出量经恒定延时后不失真地复现输入量变化的环节称为延迟环节。延迟环节的输入/输出的时域表达式为

$$c(t) = 1(t-\tau)r(t-\tau) \tag{5.54}$$

式中:τ 为延迟时间。应用拉氏变换的实数位移定理,可得延迟环节的传递函数为

$$G(s) = \frac{C(s)}{R(s)} = e^{-\tau s} \tag{5.55}$$

则延迟环节的频率特性为

$$G(j\omega) = e^{-j\tau\omega} \tag{5.56}$$

可见,其幅频和相频特性为

$$A(\omega) = 1, \quad \varphi(\omega) = -57.3\tau\omega \tag{5.57}$$

由上式可知,延迟环节的幅频特性与频率 ω 无关,恒为 1,相频特性随 ω 增大而越来越小,当 $\omega \to +\infty$ 时,$\varphi(\omega) \to -\infty$。因此,延迟环节的幅相曲线是一个以坐标原点为圆心的单位圆,如图 5-28 所示。

延迟环节的对数幅频特性为

$$L(\omega) = 0 \tag{5.58}$$

图 5-29 为延迟环节的对数频率特性曲线。可见,延迟环节的对数幅频特性为 0 dB 线,对数相频特性随频率 ω 增大而越来越小。此外,增大延迟时间 τ,将使延迟环节相角越来越小。

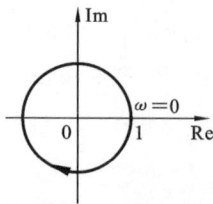

图 5-28　延迟环节的幅相曲线　　　图 5-29　延迟环节的对数频率特性曲线

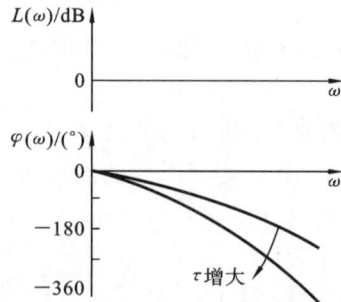

实际中的元部件或系统常包含延迟环节。例如,有分布参数的长传输线就可用延迟环节表征。在这种传输线内,脉冲可以保持原波形,经延迟时间 τ 后沿传输线传送过去。又如,多个小时间常数的惯性环节串联后,其等效特性也可用延迟环节近似。含有

延迟环节的系统称为延迟系统。化工、电力系统多为延迟系统。当系统存在延迟现象,即开环系统表现为延迟环节和线性环节的串联形式时,与线性环节的开环频率特性相比,该延迟系统的开环频率特性中幅频特性不变,而相频特性随 ω 增大而越来越小。也就是说,延迟环节对开环系统频率特性的影响是仅造成了相频特性的明显变化。如图 5-30 所示,当线性环节 $G(s) = \dfrac{10}{1+s}$ 与延迟环节 $e^{-0.5s}$ 串联后,系统的开环幅相曲线为螺旋线。图 5-30 中,以 $(5, j0)$ 为圆心、半径为 5 的半圆为惯性环节的幅相曲线,任取一频率点 ω,设此时惯性环节的频率特性点为 A,则延迟系统的幅相曲线的 B 点位于以 $|OA|$ 为半径,距 A 点圆心角 $\theta = 57.3 \times 0.5\omega(°)$ 的圆弧处。

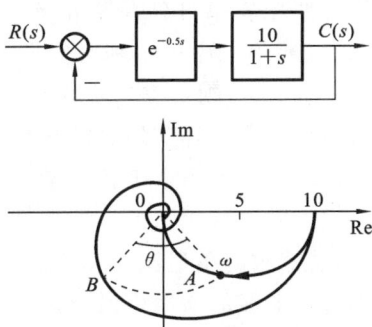

图 5-30　延迟环节及其开环幅相曲线

5.2.5　传递函数的频域实验法确定

由于稳定系统在正弦输入信号作用下输出的响应的稳态分量(也称为频率响应)是与输入同频率的正弦信号,而幅值之比和相角之差即为系统的幅频特性和相频特性,因此,可以运用频率响应实验确定稳定系统的数学模型。

1. 频率响应实验

频率响应实验原理如图 5-31 所示。首先选择信号源输出的正弦信号的幅值,以使

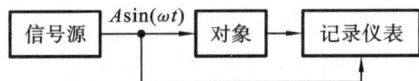

图 5-31　频率响应实验原理

系统处于非饱和状态。在一定频率范围内,改变输入正弦信号的频率,记录各频率点处系统输出信号的波形。由稳态段的输入与输出信号的幅值之比和相位之差绘制系统的对数频率特性曲线。

2. 最小相位系统的传递函数的确定

从低频段起,将实验所得的对数幅频曲线用斜率为 0 dB/dec,±20 dB/dec,…直线分段近似,获得对数幅频渐近特性曲线。

对于最小相位系统,其对数幅频特性和相频特性具有一一对应的关系,即根据系统的对数幅频特性,可以唯一地确定系统的相频特性和传递函数,反之亦然。因此,在最小相位条件下,可以由系统的开环对数幅频渐近特性曲线确定系统的传递函数。实际上,这是对数幅频渐近特性曲线绘制的逆问题。设开环系统的频率特性如式(5.44),利用最小相位系统的对数幅频渐近特性确定其传递函数的具体步骤如下。

(1)确定系统积分或微分环节的个数。

利用低频段幅频渐近特性曲线的斜率 -20ν dB/dec,确定系统的型别 ν,从而确定系统积分或微分环节的个数。

(2)确定系统传递函数的结构形式。

由于对数幅频特性渐近线为分段折线,其转折点分别对应系统所含典型环节的交接频率,每个交接频率处的斜率变化决定了典型环节的种类。根据交接频率前后折线

斜率的变化规律可判断交接频率处对应的最小相位环节的类型。若其斜率变化 20 dB/dec(或 40 dB/de),则对应惯性环节(或振荡环节);若其斜率变化-20 dB/dec(或-40 dB/dec),则对应一阶微分环节(或二阶微分环节),参见表 5-2。利用交接频率的倒数可以确定各环节的时间常数 T 或 τ。

（3）由给定条件确定系统传递函数中其他的待定参数。

根据对数幅频渐近特性曲线(或其延长线)上的一个给定的已知点,确定参数 K。此外,若需求解阻尼比 ξ,可根据对数幅频渐近特性曲线以及频率响应实验获得的对数幅频特性曲线的谐振峰值求得。

值得注意的是,实际系统并不都是最小相位系统,而最小相位系统和某些非最小相位系统具有相同的对数幅频特性曲线。因此,具有非最小相位环节和延迟环节的系统,还需依据上述环节对相频特性的影响并结合实测相频特性予以确定。

【例 5-10】 图 5-32 为由频率响应实验获得的某最小相位系统的对数幅频特性曲线和对数幅频渐近特性曲线,试确定系统的开环传递函数。

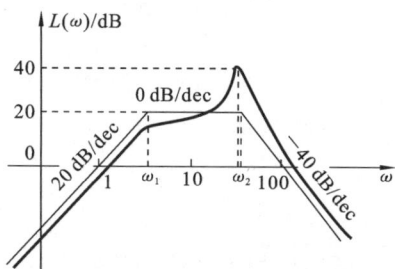

图 5-32 系统对数幅频特性曲线和对数幅频渐近特性曲线

解 （1）确定系统积分或微分环节的个数。

由于对数幅频特性低频渐近线的斜率为-20ν dB/dec,而由图 5-32 可知其低频渐近线的斜率为+20 dB/dec,故有 $\nu=-1$,系统含有一个微分环节。

（2）确定系统传递函数的结构形式。

图 5-32 中有两个交接频率。在 ω_1 处,斜率变化-20 dB/dec,对应惯性环节;在 ω_2 处,斜率变化-40 dB/dec,且在 ω_2 附近存在谐振现象,故对应为振荡环节。因此,所测系统应具有下述传递函数:

$$G(s)=\frac{Ks}{(s/\omega_1+1)(s^2/\omega_2^2+2\xi s/\omega_2+1)}$$

式中:参数 ω_1、ω_2、ξ 及 K 待定。

（3）由给定条件确定系统传递函数中的待定参数。

低频段的幅频渐近特性为

$$L_a(\omega)=20\lg\frac{K}{\omega^\nu}=20\lg K-20\nu\lg\omega$$

由已知点 $(\omega,L_a(\omega))=(1,0)$ 及 $\nu=-1$,可得 $K=1$。

根据半对数坐标系中的直线斜率式(5.30),有

$$k=\frac{L_a(\omega_a)-L_a(\omega_b)}{\lg\omega_a-\lg\omega_b}$$

将已知点 $(\omega_a,L_a(\omega_a))=(1,0)$,$(\omega_b,L_a(\omega_b))=(\omega_1,20)$ 及斜率 $k=+20$ dB/dec 代入上式,可得 $\omega_1=10$;同理,将已知点 $(\omega_a,L_a(\omega_a))=(\omega_2,20)$,$(\omega_b,L_a(\omega_b))=(100,0)$ 及斜率 $k=-40$ dB/dec 代入上式,可得 $\omega_2=32$。

振荡环节在谐振频率处的谐振峰值为

$$20\lg M_r=20\lg\frac{1}{2\xi\sqrt{1-\xi^2}},\quad 0\leqslant\xi\leqslant1/\sqrt{2}$$

由于对数幅频渐近特性是由各典型环节叠加而来的,因此,本例中 $20\lg M_r = 40 - 20 = 20\ \text{dB}$,故有 $M_r = 10$。于是得

$$4\xi^4 - 4\xi^2 + 10^{-1} = 0$$

解得 $\xi_1 = 0.16, \xi_2 = 0.99$。因为当 $0 \leqslant \xi \leqslant 1/\sqrt{2}$ 时才存在谐振峰值,故应选 $\xi = 0.16$。于是,所测系统的传递函数为

$$G(s) = \frac{s}{(s/10 + 1)(s^2/32^2 + 0.32s/32 + 1)}$$

5.3 频率域稳定性分析

控制系统的闭环稳定性是系统分析和设计所需解决的首要问题。1932 年,奈奎斯特(H. Nyquist)提出了一种频率域判断闭环系统稳定性的方法,称为奈奎斯特稳定判据(简称奈氏判据),并由此衍生出对数频率稳定判据。奈奎斯特稳定判据和对数频率稳定判据是工程上广泛应用的两种频域稳定判据。频域稳定判据是根据开环系统的频率特性曲线来判定闭环系统的稳定性的,因此也可称为几何稳定判据,且使用方便,易于推广。

5.3.1 奈奎斯特稳定判据的数学基础

奈奎斯特稳定判据建立了如下两种联系。

其一,建立开环传递函数与闭环稳定性之间的联系,为此引入了辅助函数。

其二,建立开环频率特性曲线与闭环极点之间的联系,为此引入了幅角定理。复变函数中的幅角定理是奈奎斯特稳定判据的数学基础,但幅角定理用于控制系统稳定性的判定需要先选择辅助函数。

1. 辅助函数 $F(s)$ 的引入

对于结构图如图 5-7 所示的控制系统,设其开环传递函数为

$$G(s)H(s) = \frac{B(s)}{A(s)}$$

式中:$B(s)$ 为开环传递函数的分子多项式,阶次为 m;$A(s)$ 为开环传递函数的分母多项式,阶次为 n,且 $m \leqslant n$。其闭环传递函数为

$$\Phi(s) = \frac{G(s)}{1 + G(s)H(s)} = \frac{A(s)G(s)}{A(s) + B(s)}$$

为建立开环传递函数与闭环系统稳定性之间的联系,引入辅助函数

$$F(s) = 1 + G(s)H(s) = 1 + \frac{B(s)}{A(s)} = \frac{A(s) + B(s)}{A(s)} \tag{5.59}$$

显然,辅助函数 $F(s)$ 的分子和分母的阶次均等于 n。将 $F(s)$ 写成零点、极点形式,则有

$$F(s) = \frac{\prod\limits_{j=1}^{n}(s - z_j)}{\prod\limits_{i=1}^{n}(s - p_i)} \tag{5.60}$$

式中:z_j 和 p_i 分别为辅助函数 $F(s)$ 的零点和极点。

综上所述,辅助函数 $F(s)$ 具有如下特点。

（1）$F(s)$的零点为闭环传递函数的极点，$F(s)$的极点为开环传递函数的极点。

（2）$F(s)$的零点个数与极点个数相同。

（3）$F(s)$与开环系统传递函数$G(s)H(s)$之间只差常数1。

由此可见，辅助函数$F(s)$的引入，建立了系统的开环极点和闭环极点与$F(s)$的零点和极点之间的直接联系，因此可由已知的开环传递函数$G(s)H(s)$分析系统的闭环稳定性。

2. 幅角定理

幅角定理又称幅角原理或映射定理。设$F(s)$是复变量s的单值有理分式函数。对于s平面上的任意点s，通过复变函数$F(s)$的映射关系，在$F(s)$平面上可以确定关于s的像。在s平面上任取一连续闭合曲线Γ_s（且Γ_s不经过$F(s)$的任一零点、极点），通过$F(s)$的映射关系，在$F(s)$平面上必有对应的一条闭合曲线Γ_F，如图5-33所示。由此可得下述幅角定理。

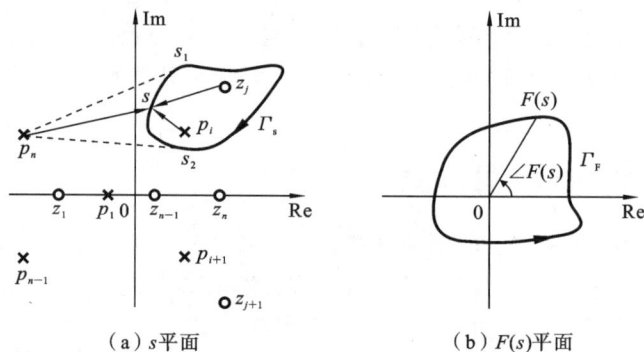

（a）s平面　　　　（b）$F(s)$平面

图 5-33　s和$F(s)$平面的映射关系

幅角定理：设在s平面上的闭合曲线Γ_s包围$F(s)$的Z个零点和P个极点（且Γ_s不经过$F(s)$的任一零点、极点），则当复变量s在s平面上沿闭合曲线Γ_s顺时针运动一周时，在$F(s)$平面上$F(s)$沿闭合曲线Γ_F包围原点的圈数为

$$R = P - Z \tag{5.61}$$

式中：$R<0$和$R>0$分别表示闭合曲线Γ_F顺时针包围和逆时针包围$F(s)$平面上坐标原点的周数，$R=0$表示不包围$F(s)$平面的原点。

为讨论方便，下面给出当选择辅助函数$F(s)$（如式（5.60））时的幅角定理的几何解释。

由复平面向量相角的定义可知，$F(s)$平面上$F(s)$的相角为

$$\angle F(s) = \angle(s-z_1) + \cdots + \angle(s-z_j) + \cdots + \angle(s-z_n)$$
$$- \angle(s-p_1) - \cdots - \angle(s-p_i) - \cdots - \angle(s-p_n)$$

设逆时针方向为正。设当复变量s在s平面上沿闭合曲线Γ_s顺时针运动一周时，$F(s)$平面上$F(s)$的相角变化为

$$\Delta\angle F(s) = \Delta\angle(s-z_1) + \cdots + \Delta\angle(s-z_j) + \cdots + \Delta\angle(s-z_n)$$
$$- \Delta\angle(s-p_1) - \cdots - \Delta\angle(s-p_i) - \cdots - \Delta\angle(s-p_n)$$

下面分别研究$F(s)$的零点、极点所对应各向量的相角变化情况。为不失一般性，设s平面上$F(s)$的部分零点、极点分布及闭合曲线Γ_s的位置如图5-33（a）所示，Γ_s包围

$F(s)$ 的零点 z_j 和极点 p_i，其他零点、极点位于闭合曲线 Γ_s 之外。于是，当复变量 s 在 s 平面上沿闭合曲线 Γ_s 顺时针运动一周时，Γ_s 内的零点、极点对应的向量 $s-z_j$ 和 $s-p_i$ 的相角变化为

$$\Delta\angle(s-z_j)=\Delta\angle(s-p_i)=-2\pi$$

以 p_n 为例，研究 $F(s)$ 位于闭合曲线 Γ_s 之外的零点、极点对应向量的相角变化情况。过 p_n 作两条直线与闭合曲线 Γ_s 相切，设切点分别为 s_1 和 s_2。则当复变量 s 在 s 平面上沿闭合曲线 Γ_s 顺时针运动一周时，在 Γ_s 的 $\overgroup{s_1 s_2}$ 段，向量 $s-p_n$ 的角度减小；在 Γ_s 的 $\overgroup{s_2 s_1}$ 段，角度增大，且有

$$\Delta\angle(s-p_n)=\oint_{\Gamma_s}\angle(s-p_n)\mathrm{d}s=\oint_{\Gamma_{\overgroup{s_1 s_2}}}\angle(s-p_n)\mathrm{d}s+\oint_{\Gamma_{\overgroup{s_1 s_2}}}\angle(s-p_n)\mathrm{d}s=0$$

同理可得，其他位于 Γ_s 之外的 $F(s)$ 的零点、极点所对应向量的相角变化也为 0。

上述讨论表明，当复变量 s 在 s 平面上沿闭合曲线 Γ_s 顺时针运动一周时，除 Γ_s 包围的 $F(s)$ 的零点、极点所形成的向量相角变化 -2π 外，其他各向量的相角变化都为零，即 $F(s)$ 绕 $F(s)$ 平面原点的圈数只与 $F(s)$ 被闭合曲线 Γ_s 所包围的极点和零点的代数和有关。因此，设闭合曲线 Γ_s 包围了 $F(s)$ 的 Z 个零点和 P 个极点，当复变量 s 在 s 平面上沿闭合曲线 Γ_s 顺时针运动一周时，如果在 $F(s)$ 平面上 $F(s)$ 沿闭合曲线 Γ_F 逆时针包围原点 R 圈，则有

$$\Delta\angle F(s)=-2\pi(Z-P)=2\pi R$$

由此得出幅角定理。根据幅角定理，$F(s)$ 的零点、极点数与闭合曲线 Γ_F 产生了联系。

综合上述辅助函数与幅角定理，可以得出如下结论。

(1) 根据辅助函数 $F(s)$ 与系统开环极点、闭环极点之间的直接联系，幅角定理中闭合曲线 Γ_s 包围 $F(s)$ 的 Z 个零点和 P 个极点，即闭合曲线 Γ_s 包围系统的 Z 个闭环极点和 P 个开环极点。

(2) 闭合曲线 Γ_F 可由 Γ_{GH} 沿实轴正方向平移一个单位长度获得。于是闭合曲线逆时针 Γ_F 包围 $F(s)$ 平面原点的圈数等于 $G(s)H(s)$ 平面中闭合曲线 Γ_{GH} 逆时针包围 $(-1, \mathrm{j}0)$ 点的圈数，其几何关系如图 5-34 所示。

(3) 闭合曲线 Γ_{GH} 是由 s 平面上的闭合曲线 Γ_s 映射到 $G(s)H(s)$ 平面得出的。

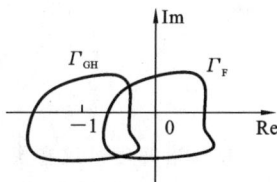

图 5-34 Γ_{GH} 与 Γ_F 的几何关系

由此可见，幅角定理将 $G(s)H(s)$ 平面的闭合曲线 Γ_{GH} 与系统的开环极点、闭环极点联系起来，从而为根据开环频率特性曲线判定稳定性提供了可能。

5.3.2 奈奎斯特稳定判据

根据线性系统稳定性的充分必要条件，若要使闭环控制系统稳定，则闭环极点均严格位于 s 左半平面，换言之，s 右半平面内闭环极点数为 0，即辅助函数 $F(s)$ 位于 s 右半平面的零点数为 0。根据幅角定理，若选择闭合曲线 Γ_s 包围整个 s 右半平面，则式 (5.61) 中 P 表示位于 s 右半平面的开环极点数；Z 表示位于 s 右半平面部的闭环极点数；R 则表示闭合曲线 Γ_s 映射到 $G(s)H(s)$ 平面的闭合曲线 Γ_{GH} 包围 $(-1, \mathrm{j}0)$ 点的圈

数。由此可得,系统位于 s 右半平面的闭环极点数,即闭环正实部极点数为

$$Z=P-R \tag{5.62}$$

由此可得下述奈奎斯特稳定判据。

　　奈奎斯特稳定判据:闭环系统稳定的充分必要条件是闭合曲线 Γ_{GH} 不穿过 $(-1,j0)$ 点,且逆时针包围 $(-1,j0)$ 点的圈数 R 等于开环传递函数的正实部极点数 P。当 $R \neq P$ 时,闭环系统不稳定,且按式(5.62)可确定闭环正实部极点数。当闭合曲线 Γ_{GH} 穿过 $(-1,j0)$ 点时,表明存在 $s=\pm j\omega_n$,使得

$$G(\pm j\omega_n)H(\pm j\omega_n)=-1 \tag{5.63}$$

闭环控制系统可能处于临界稳定状态,$(-1,j0)$ 点称为临界点。

　　特别指出,应用奈奎斯特稳定判据时,需要根据包围整个 s 右半平面的闭合曲线 Γ_s 求出其映射到 $G(s)H(s)$ 平面的闭合曲线 Γ_{GH},并根据 Γ_{GH} 逆时针围绕 $(-1,j0)$ 点的圈数求出 R。由于前述闭合曲线 Γ_s 不经过 $F(s)$ 的任一零点和极点的要求,即不经过 s 右半平面的开环极点和闭环极点。因此,若闭环系统稳定,则 Γ_s 只需不经过开环极点。因此,当分析包围整个 s 右半平面的闭合曲线 Γ_s 时,需讨论 $G(s)H(s)$ 在虚轴上有极点和无极点的两种情况。

1. 当开环系统在虚轴上无极点时的奈奎斯特判据

　　当开环传递函数在虚轴上无极点时,选择图 5-35 的闭合曲线 Γ_s 顺时针方向包围 s 右半平面。此时,闭合曲线 Γ_s 由两部分组成。

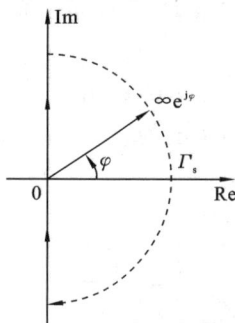

　　(1) 当 s 沿 Γ_s 在虚轴上变化时,有 $s=j\omega,-\infty<\omega<\infty$,则

$$G(s)H(s)|_{s=j\omega}=G(j\omega)H(j\omega)=|G(j\omega)H(j\omega)|e^{j\angle G(j\omega)H(j\omega)}$$

可见,其映射到 $G(s)H(s)$ 平面上对应当 $-\infty<\omega<\infty$ 时的开环幅相曲线。

　　(2) 当 s 沿 Γ_s 在半径为无穷大的右半圆上顺时针运动时,有 $s=\lim\limits_{R\to\infty}Re^{j\varphi},\varphi\in[90°,-90°]$,则

$$G(s)H(s)|_{s=\lim\limits_{R\to\infty}Re^{j\varphi}}=\frac{b_ms^m+b_{m-1}s^{m-1}+\cdots+b_1s+b_0}{a_ns^n+a_{n-1}s^{n-1}+\cdots+a_1s+a_0}\bigg|_{s=\lim\limits_{R\to\infty}Re^{j\varphi}}$$

$$=\lim_{R\to\infty}\frac{b_m}{a_n}R^{m-n}e^{j(m-n)\varphi}$$

图 5-35　当开环系统在虚轴上无极点时的闭合曲线 Γ_s。

可见,其映射到 $G(s)H(s)$ 平面上对应坐标原点($n>m$ 时)或 $\left(\dfrac{b_m}{a_n},j0\right)$ 点($n=m$ 时)。

　　综上所述,当开环系统在虚轴上无极点时,闭合曲线 Γ_{GH} 就是当 ω 从 $-\infty$ 到 ∞ 变化时的开环幅相曲线。

　　【例 5-11】　设单位反馈系统的开环传递函数为

$$G(s)=\frac{K}{(3s+1)(2s+1)(s+1)}$$

试用奈奎斯特稳定判据判定当 $K=8$ 和 $K=11$ 时闭环系统的稳定性。

　　解　系统的开环频率特性为

$$G(j\omega)=\frac{K}{(3j\omega+1)(2j\omega+1)(j\omega+1)}=\frac{K(1-11\omega^2)+j6\omega(\omega^2-1)}{(9\omega^2+1)(4\omega^2+1)(\omega^2+1)}$$

按 5.2.2 节步骤绘制当 $0\leqslant\omega<+\infty$ 时的开环幅相曲线,其中,与实轴交点坐标为 $\mathrm{Re}G(j\omega)=-0.1K$。当 $K=8$ 时,与负实轴交于 -0.8;当 $K=11$ 时,与负实轴交于 -1.1。根据开环幅相曲线的对称性绘制当 ω 从 $-\infty$ 到 0 变化时的开环幅相曲线。当 ω 从 $-\infty$ 到 ∞ 变化时的开环幅相曲线,即闭合曲线 Γ_{GH} 如图 5-36 所示。

由题意可知,$G(s)$ 在 s 右半平面的极点数为 0,即 $P=0$。由图 5-36 可见,当 $K=6$ 时,闭合曲线 Γ_{GH} 不包围 $(-1,j0)$ 点,即 $R=0$。此时,有 $Z=P-R=0$,故闭环系统稳定。当 $K=11$ 时,闭合曲线 Γ_{GH} 顺时针包围 $(-1,j0)$ 点 2 周,即 $R=-2$。此时,有 $Z=P-R=2$,故闭环系统不稳定。

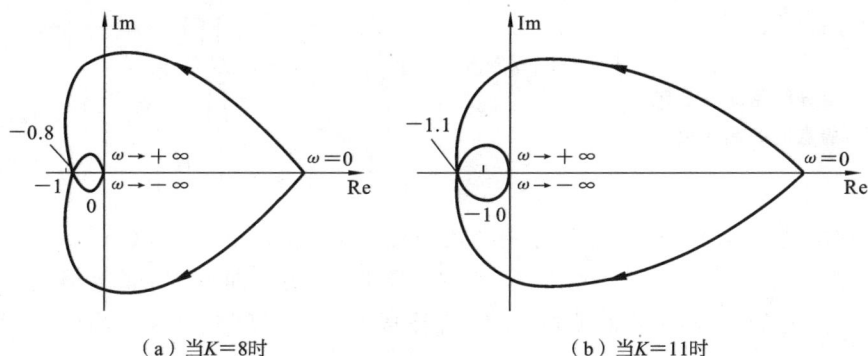

（a）当 $K=8$ 时　　　　　　　　（b）当 $K=11$ 时

图 5-36　闭合曲线 Γ_{GH}

【例 5-12】　某反馈系统的开环传递函数为

$$G(s)H(s)=\frac{2}{s-1}$$

试用奈奎斯特判据判定闭环系统的稳定性。

解　系统的开环频率特性为

$$G(j\omega)H(j\omega)=\frac{2}{j\omega-1}$$

可见该系统为非最小相位系统,按 5.2.2 节步骤绘制当 $0\leqslant\omega<+\infty$ 时的开环幅相曲线,且其与实轴无交点,而相角由 $-180°$ 单调增至 $-90°$。利用对称性得当 ω 从 $-\infty$ 到 $+\infty$ 变化时的完整开环幅相曲线,如图 5-37 所示。

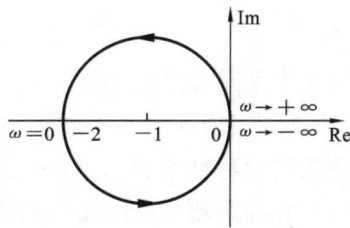

图 5-37　闭合曲线 Γ_{GH}

由题意可知,开环传递函数在 s 右半平面的极点数为 1,即 $P=1$。由图 5-37 可知,闭合曲线 Γ_{GH} 逆时针包围 $(-1,j0)$ 点 1 周,即 $R=1$。则有 $Z=P-R=0$,故闭环系统稳定。

2. 当开环系统在虚轴上有极点时的奈奎斯特判据

当开环传递函数在虚轴上有极点时,为避开开环极点,闭合曲线 Γ_s 需在图 5-35 的基础上加以拓展,构成如图 5-38 所示的闭合曲线 Γ_s,包括开环传递函数在 s 平面的原点处有极点和在虚轴上有共轭极点两种情况。

（1）若开环系统含有积分环节,设

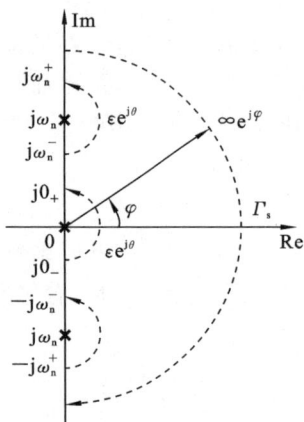

图 5-38　当开环系统有虚轴上
极点时的闭合曲线 Γ_s

$$G(s)H(s) = \frac{1}{s^\nu}G_1(s), \quad (\nu>0, |G_1(\pm j0)| \neq \infty)$$

此时,取在原点附近的闭合曲线 Γ_s 为

$$s = \varepsilon e^{j\theta}, (\varepsilon \text{ 为正无穷小量}, \theta \in [-90°, 90°])$$

即圆心为原点、半径为无穷小的半圆。对闭合曲线 Γ_s 的修正而回避掉的面积,当半径 $\varepsilon \to 0$ 时将趋于 0,即开环、闭环传递函数在 s 右半平面的全部极点都包含在修正后的闭合曲线 Γ_s 内,如图 5-38 所示。

当 s 沿修正曲线 Γ_s 由 $s=j0_-$ 逆时针运动到 $s=j0_+$,即当 $\omega = 0_- \to 0_+$ 时,有

$$G(s)H(s)\Big|_{s=\lim\limits_{\varepsilon \to 0}\varepsilon e^{j\theta}} = \left.\frac{K\prod\limits_{i=1}^{m}(\tau_i s+1)}{s^\nu\prod\limits_{j=1}^{n-\nu}(T_j s+1)}\right|_{s=\lim\limits_{\varepsilon \to 0}\varepsilon e^{j\theta}}$$

$$= \left(\lim_{\varepsilon \to 0}\frac{K}{\varepsilon^\nu}\right)e^{-j\nu\theta} = \infty e^{-j\nu\theta}$$

可见,其映射到 $G(s)H(s)$ 平面上对应半径为无穷大、圆心角为 $\nu \times (-\theta), \theta \in [-90°, 90°]$ 的圆弧。综上所述,当开环系统含有积分环节时,闭合曲线 Γ_{GH} 除包含当 $-\infty < \omega < \infty$ 且 $\omega \neq 0$ 时的开环幅相曲线外,还应增补从 $G(j0_-)H(j0_-)$ 点起顺时针运动 $\nu \times 180°$ 至 $G(j0_+)H(j0_+)$ 点的半径为无穷大的虚线圆弧。

【例 5-13】　设控制系统的开环传递函数为

$$G(s) = \frac{10K}{s(s+1)(2s+1)}$$

试用奈奎斯特稳定判据判定当 $K=1$ 和 $K=3$ 时闭环系统的稳定性。

解　系统开环频率特性为

$$G(j\omega) = \frac{10}{j\omega(j\omega+1)(j2\omega+1)} = \frac{-3K\omega+jK(1-2\omega^2)}{\omega(1+\omega^2)(1+4\omega^2)}$$

按 5.2.2 节步骤绘制当 $0<\omega<+\infty$ 时的开环幅相曲线,且其与实轴交于 $\mathrm{Re}G(j\omega_x)=-2K/3$。当 $K=1$ 时与负实轴交于 -0.67;当 $K=3$ 时与负实轴交于 -2。根据开环幅相曲线的对称性绘制当 $-\infty<\omega<0$ 时的开环幅相曲线,当 $-\infty<\omega<+\infty, \omega \neq 0$ 时的开环幅相曲线增补后的闭合曲线 Γ_{GH} 如图 5-39 所示。

由题意知,开环传递函数没有位于 s 右半平面上的极点,即 $P=0$。由图 5-39 可看见,当 $K=1$ 时,$R=0$,则 $Z=P-R=0$,故闭环系统稳定。当 $K=3$ 时,闭合曲线 Γ_{GH} 顺时针包围 $(-1, j0)$ 点两次,即 $R=2$,则 $Z=P-R=2$,故闭环系统不稳定。

(2) 若开环系统含有等幅振荡环节,设

$$G(s)H(s) = \frac{1}{(s^2+\omega_n^2)^{\nu_1}}G_1(s), \quad (\nu_1>0, |G_1(\pm j\omega_n)| \neq \infty)$$

为使 Γ_s 绕过虚轴上的开环共轭极点,取在 $\pm j\omega_n$ 附近的闭合曲线 Γ_s 为

$$s = \pm j\omega_n + \varepsilon e^{j\theta}, (\varepsilon \text{ 为正无穷小量}, \theta \in [-90°, 90°])$$

即圆心为 $\pm j\omega_n$、半径为无穷小的半圆。修正后的闭合曲线 Γ_s 如图 5-38 所示。

考虑当 s 在 $j\omega_n$ 附近沿修正曲线 Γ_s 由 $s=j\omega_n^-$ 逆时针运动到 $s=j\omega_n^+$,即当 $\omega = \omega_n^- \to$

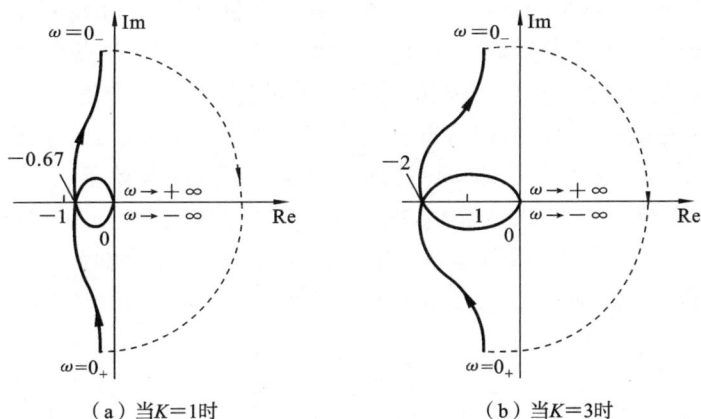

（a）当$K=1$时 　　　　　（b）当$K=3$时

图 5-39　增补后的闭合曲线 $\varGamma_{GH}$

ω_n^+ 时,有

$$G(s)H(s)\bigg|_{s=\lim\limits_{\varepsilon\to 0}(j\omega_n+\varepsilon e^{j\theta})}=\frac{G_1(s)}{(s^2+\omega_n^2)^{\nu_1}}\bigg|_{s=\lim\limits_{\varepsilon\to 0}(j\omega_n+\varepsilon e^{j\theta})}=\lim_{\varepsilon\to 0}\frac{G_1(j\omega_n+\varepsilon e^{j\theta})}{(2j\omega_n\varepsilon e^{j\theta}+\varepsilon^2 e^{j2\theta})^{\nu_1}}$$

$$=\lim_{\varepsilon\to 0}\frac{e^{-j(\theta+90°)\nu_1}G_1(j\omega_n)}{(2\omega_n\varepsilon)^{\nu_1}}=\infty e^{j[\angle G_1(j\omega_n)-(\theta+90°)\nu_1]}$$

可见,当 s 沿 $\varGamma_s$ 在 $j\omega_n$ 附近运动时,映射到$G(s)H(s)$平面上对应半径无穷大、圆心角为$\angle G_1(j\omega_n)-(\theta+90°)\nu_1$,$\theta\in[-90°,+90°]$的圆弧。综上所述,闭合曲线 $\varGamma_{GH}$ 还应增补从 $G(j\omega_n^-)H(j\omega_n^-)$点起顺时针运动$\nu_1\times 180°$至 $G(j\omega_n^+)H(j\omega_n^+)$点的半径为无穷大的虚线圆弧。利用对称性,同理可求得当 s 沿 $\varGamma_s$ 在$-j\omega_n$附近运动时的 $\varGamma_{GH}$ 增补线。如图 5-40 中的虚线圆弧为某含有等幅振荡环节的开环系统当 s 沿 $\varGamma_s$ 在 $j\omega_n$ 附近运动时 $\varGamma_{GH}$ 的增补线。

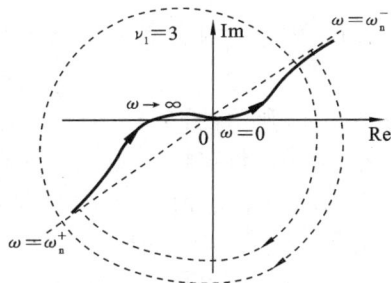

图 5-40　某含有等幅振荡环节的开环系统当 s 沿 $\varGamma_s$ 在 $j\omega_n$ 附近运动时 $\varGamma_{GH}$ 的增补线

3. 利用穿越次数的奈奎斯特稳定判据

由于 s 平面的闭合曲线 $\varGamma_s$ 关于实轴对称,鉴于$G(s)H(s)$为实系数有理分式函数,故闭合曲线 $\varGamma_{GH}$ 也关于实轴对称,因此,通常只需绘制 $\varGamma_{GH}$ 在 $\mathrm{Im}\geqslant 0$,$s\in\varGamma_s$ 时对应的曲线段,得$G(s)H(s)$的半闭合曲线,称为奈奎斯特曲线,仍记为 $\varGamma_{GH}$。

当虚轴上无开环极点时,半闭合曲线 $\varGamma_{GH}$ 对应当 $0\leqslant\omega<+\infty$ 时的开环幅相曲线,如图 5-41(a)所示;当虚轴上有开环极点时,若开环系统含有积分环节,则半闭合曲线 $\varGamma_{GH}$ 除包含当 $0<\omega<\infty$ 的开环幅相曲线外,还应增补从 $G(j0_+)H(j0_+)$点起逆时针运动 $\nu\times 90°$的半径为无穷大的虚线圆弧,如图 5-41(b)所示;若开环系统含有等幅振荡环节,则半闭合曲线 $\varGamma_{GH}$ 还应增补从 $G(j\omega_n^-)H(j\omega_n^-)$点起顺时针运动 $\nu_1\times 180°$至 $G(j\omega_n^+)H(j\omega_n^+)$点的半径为无穷大的虚线圆弧,如图 5-41(c)所示。

根据半闭合曲线 $\varGamma_{GH}$ 穿越$(-1,j0)$点左侧负实轴的次数可获得闭合曲线 $\varGamma_{GH}$ 逆时针包围$(-1,j0)$点的圈数 R。设 N 为半闭合曲线 $\varGamma_{GH}$ 穿越$(-1,j0)$点左侧负实轴的次数。这里规定,半闭合曲线 $\varGamma_{GH}$ 随 ω 的增大自上而下(相角增加)穿越$(-1,j0)$点左侧负实轴一次为一次正穿越;半闭合曲线 Γ_{GH} 随 ω 的增大自下而上(相角减小)穿越 $(-1,j0)$ 点左侧负实轴一次为一次负穿越。半闭合曲线 Γ_{GH} 穿越 $(-1,j0)$ 点左侧负实轴过程中,自上而下起始或终止于 $(-1,j0)$ 点左侧的负实轴,记为正半次穿越,自下而上起始或终止于 $(-1,j0)$ 点左侧的负实轴,记为负半次穿越。如图 5-41 所示的半闭合曲线 Γ_{GH},图 5-41(a)中穿越点 -2 位于 $(-1,j0)$ 点左侧,半闭合曲线 Γ_{GH} 起始于 $(-1,j0)$ 点左侧负实轴,且自上而下穿越,故为半次正穿越;图 5-41(b)中穿越点 -2 在 $(-1,j0)$ 点左侧负实轴,且自下而上穿越,故为一次负穿越;图 5-41(c)中为半闭合曲线 Γ_{GH} 自下而上穿越 $(-1,j0)$ 点左侧负实轴,故为一次负穿越。

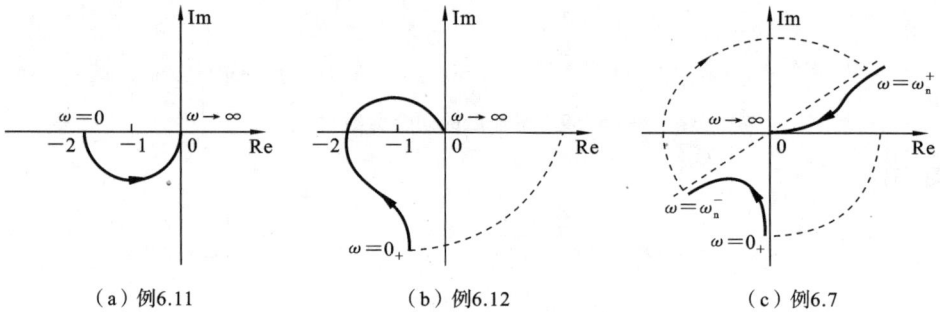

(a)例6.11   (b)例6.12   (c)例6.7

图 5-41 半闭合曲线 Γ_{GH}

设 N_+ 表示正穿越的次数和,N_- 表示负穿越的次数和,则

$$R = 2N = 2(N_+ - N_-) \tag{5.64}$$

如图 5-42 所示,图 5-42(a)中穿越点 A 位于 $(-1,j0)$ 点左侧,半闭合曲线 Γ_{GH} 自下而上穿越,为一次负穿越。故 $N_- = 1$,$N_+ = 0$,$R = 2N = -2$;图 5-42(b)中 A 位于 $(-1,j0)$ 点右侧,故半闭合曲线 Γ_{GH} 不穿越 $(-1,j0)$ 点左侧负实轴。故 $N_- = 0$,$N_+ = 0$,$R = 2N = 0$;图 5-42(c)中 A、B 均位于 $(-1,j0)$ 点左侧,而在 A 点处半闭合曲线 Γ_{GH} 自下而上穿越,为一次负穿越;B 点处半闭合曲线 Γ_{GH} 自上向下穿越,为一次正穿越,故 $N_+ = N_-$

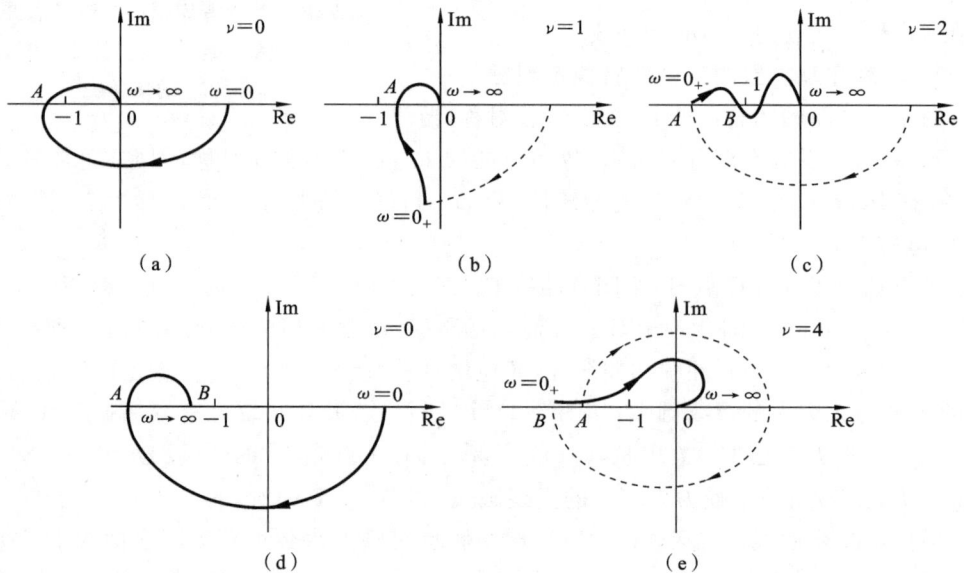

(a)   (b)   (c)

(d)   (e)

图 5-42 半闭合曲线 Γ_{GH}

$=1, R=N=0$；图 5-42(d)中 A、B 均位于 $(-1, j0)$ 点左侧，A 点处为一次负穿越；B 点处半闭合曲线 Γ_{GH} 自上而下运动至实轴并停止，为半次正穿越，故 $N_- = 1$，$N_+ = \dfrac{1}{2}$，$R = 2N = -1$；图 5-42(e)中 A、B 均位于 $(-1, j0)$ 点左侧，点 A 对应 $\omega = 0$，随 ω 增大半闭合开环曲线 Γ_{GH} 离开负实轴，为半次负穿越，而在 B 点处为一次负穿越，故 $N_- = \dfrac{3}{2}$，$N_+ = 0$，$R = 2N = -3$。

综上所述，根据半闭合曲线 Γ_{GH} 穿越 $(-1, j0)$ 点左侧负实轴的次数，奈奎斯特稳定判据可描述如下：设 P 为开环系统正实部的极点数，反馈控制系统稳定的充分必要条件是，当 ω 从 0 到 ∞ 变化时，半闭合曲线 Γ_{GH} 不经过 $(-1, j0)$ 点，且穿越 $(-1, j0)$ 点左侧负实轴上的次数 N 满足

$$Z = P - 2N = 0$$

【**例 5-14**】 某单位反馈系统开环传递函数为

$$G(s)H(s) = \frac{K(\tau s + 1)}{s^2 (Ts + 1)}, \quad \tau > T > 0$$

试用奈奎斯特稳定判据判定闭环系统的稳定性。

解 按 5.2.2 节步骤绘制当 $0 < \omega < \infty$ 时的开环幅相曲线，如图 5-43 中实线所示，并根据 s 平面虚轴上有开环极点的情况增补虚线圆弧，得到如图 5-43 的半闭合曲线 Γ_{GH}。

由题意知，$P = 0$。由图 5-43 可见，$N = 0$，则根据奈奎斯特稳定判据，有 $Z = P - 2N = 0$。故闭环系统稳定。

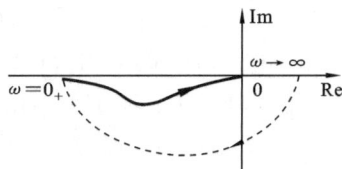

图 5-43 半闭合曲线 Γ_{GH}

【**例 5-15**】 已知单位反馈系统的开环幅相曲线（$K = 10, P = 0, \nu = 1$）如图 5-44 所示，试确定系统闭环稳定时的 K 值范围。

解 （1）计算开环幅相曲线穿越临界稳定点 $(-1, j0)$ 时的 K 值。

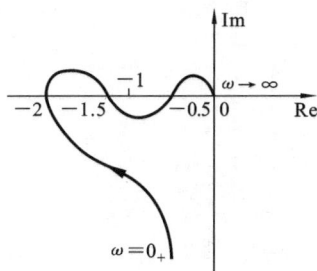

图 5-44 当 $K = 10$ 时的开环幅相曲线

由图 5-44 可知，开环幅相曲线与负实轴有三个交点，设交点频率分别为 $\omega_1, \omega_2, \omega_3$，且 $\omega_3 > \omega_2 > \omega_1$，设系统开环传递函数形如

$$G(s) = \frac{K}{s^\nu} G_1(s)$$

由题设知 $\nu = 1$，$\lim\limits_{s \to 0} G_1(s) = 1$，系统的开环频率特性为

$$G(j\omega_i) = \frac{K}{j\omega_i} G_1(j\omega_i), \quad i = 1, 2, 3$$

当 $K = 10$ 时，系统开环幅相曲线与实轴交于三点，即

$$G(j\omega_1) = -2, \quad G(j\omega_2) = -1.5, \quad G(j\omega_3) = -0.5$$

研究发现，当 K 值变化时，系统的开环幅频特性随 K 变化而呈比例变化，开环相频特性不受影响。因此，系统开环幅相曲线与负实轴的交点频率 $\omega_1, \omega_2, \omega_3$ 不变，但其与负实轴的交点坐标与 K 的变化呈比例关系。故可设当 $K = K_i (i = 1, 2, 3)$ 时，

$$G(j\omega_i) = \frac{K_i}{j\omega_i} G_1(j\omega_i) = -1$$

则有

$$\frac{10}{K_1}=\frac{-2}{-1},\quad \frac{10}{K_2}=\frac{-1.5}{-1},\quad \frac{10}{K_3}=\frac{-0.5}{-1}$$

解得穿越临界稳定点$(-1,j0)$的 K 值分别为 $K_1=5$，$K_2=\dfrac{20}{3}$ 和 $K_3=20$。

（2）根据奈奎斯特判据确定闭环系统的稳定性。

当 $0<K<K_1$，$K_1<K<K_2$，$K_2<K<K_3$ 和 $K>K_3$ 时的系统开环幅相曲线如图 5-45 所示。图 5-45 中按 ν 补作虚线圆弧后可得半闭合曲线 Γ_{GH}。

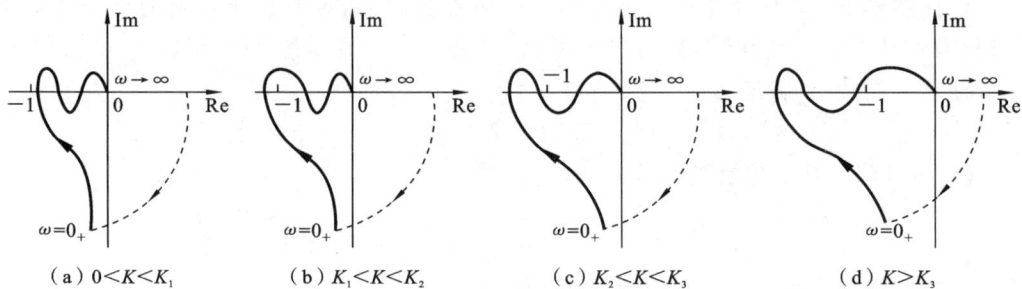

（a）$0<K<K_1$　　（b）$K_1<K<K_2$　　（c）$K_2<K<K_3$　　（d）$K>K_3$

图 5-45　系统在不同 K 值条件下的半闭合曲线 Γ_{GH}

由图 5-45 中的半闭合曲线 Γ_{GH}，得

当 $0<K<K_1$ 时，$R=0$，$Z=0$，闭环系统稳定；

当 $K_1<K<K_2$ 时，$N_-=1$，$N_+=0$，$R=2N=-2$，$Z=2$，闭环系统不稳定；

当 $K_2<K<K_3$ 时，$N_+=N_-=1$，$R=2N=0$，$Z=0$，闭环系统稳定；

当 $K>K_3$ 时，$N_-=2$，$N_+=1$，$R=2N=-2$，$Z=2$，闭环系统不稳定。

综上所述，系统闭环稳定时的 K 值的范围为 $0<K<5$ 和 $\dfrac{20}{3}<K<20$。当 K 为 5，$\dfrac{20}{3}$ 和 20 时，半闭合曲线 Γ_{GH}穿过临界点$(-1,j0)$点，且在这三个值的邻域，闭环系统有稳定和不稳定的状态，因此系统处于临界稳定状态。

【例 5-16】　已知延迟系统的开环传递函数为

$$G(s)H(s)=\frac{2e^{-\tau s}}{s+1},\quad \tau>0$$

试用奈奎斯特判据确定闭环稳定时的延迟时间 τ 值的范围。

解　由图 5-30 可知，延迟系统开环幅相曲线即半闭合曲线 Γ_{GH}为顺时针方向的螺旋线。若其开环幅相曲线与$(-1,j0)$点左侧负实轴有 N 个交点，则 Γ_{GH}包围$(-1,j0)$点的圈数为$-2N$。由于 $P=0$，故 $Z=2N$。若闭环系统稳定，则必有 $N=0$。设 ω_x 为开环幅相曲线穿越负实轴时的频率，则

$$\varphi(\omega_x)=-\tau\omega_x-\arctan\omega_x=-(2l+1)\pi,\quad l=\pm1,\pm2,\cdots$$

鉴于

$$A(\omega_x)=\frac{2}{\sqrt{1+\omega_x^2}}$$

当 ω_x 增大时，$A(\omega_x)$减小。而在频率 ω 为最小的 ω_{xm}时，开环幅相曲线第一次穿过负实轴，因此，由式

$$\varphi(\omega_{xm}) = -\tau\omega_{xm} - \arctan\omega_{xm} = -\pi$$

可求得 ω_{xm}，此时 $A(\omega_{xm})$ 达到最大。为使 $N = 0$，必使 $A(\omega_{xm}) < 1$，即

$$\omega_{xm} > \sqrt{3}$$

由 $\varphi(\omega_x) = -\tau\omega_x - \arctan\omega_x = -(2l+1)\pi$ 解得

$$\tau = [(2l+1)\pi - \arctan\omega_x]/\omega_x > 0$$

注意到

$$\frac{\mathrm{d}\tau}{\mathrm{d}\omega_x} = \frac{-\left[(2l+1)\pi - \arctan\omega_x + \dfrac{\omega_x^2}{1+\omega_x^2}\right]}{\omega_x^2} < 0$$

τ 是 ω_x 的减函数，因此 ω_{xm} 也是 τ 的减函数。当 $\tau = (\pi - \arctan\sqrt{3})/\sqrt{3}$ 时，$\omega_{xm} = \sqrt{3}$，系统临界稳定；当 $\tau > (\pi - \arctan\sqrt{3})/\sqrt{3}$ 时，$\omega_{xm} < \sqrt{3}$，系统不稳定。故闭环系统稳定时 τ 的范围应为

$$0 < \tau < (\pi - \arctan\sqrt{3})/\sqrt{3} = \frac{2}{3\sqrt{3}}\pi$$

5.3.3　对数频率稳定判据

奈奎斯特稳定判据是基于复平面的半闭合曲线 Γ_{GH} 判定系统的闭环稳定性的，由于 Γ_{GH} 以开环幅相曲线为基础，而开环幅相曲线可以转换成开环对数频率特性曲线，因此，半闭合曲线 Γ_{GH} 可以转换为半对数坐标下的曲线，由此可将奈奎斯特稳定判据推广应用于开环对数频率特性曲线，称为对数频率稳定判据。

1. 复平面和半对数坐标系的对应关系

对数频率稳定判据的关键问题是需要根据半对数坐标下的 Γ_{GH} 曲线确定穿越次数 N（或 N_+ 和 N_-）。在奈奎斯特稳定判据中，复平面中的半闭合曲线 Γ_{GH} 一般由两部分组成，即开环幅相曲线和开环系统存在积分环节、等幅振荡环节时所增补的半径为无穷大的虚线圆弧。其穿越次数 N 的确定取决半闭合曲线 Γ_{GH} 穿越 $(-1, j0)$ 点左侧负实轴的次数，即当 $A(\omega) > 1$ 时半闭合曲线 Γ_{GH} 穿越负实轴的次数。下面通过复平面和半对数坐标系的对应关系，建立和明确对数频率稳定判据中半对数坐标下的 Γ_{GH} 曲线和穿越次数 N 的确定方法。

在复平面中，临界点 $(-1, j0)$ 处的幅频特性和相频特性分别为

$$A(\omega) = 1, \quad \varphi(\omega) = (2l+1)\pi, \quad l = \pm 1, \pm 2, \cdots \tag{5.65}$$

则其在半对数坐标下的对数幅频特性为 $L(\omega) = 20\lg A(\omega) = 0$ dB。复平面中 $(-1, j0)$ 点左侧负实轴（即当 $A(\omega) > 1$ 时的负实轴）在半对数坐标下对应的对数幅频特性为 $L(\omega) > 0$，对数相频特性为 $(2l+1)\pi(l = \pm 1, \pm 2, \cdots)$，如图 5-46 所示。

设半对数坐标下 Γ_{GH} 的对数幅频曲线和对数相频曲线分别为 Γ_L 和 Γ_φ，由于 Γ_L 等于 $L(\omega)$ 曲线，则复平面中 Γ_{GH} 穿越 $(-1, j0)$ 点左侧负实轴，相当于 Γ_{GH} 在半对数坐标下，对数幅频特性 $L(\omega) > 0$ 时对数相频特性曲线 Γ_φ 穿越 $(2l+1)\pi(l = \pm 1, \pm 2, \cdots)$ 的平行线。

2. 半对数坐标下 Γ_φ 曲线的确定

（1）当开环系统在虚轴上无极点时，Γ_φ 等于开环对数相频特性 $\varphi(\omega)$ 曲线。

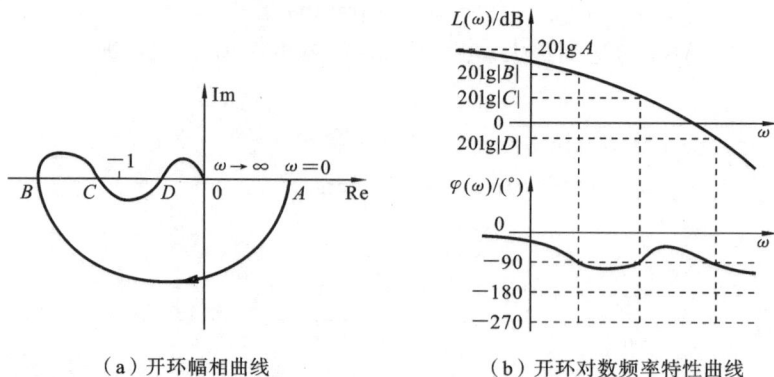

（a）开环幅相曲线　　　　　（b）开环对数频率特性曲线

图 5-46　开环幅相曲线及其对数频率特性曲线

（2）当开环系统在虚轴上有极点时,若开环系统存在积分环节 $\frac{1}{s^{\nu}}(\nu>0)$ 时,复平面的半闭合曲线 Γ_{GH},除包含当 $0<\omega<\infty$ 的开环幅相曲线外,需增补从 $\omega=0_+$ 的开环幅相曲线的对应点 $G(j0_+)H(j0_+)$ 起逆时针运动 $\nu\times90°$ 的半径为无穷大的虚线圆弧。因此,对应半对数坐标下的 Γ_{φ},除包含当 $0<\omega<\infty$ 的对数频率特性曲线外,需增补从对数相频特性曲线 ω 较小且 $L(\omega)>0$ 的点处向上补作 $\nu\times90°$ 的虚直线,则 $\varphi(\omega)$ 曲线和增补的虚直线构成 Γ_{φ}。

若开环系统存在等幅振荡环节 $\frac{1}{(s^2+\omega_n^2)^{\nu_1}}(\nu_1>0)$,则复平面的半闭合曲线 Γ_{GH} 还应增补从 $G(j\omega_n^-)H(j\omega_n^-)$ 点起顺时针运动 $\nu_1\times180°$ 至 $G(j\omega_n^+)H(j\omega_n^+)$ 点的半径为无穷大的虚线圆弧。因此,对应半对数坐标下的 Γ_{φ} 还需从对数相频特性曲线 $\varphi(\omega_n^-)$ 点起向下增补 $\nu_1\times180°$ 的虚直线至 $\varphi(\omega_n^+)$ 处,则 $\varphi(\omega)$ 曲线和增补的虚直线构成 Γ_{φ}。

3. 对数频率稳定判据中穿越次数 N 的计算

这里规定,半闭合曲线 Γ_{GH} 自上而下穿越 $(-1,j0)$ 点左侧负实轴一次,等价于当 $L(\omega)>0$ 时的 Γ_{φ} 自下而上穿越 $(2l+1)\pi(l=\pm1,\pm2,\cdots)$ 线一次,为一次正穿越;半闭合曲线 Γ_{GH} 自下而上穿越 $(-1,j0)$ 点左侧负实轴一次,等价于当 $L(\omega)>0$ 时的 Γ_{φ} 自上而下穿越 $(2l+1)\pi(l=\pm1,\pm2,\cdots)$ 线一次,为一次负穿越;半闭合曲线 Γ_{GH} 自上而下止于或自上而下起于 $(-1,j0)$ 点左侧负实轴,等价于当 $L(\omega)>0$ 时的 Γ_{φ} 自下而上止于或自下而上起于 $(2l+1)\pi$ 线,为半次正穿越;半闭合曲线 Γ_{GH} 自下而上止于或起于 $(-1,j0)$ 点左侧负实轴,等价于当 $L(\omega)>0$ 时的 Γ_{φ} 自上而下止于或起于 $(2l+1)\pi$ 线,为半次负穿越。若设 N_+ 表示正穿越的次数和,N_- 表示负穿越的次数和,则当 $L(\omega)>0$ 时 Γ_{φ} 穿越 $(2l+1)\pi(l=\pm1,\pm2,\cdots)$ 线的次数为

$$N=N_+-N_- \tag{5.66}$$

如图 5-46(b)中,当 $L(\omega)>0$ 时,$\varphi(\omega)$ 与 $-180°$ 线有两个交点,依频率从小到大分别为一次负穿越和一次正穿越,故 $N=N_+-N_-=0$。

综上所述,对数频率稳定判据可以表述如下。

对数频率稳定判据:设 P 为开环系统正实部的极点数,反馈控制系统稳定的充分必要条件是当开环对数幅频特性 $L(\omega)=1$ 时,开环相频特性 $\varphi(\omega)\neq(2l+1)\pi(l=\pm1,\pm2,\cdots)$,且当 $L(\omega)>0$ 时,Γ_{φ} 曲线穿越 $(2l+1)\pi(l=\pm1,\pm2,\cdots)$ 线的次数 N 满足

$$Z = P - 2N = 0$$

由此可见,对数频率稳定判据和奈奎斯特判据本质相同,其区别仅在于前者在 $L(\omega) > 0$ 的频率范围内依 Γ_φ 曲线确定穿越次数 N。

【例 5-17】 设反馈控制系统的开环传递函数为

$$G(s)H(s) = \frac{K}{s^2(Ts+1)}$$

试用对数频率稳定判据判定闭环系统的稳定性。

解 按 5.2.3 节步骤绘制系统的开环对数频率特性曲线,如图 5-47 所示。由于 $G(s)H(s)$ 有两个积分环节,故在对数相频曲线 $\omega \to 0_+$ 处自下而上补画 180°的虚直线,得曲线 Γ_φ。

由题意可知 $P=0$,由图 5-47 可见,$N = N_+ - N_- = -1$。因此 $Z = P - 2N = 2$,故闭环系统不稳定,有 2 个正实部闭环极点。

【例 5-18】 已知系统的开环对数频率特性曲线($K=100, P=0, \nu=1$)如图 5-48 所示,试确定闭环系统稳定的 K 值范围。

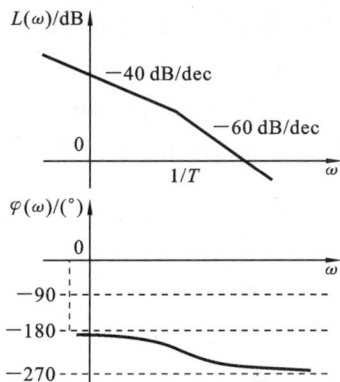

图 5-47 增补开环对数频率
特性曲线

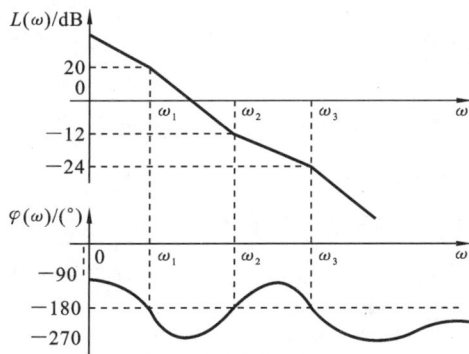

图 5-48 开环对数频率
特性曲线

解 由题意可知,开环传递函数在 s 右半平面的极点数 $P=0$,开环传递函数有一个积分环节。在 $L(\omega) > 0$ 的区间内,在对数相频曲线 $\omega \to 0_+$ 处自下而上补画 90°的虚直线,即得曲线 Γ_φ。

当 $K=100$ 时,增补后的对数相频曲线 Γ_φ 有一次负穿越,即 $N = -1$,故 $Z = P - 2N = 2$,闭环系统不稳定;当开环增益减小 20 dB(开环增益减小 10 倍),即 $K=10$,此时 $L(\omega_1) = 0$。当 $0 < K < 10$,在 $L(\omega) > 0$ 的区间内,增补后的对数相频曲线 Γ_φ 没有穿越 $-180°$线,即 $N=0$,故 $Z = P - 2N = 0$,因此闭环系统稳定;当开环增益增大 12 dB(开环增益增大 3.98 倍),即 $K=398$,此时 $L(\omega_2) = 0$。当 $10 < K < 398$,在 $L(\omega) > 0$ 的区间内,增补后的对数相频曲线 Γ_φ 有一次负穿越,即 $N = -1$,故 $Z = P - 2N = 2$,闭环系统不稳定;当开环增益增大 24 dB(开环增益增大 15.8 倍),即 $K=1580$,此时 $L(\omega_3) = 0$。当 $398 < K < 1580$ 时,在 $L(\omega) > 0$ 的区间内,增补后的对数相频曲线 Γ_φ 正、负穿越数之和 $N = N_+ - N_- = 0$,故 $Z = P - 2N = 0$,闭环系统稳定;当 $K > 1580$ 时,在 $L(\omega) > 0$ 的区间内,有 $N = N_+ - N_- = -1$,故 $Z = P - 2N = 2$,闭环系统不稳定。综上所述,当 $0 < K < 10$ 和 $398 < K < 1580$ 时,闭环系统稳定;当 $10 < K < 398$ 和 $K > 1580$ 时,闭环系统

不稳定。

例 5-14 和例 5-17 的分析表明,若开环传递函数的正实部极点数 $P=0$,则当开环传递函数系数(如开环增益)改变时,闭环系统的稳定性将发生变化。这种闭环系统稳定有条件的系统称为条件稳定系统。注意到,当开环增益改变时,只影响系统的开环幅频特性,不影响开环相频特性,导致开环幅相曲线与负实轴的交点将按比例向左或向右移动,而在对数频率特性曲线中,则表现为对数幅频特性曲线向上或向下移动。为了表征系统的稳定程度,引入"稳定裕度"的概念。

5.3.4 稳定裕度

由奈奎斯特稳定判据可知,系统的闭环稳定性取决于闭合曲线 Γ_{GH} 包围 $(-1,j0)$ 点的圈数。对于最小相位系统 $(P=0)$,当闭合曲线 Γ_{GH} 通过 $(-1,j0)$ 点时,闭环控制系统处于临界稳定状态,$(-1,j0)$ 点称为临界点。如果闭合曲线 Γ_{GH} 不包围 $(-1,j0)$ 点,但离该点很近时,当工作条件或其他原因使控制系统的参数发生漂移或者结构发生了某些变化,闭环系统就有可能由稳定状态变成临界稳定或不稳定状态。由此可见,位于临界点附近的闭合曲线 Γ_{GH} 对系统稳定性影响很大。闭合曲线 Γ_{GH} 相对于临界点的位置(即偏离临界点的程度)反映系统的相对稳定性,距离 $(-1,j0)$ 点越远,闭环系统的相对稳定性越高。进一步的分析和工程应用表明,相对稳定性亦影响系统时域响应的性能。

频域的相对稳定性也称稳定裕度,常用相角裕度 γ 和幅值裕度 K_g 来度量。

1. 相角裕度

设 ω_c 为系统截止频率(也称剪切频率),满足

$$A(\omega_c)=|G(j\omega_c)H(j\omega_c)|=1 \tag{5.67}$$

定义相角裕度为

$$\gamma=\varphi(\omega_c)-(-180°)=180°+\angle G(j\omega_c)H(j\omega_c) \tag{5.68}$$

与式(5.65)对比可知,相角裕度 γ 的物理意义是,对于闭环稳定系统,如果系统开环相频特性再滞后 γ 度,则系统将处于临界稳定状态。

2. 幅值裕度

设 ω_x 为系统的穿越频率,满足

$$\varphi(\omega_x)=\angle G(j\omega_x)H(j\omega_x)=(2l+1)\pi, \quad l=\pm1,\pm2,\cdots \tag{5.69}$$

定义幅值裕度为

$$K_g=\frac{1}{|G(j\omega_x)H(j\omega_x)|} \tag{5.70}$$

与式(5.65)对比可知,幅值裕度 K_g 的物理意义是,对于闭环稳定系统,如果系统的开环幅频特性再增大 K_g 倍,则系统将处于临界稳定状态。

对数坐标下,幅值裕度可定义为

$$K_g(dB)=20\lg K_g=-20\lg|G(j\omega_x)H(j\omega_x)| \tag{5.71}$$

复平面中 γ 和 K_g 的表示如图 5-49(a)和(b)所示,半对数坐标图中 γ 和 K_g 的表示如图 5-49(c)和(d)所示。

特别指出,对于如图 5-49 所示的最小相位系统来说,只有当相角裕度 γ 为正值,且幅值裕度 $K_g>1$ 或 $K_g(dB)$ 为正值时,闭环系统才是稳定的。但是,这一稳定性判断方

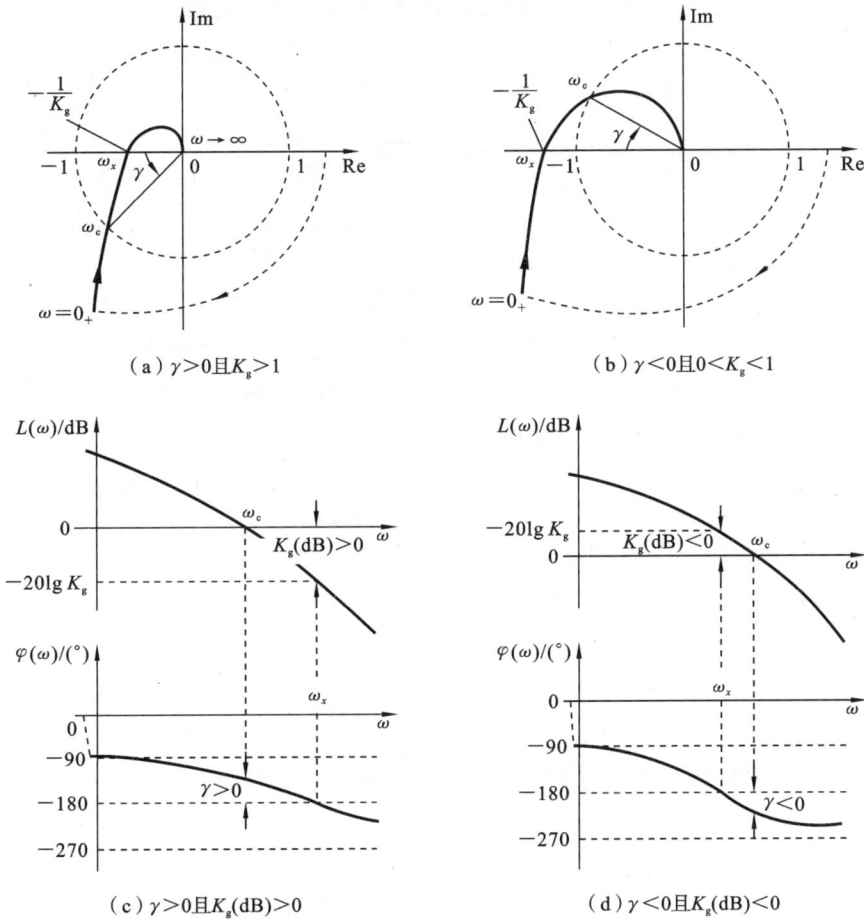

（a）$\gamma>0$且$K_g>1$ （b）$\gamma<0$且$0<K_g<1$

（c）$\gamma>0$且$K_g(\text{dB})>0$ （d）$\gamma<0$且$K_g(\text{dB})<0$

图 5-49 相角裕度和幅值裕度

法只适用于当半闭合曲线 Γ_{GH}（即增补后开环幅相曲线）与单位圆或负实轴至多只有一个交点，或当在 $L(\omega)>0$ 的区间增补后的开环对数相频特性曲线与$(2l+1)\pi(l=\pm1,$ $\pm2,\cdots)$线至多只有一个交点的情况。应注意的是，该结论对非最小相位系统并不都适用。

一般来说，相角裕度及幅值裕度可以作为设计控制系统的一种设计准则，但需注意，仅应用相角裕度或幅值裕度，都不足以反映系统的稳定程度。因此，在一般情况下，为确定闭环系统的相对稳定性，必须同时考虑相角裕度及幅值裕度。例如，通常幅值裕度大的系统，其稳定性优于幅值裕度小的系统，但是幅值裕度只是表征系统相对稳定性的指标之一。仅仅用幅值裕度还不能充分表示所有系统的稳定程度，尤其是在研究除开环增益外其他参数对系统性能的影响时，情况更是如此。如图 5-50 所示的两个系统的开环幅相曲线虽然具有相同的幅值裕度，但是曲线 A 表示的系统的相角裕度 γ 大于曲线 B，说明曲线 A 表示的系统比曲线 B 表示的系统稳定程度更好。适当的相角裕度和幅值裕度，可以防止元件的参数与特性在长时间工作过程中的变异对闭环系统稳定性的有害影响，并可提高系统抑制高频干扰的能力。

需要说明一点，对于具有两个或多个截止频率的稳定系统，其相角裕度应在最高的截止频率上测量；对于具有两个或多个穿越频率的稳定系统，其幅值裕度应在最高的穿越频率上测量。如图 5-51 所示,应在最高频率 ω_3 处测量相角裕度和幅值裕度。

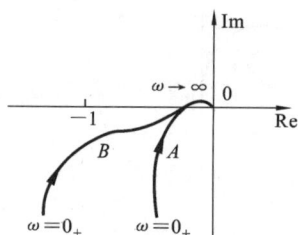

图 5-50　幅值裕度相同而相角裕度不同
　　　　　的两系统开环幅相曲线

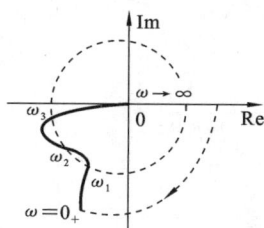

(a) 多个截止频率　　　　(b) 多个穿越频率

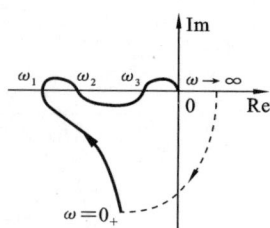

图 5-51　具有两个或多个截止频率和穿越
　　　　　频率的系统半闭合曲线 Γ_{GH}

【例 5-19】　典型二阶系统的开环传递函数为

$$G(\mathrm{j}\omega)=\frac{\omega_\mathrm{n}^2}{\mathrm{j}\omega(\mathrm{j}\omega+2\xi\omega_\mathrm{n})}$$

试确定系统的相角裕度 γ。

解　典型二阶系统的开环频率特性为

$$G(\mathrm{j}\omega)=\frac{\omega_\mathrm{n}^2}{\mathrm{j}\omega(\mathrm{j}\omega+2\zeta\omega_\mathrm{n})}$$

则系统的开环幅频和相频特性为

$$|G(\mathrm{j}\omega)|=\frac{\omega_\mathrm{n}^2}{\omega\ \sqrt{\omega^2+4\xi^2\omega_\mathrm{n}^2}},\quad \angle G(\mathrm{j}\omega)=-90°-\arctan\frac{\omega_\mathrm{c}}{2\xi\omega_\mathrm{n}}$$

令 $|G(\mathrm{j}\omega_\mathrm{c})|=\dfrac{\omega_\mathrm{n}^2}{\omega_\mathrm{c}\ \sqrt{\omega_\mathrm{c}^2+4\xi^2\omega_\mathrm{n}^2}}=1$,可求得

$$\omega_\mathrm{c}=\omega_\mathrm{n}\ (\sqrt{4\xi^4+1}-2\xi^2)^{1/2} \qquad (5.72)$$

按相角裕度定义,有

$$\gamma=180°+\angle G(\mathrm{j}\omega_\mathrm{c})=180°-90°-\arctan\frac{\omega_\mathrm{c}}{2\xi\omega_\mathrm{n}}=\arctan\frac{2\xi\omega_\mathrm{n}}{\omega_\mathrm{c}}$$

将式(5.72)代入上式,得典型二阶系统的相角裕度与阻尼比 ξ 的关系式为

$$\gamma=\arctan\frac{2\xi}{\sqrt{\sqrt{4\xi^4+1}-2\xi^2}} \qquad (5.73)$$

因为

$$\frac{\mathrm{d}}{\mathrm{d}\xi}(\sqrt{4\xi^4+1}-2\xi^2)=\frac{4\xi}{\sqrt{4\xi^4+1}}(2\xi^2-\sqrt{4\xi^4+1})<0$$

故截止频率 ω_c 为自然频率 ω_n 的增函数和 ξ 的减函数,相角裕度 γ 只与阻尼比 ξ 有关,且为 ξ 的增函数。典型二阶系统的相角裕度与阻尼比的关系曲线如图 5-52 所示。由图 5-52 可见,对二阶系统来说,相角裕度 γ 为 $45°\sim70°$,相当于阻尼比 ξ 为 $0.4\sim0.8$。此时,相应的表示此二阶系统阻尼程度的单位阶跃响应超调量 $\sigma\%$ 为 $26\%\sim1.7\%$。由此可见,相角裕度 γ 可视为描述系统阻尼程度的频域性能

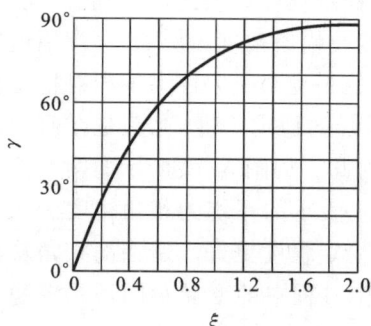

图 5-52　典型二阶系统的相角裕度
　　　　　与阻尼比的关系曲线

指标之一。

对于高阶系统,一般难以准确计算截止频率 ω_c。在工程设计和 ξ 分析时,只要求粗略估计系统的相角裕度,故一般可根据对数幅频渐近特性曲线确定截止频率 ω_c,即取 ω_c 满足 $L_a(\omega_c)=0$,再由相频特性确定相角裕度 γ。

【例 5-20】 设系统的开环传递函数为

$$G(s)=\frac{K}{s(0.2s+1)(0.05s+1)}$$

(1) 试分别确定系统开环增益 $K=1$ 和 $K=100$ 时的相角裕度 γ 和幅值裕度 K_g(dB)。

(2) 用频域分析法确定系统处于临界稳定状态时的 K 值。

解 (1) 当 $K=1$ 时,按相角裕度定义,有

$$|G(\mathrm{j}\omega_c)|=\left|\frac{1}{\mathrm{j}\omega_c(1+\mathrm{j}0.2\omega_c)(1+\mathrm{j}0.05\omega_c)}\right|=\frac{1}{\omega_c\sqrt{(1+0.04\omega_c^2)(1+0.0025\omega_c^2)}}=1$$

解得 $\omega_c\approx1$。相角裕度为

$$\gamma=180°+\varphi(\omega_c)=180°-90°-\arctan0.2\omega_c-\arctan0.05\omega_c=76°$$

按幅值裕度定义,有

$$\varphi(\omega_x)=-90°-\arctan0.2\omega_x-\arctan0.05\omega_x=-180°$$

解得 $\omega_x=10$。幅值裕度为

$$K_g=-20\lg\left|\frac{1}{\mathrm{j}\omega_x(1+\mathrm{j}0.2\omega_x)(1+\mathrm{j}0.05\omega_x)}\right|=28\text{ dB}$$

同理,当 $K=100$ 时,解得 $\omega_c\approx11$,相角裕度 $\gamma=-4.4°$,幅值裕度 $K_g=-12$ dB。开环增益 $K=1$ 和 $K=100$ 时的开环对数幅频渐近特性和对数相频特性曲线如图 5-53 所示。

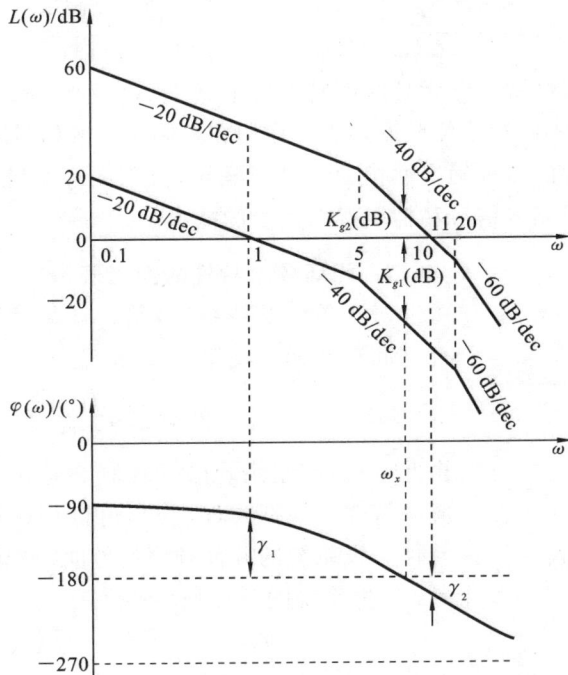

图 5-53 开环增益 $K=1$ 和 $K=100$ 时的开环对数幅频渐近特性和对数相频特性曲线

(3) 当 $K=1$ 时, $\omega_x=10$。按幅值裕度定义,有

$$K_g=\mid j\omega_x(1+j0.2\omega_x)(1+j0.05\omega_x)\mid=25$$

由此可见,开环增益增大 25 倍,即 $K=25$ 时系统处于临界稳定。本例中,当 $K=1$ 时,系统的幅值裕度、相角裕度均为正,闭环系统稳定;当 $K=100$ 时,系统的幅值裕度和相角裕度均为负,闭环系统不稳定。

在控制工程实践中,为使系统既有适当的稳定裕度,又具有良好的过渡过程,通常要求相角裕度为 $45°\sim70°$,且幅值裕度大于 6 dB。为此应使开环对数幅频特性在截止频率附近的斜率大于 -40 dB/dec,且有一定的宽度,详见 5.4.3 节和第 6 章。

5.4 闭环系统的频域性能指标

5.4.1 系统闭环频率特性

利用开环频率特性分析和设计控制系统是很方便的,但在全面分析系统的控制性能时常常需要知道系统闭环频率特性的形状和性能指标。可以利用系统的开环频率特性曲线以及一些标准图线简捷、方便地得到系统闭环频率特性曲线。然后,利用系统闭环频率特性曲线的一些特征量,如峰值和频带,可以进一步对系统进行分析和性能估算。

设反馈控制系统结构图如图 5-7 所示,其闭环传递函数为

$$\Phi(s)=\frac{G(s)}{1+G(s)H(s)}=\frac{1}{H(s)}\frac{G(s)H(s)}{1+G(s)H(s)} \tag{5.74}$$

式中: $H(s)$ 为主反馈通道传递函数,一般为常数。则闭环频率特性为

$$\Phi(j\omega)=\frac{G(j\omega)}{1+G(j\omega)H(j\omega)}=\frac{1}{H(j\omega)}\frac{G(j\omega)H(j\omega)}{1+G(j\omega)H(j\omega)} \tag{5.75}$$

在 $H(s)$ 为常数的情况下,闭环频率特性的形状 $H(s)$ 不受影响。因此,研究闭环系统频域指标时,只需要针对单位反馈系统。作用在控制系统的信号除了控制输入外,常伴随输入端和输出端的多种确定性扰动和随机噪声,因而闭环系统的频域性能指标应该反映控制系统跟踪输入信号和抑制扰动信号的能力。

1. 闭环频率特性的图形表示

对于单位反馈系统,其开环频率特性和闭环频率特性之间存在如下关系:

$$\Phi(j\omega)=\frac{G(j\omega)}{1+G(j\omega)} \tag{5.76}$$

由此可见,应用系统的开环频率特性可求得系统的闭环频率特性。根据式(5.76),可以用图解法求取闭环频率特性。设系统的开环频率特性曲线如图 5-54 所示。当 $\omega=\omega_1$ 时,系统的开环频率特性为

$$G(j\omega_1)=\overrightarrow{OA}=\mid\overrightarrow{OA}\mid e^{j\varphi(\omega_1)}$$

$$1+G(j\omega_1)=\overrightarrow{PA}=\mid\overrightarrow{PA}\mid e^{j\theta(\omega_1)}$$

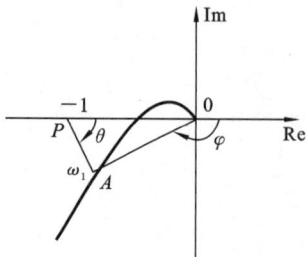

图 5-54 系统的开环频率特性曲线

故系统的闭环频率特性为

$$\Phi(\mathrm{j}\omega_1)=\frac{G(\mathrm{j}\omega_1)}{1+G(\mathrm{j}\omega_1)}=\frac{\left|\overrightarrow{OA}\right|}{\left|\overrightarrow{PA}\right|}\mathrm{e}^{\mathrm{j}\left[\varphi(\omega_1)-\theta(\omega_1)\right]}$$

上式表明,向量$\overrightarrow{OA}$和$\overrightarrow{PA}$的幅值之比即为闭环频率特性的幅值;而闭环频率特性的相角等于向量$\overrightarrow{OA}$和$\overrightarrow{PA}$的夹角$(\varphi-\theta)$,即$\angle PAO$的负值。根据此方法求出不同频率对应的闭环幅频和相频,从而绘制出闭环幅频特性曲线和相频特性曲线。

上述的图解法虽然能够直观说明开环频率特性和闭环频率特性的几何关系,但不便于实际工程中使用。工程上,常应用等M圆图和等N圆图以及尼柯尔斯图线,直接由单位反馈系统的开环频率特性曲线绘制闭环频率特性曲线。

1) 等M圆图和等N圆图

根据开环幅相曲线,应用等M圆图可以绘出闭环幅频特性曲线,应用等N圆图可以绘出闭环相频特性曲线。

如果将系统开环频率特性$G(\mathrm{j}\omega)$表示成下列形式:

$$G(\mathrm{j}\omega)=X(\omega)+\mathrm{j}Y(\omega) \tag{5.77}$$

式中:$X(\omega)$和$Y(\omega)$分别代表开环频率特性的实轴和虚轴。则闭环频率特性为

$$\Phi(\mathrm{j}\omega)=\frac{G(\mathrm{j}\omega)}{1+G(\mathrm{j}\omega)}=\frac{X(\omega)+\mathrm{j}Y(\omega)}{1+X(\omega)+\mathrm{j}Y(\omega)}=M(\omega)\mathrm{e}^{\mathrm{j}\alpha(\omega)} \tag{5.78}$$

式中:$M(\omega)$和$\alpha(\omega)$分别为闭环幅频与相频特性。

由式(5.78)可见,系统闭环幅频特性与开环频率特性之间的关系为

$$M(\omega)=\frac{|X(\omega)+\mathrm{j}Y(\omega)|}{|1+X(\omega)+\mathrm{j}Y(\omega)|}=\left[\frac{X(\omega)^2+Y(\omega)^2}{(1+X(\omega))^2+Y(\omega)^2}\right]^{1/2}$$

将上式等式两边平方,并经变换得

$$\left(X(\omega)-\frac{M(\omega)^2}{1-M(\omega)^2}\right)^2+Y(\omega)^2=\frac{M(\omega)^2}{(1-M(\omega)^2)^2},\quad M(\omega)\neq1 \tag{5.79}$$

若令M为常值,则上式为一个圆的方程,其圆心坐标为$[M^2/1-M^2,\mathrm{j}0]$,半径为$\frac{M}{|1-M^2|}$。给定不同的M值,以开环频率特性的实轴和虚轴为两坐标轴,便可以得到一簇圆图,称为等M圆图,如图5-55所示。

由图5-55可见,当$M>1$时,M圆的半径随着M值的增大而减小,最后收敛于$(-1,\mathrm{j}0)$点,各等M圆的圆心位于$(-1,\mathrm{j}0)$点左侧;当$M<1$时,M圆的半径随着M值的减小而减小,最后收敛于

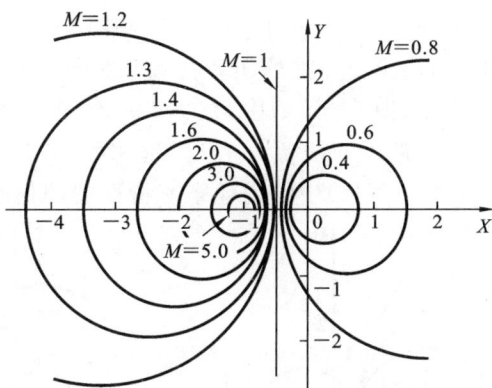

图 5-55 等 M 圆图

原点,各等M圆的圆心位于原点右侧;当$M=1$时,等M圆为一个圆心在无穷远处,半径为无穷大的圆,实际上相当于过$(-0.5,\mathrm{j}0)$点、平行于Y轴(即虚轴)的直线。

由式(5.78)可得

$$\Phi(\mathrm{j}\omega)=\frac{X(\omega)+\mathrm{j}Y(\omega)}{1+X(\omega)+\mathrm{j}Y(\omega)}=\frac{X(\omega)+X(\omega)^2+Y(\omega)^2+\mathrm{j}Y(\omega)}{(1+X(\omega))^2+Y(\omega)^2}$$

若设N为闭环相频特性的正切,则系统闭环相频特性与开环频率特性之间的关系为

$$N(\omega) = \tan\alpha(\omega) = \frac{\text{Im}\Phi(j\omega)}{\text{Re}\Phi(j\omega)} = \frac{Y(\omega)}{X(\omega) + X(\omega)^2 + Y(\omega)^2}$$

由此得

$$\left(X(\omega) + \frac{1}{2}\right)^2 + \left(Y(\omega) - \frac{1}{2N(\omega)}\right)^2 = \frac{N(\omega)^2 + 1}{4N(\omega)^2} \tag{5.80}$$

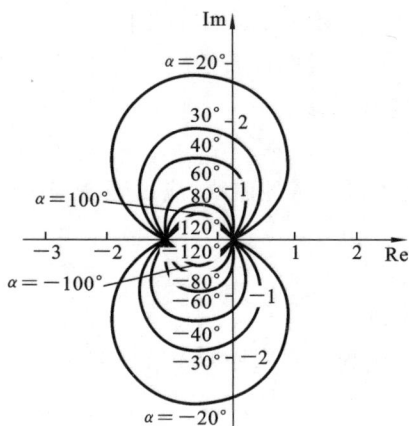

图 5-56 等 N 圆图

若令 N 为常值,则上式为一个圆的方程,其圆心坐标为 $\left(-0.5, j\frac{1}{2N}\right)$,半径为 $\frac{\sqrt{N^2+1}}{2N}$。以参数 α 为变量,给定不同的 N 值,并以开环频率特性的实轴和虚轴为两坐标轴,可得到一簇圆图,称为等 N 圆图,如图 5-56 所示。由图 5-56 可见,无论 N 取何值,当 $X(\omega) = Y(\omega) = 0$ 以及 $X(\omega) = -1$ 且 $Y(\omega) = 0$ 时,方程式(5.80)总是成立的,因此每个等 N 圆都过原点以及 $(-1, j0)$ 点。从图 5-56 可以看出,参数 α 不同但 N 值相等的两个角度对应同一个等 N 圆。例如,$\alpha = 60°$ 和 $\alpha = -120°$。这是因为 $\tan 60° = \tan(-120°)$。同理,$\alpha = 120°$ 和 $\alpha = -60°$ 也对应同一个等 N 圆。归纳可知,α 与 $\alpha \pm 180° n(n = 1, 2, \cdots)$ 对应同一个等 N 圆,由此可见,等 N 圆是多值的。因此,在应用等 N 圆确定闭环相频特性时,应选择适当的参数 α,使得相频特性曲线保持特点,即当 $\omega = 0$ 时,$\alpha = 0°$,且相频曲线连续变化。

利用等 M 圆图和等 N 圆图,可以根据开环幅相曲线与各圆的交点,求得各交点处频率所对应的系统闭环幅频 M 和相频特性 $\alpha = \arctan N$,从而确定系统的闭环频率特性。如图 5-57 所示,图 5-57(a)和图 5-57(b)是画在等 M 圆图和等 N 圆图上的开环幅相曲线,求出交点处的闭环幅频和相频特性,可得出图 5-57(c)的闭环频率特性曲线。不难看出,图 5-57(a)中,在 $\omega = \omega_1$ 时,开环幅相曲线与 $M = 1.1$ 的圆相交,这意味着在该频率时的闭环幅频为 1.1。当 $M = 2$ 时,圆与开环幅相曲线相切,对应频率为 $\omega = \omega_4$。此时,图 5-57(c)中的闭环频率特性的幅值达到极大值 2。可见,与开环幅相曲线相切

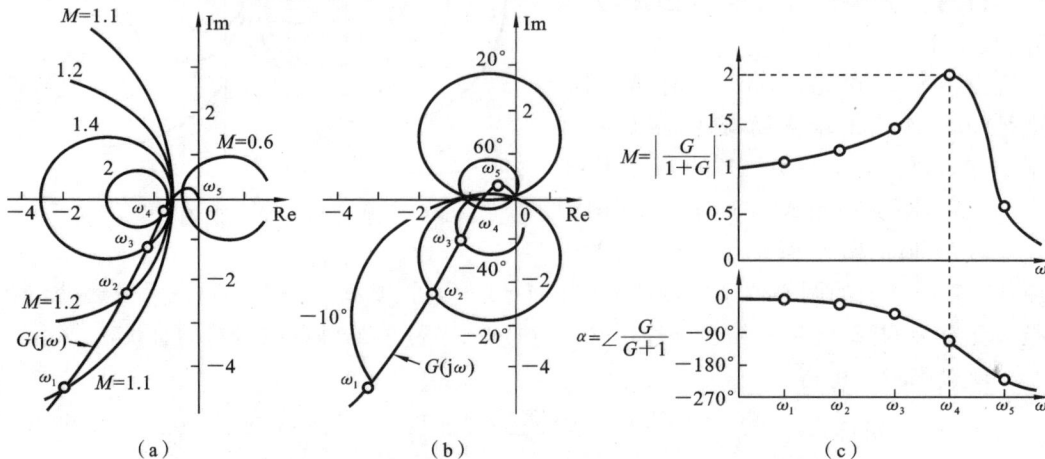

图 5-57 利用等 M 圆图和等 N 圆图确定闭环频率特性曲线

且有最小半径的圆所对应的 M 值即闭环系统的谐振峰值,此时对应的频率为谐振频率。

2) 尼科尔斯图线

由于开环对数幅频特性和相频特性曲线比较简便,因此,有时希望根据系统的开环对数幅相特性求系统的闭环频率特性。尼柯尔斯把等 M 圆图和等 N 圆图移植到伯德图上,形成了尼柯尔斯图线。

如果将开环频率特性表示为

$$G(j\omega) = A(\omega)e^{j\varphi(\omega)}$$

将上式代入式(5.78),则

$$M(\omega)e^{j\alpha(\omega)} = \frac{A(\omega)e^{j\varphi(\omega)}}{1+A(\omega)e^{j\varphi(\omega)}} \tag{5.81}$$

由上式可见,$M(\omega)e^{j(\alpha(\omega)-\varphi(\omega))} + M(\omega)A(\omega)e^{j\alpha(\omega)} = A(\omega)$。根据欧拉公式展开得

$$M(\omega)[\cos(\alpha-\varphi) - A(\omega)\cos\alpha] + jM(\omega)[\sin(\alpha-\varphi) + A(\omega)\sin\alpha] = A(\omega)$$

由等式两端实数和虚数分别相等,得 $\sin(\alpha-\varphi) + A(\omega)\sin\alpha = 0$。由此可得

$$A(\omega) = \frac{\sin[\varphi(\omega) - \alpha(\omega)]}{\sin\alpha(\omega)} \tag{5.82}$$

将上式转换成开环对数幅频特性,得

$$20\lg A(\omega) = 20\lg\frac{\sin[\varphi(\omega) - \alpha(\omega)]}{\sin\alpha(\omega)} \tag{5.83}$$

如果取上式中的 α 为常数,即可得到 $20\lg A(\omega)$ 和 $\varphi(\omega)$ 之间的单值函数。若令 $\varphi(\omega)$ 从 $0°$ 到 $360°$ 变化,以 $\varphi(\omega)$ 和 $20\lg A(\omega)$ 分别为横、纵坐标轴,则可以获得一条与该 α 值相对应的曲线,称为等 α 线。变动 α 值,则得到等 α 曲线簇。

由式(5.81)可得

$$M(\omega)e^{j\alpha(\omega)} = \left(1 + \frac{e^{-j\varphi(\omega)}}{A(\omega)}\right)^{-1}$$

根据欧拉公式得

$$M(\omega)e^{j\alpha(\omega)} = \left(1 + \frac{\cos\varphi(\omega)}{A(\omega)} - j\frac{\sin\varphi(\omega)}{A(\omega)}\right)^{-1}$$

则闭环幅频特性为

$$M(\omega) = \left[\left(1 + \frac{1}{A(\omega)^2} + \frac{2\cos\varphi(\omega)}{A(\omega)}\right)^{\frac{1}{2}}\right]^{-1}$$

化简整理得

$$A(\omega)^2 - 2A(\omega)\frac{M(\omega)^2}{1-M(\omega)^2}\cos\varphi(\omega) - \frac{M(\omega)^2}{1-M(\omega)^2} = 0$$

解方程得

$$A(\omega) = \frac{\cos\varphi(\omega) \pm \sqrt{\cos^2\varphi(\omega) + M(\omega)^{-2} - 1}}{M(\omega)^{-2} - 1}$$

则

$$20\lg A(\omega) = 20\lg\frac{\cos\varphi(\omega) \pm \sqrt{\cos^2\varphi(\omega) + M(\omega)^{-2} - 1}}{M(\omega)^{-2} - 1} \tag{5.84}$$

如果式(5.84)中的 M 取某一常数,令 $\varphi(\omega)$ 从 $0°$ 到 $360°$ 变化,计算出对应的 $20\lg A(\omega)$ (可能有两个值),以 $\varphi(\omega)$ 和 $20\lg A(\omega)$ 分别为横、纵坐标轴,则可以获得一条等 M(或者

$20\lg M$)线。变动 M 值,则得到等 M 线簇。

将等 M 线簇和等 α 线簇组合在同一幅对数幅相图上,称为尼科尔斯图线,如图 5-58 所示。由图 5-58 可见,曲线与 $-180°$ 线对称。等 M 线在 $-180°$ 线两边的值大小相等,符号相同;等 α 线在 $-180°$ 线两边的值大小相等,符号相反。

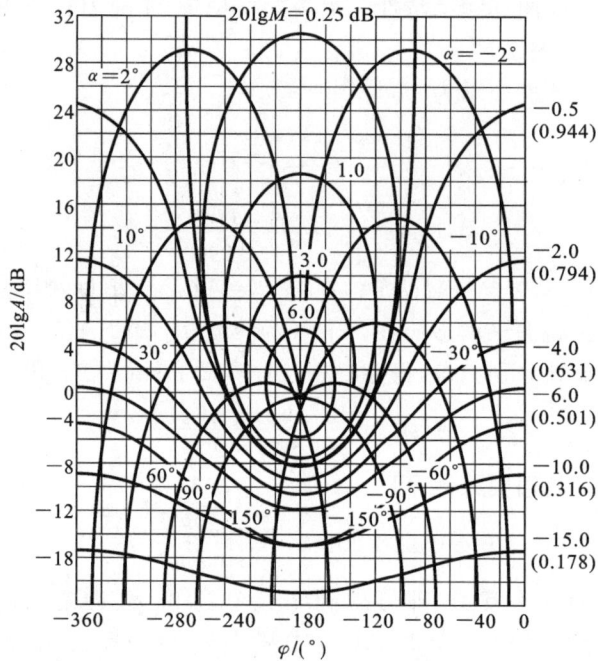

图 5-58 尼科尔斯图线

应用尼柯尔斯图线,根据单位反馈系统的开环对数幅频特性和相频特性,可确定闭环对数幅频特性和相频特性。具体方法是根据某一频率对应的开环对数幅频特性 $20\lg A(\omega)$ 和相频特性 $\varphi(\omega)$,在尼柯尔斯图线上查得对应的 M(或 $20\lg M(\omega)$)和 $\alpha(\omega)$,从而得到闭环对数幅频特性和相频特性。

注意,当 $A(\omega)\gg1$ 时,闭环频率特性可近似写成 $Me^{j\alpha}=\dfrac{Ae^{j\varphi}}{1+Ae^{j\varphi}}\approx1$,即 $20\lg M(\omega)\approx0$,$\alpha\approx0°$。当 $A(\omega)\ll1$ 时,闭环频率特性可近似写成 $Me^{j\alpha}=\dfrac{Ae^{j\varphi}}{1+Ae^{j\varphi}}\approx Ae^{j\varphi}$,即闭环频率特性与开环频率特性近似重合。因此,不必将尼柯尔斯图线上延至 $20\lg A(\omega)>(25\sim30)$ dB 和下延至 $20\lg A(\omega)<-(25\sim30)$ dB。

【例 5-21】 设单位反馈控制系统的开环传递函数为 $G(s)=\dfrac{1}{s(s+1)(0.5s+1)}$,应用尼柯尔斯图线绘制闭环系统频率特性曲线。

解 应用尼柯尔斯图线绘制闭环系统频率特性曲线。

(1)首先根据开环系统的伯德图绘制出开环对数幅相频率特性曲线,并把它重叠在尼柯尔斯图线上,如图 5-59(a)所示。

(2)由开环对数幅相频率特性曲线与尼柯尔斯图线上的等 M 轨迹和等 α 轨迹的交点,可分别求出各频率下的闭环对数幅值 $20\lg M$ 和相角 α 值。

(3)分别绘制闭环对数幅频特性曲线 $20\lg M(\omega)$ 和闭环对数相频特性曲线 $\alpha(\omega)$,如

图 5-59(b)所示。

（4）与开环对数幅相频率特性曲线相切的等 M 轨迹的值即为闭环频率特性的谐振峰值，由图 5-59(a)可知，谐振峰值 $M_r = 5$ dB，对应的谐振频率 $\omega_r = 0.8$ rad/s。

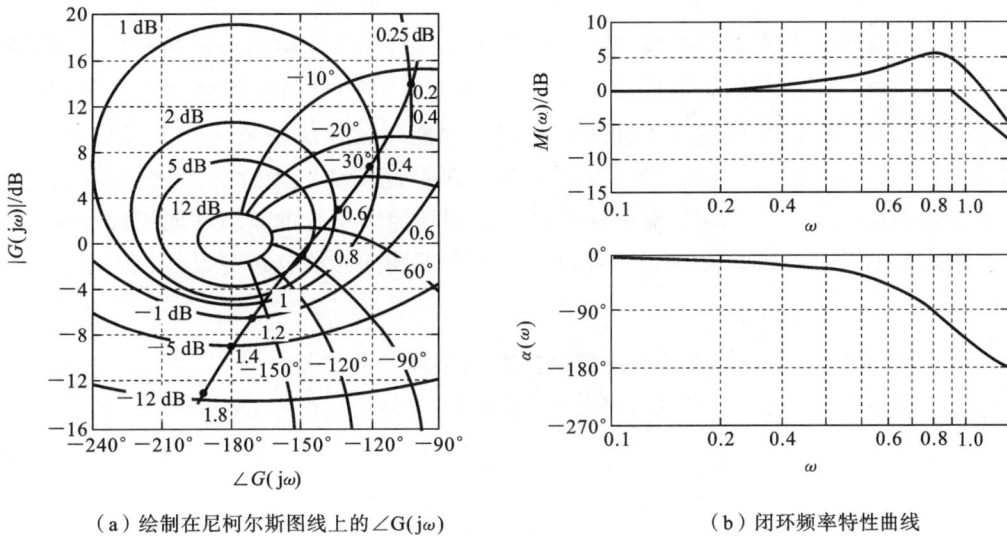

（a）绘制在尼柯尔斯图线上的 $\angle G(j\omega)$ （b）闭环频率特性曲线

图 5-59　应用尼柯尔斯图线求闭环频率特性曲线

2. 闭环幅频特性常用指标

在已知闭环系统稳定的条件下，可以只根据系统的闭环幅频特性曲线对系统的动态响应过程进行定性分析和定量估算。

设闭环幅频特性为 $M(\omega) = 20|\lg\Phi(j\omega)|$，则典型闭环系统的幅频特性曲线如图 5-60 所示。由图 5-60 可见，闭环幅频特性 $M(\omega)$ 曲线的低频部分变化比较平缓，但随着 ω 的增加，$M(\omega)$ 不断增大，出现谐振峰值以后将以较大的陡度衰减至零。

闭环幅频特性常用几个特征量来表示，这些特征量又称为频域性能指标，如图 5-60 所示。通常，闭环幅频特性 $M(\omega)$ 体现的分析和设计控制系统的频域指标包括以下几个。

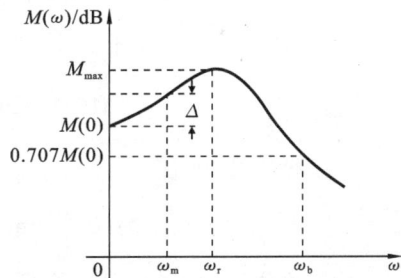

图 5-60　典型闭环系统的幅频特性曲线

（1）闭环幅频特性零频值 $M(0)$：反映闭环系统的稳态精度。

（2）复现输入信号的频带宽度的频率（简称复现带宽频率）ω_m 及反映复现输入信号的频带宽度（简称复现带宽）$0 \sim \omega_m$：ω_m 是由给定的大于零的预设误差值 Δ 确定的频率。

（3）相对谐振峰值 $M_r = \dfrac{M_{\max}}{M(0)}$：反映系统的平稳性，其中，$M_{\max}$ 为闭环幅频特性的最大值。

（4）谐振频率 ω_r：出现 $M_{\max}$ 和 M_r 的频率。

（5）带宽频率 ω_b 与带宽 $0 \sim \omega_b$：闭环幅频特性零频值 $M(0)$ 衰减到 $0.707M(0)$（或

零频值下降 3 dB)时所对应的频率 ω_b 称为带宽频率。$0 \sim \omega_b$ 的频率范围称为系统的带宽。系统的带宽反映了系统对噪声的滤波特性,同时也反映了系统的响应速度。

5.4.2 系统闭环频率特性与时域性能指标的关系

系统时域指标物理意义明确、直观,但不能直接应用于频域的分析和设计。频率特性是描述控制系统内在固有特性的一种工具,它与系统的控制性能之间有着紧密的关系。闭环幅频特性的频域性能指标在很大程度上能间接地反映系统动态过程的品质。例如,闭环系统频域指标 ω_b 虽然能反映系统的跟踪速度和抗干扰能力,但需要通过闭环频率特性加以确定。下面主要阐述用以描述闭环控制系统的频域性能指标与时域性能指标之间的关系,从而揭示出从不同角度、根据不同的方法分析与设计控制系统的内在联系。

1. 闭环幅频特性零频值与系统型别之间的关系

对于单位负反馈系统,设其开环传递函数为

$$G(s) = \frac{K \prod_{i=1}^{m}(\tau_i s + 1)}{s^{\nu} \prod_{j=1}^{n-\nu}(T_j s + 1)} = \frac{K}{s^{\nu}} G_1(s)$$

显然,$\lim_{s \to 0} G_1(s) \to 1$,则有

$$\Phi(j\omega) = \frac{G(j\omega)}{1 + G(j\omega)} = \frac{\dfrac{K}{(j\omega)^{\nu}} G_1(j\omega)}{1 + \dfrac{K}{(j\omega)^{\nu}} G_1(j\omega)} = \frac{K G_1(j\omega)}{(j\omega)^{\nu} + K G_1(j\omega)}$$

设 $\Phi(j\omega) = M(\omega) e^{j\alpha(\omega)}$,则对于 $\nu \geqslant 1$ 的系统,其闭环幅频特性为

$$M(0) = \lim_{s \to 0} \left| \frac{K G_1(j\omega)}{(j\omega)^{\nu} + K G_1(j\omega)} \right| = 1$$

对于 $\nu = 0$ 的系统,则有

$$M(0) = \lim_{s \to 0} \left| \frac{K G_1(j\omega)}{1 + K G_1(j\omega)} \right| = \frac{K}{1 + K} < 1$$

因此,对于单位反馈系统,可以根据闭环幅频特性的零频值 $M(0)$ 是否为 0 确定系统型别是否是 I 型或以上。当零频值 $M(0)$ 为 0 时,说明系统在阶跃信号作用下没有稳态误差,否则说明系统在阶跃信号作用下有稳态误差。此时,$M(0)$ 越接近 0,说明 K 值越大,系统的稳态误差越小。

2. 复现带宽与控制系统的复现精度之间的关系

控制系统的复现精度,即系统响应输入信号的准确度,是指输出量在复现输入信号时所产生的稳态误差的大小。

复现带宽与复现精度曲线如图 5-61 所示,设控制系统输入信号 $r(t)$ 的幅频特性具有如图 5-61(b)所示的特性,即当 $\omega \geqslant \omega_H$ 时,有

$$\left| R(j\omega) \right| = 0$$

对于低频输入信号,设 $\omega_H \leqslant \omega_m$,则对于单位反馈系统,输出量在复现输入信号时所产生的误差信号为

$$e(t)=r(t)-c(t)=\frac{1}{2\pi}\int_{-\omega_H}^{\omega_H}R(j\omega)\left[1-\varPhi(j\omega)\right]e^{j\omega}d\omega$$

对于 $\nu\geqslant1$ 的无差系统,其闭环幅频特性 $M(0)=0$,则

$$1-\varPhi(j\omega)=M(0)-M(\omega)e^{j\alpha(\omega)}$$

考虑到低频范围内 $\varPhi(j\omega)$ 的相角 $\alpha(\omega)$ 较小,可忽略它的影响。并根据图 5-61(a),上式可写成

$$1-\varPhi(j\omega)=M(0)-M(\omega)\leqslant\Delta,\quad 0\leqslant\omega\leqslant\omega_m$$

因此,

$$e(t)\approx\frac{\Delta}{2\pi}\int_{-\omega_H}^{\omega_H}R(j\omega)e^{j\omega}d\omega\approx\Delta r(t)$$

由此可见,单位反馈系统对如图 5-61(b)所示的控制输入信号 $r(t)$ 的误差信号近似与 Δ 成正比,它的大小反映了系统对低频输入信号的复现精度,Δ 称为系统复现低频输入信号的允许误差值。如果系统为有差系统,可改善系统的参数使得 $M(0)$ 接近 0。

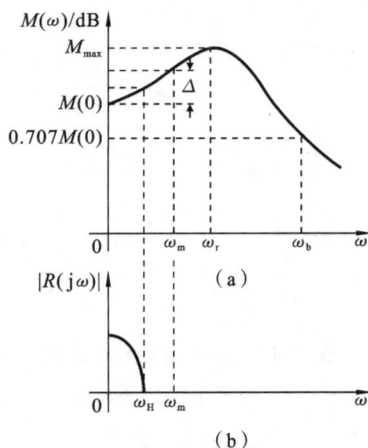

图 5-61 复现带宽与复现精度曲线

综上可见,若根据给定的复现带宽频率 ω_m 从闭环幅频特性上求得 Δ 值,Δ 越小则单位反馈系统的复现低频输入信号的准确度越高;若根据允许复现误差精度选取 Δ 值并确定闭环幅频特性的复现带宽频率 ω_m,ω_m 越大则单位反馈系统的复现带宽越大。于是,频域的复现带宽与时域的控制系统的复现精度联系起来了。基于这种联系,可根据任意形式的输入信号的幅频特性对系统响应输入信号的准确度进行时域分析与设计。

3. 二阶系统闭环频域指标和时域指标

研究表明,对于二阶系统来说,时域指标与频域指标之间有着严格的数学关系。

1) 相对谐振峰值 M_r 与超调量 $\sigma\%$ 的关系

设典型二阶系统的开环传递函数为

$$G(s)=\frac{\omega_n^2}{s(s+2\xi\omega_n)}$$

对应的闭环频率特性为

$$\varPhi(j\omega)=\frac{\omega_n^2}{(j\omega)^2+2\xi\omega_n(j\omega)+\omega_n^2}\tag{5.85}$$

由式(5.85)可见,此二阶系统的闭环频率特性相当于一个振荡环节。因此,典型二阶系统的相对谐振峰值 $M_r=\frac{M_{max}}{M(0)}$ 与阻尼比 ξ 之间满足

$$M_r=\frac{1}{2\xi\sqrt{1-\xi^2}},\quad 0<\xi\leqslant\frac{\sqrt{2}}{2}$$

或根据二阶系统的相对谐振峰值 M_r 确定描述二阶系统阻尼程度的阻尼比 ξ,即

$$\xi=\sqrt{\frac{1-\sqrt{1-\frac{1}{M_r^2}}}{2}},\quad M_r\geqslant1\tag{5.86}$$

根据二阶系统单位阶跃响应的超调量与阻尼比的关系公式,可得相对谐振峰值 M_r 与超调量 $\sigma\%$ 的关系式为

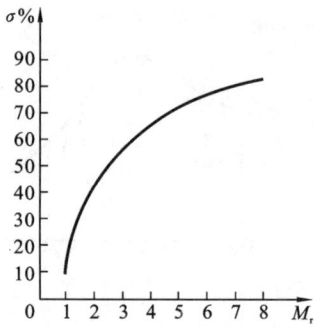

图 5-62 超调量与相对谐振峰值的关系曲线

$$\sigma\% = e^{-\pi\sqrt{\frac{M_r - \sqrt{M_r^2-1}}{M_r + \sqrt{M_r^2-1}}}} \times 100\% \qquad (5.87)$$

图 5-62 为典型二阶系统的超调量与相对谐振峰值的关系曲线。由图 5-62 可见,当 M_r 为 1.2~1.5 时,对应的 $\sigma\%$ 为 20%~30%。此时,系统可获得比较满意的过渡过程。当 $M_r > 2$ 时,对应的超调量可达 40% 以上。

2) 谐振频率 ω_r 与时域性能指标间的关系

对于二阶系统,其谐振频率 ω_r 与无阻尼自振频率 ω_n 和阻尼比 ξ 之间满足:

$$\omega_r = \omega_n\sqrt{1-2\xi^2}$$

由第 4 章中对于欠阻尼二阶系统的时域性能指标的公式,其峰值时间和过渡过程时间为

$$t_p = \frac{\pi}{\omega_n\sqrt{1-2\xi^2}}$$

$$t_s = \frac{1}{\xi\omega_n}\ln\frac{1}{\Delta\sqrt{1-\xi^2}}, \quad \Delta = 0.02 \text{ 或 } 0.05$$

则时域指标 t_p、t_s 与谐振频率 ω_r 之间的关系式满足:

$$\omega_r t_p = \frac{\pi\sqrt{1-2\xi^2}}{\sqrt{1-\xi^2}} \qquad (5.88)$$

$$\omega_r t_s = \frac{1}{\xi}\sqrt{1-2\xi^2}\ln\frac{1}{\Delta\sqrt{1-\xi^2}} \qquad (5.89)$$

将式(5.86)代入式(5.88)和式(5.89),得到时域性能指标峰值时间 t_p、过渡过程时间 t_s 与频域性能指标相对谐振峰值 M_r 的关系式为

$$\omega_r t_p = \pi\sqrt{\frac{2\sqrt{M_r^2-1}}{M_r + \sqrt{M_r^2-1}}}$$

$$\omega_r t_s = \sqrt{\frac{2\sqrt{M_r^2-1}}{M_r - \sqrt{M_r^2-1}}}\ln\frac{\sqrt{2M_r}}{\Delta\sqrt{M_r+\sqrt{M_r^2-1}}}$$

由此可见,当系统阻尼比 ξ(或相对谐振峰值 M_r)一定,二阶系统的峰值时间 t_p 和过渡过程时间 t_s 均与系统的谐振频率 ω_r 成反比。说明阻尼比不变,ω_r 越高,其响应速度越快;反之,其响应速度越慢。所以,系统的谐振频率 ω_r 是表征系统响应速度快慢的量。

3) 带宽频率 ω_b 与时域性能指标间的关系

对于式(5.85)的二阶系统,根据闭环幅频特性及带宽频率定义,有

$$\left|\Phi(j\omega)\right| = \frac{\omega_n^2}{\sqrt{(\omega_n^2-\omega^2)^2 + (2\xi\omega_n\omega)^2}}\bigg|_{\omega=\omega_b} = \frac{\sqrt{2}}{2}M(0)$$

对于上述二阶系统,由于 $\nu=1$,则 $M(0)=1$,从而

$$\frac{\omega_n^2}{\sqrt{(\omega_n^2-\omega^2)^2 + (2\xi\omega_n\omega)^2}}\bigg|_{\omega=\omega_b} = \frac{\sqrt{2}}{2}$$

解得

$$\omega_b = \omega_n\sqrt{(1-2\xi^2) + \sqrt{2-4\xi^2+4\xi^4}} \qquad (5.90)$$

则有
$$\omega_b t_p = \pi \frac{\sqrt{(1-2\xi^2)+\sqrt{2-4\xi^2+4\xi^4}}}{\sqrt{1-\xi^2}} \tag{5.91}$$

$$\omega_b t_s = \frac{\sqrt{(1-2\xi^2)+\sqrt{2-4\xi^2+4\xi^4}}}{\xi}\ln\frac{1}{\Delta\sqrt{1-\zeta^2}}, \quad \Delta=0.02\ \text{或}\ 0.05 \tag{5.92}$$

将式(5.186)代入式(5.91)和式(5.92)，则得到时域性能指标峰值时间 t_p、过渡过程时间 t_s 与频域性能指标相对谐振峰值 M_r 的关系式为

$$\omega_b t_p = \pi \sqrt{2\frac{\sqrt{M_r^2-1}+\sqrt{2M_r^2-1}}{M_r+\sqrt{M_r^2-1}}}$$

$$\omega_b t_s = \sqrt{2\frac{\sqrt{M_r^2-1}+\sqrt{2M_r^2-1}}{M_r-\sqrt{M_r^2-1}}}\ln\frac{\sqrt{2M_r}}{\Delta\sqrt{M_r+\sqrt{M_r^2-1}}}, \quad \Delta=0.02\ \text{或}\ 0.05$$

由此可见，系统带宽频率 ω_b 也是表征系统响应速度快慢的量。对于给定的阻尼比 ξ（或相对谐振峰值 M_r），系统的带宽频率 ω_b 越高，其响应速度越快；反之，其响应速度越慢，即系统带宽和响应速度呈正比关系。假设系统闭环幅频特性的最大值 M_{max} 不变，如果两个系统的闭环频率特性存在以下关系：

$$\Phi_1(j\omega) = \Phi_2\left(j\frac{\omega}{\lambda}\right)$$

式中，λ 为任意正常数，则对应两系统的单位阶跃响应存在下列关系：

$$c_1(t) = c_2(\lambda t)$$

下面证明该关系成立。

证明 两个系统的闭环传递函数之间存在以下关系：

$$\Phi_1(s) = \Phi_2\left(\frac{s}{\lambda}\right)$$

则对应的两系统的单位阶跃响应满足

$$\Phi_1(s)\frac{1}{s} = C_1(s) = \int_0^\infty c_1(t)e^{-st}dt$$

$$\Phi_2\left(\frac{s}{\lambda}\right)\frac{1}{s} = \frac{1}{\lambda}\frac{1}{\frac{s}{\lambda}}\Phi_2\left(\frac{s}{\lambda}\right) = \frac{1}{\lambda}C_2\left(\frac{s}{\lambda}\right) = \int_0^\infty c_2(\lambda t)e^{-st}dt$$

因此，$c_1(t)=c_2(\lambda t)$，证毕。

图 5-63 给出了此时系统的带宽频率与响应速度的关系图。由图 5-63 可见，系统的带宽扩大 λ 倍，系统的响应速度加快 λ 倍。

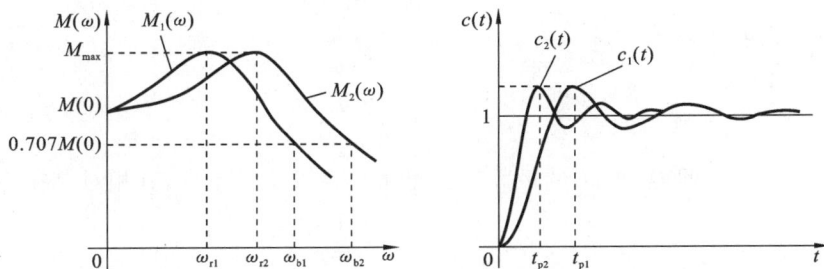

图 5-63 系统的带宽频率与响应速度的关系图

注意,在一般情况下,为提高控制系统响应任意形式输入信号的响应速度,要求系统具有较宽的带宽,但是,抑制输入端高频干扰的能力将被削弱。这是因为,在闭环幅频特性的带宽频率 ω_b 处的 $M(\omega)$ 曲线的斜率越陡,对高频信号的衰减越快,抑制高频干扰的能力越强。因此,在设计系统过程中,系统带宽的选择在设计中应折中考虑。

4. 高阶系统闭环频域指标和时域指标

对于高阶系统来说,相对谐振峰值、谐振频率、阻尼程度及带宽与系统响应速度间的关系是极为复杂的,不存在二阶系统那样简单的定量关系。由于高阶系统分析起来比较困难,一般当闭环存在一对闭环复数主导极点时,可以近似地按二阶系统的闭环频域指标和时域指标之间的关系进行分析。如果不能简化为二阶系统,则在分析与设计高阶控制系统时,通常采用经验估算公式来表征闭环频域指标和时域指标之间的关系。通过对工程上经常遇到的大量系统的研究,归纳出如下的经验估计公式:

$$\sigma\% \approx 0.16 + 0.4(M_r - 1), \quad 1 \leqslant M_r \leqslant 1.8 \tag{5.93}$$

$$t_s = \frac{\pi}{\omega_c}[2 + 1.5(M_r - 1) + 2.5\,(M_r - 1)^2], \quad 1 \leqslant M_r \leqslant 1.8 \tag{5.94}$$

应用以上公式估算高阶系统时域指标时一般偏保守,实际性能比估算结果要好。鉴于系统开环频域指标角裕度 γ 和截止频率 ω_c 可以利用已知的开环对数频率特性曲线确定,且由前面的分析知,γ 和 ω_c 的大小在很大程度上决定了系统的性能,因此工程上常用 γ 和 ω_c 来估算系统的时域性能指标。

首先估算 M_r 与 γ 的近似关系。设单位反馈系统的开环相频特性可表示为

$$\varphi(\omega) = -180° + \gamma(\omega)$$

式中:$\gamma(\omega)$ 表示不同频率时相角相对于对 $-180°$ 的相移。当 $\omega = \omega_c$ 时,$\gamma(\omega) = \gamma$,则系统开环频率特性可表示为

$$G(j\omega) = A(\omega)e^{j[-180° + \gamma(\omega)]} = A(\omega)[-\cos\gamma(\omega) - j\sin\gamma(\omega)]$$

则闭环幅频特性为

$$
\begin{aligned}
M(\omega) &= \left| \frac{G(j\omega)}{1 + G(j\omega)} \right| = \frac{A(\omega)}{|1 - A(\omega)\cos\gamma(\omega) - jA(\omega)\sin\gamma(\omega)|} \\
&= \frac{1}{\sqrt{\left[\dfrac{1}{A(\omega)} - \cos\gamma(\omega)\right]^2 + \sin^2\gamma(\omega)}}
\end{aligned}
\tag{5.95}
$$

一般情况下,在 $M(\omega)$ 的极大值附近,$\gamma(\omega)$ 变化极小,且使 $M(\omega)$ 为极大值的谐振频率 ω_r 常位于 ω_c 附近,即有

$$\cos\gamma \approx \cos\gamma(\omega_r) \approx \cos\gamma(\omega_c)$$

由上式可知,令 $\dfrac{dM(\omega)}{dA(\omega)} = 0$,得

$$A(\omega_r) = \frac{1}{\cos\gamma(\omega_r)}$$

将其代入式(5.95),即得 $M(\omega)$ 的极大值。对于 0 型以上的系统,其相对谐振峰值为

$$M_r = M(\omega) \approx \frac{1}{|\sin\gamma|} \tag{5.96}$$

由于 $\cos\gamma(\omega_r) \leqslant 1$,故在闭环幅频特性的峰值处对应的开环幅值 $A(\omega_r) \geqslant 1$,而 $A(\omega_c) = 1$,显然 $\omega_r \leqslant \omega_c$。因此,由式(5.96)知,相角裕度 γ 减小,ω_c 与 ω_r 之间的差也减小,当 γ

＝0 时，$\omega_r=\omega_c$。由此可见，γ 越小则式(5.96)的近似程度越高。

另外，系统的截止频率 ω_c 与闭环带宽频率 ω_b 之间有密切关系。如果两个系统的稳定程度相仿，则 ω_c 大的系统，ω_b 也大；反之，则 ω_b 小，即 ω_c 和系统响应速度存在着正比关系。因此，常用 ω_c 来衡量系统的响应速度。

于是，将式(5.96)分别代入式(5.93)和式(5.94)，则

$$\sigma\%=0.16+0.4\left(\frac{1}{\sin\gamma}-1\right),\quad 35°\leqslant\gamma\leqslant90° \tag{5.97}$$

$$t_s=\frac{\pi}{\omega_c}\left[2+1.5\left(\frac{1}{\sin\gamma}-1\right)+2.5\left(\frac{1}{\sin\gamma}-1\right)^2\right],\quad 35°\leqslant\gamma\leqslant90° \tag{5.98}$$

根据以上公式绘制的高阶系统的 $\sigma\%$-γ 和 $\omega_c t_s$-γ 曲线如图 5-64 所示。

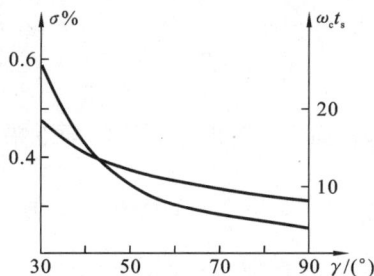

图 5-64 高阶系统的 $\sigma\%$-γ 和 $\omega_c t_s$-γ 曲线

特别指出的是，在控制系统的设计中，一般先根据控制要求求出闭环频率指标 ω_b 和 M_r，再由式(5.95)确定相角裕度 γ 并选择合适的截止频率 ω_c，然后根据 γ 和 ω_c 选择校正网络的结构并确定参数。

5.4.3 系统开环频率特性与时域性能指标的关系

考虑到系统开环频率特性较闭环频率特性更简单，且从开环频率特性曲线中可以直观地观察到相角裕度 γ 和截止频率 ω_c 等，因此，有必要建立系统开环频率特性与时域性能指标的关系。一般根据系统开环对数频率特性对系统性能的不同影响，将系统开环对数幅频特性分为三个频段，即低频段、中频段和高频段，如图 5-65 所示。

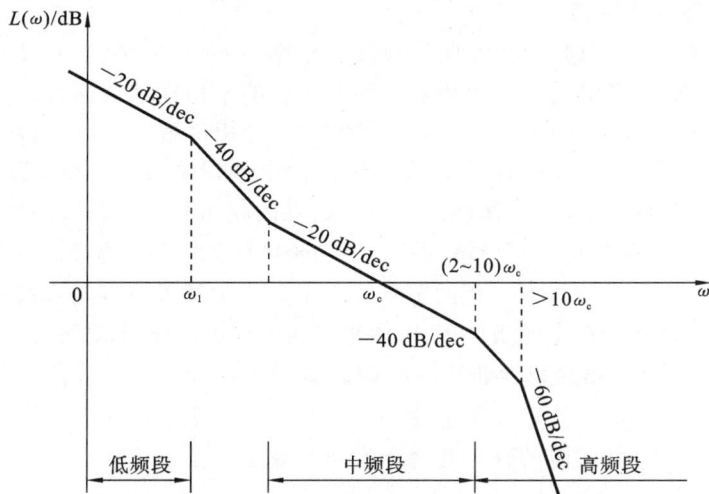

图 5-65 系统开环对数幅频渐近特性曲线

系统的稳态性能主要反映在开环对数幅频特性曲线的低频段;系统的动态性能主要反映在开环对数幅频特性曲线的中频段;系统对高频干扰的抑制能力主要反映在开环对数幅频特性曲线的高频段。特别指出,系统开环对数幅频特性的三个频段并没有严格的划分准则,但是三频段的概念,为直接运用开环特性分析稳定系统的稳态和动态性能指出了原则和方向。

1. 低频段与稳态性能

低频段通常是指开环对数幅频渐近特性曲线在第一个交接频率以前的区段,这一段的特性完全由系统型别 ν 和开环增益 K 决定。设单位反馈控制系统的传递函数为

$$G(s) = \frac{K\prod_{j=1}^{m}(\tau_j s + 1)}{s^{\nu}\prod_{i=1}^{n-\nu}(T_i s + 1)}, \quad m \leqslant n$$

则其低频段的渐近特性为 $\lim_{\omega \to 0}G(j\omega) = \dfrac{K}{s^{\nu}}$,即低频段的渐近幅频特性为

$$L(\omega) = 20\lg\frac{K}{\omega^{\nu}} = 20\lg K - \nu 20\lg\omega$$

低频段的开环对数幅频渐近特性曲线如图 5-66 所示。由时域分析法知,稳态误差主要取决于系统型别 ν 和开环增益 K,因此,开环对数幅频渐近特性的低频段影响了系统的稳态性能。

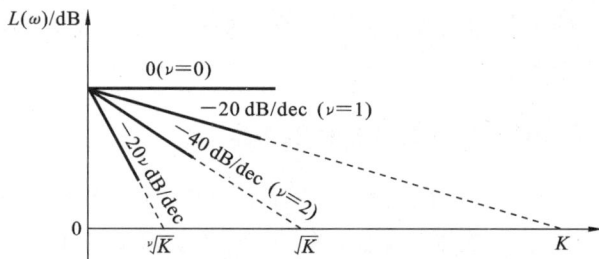

图 5-66 低频段的开环对数幅频渐近特性曲线

2. 中频段与动态性能

中频段是指开环对数幅频特性曲线在截止频率 ω_c 附近的频段,即 $L(\omega)$ 穿过 0 dB 线的频段。这段特性集中反映了闭环系统动态响应的平稳性和快速性。

由式(5.97)和式(5.98)可知,已知截止频率 ω_c 和相角裕度 γ 可求得系统的超调量 $\sigma\%$ 和过渡过程时间 t_s。同时,开环对数幅频特性中频段宽度与系统阻尼程度密切相关。对于一般的控制系统,为了保证系统具有足够的相角裕度,其开环对数幅频特性要以 -20 dB/dec 的斜率通过 0 dB 线;而这一段的长度称为中频段宽度。为满足系统的动态性能指标要求,中频段应具有一定的宽度。为了分析中频段宽度与系统阻尼程度的关系,下面在假定闭环系统稳定的条件下,对两种极端情况进行分析,如图 5-67 所示。

(1) 如果开环对数幅频特性曲线的中频段斜率为 -20 dB/dec,且占据的频率区间较宽,如图 5-67(a)所示。若只从平稳性和快速性着眼,则可近似认为整个开环特性为 -20 dB/dec 的直线,其对应的开环传递函数可简化为

$$G(s) \approx \frac{K}{s} = \frac{\omega_c}{s}$$

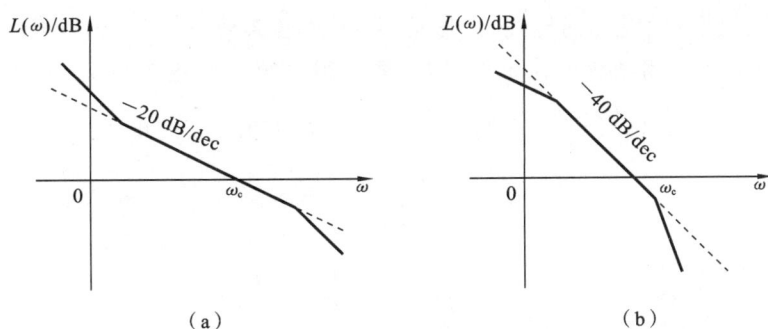

图 5-67 中频段对数幅频曲线

对于单位反馈系统,闭环传递函数为

$$\Phi(s)=\frac{G(s)}{1+G(s)}=\frac{1}{s/\omega_c+1}$$

这相当于一阶系统。其阶跃响应按指数规律变化,没有振荡,即有较高的稳定程度;而调节时间 $t_s=3T=3/\omega_c$。由此可见,截止频率 ω_c 越高,t_s 越小,系统的快速性越好。

(2) 如果开环对数幅频特性曲线的中频段斜率为 -40 dB/dec,且占据的频率区间较宽,如图 5-67(b)所示。若只从平稳性和快速性着眼,可近似认为整个开环特性为 -40 dB/dec 的直线,其对应的开环传递函数为

$$G(s)=\frac{K}{s^2}=\frac{\omega_c^2}{s^2}$$

对于单位反馈系统,其闭环传递函数为

$$\Phi(s)=\frac{G(s)}{1+G(s)}=\frac{\omega_c^2}{s^2+\omega_c^2}$$

显然,这相当于阻尼比 $\xi=0$ 的二阶系统,则闭环系统处于临界稳定状态,动态过程呈现等幅振荡形式。因此,若中频段斜率为 -40 dB/dec,则中频段所占频带不宜过宽。否则,$\sigma\%$ 及 t_s 显著增加。

综上所述,开环对数幅频特性中频段斜率最好为 -20 dB/dec,而且希望其长度尽可能长些,以确保系统有足够的相角裕度。如果中频段的斜率为 -40 dB/dec,则中频段占据的频率范围不宜过长,否则平稳性和快速性变差;若中频段斜率更陡,则系统就难以稳定。另外,截止频率 ω_c 越高,系统复现信号能力越强,系统快速性也就越好。故通常取开环对数幅频特性曲线在截止频率 ω_c 附近的斜率为 -20 dB/dec,以期得到良好的平稳性,并通过提高 ω_c 来保证快速性的要求。

下面从定量估算的角度分析中频段特性与时域指标之间的关系。设单位反馈系统的开环频率特性为

$$G(j\omega)=\frac{K(jT_2\omega+1)}{(j\omega)^2(jT_3\omega+1)},\quad T_2>T_3$$

其相频特性为

$$\varphi(j\omega)=-180°+\arctan T_2\omega-\arctan T_3\omega$$

此时

$$\gamma(\omega)=180°+\varphi(j\omega)=\arctan T_2\omega-\arctan T_3\omega \tag{5.99}$$

系统设计时,对于稳定的系统,一般希望系统在截止频率 ω_c 处的相角裕度达到最

大,目的是当其他参数变化而导致 ω_c 移动时,不改变系统的相频特性与 $-180°$ 线的穿越关系,从而不会影响系统的稳定性,即一般使得系统在截止频率 ω_c 处的相角裕度达到最大 $\gamma(\omega_c) \approx \gamma_{max}$。由 $\dfrac{d\gamma(\omega)}{d\omega} = 0$ 解出产生 $\gamma(\omega)$ 最大值 γ_{max} 的角频率 ω_{max} 为

$$\omega_{max} = \frac{1}{\sqrt{T_2 T_3}} = \sqrt{\omega_2 \omega_3} \tag{5.100}$$

式中:$T_2 = \dfrac{1}{\omega_2}$,$T_3 = \dfrac{1}{\omega_3}$。

令

$$h = \frac{T_2}{T_3} = \frac{\omega_3}{\omega_2} \tag{5.101}$$

表示开环幅频特性上斜率为 -20 dB/dec 的中频段宽度,则有 $\lg h = \lg \omega_3 - \lg \omega_2$。将式 (5.100) 和式 (5.101) 代入式 (5.99) 中,得到

$$\gamma_{max} = \gamma(\omega_{max}) = \arcsin \frac{h-1}{h+1} \tag{5.102}$$

或者写成

$$\frac{1}{\sin\gamma(\omega_{max})} = \frac{h+1}{h-1} \tag{5.103}$$

则其开环对数频率特性曲线如图 5-68 所示。

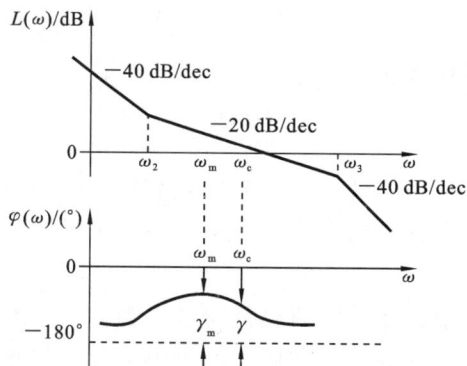

图 5-68　开环对数频率特性曲线

由于在大多数实际控制系统中,达到谐振峰值时的频率 ω_r 与截止频率 ω_c 很接近,但略低于 ω_c,近似估算时 $\omega_r \approx \omega_c$。同时,为了保证系统在截止频率 ω_c 处的相角裕度达到最大,使系统有最大的相角余量,在截止频率 ω_c 处 $\gamma(\omega_c) \approx \gamma(\omega_{max})$,即 $\omega_c \approx \omega_{max}$。从而使得系统满足 $\omega_{max} \approx \omega_r$。式 (5.103) 可近似为

$$M_r = \frac{1}{\sin\gamma} = \frac{h+1}{h-1} \tag{5.104}$$

式中:γ 为高阶系统的相角裕度。由上式可得

$$h = \frac{M_r + 1}{M_r - 1} \tag{5.105}$$

将式 (5.104) 代入式 (5.97) 和式 (5.98) 的高阶系统经验公式,即可求得中频段宽度 h 与超调量和过渡过程时间的关系式为

$$\sigma\% = 0.16 + \frac{0.8}{h-1} \tag{5.106}$$

$$t_s = \frac{\pi}{\omega_c} \left[2 + \frac{3}{h-1} + 2.5 \left(\frac{2}{h-1} \right)^2 \right] \tag{5.107}$$

由此可见,中频段宽度 h 与系统的相对谐振峰值 M_r 一样,都是描述系统阻尼程度的频域性能指标,在工程系统的分析和设计中非常有用。

将式(5.100)代入开环系统的幅频特性中,则有

$$A(\omega_{\max}) = \frac{K}{(\omega_{\max})^2} \frac{\sqrt{(T_2 \omega_{\max})^2 + 1}}{\sqrt{(T_3 \omega_{\max})^2 + 1}} = K \frac{1}{\omega_2} \sqrt{\frac{1}{\omega_2 \omega_3}} \tag{5.108}$$

由高阶系统经验公式,式(5.95)可变为

$$A(\omega_r) = \frac{1}{\cos\gamma} = \frac{M_r}{\sqrt{M_r^2 - 1}} \tag{5.109}$$

考虑到 $\omega_r \approx \omega_{\max}$,上述两式相等。再考虑到 $\frac{\omega_3}{\omega_2} = h = \frac{M_r + 1}{M_r - 1}$,则

$$\omega_2 = \omega_c \frac{M_r - 1}{M_r} = \omega_c \frac{2}{h+1}$$

$$\omega_3 = \omega_c \frac{M_r + 1}{M_r} = \omega_c \frac{2h}{h+1}$$

在实际系统设计时一般要留有余地,因此,通常选取

$$\omega_2 \leqslant \omega_c \frac{M_r - 1}{M_r} = \omega_c \frac{2}{h+1} \tag{5.110}$$

$$\omega_3 \geqslant \omega_c \frac{M_r + 1}{M_r} = \omega_c \frac{2h}{h+1} \tag{5.111}$$

3. 高频段与抑制干扰

高频段是指开环对数幅频特性曲线在中频段以后的频段(一般为 $\omega > 10\omega_c$ 的频段)。这部分特性是由系统中时间常数较小的部件所决定的。由于它远离截止频率 ω_c,一般幅值分贝数较低,故对系统动态性能影响不大。但高频段的特性反映了系统对高频干扰的抑制能力。由于高频段的开环对数幅频特性的幅值较小,一般远远小于 0 dB,故对单位反馈系统有

$$|\Phi(j\omega)| = \frac{|G(j\omega)|}{|1 + G(j\omega)|} \approx |G(j\omega)|$$

即系统高频段的闭环幅值近似等于开环幅值。因此,系统开环对数幅频特性在高频段的幅值,直接反映了系统对输入端高频干扰的抑制能力。所以,高频段的分贝数值越低,系统的抗干扰能力越强。

5.5　控制系统的频域分析实例

5.5.1　直流电动机速度控制系统

【例 5-22】　直流电动机速度控制系统的结构图如图 5-69 所示。其中,$R(s)$ 为期望的电动机转速,$U_a(s)$ 为电枢电压,$C(s)$ 表示电动机转速。本例的目的是应用频域分析法分析系统的相频特性。

解　系统开环传递函数为

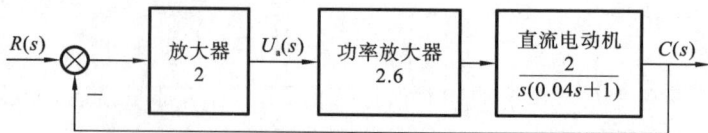

图 5-69 直流电动机速度控制系统的结构图

$$G(s) = \frac{10.4}{s(0.04s+1)}$$

其频率特性为

$$G(j\omega) = \frac{10.4}{j\omega(j0.04\omega+1)}$$

则直流电动机速度控制系统开环对数频率特性曲线如图 5-70 所示。

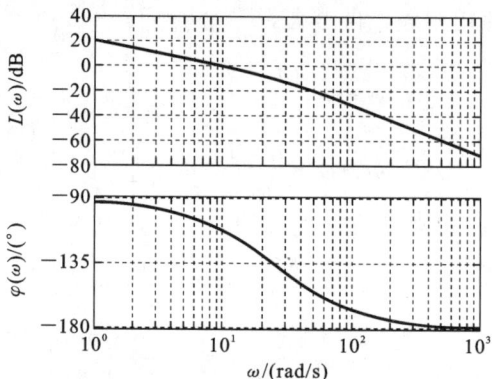

图 5-70 直流电动机速度控制系统开环对数频率特性曲线

由图 5-70 可见,系统的开环对数相频范围在 $-180° \sim -90°$。

5.5.2 电力牵引电机控制系统

【例 5-23】 大部分现代列车和调度机车都采用电力牵引电机,电力牵引电机控制系统结构图如图 5-71 所示。图 5-71 中,$C(s)$ 为实际车辆速度,$R(s)$ 为给定的车辆速度。本例的目的如下。

(1) 分析系统当 $K=200$ 时的开环频率特征。

(2) 分析系统当 K 为 10、200、500 时的单位阶跃响应和闭环频率特性。

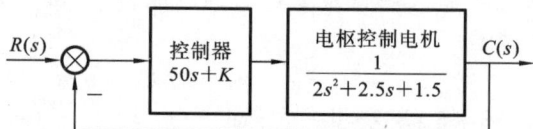

图 5-71 电力牵引电机控制系统结构图

解 (1) 系统的开环传递函数为

$$G(s) = \frac{K}{2s^2+2.5s+1.5} = \frac{K/2}{s^2+1.25s+0.75}$$

取 $K=200$,计算开环频率特性 $G(j\omega)$ 的幅值与相位,绘制开环对数频率特性曲线,如图 5-72 所示,开环幅相曲线如图 5-73 所示。利用奈奎斯特稳定判据可知,闭环系统是稳定的。

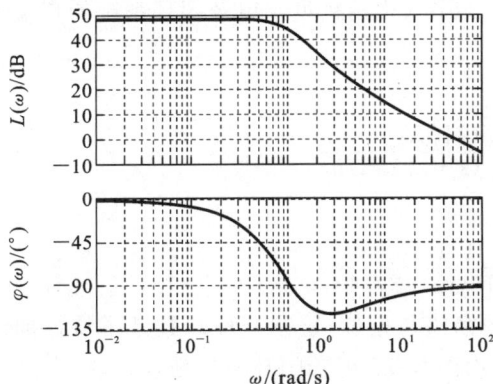

图 5-72　电力牵引电机控制系统开环
　　　　对数频率特性曲线

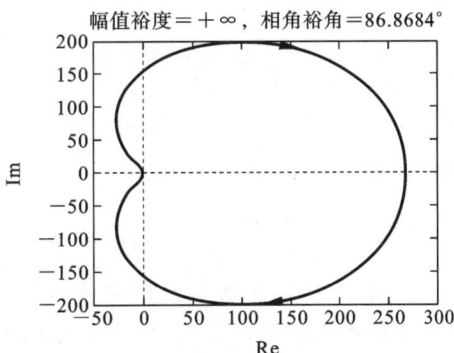

图 5-73　电力牵引电机控制系统开环
　　　　幅相曲线

（2）分别取 K 为 10、200、500，则系统单位阶跃响应曲线如图 5-74 所示，闭环频率特性曲线如图 5-75 所示。由图 5-74 可见，当 $K=10$ 时，稳态误差较大。当 $K=200$、$K=500$ 时稳态误差、超调量均较小，但 $K=500$ 时的调节时间更短。考虑到谐振峰值 M_{r}，选择 $K=500$ 更符合要求。

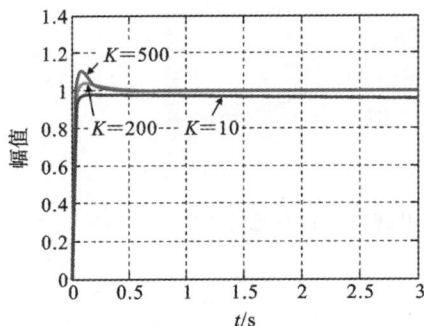

图 5-74　电力牵引电机控制系统
　　　　单位阶跃响应曲线

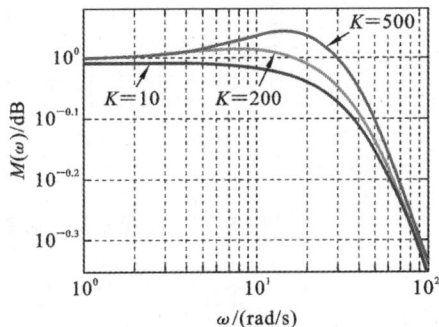

图 5-75　电力牵引电机控制系统
　　　　闭环频率特性曲线

5.5.3　船舶航向控制系统

【例 5-24】 船舶航向控制系统结构图如图 5-76 所示。图 5-76 中，$C(s)$ 为实际的航向，$R(s)$ 为给定的航向，$N(s)$ 为影响航向的扰动因素。

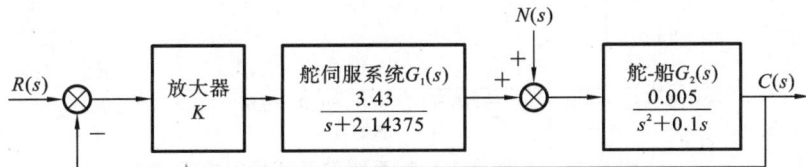

图 5-76　船舶航向控制系统结构图

本例的目的如下。

（1）绘制 $K=2.25$ 时系统的开环对数频率特性曲线和开环幅相曲线，并计算此时系统的单位阶跃响应的各项指标 $\sigma\%$、t_{p} 和 $t_{\mathrm{s}}(\Delta=2\%)$。

（2）分析 $K = 2.25$ 时系统的幅值裕度 $K_g(dB)$、相角裕度 γ 以及闭环系统的带宽频率 ω_b。

解 （1）系统的开环传递函数为

$$G(s) = \frac{0.01715K_1}{s(s+0.1)(s+2.14375)}$$

则系统的开环频率特性为

$$G(j\omega) = \frac{0.01715K_1}{j\omega(j\omega+0.1)(j\omega+2.14375)}$$

取 $K = 2.25$，计算开环频率特性 $G(j\omega)$ 的幅值与相位，绘制开环对数频率特性曲线和开环幅相曲线如图 5-77 和图 5-78 所示。由图 5-78 可知闭环系统稳定。

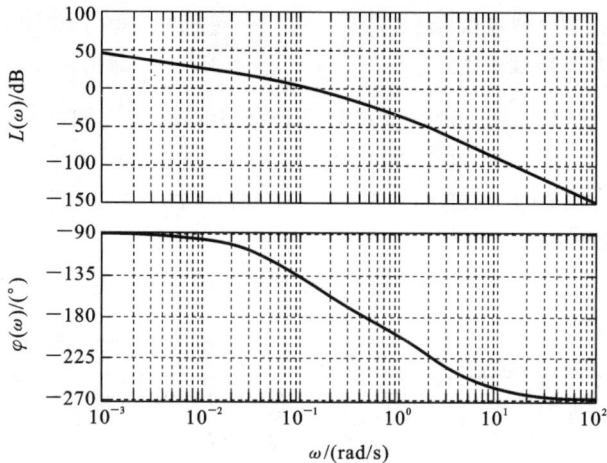

图 5-77 船舶航向控制系统的开环对数频率特性曲线

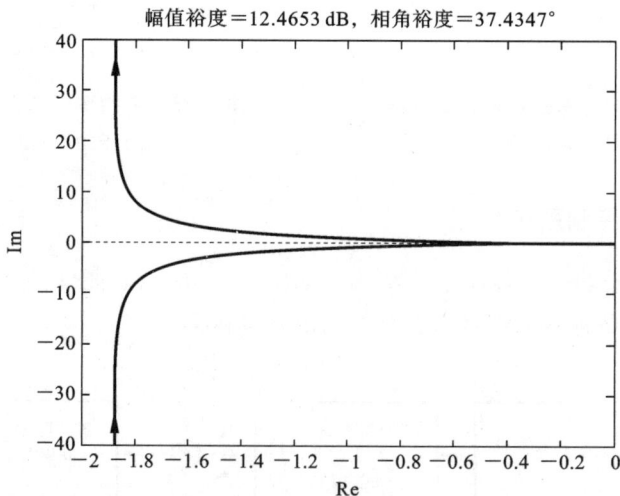

幅值裕度＝12.4653 dB，相角裕度＝37.4347°

图 5-78 船舶航向控制系统的开环幅相曲线

实际船舶航向控制系统的单位阶跃响应曲线如图 5-79 所示。由此得到各项指标，$\sigma\% = 32\%$，$t_p = 25$ s，$t_s = 84.6$ s（$\Delta = 2\%$）。

（2）当取 $K = 2.25$ 时，根据图 5-77 和图 5-78 的开环频率特性曲线，可得系统的幅值裕度 $K_g = 12.4653$ dB，相角裕度 $\gamma = 37.4347°$，截止频率 $\omega_c = 0.117$。

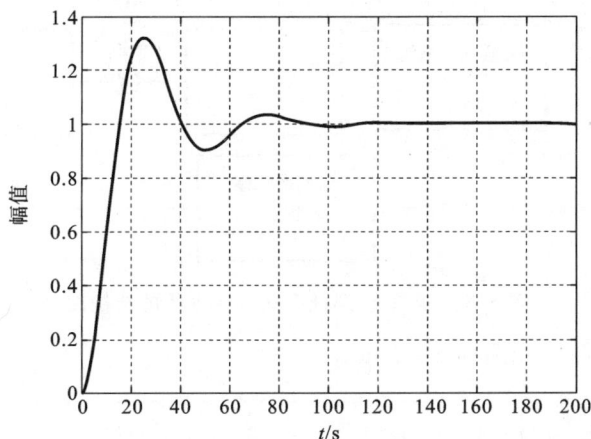

图 5-79　实际船舶航向控制系统的单位阶跃响应曲线

为了确定闭环系统的带宽频率 ω_b，绘制系统的闭环对数频率特性曲线如图 5-80 所示。由图 5-80 可确定闭环系统的带宽频率 $\omega_b = 0.19$ rad/s，系统的谐振频率 $\omega_r = 0.121$ rad/s。

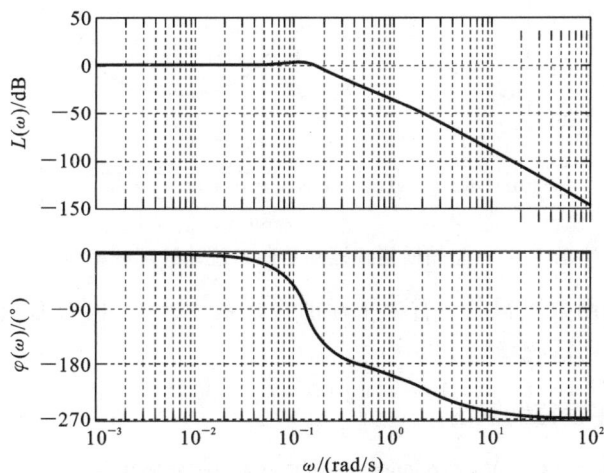

图 5-80　闭环对数频率特性曲线

5.5.4　船舶横摇减摇鳍控制系统

【**例 5-25**】　设船舶横摇减摇鳍控制系统的结构图如图 5-81 所示。图 5-81 中，$R(s)$ 为预期的横摇减摇鳍角，通常 $R(s) = 0$；$C(s)$ 为实际的横摇减摇鳍角；$N(s)$ 为影响横摇减摇鳍角的扰动因素。根据船舶横摇减摇鳍的参数，这里设控制器为

$$G_c(s) = K\left(0.2 + \frac{1}{24.607s + 1} + \frac{0.0128s}{(0.18s + 1)(0.064s + 1)}\right)$$

式中：K 为参数。

本例的目的是根据奈奎斯特稳定判据判断系统的稳定性。

解　该系统为非单位反馈系统，且 $R(s)$ 对 $C(s)$ 的开环传递函数为

$$G(s) = \frac{30642.04KG_c(s)s}{(s^2 + 15s + 225)(s^2 + 0.191s + 0.487)(s^2 + 80s + 4000)}$$

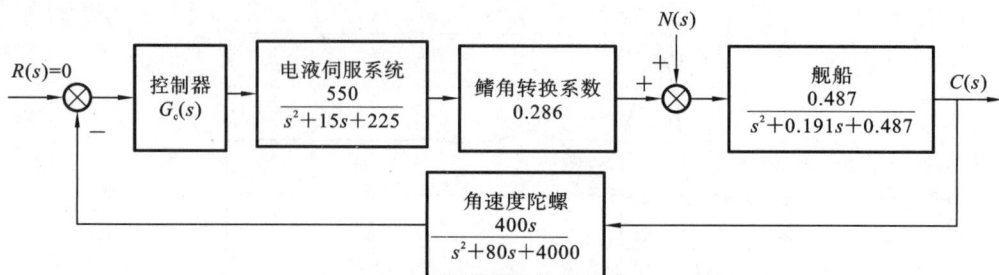

图 5-81 船舶横摇减摇鳍控制系统的结构图

则系统的开环幅相曲线如图 5-82 所示。

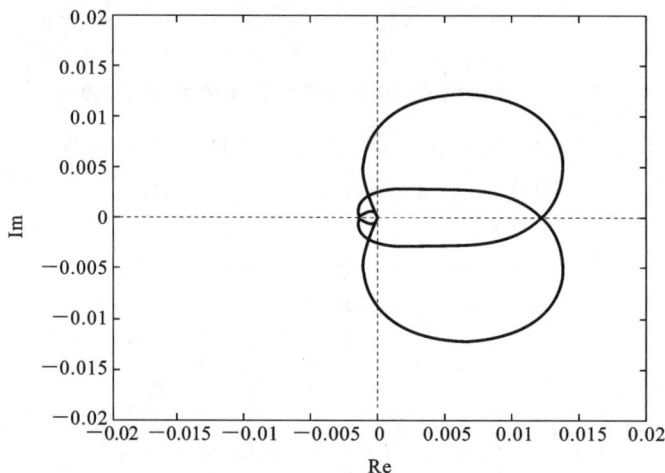

图 5-82 船舶横摇减摇鳍控制系统的开环幅相曲线

根据开环传递函数可得其 s 右半平面的极点数 $P=0$。由奈奎斯特稳定判据,$N=0$,因此 $Z=0$,则闭环系统稳定。

5.5.5 船载稳定平台控制系统

【例 5-26】 船载稳定平台俯仰角伺服系统结构图如图 5-83 所示。本例的目的是用频率响应法分析参数 K 的变化对系统动态性能的影响。

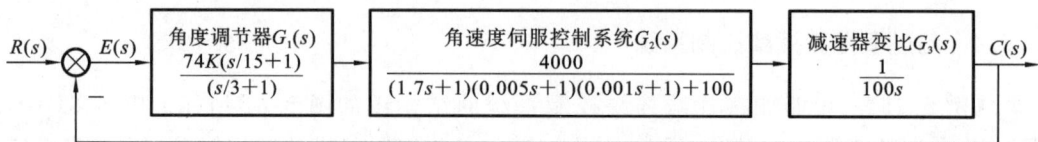

图 5-83 船载稳定平台俯仰角伺服系统结构图

解 根据 3.7.5 节,首先考虑保证系统稳定性的 K 值范围。系统稳定的参数 K 的范围是 $0 < K < 21.39$。其次考虑系统在单位阶跃输入作用下的稳态误差。系统在单位阶跃输入下的稳态误差为零,且与开环增益 K 取值无关。

从 $R(s)$ 到 $C(s)$ 之间所对应的开环传递函数为

$$G(s) = \frac{2960K(s/15+1)}{s(s/3+1)[(1.7s+1)(0.005s+1)(0.001s+1)+100]}$$

则其开环频率特性为

$$G(j\omega)=\frac{2960K(j\omega/15+1)}{j\omega(j\omega/3+1)[(j1.7\omega+1)(j0.005\omega+1)(j0.001\omega+1)+100]}$$

$R(s)$ 到 $C(s)$ 之间所对应的船载稳定平台俯仰角伺服系统闭环频率特性为

$$\Phi(j\omega)=\frac{2960K(j\omega/15+1)}{j\omega(j\omega/3+1)[(j1.7\omega+1)(j0.005\omega+1)(j0.001\omega+1)+100]+2960K(j\omega/15+1)}$$

（1）当 $K=5$ 时，船载稳定平台俯仰角伺服系统的闭环频率特性曲线如图5-84所示。

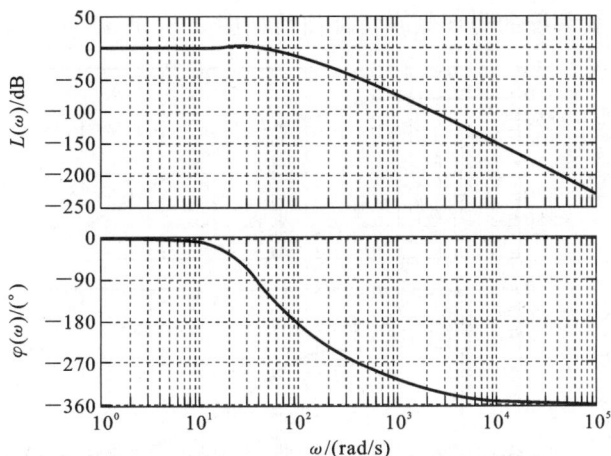

图 5-84　$K=5$ 时船载稳定平台俯仰角伺服系统的闭环频率特性曲线

由图5-84可见，系统存在谐振频率，其值 $\omega_r=24.4$ 时，相应的谐振峰值 $20\lg M_r=3.52$ dB 或 $M_r=1.4997$。根据图5-84，可认为系统的主导极点为共轭复极点。由谐振峰值 M_r、相角裕度 γ、超调量 $\sigma\%$ 与调节时间 t_s 的关系曲线，可得图5-85的关系曲线。

由 $M_r=1.4997$ 可估算出系统的阻尼比 $\xi=0.35$，然后进一步得到标准化谐振频率为 $\omega_r/\omega_n=0.87$。因为已经求得 $\omega_r=24.4$，故无阻尼自然频率为

$$\omega_n=\frac{24.4}{0.87}=28.046$$

于是，船载稳定平台俯仰角伺服系统的二阶近似模型应为

$$\Phi(s)\approx\frac{\omega_n^2}{s^2+2\xi\omega_n s+\omega_n^2}$$

表明此时系统的阶跃响应为欠阻尼响应。根据近似模型，可以估算出系统的超调量为

$$\sigma\%=e^{-\pi\xi/\sqrt{1-\xi^2}}\times100\%=40\%$$

调节时间（$\Delta=2\%$）为

$$t_s=\frac{4}{\xi\omega_n}=0.407\ s$$

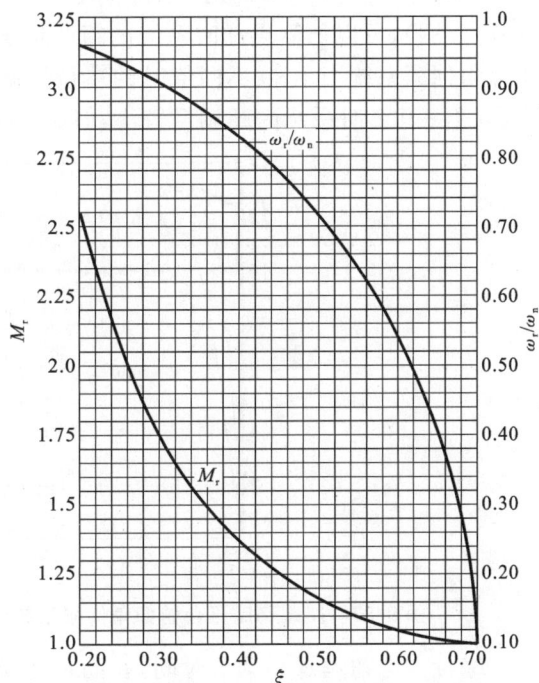

图 5-85　共轭复极点项的频率响应中谐振峰值 M_r、谐振频率 ω_r 与阻尼比 ξ 的关系曲线

最后,按实际三阶系统进行计算,利用式

$$M_r \approx \frac{1}{|\sin\gamma|}$$

得相角裕度 $\gamma \approx 41.82°$。根据式(5.93)和式(5.94),可以估算出此时系统的超调量 $\sigma\%$ $\approx 35.99\%$,$t_s=0.425$ s。由此可见,取 $K=5$ 时系统的超调量较大,但响应速度很快。

(2)如果要求更小的超调量,应该减小系统的增益,取 $K<5$。取 $K=0.2$ 时船载稳定平台俯仰角伺服系统的闭环频率特性曲线如图 5-86 所示。

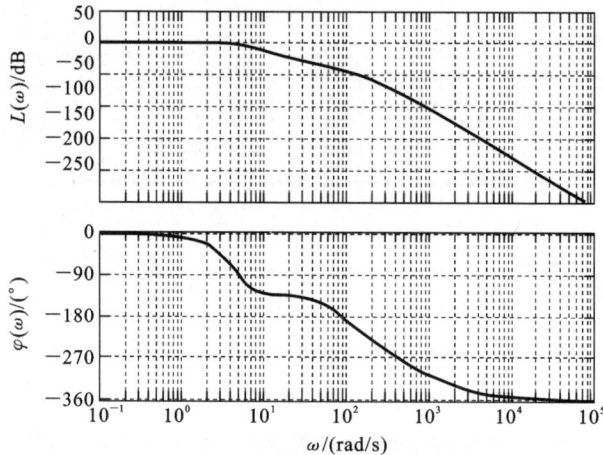

图 5-86 $K=0.2$ 时船载稳定平台俯仰角伺服系统的闭环频率特性曲线

由图 5-86 可见,系统存在谐振频率,当 $\omega_r=3.18$ 时,相应的谐振峰值 $20\lg M_r=$ 1.86 dB 或 $M_r=1.2388$。同理,利用式(5.95),得相角裕度 $\gamma \approx 53.83°$。根据式(5.93)和式(5.94),可以估算出此时系统的超调量 $\sigma\% \approx 25.55\%$,$t_s=2.47$ s。船载稳定平台俯仰角伺服系统当 K 取不同值时的单位阶跃响应曲线如图 5-87 所示。由图 5-87 可见,取 $K=0.2$ 时系统的超调量较小,但响应速度变慢。

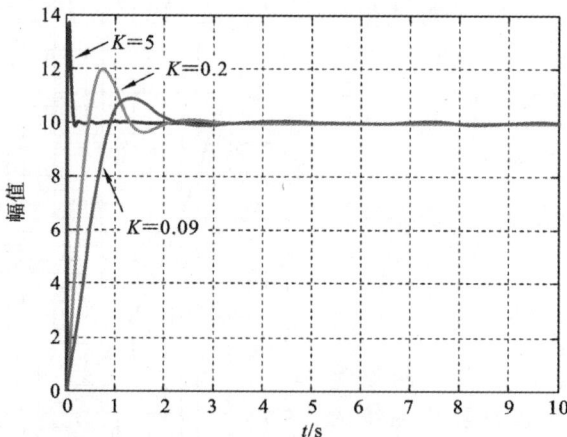

图 5-87 船载稳定平台俯仰角伺服系统当 K 取不同值时的单位阶跃响应曲线

综合考虑超调量和调节时间,在满足系统稳定的参数 $0<K<21.39$ 的范围内,若要求超调量小,则应该尽可能地减小 K,但若要求响应速度指标,则应该尽可能地增大 K。因此,可以根据系统的性能指标要求选择合适的 K。

5.5.6　机械臂控制系统

系统的开环传递函数为

$$G(s) = \frac{12.72}{s(0.08s+1)}$$

其频率特性为

$$G(jw) = \frac{12.72}{jw(0.08jw+1)}$$

由比例环节、积分环节、惯性环节组成。交接频率为 12.5，在此处，斜率变化 -20 dB/dec。

在低频段，幅频渐进特性取决于 $L_a(w) = 20\lg\dfrac{12.72}{w}$，由于 $\upsilon = 1$，低频段斜率为 -20 dB/dec，在 $w \geqslant 12.5$ rad/s 的频段，斜率变为 -40 dB/dec。

机械臂控制系统的伯德图如图 5-88 所示。

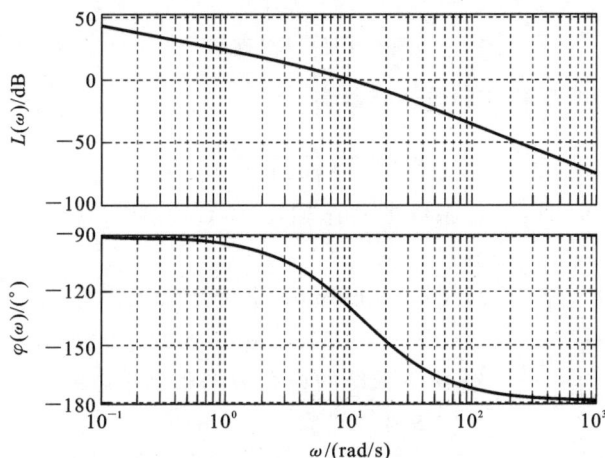

图 5-88　机械臂控制系统的伯德图

由系统的伯德图可以得出系统的截止频率 $w_c = 9.9515$ rad/s，得出相角裕度为 $\gamma = 51.4761°$。在相频特性曲线中，并未穿过 $-180°$，所以穿越频率 w_x 为无穷大，幅值裕度无穷大。

控制系统的奈奎斯特图如图 5-89 所示。

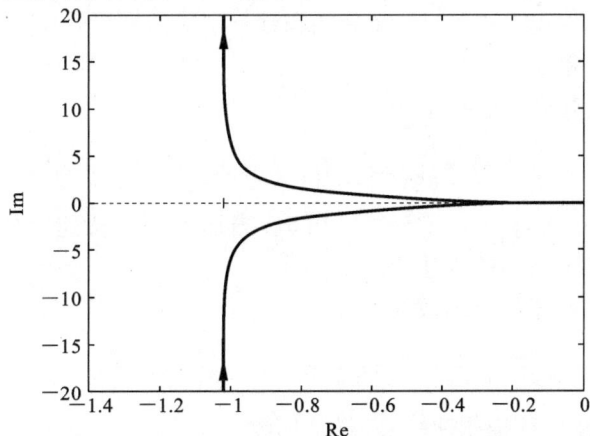

图 5-89　控制系统的奈奎斯特图

由开环传递函数得知系统没有位于 s 右半平面的极点,即 $P=0$,由奈奎斯特图得知并未包围 $(-1,\text{j}0)$ 点,$R=0$,此时有 $Z=P-R=0$,根据奈奎斯特稳定判据得知闭环系统稳定。

习 题 5

5-1 试求题 5-1 图所示 RC 网络的频率特性。

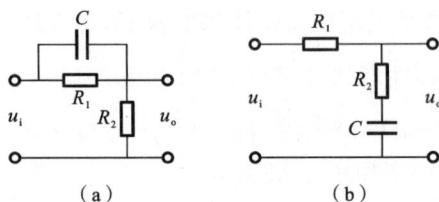

题 5-1 图 RC 网络

5-2 设单位反馈系统开环传递函数为

$$G(s)=\frac{K}{s(Ts+1)}$$

当输入 $r(t)=\sin(10t)$ 时,闭环系统的稳态输出为 $c(t)=\sin(10t-90°)$,试计算参数 K 和 T 的数值。

5-3 某控制系统结构图如题 5-3 图所示,试确定输入信号

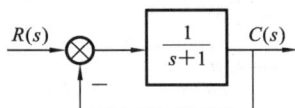

题 5-3 图 某控制系统结构图

$$r(t)=\sin(t+30°)-2\cos(2t-45°)$$

作用下系统的稳态输出和稳态误差。

5-4 若系统的单位阶跃响应为

$$c(t)=1-1.8\text{e}^{-4t}+0.8\text{e}^{-9t}$$

试确定系统的频率特性。

5-5 典型二阶系统的开环传递函数为

$$G(s)=\frac{\omega_\text{n}^2}{s(s+2\xi\omega_\text{n})}$$

当 $r(t)=2\sin t$ 时,系统的稳态输出为

$$c_\text{ss}(t)=2\sin(t-45°)$$

试确定系统参数 ω_n 和 ξ。

5-6 已知系统开环传递函数为

$$G(s)=\frac{K(-T_2s+1)}{s(T_1s+1)},\quad K,T_1,T_2>0$$

当 $\omega=1$ 时,$\angle G(\text{j}\omega)=-180°$,$|G(\text{j}\omega)|=0.5$。当输入为单位速度信号时,系统的稳态误差为 0.1。试写出 $G(\text{j}\omega)$ 的表达式。

5-7 已知系统开环传递函数为

(1) $G(s)H(s)=\dfrac{K(2s+1)}{s^2(3s+1)}$;(2) $G(s)H(s)=\dfrac{K(3s+1)}{s^2(2s+1)}$。

试绘制两系统的概略开环幅相曲线,并进行比较。

5-8 已知系统开环传递函数为

$$G(s)=\frac{1}{s^{\nu}(s+1)(s+2)}$$

试分别绘制 $\nu=1,2,3,4$ 时的概略开环幅相曲线。

5-9 已知系统开环传递函数为

$$G(s)=\frac{10}{s(2s+1)(s^2+0.5s+1)}$$

试分别计算当 $\omega=0.5$ 和 $\omega=2$ 时,开环频率特性的幅值 $|G(j\omega)|$ 和相位 $\angle G(j\omega)$。

5-10 已知系统开环传递函数为

$$G(s)=\frac{10}{s(s+1)(0.25s^2+1)}$$

试绘制系统的概略开环幅相曲线。

5-11 绘制下列开环传递函数的对数渐近幅频特性曲线:

(1) $G(s)=\dfrac{2}{(2s+1)(8s+1)}$;   (2) $G(s)=\dfrac{200}{s^2(s+1)(10s+1)}$;

(3) $G(s)=\dfrac{8(s/0.1+1)}{s(s^2+s+1)(s/2+1)}$;   (4) $G(s)=\dfrac{10(s^2/400+s/10+1)}{s(s+1)(s/0.1+1)}$。

5-12 系统开环传递函数为

$$G(s)H(s)=\frac{320}{s(0.01s+1)}$$

试绘制伯德图。

5-13 若传递函数为

$$G(s)=\frac{K}{s^{\nu}}G_0(s)$$

式中:$G_0(s)$ 为 $G(s)$ 中除比例和积分两种环节外的部分。试证

$$\omega_1=K^{\frac{1}{\nu}}$$

式中:ω_1 为对数渐近幅频特性曲线最左端直线(或其延长线)与 0 dB 线交点的频率,如题 5-13 图所示。

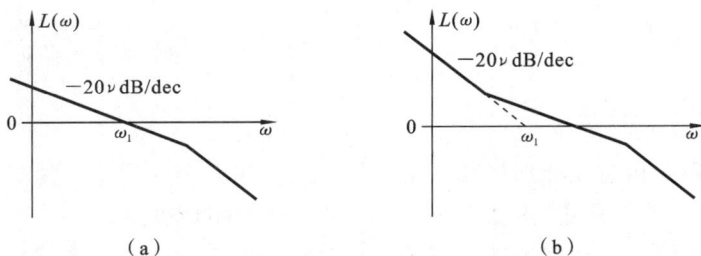

题 5-13 图 对数渐近幅频特性曲线

5-14 设某控制系统开环传递函数为

$$G(s)=\frac{K}{s(0.1s+1)(0.5s+1)}$$

(1)绘制系统伯德图;

(2)确定使系统临界稳定的 K 值。

5-15 已知最小相位系统的对数幅频渐近特性曲线如题 5-15 图所示,试确定系统的开环传递函数。

（a） （b） （c）

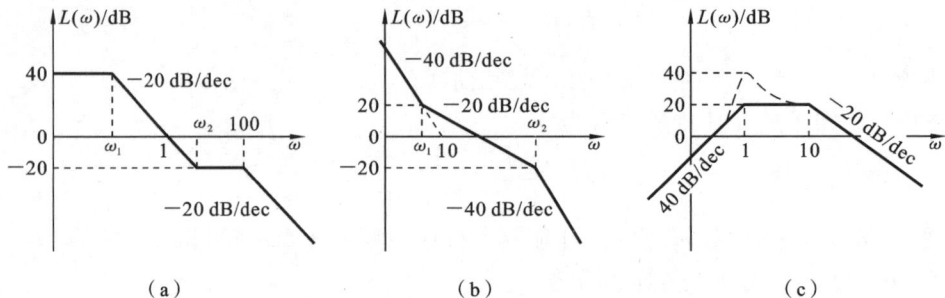

题 5-15 图　最小相位系统的对数幅频渐进特性曲线

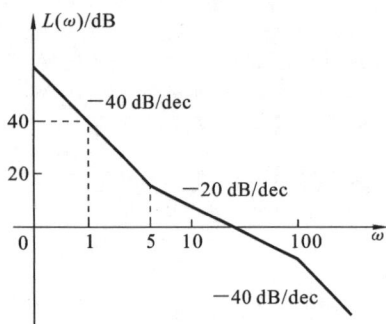

**题 5-16 图　某单位负反馈的最小相位
系统对数幅频特性曲线**

5-16　已知某单位负反馈的最小相位系统对数幅频特性曲线如题 5-16 图所示。

（1）写出该系统的开环传递函数；

（2）求该系统的截止频率 ω_c 和相位裕度 γ。

5-17　试用奈奎斯特稳定判据判断题 5-7、题 5-8 的系统稳定性。

5-18　已知下列系统的开环传递函数（参数 $K,T,T_i>0,i=1,2,\cdots,6$）：

（1）$G(s)=\dfrac{K}{(T_1s+1)(T_2s+1)(T_3s+1)}$；

（2）$G(s)=\dfrac{K}{s(T_1s+1)(T_2s+1)}$；

（3）$G(s)=\dfrac{K}{s^2(Ts+1)}$；

（4）$G(s)=\dfrac{K(T_1s+1)}{s^2(T_2s+1)}$；

（5）$G(s)=\dfrac{K}{s^3}$；

（6）$G(s)=\dfrac{K(T_1s+1)(T_2s+1)}{s^3}$；

（7）$G(s)=\dfrac{K(T_5s+1)(T_6s+1)}{s(T_1s+1)(T_2s+1)(T_3s+1)(T_4s+1)}$；

（8）$G(s)=\dfrac{K}{Ts-1}$；

（9）$G(s)=\dfrac{-K}{-Ts+1}$；

（10）$G(s)=\dfrac{K}{s(Ts-1)}$。

它们对应的开环幅相曲线分别如题 5-18 图所示,应用奈奎斯特稳定判据判断各系统的稳定性;若闭环系统不稳定,指出系统在 s 右半平面的闭环极点数。

5-19　设系统开环频率特性的开环幅相曲线如题 5-19 图所示,试判断闭环系统的稳定性。

5-20　已知系统开环传递函数为

$$G(s)=\frac{K}{s(Ts+1)(s+1)},\quad K,T>0$$

试根据奈奎斯特稳定判据确定其闭环稳定的条件:

（1）$T=2$ 时,K 的取值范围;

（2）$K=10$ 时,T 的取值范围;

（3）K,T 的取值范围。

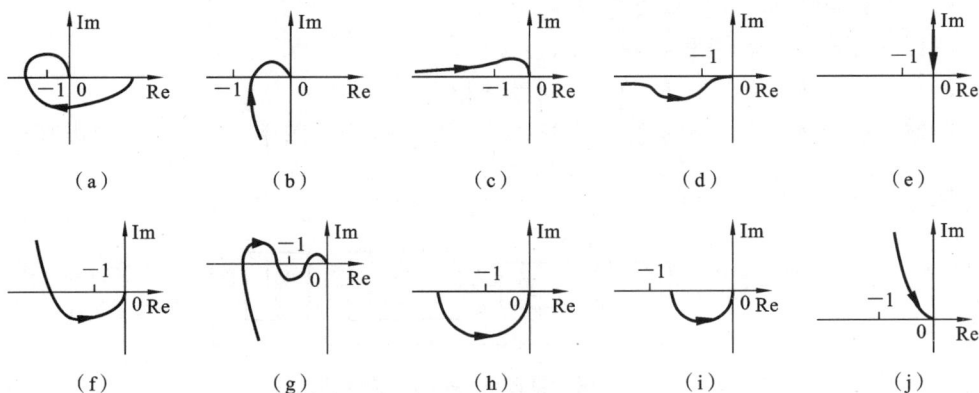

题 5-18 图　开环幅相曲线

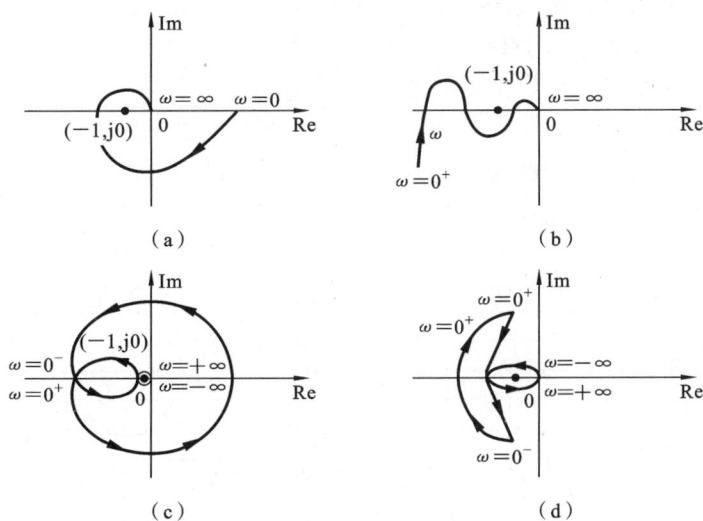

题 5-19 图　系统开环频率特性的开环幅相曲线

5-21　已知系统开环传递函数为

$$G(s)H(s)=\frac{K(s+4)}{s(s-1)}$$

试用奈奎斯特稳定判据判断闭环系统的稳定性,并确定 K 的取值范围。

5-22　已知系统开环传递函数为

$$G(s)H(s)=\frac{Ke^{-0.8s}}{s+1},\quad K>0$$

试概略绘制系统的开环幅相曲线,并求使系统稳定的 K 的取值范围。

5-23　设单位反馈控制系统的开环传递函数为

$$G(s)=\frac{as+1}{s^2}$$

试确定相角裕度为 $45°$ 时参数 a 的值。

5-24　已知系统开环传递函数为

$$G(s)H(s)=\frac{K}{(10s+1)(2s+1)(0.2s+1)}$$

（1）当 $K=20$ 时,分析系统稳定性;

（2）当 $K=100$ 时,分析系统稳定性;

（3）分析开环放大倍数 K 的变化对系统稳定性的影响。

5-25 已知某随动控制系统结构图如题 5-25 图所示,图中 $G_c(s)$ 的为检测环节与串联校正环节的传递函数,设 $G_c(s)=\dfrac{k_1(T_1s+1)}{T_1s}$,其中 $k_1=10$, $T_1=0.5$ s。

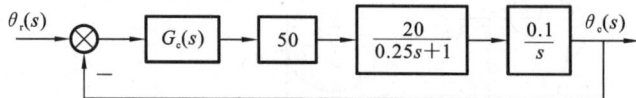

题 5-25 图　某随动控制系统结构图

（1）写出该系统的开环传递函数;

（2）绘制该系统的伯德图;

（3）求出相角裕度 γ,并判断闭环系统稳定性;

（4）当 $r(t)=3+4t$ 时,求系统的稳态误差 e_{ss}。

5-26 已知两个最小相位系统的开环对数相频特性曲线如题 5-26 图所示。试分别确定系统的稳定性。鉴于改变系统开环增益可使系统截止频率变化,试确定闭环系统稳定时截止频率 ω_c 的范围。

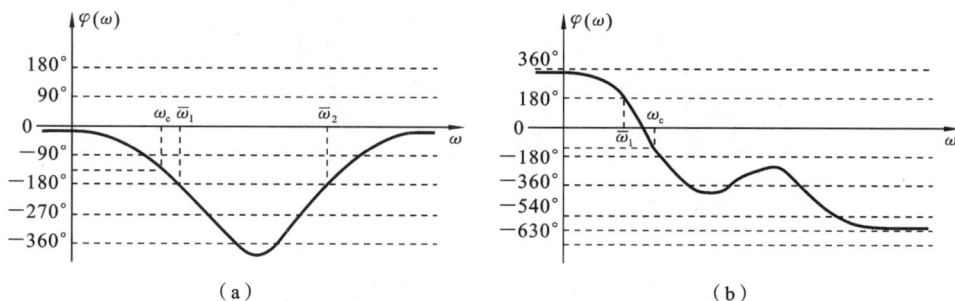

（a）　　　　　　　　　　　　（b）

题 5-26 图　两个最小相位系统的开环对数相频特性曲线

5-27 已知某控制系统结构图如题 5-27 图所示。

（1）写出该系统的开环传递函数;

（2）绘制该系统的伯德图;

（3）求出相角裕度 γ,并判断系统稳定性;

（4）当 $r(t)=4\cdot1(t)$ 时,求系统的 e_{ss}。

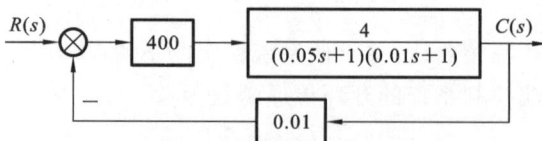

题 5-27 图　某控制系统结构图

5-28 某控制系统开环传递函数为

$$G(s)H(s)=\frac{K}{s(s+1)(s+2)}$$

试分别求 $K=1$ 和 $K=20$ 时,系统的幅值裕度 K_g 和相
角裕度 γ。

5-29 已知系统开环对数幅频渐近特性曲线如题
5-29 图所示。

(1) 此时系统的相角裕度 γ 是多少?

(2) 若要使 $\gamma=30°$,则系统开环增益为多少?

5-30 已知单位负反馈系统的开环传递函数为

$$G(s)=\frac{240000\,(s+3)^2}{s(s+1)(s+2)(s+100)(s+200)}$$

(1) 判断系统的稳定性,并求相角裕度 γ;

(2) 当系统串联一延迟环节 $e^{-\tau s}$ 时,τ 取何值时系
统稳定?

5-31 某宇宙飞船控制系统结构图如题 5-31 图
所示。为了使相角裕度等于50°,试确定增益 K。在这种情况下,幅值裕度是多大?

5-32 已知某单位反馈的小型船用锅炉蒸汽压力控制系统的开环传递函数为

$$G(s)=\frac{1.5}{100s+1}e^{-\tau s}$$

试确定闭环系统稳定时的 τ 值范围。

5-33 设大型油船航向控制系统的开环传递函数为

$$G(s)=\frac{E(s)}{\Delta(s)}=\frac{0.164(s+0.2)(-s+0.32)}{s^2(s+0.25)(s-0.09)}$$

其中,$E(s)$ 为油船偏航角的拉氏变换;$\Delta(s)$ 是舵机偏转角的拉氏变换。试验证题 5-33
图所示的大型油船航向控制系统的开环对数频率特性曲线的形状是否准确?

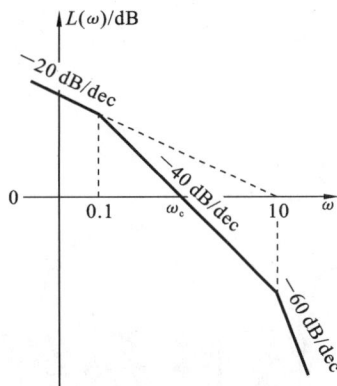

题 5-29 图　系统开环对数幅频
渐近特性曲线

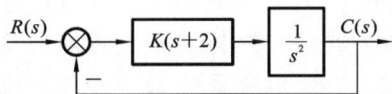

题 5-31 图　某宇宙飞船控制系统结构图

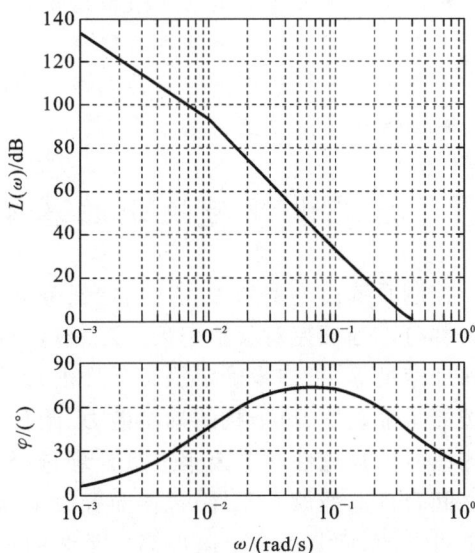

题 5-33 图　大型油船航向控制系统的
开环对数频率特性曲线

6

线性系统的校正设计

在前面各章中,较为详细地讨论了系统分析的基本方法。可以看出,所谓系统分析,就是在已经给定系统的结构、参数和工作条件下,对系统的数学模型进行分析,包括稳态性能和动态性能分析,以及分析某些参数变化对上述性能的影响。系统分析是为了设计一个满足要求的控制系统,当现有系统不满足要求时,找到改善系统性能的方法,这就是系统的校正。

描述控制系统特性的方法有时域响应、根轨迹图、频率特性等。在系统分析的基础上,将原有系统的特性加以修正与改造,利用校正装置使得系统能够满足给定的性能指标,这样的工程方法称为系统校正。经典控制理论中系统校正所采用的研究方法主要有频率法和根轨迹法。这两种方法可以自成体系独立进行,也可以互为补充。本章主要研究利用频率法和根轨迹法对系统进行校正设计。

【本章重点】

- 明确系统校正问题的一般概念;
- 熟练掌握基于频率法的串联超前校正、串联滞后校正、串联滞后-超前校正;
- 熟练掌握根轨迹法校正的思路与步骤;
- 掌握综合法校正的基本思路。

6.1 系统设计与校正的基本问题

控制系统由一系列为完成给定任务而设置的元件组成,可分成被控对象与控制器两大部分。当被控对象给定后,按照被控对象的工作条件、被控制信号应具有的最大速度和加速度等,可初步确定执行元件的形式、特性和参数。而控制系统中的测量元件,可按测量准确度、对干扰的抑制能力、测量过程中的惯性、非线性度等方面的要求以及被测信号的物理性质等因素进行合理选择。在此基础上,还需要在测量元件与执行元件之间合理选择放大元件,包括前置放大器与功率放大器。一般来说,放大器的增益必须是可调的,而其调节上限应高于系统的正常要求值。上述测量元件、放大元件和执行元件等是构成控制器的基本元件。这些初步选定的元件,以及包括被控对象在内,它们都有自身固有的静态与动态特性。因此,这些元件便构成了系统的不可变部分。

设计控制系统的目的是将构成控制器的各元件和被控对象适当地组合起来使之能完成给定任务。通常,这种给定任务通过所谓的性能指标来表达。这些性能指标常常与控制精度、阻尼程度和响应速度有关。将上面选定的控制器与被控对象组成控制系统后,如果不能全面满足设计要求的性能指标,就在已选定的系统不可变部分的基础上,增加必要的元件,使重新组合起来的控制系统能够全面满足设计要求的性能指标。这就是控制系统设计中的综合与校正问题。

6.1.1 控制系统的设计步骤

完成一个控制系统的设计任务,往往需要经过理论与实践的多次反复才能得到比较合理的结构形式和满意的性能。系统的设计过程一般有以下几步。

(1)拟定性能指标。

性能指标是设计控制系统的依据,因此,必须合理地拟定性能指标。在不少系统的设计中,有些指标往往并不明确给出,而是由设计人员根据设计要求进行转换。

系统性能指标要切合实际需要,既要使系统能够完成给定的任务,又要考虑实现条件和经济效果。一般来说,性能指标不应当比完成给定任务所需要的指标更高。例如,若系统的主要要求是具有较高的稳态性能,那么就不必对系统动态过程要求过高的性能指标,因为这需要昂贵的元件或者复杂的控制装置。

如果在设计过程中,发现很难满足给定的性能指标,或者设计出的控制系统造价太高,则需要对给定的性能指标进行必要的修改。

工程上存在各种性能指标。一种指标对于某一类系统适用,但对另一类系统不一定适用,所以不同类型的系统需要不同类型的指标。此外,控制系统的很多校正方法是在频域里进行的,需要用频域指标,但时域指标又具有直观、便于测量等优点,因此在许多场合下,时域和频域这两类指标常同时采用。

(2)初步设计。

初步设计是控制系统设计中最重要的一环,主要包括下列几个内容。

① 根据设计任务和设计指标,初步确定比较合理的设计方案,选择系统的主要元部件,拟出控制系统的原理图。

② 建立所选元部件的数学模型,并进行初步的稳定性分析和动态性能分析。一般来说,这时的系统虽然在原理上能够完成给定的任务,但系统的性能一般不能满足要求的性能指标。

③ 进行系统的控制器设计和系统的动态校正,使系统达到给定的性能指标要求。这一步就是本章要重点介绍的系统校正内容。

④ 分析各种方案,选择最合适的方案。对于给定的同一个设计要求,一般可以设计出许多方案,即系统设计是不唯一的。因此,要对得到的各种方案进行比较和论证,不断改进,最后确定一个较好的方案,这样就完成了初步设计工作。

初步设计工作主要是理论分析与计算,必须进行很多的近似,如模型简化和线性化等,所以得到的方案可能没有理论分析的结果理想。为了检验初步设计结果的正确性,并改进设计,还需要进行原理试验。

(3)原理试验。

根据初步设计确定的系统工作原理,建立实验模型,进行原理试验。根据原理试验的结果,对原定方案进行局部的甚至全部的修改,调整系统的结构和参数,进一步完善设计方案。

(4) 样机生产。

在原理试验的基础上,考虑到实际的安装、使用、维修等条件,应进行样机生产。通过对样机的实验调整,在确认样机已满足性能指标和使用要求的前提下,进行实际的运行和环境条件考验实验。根据运行和实验的结果,进一步改进设计。在完全达到设计要求的情况下,可将设计定型并交付生产。

可见,一个完整的控制系统设计要经过多次反复试验与修改,才能逐步完善。设计的完善与合理性在很大程度上取决于设计者的经验。

6.1.2　系统校正的定义

前面已经指出,根据系统所要完成的任务,制定出合理的性能指标后,即可选择主要的元部件。例如,要设计一个调速系统,根据系统的调速范围、调速精度等,确定需采用的直流调速方式。根据系统的输出功率和供给的能源形式,选择可控硅整流装置及相应的触发电路等;根据负载和调速精度的要求,选择直流电动机以及相应的激磁电路等;根据调速精度选择测速发电机作为测量元件。这样,系统的结构和主要元部件就选定了。直流电动机速度控制系统结构图如图 6-1 所示。

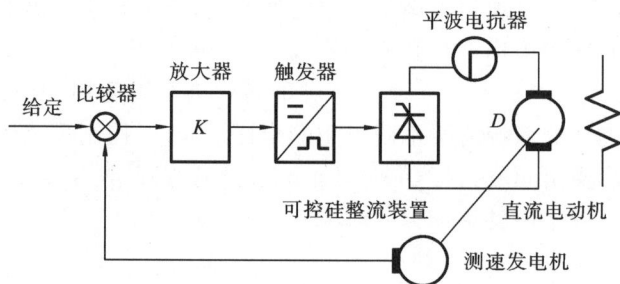

图 6-1　直流电动机速度控制系统结构图

根据系统中各元部件的特性以及系统结构,可以建立系统的数学模型,然后运用前面各章介绍的分析方法,不难分析系统的动态特性,从而检验系统是否满足给定的性能指标。初步设计出的系统一般来说是不满足性能指标要求的。一个很自然的想法就是在已有系统中加入一些参数和结构可以调整的装置以改善系统的特性。从理论上来讲这是完全可以的,因为加入了校正装置就改变了系统的传递函数,也就改变了系统的动态特性。

一般来说,系统中的测量元件、放大元件和执行元件是构成控制系统的基本元件。图 6-1 所示调速系统中的比较器、触发器、可控硅整流装置、直流电动机及其励磁电路、测速发电机等,这些装置一经选定后都有固定的特性,在系统校正中不再改变,是系统的不可改变部分。而相应的用作校正的元部件(包括放大器),其参数和结构在设计过程中可根据性能指标的要求而定,称为可变部分。

可见,所谓校正就是在系统不可变部分的基础上,加入适当的校正元件(校正装置),使系统的整个特性发生变化,从而使系统满足给定的各项性能指标。

校正系统要解决的问题就是增加必要的校正元件,使重新组合起来的控制系统能全面满足设计要求的性能指标。加入校正元件后,将使原系统在性能指标方面的缺陷得到补偿。

6.1.3　校正方案

在选定了校正装置后,就要知道校正装置应放在系统中的什么位置,按照校正装置在系统中的连接方式,校正方案(方式)可分为串联校正、反馈校正和复合校正。

1. 串联校正

校正环节安置在前向通道里,称为串联校正。为了避免功率损耗应尽量选择小功率的校正元件,一般串联校正环节安置在前向通道中能量较低的部位上,如接在系统误差测量点之后和放大器之前,如图 6-2 所示。图 6-2 中,$G(s)$、$H(s)$ 为系统的不可变部分,$G_c(s)$ 为校正环节的传递函数。

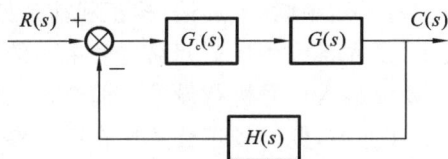

图 6-2　串联校正

校正前系统的闭环传递函数为

$$\Phi(s) = \frac{G(s)}{1 + G(s)H(s)} \tag{6.1}$$

串联校正后系统的闭环传递函数为

$$\Phi_c(s) = \frac{G_c(s)G(s)}{1 + G_c(s)G(s)H(s)} \tag{6.2}$$

串联校正分析简单,应用范围广,易于被理解、接受。例如,在直流控制系统中,由于传递直流电压信号,适于采用串联校正。在交流载波控制系统中,若采用串联校正,一般应接在解调器和滤波器之后。

2. 反馈校正

校正装置接在系统的局部反馈通道中,称为反馈校正,如图 6-3 所示。校正环节一般位于内反馈通路中。

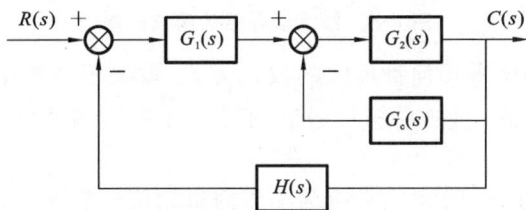

图 6-3　反馈校正

校正前,系统的闭环传递函数为

$$\Phi(s) = \frac{G_1(s)G_2(s)}{1 + G_1(s)G_2(s)H(s)} \tag{6.3}$$

反馈校正后,系统的闭环传递函数为

$$\Phi_c(s) = \frac{G_1(s)G_2(s)}{1 + G_2(s)G_c(s) + G_1(s)G_2(s)H(s)} \tag{6.4}$$

可见,反馈校正也改变了系统的闭环零点和极点,选择适当的校正装置同样能使系统满足给定的性能指标。

由反馈的性质可知,反馈校正不仅具有串联校正的功能,还能抑制反馈环内部扰动对系统的影响。但是,为了保证反馈回路稳定,反馈校正所包围的环节不宜过多,一般不超过 3 个。反馈校正的元件数一般不多,但体积大些,而且精度要求较高。

反馈校正常用于系统中高功率点传向低功率点的场合,一般无附加放大器,所以采用的元件比串联校正的少。反馈校正的一个突出优点是只要合理地选取校正装置参数,可消除原系统中不可变部分参数波动对系统性能的影响。

3. 复合校正

复合校正是指系统中同时采用串联(或反馈)校正和前馈校正。

前馈校正又称顺馈校正,是在系统主反馈回路之外采用的校正方式,校正环节不在控制回路中,要针对可测扰动或输入信号进行设计。前馈校正的作用通常有两种:一种是对参考输入信号进行整形和滤波,此时校正装置接在系统参考输入信号之后、主反馈作用点之前的前向通道上,如图 6-4 所示;另一种是对扰动信号进行测量、转换后接入系统,形成一条附加的对扰动影响进行补偿的通道,如图 6-5 所示。

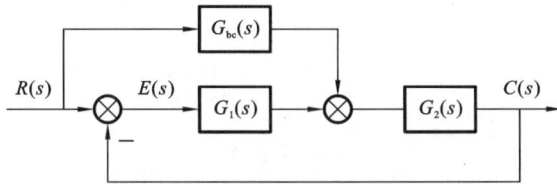

图 6-4　按输入补偿的前馈控制

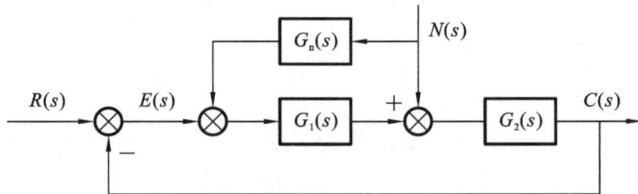

图 6-5　按扰动补偿的前馈控制

在系统设计中,具体采用何种形式的校正方式,取决于系统中信号的性质、技术实现的方便性、可供选用的元件、经济性、抗干扰性、环境使用条件以及设计者的经验等因素。

除了上述几种校正形式以外,有时为了用简单的校正装置来获得满意的性能,可以采用混合校正方式。例如,在串联校正的基础上再进行反馈校正,这样可以综合两种校正的优点,当然还可以将两种前馈校正方式进行综合。

6.1.4　校正方法

确定了校正方案以后,下面的问题就是如何确定校正装置的结构和参数。目前主要有两大类校正方法:分析法与综合法。

分析法也称试探法,这种方法是把校正装置归结为易于实现的几种类型。它们的结构是已知的,而且参数可调。设计者首先根据经验确定校正方案,然后根据系统的性能指标要求,"对症下药"地选择某一种类型的校正装置,然后再确定这些校正装置的参数。这种方法设计的结果必须验算,如果不能满足全部性能指标,则应调整校正装置参数,甚至重新选择校正装置的结构,直到系统校正后满足给定的全部性能指标。因此,分析法本质上是一种试探法。

分析法的优点是校正装置简单,可以设计成产品,如工程上广泛使用的各种 PID 调节器等。本章将首先介绍这种方法,包括确定校正装置的参数,以及如何选择合适的校正结构。

综合法又称期望特性法。它的基本思想是按照设计任务所要求的性能指标,构造期望的数学模型,然后选择校正装置,使系统校正后的数学模型等于期望的数学模型。

综合法虽然简单,但得到的校正环节的数学模型一般比较复杂,在实际应用中受到限制,但它仍然是重要的方法之一,尤其是对校正装置的选择有很好的指导作用。

需要指出,无论是综合法还是分析法,都带有经验的成分,所得结果往往不是最优的。最优控制系统需要用最优控制理论来设计。

对一个设计者来说,不仅要充分了解被控对象的结构、参数和特性等,还要知道所需设计的系统应满足何种性能指标。性能指标通常是由使用单位或被控对象的设计制造单位提出的。不同的控制系统对性能指标的要求应有不同的测量:如调速系统对平稳性和稳态精度要求较高,而随动系统侧重于快速性要求。性能指标的提出应符合实际系统的需要和可能,应以完成任务和满足要求为宜,追求过高的性能指标,不仅会造成不必要的经济费用的提高,而且可能会因为超出系统的强度极限而造成设计失败。

性能指标主要有两种提法,一种是时域指标,另一种是频域指标。根据性能指标的不同提法,系统可考虑采用不同的校正方法:针对时域性能指标,系统校正通常在时域内进行,在时域内进行的校正称为根轨迹法校正;针对频域指标,系统校正一般在频域内进行,在频域内进行的校正称为频率法校正。频率法校正是指基于频率特性的方法对系统所进行的校正,主要校正系统的开环频率特性使闭环系统满足给定的动静态性能指标要求。在控制系统设计中,如果性能指标以频域特征量——相对谐振峰值、谐振频率、带宽频率或开环频率特性的相角裕度、截止频率、开环增益 K、稳态误差等给出时,为避免指标换算,一般采用频率法校正。

根轨迹法校正是基于根轨迹分析法,通过增加新的(或者消去原有的)开环零点或者开环极点来改变原根轨迹走向,得到新的闭环极点,从而使系统可以实现给定的性能指标来达到系统设计要求。如果性能指标以时域特征量——阻尼比、自然频率或超调量、调节时间、上升时间及稳态误差等给出时,为避免指标换算,一般采用根轨迹法校正。

一般来说,用频域法进行校正比较简单。目前,工程技术界多习惯采用频率响应法进行设计。但频域法的设计指标是间接指标,所以频域法虽然简单,但只是一种间接方法。具体采用哪种设计方法,还取决于具体情况(如对象复杂程度、模型给定方式等)和设计者的偏好。两种性能指标之间是可以相互换算的,对典型二阶系统存在简单的关系,对高阶系统也存在简单的近似关系。常用的时域、频域指标及其转换关系如表 6-1 和表 6-2 所示。

表 6-1　二阶系统的时域性能指标和频域性能指标

类别	性能指标	计算公式
时域指标	超调量	$\sigma\% = e^{-\frac{\xi\pi}{\sqrt{1-\xi^2}}} \times 100\%$
	调节时间($\Delta = 5\%$)	$t_s = \dfrac{3.5}{\xi\omega_n}$
频域指标	谐振峰值	$M_r = \dfrac{1}{2\xi\sqrt{1-\xi^2}}$ ($\xi \leqslant 0.707$)
	谐振频率	$\omega_r = \omega_n\sqrt{1-2\xi^2}$ ($\xi \leqslant 0.707$)
	带宽频率	$\omega_b = \omega_n\sqrt{1-2\xi^2+\sqrt{2-4\xi^2+4\xi^4}}$
	截止频率	$\omega_c = \omega_n\sqrt{\sqrt{1-4\xi^2}+4\xi^2}$
	相角裕度	$r = \arctan\dfrac{\xi}{\sqrt{\sqrt{1+4\xi^4}-2\xi^2}}$
时频转换	调节时间	$t_s = \dfrac{7}{\omega_c \operatorname{tg}\gamma}$
	超调量	$\sigma\% = e^{-\pi\sqrt{\frac{M_r-\sqrt{M_r^2-1}}{M_r+\sqrt{M_r^2-1}}}} \times 100\%$

表 6-2　高阶系统性能指标的经验公式

性能指标	经验公式
谐振峰值	$M_r = \dfrac{1}{\sin\gamma}$
超调量	$\sigma\% \approx 0.16+0.4(M_r-1), 1\leqslant M_r\leqslant 1.8$
调节时间	$t_s = \dfrac{k\pi}{\omega_c}, k=2+1.5(M_r-1)+2.5(M_r-1)^2$　($1\leqslant M_r\leqslant 1.8$)

6.1.5　基本控制规律

一旦确定了校正方式,就应该了解校正装置所需要的控制规律,以便选用相应的元件。常选用比例、积分、微分等基本控制规律,或者它们的某些组合,如比例-微分、比例-积分、比例-积分-微分等,以实现对被控对象的有效控制。

1. 比例控制规律

具有比例控制规律的控制器称为比例控制器(P 控制器)。比例控制器的输出信号 $m(t)$ 成比例地反映其输入信号 $\varepsilon(t)$,即

$$m(t) = K_P\varepsilon(t)$$

传递函数为

$$G(s) = \frac{M(s)}{\varepsilon(s)} = K_P$$

式中:K_P 为比例系数,或称 P 控制器增益。P 控制器结构图如图 6-6 所示。P 控制器的作用是调整系统的开环比例系数,提高系统的稳态精度,降低系统的惰性,加快响应速度。

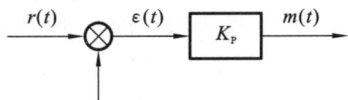

图 6-6 P 控制器结构图　　　　图 6-7 带有 P 控制器的一阶反馈控制系统

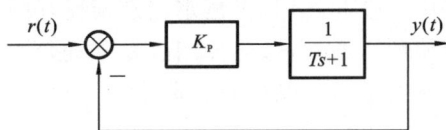

考虑如图 6-7 所示的带有 P 控制器的一阶反馈控制系统,系统的闭环传递函数为

$$G(s) = \frac{K_p}{Ts+1+K_p} = \frac{K_p}{1+K_p} \frac{1}{\left(\dfrac{T}{1+K_p}s+1\right)}$$

显然,K_p 越大,稳态精度越高,系统的时间常数 $T' = \dfrac{T}{1+K_p}$ 越小,意味着系统反应速度越快。将系统中的一阶惯性环节换成二阶振荡环节,仍可得到类似的结论。

仅用 P 控制器校正系统是不行的,过大的开环比例系数不仅会使系统的超调量增大,而且会使系统的稳定裕度变小。对高阶系统而言,甚至会使系统变得不稳定。图 6-8 直观地反映了 K_p 增大后系统相角裕度变小的情况。

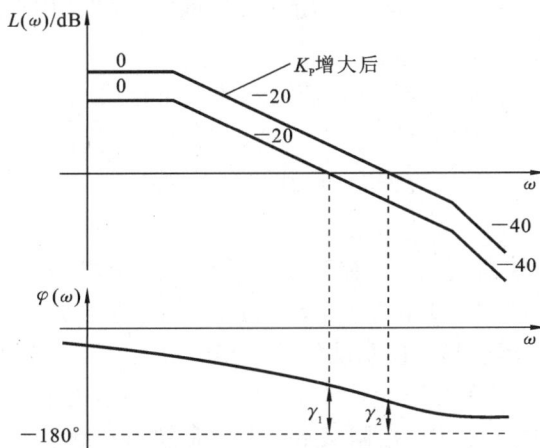

图 6-8 相角裕度变化图

综上所述,在串联校正中,P 控制器可以提高系统的开环增益,使稳态误差减小,P 控制器的加入使系统时间常数减小,从而降低了系统的惯性。但 K_p 过大,可能会影响系统的稳定性,导致系统不稳定。从 I 型系统的幅相曲线上看,K_p 越大,曲线越远离虚轴,相角裕度 γ 减小,从而使系统的相对稳定性降低。通常,P 控制器不单独使用。

2. 比例-微分控制规律

具有比例-微分控制规律的控制器称为比例-微分(PD)控制器,其传递函数为

$$G_c(s) = \frac{M(s)}{e(s)} = K_p(1+\tau s)$$

式中:K_p 为比例系数;τ 为微分时间常数。PD 控制器的结构图如图 6-9 所示。其输出信号成比例地反映输入误差信号和它的微分,即

$$m(t) = K_p\left(e(t) + \tau \frac{de(t)}{dt}\right) \tag{6.5}$$

很显然,微分控制的输出 $\tau \dfrac{de(t)}{dt}$ 与输入信号 $e(t)$ 的变化率成正比,即微分控制只在动

态过程中才会起作用,对恒定稳态情况起阻断作用。因此,微分控制在任何情况下都不能单独使用。通常,微分控制总是和比例控制或其他控制一起使用。图 6-10 为比例-微分控制的输入与输出对比曲线。

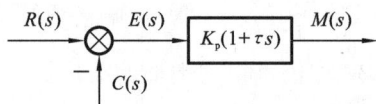

图 6-9 PD 控制器的结构图

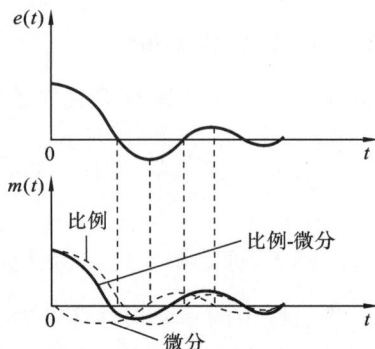

图 6-10 比例-微分控制的输入与输出对比曲线

从图 6-10 可以看出,微分控制的作用 $m(t)$ 在时间上比 $e(t)$ "提前"了,这显示了微分控制的"预测"作用。正是由于这种对动态过程的"预测"作用,微分控制使得系统的响应速度变快、超调减小、振荡减轻。

下面从频率特性的角度来分析 PD 控制器的校正作用。为方便起见,令 $K_p=1$,此时控制器 $G_c(s)$ 的对数频率特性为

$$L_c(\omega)=20\lg\sqrt{1+\omega^2\tau^2}$$
$$A_c(\omega)=\text{tg}^{-1}(\omega\tau)$$

PD 控制器对数频率特性曲线及 PD 控制器对系统开环频率特性曲线的校正作用如图 6-11、图 6-12 所示。从图 6-11 和图 6-12 中看出,只要适当地选取微分时间常数,就可以利用 PD 控制提供的超前相角使系统的相角裕度增大(图 6-12 中校正前相角裕度 γ_1 为负值,系统不稳定;校正后 $\gamma_2>0$,系统变为稳定)。而且,由于截止频率 ω_c 增大,系统响应速度会变快。由此可见,PD 控制从本质上说是超前控制。

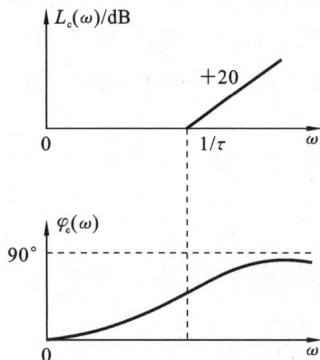

图 6-11 PD 控制器对数频率特性曲线

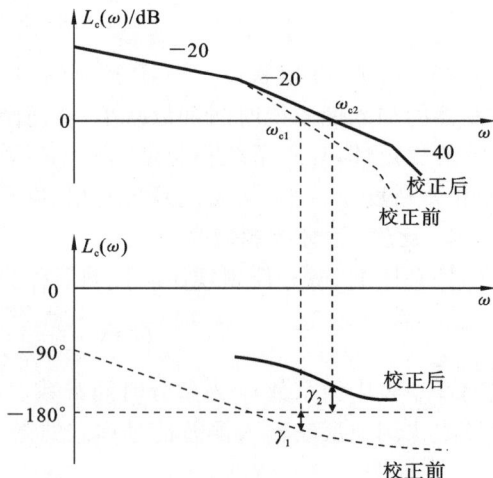

图 6-12 PD 控制器对系统开环频率特性曲线的校正作用

【**例 6-1**】 图 6-13 为刚体转动系统结构图,分析 PD 控制器对系统性能的影响。

解 系统的开环传递函数为

$$G(s)=\frac{K}{Js^2}$$

特征方程为

$$Js^2+K=0$$

由于特征方程缺项,可知原闭环系统不稳定。

（1）加入 P 控制器校正,如图 6-14 所示。

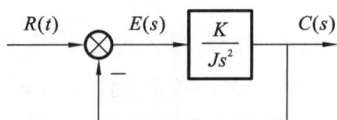

图 6-13 刚体转动系统结构图   图 6-14 P 控制器校正

校正后系统的开环传递函数为 $G_1(s)=\dfrac{KK_p}{Js^2}$,系统特征方程为 $D_1(s)=Js^2+KK_p$ $=0$,特征方程仍然缺项,系统不稳定。因此,P 控制器并不能使不稳定的系统稳定,只能减小系统的稳态误差。

（2）再加入 PD 控制器校正,如图 6-15 所示。

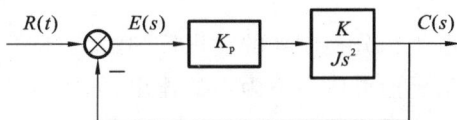

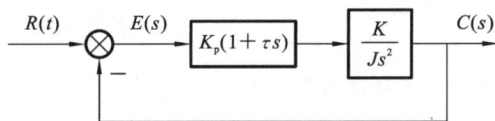

图 6-15 PD 控制器校正

系统的开环传递函数为

$$G_2(s)=\frac{KK_p(1+\tau s)}{Js^2}$$

校正后的系统特征方程为 $D_2(s)=Js^2+KK_p\tau s+KK_p=0$,此时特征方程不缺项,可以设计合适的 K_p 和 τ 使得闭环系统稳定。通过选取适当的 K_p 和 τ 的数值就可得到期望的 ξ 和 ω_n。

从该例中可以看出,PD 控制器可以改善系统的稳定性,调节动态性能（对应中频段）。

PD 控制器的作用总结如下。

① PD 控制器为系统增加了一个负实零点 $-1/\tau$,提高了系统的响应速度,改善了系统的动态特性。

② 微分环节提供了一个正的超前相角,增加了相角裕度（使相频特性向上拉）,提高了系统的相对稳定性。

③ 微分环节增加了阻尼程度,减小了超调量,使系统的响应速度提高,相当于微分环节提前给出了修正量,控制作用提前改变符号,故具有预见性。

这里要注意,时间常数 τ 是 PD 控制器设计的关键。当 τ 很大时,微分作用太强,可能使输出没有超调,即 $\xi\geqslant1$,相当于延长了调节时间,响应速度变慢;当 τ 很小时,微分作用太弱,没有起到作用。因此,要合理选择 τ 值,主要根据动态响应指标来设计。

3. 积分控制规律

具有积分控制规律的控制器称为积分控制器,也称为 I 型控制器。积分控制器的传递函数为

$$G_c(s) = \frac{1}{T_i s}$$

式中:T_i 为积分时间常数。积分控制器结构图如图 6-16 所示。它的输出量是输入量对时间的积分,即

$$m(t) = \frac{1}{T_i} \int_0^t e(t) \, \mathrm{d}t$$

由于积分控制器的输出反映的是对输入信号的积累,因此,当输入信号为零时,积分控制仍然可以有不为零的输出,如图 6-17 所示。正是由于这一独特的作用,可以用它来消除稳态误差。

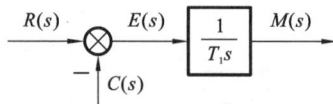

图 6-16 积分控制器结构图

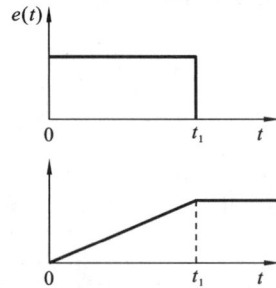

图 6-17 积分作用示意图

在控制系统中,采用积分控制器可以提高系统的型别,消除或减小稳态误差,从而使系统的稳态性能得到改善。然而,积分控制器的加入,常会影响系统的稳定性。例如,在图 6-18 所示系统中,由于加入了积分控制器,闭环系统的特征方程由原来的 $Ts^2 + s + K = 0$ 变为 $T_i Ts^3 + T_i s^2 + K = 0$,显然系统变得不稳定了。在这类系统中,只有采用比例和积分控制规律才有可能达到既保持系统稳定又提高系统型别的目的。采用积分控制器虽然不破坏系统稳定性,但会使系统的稳定裕度减小。此外,由于积分控制器是靠对误差的积累来消除稳态误差的,势必会使系统的反应速度降低。因此,积分控制器一般不单独使用,而是和比例控制器一起合成比例-积分控制器后再使用。

4. 比例-积分控制规律

具有比例-积分控制规律的控制器称为比例-积分(PI)控制器。其结构图如图 6-19 所示。PI 控制器的传递函数为

$$G_c(s) = K_p \left(1 + \frac{1}{T_i s} \right)$$

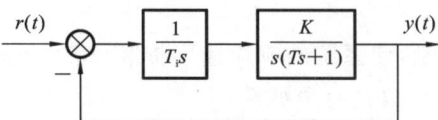

图 6-18 加入积分控制器的系统结构图

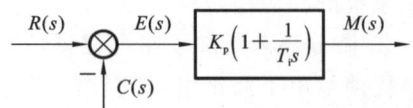

图 6-19 比例-积分控制器结构图

PI 控制器的输出信号成比例地反映输入误差信号和它的积分,即

$$m(t) = K_{\mathrm{p}}e(t) + \frac{K_{\mathrm{p}}}{T_{\mathrm{i}}}\int_0^t e(t)\,\mathrm{d}t$$

刚加入输入信号时,由于积分从零开始,此时控制函数 $m(t)$ 主要由比例部分起作用,但积分是一直在起作用的。在输入 $e(t)=0$ 时,输出 $m(t)$ 保持不变,但并不为零。这说明 PI 控制器不但保持了积分控制器消除稳态误差的"记忆功能",而且克服了单独使用积分控制消除误差时反应不灵敏的缺点。图 6-20 给出了三种控制作用的对比。

对于图 6-18 中的对象,如果将积分控制器改为比例-积分控制器,则闭环系统的特征方程为

$$T_{\mathrm{i}}Ts^3 + T_{\mathrm{i}}s^2 + T_{\mathrm{i}}K_{\mathrm{p}}Ks + K_{\mathrm{p}}K = 0$$

此时特征方程不缺项,只要适当地调节控制参数,就有可能使系统既保持稳定,又提高型别。根据特征方程的劳斯表,利用劳斯稳定判据可得系统稳定的条件。

列劳斯表得

s^3	$T_{\mathrm{i}}T$	$K_{\mathrm{p}}KT_{\mathrm{i}}$	0
s^2	T_{i}	$K_{\mathrm{p}}K$	0
s^1	$K_{\mathrm{p}}K(T_{\mathrm{i}}-T)$	0	
s^0	$K_{\mathrm{p}}K$		

可见,只要 $T_{\mathrm{i}} > T$,就可以满足系统稳定。

下面从频率特性的角度来分析 PI 控制器的校正作用。为方便起见,设 $K_{\mathrm{p}}=1$,则校正环节 $G_{\mathrm{c}}(s)$ 的对数频率特性为

$$L_{\mathrm{c}}(\omega) = 20\lg\sqrt{1+\omega^2 T_{\mathrm{i}}^2} - 20\lg(\omega T_{\mathrm{i}})$$
$$A_{\mathrm{c}}(\omega) = \mathrm{tg}^{-1}(\omega T_{\mathrm{i}}) - 90°$$

$G_{\mathrm{c}}(s)$ 的对数频率特性曲线如图 6-21 所示。由图 6-21 可见,PI 控制器的校正作用主要在低频段。这与低频特性反映系统稳态性能是一致的。通过引入 $-20\ \mathrm{dB/dec}$ 的幅频特性,提高了系统型别,改善了系统稳态特性。同时,由于对系统中频和高频特性的影响较小,使系统能基本保持原来的响应速度和稳定裕度。因此,从本质上说,PI 控制是滞后控制。

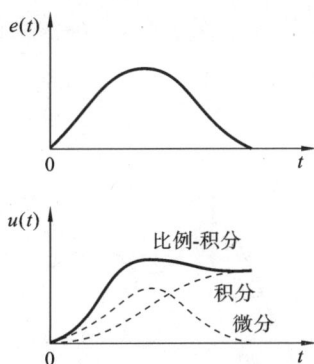

图 6-20 三种控制作用的对比

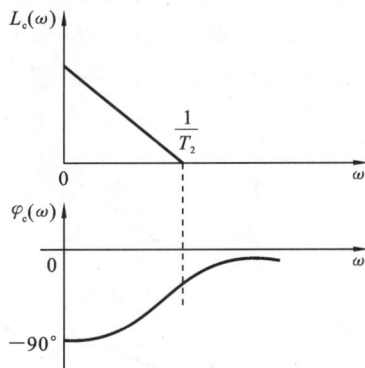

图 6-21 $G_{\mathrm{c}}(s)$ 的对数频率特性曲线

5. 比例-积分-微分控制规律

具有比例-积分-微分控制规律的控制器称 PID 控制器。PID 控制器结构图如图 6-22 所示。PID 控制器的传递函数为

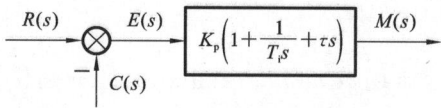

图 6-22 PID 控制器结构图

$$G_c(s) = K_p\left(1 + \frac{1}{T_i s} + \tau s\right) = \frac{K_p}{T_i}\frac{T_i \tau s^2 + T_i s + 1}{s}$$

其输出信号成比例地反映输入误差信号以及它的积分和微分,即

$$m(t) = K_p e(t) + \frac{K_p}{T_i}\int_0^t e(t)\,\mathrm{d}t + K_p \tau\frac{\mathrm{d}e(t)}{\mathrm{d}t}$$

式中:K_p 为可调比例系数;T_i 为可调积分时间系数;τ 为微分时间常数。此时要设计 3 个参数。

令 $K_p = 1$,则 $G_c(s)$ 的对数频率特性为

$$L_c(\omega) = 20\lg\sqrt{\left(1 - \frac{\omega^2}{\omega_i \omega_d}\right)^2 + \frac{\omega^2}{\omega_i^2}} - 20\lg\frac{\omega}{\omega_i}$$

$$A_c(\omega) = \mathrm{tg}^{-1}\frac{\dfrac{\omega}{\omega_i}}{1 - \dfrac{\omega^2}{\omega_i \omega_d}} - 90°$$

式中:$\omega_i = \dfrac{1}{T_i}$,$\omega_d = \dfrac{1}{\tau}$。设计中一般取 $\omega_i > \tau$,因此,PID 控制器的频率特性可由图 6-23 表示。由图 6-23 看出,在低频段,主要是 PI 控制规律起作用,提高系统型别,消除或减少稳态误差;在中高频段主要是 PD 控制规律起作用,增大截止频率和相角裕度,提高响应速度。因此,PID 控制器可以全面地提高系统的控制性能。

当利用 PID 控制器进行串联校正时,除可使系统的型别提高一级外,还可提供两个负实零点。与 PI 控制器相比,PID 控制器除了同样具有提高系统的稳态性能的优点外,还多提供一个负实零点,从而在提高系统动态性能方面,具有更大的优越性。因此,在工业过程控制系统中,广泛使用 PID 控制器。PID 控制器各部分参数的选择在系统现场调试中最后确定。下面介绍两种 PID 控制器参数选择的方法。

6. PID 控制器的参数调整

在对象模型确知的情况下,可以采用解析的方法确定 PID 控制器的参数。但在工业系统中,有时对象很复杂,难以得到较为准确的模型。此时,可以根据系统的动态响应来调整 PID 控制参数。下面介绍参数调整的齐格勒-尼柯尔斯法则,这种法则的目标是要在系统阶跃响应中达到 25% 的超调量(见图 6-24)。

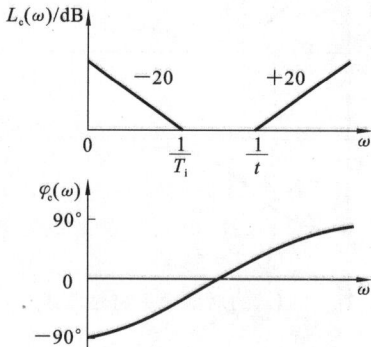

图 6-23 PID 控制器频率特性

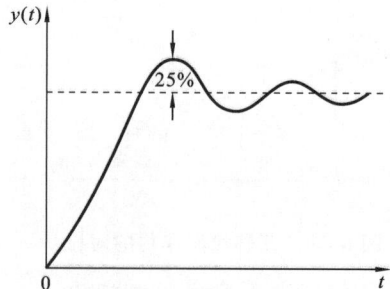

图 6-24 期望的阶跃响应曲线(方法一)

方法一,先通过实验,求出校正前对象的单位阶跃响应曲线。响应曲线可以通过实

验获得,也可以通过控制对象的动态仿真获得。如果对象中既不包含积分器,又没有主导共轭复极点,则这时的单位阶跃响应曲线看起来像一条 S 曲线,如图 6-25 所示(如果响应曲线不是 S 形,则不能应用此方法)。

过超调量 25% 的时间点画一条切线,确定该切线与时间轴和直线 $y(t)=K$ 的交点,从而确定出延时时间 L 和时间常数 T,此时对象可用具有延时的一阶系统近似表示为

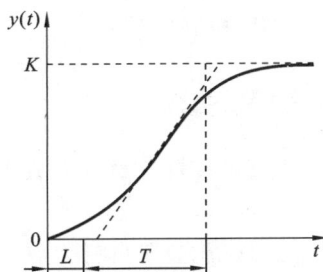

图 6-25　单位阶跃响应的 S 曲线

$$\frac{Y(s)}{U(s)}=\frac{Ke^{-Ls}}{Ts+1}$$

齐格勒-尼柯尔斯提出用表 6-3 中的公式来确定 K_p、T_i 和 τ 的值。

表 6-3　齐格勒-尼柯尔斯参数调整法则(方法一)

控制器类别	K_p	T_i	τ
P	T/L	∞	0
PI	$0.9\dfrac{T}{L}$	$\dfrac{L}{0.3}$	0
PID	$1.2\dfrac{T}{L}$	$2L$	$0.5L$

用该方法所得到的 PID 控制器为

$$C(s)=K_p\left(1+\frac{1}{T_i s}+\tau s\right)=1.2\frac{T}{L}\left(1+\frac{1}{2Ls}+0.5Ls\right)=0.67\frac{\left(s+\frac{1}{L}\right)^2}{s}$$

因此,PID 控制器有一个位于原点的极点和一对位于 $s=-\dfrac{1}{L}$ 的零点。

方法二,先只采用比例控制,然后使 K_p 从 0 增加到临界值 K_r,这里临界值是指使系统首次出现持续振荡时的增益值(如果无论怎样调整 K_p,都不会出现持续振荡,则此法不能用)。在出现持续振荡后测出振荡周期 N_r,则 K_p、T_i 和 τ 可以根据表 6-4 中的公式确定。

表 6-4　齐格勒-尼柯尔斯参数调整法则(方法二)

控制器类别	K_p	T_i	τ
P	$0.5K_r$	∞	0
PI	$0.45K_r$	$\dfrac{1}{1.2}P_r$	0
PID	$0.6K_r$	$0.5P_r$	$0.125P_r$

用该方法得到的 PID 控制器为

$$C(s)=K_p\left(1+\frac{1}{T_i s}+\tau s\right)=0.6K_r\left(1+\frac{1}{0.5P_r s}+0.125P_r s\right)=0.075K_r P_r\frac{\left(s+\frac{4}{P_r}\right)^2}{s}$$

因此,PID 控制器具有一个位于原点的极点和一对位于 $s=-\dfrac{4}{P_r}$ 的零点。

6.1.6 校正装置分类

从校正装置自身有无放大功能来看,校正装置可分为无源校正装置和有源校正装置两大类。

无源校正装置自身无放大功能,通常由 RC 网络组成,在信号传递中,会产生幅值衰减,且输入阻抗低、输出阻抗高,常需要引入附加的放大器,补偿幅值衰减和进行阻抗匹配。无源串联校正装置通常被安置在前向通道中能量较低的部位上。

有源校正装置常由运算放大器和 RC 网络共同组成,该装置自身具有能量放大与补偿功能,且易于进行阻抗匹配,所以使用范围要比无源校正装置广泛得多。

有关无源校正装置和有源校正装置的使用在后面的相关分析中介绍。

6.2 分析法校正

分析法针对被校正系统的性能和给定的性能指标,首先选择合适的校正环节的结构,然后用校正方法确定校正环节的参数。在用分析法进行串联校正时,校正环节的结构通常采用超前校正、滞后校正、滞后-超前校正这三种形式,下面讨论这三种结构用于校正时,确定它们参数的方法,至于如何选择校正结构,这虽然是分析法的首要问题,但只有弄清各种校正的作用和特点以后才能明白选择的原则,因此在介绍了校正方法后,再来介绍如何选择校正结构。

用频率响应法进行校正装置设计,通常在开环对数频率特性上进行。由于串联校正比较简单,并且市场上也有许多工艺完善、质量较好的串联校正装置的定型产品,如电子的、气动的、液压的等,尤以电阻电容网络和由运算放大器组成的有源校正装置最为常见,应用比较广泛。下面着重讨论串联校正的三种主要形式及其在系统中的校正作用。

6.2.1 串联超前校正

1. 超前校正及其特性

在控制系统中,采用具有超前相移的校正装置对系统的特性进行校正,称为超前校正。一般当系统的动态性能不满足要求时,采用超前校正。换句话说,超前校正改善系统的动态性能指标,校正中频段部分,使相角变化平缓。

超前校正的主要目标就是改变原系统中频区的形状,使 ω_c 处的直线斜率为 -20 dB/dec,且相角裕度达到最大值。根据前面讲述的控制规律可知,采用 PD 控制器可以实现,它所提供的最大超前相角为 $\dfrac{\pi}{2}$。

在实际工程中,一般采用近似的 PD 控制器,其传递函数为

$$G_c(s)=\frac{\tau s+1}{Ts+1}$$

设 $\tau=\alpha T$,则传递函数变为 $G_c(s)=\dfrac{\alpha Ts+1}{Ts+1}$。超前校正就是在前向通道中串接传递函数

为 $G_c(s)=\dfrac{\alpha Ts+1}{Ts+1}$ 的校正装置,如图 6-26 所示。这里的校正环节的结构是确定的,但参数可调,最终要设计校正装置,就要确定 α 和 T 这两个参数,使系统满足给定的性能指标。

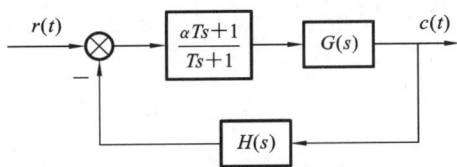

图 6-26 超前校正方框图

从传递函数可知,要想提供超前相角,必须 $\alpha T>T$,即 $\alpha>1$。超前校正的零点和极点分布如图 6-27 所示。从超前校正的零点和极点分布可见,零点总是位于极点的右边($\alpha>1$),改变 α 和 T 的值,零点和极点可以位于 s 平面的负实轴上任意位置,从而产生不同的校正效果。

图 6-28 为超前校正的 Bode 图。从 Bode 图可以看出,超前校正对频率在 $\dfrac{1}{\alpha T}\sim\dfrac{1}{T}$ 之间的输入信号有微分作用,在该频率范围内,超前校正具有超前相角,超前校正的名称由此而得。超前校正的基本原理就是利用超前相角补偿系统的滞后相角,改善系统的动态性能,如增加相角裕度,提高系统稳定性能等。

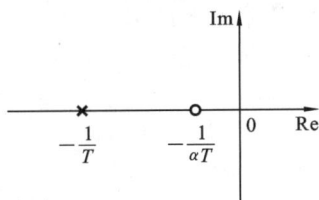

图 6-27 超前校正的零点和极点分布

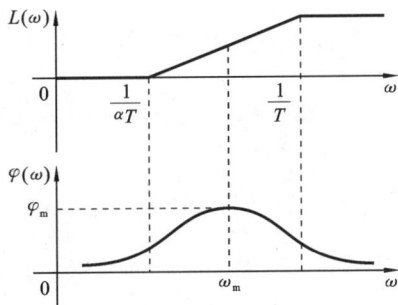

图 6-28 超前校正的 Bode 图

超前校正的相频特性为

$$\varphi(\omega)=\mathrm{arctg}\,\alpha T\omega-\mathrm{arctg}\,T\omega=\mathrm{arctg}\,\frac{\alpha T\omega-T\omega}{1+\alpha T^2\omega^2} \tag{6.6}$$

从式(6.6)可知,相频特性是 ω 和 α 的函数,即近似 PD 控制器提供的超前相角,不仅与 ω 有关,还与 α 有关。

2. 最大补偿相角 φ_m 及 ω_m

下面先求取超前校正的最大超前相角 φ_m 及最大超前相角所对应的频率 ω_m,这对于设计超前校正是很重要的。

超前校正的频率特性为

$$G_c(j\omega)=\frac{1+j\alpha T\omega}{1+jT\omega} \tag{6.7}$$

相频特性为

$$\varphi_c(\omega)=\mathrm{tg}^{-1}\alpha T\omega-\mathrm{tg}^{-1}T\omega$$

相频特性对 ω 求导

$$\frac{\mathrm{d}\varphi_c(\omega)}{\mathrm{d}\omega}=\frac{\alpha T}{1+(\alpha T\omega)^2}-\frac{T}{1+(T\omega)^2}$$

令 $\dfrac{\mathrm{d}\varphi_c(\omega)}{\mathrm{d}\omega}=0$,得 $\omega_m=\dfrac{1}{\sqrt{\alpha}T}$,于是

$$\varphi_m=\mathrm{tg}^{-1}\alpha T\frac{1}{\sqrt{\alpha}T}-\mathrm{tg}^{-1}T\frac{1}{\sqrt{\alpha}T}=\sin^{-1}\frac{\alpha-1}{\alpha+1} \tag{6.8}$$

即当 $\omega_m=\dfrac{1}{\sqrt{\alpha}T}$ 时,超前相角最大为 $\varphi_m=\sin^{-1}\dfrac{a-1}{\alpha+1}$。可以看出,$\varphi_m$ 只与 α 有关。这一点对于超前校正的设计是相当重要的。

从上面的结果可以看出,φ_m 只与 α 有关。α 越大,φ_m 越大,对系统相角补偿越大,但高频干扰越严重。这是因为超前校正近似为一阶微分环节。进一步分析还可以得到,当 $\alpha>20$(即 $\varphi_m=65°$),φ_m 的增加就不显著了。当 $\alpha\to\infty$ 时,超前校正最大补偿相角为 $\dfrac{\pi}{2}$,其实是不可能实现的。可以看到 α 越大,需要增加的放大倍数越大,校正环节的物理实现越困难。所以,综合考虑上述因素,一般取 α 为 5~20,即超前校正补偿的相角一般不超过65°。

3. 相频特性出现峰值时的幅频特性

下面来分析相频特性出现峰值,即 $\omega=\omega_m=\dfrac{1}{\sqrt{\alpha}T}$ 时对应的幅频特性的值。由超前校正的 Bode 图可知,两个交接频率的关系为 $\dfrac{1}{\alpha T}<\dfrac{1}{T}$,即微分先起作用。

Bode 图中 $\dfrac{1}{T}$ 处的高度为

$$h=20\left(\lg\frac{1}{T}-\lg\frac{1}{\alpha T}\right)=20\lg\alpha$$

将 $\omega=\omega_m=\dfrac{1}{\sqrt{\alpha}T}$ 代入幅频特性中可得

$$20\lg|G_c(\mathrm{j}\omega_m)|=20\lg\sqrt{1+(\alpha T\omega_m)^2}-20\lg\sqrt{1+(T\omega_m)^2}=10\lg\alpha$$

即 ω_m 正好出现在频率 $\dfrac{1}{\alpha T}$ 和 $\dfrac{1}{T}$ 的几何中心。这里用 ω_{c0} 表示未校正系统的剪切频率,ω_c' 表示系统期望的剪切频率,即校正后系统的剪切频率。在设计超前装置时,为了充分利用装置的最大超前相角来补偿 ω_c' 处的相角裕度,希望装置的 ω_m 出现在 ω_c' 的地方,即 $\omega_m=\omega_c'$,则 ω_c' 一定位于 $\dfrac{1}{\alpha T}$ 和 $\dfrac{1}{T}$ 的几何中心。ω_c' 的位置确定了,相当于装置 $G_c(s)$ 加在系统中的位置就确定了。同时还可以通过调整 α 的值来改变装置所提供的补偿角度及 ω_c' 的位置。

由于在原系统的中频段加入校正装置 $G_c(s)$,而 $G_c(s)$ 中微分先起作用,叠加后就将系统原幅频特性曲线向上抬,则未校正系统的剪切频率 ω_{c0} 与校正后的剪切频率 ω_{c0}' 相比,有 $\omega_c'>\omega_{c0}$,如图 6-29 所示,即校正后系统的 ω_c' 出现在原系统 ω_{c0} 的后面。那么到底将原幅频特性曲线抬高了多少呢?由于系统校正后要在 ω_c' 处过零,也就是系统校正前原幅频特性曲线与校正装置的幅频特性曲线在 ω_c' 处叠加为零。根据前面的分析可知,ω_c' 应出现在校正装置两个交接频率的几何中心,校正装置的幅频特性曲线在 ω_c 处的高度为 $h=10\lg\alpha$,此时只需系统原幅频特性曲线在 ω_c' 处的高度 $h'=$

$20\lg|G_0(\mathrm{j}\omega_c)|$ 与 h 相等,即 $20\lg|G_0(\mathrm{j}\omega_c)|=-10\lg\alpha$,就可以满足校正后系统在 ω'_c 处的相角达到最大值,这是设计所需要的。

4. PD 控制器与近似 PD 控制器的对比

PD 控制器的 Bode 图如图 6-30 所示。从图 6-30 中可见,PD 调节器是一种理想情况,物理上是不可实现的。事实上,实际的 PD 控制器仍有一定的惯性,所以对数幅频特性的高频段会变为 0 dB/dec;系统一般都具有较高的高频衰减特性,所以为了简化系统设计,在工程上通常按近似 PD 控制器设计。

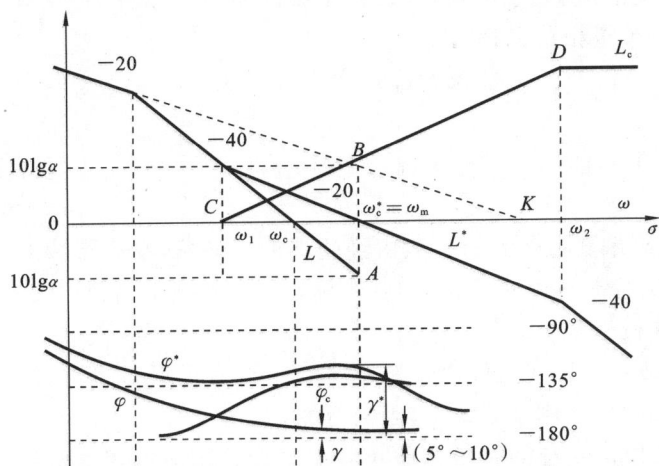

图 6-29 系统进行超前校正的 Bode 图　　　图 6-30 PD 控制器的 Bode 图

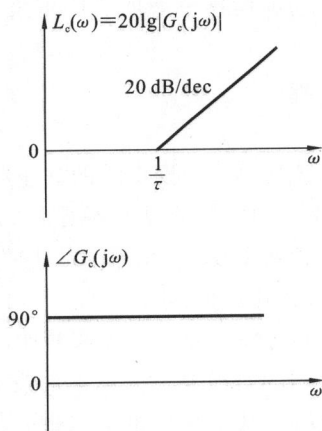

PD 控制器比近似 PD 控制器提供的最大超前相角大,而近似 PD 控制器比 PD 控制器抗干扰能力强,因为在高频段,PD 控制器为 20 dB/dec 上升的直线,而近似 PD 控制器在 $\omega=\dfrac{1}{T}$ 处,幅值已经衰减,相当于高频噪声信号衰减,抗干扰能力强。

5. 超前校正步骤

1)设计指标

频域法进行系统校正是一种间接方法,依据的不是时域指标而是频域指标。通常采用相角裕度等表征系统的相对稳定性,用开环截止频率 ω_c 表征系统的快速性。当给定的指标是时域指标时,首先需要转化为频域指标,才能够进行频域设计。

在频域中有三种基本的图形,即奈奎斯特图、Bode 图和尼科尔斯图。这三种图都可以用来进行设计,但最好的是 Bode 图。因为伯德图比较容易精确绘制,而且校正网络的效果从图上很容易看出,只要将其幅值及相位曲线分别加在未校正系统上就行。因此,最常用的频域校正方法是依据开环频率特性指标和开环增益,在 Bode 图上确定校正参数并校验开环频域指标。在必要情况下,再在尼科尔斯图上校验闭环特性指标。

2)一般设计步骤

围绕 $\omega_m=\omega'_c$(即最大超前相角 $\varphi_m(\omega)$ 出现在 ω'_c 的地方)来设计求取 T 和 α。T 和 α 确定后,$G_c(s)=\dfrac{\alpha Ts+1}{Ts+1}$ 就确定了,装置就出来了。由于最大超前相角 $\varphi_m(\omega)$ 只与 α 有关,要求 α,就要先求 $\varphi_m(\omega)$。下面介绍在 Bode 图上进行校正的一般步骤。

（1）根据给定的稳态指标，确定系统的开环增益 K。

因为超前校正不改变系统的稳态指标，所以第一步仍然是先调整放大器，使系统满足稳态性能指标。

（2）确定装置需提供的最大超前相角 $\varphi_m(\omega)$。

利用步骤（1）求得的 K 来绘制系统伯德图。在伯德图上量取未校正系统的相位裕度和幅值裕度，并计算为使相位裕度达到给定指标所需补偿的超前相角 $\Delta\varphi = \gamma - \gamma_0 + \varepsilon$。其中，$\gamma$ 为期望的相位裕度指标，γ_0 为未校正系统的相位裕度，ε 为附加的角度。加 ε 的原因主要是超前校正使系统的截止频率 ω_c' 增大，未校正系统的相角一般更小一些，为补偿这里增加的负相角，再加一个正相角 ε，即

$$|\angle G_0(j\omega_c')H(j\omega_c')| > |\angle G_0(j\omega_c)H(j\omega_c)|, \quad \omega_c' > \omega_c$$

取

$$\varepsilon \geq |\angle G_0(j\omega_c')H(j\omega_c')| - |\angle G_0(j\omega_c)H(j\omega_c)|$$

式中：ω_c' 为校正后的截止频率。

由于 ω_c' 尚未确定，所以从上式并不能求得 ε，一般由经验选取。显然，幅频特性的剪切率越大，相频曲线变化越大。通常这样来选取 ε：当未校正系统的剪切率为 -20 dB/dec 时，可取 ε 为 $5°\sim10°$；当未校正系统的剪切率为 -40 dB/dec 时，可取 ε 为 $10°\sim15°$；当未校正系统的剪切率为 -60 dB/dec 时，可取 ε 为 $15°\sim20°$；或者根据 ω_c' 后面的相频曲线变化大小来选取 ε，若比较平坦，则取 ε 为 $5°$，否则增加。

从上述讨论中不难看出，当未校正系统的相角在截止频率附近急剧向负相角增加时，不宜采用超前校正。

（3）确定校正参数 α。

取 $\varphi_m = \Delta\varphi$，并由 $\alpha = \dfrac{1+\sin\varphi_m}{1-\sin\varphi_m}$ 求出 α，即所需补偿的相角由超前校正装置来提供。

（4）确定校正参数 T。

为使超前校正装置的最大超前相角出现在校正后系统的截止频率 ω_c' 处，即 $\omega_m = \omega_c'$，取未校正系统幅值为 $-10\lg\alpha$ dB 时的频率作为校正后系统的截止频率 ω_c'。

由 $\omega_m = \omega_c' = \dfrac{1}{\sqrt{\alpha}T}$ 计算参数 T，并写出超前校正的传递函数 $G_c(s) = \dfrac{\alpha Ts+1}{Ts+1}$。

（5）校验指标。

绘制校正后系统的伯德图，检验是否满足给定的性能指标。当系统仍不满足要求时，增大 ε 值，从（3）算起。

【例 6-2】 设系统结构图如图 6-31 所示。要求系统在单位斜坡输入信号作用时，稳态误差 $e_{ss} \leq 0.1$，开环系统截止频率 $\omega_c \geq 4.4$ rad/s，相角裕度 $\gamma \geq 45°$，幅值裕度 $h \geq 10$ dB，试设计超前校正装置。

解 （1）确定开环增益 K。

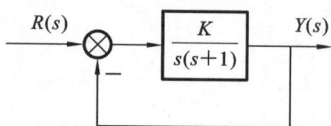

图 6-31 系统结构图

根据给定的稳态指标，确定符合要求的开环增益 K。本例要求在单位斜坡输入信号作用下 $e_{ss} \leq 0.1$，说明校正后的系统仍应是 I 型系统，因为

$$e_{ss} = \frac{1}{K_v} = \frac{1}{K} \leq 0.1$$

所以 $K \geq 10$，取 $K = 10$。

（2）$K = 10$ 时未校正系统的开环对数频率特性如图 6-32 中 L_0 所示。

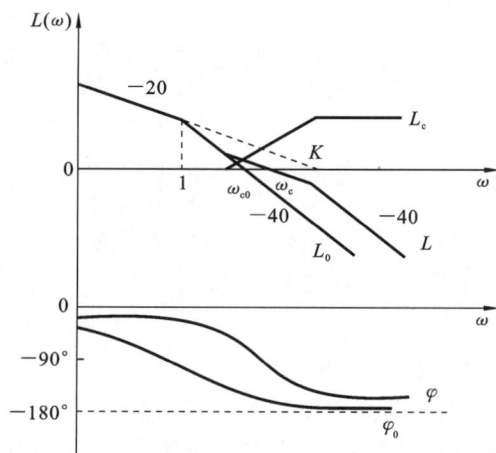

图 6-32 系统的开环对数频率特性曲线

在伯德图上量得，未校正系统的开环截止频率为 $\omega_{c0} = 3$ rad/s，相角裕度为 $\gamma_0 = 18°$，幅值裕度为 $h_0 = +\infty$。相角裕度也可以由计算得到，由图列写直线方程

$$20\lg\frac{10}{1} = 40\lg\frac{\omega_{c0}}{1}$$

解得 $\omega_{c0} = 3.16$ rad/s。根据题目要求，取 $\omega'_c = 4.4$ rad/s，则有

$$\gamma_0 = 180° - 90° - \tan^{-1}\omega'_c = 12.8°$$

则

$$\Delta\varphi = \gamma - \gamma_0 + \varepsilon = 37.2°$$

令 $\varphi_m = \Delta\varphi = 37.2°$，则

$$\alpha = \frac{1 + \sin\varphi_m}{1 - \sin\varphi_m} = \frac{1 + \sin 37.2°}{1 - \sin 37.2°} = 4.06$$

取 $\omega_m = \omega'_c = 4.4$ rad/s。此时，时间常数 T 为

$$T = \frac{1}{\sqrt{\alpha}\omega_m} = \frac{1}{9}$$

超前校正装置的传递函数为

$$G_c(s) = \frac{1 + \frac{4}{9}s}{1 + \frac{1}{9}s}$$

校正后系统的伯德图如图 6-32 中 L 所示。从图 6-32 中可以看出 $\gamma = 50° > 45°$，$h = +\infty > 10$ dB，$\omega_c = 4.5$ rad/s，所以校正是成功的。

本例还可以这样来确定校正参数。试选 $\omega_c = 4.4$ rad/s，由图 6-32 得校正系统在 ω_c 处的幅频特性为 $20\lg|G_0(j\omega_c)| = -6$ dB，当然也可以通过下式计算得到：

$$20\lg|G_0(j\omega_c)| = -40\lg\frac{4.4}{\sqrt{10}} = -6 \text{ dB}$$

为使校正后截止频率为 4.4 rad/s，必须使 $-10\lg\alpha = -6$ dB，即 $\alpha = 4$，因此

$$T = \frac{1}{\omega_m \sqrt{\alpha}} = \frac{1}{\omega_c \sqrt{\alpha}} = 0.114$$

故校正环节的传递函数为

$$G_c(s) = \frac{1+\alpha Ts}{1+Ts} = \frac{1+0.456s}{1+0.114s}$$

校正后系统的开环传递函数为

$$G(s) = \frac{10(0.456s+1)}{s(s+1)(0.114s+1)}$$

显然,校正后系统的截止频率 $\omega_c = 4.4$ rad/s,相角裕度为

$$\gamma = 180° - 90° - \arctan\omega_c + \arctan 0.456\omega_c - \arctan 0.114\omega_c$$
$$= 49.7° > 45°$$

幅值裕度 $h \to \infty$,全部性能指标均已满足。

　　超前校正前后系统的时域仿真曲线如图 6-33 所示。可以看出,原系统经频域超前校正后,系统的动态性能得到显著的改善,超调量大大减小,响应时间加快,满足给定的要求。

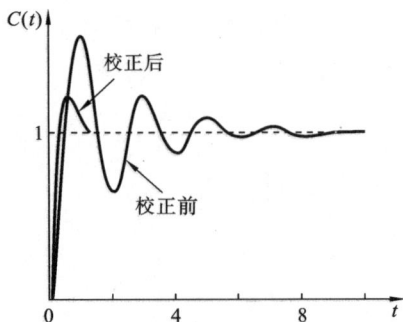

图 6-33　超前校正前后系统的
时域仿真曲线

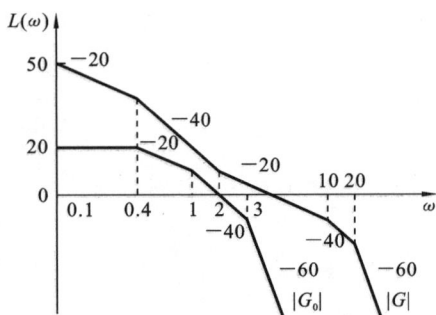

图 6-34　单位负反馈最小相位系统校正
前后的开环对数幅频特性曲线

　　【例 6-3】　单位负反馈最小相位系统校正前后的开环对数幅频特性曲线如图 6-34 所示。

　　(1) 求串联校正装置的传递函数 $G_c(s)$。

　　(2) 求串联校正后,使闭环系统稳定的开环增益 K 的值。

　　解　(1) 由图 6-34 可知,校正前系统的开环传递函数为

$$G_0(s) = \frac{K_0}{s\left(\dfrac{s}{0.4}+1\right)(s+1)\left(\dfrac{s}{3}+1\right)}$$

式中 K_0 可由低频段求出

$$20\lg K_0 = 20$$

求得

$$K_0 = 10$$

　　校正后系统的开环传递函数为

$$G(s) = \frac{K\left(\dfrac{s}{2}+1\right)}{s\left(\dfrac{s}{0.4}+1\right)\left(\dfrac{s}{10}+1\right)\left(\dfrac{s}{20}+1\right)}$$

由图 6-34 可知，在 $\omega=0.1$ rad/s 时，开环对数幅值 $L(0.1)=50$ dB，即

$$|G(\mathrm{j}0.1)|=\frac{K}{0.1}=316.2$$

故 $K=31.62$，根据 $G(s)=G_c(s)G_0(s)$，有

$$G_c(s)=\frac{G(s)}{G_0(s)}=\frac{3.162(s+1)\left(\frac{s}{2}+1\right)\left(\frac{s}{3}+1\right)}{s\left(\frac{s}{10}+1\right)\left(\frac{s}{20}+1\right)}$$

（2）求串联校正后，使闭环系统稳定的开环增益 K 的值。

根据校正后系统的开环传递函数，其相频特性为

$$\angle G(\mathrm{j}\omega)=-90°-\tan^{-1}\frac{\omega}{0.4}+\tan^{-1}\frac{\omega}{2}-\tan^{-1}\frac{\omega}{10}-\tan^{-1}\frac{\omega}{20}$$

运用三角公式 $\tan^{-1}\alpha\pm\tan^{-1}\beta=\tan^{-1}\frac{\alpha\pm\beta}{1\mp\alpha\beta}$ 整理，得

$$\angle G(\mathrm{j}\omega)=-90°-\tan^{-1}\frac{\frac{2\omega}{1+1.25\omega^2}+\frac{0.15\omega}{1-0.005\omega^2}}{1-\frac{2\omega}{1+1.25\omega^2}\frac{0.15\omega}{1-0.005\omega^2}}$$

当相角为 $-180°$ 时，有

$$1-\frac{2\omega}{1+1.25\omega^2}\frac{0.15\omega}{1-0.005\omega^2}=0$$

解得 $\omega=12.3$ rad/s，此时幅值为

$$|G(\mathrm{j}12.3)|=\frac{31.6\times\left(\frac{12.3}{2}\right)}{12.3\times\left(\frac{12.3}{0.4}\right)\times\left(\frac{12.3}{10}\right)}=0.418$$

即将开环增益增大 $\frac{1}{0.418}$ 倍，系统处于临界稳定状态。根据频率稳定判据，当 $0<K<31.6\times\frac{1}{0.418}$，即 $0<K<75.6$ 时，对数频率特性曲线不穿越 $-180°$ 线，系统稳定。

【**例 6-4**】　设待校正系统不可变部分的开环传递函数为

$$G_0(s)=\frac{K}{s(0.1s+1)(0.001s+1)}$$

要求校正后的系统满足性能指标：响应 $r(t)=R_1t$ 的稳态误差不大于 $0.001R_1$；$\omega_c=165$ rad/s；$\gamma\geq45°$；幅值裕度 $20\lg K_g\geq15$ dB。试设计近似 PD 控制器。

解　（1）根据稳态性能确定系统的 K。

根据响应 $r(t)=R_1t$ 的稳态误差不大于 $0.001R_1$ 的要求，期望系统的型别为 $\nu=1$，由 $e_{ss}=\frac{R_1}{K_\nu}\leq0.001R_1$ 可得 $K_\nu\geq1000$，取 $K_\nu=1000$，则系统的开环传递函数为

$$G_0(s)=\frac{1000}{s(0.1s+1)(0.001s+1)}$$

（2）确定装置需提供的最大超前相角 $\varphi_m(\omega)$。

取 $\omega_c'=165$ rad/s 并代入 $G_0(\mathrm{j}\omega)$ 中，求不可变部分在 ω_c 处的相角裕度，即

$$\angle G_0(\mathrm{j}\omega_c)=-90°-\mathrm{arctg}0.1\omega_c'-\mathrm{arctg}0.001\omega_c'=-186°$$

$$\gamma_0 = 180° + \angle G_0(j\omega_c) = -6°$$

则需要装置提供的最大相角为

$$\varphi_m(\omega) = \gamma - \gamma_0(\omega_c') + (5°\sim10°) = 45° + 6° + (5°\sim10°) = 56°$$

采用一级超前校正即可,一般不取 60°。

(3) 确定校正装置参数 α。

根据相角计算 α,即

$$\alpha = \frac{1+\sin\varphi_m}{1-\sin\varphi_m} = 10.7$$

取 $\alpha=10$,也可以根据幅频特性计算 α,即

$$20\lg|G_0(j\omega_c')| = -10\lg\alpha \Rightarrow \alpha = 7.6$$

(4) 确定校正装置参数 T。

根据 α 和 $\omega_m = \omega_c'$ 求得

$$T = \frac{1}{\omega_m\sqrt{\alpha}} = 0.00192$$

得系统的期望特性为

$$G_0(s) = \frac{1000(0.0192s+1)}{s(0.1s+1)(0.00192s+1)(0.001s+1)}$$

(5) 验证指标。

① 误差:根据低频段的 $K=1000$,可知响应 $r(t)=R_1 t$ 的稳态误差不大于 $0.001R_1$。

② 将 ω_c 代入期望的 $G(j\omega)$ 中,验算 γ:

$$\angle G(j\omega_c') = -130°$$

所以

$$\gamma = 180° + \angle G(j\omega_c) = 50° > 45°$$

③ 验证幅值裕度 $20\lg K_g \geq 15$ dB,即

$$\angle G(j\omega_g) = -180° \Rightarrow \omega_g = 680\sim700$$

$$|G(j\omega_g)| = \frac{1}{K_g} = 0.142$$

$$20\lg K_g = 20\lg\frac{1}{0.142} = 16.9 > 15 \text{ dB}$$

所以参数 $\alpha=10$、$T=0.00192$ 的近似 PD 控制器满足系统设计要求。

本题目中已知要求设计近似 PD 控制器,若未知,就要通过第(1)步作图求得 ω_{c0},计算 γ_0 是否满足指标要求,若不满足,所差的角度小于 60°,可用超前实现,若超前量大于 60°,一个超前满足不了要求,则不适用超前校正。当然可以采用两级超前校正串联或再加滞后校正。

一般而言,当控制系统的开环增益增大到满足其静态性能所要求的数值时,系统有可能不稳定,或者即使能稳定,其动态性能一般也不会理想。在这种情况下,可在系统的前向通道中增加超前校正装置,以实现在开环增益不变的前提下,系统的动态性能也能满足设计的要求。当超前校正的 $\varphi_m(\omega)$ 超过 60°时,所求出的 $\alpha>14$,一级超前校正一般是不能满足要求的,可采用两级超前校正串联或滞后超前校正。在超前校正中,若 ω_c' 未知,也可以根据 ω_{c0} 初选 ω_c,只要 $\omega_c' > \omega_{c0}$ 即可。

已经看到,超前校正加 $G_c(s)$ 主要就是加在中频区。因而系统的动态性能得到了改善,而对稳态性能的改善却很少,到底怎样改善动态性能呢? 系统校正完后,$\omega_c > \omega_{c0}$,由于 $t_s = \dfrac{k\pi}{\omega_c}$,$\omega_c$ 变大,会使调节时间 t_s 下降,系统响应速度变快。由 $t_s\omega_b = c$ 可知,t_s 下降会使 ω_b 增大,带宽被展宽。而带宽展宽太大,会使频率大的高频噪声信号通过,降低系统的抗干扰能力。从 Bode 图也可以看出,因为在中频区抬高了直线的斜率,从而使校正后系统的高频段衰减变慢。

串联超前校正的效果取决于微分作用的强弱。应当注意,微分作用不能过强,否则不仅会降低系统的抗干扰能力,而且会使校正环节的稳态衰减过大,这就要求放大器要有较大的增益来补偿,这使得放大器在具体实现上会产生一定的困难。

6. 超前校正装置

前面已经系统地介绍了超前校正的基本原理和方法,下面讨论校正环节的物理实现。

对于某一校正环节的传递函数,可以有多种物理实现,有电气的、机械的、气动的、液压的等。在实际设计控制系统时,究竟采用何种形式,在某种程度上取决于被控对象的性质。例如,如果被控装置中包含易燃流体,则应当选择气动校正装置或气动传动机构,以避免产生火花的可能性。如果不存在发生火灾的危险性,则通常采用电气校正装置,因为电气传输简单、精度高、可靠性大,并且容易实现。

下面介绍常用的超前校正网络。

1) 无源超前校正 RC 网络

考察如图 6-35 所示的超前校正 RC 网络。它的传递函数为

$$G_c(s) = \frac{M(s)}{E(s)} = \frac{R_2 + R_1 R_2 Cs}{R_1 + R_2 + R_1 R_2 Cs} = \frac{R_2}{R_1 + R_2} \cdot \frac{1 + R_1 Cs}{1 + \dfrac{R_1 R_2}{R_1 + R_2} Cs}$$

记　　　　　$\alpha = \dfrac{R_1 + R_2}{R_2} > 1, \quad T = \dfrac{R_1 R_2}{R_1 + R_2} C$

则　　　　　$G_c(s) = \dfrac{1}{\alpha} \cdot \dfrac{1 + \alpha Ts}{1 + Ts}, \quad \alpha > 1$

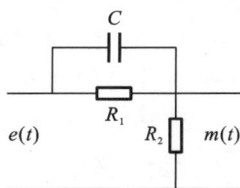

图 6-35　超前校正 RC 网络

可见,除多了一个放大系数 $\dfrac{1}{\alpha}$ 外,与超前校正装置的传

递函数形式相同。若在这个网络后再串联一个放大倍数为 α 的放大器,就补偿了 RC 网络造成的增益衰减。而且,串联一个放大器还解决了 RC 网络与被控对象之间的隔离问题。因为求 RC 网络的传递函数时,已经假设输入信号源的内阻为零,而输出端阻抗为无穷大(开路),但 RC 网络的输出端负载阻抗一般不是无穷大。在 RC 网络后面串联一个运算放大器,起到隔离的作用。放大器的输入阻抗几乎为无穷大,输出阻抗几乎为零,满足了上述要求。

有时定义超前校正的传递函数为

$$G_c(s) = \frac{1}{\alpha} \cdot \frac{1 + \alpha Ts}{1 + Ts}$$

这时,也能用与上述类似的方法确定参数,但会稍复杂一点,概念上也不太清晰。

确定了校正的参数 α、T 后,下面的工作就是具体实现的问题,如果是选择无源 RC

校正网络,则要选择电阻和电容值。对于 RC 超前校正网络,α、T 与 R、C 之间的关系为

$$\alpha = \frac{R_1 + R_2}{R_2}, \quad T = \frac{R_1 R_2}{R_1 + R_2} C$$

解方程组得

$$R_1 = (\alpha - 1) R_2, \quad R_1 C = \alpha T$$

可见,通过求解上式,并不能唯一地确定 R_1、R_2、C 的值,如果再考虑对校正网络的输入阻抗和输出阻抗的要求以及其他条件,就能够选择符合各种要求的元件值。由于对校正网络输入阻抗和输出阻抗有各种不同的要求,这种选择更具有多样性。后面将介绍的 RC 滞后校正网络、RC 滞后-超前校正网络也有类似的情况。

在例 6-2 中,已得到超前校正的参数 $\alpha = 4$,$T = 0.114$,则

$$R_1 = 3R_2$$

$$R_1 C = 0.456$$

若选择 $R_1 = 10 \text{ k}\Omega$,则 $R_2 = 33 \text{ k}\Omega$,$C = 45.6 \text{ }\mu\text{F}$。

应用无源元件组成串联校正装置经常会遇到以下两个难以解决的问题。

(1) 阻抗匹配问题。无源校正网络的传递函数都是在以下假设条件下得到的:作为校正装置输入信号的信号源内阻为零,校正装置的负载阻抗为无穷大。这在实际中当然是不可能的,但是可力图近似,希望无源校正装置的阻抗远远大于其信号源内阻,而又远远小于其负载阻抗,这就产生了矛盾。因为控制系统的结构特点是从输入源到输出源,逐级的功率不断提高,阻抗是逐级降低的。阻抗匹配问题如果解决不好,校正装置势必不能起到预期的效果。解决这一矛盾的有效办法是用有源元件代替无源元件,组成有源校正装置。线性集成运算放大器加上少量的无源元件能组成既经济、实用,又有很好效果的校正装置。

(2) 系统的开环增益衰减得厉害。为使系统获得必要的开环增益,往往需要另加放大器,如果采用有源校正装置,则这一问题也能得到相应的解决。

2) 有源超前校正网络

常用的有源校正装置是运算放大器、测速发电机等与无源网络的组合,关于有源校正装置的讨论,可参考有关书籍。下面介绍常用的由运算放大器加电阻和电容组成的有源校正装置。

(1) PD 控制器。

如图 6-36(a)所示的超前校正有源网络,由运算放大器电路分析中"虚地"的概念,可以列写回路方程

$$\frac{e(t)}{R_1} R_2 + u = 0 \tag{6.9}$$

$$\frac{e(t)}{R_1} + \frac{1}{R_3}(m - u) = C \frac{\mathrm{d}u}{\mathrm{d}t} \tag{6.10}$$

将式(6.9)代入式(6.10),并整理得

$$m = -\frac{R_3}{R_1} R_2 C \frac{\mathrm{d}e(t)}{\mathrm{d}t} - \frac{R_2 + R_3}{R_1} e(t) = -\frac{R_2 + R_3}{R_1} \left(\frac{R_2 R_3}{R_2 + R_3} C \frac{\mathrm{d}e(t)}{\mathrm{d}t} + e(t) \right)$$

若记

$$K_c = \frac{R_2 + R_3}{R_1}, \quad \tau = \frac{R_2 R_3}{R_2 + R_3} C$$

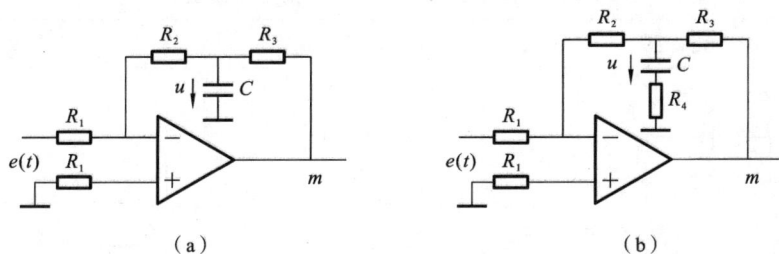

图 6-36 超前校正有源网络

则控制器的微分方程描述为

$$m = -K_c\left(\tau\frac{\mathrm{d}e(t)}{\mathrm{d}t}+e(t)\right) \tag{6.11}$$

传递函数为

$$G_c(s) = -K_c(\tau s+1) \tag{6.12}$$

可见,校正是一种比例-微分控制器,即 PD 控制器。

(2) 带惯性的 PD 控制器。

图 6-36(b)所示的超前校正有源网络,由"虚地"概念,列写回路方程:

$$R_4C\frac{\mathrm{d}u}{\mathrm{d}t}+u+R_2\frac{e(t)}{R_1}=0 \tag{6.13}$$

$$R_2\frac{e(t)}{R_1}+\left(\frac{e(t)}{R_1}-C\frac{\mathrm{d}u}{\mathrm{d}t}\right)R_3+m=0 \tag{6.14}$$

由式(6.14)得

$$\frac{R_2+R_3}{R_1}e(t)-R_3C\frac{\mathrm{d}u}{\mathrm{d}t}+m=0 \tag{6.15}$$

将式(6.15)代入式(6.13)得

$$\frac{R_4}{R_3}m+\frac{R_4(R_2+R_3)}{R_1R_3}e(t)+\frac{R_2}{R_1}e(t)=-u$$

将上式代入式(6.15)得

$$\frac{R_2+R_3}{R_1}e(t)+R_4C\frac{\mathrm{d}m}{\mathrm{d}t}+\frac{R_4(R_2+R_3)}{R_1}C\frac{\mathrm{d}e(t)}{\mathrm{d}t}+\frac{R_2R_3}{R_1}C\frac{\mathrm{d}e(t)}{\mathrm{d}t}+m=0$$

整理得

$$R_4C\frac{\mathrm{d}m}{\mathrm{d}t}+m=-\frac{R_2+R_3}{R_1}\left(\frac{R_2R_3+R_2R_4+R_3R_4}{R_2+R_3}C\frac{\mathrm{d}e(t)}{\mathrm{d}t}+e(t)\right)$$

若记 $T=R_4C,\tau=\alpha T=\dfrac{R_2R_3+R_2R_4+R_3R_4}{R_2+R_3}C,K_c=\dfrac{R_2+R_3}{R_1}$,则控制器的微分方程描述为

$$T\frac{\mathrm{d}m}{\mathrm{d}t}+m=-K_c\left(\alpha T\frac{\mathrm{d}e(t)}{\mathrm{d}t}+e(t)\right)$$

传递函数为

$$G_c(s)=\frac{-K_c(\alpha Ts+1)}{Ts+1}$$

常用的有源及无源超前校正装置如表 6-5 所示。

表 6-5　常用的有源及无源超前校正装置

电　路　图	传　递　函　数	对数幅频特性
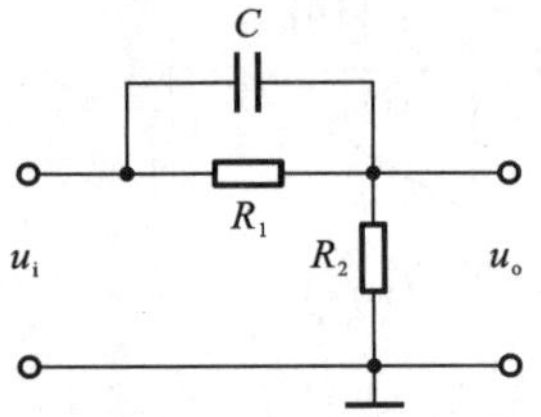	$G(s)=K\dfrac{1+T_1 s}{1+T_2 s}$ $K=\dfrac{R_2}{R_1+R_2},\ T_1=R_1 C$ $T_2=\dfrac{R_1 R_2}{R_1+R_2}C$	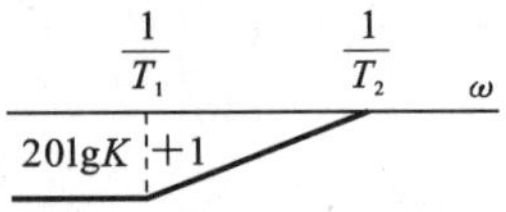
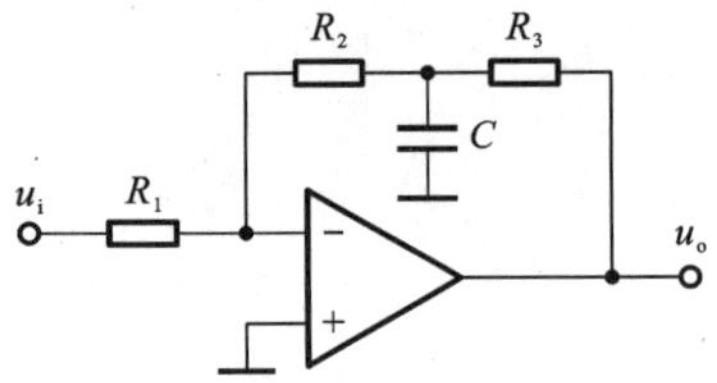	$G(s)=-K(1+Ts)$ $K=\dfrac{R_2+R_3}{R_1}$ $T=\dfrac{R_2 R_3}{R_2+R_3}C$	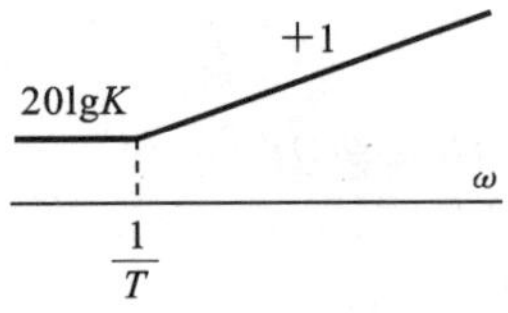
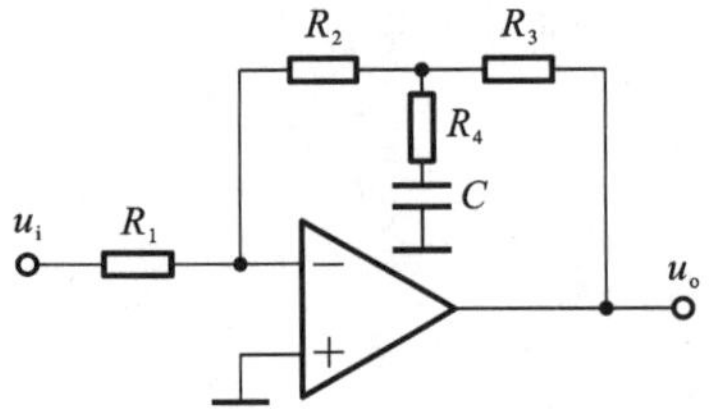	$G(s)=-\dfrac{K(1+T_1 s)}{1+T_2 s}$ $K=\dfrac{R_2+R_3}{R_1},\ T_2=R_4 C$ $T_1=(\dfrac{R_2 R_3}{R_2+R_3}+R_4)C$	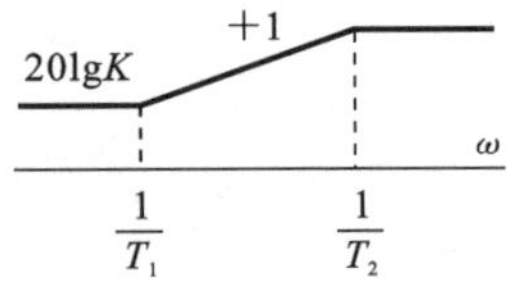
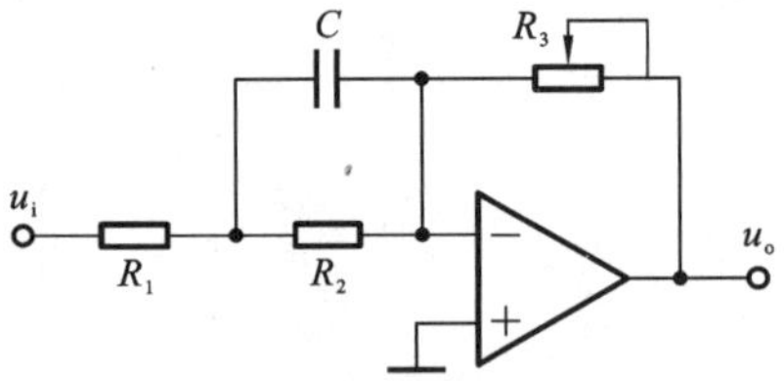	$G(s)=-\dfrac{K(1+T_1 s)}{1+T_2 s}$ $K=\dfrac{R_3}{R_1+R_2},\ T_1=R_2 C$ $T_2=\dfrac{R_1 R_2}{R_1+R_2}C$	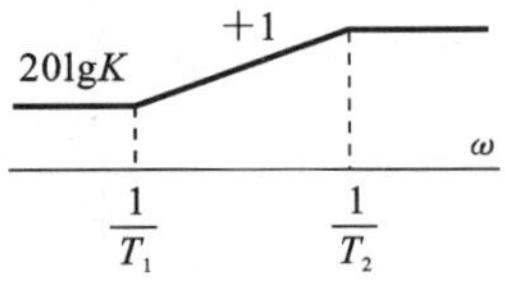

6.2.2　串联滞后校正

1. 滞后校正及其特性

在控制系统中,采用具有滞后相角的校正装置对系统的特性进行较正,称为滞后校正。滞后校正通过改变原系统低频区的形状,来改善系统的稳态性能,从而使系统获得足够的相角裕度,并使高频段造成衰减。

根据前面讲述的控制规律可知,采用 PI 控制器可以提供滞后相角,它所提供的最大的滞后相角为$\dfrac{\pi}{2}$。在实际工程中,一般采用近似 PI 控制器,其传递函数为

$$G_c(s)=\dfrac{Ts+1}{\beta Ts+1}$$

滞后校正就是在前向通道中串接传递函数为 $G_c(s)=\dfrac{Ts+1}{\beta Ts+1}$ 的校正装置来校正控

制系统。其中，参数 β 和 T 可调。从传递函数可知，要想提供滞后相角，则 $T<\beta T$，即 $\beta>1$。滞后校正的零点和极点分布如图 6-37 所示。在其他的参考书上，有的将滞后校正装置的传递函数表示成

$$G_c(s)=\frac{\alpha Ts+1}{Ts+1}(\alpha<1)$$

或

$$G_c(s)=\frac{Ts+1}{\alpha Ts+1}(\alpha>1)$$

滞后校正装置的两个交接频率为 $\frac{1}{\beta T}$ 和 $\frac{1}{T}$，由于 $\beta>1$，则 $\frac{1}{\beta T}<\frac{1}{T}$，所以积分先起作用。滞后校正的 Bode 图如图 6-38 所示。$\frac{1}{T}$ 处的幅值为

$$L\left(\frac{1}{T}\right)=-20\left(\lg\frac{1}{T}-\lg\frac{1}{\beta T}\right)=-20\lg\beta$$

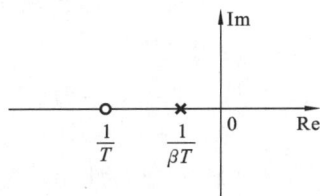

图 6-37 滞后校正的零点
和极点分布

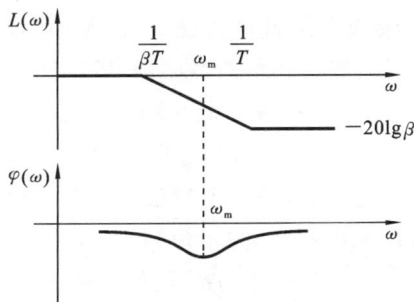

图 6-38 滞后校正的 Bode 图

当 $\omega=\omega_m=\frac{1}{\sqrt{\beta}T}$ 时，对应的幅频特性为

$$20\lg|G_c(j\omega_m)|=20\lg\sqrt{1+(T\omega_m)^2}-20\lg\sqrt{1+(\beta T\omega_m)^2}=-10\lg\beta$$

即 ω_m 正好出现在频率 $\frac{1}{T}$ 和 $\frac{1}{\beta T}$ 的几何中心。

从滞后校正的零点和极点分布图可见，零点总是位于极点左边（$\beta>1$），改变 β 和 T 的值，零点和极点可以在 s 平面的负实轴上任意位置，从而产生不同的校正效果。

从 Bode 图相频特性曲线可以看出，在 $\omega=\frac{1}{\beta T}\sim\frac{1}{T}$ 频段，具有相位滞后，相位滞后会给系统特性带来不良影响。解决这一问题的措施之一是使滞后校正的零点和极点靠得很近，使之产生的滞后相角很小，这是滞后校正零点和极点配置的原则之一。还可以使滞后校正零点和极点靠近原点，尽量不影响中频段，这是滞后校正零点和极点配置的原则之二。

从 Bode 图幅频特性可以看出，滞后校正的高频段是负增益，因此，滞后校正对系统中高频噪音有削弱作用，增强抗扰能力。利用滞后校正的这一低通滤波所造成的高频衰减特性，降低系统的截止频率，提高系统的相角裕度，以改善系统的暂态性能，这是滞后校正的作用之一。

显然，在这种情况下，应避免使网络的最大滞后相角发生在系统的截止频率附近。

从这里可以看出"超前校正"是利用超前网络的超前特性,但"滞后校正"并不是利用相位的滞后特性,而是利用其高频衰减特性,必须弄清这一点。在这一点上,滞后校正相对超前校正来说,具有完全不同的概念。

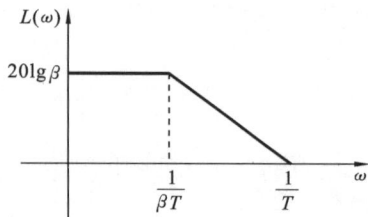

图 6-39　放大 β 滞后校正的 Bode 图

如果在滞后校正网络后串联一个放大倍数为 β 的放大器,则对数幅频特性变为如图 6-39 所示,而相频特性不变。这时中高频增益为 0 dB,因此滞后校正不影响系统的中高频特性,但低频增益增加了 $20\lg\beta$ dB。滞后校正利用这一特性,提高了系统的稳态精度,又不改变系统暂态性能,这是滞后校正的作用之二。更准确地说,系统加入串联滞后校正环节后,能够在保证暂态性能不变的前提下,允许把开环增益提高 β 倍,而不是它本身能把开环增益提高。

2. 滞后校正装置在系统 Bode 图中的放置位置

由于滞后校正环节对数幅频特性中的惯性先起作用,因而会使不变部分的 $L_0(\omega)$ 向下拉,设校正后系统的截止频率为 ω'_c,从而使 $\omega'_c<\omega_{c0}$,即截止频率向前移了,则 ω'_c 处所对应的 γ 一定大于原 ω_{c0} 所对应的 γ_0,因此动态性能也能得到满足。由于滞后装置提供的相角是负的,是一个滞后的角度,若像超前校正那样把它放在 ω'_c 的地方,就会影响校正后系统在 ω'_c 处的相角裕度 γ,使 γ 减小很多。为了减小对 γ 的影响,应使滞后装置远离 ω'_c,也就是放在系统的低频段,因此它改善的是系统的稳态性能。实际工程中一般取

$$\frac{1}{T}\approx 0.1\omega'_c \quad 或 \quad \frac{1}{T}=(0.1\sim 0.2)\omega'_c$$

这样 T 就确定了,下面来看怎样确定 β。

3. 确定 β

因为期望的 $\omega'_c<\omega_{c0}$,就相当于将不变部分的 $L_0(\omega)$ 向下拉,拉下的高度应与 $20\lg\beta$ 相等,才能使校正后的系统在 ω'_c 处过 0,即

$$20\lg|G_0(\mathrm{j}\omega'_c)|=20\lg\beta$$

从而确定 β。β 确定了,装置就确定了。

4. 加入滞后校正装置后系统的性能指标

若原来系统的动态性能满足要求,即 ω_{c0} 所对应的 γ_0 满足指标要求,则加入滞后校正装置后也一定满足,因为 ω'_c 向前移了,γ 增大了。当然滞后校正装置的加入,也会使系统产生一定的滞后相角,但由于装置放置的位置距离 ω'_c 较远,所以装置滞后相角对系统的 γ 影响非常小,一般只有 $5°$ 左右($5°\sim 10°$),因此加入滞后校正装置后系统的动态性能也能满足要求。

若原来系统的动态性能指标不满足要求,则加入滞后校正装置后,可能满足,因为 ω_c 向前移使 γ 增大了,也可能不满足,那就要具体计算一下。在校正后系统的截止频率 ω'_c 处未校正系统的相角裕度为 $\gamma_0(\omega'_c)=180°+\angle G_0(\mathrm{j}\omega'_c)$。由于滞后校正装置的加入,会在 ω'_c 处产生一定的滞后相角,则在 ω'_c 处校正后系统的 γ 为 $\gamma(\omega'_c)=\gamma_0(\omega'_c)-\varepsilon$,$\varepsilon$ 为补偿滞后校正在 ω'_c 上产生的相角滞后。就是说,如果把截止频率降低到 ω'_c,系统才

具有要求的相角裕度,可以用滞后校正的高频衰减特性降低 ω_c 到 ω'_c,这就是确定 β 的依据。

ε 是为了补偿滞后校正的相位滞后的,一般限制滞后校正的滞后相角小于 $10°$。ε 取得太小,则要求滞后校正的两个交接频率离 ω'_c 较远,校正装置的实现较困难。若 ε 取得太大,则 ω'_c 减小,一方面会使附加的增益 β 增大,另一方面会使频带变窄,影响快速性。所以,ε 应取一个尽量小,但又能补偿在 ω'_c 处的滞后相角的值。一般,若 ω'_c 较大,ε 可取小一些,这是因为 ω'_c 大,滞后校正的交接频率 $\frac{1}{T}$ 可以配置得远一些,因而在 ω'_c 处产生的滞后相角小;反之,若 ω'_c 小,则 ε 取大一些,因为若 ω'_c 小,$\frac{1}{T}$ 应远离 ω'_c,从而 $\frac{1}{T}$ 很小,$\frac{1}{\beta T}$ 更小,物理上难以实现。

当然,若在 ω'_c 处校正后系统的 $\gamma(\omega'_c)=\gamma_0(\omega'_c)-\varepsilon$ 还不能满足期望指标要求的 γ,就说明加入滞后校正装置后所增加的相角裕度还不够,需要再加入一个超前装置,来提供剩下那部分相角,则超前装置在 ω_c 处需提供的角度为

$$\varphi=\gamma_期-[\gamma_0(\omega'_c)-\varepsilon]=\gamma_期-\gamma_0(\omega'_c)+\varepsilon$$

这就是在系统中加入了滞后-超前校正装置,具体超前装置放在什么位置,后面再具体分析。

5. 滞后校正的步骤

(1) 按稳态性能指标要求的开环放大系数绘制未校正系统的 Bode 图,求出 ω_{c0} 和 γ_0。

如果未校正系统需要补偿的相角较大,或者在截止频率附近相角变化大,具有这样特性的系统不适宜采用超前校正,一般可以采用滞后校正,当然应用滞后-超前校正将更有效。

(2) 确定校正方式。

① 若 $\omega'_c<\omega_{c0}$,则考虑采用滞后装置,验算是否能达到要求。计算 $\gamma_0(\omega_{c0})=180°+\angle G_0(j\omega_{c0})$,如果 $\gamma_0(\omega'_c)>\gamma$,则说明未校正系统在动态性能方面已满足给定性能指标,采用滞后校正没有问题。若 $\gamma_0(\omega_{c0})<\gamma$,则需计算在 ω'_c 处校正后系统的 $\gamma(\omega'_c)$。若 $\gamma(\omega'_c)>\gamma$,则说明原系统不满足,加入滞后校正后可以满足;若 $\gamma(\omega'_c)<\gamma$,则要考虑其他方案,如滞后-超前校正。

② 若 $\omega_c>\omega_{c0}$,则考虑采用超前校正。

(3) 确定参数 β:
$$20\lg|G_0(j\omega_c)|=20\lg\beta$$

(4) 确定参数 T,根据经验,一般取
$$\frac{1}{T}\approx0.1\omega'_c \quad 或 \quad \frac{1}{T}=(0.1\sim0.2)\omega'_c$$

(5) 验算校正后系统 $G_0(s)G_c(s)$ 的所有性能指标。

验算指标,如果达不到设计指标,则要调整参数 $\frac{1}{T}=(0.1\sim0.2)\omega'_c$,然后按照设计指标重新进行校正。

【**例 6-5**】 已知单位负反馈系统的开环传递函数为

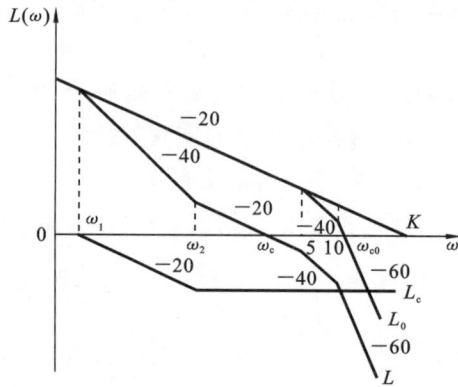

图 6-40 校正系统的 Bode 图

$$G_0(s) = \frac{K}{s(0.1s+1)(0.2s+1)}$$

系统期望的设计指标为 $\nu=1$, $K_\nu=25\ \text{s}^{-1}$, $\gamma \geqslant 40°$, $\omega_c=2.5\ \text{rad/s}$。试设计串联校正装置。

解 (1) 由系统的开环传递函数可知,系统为 I 型系统,满足 $\nu=1$ 的要求。根据 $K_\nu=25\ \text{s}^{-1}$,绘制校正系统的 Bode 图,如图 6-40 所示,并求得 $\omega_{c0}=10.8\ \text{rad/s}$。

(2) 确定校正方式。

由 $\omega_{c0}=10.8\ \text{rad/s}$ 可知 $\omega_{c0}>\omega_c'$,因此,初步确定采用滞后校正。验算指标:把 $\omega_{c0}=10.8\ \text{rad/s}$ 代入 $\angle G_0(j\omega_{c0})$、γ_0 中求得

$$\angle G_0(j\omega_{c0}) = -90° - \text{arctg}\,\omega_{c0} \times 0.1 - \text{arctg}\,\omega_{c0} \times 0.2 = -202.4°$$

$$\gamma_0 = 180° + \angle G_0(j\omega_{c0}) = -22.4°$$

说明未校正系统不满足需要的性能指标。把 $\omega_c'=2.5\ \text{rad/s}$ 代入 $\angle G_0(j\omega_c')$ 中求得

$$\gamma_0(\omega_c') = 180° + \angle G_0(j\omega_c') = 49.4°$$

$$\gamma(\omega_c) = \gamma_0(\omega_c') - (5° + 10°) = 49.4° - (5° \sim 10°) > 40°$$

因此满足动态性能要求,可以采用滞后校正。

(3) 确定参数 β。

$$20\lg|G_0(j\omega_c')| = 20\lg\beta$$

$$20\lg|G_0(j\omega_c')| = 18.8 \quad \text{或} \quad \beta = |G_0(j\omega_c')| = 8.7(\text{取 } \beta=9)$$

(4) 确定参数 T。

一般取 $\dfrac{1}{T} \approx 0.1\omega_c' = 0.25 \Rightarrow T=4$。校正装置的传递函数为

$$G_c(s) = \frac{4s+1}{36s+1}$$

(5) 验算校正后系统 $G_0(s)G_c(s)$ 的所有性能指标。

校正后系统的传递函数为

$$G(s) = G_0(s)G_c(s) = \frac{25(4s+1)}{s(36s+1)(0.1s+1)(0.2s+1)}$$

$\nu=1$, $K_\nu=25\ \text{s}^{-1}$, $\omega_c=2.5\ \text{rad/s}$, $\gamma \geqslant 44.3° > 40°$。

结论:以参数 $\beta=9$, $T=4$ 确定的滞后校正装置符合设计要求。

【例 6-6】 设单位反馈系统的开环传递函数为 $G(s) = \dfrac{K}{s(0.04s+1)}$。要使系统满足如下指标:

(1) 响应单位速度信号的稳态误差 $e_{ss} \leqslant 1\%$;(2) 相角裕度 $\gamma \geqslant 40°$;(3) $\omega_c \geqslant 20\ \text{rad/s}$,试设计串联滞后校正装置。

解 (1) 根据系统响应单位速度信号的稳态误差 $e_{ss} \leqslant 1\%$, $K_\nu \geqslant \dfrac{1}{e_{ss}} = 100\ \text{s}^{-1}$。

取 $K_\nu = 100\ \text{s}^{-1}$;则系统的传递函数为 $G_0(s) = \dfrac{100}{s(0.04s+1)}$。

(2) 取 $\omega'_c = 20$ rad/s,则

$$\gamma_0(\omega'_c) = 180° + \angle G_0(j\omega'_c) = 90° - \text{arctg}(0.04\omega'_c) = 51°$$

$$\gamma(\omega'_c) = \gamma_0(\omega'_c) - (5° + 10°) = 51° - (5° \sim 10°) = 41° \sim 46° > 40°$$

满足动态性能要求,可以采用滞后校正。

(3) 确定参数 β:

$$20\lg|G_0(j\omega'_c)| = 20\lg\beta \Rightarrow \beta = |G_0(j\omega'_c)| = 3.9$$

取 $\beta = 4$。

(4) 确定参数 T。

一般取 $\dfrac{1}{T} \approx 0.1\omega'_c = 2$,从而得 $T = 0.5$,则校正装置为

$$G_c(s) = \frac{0.5s+1}{2s+1}$$

(5) 验算校正后系统的所有性能指标。

校正后系统的传递函数为

$$G(s) = G_0(s)G_c(s) = \frac{100}{s(0.04s+1)}\frac{0.5s+1}{2s+1}$$

此时 $\qquad\qquad K_\nu = 100 \text{ s}^{-1}, \qquad \omega_c = 20 \text{ rad/s}$

$$\gamma = 180° + \angle G(j\omega_c) = 90° + \text{arctg}0.5 \times 20 - \text{arctg}0.04 \times 20 - \text{arctg}2 \times 20 = 46.72° > 40°$$

综上所述:设计的串联滞后校正装置 $G_c(s) = \dfrac{0.5s+1}{2s+1}$,符合设计要求。

从上面的分析可以看出,滞后校正的基本原理是利用滞后网络的高频幅值衰减特性使系统截止频率下降,从而使系统获得足够的相角裕度。或者,利用滞后网络的低通滤波特性,使低频信号有较高的增益,从而提高系统的稳态精度。

6. 串联超前校正与滞后校正的比较

1) 串联滞后校正的优缺点

(1) 串联滞后校正环节的对数频率特性在 $\omega < \dfrac{1}{\beta T}$ 时,对信号没有衰减作用,滞后环节基本上是一个低频滤波器,即滞后校正具有低通滤波的作用。滞后校正环节的对数频率特性 $\dfrac{1}{\beta T} < \omega < \dfrac{1}{T}$ 时,对信号有积分作用,呈滞后特性。在 $\omega > \dfrac{1}{T}$ 时,其对数幅频特性的幅值为 $20\lg\beta < 0$,对数相频特性呈滞后特性,对信号衰减作用为 $20\lg\beta$,β 越大,这种衰减作用越强。而超前校正在中频区抬高了 20 dB,不利于高频衰减。

(2) 串联滞后校正就是利用积分网络高频段的衰减特性,滞后校正环节的主要作用是造成高频衰减,因此,在系统开环传递函数中串入滞后环节后,系统在不降低开环放大系数的条件(低频段)下,使中频段的增益大大降低(即使中频段的特性曲线下降),因而截止频率 ω_c 会减小,从而使系统具有足够的相角裕度,幅值裕度也增加(因为 ω_c 减小了,中频和高频段均向前移,而对相频特性的影响不大,从而使过 $-180°$ 线的 ω_g 所对应的幅频值增大,相当于幅值裕度增加),改善了系统的动态性能,同时还保证了系统的精度(稳态品质)。

(3) 校正后系统的截止频率会减小,瞬态响应的速度变慢,带宽变窄。相当于牺牲了一定的响应速度使系统的稳态精度提高,同时也改善了系统的动态性能,使相角裕度

增大。

滞后环节的相角滞后特性在校正中虽然是不利因素,但由于最大滞后相角频率通常被安排在低频段,远离截止频率 ω_c,因此相角滞后特性对系统的动态性能和稳定性的影响非常小。

(4) 在保证系统稳定的前提下,大幅度提升系统的开环增益或者放大倍数。

滞后校正使用时有一定的限制。

当具有饱和或限幅作用的系统用滞后校正后,可能产生条件稳定问题。当进入饱和或限幅区后,系统有效开环放大系数降低,有可能使系统不稳定。为防止这种现象,应将滞后校正作用在系统线性范围内。

滞后校正在低频范围内近似于比例-积分控制,降低系统稳定性。为防止低频不稳定现象,应使 T 大于系统的时间常数的最大值。

在有些应用方面,采用滞后校正可能会得出时间常数大到不能实现的情况。这种不良后果是由于需要在足够的频率值上安置滞后网络的第一交接频率 $\frac{1}{\beta T}$,以保证在需要的频率范围内产生有效的高频幅值衰减特性导致的。

2) 串联超前校正、串联滞后校正的比较

(1) 超前校正利用超前网络的相角超前特性对系统进行校正,而滞后校正利用滞后网络的幅值在高频段的衰减特性对系统进行校正。

(2) 用频率法进行超前校正,旨在提高开环对数幅频渐近线在截止频率处的斜率(-40 dB/dec提高到-20 dB/dec)和相角裕度,并增大系统的频带宽度。频带变宽意味着校正后的系统响应变快,调整时间缩短。

(3) 对同一系统,超前校正系统的频带宽度一般总大于滞后校正系统的,因此,如果要求校正后的系统具有宽的频带和良好的瞬态响应,则采用超前校正。当噪声电平较高时,显然频带越宽的系统抗噪声干扰的能力越差。对于这种情况,系统宜采用滞后校正。

(4) 超前校正需要增加一个附加的放大器,以补偿超前校正网络对系统增益的衰减。

(5) 滞后校正虽然能改善系统的静态精度,但它促使系统的频带变窄,瞬态响应速度变慢。如果要求校正后的系统既有快速的瞬态响应,又有高的静态精度,则应采用滞后-超前校正。在有些应用方面,采用滞后校正可能得出时间常数大到不能实现的结果。

7. 滞后校正装置

1) 无源滞后校正网络

考察如图 6-41 所示的滞后校正 RC 网络,其传递函数为

$$G_c(s) = \frac{M(s)}{E(s)} = \frac{R_2 + \dfrac{1}{sC}}{R_1 + R_2 + \dfrac{1}{sC}} = \frac{1 + R_2 Cs}{1 + (R_1 + R_2)Cs}$$

令

$$\beta = \frac{R_1 + R_2}{R_2} > 1, \quad T = R_2 C$$

则 $$G_c(s) = \frac{1+Ts}{1+\beta Ts}, \quad \beta > 1$$

所以图 6-41 所示的网络可以作为滞后校正装置，称为滞后校正 RC 网络（无源）。为了满足传递函数的推导条件，一般在滞后校正网络后串接一个运算放大器，起隔离作用。

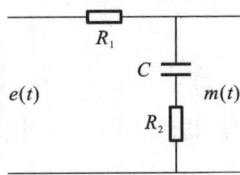

图 6-41 滞后校正 RC 网络

由 β、T 值可以选定 R_1、R_2、C 的值，选择参数时要注意大小适中，而且彼此相差不要太大。例如，滞后校正参数 $\beta = 6.5$，$T = \dfrac{6.5}{0.45}$，若用滞后校正网络实现，则应这样选择：

$$\beta = \frac{R_1 + R_2}{R_2} = 6.5$$

$$T = R_2 C = \frac{6.5}{0.45}$$

则

$$R_1 = 5.5 R_2$$

$$C = \frac{6.5}{0.45(R_1 + R_2)} = \frac{1}{0.45 R_2}$$

可取 $R_2 = 3 \text{ k}\Omega$，则 $R_1 = 16.5 \text{ k}\Omega$，$C = 0.74 \text{ mF}$。

2）有源滞后校正网络

（1）采用运算放大器的有源滞后校正网络的一种实现，如图 6-42 所示，它的传递函数为

$$G_c(s) = -\frac{R_2 + R_3 + R_2 R_3 Cs}{R_1(R_3 Cs + 1)} = -\frac{R_2 + R_3}{R_1} \cdot \frac{\dfrac{R_2 R_3}{R_2 + R_3} Cs + 1}{R_3 Cs + 1}$$

令 $K_c = \dfrac{R_2 + R_3}{R_1}$，$\beta T = R_3 C$，$T = \dfrac{R_2 R_3 C}{R_2 + R_3}$，$\beta = \dfrac{R_2 + R_3}{R_2}$，则

$$G_c(s) = -K_c \frac{Ts + 1}{\beta Ts + 1}, \quad \beta > 1$$

（2）采用运算放大器的有源滞后校正网络的另一种实现是 PI 控制器，如图 6-43 所示。它的传递函数为

$$G_c(s) = -\frac{R_2 + \dfrac{1}{sC}}{R_1} = -\frac{R_2}{R_1}\left(1 + \frac{1}{R_2 Cs}\right)$$

令 $K_c = \dfrac{R_2}{R_1}$，$T = R_2 C$，则

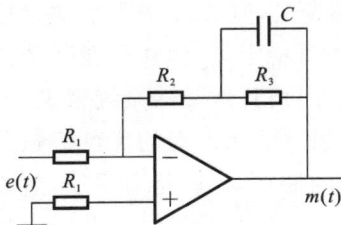

图 6-42 有源滞后校正网络

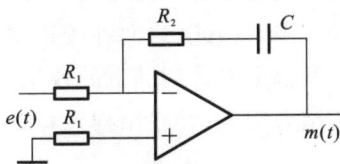

图 6-43 PI 控制器有源网络

$$G_c(s) = -K_c\left(1+\frac{1}{Ts}\right) = -K_c\,\frac{Ts+1}{Ts}$$

可见,$G_c(s)$是一个 PI 控制器。

常用有源及无源滞后校正装置如表 6-6 所示。

表 6-6　常用有源及无源滞后校正装置

电 路 图	传 递 函 数	对数幅频特性
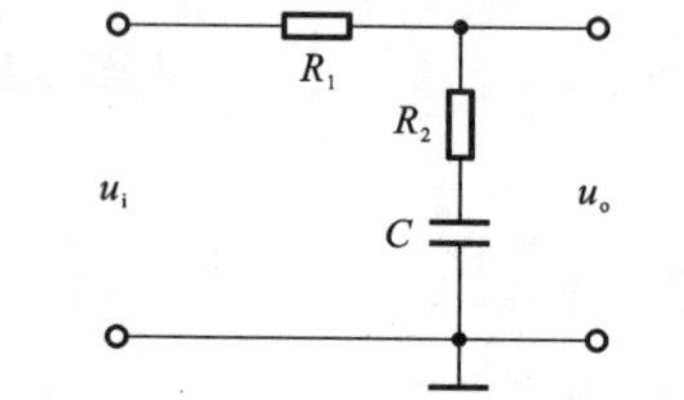	$G(s)=\dfrac{1+T_1 s}{1+T_2 s}$ $T_1 = R_2 C$ $T_2 = (R_1+R_2)C$	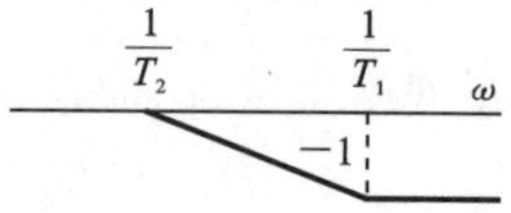
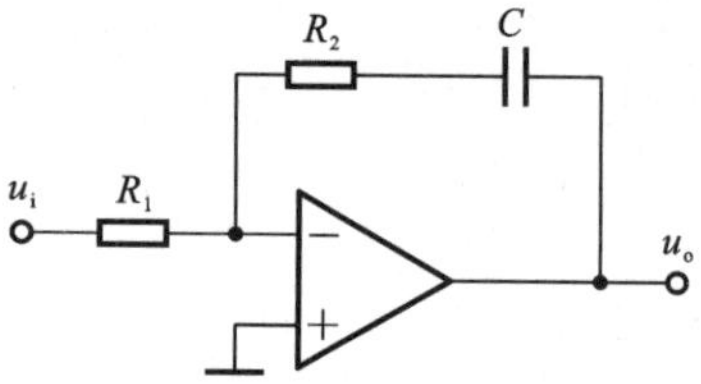	$G(s)=-K\left(1+\dfrac{1}{Ts}\right)$ $K=\dfrac{R_2}{R_1}$ $T=R_2 C$	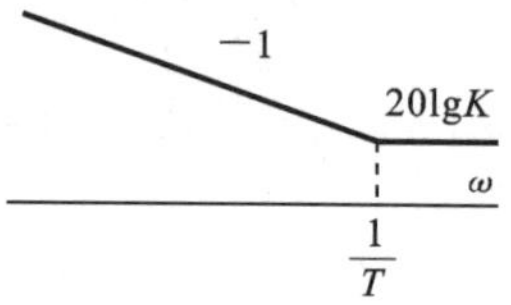
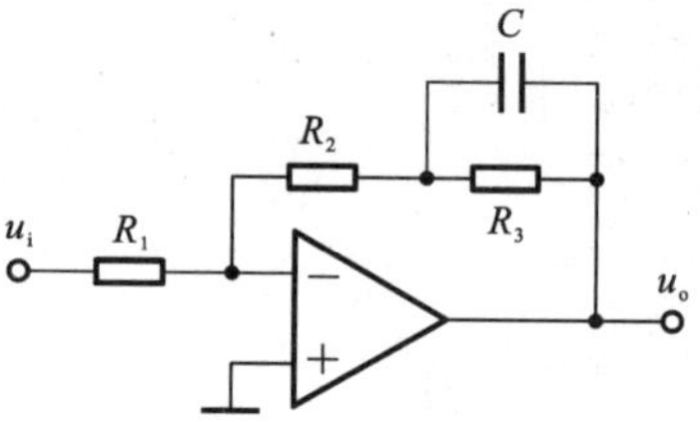	$G(s)=-\dfrac{K(1+T_1 s)}{(1+T_2 s)}$ $K=\dfrac{R_2+R_3}{R_1},\ T_2=R_3 C$ $T_1=\dfrac{R_2 R_3}{R_2+R_3}C$	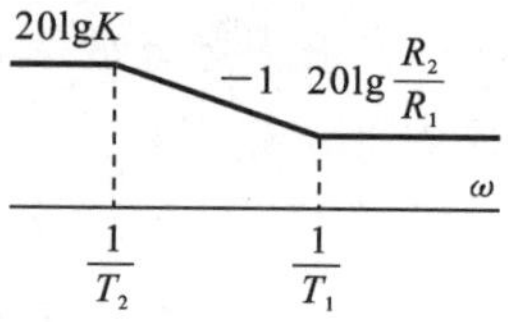
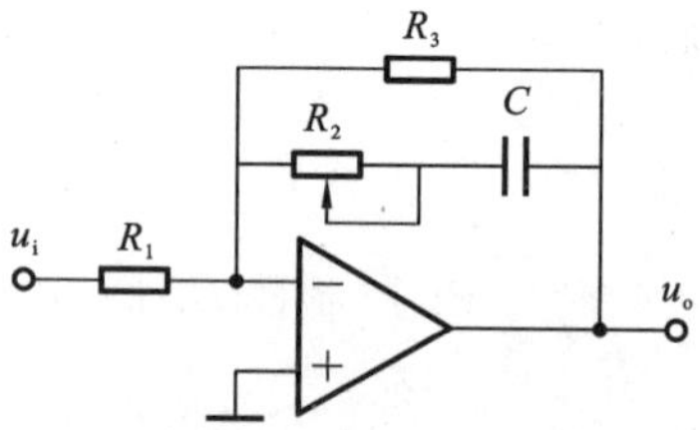	$G(s)=-\dfrac{K(1+T_1 s)}{(1+T_2 s)}$ $K=\dfrac{R_3}{R_1},\ T_1=R_2 C$ $T_2=(R_2+R_3)C$	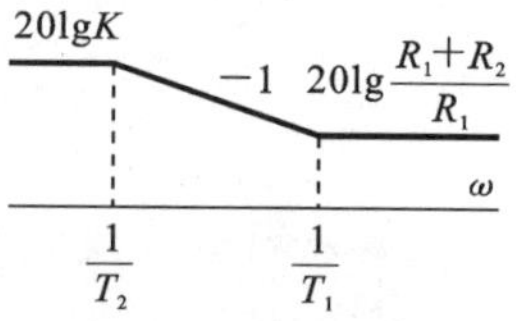

6.2.3　滞后-超前校正

1. 滞后-超前校正的基本思想

超前校正通常可以改善控制系统的快速性和超调量,但增加了带宽,对于稳定裕度较大的系统是有效的。滞后校正可改善超调量及相对稳定度,但往往会因带宽减小而使快速性下降。因此,这两种校正都各有优点和缺点,而且对某些系统来说,不论用其中何种方案都不能得到满意的效果。因此,自然会想到兼用两者的优点把超前校正和滞后校正结合起来,并在结构设计时设法限制它们的缺点,这就是滞后-超前校正的基本思想。

从系统的频率响应来看,串联滞后校正提高的是系统的稳态性能,属于开环频率响应的低频区,而串联超前校正主要用来改善系统的动态性能,属于改变中频区的形状和参数。两者串联在同一个系统中,一般有两种方案:一种是采用滞后-超前校正网络实现,即将一个具有滞后-超前校正功能的装置串联在系统中;另一种是在系统中串联两个装置,先确定超前装置,提供足够的相角,使动态特性满足要求,再应用滞后校正保证截止频率在需要的频率点上。

从滞后校正的第 4 点(加入滞后校正装置后系统的性能指标)的分析可以看出,当加入滞后校正后系统在 ω_c 处的 γ 如果还不能满足期望指标要求的 γ,就说明加入滞后校正装置后所增加的相角裕度还不够,需要再加入一个超前装置来提供剩下那部分的相角。如果从校正系统的性能出发,只要使系统的性能指标达到要求,就可以采用第 2 种方案。先确定超前装置,提供足够的相角,使动态特性满足要求,再应用滞后校正保证截止频率在需要的频率点上。这样做的优点就是参数调整得少,因为在加入超前装置时,系统的动态性能已经满足要求,而加入滞后校正装置也一定会满足,还会有些余量。它的缺点就是在工程实现时两个装置串联后会产生负载效应,影响系统的性能及实际调试工作,所以工程上一般采用一个装置形成滞后-超前校正网络。由于滞后-超前校正网络是一个装置,在工程上比较好实现,且已形成固定的产品,所以该方法比较符合工程实际,这里主要介绍这种方法。

2. 滞后-超前校正网络

滞后-超前校正网络如图 6-44 所示,下面推导它的传递函数。

$$G_c(s) = \frac{M(s)}{E(s)} = \frac{R_2 + \dfrac{1}{sC_2}}{\dfrac{R_1 \dfrac{1}{sC_1}}{R_1 + \dfrac{1}{sC_1}} + R_2 + \dfrac{1}{sC_2}}$$

$$= \frac{(1+R_1C_1s)(1+R_2C_2s)}{1+(R_1C_1+R_2C_2+R_1C_2)s+R_1C_1R_2C_2s^2}$$

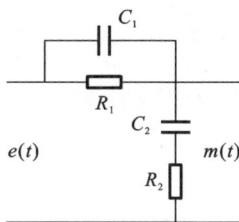

图 6-44 滞后-超前校正网络

令 $\alpha T_1 = R_1C_1$,$T_2 = R_2C_2$,$T_1 + \beta T_2 = R_1C_1 + R_2C_2 + R_1C_2$,当 $\alpha = \beta$,且 α,β 均大于 1 时,有

$$G_c(s) = \frac{(1+\alpha T_1 s)}{(1+T_1 s)} \frac{(1+T_2 s)}{(1+\beta T_2 s)}$$

滞后-超前校正的零点和极点图如图 6.45 所示。设 $\omega_1 = \dfrac{1}{\beta T_2}$,$\omega_2 = \dfrac{1}{T_2}$,$\omega_3 = \dfrac{1}{\alpha T_1}$,$\omega_4 = \dfrac{1}{T_1}$,则滞后-超前校正的 Bode 图如图 6-46 所示。从图 6-46 可见,在 $0 \sim \omega_2$ 频段里,滞后-超前网络具有滞后校正特性,在 $\omega_2 \sim \infty$ 频段里,滞后-超前网络起超前校正作用。

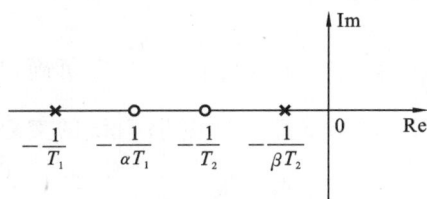

图 6-45 滞后-超前校正的零点和极点图

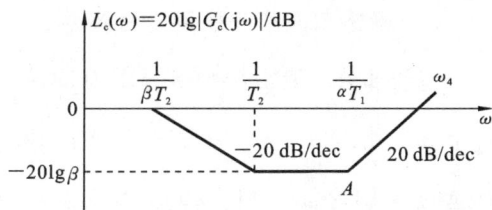

图 6-46 滞后-超前校正的 Bode 图

3. 滞后-超前校正参数

从滞后校正的第 4 点(加入滞后校正装置后系统的性能指标)的分析可知,需要在 ω'_c 处加一个超前校正,具体要加在什么位置。根据滞后-超前校正网络的 Bode 图可知,$20\lg\beta=20\lg\alpha$,要使系统在 ω'_c 处下降到 0,则滞后-超前网络在 ω'_c 处的高度就应与 $L_0(\omega'_c)$ 的高度相同,保证能将 $L_0(\omega)$ 拉下来,则超前部分的直线一定过与 $L_0(\omega_c)$ 高度相同的 A 点。那就过 A 点作一条斜率为 20 dB/dec 的直线,与 ω 轴的交点就是 $\omega_4=\dfrac{1}{T_1}$,与 $-20\lg\beta$ 线交点就是 $\omega_3=\dfrac{1}{\alpha T_1}$,但要保证网络在 ω'_c 处过 A,就必须保证 $20\lg\beta \geqslant L_0(\omega_c)$。在工程中,滞后-超前校正网络的 β 一般取 $10(10\sim15)$,因此只要求出 T_2 即可求出装置模型。

参数 T_1 的求取。已知直线上的 A 点$(\lg\omega_c,-L_0(\omega_c))$ 和 B 点$(\lg\omega_4,0)$,且斜率为 20 dB/dec,列写直线方程为

$$\frac{-L_0(\omega_c)-0}{\lg\omega_c-\lg\omega_4}=20$$

即可求出 ω_4,从而求出参数 $T_1=1/\omega_4$。

参数 T_2 的求取。T_2 是滞后部分的参数,前面已经讲过,应使滞后装置远离期望的 ω'_c,也就是放在系统的低频段,为使滞后的相角控制在 $-5°$ 以内,实际工程中一般取

$$\frac{1}{T_2}\approx0.1\omega'_c \quad \text{或} \quad \frac{1}{T_2}=(0.1\sim0.2)\omega'_c$$

这样 4 个交接频率都已求出,$\omega_1=\dfrac{1}{\beta T_2}$,$\omega_2=\dfrac{1}{T_2}$,$\omega_3=\dfrac{1}{\alpha T_1}$,$\omega_4=\dfrac{1}{T_1}$,则滞后-超前校正网络的传递函数为

$$G_c(s)=\frac{(\alpha T_1 s+1)(T_2 s+1)}{(T_1 s+1)(\beta T_2 s+1)}$$

4. 滞后-超前校正步骤

(1) 根据对校正后系统的 ν 型和开环增益的要求,以及 $G_0(j\omega)$ 的 Bode 图,求出 ω_{c0} 和 γ_0。若给出的指标是时域指标,则需进行指标转化。

(2) 确定校正方式。

若 $\omega'_c<\omega_{c0}$,考虑采用滞后装置,$\gamma(\omega_c)<\gamma$,则要加超前校正,即采用滞后-超前校正。超前校正需提供的角度为 $\varphi=\gamma_期-\gamma(\omega'_c)$。若 $\varphi>60°$,应考虑再加一级超前校正。

(3) 选滞后部分的两个交接频率:

$$\omega_1=\frac{1}{\beta T_2}, \quad \omega_2=\frac{1}{T_2}=(0.2\sim0.1)\omega'_c$$

β 取值范围为 $10\sim15$,一般取 10,只要保证 $20\lg\beta \geqslant L_0(\omega'_c)$ 即可。

(4) 确定超前部分的两交接频率。

超前部分的两交接频率分别为 $\omega_3=\dfrac{1}{\alpha T_1}$、$\omega_4=\dfrac{1}{T_1}$,因此只要求出 α 和 T_1 即可确定 ω_3 和 ω_4。已知 $\alpha=\beta=10$,过$(\omega'_c,-L_0(\omega_c))$点作 $+20$ dB/dec 直线与 0 dB 直线的交点对应的 ω(即为 ω_4),与 $-20\lg\beta$ 线交点对应的 ω(即为 ω_3)。根据直线方程 $\dfrac{-L_0(\omega_c)-0}{\lg\omega'_c-\lg\omega_4}$ $=20$,即可求出 ω_4,即 T_1。

(5) 校验品质,可以画校正后的 Bode 图进行检验。

【例 6-7】 设串联校正系统的结构图如图 6-47 所示,试确定滞后-超前校正装置 $G_c(s)$,使得

(1) 系统的速度误差系数 $K_v = 15 \text{ s}^{-1}$;

(2) 相角裕度 $\gamma \geqslant 35°$;

(3) 截止频率 $\omega_c \geqslant 3.5 \text{ rad/s}$。

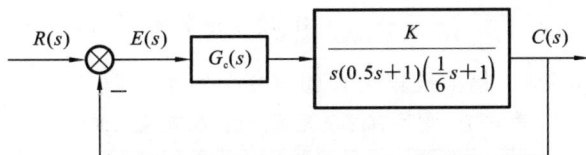

图 6-47 串联校正系统的结构图

解 (1) 因为 $K_v = 15 \text{ s}^{-1}$,取 $K = K_v = 151 \text{ s}^{-1}$。

(2) 确定校正方式,这里取 $\omega'_c = 3.5 \text{ rad/s}$。

$$\angle G_0(j\omega'_c) = -90° - \text{arctg}(0.5 \times 3.5) - \text{arctg}\left(\frac{1}{6} \times 3.5\right) = -180.511°$$

$$\gamma_0(\omega'_c) = -180° + \angle G_0(j\omega'_c) = -0.511° < 35°$$

此时需计算校正后系统在 ω_c 处的 $\gamma(\omega_c)$,即

$$\gamma(\omega'_c) = \gamma_0(\omega'_c) - (5° \sim 10°) = -10.5° \sim -5.5°$$

因此需要采用滞后-超前校正方式,超前校正需提供的角度为

$$\varphi = \gamma_期 - \gamma(\omega'_c) = 35° - (-10.5° \sim -5.5°) = 40.5° \sim 45.5° < 60°$$

(3) 选滞后部分的两个交接频率:

$$\omega_2 = \frac{1}{T_2} = 0.1 \text{ rad/s}, \quad \omega'_c = 0.35 \text{ rad/s}$$

得 $T_2 = 2.86$,取 $\beta = 10$。由 $L_0(\omega)$ 知,在 ω'_c 处 $L_0(\omega'_c) = 0.6 \text{ dB} < 20\lg\beta = 20 \text{ dB}$,所以取 $\beta = 10$ 可以。此时,$\omega_1 = \frac{1}{\beta T_2}$,$\beta T_2 = 28.6$。滞后部分的传递函数为

$$\frac{T_2 s + 1}{\beta T_2 s + 1} = \frac{2.86s + 1}{28.6s + 1}$$

(4) 确定超前部分的两交接频率。

过 $(\omega'_c = 3.5, -L_0(\omega_c) = -0.6)$ 点作 $+20 \text{ dB/dec}$ 直线与 0 dB 直线的交点对应 $\omega = \omega_4$,与 $-20\lg\beta$ 线交点对应的 ω(即为 ω_3)。由 $\frac{-L_0(\omega'_c) - 0}{\lg\omega'_c - \lg\omega_4} = 20$,得 $\omega_4 = 3.75$,取 $\omega_4 = 4 \text{ rad/s}$,所以超前部分的传递函数为

$$\frac{\beta T_1 s + 1}{T_1 s + 1} = \frac{2.5s + 1}{0.25s + 1}$$

由此滞后-超前校正网络的传递函数为

$$G_c(s) = \frac{2.86s + 1}{28.6s + 1}\frac{2.5s + 1}{10.25s + 1}$$

校正后系统的传递函数为

$$G(s) = G_0(s)G_{cc}(s)G_{cz}(s) = \frac{15(2.86s + 1)(2.5s + 1)}{s(0.5s + 1)\left(\frac{1}{6}s + 1\right)(28.6s + 1)(0.25s + 1)}$$

（5）验证。

① $K_\nu = 15 \ \mathrm{s}^{-1}$，符合要求；

② 当 $\omega_c = 3.5 \ \mathrm{rad/s}$ 时，$|G(\mathrm{j}\omega_c)| \approx 1$，符合要求；

③ 验证相角裕度

$$\angle G(\mathrm{j}\omega_c) = -143.35°$$

$$\gamma = 180° + \angle G(\mathrm{j}\omega_c) = 36.65° > 35°$$

综上，以 $G_c(s) = \dfrac{2.86s+1}{28.6s+1}\dfrac{2.5s+1}{10.25s+1}$ 为串联校正装置，符合系统设计指标要求。

常用有源及无源滞后-超前校正装置如表 6-7 所示。

表 6-7　常用有源及无源滞后-超前校正装置

电　路　图	传　递　函　数	对数幅频特性
	$G(s) = \dfrac{(1+T_1 s)(1+T_2 s)}{(1+\dfrac{T_1}{\beta}s)(1+\beta T_2 s)}$ $T_1 = R_1 C_1,\ T_2 = R_2 C_2$ $\dfrac{T_1}{\beta}s + \beta T_2 = R_1 C_1 + R_2 C_2 + R_1 C_2$	
	$G(s) = -\dfrac{K(1+T_3 s)(1+T_4 s)}{(1+T_1 s)(1+T_2 s)}$ $K = \dfrac{R_3 + R_4}{R_1 + R_2}$ $T_1 = R_4 C_2,\ T_2 = \dfrac{R_1 R_2}{R_1 + R_2}C_1$ $T_3 = R_2 C_1$ $T_4 = \dfrac{R_3 R_4}{R_3 + R_4}C_2$	
	$G(s) = -\dfrac{K(1+T_3 s)(1+T_4 s)}{(1+T_1 s)(1+T_2 s)}$ $K = \dfrac{R_2 + R_3 + R_4}{R_1}$ $T_1 = R_2 C_1,\ T_2 = R_5 C_2$ $T_3 = \dfrac{R_2 R_3}{R_2 + R_3}C_1$ $T_4 = (R_4 + R_5)C_2$	
	$G(s) = -\dfrac{K(1+T_3 s)(1+T_4 s)}{(1+T_1 s)(1+T_2 s)}$ $K = \dfrac{R_2 + R_3 + R_5}{R_1}$ $T_1 = R_3 C_1,\ T_4 = R_5 C_2$ $T_2 = \dfrac{R_4 R_5}{R_4 + R_5}C_2$ $T_3 = [(R_4 + R_5)//R_3]C_1$	

6.2.4 串联 PID 校正

串联 PID 校正通常也称为 PID(比例-积分-微分)控制,它利用系统误差、误差的微分和积分信号构成控制规律,对被控对象进行调节,具有实现方便、成本低、效果好、适用范围广等优点,在工业过程控制中得到了广泛的应用。PID 控制采用不同的组合,可以实现 PD、PI 和 PID 不同的校正方式。

比例-微分控制器的传递函数为

$$G_c(s) = K_P + T_D s = K_P\left(1 + \frac{T_D}{K_P}s\right) \tag{6.16}$$

式中:T_D 是微分时间常数。当 $K_P=1$ 时,$G_c(s)$ 的频率特性为 $G_c(j\omega)=1+jT_D\omega$。显然,PD 校正是相角超前校正。由于微分控制反映误差信号的变化趋势,具有"预测"能力。因此,它能在误差信号变化之前给出校正信号,防止系统出现过大的偏离和振荡,因而可以有效地改善系统的动态性能。另一方面,比例-微分校正抬高了高频段,使得系统抗高频干扰能力下降。

比例-积分控制器的传递函数为

$$G_c(s) = K_P + \frac{1}{T_I s} = \frac{K_P T_I s + 1}{T_I s} \tag{6.17}$$

式中:T_I 是积分时间常数。当 $K_P=1$ 时,$G_c(s)$ 的频率特性为 $G_c(j\omega)=\frac{1+jT_I\omega}{jT_I\omega}$。PI 控制引入了积分环节,使系统型别增加一型,因而可以有效改善系统的稳态精度。另一方面,PI 控制器是相角滞后环节,相角的损失会降低系统的相对稳定度。

PID 控制器的传递函数为

$$G_c(s) = K_P + \frac{1}{T_I s} + T_D s = \frac{T_I T_D s^2 + K_P T_I s + 1}{T_I s} = \frac{\left(\frac{1}{T_1}s+1\right)\left(\frac{1}{T_2}s+1\right)}{T_I s} \tag{6.18}$$

当 $K_P=1$ 时,$G_c(j\omega)=1+\frac{1}{jT_I\omega}+jT_D\omega$,对应的 PID 控制器特性如表 6-8 所示。从 Bode 图可以看出,PID 控制有滞后-超前校正的功效。当 $T_I>T_D$ 时,PID 控制在低频段起积分作用,可以改善系统的稳态性能;在中高频段起微分作用,可以改善系统的动态性能。PD、PI 和 PID 校正分别可以看成是超前、滞后和滞后-超前校正的特殊情况,所以 PID 控制器的设计完全可以利用频率校正方法。

表 6-8 PID 控制器特性

控　制　器	传递函数 $G_c(s)$	Bode 图
PD 控制器	$G_c(s)=K_P+T_D s=K_P\left(1+\frac{T_D s}{K_P}\right)$	

续表

控 制 器	传递函数 $G_c(s)$	Bode 图
PI 控制器	$G_c(s)=K_P+\dfrac{1}{T_I s}=\dfrac{K_P T_I s+1}{T_I s}$	
PID 控制器	$\begin{aligned} G_c(s) &= K_P+\dfrac{1}{T_I s}+T_D \\ &= \dfrac{T_I T_D s^2+K_P T_I+1}{T_I s} \\ &= \dfrac{\left(\dfrac{1}{T_1}s+1\right)\left(\dfrac{1}{T_2}s+1\right)}{T_I s} \end{aligned}$	

【例 6-8】 某单位反馈系统的开环传递函数为

$$G_0(s)=\frac{K}{(s+1)\left(\dfrac{s}{5}+1\right)\left(\dfrac{s}{30}+1\right)}$$

试设计 PID 控制器,使系统的稳态速度误差 $e_{ssv}\leqslant 0.1$,超调量 $\sigma\%\leqslant 20\%$,调节时间 $t_s\leqslant 0.5$ s。

解 由稳态速度误差要求可知,校正后的系统必须是 I 型的,并且开环增益应该是

$$K=1/e_{ssv}=10$$

为了在频域中进行校正,将时域指标化为频域指标。查图 6-48 有

$$\begin{cases} \sigma\%\leqslant 20\% \\ t_s\leqslant 0.5 \text{ s} \end{cases} \Rightarrow \begin{cases} \gamma_0^*\geqslant 67° \\ \omega_{c0}=6.8/t_s=6.8/0.5=13.6 \text{ rad/s} \end{cases}$$

为校正方便,将 $K=10$ 放在校正装置中考虑,绘制未校正系统开环增益为 10 时的对数幅频特性 $L_0(\omega)$,如图 6-48 所示。

取校正后系统的截止频率 $\omega_c=15$ rad/s,在 ω_c 处作垂线与 $L_0(\omega)$ 交于点 A,找到点 A 关于 0 dB 线的镜像点 B,过点 B 作 20 dB/dec 的直线。微分(超前)部分应提供的超前角为

$$\varphi_m=\gamma^*-\gamma(\omega_c)+6°=67°+4.3°+6°=77.3°\approx 78°$$

在 20 dB/dec 线上确定点 D(对应频率 ω_D),使 $\arctan(\omega_c/\omega_D)=78°$,得

$$\omega_D=\omega_c/\tan 78°=3.2 \text{ rad/s}$$

根据稳态误差要求,绘制低频段渐近线:过点$(\omega=1,20\lg 10)$,斜率为 -20 dB/dec。低频段渐近线与经点 D 的水平线相交于点 C(对应频率 $\omega_c=1$)。PID 控制器的传递函数为

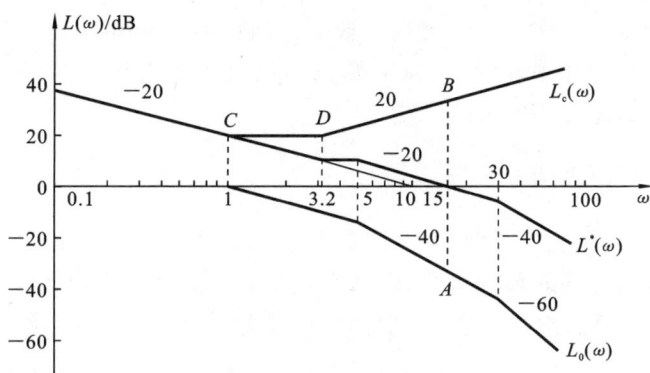

图 6-48　PID 校正图

$$G_c(s) = \frac{10(s+1)\left(\dfrac{s}{3.2}+1\right)}{s} = \frac{10(0.3125s^2 + 1.3125s + 1)}{s}$$

校正后系统的开环传递函数为

$$G(s) = G_c(s)G_0(s) = \frac{10\left(\dfrac{s}{3.2}+1\right)}{s\left(\dfrac{s}{5}+1\right)\left(\dfrac{s}{30}+1\right)}$$

校正后系统的截止频率 $\omega_c = 15 > 13.6 = \omega_{c0}$，校正后系统的相角裕度为

$$\gamma = 180° + \angle G(\mathrm{j}\omega_c) = 69.8° > 67° = \gamma_0$$

查图将设计好的频域指标转换成时域指标，有

$$\begin{cases} \gamma = 69.8° \\ \omega_c = 15 \text{ rad/s} \end{cases} \Rightarrow \begin{cases} \sigma\% = 19\% < 20\% \\ t_s = 6.7/\omega_c = 6.7/15 = 0.45 < 0.5 \end{cases}$$

系统指标完全满足要求。

应当注意，以上所述的各种频率校正方法原则上仅适用于单位反馈的最小相位系统。因为只有这样才能仅根据开环对数幅频特性来确定闭环系统的传递函数。对于非单位反馈系统，可以在原系统输入信号口附加 $H(s)$ 环节，将系统化为单位反馈系统（见图 6-49）来设计。

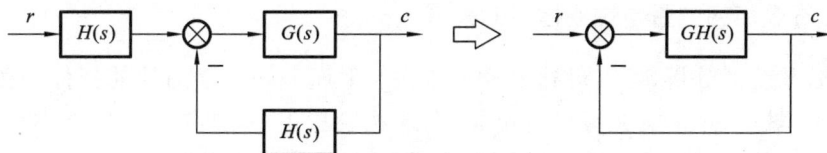

图 6-49　将非单位反馈系统转化为单位反馈系统

对非最小相角系统，则应同时将 $L(\omega)$、$\varphi(\omega)$ 绘出来，综合考虑进行校正。

应当指出，串联频率校正方法是一种折中方法，因而对系统性能的改善是有条件的，不能保证对任何系统经频率法校正后都能满足指标要求。

6.3　根轨迹法校正

如果设计指标是时域特征量，则应采用时域校正方法，即将设计指标转换为对闭环主导极点位置的设计,常称为根轨迹法。根轨迹法同频率分析法一样也可以有串联超前校正、串联滞后校正和串联滞后-超前校正。根轨迹法适用于对动态品质不满足要求,而对稳态指标又无具体要求的系统。

6.3.1 根轨迹法校正思路

根轨迹就是当根轨迹增益增大时根的变化轨迹,也就是闭环极点的变化轨迹。对于高阶系统,根据根轨迹的形状可知,要么系统对所有的增益值不稳定,即根轨迹位于 s 平面的右半平面;要么它虽然稳定,但由于距虚轴较近,稳定性不够好。因此系统的性能主要是由特征根 $s_{1,2} = -\xi\omega_n \pm j\sqrt{1-\xi^2}$(即闭环极点)决定,而特征根的大小主要取决于 ξ 和 ω_n。在设计系统时,总希望能找到一对闭环主导极点,将系统简化为二阶系统,并且能改善系统的性能。由于系统的性能主要取决于主导极点,要改善系统的性能,就要改变闭环主导极点的位置,也就是找到一对能够满足系统性能指标的期望的闭环主导极点,使之成为系统真正的主导极点。而最终加入校正装置的目的就是校正系统使这两个极点,使之成为真正的闭环主导极点,满足系统期望的指标要求。根据期望的时域性能指标转化成相应的 ξ 和 ω_n,就可以得到一对期望的闭环主导极点 $s_{1,2} = -\xi\omega_n \pm j\sqrt{1-\xi^2}$,相当于系统期望能有一对这样的闭环主导极点,从而改善系统的性能。加入校正装置,使系统增加了新的零点和极点,最终的目标就是使得当根轨迹增益 K 增大时,期望的那对闭环主导极点在根轨迹上,即成为系统真正的闭环主导极点。因此根轨迹校正所要解决的问题可归纳为如下三点。

(1) 根据系统性能指标,找到一对系统期望的闭环主导极点 $s_{1,2} = -\xi\omega_n \pm j\sqrt{1-\xi^2}$。

(2) 使期望的闭环主导极点成为系统真正的闭环主导极点,即通过新的零点和极点的加入,使校正完的系统的根轨迹通过这两个点。或者说将系统的闭环主导极点放置在性能指标要求的位置上,这个过程属于动态性能校正。

(3) 校正增益。由于增加了新的零点和极点,根轨迹增益发生变化,进而使开环增益也发生变化,因此要校正开环增益,使其满足设计指标要求。

6.3.2 主导极点的位置与性能指标的关系

由二阶系统的分析,可以得到主导极点在 s 平面上的移动与性能指标的关系如图6-50 所示。图 6-50(a)为主导极点位置,在根轨迹校正中,如果时域性能不满足要求,就需要移动根轨迹,从而移动主导极点在 s 平面上的位置来得到希望的性能。

图 6-50(b)为移动主导极点时,系统的动态性能所发生的变化。当上下移动主导极点时,原主导极点负实部的长度不变,可以保证系统阶跃响应的调节时间 t_s 不变,因此,上下移动主导极点的轨迹构成等 t_s 线。当保证阻尼角 β 不变,在斜线上移动主导极点时,可以保证系统阶跃响应的超调量 $\sigma\%$ 不变。因此,从原点出发过主导极点的斜线称为等 $\sigma\%$ 线。此外,从图 6-50(b)上还可以读到等 ω_n 线和等 ω_d 线。

一般情况下,校正时给定的性能指标为单边限定值,即 $\sigma\% < \sigma\%_{校}$、$t_s < t_{s校}$,则校正后主导极点可选位置位于图中阴影区域即可。

在校正设计时,按照给定的性能指标确定了主导极点 s_i 的位置后,先要确定系统

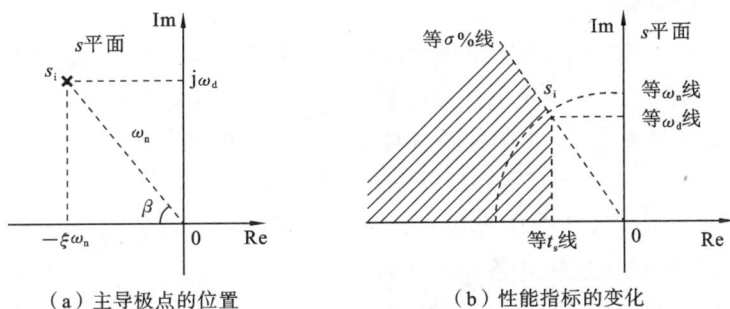

（a）主导极点的位置 　　　　（b）性能指标的变化

图 6-50　主导极点在 s 平面上的移动与性能指标的关系

的原根轨迹是否过阴影区域。如果是的话，校正装置就简单得多了，只要调整根轨迹增益 K 的大小就可以完成校正工作，可以免去多余的计算工作。如果系统的原根轨迹不穿过图示的阴影区域，就要设计相应的校正装置使得校正后的根轨迹过图示的阴影区域，从而实现给定的性能要求。

6.3.3　根轨迹法微分校正

如果原系统的动态性能不好，则可以采用微分校正来改善系统的超调量 $\sigma\%$ 和调节时间 t_s，以满足系统动态响应的快速性与平稳性的定量值。

微分校正可以采用无源或有源微分校正装置实现，前面已经详细介绍，这里不再赘述。图 6-51 所示的无源微分校正装置的传递函数为

$$G_c(s) = \frac{1}{\alpha}\frac{1+\alpha Ts}{1+Ts}, \quad \alpha > 1$$

将其表示成零点和极点形式为

$$G_c(s) = \frac{1}{\alpha}\frac{1+\alpha Ts}{1+Ts} = \frac{s+z_d}{s+p_d}$$

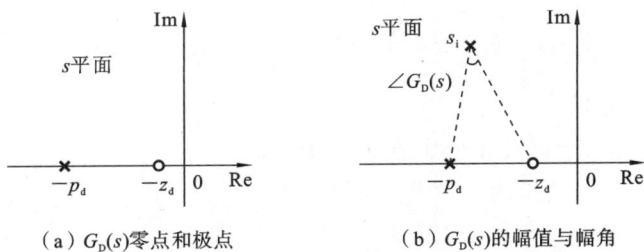

（a）$G_D(s)$零点和极点　　　　（b）$G_D(s)$的幅值与幅角

图 6-51　无源微分校正装置的校正作用

微分校正网络零点和极点的值分别为

$$s = -z_d = -\frac{1}{\alpha T} \quad 和 \quad s = -p_d = -\frac{1}{T}$$

零点和极点在 s 平面上的位置如图 6-51(a)所示。

当系统的动态性能不能满足要求时，可以考虑将根轨迹左移。但是根轨迹左移会引起幅角条件的角度变负，由于 $\angle G_D(s)|_{s=s_i} > 0°$，因此微分校正网络的一对零点和极点可以提供正的补偿角来满足幅角条件，如图 6-51(b)所示。

基于根轨迹法的微分校正步骤如下。

(1) 作原系统根轨迹图。

(2) 根据动态性能指标,确定主导极点 s_i 在 s 平面上的正确位置;如果主导极点位于原系统根轨迹的左边,可确定采用微分校正,使原系统根轨迹左移,过主导极点。

(3) 在新的主导极点上,由幅角条件计算所需补偿的相角差 φ,计算公式为

$$\varphi = \pm 180° - \arg[\angle G_0(s)]\big|_{s=s_i}$$

此相角差 φ 表明原根轨迹不过主导极点。为了使根轨迹能够通过该点,必须增加校正装置,使补偿后的系统满足幅角条件。

(4) 根据相角差 φ,确定微分校正装置的零点和极点位置。

注意,满足相角差 φ 的零点和极点位置的解有许多组,可任意选定。在这里给出一种用几何作图法来确定零点和极点位置的方法,如下。

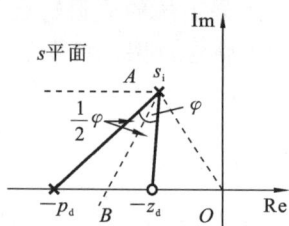

① 过主导极点 s_i 与原点作直线 OA。

② 过主导极点 s_i 作水平线。

③ 平分两线夹角作直线 AB 交负实轴于 B 点。

④ 由直线 AB 两边各分 $\frac{1}{2}\varphi$ 作射线交负实轴,左边交点为 $-p_d$,右边交点为 $-z_d$,如图 6-52 所示。微分校正装置的传递函数为

图 6-52 零点和极点位置的确定

$$G_c(s) = \frac{s+z_d}{s+p_d}$$

(5) 由幅值条件计算根轨迹过主导极点时相应的根轨迹增益 k 的值,计算公式为

$$|G_c(s)G_0(s)|\big|_{s=s_i} = 1$$

(6) 确定网络参数(有源网络或者无源网络)。

(7) 校核幅值条件 $|G_c(s)G_0(s)|$、幅角条件 $\angle G_c(s)G_0(s)$、动态性能指标 $\sigma\%$ 和 t_s 等。

【**例 6-9**】 已知系统的开环传递函数为 $G_0(s) = \dfrac{4}{s(s+2)}$,要求 $\sigma\% < 20\%$,$t_s < 2$ s,试用根轨迹法作微分校正。

解 (1) 作原系统根轨迹图,如图 6-53 所示。

(2) 计算原系统性能指标。

闭环特征方程为

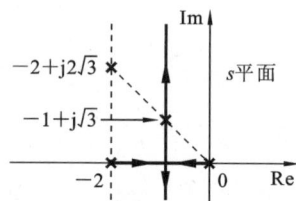

图 6-53 原系统根轨迹图

$$s^2 + 2s + 4 = 0$$

闭环极点为

$$s_{1,2} = -1 \pm j\sqrt{3}$$

核算系统的动态性能为

$$\xi = 0.5, \quad \omega_n = 2 \text{ rad/s}, \quad \beta = 60°, \quad \sigma\% = 16.3\% < 20\%$$

则原系统的超调量满足要求;调节时间为

$$t_s = \frac{4}{\xi\omega_n} = 4 > 2 \text{ s}$$

调节时间不满足要求。所以在原系统根轨迹上找不到满足性能指标的主导极点,需进行校正。

（3）计算新的主导极点。

因为原系统的超调量 $\sigma\%$ 满足给定要求，所以设原系统的阻尼角 $\beta=60°$ 不变，则阻尼比为 $\xi=0.5$，令调节时间为给定值

$$t_s=\frac{4}{\xi\omega_n}=2\ \text{s}$$

解出 $\omega_n=4$，从而得新的主导极点为

$$s_{1,2}=-\xi\omega_n\pm j\omega_n\sqrt{1-\xi^2}=-2\pm j2\sqrt{3}$$

计算所得希望的主导极点位置如图 6-53 所示，因为位于原系统根轨迹的左边，确定采用微分校正。

（4）计算微分校正补偿角 φ。

将新的主导极点值 $s=-2+j2\sqrt{3}$ 代入开环传递函数，求得幅角值为

$$\angle G_0(s)=\angle(-2+j2\sqrt{3})-\angle(-2+j2\sqrt{3}+2)=210°$$

不满足幅角条件。应该增加微分校正装置 $G_c(s)$，使得幅角条件为

$$\angle G_c(s)+\angle G_0(s)=\pm180°$$

所以微分校正装置的补偿角为

$$\varphi=\angle G_c(s)=\pm180°-\angle G_0(s)=30°$$

（5）由作图法确定校正装置的零点、极点位置为

$$-z_d=-2.9,\quad -p_d=-5.4$$

所以校正装置的传递函数为

$$G_c(s)=K_c\frac{s+2.9}{s+5.4}$$

式中：K_c 为待定补偿增益值，用于补偿新的根轨迹过主导极点时的幅值条件。

这样，带有串联微分校正装置的新的开环传递函数为

$$G_c(s)G_0(s)=\frac{4K_c(s+2.9)}{s(s+2)(s+5.4)}$$

（6）由幅值条件计算增益补偿值 K_c。

将主导极点值代入幅值条件

$$\left|\frac{4K_c(s+2.9)}{s(s+2)(s+5.4)}\right|_{s=-2+j2\sqrt{3}}=1$$

求得增益补偿值 K_c 为

$$K_c=4.68$$

（7）设计网络参数。

串联微分校正系统的结构图如图 6-54 所示，微分校正后的根轨迹如图 6-55 所示。

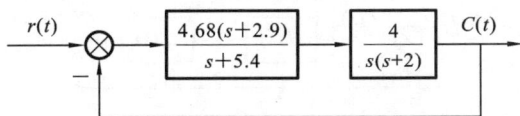

图 6-54　串联微分校正系统的结构图

作为比较，以利于对根轨迹法微分校正作用的理解，将校正前后系统仿真曲线绘出，如图 6-56 所示。显然，在超调量不变的条件下，系统的快速性得到了较大的改善。

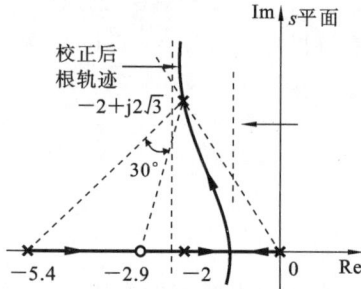

图 6-55 微分校正后的根轨迹

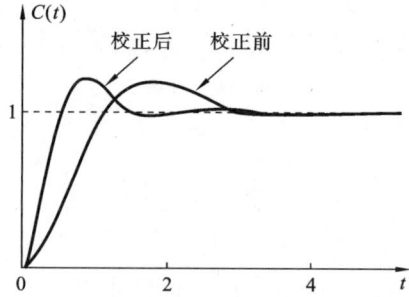

图 6-56 系统校正前后单位阶跃响应曲线比较

6.3.4 根轨迹法积分校正

应用根轨迹法作积分校正,可以改善系统的稳态性能。该校正方法的基本原理是在原点附近增加一对积分性质的开环偶极子,来增大系统的开环增益,从而满足给定的稳态要求。

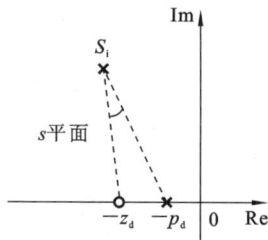

图 6-57 积分校正装置的
零点、极点矢量图

积分校正装置的传递函数为

$$G_c(s) = \frac{s+z_j}{s+p_i} \qquad (6.19)$$

系统的主导极点 s_i 与积分校正装置零点、极点的矢量关系如图 6-57 所示。

由图 6-57 可以得到对于主导极点 s_i 的幅值条件与幅角条件分别为

$$\left| \frac{s+z_j}{s+p_i} \right|_{s=s_i} \approx 1, \quad \arg\left[\frac{s+z_j}{s+p_i} \right]\Big|_{s=s_i} \approx 0°$$

串联积分校正的系统结构图如图 6-58 所示。其中,积分校正装置为 $G_c(s)$,如式 (6.19),系统固有特性为

$$G_0(s) = \frac{k \prod\limits_j (s+z_j)}{\prod\limits_i (s+p_i)}$$

则校正后的幅值条件为

$$\left| G_0(s)G_c(s) \right|_{s=s_i} \approx \left| G_0(s) \right|_{s=s_i}$$

幅角条件为

$$\angle[G_0(s)G_c(s)]\big|_{s=s_i} \approx \angle[G_0(s)]\big|_{s=s_i}$$

所以积分校正基本不改变系统根轨迹。

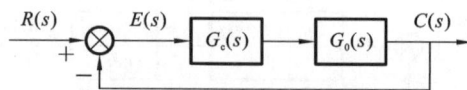

图 6-58 积串联积分校正系统的结构图

原系统开环增益值为 $K_0 = \dfrac{k \prod\limits_j z_j}{\prod\limits_i p_i}$,积分校正装置对开环增益的补偿值为

$$K_{c0} = \frac{z_j}{p_i}$$

校正后的开环增益为

$$K_{开} = K_{c0} K_0$$

所以积分校正装置可以调整原系统的开环增益大小，从而满足给定的稳态性能。

【例 6-10】 已知系统的开环传递函数为

$$G_0(s) = \frac{k}{s(s+4)(s+6)}$$

要求：$\xi \geqslant 0.45$，$\omega_n \geqslant 2$ rad/s；$K_v \geqslant 15$ 1/s，设计校正装置。

解 （1）作原系统根轨迹图如图 6-59 所示。

渐近线与实轴交点为 $s = -3.33$，分离点为 $s = -1.56$。

（2）检验动态性能。

按照给定的性能要求，计算主导极点为

$$s_{1,2} = -\xi\omega_n \pm j\omega_n \left. \sqrt{1-\xi^2} \right|_{\substack{\xi = 0.45 \\ \omega_n = 2}} = -0.9 \pm j1.8$$

作等 t_s 线，则

$$\mathrm{Re}[s_i] = -\xi\omega_n = -0.9$$

作等 $\sigma\%$ 线，则

$$\beta = \arccos\xi = \arccos 0.45 = 63°$$

两线交于图 6-60 中的阴影部分。

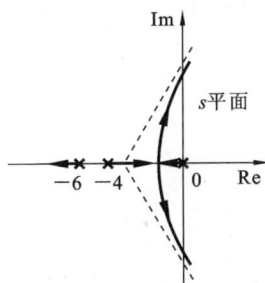

图 6-59 原系统根轨迹图

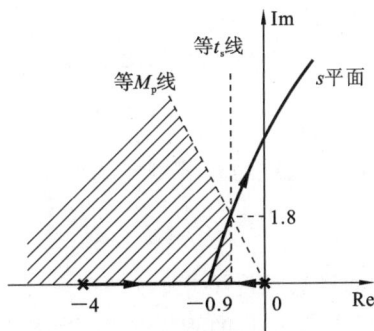

图 6-60 满足动态性能的值域

原系统根轨迹通过阴影部分，选择相应的根轨迹增益 k，使得原系统的闭环主导极点位于阴影区域之内，就可以满足动态性能要求。

在原系统根轨迹上选择满足动态性能的主导极点为

$$s = -1.2 + j2.1$$

由幅角条件验证

$$\left. \angle \frac{k}{s(s+4)(s+6)} \right|_{s=-1.2+j2.1} = 180°$$

该点在原根轨迹上，不需要移动根轨迹。

由幅值条件求取根轨迹过主导极点时的根轨迹增益 k，由

$$\left. \left| \frac{k}{s(s+4)(s+6)} \right| \right|_{s=-1.2+j2.1} = 1$$

求得 $k|_{s=-1.2+j2.1}=44.35$。

(3) 检验稳态性能。

系统开环传递函数为 $G_0(s)=\dfrac{44.35}{s(s+4)(s+6)}$,则根轨迹增益 $k=44.35$ 时的开环增益为 $K_0=\dfrac{44.35}{4\times6}=1.85<15$,不满足稳态性能要求,需要进行积分校正,增大系统的开环增益,以改善稳态性能。

(4) 计算积分校正装置。

系统要求的开环增益为 $K_{开}=K_{c0}K_0=15$,积分校正装置需要提供的补偿增益为 $K_{c0}=\dfrac{15}{K_0}=\dfrac{15}{1.85}=8.1$,考虑计算方便,取 $K_{c0}=10$,则零点、极点的比值为 $K_{c0}=\dfrac{z_j}{p_i}=10$。设积分校正装置 $G_c(s)=\dfrac{s+z_j}{s+p_i}$,为了使得积分校正装置新增加的零点、极点不影响根轨迹的幅值条件与幅角条件,需要遵循下述两个条件。

① 为保证不影响系统的动态性能,z_j 与 p_i 之间的距离尽可能小。

② 为了提供较大增益,积分偶极子尽量靠近虚轴。

取 $z_j=0.05$(靠近虚轴),$p_i=0.005$,这时 $K_{c0}=10$,则积分校正装置为

$$G_c(s)=\frac{s+0.05}{s+0.005}$$

验证校正装置的幅值条件与幅角条件为

$$\angle\frac{s+0.05}{s+0.005}\bigg|_{s=-1.2+j2.1}=-0.93°\approx0°, \quad \left|\frac{s+0.05}{s+0.005}\right|_{s=-1.2+j2.1}=0.99\approx1$$

可以基本不影响原根轨迹的走向,满足要求。此时,积分串联校正的开环系统为

$$G_c(s)G_0(s)=\frac{s+0.05}{s+0.005}\frac{44.35}{s(s+4)(s+6)}$$

串联积分校正系统的开环增益为

$$K_{开}=K_{c0}K_0=\frac{0.05\times44.35}{0.005\times4\times6}=18.48>15$$

满足给定的稳态精度要求。

(5) 积分校正后的根轨迹如图 6-61 所示。

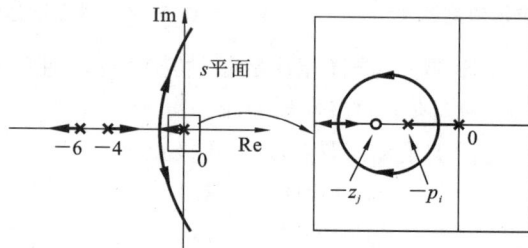

图 6-61　积分校正后的根轨迹

从校正后的根轨迹图可以看到,校正后的根轨迹基本不变,但是在原点附近增加了一部分根轨迹,而且系统的时间响应分量中,除了由闭环主导极点所确定的主分量之外,靠近原点还有一个闭环极点,所以还有一个衰减很慢的响应分量。但是该慢衰减分量的幅值很小,在校正设计中,可以忽略不计。作为比较,以利于对根轨迹法积分校正

作用的理解,将校正前后系统仿真曲线绘出,如图 6-62 所示。图 6-62(a)为阶跃响应曲线,显然校正前后系统的动态性能基本不变。图 6-62(b)为系统单位斜坡跟踪信号的误差曲线,可以看出,系统跟踪斜坡信号的准确性大大提高。

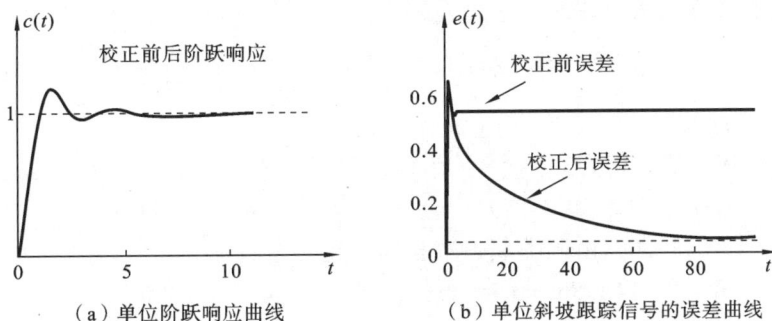

(a) 单位阶跃响应曲线　　　　(b) 单位斜坡跟踪信号的误差曲线

图 6-62　例 6-10 系统校正前后单位阶跃响应曲线比较

6.3.5　根轨迹法微分-积分校正

系统的动态性能、稳态性能都不好,可以考虑采用微分-积分校正。校正计算时,应该先计算微分校正,根据要求的动态性能,完成根轨迹的移动。然后再计算积分校正,以满足给定要求的稳态性能。之后,选择相应的微分-积分校正装置完成校正设计。

另外,在微分校正设计中,保证微分补偿角的同时,移动校正装置零点、极点的位置,也可以少量补偿稳态精度,起到积分校正的作用。

下面以例题为例来说明微分-积分校正的设计过程。

【例 6-11】　某系统开环传递函数为

$$G_0(s) = \frac{k}{s(0.9s+1)(0.007s+1)}$$

要求 $K_v \geqslant 1000, t_s \leqslant 0.25$ s, $\sigma_p \leqslant 30\%$,采用根轨迹法校正,设计串联校正装置。

解　(1) 根据指标要求找到闭环主导极点的位置。

$$\sigma\% = e^{\frac{-\xi\pi}{\sqrt{1-\xi^2}}} \leqslant 30\% \Rightarrow \xi = 0.358, \text{取 } \xi = 0.4$$

$$t_s \leqslant \frac{4}{\xi\omega_n} = 0.25 \Rightarrow \omega_n \geqslant 40, \text{取 } \omega_n = 40$$

则期望的闭环主导极点为 $s_{1,2} = -16 \pm j36.66$。

(2) 检验 $s_{1,2} = -16 \pm j36.66$ 是否在根轨迹上。

$$\angle G(s_1) = -90° - \angle(s_1 - p_3) - \angle(s_1 - p_2)$$
$$= -90° - 112.1° - 16.1° = -218.2° \neq (2k+1)\pi$$

不在根轨迹上,需进行动态校正。当然,若在根轨迹上,则只需进行增益校正即可。

(3) 动态校正。

设计校正装置,使期望的闭环主导极点成为系统真正的闭环主导极点,设校正装置的结构为

$$G_c(s) = \frac{\alpha Ts - 1}{Ts - 1} = \frac{k_c(s - z_c)}{(s - p_c)}$$

这里采用阶次不变法来确定参数 z_c。所谓阶次不变法就是校正后系统并不因为串入校正装置而升高阶次。为了保证阶次不升高,需要选择一个极点与 $(s - z_c)$ 对消。若

$G_0(s)$中极点很多,则选距虚轴近的极点与校正装置的$(s-z_c)$对消,因为这样的极点对系统影响大。本例中取距虚轴最近的极点进行对消,选$(s-z_c)=(s+1.11)$,从而得 $z_c=-1.11$。

校正后系统的传递函数为

$$G'(s)=G_0(s)G_c(s)=\frac{k'}{s(s+142.86)(s-p_c)}$$

式中:$k'=158.73k_c$。

系统的闭环特征方程为

$$D(s)=s(s+142.86)(s-p_c)+k'=(s-s_1)(s-s_2)(s-s_3)$$

式中:$s_{1,2}=-16\pm j36.66$,由同类项系数相同可得

$$\begin{cases}142.86-p_c=32-s_3\\-142.86p_c=1600-32s_3\\k'=-1600s_3\end{cases}\Rightarrow\begin{cases}k'=251680\\p_c=-46.4\\s_3=-157.3\end{cases}$$

得校正装置为

$$G_c(s)=\frac{k_c(s+1.11)}{(s+46.4)}$$

校正后系统的传递函数为

$$G'(s)=G_0(s)G_c(s)=\frac{251680}{s(s+142.86)(s+46.4)}=\frac{38}{s(0.007s+1)(0.02_1s+1)}$$

此时$K_v=38$,不满足要求,还要校正增益。

(4) 校正增益。

设加入校正装置所提供的增益为k'_c,可知$k'_c=\dfrac{z'_c}{p'_c}$。由$1000=38k'_c$可得

$$k'_c=26.3$$

前面已经分析z'_c、p'_c要距离近而又比值大,这样就需要靠近虚轴,即远离闭环主导极点$s_{1,2}$。一般取z'_c为$|z'_c|=\dfrac{\text{Res}_1}{10}$。因为系统的品质要好,主导极点必须离虚轴远。取$z'_c=\dfrac{s_1}{10}=\dfrac{-16}{10}=-1.6$,$p'_c=\dfrac{z'_c}{k'_c}=-0.06$,所以校正装置为

$$G_{cz}(s)=\frac{(s-z'_c)}{(s-p'_c)}=\frac{s+1.6}{s+0.06}=26.3\frac{0.625s+1}{16.67s+1}$$

校正后系统的传递函数

$$G(s)=\frac{1000(0.625s+1)}{s(0.007s+1)(0.02_1s+1)(16.67s+1)}$$

(5) 校验指标。

这步只需验证$s_{1,2}=-16\pm j36.66$是否是$G(s)$的闭环主导极点即可。系统的特征方程为

$$D(s)=s(0.007s+1)(0.02_1s+1)(16.67s+1)+1000(0.625s+1)$$
$$=(s-s_1)(s-s_2)(s+1.61)(s+155.7)$$

由于$(s+1.61)$与$0.625s+1$为偶极子,所以对消。而$\dfrac{155.7}{16}=9.7$,说明极点155.7对$s_{1,2}=-16\pm j36.66$没有影响,说明$s_{1,2}=-16\pm j36.66$是主导极点。

6.4 综合法校正

前面介绍的串联校正分析法是先根据要求的性能指标和未校正系统的特性,选择串联校正装置的结构,然后设计它的参数,这种方法是带有试探性的,所以称为试探法。下面介绍串联校正的综合法校正,它是根据给定的性能指标求出系统期望的开环频率特性,然后与未校正系统的频率特性进行比较,最后确定系统校正装置的形式及参数。综合法的主要依据是期望特性,所以又称为期望特性法。

6.4.1 综合法校正的基本问题

由于综合校正法需将设计指标转换为期望的开环对数频率特性,因此便于采用频率响应法设计。频率法综合校正的思路是根据控制系统要求达到的性能指标,绘出期望的开环对数频率特性曲线,然后对照系统不可变部分的频率特性,求出校正部分的频率特性曲线,进而写出校正部分的传递函数。此时写出的传递函数是最小相位系统的传递函数。因为是根据开环对数频率特性来确定校正装置的传递函数,所以只有最小相位系统才能够建立开环对数频率特性与传递函数意义上的对应关系,因此综合法校正只适用于最小相位系统。

开环频率特性与性能指标间的关系在第 5 章中已经讨论了。总体上说,频率特性的三个频段分别代表系统不同的性能指标。低频段表征了系统的稳态性能,中频段表征了系统的动态性能,而高频段反映了系统的抗高频干扰的能力。综合校正法需将设计指标转换为期望的开环对数频率特性,所以首先研究一下典型的期望开环频率特性。

设待校正系统的传递函数为 $G_0(s)$,校正装置的传递函数为 $G_c(s)$,期望系统的传递函数为 $G(s)$。典型的期望开环频率特性分为三段,各段渐近幅频特性曲线与系统性能指标的对应关系如图 6-63 所示。

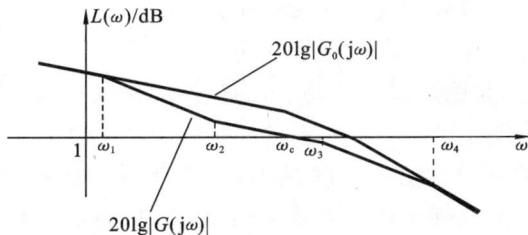

图 6-63 典型期望开环频率特性的三频段

这里采用开环对数频率特性的主要原因是,对数频率特性可以进行相加减。综合校正法在校正时,要绘出期望的开环对数频率特性,就相当于确定期望的开环传递函数的各个参数。例如,期望的开环传递函数为

$$G(j\omega)H(j\omega) = \frac{K(j\omega T_2 + 1)}{(j\omega)^2 (j\omega T_3 + 1)}$$

绘出它的开环对数频率特性,就要确定 K、T_2、T_3(K、ω_2、ω_3)。K 与低中频段有关,确定 K 就能确定高度。ω_2 和 ω_3 与中频段有关,ω_2、ω_3 确定了,中频段就可以绘出来。至于这三个参数具体怎样确定,参见 5.4 节。中频段与低频段的衔接频段及中频段与高

频段的衔接频段,用斜率为-40 dB/dec的直线连接,即其斜率一般与中频段相差-20 dB/dec。为了使校正环节尽可能简单,只要待校正系统的高频段满足设计指标要求,期望特性的高频段就可以取与原特性一样的,即原特性的高频段可以从衔接段以后直接移到期望特性曲线中,这样期望开环对数频率特性就按照指标绘成了。

6.4.2 综合法串联校正

综合法串联校正的基本方法就是按照设计任务所要求的性能指标,构造具有期望控制性能的开环传递函数$G(s)$,然后确定校正装置的传递函数$G_c(s)$,使系统校正后的开环传递函数等于期望的开环传递函数$G(s)$。

下面从频率特性角度来分析,设待校正系统的开环频率特性为$G_0(j\omega)$,校正装置的传递函数为$G_c(j\omega)$,则串联综合法校正中期望系统的频率特性为

$$G(j\omega) = G_0(j\omega)G_c(j\omega)$$

则

$$G_c(j\omega) = \frac{G(j\omega)}{G_0(j\omega)}$$

校正装置的对数幅频特性为

$$20\lg|G_c(j\omega)| = 20\lg|G(j\omega)| - 20\lg|G_0(j\omega)|$$

即

$$L_c(\omega) = L(\omega) - L_0(\omega)$$

式中:$L_0(\omega)$是原系统的开环对数幅频特性;$L_c(\omega)$是校正环节的对数幅频特性;$L(\omega)$是满足给定性能指标的期望开环对数幅频特性,通常称为期望特性。在伯德图上,若根据设计指标给出了系统的期望特性曲线$L(\omega)$,则由期望特性曲线减去原系统的开环对数幅频特性曲线$L_0(\omega)$,就得到校正环节的幅频特性曲线$L_c(\omega)$。这样,很容易由$L_c(\omega)$写出校正环节的传递函数,这就是综合法的基本方法。当然还可以根据最小相位系统的特点,直接由$G_c(j\omega=) G(j\omega)/G_0(j\omega)$求出校正装置的传递函数。

串联校正综合法的一般步骤如下。

(1) 绘制原系统的对数幅频特性曲线$L_0(\omega)$。

(2) 按要求的设计指标绘制期望特性曲线$L(\omega)$。

① 根据对系统型别和稳态误差的要求,通过性能指标中的ν和开环增益K绘制期望特性的低频段。

由于待校正系统唯一可变的参数就是K,K并不改变曲线形状,K不同会使对数幅频特性$L_0(\omega)$曲线沿坐标轴平移。有些时候K是已知的,直接绘制就行;当K未知时,就取原系统的K为系统期望的K值,这样就相当于低频段已经校正了,待校正系统的开环对数幅频特性$L_0(\omega)$的低频段就是期望的。

② 根据对系统响应速度及阻尼程度的要求,通过截止频率ω_c,相角裕度γ,中频段带宽度h,中频段交接频率ω_2、ω_3,绘制期望特性的中频段。对数幅频特性的中频段为-20 dB/dec,且有一定的宽度,以保证系统的稳定性。

③ 绘制期望特性的低频段与中频段的衔接频段,其斜率一般与前后频段相差-20 dB/dec。

④ 根据对系统幅值裕度以及抑制高频噪声的要求,绘制期望特性的高频段。为使校正装置比较简单,便于实现,一般使期望特性的高频段斜率与待校正系统的高频段一致。

⑤ 绘制期望特性的中频段与高频段之间的衔接频段，其斜率一般取-40 dB/dec。

（3）在伯德图上，由$L(\omega)$减去$L_0(\omega)$得串联校正环节的对数幅频特性曲线$L_c(\omega)$。

（4）根据伯德图绘制规则，由$L_c(\omega)$写出相应的传递函数。

（5）确定校正装置的传递函数。

【例 6-12】　设某位置随动系统不可变部分的传递函数为

$$G_0(s)=\frac{K_v}{s(0.1s+1)(0.02s+1)(0.01s+1)(0.005s+1)}$$

要求校正后的系统满足的性能指标：误差系数$C_0=0$，$C_1=\dfrac{1}{200}$；单位阶跃响应的超调量$\sigma\%\leqslant30\%$；单位阶跃响应的调节时间$t_s\leqslant0.7$ s；幅值裕度$20\lg K_g\geqslant6$ dB。试应用综合法设计串联校正装置。

解　（1）绘制原系统的对数幅频特性曲线$L_0(\omega)$，如图 6-64 所示。

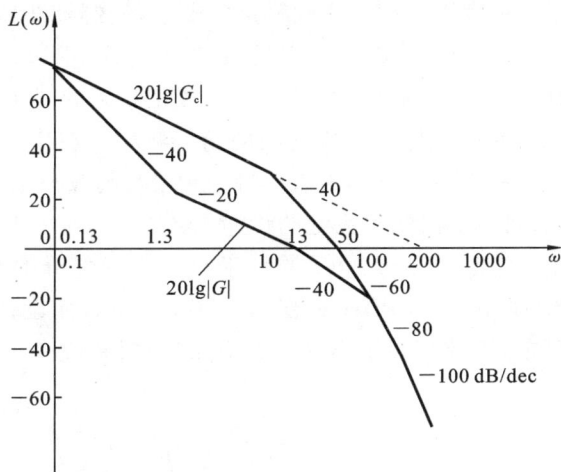

图 6-64　原系统的对数幅频特性曲线

（2）按要求的设计指标绘制期望特性曲线$L(\omega)$。

① 由动态误差系数的要求可知，期望系统为 I 型系统，原系统低频段满足要求，斜率为-20 dB/dec。根据动态误差系数与静态误差系统的关系可知，I 型系统的$C_1=\dfrac{1}{K_v}$，则$K_v=\dfrac{1}{C_1}=200$。绘制期望特性低频段（根据幅频特性曲线的特点，低频段的延长线在$\omega=200$处与横轴相交）。

② 根据中频段的要求，ω_c附近应该是斜率为-20 dB/dec 的下降的直线。

由　　　　　　　　$\sigma_p\approx0.16+0.4(M_r-1)\leqslant30\%$

可得　　　　　　　$M_r\leqslant1.35$

中频区的宽度满足

$$h=\frac{M_r+1}{M_r-1}\leqslant6.7$$

由　　　$t_s=\dfrac{\pi}{\omega_c}(2+1.5(M_r-1)+2.5(M_r-1)^2)=0.7$ s

得　　　　　　　　$\omega_c=12.15$ rad/s

取 $\omega_c=13$ rad/s,当然取 $\omega_c=12$ rad/s 也可以,只要所设计系统在验证时能满足性能指标即可。有了 $\omega_c=13$ rad/s,就可以求出 ω_2、ω_3。

$$\omega_2 \leqslant \omega_c \frac{M_r-1}{M_r}=\omega_c\frac{2}{h+1}=3.15 \text{ rad/s}$$

设计时取小一点,这里取 $\omega_2=3$ rad/s。

$$\omega_3 \geqslant \omega_c \frac{M_r+1}{M_r}=\omega_c\frac{2h}{h+1}=21.15 \text{ rad/s}$$

设计时取大一点,这里取 $\omega_3=50$ rad/s。

为了简化计算,ω_2、ω_3 在取值时,一般取与它们最近的交接频率的值,因为小于 3.15 rad/s 没有交接频率,所以取 $\omega_2=3$ rad/s,大于 21.15 rad/s 的最近的交接频率为 50 rad/s,所以取 $\omega_3=50$ rad/s,此时,h 一定大于 6.7,满足要求。

③ 绘制期望特性的低频段与中频段的衔接频段。在中频段 $\omega_2=3$ rad/s 处对应的点为起点,用 -40 dB/dec 的斜线,将低频段与中频段衔接。

④ 根据对系统幅值裕度以及抑制高频噪声的要求,绘制期望特性的高频段。待校正系统的高频段(即 $\omega_3=50$ rad/s)以后斜率是 $-100\sim-60$ dB/dec,因此具有良好的抑制噪声的能力,所以使期望特性的高频段斜率与待校正系统的高频段一致。

⑤ 绘制期望特性的中频段与高频段之间的衔接频段。在中频段 $\omega_3=50$ rad/s 处对应的点为起点,其斜率一般取 -40 dB/dec,将中频段与高频段衔接。

(3) 由期望特性的曲线求出期望系统的传递函数。

由精确作图可知,ω_4 以 -40 dB/dec 的斜率与不可变部分的高频段交于 $\omega=100$ rad/s 的地方,由于高频段由 -40 dB/dec 变为 -80 dB/dec,而设计时一般采用的都是惯性环节,不用振荡环节,因此相当于出现了重极点,使斜率改变了 -40 dB/dec。期望系统的传递函数为

$$G(s)=\frac{200\left(\frac{1}{3}s+1\right)}{s\left(\frac{1}{0.3}s+1\right)(0.02s+1)(0.01s+1)^2(0.005s+1)}$$

(4) 由串联校正 $G_c(s)=G(s)/G_0(s)$ 求得校正装置的传递函数。

$$G_0(s)=\frac{200}{s(0.1s+1)(0.02s+1)(0.01s+1)(0.005s+1)}$$

$$G_c(s)=G(s)/G_0(s)=G(s)\frac{\left(\frac{1}{3}s+1\right)(0.1s+1)}{\left(\frac{1}{0.3}s+1\right)(0.01s+1)}$$

6.4.3 综合法反馈校正

前面讨论的校正方法由于校正装置与固有特性是串联关系,故而称为串联校正。校正装置与固有特性为反馈关系的校正方法称为反馈校正。两种校正方法从回路的观点上来看是等价的。因此,在给定希望的性能指标时,除了采用串联校正方法之外,还可以采用反馈校正方法。反馈校正除了能够校正系统的动态性能外,还具有反馈控制的所有优点,但是反馈校正设计过程计算烦琐,常采用近似计算,适合采用综合设计方法。

1. 反馈校正的基本原理

反馈校正主要利用局部闭环特性来修改等效开环特性进而实现校正作用。反馈校正系统的结构图如图 6-65 所示。

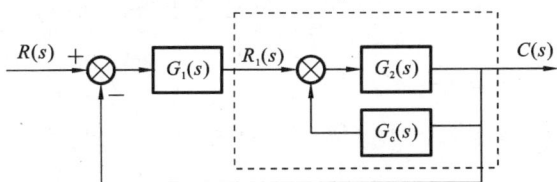

图 6-65 反馈校正系统的结构图

反馈校正前,系统前向通道的传递函数为

$$G_0(s) = G_1(s)G_2(s)$$

反馈校正后前向通道的传递函数为

$$G(s) = G_1(s)\frac{G_2(s)}{1+G_2(s)G_c(s)} = \frac{G_0(s)}{1+G_2(s)G_c(s)}$$

则频率特性为

$$G(j\omega) = \frac{G_0(j\omega)}{1+G_2(j\omega)G_c(j\omega)}$$

按照上述关系式进行准确的计算很麻烦,需要进行一些适当的简化和近似,下面讨论两种特殊情况。

(1) 当 $|G_2(j\omega)G_c(j\omega)| \gg 1$ 时,系统的开环传递函数简化为

$$G(s) \approx \frac{G_0(s)}{G_2(s)G_c(s)}$$

频率特性为

$$G(j\omega) \approx G_1(j\omega)/G_c(j\omega)$$

(2) 当 $|G_2(j\omega)G_c(j\omega)| \ll 1$ 时,系统的开环传递函数为

$$G(s) \approx G_1(s)G_2(s) = G_0(s)$$

可以看出,当 $|G_2(j\omega)G_c(j\omega)| \ll 1$ 时,反馈校正并不起作用,反馈只在 $|G_2(j\omega)G_c(j\omega)| \gg 1$ 时起作用。这段对应到 Bode 图上,即为 $20\lg|G_2(j\omega)G_c(j\omega)| > 0$ 的频段。因此在求反馈校正装置时,只有在这个频段内才是有效的。在控制系统初步设计时,往往把条件(1)简化成 $|G_2(j\omega)G_c(j\omega)| > 1$,这样做的结果会产生一定的误差,特别是在 $|G_2(j\omega)G_c(j\omega)| \approx 1$ 时会有最大误差,可以证明最大误差不超过 3 dB,在工程允许误差范围之内。

当 $|G_2(j\omega)G_c(j\omega)| > 1$ 时,由系统的频率特性 $G(j\omega) \approx \dfrac{G_1(j\omega)}{G_c(j\omega)} = \dfrac{G_0(j\omega)}{G_2(j\omega)G_c(j\omega)}$ 可得

$$G_2(j\omega)G_c(j\omega) = \frac{G_0(j\omega)}{G(j\omega)}$$

则其对应的开环对数幅频特性为

$$20\lg|G_2(j\omega)G_c(j\omega)| \approx 20\lg|G_0(j\omega)| - 20\lg|G(j\omega)|$$

表明在 $|G_2(j\omega)G_c(j\omega)| > 1$,即 $20\lg|G_2(j\omega)G_c(j\omega)| > 0$ 的频带范围内,只要绘出待校正系统开环对数幅频特性 $20\lg|G_0(j\omega)|$,然后减去期望开环对数幅频特性 $20\lg|G(j\omega)|$,即可以求出 $20\lg|G_2(j\omega)G_c(j\omega)| > 0$ 频带范围内的近似 $G_2(s)G_c(s)$ 的传递函数。因为

$G_2(s)$是已知的,因此,可以获得反馈校正装置的传递函数$G_c(s)$。

在反馈校正过程中,应注意以下两点。

① 在$20\lg|G_2(j\omega)G_c(j\omega)|>0$的受校正的频段内,应使$20\lg|G_0(j\omega)|>20\lg|G(j\omega)|$,才能保证$|G_2(j\omega)G_c(j\omega)|>1$。大得越多,就越接近于条件$|G_2(j\omega)G_c(j\omega)|\gg1$,则校正越精确。

② 局部反馈回路必须稳定。

注意,这里若$G_1(s)=1$,则$G_0(s)=G_1(s)G_2(s)=G_2(s)$。此时在受校正的$|G_0(j\omega)G_c(j\omega)|\gg1$频段内有

$$G(j\omega)\approx\frac{1}{G_c(j\omega)}$$

即期望特性$20\lg|G(j\omega)|$的中频区特性的倒特性为反馈校正通道频率响应$G_c(j\omega)$的幅频特性$20\lg|G_c(j\omega)|$。

2. 反馈校正的综合法设计步骤

反馈校正的综合法设计步骤如下。

(1) 根据稳定性能指标要求,绘制待校正系统的开环对数幅频特性$L_0(\omega)=20\lg|G_0(\omega)|$。

(2) 根据给定的性能指标,绘制期望的开环对数幅频特性$L(\omega)=20\lg|G(\omega)|$,同串联校正。

(3) 求$G_2(s)G_c(s)$的对数幅频特性曲线,用原有特性$L_0(\omega)=20\lg|G_0(\omega)|$减去期望特性$L(\omega)=20\lg|G(\omega)|$,取其中大于零分贝的那段幅频特性作为$20\lg|G_2(j\omega)G_c(j\omega)|$,从而写出其传递函数。

(4) 检验局部反馈回路的稳定性。检查$L(\omega)$的截止频率ω_c附近$20\lg|G_2(j\omega)G_c(j\omega)|>0$的程度,即$|G_2(j\omega)G_c(j\omega)|\gg1$这种设计更准确。

(5) 由$G_2(s)G_c(s)$求得$G_c(s)$。

(6) 检验校正后系统的性能指标。

(7) 考虑$G_c(s)$的物理实现。

【例 6-13】 试为例 6-12 所示的位置随动系统应用基于频率响应的综合法设计反馈校正结构并确定其参数。

解 应用基于频率响应的综合法设计反馈校正$G_c(s)$的步骤如下。

(1) 绘制系统期望特性$20\lg|G(j\omega)|$。绘制过程见例 6-12,特性曲线如图 6-66 所示。

(2) 初选期望特性$20\lg|G(j\omega)|$的中频区特性的倒特性为反馈校正通道频率响应$20\lg|G(j\omega)|$的幅频特性$20\lg|G_c(j\omega)|$,如图 6-66 所示。

(3) 在图 6-66 中,绘制幅频特性$20\lg|G_0(j\omega)G_c(j\omega)|$。从图 6-66 可见,$20\lg|G_0(j\omega)G_c(j\omega)|\geqslant0$ dB 的频带 0.13~71 rad/s;$20\lg|G_0(j\omega)G_c(j\omega)|\leqslant0$ dB 的频带分别为 0~0.13 rad/s 及 71~∞ rad/s。

(4) 从图 6-66 看出,期望特性$20\lg|G(j\omega)|$的整个中频区乃至低频区、中频区特性间的过渡特性及中频区、高频区特性间的过渡特性基本上位于频带 0.13~71 rad/s。期望特性$20\lg|G(j\omega)|$的低频区特性位于频带 0~0.13 rad/s,其高频区特性位于频带 71~∞ rad/s。

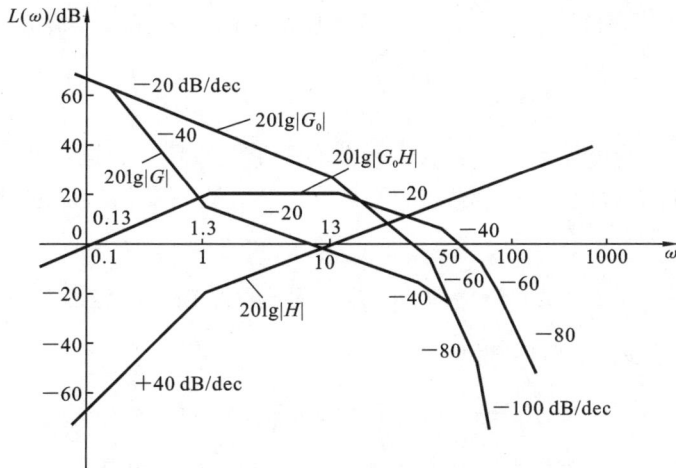

图 6-66 反馈校正系统开环幅频特性曲线

由此可见,为反馈校正初选的频率响应 $G_c(s)$ 是合适的。

(5)从图 6-66 所示的幅频特性 $20\lg|G_c(j\omega)|$ 写出与之对应的传递函数为

$$H(s)=\frac{K_k s^2}{Ts+1}$$

式中:$T=1/1.3=0.77$ s。在 $\omega=1$ rad/s 处求得 $20\lg K_k=-24.6$ dB,由此解出反馈校正通道增益 $K_k=0.0592$。

3. 反馈校正的作用

反馈校正在控制系统中得到了广泛的应用。例如,在角位置随动系统中,输出角的速度信号经常被用作反馈信号,以改善系统的相对阻尼比。加有反馈校正的系统结构图如图 6-67 所示。

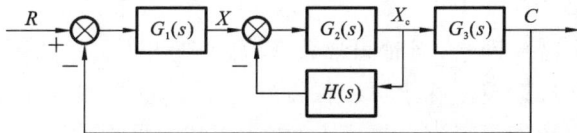

图 6-67 加有反馈校正的系统结构图

图 6-67 系统的结构特点是:系统中一部分传递函数 $G_2(s)$ 被传递函数为 $H(s)$ 的环节所包围,从而形成了局部的反馈结构形式。由于引入这一局部反馈,使得传递函数 $X_c(s)/X(s)$ 由 $G_2(s)$ 变为

$$G'_2(s)=\frac{G_2(s)}{1+G_2(s)H(s)} \tag{6.20}$$

显然,引进 $H(s)$ 的作用是希望 $G'_2(s)$ 的特性会使整个闭环系统的品质得到改善。除了这种改变局部结构与参数达到校正的目的之外,在一定条件下,$H(s)$ 的引入还会大大削弱 $G_2(s)$ 的特性与参数变化以及各种干扰给系统带来的不利影响,下面分别介绍。

1)利用反馈改变局部结构、参数

最常见反馈校正环节的传递函数 $H(s)$ 为 K_f、$K_t s$、$K_a s^2$,分别称为位置反馈、速度反馈和加速度反馈。下面介绍几种典型情况。

(1) $G_2(s) = \dfrac{K}{s}$, $H(s) = K_f$。这是用位置反馈包围积分环节。根据式(6.20),可得

$$G_2'(s) = \frac{1}{K_f} \times \frac{1}{Ts+1}, \quad T = \frac{1}{KK_f}$$

由上式可知反馈结构可等效为一个放大环节和一个惯性环节。这一变化将使原系统的无差度下降,相位滞后减少。而增益由 K 变为 $1/K_f$,这一变化可以通过调整其他部分的增益来补偿。

(2) $G_2(s) = \dfrac{K}{s(Ts+1)}$, $H(s) = K_t s$。这是用速度反馈 $K_t s$ 包围惯性环节、积分环节和放大环节。根据式(6.20)可得

$$G_2'(s) = \frac{K_1}{s(T_1 s+1)}, \quad T_1 = \frac{T}{1+KK_t}, \quad K_1 = \frac{K}{1+KK_t}$$

这一反馈校正并未改变典型环节的类型。由于保持了积分环节,因而未改变系统的无差度,而惯性环节的时间常数由 T 变为 T_1,在 $K_t > 0$ 时有 $T_1 < T$,时间常数减小了,可以增宽系统的频带,有利于快速性的提高。至于增益由 K 降为 K_1,也可以通过改变 K 或改变其他部分的增益来弥补。

(3) $G_2(s) = \dfrac{K\omega_n^2}{s^2 + 2\xi\omega_n s + \omega_n^2}$ ($\xi < 1$), $H(s) = K_t s$。这是用速度反馈 $K_t s$ 包围一个小阻尼的二阶振荡环节和放大环节。由式(6.20)可得

$$G_2'(s) = \frac{K\omega_n^2}{s^2 + 2(\xi + 0.5KK_t\omega_n)\omega_n s + \omega_n^2}$$

$G_2'(s)$ 与 $G_2(s)$ 相比较,典型环节的形式不变,但阻尼比显著增大,若 $\xi + 0.5KK_t\omega_n \geqslant 1$,$G_2'(s)$ 就成为两个惯性环节和一个放大环节了。由于加入速度反馈,增加了阻尼,从而有效地减弱了阻尼环节的不利影响。

(4) $G_2(s) = \dfrac{K_t}{s(T_1 s+1)}$, $H(s) = K_t s \dfrac{T_2 s}{T_2 s+1} = \dfrac{K_t T_2 s^2}{T_2 s+1}$, $H(s)$ 的形式表明这是速度反馈信号在通过一个微分网络,当时间常数 T_2 较小时,$H(s)$ 可以看作加速度反馈。与(2)的情况相比,这种反馈校正除了可以保持增益不变、无差度不变之外,还有提高稳定裕度、抑制噪声、增宽频带等特点。事实上,由式(6.20)可得

$$G_2'(s) = \frac{K_1(T_2 s+1)}{s[T_1 T_2 s^2 + (T_1 + T_2 + T_2 K_1 K_t)s + 1]}$$

$$= \frac{K_1(T_2 s+1)}{s(T's+1)(T''s+1)} = \frac{K_1(T_1 s+1)(T_2 s+1)}{s(T_1 s+1)(T's+1)(T''s+1)}$$

式中:$T' + T'' = T_1 + T_2 + K_1 K_t T_2$, $T'T'' = T_1 T_2$。

类似前面的讨论,可知如果 $T_1 > T_2$,则 $T'' > T_1 > T_2 > T'$,故 $G_2'(s)$ 与 $G_2(s)$ 相比,相当串联了一个相位滞后-超前的校正环节,只要 K_t、T_2 适当就会有上述的特点。这里对 $H(s)$ 作用的分析与设计问题,可相当于相应的串联校正的分析与设计。串联校正的分析、设计方法比较规范,特别是用对数频率特性时比较方便。因此通过结构上的等价变换,将反馈校正的设计问题化为一个相应的串联校正的设计问题,无疑是一种可行的途径。

以上几种典型情况的分析,都是在已知 $G_2(s)$ 和 $H(s)$ 的条件下,求出 $G_2'(s)$,再将 $G_2'(s)$ 分离成一些典型环节,比较 $G_2(s)$ 和 $G_2'(s)$ 所含的典型环节及参数差异,从而得到

加入局部反馈 $H(s)$ 对整个系统的影响,这是一种具有普遍意义的方法。

2) 利用反馈削弱非线性因素的影响

利用反馈削弱非线性因素的影响,最典型的例子是高增益的运算放大器,当运算放大器开环时,它一般处在饱和状态,几乎谈不上什么线性区。然而当高增益放大器有负反馈,如组成一个比例器,它就有比较宽的线性区,而且比例器的放大系数由反馈电阻与输入电阻的比值决定,与开环增益无关。在控制系统中,如上的性质在一定条件下也会呈现出来,因为

$$G'(\mathrm{j}\omega) = \frac{G(\mathrm{j}\omega)}{1 + G(\mathrm{j}\omega)H(\mathrm{j}\omega)}$$

若满足

$$|G(\mathrm{j}\omega)H(\mathrm{j}\omega)| \gg 1 \tag{6.21}$$

$G'(\mathrm{j}\omega)$ 可简化为

$$G'(\mathrm{j}\omega) \approx \frac{G(\mathrm{j}\omega)}{G(\mathrm{j}\omega)H(\mathrm{j}\omega)} = \frac{1}{H(\mathrm{j}\omega)} \tag{6.22}$$

这表明 $G'(\mathrm{j}\omega)$ 主要取决 $H(\mathrm{j}\omega)$,而与 $G(\mathrm{j}\omega)$ 无关,若反馈元件的线性度比较好,特性比较稳定,那么反馈结构的线性度也好,特性也比较稳定,正向回路中的非线性因素、元件参数不稳定等不利因素均可得到削弱。式(6.21)的条件有时至少在某个频率范围内是不难满足的。

3) 反馈可提高对模型摄动的不灵敏性

被包围部分 $G(s)$ 有某种摄动是由于模型参数变化或某些不确定因素引起的。在研究串联校正与反馈校正时,摄动对 $G(s)$ 输出有影响。图 6-68 表示了 $G(s)$ 无摄动的串联校正与反馈校正的结构图。

当图 6-68 中的 $K_c(s)$ 取为 $(1+GH)^{-1}$ 时,显然可得 $X_c = X_0$,两种校正方式效果相同。当 $G(s)$ 变为 $G^*(s)$ 时,图 6-68 中的输出 X'_0 和 X'_c,以及由于 $G(s)$ 变化带来的输出误差 E_0 和 E_c 分别为

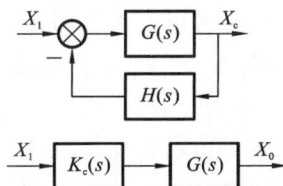

图 6-68 串联校正与反馈校正

$$X'_c = \frac{G^*}{1+G^*H}X_1, \quad X'_0 = G^* K_c(s)X_1$$

$$E_c = X_c - X'_c = \left(\frac{G}{1+GH} - \frac{G^*}{1+G^*H}\right)X_1$$

$$E_0 = X_0 - X'_0 = \left(\frac{G}{1+GH} - \frac{G^*}{1+G^*H}\right)X_1$$

因而可得

$$E_c = \frac{1}{1+G^*H}E_0 \tag{6.23}$$

只要 $|1+G^*H| > 1$,就有 $|E_c| < |E_0|$。这说明采取反馈校正比串联校正对模型摄动更为不敏感。一般来说,X_1 是低频的控制信号,在低频区做到 $|1+G^*H| > 1$ 或 $|G^*H| > 1$ 是不困难的,只要在低频区使 $|GH|$ 比较大,而 G 的摄动在一定限制范围内即可。

4) 利用反馈抑制干扰

这里讨论反馈对低频干扰的抑制问题。图 6-69 中的 N 表示了系统中的干扰作

用,在没有反馈 $H(s)$ 时,干扰引起的输出为 $X_c = N$。

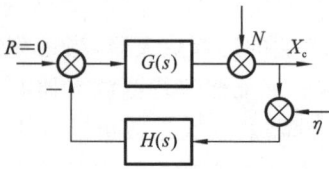

图 6-69 反馈抑制干扰

由于引入 $H(s)$,干扰 N 引起的输出变为 $X_c = (1+GH)^{-1}N$,因此只要 $|1+GH| > 1$,干扰的影响就可以得到抑制,这时对 $G(s)H(s)$ 的要求和(3)中的要求一致。

引入反馈环节 $H(s)$,一般也会附加产生测量噪声 η,如图 6-69 所示,由 η 引起的输出为

$$X_c = \frac{GH}{1+GH}\eta \tag{6.24}$$

从抑制 η 的角度,要求 $|GH| \ll 1$,但由于 η 是频率较高的信号,故 $|GH| \ll 1$ 只需在高频区域成立即可,这与抑制低频干扰的要求并不矛盾。

与串联校正比较,反馈校正虽有削弱非线性因素影响、对模型摄动不敏感以及对干扰有抑制作用等特点,但引入反馈校正一般需要专门的测量部件(如角速度的测量就需要测速电机、角速度陀螺等部件),因此就会使系统的成本提高。另外反馈校正对系统动态特性的影响比较复杂,设计和调整比较麻烦,而这两个问题在采用串联校正时就不会发生。

6.5 复合校正

工程实践中经常会遇到对稳定精度、平稳性和快速性要求很高,或者受到强干扰作用的系统,为了减小或消除这种系统在特定输入作用下的稳态误差,可以提高系统的开环增益,或者采用高型别系统。但是,这两种方法都影响系统的稳定性,并会降低系统的动态性能。当型别过高或开环增益过大时,系统甚至失去稳定。此外,通过选择合适的系统带宽的方法,可以抑制高频扰动,但对低频扰动却无能为力;采用比例-积分反馈校正,虽可以抑制来自系统输入端的扰动,但反馈校正装置的设计比较困难,且难以满足系统的高性能要求。如果在系统的反馈控制回路中加入前馈通路,组成一个前馈控制和反馈控制相组合的系统,只要参数选得合适,不仅可以保持系统稳定,极大地减小乃至消除稳态误差,而且可以抑制几乎所有的可量测扰动,其中包括低频强扰动。这样的系统就称为复合控制系统,相应的控制方式称为复合控制。把复合控制的思想用于系统设计,就是所谓的复合校正。在高精度的控制系统中,复合控制得到了广泛的应用。

复合校正中的前馈装置是按不变性原理进行设计的,可分为按扰动补偿和按输入补偿两种方式。

6.5.1 按扰动补偿的复合校正

如果扰动信号是可测的,可设计按扰动补偿的复合控制,利用前馈补偿扰动对系统输出的影响。所谓按扰动补偿的复合控制是指在可测扰动的不利影响产生之前,通过前馈补偿通道来抵消该扰动对系统输出的影响。

设按扰动补偿的复合控制系统如图 6-70 所示。$N(s)$ 为可测量扰动,$G_1(s)$ 和 $G_2(s)$ 为反馈部分的前向通道传递函数,$G_n(s)$ 为前馈补偿装置传递函数。复合校正的

目的是通过恰当选择 $G_n(s)$，使扰动 $N(s)$ 经过 $G_n(s)$ 对系统输出 $C(s)$ 产生补偿作用，以抵消扰动 $N(s)$ 通过 $G_2(s)$ 对输出 $C(s)$ 的影响。由图 6-70 可知，扰动作用下的输出为

$$C_n(s) = \frac{G_2(s) + G_n(s)G_1(s)G_2(s)}{1 + G_1(s)G_2(s)} N(s) \qquad (6.25)$$

可见，在加前馈前后，$C_n(s)$ 的分母并没有发生改变，这就意味着特征方程没变，因此系统的稳定性没变，也就是前馈并不改变系统的稳定性，属开环控制方式。

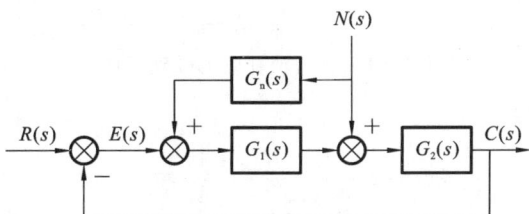

图 6-70 按扰动补偿的复合控制系统

在扰动信号 $N(s)$ 作用下，系统的理想输出为零，故该单位反馈系统响应扰动信号误差为

$$E_n(s) = -C_n(s) = -\frac{G_2(s) + G_n(s)G_1(s)G_2(s)}{1 + G_1(s)G_2(s)} N(s) \qquad (6.26)$$

为了补偿扰动对系统输出的影响，选择前馈补偿装置的传递函数为

$$G_n(s) = \frac{1}{G_1(s)} \qquad (6.27)$$

由式(6.25)和式(6.26)可知，必有 $C_n(s) = 0$ 及 $E_n(s) = 0$。因此，式(6.27)称为对扰动的误差全补偿条件。

在具体设计时，可以选择 $G_1(s)$ 的形式与参数，使系统获得满意的动态性能和稳态性能，然后按式(6.27)确定前馈补偿装置的传递函数 $G_n(s)$，使系统完全不受可测量扰动的影响。但是求解传递函数 $G_n(s)$ 需特别注意应使其具有物理可实现性，即需使 $G_n(s)$ 的分母多项式阶数高于或等于其分子多项式的阶数。因此，在实际使用时，多在对系统性能起主要影响的频段内采用近似全补偿，或采用部分补偿(稳态全补偿)，以使前馈补偿装置易于物理实现。

从补偿原理来看，由于前馈补偿实际上是采用开环控制的方式去补偿扰动信号，因此，前馈补偿并不改变闭环系统(反馈控制系统)的特性。但从抑制干扰的角度来看，它都可以减轻反馈控制的负担。因此，在有前馈补偿存在时，对反馈系统的要求便可降低，开环放大系数 K 也可取得小些。所有这些都是设计控制系统时的有利因素。

【例 6-14】 带前馈补偿的随动系统如图 6-71 所示，图 6-71 中，K_1 为综合放大器的传递函数，$1/(T_1 s + 1)$ 为滤波器的传递函数，$K_m/[s(T_m s + 1)]$ 为伺服电机的传递函数，$N(s)$ 为负载转矩扰动，试设计前馈补偿装置 $G_n(s)$，使系统输出不受扰动的影响。

解 由图 6-71 可见，扰动对系统输出的影响描述为

$$C_n(s) = \frac{K_m}{s(T_m s + 1)} \left[\frac{K_n}{K_m} + \frac{K_1}{T_1 s + 1} G_n(s) \right] N(s)$$

令

$$G_n(s) = -\frac{K_n}{K_1 K_m}(T_1 s + 1)$$

系统输出便可不受负载转矩扰动的影响。但是由于 $G_n(s)$ 的分子次数高于分母次数，

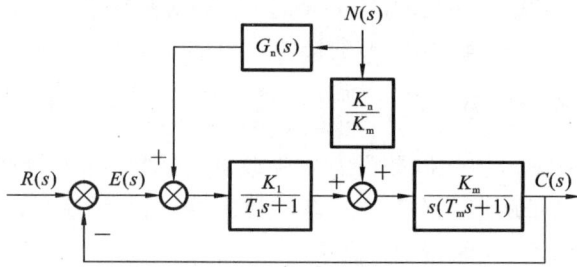

图 6-71 带前馈补偿的随动系统

故不便于物理实现。若令

$$G_n(s) = -\frac{K_n}{K_1 K_m} \frac{T_1 s + 1}{T_2 s + 1}, \quad T_1 \gg T_2$$

则 $G_n(s)$ 在物理上能够实现,且达到近似全补偿要求,即在扰动信号作用的主要频段内进行了全补偿。此外,若取

$$G_n(s) = -\frac{K_n}{K_1 K_m}$$

则由扰动对输出影响的表达式可见,在稳态时,系统输出完全不受扰动的影响。这就是所谓稳态补偿(或称部分补偿),它在物理上更易于实现。

　　由上述分析可知,采用前馈控制补偿扰动对系统输出的影响,是提高系统控制准确度的有效措施。但是,采用前馈补偿,首先要求扰动信号可以测量,其次要求前馈补偿装置在物理上是可实现的,并应力求简单。在实际应用中,多采用近似全补偿或部分补偿的方案。

　　一般来说,主要扰动引起的误差,由前馈控制进行全部或部分补偿;次要扰动引起的误差由反馈控制予以抑制。这样,在不提高开环增益的情况下,各种扰动引起的误差均可得到补偿,从而有利于同时兼顾提高系统稳定性和减小系统稳态误差的要求。此外,由于前馈控制是一种开环控制,因此要求构成前馈补偿装置的元部件具有较高的参数稳定性,否则将削弱补偿效果,并给系统输出造成新的误差。

6.5.2　按输入补偿的复合控制

　　设按输入补偿的复合控制系统如图 6-72 所示。图 6-72 中,$G_1(s)$ 和 $G_2(s)$ 为前向通道传递函数,$G_r(s)$ 为前馈补偿装置的传递函数。复合校正的目的是通过恰当选择 $G_r(s)$,使输入 $R(s)$ 经过 $G_r(s)$ 对系统输出 $C(s)$ 产生补偿作用,以抵消输入 $R(s)$ 通过 $G_1(s)$、$G_2(s)$ 对输出 $C(s)$ 的影响。由图 6-72 可知,此时系统的输出为

$$C(s) = [G_r(s)G_2(s) + G_1(s)G_2(s)]R(s) \tag{6.28}$$

由式(6.28)可知系统的闭环传递函数为

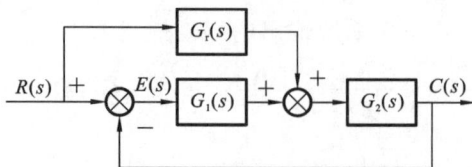

图 6-72　按输入补偿的复合控制系统

$$\Phi(s)=\frac{C(s)}{R(s)}=\frac{G_1(s)G_2(s)+G_r(s)G_2(s)}{1+G_1(s)G_2(s)} \tag{6.29}$$

如果选择前馈补偿装置的传递函数为

$$G_r(s)=\frac{1}{G_2(s)} \tag{6.30}$$

则根据式(6.29)有 $C(s)=R(s)$。表明在式(6.30)成立的条件下,系统的输出量在任何时刻都可以完全无误地复现输入量,具有理想的时间响应特性。

下面分析前馈补偿装置能够完全消除误差的物理意义。对于图 6-72 所示的单位负反馈系统,其误差传递函数为

$$\Phi_e(s)=1-\Phi(s)=\frac{1-G_r(s)G_2(s)}{1+G_1(s)G_2(s)} \tag{6.31}$$

则可得

$$E(s)=\frac{1-G_r(s)G_2(s)}{1+G_1(s)G_2(s)}R(s) \tag{6.32}$$

上式表明,在式(6.30)成立的条件下,恒有 $E(s)=0$。前馈补偿装置 $G_r(s)$ 的存在,相当于在系统中增加了一个输入信号 $G_r(s)R(s)$,其产生的误差信号与原输入信号 $R(s)$ 产生的误差信号相比,大小相等而方向相反。故式(6.30)称为对输入信号的误差全补偿条件。

值得注意的是,通常为使 $G_r(s)$ 具有较简单的形式,希望前馈信号加在靠近系统输出端的部位上,因为这时的 $G_2(s)$ 不至于过分复杂。但是,这要求前馈信号具有较大的功率,从而需要加强前馈通道的功率放大能力。显然,这同样会使前馈通道的结构变得复杂。一般更实际的考虑是,将前馈信号加到信号综合放大器的输入端,以便降低对前馈信号功率的要求。

由于 $G_2(s)$ 一般均具有比较复杂的形式,故全补偿条件(6.31)的物理实现相当困难。在工程实践中,大多采用满足跟踪精度要求的部分补偿条件,或者在对系统性能起主要影响的频段内实现近似全补偿,以使 $G_r(s)$ 的形式简单并易于物理实现。

在部分补偿情况下,$G_r(s)\neq\dfrac{1}{G_2(s)}$。为研究方便,在图 6-72 所示的反馈系统中,设 $G_1(s)=1$,这就意味着前馈信号与误差信号同时加到信号求和器的输入端。设反馈系统的开环传递函数为

$$G(s)=G_2(s)=\frac{K_\nu}{s(a_n s^{n-1}+a_{n-1}s^{n-2}+\cdots+a_2 s+a_1)} \tag{6.33}$$

相应的闭环传递函数为

$$\Phi(s)=\frac{K_\nu}{s(a_n s^{n-1}+a_{n-1}s^{n-2}+\cdots+a_2 s+a_1)+K_\nu} \tag{6.34}$$

显然,这是 I 型系统,存在常值速度误差,且加速度误差为无穷大。

若取输入信号的一阶导数作为前馈补偿信号,即

$$G_r(s)=\lambda_1 s$$

式中:常系数 λ_1 表示前馈补偿信号的强度。此时,由式(6.34)得系统的闭环传递函数为

$$\Phi(s)=\frac{K_\nu(1+\lambda_1 s)}{s(a_n s^{n-1}+a_{n-1}s^{n-2}+\cdots+a_2 s+a_1)+K_\nu} \tag{6.35}$$

根据式(6.31),得系统的误差传递函数为

$$\Phi_e(s)=\frac{a_n s^n+a_{n-1}s^{n-1}+\cdots+a_2 s^2+(a_1-\lambda_1 K_\nu)s}{s(a_n s^{n-1}+a_{n-1}s^{n-2}+\cdots+a_2 s+a_1)+K_\nu}$$

若使 $a_1-\lambda_1 K_\nu=0$,即取

$$\lambda_1=\frac{a_1}{K_\nu}$$

可得

$$\Phi_e(s)=\frac{s^2(a_n s^{n-2}+a_{n-1}s^{n-3}+\cdots+a_2)}{s(a_n s^{n-1}+a_{n-1}s^{n-2}+\cdots+a_2 s+a_1)+K_\nu}$$

上式表明,引入 $G_r(s)=\lambda_1 s$ 的前馈补偿装置,并使 $\lambda_1=a_1/K_\nu$,可使复合控制系统的无差度由一阶提高至二阶。此时,复合控制系统的速度误差为零,加速度误差为常值。根据终值定理可验证这一结论。

若取输入信号的一阶导数和二阶导数的线性组合作为前馈补偿信号,即

$$G_r(s)=\lambda_2 s^2+\lambda_1 s$$

式中:常系数 λ_1、λ_2 表示前馈补偿信号的强度,则系统的闭环传递函数

$$\Phi(s)=\frac{K_\nu(1+\lambda_1 s+\lambda_2 s^2)}{s(a_n s^{n-1}+a_{n-1}s^{n-2}+\cdots+a_2 s+a_1)+K_\nu} \tag{6.36}$$

系统的误差传递函数

$$\Phi_e(s)=\frac{a_n s^n+a_{n-1}s^{n-1}+\cdots+(a_2-\lambda_2 K_\nu)s^2+(a_1-\lambda_1 K_\nu)s}{s(a_n s^{n-1}+a_{n-1}s^{n-2}+\cdots+a_2 s+a_1)+K_\nu}$$

若使

$$\begin{cases} a_1-\lambda_1 K_\nu=0 \\ a_2-\lambda_2 K_\nu=0 \end{cases}$$

即取

$$\lambda_1=\frac{a_1}{K_\nu}, \quad \lambda_2=\frac{a_2}{K_\nu}$$

可得

$$\Phi_e(s)=\frac{s^3(a_n s^{n-3}+a_{n-1}s^{n-4}+\cdots+a_3)}{s(a_n s^{n-1}+a_{n-1}s^{n-2}+\cdots+a_2 s+a_1)+K_\nu}$$

上式表明,引入 $G_r(s)=\lambda_2 s^2+\lambda_1 s$ 的前馈补偿装置,并使 $\lambda_1=a_1/K_\nu,\lambda_2=a_2/K_\nu$,可使复合控制系统的无差度由一阶提高至三阶。此时,复合控制系统的速度误差、加速度误差均为零,极大地提高了系统复现输入信号的能力和精度。

从控制系统稳定性的角度来考虑,比较式(6.34)、式(6.35)和式(6.36)可知,没有前馈控制时反馈控制系统的特征方程,与有前馈控制时复合控制系统的特征方程完全一致,表明系统的稳定性与前馈控制无关。于是,复合校正控制系统很好地解决了一般反馈控制系统在提高控制精度与确保系统稳定性之间的矛盾。

在控制器工程实践中,输入信号的一阶导数和二阶导数往往由测速发电机与无源网络的组合线路取得,如图 6-73 所示。由图 6-73 可知,在假定无源网络的负载阻抗为无穷大且信号源内阻为零,即 $\beta R_w\approx 0$ 的条件下(其中 R_w 为测速发电机的分压电位器阻值,β 为调整系数),无源网络的传递函数为

$$G_c(s)=\frac{K_1(\tau s+1)}{Ts+1}$$

式中:$K_1=\dfrac{R_2}{R_1+R_2}$,$\tau=R_1 C_1$,$T=\dfrac{R_1 R_2 C_1}{R_1+R_2}$。

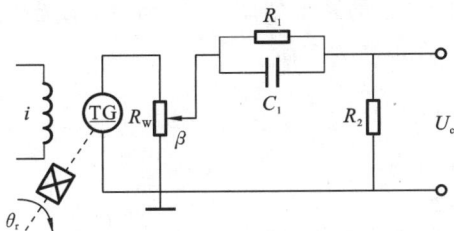

图 6-73 测速发电机与无源网络的组合

当不考虑负载效应时,测速发电机与无源网络的组合线路的传递函数为

$$G_r(s) = K_1 \frac{\tau s + 1}{Ts + 1} \beta K_t s = \frac{\lambda_2 s^2 + \lambda_1 s}{Ts + 1} \tag{6.37}$$

式中:$\lambda_1 = \beta K_1 K_t$,$\lambda_2 = \beta \tau K_1 K_t$。$K_t$ 为测速发电机的比电压(输出斜率)。显然,调整 K_1、β 和 τ 的数值,可使 λ_1 和 λ_2 满足设计要求。

由式(6.37)可见,由于无源网络无法提供纯微分信号,因此在前馈装置传递函数的分母上,增加了一项寄生因式($Ts + 1$)。在这种情况下,系统的闭环传递函数式(6.34)演变为

$$\Phi(s) = \frac{K_\nu [1 + (\lambda_1 + T)s + \lambda_2 s^2]}{(Ts + 1)[s(a_n s^{n-1} + a_{n-1} s^{n-2} + \cdots + a_2 s + a_1) + K_\nu]} \tag{6.38}$$

得等效系统的误差传递函数为

$$\Phi_e(s) = \frac{a_n T s^{n+1} + (a_n + a_{n-1} T)s^n + \cdots + (a_3 + a_2 T)s^3 + (a_2 + a_1 T - \lambda_2 K_\nu)s^2 + (a_1 - \lambda_1 K_\nu)s}{(Ts + 1)[s(a_n s^{n-1} + a_{n-1} s^{n-2} + \cdots + a_2 s + a_1) + K_\nu]}$$

若使

$$a_1 - \lambda_1 K_\nu = 0, \quad a_2 + a_1 T - \lambda_2 K_\nu = 0$$

即取

$$\lambda_1 = \frac{a_1}{K_\nu}, \quad \lambda_2 = \frac{a_2 + a_1 T}{K_\nu} \tag{6.39}$$

也即 K_1、β 和 τ 的选择,应使下列关系式成立:

$$\beta = \frac{a_1}{K_1 K_t K_\nu}, \quad K_1 = \frac{a_2 + a_1 T}{\beta \tau K_t K_\nu} \tag{6.40}$$

可得

$$\Phi_e(s) = \frac{a_n T s^{n+1} + (a_n + a_{n-1} T)s^n + \cdots + (a_3 + a_2 T)s^3}{(Ts + 1)[s(a_n s^{n-1} + a_{n-1} s^{n-2} + \cdots + a_2 s + a_1) + K_\nu]}$$

上式表明,若条件式(6.39)或式(6.40)成立,可使复合控制系统的无差度由一阶提高至三阶,其速度误差和加速度误差均为零。

比较式(6.35)与式(6.38)可以看出,当前馈装置的传递函数为式(6.37)的形式时,复合控制系统的特征方程也同样增加了一项因式($Ts + 1$),从而使闭环系统增加了一个 $s = -1/T$ 的极点。由于增加的闭环极点位于 s 左半平面,因此对系统的稳定性没有影响,但是对系统的动态性能有影响。在设计系统时,应注意选择无源网络的 R 和 C 的数值,除应使 T 满足式(6.40)外,还应使 T 值较小,从而使附加闭环极点 $s = -1/T$ 远离虚轴,对系统动态性能的影响甚微。

不难理解,$G_r(s) = \lambda_1 s$ 的前馈补偿规律可直接用测速发电机实现。为便于调整参数,测速发电机的输出端应跨接分压电位器。

【**例 6-15**】 设复合校正随动系统如图 6-74 所示,试选择前馈补偿方案和参数,使复合校正控制系统的无差度提高为二阶。

解 由图 6-74 可知,$G_1(s)=\dfrac{K_1}{T_1 s+1}$,$G_2(s)=\dfrac{K_2}{s(T_m s+1)}$,则未补偿前的系统开环传递函数为

$$G(s)=G_1(s)G_2(s)=\frac{K_1 K_2}{s(T_1 s+1)(T_m s+1)}$$

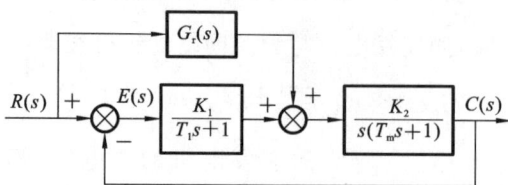

图 6-74 复合校正随动系统

系统的闭环传递函数为

$$\Phi(s)=\frac{K_1 K_2}{s(T_1 s+1)(T_m s+1)+K_1 K_2}$$

误差传递函数为

$$\Phi_e(s)=\frac{s(T_1 s+1)(T_m s+1)}{s(T_1 s+1)(T_m s+1)+K_1 K_2}$$

当输入量为单位斜坡函数时,$R(s)=\dfrac{1}{s^2}$,系统的给定误差为

$$E(s)=\frac{s(T_1 s+1)(T_m s+1)}{s(T_1 s+1)(T_m s+1)+K_1 K_2}\frac{1}{s^2}$$

速度误差系数为 $K_\nu=\lim\limits_{s\to 0}sG(s)=K_1 K_2$,系统的稳态误差为 $e_{ss}=\lim\limits_{s\to 0}sE(s)=\dfrac{1}{K_\nu}=\dfrac{1}{K_1 K_2}$,这时将产生速度稳态误差,误差的大小取决于系统的速度误差系数。

为了补偿系统的速度误差,引进输入量的微分信号,如图 6-74 所示。补偿校正装置 $G_r(s)$ 的传递函数为

$$G_r(s)=\lambda_1 s$$

由此求得复合控制的闭环传递函数为

$$\Phi(s)=\frac{[G_1(s)+G_r(s)]G_2(s)}{1+G_1(s)G_2(s)}=\frac{K_1 K_2(1+\lambda_1 s)}{s(T_1 s+1)(T_m s+1)+K_1 K_2}$$

复合控制的输入误差传递函数为

$$\Phi_e(s)=1-\Phi(s)=\frac{s^2(T_1 T_m s+T_1+T_m)+s(1-\lambda_1 K_1 K_2)}{s(T_1 s+1)(T_m s+1)+K_1 K_2}$$

当 $1-\lambda_1 K_1 K_2=0$ 时,即 $\lambda_1=\dfrac{1}{K_1 K_2}$,其误差传递函数为

$$\Phi_e(s)=\frac{s^2(T_1 T_m s+T_1+T_m)}{s(T_1 s+1)(T_m s+1)+K_1 K_2}$$

误差的拉氏变换为

$$E(s) = \frac{s^2(T_1 T_m s + T_1 + T_m)}{s(T_1 s + 1)(T_m s + 1) + K_1 K_2} R(s)$$

在输入量为单位斜坡函数,即 $R(s) = \dfrac{1}{s^2}$ 时,系统的给定稳态误差为

$$e_{ss} = \lim_{s \to 0} s E(s) = \lim_{s \to 0} s \frac{s^2(T_1 T_m s + T_1 + T_m)}{s(T_1 s + 1)(T_m s + 1) + K_1 K_2} \frac{1}{s^2} = 0$$

由此可知,当加入补偿校正装置 $G_r(s) = \lambda_1 s = \dfrac{1}{K_1 K_2} s$(也称前馈控制)时,将原来的无差度提高为二阶,即可使系统的速度误差为零。加入这一前馈控制,系统的稳定性与未加前馈前相同,因为这两个系统的特征方程式是相同的。这样既提高了稳态精度,又使系统的稳定性不变。

【例 6-16】 复合控制系统如图 6-75 所示。其中,$G_1(s) = K_1$,$G_2(s) = \dfrac{K_2}{s(1 + T_1 s)}$,$G_{bc}(s) = \dfrac{as^2 + bs}{1 + T_2 s}$,$K_1$、$K_2$、$T_1$、$T_2$ 均为已知正值。当输入量 $r(t) = t^2/2$ 时,要使系统的稳态误差为零,试确定参数 a 和 b。

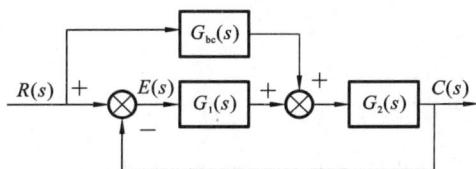

图 6-75 复合控制系统

解 **方法一** 复合控制系统的闭环传递函数为

$$\Phi(s) = \frac{C(s)}{R(s)} = \frac{[G_1(s) + G_{bc}(s)] G_2(s)}{1 + G_1(s) G_2(s)}$$

误差为

$$E(s) = R(s) - C(s) = \frac{1 - G_2(s) G_{bc}(s)}{1 + G_1(s) G_2(s)} R(s)$$

代入 $R(s) = 1/s^3$、$G_1(s)$、$G_2(s)$、$G_{bc}(s)$,得

$$\Phi(s) = \frac{K_2[as^2 + (b + K_1 T_2)s + K_1]}{T_1 T_2 s^3 + (T_1 + T_2)s^2 + (1 + K_1 K_2 T_2)s + K_1 K_2}$$

闭环特征方程为

$$T_1 T_2 s^3 + (T_1 + T_2)s^2 + (1 + K_1 K_2 T_2)s + K_1 K_2 = 0$$

易知,在题设条件下,不等式 $(T_1 + T_2)(1 + K_1 K_2 T_2) > K_1 K_2 T_1 T_2$ 成立。由劳斯稳定判据,闭环系统稳定,且与待求参数 a、b 无关。此时,讨论稳态误差是有意义的。而

$$E(s) = \frac{T_1 T_2 s^3 + (T_1 + T_2 - K_2 a)s^2 + (1 - K_2 b)s}{T_1 T_2 s^3 + (T_1 + T_2)s^2 + (1 + K_1 K_2 T_2)s + K_1 K_2} \frac{1}{s^3}$$

若

$$T_1 + T_2 - K_2 a = 0 \quad 1 - K_2 b = 0$$

则

$$E(s) = \Phi_e(s) R(s) = \frac{T_1 T_2}{T_1 T_2 s^3 + (T_1 + T_2)s^2 + (1 + K_1 K_2 T_2)s + K_1 K_2}$$

系统的稳态误差为 $e_{ss}=\lim\limits_{s\to 0}sE(s)=0$,因此可求出待定参数为

$$a=\frac{T_1+T_2}{K_2}, \quad b=\frac{1}{K_2}$$

方法二 复合控制系统的输入误差传递函数为

$$\Phi_e(s)=1-\Phi(s)=\frac{T_1T_2s^3+(T_1+T_2-K_2a)s^2+(1-K_2b)s}{T_1T_2s^3+(T_1+T_2)s^2+(1+K_1K_2T_2)s+K_1K_2}$$

欲使系统闭环响应速度输入 $R(s)=1/s^3$ 的稳态误差为 0,即

$$e_{ss}=\lim_{s\to 0}s\Phi_e(s)R(s)=\lim_{s\to 0}s\frac{T_1T_2s^3+(T_1+T_2-K_2a)s^2+(1-K_2b)s}{T_1T_2s^3+(T_1+T_2)s^2+(1+K_1K_2T_2)s+K_1K_2}\frac{1}{s^3}=0$$

则 $\Phi_e(s)$ 应该包含 $R(s)=1/s^3$ 的全部极点,即

$$\begin{cases} T_1+T_2-K_2a=0 \\ 1-K_2b=0 \end{cases}$$

则有

$$a=\frac{T_1+T_2}{K_2}, \quad b=\frac{1}{K_2}$$

6.6 控制系统校正设计实例

6.6.1 直流电动机速度控制系统

【例 6-17】 直流电动机速度控制系统的结构图如图 6-76 所示。要求设计校正装置,使系统的稳态误差小于 0.01,截止频率大于 65 rad/s,相角裕度大于 45°。其中,$R(s)$ 为期望的电动机转速,$U_a(s)$ 为电枢电压,$C(s)$ 表示电动机转速。

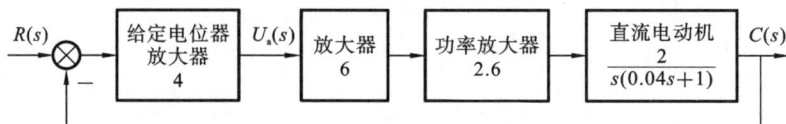

图 6-76 直流电动机速度控制系统的结构图

解 系统开环传递函数为

$$G(s)=\frac{124.8}{s(0.04s+1)}$$

可知系统为 Ⅰ 型系统,根据系统开环增益与稳态误差的关系,可得到系统的稳态误差

$$e_{ss}(\infty)=\frac{1}{K}=0.008$$

系统为最小相位系统,因此只需要绘出其对数幅频特性即可,如图 6-77 中 $L'(\omega)$ 所示。由图 6-77 得待校正系统的 $\omega_c'=53.1$ rad/s,则待校正系统的相角裕度为

$$\gamma=180°-90°-\text{atan}(\omega_c')=25.2°$$

相角裕度小的原因,主要是待校正系统的对数幅频特性中频区的斜率为 -40 dB/dec。由于截止频率和相角裕度均低于指标要求,故采用串联超前校正是合适的。

选取 $\omega_m=\omega_c''=70$ rad/s,由图 6-77 查得 $L'(\omega_c'')=-4.44$ dB,于是由

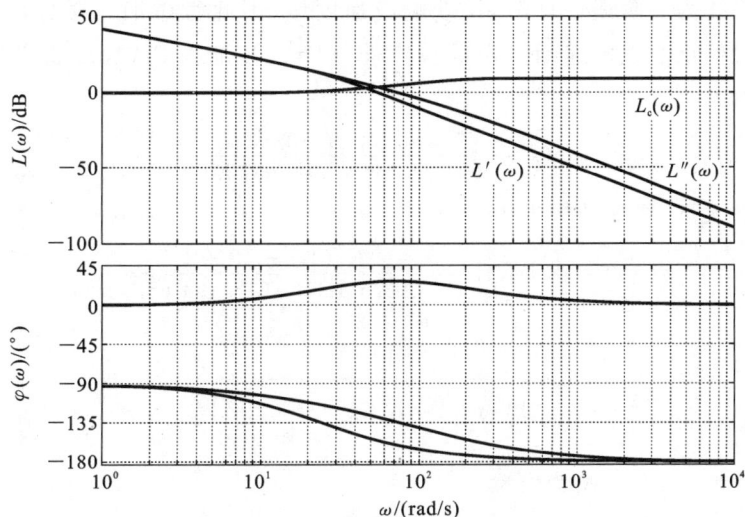

图 6-77　系统对数幅频特性

$$-L'(\omega_c'')=L_c(\omega_m)=10\lg a$$

$$T=\frac{1}{\omega_m\sqrt{a}}$$

计算得 $a=2.7797$，$T=0.0086$。因此，超前网络的传递函数为

$$2.7797G_c(s)=\frac{1+0.0239s}{1+0.0086s}$$

为了补偿无源超前网络产生的增益衰减，放大器的增益提高 2.7797 倍，否则不能保证稳态误差要求。在超前网络确定后，已校正系统的开环传递函数为

$$G_c(s)G(s)=\frac{124.8(1+0.0239s)}{s(1+0.0086s)(1+0.04s)}$$

其对数幅频特性如图 6-77 中 $L''(\omega)$ 所示。显然，已校正系统 $\omega_c''=70$ rad/s，此时，系统的相角裕度 $\gamma''=47.7°>45°$，幅值裕度为 $+\infty$ dB。实际上，二阶系统的幅值裕度必为 $+\infty$ dB，因为其对数相频特性不可能以有限值与 $-180°$ 线相交。此时，全部性能指标均已满足。

6.6.2　电阻炉温度控制系统

【例 6-18】　已知某电阻炉温度控制系统不考虑延迟环节的结构图如图 6-78 所示。

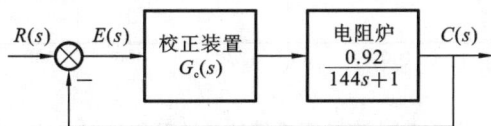

图 6-78　某电阻炉温度控制系统不考虑延迟环节的结构图

其中，$R(s)$ 为期望的电阻炉内温度，$C(s)$ 表示实际电阻炉内温度。本例的目的是分析系统的单位阶跃响应。要求提高响应速度、减小系统的稳态误差，试设计校正环节。

解 该系统为一阶惯性环节,系统响应速度慢,因此考虑加入微分环节,引入 PD 校正装置。设校正装置传递函数为 $G_c(s)=K'(1+\tau s)$,加入 PD 校正装置后,系统的闭环传递函数变为

$$\Phi(s)=\frac{K'(1+\tau s)0.92}{144s+1+K'(1+\tau s)0.92}$$

在单位阶跃输入下,系统的输出为

$$C(s)=\Phi(s)R(s)=\frac{K'(1+\tau s)0.92}{144s+1+K'(1+\tau s)0.92}\frac{1}{s}$$

$$=\frac{0.92K'\left(s+\dfrac{1}{\tau}\right)}{\dfrac{1}{\tau}[144s+1+K'(1+\tau s)0.92]}\frac{1}{s}$$

设 $\dfrac{1}{\tau}=z$,$0.92K'=K$,上式简化为

$$C(s)=\frac{K(s+z)}{z[144s+1+K(1+\tau s)]}\frac{1}{s}$$

$$=\frac{K}{144s+1+K(1+\tau s)}\frac{1}{z}+\frac{K}{144s+1+K(1+\tau s)}\frac{1}{s}$$

若对输出的拉氏变换式进行反变换,可以看出,第一项是乘 $\dfrac{1}{z}$ 的单位脉冲响应,第二项是原系统的单位阶跃响应,单位脉冲响应可以加快系统初始阶段的响应速度、减小上升时间。因而 PD 控制器的主要作用就是提高系统的响应速度。

选取 $K'=20$,$\tau=0.0111$,校正环节传递函数为 $G_c(s)=20(1+0.0111s)$。未校正系统的单位阶跃响应曲线如图 6-79 所示,校正后系统的响应曲线如图 6-80 所示。

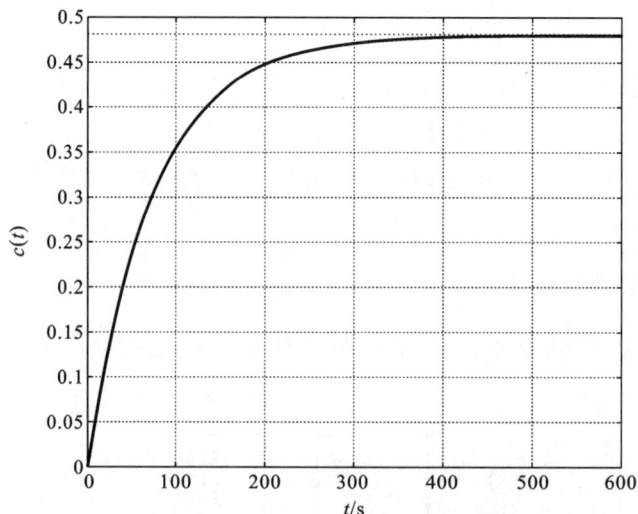

图 6-79 未校正系统的单位阶跃响应曲线

由图 6-79 可知,加入校正装置前,系统的上升时间为 $t_r\approx173$ s,稳态值为 0.479;加入 PD 校正环节后,系统的动态响应得到改善,上升时间缩短为 $t_r'\approx17$ s,稳态值为 0.95,稳态误差明显减小,与理论分析完全一致。

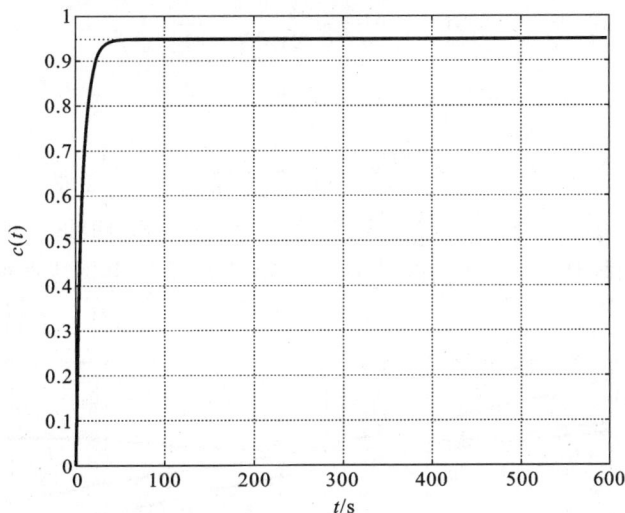

图 6-80　校正后系统的响应曲线

6.6.3　船舶直线航行航向保持控制系统

【例 6-19】　船舶直线航行航向保持控制系统结构图如图 6-81 所示。要求设计航向控制器传递函数，使得系统阶跃响应超调量 $\sigma\% \leqslant 24.9\%$，过渡时间 $t_s \leqslant 3$ s。

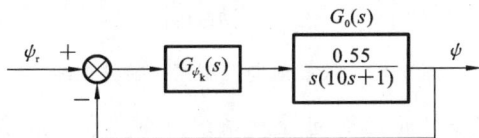

图 6-81　船舶直线航行航向保持控制系统结构图

解　选定系统的预期开环传递函数为

$$G(s) = \frac{k(\tau s + 1)}{s^2(Ts+1)}$$

由 $\sigma\% \leqslant 24.9\%$ 得 $M_r = 1.225$，于是 $h = \dfrac{\tau}{T} = \dfrac{M_r+1}{M_r-1} = \dfrac{2.225}{0.225} = 9.89 \approx 10$，由 $t_s \leqslant 3$ s 得系统预期开环幅频特性截止频率为

$$\omega_c = \frac{2 + 1.5(M_r-1) + 2.5(M_r-1)^2}{t_s} = 2.572 \text{ rad/s}$$

由 $\omega_\tau \leqslant \omega_c \dfrac{M_r-1}{M_r}$，$\omega_T \geqslant \omega_c \dfrac{M_r+1}{M_r}$ 得 $\omega_\tau \leqslant 0.4673$，$\omega_T \geqslant 4.678$，所以

$$\tau = \frac{1}{\omega_\tau} = 2.138 \text{ rad/s}, \quad T = \frac{1}{\omega_T} = 0.2138 \text{ rad/s}$$

系统预期的开环传递函数为

$$G(s) = \frac{k(2.138s+1)}{s^2(0.2138s+1)}$$

ω_τ 处的对数幅值 $y = -20(\lg 0.4673 - \lg 2.572) = 14.81$，$\omega_0$ 为低频段延长线与横轴的交点，由直线方程 $\dfrac{14.81}{\lg 0.4673 - \lg\omega_0} = -40$ 得 $\omega_0 = 1.096$，$k = \omega_0^2 = 1.202$，所以

$$G(s)=\frac{1.202(2.138s+1)}{s^2(0.2138s+1)}$$

由 $k_\psi\times0.55=k=\omega_0^2$ 得 $k_\psi=\dfrac{\omega_0^2}{0.55}=2.185$，因此

$$G_{\psi_k}(s)=\frac{2.185(10s+1)(2.138s+1)}{s(0.2138s+1)}$$

系统固有开环传递函数幅频与相频特性曲线如图 6-82 曲线 1，预期开环传递函数幅频与相频特性曲线如图 6-82 曲线 2，$G_{\psi_k}(s)$ 幅频特性与相频特性曲线如图 6-82 曲线 3。

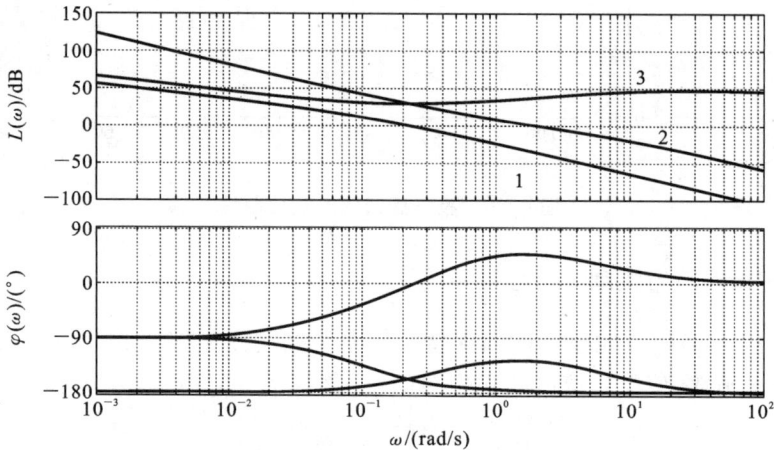

图 6-82　船舶航向控制系统特性曲线

值得说明的是，上述设计是在航向控制系统针对常值航向给定条件下的跟踪性能设计的，而在船舶实际航行中，风、浪、流对船舶航向的随机干扰作用是非常强的，也是不可忽略的。这样航行的实际轨迹是一个随机过程轨迹，航向控制误差也不可能是零，因此，要想提高航向控制精度，还应考虑采用随机控制理论设计航向控制系统。

6.6.4　船舶横摇减摇鳍控制系统

某船减摇鳍控制系统结构图如图 6-83 所示。由于液压伺服系统的时间常数 (1/15)远远小于船本身固有时间常数($\sqrt{2.052}$)，故在系统综合时可将液压伺服系统近似为比例环节。

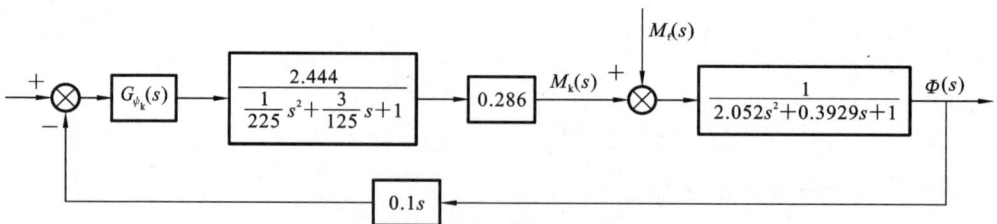

图 6-83　某船减摇鳍控制系统结构图

船舶横摇减摇鳍控制系统是一个零给定控制系统，通过鳍产生的力(矩)抵消海浪等随机干扰作用，从而稳定和减少船的横摇。该系统实际上是一个抗干扰(力矩)控制

系统。

将图 6-83 改成以 $M_f(s)$ 为输入，以 $M_k(s)$ 为输出的形式，如图 6-84 所示。

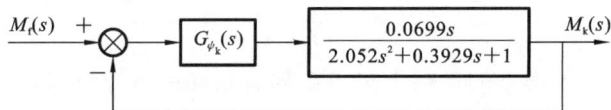

图 6-84　船舶减摇鳍 $M_k(s)$ 输出的结构图

在鳍的作用下，产生了一个对抗海浪干扰力矩的控制力矩 M_k，则船舶横摇运动方程可写成

$$(I_X+\Delta I_X)\ddot{\varphi}+2N_\mu\dot{\varphi}+Dh\varphi=M_f-M_k$$

若使 $M_k=M_f$，则上式右边为零，船在横摇稳态后停止横摇。问题是 M_f 不可测量，那么控制力矩 M_k 如何选取，才能使横摇减摇效果最好？由上式知，船作横摇时，自身产生三种力矩(惯性力矩 $(I_X+\Delta I_X)\ddot{\varphi}$、阻尼力矩 $2N_\mu\dot{\varphi}$、恢复力矩 $Dh\varphi$)与外加力矩(海浪扰动力矩 M_f 和控制力矩 M_k)平衡，于是可知，如果要抵消海浪干扰力矩 M_f，则控制力矩必须有与横摇角加速度 $\ddot{\varphi}$ 成比例的控制力矩、与横摇角速度 $\dot{\varphi}$ 成比例的控制力矩和与横摇角 φ 成比例的控制力矩，即

$$M_k=A\varphi+B\dot{\varphi}+C\ddot{\varphi}$$

此时，船的横摇运动方程为

$$(I_X+\Delta I_X+C)\ddot{\varphi}+(2N_\mu\dot{\varphi}+B)+(Dh+C)\varphi=M_f$$

若参数 A、B、C 满足下式：

$$\frac{A}{dh}=\frac{B}{2N_\mu}=\frac{C}{I_X+\Delta I_X}=P\ (常数)$$

则有

$$(I_X+\Delta I_X)(1+P)\ddot{\varphi}+2N_\mu(1+P)\dot{\varphi}+Dh(1+P)\varphi=M_f$$

于是，有

$$(I_X+\Delta I_X)\ddot{\varphi}+2N_\mu\dot{\varphi}+Dh\varphi=\frac{M_f}{1+P}$$

从中看出，控制力矩 M_k 的作用相当于把海浪对船的横摇干扰力矩 M_f 减少了 $(1+P)$ 倍，因此，使得船在各个频率下的横摇角都减少了 $(1+P)$ 倍。

从未加校正前的 $M_f(s)$-$\Phi(s)$ 传递函数看出，船的横摇对海浪干扰响应是一个典型的二阶振荡环节，在较低频率内幅值为 1。随着频率靠近固有谐振角频率 $(1/T_\varphi)$，幅值增加，当频率接近固有谐振角频率 $\left(\omega_r=\frac{1}{T_\varphi}\sqrt{1-2\xi_\varphi^2}\right)$ 时，横摇角对海浪干扰作用的响应出现谐振峰值达到增益最大点，随着频率的进一步增加，幅值逐渐衰减。

为了获得满意的减摇效果，应选取控制器 $G_{\varphi_k}(s)$ 具有与船的 $M_f(s)$-$\Phi(s)$ 幅频特性相反的特性。

如果采用角速度陀螺作为测量元件，测量到的信息是与横摇角速度成比例的量，如控制器 $G_{\varphi_k}(s)$ 采用 PID 控制器，则控制器 $G_{\varphi_k}(s)$ 的输入与输出关系为

$$u(t)=A\int\dot{\varphi}(t)dt+B\dot{\varphi}(t)+C\frac{d\dot{\varphi}(t)}{dt}$$

式中：$u(t)$ 为 PID 控制器的输出，$\dot{\varphi}(t)$ 为船的横摇角速度(可测量)，A、B、C 为 PID 控制

待定系数。

对 PID 控制器的输入与输出关系式进行零初始条件下的 Laplace 变换,得

$$G_{\psi_k}(s) = \frac{U(s)}{\Phi(s)} = \frac{A}{s} + B + Cs$$

为使船舶在各个频率下的横摇干扰力矩都有相同的减摇效果,参数 A、B、C 与船的横摇固有参数 T_φ、ξ_φ 之间满足如下关系:

$$C = T_\varphi^2, \quad B = 2T_\varphi\xi_\varphi, \quad A = 1$$

则有

$$G_{\psi_k}(s) = T_\varphi^2 s + 2T_\varphi\xi_\varphi + \frac{1}{s} = \frac{T_\varphi^2 s^2 + 2T_\varphi\xi_\varphi s + 1}{s} = \frac{2.052s^2 + 0.3929s + 1}{s}$$

未加校正前的横摇固有频率特性曲线、控制器 $G_{\psi_k}(s)$ 的频率特性曲线和 PID 校正后的系统开环频率特性曲线如图 6-85 中的 1、2、3 所示。

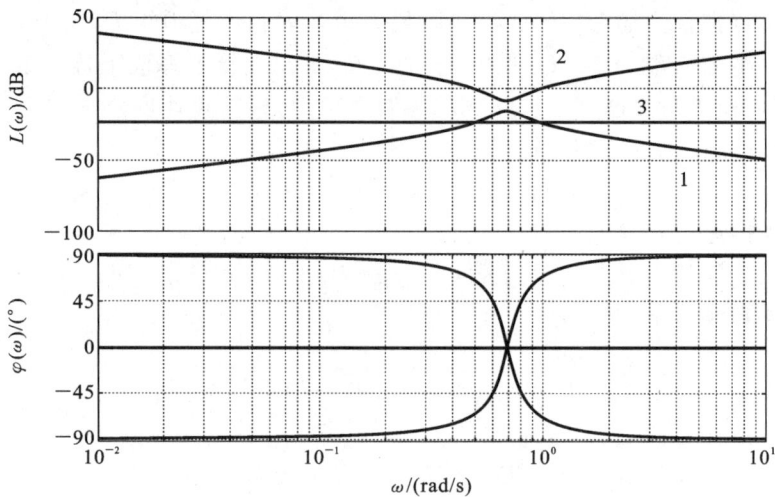

图 6-85　船减摇鳍控制系统的频率特性曲线

值得指出的是,对于工作时间较长的控制系统,纯积分器产生积分漂移会破坏控制系统正常工作,所以工程上常用一个大惯性环节代替纯积分器,只要合理选择惯性环节时间常数,就可使其在工作频率内接近积分器的频率特性。纯微分环节会产生很大的高频干扰,故工程上常采用带有小惯性环节的微分 $\left(\dfrac{s}{Ts+1}\right)$ 来代替纯微分器。

下面采用单位负反馈控制系统预期开环传递函数加串联校正的方法进行船舶减摇遥鳍控制系统的动态综合设计。

一般情况下,由于液压伺服系统的时间常数 T_0 和角速度陀螺传感器的时间常数 T_A,远远小于船舶本身固有的横摆运动时间常数 T_φ,即 $T_0 \ll T_\varphi$,$T_A \ll T_\varphi$,故在动态综合时,可将伺服系统 $G_1(s)$ 和反馈通道 $H(s)$ 动态特性简化为比例环节,即 $G_1(s) = K_0$,$H(s) = k_h(s)$。于是,可将图 6-84 简化为图 6-86。

将图 6-86 所示系统转化为等效的单位反馈系统,如图 6-87 所示。

将系统校正成典型 Ⅰ 型系统,即预期开环传递函数为

$$G_x(s) = \frac{k}{s(\tau s + 1)}$$

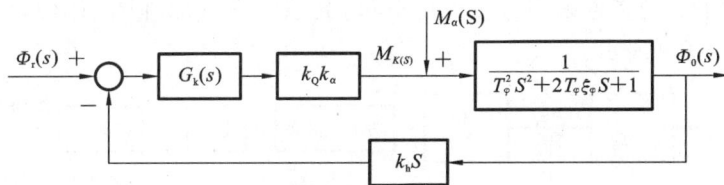

图 6-86　船舶减摇鳍控制系统简化后动态结构图

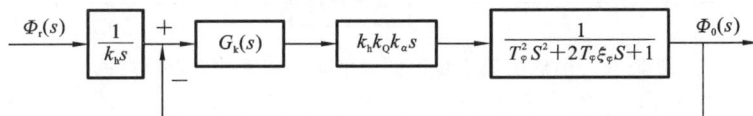

图 6-87　$\Phi_r(s)-\Phi_0(s)$等效单位反馈系统动态结构图

将系统设计成二阶最佳系统,即取 $k\tau=0.5$,阻尼比 $\xi=0.707$,且取 $\tau=0.1T_\varphi$,于是

$$K=\frac{0.5}{\tau}=0.5*\frac{10}{T_\varphi}=\frac{5}{T_\varphi}$$

由

$$G_k(s)G_1(s)G_0(s)=G_x(s)$$

得

$$G_k(s)=G_x(s)/G_1(s)G_0(s)$$

即

$$G_k(s)=\frac{G_x(s)}{k_0 sG_0(s)}=\frac{k/k_0}{s(\tau s+1)}\frac{T_\varphi^2 s^2+2T_\varphi\xi_\varphi s+1}{s}=\frac{k/k_0}{s(\tau s+1)}\left(T_\varphi^2 s+2T_\varphi\xi_\varphi+\frac{1}{s}\right)$$

式中:$k_0=k_h k_Q k_\alpha$。若令 $k_\alpha=T_\varphi^2,k_q=2T_\varphi\xi_\varphi,k_h=1$,则

$$G_k(s)=\frac{k/k_0}{s(\tau s+1)}\left(k_a s+k_p+\frac{k_2}{s}\right)=G_{k1}(s)G_{k2}(s)$$

式中:$G_{k1}=\dfrac{k}{s(\tau s+1)}$,$G_{k2}(s)=\dfrac{1}{k_0}\left(k_a s+k_p+\dfrac{k_2}{s}\right)$。

　　从上述结果看出,控制器 $G_k(s)$ 由两部分构成:一部分是系统预期开环传递函数 $G_x(s)G_{k1}(s)$,另一部分是 PID 控制器 $G_{k2}(s)$,这时,对应减摇鳍闭环控制系统动态性能指标为超调量 $\sigma\%=4.3\%$,振荡指标 $M_p=1$,相角稳定裕度 $\gamma(w)=65.5°$,系统过渡时间 $t_s=\dfrac{3}{k}$。

　　如将系统预期开环传递函数 $G_x(s)$ 设计成比例环节,即 $G_x(s)=G_{k1}(s)=k$,则系统的控制器 $G_k(s)=kG_{k2}(s)$,即此时系统退化为典型的 PID 控制。

6.6.5　船载稳定平台控制系统

　　船舶在海上航行时,在海风、海浪、海流随机干扰作用下,产生六个自由度运动。其中,三个摇摆运动:横摇、纵摇、鳍摇,对船载设备的功效性能产生很大影响。船载稳定平台功能之一就是隔离船舶摇摆运动,保持平台上的装置设备相对地球坐标系中的角位置不变。

　　船载稳定平台采用三轴串联结构:内框、中框、外框。三个框架的转动是独立的。在测出船的横摇、纵摇、鳍摇信息后,取其反相信号作为对应框轴伺服系统指令信号,从而实现平台上的装置设备相对地球坐标系的角位置不变。

　　本节以某船载稳定平台俯仰角(纵摇)伺服系统为例,研讨这类系统(位置随动系统-角度伺服系统)动态设计问题。

本例中伺服驱动装置采用直流力矩电机,其系统方框原理图如图 6-88 所示,其动态结构图如图 6-89 所示。

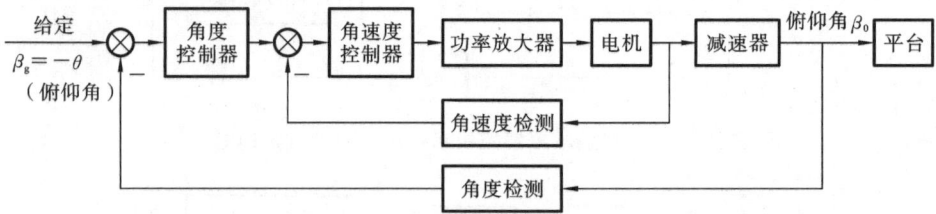

图 6-88　船载稳定平台俯仰角伺服控制系统方框原理图

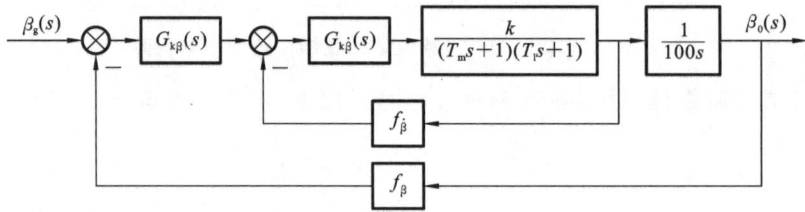

图 6-89　俯仰角伺服控制系统动态结构图

　　船舶在海上航行时的摇摆运动是典型的随机过程。因此稳定平台伺服系统的输入信号也是随机过程。事实上,在航天、航空、航海等空间运动体姿态控制系统中,其内环的伺服系统输入也往往是随机过程信号。对于这类系统,其控制律的设计不能只用单位阶跃(斜坡、加速度)三种典型输入信号下的动态性能、稳态性能指标来考量。通常情况下,对这类系统采用正弦输入信号来进行系统动态设计。

　　于是,对这类具有随机输入的伺服系统采用等效正弦输入信号进行系统动态设计就归结为下列几个问题。

　　(1) 如何考量系统动态性能、稳态性能指标?

　　(2) 如何选取等效正弦输入信号?如何确定系统的精度点、精度区?

　　(3) 如何设计控制的频率特性(传递函数)?

　　(4) 如何选取期望的系统开环频率特性?

　　1) 等效正弦信号选取

　　已知系统性能指标:最大转角 β_m,最大角速度 $\Omega_{\beta m}$,最大角加速度 $\varepsilon_{\beta m}$,正弦跟踪稳态误差 $e_{\beta m}$。

　　设系统等效正弦输入信号为

$$\beta_g(t) = \beta_m \sin(\omega_\beta t)$$

只有两个要素 β_m 和 ω_β,故只需两个条件即可:

$$\dot{\beta}_g(t) = \beta_m \omega_\beta \cos(\omega_\beta t) = \beta_m \omega_\beta \sin(\omega_\beta t + 90°)$$

$$\ddot{\beta}_g(t) = \beta_m \omega_\beta^2 \cos(\omega_\beta t + 90°) = -\beta_m \omega_\beta^2 \sin(\omega_\beta t)$$

　　由于伺服系统输出尽可能复现输入,故在求取等效正弦信号时,给出系统性能指标 β_m、$\Omega_{\beta m}$ 和 $\varepsilon_{\beta m}$ 中的两个量即可。于是,令

$$\Omega_{\beta m} = \beta_m \omega_\beta$$

$$\varepsilon_{\beta m} = \beta_m \omega_\beta^2$$

联立求解上述二式,得

$$\omega_\beta = \Omega_{\beta m}/\beta_m$$

或
$$\omega_\beta = \varepsilon_{\beta m}/\Omega_{\beta m} \tag{6.41}$$

已知系统 $\beta_m = 5°$，$\Omega_{\beta m} = 14\ \text{deg/s}$ 则

$$\omega_\beta = \Omega_{\beta m}/\beta_m = 14/5 = 2.8\ \text{s}^{-1}$$

$$\varepsilon_{\beta m} = \beta_m \omega_\beta^2 = 5 \times 2.8^2 = 39.2\ \text{deg/s}$$

求得系统等效正弦输入信号为

$$\beta_g(t) = 5°\sin(2.8t)$$

2）精度点确定

系统输入为 $\beta_g(t) = \beta_m\sin(\omega_\beta t)$ 时，系统稳态后，输出亦为同频率的正弦信号，其正弦跟踪误差 $e(t)$ 也为同频率的正弦信号，即

$$e(t) = E_m\sin(\omega_\beta t + \theta)$$

设系统预期传递函数为 $G_{\beta x}(s)$，其对应的开环频率特性为 $G_{\beta x}(j\omega)$，则系统跟踪最大误差为

$$E_m = \left|\frac{1}{1+G_{\beta x}(j\omega_\beta)}\right|\beta_m$$

误差传递函数为

$$\phi_e(s) = \frac{\theta}{1+G_{\beta x}(s)}$$

由于系统在 ω_β 点处在低频段，故有 $|G_{\beta x}(j\omega_\beta)|\gg 1$，于是

$$E_m \approx \frac{\beta_m}{|G_{\beta x}(j\omega_\beta)|}$$

欲使系统满足给定的正弦跟踪误差 $e_{\beta m}$，即

$$E_m = \frac{\beta_m}{|G_{\beta x}(j\omega_\beta)|} \leqslant e_{\beta m}$$

则有
$$|G_{\beta x}(j\omega_\beta)| \geqslant \frac{\beta_m}{e_{\beta m}}$$

因
$$\beta_m = \frac{\Omega_{\beta m}}{\omega_\beta} = \frac{\Omega_{\beta m}}{\varepsilon_{\beta m}/\Omega_{\beta m}} = \frac{\Omega_{\beta m}^2}{\varepsilon_{\beta m}}$$

于是
$$|G_{\beta x}(j\omega_\beta)| \geqslant \frac{\Omega_{\beta m}^2}{\varepsilon_{\beta m} e_{\beta m}}$$

上式两边取对数，得

$$20\lg|G_{\beta x}(j\omega_\beta)| \geqslant 40\lg\Omega_{\beta m} - 20\lg\varepsilon_{\beta m}e_{\beta m} \tag{6.42}$$

上式就是系统预期开环频率特性在 ω_β 处应满足的幅频特性条件，称为精度点，$A(\omega_\beta, 20\lg(\beta_m/e_{\beta m}) = 20\lg(\Omega_{\beta m}^2/\varepsilon_{\beta m}e_{\beta m}))$，如图 6-90 所示。

3）精度区确定

A 点只描述了等效正弦信号对应的 ω_β 处对 $|G_{\beta x}(j\omega_\beta)|$ 的要求，还未反映出其整个 ω 频段的幅频特性 $|G_{\beta x}(j\omega)|$ 要求。根据式(6.41)和式(6.42)有如下结论。

（1）当 $\varepsilon_{\beta m}$ 不变，$\Omega_{\beta m}$ 下降 10 倍时，ω_β 上升 10 倍(式(6.41))，而 $20\lg|G_{\beta x}(j\omega_\beta)|$ 下降 40 dB(式(6.42))。

（2）当 $\Omega_{\beta m}$ 不变，$\varepsilon_{\beta m}$ 下降 10 倍时，ω_β 下降 10 倍(式(6.41))，而 $20\lg|G_{\beta x}(j\omega_\beta)|$ 上升

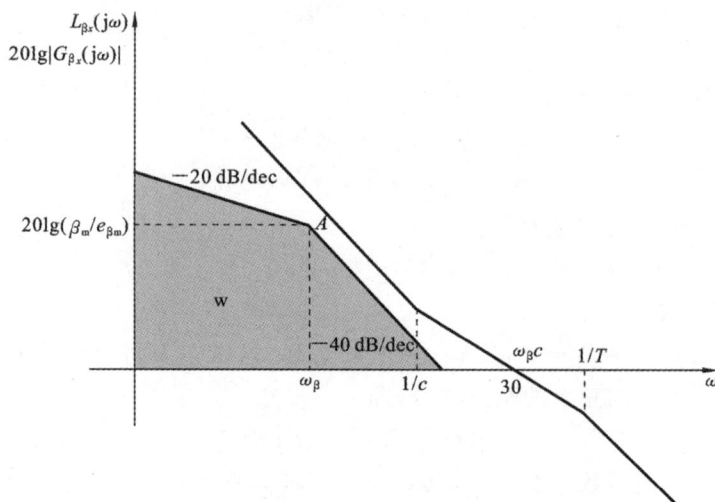

图 6-90　精度点、精度区

20 dB(式(6.42))。

故在 A 点右侧－40 dB/dec 直线、左侧－20 dB/dec 直线与 A 点一起构成了 $20\lg|G_{\beta r}(j\omega)|$ 应满足精度要求的区域,称为精度区 w,如图 6-90 所示。这是在考量系统跟踪等效正弦稳态性能时特殊之处,在其他自动控制原理教材中几乎难以见到对此问题的阐述。

4) 系统期望开环频率特性 $G_{\beta r}(j\omega)$

根据前面介绍的内容可知,只要期望开环频率特性 $G_{\beta r}(j\omega)$ 幅频 $20\lg|G_{\beta r}(j\omega)|$ 不进入精度区 w,就能保证系统跟踪等效正弦输入信号的稳态误差 $e_{\beta}(t)$ 不大于 $e_{\beta m}$。同时再根据系统的动态性能指标确定 $G_{\beta r}(j\omega)$ 的中频段和高频段的频率特性,即可选取确定系统期望的开环频率特性 $G_{\beta r}(j\omega)$。

5) 动态设计

已知系统稳态跟踪误差 $e_{\beta}(t)$ 的均方根 $\sigma_{\beta}=0.1°$,如果 $e_{\beta}(t)$ 为高斯随机过程,则概率 97.3％ 取最大跟踪误差 $e_{\beta m}=3\sigma_{\beta}=0.3°$。系统 $f_{\beta}=1$,$f_{\dot\beta}=\dfrac{1}{40}$,因 $T_e\ll T_m$,故可忽略 $\dfrac{1}{\tau_e s+1}$ 环节,此时系统动态结构图如图 6-91 所示。

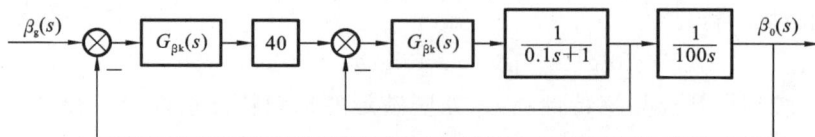

图 6-91　俯仰角伺服控制系统动态结构图

该系统为角度、角速度双闭环系统,按多环系统动态设计原则是先内环、后外环,且内环剪切角频率要大于外环剪切角频率。

(1) 角速度环动态设计。

取角度环剪切角频率 $\omega_{\beta c}=10\omega_{\beta}=10\times2.8=28\ 1/s$。

角速度环剪切角频率 $\omega_{\dot\beta c}=140\ 1/s\geqslant5\omega_{\beta c}$。

将角速度环校正成典型 I 型系统,即预期开环传递函数为

$$G_{\dot\beta x}(s) = \frac{K_{\dot\beta}}{s(Ts+1)}$$

这里 $K_{\dot\beta} = \omega_{\dot\beta c} = 140 \ 1/s$,取闭环系统阻尼比 $\xi = 0.707$,则对应 $K_{\dot\beta}T = 0.5$,得 $T = \frac{0.5}{K_{\dot\beta}} = \frac{0.5}{140} = 0.0036 \ s$,于是

$$G_{\dot\beta x}(s) = \frac{100}{s(0.0036s+1)}$$

这里
$$G_0(s) = \frac{1}{0.1s+1}$$

由
$$G_0(s)G_{\dot\beta k}(s) = G_{\dot\beta x}(s)$$

得
$$G_{\dot\beta k}(s) = \frac{G_{\dot\beta x}(s)}{G_0(s)} = \frac{100(0.1s+1)}{s(0.0036s+1)}$$

对应角速度闭环传递函数为

$$\phi_{\dot\beta}(s) = 40 \times \frac{G_{\dot\beta x}(s)}{1+G_{\dot\beta x}(s)} = \frac{40\times100}{0.0036s^2+s+100} \approx \frac{40}{0.01s+1}$$

(2)角度环动态设计。

角度环动态结构图如图 6-92 所示。

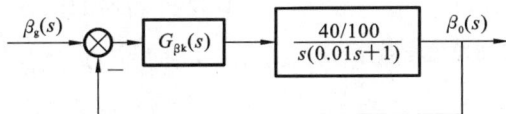

图 6-92 角度环动态结构图

将角度环校正成典型 II 型系统,即预期开环传递函数为

$$G_{\beta x}(s) = \frac{K_{\beta}(\tau s+1)}{s^2(Ts+1)}$$

$\omega_{\beta c} = 30 \ \frac{1}{s}$ 及精度值 ω,得

$$\omega_1 = \frac{1}{C} = \frac{1}{15}$$

取中频宽 $h=6$,则 $k = \omega_{\beta c}\omega_1 = 30\times1/15 = 2$,$\frac{\tau}{T} = 6$,$T = \frac{\tau}{6} = \frac{1}{90}$,于是得

$$G_{\beta x}(s) = \frac{2\left(\frac{1}{15}s+1\right)}{s^2\left(\frac{1}{90}s+1\right)}$$

由 $G_{\beta x}(s) = G_0(s)G_{\beta k}(s)$,得

$$G_{\beta k}(s) = \frac{G_{\beta x}(s)}{G_0(s)} = \frac{0.05(0.01s+1)\left(\frac{1}{15}s+1\right)}{s\left(\frac{1}{90}s+1\right)}$$

此时,角度闭环系统谐振峰值为

$$M_r = \frac{h+1}{h-1} = \frac{7}{5} = 1.4$$

单位阶跃响应超调量为

$$\sigma\% = 0.16 + \frac{0.8}{h-1} = 32\%$$

单位阶跃响应调整时间为

$$t_s = \frac{\pi}{\omega_{\beta c}}\left[2 + \frac{3}{h-1} + 2.5\left(\frac{2}{h-2}\right)^2\right] = 0.90 \text{ s}$$

相角裕度为

$$\gamma_{max} = \arcsin\frac{h-1}{h+1} = \arcsin\frac{5}{7} = 45.58°$$

等效正弦跟踪稳态最大误差为

$$e_{\beta m} < 0.3°$$

6.6.6 机械臂控制系统

机械臂控制系统采用的控制器算法为 PID 算法,因其算法简单、鲁棒性强及可靠性高,在工业应用中仍占据主导地位,有较为普遍的应用。PID 控制器可以将 $r(t)$ 与 $c(t)$ 的偏差 $e(t)$ 作为输入,经过比例(P)、积分(I)、微分(D)运算线性叠加成操作变量 $u(t)$,调控被控对象,如图 6-93 所示。

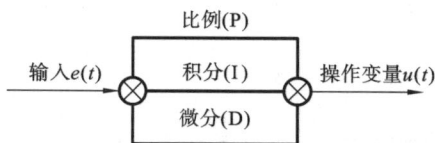

图 6-93 PID 控制器调控被控对象

PID 控制器的微分方程为

$$u(t) = K_P\left[e(t) + \frac{1}{T_i}\int_0^t e(t)dt + T_d\frac{de(t)}{dt}\right]$$

PID 控制器的传递函数为

$$D(s) = \frac{U(s)}{E(s)} = K_P\left[1 + \frac{1}{T_i s} + T_d s\right]$$

1)串联超前校正设计

要求系统的开环截止频率 $w_c \geq 17$ rad/s,相角裕度 $\gamma \geq 55°$,幅值裕度 $h \geq 10$ dB。

2)设计步骤

未校正时系统的开环对数频率特性曲线如图 6-94 所示。

未校正系统的开环截止频率为 $w_{c0} = 9.95$ rad/s,相角裕度为 $\gamma_0 = 51.48°$,幅值裕度 $h_0 \to$ 无穷大。由于截止频率和相角裕度均低于设计要求,故采用串联超前校正是合适的。

在实际工程中,串联超前校正传递函数的一般形式为

$$G_c(s) = \frac{\alpha T s + 1}{T s + 1}$$

根据设计要求,取 $w'_c = 17$ rad/s,则有

$$\gamma_0 = 180° - 90° - \arctan(0.08 w'_c) = 180° - 90° - 53.67° = 36.33°$$

则

$$\Delta\varphi = \gamma - \gamma_0 + \varepsilon = 55° - 36.33° + 10° = 28.67°$$

令 $\varphi_m = \Delta\varphi = 28.67°$,则

$$\alpha = \frac{1 + \sin\varphi_m}{1 - \sin\varphi_m} = \frac{1 + \sin28.67°}{1 - \sin28.67°} = 2.85$$

取 $w_m = w'_c = 17$ rad/s,时间常数为

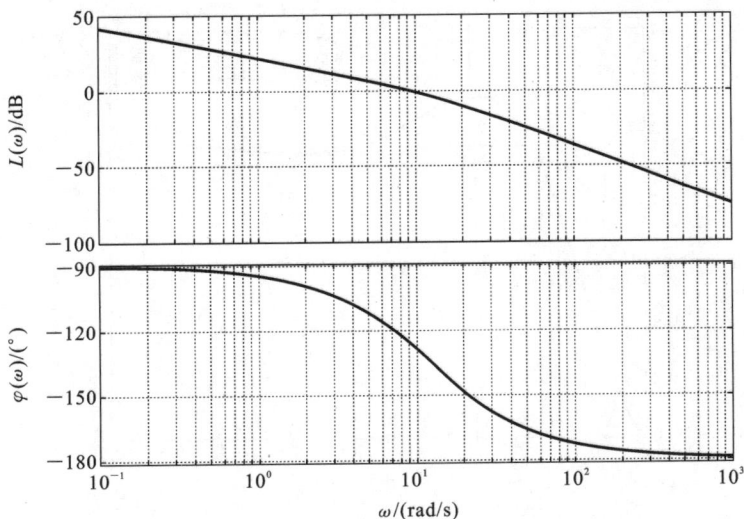

图 6-94　未校正时系统的开环对数频率特性曲线

$$T=\frac{1}{\sqrt{\alpha}w_{\mathrm{m}}}=0.035$$

因此,本系统控制器超前校正装置的传递函数为

$$G_{\mathrm{c}}(s)=\frac{0.1s+1}{0.035s+1}$$

其控制系统框图如图 6-95 所示。

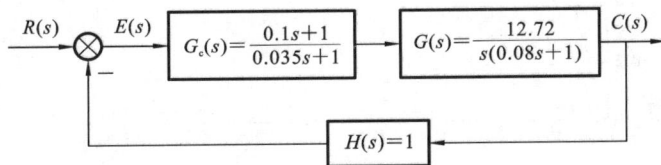

图 6-95　控制系统框图

系统的开环传递函数为

$$G_0(s)=\frac{1.272s+12.72}{0.0028s^3+0.115s^2+s}$$

系统的闭环传递函数为

$$\Phi(s)=\frac{1.272s+12.72}{0.0028s^3+0.115s^2+2.272s+12.72}$$

校正前后的时域响应曲线如图 6-96 所示。

校正前后典型性能指标对比表如表 6-9 所示。

表 6-9　校正前后典型性能指标对比表

	超调量%	上升时间	调节时间	峰值时间
校正前	16.6	0.1916	0.644	0.287
校正后	0	0.113	0.182	0

校正前后的频域特性曲线如图 6-97 所示。

由上述分析可以得出,在控制器的作用下,整个系统的动态性能得到了提升,系统

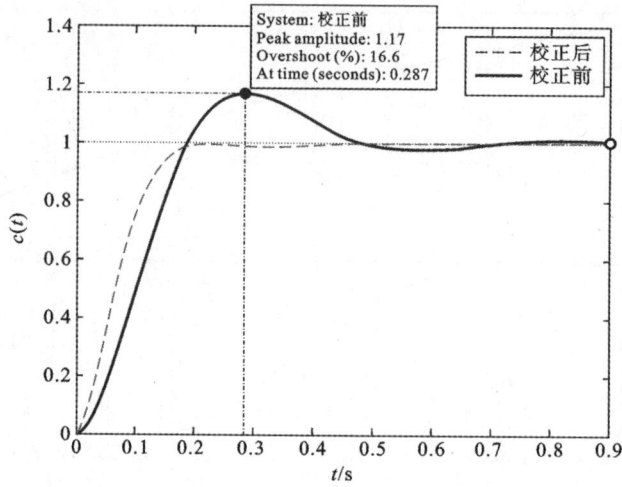

（a）

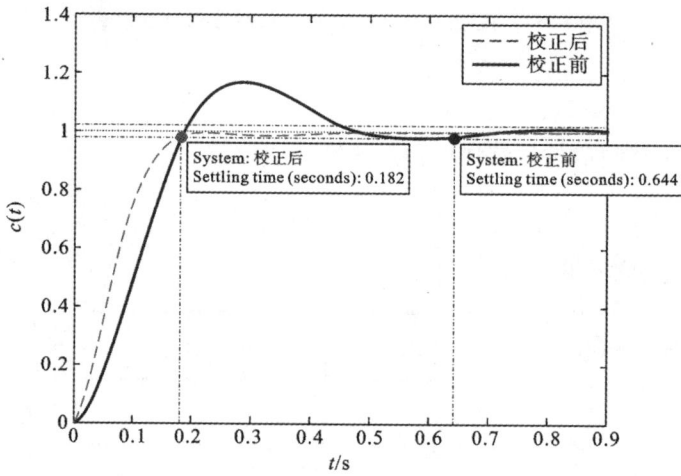

（b）

图 6-96　校正前后的时域响应曲线

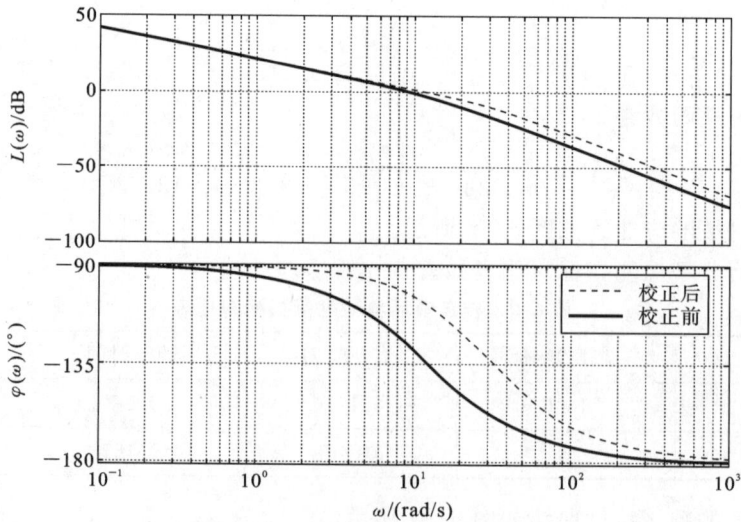

图 6-97　校正前后的频域特性曲线

的相角裕度从 $51.4761°$ 提升到了 $64.7°$,截止频率由 $9.9515\ \mathrm{rad/s}$ 变为 $17\ \mathrm{rad/s}$,幅值裕度 $h→∞$,全部性能指标均已满足。

习　题　6

6-1　设单位反馈的开环传递函数为

$$G_0(s)=\frac{K}{s(s+1)(0.5s+1)}$$

要求设计一串联校正网络,使校正后系统的开环增益 $K=5$,相角裕度不低于 $40°$,幅值裕度不小于 $10\ \mathrm{dB}$。

6-2　设单位反馈的开环传递函数为

$$G_0(s)=\frac{K}{s(s+1)(0.2s+1)}$$

试设计一串联校正装置,使系统满足 $K_\nu=8$,$\gamma(\omega_c)=40°$,并比较校正前后的截止频率。

6-3　设单位反馈系统的开环传递函数为

$$G_0(s)=\frac{K}{s(s+1)(s+5)}$$

(1) 绘制系统根轨迹,确定阻尼比 $\xi=0.3$ 的 K 值;

(2) 串入校正网络 $G_c(s)=\dfrac{10(10s+1)}{100s+1}$,求闭环响应仍具有相同阻尼比的新的 K 值;

(3) 比较待校正系统与校正系统和校正后系统的速度误差系数和调节时间。

6-4　设单位反馈系统的开环传递函数为

$$G_0(s)=\frac{K}{s(s+1)}$$

试设计串联校正装置,使校正后系统的阻尼比 $\xi=0.7$,调节时间 $t_s=1.4(\Delta=5\%)$,速度误差系数 $K\geqslant2$。

6-5　设单位反馈系统的开环传递函数为

$$G_0(s)=\frac{K}{s(0.05s+1)(0.25s+1)(0.1s+1)}$$

若要求校正系统的开环增益不小于 12,超调量小于 30%,调节时间小于 $6\ \mathrm{s}(\Delta=5\%)$,试确定串联滞后校正装置的传递函数。

6-6　单位反馈系统的开环传递函数为 $G(s)=\dfrac{1000}{s(Ts+1)}$。

(1) 设 $T=0.001$,试用频域法设计比例-积分串联控制器 $G_c(s)=K_P\left(1+\dfrac{1}{T_1s}\right)$ 的参数,使系统的幅值穿越频率 $\omega_c=100\ \mathrm{rad/s}$,相角裕度 $\gamma=60°$,并绘制校正前和校正后系统开环传递函数的对数幅频特性曲线和相频特性曲线。

(2) 串联上述比例-积分控制器后,为使系统稳定,参数 T 的变化范围为多少?系统可以做到对速度输入信号无静差吗?可以做到对加速度输入信号无静差吗?

6-7　设某单位反馈系统的开环传递函数为

$$G(s)=\frac{K}{s(0.1s+1)(0.2s+1)}$$

要求:(1) 系统开环增益 $K_v = 30 \text{ s}^{-1}$;(2) 系统相角裕度 $\gamma \geq 45°$;(3) 系统截止频率 $\omega_c = 12 \text{ rad/s}$。试确定串联滞后-超前校正环节的传递函数。

6-8 某单位负反馈控制系统的控制对象传递函数为

$$G_0(s) = \frac{K}{s(0.05s+1)(0.2s+1)}$$

利用根轨迹法设计串联校正无源网络,使校正后性能指标:

(1) $K_v \geq 8 \text{ rad/s}$;

(2) $\sigma\% \leq 20\%$,$t_s \leq 2 \text{ s}$。

试确定校正网络传递函数及其实现。

6-9 已知待校正系统开环传递函数为

$$G_0(s) = \frac{10}{s(0.25s+1)(0.05s+1)}$$

若要求校正后系统的谐振峰值 $M_r = 1.4$,谐振频率 $\omega_r > 8$,试确定校正装置。

6-10 设单位反馈系统的开环传递函数为

$$G_0(s) = \frac{K}{s(0.1s+1)(0.01s+1)}$$

要求静态速度误差系数 $K_v \geq 100 \text{ s}^{-1}$,$\gamma \geq 40°$,截止频率 $\omega_c = 20 \text{ rad/s}$,设计串联校正装置。

6-11 设单位反馈系统的开环传递函数为

$$G_0(s) = \frac{K}{s(0.1s+1)(0.2s+1)}$$

试设计一校正装置,使系统满足下列性能指标:(1) 静态速度误差系数 $K_v = 30$;(2) 相角裕度 $\gamma \geq 40°$;(3) 对于频率 $\omega = 0.1$ 振幅为 $3°$ 的正弦输入信号,稳态误差的振幅不大于 $0.1°$。

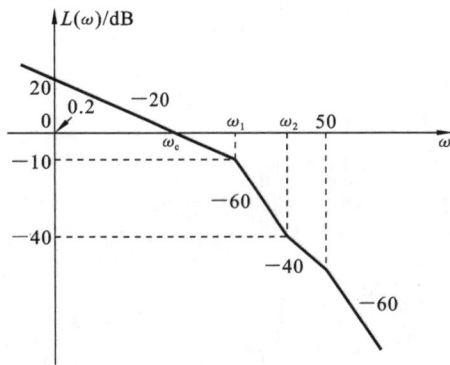

题 6-12 图 开环对数幅频渐进特性曲线

6-12 已知某最小相位系统的开环对数幅频渐近特性曲线如题 6-12 图所示。

(1) 写出开环传递函数 $G_0(s)$ 一种可能的形式;

(2) 假定系统动态性能已满足要求,欲将稳态误差降为原来的 1/10,试设计串联校正装置,并绘制校正后系统对数幅频渐近特性曲线。

6-13 设单位反馈系统的开环传递函数为

$$G_0(s) = \frac{4K}{s(s+2)}$$

试设计一串联校正装置,使系统满足下列性能指标:(1) 在单位斜坡输入下的稳态误差 $e_{ss}(\infty) = 0.05$;(2) 相角裕度 $\gamma \geq 45°$;(3) 幅值裕度 $K_g \geq 10 \text{ dB}$。

6-14 设一单位反馈系统结构图如题 6-14 图所示。设计一有源串联校正装置 $G_c(s)$,使校正后系统满足:(1) 跟踪输入信号 $r(t) = t^2$ 时的稳态误差为 0.2;(2) 相位裕度 $\gamma = 30°$。

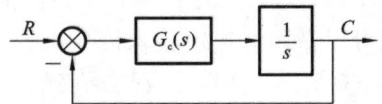

题 6-14 图 单位反馈系统结构图

6-15 设某复合控制系统结构图如题 6-15 图所示。确定 K_c 使系统在 $r(t)=t$ 作用下无稳态误差。

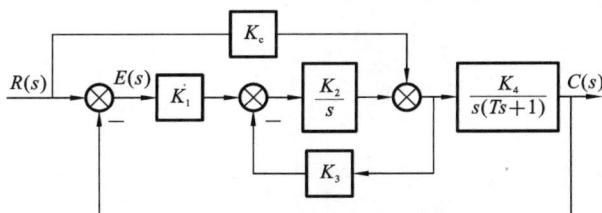

题 6-15 图 某复合控制系统结构图

6-16 复合控制系统结构图如题 6-16 图所示,图中 K_1,K_2,T_1,T_2 均为大于零的常数。

(1)确定当闭环系统稳定时,参数 K_1,K_2,T_1,T_2 应满足的条件;

(2)当输入 $r(t)=V_0t$ 时,选择校正装置 $G_c(s)$,使得系统无稳态误差。

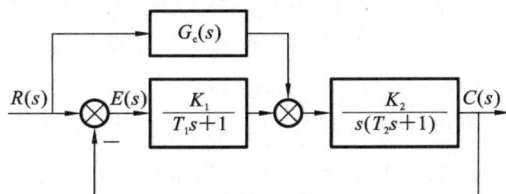

题 6-16 图 复合控制系统结构图

6-17 已知复合控制系统结构图如题 6-17 图所示,选取补偿环节的参数:

(1)使误差系统由Ⅰ型提高到Ⅱ型。

(2)使系统响应速度输入时,稳态误差为零。

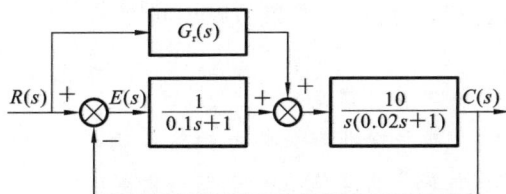

题 6-17 图 复合控制系统结构图

7

非线性控制系统分析

非线性系统一般理解为非线性微分方程所描述的系统。与线性系统一样,它也是真实系统的一种模型。前面各章研究的都是线性系统,或者有些系统虽然是非线性系统,但是如果是可线性化的系统仍然使用它的线性描述。这种方法可以解决一大类控制系统的分析、设计问题。但是也有相当多的系统,需要考虑非线性模型才能得到符合实际的结果。例如,系统中经常出现一种自激振荡(简称自振)现象,就不是线性系统理论可以解释的。另外,随着科学技术的发展,控制系统复杂程度大大增加,需要用非线性理论来研究,如机器人就是一个十分复杂、高度非线性的系统。

非线性系统的形式和种类繁多,在构成控制系统的环节中,有一个或一个以上的环节具有非线性特性时,这种控制系统就属于非线性控制系统。本章所说的非线性环节是指输入、输出间的静特性不满足线性关系的环节。非线性控制系统的研究涉及非线性微分方程问题,因此目前还没有通用的分析和设计方法。本章主要介绍工程上常用的相平面分析法和描述函数法,并通过这两种方法揭示非线性系统的一些区别于线性系统的现象,研究非线性控制系统的一些典型应用问题。

【本章重点】
- 掌握非线性系统分析的相关概念;
- 熟练掌握利用描述函数法分析非线性系统的性能;
- 熟练掌握利用相平面法分析非线性系统的性能。

7.1 非线性控制系统概述

任何一个实际的控制系统,由于其组成元件总是或多或少地带有非线性因素,因此都是属于非线性控制系统的范畴,理想的线性控制系统是不存在的。本书所讨论的线性控制系统,是实际系统在一定的条件下忽略了非线性因素后的理想化模型。当这些条件遭到破坏(例如放大器,当输入信号较小时,放大器输入-输出关系呈现线性特性,而当输入信号较大时,放大器的输出出现饱和现象)时,整个控制系统不能再看作是线性系统,而必须按非线性系统来研究。

7.1.1 非线性控制系统的基本概念

当系统中某些元件的输入-输出关系的静特性不是按线性规律变化时,该元件就具有非线性特性。当系统中含有一个或多个具有非线性特性的元件时,该系统就称为非线性控制系统。组成实际控制系统的元件总是在一定程度上带有非线性。例如,在驾驶仪纵向稳定回路中,作为测量元件的垂直陀螺仪或角速度陀螺仪,由于它们的输出轴存在摩擦,因而在测量角度或角速度时总有一个不灵敏区,如图 7-1(a)所示。作为放大元件的晶体管放大器,由于它们的组成元件(如晶体管、铁芯等)都有一个线性工作范围,超出这个范围,放大器就会出现饱和现象,如图 7-1(b)所示。作为执行元件的电动机,总是存在摩擦力矩和负载力矩,因此只有当输入电压达到一定数值时,电动机才会转动,即存在不灵敏区;同时,当输入电压超过一定数值时,由于磁性材料的非线性,电动机的输出转矩会出现饱和,即电动机的实际特性是同时具有不灵敏区和饱和的非线性特性,如图 7-1(c)所示。另外,各种传动机构由于机械加工和装配上的缺陷,在传动过程中总存在间隙,其输入-输出特性如图 7-1(d)所示。

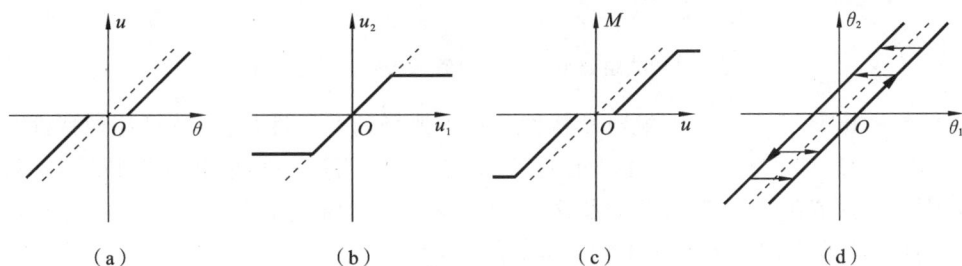

图 7-1 一些常见的非线性特性

以上情况说明,实际系统大多都是非线性系统。所谓线性系统仅仅是实际系统在忽略了非线性因素以后的理论模型。因此,在讨论了线性系统的分析和设计以后,自然要进一步研究实际上存在的这些非线性因素对系统运动的影响。

除上述实际系统中部件的不可避免的非线性因素外,有时为了改善系统的性能或者简化系统的结构,人们常常在系统中引入非线性部件或者更复杂的非线性控制器。通常,在自动控制系统中采用的非线性部件,最简单和最普遍的就是继电器。现在以电磁继电器为例来说明这类非线性特性的特点。说明电磁继电器工作原理的示意图如图 7-2(a)所示。衔铁的运动由通入线圈的电流 I_b 来控制,衔铁的运动将带动继电器触点做相应动作(断开或闭合)。此外触点被用来接通或切断加于电动机的电枢电压 u。当正向线圈中通入激磁电流 I_b 时,就在铁芯中产生磁通,但在 I_b 较小时,由于磁力小于弹簧的反作用力,衔铁不动,正向触点保持原来断开状态,电源电压 U 加不到电枢两端,即电动机的电枢电压 $u=0$;当 I_b 增大到某一数值 I_{b1}(I_{b1} 称为吸合电流)时,磁力克服弹簧反作用力使衔铁吸合,同时带动正向触点闭合,从而 U 加到电动机的电枢端,这时有 $u=U$;此后,I_b 再增大,磁力始终大于弹簧反作用力,故始终有 $u=U$。现若减小电流 I_b,那么由于衔铁在吸合后比吸合前磁阻要小得多,所以当 I_b 减小到等于 I_{b1} 时,磁力仍大于弹簧反作用力,只有当 I_b 进一步减小到 I_{b2}(I_{b2} 称为释放电流)时,磁力不再能克服弹簧反作用力,这时衔铁释放并断开触点,从而使电动机电枢电压 u 由 U 变成零。同样,当 I_b 加到反向线圈时,也将有类似的过程。这就表明,对于继电器型元件来说,其输入电流 I_b 和所控制的输出电压 u 之间也不是简单的线性关系,而是具有图 7-2(b)所示的非线性关系。有的情况下,I_{b1} 和 I_{b2} 相差不大,这时可不考虑继电器特性的滞环,而将其简化为图 7-2(c)所示的形状。

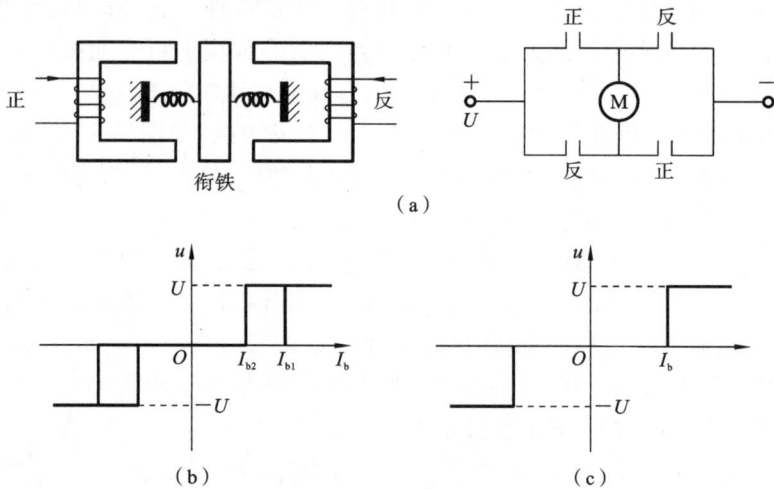

（a）

（b）　　　　　　　　　　　　　（c）

图 7-2　电磁继电器的工作原理和输入输出特性

不难看出,图 7-2 所示的继电器特性是一种典型的非线性特性,并且这种特性与图 7-1 所列举的那些非线性特性有一定的区别。图 7-1 指出的那些非线性特性,一般都可以用一条平均值直线来近似,如图 7-2 中的虚线。而继电器非线性是不能够运用小增量线性化或取平均值的办法来近似为线性特性的。

7.1.2　典型非线性环节及其对系统运动特性的影响

实际控制系统中最常见的有不灵敏区、饱和、间隙、摩擦等固有非线性因素。在多数情况下,这些非线性因素都会对系统正常工作带来不利的影响。本节的目的是从物理概念上对包含这些固有非线性的系统进行一些分析,有时为了说明问题,仍运用线性系统的某些概念和方法。虽然分析不够严谨,但便于理解,而且它所得到的一些概念和结论对于从事实际系统的调试工作是有参考价值的。

1. 饱和非线性特性

饱和特性也是系统中最常见的一种非线性特性。几乎在各类放大器中都存在饱和现象。例如,磁放大器的放大特性如图 7-3(a)所示,电子放大器的放大特性如图 7-3(b)所示。此外,执行元件由于功率的限制,也同样存在饱和现象。当采用两项伺服电动机作为执行元件时,它的转速随着控制电压的增长而线性增长,当电压超过一定数值时,转速增高缓慢而出现饱和,因此伺服电动机的功率限制就表现为转速呈饱和特性,控制电压与转速的关系如图 7-3(c)所示。

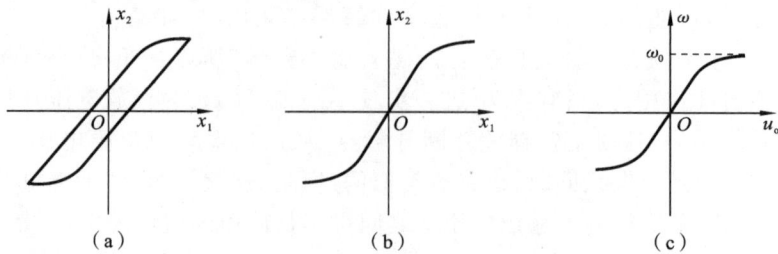

（a）　　　　　　　　　　（b）　　　　　　　　　　（c）

图 7-3　元件的饱和现象

理想化后的饱和特性典型形状如图 7-4 所示,它的数学表达式为

$$y(t) = \begin{cases} Kx(t), & |x(t)| \leqslant a \\ Ka\,\mathrm{signe}(t), & |x(t)| > a \end{cases} \tag{7.1}$$

式中:k 为线性增益;a 表示线性区宽度。函数 $\mathrm{signe}(t)$ 为符号函数,也称开关函数,其定义为

$$\mathrm{signe}(t) = \begin{cases} +1, & x(t) > 0 \\ -1, & x(t) < 0 \\ \text{不定}, & x(t) = 0 \end{cases} \tag{7.2}$$

粗略地看,饱和特性的存在相当于大信号作用时,增益下降。例如,图 7-4 所示的饱和特性,在线性范围内增益为 K,而在饱和区,虽然输入信号继续增大而输出却保持常数不变,所以等效增益 k 随输入信号的增大而减小,如图 7-5 所示。饱和特性对系统动态性能的影响是多种多样的,它随系统结构不同而不同,下面研究两种情况。

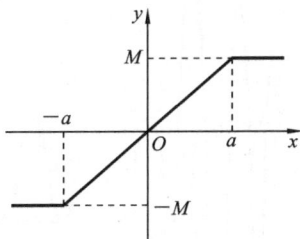

图 7-4 理想化后的饱和特性典型形状　　　　　　图 7-5 饱和特性的等效增益

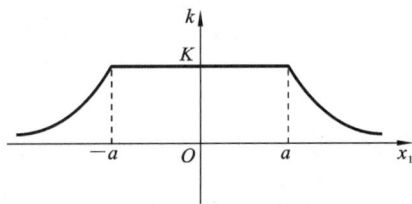

某随动控制系统的结构图如图 7-6 所示。当系统输入端加上一个幅值较大的阶跃信号时,若放大器无饱和限制,则系统的时间响应曲线如图 7-7 中的曲线 1;若放大器有饱和限制,则系统的时间响应曲线如图 7-7 中的曲线 2。显然饱和特性会使系统过渡过程振荡性下降。这种现象可以用根轨迹法进行定性说明。图 7-6 所示系统在无饱和限制时,它的开环传递函数为 $\dfrac{K_0}{s(T_m s + 1)}$,其中 $K_0 = K_1 K_2 K_m K_i$。系统开环传递函数有两个极点:$p_1 = 0$,$p_2 = -\dfrac{1}{T_m}$。绘出系统的根轨迹,如图 7-8 所示。若系统无饱和限制,在 $K = K_0$ 时,它的两个闭环极点位于图 7-8 的 s_1 和 s_2。当系统受到饱和特性的限制后,相当于在误差信号大时,开环增益下降,两个闭环极点就从 s_1 和 s_2 沿着根轨迹向实轴方向靠近,这就使得在过渡过程内,闭环极点并不总是位于 s_1 和 s_2,而是有时在比 s_1 和 s_2 更加靠近实轴的地方,这就使得过渡过程振荡性下降。

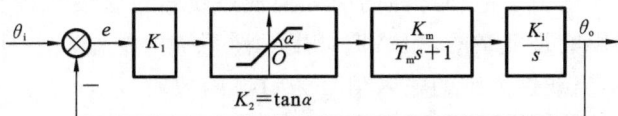

图 7-6 某随动控制系统的结构图

若线性部分为振荡发散的系统,当考虑饱和限制后,系统就出现了自激振荡的现象,图 7-9 就是这样的系统。很明显,若系统中不存在饱和特性的限制,那么当开环增益 K_0 大于一定数值时,系统是振荡发散的,在阶跃输入信号作用下,它的过渡过程曲线如图 7-10 中的曲线 1。若系统中存在饱和特性的限制,则系统不再发散,而是出现稳

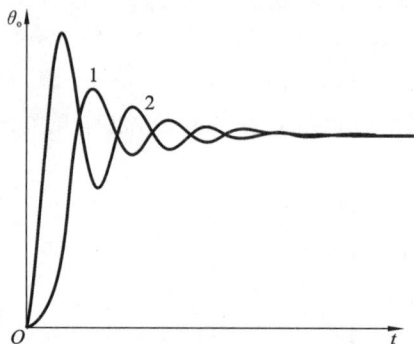

图 7-7 系统时间响应图

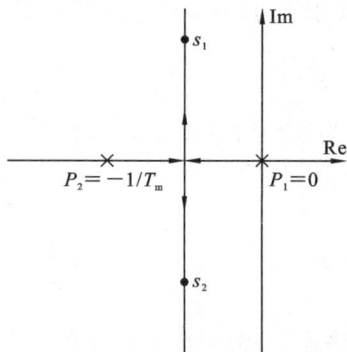

图 7-8 系统的根轨迹

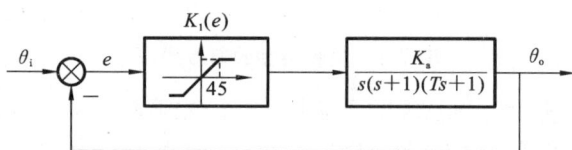

图 7-9 非线性系统

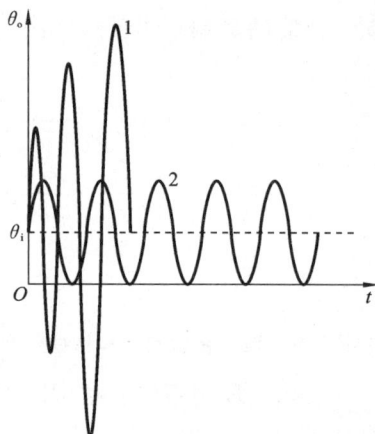

图 7-10 系统时间响应图

定的等幅振荡,如图 7-10 中的曲线 2。

为什么会出现自激振荡呢? 这是因为饱和非线性的增益随输入误差信号 e 的大小而不断变化,即 $K_1=K_1(e)$。当 e 的大小使得系统的开环增益 $K_1=K_1(e)K_0$ 大于系统的临界增益 K_c 时,系统输出量有发散的趋势,而发散的结果使 e 增大,从而又使 $K_1(e)$ 减小。当 $K_1=K_1(e)K_0$ 小于系统临界增益 K_c 时,系统输出量就有收敛的趋势。系统处于发散状态时,要从外界能源获得能量;相反,系统处于收敛状态时,是消耗系统中已储存的能量。如果在每个周期内发散的趋势和收敛的趋势相同,就意味着每个周期内获得的能量和消耗的能量平衡,这样就可以维持等幅的振荡而出现自激振荡现象。

还可以列举出其他由于饱和特性的引入而使系统振荡性变大的例子。总之,饱和特性对系统动态的影响是复杂的,粗略地可用线性系统中增益减小时系统性能产生的变化来分析。例如,当线性系统的输入信号为斜坡函数时,K 减小会使跟踪误差增大;当系统中存在饱和特性时,因为跟踪速度受到了限制,从而使系统的跟踪误差变大。

为了避免饱和特性的不利影响,应当尽可能使系统具有较大的线性范围,并合理地确定各元件的线性范围。十分明显,在分配系统各级传递系数时,力求使信号(包括干扰)增大时,所有元件同时进入饱和区,或者至少也要使输出功率首先进入饱和。反之,如果前置小功率元件或测量元件首先饱和,那么系统的功率元件就不能得到充分的利用,这显然是不合理的。

2. 死区特性

死区又称不灵敏区,系统中的死区是由测量元件的死区、放大器的死区以及执行构件的死区所造成的。例如,作为测量元件的旋转变压器,当输入信号处在零值附近的一个小范围内时,它没有有用信号输出,只有当输入信号大于这个范围时,才输出有用信号使系统工作。这个零值附近的小信号范围便是它的死区。电子放大元件的死区一般都很小,而继电放大器只有当输入的激磁电流 I_b 大于吸合电流 I_{b_1} 时才能输出控制电压,因而死区较大。执行机构上的静摩擦力矩往往也可折合为死区,只有当误差角引起的执行机构转矩恰好等于静摩擦力矩时输出轴才开始转动。

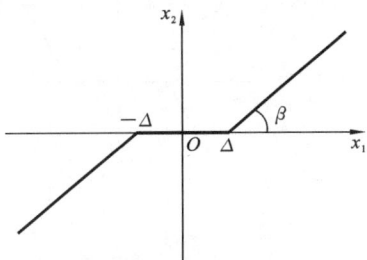

图 7-11 死区的典型形式

死区的典型形式如图 7-11 所示。图中 x_1 是输入量,x_2 是输出量,Δ 是死区范围,死区外直线的斜率为 $K=\tan\beta$。死区非线性特性的数学表达式为

$$x_2(t)=\begin{cases}0, & |x_1(t)|\leqslant\Delta \\ K[x_1(t)-\Delta\,\mathrm{sign}x_1(t)], & |x_1(t)|>\Delta\end{cases} \tag{7.3}$$

其中

$$\mathrm{sign}x_1(t)=\begin{cases}+1, & x_1(t)>0 \\ -1, & x_1(t)<0\end{cases} \tag{7.4}$$

若系统的方框图简化表示成图 7-12 的形式,图 7-12 中,K_1、K_2、K_3 分别为测量元件、放大元件和执行元件的传递系数,Δ_1、Δ_2、Δ_3 分别为它们的死区。可以把放大元件和执行元件的死区都折算到测量元件的位置,则有

$$\Delta=\Delta_1+\frac{\Delta_2}{K_1}+\frac{\Delta_3}{K_1K_2} \tag{7.5}$$

显而易见,处在系统前向通路最前边的测量元件,其死区所造成的影响最大,而放大元件和执行元件死区的不良影响可以通过提高该元件前级的传递系数来减小。

死区给系统带来的最直接的影响是造成稳态误差,但死区一般不会使系统过渡过程的振荡性变大,因为在过渡过程中,系统前向通路的信号幅值小于死区范围的那些时间里,系统前向通路处于断开状态,外界能源不给系统提供能量。这样就使得在整个过渡过程中总的能量比没有死区的情况要小一些,而且能量的交换也不如没有死区时剧烈。

因此系统的振荡性就会变小。另外死区能滤去在输入端小幅度振荡的干扰作用,因而提高了系统的抗干扰能力。当系统的输入信号是斜坡函数时,死区的存在会造成系统输出量在时间上的滞后,如图 7-13 所示。

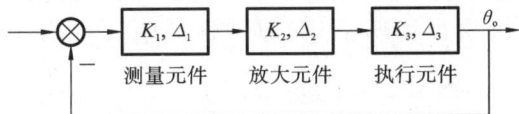

图 7-12 包含死区的非线性系统

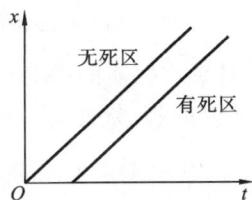

图 7-13 斜坡输入时的系统输出

死区特性通常是叠加在其他传输关系上的附加特性,其输入-输出关系如图 7-14 所示。

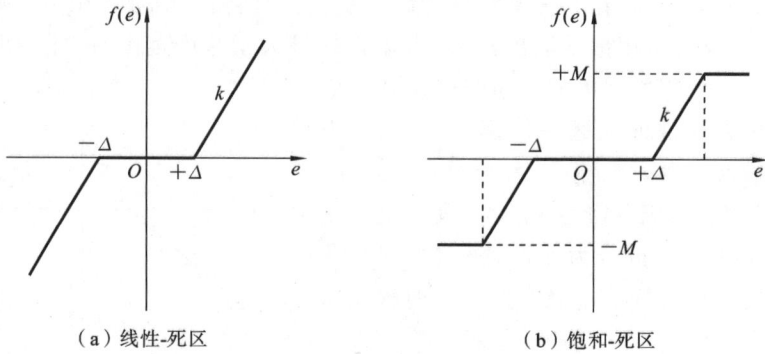

（a）线性-死区   （b）饱和-死区

图 7-14　带有死区特性的情况

3．间隙特性

传动机构(如齿轮传动、杆系传动)的间隙也是控制系统中一种常见的非线性因素。由于加工精度和装配限制,间隙往往是难以避免的。图 7-15 中表示了齿轮啮合中的间隙,当主动齿轮运动方向改变时,从动齿轮仍保持原有位置,一直到全部间隙 $2b$ 被消除时,从动齿轮的位置才开始改变。

间隙特性又称为滞环特性,表现为正向行程与反向行程不重叠在一起,在输入-输出曲线上出现闭合环路而得名。滞环特性又称为换向不灵敏特性。

间隙特性的典型形式如图 7-16 所示,它的数学表达式为

$$\begin{cases} x_2 = K(x_1 - b\,\mathrm{sign}\,x_1), & \left|\dfrac{x_2}{k} - x_1\right| > b \\[2mm] \dot{x}_2 = 0, & \left|\dfrac{x_2}{k} - x_1\right| < b \end{cases} \tag{7.6}$$

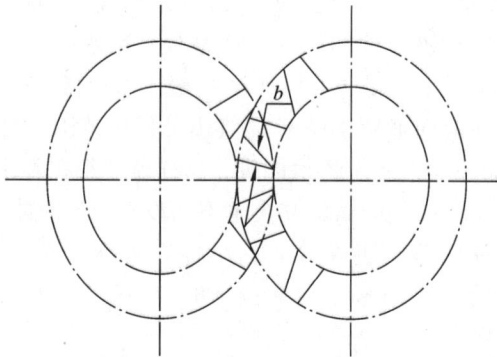

图 7-15　齿轮传动中的间隙   **图 7-16　齿轮间隙滞环特性**

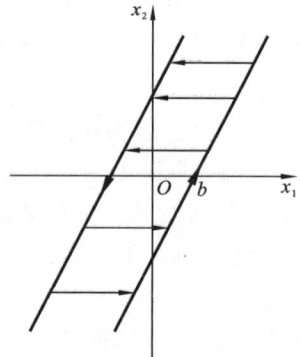

间隙对系统性能的影响也很复杂,一般来说,它会增大系统的静差,使系统波形失真,过渡过程的振荡加剧。关于后者可以这样说明:当间隙特性的输入量为 $x_1 = X\sin(\omega t)$ 时,其输出量如图 7-17 所示的波形,图中 $\varphi = \arcsin\dfrac{b}{X}$。

由此可见,间隙特性的影响主要表现为使输出量在相角上产生滞后,同时还使输出波形削顶。根据线性系统的概念,相位产生滞后相当于在系统中引入了相角滞后的环

节,因此它对系统的影响总是使系统的稳定裕度减小,从而使系统的振荡加剧,动态性能变坏,甚至可能引起自激振荡。如果在系统中引入适当的相角超前网络,可以补偿这方面的不良影响。

间隙引起振荡的原因,直观来看是主动轮在越过间隙区时相当于空载情况,这时系统能量消耗减少,使得主动轮通过间隙再重新带动负载时的总能量比没有间隙时的要大,因而会使系统的振荡加剧。显然,为了消除这种振荡就需要及时消耗掉主动轮在间隙行程中储存的能量,系统中存在的各种摩擦对消耗这种能量是有好处的,也可用控制方式移走能量,如可以在主动轮的轴上安装测速发电机进行速度反馈。

图 7-17　间隙特性的输入输出波形

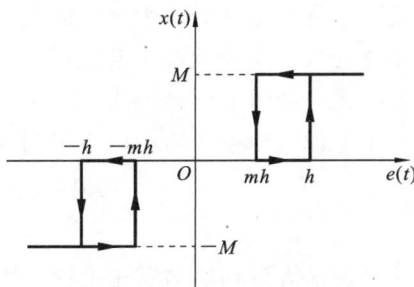

提高减速齿轮的加工精度,采取能够自行消除间隙的双片齿轮,这些都是直接减小间隙的基本措施。此外,还应合理地装配齿轮,把靠近负载轴一边的齿轮装得尽可能啮合紧一些,以减小间隙,不至于对执行轴带来较大的摩擦力矩。

滞环特性与死区特性一样,通常也是叠加在其他传输关系上的附加特性,如图7-18所示。

4. 继电器特性

一般情况下继电器的非线性特性如图 7-19 所示,其数学表达式为

$$x(t)=\begin{cases} 0, & -mh<e(t)<h,\dot{e}(t)>0 \\ 0, & -h<e(t)<mh,\dot{e}(t)<0 \\ M\mathrm{sign}e(t), & |e(t)|\geqslant h \\ M, & e(t)\geqslant mh,\dot{e}(t)<0 \\ -M, & e(t)\leqslant -mh,\dot{e}(t)>0 \end{cases} \tag{7.7}$$

式中:h 为继电器吸合电压;mh 为继电器释放电压;M 为饱和输出。

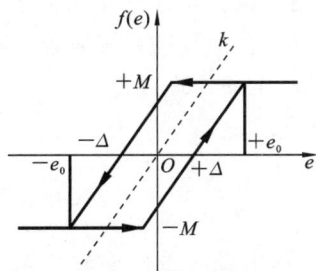

图 7-18　饱和＋滞环特性

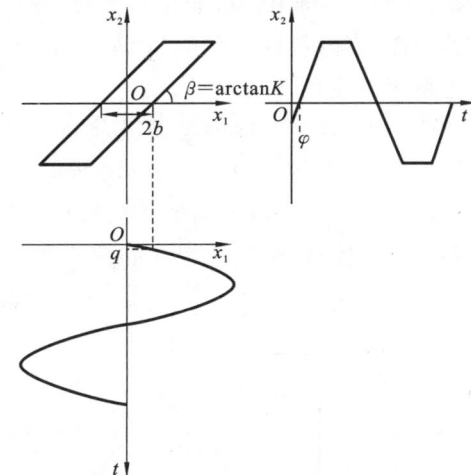

图 7-19　继电器的非线性特性

从图 7-19 可见,输入和输出之间的关系不完全是单值的。由于继电器吸合及释放状态下磁路的磁阻不同,吸合与释放电流是不相同的,从而使继电器的吸合电压和释放电压不同,故继电器非线性特性不仅包含死区特性和饱和特性,还出现滞环特性。其

中,若 $h=0$,即继电器吸合电压和释放电压均为零的零值切换,则称这种特性为理想继电器特性,其静特性如图 7-20(a)所示。在控制系统中,有时利用继电器的切换特性来改善系统的性能。

若 $m=1,h\neq0$,即继电器吸合电压和释放电压相等,则称这种特性为死区无滞环继电器特性,其静特性如图 7-20(b)所示。

若 $m=-1$,即继电器的正向释放电压等于反向吸合电压,则称这种特性为仅具有滞环的继电器特性,其静特性如图 7-20(c)所示。

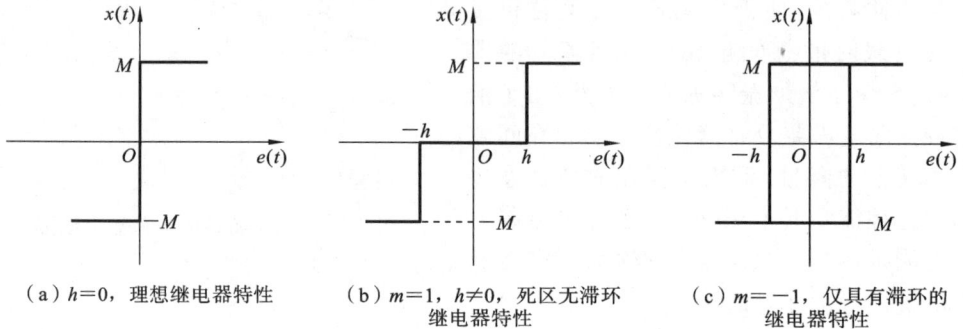

(a) $h=0$,理想继电器特性 (b) $m=1$, $h\neq0$,死区无滞环 (c) $m=-1$,仅具有滞环的
　　　　　　　　　　　　　　继电器特性　　　　　　　　继电器特性

图 7-20　几种特殊情况下的继电器特性

一般继电器特性的输入和输出关系简单,控制装置的费用低廉,所以在控制系统中常常用来作为改善系统性能的切换元件,从系统控制的早期至今,一直得到广泛的应用。

5. 摩擦特性

摩擦非线性对小功率角度随动系统来说,是一个很重要的非线性因素。它的影响,从静态方面看,相当于在执行机构中引入死区,从而造成系统的静差,这一点与死区的影响类似。摩擦非线性对系统动态性能最主要的影响是造成系统低速运动的不平滑性,也就是使系统出现低速爬行现象,这时尽管系统的输入轴做低速平稳旋转,但输出轴却是跳动式地跟着旋转。在工程实际中,这种低速爬行现象是很有害的。例如,在飞行模拟实验中,如果转台随动系统在低速运动时出现爬行现象,那么装在转台上的自由陀螺将感受一个跳动式的角度变换信号,而速率陀螺将感受幅值较大的脉冲式的角速度变化信号。这些信号经放大元件放大后,便会驱动驾驶仪执行元件跳动式工作,从而导致整个飞行模拟实验无法正常进行。因此,对飞行模拟转台的随动系统来说,最小平稳跟踪速度是一个重要的性能指标。下面分析低速爬行产生的物理过程。

先写出考虑了摩擦力矩的电枢控制直流电动机运动方程:

$$J\frac{\mathrm{d}\omega_0}{\mathrm{d}t}=M_\mathrm{m}+M_\mathrm{f}-f\omega_0 \tag{7.8}$$

式中:$J\dfrac{\mathrm{d}\omega_0}{\mathrm{d}t}$ 表示折算到电动机输出轴的惯性力矩;M_m 表示电动机的电磁转矩,其大小与放大器输给电动机的控制电压 u_a 成比例,即

$$M_\mathrm{m}=K_\mathrm{m}u_\mathrm{a} \tag{7.9}$$

M_f 表示折算到电动机输出轴的摩擦力矩;$f\omega_0$ 表示折算到电动机输出轴上的阻尼力矩,它包含了黏性摩擦力矩和电动机反电动势引起的附加力矩。式(7.8)和式(7.9)可

用结构图表示成图 7-21 所示的形式。图中时间常数 $T_m = \dfrac{J}{f}$。

虽然摩擦力矩与系统运动状态之间的非线性关系比较复杂，但是为了简单起见，只考虑如图 7-22 给出的情况。图 7-22 中，当电动机转速 ω_0 为零时，摩擦力矩 M_i 等于电动机轴的静摩擦力矩 M_1，它的方向与电动机的电磁转矩方向相反；当 $\omega_0 \neq 0$ 时，M_i 等于动摩擦力矩 M_2，动摩擦力矩的方向与电动机转速方向相反。现在来研究考虑摩擦力矩后，小功率随动系统对斜坡输入的跟踪过程，系统的结构图如图 7-23 所示。

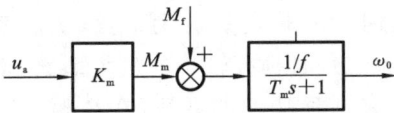

图 7-21　直流电动机的结构图

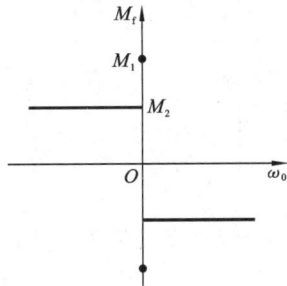

图 7-22　摩擦力矩示意图

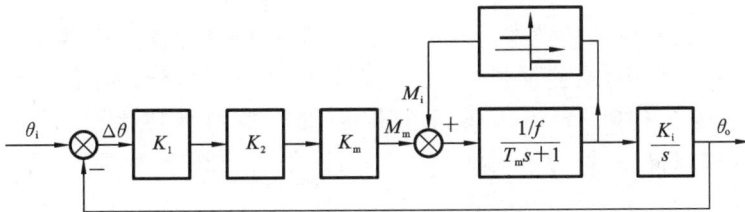

图 7-23　小功率随动系统结构图

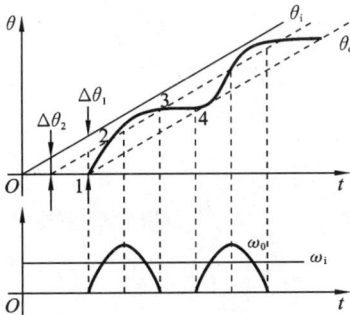

图 7-24　低速爬行现象

若系统的输入轴以 ω_i 的角速度等速旋转，亦即输入角以 $\theta_i = \omega_i t$ 的规律变化，这时由于存在摩擦力矩，系统输出轴并不是一开始就立刻跟着输入轴旋转。十分明显，只有当误差角 $\Delta\theta$ 产生的电磁转矩大于静摩擦力矩时，输出轴才开始转动。这相当于图 7-24 中 0～1 这一段的死区。在死区内，电磁转矩小于静摩擦力矩。在 1 点，电磁转矩 $M_m = K_1 K_2 K_m \Delta\theta_1 = M_1$，当输出轴开始转动以后，摩擦力矩由静摩擦力矩 M_1 下降为动摩擦力矩 M_2，这时输出轴便以初始加速度 $(M_1 - M_2)/J$ 做加速运动，转速 ω_0 开始上升，输出角 θ_0 开始增大，这相当于图 7-24 中 θ_0 和 ω_0 从 1 点开始变化的情况。随着 θ_0 的增大，系统的误差角相应减小，从而引起电动机电磁转矩减小，如图 7-24 所示。当 θ_0 上升到 2 点时，系统的误差角 $\Delta\theta = \theta_i - \theta_0$ 变为 $\Delta\theta_2$，此时电磁转矩 $M_m = M_2$，从而使输出轴此瞬时具有最大速度。在 2 点以后，由于误差角 $\Delta\theta < \Delta\theta_2$，电磁转矩 $M_m < M_2$，使得输出轴加速度始终取负值，因此 ω_0 开始减小，θ_0 增长变慢。当变到 3 点时，ω_0 等于零，摩擦力矩又由 M_2 增大到 M_1，这样又出现了 $M_m < M_1$ 的情况，输出轴停止转动，θ_0 停止增大，如图 7-24 中 3 点以后的情况。在 3 点以后，由于输入转角 θ_i 继续增大，但输出转角

θ。不变,因此又使得误差角越来越大;当误差角增大到 $\Delta\theta_1$ 时,也即图 7-24 中的 4 点时,电磁力矩再次克服静摩擦力矩,使输出轴又开始转动,从而又开始了新的加速运动。此后,输出轴重复上述一会儿启动、一会儿制动的运动过程,这就使输出不是平滑地跟随输入轴转动,而是跳动式地进行跟踪,出现了低速爬行现象。

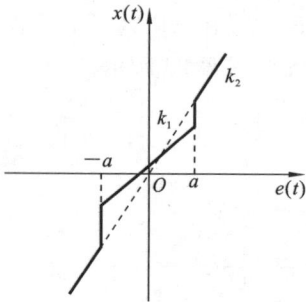

6. 变增益特性

变增益非线性特性如图 7-25 所示,其数学表达式为

$$x(t)=\begin{cases}k_1 e(t), & |e(t)|<a \\ k_2 e(t), & |e(t)|>a\end{cases} \qquad (7.10)$$

式中:k_1、k_2 为输出特性斜率;a 为切换点。

这种特性表示,当输入信号的幅值不同时,元件或环节的放大系数也有所不同。这种变放大系数特性使系统在大误差信号时具有较大的放大系数,从而系统响应迅速;而在小误差信号时具有较小的放大系数,使系统响应既缓且稳。具有这种特性的系统,在高频低振幅噪音作用时,能使干扰信号基本被抑制,而控制信号可顺利通过。在电控制系统和液压控制系统中,这种特性得到了广泛的应用。

图 7-25　变增益非线性特性

除了上述典型非线性特性外,分析控制系统时可能还会遇到一些更为复杂的非线性特性。在这些特性中,有些可视为上述典型特性的不同组合,如图 7-26(a)所示的死区-线性-饱和特性,又如图 7-26(b)所示的死区-继电器-线性特性等。有的则无法用一般的函数形式加以描述,称为不规则非线性特性,如图 7-26(c)所示。

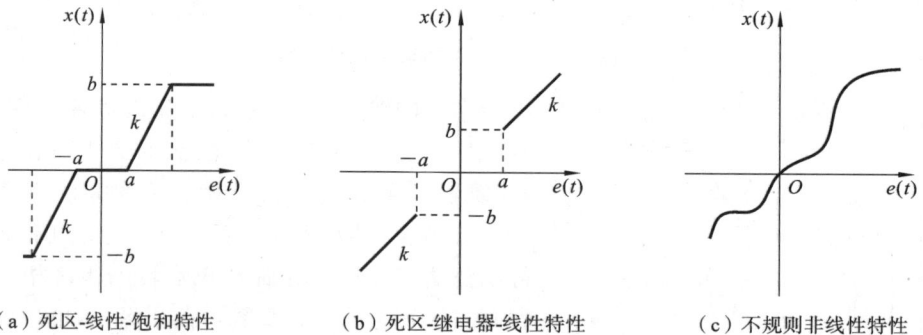

（a）死区-线性-饱和特性　　　（b）死区-继电器-线性特性　　　（c）不规则非线性特性

图 7-26　复杂非线性特性

7.1.3　非线性系统特点

与线性系统相比,非线性系统有着本质的不同和许多特殊的运动形式,主要表现在下述几个方面。

1. 叠加原理不能应用于非线性控制系统

对于线性系统,如果系统对输入 x_1 的响应为 y_1,对输入 x_2 的响应为 y_2,则在输入信号

$$x=a_1 x_1 + a_2 x_2$$

的作用下(a_1、a_2 为常量),系统的输出为

$$y = a_1 y_1 + a_2 y_2$$

这便是叠加原理。对于线性系统,描述其运动状态的数学模型是线性微分方程,它的根本标志就在于适用叠加原理。而非线性系统描述其运动状态的数学模型为非线性微分方程,不能使用叠加原理。这是非线性系统与线性系统的本质区别。到目前为止,还没有像求解线性微分方程那样求解非线性微分方程的通用方法。

在线性系统中,一般可采用传递函数、频率特性、根轨迹等概念。同时,由于线性系统的运动特征与输入的幅值、系统的初始状态无关,故通常是在典型输入函数和零初始条件下进行研究的。然而,在非线性系统中,由于叠加原理不成立,不能应用上述方法。

2. 对正弦输入信号的响应

在线性系统中,当输入是正弦信号时,系统的稳态输出是相同频率的正弦信号。系统的稳态输出和输入仅在幅值和相角上不同。利用这一特性,可以引入频率特性的概念来描述系统的动态特性。

非线性控制系统在正弦信号作用下的响应比较复杂,对于不同的非线性控制系统,在正弦信号作用下有可能发生诸如倍频振荡、分频振荡、跳跃谐波、多值响应以及频率捕捉等线性系统能产生的现象。也就是说,频率响应有畸变。输入信号是正弦信号时,系统的稳态输出不是正弦信号,而是多种频率的周期信号的组合。因此,频率法不能适用于非线性系统。

3. 稳定性问题

在线性系统中,系统的稳定性只取决于系统的结构和参数。对常参量线性系统,只取决于系统特征方程根的分布,而与初始条件、外加作用没有关系。如果系统中的一个运动,即系统方程在一定外作用和初始条件下的解是稳定的,那么线性系统中可能的全部运动都是稳定的,所以可以说某个线性系统是稳定的或者是不稳定的。对于非线性系统,不存在系统是否稳定的笼统概念,必须具体讨论某一运动的稳定性问题。非线性系统运动的稳定性除了与系统的结构形式及参数的大小有关以外,还与初始条件有密切的关系。对于同样结构和参数的非线性系统,可以存在稳定的运动和不稳定的运动,而稳定的运动也不一定对所有的初始扰动都是稳定的,可能出现对较大的初始扰动不稳定的情况。

下面研究

$$\dot{x} = -x + x^2 \tag{7.11}$$

所描述的系统。

容易验证 $x=0$ 及 $x=1$ 均为方程式(7.11)的解,而当 $x \neq 0,1$ 时方程式(7.11)可改写为

$$\frac{\mathrm{d}x}{x(1-x)} = -\mathrm{d}t$$

积分上式可得

$$\frac{x}{1-x} = c\mathrm{e}^{-t}$$

若给定初始条件 $x(0)=x_0 \neq 1$,可定出 $c = x_0/(1-x_0)$,从而得到

$$x(t) = \frac{x_0 \mathrm{e}^{-t}}{1 - x_0 + x_0 \mathrm{e}^{-t}}$$

当 $x_0 > 1$ 时,$x(t)$ 随着 t 值的增大而增大,在 t 趋近于 $\ln \dfrac{x_0}{x_0-1}$ 时,$x(t)$ 趋于无穷大。

当 $x_0 < 1$ 时,$x(t)$ 随着 t 值的增大而趋近于零。不同起始条件的 $x(t)$ 曲线表示在图 7-27 中。显然,$x=0$ 和 $x=1$ 都是系统的平衡状态。$x=0$ 这个平衡状态是稳定的,因为它对于 $x_0 < 1$ 的扰动都具有恢复原状态的能力;而 $x=1$ 这个平衡状态就是不稳定的,稍加扰动就偏离平衡状态。

线性系统自由运动的形式与系统的初始偏移无关。如果线性系统在某初始偏移下的时间响应是振荡收敛的形式,那么它在任何初始偏移下的时间响应曲线都具有振荡收敛的形式,不会出现非周期收敛的形式或者发散的形式。非线性系统则不一样,自由运动的时间响应曲线可以随着初始偏移不同而有多种不同的形式。图 7-28 中给出了某个非线性系统在不同初始偏移下的时间响应曲线,图 7-28 中曲线 1 是振荡衰减的形式,曲线 2 是非周期衰减的形式。

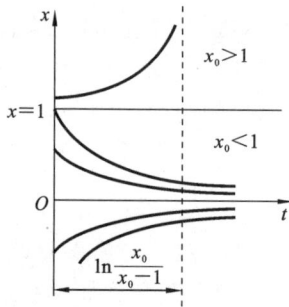

图 7-27　方程式(7.11)的解　　　　图 7-28　不同初始条件的自由运动

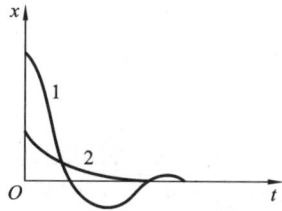

4. 自激振荡问题

常参量线性系统在没有外作用时,周期运动只发生在 $\xi=0$ 的临界情况,而这一周期运动是物理上不可能实现的。事实上,一旦系统的参数发生微小的变化,这一临界状况就难以维持,即使维持了临界情况不变,这时系统中的周期运动仍然不能保持。例如,二阶无阻尼系统,它的自由运动的解是 $x(t)=A\sin(\omega t+\varphi)$。这里 ω 只取决于系统的结构和参数,而振幅 A 和相角 φ 都是依赖于初始状态的量,一旦系统受到扰动,A、φ 的值都会发生变化,原来的周期运动便不能保持,即这个周期运动不具有稳定性。对于非线性系统,在没有外力作用时,系统中完全有可能发生一定频率和振幅的稳定的周期运动。这个周期运动在物理上是可以实现的,通常把它称为自激振荡,简称自振。在有的非线性系统中,还可能存在多个振幅和频率都不相同的自激振荡。自振问题的研究是非线性系统的重要内容之一。

7.1.4　非线性系统的分析与设计方法

目前尚没有通用的求解非线性微分方程的方法。虽然有一些针对特定非线性问题的系统分析与设计方法,但其适用范围有限。目前工程上广泛应用的分析、设计非线性控制系统的方法有描述函数法和相平面分析法。

描述函数法又称为谐波线性化法,它是一种工程近似方法。应用描述函数法研究非线性控制系统的自激振荡时,能给出振荡过程的基本特性(如振幅、频率)与系统参数

（如放大系数、时间常数等）的关系,给系统的初步设计提供一个思考方向。描述函数法是线性控制系统理论中的频率法在非线性系统中的推广。

非线性控制系统的相平面分析法是一种用图解法求解二阶非线性常微分方程的方法。相平面上的轨迹曲线描述了系统状态的变化过程,因此可以在相平面图上分析平衡状态的稳定性和系统的时间响应特性。

用计算机直接求解非线性微分方程,以数值解形式进行仿真研究,是分析、设计复杂非线性系统的有效方法。随着计算机技术的发展,计算机仿真已成为研究非线性系统的重要手段。

7.2 描述函数法

线性控制系统在理论原则上不能用来分析非线性控制系统。但在一定条件下,经过近似处理后,把线性系统理论中频率响应法的概念推广到非线性系统中。这就是工程上常用的描述函数法。

描述函数法是分析非线性控制系统的一种近似方法。它是线性系统理论中的频率特性法在一定假设条件下,在非线性系统中的应用。它主要用来分析非线性系统的稳定性及确定非线性系统在正弦函数作用下的输出特性。描述函数法的最基本思想是用非线性环节的输出信号中的基波分量来代替非线性元件在正弦输入信号作用下的实际输出。

7.2.1 描述函数定义

描述函数法是达尼尔（P. J. Daniel）于1940年首先提出的,其基本思想是,当系统满足一定的假设条件时,系统中非线性环节在正弦信号作用下的输出可用一次谐波分量来近似,由此导出非线性环节的近似等效频率特性,即描述函数。这时非线性系统就近似等效为一个线性系统,并可应用线性系统理论中的频率法对系统进行分析。

描述函数法主要用来分析在无输入作用情况下非线性系统的稳定性和自振问题,此方法不受系统阶次的限制,一般都能给出比较满意的结果,因而获得了广泛的应用。但是由于描述函数对系统结构、非线性环节的特性和线性部分的性能都有一定的要求,其本身也是一种近似的分析方法,因此该方法的应用有一定的限制条件。另外,描述函数法只能用来研究系统的频率响应特性,不能给出时域响应的确切信息。

设有一个非线性系统,其结构图如图 7-29 所示。设非线性元件的输入信号,即误差信号 $x(t)$ 为一正弦函数,则其输出信号 $y(t)$ 是一个非正弦周期函数,其周期和输入信号周期相同。应用描述函数法分析上述系统时,假设在输出

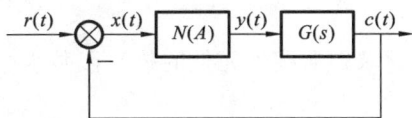

图 7-29 非线性系统结构图

信号 $y(t)$ 中只有基波分量是有意义的。这种假设对于一般控制系统是正确的,因为在非线性元件的输出中,高次谐波的振幅通常比基波分量的要小,再加上系统的线性部分又大都具有低通滤波特性,所以高次谐波分量通过线性部分将衰减殆尽。因此当非线性元件的输入 $x(t)$ 为正弦信号时,可认为只有 $y(t)$ 的基波分量沿着闭环回路反馈到 $x(t)$,而高次谐波经低通滤波后可忽略不计。当上述假设成立时,便可用一个只是对

正弦输入信号的幅值和相位进行变换的环节来代替非线性元件,该环节的特性可以用一个复函数来描述,其幅值等于输出信号基波的幅值与输入正弦信号的幅值比,其相位表示上述正弦信号的相移。定义上述复函数为非线性元件的描述函数,用符号 $N(A)$ 表示,即

$$N(A) = \frac{Y_1}{A} e^{j\varphi_1} \tag{7.12}$$

式中:$N(A)$ 为非线性元件的描述函数;A 为正弦输入信号的振幅;Y_1 为非线性元件输出信号基波分量的振幅;φ_1 为输出信号基波分量相对输入正弦信号的相移。

$N(A)$ 一般为输入信号振幅的函数。当系统中包含储能元件时,$N(A)$ 同时为输入信号振幅和频率的函数。这时记为 $N(A,\omega)$。

为了推导非线性元件的描述函数,由上述定义可知,必须先求输出信号的基波分量。当非线性元件的正弦输入为 $x(t) = A\sin(\omega t)$ 时,其输出 $y(t)$ 可以展开成下列傅立叶级数:

$$y(t) = A_0 + \sum_{n=1}^{\infty}[A_n\cos(n\omega t) + B_n\sin(n\omega t)] = A_0 + \sum_{n=1}^{\infty}Y_n\sin(n\omega t + \varphi_n) \tag{7.13}$$

式中:A_0 为直流分量;$\sum_{n=1}^{\infty}Y_n\sin(n\omega t + \varphi_n)$ 为 n 次谐波。

其中
$$A_0 = \frac{1}{2\pi}\int_0^{2\pi} y(t)d(\omega t)$$
$$A_n = \frac{1}{\pi}\int_0^{2\pi} y(t)\cos(n\omega t)d(\omega t)$$
$$B_n = \frac{1}{\pi}\int_0^{2\pi} y(t)\sin(n\omega t)d(\omega t)$$
$$Y_n = (A_n^2 + B_n^2)^{1/2}, \quad \varphi_n = \arctan(A_n/B_n)$$

如果非线性特性是对称的,那么 $A_0 = 0$,这时输出的基波分量为
$$y(t) = A_1\cos(\omega t) + B_1\sin(\omega t) = Y_1\sin(\omega t + \varphi_1) \tag{7.14}$$

式中:
$$A_1 = \frac{1}{\pi}\int_0^{2\pi} y(t)\cos(\omega t)d(\omega t)$$
$$B_1 = \frac{1}{\pi}\int_0^{2\pi} y(t)\sin(\omega t)d(\omega t)$$
$$Y_1 = \sqrt{A_1^2 + B_1^2}, \quad \varphi_1 = \text{arctg}\frac{A_1}{B_1}$$

由此求得非线性元件的描述函数为
$$N(A) = |N(A)|e^{j\angle N(A)} = \frac{Y_1}{A}e^{j\varphi_1} = \frac{\sqrt{A_1^2+B_1^2}}{A}e^{j\text{arctg}\frac{A_1}{B_1}}$$
$$= \frac{1}{A}(B_1 + jA_1) = \frac{B_1}{A} + j\frac{A_1}{A} \tag{7.15}$$

描述函数与频率特性的概念很相似。但描述函数 N 是正弦输入的振幅 A 和角频率 ω 的函数,而频率特性只是正弦输入角频率 ω 的函数,与输入的振幅无关。如果在非线性元件中不包含储能元件(如电容等),即没有初值(从公式中即可知与 ω 无关,对 ωt 积分后不含 ωt,有初值就有积分常数,就会与 ω 有关),则描述函数只是正弦输入信号

振幅 A 的函数,与 ω 无关。本节所研究的典型非线性特性均与 ω 无关。

　　用描述函数 $N(A)$ 来代替系统中的非线性环节,描述函数 $N(A)$ 更像一个放大器,其放大倍数是随正弦输入振幅的变化而改变的复数,故描述函数又称为复放大系数,它表示当输入信号按正弦规率变化时,输出信号基波分量与输入信号在幅值和相位上的相互关系。同时,对于具有单值特性的非线性元件来说,它的等效复放大系数是一个实数,这时输出信号的一次谐波与输入信号同相。

　　注意,线性系统的频率特性与输入正弦信号的幅度无关,典型非线性环节的描述函数是输入正弦信号幅度的函数,却与输入频率无关。在应用描述函数法分析非线性系统时,正是应用这种特点。

7.2.2　典型非线性特性的描述函数

1. 典型非线性特性的描述函数的特性

1) 饱和特性

对于描述函数 $N(A)$,根据式(7.15)可知,只需求出 A_1 和 B_1 即可得到 $N(A)$,而 A_1 和 B_1 的公式都是对 ωt 进行积分,因此首先要将输出 $y(t)$ 表示成 ωt 的函数。

设输入信号 $x(t)=A\sin(\omega t)$,则经过具有饱和特性的非线性元件后的输出为

$$y(t)=\begin{cases} kA\sin(\omega t), & 0<\omega t<\psi \\ ka, & \psi<\omega t<\pi-\psi \\ kA\sin(\omega t), & \pi-\psi<\omega t<\pi \end{cases}$$

这里,$A\sin\psi=a$,可得 $\psi=\arcsin(a/A)$。图7-30 表示了饱和特性和它在正弦信号作用下的输入-输出波形。

因为饱和特性是单值奇对称的,所以有 $A_0=0$,$A_1=0$,$\varphi_1=0$,$N(A)$ 的计算公式就变为 $N(A)=B_1/A$。

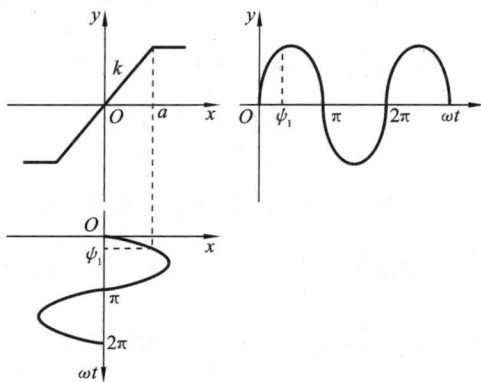

图 7-30　饱和特性及其输入-输出波形

B_1 计算如下:

$$B_1=\frac{1}{\pi}\int_0^{2\pi}y(t)\sin(\omega t)\mathrm{d}(\omega t)=\frac{4}{\pi}\int_0^{\frac{\pi}{2}}y(t)\sin(\omega t)\mathrm{d}(\omega t)$$

$$=\frac{4}{\pi}\left[\int_0^{\psi}kA\sin(\omega t)\sin(\omega t)\mathrm{d}(\omega t)+\int_{\psi}^{\frac{\pi}{2}}ka\sin(\omega t)\mathrm{d}(\omega t)\right]$$

$$=\frac{2kA}{\pi}\left[\arcsin\frac{a}{A}+\frac{a}{A}\sqrt{1-\left(\frac{a}{A}\right)^2}\right]$$

由式(7-15)可得饱和特性的描述函数为

$$N(A)=\frac{1}{A}(B_1+\mathrm{j}A_1)=\frac{B_1}{A}=\frac{2k}{\pi}\left[\arcsin\frac{a}{A}+\frac{a}{A}\sqrt{1-\left(\frac{a}{A}\right)^2}\right]\quad(A\geqslant a)\quad(7.16)$$

若以 $\dfrac{a}{A}$ 为自变量,$\dfrac{N(A)}{k}$ 为因变量,则可绘出相应的函数曲线,如图 7-31 所示。图7-31 表明,当 $\dfrac{a}{A}=0$ 时,$\dfrac{N(A)}{k}=0$,而当 $\dfrac{a}{A}\to 1$ 时,$\dfrac{N(A)}{k}\to 1$。当 $\dfrac{a}{A}>1$ 时,$\dfrac{N(A)}{k}$ 仍等于1,因为这时系统是线性系统。

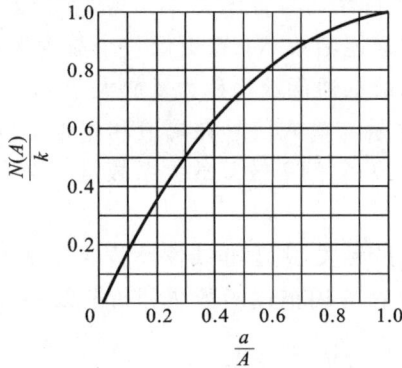

图 7-31 饱和特性描述函数曲线

2)死区特性

图 7-32 表示了死区特性及其在正弦信号 $x(t) = A\sin(\omega t)$ 作用下的输入-输出波形。输出 $y(t)$ 的数学表达式为

$$y(t) = \begin{cases} 0, & 0 < \omega t < \psi \\ k(A\sin\omega t - a), & \psi < \omega t < \pi - \psi \\ 0, & \pi - \psi < \omega t < \pi \end{cases}$$

式中：k 为线性部分的斜率；a 为死区宽度；$\psi = \arcsin(a/A)$。因为死区特性是单值奇对称的，所以 $A_0 = 0, A_1 = 0, \psi = 0$。因输出 $y(t)$ 具有半波和 1/4 波对称的性质，故 B_1 可按下式计算：

$$B_1 = \frac{1}{\pi} \int_0^{2\pi} y(t)\sin(\omega t)\mathrm{d}(\omega t)$$

$$= \frac{4kA}{\pi}\left[\int_\psi^{\frac{\pi}{2}} \left[\sin^2(\omega t) - \frac{a}{A}\sin(\omega t) \right]\mathrm{d}(\omega t) \right]$$

$$= \frac{2kA}{\pi}\left[\frac{\pi}{2} - \arcsin\frac{a}{A} - \frac{a}{A}\sqrt{1 - \left(\frac{a}{A}\right)^2} \right]$$

由式(7-15)可得死区特性的描述函数为

$$N(A) = \frac{2k}{\pi}\left[\frac{\pi}{2} - \arcsin\frac{a}{A} - \frac{a}{A}\sqrt{1 - \left(\frac{a}{A}\right)^2} \right] \quad (A \geqslant a) \tag{7.17}$$

若以 $\frac{a}{A}$ 为自变量，$\frac{N(A)}{k}$ 为因变量，则可绘出相应的函数曲线，如图 7-33 所示。图 7-33 表明，当 $\frac{a}{A} = 0$ 时，$N(A) = k$，也就是说，当输入幅值很大或死区宽度很小时，死区的影响可以忽略。当 $\frac{a}{A} > 1$ 时 $\frac{N(A)}{k} = 0$，因为这时输入信号的幅值小于死区，所以非线性元件无输出。

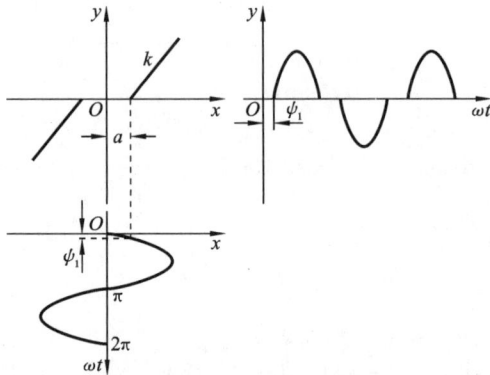

图 7-32 死区特性及其输入-输出波形

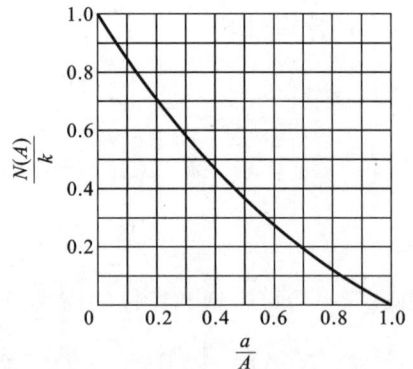

图 7-33 死区特性的描述函数曲线

从饱和非线性和死区非线性特性的描述函数表达式还可以知道，当饱和特性的线性区宽度 a 和死区非线性的死区宽度 Δ 相等，以及斜率 k 相同时，有

$$N(A)_{死区} = k - \frac{\pi k}{2}\left[\arcsin\frac{a}{A} + \frac{a}{A}\sqrt{1 - \left(\frac{a}{A}\right)^2} \right] = k - N(A)_{饱和}$$

即
$$N(A)_{死区} = k - N(A)_{饱和} \tag{7.18}$$

3）间隙特性

图 7-34 表示了间隙特性和它在正弦信号作用下的输入-输出波形。显然，当 $x < b$ 时处于间隙之内，输出为零。图 7-34 中所表示的是 $x \geqslant b$ 的情况。

根据图 7-34 可以写出 $y(t)$ 在半个周期内的表达式为

$$y(t) = \begin{cases} k[A\sin(\omega t) - b], & 0 \leqslant \omega t < \pi/2 \\ k(A - b), & \pi/2 \leqslant \omega t < \psi_1 \\ k[A\sin(\omega t) + b], & \psi_1 \leqslant \omega t < \pi \end{cases}$$

图 7-34 间隙特性及其输入-输出波形

式中：$\psi_1 = \pi - \arcsin\left(1 - \dfrac{2b}{A}\right)$。因为间隙特性是多值函数，它在正弦信号作用下的输出 $y(t)$ 既不是奇函数也不是偶函数，所以 A_1、B_1 都需要计算，但是从 $y(t)$ 的图形显然可见 $A_0 = 0$。

A_1、B_1 计算如下：

$$\begin{aligned} A_1 &= \frac{2}{\pi}\left\{\int_0^{\pi/2} k[A\sin(\omega t) - b]\cos(\omega t)\mathrm{d}(\omega t) + \int_{\pi/2}^{\psi_1} k(A - b)\cos(\omega t)\mathrm{d}(\omega t) \right. \\ &\quad \left. + \int_{\psi_1}^{\pi} k[A\sin(\omega t) + b]\cos(\omega t)\mathrm{d}(\omega t)\right\} \\ &= \frac{4bk}{\pi}\left(\frac{b}{A} - 1\right) \quad (A \geqslant b) \\ B_1 &= \frac{2}{\pi}\left\{\int_0^{\pi/2} k[A\sin(\omega t) - b]\sin(\omega t)\mathrm{d}(\omega t) + \int_{\pi/2}^{\psi_1} k(A - b)\sin(\omega t)\mathrm{d}(\omega t) \right. \\ &\quad \left. + \int_{\psi_1}^{\pi} k[A\sin(\omega t) + b]\sin(\omega t)\mathrm{d}(\omega t)\right\} \\ &= \frac{kA}{\pi}\left[\frac{\pi}{2} + \arcsin\left(1 - \frac{2b}{A}\right) + 2\left(1 - \frac{2b}{A}\right)\sqrt{\frac{b}{A}\left(1 - \frac{b}{A}\right)}\right] \quad (A \geqslant b) \end{aligned}$$

间隙特性的描述函数为

$$\begin{aligned} N(A) &= \frac{k}{\pi}\left[\frac{\pi}{2} + \arcsin\left(1 - \frac{2b}{A}\right) + 2\left(1 - \frac{2b}{A}\right)\sqrt{\frac{b}{A}\left(1 - \frac{b}{A}\right)}\right] \\ &\quad + \mathrm{j}\frac{4kb}{\pi A}\left(\frac{b}{A} - 1\right) \quad (A \geqslant b) \end{aligned} \tag{7.19}$$

由式（7.19）可见，间隙特性的描述函数是与输入频率无关，依赖于输入振幅的复数值函数。很明显，对于一次谐波，间隙非线性会引起相角滞后。

根据式（7.19），以 $\left(\dfrac{b}{A}\right)$ 为自变量，分别以 $\left|\dfrac{N(A)}{k}\right|$ 及 $\angle N(A)$ 为因变量的函数曲线如图 7-35 所示。

需要指出，由于在间隙特性中出现滞环而变成非单值函数，故其描述函数已不再是实函数，而是一个复函数。这说明，具有间隙特性的非线性元件响应正弦输入时，输出的基波相对于其正弦输入将产生相移。从图 7-34 可见，$y(t)$ 在相位上滞后于 $x(t)$，其滞后角 $\psi_1 = \text{arctg}(A_1/B_1)$。

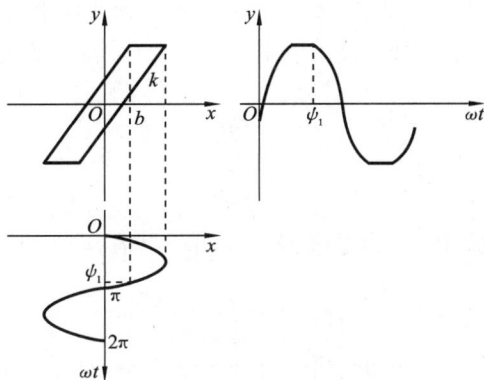

4) 继电器特性

图 7-36 表示了具有滞环和死区的继电器特性及其正弦信号 $x(t) = A\sin(\omega t)$ 作用下的输入-输出波形。输出 $y(t)$ 的数学表达式为

$$y(t) = \begin{cases} 0, & (0 \leqslant \omega t \leqslant \psi_1) \\ M, & (\psi_1 \leqslant \omega t \leqslant \psi_2) \\ 0, & (\psi_2 \leqslant \omega t \leqslant \pi) \end{cases}$$

式中：M 为继电器元件的输出值，$\psi_1 = \arcsin\dfrac{h}{A}$，$\psi_2 = \pi - \arcsin\dfrac{mh}{A}$。

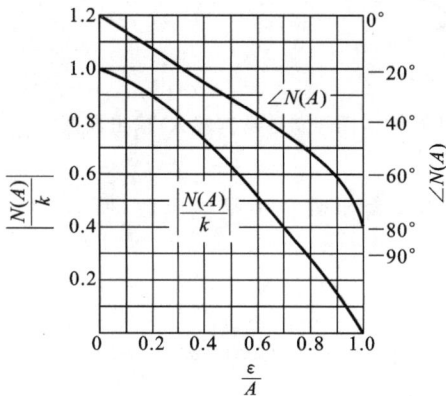

图 7-35　间隙特性描述函数曲线　　　　图 7-36　继电器特性输入-输出波形

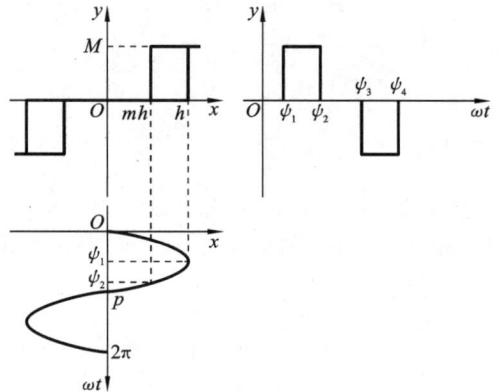

由于继电器特性是非单值函数，在正弦信号作用下的输出波形既非奇函数也非偶函数，故需分别求 A_1 和 B_1。

A_1 和 B_1 可按下式计算：

$$A_1 = \frac{1}{\pi} \int_0^{2\pi} y(t)\cos(\omega t)\mathrm{d}(\omega t)$$

$$= \frac{2}{\pi} \int_{\varphi_1}^{\varphi_2} M\cos(\omega t)\mathrm{d}(\omega t) = \frac{2Mh}{\pi A}(m-1)$$

$$B_1 = \frac{1}{\pi} \int_0^{2\pi} y(t)\sin(\omega t)\mathrm{d}(\omega t) = \frac{2}{\pi} \int_{\varphi_1}^{\varphi_2} M\sin(\omega t)\mathrm{d}(\omega t)$$

$$= \frac{2M}{\pi}\left[\sqrt{1-\left(\frac{mh}{A}\right)^2} + \sqrt{1-\left(\frac{h}{A}\right)^2}\right]$$

由式(7.15)可得继电器特性的描述函数为

$$N(A) = \frac{2M}{\pi A}\left[\sqrt{1-\left(\frac{mh}{A}\right)^2} + \sqrt{1-\left(\frac{h}{A}\right)^2}\right] + \mathrm{j}\frac{2Mh}{\pi A^2}(m-1) \quad (A \geqslant h) \quad (7.20)$$

在式(7.20)中，令 $h=0$，就得到理想继电器特性的描述函数，即

$$N(A) = \frac{4M}{\pi A} \quad\quad\quad\quad (7.21)$$

在式(7.21)中，令 $m=1$，就得到死区继电器特性的描述函数，即

$$N(A) = \frac{4M}{\pi A}\sqrt{1-\left(\frac{h}{A}\right)^2} \quad (A \geqslant h) \quad\quad (7.22)$$

在式(7.22)中，令 $m=-1$，就得到具有滞环的继电器特性的描述函数，即

$$N(A) = \frac{4M}{\pi A}\sqrt{1 - \left(\frac{h}{A}\right)^2} - j\frac{4Mh}{\pi A^2} \quad (A \geqslant h) \tag{7.23}$$

5）变增益特性

变增益特性可等效分解成如图 7-37 所示的两种非线性特性之和，其中 $e(t) = A\sin(\omega t)$，$M = k_2 A\sin\alpha_1 - k_1 A\sin\alpha_1$，$\alpha_1 = \arcsin(e_0/A)$。

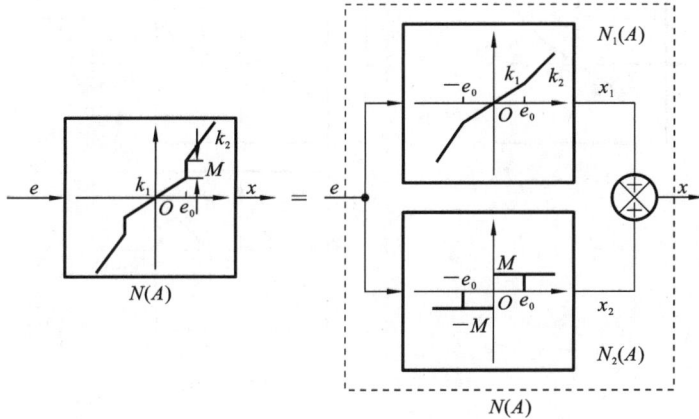

图 7-37 非线性特性的等效分解

设 $y(t)$、$y_1(t)$、$y_2(t)$ 分别为非线性特性的非正弦周期输出，并且有 $y(t) = y_1(t) + y_2(t)$，则

$$N(A) = N_1(A) + N_2(A) \tag{7.24}$$

式中：$N(A)$、$N_1(A)$、$N_2(A)$ 分别为变增益特性及其组成部分的描述函数。

具有描述函数 $N_1(A)$ 的非线性还可进一步等效分解成如图 7-38 所示的线性增益特性与两种死区特性的代数和，其中 $e(t) = A\sin(\omega t)$。在这种情况下，描述函数 $N_1(A)$ 可等效表示为

$$N_1(A) = N_{11}(A) - N_{12}(A) + N_{13}(A) \tag{7.25}$$

由式(7.24)及式(7.25)得变增益特性与构成它的各等效非线性特性在描述函数上的关系为

$$N(A) = N_{11}(A) - N_{12}(A) + N_{13}(A) + N_2(A) \tag{7.26}$$

上式等号右边各项描述函数可根据典型非线性特性的描述函数写出，即

$$N_{11}(A) = k_1$$

$$N_{12}(A) = k_1 - \frac{2}{\pi}k_1\arcsin\frac{e_0}{A} - \frac{2}{\pi}k_1\frac{e_0}{A}\sqrt{1 - \left(\frac{e_0}{A}\right)^2}, \quad A \geqslant e_0$$

$$N_{13}(A) = k_2 - \frac{2}{\pi}k_2\arcsin\frac{e_0}{A} - \frac{2}{\pi}k_2\frac{e_0}{A}\sqrt{1 - \left(\frac{e_0}{A}\right)^2}, \quad A \geqslant e_0$$

$$N_2(A) = \frac{4M}{\pi A}\sqrt{1 - \left(\frac{e_0}{A}\right)^2}, \quad A \geqslant e_0$$

将上述各式代入式(7.26)，求得变增益特性的描述函数为

$$N(A) = k_2 + \frac{2}{\pi}(k_1 - k_2)\left[\arcsin\frac{e_0}{A} + \frac{e_0}{A}\sqrt{1 - \left(\frac{e_0}{A}\right)^2}\right] + \frac{4M}{\pi A}\sqrt{1 - \left(\frac{e_0}{A}\right)^2}, \quad A \geqslant e_0 \tag{7.27}$$

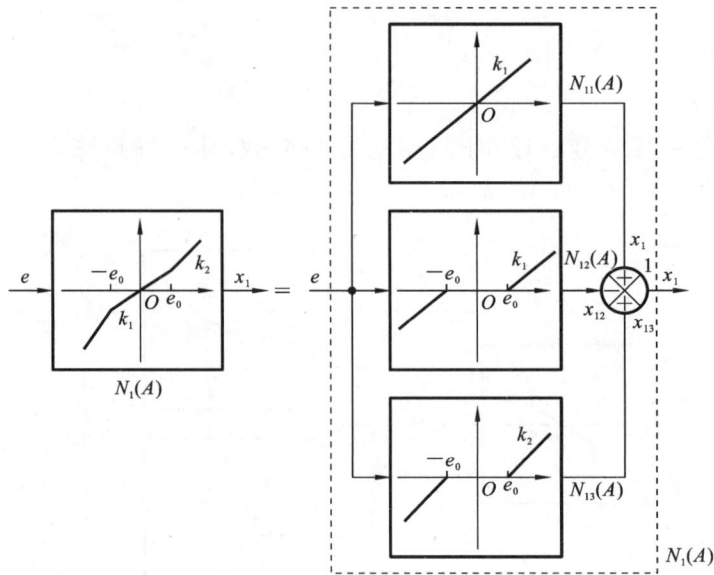

图 7-38　非线性特性的等效分解

2. 典型非线性特性串联和并联时的描述函数

当非线性系统是由多个非线性环节和线性环节组合而成时,可以通过等效变换使系统简化成典型结构形式(由一个非线性环节和一个线性环节连接成的闭合回路),便于分析。等效变换的原则为在 $r(t)=0$ 条件下,根据非线性特性的串联和并联,简化非线性部分为一个等效非线性环节,在保持等效非线性环节的输入-输出关系不变的情况下,简化线性部分。

1) 并联非线性环节的等效描述函数

非线性系统中有数个非线性环节并联,如图 7-39 所示。

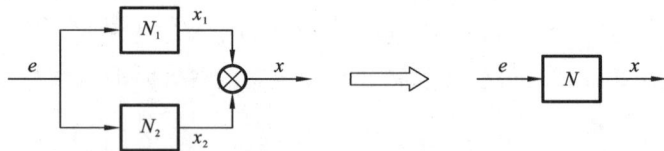

图 7-39　并联非线性环节的等效描述函数

此时需要将并联的非线性环节等效为一个非线性的描述函数,由图 7-39 可得

$$x(t)=x_1(t)+x_2(t)=N_1(A)A\sin(\omega t)+N_2(A)A\sin(\omega t)$$
$$=[N_1(A)+N_2(A)]A\sin(\omega t)=N(A)A\sin(\omega t)$$

总的非线性环节的描述函数为

$$N=N_1+N_2$$

即并联非线性环节总的描述函数等于各个非线性环节描述函数的和。

例如,图 7-40 所示的一个死区非线性环节与一个具有死区的继电器非线性环节并联,对于这个并联结构,由于两个死区的宽度相等,所以并联后等效的非线性环节如图 7-41 所示。

当两个死区的宽度不相等时,如图 7-42 所示,此时不能直接给出等效的非线性环节,只能用分段相加的方法求其描述函数。

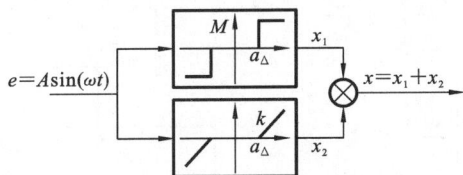

图 7-40 非线性环节并联

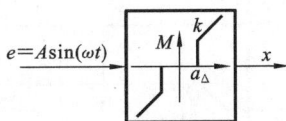

图 7-41 等效的非线性环节

首先求出各个非线性环节数学表达式,由图 7-42可得

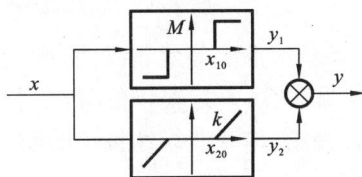

图 7-42 宽度不等的死区环节并联

$$y_1 = \begin{cases} -M, & x < -x_{10} \\ 0, & |x| \leqslant x_{10} \\ M, & x > x_{10} \end{cases}$$

$$y_2 = \begin{cases} k(x+x_{20}), & x < -x_{20} \\ 0, & |x| \leqslant x_{20} \\ k(x-x_{20}), & x > x_{20} \end{cases}$$

然后进行分段相加,此时要分以下两种情况进行讨论。

当 $x_{10} > x_{20}$ 时,等效的描述函数为

$$y = \begin{cases} k(x+x_{20})-M, & x < -x_{10} \\ k(x+x_{20}), & -x_{10} \leqslant x < -x_{20} \\ 0, & |x| \leqslant x_{20} \\ k(x-x_{20}), & x_{20} < x \leqslant x_{10} \\ k(x-x_{20})+M, & x > x_{10} \end{cases}$$

当 $x_{20} > x_{10}$ 时,等效的描述函数为

$$y = \begin{cases} k(x+x_{20})-M, & x < -x_{20} \\ -M, & -x_{20} \leqslant x < -x_{10} \\ 0, & |x| \leqslant x_{10} \\ M, & x_{10} < x \leqslant x_{20} \\ k(x-x_{20})+M, & x > x_{20} \end{cases}$$

2) 串联非线性环节的等效描述函数

对于图 7-43 所示典型非线性特性串联的情况,求取其等效描述函数时,不能采用串联非线性特性 N_1 与 N_2 的描述函数 $N_1(A)$ 与 $N_2(A)$ 相乘的方法。这是因为在 $e(t) = A\sin(\omega t)$ 作用下 N_1 的输出 x 为非正弦周期函数,它除基波外还含有高次谐波,对于 N_2 来说不符合谐波线性化的条件,故不存在描述函数 $N_2(A)$。求取串联非线性特性的等效描述函数的正确方法是,首先由串联的非线性特性求取等效的非线性特性,然后再根据等效非线性特性求取其等效描述函数。

对于图 7-43 所示串联非线性特性 N_1 与 N_2,沿由 e 经 x 到 y 的信号流通方向,不难看出,串联的 N_1 与 N_2 可用一个具有死区无滞环的继电器特性 N_{12} 来等效,其中死区 $a_1 = e_0 + a/k$,输出为 M,如图 7-44 所示。等效非线性特性 N_{12} 的描述函数为

$$N_{12}(A) = \frac{4M}{\pi A}\sqrt{1-\left(\frac{a_1}{A}\right)^2}, \quad A > a_1$$

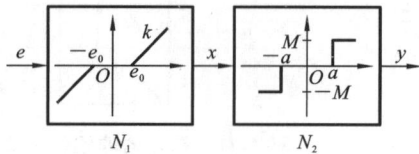

图 7-43 非线性特性串联

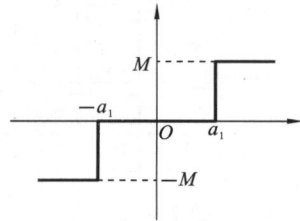

图 7-44 非线性特性

注意,求取等效非线性特性 N_{12} 时,串联非线性特性 N_1 与 N_2 的前后排列次序不可任意改变,一定要以信号流通方向为准,即需要将信号先通过的非线性特性排在前面。否则,串联非线性特性的前后排列与信号通过的先后次序不符时,将得到不等效的结论。

7.2.3 负倒描述函数

1. 负倒描述函数的定义

利用描述函数法来分析一个非线性控制系统,可以确定该非线性系统的稳定性。如果非线性系统是稳定的,进一步还可以得到关于极限环稳定的运动参数,也就是系统自激振荡时的振荡频率和振荡幅值。为应用描述函数分析非线性性系统的稳定性,这里引入负倒描述函数。

假设系统具有应用描述函数的条件,控制系统的非线性部分以描述函数 $N(A)$ 来表示,非线性控制系统经化简后其结构图如图 7-45 所示。图 7-45 中,$G(s)$ 为前向通路中的线性部分,其极点均在 s 平面的左半平面,$N(A)$ 是系统中本质非线性部分的描述函数。由结构图可得闭环系统的闭环传递函数为

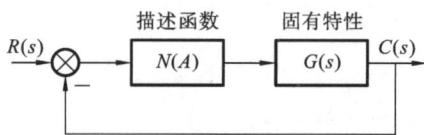

图 7-45 含有本质非线性环节的
控制系统结构图

$$\Phi(s) = \frac{C(s)}{R(s)} = \frac{N(A)G(s)}{1+N(A)G(s)}$$

闭环系统的特征方程为

$$1+N(A)G(s)=0$$

表示成

$$G(s) = -\frac{1}{N(A)}$$

式中 $-\dfrac{1}{N(A)}$ 称为非线性特性的负倒描述函数。当非线性元件中不含储能元件时,描述函数只是正弦输入信号振幅 A 的函数,即 $N(A)$ 与 ω 无关。因此根据频率特性的概念,上式可表示为

$$G(j\omega) = -\frac{1}{N(A)}$$

在线性系统分析中,由闭环特征方程 $1+G(j\omega)=0$ 可得 $G(j\omega)=-1$,通过分析频率特性曲线与 $(-1,j0)$ 点的相对位置,应用奈奎斯特判据即可判断线性系统的稳定性。而非线性系统中 $(-1,j0)$ 点被负倒描述函数 $-\dfrac{1}{N(A)}$ 代替,因此在非线性系统中可以通过研究 $G(j\omega)$ 与 $-\dfrac{1}{N(A)}$ 的关系来判断系统的稳定性。由于 $-\dfrac{1}{N(A)}$ 是一个函数,则其

在频率特性[$G(j\omega)$]平面内应是一条曲线。可见，$-\dfrac{1}{N(A)}$ 不是像$(-1,j0)$点那样固定在负实轴的静止点，而是随非线性系统运动状态变化的"动点"，当 A 改变时，该点沿负倒描述函数曲线移动。因此在非线性系统中就要利用两条曲线的相对位置来判断系统的稳定性。下面研究各典型非线性特性的负倒描述函数，重点关心负倒描述函数曲线的绘制。

2. 典型非线性特性的负倒描述函数

（1）由式(7.16)可得饱和特性的负倒描述函数为

$$-\frac{1}{N(A)}=-\frac{\pi}{2k}\frac{1}{\arcsin\dfrac{a}{A}+\dfrac{a}{A}\sqrt{1-\left(\dfrac{a}{A}\right)^2}}\quad(A\geqslant a)\tag{7.28}$$

由于在非线性系统中系统的稳定性主要是利用两条曲线 $G(j\omega)$ 与$-\dfrac{1}{N(A)}$ 的相对位置来判断的，因此在判断稳定性时需要在[$G(j\omega)$]平面内绘制负倒描述函数曲线，即绘制负倒描述函数$-\dfrac{1}{N(A)}$ 的极坐标图。绘制$-\dfrac{1}{N(A)}$ 的极坐标图时，要注意 A 的取值范围。饱和特性的负倒描述函数曲线即为 $A=a\to\infty$ 时$-\dfrac{1}{N(A)}$ 的轨迹。

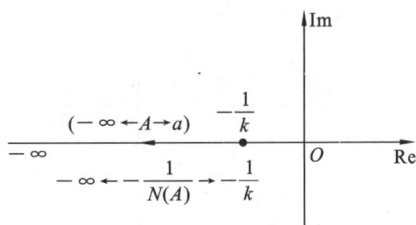

图 7-46 饱和特性的负倒描述函数曲线

依据非线性特性的描述函数 $N(A)$，写出$-\dfrac{1}{N(A)}$ 表达式，令 A 从小到大取值，并在复平面上描点，就可以绘出对应的负倒描述函数曲线。饱和特性的负倒描述函数，当 $A=a$ 时，$-\dfrac{1}{N(A)}\to-\dfrac{1}{k}$，轨迹为实轴上的一点；当 $A\to\infty$ 时，$-\dfrac{1}{N(A)}\to-\infty$。饱和特性的负倒描述函数曲线如图 7-46 所示。

（2）由式(7.18)可得死区特性的负倒描述函数为

$$-\frac{1}{N(A)}=-\frac{\pi}{2k}\frac{1}{\left\{\dfrac{\pi}{2}-\arcsin\dfrac{a}{A}-\dfrac{a}{A}\sqrt{1-\left(\dfrac{a}{A}\right)^2}\right\}}\quad(A\geqslant a)\tag{7.29}$$

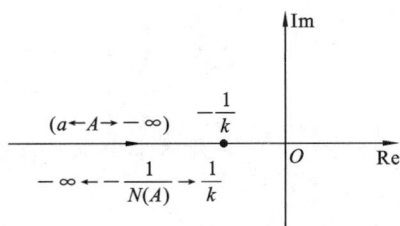

当 $A\to a$ 时，$-\dfrac{1}{N(A)}\to-\infty$，当 $A\to\infty$ 时，$-\dfrac{1}{N(A)}\to-\dfrac{1}{k}$，此时死区特性负倒描述函数轨迹为实轴上的一点，死区特性的负倒描述函数曲线如图 7-47 所示。

（3）由式(7.19)可得间隙特性的负倒描述函数为

图 7-47 死区特性的负倒描述函数曲线

$$-\frac{1}{N(A)}=-\frac{1}{\dfrac{k}{\pi}\left[\dfrac{\pi}{2}+\arcsin\left(1-\dfrac{2b}{A}\right)+2\left(1-\dfrac{2b}{A}\right)\sqrt{\dfrac{b}{A}\left(1-\dfrac{b}{A}\right)}\right]+j\dfrac{4kb}{\pi A}\left(\dfrac{b}{A}-1\right)}\quad(A\geqslant b)$$

$$\tag{7.30}$$

由式(7.30)可知,当 $A \to b$ 时,$-\dfrac{1}{N(A)} \to -\infty - j\infty$;当 $A \to \infty$ 时,$-\dfrac{1}{N(A)} \to -\dfrac{1}{k} - j0$;整个负倒描述函数轨迹线处于 Nyquist 图的第三象限,如图 7-48 所示。

（4）下面分别讨论式(7.21)、式(7.22)、式(7.23)三种情况下的继电器特性的负倒描述函数及其曲线。

① 当 $h=0$ 时,理想继电器特性的负倒描述函数为

$$-\frac{1}{N(A)} = -\frac{\pi A}{4M} \quad (A \geqslant h) \tag{7.31}$$

当 $A=h=0$ 时,$-\dfrac{1}{N(A)} = -\dfrac{\pi h}{4M} = 0$,当 $A \to \infty$ 时,$-\dfrac{1}{N(A)} \to \infty$,理想继电器特性的负倒描述函数曲线如图 7-49 所示。

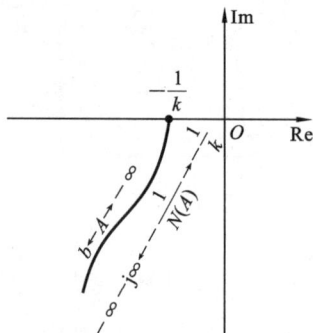

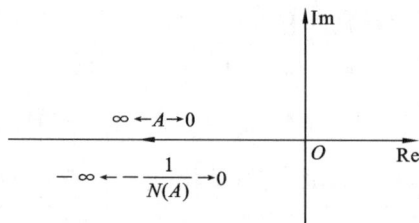

图 7-48 间隙特性的负倒描述函数曲线 图 7-49 理想继电器特性的负倒描述函数曲线

② 当 $m=1$ 时,带死区继电器特性的负倒描述函数为

$$-\frac{1}{N(A)} = -\frac{\pi A}{4M} \frac{1}{\sqrt{1 - \left(\dfrac{h}{A}\right)^2}} \quad (A \geqslant h) \tag{7.32}$$

当 $A \to h$ 时,$-\dfrac{1}{N(A)} \to -\infty$,当 $A \to \infty$ 时,$-\dfrac{1}{N(A)} \to -\infty$,说明死区继电器特性的负倒描述函数曲线在 A 的取值范围内会出现极值,要绘制负倒描述函数曲线就要求此极值。极值求法如下:

$$\frac{\mathrm{d}\left(-\dfrac{1}{N(A)}\right)}{\mathrm{d}A} = 0$$

可得

$$A = \sqrt{2}h$$

将 $A = \sqrt{2}h$ 带入到负倒描述函数中,求得极值为 $-\dfrac{1}{N(A)} = -\dfrac{\pi h}{2M}$。死区继电器特性的负倒描述函数曲线如图 7-50 所示。

③ 当 $m=-1$ 时,带滞环继电器特性的负倒描述函数为

$$-\frac{1}{N(A)} = -\frac{1}{\dfrac{4M}{\pi A}\sqrt{1 - \left(\dfrac{h}{A}\right)^2} - j\dfrac{4Mh}{\pi A^2}} \tag{7.33}$$

当 $A \to h$ 时,$-\dfrac{1}{N(A)} \to -j\dfrac{\pi h}{4M}$;当 $A \to \infty$ 时,$-\dfrac{1}{N(A)} \to -\infty$。因此,当 $m=-1$ 时,负

倒描述函数曲线为通过点 $\left(0,-\mathrm{j}\dfrac{\pi h}{4M}\right)$ 且平行于实轴的直线,如图 7-51 所示。

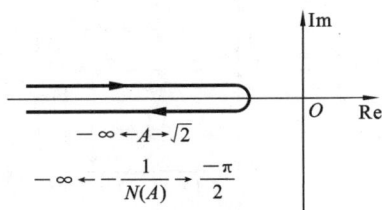

图 7-50 死区继电器特性的负倒描述函数曲线

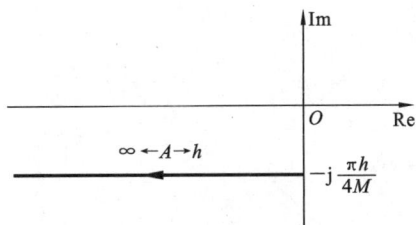

图 7-51 带滞环继电器特性的负倒描述函数曲线

常见非线性特性的描述函数及负倒描述函数曲线如表 7-1 所示。

表 7-1 常见非线性特性的描述函数及负倒描述函数曲线

类型	非线性特性	描述函数 $N(A)$	负倒描述函数曲线 $-\dfrac{1}{N(A)}$
理想继电器特性		$\dfrac{4M}{\pi A}$	
死区继电器特性		$\dfrac{4M}{\pi A}\sqrt{1-\left(\dfrac{h}{A}\right)^2}\quad(A\geqslant h)$	
滞环继电器特性		$\dfrac{4M}{\pi A}\sqrt{1-\left(\dfrac{h}{A}\right)^2}-\mathrm{j}\dfrac{4Mh}{\pi A^2}\quad(A\geqslant h)$	
死区加滞环继电器特性		$\dfrac{2M}{\pi A}\left[\sqrt{1-\dfrac{(mh)^2}{A}}+\sqrt{1-\left(\dfrac{h}{A}\right)^2}\right]+\mathrm{j}\dfrac{2Mh}{\pi A^2}(m-1)\quad(A\geqslant h)$	
饱和特性		$\dfrac{2k}{\pi}\left[\arcsin\dfrac{a}{A}+\dfrac{a}{A}\sqrt{1-\left(\dfrac{h}{A}\right)^2}\right]\quad(A\geqslant a)$	

续表

类型	非线性特性	描述函数 $N(A)$	负倒描述函数曲线 $-\dfrac{1}{N(A)}$
死区特性	$-\Delta$, O, Δ, k	$\dfrac{2k}{\pi}\left[\dfrac{\pi}{2}-\arcsin\dfrac{\Delta}{A}-\dfrac{\Delta}{A}\sqrt{1-\left(\dfrac{\Delta}{A}\right)^2}\right]$ $(A\geqslant\Delta)$	$-\dfrac{1}{k}$, $A=\Delta$, $A\to\infty$
间隙特性	k, O, b	$\dfrac{k}{\pi}\left[\dfrac{\pi}{2}+\arcsin\left(1-\dfrac{2b}{A}\right)\right.$ $\left.+2\left(1-\dfrac{2b}{A}\right)\sqrt{\dfrac{b}{A}\left(1-\dfrac{b}{A}\right)}\right]$ $+\mathrm{j}\dfrac{4kb}{\pi A}\left(\dfrac{b}{A}-1\right)$ $(A\geqslant b)$	$-\dfrac{1}{k}$, $A\to\infty$, $A=b$
死区加饱和特性	$-a$ $-\Delta$, O, Δ a, k	$\dfrac{2k}{\pi}\left[\arcsin\dfrac{a}{A}-\arcsin\dfrac{\Delta}{A}\right.$ $+\dfrac{a}{A}\sqrt{1-\left(\dfrac{a}{A}\right)^2}$ $\left.-\dfrac{\Delta}{A}\sqrt{1-\left(\dfrac{\Delta}{A}\right)^2}\right]$ $(A\geqslant a)$	$n=\dfrac{a}{\Delta}$, $n=2$ 3 5

7.2.4 Nyquist 稳定判据在非线性系统中的应用

1. 运用描述函数法分析系统性能的基本条件

应用描述函数法分析非线性系统时,要求系统满足以下条件。

(1) 非线性系统的结构图可以简化成只有一个非线性环节 $N(A)$ 和一个线性部分 $G(s)$ 串联的典型形式,如图 7-52 所示。

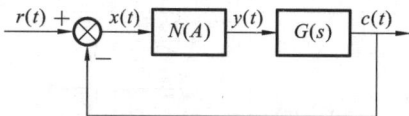

图 7-52 非线性系统典型结构图

(2) 非线性环节的输入、输出特性是奇对称的,即 $y(-x)=-y(x)$,保证非线性特性在正弦信号作用下的输出不包含常值分量,而且 $y(t)$ 中基波分量幅值占优。

(3) 线性部分具有较好的低通滤波性能。这样,当非线性环节输入正弦信号时,输出中的高次谐波分量将被大大削弱,因此闭环通道内近似只有基波信号流通,这样用描述函数法所得的分析结果比较准确。线性部分的阶次越高,低通滤波性能越好。

以上条件满足时,可以将非线性环节近似当作线性环节来处理,用其描述函数当作其"频率特性",借用线性系统频域法中的奈奎斯特判据分析非线性系统的稳定性。

2. 非线性系统的稳定性分析

设非线性系统满足上面三个条件,其结构图如图 7-52 所示。由闭环系统的特征方程 $1+N(A)G(\mathrm{j}\omega)=0$ 可得

$$G(\mathrm{j}\omega)=-\frac{1}{N(A)} \tag{7.34}$$

式中：$-\dfrac{1}{N(A)}$ 为非线性特性的负倒描述函数。这里，将它理解为广义 $(-1,j0)$ 点。由奈奎斯特判据可知，当 $G(s)$ 在 s 右半平面没有极点时，即 $P=0$，要使系统稳定，要求此时 $Z=0$，意味着 $G(j\omega)$ 曲线不能包围 $-\dfrac{1}{N(A)}$，否则系统不稳定。由此可以得出判定非线性系统稳定性的推广奈奎斯特判据：若 $G(j\omega)$ 曲线不包围 $-1/N(A)$ 曲线，则非线性系统稳定；若 $G(j\omega)$ 曲线包围 $-1/N(A)$ 曲线，则非线性系统不稳定；若 $G(j\omega)$ 曲线与 $-1/N(A)$ 有交点，则在交点处必然满足式(7.34)，对应非线性系统的等幅周期运动；如果这种等幅运动能够稳定地持续下去，便是系统的自激振荡(简称自振)。具体判断准则如下。

(1) 若沿线性部分的频率响应 $G(j\omega)$ 由 $\omega=0$ 向 $\omega\to\infty$ 移动时，非线性特性的负倒描述函数曲线 $-1/N(A)$ 始终处于 $G(j\omega)$ 曲线的左侧，即 $G(j\omega)$ 曲线不包围临界点轨迹线 $-1/N(A)$，如图 7-53(a) 所示。此种情况相当于沿线性系统的开环频率响应 $G(j\omega)$ 由 $\omega=0$ 向 $\omega\to\infty$ 移动时，临界点 $(-1,j0)$ 始终处于 $G(j\omega)$ 曲线左侧而不被 $G(j\omega)$ 曲线包围的稳定情况，则谐波线性化系统稳定，不可能产生自激振荡。

(2) 若沿线性部分的频率响应 $G(j\omega)$ 由 $\omega=0$ 向 $\omega\to\infty$ 移动时，非线性特性的负倒描述函数曲线 $-1/N(A)$ 始终处于 $G(j\omega)$ 曲线的右侧，即 $G(j\omega)$ 曲线包围临界点轨迹线 $-1/N(A)$，如图 7-53(b) 所示。此种情况相当于沿线性系统的开环频率响应 $G(j\omega)$ 由 $\omega=0$ 向 $\omega\to\infty$ 移动时，临界点 $(-1,j0)$ 始终处于 $G(j\omega)$ 曲线右侧而被 $G(j\omega)$ 曲线包围的不稳定情况，则谐波线性化系统不稳定，在任何扰动作用下，该系统的输出将无限增大，直至系统停止工作。在这种情况下，系统也不可能产生自激振荡。

(3) 若沿线性部分的频率响应 $G(j\omega)$ 与非线性特性的负倒描述函数曲线 $-1/N(A)$ 相交，即 $G(j\omega)$ 曲线通过临界点轨迹线上 $A=A_0$ 的临界点，或通过临界点轨迹线上 $A=A_{01}$ 及 $A=A_{02}$ 的两个临界点，如图 7-53(c) 所示。此种情况相当于线性系统的开环频率响应 $G(j\omega)$ 通过临界点 $(-1,j0)$，则谐波线性系统有可能产生自激振荡。这需要由曲线 $G(j\omega)$ 与 $-1/N(A)$ 的交点所对应的周期振荡是否稳定来确定。系统的自激振荡对应稳定的周期振荡。

下面分析周期振荡的稳定性问题。从图 7-53(c) 看到，曲线 $G(j\omega)$ 与 $-1/N(A)$ 共有两个交点 a 与 b，其中设点 a 对应的周期振荡为 $A_{02}\sin(\omega_{02}t)$ 及点 b 对应的周期振荡为 $A_{01}\sin(\omega_{01}t)$。对于点 b 的周期振荡 $A_{01}\sin(\omega_{01}t)$ 来说，假定系统因受轻微扰动致使非线性元件的正弦输入振幅稍有增加，由原工作点 b 沿曲线 $-1/N(A)$ 按振幅 A 增加方向移到点 e，则点 e 便取代原来的点 b 称为系统的临界点。在这种情况下，由于曲线 $G(j\omega)$ 包围临界点 e，故谐波线性化系统不稳定，从而使非线性元件的正弦输入振幅继续增大而出现脱离原工作点 b 的发散运动。相反，假定系统受到的轻微扰动致使非线性元件的正弦输入振幅相对原工作点 b 的 A_{01} 稍有减小，沿曲线 $-1/N(A)$ 按振幅 A 减小的方向移到点 f，则点 f 便取代原临界点 b 成为系统的新临界点。在这种情况下，由于曲线 $G(j\omega)$ 不包围临界点 f，故谐波线性化系统稳定，从而使非线性元件的正弦输入振幅不断减小而出现脱离原工作点 b 向平衡状态 $A=0$ 的收敛运动。由此可见，交点 b 对应的周期振荡 $A_{01}\sin(\omega_{01}t)$ 不具有响应扰动信号的稳定性，因此周期振荡 $A_{01}\sin(\omega_{01}t)$ 不可能成为谐波线性化系统的自激振荡。但交点 b 却给出了一个决定系统产生向平衡状态的收敛运动与向其他工作状态的发散运动的初始条件界限。对于点

a 所对应的周期振荡 $A_{02}\sin(\omega_{02}t)$ 来说，假定系统因受轻微扰动致使非线性元件的正弦输入振幅较 A_{02} 稍有增加，由点 a 沿曲线 $-1/N(A)$ 按振幅 A 减小的方向移到点 d，由于这时曲线 $G(j\omega)$ 包围临界点 d，故谐波线性化系统不稳定，从而可使减小了的非线性元件的正弦输入振幅不断增大直到原振幅 A_{02}。由此可见，交点 a 对应的周期振荡 $A_{02}\sin(\omega_{02}t)$ 具有抑制扰动信号的稳定性，因此稳定的周期振荡 $A_{02}\sin(\omega_{02}t)$ 构成该谐波线性化系统的自激振荡，其振幅 A_{02} 由交点 a 在曲线 $-1/N(A)$ 上对应的振幅值决定，其角频率 ω_{02} 由交点 a 在曲线 $G(j\omega)$ 上对应的角频率值决定。

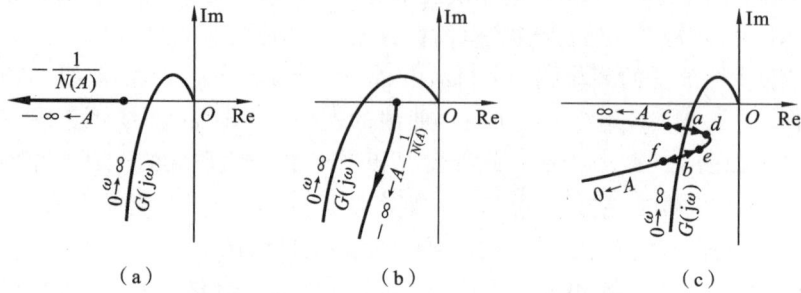

图 7-53 $G(j\omega)$ 曲线与 $-1/N(A)$ 曲线的关系

3. 典型非线性特性对系统稳定性的影响

1）饱和特性对系统稳定性的影响

饱和特性的负倒数描述函数为

$$-\frac{1}{N(A)}=-\frac{\pi}{2k\left[\arcsin\dfrac{a}{A}+\dfrac{a}{A}\sqrt{1-\left(\dfrac{a}{A}\right)^2}\right]},\quad A\geqslant a \tag{7.35}$$

由式(7.35)可知，当 $A=a$ 时，$-1/N(A)=-1/k$；当 $A\to\infty$ 时，$-1/N(A)=-\infty$。于是，饱和特性的负倒描述函数曲线 $-1/N(A)$ 在 Nyquist 图中是负实轴上 $-1/k\sim\infty$ 区段。因此，只要线性部分频率响应 $G(j\omega)$ 穿越负实轴上 $-1/k\sim\infty$ 区段，$G(j\omega)$ 与 $-1/N(A)$ 两曲线便有交点。这说明，在这种情况下非线性控制系统将产生自激振荡，其参数由稳定交点决定。若曲线 $G(j\omega)$ 在 $0\sim-1/k$ 区段穿越负实轴，则含饱和特性的非线性控制系统不可能产生自激振荡。

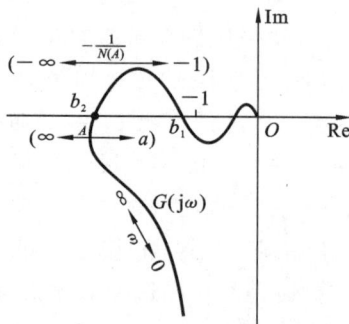

图 7-54 条件稳定系统的 Nyquist 图

注意，对于含饱和特性的条件稳定系统来说，其线性部分频率响应 $G(j\omega)$ 通常与饱和特性的负倒描述函数曲线 $-1/N(A)$ 有两个交点，如图 7-54 所示的交点 b_1 与 b_2。其中 b_2 是稳定交点，代表系统的自激振荡；交点 b_1 是不稳定交点，不代表自激振荡，只说明饱和特性的正弦输入的初始振幅小于交点 b_1 对应的振幅值时系统的运动状态是向 $A=a$ 收敛的，使饱和特性系统工作在线性工作状态；若初始振幅大于交点 b_1 对应的振幅，则含饱和特性的系统工作在由稳定交点 b_2 决定的自激振荡状态之下。

图 7-54 对应饱和特性线性段斜率 $k=1$ 的情况。若 $k\neq1$，则曲线 $-1/N(A)$ 应始于点 $(-1/k,j0)$。通常，对于 $k=k_1\neq1$ 的情况，也可将斜率 k_1 归算到线性部分的增益 K 中去，即用新增益 k_1K 取代原来的增益 K 来绘制线

性部分的频率响应 $G(j\omega)$，这时饱和特性线性段的斜率便可化成 $k=1$。

【例 7-1】 设含饱和特性系统的结构图如图 7-55 所示，其中饱和特性的参数为 $\alpha=1$、$k=2$。试求取开环增益 $K=15$ 时自激振荡的振幅 A_0 与角频率 ω_0，并计算使系统不产生自激振荡时开环增益 K 的最大值。

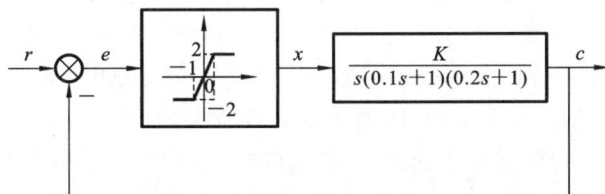

图 7-55 含饱和特性系统的结构图

解 （1）在 $k=2$ 的情况下，饱和特性的负倒描述函数曲线 $-1/N(A)$ 为 Nyquist 图中负实轴上 $-\infty \sim -1/2$ 区段。若 $K=15$ 时的线性部分频率响应 $G(j\omega)$ 在 $-\infty \sim -1/2$ 区段内穿越负实轴，则给定系统将产生自激振荡，其振幅 A_0 与角频率 ω_0 由曲线 $G(j\omega)$ 与 $-1/N(A)$ 的交点来决定。为此，首先由

$$\text{Im}G(j\omega) = \frac{-15(1-0.02\omega^2)}{\omega(1+0.05\omega^2+0.0004\omega^4)} = 0$$

解出曲线 $G(j\omega)$ 穿越 Nyquist 图负实轴处的角频率 $\omega = \sqrt{50}$ rad/s。将 $\omega = \sqrt{50}$ 代入

$$\text{Re}G(j\omega) = \frac{-4.5}{1+0.05\omega^2+0.0004\omega^4}$$

求得 $\text{Re}G(j\sqrt{50}) = -1$。因为 $\text{Re}G(j\sqrt{50}) < -1/2$，证实了曲线在 $-\infty \sim -1/2$ 区段穿越 Nyquist 图负实轴，所以给定系统有自激振荡存在，其角频率等于曲线 $G(j\omega)$ 与 $-1/N(A)$ 相交处的角频率，即 $\omega_0 = \sqrt{50}$ rad/s。

其次，由 $-1/N(A_0) = -1$ 求解自激振荡振幅 A_0，即由

$$-\frac{\pi}{4\left[\arcsin\frac{1}{A_0} + \frac{1}{A_0}\sqrt{1-\left(\frac{1}{A_0}\right)^2}\right]} = -1$$

解得 $A_0 = 2.47$。

（2）曲线 $G(j\omega)$ 通过 $(-1/2, j0)$ 表明给定系统中出现自激振荡的临界状态，故使给定系统不产生自激振荡的开环增益最大值或临界值 K_c 可由

$$\text{Re}\frac{K_c}{(j\omega)(1+j0.1\omega)(1+j0.2\omega)}\bigg|_{\omega=\sqrt{50}} = -\frac{1}{2}$$

来确定，即由

$$\frac{-0.3K_c}{1+0.05\omega^2+0.001\omega^4}\bigg|_{\omega=\sqrt{50}} = -\frac{1}{2}$$

解得 $K_c = 7.5$ s^{-1}。在 Nyquist 图上绘制的给定系统线性部分频率响应 $G(j\omega)$ 与饱和特性的负倒描述函数 $-1/N(A)$ 曲线如图 7-56 所示。

2）死区特性对系统稳定性的影响

死区特性的负倒描述函数为

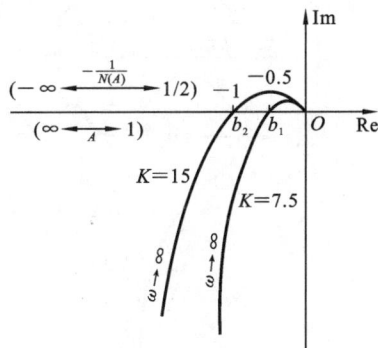

图 7-56 系统的 $G(j\omega)$ 与 $-\dfrac{1}{N(A)}$ 曲线

$$-\frac{1}{N(A)} = -\frac{1}{k-\frac{2k}{\pi}\left[\arcsin\frac{a}{A}+\frac{a}{A}\sqrt{1-\left(\frac{a}{A}\right)^2}\right]}, \quad A \geqslant a \qquad (7.36)$$

由式(7.36)可见,当 $A=a$ 时, $-1/N(A)=-\infty$;当 $A\to\infty$ 时, $-1/N(A)=-1/k$ 。于是,死区特性的负倒描述函数曲线 $-1/N(A)$ 在 Nyquist 图中是负实轴上 $-\infty\sim$ $-1/k$ 区段,其中振幅 A 增大的方向是由点 $(-\infty,j0)$ 指向点 $(-1/k,j0)$ 。当线性部分频率响应 $G(j\omega)$ 与死区特性负倒描述函数 $-1/N(A)$ 有交点时,如图 7-57 所示交点 b_1 及 b_2 ,不难看出,交点 b_1 是稳定的,代表系统的自激振荡;而交点 b_2 是不稳定的。若死区特性的正弦输入初始振幅小于交点 b_2 对应的振幅,则死区特性的正弦输入振幅将向 $A=a$ 收敛;若上述初始振幅大于 b_2 对应的振幅而小于 b_1 对应的振幅,则上述正弦输入趋向由交点 b_1 决定的自激振荡。

3) 间隙特性对系统稳定性的影响

间隙特性的负倒描述函数为

$$-\frac{1}{N(A)} = \frac{-1}{\frac{k}{\pi}\left[\frac{\pi}{2}+\arcsin\left(1-\frac{2\varepsilon}{A}\right)+2\left(1-\frac{2\varepsilon}{A}\right)\times\sqrt{\frac{\varepsilon}{A}\left(1-\frac{\varepsilon}{A}\right)}\right]+j\frac{4k\varepsilon}{\pi A}\left(\frac{\varepsilon}{A}-1\right)}, \quad A \geqslant \varepsilon$$

$$(7.37)$$

由式(7.37)可见,当 $A\to\varepsilon$ 时, $-1/N(A)\to-\infty-j\infty$;当 $A\to\infty$ 时, $-1/N(A)=$ $-\frac{1}{k}-j0$ 。整个临界点轨迹线 $-1/N(A)$ 处于 Nyquist 图的第Ⅲ象限,如图 7-58 所示。从图 7-58 看出,对于线性部分传递函数为

$$G(s)=\frac{K}{s(T_1s+1)(T_2s+1)}$$

的一类含间隙特性系统,视增益 K 取值大小,曲线 $G(j\omega)$ 与 $-1/N(A)$ 可能有交点(如图 7-58 中曲线 2 的交点 b_1),也可能无交点(如曲线 1),其中 b_1 为不稳定交点。这说明,在这类系统中不可能产生自激振荡,当间隙特性的正弦输入初始振幅小于交点 b_1 对应的振幅值时,振幅向 $A=\varepsilon$ 收敛;当上述初始振幅大于交点 b_1 对应的振幅值时,振幅 A 将不断增大而使间隙特性输入发散。在这类含间隙特性系统中,如对线性部分进行

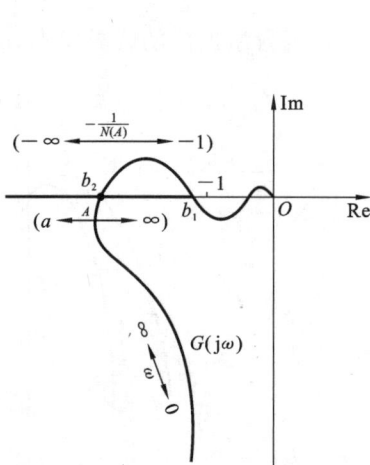

图 7-57 含死区特性的 Nyquist 图

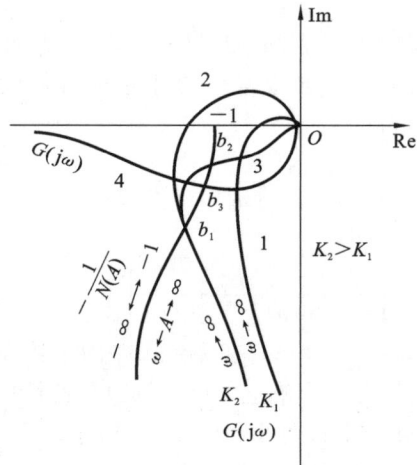

图 7-58 含间隙特性的 Nyquist 图

PD 校正使其传递函数变为

$$G(s) = \frac{K(\tau s + 1)}{s(T_1 s + 1)(T_2 s + 1)} \quad (T_1 > \tau > T_2)$$

则曲线 $G(\mathrm{j}\omega)$ 与 $-1/N(A)$ 有一个稳定交点 b_3,如图 7-58 中的曲线 4,它代表系统中出现的自激振荡。注意,对这类系统来说,无论增益 K 取何值,都不可能避免自激振荡。

4) 继电器特性对系统稳定性的影响

具有死区和滞环的继电器特性的负倒描述函数为

$$-\frac{1}{N(A)} = -\frac{1}{\frac{2M}{\pi A}\left[\sqrt{1 - \left(\frac{me_0}{A}\right)^2} + \sqrt{1 - \left(\frac{e_0}{A}\right)^2}\right] + \mathrm{j}\frac{2Me_0}{\pi A^2}(m-1)} \quad (A \geqslant e_0)$$

$$(7.38)$$

按式(7.38)在 Nyquist 图中绘出 $m = 0.75$、0.5、0、-0.5、-1 的 $-1/N(A)$ 曲线,如图 7-59 所示;当 $m=1$ 及 $e_0=0$ 时的 $-1/N(A)$ 曲线分别绘于图 7-60(a)(b)中。图 7-59 中 $\alpha = M/e_0$。从图 7-59 可见,对应 $-1 \leqslant m \leqslant 1$ 的 $-1/N(A)$ 曲线为处于 Nyquist 图第Ⅲ象限内的曲线,其中 $m=-1$ 时的 $-1/N(A)$ 为通过点 $\left(0, -\mathrm{j}\frac{\pi}{4\alpha}\right)$ 且平行于实轴的直线。从图 7-60 看到,与 $m=1$ 及 $e_0=0$ 对应的 $-1/N(A)$ 特性均为位于 Nyquist 图负实轴上的线段,其中对于 $m=1$ 时的 $-1/N(A)$ 特性,在负实轴的 $\left(-\infty, -\frac{\pi}{2\alpha}\right)$ 区间内,每个点都代表 $A < \sqrt{2}e_0$ 及 $A > \sqrt{2}e_0$ 的两个振幅值,在点 $\left(-\frac{\pi}{2\alpha}, \mathrm{j}0\right)$ 处的振幅等于 $\sqrt{2}e_0$;$e_0=0$ 的 $-1/N(A)$ 特性为 Nyquist 图上的整个负实轴,原点 $(0, \mathrm{j}0)$ 处的振幅 $A = 0$。

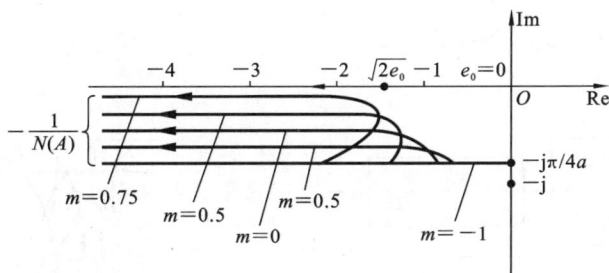

图 7-59　继电器特性的 Nyquist 图

4. 自振分析

1) 自振的确定

自振是没有外部激励条件下,系统内部自身产生的稳定的周期运动,即当系统受到轻微扰动作用时偏离原来的周期运动状态,在扰动消失后,系统能重新回到原来的等幅持续振荡。

当 $G(\mathrm{j}\omega)$ 与 $-1/N(A)$ 有交点时,在交点处必然满足条件

$$G(\mathrm{j}\omega) = -\frac{1}{N(A)}$$

即

$$G(\mathrm{j}\omega)N(A) = -1 \tag{7.39}$$

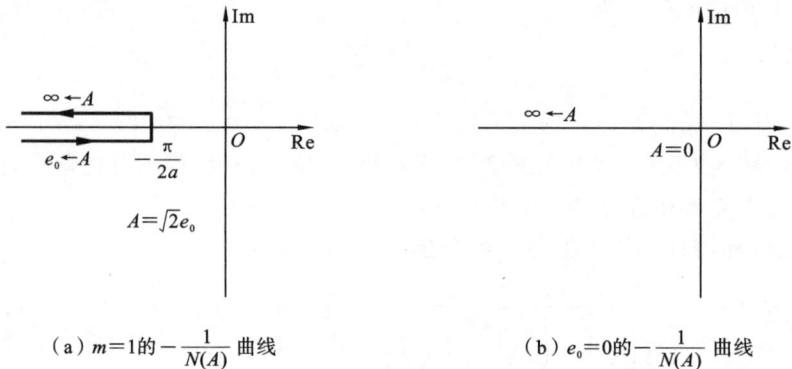

（a）$m=1$ 的 $-\dfrac{1}{N(A)}$ 曲线 　　　　（b）$e_0=0$ 的 $-\dfrac{1}{N(A)}$ 曲线

图 7-60　继电器特性的 $-\dfrac{1}{N(A)}$

或
$$\begin{cases} |N(A)|\,|G(\mathrm{j}\omega)|=1 \\ \angle N(A)+\angle G(\mathrm{j}\omega)=-\pi \end{cases} \qquad (7.40)$$

参照图 7-52，可以看出式(7.39)的意义。它表明，在无外作用的情况下，正弦信号 $x(t)$ 经过非线性环节和线性环节后，输出信号 $c(t)$ 幅值不变，相位正好相差了 180°，经反馈口反相后，恰好与输入信号相吻合，系统输出满足自身输入的需求，因此系统可能产生不衰减的振荡，所以式(7.39)是系统自振的必要条件。

2）自振参数计算

如果存在自振点，必然对应系统的自振运动，自振的幅值和频率分别由 $-1/N(A)$ 曲线和 $G(\mathrm{j}\omega)$ 曲线在自振点处的 A 和 ω 决定，利用自振的必要条件(式 7.39)可以求出 A 和 ω。

【例 7-2】　图 7-61(a)所示为非线性系统结构图，$M=1$。要使系统产生 $\omega=1$，$A=4$ 的周期信号，试确定参数 K,τ 的值。

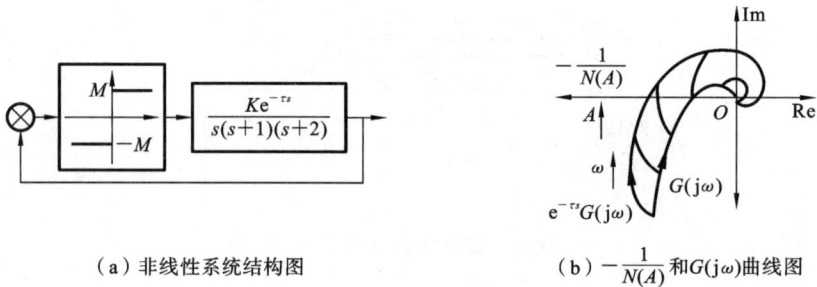

（a）非线性系统结构图　　　　（b）$-\dfrac{1}{N(A)}$ 和 $G(\mathrm{j}\omega)$ 曲线图

图 7-61　例 7-2 图

分析　绘出 $-1/N(A)$ 和 $G(\mathrm{j}\omega)$ 曲线，如图 7-61(b)所示，当 K 改变时，只影响系统自振振幅 A，而不改变自振频率 ω；而当 $\tau\neq0$ 时，会使自振频率降低，幅值增加。因此可以调节 K,τ，实现要求的自振运动。

解　由自振条件
$$N(A)G(\mathrm{j}\omega)\mathrm{e}^{-\mathrm{j}\tau\omega}=-1$$
可得
$$\frac{4M}{\pi A}\frac{K\mathrm{e}^{-\mathrm{j}\omega\tau}}{\mathrm{j}\omega(1+\mathrm{j}\omega)(2+\mathrm{j}\omega)}=-1$$

代入 $M=1,A=4,\omega=1$,并比较模和相角,得

$$\frac{K}{\pi}=\sqrt{10}, \quad \tau=\arctan\frac{1}{3}$$

$$K=\sqrt{10}\pi=9.93, \quad \tau=\arctan\frac{1}{3}=0.322$$

即当参数 $K=9.93,\tau=0.322$ 时,系统可以产生振幅 $A=4$,频率 $\omega=1$ rad/s 的自振运动。

【例 7-3】 已知非线性系统结构图如图 7-62(a)所示(图中 $M=h=1$)。

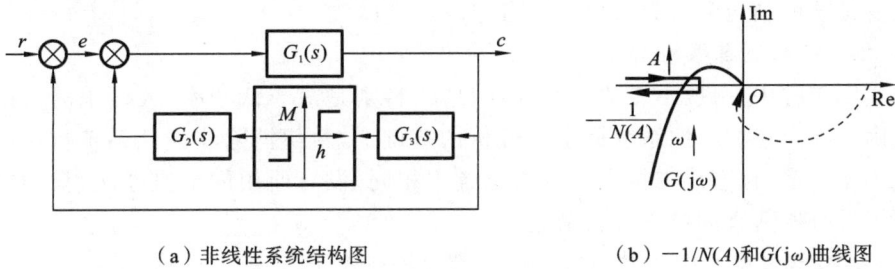

（a）非线性系统结构图   （b）$-1/N(A)$和 $G(j\omega)$曲线图

图 7-62 例题 7-3 图

(1) 当 $G_1(s)=\dfrac{1}{s(s+1)},G_2(s)=\dfrac{2}{s},G_3(s)=1$ 时,试分析系统是否会产生自振,若产生自振,求自振的幅值和频率;

(2) 当(1)中 $G_3(s)=s$ 时,试分析其对系统的影响。

解 (1) 首先将结构图简化成非线性部分 $N(A)$ 和等效线性部分 $G(s)$ 串联的结构形式,如图 7-63 所示。

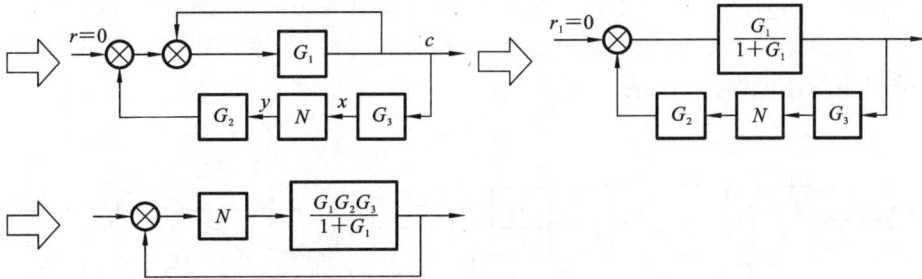

图 7-63 结构图化简过程图

等效线性部分的传递函数为

$$G(s)=\frac{G_1(s)G_2(s)G_3(s)}{1+G_1(s)}=\frac{2}{s(s^2+s+1)}$$

非线性部分的描述函数为

$$N(A)=\frac{4M}{\pi A}\sqrt{1-\left(\frac{h}{A}\right)^2}$$

绘出 $-1/N(A)$ 和 $G(j\omega)$ 曲线,如图 7-62(b)所示,可见系统存在自振点。由自振条件

$$-N(A)=\frac{1}{G(j\omega)}$$

可得

$$\begin{cases} \dfrac{4M}{\pi A}\sqrt{1-\left(\dfrac{h}{A}\right)^2}=\dfrac{\omega^2}{2} \\ 1-\omega^2=0 \end{cases}$$

将 $M=1,h=1$ 代入,联立解出 $\omega=1\ \mathrm{rad/s},A=2.29$。

(2) 当 $G_3(s)=s$ 时,有

$$G(s)=\frac{2}{s^2+s+1}$$

$G(\mathrm{j}\omega)$ 如图 7-62(b) 中虚线所示,此时 $G(\mathrm{j}\omega)$ 不包围 $-1/N(A)$ 曲线,系统稳定。可见,适当改变系统的结构和参数可以避免自振。

3) 非线性系统自振的消除

在实际工程中,一般不希望系统存在自振,特别是对于低频率,大振幅的自振更为有害。因此在上述非线性系统稳定性分析的基础上,希望消除非线性系统自振。非线性特性类型很多,在系统中接入的方式也各不相同,没有通用的解决办法,只能根据具体问题灵活采取适宜的校正补偿措施。

(1) 改变线性部分的参数或针对线性部分进行校正。

① 改变参数。

如例 7-1 中,减小线性部分增益,$G(\mathrm{j}\omega)$ 曲线会收缩,当 $G(\mathrm{j}\omega)$ 曲线与 $-1/N(A)$ 曲线不再相交时,自振消失。由于 $G(\mathrm{j}\omega)$ 不再包围 $-1/N(A)$ 曲线,闭环系统能够稳定工作。

② 利用反馈校正方法。

如图 7-64(a) 所示的系统,为了消除系统自身的自振,可在线性部分加入局部反馈,如图 7-64(a) 中虚线所示。适当选取反馈系数,可以改变线性环节幅相特性曲线的形状,使校正后的 $G_\beta(\mathrm{j}\omega)$ 曲线不再与负倒描述函数曲线相交,如图 7-64(b) 所示,自振不复存在,从而保证了系统的稳定性。但加入局部反馈后,系统由原来的 Ⅱ 型变为 Ⅰ 型,将带来稳态速度误差,这是不利的一面。

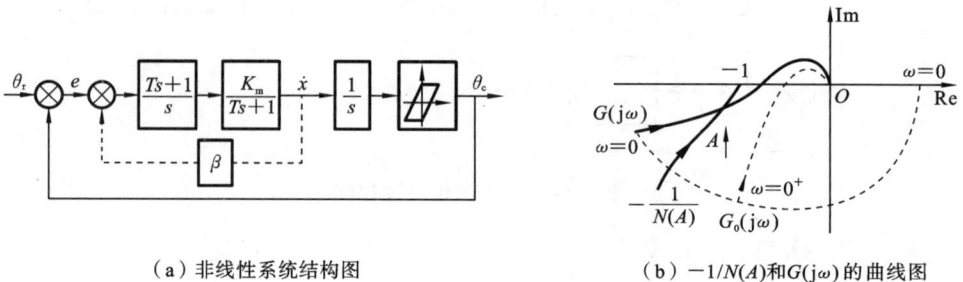

(a) 非线性系统结构图

(b) $-1/N(A)$ 和 $G(\mathrm{j}\omega)$ 的曲线图

图 7-64 反馈校正

(2) 改变非线性特性。

系统部件中固有的非线性特性一般是不易改变的,要消除或减小其对系统的影响,可以引入新的非线性特性。作为一个例子,设 N_1 为饱和特性,若选择 N_2 为死区特性,并使死区范围 Δ 等于饱和特性的线性段范围,且保持二者线性段斜率相同,则并联后总的输入-输出特性为线性特性,如图 7-65 所示。

由描述函数也可以证明:

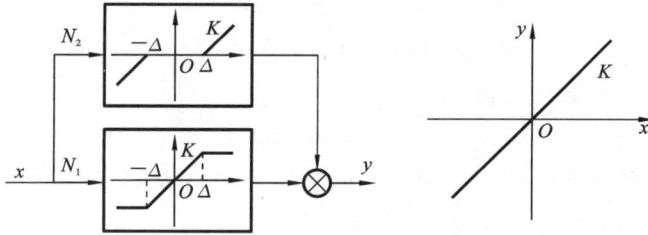

图 7-65 死区特性和饱和特性并联

$$N_1(A) = \frac{2K}{\pi}\left[\arcsin\frac{\Delta}{A} + \frac{\Delta}{A}\sqrt{1-\left(\frac{\Delta}{A}\right)^2}\right]$$

$$N_2(A) = \frac{2K}{\pi}\left[\frac{\pi}{2} - \arcsin\frac{\Delta}{A} - \frac{\Delta}{A}\sqrt{1-\left(\frac{\Delta}{A}\right)^2}\right]$$

故
$$N_1(A) + N_2(A) = K$$

要改变自振的振幅和频率或是要消除自振,必须改变系统线性部分或非线性部分的结构参数。这对有些系统很难做到或者根本不允许。实践证明若系统存在高频率小振幅的振荡时,这种振荡除对机件增大磨损外,对系统的动态品质和稳态精度都有改善作用,称这种现象为"动力润滑"。

于是问题就归结为,能否抑制系统不希望的自振,而产生所需要的振幅和频率的振荡呢?下面来分析非线性系统的强迫振荡。

5. 非线性系统的强迫振荡

应用描述函数法分析非线性控制系统的稳定性时,是在假设输入信号为零的情况下进行的。这时,为了在已经产生自激振荡的非线性控制系统中消除自激振荡,或将自激振荡的振幅和频率调整到一个允许的数值范围内,都必须对系统的非线性特性或线性部分的结构与参数进行较大的改动。这种调整在许多系统中是可行的,但对于一些系统来说,参数上的较大改动不仅困难,而且即使做了很大努力,可调整的范围也还是有限的。在这种情况下,采用所谓强迫振荡方法可使已经产生自激振荡的系统,在不改变参数的前提下,将自激振荡的振幅与频率调整到实际允许范围之内。当外部周期函数作用于非线性控制系统时,在一定条件下,系统固有的自激振荡被抑制,而跟随外部周期函数产生同步振荡,这种现象称为强迫振荡。由于产生强迫振荡时,系统的振荡频率与外部周期函数的频率相同,而外部周期函数的频率可以在较大范围内选择,所以为了使系统的振荡参数保持在实际允许的范围之内,研究非线性控制系统产生强迫振荡的条件,便具有很大的实际意义。下面分析当外部周期函数为正弦函数时非线性控制系统产生强迫振荡的条件。

设图 7-66 所示的非线性控制系统的外加信号为

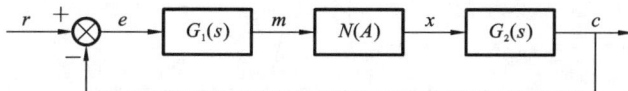

图 7-66 非线性控制系统的结构图

$$r(t) = R\sin(\omega t)$$

并设系统在 $r(t)$ 作用下已产生强迫振荡,其基波频率等于外作用信号的频率 ω。这时,线性部分 $G_1(s)$ 的输出信号即非线性特性的输入信号,可写成

$$m(t) = A\sin(\omega t + \varphi)$$

式中:A 为强迫振荡在非线性特性输入处的振幅;φ 为上述强迫振荡的相移;A 与 φ 均为待定参数。将 $r(t)$ 与 $m(t)$ 写成复数形式:

$$r(t) = Re^{j\omega t}$$

$$m(t) = Ae^{j(\omega t + \phi)}$$

由图 7-66 可以写出以 $r(t)$ 为输入、以 $m(t)$ 为输出时系统的闭环频率响应:

$$\frac{A}{R}e^{j\phi} = \frac{G_1(j\omega)\dfrac{1}{N(A)}}{\dfrac{1}{N(A)} + G(j\omega)} \tag{7.41}$$

式中:$N(A)$ 为非线性特性的描述函数;$G(j\omega)$ 为线性部分的频率响应,$G(j\omega) = G_1(j\omega)G_2(j\omega)$。式(7.41)便是非线性控制系统的强迫振荡方程。它表明,对于振幅为 R、角频率为 ω 的正弦外作用信号,如果系统的非线性特性输入存在使式(7.41)成立的 A 值,则系统将产生强迫振荡,其振幅等于 A,角频率等于正弦外作用信号的角频率 ω。式(7.41)还表明,为使非线性控制系统产生振幅为 A、角频率为 ω 的强迫振荡,正弦外作用信号的角频率必须等于 ω,其振幅必须等于满足式(7.41)的 R 值。一般用图解法求解强迫振荡方程式(7.41),为此将式(7.41)改写成

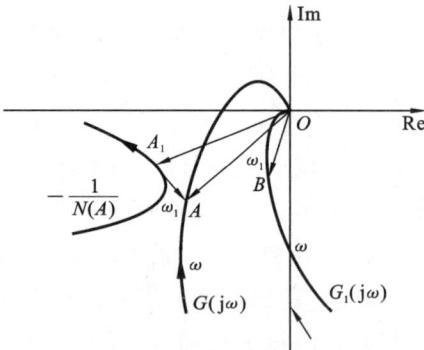

图 7-67　图解方程式(7.41)

$$\frac{A}{R}e^{j\phi} = \frac{-G_1(j\omega)\left(-\dfrac{1}{N(A)}\right)}{G(j\omega) - \left(-\dfrac{1}{N(A)}\right)} \tag{7.42}$$

在图 7-67 中分别绘出曲线 $G_1(j\omega)$、$G(j\omega)$ 和 $-\dfrac{1}{N(A)}$。对于给定的角频率 ω_1 和振幅 A_1,从图 7-67 求得向量:

$$\overrightarrow{QA} = G(j\omega_1)$$

$$\overrightarrow{OB} = G_1(j\omega_1)$$

$$\overrightarrow{OC} = -\frac{1}{N(A)}$$

式(7.42)对于 $A = A_1$ 及 $\omega = \omega_1$ 通过向量可表示为

$$\frac{A_1}{R}e^{j\varphi_1} = \frac{-\overrightarrow{OB}\,\overrightarrow{OC}}{\overrightarrow{OA}} \tag{7.43}$$

式中:向量差 $\overrightarrow{CA} = \overrightarrow{OA} - \overrightarrow{OC}$;$\varphi_1$ 为在 $A = A_1$ 及 $\omega = \omega_1$ 情况下系统强迫振荡的相移。将式(7.43)通过向量的模及幅角形式分别表示为

$$\frac{A_1}{R} = \frac{|\overrightarrow{OB}|\,|\overrightarrow{OC}|}{|\overrightarrow{CA}|} \tag{7.44}$$

$$\varphi_1 = -180° + \angle\overrightarrow{OB} + \angle\overrightarrow{OC} - \angle\overrightarrow{CA} \tag{7.45}$$

式中:$|\overrightarrow{OB}|$、$|\overrightarrow{OC}|$、$|\overrightarrow{CA}|$ 分别代表向量 $\overrightarrow{OB}$、$\overrightarrow{OC}$、$\overrightarrow{CA}$ 的模,即图 7-67 中线段 OB、OC、

CA 的长度；$\angle \overrightarrow{OB}$、$\angle \overrightarrow{OC}$、$\angle \overrightarrow{CA}$ 分别代表向量 $|\overrightarrow{OB}|$、$|\overrightarrow{OC}|$、$|\overrightarrow{CA}|$ 与实轴正方向的夹角，逆时针方向为正。

在给定正弦外作用信号 $r(t)=R\sin(\omega_1 t)$ 情况下，强迫振荡的振幅 A_1 和相移 φ_1 可应用试探法求取。给定 A_1 和 ω_1，便可在图 7-67 中找到对应的向量 $\overrightarrow{OC}=-1/N(A)$、$\overrightarrow{CA}=\overrightarrow{OA}-\overrightarrow{OC}=G(j\omega_1)-(-1/N(A))$ 及 $\overrightarrow{OB}=G_1(j\omega_1)$。将向量模 $|\overrightarrow{OB}|$、$|\overrightarrow{OC}|$、$|\overrightarrow{CA}|$ 及给定的 A_1 与正弦外作用信号的振幅 R 代入式(7.44)，若等式成立，则说明在系统的非线性特性输入存在强迫振荡 $A_1\sin(\omega_1 t+\phi_1)$，然后按式(7.45)确定相移 φ_1；若式(7.44)不成立，则需取新的 A_1 值进行试探，重复上述的作图计算，直到式(7.44)成立为止。

如果要求非线性控制系统的强迫振荡的振幅 A_1 和角频率 ω_1 为已知，需要确定正弦外作用信号 $r(t)=R\sin(\omega_1 t)$ 的振幅 R 时，首先根据要求的 A_1 和 ω_1 值，从图 7-67 通过作图求取向量 $\overrightarrow{OB}$、$\overrightarrow{OC}$、$\overrightarrow{CA}$，然后将向量模 $|\overrightarrow{OB}|$、$|\overrightarrow{OC}|$、$|\overrightarrow{CA}|$ 代入式(7.44)，求得 A_1/R，最后根据求得的 A_1/R 及已知的 A_1 计算正弦外作用信号的振幅 R。正弦外作用信号的角频率与强迫振荡的角频率 ω_1 相同。

7.3　相平面法

相平面法是由庞加莱 1885 年首先提出的。该方法通过图解法将一阶和二阶系统的运动过程转化为位置和速度平面上的相轨迹，从而比较直观、准确地反映系统的稳定性、平衡状态及参数对系统运动的影响等。相平面分析法是常用的一种系统分析工具，既可以应用于线性系统分析，又可以应用于非线性系统分析。尤其是在非线性系统分析中，可以将某些非线性系统的运动规律清楚明了地展现在相平面图上。

相平面法的不足之处是原理性的。因为相平面仅由系统的两个独立变量构成，因此，只能对一阶系统、二阶系统的运动进行完全的描述。对二阶以上高阶系统的完全描述则需要构造 n 维相空间，但有时也经常用相平面法来对系统进行部分分析或者不完全分析。

7.3.1　相平面的基本概念

设一个二阶系统可以用下列微分方程来描述：
$$\ddot{x}+f(x,\dot{x})=0,\quad x(0)=x_0,\quad \dot{x}(0)=\dot{x}_0$$
式中：$f(x,\dot{x})$ 是 x 和 $\dot{x}$ 的线性函数或非线性函数。

求解系统时间解的一贯做法是用 $x(t)$ 与 t 的关系图来表示，即求时间响应 $x(t)$ 与 x，通过响应曲线来分析系统。在响应曲线上很容易确定任意时刻 t 的位置 $x(t)$ 和速度 $\dot{x}(t)$（速度 $\dot{x}(t)$ 即为响应曲线的斜率），如图 7-68(b)(c)所示。

如果取 x 和 $\dot{x}$ 构成坐标平面，则系统的每一个状态均对应该平面上的一点，这个平面称为相平面。当 t 变化时，这一点在 x-$\dot{x}$ 平面上描绘出轨迹，表征系统状态的演变过程，该轨迹就称为相轨迹，如图 7-68(a)所示。

相平面和相轨迹曲线簇构成相平面图。相平面图清楚地表示了系统在各种初始条件下的运动过程。

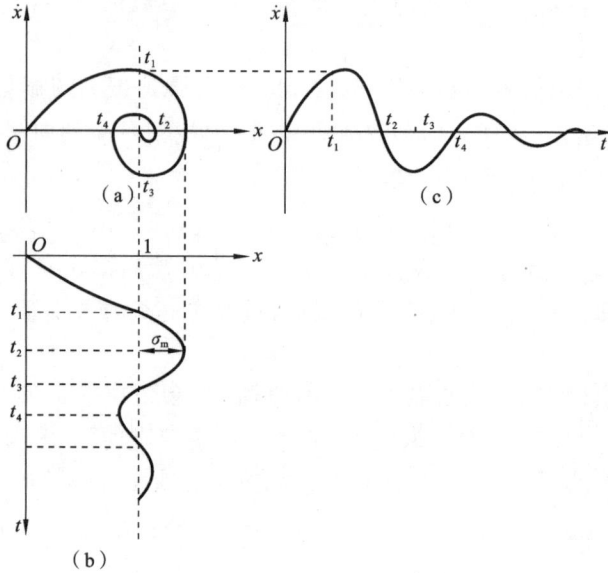

图 7-68 相轨迹图

7.3.2 相轨迹的特点

相平面的上半平面中，$\dot{x}>0$，相迹点沿相轨迹向 x 轴正方向移动，所以上半部分相轨迹箭头向右；同理，下半相平面 $\dot{x}<0$，相轨迹箭头向左。总之，相迹点在相轨迹上总是按顺时针方向运动。当相轨迹穿越 x 轴时，与 x 轴交点处有 $\dot{x}=0$，因此，相轨迹总是以 $\pm90°$ 方向通过 x 轴，如图 7-69 所示。

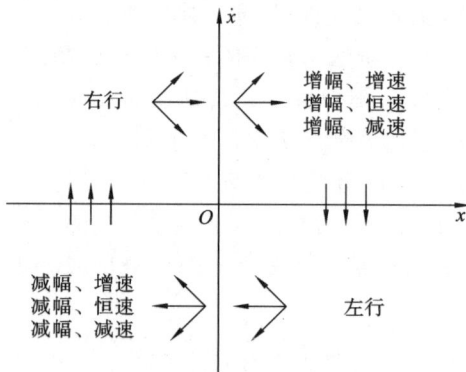

图 7-69 相轨迹的运动方向

通过相平面上任一点的相轨迹在该点处的斜率 α 为

$$\alpha=\frac{\mathrm{d}\dot{x}}{\mathrm{d}x}=\frac{\mathrm{d}\dot{x}/\mathrm{d}t}{\mathrm{d}x/\mathrm{d}t}=\frac{-f(x,\dot{x})}{\dot{x}}$$

相平面上任一点 $(x,\dot{x})$，只要不同时满足 $\dot{x}=0$ 和 $f(x,\dot{x})=0$，则 α 是一个确定的值。这样，通过该点的相轨迹不可能多于一条，相轨迹不会在该点相交。这些点就是相平面上的普通点。

相平面上同时满足 $\dot{x}=0$ 和 $f(x,\dot{x})=0$ 的点处，α 不是一个确定的值。

$$\alpha=\frac{\mathrm{d}\dot{x}}{\mathrm{d}x}=\frac{-f(x,\dot{x})}{\dot{x}}=\frac{0}{0}$$

通过该点的相轨迹有一条以上，这些点是相轨迹的交点，称为奇点。显然，奇点只分布在相平面的 x 轴上。由于奇点处 $\ddot{x}=\dot{x}=0$，系统的速度和加速度都为零，故奇点也称为平衡点。

对于二阶线性系统，奇点为相平面的坐标原点($x=0,\dot{x}=0$)。

$$\alpha\bigg|_{\substack{x=0\\\dot{x}=0}}=\frac{\mathrm{d}\dot{x}}{\mathrm{d}x}\bigg|_{\substack{x=0\\\dot{x}=0}}=\frac{-f(x,\dot{x})}{\dot{x}}\bigg|_{\substack{x=0\\\dot{x}=0}}=\frac{-(2\xi\omega\dot{x}+\omega^2x)}{\dot{x}}\bigg|_{\substack{x=0\\\dot{x}=0}}=\frac{0}{0}$$

7.3.3 相轨迹的绘制方法

系统的相轨迹在相平面上的运动是有一定的规律的,遵循这些规律,就可以利用计算机绘图,或者徒手绘草图,将系统的相平面图绘出,即图解 $\dot{x}$ 和 x 的关系。徒手绘相平面草图时,可以采用解析法和绘图法。绘图法有等倾线法和 δ 法,在此只讲述等倾线法绘图,关于 δ 法绘图,可以参阅其他书籍。

1. 解析法

解析法一般用于系统微分方程比较简单或可以分段线性化的方程。用解析法绘图,关键是求出相轨迹斜率方程 $\dfrac{\mathrm{d}\dot{x}}{\mathrm{d}x} = -\dfrac{f(x,\dot{x})}{\dot{x}}$。

1)斜率方程分离变量积分法

若 $\ddot{x} + f(x,\dot{x}) = 0$ 是变量可分离的微分方程,则能够通过积分法直接求得 $\dot{x}$ 和 x 的解析关系式。对斜率方程 $\dfrac{\mathrm{d}\dot{x}}{\mathrm{d}x} = \dfrac{-f(x,\dot{x})}{\dot{x}}$ 进行变量分离,可得

$$\dot{x}\mathrm{d}\dot{x} = -f(x,\dot{x})\mathrm{d}x$$

两边同时积分得

$$\int_{\dot{x}_0}^{\dot{x}} \dot{x}\mathrm{d}\dot{x} = \int_{x_0}^{x} -f(x,\dot{x})\mathrm{d}x$$

便可以得到 $\dot{x}$ 和 x 的解析关系式。

2)消去参变量 t 法

根据给定的微分方程,分别求出 $\dot{x}(t)$ 和 $x(t)$ 对时间 t 的函数关系,然后消去 t,求得相轨迹方程。根据相轨迹方程即可绘制相轨迹图。在多数情况下,绘制相轨迹也是件令人讨厌的事情,幸亏只是分析非线性系统的稳定性,只需要相轨迹的趋势、起点、终点,因此只要概略绘制相轨迹。

【例 7-4】 设二阶系统的微分方程为 $\ddot{x} + M = 0$,初始条件 $x(0) = x_0$,$\dot{x}(0) = 0$,M 为常量。试绘制系统的相轨迹。

解 相轨迹的斜率方程为

$$\frac{\mathrm{d}\dot{x}}{\mathrm{d}x} = -\frac{M}{\dot{x}}$$

由于该方程是可分离变量的方程,所以对其进行分离变量得 $\dot{x}\mathrm{d}\dot{x} = -M\mathrm{d}x$,方程两边同时积分,并代入初始条件可得 $\dot{x}$ 和 x 的解析关系式为

$$\dot{x}^2 = -2M(x - x_0)$$

相轨迹图如图 7-70 所示。

当然也可以由下面方法求得。由系统的微分方程 $\ddot{x} + M = 0$ 可得 $\ddot{x} = -M$,对方程 $\ddot{x} = -M$ 两边同时积分,并代入初始条件得

$$\dot{x} = -Mt$$

对上式再积分,并代入初始条件得

$$x = -\frac{1}{2}Mt^2 + x_0$$

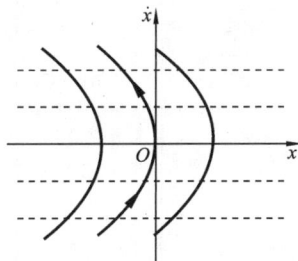

图 7-70 相轨迹图

消去中间变量 t,得

$$\dot{x}^2 = -2M(x - x_0)$$

2. 绘制相轨迹的等倾线法

等倾斜线法是一种通过图解方法求相轨迹的方法。由系统微分方程式 $\ddot{x} + f(x,\dot{x}) = 0$ 可得

$$\frac{d\dot{x}}{dx} = \frac{-f(x,\dot{x})}{\dot{x}}$$

式中:$d\dot{x}/dx$ 表示相平面上相轨迹的斜率。若取斜率为常数,则上式可改写成

$$\alpha = \frac{f(x,\dot{x})}{\dot{x}} \tag{7.46}$$

式(7.46)为等倾斜线方程。相平面上满足上式各点的相轨迹的斜率都等于 α。若将这些点连成一条线,则此条线称为相轨迹的等倾斜线。给定不同的 α 值,可在相平面上绘出相应的等倾斜线。在各等倾斜线上绘出斜率为 α 的短线段,可以得到相轨迹切线的方向场。沿方向场绘连续曲线就可以得到相平面图,下面举例说明。

设系统方程为 $\ddot{x} = (x + \dot{x})$,写成如下形式:

$$\dot{x}\frac{d\dot{x}}{dx} = (x + \dot{x})$$

设 $\alpha = \dfrac{d\dot{x}}{dx}$,则等倾线方程为

$$\dot{x} = \frac{-x}{1+\alpha} \tag{7.47}$$

式(7.47)是直线方程。等倾斜线的斜率为 $-1/(1+\alpha)$。给定不同的 α,便可以得出对应的等倾斜线斜率。表 7-2 列出了不同 α 值下等倾斜线的斜率以及其与 x 轴的夹角 β。图 7-71 绘出了 α 取不同值时的等倾斜线和代表相轨迹切线方向的短线段。绘出方向场后,很容易绘制出从一点开始的特定的相轨迹。

表 7-2　不同 α 值下等倾斜线的斜率及其与 x 轴的夹角 β

α	−6.68	−3.75	−2.73	−2.19	−1.84	−1.58
$\frac{-1}{1+\alpha}$	0.18	0.36	0.58	0.84	1.19	1.73
β	10°	20°	30°	40°	50°	60°
α	−1.36	−1.18	−1.00	−0.82	−0.64	−0.42
$\frac{-1}{1+\alpha}$	2.75	5.67	∞	−5.76	−2.75	−1.73
β	70°	80°	90°	100°	110°	120°
α	−0.16	0.19	0.73	1.75	4.68	∞
$\frac{-1}{1+\alpha}$	−1.19	−0.84	−0.58	−0.36	−0.18	0.00
β	130°	140°	150°	160°	170°	180°

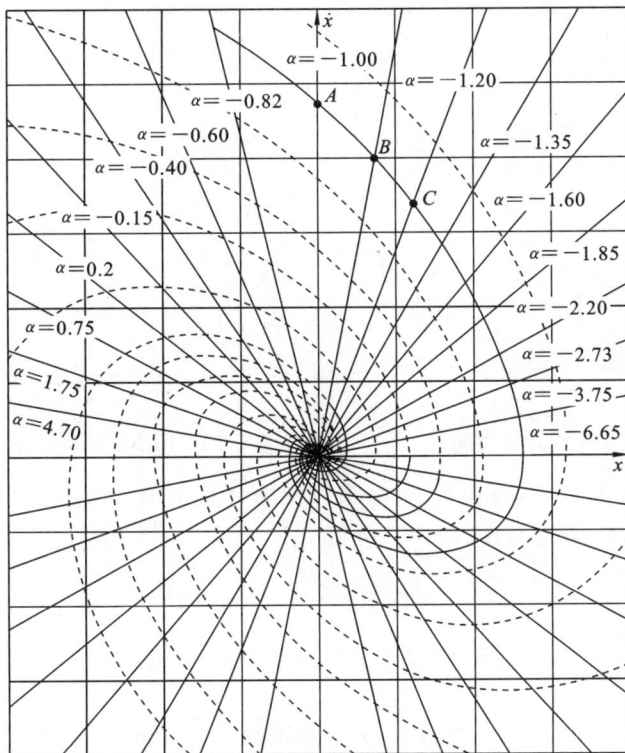

图 7-71 等倾斜线法绘制相轨迹

7.3.4 由相平面图求时间解

x-$\dot{x}$ 平面的相轨迹是 $\dot{x}$ 作为 x 的函数图像,在这种图中,时间信息 t 没有清楚地显示出来。为了确定系统在给定初始条件下的过渡过程时间或者周期运动的周期,就必须掌握表示点沿相轨迹移动的参变量 t。相轨迹上坐标为 x_1 的点移动到坐标为 x_2 的位置所需要的时间,可以按下式计算:

$$t_2 - t_1 = \int_{x_1}^{x_2} \frac{1}{\dot{x}} \mathrm{d}x \tag{7.48}$$

这个积分可用通常近似计算积分的方法求出,因此求时间解的过程是近似计算积分的过程。下面介绍两种确定时间的方法。

1. 用 $1/\dot{x}$ 曲线计算时间

根据相轨迹图,以 x 为横坐标、$1/\dot{x}$ 为纵坐标,绘出 $1/\dot{x}$ 的曲线,则由式(7.48)可知,$1/\dot{x}$ 曲线下的面积就代表了相应的时间间隔。图 7-72 中相轨迹由 A 到 B 所经历的时间就是图中阴影部分的面积,利用解析法或图解法可以求出这一面积。

2. 用小圆弧逼近相轨迹计算时间

在这种方法中,相轨迹是用圆心位于实轴上的一系列圆弧来近似的。如图 7-73 中相轨迹的 AD 段,可以用 x 轴上的 P、Q、R 点为圆心,$|PA|$、$|QB|$、$|RC|$ 为半径的小圆弧来逼近,这样就有

$$t_{AD} = t_{AB} + t_{BC} + t_{CD} \approx t_{\widehat{AB}} + t_{\widehat{BC}} + t_{\widehat{CD}}$$

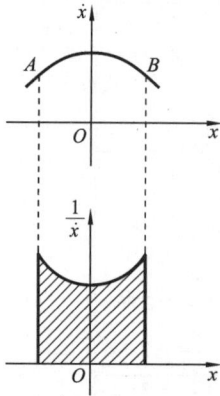

图 7-72　用 $1/\dot{x}$ 曲线计算时间

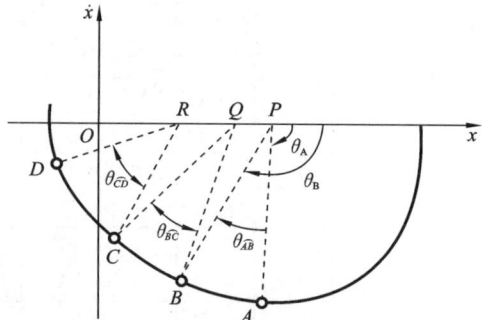

图 7-73　用小圆弧近似法计算时间

而每段小圆弧对应的时间,例如 $t_{\widehat{AB}}$ 可以很方便地计算出来。实际上,令 $\dot{x}=|PA|\sin\theta$, $x=|OP|+|PA|\cos\theta$ 代入式(7.48),可得

$$t_{\widehat{AB}}=\int_{\theta_{A}}^{\theta_{B}}\frac{-|PA|\sin\theta}{|PA|\sin\theta}\mathrm{d}\theta=\theta_{A}-\theta_{B}=\theta_{\widehat{AB}} \tag{7.49}$$

式(7.49)说明,$t_{\widehat{AB}}$ 在数值上等于 $t_{\widehat{AB}}$ 所对应的中心角 $\theta_{\widehat{AB}}$。应当注意的是,$\theta_{\widehat{AB}}$ 以弧度度量。

【例 7-5】　图 7-74 所示的相平面上有两条封闭的相轨迹 $ABCD$ 和 $A_1B_1C_1D_1$,已知 $\widehat{AB}$ 和 $\widehat{A_1B_1}$ 均是圆弧的一部分,试计算这两条封闭相轨迹所对应的周期运动的周期。

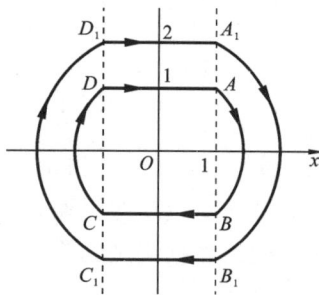

图 7-74　例 7-5 的相轨迹

解　根据图 7-74 中所示的数据可知,相迹 AB 对应的中心角为 $90°$,相迹 A_1B_1 对应的中心角是 $127°$,因而它们相应的时间分别为 $\pi/2$ s 和 2.21 s。而 DA 段和 D_1A_1 段相轨迹对应的时间分别是 2 s 和 1 s。故相轨迹 $ABCD$ 和 $A_1B_1C_1D_1$ 对应的周期运动的周期分别为 T 和 T_1,则有

$$T=2\left(2+\frac{\pi}{2}\right)=4+\pi, \quad T_1=2(1+2.21)=6.43$$

7.3.5　线性系统的相轨迹

相平面法是分析二阶非线性系统的重要方法。由于多数的二阶非线性系统都可以分段用线性系统来近似,因此,先讨论相平面法在二阶线性系统中的应用,找到一些规律,然后再研究加入非线性特性后的非线性控制系统的相轨迹。

1.　二阶线性系统的相轨迹

描述二阶线性系统自由运动的微分方程为

$$\ddot{x}+2\xi\omega_{n}\dot{x}+\omega_{n}^{2}x=0 \tag{7.50}$$

分别取 x 及 $\dot{x}$ 为相平面的横坐标与纵坐标,并将上述方程改写成

$$\frac{\mathrm{d}\dot{x}}{\mathrm{d}x}=-\frac{2\xi\omega_{n}\dot{x}+\omega_{n}^{2}x}{\dot{x}} \tag{7.51}$$

式(7.51)为二阶线性系统自由运动的相轨迹斜率方程。从方程可知,在相平面原点处,

有 $x_1=0$，$x_2=0$，即 $\dfrac{\mathrm{d}x_2}{\mathrm{d}x_1}=\dfrac{0}{0}$，说明原点是二阶线性系统的奇点（或平衡点）。由于奇点处的速度和加速度都为零，故奇点与系统的平衡状态相对应。

二阶线性系统式(7.51)的特征方程为

$$s^2+2\xi\omega_n^2 s+\omega_n^2=0$$

其特征根为

$$\lambda_{1,2}=-\xi\omega_n\pm\omega_n\sqrt{\xi^2-1}$$

在讨论二阶线性系统的响应过程时知，特征根在复平面的位置随 ξ 的变化而变化，因此 ξ 不同，系统的运动规律就不同，运动规律不同，相轨迹的形状和奇点的性质就不同，因此根据 ξ 的不同取值，二阶线性系统的相轨迹大致分为以下六种情况。

1）无阻尼运动（$\xi=0$）

此时二阶线性系统具有一对纯虚根 $\lambda_{1,2}=\pm j\omega_n$，这时方程式(7.51)变为

$$\frac{\mathrm{d}\dot{x}}{\mathrm{d}x}=-\frac{\omega_n^2 x}{\dot{x}}\tag{7.52}$$

用解析法中的积分法求相轨迹方程，对式(7.52)积分，得

$$\frac{\dot{x}^2}{(A\omega_n)^2}+\frac{x^2}{A^2}=1\tag{7.53}$$

式中：$A=\sqrt{x_0^2+\dfrac{\dot{x}_0^2}{\omega_n^2}}$ 是由 x_0、$\dot{x}_0$ 决定的常量。当 x_0、$\dot{x}_0$ 取不同值时，式(7.53)在相平面上表示一簇同心的椭圆，如图 7-75 所示。

在分析相轨迹特点时知道，$\dfrac{\mathrm{d}\dot{x}}{\mathrm{d}x}=\dfrac{\ddot{x}}{\dot{x}}=\dfrac{0}{0}$ 对应的点为奇点。对 $\xi=0$ 的二阶线性系统，由 $\ddot{x}=\dot{x}=0$ 求得奇点为坐标原点(0,0)，亦为椭圆的中心点，故称该奇点为中心点。一旦系统的状态偏离中心点，系统自振不息。

综上所述，无阻尼运动（$\xi=0$）的二阶线性系统具有一对纯虚数极点，相轨迹是一簇以原点为中心点的椭圆，起始于初始状态，无终止点，系统临界稳定，奇点(0,0)称为中心点。

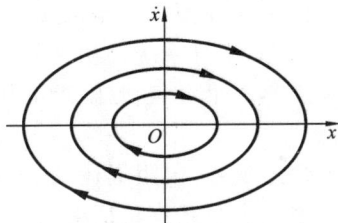

图 7-75 系统无阻尼运动时的相轨迹

2）欠阻尼运动（$0<\xi<1$）

系统具有一对负实部共轭复根 $\lambda_{1,2}=-\xi\omega_n\pm j\omega_n\sqrt{1-\xi^2}$，根据第 4 章内容可知系统稳定。下面推导欠阻尼运动时的相轨迹。

方程式(7.53)的解为

$$x(t)=Ae^{-\xi\omega_m t}\cos(\omega_d t+\phi)\tag{7.54}$$

式中：$\omega_d=\omega_n\sqrt{1-\xi^2}$；$A=\dfrac{\sqrt{\dot{x}_0^2+2\xi\omega_0 x_0\dot{x}_0+\omega_0^2 x_0^2}}{\omega_d}$；$\phi=-\arctan\dfrac{\dot{x}_0+\xi\omega_n x_0}{\omega_d x_0}$。

对式(7.54)求导数，可得

$$\dot{x}(t)=-A\xi\omega_n e^{-\xi\omega_n t}\cos(\omega_d t+\phi)-A\omega_d e^{-\xi\omega_n t}\sin(\omega_d t+\phi)\tag{7.55}$$

以 $\xi\omega_n$ 乘以式(7.54)两端并与式(7.55)相加得

$$\dot{x}+\xi\omega_n x=-A\omega_d e^{-\xi\omega_n t}\sin(\omega_d t+\phi)\tag{7.56}$$

式(7.54)两端同时乘以 ω_d 得

$$\omega_d x=A\omega_d e^{-\xi\omega_n t}\cos(\omega_d t+\phi)\tag{7.57}$$

由式(7.56)和式(7.67)可得

$$(\dot{x}+\xi\omega_{n}x)^{2}+\omega_{d}^{2}x^{2}=A^{2}\omega_{d}^{2}e^{-2\xi\omega_{n}t} \tag{7.58}$$

$$-\frac{\dot{x}+\xi\omega_{n}x}{\omega_{d}x}=\tan(\omega_{d}t+\phi) \tag{7.59}$$

由式(7.59)解出 t ,并将 t 的表达式代入式(7.58),得

$$(\dot{x}+\xi\omega_{n}x)^{2}+\omega_{d}^{2}x^{2}=c\exp\left(\frac{2\xi\omega_{n}}{\omega_{d}}\arctan\frac{\dot{x}+\xi\omega_{n}x}{\omega_{d}x}\right) \tag{7.60}$$

式中:

$$c=A^{2}\omega_{d}^{2}\exp\left(\frac{2\xi\omega_{n}\phi}{\omega_{d}}\right)$$

式(7.60)就是系统欠阻尼运动时的相轨迹方程式,它表示一簇绕在相平面坐标原点的螺旋线。为了清楚起见,可将式(7.60)化为极坐标的形式。令 $r\cos\theta=\omega_{d}x,r\sin\theta=-(\xi\omega_{n}x+\dot{x})$,则式(7.60)变为

$$r=\sqrt{c}\exp\left(\frac{-\xi\omega_{n}}{\omega_{d}}\theta\right) \tag{7.61}$$

式(7.61)即是极坐标中的对数螺旋线方程。因为

$$\tan\theta=-\frac{\xi\omega_{n}x+\dot{x}}{\omega_{d}x}=\tan(\omega_{d}t+\phi)$$

所以

$$\theta=\omega_{d}t+\phi \tag{7.62}$$

由式(7.61)和式(7.62)可知, θ 随 t 的增大而增大, r 随 t 的增大而减少,即相轨迹的移动方向是从外面向原点接近的。系统欠阻尼运动的相轨迹表示在图 7-76 中。由图 7-76 可知,不管系统的初始状态如何,它经过一些衰减振荡,最后趋向于平衡状态。坐标原点是一个奇点,它附近的相轨迹最终收敛于它的对数螺旋线,这种奇点称为稳定的焦点。

综上所述,欠阻尼运动的相轨迹是一簇向心螺旋线,起始于初始状态,终止于奇点,系统稳定。当系统特征根为一对具有负实部的共轭复根时,奇点 $(0,0)$ 称为稳定焦点。

3) 负阻尼运动 $(-1<\xi<0)$

系统具有一对正实部共轭复根: $\lambda_{1,2}=\xi\omega_{n}\pm j\omega_{n}\sqrt{1-\xi^{2}}$ 。系统的零输入响应是振荡发散的。对应的相轨迹也是一簇对数螺旋线,如图 7-77 所示。但此时图 7-77 中相轨迹的移动方向与图 7-76 的相轨迹移动方向不同,说明 t 增长时运动过程是振荡发散的。这时奇点 $\dot{x}=x=0$ 称为不稳定的焦点。

综上所述,相轨迹为一簇离心螺旋线,起始于初始状态、发散至无穷,反向延长交于奇点。当系统特征根为一对具有正实部的共轭复根时,奇点 $(0,0)$ 称为不稳定焦点。

4) 过阻尼运动 $(\xi>1)$

系统特征根为一对互异负实根 $\lambda_{1,2}=-\xi\omega_{n}\pm\omega_{n}\sqrt{\xi^{2}-1}$,系统处于过阻尼状态,其零输入响应呈指数衰减状态。

这时方程式(7.50)的解为

$$x(t)=A_{1}e^{-q_{1}t}+A_{2}e^{-q_{2}t} \tag{7.63}$$

式中: $q_{1}=(\xi+\sqrt{\xi^{2}-1})\omega_{n}$; $q_{2}=(\xi-\sqrt{\xi^{2}-1})\omega_{n}$; $A_{1}=\dfrac{q_{2}x_{0}+\dot{x}_{0}}{q_{2}-q_{1}}$; $A_{2}=\dfrac{q_{1}x_{0}+\dot{x}_{0}}{q_{1}-q_{2}}$ 。

由式(7.63)可得

$$\dot{x}(t)=-A_{1}q_{1}e^{-q_{1}t}-A_{2}q_{2}e^{-q_{2}t} \tag{7.64}$$

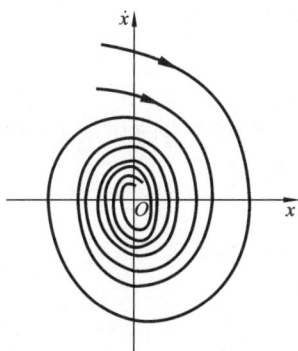

图 7-76　系统欠阻尼运动的相轨迹　　图 7-77　系统负阻尼运动的相轨迹

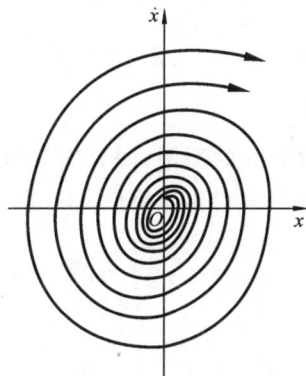

将式(7.63)分别乘以 q_1、q_2 后与式(7.64)相加,得

$$\dot{x}+q_1 x=(q_1-q_2)A_2 e^{-q_2 t} \tag{7.65}$$

$$\dot{x}+q_2 x=(q_2-q_1)A_1 e^{-q_1 t} \tag{7.66}$$

当初始相点 x_0、$\dot{x}_0$ 满足 $\dot{x}_0+q_1 x_0=0$ 时,有 $A_2=0$,由式(7.65)可得直线方程 $\dot{x}_0+q_1 x_0=0$,它表示了相平面上的一条特殊的相轨迹,如图 7-78 中的 1 所示。同理,当初始相点满足 $\dot{x}_0+q_2 x_0=0$ 时,有 $A_1=0$,由式(7.66)可得直线方程 $\dot{x}_0+q_2 x_0=0$,如图 7-78 中的 2 所示。

当 A_1 和 A_2 不为零时,求式(7-65)的 q_1 次方和式(7.66)的 q_2 次方,并将所求得的结果相除,则有

$$(\dot{x}+q_2 x)^{q_2}=c(\dot{x}+q_1 x)^{q_1} \tag{7.67}$$

式中:$c=\dfrac{(q_2-q_1)^{q_2}A_1^{q_2}}{(q_1-q_2)^{q_1}A_2^{q_1}}$。式(7.67)代表了一簇通过原点的高次"抛物线"。实际上,令 $\dot{x}+q_1 x=u,\dot{x}+q_2 x=v$,式(7.67)可化为 $v=c^{1/q_2}u^{q_1/q_2}$ 的形式,这里 $q_1/q_2>1$。图 7-78 表示了式(7.67)给出的相轨迹,在给定初始条件下的时间相应曲线如图 7-79 所示,它是非周期地趋向于平衡状态的过程。图 7-78 中的坐标原点是一个奇点,这种奇点称为稳定的节点。

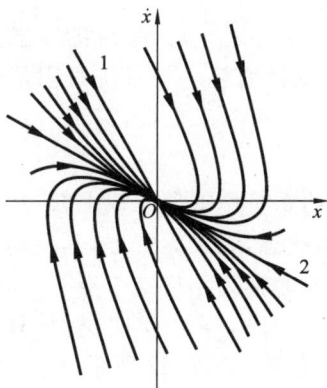

图 7-78　系统过阻尼运动的相轨迹　　图 7-79　系统过阻尼运动的相轨迹

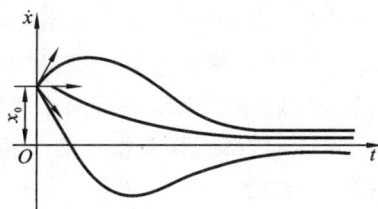

上述两条特殊的直线相轨迹称为 $\xi>1$ 时抛物线相轨迹的渐近线。根据等倾线方程

$$\alpha = -\frac{2\xi\omega_n\dot{x} + \omega_n^2 x}{\dot{x}}$$

得
$$\dot{x} = \frac{-\omega_n^2}{\alpha + 2\xi\omega_n}x = kx \tag{7.68}$$

式中 k 为等倾线的斜率,而 α 代表的是相轨迹的斜率,即相轨迹的切线方向。当 $k = \alpha$,即等倾线的斜率与相轨迹的斜率相等时,式(7.68)变为

$$\frac{-\omega_n^2}{\alpha + 2\xi\omega_n} = \alpha$$

从而得

$$\alpha_{1,2} = -\xi\omega_n \pm \omega_n\sqrt{\xi^2 - 1} = \lambda_{1,2}$$

上式说明,两条特殊等倾线的斜率与系统的两个根相同,且等于位于该等倾线上相轨迹任一点的切线斜率,即当相轨迹运动到特殊的等倾线上时,将沿着等倾线收敛或发散,而不可能脱离该等倾线,这两条特殊等倾线就称为相轨迹的渐近线。

综上所述,当初始点落在斜率分别等于两个根的两条特殊的等倾线上时,相轨迹沿直线趋于原点,否则,相轨迹是一簇抛物线,起始于初始状态,终止于奇点,系统稳定。当系统具有两个负实极点时,奇点(0,0)称为稳定节点。

当 $\xi = 1$ 时,系统的特征根为两个相等的负实根 $\lambda_{1,2} = -\omega_n$。此时等倾线方程为

$$\dot{x} = -\frac{\omega_n^2}{2\omega_n + \alpha}x$$

当 $k = \alpha$ 时,渐近线方程为

$$\alpha = -\frac{\omega_n^2}{2\omega_n + \alpha}$$

解得
$$\alpha = -\omega_n$$

上式表明当 $\xi = 1$ 时,渐近线只有一条,其斜率为系统的相等特征根。相轨迹如图 7-80 所示。

综上所述,当初始状态满足渐近线方程 $\dot{x}_0 = -\omega_n x_0$ 时,相轨迹将沿直线趋于奇点,否则,相轨迹是一簇抛物线,始于初始状态,终于奇点,系统稳定,奇点称为稳定节点。

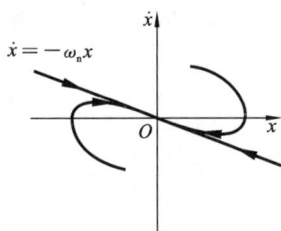

图 7-80 $\xi = 1$ 时的相轨迹

5) $\xi < -1$ 时系统的相轨迹

此时系统特征根为一对互异正实根 $\lambda_{1,2} = |\xi|\omega_n \pm \omega_n\sqrt{\xi^2 - 1}$。系统的零输入响应为非周期发散,对应的相轨迹是由原点出发的发散的抛物线簇。与系统过阻尼的相轨迹类似,也具有两条特殊的直线相轨迹,其斜率为系统的两个正实根,只不过这两条直线位于一、三象限,且是向外发散的,如图 7-81 所示。

综上所述,当初始点落在斜率分别等于两个根的两条特殊的等倾线上时,相轨迹沿直线远离原点,否则相轨迹是一簇抛物线,起始于初始状态,趋于无穷远,其反向延长交于奇点,系统不稳定。系统具有两个正实极点,奇点(0,0)称为不稳定节点。

当 $\xi = -1$ 时,系统特征根为两个相等的正实根 $\lambda_{1,2} = \omega_n$,与 $\xi = 1$ 时类似,只有一条 $\alpha = \omega_n$ 的渐近线,位于一、三象限,且是向外发散的,相轨迹如图 7-82 所示。

可见,$\xi \leqslant -1$ 时的相轨迹形式与 $\xi \geqslant 1$ 时的相同,而运动方向相反,呈非振荡发散。$\xi < -1$,存在两条等倾线,$\xi = -1$,两条等倾线退化成一条等倾线。相平面的原点称为不稳定节点。

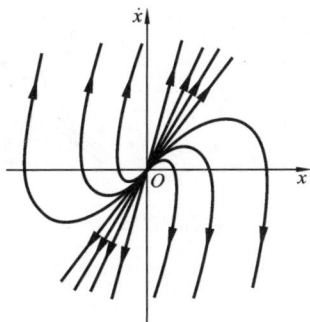

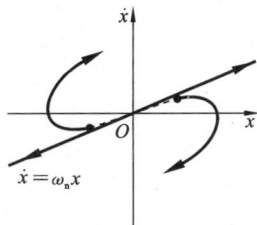

图 7-81　ξ＜−1 时的相轨迹　　　图 7-82　ξ＝−1 时的相轨迹

综上所述,当初始状态满足 $\dot{x}_0=\omega_n x_0$ 时,相轨迹沿直线远离奇点。否则,相轨迹是一簇抛物线,始于初始状态,趋于无穷远,反向延长交于奇点,系统不稳定。奇点称为不稳定节点。

6) 二阶线性系统 $\ddot{x}+2\xi\omega_n\dot{x}-\omega_n^2 x=0$ 的相轨迹

此系统具有符号相反的两个实数特征根 $\lambda_{1,2}=-\xi\omega_n\pm\omega_n\sqrt{\xi^2-1}$,且在这个方程里,与位移项成比例的力与运动的方向相同。如果把式(7.50)中的 $\omega^2 x$ 项看作弹簧的拉力,那么在这里 $-\omega^2 x$ 就相当于斥力。这里方程解的形式同已研究过的过阻尼运动的式(7.63)相同,即有

$$x(t)=A_1 e^{-q_1 t}+A_2 e^{-q_2 t}$$

然而不同的是这时 $q_1>0,q_2<0$,完全类似于过阻尼运动的讨论,可得两条特殊的相轨迹 $\dot{x}+q_1 x=0$ 和 $\dot{x}+q_2 x=0$。前者是相平面上二、四象限的直线,后者是相平面一、三象限的直线,见图 7-83 中的 1 和 2。同样,对 A_1,A_2 不为零进行类似于过阻尼运动的讨论,可得 $v=c^{1/q_2}u^{q_1/q_2}$。但这时因为 $q_1/q_2<0$,所以这是一簇"双曲线",它表示在图 7-83 中。当 $\xi=0$ 时,这一簇双曲线成为等边双曲线。在图 7-83 中,奇点 $\dot{x}=x=0$ 称为鞍点,它所对应的平衡状态显然也是不稳定的。

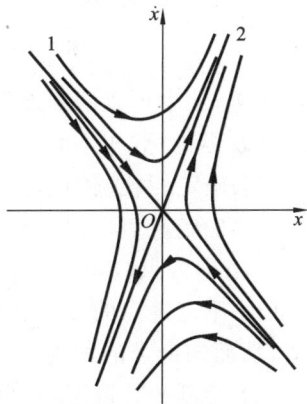

图 7-83　斥力系统的相轨迹

综上所述,两条斜率分别等于两个根的两条特殊的等倾线既是相轨迹,又将相平面分成四个区域。当只有初始值落在负斜率的等倾线上时,运动将趋于原点(这种情况,如受到微小的扰动,将偏离该轨迹,发散至无穷)。否则,相轨迹起始于初始状态、趋于无穷远,系统不稳定。系统具有符号相反的两个实极点,奇点(0,0)称为鞍点。

二阶线性系统的特征根与奇点的对应关系如图 7-84 所示。

2. 相平面法在二阶线性系统中的应用

研究二阶系统的相轨迹,目的就是可以应用相轨迹来分析系统稳定性。这里首先分析相平面法在二阶线性系统中的应用,然后再分析相平面法在非线性系统中的应用。

线性系统相平面分析步骤如下。

(1)首先在相平面上选取合适的坐标,写出在该坐标系下系统的运动方程。一般误差 e 及其导数 $\dot{e}$ 分别为横坐标及纵坐标,相平面即为 e-$\dot{e}$ 平面,相轨迹为误差函数的

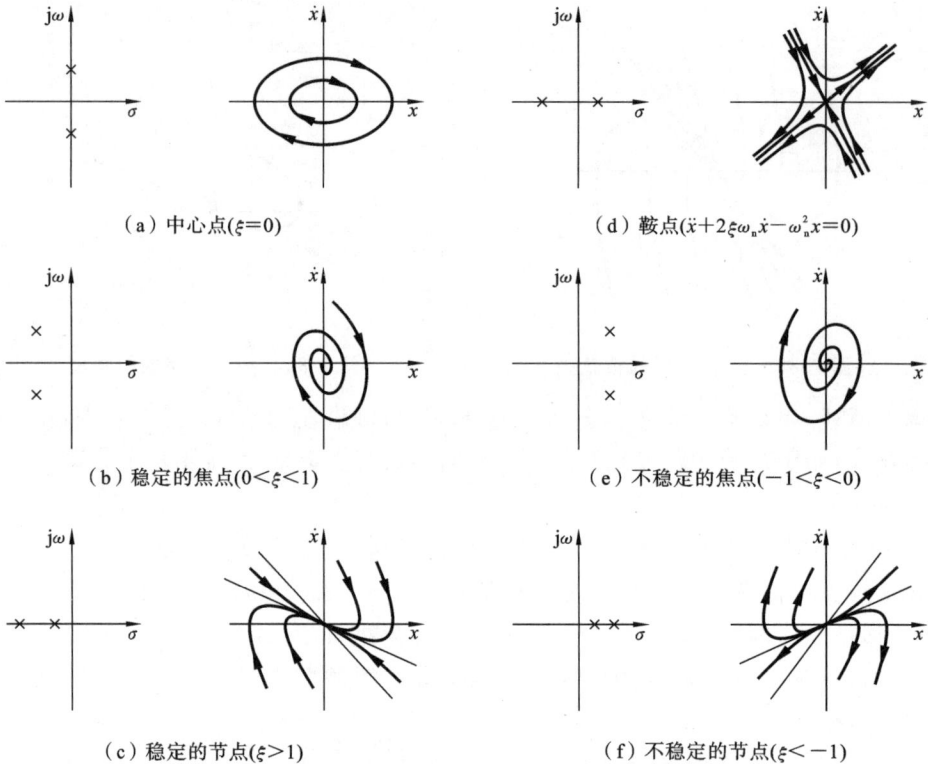

（a）中心点($\xi=0$)　　　　　　　　　（d）鞍点($\ddot{x}+2\xi\omega_n\dot{x}-\omega_n^2x=0$)

（b）稳定的焦点($0<\xi<1$)　　　　　（e）不稳定的焦点($-1<\xi<0$)

（c）稳定的节点($\xi>1$)　　　　　　　（f）不稳定的节点($\xi<-1$)

图 7-84　二阶线性系统的特征根与奇点的对应关系

运动轨迹,从中可以清晰地看出误差的变化情况。当然也可以取输出 c 及其导数 $\dot{c}$ 为横坐标及纵坐标,相平面即为 $c\text{-}\dot{c}$ 平面,相轨迹为系统的输出轨迹。

（2）确定相轨迹的起点,一般由已知条件给出。

（3）确定奇点。根据奇点的定义,奇点处 $\ddot{e}=0,\dot{e}=0$,代入到运动方程中可知此时的 e,奇点即为点$(e,\dot{e})$。

（4）确定奇点的类型。根据系统的型别、输入信号及所对应的 e_{ss},确定可能的 ξ 的取值,从而知奇点的种类。

（5）绘制相轨迹图,并分析系统的相关参数。

【例 7-6】　系统的结构图如图 7-85 所示。设系统开始处于静止状态,试利用相平面法,根据误差对系统进行分析。系统的输入信号如下:

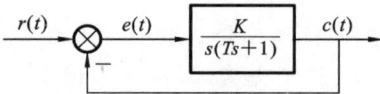

图 7-85　系统的结构图

（1）$r(t)=R\cdot 1(t),t>0,R$ 为常数。

（2）$r(t)=vt,t>0,v$ 为常数。

分析　该题目主要的目的就是分析相轨迹与输入信号、初始值的关系。

解　取相平面为 $e\text{-}\dot{e}$ 平面,列写系统运动的微分方程。由方程组

$$\begin{cases} e=r-c \\ e\dfrac{K}{Ts^2+s}=c \end{cases}$$

得
$$T\ddot{e}+\dot{e}+Ke=T\ddot{r}+\dot{r} \tag{7.69}$$

（1）输入信号为 $r(t)=R \cdot 1(t)(t>0,R$ 为常数），可知此时 $\dot{r}=\ddot{r}=0$，于是得出关于误差 e 的运动方程为

$$T\ddot{e}+\dot{e}+Ke=0 \tag{7.70}$$

① 由已知输入确定相轨迹的起点 $(e(0),\dot{e}(0))$。因为系统是从静止开始运动的，所以 $c(0)=0,\dot{c}(0)=0$，因此有

$$\begin{cases} e(0)=r(0)-c(0)=R \cdot 1(t)-0=R \\ \dot{e}(0)=\dot{r}(0)-\dot{c}(0)=0 \end{cases}$$

所以相轨迹的起点为 $(R,0)$。

② 根据式（7.70）确定相轨迹的奇点。由 $\ddot{e}=0$，$\dot{e}=0$ 可得 $e=0$，所以相轨迹的奇点为 $(0,0)$。

③ 对于 $\nu=1$ 型的系统，当 $r(t)$ 为阶跃信号时，稳态误差为 0。在 e-$\dot{e}$ 平面表示轨迹趋于原点，而趋于原点的相轨迹只有两种可能：$0<\xi<1$ 或 $\xi \geq 1$。因此当 $r(t)=R \cdot 1(t)$ 时，e-$\dot{e}$ 平面的相轨迹有两种情况，如图 7-86 所示。

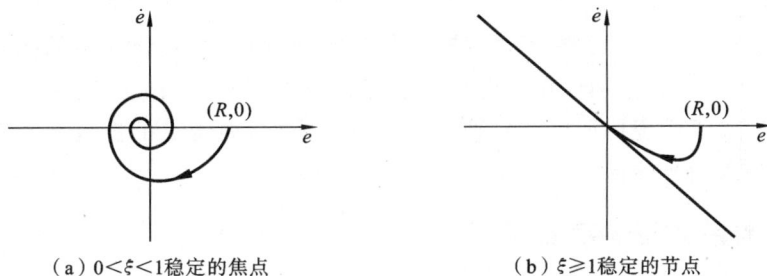

（a）$0<\xi<1$稳定的焦点　　　　（b）$\xi \geq 1$稳定的节点

图 7-86　相轨迹图

（2）输入信号为 $r(t)=\nu t,t>0$ ，ν 为常数，此时运动方程式（7.69）变为
$$T\ddot{e}+\dot{e}+Ke=\nu$$

① 起点：当 $t>0$ 时，$\dot{r}=\nu,\ddot{r}=0$，从而得
$$e(0)=r(0)-c(0)=0$$
$$\dot{e}(0)=\dot{r}(0)-\dot{c}(0)=\nu$$

所以相轨迹的起点为点 $A(0,\nu)$。

② 奇点：由 $\ddot{e}=0$ ，$\dot{e}=0$ 得 $e=\dfrac{\nu}{k}$，所以奇点为实轴上的一点 $\left(\dfrac{\nu}{k},0\right)$。

③ 可能的 ξ 的取值仍为 $0<\xi<1$ 和 $\xi \geq 1$，即稳定的焦点和稳定的节点。

当输入信号发生改变时，可能的奇点类型没有发生变化，只是相轨迹的起点和奇点的位置发生了变化，奇点类型没有发生变化，说明相轨迹的形状没变，而奇点的位置变化了，可以理解为将相平面的坐标系进行了平移，即在 e-$\dot{e}$ 平面系统的奇点为 $\left(\dfrac{\nu}{k},0\right)$，而不是原点，相轨迹如图 7-87 所示（注意此时的初始条件）。

对于输入信号为 $r(t)=R+\nu t,t>0$ 的情况，$\dot{r}(0)=\nu,\ddot{r}(0)=0$，运动方程没变，仍然为 $T\ddot{e}+\dot{e}+Ke=\nu$，与输入为 $r(t)=\nu t,t>0$ 相比，奇点仍为实轴上的一点 $\left(\dfrac{\nu}{k},0\right)$，而相轨迹的起点变为 $B(R,\nu)(e(0)=r(0)-c(0)=R,\dot{e}(0)=\dot{r}(0)-\dot{c}(0)=\nu)$，相轨迹图如图 7-87 所示。

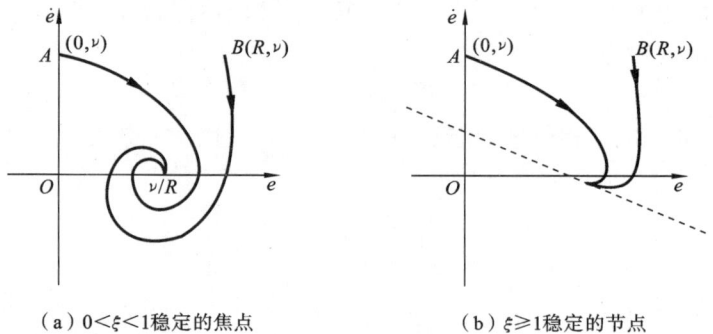

（a）0<ξ<1稳定的焦点　　　　（b）ξ≥1稳定的节点

图 7-87　相轨迹图

通过对例题 7-6 的分析可见,奇点的类型及特征根的分布决定了相轨迹的形状,而输入信号的形式只影响奇点和起点的位置,与相轨迹的形状无关。当输入信号不同时,只需将相轨迹进行平移。因此后面利用相平面法分析系统时为了简便,取输入信号为 $r=0$ 或 $r=1(t)$。

综上所述,对于线性系统,不论其输入信号是何种形式,系统误差的相轨迹图的形状基本上是一样的,其差别仅在于奇点和起点的位置不同。因此线性系统相平面图形和奇点类别取决于系统特征根在复平面上的分布情况,而奇点的位置和相轨迹的起点位置取决于输入信号的形式。

7.3.6　非线性系统的相平面分析

绘出了系统的相轨迹,那么系统的整个运动过程也就一目了然,系统所有可能的运动状态及其性能也就可以确定了,因此相平面分析的目的是要确定系统的所有可能的运动状态及其性能。这里,通过对典型非线性环节的分析,进一步了解相平面分析法,并掌握某些非线性特性在系统中所起的作用。

在含有非线性特性的二阶控制系统中,虽然包含的非线性不相同,但这些非线性系统都可通过几个分段的线性系统来近似。因此整个相平面将相应地划分成若干个区域,其中每个区域对应一个单独的线性工作状态。非线性在各个区域内表现为线性微分方程,而每个状态均有一个奇点。因此应用线性系统的相平面分析法问题迎刃而解,只要掌握各区线性运动方程及对应奇点的类型,不难参照线性系统相轨迹,绘出该区的概略相轨迹,再根据相轨迹图,就可以判断系统的性能。

若该奇点位于对应的区域内,则称为实奇点。若奇点位于对应的区域外,则属于该区域的相轨迹永远到不了该奇点,所以这类奇点称为虚奇点。不论是实奇点还是虚奇点,它们的类型和位置由对应区域的线性微分方程来决定。在相邻的边界上,适当地把各区的相轨迹连接起来,便构成了整个非线性控制系统的相轨迹。应该注意每个系统中,只有一个实奇点,其他均是虚奇点。

一般非线性系统可用分段线性微分方程来描述。在相平面的不同区域内,代表该非线性系统运动规律的微分方程是线性的,因而每个区域内的相轨迹都是线性系统的相轨迹,仅在不同区域的边界上相轨迹发生转换,区域的边界线称为开关线。开关线是非线性系统相平面分析中的关键参数。

由相平面法分析非线性系统的步骤如下。

（1）将非线性特性用分段的线性特性来表示，并写出相应的线性数学表达式。

（2）在相平面上选择合适的坐标系，常用 $e\text{-}\dot{e}$ 或者 $c\text{-}\dot{c}$。然后根据非线性特性将相平面分成几个区域，使非线性特性在每个区域内都是线性的。

（3）根据初始条件及输入信号的形式列出各区的线性微分方程，并确定开关线。

（4）从初始位置开始分区绘制相轨迹。

（5）把相邻区域中的相轨迹在区域的边界上适当连接起来，得到整个非线性控制系统的相轨迹。

（6）根据相轨迹，判断非线性控制系统的运动特性。

下面针对典型的非线性特性来研究非线性系统的相平面法。首先分析含饱和特性的非线性系统。

【例 7-7】 含饱和特性的非线性系统如图 7-88 所示。已知参数 $k=1,T>0$，相轨迹的初始位置为 $e(0)=e_0,\dot{e}(0)=\dot{e}_0$，试绘制非线性系统的相轨迹。

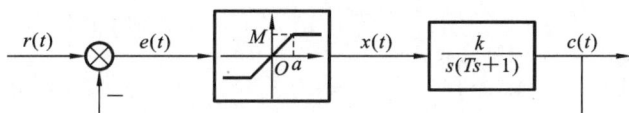

图 7-88　含饱和特性的非线性系统

解　设输入信号为 $r(t)=R\cdot 1(t)$，则当 $t>0$ 时，$\dot{r}=0,\ddot{r}=0$。

（1）首先写出饱和特性的数学表达式，即

$$\begin{cases} x=e, & |e|<a \\ x=b, & e\geqslant a \\ x=-b, & e\leqslant -a \end{cases}$$

（2）选取相平面为 $e\text{-}\dot{e}$ 平面。

（3）列写各区域线性微分方程。由系统的结构图可得

$$\begin{cases} \dfrac{c}{x}=\dfrac{k}{Ts^2+s} \\ e=r-c \end{cases}$$

取拉氏反变换，得只含输出变量 e 的运动方程

$$T\ddot{e}+\dot{e}+kx=T\ddot{r}+\dot{r} \tag{7.71}$$

将 $\dot{r}=0,\ddot{r}=0$ 及 x 代入到式（7.71）中，得三个线性方程

$$\begin{cases} T\ddot{e}+\dot{e}+ke=0, & |e|<a \\ T\ddot{e}+\dot{e}+kb=0, & e\geqslant a \\ T\ddot{e}+\dot{e}-kb=0, & e\leqslant -a \end{cases}$$

显然，相平面以直线 $e=\pm a$ 为界限被分成了 3 个区域，在每个区域里，系统的相轨迹完全由一个线性微分方程所确定。直线 $e=\pm a$ 为系统的开关线。

（4）分区绘制相轨迹

设 $e_0>a$，则初始值落在 $e\geqslant a$ 的区域内。由于相轨迹的起点在 $e\geqslant a$ 区域，因此先绘制 $e\geqslant a$ 区域的相轨迹。

① 在 $e\geqslant a$ 的区域内，系统的运动方程为

$$T\ddot{e}+\dot{e}+kb=0 \tag{7.72}$$

在给定初始条件 $e(0)=e_0,\dot e(0)=\dot e_0$ 下,分别解出 e、$\dot e$ 与 t 的关系

$$\begin{cases} e=e_0+(\dot e+kb)T-(\dot e_0+kb)Te^{-\frac{t}{T}}-kbt \\ \dot e=(\dot e_0+kb)e^{-\frac{t}{T}}-kb \end{cases}$$

消去 t,找到 e 和 $\dot e$ 的关系

$$\begin{cases} T\ddot e+\dot e+ke=0 \\ e=e_0+T(\dot e_0-\dot e)+kb\ln\dfrac{kb+\dot e}{kb+\dot e_0} \end{cases}$$

因为方程 $T\ddot e+\dot e+kb=0$ 中,奇点 $\dot e=0,\ddot e=0$ 时,e 的取值不定,即 e 可能取任意值,奇点的类型无法判断,曲线很难绘制,此时可以考虑采用等倾线法。相轨迹的斜率方程为

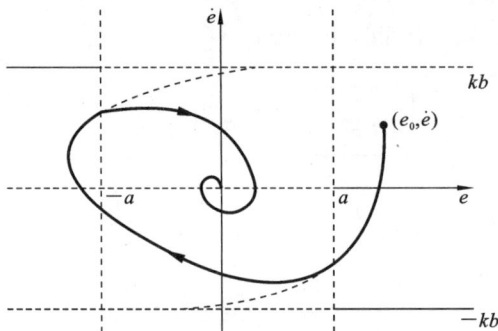

$$\frac{d\dot e}{de}=-\frac1T\frac{\dot e+kb}{\dot e} \qquad (7.73)$$

记 $d\dot e/de=\alpha$,则等倾线方程为

$$\dot e=-\frac{kb}{T\alpha+1}$$

应用等倾线法,利用等倾线方程在相平面 $e\geqslant a$ 区域绘制一簇相轨迹,如图 7-89 所示。

其中直线 $\dot e=-kb$ 为 $e\geqslant a$ 区域内 $\alpha=0$ 的等倾线。从图 7-89 可以看出该区域内的全部相轨迹均渐近于 $\dot e=-kb$,故 $\alpha=0$ 的等倾线为相轨迹的渐近线。

图 7-89 例 7-7 相轨迹图

② 在 $|e|<a$ 的区域内,系统的运动方程为

$$T\ddot e+\dot e+ke=0 \qquad (7.74)$$

将 $\ddot e=\dfrac{d\dot e}{de}\dot e$ 代入式(7.74),求得该区相轨迹的斜率方程为

$$\frac{d\dot e}{de}=-\frac1T\frac{\dot e+ke}{\dot e}$$

由 $\dot e=0$,$\ddot e=0$,可得 $e=0$,将 $\dot e=0$ 及 $e=0$ 代入上式,得

$$\frac{d\dot e}{de}=\frac00$$

这说明原点$(0,0)$为$|e|<a$区域相轨迹的奇点,该奇点因为位于该区域内,故为实奇点。此时要根据 ξ 的取值确定奇点的类型。由 $T>0$ 可知特征根一定在左半平面。若 $1-4kT<0$,则系统有一对共轭复根,系统工作在欠阻尼状态,奇点为稳定的焦点,如图 7-89 所示。若 $1-4kT>0$,则系统有两个负实根,系统在该区域工作在过阻尼状态,奇点为稳定的节点。

③ $e\leqslant-a$ 区域与 $e\geqslant a$ 区域分析方法相同,相轨迹如图 7-89 所示。

下面研究继电器型非线性控制系统的相平面分析。

系统中有一个或几个元件具有继电器型非线性特性的系统称为继电器型系统。实际系统中的各种开关装置、继电器、接触器以及带强正反馈的磁放大器和具有饱和现象的高增益放大器都可看成继电器型非线性元件。继电器型非线性特性如图 7-90 所示。

图 7-90(a)所示特性的数学表达式为式(7.75);当 $m=+1$ 和 $m=-1$ 时,可以分别得到图 7-90(b)和(c)所示特性的表达式。若继电器系统结构图如图 7-91 所示,则首先研究图中继电器特性为图 7-90(b)的情况。

$$x_2=\begin{cases} M, & x_1>h \\ & x_1>mh,\dot{x}_1>0 \\ 0, & -mh<x_1<h,\dot{x}_1>0 \\ & -h<x_1<mh,\dot{x}_1<0 \\ -M, & x_1<-h \\ & x_1<-mh,\dot{x}>0 \end{cases} \tag{7.75}$$

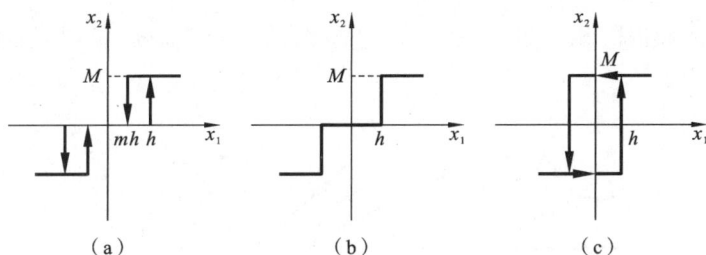

图 7-90 继电器型非线性特性

当输入量为零时,$e=-c$,系统的方程相当于三个线性方程,即

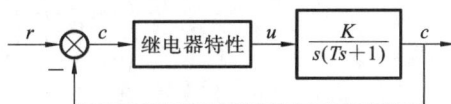

图 7-91 继电器系统结构图

$$T\ddot{c}(t)+\dot{c}(t)=\begin{cases} -KM, & c>h \\ 0, & |c|<h \\ KM, & c<-h \end{cases} \tag{7.76}$$

如果取 $c(t)$ 和 $\dot{c}(t)$ 为相坐标,很明显,相平面以直线 $c=\pm h$ 为界被分成三个不同的区域,在每个区域里,系统的相轨迹完全由一个线性微分方程所确定。

(1) 在 $c>h$ 的区域,系统方程为

$$T\ddot{c}(t)+\dot{c}(t)=-KM \tag{7.77}$$

在给定初始条件 $c(0)=c_0,\dot{c}(0)=\dot{c}_0$ 下,式(7.77)的解为

$$c(t)=c_0+(\dot{c}+KM)T-(\dot{c}+KM)Te^{-\frac{1}{T}t}-KMt \tag{7.78}$$

对式(7.78)求一次导数,可得

$$\dot{c}(t)=(\dot{c}_0+KM)e^{-\frac{1}{T}t}-KM \tag{7.79}$$

由式(7.79)可见,当 $\dot{c}_0=-KM$ 时,有

$$\dot{c}=KM \tag{7.80}$$

当 $\dot{c}_0\neq-KM$ 时,由式(7.79)可解出

$$t=-T\ln\left|\frac{\dot{c}+KM}{\dot{c}_0+KM}\right| \tag{7.81}$$

将式(7.81)代入式(7.78),可得

$$c=c_0+(\dot{c}_0-\dot{c})T+KMT\ln\left|\frac{\dot{c}+KM}{\dot{c}_0+KM}\right| \tag{7.82}$$

式(7.82)就是 $c>h$ 区域的相轨迹方程。

（2）在 $|c|<h$ 的区域，系统方程为
$$T\ddot{c}+\dot{c}=0$$
相轨迹是一族斜率为 $-1/T$ 的直线，它的方程为
$$\dot{c}-\dot{c}_0=\frac{-1}{T}(c-c_0) \tag{7.83}$$

（3）在 $c<h$ 的区域，只要将式(7.77)中的 $-KM$ 换为 KM 就可以得到这个区域的相轨迹方程
$$\begin{cases}\dot{c}=KM, & \dot{c}_0=KM \\ c=c_0+(\dot{c}_0-\dot{c})T-KMT\ln\left|\dfrac{\dot{c}-KM}{\dot{c}_0-KM}\right|, & \dot{c}_0\neq KM\end{cases} \tag{7.84}$$
$$\tag{7.85}$$

绘出以上三个区域内的相轨迹，并把三个区域衔接起来，就可以得到这个系统的相平面，如图 7-92 所示。

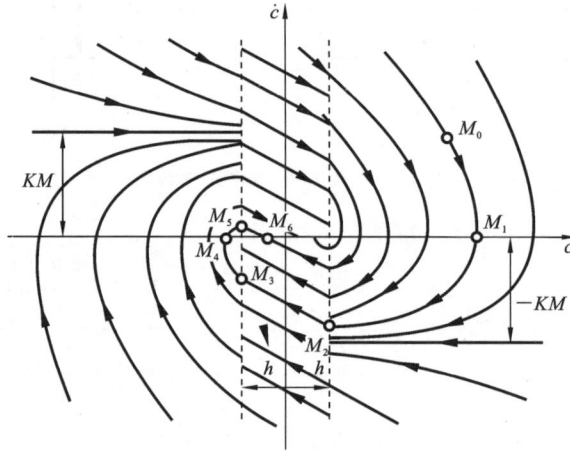

图 7-92　$m=+1$ 时的相轨迹

由图 7-92 可见，在直线 $c=h$ 和 $c=-h$ 处，相轨迹发生了转换，它代表了继电器特性由一种工作状态转换为另一种工作状态。例如，图 7-92 中由 M_0 出发的相轨迹经过 M_1、M_2、M_3、M_4、M_5，最后终止于 M_6 点。在 M_2、M_3 和 M_5 处，继电器的工作状态均发生了转换。在 M_1 点处，c 取最大值。在图 7-92 中，$\dot{c}=0$，$|c|<h$ 是一段相轨迹的终止线段，称为平衡段，它上面每一点都对应于系统的一个平衡状态。

对于像式(7.76)这样的分段线性系统，最重要的是研究出相平面上的开关线，因为开关线把相平面分成若干区域，在每一个区域内相轨迹都是某一个线性系统的相轨迹。

其次研究 $m=-1$ 的情况。这时系统的微分方程为
$$T\ddot{c}+\dot{c}=\begin{cases}-KM, & c<-h \\ 0, & c<h,\dot{c}>0 \\ & c>0 \\ KM, & c>-h,\dot{c}<0\end{cases}$$

开关线方程为 $\dot{c}>0,c=h$ 和 $\dot{c}<0,c=-h$。这两条开关线把相平面分成两个区域，如图 7-93 所示。在 $c>h$ 及 $c>-h,\dot{c}<0$ 的区域内，相轨迹方程同式(7.80)和式(7.82)；在 $c<-h$ 及 $c<h,\dot{c}>0$ 的区域内，相轨迹方程同式(7.84)和式(7.85)。$m=-1$ 时继电器

系统的相轨迹如图 7-93 所示。值得注意的是,这时线段 $|c|<h,\dot{c}=0$ 不是系统的平衡段。由这个线段出发的相轨迹都向外发散,而由较大的初始状态出发的相轨迹都有向内收敛的趋势。介于从内向外发散和从外向内收敛的相轨迹之间,存在着一个封闭的相轨迹,如图 7-93 中的 $MNKLM$,所以从内向外发散和从外向内收敛的相轨迹都逐渐逼近于它,这条封闭的相轨迹是一个稳定的极限环,它对应于一个自激振荡。对这个系统而言,不论初始条件如何,系统最终都是处于自振状态,并且振荡的周期与振幅仅取决于系统的参数,而与初始条件的大小无关。

上面讨论了两种极限情况,即 $m=+1$ 时,不论初始条件如何,系统的自由运动最后都稳定在平衡位置;而 $m=-1$ 时,不论初始条件如何,系统最终都呈现出自激振荡。现在讨论 m 从 $+1$ 逐渐变为 -1 时,系统是怎样由稳定变为自振的。当 $m\neq+1$ 时,相平面的开关线方程为

$$\dot{c}>0, \quad c=-mh, \quad c=h$$
$$\dot{c}<0, \quad c=mh, \quad c=-h$$

与 $m=+1$ 时相比,在上半面,开关线由 $c=-h$ 变为 $m\neq+1,c=-mh$,在下半面,开关线由 $c=h$ 变为 $c=mh$。这就是说,由于继电器有滞环,继电器在释放时 $|\dot{c}|$ 都比 $m=+1$ 时大,这就增加了振荡的趋势(见图 7-94)。随着 m 减小,这种振荡的趋势逐渐加大(见图 7-95)。当 m 减小到一定的程度,相平面将由图 7-95 的(a)变到(b),这时出现了半稳定的极限环。当初始条件较小时,系统的运动趋于平衡位置;当初始条件较大位于极限环之外时,相轨迹都缠绕到极限环上。这种半稳定的极限环所对应的周期运动也不是稳定的,实际上总不可避免地有使振幅稍为减小的扰动,这时周期运动将不能保持,系统就趋于平衡位置。如果 m 再继续减小,将出现图 7-95(c)的相轨迹,这时出现了稳定的极限环,同时还有一个由两条相轨迹构成的区域,如图 7-95(c)中的直线部分。当初始扰动在画直线的区域里时,系统的运动趋于平衡位置,否则都会引起自激振荡。此时平衡位置也是半稳定的。当 $m=-1$ 时,稳定极限环的吸引区遍及整个相平面,因此不论什么初始扰动,系统最终都处于自振状态。

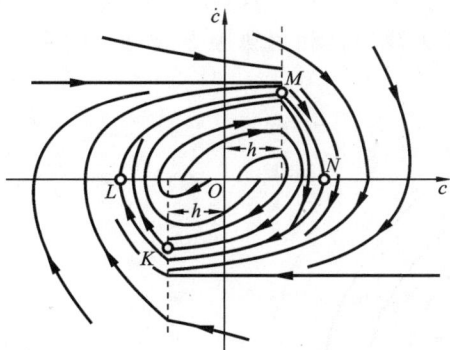

图 7-93 $m=-1$ 时的相轨迹 图 7-94 $m\neq+1$ 振荡趋势加大示意图

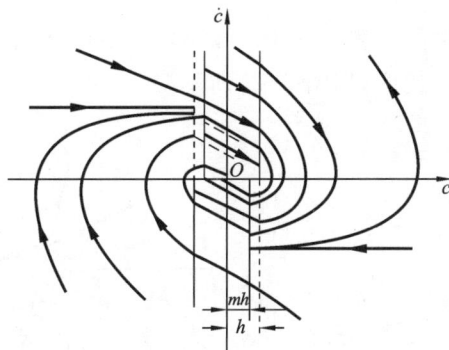

上面从开关线随 m 变化的移动过程直观地讨论了相平面上出现稳定极限环的可能性,用解析的方法可以证明这一稳定极限环存在的充分必要条件为

$$e^{-2h/KMT}-1+\frac{(m+1)h}{KMT}<0 \tag{7.86}$$

显然,当 $m=-1$ 时,上式成立,系统有自振发生;当 $m=+1$ 时,上式不成立,系统无自振。

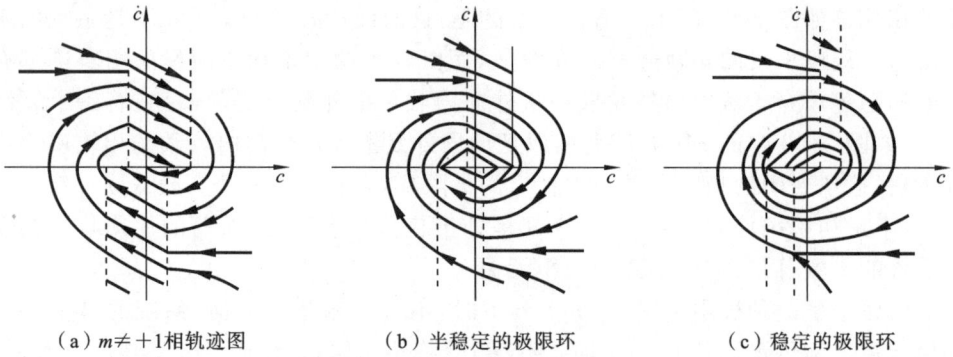

（a）$m\neq+1$相轨迹图　　　　（b）半稳定的极限环　　　　（c）稳定的极限环

图 7-95　m 逐渐减少时的相平面

下面分析速度反馈对继电系统自由运动的影响。该系统的结构图如图 7-96 所示，图中 $\tau < T$。

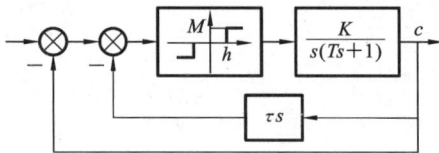

图 7-96　有速度反馈的继电器系统

系统的微分方程为

$$T\ddot{c}+\dot{c}=\begin{cases} KM, & c+\tau\dot{c}<-h \\ 0, & |c+\tau\dot{c}|<h \\ -KM, & c+\tau\dot{c}>h \end{cases}$$

(7.87)

相轨迹方程为

$$c+\tau\dot{c}>h：\quad \dot{c}_0=-KM,\quad \dot{c}=-KM \tag{7.88}$$

$$\dot{c}_0\neq-KM,\quad c=c_0+(\dot{c}_0-\dot{c})T+KMT\ln\left|\frac{\dot{c}+KM}{\dot{c}_0+KM}\right| \tag{7.89}$$

$$|c+\tau\dot{c}|<h：\quad \dot{c}-\dot{c}_0=\frac{-1}{T}(c-c_0) \tag{7.90}$$

$$c+\tau\dot{c}<-h：\quad \dot{c}_0=KM,\quad \dot{c}=KM \tag{7.91}$$

$$\dot{c}_0\neq KM,\quad c=c_0+(\dot{c}_0-\dot{c})T-KMT\ln\left|\frac{\dot{c}-KM}{\dot{c}_0-KM}\right| \tag{7.92}$$

开关线方程为 $\tau\dot{c}+c=h$ 和 $\tau\dot{c}+c=-h$。根据开关线方程和相轨迹方程可绘出系统的相轨迹图，如图 7-97 所示。

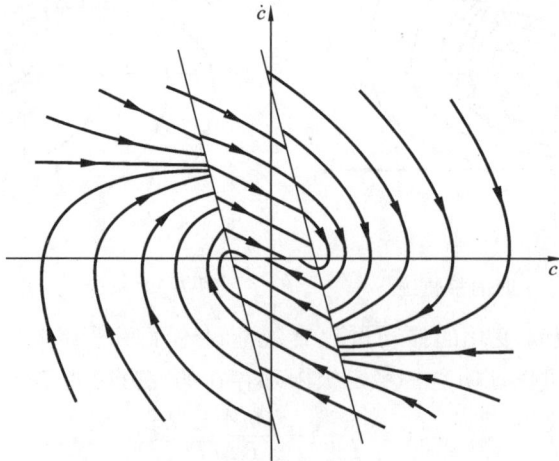

图 7-97　速度反馈对系统运动过程的影响

将此相轨迹图与图 7-92 比较,可看出两者主要是开关线不同。未接入速度反馈时,开关线为通过 ±h 的两条与 c 轴垂直的直线,在接入速度反馈后,这两条开关线逆时针方向转动的结果是,相轨迹将提前进行转换,这样就使得自由运动的超调量减少,调节时间缩短,也就是说系统的性能将得到改善。由于开关线转过的角度随着速度反馈强度的增大而增大,因此,当 τ<T 时,系统性能将随着速度反馈强度的增大而得到改善。从这个例子中可以看出,开关线在上半平面向左移动,在下半面向右移动,会使系统性能变好。在前面的例子中,−1<m<+1 的情况是,开关线在上半平面向右移动,在下半面向左移动,从而使系统的性能变坏。开关线与系统性能的这种密切关系,在用相轨迹法分析系统时非常重要,利用这种关系不仅可以比较不同系统性能的好坏,而且还可以通过改变开关线的位置来改善系统的性能。

图 7-97 所示系统在速度反馈信号过强使得 τ>T 时,系统会发生一种被称为滑动的现象。这时继电器在一个触点处频繁地换接,而系统的输出量是一段一段地向平衡位置移动。滑动现象是非线性系统中的一种运动形式,它在变结构系统的设计中起着重要作用。

7.4 利用非线性特性改善控制系统性能

非线性特性可以给系统的控制性能带来许多不利的影响,但是如果运用得当,有可能获得线性系统无法比拟的良好效果。这些人为加入系统中去的非线性特性称为非线性校正环节。非线性校正环节与线性校正环节相比,具有采用简单的装置便能使控制系统性能得到大幅度提高,以及成功解决系统快速性能和振荡性能之间的矛盾等特点。基于上述原因,控制系统已广泛采用非线性校正来提高控制系统性能。

鉴于非线性控制系统的综合理论尚不完善,下面将结合一些实例来说明利用非线性特性改善控制系统性能的问题。

【例 7-8】 设有如图 7-98 所示的含非线性反馈的随动系统。试分析非线性反馈在改善系统性能方面的作用。

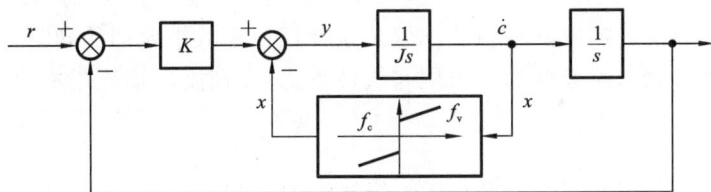

图 7-98 随动系统结构图

解 应用相平面法分析非线性反馈在改善系统性能方面的作用。

(1) 无非线性反馈时系统的运动状态。

这时,系统的运动方程为

$$J\ddot{c}=y$$
$$e=r-c$$

若考虑 $r(t)=R \cdot 1(t)$,$R=$ 常值,则以误差 e 为输出变量表示的运动方程为

$$J\ddot{e}+Ke=0$$

上式由于阻尼比 $\xi=0$,故在 $e\text{-}\dot{e}$ 平面中的相轨迹为一簇代表等幅振荡的极限环。因此,给定系统在无非线性反馈时实际上为不稳定系统。

（2）有非线性反馈时系统的运动状态。

这时,从图 7-98 所示结构图写出系统的运动方程为

$$J\ddot{c}=y$$
$$y=Ke-x$$
$$e=r-c$$
$$x=\begin{cases} f_c+f_v\dot{c}, & \dot{c}>0 \\ -f_c+f_v\dot{c}, & \dot{c}<0 \end{cases}$$

式中:f_c 和 f_v 分别为干摩擦与黏性摩擦系数。

若考虑 $r(t)=R\cdot 1(t)$,$R=$常数,则以误差为输出变量表示的运动方程为

$$J\ddot{e}+f_v\dot{e}+K\left(e-\frac{f_c}{K}\right)=0, \quad \dot{e}<0$$
$$J\ddot{e}+f_v\dot{e}+K\left(e+\frac{f_c}{K}\right)=0, \quad \dot{e}>0$$

上列运动方程中的阻尼比 ξ 通常介于 0 与 1 之间,故代表欠阻尼运动状态。由上列运动方程不难求出,在 $e\text{-}\dot{e}$ 平面上半部($\dot{e}>0$)的奇点为稳定焦点,其坐标为 $e=-f_c/K$ 及 $\dot{e}=0$,是实奇点;在 $e\text{-}\dot{e}$ 平面下半部($\dot{e}<0$)的奇点也将是稳定焦点,其坐标为 $e=f_c/K$ 及 $\dot{e}=0$,也是实奇点。

给定系统有非线性反馈时的相轨迹图如图 7-99 所示,它代表向横轴的 $-f_c/K\sim f_c/K$ 线段收敛的衰减振荡运动状态。横轴上的线段 $-f_c/K\sim f_c/K$ 代表系统的稳态误差区,这说明系统的最大稳态误差等于 $\pm f_v/K$,增大开环增益 K 可以减小最大稳态误差值。

综上所述,对于给定随动系统来说,非线性反馈的作用在于增大系统的阻尼程度,使系统由无阻尼状态转变为欠阻尼状态。可见,一种简单的非线性速度反馈有效地将实际不稳定的系统校正为实用的稳定系统。

又如图 7-100 所示的非线性阻尼控制系统。在线性控制中,常用速度反馈来增加系统的阻尼,改善动态响应的平稳性。但是这种校正在减小超调的同时,往往降低响应的速度,使系统的稳态误差增加。采用非线性校正,在速度反馈通道中串入死区特性,

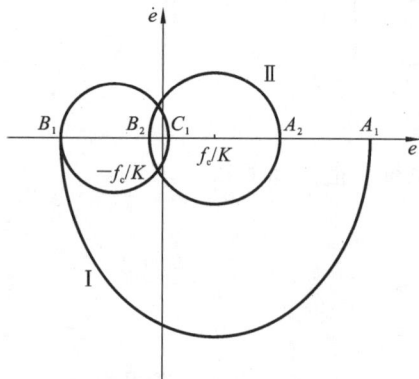

图 7-99 给定系统有非线性反馈时的相轨迹图

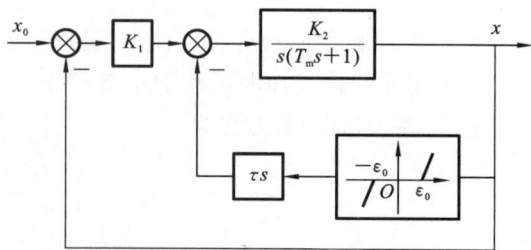

图 7-100 非线性阻尼控制系统

则系统输出量较小(小于死区 ε_0)时,没有速度反馈,系统处于弱阻尼状态,响应较快。而当输出量增大、超过死区 ε_0 时,速度反馈被接入,系统阻尼增大,从而抑制了超调量,使输出快速、平稳地跟踪输入指令。图 7-101 所示的曲线 1、2、3 分别为系统在无速度反馈、采用线性速度反馈和采用非线性速度反馈三种情况下的阶跃响应曲线。由图 7-101 可见,在非线性速度反馈时,系统的动态过程(曲线 3)既快又稳,具有良好的控制性能。

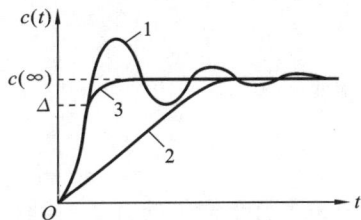

图 7-101 非线性阻尼下的阶跃响应

7.5 非线性控制系统分析实例

7.5.1 直流电动机速度控制系统

【例 7-9】 在直流电动机速度控制系统中,考虑放大器的饱和特性,重新绘制结构图如图 7-102 所示。其中,r 为期望的电动机转速,c 表示电动机转速。设放大器为理想的饱和环节,其数学模型为

$$y=\begin{cases} -M, & e<-e_0 \\ ke, & |e|\leqslant e_0 \\ M, & e>e_0 \end{cases}$$

式中:$k=62.4$;$e_0=0.1$。试分析饱和特性对系统稳定性的影响。

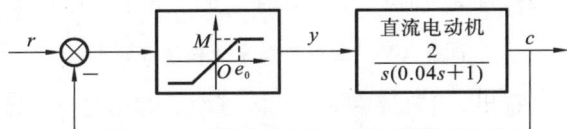

图 7-102 直流电动机速度控制系统的结构图

解 本题系统为二阶系统,考虑采用相平面法对系统进行分析。

系统线性部分的开环传递函数为

$$G(s)=\frac{2}{s(0.04s+1)}$$

根据 y 的表达式可得非线性系统的分区运动方程为

$$\begin{cases} 0.04\ddot{e}+\dot{e}+2M=0.04\ddot{r}+\dot{r}, & e>e_0 \\ 0.04\ddot{e}+\dot{e}+2ke=0.04\ddot{r}+\dot{r}, & |e|\leqslant e_0 \\ 0.04\ddot{e}+\dot{e}-2M=0.04\ddot{r}+\dot{r}, & e<-e_0 \end{cases} \quad (7.93)$$

设输入信号为单位斜坡信号,$r(t)=t$,则 $\dot{r}=1$,$\ddot{r}=0$。整理式(7.93)得

$$\begin{cases} 0.04\ddot{e}+\dot{e}+2M=1, & e>e_0 \\ 0.04\ddot{e}+\dot{e}+2ke=1, & |e|\leqslant e_0 \\ 0.04\ddot{e}+\dot{e}-2M=1, & e<-e_0 \end{cases} \quad (7.94)$$

可知开关线为 $e=\pm0.1$。这里涉及在饱和区需要确定形如

$$T\ddot{e}+\dot{e}+A=1, \quad A \text{ 为常数}$$

的相轨迹。由上式得相轨迹微分方程

$$\frac{\mathrm{d}\dot e}{\mathrm{d}e}=\frac{1-\dot e-A}{T\dot e}\neq\frac{0}{0}$$

等倾线方程

$$\dot e=\frac{1-A}{1+\alpha T}$$

为一簇平行于横轴的直线,其斜率 k 均为零。令 $\alpha=0$ 得 $\dot e=1-A$,即为特殊的等倾线 $k=\alpha=0$。在给定参数值下求得线性区的奇点为 $\left(\frac{1}{2k},0\right)$,为实奇点,其特征根具有负实部,所以奇点为稳定的焦点。设相轨迹起始点为 $(0.3,-11)$,相轨迹图如图 7-103 所示。

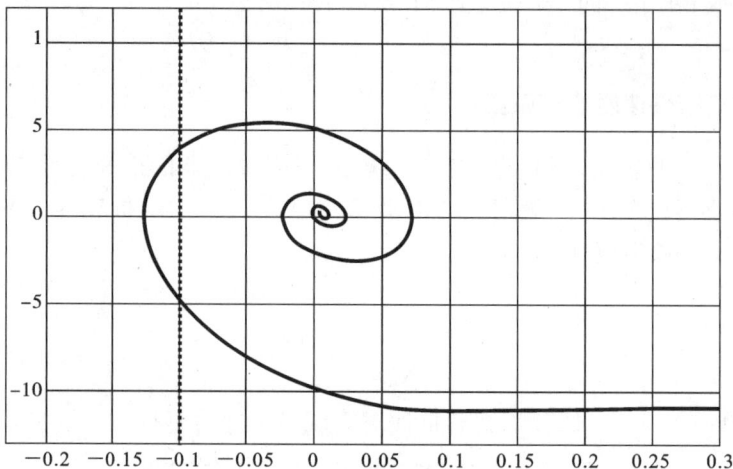

图 7-103　速度控制系统相轨迹图

从相轨迹图上可以看出,相轨迹在 $e>e_0$ 区域渐近趋近于 $\dot e=1-2M$ 的等倾线;在 $e<-e_0$ 区域渐近趋近于 $\dot e=1+2M$ 的等倾线。相轨迹最终趋于 $\left(\frac{1}{2k},0\right)$ 点,即 $(0.008,0)$ 点。加入非线性饱和环节后,系统在斜坡作用下的稳态误差 $e_{ss}=0.008$,而系统在未加入饱和非线性时,$e_{ss}=0.5$。饱和特性的主要特点就是当输入信号超过某一范围后,输出不再变化,而在线性范围内,相当于比例环节,使系统开环增益提高,从而使稳态误差减小。

7.5.2　电阻炉温度控制系统

【例 7-10】 已知某电阻炉温度控制系统的结构图如图 7-104 所示。其中,当 $K=10$ 时,若要求温度保持 1000 ℃,电阻炉由常温 20 ℃ 启动,试在 c-$\dot c$ 相平面上绘出温度控制相轨迹,求出升温时间。r 为期望的电阻炉内温度,c 表示实际电阻炉内温。

解 非线性部分的数学表达式为

$$y=\begin{cases}0,&e<-20\\500,&|e|<20\\0,&e>20\end{cases}$$

电阻炉温度控制曲线如图 7-105 所示。

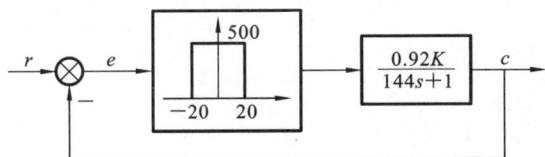

图 7-104 某电阻炉温度控制系统的结构图

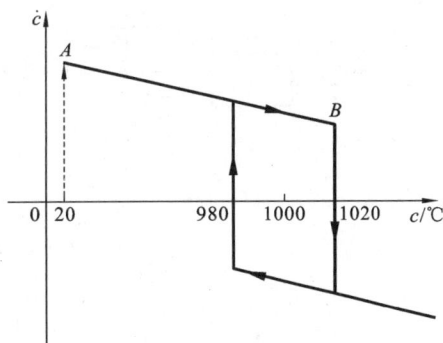

图 7-105 电阻炉温度控制曲线

系统的分区运动方程为

$$100\dot{c}+c=\begin{cases}4600\begin{cases}c<980\\c<205,\dot{c}>0\end{cases}\\0\begin{cases}c>1020\\c<980,\dot{c}<0\end{cases}\end{cases}$$

相应的相轨迹如图 7-106 所示。相轨迹在开关线上跳至另一条相轨迹。

升温时间:在升温时,相轨迹沿图 7-105 中 AB 运动,对应的相轨迹方程为

$$\dot{c}=\frac{4600-c}{144}\quad t_r=\int_{20}^{1000}\frac{\mathrm{d}c}{\dot{c}}=\int_{20}^{1000}\frac{144}{4600-c}\mathrm{d}c=144\ln\frac{4580}{3600}=34.672\ \mathrm{s}$$

在相平面上精确绘出 c-$\dot{c}$ 相轨迹,同时也可绘出电阻炉温度控制系统的时间响应曲线,如图 7-106、图 7-107 中所示,最后测得升温时间 $t_r=33.92\ \mathrm{s}$,温度精度为 $\pm5\ ℃$。

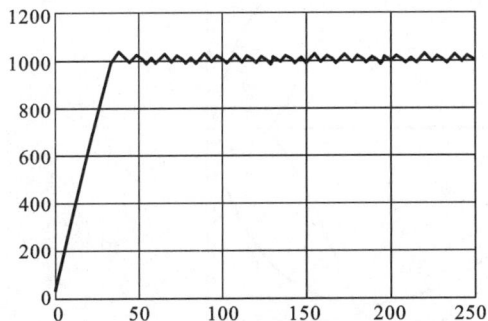

图 7-106 系统相轨迹图

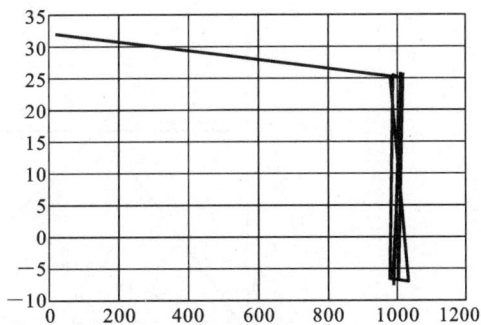

图 7-107 系统时间响应

7.5.3 船舶航向控制系统

船舶航向控制系统中考虑放大器饱和特性的结构图如图 7-108 所示,其中控制器取为 PI 控制器 $G_c(s)=\frac{1+0.1704s}{1+0.3368s}$。由图 7-108 可知系统线性部分的传递函数为

$$G(s)=\frac{0.08(90.88s+1)}{s(0.4667s+1)(10s+1)(50s+1)}$$

系统线性部分的开环增益为 $K=0.08$。

饱和非线性特性的描述函数为

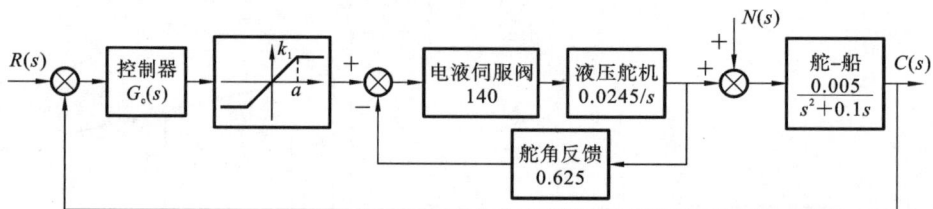

图 7-108 含有饱和特性的系统结构图

$$N(A)=\frac{2k}{\pi}\left[\arcsin\frac{a}{A}+\frac{a}{A}\sqrt{1-\left(\frac{a}{A}\right)^2}\right],\quad A\geqslant a$$

由结构图可知,非线性环节参数 $k=\frac{1}{K}=125$,由实际系统的最大输出电压为 10 V 可得

参数 $a=0.008$。系统的 $-\frac{1}{N(A)}$ 曲线如图 7-109 所示,线性部分 Γ_{G} 曲线如图 7-109 中

的曲线①所示。由图 7-109 可知穿越频率 $\omega_x=0.493$ rad/s,Γ_{G} 曲线与负实轴的交点

为 $G(\mathrm{j}\omega_x)=-0.05902$,且该交点处 $-\frac{1}{N(A)}$ 沿 A 增大方向,由不稳定区域进入稳定区

域,根据周期运动的稳定性判据可知,系统存在稳定的周期运动。由

$$\mathrm{Re}[G(\mathrm{j}\omega)]=-\frac{1}{N(A)}$$

可求得振幅 $A=0.0753$。由此可知非线性系统处于自振情况下的输入信号为

$$e(t)=0.0753\sin(0.493t)$$

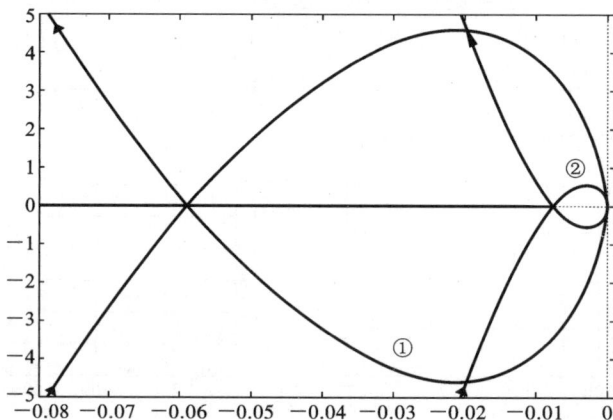

图 7-109 系统 Γ_{G} 和 $-\frac{1}{N(A)}$ 曲线

为使系统不出现自振,可以调整线性部分的开环增益 K 使 Γ_{G} 与 $-\frac{1}{N(A)}$ 曲线无交

点,此时 K 应满足 $-\frac{0.05902K}{0.08}>-\frac{1}{k}$,而 K 的临界值应使上述不等式变为等式,即

$$K_{\max}=\frac{0.008\times0.08}{0.05902}=0.01$$

$K=0.01$ 时的 Γ_{G} 曲线如图 7-109 中曲线②所示。

另外,在实际系统中,电液伺服系统中电液伺服阀还存在死区特性,下面分析死区

特性对内环性能的影响。

死区非线性特性的描述函数为

$$N(A)=\frac{2k}{\pi}\left[\frac{\pi}{2}-\arcsin\frac{\Delta}{A}-\frac{\Delta}{A}\sqrt{1-\left(\frac{\Delta}{A}\right)^2}\right],\quad A\geq\Delta$$

其中液压舵机非简化的传递函数为

$$G_1(s)=\frac{K_R}{s(T_R^2s^2+2T_R\xi_Rs+1)}$$

式中：$K_R=2.45\times10^{-2}$，$T_R^2=1.33\times10^{-3}$，$2T_R\xi_R=1.53\times10^{-3}$，所以

$$G_1(s)=\frac{0.0245}{s(0.00133\times10s^2+0.00153s+1)}$$

取非线性参数 $k=1,\Delta=0.5$，绘制 $-\dfrac{1}{N(A)}$ 曲线如图 7-110 所示，线性部分 Γ_G 曲线如图 7-110 中的曲线①所示。由图 7-110 可得穿越频率 $\omega_x=27.4$ rad/s，Γ_G 曲线与负实轴的交点为 $G(j\omega_x)=-1.86$，且该交点处 $-\dfrac{1}{N(A)}$ 沿 A 增大的方向由稳定区域进入不稳定区域，根据周期运动稳定性判据，系统对应的周期运动是不稳定的。消除系统不稳定的周期运动可以改变线性部分电液伺服阀的增益 K_1，应有 $-\dfrac{1.86}{140}K_1>\dfrac{-1}{k}$，而 K_1 的临界值应使上述不等式变为等式，即

$$K_{max}=\frac{140}{1.86}=75.269$$

$K_1=75.269$ 时的 Γ_G 曲线如图 7-110 中曲线②所示。

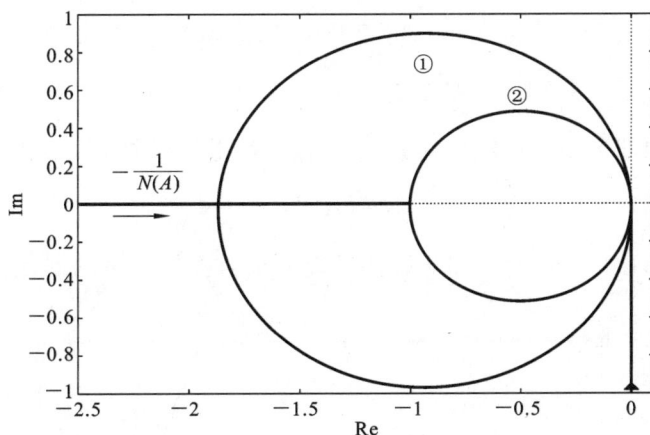

图 7-110　含有死区特性的 Γ_G 与 $-\dfrac{1}{N(A)}$ 曲线

7.5.4　船舶横摇减摇鳍控制系统

含有饱和环节的船舶横摇减摇鳍控制系统结构图如图 7-111 所示。

这里，设放大器增益为

$$K_1=500,\quad G_1(s)=0.286\times\frac{550}{s^2+15s+225}$$

$$G_2(s)=\frac{0.487}{s^2+0.191s+0.487},\quad H(s)=\frac{400s}{s^2+80s+4000}$$

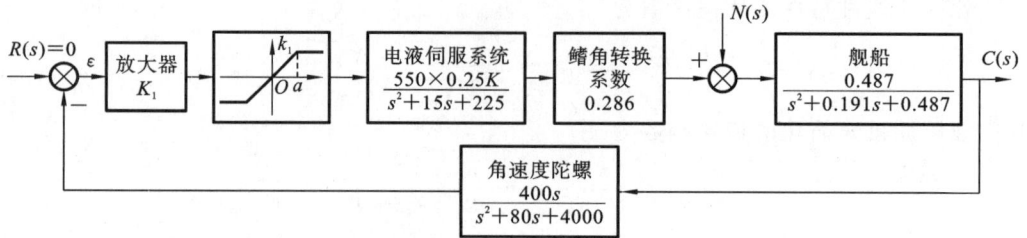

图 7-111 含有饱和环节的船舶横摇减摇鳍控制系统结构图

则系统线性部分的等效开环传递函数为

$$G(s) = \frac{35s}{(0.0044s^2 + 0.0667s + 1)(2.0534s^2 + 0.3922s + 1)(0.00025s^2 + 0.02s + 1)}$$

下面分析放大环节的饱和特性对系统的影响。

饱和非线性特性的描述函数为

$$N(A) = \frac{2k}{\pi}\left[\arcsin\frac{a}{A} + \frac{a}{A}\sqrt{1 - \left(\frac{a}{A}\right)^2}\right], \quad A \geqslant a$$

设非线性参数 $k_1 = 1$，由实际系统的最大输出电压为 10 V 可得到非线性参数 $a = 10$，则

$$-\frac{1}{N(a)} = -\frac{1}{k_1} = -1, \quad -\frac{1}{N(\infty)} = -\infty$$

绘 $-\dfrac{1}{N(A)}$ 曲线如图 7-112 所示，线性部分开环增益 $K = 35$ 时的 Γ_G 曲线如图 7-112 中的曲线①所示。由图 7-112 可得其中穿越频率 $\omega_x = 13.2$ rad/s，Γ_G 曲线与负实轴的交点为 $G(j\omega_x) = -1.43$，且该交点处 $-\dfrac{1}{N(A)}$ 沿 A 增大方向由不稳定区域进入稳定区域，根据周期运动的稳定性判据，系统存在稳定的周期运动。由

$$\mathrm{Re}[G(j\omega)N(A)] = -\frac{1}{N(A)}$$

可求得振幅 $A = 21.17$。由此可知非线性系统处于自振情况下的非线性环节的输入信号为

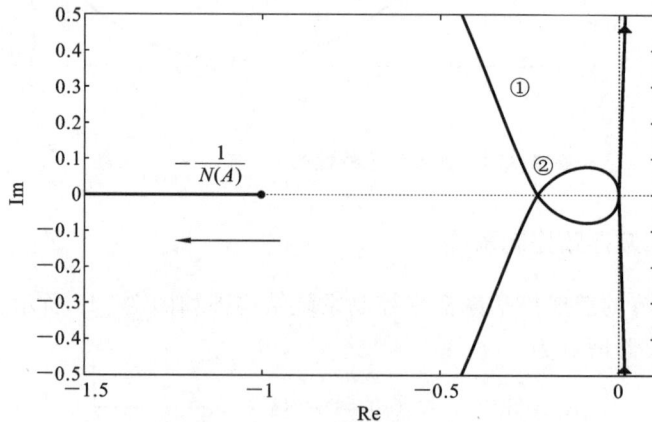

图 7-112 $K = 140$ 时的 Γ_G 和 $-\dfrac{1}{N(A)}$ 曲线

$$e(t) = 21.17\sin(13.2t)$$

为使该系统不出现自振,可以调整系统线性部分的增益 K,此时 K 应满足 $-\dfrac{1.43K}{35} \geqslant$ -1,即 $K \leqslant 24.47$,Γ_G 和 $-\dfrac{1}{N(A)}$ 曲线没有交点,系统不存在自振,如图 7-112 中曲线②所示。

当然,消除自振还可以采用校正的方法,下面为系统加入 PI 控制器 $G_c(s) = \dfrac{1+0.1704s}{1+0.3368s}$,线性部分 Γ_G 和 $-\dfrac{1}{N(A)}$ 曲线如图 7-113 所示。由图 7-113 可以看出,系统加入校正环节(控制器)后,Γ_G 曲线和 $-\dfrac{1}{N(A)}$ 曲线无交点,控制器的加入消除了系统的自激振荡,削弱了非线性因素对系统的影响。

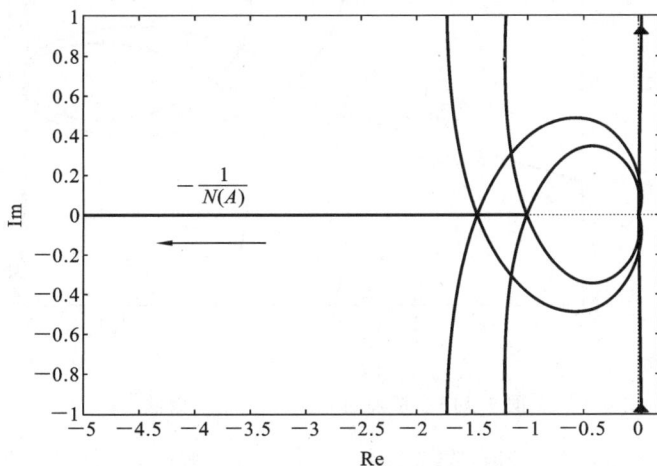

图 7-113 加入校正环节后系统的曲线

在实际的电液伺服系统中还存在间隙非线性特性,含间隙非线性特性的系统结构图如图 7-114 所示。下面分析间隙非线性特性对系统性能的影响。

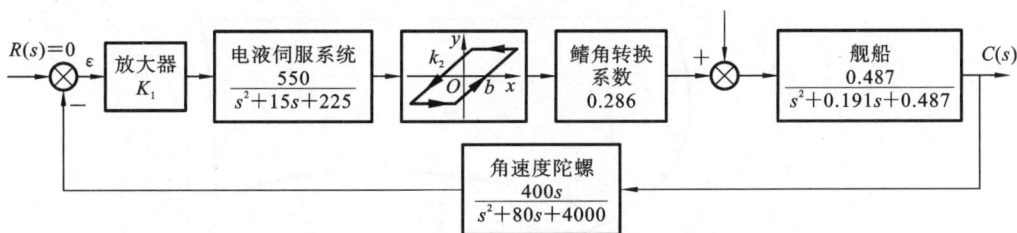

图 7-114 含间隙非线性特性的系统结构图

间隙非线性描述函数为

$$N(A) = \frac{k}{\pi}\left[\frac{\pi}{2} + \arcsin\left(1-\frac{2b}{A}\right) + 2\left(1-\frac{2b}{A}\right)\sqrt{\frac{b}{A}\left(1-\frac{2b}{A}\right)}\right] + \mathrm{j}\frac{4kb}{\pi A}\left(\frac{b}{A}-1\right), \quad A \geqslant b$$

设非线性参数 $k=1, b=0.1$。绘 $-\dfrac{1}{N(A)}$ 曲线如图 7-115 所示。系统的 Γ_G 曲线如图 7-115 中的曲线①所示。

由图 7-115 可得线性部分 Γ_G 曲线穿越频率 $\omega_x = 13.2$ rad/s，Γ_G 曲线与负实轴的交点为 $G(j\omega_x) = -1.4375$。由图 7-115 可知 Γ_G 和 $-\dfrac{1}{N(A)}$ 曲线存在交点 $(-1.568, -j0.2457)$，且该交点处 $-\dfrac{1}{N(A)}$ 沿 A 增大方向由稳定区域进入不稳定区域，故系统不存在稳定的周期运动。当 Γ_G 和 $-\dfrac{1}{N(A)}$ 曲线无交点时，有 $-\dfrac{1.43K}{35} \leqslant -1$，即 $K \leqslant 24.47$，此时系统稳定，不存在自激振荡，如图 7-115 中曲线②所示。

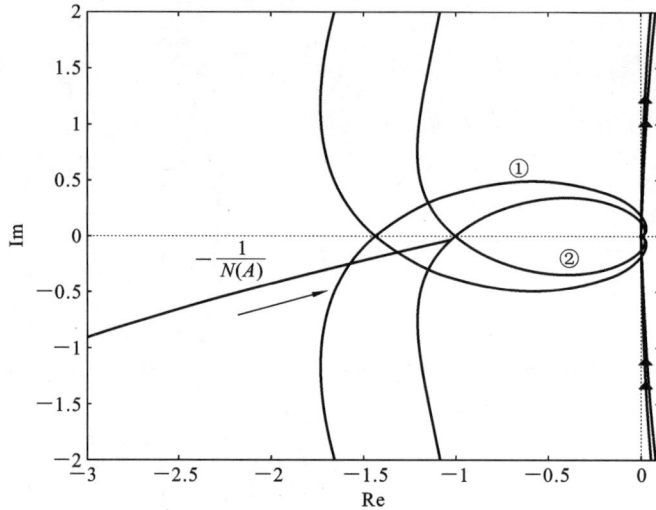

图 7-115 系统的 Γ_G 和 $-\dfrac{1}{N(A)}$ 曲线

当同时考虑饱和非线性和间隙非线性对系统的影响时，应使开环增益 $K \leqslant 23.35$，即可消除自激振荡。

下面分析参数变化对系统的影响。当非线性参数 $b=0.3$ 和 $b=0.5$ 时，系统的 Γ_G 和 $-\dfrac{1}{N(A)}$ 曲线均如图 7-116 所示。由曲线可以看出，参数 b 的变化对系统并未产生影

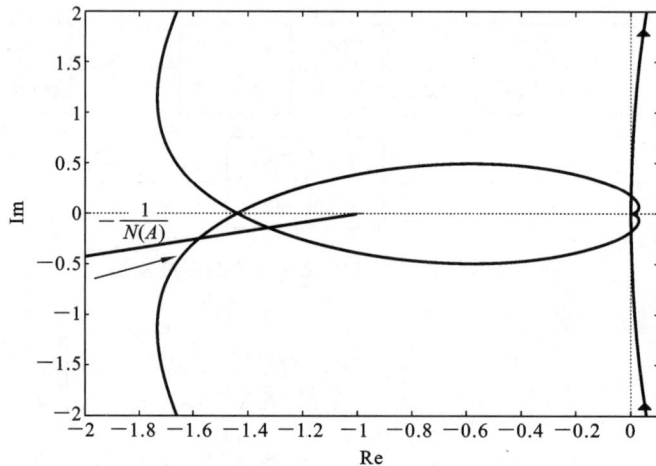

图 7-116 参数 $b=0.5$ 和 $b=0.3$ 时系统的 Γ_G 和 $-\dfrac{1}{N(A)}$ 曲线

响,这主要是由于系统的开环增益比 b 大很多倍的缘故。当增益较大时,可以忽略参数 b 的影响。

7.5.5　船载稳定平台控制系统

含饱和非线性特性的船载稳定平台控制系统结构图如图 7-117 所示。饱和非线性特性的描述函数为

$$N(A)=\frac{2k}{\pi}\left[\arcsin\frac{a}{A}+\frac{a}{A}\sqrt{1-\left(\frac{a}{A}\right)^2}\right],\quad A\geqslant a$$

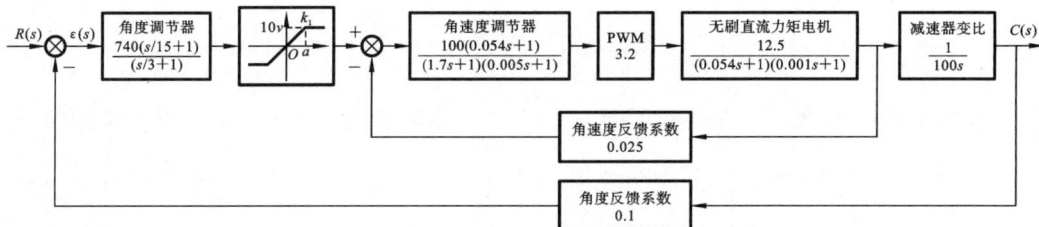

图 7-117　含饱和非线性特性的船载稳定平台控制系统结构图

设非线性参数 $k_1=1$,由最大输出电压为 10 V 得到非线性参数 $a=10$,则

$$-\frac{1}{N(A)}=-\frac{1}{k_1}=-1,\quad -\frac{1}{N(\infty)}=-\infty$$

绘 $-\dfrac{1}{N(A)}$ 曲线如图 7-118 所示,线性部分的 Γ_G 曲线如图 7-118 中的曲线①所示。

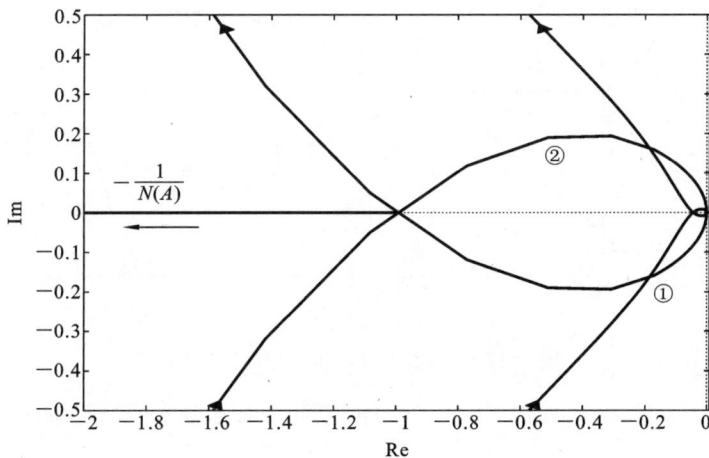

图 7-118　系统的 Γ_G 和 $-\dfrac{1}{N(A)}$ 曲线

由图 7-118 得系统线性部分的穿越频率为 $\omega_x=90$ rad/s,Γ_G 曲线与负实轴的交点为 $G(\mathrm{j}\omega_x)=-0.045$。当 Γ_G 与 $-\dfrac{1}{N(A)}$ 曲线有交点时,开环增益 K 的临界值为 $-\dfrac{0.045K}{1}\geqslant-1$,得 $K\leqslant22.22$。$K=22.22$ 时的 Γ_G 曲线如图 7-118 曲线②所示。

电液伺服系统中存在死区非线性,含有死区非线性特性的电液伺服系统结构图如图 7-119 所示。

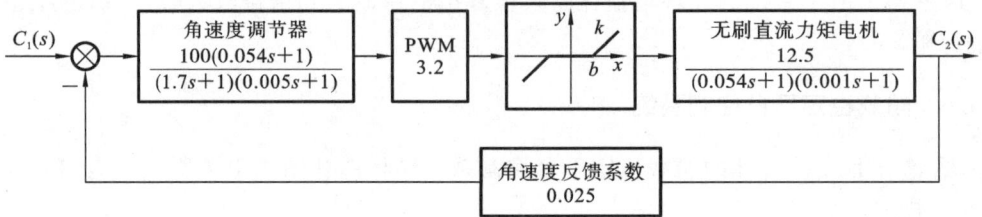

图 7-119 含有死区非线性特性的电液伺服系统结构图

死区非线性特性的描述函数为

$$N(A)=\frac{2k}{\pi}\left[\frac{\pi}{2}-\arcsin\frac{\Delta}{A}-\frac{\Delta}{A}\sqrt{\left(1-\left(\frac{\Delta}{A}\right)^2\right)}\right],\quad A\geqslant\Delta$$

死区非线性参数 $k=1,b=0.1$ 时,作 $-\dfrac{1}{N(A)}$ 曲线如图 7-120 所示。线性部分系统 Γ_G 曲线如图 7-120 中的曲线①所示。由图 7-120 可知,系统线性部分的穿越频率 $\omega_x=495$ rad/s,Γ_G 曲线与负实轴的交点为 $G(j\omega_x)=-0.047$。当 Γ_G 与 $-\dfrac{1}{N(A)}$ 曲线有交点时,开环增益 K 的临界值为 $-\dfrac{0.047K}{1}\geqslant-1$,得 $K\leqslant21.27$。$K=21.2$ 时的曲线 Γ_G 如图 7-120 曲线②所示。

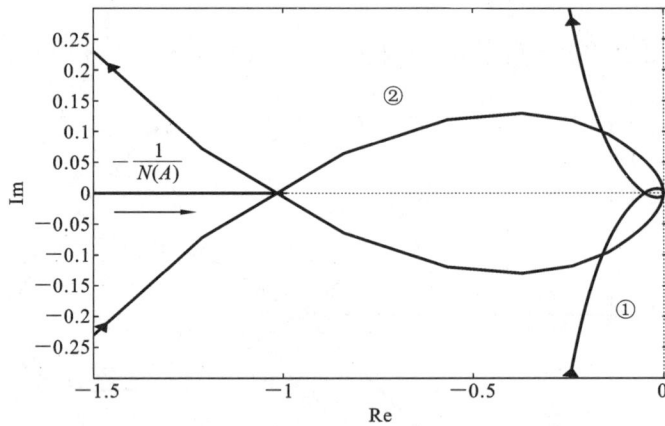

图 7-120 系统的 Γ_G 和 $-1/N(A)$ 曲线

下面分析一下系统减速器中存在的间隙特性对系统的影响,结构图如图 7-121 所示。

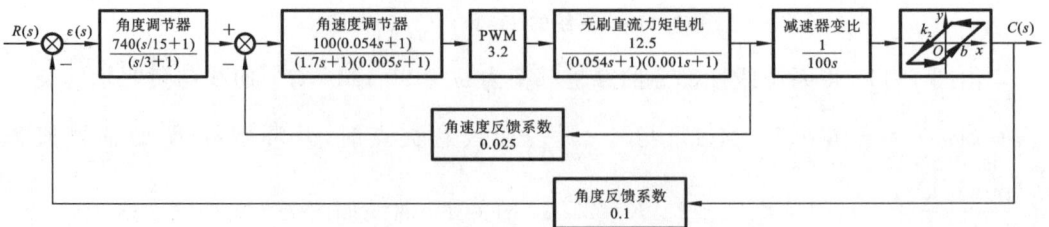

图 7-121 含有间隙特性的系统结构图

间隙非线性特性描述函数为

$$N(A)=\frac{k}{\pi}\left[\frac{\pi}{2}+\arcsin\left(1-\frac{2b}{A}\right)+2\left(1-\frac{2b}{A}\right)\sqrt{\frac{b}{A}\left(1-\frac{b}{A}\right)}\right]+j\frac{4Kb}{\pi A}\left(\frac{b}{A}-1\right),\quad A\geqslant b$$

设间隙非线性参数为 $k=1,b=0.1$，作 $-\frac{1}{N(A)}$ 曲线如图 7-122 的曲线②所示。系统线性部分的 Γ_G 曲线如图 7-122 中的曲线①所示。由图 7-122 可得线性部分 Γ_G 曲线穿越频率 $\omega_x=90$ rad/s，Γ_G 曲线与负实轴的交点为 $G(j\omega_x)=-0.045$。

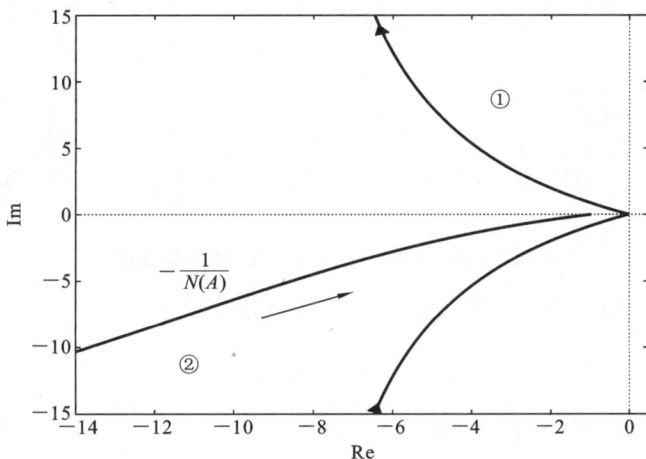

图 7-122 系统的 Γ_G 和 $-1/N(A)$ 曲线

综上所述，实际系统的内环和外环的角速度调节器的存在，使系统 Γ_G 曲线和 $-\frac{1}{N(A)}$ 曲线无交点，消除了非线性系统的自激振荡，提高了系统的稳定性能。

7.5.6 机械臂控制系统

上述分析是在理想化情况下，将电机作为线性模型进行建模，但在实际的系统中，电机或多或少都带有非线性因素，属于非线性控制系统。执行元件电机当输入电压超过一定数值时，由于磁性材料的非线性，导致电机输出转矩饱和，存在饱和现象。

1. 描述函数法

（1）带有控制器的机械臂控制系统的开环传递函数为

$$G_0(s)=\frac{1.272s+12.72}{0.0028s^3+0.115s^2+s}$$

机械臂非线性控制系统结构图如图 7-123 所示。

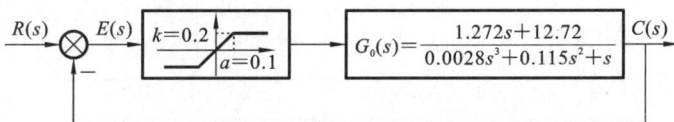

图 7-123 机械臂非线性控制系统结构图

控制系统的负倒描述函数曲线如图 7-124 所示。由描述函数法曲线可以得出，Γ_G 曲线不包围 $-\frac{1}{N(A)}$ 曲线，系统稳定。

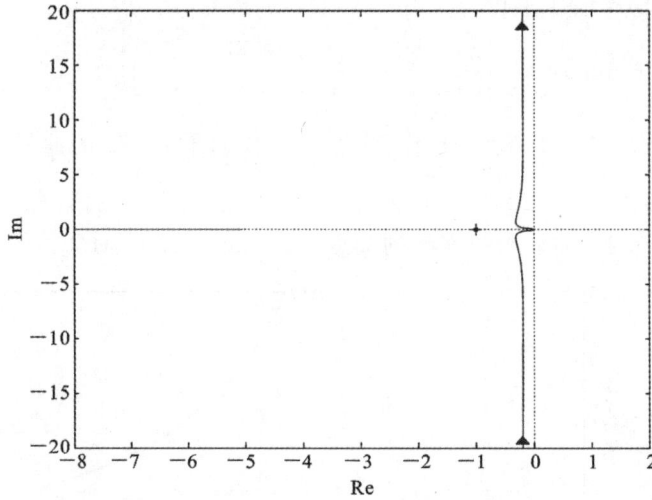

图 7-124　控制系统的负倒描述函数曲线

（2）不含有控制器的机械臂控制系统的开环传递函数为

$$G(s) = \frac{12.72}{s(0.08s+1)}$$

机械臂非线性控制系统结构图如图 7-125 所示。

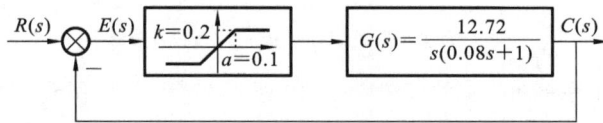

图 7-125　机械臂非线性控制系统结构图

不含控制器的机械臂控制系统负倒描述函数曲线如图 7-126 所示。

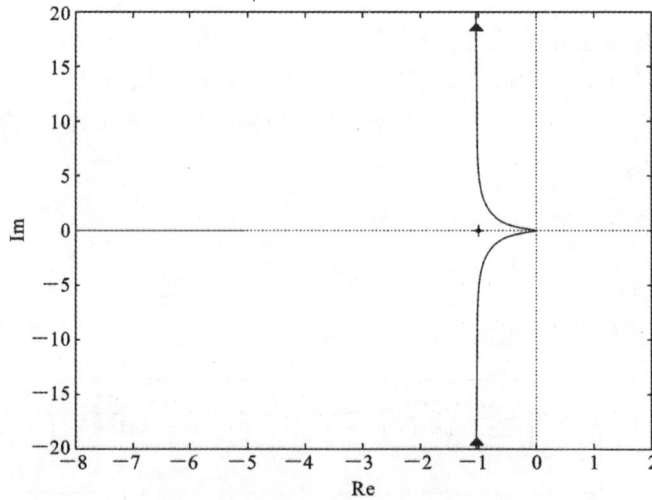

图 7-126　不含控制器的机械臂控制系统负倒描述函数曲线

由描述函数法曲线可以得出，Γ_G 曲线不包围 $-\dfrac{1}{N(A)}$ 曲线，系统稳定。

2. 相平面法

不含有控制器的机械臂控制系统的开环传递函数为

$$G(s)=\frac{12.72}{s(0.08s+1)}$$

机械臂非线性控制系统结构图如图 7-127 所示。

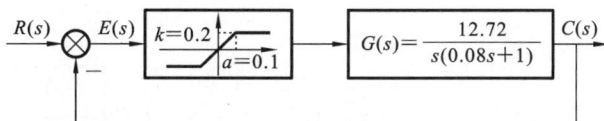

图 7-127 机械臂非线性控制系统结构图

相轨迹图如图 7-128 所示。

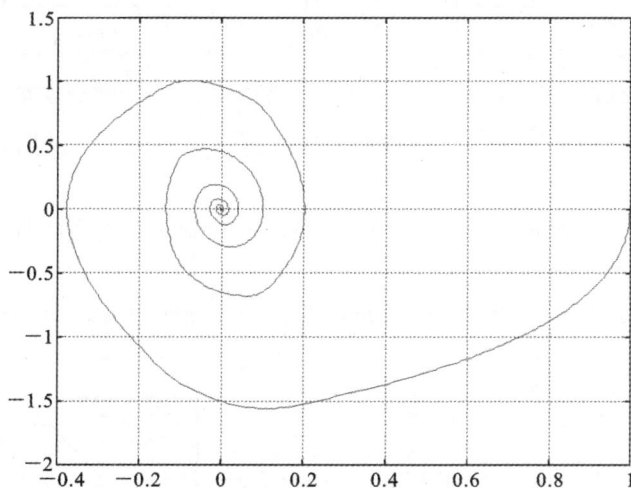

图 7-128 相轨迹图

相轨迹最终趋于坐标原点,系统稳定。

习 题 7

7-1 设一阶非线性系统的微分方程为

$$\dot{x}=-x+x^3$$

试确定系统有几个平衡状态,分析平衡状态的稳定性,并绘出系统的相轨迹。

7-2 试确定下列方程的奇点及其类型,并用等倾斜线法绘制相平面图。

(1) $\ddot{x}+\dot{x}+|x|=0$;

(2) $\begin{cases}\dot{x}_1=x_1+x_2\\\dot{x}_2=2x_1+x_2\end{cases}$。

7-3 已知系统运动方程为 $\ddot{x}+\sin x=0$,试确定奇点及其类型,并用等倾斜线法绘制相平面图。

7-4 若非线性系统的微分方程如下,试求系统的奇点,并概略绘制奇点附近的相轨迹图。

(1) $\ddot{x}+(3\dot{x}-0.5)\dot{x}+x+x^2=0$;

(2) $\ddot{x} + x\dot{x} + x = 0$。

7-5 非线性系统的结构图如题 7-5 图所示。系统开始是静止的,输入信号 $r(t) = 4 \cdot 1(t)$,试写出开关线方程,确定奇点的位置和类型,绘出该系统的相平面图,并分析系统的运动特点。

7-6 如题 7-6 图所示为一带有库仑摩擦的二阶系统,试用相平面法讨论库仑摩擦对系统单位阶跃响应的影响。

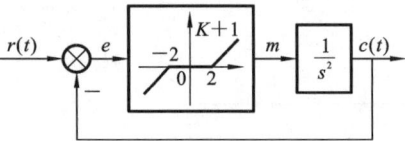

题 7-5 图　非线性系统的结构图

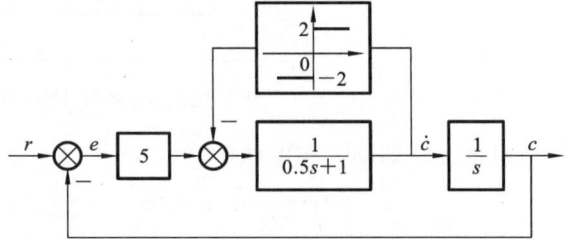

题 7-6 图　带有库仑摩擦的二阶系统

7-7 已知具有理想继电器的非线性系统如题 7-7 图所示。试用相平面法分析:

(1) $T_d = 0$ 时系统的运动;

(2) $T_d = 0.5$ 时系统的运动,并说明比例-微分控制对改善系统性能的作用;

(3) $T_d = 2$ 时系统的运动特点。

7-8 具有饱和非线性特性的控制系统如题 7-8 图所示,试用相平面法分析系统的阶跃响应。

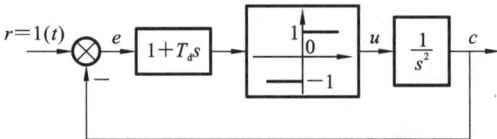

题 7-7 图　具有理想继电器的非线性系统

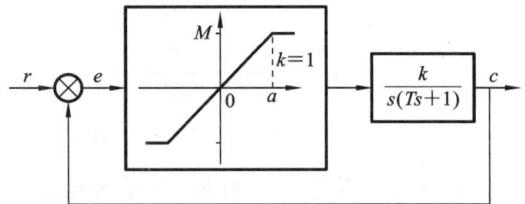

题 7-8 图　具有饱和非线性特性的控制系统

7-9 试推导非线性特性 $y = x^3$ 的描述函数。

7-10 三个非线性系统的非线性环节一样,线性部分分别为

(1) $G(s) = \dfrac{1}{s(0.1s+1)}$;

(2) $G(s) = \dfrac{2}{s(s+1)}$;

(3) $G(s) = \dfrac{2(1.5s+1)}{s(s+1)(0.1s+1)}$。

试问用描述函数法分析时,哪个系统分析的准确度高?

7-11 将题 7-11 图所示非线性系统结构图简化成环节串联的典型结构图形式,并写出线性部分的传递函数。

7-12 判断题 7-12 图中各系统是否稳定? $-1/N(A)$ 与 $G(j\omega)$ 的交点是否为自振点。

7-13 已知非线性系统的结构图如题 7-13 图所示,图中非线性环节的描述函数为

（a）　　　　　　　　　　　　　　（b）

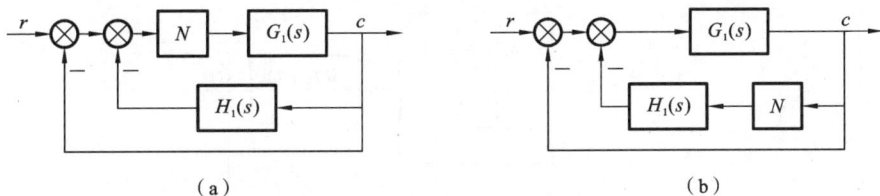

题 7-11 图　非线性系统结构图

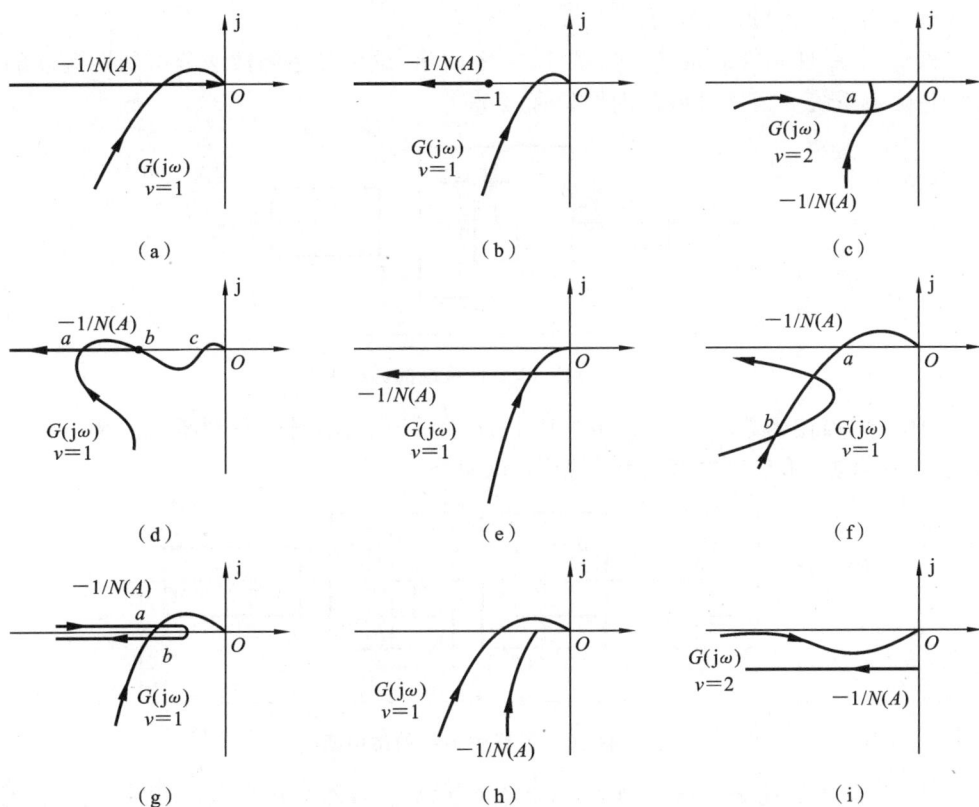

（a）　　　　　　　（b）　　　　　　　（c）

（d）　　　　　　　（e）　　　　　　　（f）

（g）　　　　　　　（h）　　　　　　　（i）

题 7-12 图　非线性系统

$$N(A)=\frac{A+6}{A+2}\quad(A>0)$$

试用描述函数法确定：

（1）使该非线性系统稳定、不稳定以及产生周期运动时，线性部分的 K 值范围；

（2）判断周期运动的稳定性，并计算稳定周期运动的振幅和频率。

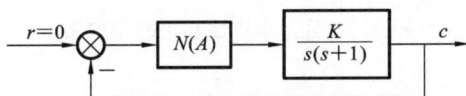

题 7-13 图　非线性系统的结构图

7-14　具有滞环继电器特性的非线性控制系统结构图如题 7-14 图所示，其中 $M=1$，$h=1$。

（1）当 $T=0.5$ 时，分析系统的稳定性，若存在自振，确定自振参数；

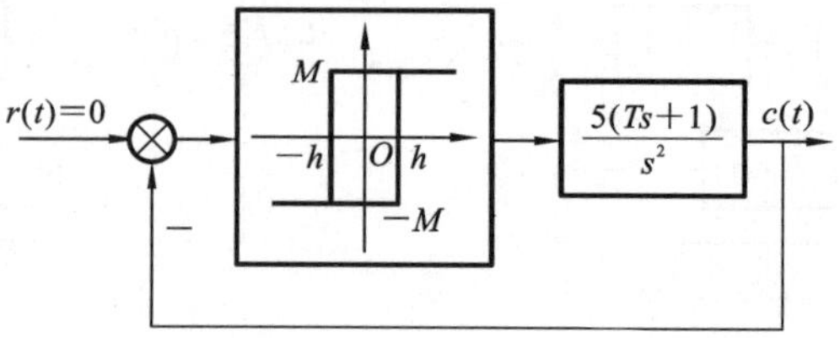

题 7-14 图　具有滞环继电器特性的非线性控制系统结构图

（2）讨论 T 对自振的影响。

7-15　非线性系统的结构图如题 7-15 图所示,试用描述函数法分析周期运动的稳定性,并确定系统输出信号振荡的振幅和频率。

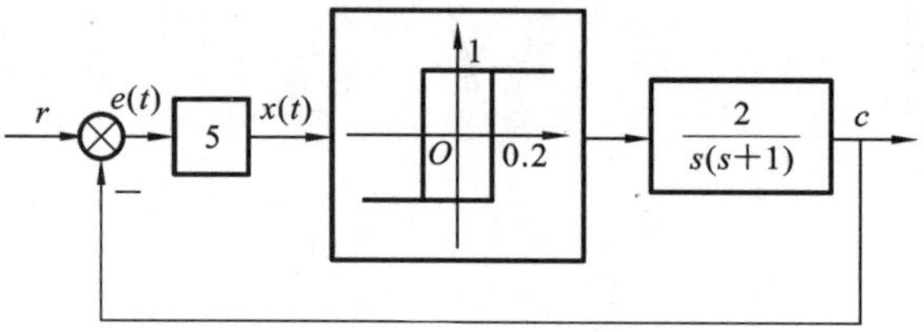

题 7-15 图　非线性系统的结构图

7-16　用描述函数法分析如题 7-16 图所示系统的稳定性,并判断系统是否存在自振。若存在自振,求出自振振幅和自振频率($M > h$)。

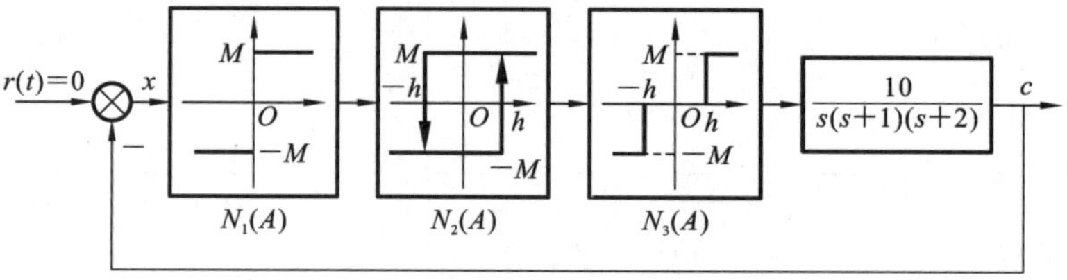

题 7-16 图　非线性系统的结构图

7-17　试用描述函数法说明题 7-17 图所示系统必然存在自振,并确定输出信号 c 的自振振幅和频率,分别绘出信号 c、x、y 的稳态波形。

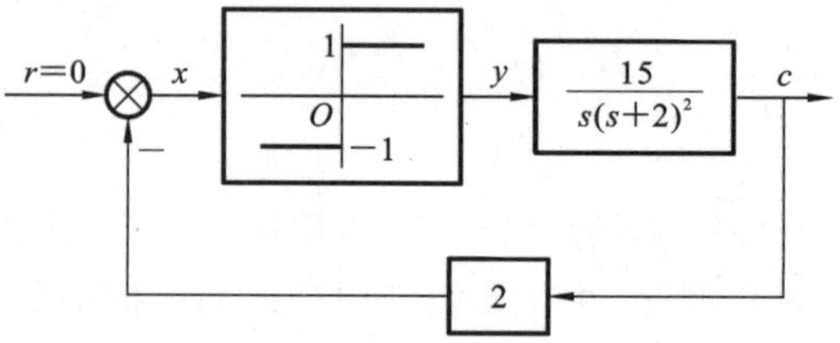

题 7-17 图　非线性系统的结构图

8

线性离散控制系统
的分析与校正

在前面各章中讨论了连续系统的分析与校正方法。近年来,数字计算机在控制领域得到了越来越广泛的应用,计算机参与的自动控制系统被称为数字控制系统或计算机控制系统。数字控制系统包括工作于离散状态下的计算机和工作于连续状态下的被控对象两大部分。由于计算机所能接收和输出的信号只能是数字信号,这给系统的研究带来一些新的问题。连续系统的理论不能直接应用于离散系统,但可通过 z 变换理论将连续系统中的一些概念和方法推广到离散系统。本章讲述线性离散系统分析与校正的基本方法。

本章首先介绍信号的采样与保持,建立线性离散控制系统的数学模型,讨论线性离散控制系统的稳定性、动态性能和稳态性能的分析方法,最后研究线性离散控制系统的数字校正方法。

【本章重点】

- 正确理解采样定理;
- 熟练掌握脉冲传递函数的求取方法;
- 熟练掌握 z 域稳定性的判别方法;
- 熟练掌握线性离散控制系统的稳态误差分析方法;
- 掌握最少拍系统及无波纹最少拍系统的设计方法。

8.1 引言

控制系统可以分为连续时间系统和离散时间系统两大类。前几章研究的是连续时间系统,即控制系统中各处的信号都是时间的连续函数。如果控制系统中一处或几处的信号不是时间连续的函数,而是一串脉冲或者数码,则这类系统称为离散时间控制系统,简称离散系统。

8.1.1 系统中信号的分类

信号可以从不同的角度进行分类。按照时间上是否连续,系统中的信号可分成连续时间信号和离散时间信号。除此之外,信号的幅值也可以是连续的或离散的,信号幅值的离散化过程称为量化。因此按照时间和幅值是否连续,信号可分成以下四类。

连续信号:在时间和幅值上均连续的信号,也称为模拟信号,如图 8-1(a)所示。

连续时间整量化信号:时间上连续,幅值上离散的信号,如图 8-1(b)所示。

采样信号:时间上离散,幅值上连续的信号,如图 8-1(c)所示。

数字信号:时间和幅值均离散的信号,如图 8-1(d)所示。

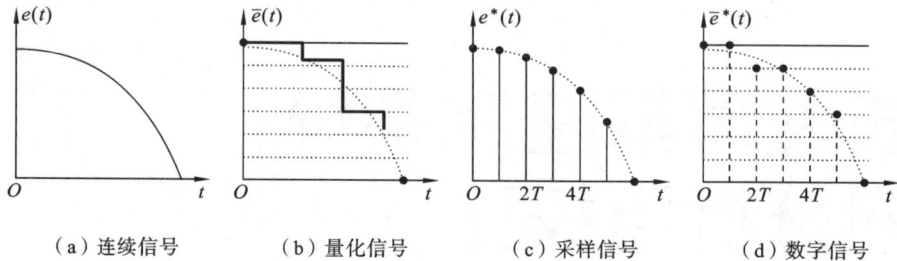

(a)连续信号　　(b)量化信号　　(c)采样信号　　(d)数字信号

图 8-1　信号分类

8.1.2　离散系统的结构

当控制系统中存在离散时间信号时,这类系统称为离散系统。离散系统还可以细分为采样控制系统和数字控制系统。

采样控制系统:系统中的离散时间信号是脉冲序列形式的采样信号,这类系统称为采样控制系统或脉冲控制系统。

数字控制系统:系统中的离散时间信号是数字序列形式,这类系统称为数字控制系统或计算机控制系统。

1.4 节中介绍的电阻炉微型计算机控制系统就是数字控制系统的典型例子。

典型数字控制系统的结构图如图 8-2 所示。图 8-2 中,数字计算机作为系统的控制器,其输入/输出只能是二进制编码的数字信号,即在时间和幅值上都离散的信号。而系统中被控对象和检测装置的输入/输出通常是连续信号,因此在数字控制系统中,需要应用 A/D(模/数)和 D/A(数/模)转换器,以实现连续信号和数字信号之间的转换。

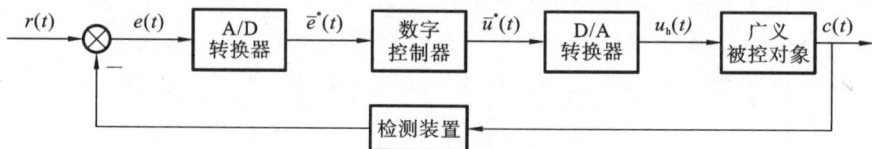

图 8-2　典型数字控制系统的结构图

A/D 转换器是将连续信号转换成数字信号的装置。A/D 转换包括两个过程:一是采样过程,即按一定时间间隔对连续信号进行采样,得到时间离散、幅值等于采样时刻输入信号值的采样信号;二是量化过程,将采样时刻的信号幅值按最小量化单位取整,得到时间、幅值都离散的数字信号。显然,量化单位越小,量化前后信号的差异也越小。

D/A 转换器是将数字信号转换成连续信号的装置。D/A 转换也包括两个过程:一是解码过程,将数字信号转换成幅值等于该数字信号的采样信号,即脉冲序列;二是保持过程,经过保持器将采样信号保持规定的时间,从而使时间上离散的信号变成时间上连续的信号。

通常情况下,量化单位很小时,由量化引起的幅值上的断续性可以忽略。另外,编码和解码过程只是信号形式上的改变,在系统分析中可不予考虑。这样 A/D 转换器可以用理想采样开关来表示,D/A 转换器可以用保持器取代,图 8-2 的数字控制系统结构图可用图 8-3 所示的采样控制系统结构图等效。

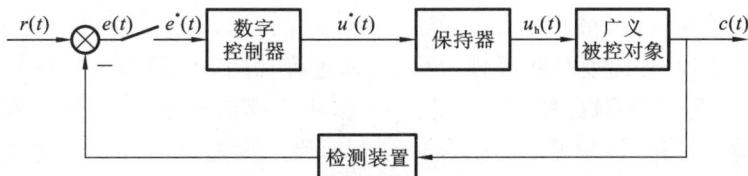

r(t) e(t) e*(t) 数字控制器 u*(t) 保持器 u_h(t) 广义被控对象 c(t) 检测装置

图 8-3 采样控制系统结构图

本章在下面的讨论中仅考虑信号在时间上是否离散,并在叙述中将信号简称为连续信号和离散信号,相应的控制系统称为连续控制系统和离散控制系统,简称连续系统和离散系统。

8.1.3 离散系统的特点

离散系统与连续系统相比,具有以下特点。

(1)易于修改控制规律。在连续系统中,控制规律是由模拟电路实现的。若修改控制规律,必须改变原有的电路结构。而在离散系统中,控制规律是由软件实现的,因此具有很大的灵活性和适应性。

(2)实现复杂的控制规律。计算机具有丰富的指令系统和很强的逻辑判断功能,能实现模拟电路不能实现的复杂控制规律,如最优控制、自适应控制及各种智能控制等。

(3)可用一台计算机分时控制多个回路。连续控制系统中,一般是一个控制器占用一套控制设备,控制一个回路。而在离散系统中,由于计算机具有高速的运算处理能力,一个数字控制设备包括多个数字控制器,可以采用分时控制的方式,同时控制多个回路,提高设备的利用率。

(4)提高系统性能。数字信号的传递可以有效地抑制噪声,从而提高系统的抗干扰能力。此外数字器件灵敏度高,可以提高系统的控制精度。

由于离散系统中存在脉冲或数字信号,若仍然应用拉普拉斯变换方法来建立系统各个环节的传递函数,则在运算过程中会出现复变量 s 的超越函数。为了解决此问题,可采用 z 变换法建立离散系统的数学模型。通过 z 变换处理后的离散系统可以将连续系统中的一些概念和方法经过适当变换后直接应用于离散系统的分析和设计过程。

8.2 信号的采样与保持

信号的采样与保持是离散系统的两个本质问题,为了定量研究离散系统,需用数学方法对信号的采样过程和保持过程加以描述。

8.2.1 信号的采样

如果控制系统中采用了数字控制器,必然要对连续时间信号进行采样和量化。此外采样过程也会发生在需要间隔时间测量的控制系统中。例如,雷达跟踪系统的雷达天线在旋转过程中每转一周就会测量一次方位角和俯仰角,即雷达搜索过程中产生了采样数据。

1. 采样过程

所谓采样就是将时间上连续的信号转换成时间上离散的信号。

信号经过采样以后,将发生什么变化? 这些变化对离散系统会产生怎样的影响? 要了解这些变化,首先需要分析采样过程,采样过程如图 8-4 所示。采样器一般由电子开关组成,假设采样开关每隔时间 T 闭合一次,将连续信号接通,实现一次采样。开关闭合后不能瞬时打开,若开关每次闭合时间为 τ,则一个连续信号 $e(t)$ 通过采样器后的输出是一串周期为 T、宽度为 τ 的脉冲,一般用 $e^*(t)$ 表示采样信号。相邻两次采样的间隔时间 T 称为采样周期,$f_s = 1/T$ 称为采样频率,$\omega_s = 2\pi f_s = 2\pi/T$ 称为采样角频率。

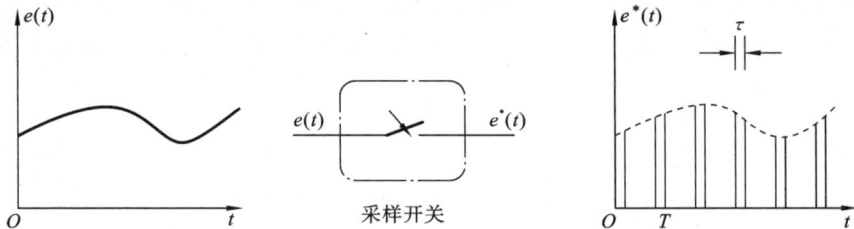

图 8-4 采样过程

注意:在任何两个连续采样瞬时之间,采样器不传送任何信号。两个不同的连续信号,只要其在采样瞬间的值相同,就会产生相同的采样信号。

如果在采样过程中,采样周期 T 保持不变,则采样称为等周期采样或均匀采样;若采样周期随机变化,则采样称为随机采样;若整个离散系统有多个采样开关,它们的采样周期相同,且所有的采样开关都同时开闭,则采样称为同步等周期采样。本书只讨论同步等周期采样。

通常,采样开关闭合的时间远小于采样周期,即 $\tau \ll T$,这时采样脉冲就接近于 δ 函数(单位脉冲函数)。在离散系统的分析和设计过程中,为了方便起见,近似认为采样是瞬时完成的,即 $\tau \approx 0$,这时的采样称为理想采样。

理想采样开关每隔时间 T 闭合一次,闭合后又瞬时打开,相当于在各采样时刻作用一系列单位脉冲函数,形成一个单位脉冲序列 $\delta_T(t)$,如图 8-5 所示。理想采样过程可以看成是一个脉冲调制过程,输入量 $e(t)$ 作为调制信号,$\delta_T(t)$ 作为载波信号,输出信号 $e^*(t)$ 则是一个幅值被调制的脉冲序列。因此连续信号 $e(t)$ 经过理想采样后的信号 $e^*(t)$ 为一系列有高度无宽度的脉冲序列,它们准确地出现在采样瞬间,幅度等于输入信号在采样瞬间的幅度。

下面推导采样过程的数学表达式。

单位脉冲序列可以表示为

$$\delta_T(t) = \cdots + \delta(t + nT) + \cdots + \delta(t + T) + \delta(t) + \delta(t - T) + \cdots + \delta(t - nT) + \cdots$$

$$= \sum_{n=-\infty}^{\infty} \delta(t - nT) \tag{8.1}$$

式中

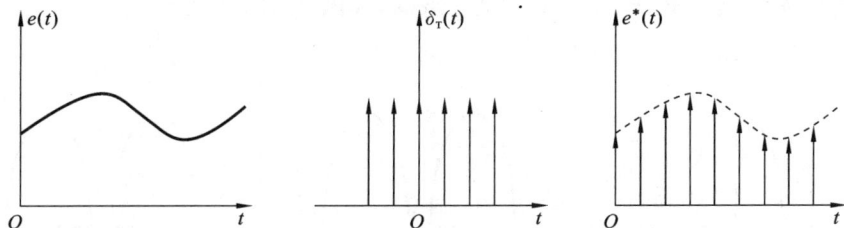

图 8-5 理想采样过程

$$\delta(t-nT)=\begin{cases}\infty, & t=nT\\ 0, & t\neq nT\end{cases}$$

$$\int_{-\infty}^{+\infty}\delta(t-nT)\mathrm{d}t=1$$

理想采样信号 $e^*(t)$ 可表示为

$$e^*(t)=e(t)\delta_\mathrm{T}(t)=\sum_{n=-\infty}^{\infty}e(t)\delta(t-nT) \tag{8.2}$$

根据 δ 函数的性质，上式还可写成

$$e^*(t)=\sum_{n=-\infty}^{\infty}e(nT)\delta(t-nT) \tag{8.3}$$

式(8.3)表明，采样信号 $e^*(t)$ 由一系列脉冲构成，$\delta(t-nT)$ 仅表示采样发生的时刻，而 $e(nT)$ 表示在 nT 采样时刻所得到的离散信号值，即理想采样信号 $e^*(t)$ 是在采样时刻 nT 上强度为 $e(nT)$ 的脉冲序列。

当 $t<0$ 时，若 $e(t)=0$，则

$$e^*(t)=\sum_{n=0}^{\infty}e(nT)\delta(t-nT) \tag{8.4}$$

式(8.4)即为常用的理想采样信号的数学表达式。

2. 采样定理

采样过程中采样频率（或采样周期）的选取尤为重要。采样频率越高，采样信号的信息损失越小，越接近原来的连续信号。但是采样频率也不能过高，否则将会使控制系统的调节过于频繁，要求计算机有更高的运算速度。因此为使采样信号 $e^*(t)$ 既能真实地代表原连续信号 $e(t)$，又不会对计算机提出过高的要求，应对采样频率有所限制，采样定理给出了采样频率的下限。

采样定理说明了采样频率与信号频谱之间的关系，是连续信号离散化的基本依据。采样定理是由美国电信工程师奈奎斯特在 1928 年首先提出来的，因此称为奈奎斯特采样定理。1933 年，苏联工程师科捷利尼科夫首次用公式严格地表述这一定理，因此在苏联文献中称为科捷利尼科夫采样定理。1948 年，信息论的创始人香农(C. E. Shannon)对这一定理加以明确的说明并正式将其作为定理引用，因此在许多文献中又称为香农采样定理。

采样定理：如果对一个具有有限频谱($-\omega_{max}<\omega<\omega_{max}$)的连续信号进行采样，当采样角频率 $\omega_s\geqslant 2\omega_{max}$ 时，采样信号可以无失真地恢复原来的连续信号。其中，ω_{max} 为连续信号有效频谱的最高频率。

下面通过采样信号的频谱定性地说明采样定理的含义。假设连续信号 $e(t)$ 的傅里

叶变换为 $E(\mathrm{j}\omega)$,其频谱 $|E(\mathrm{j}\omega)|$ 带宽是有限的,如图 8-6(a)所示。

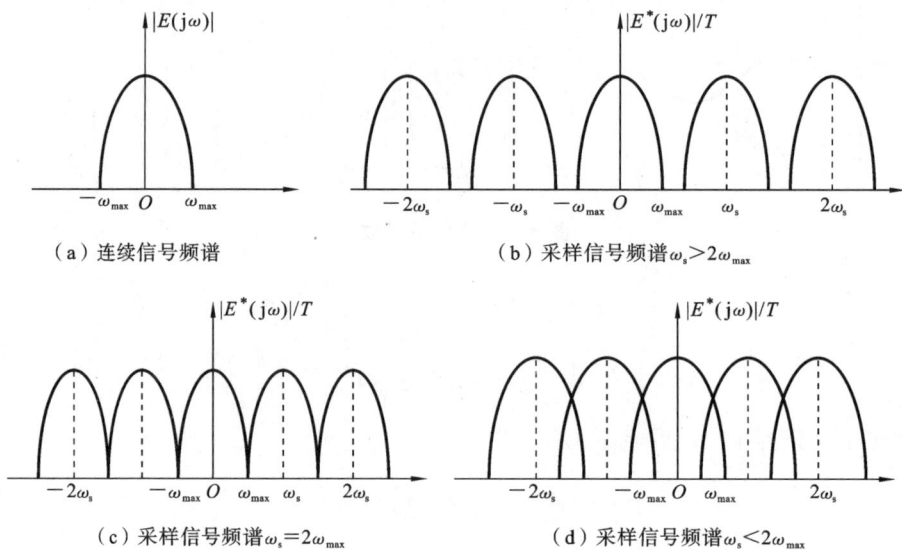

(a) 连续信号频谱　　　　　　　　　(b) 采样信号频谱 $\omega_s > 2\omega_{\max}$

(c) 采样信号频谱 $\omega_s = 2\omega_{\max}$　　　　　　(d) 采样信号频谱 $\omega_s < 2\omega_{\max}$

图 8-6　采样信号频谱

采样信号 $e^*(t)$ 的傅里叶变换为(推导过程略)

$$E^*(\mathrm{j}\omega) = \frac{1}{T}\sum_{n=-\infty}^{\infty} E(\mathrm{j}\omega + \mathrm{j}n\omega_s) \tag{8.5}$$

显然,采样信号的频谱与连续信号的频谱相比发生了变化,采样信号的频谱 $|E^*(\mathrm{j}\omega)|$ 是以采样角频率 ω_s 为周期的无穷多个频谱之和。其中,$n=0$ 时的频谱称为采样信号频谱的主分量,它与连续信号频谱 $|E(\mathrm{j}\omega)|$ 形状一致,仅在幅值上变化了 $1/T$,其余频谱($n=\pm 1, \pm 2, \cdots$)都是由于采样而引起的高频分量。

考虑下面三种情况。

(1) 当 $\omega_s > 2\omega_{\max}$ 时,采样信号的频谱是由无穷多个形状与原连续信号频谱相同的孤立频谱构成,如图 8-6(b)所示。

(2) 当 $\omega_s = 2\omega_{\max}$ 时,采样信号的频谱是由无穷多个形状与原连续信号频谱相同的孤立频谱构成,如图 8-6(c)所示。

(3) 当 $\omega_s < 2\omega_{\max}$ 时,采样信号的频谱不再由孤立频谱构成,而是高频分量混入到低频部分,这种现象称为频谱混叠,如图 8-6(d)所示。因此,相邻两孤立频谱互不重叠的条件是 $\omega_s \geqslant 2\omega_{\max}$。

当满足 $\omega_s \geqslant 2\omega_{\max}$ 时,可以利用理想低通滤波器无失真地恢复原来的连续信号频

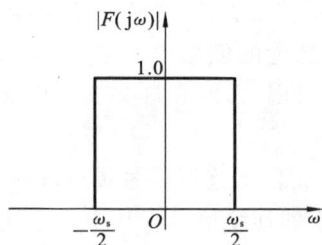

图 8-7　理想低通滤波器的频率特性

谱。理想低通滤波器的频率特性如图 8-7 所示,在 $-\omega_s/2 \leqslant \omega \leqslant \omega_s/2$ 的频率范围内,其幅值为1,此频率范围以外的幅值全部衰减为零。然而理想低通滤波器实际上是不存在的,因此工程上常采用零阶保持器实现采样信号的恢复。

在设计离散系统时,采样定理是必须严格遵守的一条准则,它指明了从采样信号中不失真地复现原连续信号的采样周期 T 的上界或采样角

频率 ω_s 的下界。选取采样频率时还应考虑对系统的响应速度及性能等方面的要求,采样频率通常要高于采样定理所确定的频率。

大量工程实践表明,根据表 8-1 给出的参考数据选择采样周期 T,可以取得满意的控制效果。

表 8-1 工业过程采样周期 T 的选择

控 制 过 程	采样周期/s
流量	1
压力	5
液面	5
温度	20
成分	20

从时域性能指标来看,随动系统的采样角频率 ω_s 可近似取为 $\omega_s = 10\omega_c$。由于 $T = 2\pi/\omega_s$,所以采样周期 T 与系统截止频率 ω_c 的关系为

$$T = \frac{\pi}{5} \frac{1}{\omega_c}$$

采样周期 T 可通过单位阶跃响应的上升时间 t_r 或调节时间 t_s 按下列经验公式选取:

$$T = \frac{1}{10} t_r = \frac{1}{40} t_s$$

【例 8-1】 对信号 $x(t) = \sin\left(\dfrac{\pi}{8}t\right)$ 进行采样,如果采样周期为 6 s,判断是否满足香农采样定理。

解　$\omega_s = \dfrac{2\pi}{T} = \dfrac{\pi}{3}$,$\omega_{\max} = \dfrac{\pi}{8}$,则 $\omega_s > 2\omega_{\max}$,满足香农采样定理。

因为理想低通滤波器是不可实现的,而且控制系统中的信号常含有高频分量,不是理想的有限带宽信号,所以不论采样频率如何选取,由采样信号无失真地还原连续信号是不可能的。

8.2.2　信号的保持

信号的保持是指原连续信号从采样信号中恢复的过程,也称为信号的恢复。理论上在 $\omega_s \geqslant 2\omega_{\max}$ 的条件下,采用理想低通滤波器滤去高频分量,保留主要分量,即可实现无失真地恢复原连续信号。但理想低通滤波器在工程上难以实现,实际上实现信号恢复的装置是保持器。

保持器是一种时域外推装置,它将现在时刻或过去时刻的采样值在采样间隔时间内按某种规律保持到下一个采样时刻,并由下一个采样时刻的值所取代。从数学上说,保持器的任务就是解决各采样点之间的插值问题。

通常,采用如下多项式外推公式描述保持器:

$$e(nT + \Delta t) = a_0 + a_1 \Delta t + a_2 (\Delta t)^2 + \cdots + a_m (\Delta t)^m \qquad (8.6)$$

式中:Δt 为以 nT 时刻为原点的坐标,$0 \leqslant \Delta t < T$;a_m 为常数。

当 $m = 0, 1, 2$ 时,保持器分别具有常值、线性及二次函数型外推规律,分别称为零

阶、一阶和二阶保持器。由于高阶保持器利用过去时刻采样信号外推出当前采样时刻和下个采样时刻之间的连续时间信号,故随着所需过去时刻采样信号数量的增加,获得连续时间信号的精度也会提高。然而,连续时间信号的精度提高是以增加时间延迟为代价的。在闭环控制系统中,延迟时间的增加可能导致系统稳定性降低,甚至造成系统不稳定。因此在工程实践中,一般不采用一阶保持器及高阶保持器,而普遍采用简单实用的零阶保持器,简记为 ZOH。本书只介绍零阶保持器。

零阶保持器的外推公式为

$$e(nT+\Delta t)=a_0 \tag{8.7}$$

令 $\Delta t=0$,则 $a_0=e(nT)$,所以零阶保持器的数学表达式为

$$e(nT+\Delta t)=e(nT), \quad 0\leqslant\Delta t<T \tag{8.8}$$

显然,零阶保持器是一种按常值规律外推的装置,它将前一采样时刻的采样值不增不减地保持到下一个采样时刻,由下一时刻的采样值取代并继续外推。零阶保持器的输出是一个阶梯波 $e_h(t)$,与原连续信号存在偏差,如图 8-8 所示,如果原连续信号变化缓慢,当采样周期 T 趋向于零时,这个偏差也将趋向于零。从图 8-8 中还可看出,如果把阶梯信号 $e_h(t)$ 的中点连接起来,则可以得到与连续信号 $e(t)$ 形状一致但在时间上落后 $T/2$ 的响应 $e(t-T/2)$。

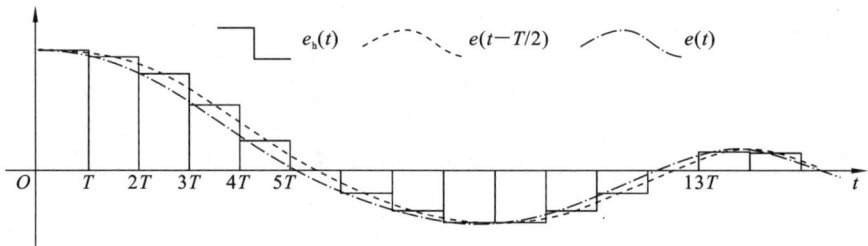

图 8-8　零阶保持器的输出特性曲线

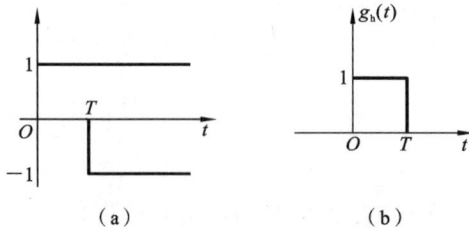

图 8-9　零阶保持器的时域特性

下面分析零阶保持器的时域特性,如图 8-9 所示。如果给零阶保持器输入理想单位脉冲 $\delta(t)$,则其响应为幅值为 1、持续时间为 T 的矩形脉冲,并可分解为两个单位阶跃函数的和,即

$$g_h(t)=1(t)-1(t-T) \tag{8.9}$$

对式(8.9)取拉普拉斯变换,可得零阶保持器的传递函数为

$$G_h(s)=\frac{1}{s}-\frac{e^{-Ts}}{s}=\frac{1-e^{-Ts}}{s} \tag{8.10}$$

令 $s=j\omega$,得零阶保持器的频率特性为

$$G_h(j\omega)=\frac{1-e^{-j\omega T}}{j\omega}=\frac{2e^{-j\omega T/2}(e^{j\omega T/2}-e^{-j\omega T/2})}{2j\omega}=T\frac{\sin(\omega T/2)}{(\omega T/2)}e^{-j\omega T/2} \tag{8.11}$$

若以采样角频率 $\omega_s=2\pi/T$ 表示,则式(8.11)变为

$$G_h(j\omega)=\frac{2\pi}{\omega_s}\frac{\sin\pi(\omega/\omega_s)}{\pi(\omega/\omega_s)}e^{-j\pi(\omega/\omega_s)} \tag{8.12}$$

根据式(8.12),可绘出零阶保持器的幅频特性 $|G_h(j\omega)|$ 和相频特性 $\angle G_h(j\omega)$,如图8-10

所示。由图 8-10 可见,零阶保持器具有以下几点特性。

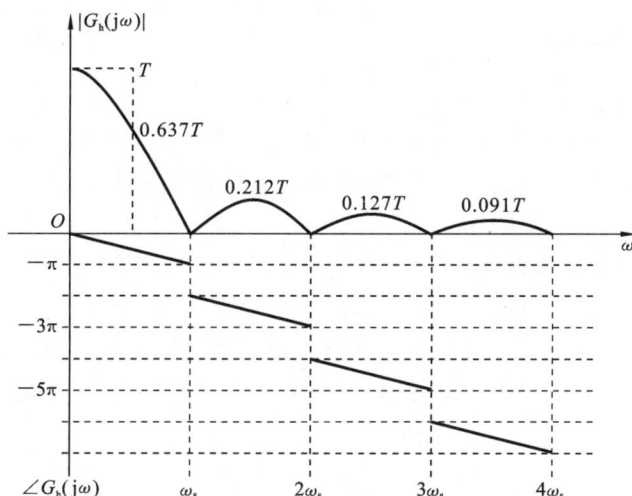

图 8-10　零阶保持器的频率特性

（1）低通特性。由于零阶保持器的幅值随频率值的增大而衰减,而且频率越高衰减得越激烈,具有明显的低通滤波作用。但零阶保持器不是理想的低通滤波器,与图 8-7 所示的理想滤波器特性相比,其幅值在 $\omega = \omega_s/2$ 时只有初值的 63.7%。在 $\omega = \omega_s$ 时,幅值才为零,且在高频段($\omega > \omega_s/2$)幅值不全为零。理想的滤波器只有一个截止频率,而零阶保持器有无穷多个。这样,当离散信号通过零阶保持器时,它不仅允许离散信号频谱中对应 $n=0$ 的主要分量通过,还允许其他高频分量通过,因此,由零阶保持器恢复的连续信号与原来的连续信号是有差别的,其主要表现为,零阶保持器恢复的连续信号中含有高频分量。

（2）相角滞后特性。从相频特性可见,零阶保持器会产生相角滞后,且由式(8.11)可知,零阶保持器的相频特性是频率 ω 的线性函数,所以相角滞后随 ω 的增大而增大。当 $\omega = \omega_s$ 时,其相应的相移可达 $-180°$。若系统中串接零阶保持器,将使系统产生附加相位滞后,造成系统稳定性变差,但零阶保持器与一阶、二阶保持器相比,其相位滞后是最小的。当频率是采样频率的整数倍时,相位有 $\pm 180°$ 的突变,除此以外,相频特性与 ω 呈线性关系。

（3）时间滞后特性。如前所述,零阶保持器的输出为阶梯信号 $e_h(t)$,其平均响应为 $e(t-T/2)$,相当于给系统增加了一个延迟时间为 $T/2$ 的延迟环节,使系统总的相角滞后进一步增大,对系统的稳定性更加不利。

8.3　线性离散控制系统的数学模型

线性离散控制系统的数学模型可以用差分方程、脉冲传递函数和离散状态空间表达式来描述。离散系统的每一种数学模型相对连续系统均有类似的方法与之对应。例如,离散系统的时间脉冲序列对应连续系统的时间脉冲响应;差分方程对应微分方程;脉冲传递函数对应传递函数;离散状态空间表达式对应连续状态空间表达式等。

本节主要讨论差分方程及其解法、脉冲传递函数的定义及其物理意义,以及开环和闭环脉冲传递函数的建立方法等。

8.3.1 线性差分方程

1. 差分和差分方程

差分是指一个函数的两值之差,由各阶差分组成的方程就是差分方程。微分方程可以描述连续系统,而差分方程可以描述离散系统的输入与输出在采样时刻的数学关系。

对于一般的线性定常离散系统,k 时刻的输出 $c(k)$,不但与 k 时刻的输入 $r(k)$ 有关,而且与 k 时刻以前的输入 $r(k-1)$,$r(k-2)$,…有关,同时还可能与 k 时刻以前的输出 $c(k-1)$,$c(k-2)$,…有关,这种关系一般可用下列 n 阶后向差分方程来描述:

$$c(k)+a_1c(k-1)+\cdots+a_nc(k-n)=b_0r(k)+b_1r(k-1)+\cdots+b_mr(k-m) \quad (8.13)$$

即

$$c(k)=-\sum_{i=1}^{n}a_ic(k-i)+\sum_{j=0}^{m}b_jr(k-j) \quad (8.14)$$

式中:$a_i(i=1,2,\cdots,n)$ 和 $b_j(j=0,1,\cdots,m)$ 为常系数,$m\leqslant n$。

式(8.14)称为 n 阶线性常系数差分方程,它在物理意义上代表一个线性定常离散系统,其特性如下。

(1) 式(8.14)所描述的系统实际上是一个因果系统,如果 k 时刻的输出 $c(k)$ 还与 k 时刻以后的输入 $r(k+1)$,$r(k+2)$,…有关,则这样的系统就是一个非因果系统。非因果系统在实际中是不存在的。

(2) 式(8.14)中的 n 为差分方程的阶次,m 是输入信号的阶次。与微分方程类似,差分方程的阶次是由系统本身的结构及特性决定的。差分方程的阶次可这样来判断:差分方程中时序号的最大差值即为方程的阶。

(3) 差分方程是一个递推方程,括号中的时序同时加/减一个常数,新方程与原方程等效。

线性定常离散系统也可以用如下 n 阶前向差分方程来描述:

$$c(k+n)+a_1c(k+n-1)+\cdots+a_nc(k)=b_0r(k+m)+b_1r(k+m-1)+\cdots+b_mr(k)$$

$$(8.15)$$

即

$$c(k+n)=-\sum_{i=1}^{n}a_ic(k+n-i)+\sum_{j=0}^{m}b_jr(k+m-j) \quad (8.16)$$

后向差分方程时间概念清楚,便于编制程序;前向差分方程,便于讨论系统阶次及采用 z 变换法计算初始条件不为零的解等。

2. 线性常系数差分方程的解

线性常系数差分方程的求解方法有经典法、迭代法和 z 变换法。与微分方程的经典法类似,差分方程的经典法也要求出齐次方程的通解和非齐次方程的一个特解,计算烦琐。下面仅介绍工程上常用的迭代法和 z 变换法。

1) 迭代法(递推法)

后向差分方程或前向差分方程都可以使用迭代法求解。若已知差分方程,并且给定输出序列的初值和输入序列 $r(k)$,则可以利用递推关系,在计算机上一步一步地算出输出序列。

【例 8-2】 已知差分方程 $c(k)-0.5c(k-1)+0.5c(k-2)=r(k)$,输入序列 $r(k)$ $=1$,初始条件为 $c(k)=0,k<0$,试用迭代法求输出序列 $c(k),k=0,1,2,\cdots$。

解 采用递推关系:$c(k)=r(k)+0.5c(k-1)-0.5c(k-2)$,再根据初始条件及递推关系,得

$$c(0)=r(0)+0.5c(-1)-0.5c(-2)=1$$
$$c(1)=r(1)+0.5c(0)-0.5c(-1)=1+0.5\times1-0=1.5$$
$$c(2)=r(2)+0.5c(1)-0.5c(0)=1+0.5\times1.5-0.5=1.25$$
$$c(3)=r(3)+0.5c(2)-0.5c(1)=1+0.5\times1.25-0.5\times1.5=0.875$$
$$c(4)=r(4)+0.5c(3)-0.5c(2)=1+0.5\times0.875-0.5\times1.25=0.8125$$
$$c(5)=r(5)+0.5c(4)-0.5c(3)=1+0.5\times0.8125-0.5\times0.875=0.96875$$
$$c(6)=r(6)+0.5c(5)-0.5c(4)=1+0.5\times0.96875-0.5\times0.8125=1.078125$$
$$\vdots$$
$$\lim_{k\to\infty}c(k)=1.0$$

依此类推,如此迭代下去可以得到 k 为任意值时的输出 $c(k)$。

可见,用递推法求解差分方程,只能求得 k 的有限项,不易得到 $c(k)$ 的闭合形式。

2) z 变换法

在连续系统中用拉普拉斯变换法求解微分方程,使得复杂的微积分运算变成了简单的代数运算。同样,在离散系统中用 z 变换法求解差分方程,就是将差分方程变换成以 z 为变量的代数方程,再进行求解。

已知输出 $c(k)$ 的初始值和输入序列 $r(k)$,对差分方程两端取 z 变换,并利用 z 变换的实数位移定理,得到以 z 为变量的代数方程,计算出代数方程的解 $C(z)$,再对 $C(z)$ 取 z 反变换,求出输出序列 $c(k)$。具体步骤如下。

(1) 根据 z 变换实数位移定理对差分方程逐项取 z 变换。

(2) 求差分方程解的 z 变换表达式 $C(z)$。

(3) 通过 z 反变换求差分方程的时域解 $c(k)$。

使用 z 变换法求解时,应采用前向差分方程,利用超前定理将其转换成代数方程。若求解后向差分方程,应先将其转换成前向差分方程,再利用超前定理进行转换。否则,若直接利用滞后定理将后向差分方程转换为代数方程,计算得到的代数方程的解 $C(z)$ 通常比较复杂,难以进行 z 反变换。

【例 8-3】 用 z 变换法解下列二阶差分方程:
$$c(k+2)+3c(k+1)+2c(k)=0$$
设初始条件 $c(0)=0,c(1)=1$。

解 这是一个齐次差分方程,对差分方程的每一项进行 z 变换,根据 z 变换超前定理有

$$\mathscr{Z}[c(k+2)]=z^2\Big[C(z)-\sum_{n=0}^{1}c(n)z^{-n}\Big]=z^2C(z)-z^2c(0)-zc(1)=z^2C(z)-z$$
$$\mathscr{Z}[3c(k+1)]=3z[C(z)-c(0)]=3zC(z)-3zc(0)=3zC(z)$$
$$\mathscr{Z}[2c(k)]=2C(z)$$

于是,差分方程变换为如下代数方程,即

$$z^2 C(z) - z + 3z C(z) + 2C(z) = 0 \Rightarrow (z^2 + 3z + 2)C(z) = z$$

解得

$$C(z) = \frac{z}{z^2 + 3z + 2} = \frac{z}{z+1} - \frac{z}{z+2}$$

求出 z 反变换为

$$c(k) = (-1)^k - (-2)^k, \quad k = 0, 1, 2, \cdots$$

【例 8-4】 已知差分方程 $c(k) = r(k) + 5c(k-1) - 6c(k-2)$，输入序列 $r(k) = 1$，初始条件为 $c(0) = 0, c(1) = 1$，试用 z 变换法计算输出序列 $c(k), k \geqslant 0$。

解 题目中给出的是一个后向差分方程，故先将其转化为前向差分方程，即

$$c(k+2) - 5c(k+1) + 6c(k) = r(k+2)$$

由于 $r(k+2) = r(k) = 1(k \geqslant 0)$，则

$$c(k+2) - 5c(k+1) + 6c(k) = r(k), \quad k \geqslant 0$$

对差分方程的每一项进行 z 变换，根据超前定理将差分方程变换为

$$z^2 [C(z) - z^{-1}] - 5z C(z) + 6C(z) = R(z)$$

整理得

$$C(z) = \frac{R(z) + z}{z^2 - 5z + 6}$$

已知 $r(k) = 1(k)$，则

$$R(z) = \mathscr{Z}[r(k)] = \frac{z}{z-1}$$

故

$$C(z) = \frac{\dfrac{z}{z-1} + z}{(z^2 - 5z + 6)} = \frac{z^2}{(z-1)(z-2)(z-3)}$$

应用反演积分法进行 z 反变换，得

$$\begin{aligned}
c(k) = {} & (z-1) \left. \frac{z^2 z^{k-1}}{(z-1)(z-2)(z-3)} \right|_{z=1} + (z-2) \left. \frac{z^2 z^{k-1}}{(z-1)(z-2)(z-3)} \right|_{z=2} \\
& + (z-3) \left. \frac{z^2 z^{k-1}}{(z-1)(z-2)(z-3)} \right|_{z=3} \\
= {} & 0.5 - 2^{k+1} + 0.5 \times 3^{k+1} \quad (k \geqslant 0)
\end{aligned}$$

【例 8-5】 已知某离散系统的运动方程由下列差分方程描述，即

$$c[(k+2)T] - 3c[(k+1)T] + 2c(kT) = r(kT)$$

式中：$c(kT) = 0(k \leqslant 0)$；$r(0) = 1$；$r(kT) = 0(k \neq 0)$。试求系统的响应 $c(kT)$。

解 这是一个二阶差分方程，求解时需要两个初始条件，题中只给了 $c(0) = 0$ 一个初始条件，还需要确定初始条件 $c(T)$，为确定 $c(T)$，可令 $k = -1$，代入方程，得

$$c(T) - 3c(0) + 2c(-T) = r(-T)$$

根据已知条件 $c(0) = 0, c(-T) = 0, r(-T) = 0$，可由上式解得 $c(T) = 0$。

对差分方程逐项取 z 变换，并代入初始条件，得

$$(z^2 - 3z + 2)C(z) = R(z) = 1$$

则

$$C(z) = \frac{1}{z^2 - 3z + 2} = \frac{1}{z-2} - \frac{1}{z-1}$$

为便于使用 z 变换表，对上式两端分别乘以 z，得

$$zC(z)=\frac{z}{z-2}-\frac{z}{z-1}$$

根据 z 变换的超前定理有

$$\mathscr{L}\big[c(kT+T)\big]=z\big[C(z)-c(0)\big]=zC(z)=\frac{z}{z-2}-\frac{z}{z-1}$$

所以
$$c\big[(k+1)T\big]=\mathscr{L}^{-1}\left[\frac{z}{z-2}-\frac{z}{z-1}\right]=2^{k}-1$$

即
$$c(kT)=2^{k-1}-1\quad(k=1,2,\cdots)$$

8.3.2　脉冲传递函数

在线性连续控制系统中,系统的特性常用复数域的数学模型——传递函数来描述。与此类似,线性离散控制系统的特性可以通过 z 传递函数来描述。z 传递函数也称脉冲传递函数,它是用 z 变换研究线性定常离散系统的重要工具。

1. 脉冲传递函数定义

与连续系统传递函数的定义类似,脉冲传递函数的定义是在零初始条件下,系统输出采样信号的 z 变换与输入采样信号的 z 变换的比,如图 8-11 所示。

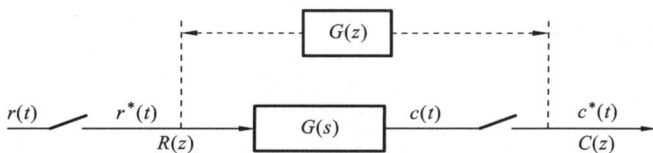

图 8-11　开环线性离散控制系统框图

图 8-11 为典型开环离散系统的框图,注意环节的两侧均有采样开关。其中,输入信号为 $r(t)$,采样后 $r^*(t)$ 的 z 变换函数为 $R(z)$,系统连续部分的输出为 $c(t)$,采样后 $c^*(t)$ 的 z 变换函数为 $C(z)$,$G(s)$ 为系统连续部分的传递函数,则该系统的脉冲传递函数为

$$G(z)=\frac{C(z)}{R(z)}\tag{8.17}$$

对于多数离散系统,由于执行元件及被控对象输入与输出间的连续特性,系统的输出往往是连续信号而不是采样信号,此时,可在系统输出端虚设一个理想采样开关,如图 8-12 所示。虚设的采样开关与输入采样开关同步工作,并具有相同的采样周期。这样,系统输出信号 $c(t)$ 在各采样时刻上的特性就可按式(8.17)研究。必须指出,虚设的采样开关是不存在的,它只表明了脉冲传递函数所能描述的只是输出连续函数 $c(t)$ 在采样时刻上的离散值 $c^*(t)$,但是输入端的采样开关必须存在。

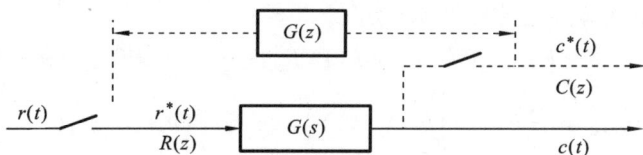

图 8-12　实际开环离散控制系统

脉冲传递函数 $G(z)$ 可通过 $G(s)$ 来求取,见例 8-6。

【例 8-6】 设图 8-12 所示开环系统的传递函数为

$$G(s) = \frac{10}{s(s+10)}$$

求相应的脉冲传递函数 $G(z)$。

解 将 $G(s)$ 展成部分分式,即

$$G(s) = \frac{1}{s} - \frac{1}{s+10}$$

求得

$$G(z) = \frac{z}{z-1} - \frac{z}{z-e^{-10T}} = \frac{z(1-e^{-10T})}{(z-1)(z-e^{-10T})}$$

【例 8-7】 已知差分方程为

$$c(k) = -\sum_{i=1}^{n} a_i c(k-i) + \sum_{j=0}^{m} b_j r(k-j)$$

假设初始条件为零,求系统的脉冲传递函数。

解 对差分方程两端进行 z 变换,得

$$C(z) = -\sum_{i=1}^{n} a_i z^{-i} C(z) + \sum_{j=0}^{m} b_j z^{-j} R(z)$$

可得系统的脉冲传递函数为

$$G(z) = \frac{C(z)}{R(z)} = \frac{\sum_{j=0}^{m} b_j z^{-j}}{1 + \sum_{i=1}^{n} a_i z^{-i}}$$

可见,差分方程与脉冲传递函数之间可以相互转换。

2. 脉冲传递函数的物理意义

连续系统传递函数 $G(s)$ 的拉普拉斯反变换是脉冲响应 $g(t)$,脉冲响应 $g(t)$ 是系统在单位脉冲 $\delta(t)$ 输入时的输出响应。与此类似,离散系统的脉冲传递函数也有类似的结论。

对于线性定常离散系统,如果输入为单位脉冲序列

$$r(nT) = \delta(nT) = \begin{cases} 1, & n=0 \\ 0, & n\neq0 \end{cases}$$

则系统输出称为单位脉冲响应序列,记为 $c(nT) = g(nT)$。

当线性定常离散系统的输入信号为任意脉冲序列时,即

$$r^*(t) = \sum_{n=0}^{\infty} r(nT)\delta(t-nT)$$

其输出为一系列脉冲响应之和,即

$$c(nT) = r(0)g(nT) + r(T)g[(n-1)T] + \cdots + r(kT)g[(n-k)T] + \cdots$$
$$= \sum_{k=0}^{\infty} g[(n-k)T]r(kT) = \sum_{k=0}^{\infty} g(kT)r[(n-k)T]$$

显然,上式为离散卷积表达式,则

$$c(nT) = g(nT)r(nT)$$

由 z 变换的卷积定理,可得

$$C(z) = G(z)R(z) \tag{8.18}$$

式中：$G(z) = \sum\limits_{n=0}^{\infty} g(nT)z^{-n}$。

可见，线性定常离散系统脉冲传递函数 $G(z)$ 等于单位脉冲响应序列 $g(nT)$ 的 z 变换。

3. 开环系统脉冲传递函数

实际系统往往是由多个环节按照一定的方式相互连接而成的，因此下面研究多环节情况下脉冲传递函数的求法。

开环线性离散控制系统的脉冲传递函数的求法与连续控制系统的不同，采样开关的数目和位置将直接影响最终结果。下面分四种情况讨论线性离散控制系统的开环脉冲传递函数。

1）串联环节间有采样开关时的脉冲传递函数

设开环离散系统如图 8-13 所示，两个串联连续环节之间有采样开关。

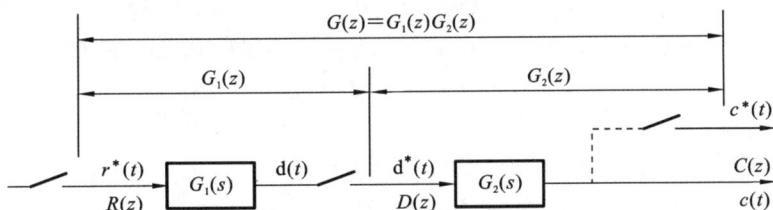

图 8-13　串联环节间有采样开关的开环离散系统

根据脉冲传递函数定义，可得

$$D(z) = G_1(z)R(z), \quad C(z) = G_2(z)D(z)$$

式中：$G_1(z) = \mathscr{Z}[G_1(s)]$；$G_2(z) = \mathscr{Z}[G_2(s)]$。则有

$$C(z) = G_2(z)G_1(z)R(z)$$

因此，图 8-13 所示的开环系统脉冲传递函数为

$$G(z) = \frac{C(z)}{R(z)} = G_2(z)G_1(z) \tag{8.19}$$

式(8.19)表明，两个串联环节间有采样开关时，其脉冲传递函数等于这两个环节各自脉冲传递函数之积。图 8-13 的等效离散系统结构图如图 8-14 所示。

图-14　串联环节间有采样开关的等效离散系统结构图

类似地，n 个环节相串联且各环节之间有采样开关时，开环系统脉冲传递函数为

$$G(z) = G_n(z)G_{n-1}(z)\cdots G_1(z) \tag{8.20}$$

2）串联环节间无采样开关时的脉冲传递函数

设开环离散系统如图 8-15 所示，两个串联环节间没有采样开关。

显然，在输入和输出两个采样开关之间的连续传递函数为

$$G(s) = G_1(s)G_2(s)$$

根据脉冲函数定义，输出采样信号为

$$C(z) = G(z)R(z)$$

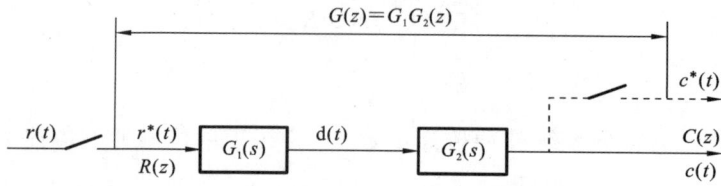

图 8-15　串联环节间无采样开关的开环离散系统

因此,开环系统脉冲传递函数为

$$G(z) = \mathscr{Z}[G(s)] = \mathscr{Z}[G_1(s)G_2(s)] = G_1G_2(z) \tag{8.21}$$

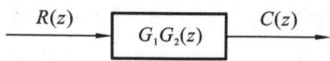

图 8-16　串联环节间无采样开关的等效离散系统结构图

式(8.21)表明,两个串联环节间没有采样开关时,其脉冲传递函数等于这两个环节传递函数乘积后的 z 变换。图 8-15 的等效离散系统结构图如图 8-16 所示。

类似地,n 个环节相串联且各环节之间没有采样开关时,开环系统脉冲传递函数为

$$G(z) = \mathscr{Z}[G_1(s)G_2(s)\cdots G_n(s)] = G_1G_2\cdots G_n(z) \tag{8.22}$$

注意:串联环节间有无采样开关时,其总的脉冲传递函数是不同的,即

$$G_1(z)G_2(z) \neq G_1G_2(z)$$

下面的例子可说明这一点。

【例 8-8】　设开环离散系统如图 8-13 和图 8-15 所示,$G_1(s) = 1/s$,$G_2(s) = 1/(s+1)$,试求图 8-13 和图 8-15 所示的两个系统的脉冲传递函数 $G(z)$。

解　串联环节间有采样开关时,有

$$G(z) = G_1(z)G_2(z) = \mathscr{Z}\left[\frac{1}{s}\right]\mathscr{Z}\left[\frac{1}{s+1}\right] = \frac{z^2}{(z-1)(z-e^{-T})}$$

串联环节间无采样开关时,有

$$G(z) = \mathscr{Z}[G_1(s)G_2(s)] = G_1G_2(z) = \mathscr{Z}\left[\frac{1}{s(s+1)}\right] = \frac{z(1-e^{-T})}{(z-1)(z-e^{-T})}$$

显然,串联环节之间有无采样开关隔离,其总的脉冲传递函数是不同的。但是,不同之处仅表现在零点不同,极点仍然相同。

3) 环节与零阶保持器串联时的脉冲传递函数

设有零阶保持器的开环离散系统如图 8-17 所示。其中 $G_h(s)$ 为零阶保持器传递函数,$G_p(s)$ 为连续部分传递函数,两个串联环节之间无同步采样开关隔离。由于 $G_h(s)$ 不是 s 的有理分式函数(含有指数函数 e^{-sT}),因此不便于用串联环节之间无采样开关时的脉冲传递函数计算式(8.21)求解。如果将图 8-17 变换为图 8-18 所示的等效开环系统,则有零阶保持器的开环系统脉冲传递函数的推导将比较简单。

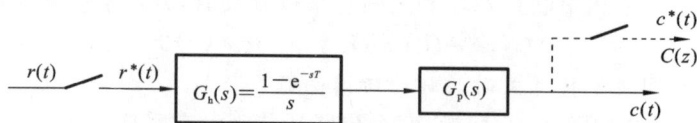

图 8-17　有零阶保持器的开环离散系统

由图 8-18,可得

$$C(s) = \left[\frac{G_p(s)}{s} - e^{-sT}\frac{G_p(s)}{s}\right]R^*(s) \tag{8.23}$$

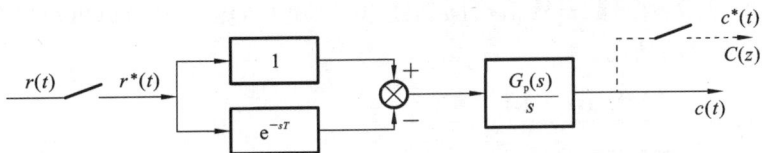

图 8-18 有零阶保持器的等效开环系统

因为 $e^{-sT}=z^{-1}$ 是延迟一个采样周期的延迟环节,所以 $e^{-sT}G_p(s)/s$ 对应的采样输出比 $G_p(s)/s$ 对应的采样输出延迟一个采样周期,对式(8.23)进行 z 变换,根据 z 变换的滞后定理和采样拉普拉斯变换性质,可得

$$C(z)=\mathscr{Z}\left[\frac{G_p(s)}{s}\right]R(z)-z^{-1}\mathscr{Z}\left[\frac{G_p(s)}{s}\right]R(z)$$

于是,有零阶保持器时,开环系统脉冲传递函数为

$$G(z)=\frac{C(z)}{R(z)}=(1-z^{-1})\mathscr{Z}\left[\frac{G_p(s)}{s}\right] \tag{8.24}$$

由式(8.24)可见,z 变换时,零阶保持器中的 $1-e^{-sT}$ 可以直接变换为 $1-z^{-1}$。

【例 8-9】 设离散系统如图 8-17 所示,已知

$$G_p(s)=\frac{1}{s(s+1)}$$

求系统的脉冲传递函数 $G(z)$。

解 因为

$$\frac{G_p(s)}{s}=\frac{1}{s^2(s+1)}=\frac{1}{s^2}-\left(\frac{1}{s}-\frac{1}{s+1}\right)$$

查 z 变换表,有

$$\mathscr{Z}\left[\frac{G_p(s)}{s}\right]=\frac{Tz}{(z-1)^2}-\left(\frac{z}{z-1}-\frac{z}{z-e^{-T}}\right)=\frac{z[(e^{-T}+T-1)z+(1-Te^{-T}-e^{-T})]}{(z-1)^2(z-e^{-T})}$$

因此,有零阶保持器的开环系统脉冲传递函数为

$$G(z)=(1-z^{-1})\mathscr{Z}\left[\frac{G_p(s)}{s}\right]=\frac{(e^{-T}+T-1)z+(1-Te^{-T}-e^{-T})}{(z-1)(z-e^{-T})}$$

在例 8-8 中,连续部分的传递函数与本例相同,但是没有零阶保持器。比较例 8-8 和例 8-9 的开环系统传递函数可知,二者极点完全相同,仅零点不同。上述结果表明零阶保持器不影响离散系统开环脉冲传递函数的极点。

4) 环节并联时的脉冲传递函数

设开环离散系统如图 8-19 所示,在系统中有两个并联环节。

根据脉冲传递函数定义,由图 8-19 可得

$$C_1(z)=G_1(z)R(z)$$
$$C_2(z)=G_2(z)R(z)$$

式中:$G_1(z)$ 和 $G_2(z)$ 分别为环节 $G_1(s)$ 和 $G_2(s)$ 的脉冲传递函数。于是有

$$C(z)=C_1(z)+C_2(z)=G_1(z)R(z)+G_2(z)R(z)=[G_1(z)+G_2(z)]R(z)$$

因此,带有并联环节的开环系统脉冲传递函数为

$$G(z)=\frac{C(z)}{R(z)}=G_1(z)+G_2(z) \tag{8.25}$$

式(8.25)表明,具有采样开关的并联环节的脉冲传递函数等于各环节的脉冲传递函数

之和。图 8-19 的等效离散系统结构图如图 8-20 所示,这一结论也可以推广到类似的 n 个环节相并联时的情况。

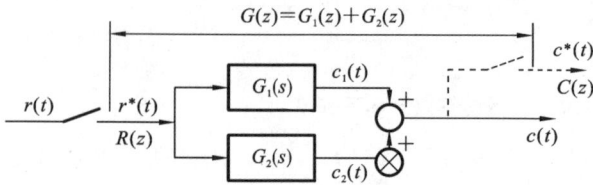

图 8-19 环节并联的开环离散系统

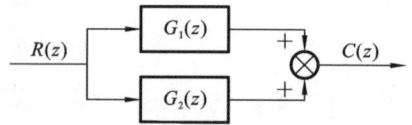

图 8-20 环节并联的等效
离散系统结构图

4. 闭环系统脉冲传递函数

在连续系统中,闭环传递函数与相应的开环传递函数之间有着确定的关系,所以可以用一种典型的结构图来描述一个闭环系统。但是对于线性离散控制系统,由于采样开关的数目和位置不同,使得闭环脉冲传递函数不像连续系统那样具有统一的形式。因此,在求离散控制系统的闭环脉冲传递函数时,要根据采样开关的实际情况进行具体分析。通常先根据系统的结构列写出各个变量之间的关系,然后消去中间变量,得到闭环脉冲传递函数的表达式。下面分两种情况讨论闭环系统的脉冲传递函数。

1) 对偏差信号进行采样的系统

考虑如图 8-21(a)所示的一种比较常见的对偏差信号进行采样的闭环离散系统结构图,系统输出是连续的,为便于分析在输出端加入虚设的采样开关,综合点之后的采样开关可以等效为综合点两个输入端的采样开关,如图 8-21(a)中虚线所示,输入采样信号 $r^*(t)$ 和反馈采样信号 $y^*(t)$ 事实上并不存在。与图 8-21(a)等效的系统结构图如图 8-21(b)所示。

由图 8-21(a)可得

$$\varepsilon(z)=R(z)-Y(z), \quad Y(z)=\mathscr{Z}\big[G(s)H(s)\big]\varepsilon(z)$$

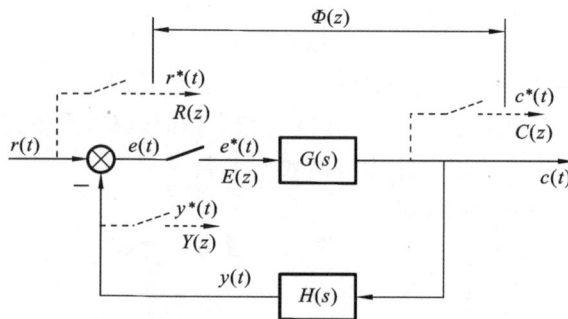

(a) 系统结构图

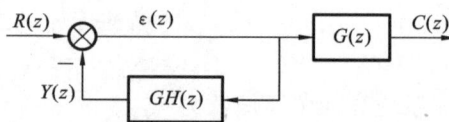

(b) 等效的系统结构图

图 8-21 对偏差进行采样的闭环离散系统结构图

因此有

$$\varepsilon(z) = R(z) - HG(z)\varepsilon(z)$$

整理得

$$\varepsilon(z) = \frac{R(z)}{1 + HG(z)} \tag{8.26}$$

由于

$$C(z) = G(z)\varepsilon(z)$$

所以

$$C(z) = \frac{G(z)}{1 + HG(z)} R(z) \tag{8.27}$$

对于单位反馈控制系统,根据式(8.26)和式(8.27)进行如下定义。

(1)闭环离散系统对于输入量的误差脉冲传递函数为

$$\Phi_e(z) = \frac{E(z)}{R(z)} = \frac{1}{1 + HG(z)} \tag{8.28}$$

(2)闭环离散系统对于输入量的脉冲传递函数为

$$\Phi(z) = \frac{C(z)}{R(z)} = \frac{G(z)}{1 + HG(z)} \tag{8.29}$$

$\Phi_e(z)$ 和 $\Phi(z)$ 是研究闭环离散系统时经常用到的两个闭环脉冲传递函数。

(3)闭环离散系统的特征方程。

与连续系统类似,令 $\Phi(z)$ 或 $\Phi_e(z)$ 的分母多项式为零,便可得到闭环离散系统的特征方程为

$$D(z) = 1 + GH(z) = 0 \tag{8.30}$$

可见对偏差信号进行采样的离散系统,其闭环脉冲传递函数与连续系统的闭环传递函数形式上很相似。但要注意,在求取前向通道传递函数和开环脉冲传递函数时,要使用两个采样开关之间的环节的脉冲传递函数,不论这两个采样开关之间有几个连续环节串联或并联。

【例 8-10】 设闭环离散系统结构图如图 8-22 所示,求其闭环脉冲传递函数及输出采样信号的 z 变换函数。

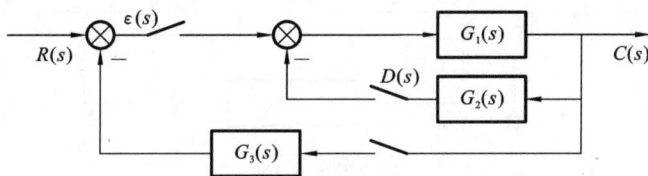

图 8-22 闭环离散系统结构图

解 方法一 由图 8-22 可知

$$\varepsilon(z) = R(z) - C(z)G_3(z)$$
$$D(z) = \varepsilon(z)G_1G_2(z) - D(z)G_1G_2(z)$$

因此

$$D(z) = \frac{G_1G_2(z)}{1 + G_1G_2(z)} \varepsilon(z)$$

$$C(z)=\varepsilon(z)G_1(z)-D(z)G_1(z)=\frac{G_1(z)}{1+G_1G_2(z)}\varepsilon(z)$$

所以

$$C(z)=\frac{G_1(z)R(z)}{1+G_1G_2(z)}-\frac{G_1(z)}{1+G_1G_2(z)}C(z)G_3(z)$$

即

$$C(z)=\frac{G_1(z)R(z)}{1+G_1G_2(z)+G_1(z)G_3(z)}$$

$$\Phi(z)=\frac{G_1(z)}{1+G_1G_2(z)+G_1(z)G_3(z)}$$

方法二 可先求出内环的脉冲传递函数 $G(z)$,即

$$G(z)=\frac{G_1(z)}{1+G_1G_2(z)}$$

注意:$G_1(s)$ 与 $G_2(s)$ 间无采样开关。

最后求出闭环系统的脉冲传递函数,即

$$\Phi(z)=\frac{G(z)}{1+G(z)G_3(z)}=\frac{G_1(z)}{1+G_1G_2(z)+G_1(z)G_3(z)}$$

2) 不对偏差信号进行采样的系统

设不对偏差信号采样的离散系统结构图如图 8-23(a)所示,图 8-23(b)是图 8-23 (a)的等效结构图。

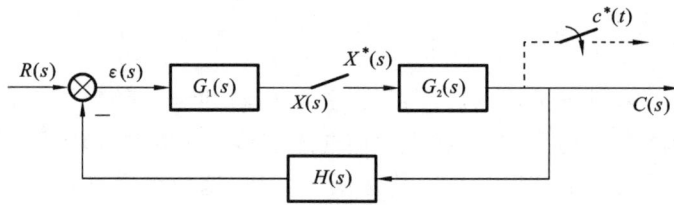

(a) 系统结构图

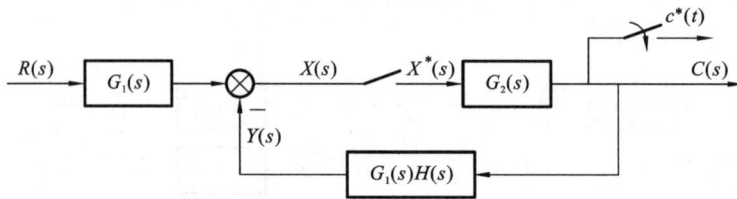

(b) 等效结构图

图 8-23　不对偏差信号采样的闭环离散系统结构图

由图 8-23(b)可得,信号的拉普拉斯变换为

$$C(z)=G_2(z)X(z)$$

$$X(z)=G_1R(z)-G_1G_2H(z)X(z)$$

因此有

$$X(z)=\frac{G_1R(z)}{1+G_1G_2H(z)},\quad C(z)=\frac{G_2(z)G_1R(z)}{1+G_1G_2H(z)}$$

由于不对偏差信号采样,使得 $R(z)$ 不能独立出来,此时不能求出闭环离散系统对

于输入量的脉冲传递函数,而只能求出输出采样信号的 z 变换函数 $C(z)$,但这并不妨碍对 $c^*(t)$ 的研究。

无论是对偏差信号采样还是不对偏差信号采样的系统,系统输出信号的 z 变换均可按以下算式直接求出:

$$C(z) = \frac{\text{前向通道所有独立环节 } z \text{ 变换的乘积}}{1 + \text{闭环回路中所有独立环节 } z \text{ 变换的乘积}} \tag{8.31}$$

说明如下。

(1) 式(8.31)中的独立环节是指两个采样开关之间的环节,不管其中有几个连续环节串联或并联。

(2) 输入信号 $R(s)$ 也作为一个连续环节看待。

8.4 线性离散控制系统的稳定性分析

稳定是系统能够正常工作的首要条件。所谓稳定性是指当扰动作用消失后,系统恢复到原平衡状态的性能。

在线性连续控制系统中,稳定性的判别是在 s 域中进行的。判别系统是否稳定依据系统特征方程的根是否都落在 s 域左半平面。线性离散控制系统的稳定性分析将在 z 平面上进行,为此,首先说明 s 平面与 z 平面的映射关系。

8.4.1 s 域到 z 域的映射

如第 2 章所述,复变量 s 和 z 之间的关系为

$$z = e^{sT}$$

将 s 表达为直角坐标形式,即 $s = \sigma + j\omega$,映射到 z 域为

$$z = e^{(\sigma + j\omega)T} = e^{\sigma T} e^{j\omega T}$$

于是,s 域到 z 域的基本映射关系式为

$$\begin{cases} |z| = e^{\sigma T} \\ \angle z = \omega T \end{cases} \tag{8.32}$$

式(8.32)表明,z 的模仅对应 s 的实部 σ,z 的幅角仅对应 s 的虚部。

s 平面的虚轴,即复变量 s 的实部 $\sigma = 0$ 时,由式(8.32)可知 $|z| = 1$,ω 从 $-\infty$ 变化到 ∞。因此 s 平面的虚轴映射到 z 平面的轨迹是以原点为圆心的单位圆(s 平面的坐标原点映射到 z 平面上为 $(1, j0)$ 点)。

当 s 平面上的点沿虚轴从 $-\infty$ 移动到 ∞ 时,其虚轴映射到 z 平面上实际上是无穷多个相重叠的单位圆周。这是因为当 s 平面上的点沿虚轴从 $-\omega_s/2$ 移动到 $\omega_s/2$ 时,$\angle z$ 从 $-\pi$ 逆时针变化到 π,正好转了一圈。每当 ω 增加或减小一个 ω_s,映射到 z 平面上就是完全重叠的单位圆周。

在 s 平面的左半部,即复变量 s 的实部 $\sigma < 0$,此时 $|z| < 1$。因此,s 平面的左半部映射到 z 平面单位圆的内部。同理,s 平面的右半部映射到 z 平面单位圆的外部。这种映射关系如图 8-24 所示。

由上述分析可见,可以把 s 平面划分为无穷多条平行于实轴的周期带,其宽度为 ω_s,其中从 $-\omega_s/2 \sim \omega_s/2$ 的周期带称为主要带,其余的周期带称为次要带。s 平面的主

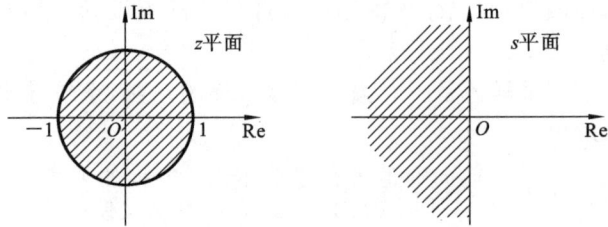

图 8-24 z 平面与 s 平面的映射关系

要带映射为整个 z 平面,而每一个次要带也都重叠映射在整个 z 平面上。

清楚了 s 平面与 z 平面的映射关系,下面讨论线性定常离散控制系统稳定的条件。

8.4.2 线性离散控制系统稳定的充要条件

在线性定常连续系统中,系统稳定的充要条件取决于闭环极点是否均位于 s 平面左半部。与此类似,对于线性定常离散系统,也可以根据闭环极点在 z 平面的分布来判断系统是否稳定。

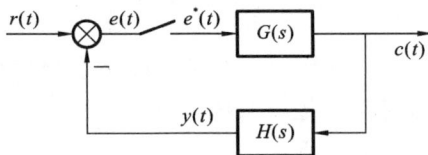

图 8-25 典型离散系统的结构图

设典型离散系统的结构图如图 8-25 所示。其特征方程为

$$D(z)=1+GH(z)=0$$

由 s 域到 z 域的映射关系知:s 平面左半平面映射为 z 平面上的单位圆内的区域,对应稳定区域;s 平面右半平面映射为 z 平面上的单位圆外的区域,对应不稳定区域;s 平面上的虚轴映射为 z 平面上的单位圆周,对应临界稳定情况。

因此,线性定常离散系统稳定的充要条件是:当且仅当离散系统特征方程的全部特征根均分布在 z 平面的单位圆内。

如果 z 平面单位圆上存在特征根,则系统是临界稳定的,在工程上把此种情况归于不稳定之列。

【例 8-11】 设线性定常离散系统的结构图如图 8-26 所示,采样周期 $T=0.1$ s,试判断 $K=1$ 时系统的稳定性。

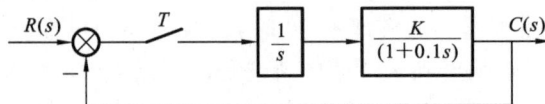

图 8-26 线性定常离散系统的结构图

解 系统的开环脉冲传递函数为

$$G(z)=\mathscr{Z}\left[\frac{1}{s(1+0.1s)}\right]=\frac{0.632z}{z^2-1.368z+0.368}$$

系统闭环脉冲传递函数为

$$\Phi(z)=\frac{G(z)}{1+G(z)}$$

故闭环特征方程为

$$1+G(z)=0$$

将 $G(z)$ 代入上式,可得特征方程为

$$D(z)=z^2-0.736z+0.368=0$$

可求得特征方程的根为

$$z_{1,2}=0.368\pm j0.485$$

因为

$$|z_1|<1,\quad |z_2|<1$$

因此,该系统稳定。

8.4.3 线性离散控制系统的稳定性判据

直接应用如前所述的充分必要条件判断系统的稳定性,需要求解特征方程,当然这可借助于某些计算机软件进行求解。其实在分析系统稳定性时,可以直接应用稳定性判据进行,不必求出特征根,而且利用这些方法能够方便地分析系统参数的变化对稳定性的影响。下面介绍判断线性定常离散系统稳定性的三种方法:运用双线性变换的劳斯稳定判据、朱利稳定判据和奈奎斯特稳定判据。

1. 运用双线性变换的劳斯判据

连续系统的劳斯判据是通过系统特征方程的系数关系来判断系统稳定性的,实质是判断系统特征方程的根是否都在 s 左半平面。但是,在离散系统中需要判断系统特征方程的根是否都在 z 平面上的单位圆内。因此,不能直接应用连续系统中的劳斯判据,必须引入一种新的变换。设这种新的变换为 w 变换,它将 z 平面映射到 w 平面,使 z 平面上的单位圆内区域映射成左半 w 平面,z 平面的单位圆映射成 w 平面的虚轴,z 平面的单位圆外区域映射成右半 w 平面。

w 变换定义为

$$z=\frac{w+1}{w-1}$$

则有

$$w=\frac{z+1}{z-1} \tag{8.33}$$

即复变量 z 与 w 互为线性变换,也称为双线性变换。

令复变量 z 与 w 为

$$z=x+jy,\quad w=u+jv$$

将以上两项代入式(8.33),得

$$u+jv=\frac{(x^2+y^2)-1}{(x-1)^2+y^2}-j\frac{2y}{(x-1)^2+y^2}$$

显然

$$u=\frac{(x^2+y^2)-1}{(x-1)^2+y^2}$$

由上式可见,当 $x^2+y^2=1$ 时,$u=0$,表明 z 平面上的单位圆映射成 w 平面的虚轴;当 $x^2+y^2<1$ 时,$u<0$,表明 z 平面上单位圆内的区域映射成 w 左半平面;当 $x^2+y^2>1$ 时,$u>0$,表明 z 平面上单位圆外区域映射成 w 右半平面。z 平面和 w 平面的这种对应关系,如图 8-27 所示。

通过 w 变换,将线性定常离散系统的特征方程由 z 平面转换到 w 平面。w 平面上

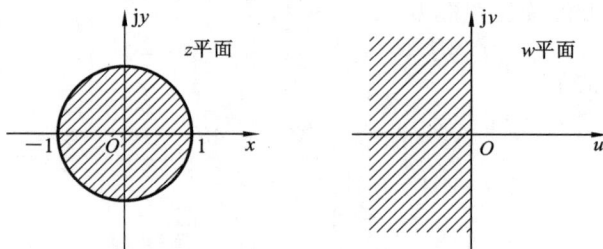

图 8-27　z 平面与 w 平面的映射关系

离散系统稳定的充要条件是所有特征根位于 w 左半平面,符合劳斯判据的应用条件,所以根据 w 域中的特征方程系数,可以直接应用劳斯表判断离散系统稳定性。具体步骤如下。

(1) 求离散系统在 z 域的特征方程:$D(z)=0$。

(2) 进行 w 变换,令 $z=\dfrac{w+1}{w-1}$,得 w 域的特征方程 $D(w)=0$。

(3) 对 $D(w)=0$ 应用劳斯判据判断系统稳定性。

【例 8-12】　已知对偏差信号采样的单位负反馈系统的开环脉冲传递函数

$$G(z)=\frac{k}{z(z-0.2)(z-0.4)}, \quad k>0$$

求使闭环系统稳定的 k 值范围。

解　闭环系统的特征方程为

$$1+G(z)=0$$

则

$$z^3-0.6z^2+0.08z+k=0$$

进行 w 变换,令 $z=\dfrac{w+1}{w-1}$,并化简得到 w 域的特征方程为

$$(0.48+k)w^3+(2.32-3k)w^2+(3.52+3k)w+(1.68-k)=0$$

列出劳斯表为

w^3	$0.48+k$	$3.52+3k$
w^2	$2.32-3k$	$1.68-k$
w^1	$-8(k^2+0.6k-0.92)/(2.32-3k)$	0
w^0	$1.68-k$	

根据劳斯判据,为保证系统稳定,必须有

$$\begin{cases} k>0 \\ k<0.773 \\ -1.305<k<0.705 \\ k<1.68 \end{cases}$$

故系统稳定时 k 的取值范围为 $0<k<0.705$。

【例 8-13】　离散系统结构图如图 8-28 所示,$K>0$,当采样周期分别为 $T=0.5$ s、$T=1$ s、$T=2$ s 时,讨论闭环离散系统稳定时 K 的取值范围。

解　该离散系统对应的连续系统如图 8-29 所示。

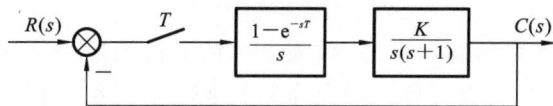

图 8-28 离散系统结构图

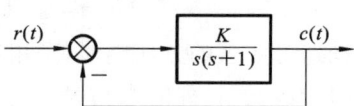

图 8-29 离散系统对应的连续系统

连续系统的特征方程为 $1+G(s)=0$,故 $s^2+s+K=0$。由劳斯判据易知,只要 $K>0$,连续系统就是稳定的。而由图 8-28 可知,离散系统的闭环脉冲传递函数为

$$\Phi(z)=\frac{G(z)}{1+G(z)}$$

式中

$$G(z)=\mathscr{L}\left[\frac{1-\mathrm{e}^{-sT}}{s}\frac{K}{s(s+1)}\right]=\mathscr{L}\left[\frac{K}{s^2(s+1)}\right](1-z^{-1})$$

$$=K\frac{(\mathrm{e}^{-T}+T-1)z+(1-\mathrm{e}^{-T}-T\mathrm{e}^{-T})}{(z-1)(z-\mathrm{e}^{-T})}$$

离散系统特征方程为

$$z^2+(K\mathrm{e}^{-T}+KT-K-1-\mathrm{e}^{-T})z+K(1-\mathrm{e}^{-T}-T\mathrm{e}^{-T})+\mathrm{e}^{-T}=0$$

当 $T=2$ 时,系统的特征方程为

$$z^2+(1.135K-1.135)z+(0.594K+0.135)=0$$

令 $z=\dfrac{w+1}{w-1}$,得

$$1.73Kw^2+(1.73-1.19K)w+(2.27-0.54K)=0$$

列出劳斯表为

$$\begin{array}{ccc} w^2 & 1.73K & 2.27-0.54K \\ w^1 & 1.73-1.19K & 0 \\ w^0 & 2.27-0.54K & \end{array}$$

根据劳斯判据,为保证系统稳定,有

$$\begin{cases} 1.73K>0 \\ 1.73-1.19K>0 \\ 2.27-0.54K>0 \end{cases}$$

所以当 $T=2$ 时,系统稳定时 K 的取值范围为 $0<K<1.45$。

同理:当 $T=1$ 时,系统稳定时 K 的取值范围为 $0<K<2.4$;当 $T=0.5$ 时,系统稳定时 K 的取值范围为 $0<K<4.36$。

可见,采样周期会影响系统的稳定性。随着采样周期的增大,系统的稳定性变差。离散系统的稳定性还与开环增益有关,增加开环增益会使系统的稳定性变差,甚至使系统变得不稳定。

2. 朱利判据

对于线性定常离散系统,除了可在 w 域中利用劳斯判据判断系统的稳定性,还可在 z 域中应用朱利判据判断稳定性。

朱利判据是一个判断特征根的模是否小于 1 的判据,因此可以直接在 z 域内应用,即根据闭环特征方程 $D(z)=0$ 的系数,判断其特征根是否位于 z 平面上的单位圆内,从而判断该系统是否稳定。

设线性定常离散系统的闭环特征方程为

$$D(z)=a_0+a_1z+a_2z^2+\cdots+a_nz^n=0, \quad a_n>0$$

与构造劳斯表的方法类似,利用特征多项式的各项系数,按表 8-2 的方法构造一个($2n$ -3)行、($n+1$)列的朱利表。在朱利表中,偶数行各元素是奇数行各元素的反序排列。从第三行起,表中各元素的定义为

$$b_k=\begin{vmatrix} a_0 & a_{n-k} \\ a_n & a_k \end{vmatrix}, \quad k=0,1,\cdots,n-1$$

$$c_k=\begin{vmatrix} b_0 & b_{n-k-1} \\ b_{n-1} & b_k \end{vmatrix}, \quad k=0,1,\cdots,n-2$$

$$\vdots$$

$$q_0=\begin{vmatrix} p_0 & p_3 \\ p_3 & p_0 \end{vmatrix}, \quad q_1=\begin{vmatrix} p_0 & p_2 \\ p_3 & p_1 \end{vmatrix}, \quad q_2=\begin{vmatrix} p_0 & p_1 \\ p_3 & p_2 \end{vmatrix}$$

表 8-2 朱利表

行数	z^0	z^1	z^2	z^3	$\cdots$	z^{n-k}	$\cdots$	z^{n-1}	z^n
1	a_0	a_1	a_2	a_3	$\cdots$	a_{n-k}	$\cdots$	a_{n-1}	a_n
2	a_n	a_{n-1}	a_{n-2}	a_{n-3}	$\cdots$	a_k	$\cdots$	a_1	a_0
3	b_0	b_1	b_2	b_3	$\cdots$	b_{n-k}	$\cdots$	b_{n-1}	
4	b_{n-1}	b_{n-2}	b_{n-3}	b_{n-4}	$\cdots$	b_{k-1}	$\cdots$	b_0	
5	c_0	c_1	c_2	c_3	$\cdots$	c_{n-2}			
6	c_{n-2}	c_{n-3}	c_{n-4}	c_{n-5}	$\cdots$	c_0			
$\vdots$	$\vdots$	$\vdots$	$\vdots$	$\vdots$					
$2n-4$	p_0	p_1	p_2	p_3					
$2n-5$	p_3	p_2	p_1	p_0					
$2n-3$	q_0	q_1	q_2						

朱利判据:特征方程 $D(z)=0$ 的根全部位于 z 平面上单位圆内的充分必要条件为

$$\begin{cases} D(1)>0 \\ (-1)^nD(-1)>0 \end{cases}$$

以及下列($n-1$)个约束条件成立:

$$|a_0|<a_n, |b_0|>|b_{n-1}|, |c_0|>|c_{n-2}|,\cdots,|q_0|>|q_2|$$

注意:$|a_0|<a_n, D(1)>0, (-1)^nD(-1)>0$ 是系统稳定的必要条件,若特征方程不满足此条件,则系统一定不稳定。所以在判断系统稳定性时可先判断此条件,满足后再构造朱利表。

【例 8-14】 用朱利判据求解例 8-13。

解 根据例 8-13,离散系统特征方程为

$$z^2+(Ke^{-T}+KT-K-1-e^{-T})z+K(1-e^{-T}-Te^{-T})+e^{-T}=0$$

因为 $n=2$,故 $2n-3=1, n+1=3$,即本例中的朱利表为 1 行 3 列,故所求朱利表如表 8-3 所示。

表 8-3 例 8-14 的朱利表

行数	z^0	z^1	z^2
1	$K(1-e^{-T}-Te^{-T})+e^{-T}$	$[K(e^{-T}+T-1)-(1+e^{-T})]$	1

由朱利判据可知,欲使系统稳定,必须满足如下条件。

(1) $D(1)>0$,即

$$KT(1-e^{-T})>0$$

(2) $D(-1)>0$,即

$$K>\frac{2(1+e^{-T})}{T(1+e^{-T})-2(1-e^{-T})}$$

(3) $|a_0|<a_2$,即

$$|K(1-e^{-T}-Te^{-T})+e^{-T}|<1 \Rightarrow K<\frac{1-e^{-T}}{1-e^{-T}-Te^{-T}}$$

对于 $K>0$,$T>0$,条件(1)总是能满足。

当 $T=2$ 时,K 的取值范围为 $0<K<1.45$。

当 $T=1$ 时,K 的取值范围为 $0<K<2.4$。

当 $T=0.5$ 时,K 的取值范围为 $0<K<4.36$。

可以看出,由劳斯判据和朱利判据得到的系统稳定条件是相同的,但朱利判据在计算上较为简单。

【例 8-15】 已知线性定常离散系统闭环特征方程为

$$D(z)=z^4-1.368z^3+0.4z^2+0.08z+0.002=0$$

试用朱利判据判断系统的稳定性。

解 由于系统特征方程是 4 阶的,即 $n=4$,则 $2n-3=5$,$n+1=5$,所以构造的朱利表是 5 行 5 列的。

$D(1)=0.114>0$,$(-1)^4 D(-1)=2.69>0$,满足系统稳定的必要条件。

根据给定的 $D(z)$ 知

$$a_0=0.002, \quad a_1=0.08, \quad a_2=0.4, \quad a_3=-1.368, \quad a_4=1$$

计算朱利表中的元素 b_k 和 c_k 得

$$b_0=\begin{vmatrix} a_0 & a_4 \\ a_4 & a_0 \end{vmatrix}=-1.000, \quad b_1=\begin{vmatrix} a_0 & a_3 \\ a_4 & a_1 \end{vmatrix}=1.368$$

$$b_2=\begin{vmatrix} a_0 & a_2 \\ a_4 & a_2 \end{vmatrix}=-0.399, \quad b_3=\begin{vmatrix} a_0 & a_1 \\ a_4 & a_3 \end{vmatrix}=-0.082$$

$$c_0=\begin{vmatrix} b_0 & b_3 \\ b_3 & b_0 \end{vmatrix}=0.993, \quad c_1=\begin{vmatrix} b_0 & b_2 \\ b_3 & b_1 \end{vmatrix}=-1.401, \quad c_2=\begin{vmatrix} b_0 & b_1 \\ b_3 & b_2 \end{vmatrix}=0.511$$

得到朱利表,如表 8-4 所示。

表 8-4 例 8-15 的朱利表

行数	z^0	z^1	z^2	z^3	z^4
1	0.002	0.08	0.4	-1.368	1
2	1	-1.368	0.4	0.08	0.002
3	-1.000	1.368	-0.399	-0.082	
4	-0.082	-0.399	1.368	-1.000	
5	0.933	-1.401	0.511		

因为

$$|a_0|=0.002, \quad a_4=1, \quad \text{满足} |a_0|<a_4$$
$$|b_0|=1.000, \quad |b_3|=0.082, \quad \text{满足} |b_0|>|b_3|$$
$$|c_0|=0.993, \quad |c_2|=0.511, \quad \text{满足} |c_0|>|c_2|$$

故由朱利判据知,该离散系统稳定。

3. 奈奎斯特判据

奈奎斯特判据是检验连续系统稳定性的有效方法,它利用系统开环频率特性来判断闭环系统的稳定性,该方法可直接应用于离散系统。需要注意的是,离散系统的不稳定域是 z 平面的单位圆外。具体方法如下。

设离散系统特征方程为:$1+kG(z)=0$。

(1) 确定开环脉冲传递函数 $kG(z)$ 的不稳定极点数 P。

(2) 将 $z=e^{j\omega T}$ 代入,在 $0 \leqslant \omega T \leqslant 2\pi$ 范围内,绘开环频率特性 $kG(e^{j\omega T})$。

(3) 计算该曲线顺时针方向包围 $z=-1$ 的数目 N。

(4) 计算 $Q=P-N$,当且仅当 $Q=0$ 时,闭环系统稳定。

【**例 8-16**】　设某单位反馈离散系统开环脉冲传递函数为

$$G(z)=\frac{k(z+1)}{(z-1)(z-0.242)}$$

采样周期 $T=0.1$ s,绘制它的幅相特性曲线,并分析闭环系统的稳定性。

解　(1) 该开环系统的极点均位于 z 平面单位圆内,所以 $P=0$。

(2) 将 $z=e^{j\omega T}$ 代入,得

$$G(e^{j\omega T})=\frac{k[\cos(\omega T)+1+j\sin(\omega T)]}{[\cos(\omega T)-1+j\sin(\omega T)][\cos(\omega T)-0.242+j\sin(\omega T)]}$$

根据上式可绘出幅相特性曲线,如图 8-30 所示。图 8-30 中分别绘出了 $k=0.198$、$k=0.7584$、$k=1$ 时的曲线。

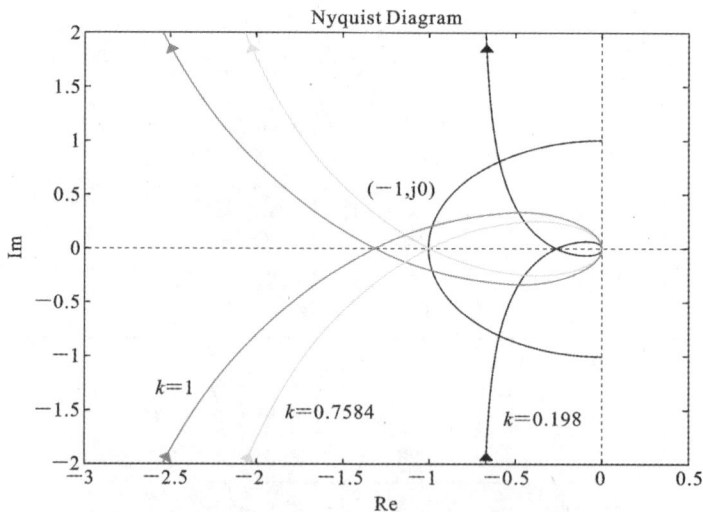

图 8-30　例 8-16 幅相特性曲线

(3) 当 $k=0.198$ 时,频率特性不包围 $z=-1$ 点,$N=0$,所以 $Q=P-N=0$,闭环系统稳定。

当 $k=1$ 时,频率特性包围 $z=-1$ 点一次,$N=1$,所以 $Q=P-N=-1$,闭环系统不稳定。

当 $k=0.7584$ 时,频率特性穿越 $z=-1$ 点,此时闭环系统临界稳定。

8.5 线性离散控制系统的时间响应

稳定性是系统正常工作的前提条件,除此之外系统还要在响应速度及控制精度等方面满足要求。响应速度是通过系统的动态性能体现的,控制精度则由稳态误差来衡量。本节将介绍线性离散控制系统的动态响应和稳态响应。

8.5.1 线性离散控制系统的动态响应

连续系统的动态特性是通过系统在单位阶跃输入信号作用下的响应过程来衡量的,反映了控制系统的瞬态过程。主要性能指标有上升时间 t_r、峰值时间 t_p、调节时间 t_s 和超调量等。离散系统的动态性能指标的定义与连续系统相同,也是通过系统的阶跃响应来定义的。但是在分析离散系统的动态过程时,得到的只是各采样时刻的值,采样间隔内系统的状态不能表示出来。

1. 离散系统的动态响应过程

当系统的输入为单位阶跃函数 $1(t)$ 时,如何应用 z 变换法分析系统动态性能呢?主要思路和步骤如下。

(1) 求出系统输出量的 z 变换函数 $C(z)$。如果可以求出离散系统的闭环脉冲传递函数 $\Phi(z)$,则系统输出量的 z 变换函数为

$$C(z)=R(z)\Phi(z)=\frac{z}{z-1}\Phi(z)$$

(2) 将 $C(z)$ 展开成幂级数,通过 z 反变换求出输出信号的脉冲序列 $c^*(t)$。$c^*(t)$ 代表线性定常离散系统在单位阶跃输入作用下的响应过程。由于离散系统时域指标的定义与连续系统相同,故根据单位阶跃响应曲线 $c^*(t)$ 可方便地分析离散系统的动态和稳态性能。下面通过一个具体例子,讨论连续系统和相应的离散系统(分带零阶保持器和不带零阶保持器的两种情况)的动态响应过程,定性说明采样器和保持器对系统动态性能的影响。

【例 8-17】 设连续系统、无零阶保持器的离散系统和有零阶保持器的离散系统如图 8-31 所示,其中 $r(t)=1(t)$,$T=1$ s,$K=1$,试分析系统的动态性能。

解 (1) 连续系统闭环传递函数为

$$\Phi(s)=\frac{1}{s^2+s+1}$$

式中:$2\xi\omega_n=1$,$\omega_n^2=1$,显然该系统的阻尼比 $\xi=0.5$,自然频率 $\omega_n=1$,其单位阶跃响应为

$$c(t)=1-\frac{1}{\sqrt{1-\xi^2}}e^{-\xi\omega_n t}\sin(\omega_n\sqrt{1-\xi^2}t+\arccos\xi)$$

$$=1-1.154e^{-0.5t}\sin(0.866t+60°)$$

可绘出相应的时间响应曲线 $c(t)$,如图 8-32 中曲线 1 所示。该连续系统的时域指标为

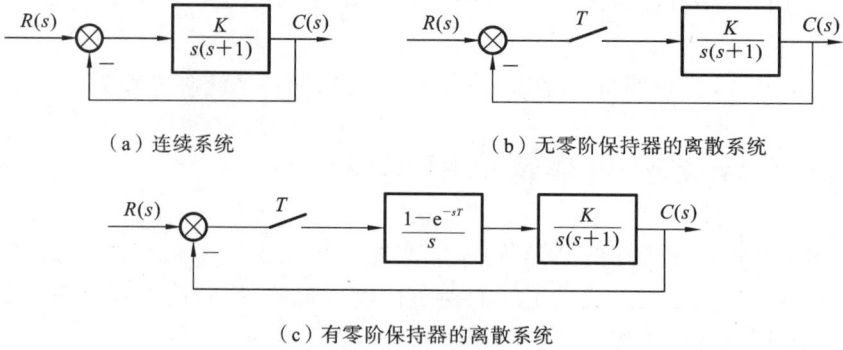

（a）连续系统　　　　　　　　　（b）无零阶保持器的离散系统

（c）有零阶保持器的离散系统

图 8-31　系统结构图

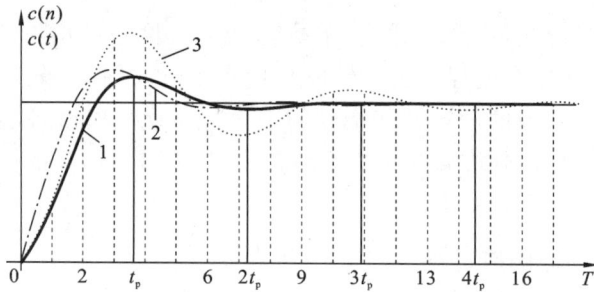

图 8-32　连续与离散系统的时间响应曲线

峰值时间　　　　　　$t_p = \pi/(\omega_n \sqrt{1-\xi^2}) = 3.63 \text{ s}$

调节时间　　　　　　$t_s = 3.5/(\xi\omega_n) = 7 \text{ s}$

超调量　　　　$\sigma\% = \exp(-\xi\pi/\sqrt{1-\xi^2}) = 16.3\%$

（2）无零阶保持器的离散系统，系统开环脉冲传递函数为

$$G(z) = \mathscr{Z}\left[\frac{1}{s(s+1)}\right] = \frac{0.632z}{(z-1)(z-0.368)}$$

相应的闭环脉冲传递函数为

$$\Phi(z) = \frac{G(z)}{1+G(z)} = \frac{0.632z}{z^2 - 0.736z + 0.368}$$

将 $R(z) = \dfrac{z}{z-1}$ 代入上式，求得系统输出的 z 变换为

$$C(z) = \Phi(z)R(z) = \frac{0.632z^2}{z^3 - 1.736z^2 + 1.104z - 0.368}$$

$$= 0.632z^{-1} + 1.097z^{-2} + 1.207z^{-3} + 1.117z^{-4} + 1.014z^{-5} + \cdots$$

基于 z 变换的定义，求得输出信号在各采样时刻上的值 $c(nT)$ 分别为

$$c(0) = 0 \qquad c(5T) = 1.014 \qquad c(10T) = 1.007$$
$$c(T) = 0.632 \qquad c(6T) = 0.964 \qquad c(11T) = 1.003$$
$$c(2T) = 1.097 \qquad c(7T) = 0.970 \qquad c(12T) = 1$$
$$c(3T) = 1.207 \qquad c(8T) = 0.991 \qquad c(13T) = 1$$
$$c(4T) = 1.117 \qquad c(9T) = 1.004 \qquad c(14T) = 1$$

$\vdots$

$$C(\infty) = \lim_{z \to 1}(\frac{z-1}{z})\Phi(z)\frac{z}{z-1} = \lim_{z \to 1}\Phi(z) = 1$$

根据上述各值,可绘出 $c^*(t)$ 曲线,如图 8-32 中曲线 2 所示。

只有采样器的离散系统的时域指标为

峰值时间 $t_p = 3$ s

调节时间 $t_s = 5$ s

超调量 $\sigma\% = 20.7\%$

（3）有零阶保持器的离散系统,先求系统的开环脉冲传递函数 $G(z)$,根据带有零阶保持器的系统开环脉冲传递函数的求解公式,得

$$G(z) = (1-z^{-1})\mathscr{Z}\left[\frac{1}{s^2(s+1)}\right] = \frac{0.368z+0.264}{(z-1)(z-0.368)}$$

则该单位负反馈系统的闭环脉冲传递函数为

$$\Phi(z) = \frac{G(z)}{1+G(z)} = \frac{0.368z+0.264}{z^2-z+0.632}$$

将 $R(z) = \dfrac{z}{z-1}$ 代入上式,求得单位阶跃响应的 z 变换为

$$C(z) = \Phi(z)R(z) = \frac{0.368z+0.264}{z^2-z+0.632}\frac{z}{z-1} = \frac{0.368z^{-1}+0.264z^{-2}}{1-2z^{-1}+1.632z^{-2}-0.632z^{-3}}$$

通过综合除法,将 $C(z)$ 展开成无穷幂级数:

$$C(z) = 0.368z^{-1}+z^{-2}+1.4z^{-3}+1.4z^{-4}+1.47z^{-5}+0.895z^{-6}$$
$$+0.802z^{-7}+0.868z^{-8}+\cdots$$

基于 z 变换的定义,由上式求得系统在单位阶跃作用下的输出序列 $c(nT)$ 分别为

$c(0) = 0$	$c(6T) = 0.895$	$c(12T) = 1.032$
$c(T) = 0.368$	$c(7T) = 0.802$	$c(13T) = 0.981$
$c(2T) = 1$	$c(8T) = 0.868$	$c(14T) = 0.961$
$c(3T) = 1.4$	$c(9T) = 0.993$	$c(15T) = 0.973$
$c(4T) = 1.4$	$c(10T) = 1.077$	$c(16T) = 0.997$
$c(5T) = 1.147$	$c(11T) = 1.081$	$c(17T) = 1.015$

$$\vdots$$

$$C(\infty) = \lim_{z \to 1}\left(\frac{z-1}{z}\right) \cdot \Phi(z) \cdot \frac{z}{z-1} = \lim_{z \to 1}\Phi(z) = 1$$

根据上述 $c(nT)$ 数值,可以绘出离散系统的单位阶跃响应 $c^*(t)$,如图 8-32 曲线 3 所示。

由响应曲线可以求得给定离散系统的近似时域指标为

上升时间 $t_r = 2$ s

峰值时间 $t_p = 4$ s

调节时间 $t_s = 12$ s,$\Delta = 0.05$

超调量 $\sigma\% = 40\%$

离散系统的时域性能指标只能按采样周期整数倍的采样值来计算,所以其是近似的。若采样周期较小,动态响应的采样值可能更接近连续响应。若采样周期较大,则两者差别可能较大。上述三种系统的时域指标如表 8-5 所示。

表 8-5　连续与离散系统的时域指标

时域指标	连续系统	离散系统 （无零阶保持器）	离散系统 （有零阶保持器）
稳态输出 $c(\infty)$	1	1	1
峰值时间 t_p/s	3.63	3	4
超调量 $\sigma\%$	16.3%	20.7%	40.0%
调节时间 t_s/s	7	5	12
振荡次数	0.5	0.5	1.5

对比这三类系统的性能指标可知,离散系统的性能劣于连续系统。也就是说,采样器和保持器使系统的动态性能降低。

采样器可使系统的峰值时间和调节时间略有减短,但使超调量增大,所以采样会降低系统的稳定程度。

零阶保持器使系统的峰值时间和调节时间都加长,超调量和振荡次数也增加,进一步降低了系统的稳定程度。

2. 闭环极点与动态响应的关系

在连续系统中,如果已知传递函数的极点,就可以估计出它所对应的瞬态过程。同样,离散系统闭环脉冲传递函数的极点在 z 平面上的分布,对系统的动态响应也具有重要影响。

设离散系统的闭环脉冲传递函数为

$$\Phi(z)=\frac{M(z)}{D(z)}=\frac{b_m z^m+b_{m-1}z^{m-1}+\cdots+b_0}{a_n z^n+a_{n-1}z^{n-1}+\cdots+a_0}=\frac{b_m}{a_n}\frac{\prod\limits_{i=1}^{m}(z-z_i)}{\prod\limits_{k=1}^{n}(z-p_k)}\quad(m\leqslant n)$$

式中:$z_i(i=1,2,\cdots,m)$ 表示 $\Phi(z)$ 的零点;$p_k(k=1,2,\cdots,n)$ 表示 $\Phi(z)$ 的极点,极点可以是实数,也可以是共轭复数。为了分析问题方便,这里假设系统没有重极点。

当输入信号 $r(t)=1(t)$ 为单位阶跃信号时,系统的单位阶跃响应为

$$C(z)=\Phi(z)R(z)=\frac{M(z)}{D(z)}\frac{z}{z-1}$$

将 $\dfrac{C(z)}{z}$ 展成部分分式,有

$$\frac{C(z)}{z}=\frac{b_m}{a_n}\frac{\prod\limits_{i=1}^{m}(z-z_i)}{\prod\limits_{k=1}^{n}(z-p_k)}\frac{1}{z-1}=\frac{M(1)}{D(1)}\frac{1}{z-1}+\sum_{k=1}^{n}\frac{c_k}{z-p_k}$$

式中:常数 c_k 是 $C(z)/z$ 在极点 z_i 处的留数,即

$$c_k=(z-p_k)\frac{C(z)}{z}\bigg|_{z=p_k}=(z-p_k)\frac{M(z)}{D(z)}\frac{1}{(z-1)}\bigg|_{z=p_i}=\frac{M(p_k)}{(p_k-1)\dot{D}(p_k)}$$

$$\dot{D}(p_k)=\frac{\mathrm{d}D(z)}{\mathrm{D}z}\bigg|_{z=p_k}=\frac{D(z)}{(z-p_k)}\bigg|_{z=p_k}$$

于是

$$C(z) = \frac{M(1)}{D(1)} \frac{z}{z-1} + \sum_{k=1}^{n} \frac{c_k z}{z - p_k} \qquad (8.34)$$

式中:等号右边第一项表示 $c^*(t)$ 的稳态分量;第二项表示 $c^*(t)$ 中对应各极点的瞬态分量。瞬态过程与极点 p_k 在 z 平面上的分布有关,下面分几种情况来讨论。

1)闭环极点为实数

设 p_k 为实数,p_k 对应的瞬态分量为

$$c_k^*(t) = \mathscr{Z}^{-1} \left[\frac{c_k z}{z - p_k} \right]$$

求 z 反变换,得

$$c_k(nT) = c_k p_k^n \qquad (8.35)$$

若 $p_k > 1$,动态响应 $c_k(nT)$ 为按指数规律单调发散的脉冲序列,且 p_k 越大发散得越快。

若 $p_k = 1$,动态响应 $c_k(nT) = c_k$ 为等幅脉冲序列。

若 $0 < p_k < 1$,动态响应 $c_k(nT)$ 为按指数规律单调衰减的脉冲序列,且 p_k 越小(即越接近原点),$c_k(nT)$ 衰减越快。

若 $p_k < -1$,由式(8.35)可知,当 n 为偶数时,p_k^n 为正值;当 n 为奇数时,p_k^n 为负值。因此动态响应 $c_k(nT)$ 是正负交替的发散脉冲序列,且 $|p_k|$ 越大(即 p_k 离原点越远)发散越快。

若 $p_k = -1$,动态响应是正负交替的等幅脉冲序列。

若 $-1 < p_k < 0$,动态响应 $c_k(nT)$ 是正负交替的衰减脉冲序列,且 $|p_k|$ 越小(即 p_k 离原点越近)衰减越快。闭环实极点分布与动态响应形式的关系如图 8-33 所示。

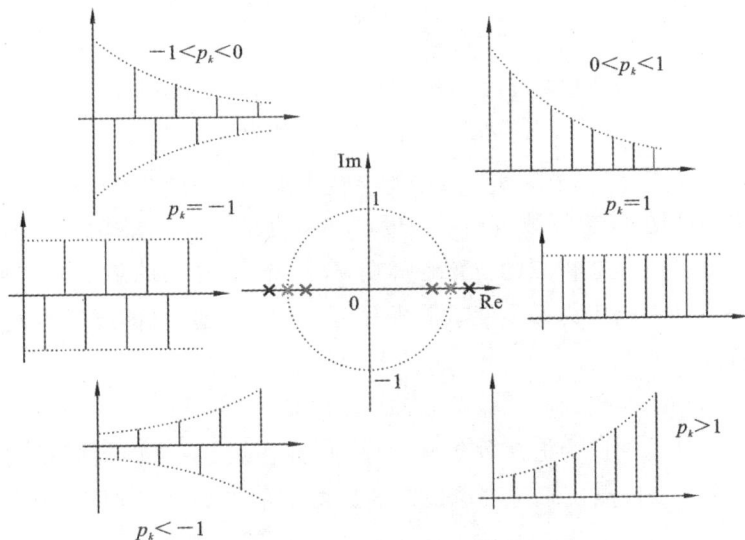

图 8-33 闭环实极点分布与动态响应形式的关系

【例 8-18】 已知某离散系统的闭环脉冲传递函数为

$$\Phi(z) = \frac{0.23z^2}{(z+1)(z-0.24)(z-0.56)}$$

试估计该系统的动态响应过程。

解 系统的输出响应为

$$C(z) = \Phi(z)R(z) = \frac{0.23z^2}{(z+1)(z-0.24)(z-0.56)}\frac{z}{z-1}$$

$$= \frac{Az}{z-1} + \frac{c_1 z}{z+1} + \frac{c_2 z}{z-0.24} + \frac{c_3 z}{z-0.56}$$

由上式可知,上式等号右边第一项表示系统的稳态值,后三项表示系统的动态过程。其中第二项的极点为-1,动态过程是正负交替的等幅脉冲序列,振幅为$\pm c_1$;后两项的极点均在单位圆内的正实轴上,动态响应是按指数规律衰减的脉冲序列。所以该系统的阶跃响应为从零逐渐上升,动态过程结束后,在稳态值处有一个幅值为$\pm c_1$的等幅振荡。

2）闭环极点为共轭复数

设p_k和$\bar{p}_k$是一对共轭复数极点,其表达式为

$$p_k = |p_k|\mathrm{e}^{\mathrm{j}\theta_k}, \quad \bar{p}_k = |p_k|\mathrm{e}^{-\mathrm{j}\theta_k} \tag{8.36}$$

式中:θ_k为共轭复数极点p_k的相角,从z平面的正实轴算起,逆时针为正。一对共轭复数极点所对应的瞬态分量为

$$c_{k,\bar{k}}^*(t) = \mathscr{L}^{-1}\left[\frac{c_k z}{z-p_k} + \frac{\bar{c}_k z}{z-\bar{p}_k}\right]$$

对上式求z反变换的结果为

$$c_{k,\bar{k}}(nT) = c_k p_k^n + \bar{c}_k \bar{p}_k^n \tag{8.37}$$

由于$\Phi(z)$的系数均为实数,所以c_k和$\bar{c}_k$也一定是共轭复数,令

$$c_k = |c_k|\mathrm{e}^{\mathrm{j}\varphi_k}, \quad \bar{c}_k = |c_k|\mathrm{e}^{-\mathrm{j}\varphi_k} \tag{8.38}$$

将式(8.36)和式(8.38)代入式(8.37),可得

$$\begin{aligned}
c_{k,\bar{k}}(nT) &= |c_k|\mathrm{e}^{\mathrm{j}\varphi_k}|p_k|^n\mathrm{e}^{\mathrm{j}n\theta_k} + |c_k|\mathrm{e}^{-\mathrm{j}\varphi_k}|p_k|^n\mathrm{e}^{-\mathrm{j}n\theta_k} \\
&= |c_k||p_k|^n[\mathrm{e}^{\mathrm{j}(n\theta_k+\varphi_k)} + \mathrm{e}^{-\mathrm{j}(n\theta_k+\varphi_k)}] \\
&= 2|c_k||p_k|^n\cos(n\theta_k+\varphi_k)
\end{aligned} \tag{8.39}$$

由式(8.39)可见,共轭复数极点对应的脉冲响应是以余弦规律振荡的,振荡的角频率为$\omega_k = \theta_k/T$。共轭复数极点的位置越靠左,θ_k便越大,振荡的角频率也就越高。

若$|p_k|>1$,动态响应为振荡发散脉冲序列,且$|p_k|$越大(即复极点离原点越远),振荡发散得越快。

若$|p_k|=1$,动态响应为等幅振荡脉冲序列。

若$|p_k|<1$,动态响应为振荡收敛脉冲序列,且$|p_k|$越小(即复极点越靠近原点),振荡收敛得越快。复极点位于左边单位圆内所对应的振荡频率,要高于右边单位圆内的情况。

闭环共轭复数极点分布与相应动态响应形式的关系,如图 8-34 所示。

综上所述,离散系统的动态特性与闭环极点的分布密切相关。在离散系统设计时,为了使系统具有比较满意的瞬态响应性能,应该将闭环极点配置在z平面的右半单位圆内,且尽量靠近z平面的坐标原点。

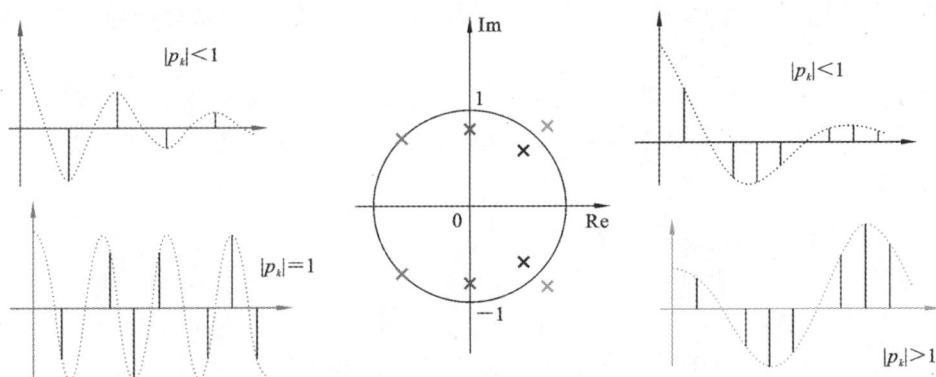

图 8-34 闭环共轭复数极点分布与相应动态响应形式的关系

8.5.2 线性离散控制系统的稳态响应

系统的稳态性能通常用稳态误差来评价,引起稳态误差的原因很多,如系统元器件的精度、系统的放大系数和积分环节等。本文讨论的稳态误差只考虑由系统的结构和外部输入所决定的原理误差,不考虑由系统元器件精度等所引起的误差。

与连续时间系统相同,离散系统中也将误差信号的稳态分量定义为系统的稳态误差。在连续系统中,稳态误差的计算可以利用拉普拉斯变换终值定理求解,并用误差系数表示。这种方法在一定条件下可以推广到离散系统。这里介绍利用 z 变换的终值定理方法求取离散系统在采样瞬时的稳态误差。

1. 离散系统稳态误差的定义

设单位负反馈离散系统如图 8-35 所示。

离散系统误差信号的定义是采样时刻的输入与输出信号的差值,即

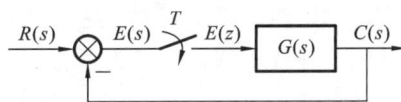

图 8-35 单位负反馈离散系统

$$e^*(t) = r^*(t) - c^*(t)$$

稳态误差定义为误差的终值,即

$$e_{ss}(\infty) = \lim_{t \to \infty} e^*(t) = \lim_{n \to \infty} e(nT) \tag{8.40}$$

若系统为非单位负反馈系统,则误差定义为综合点处的误差。本章主要讨论单位负反馈系统的稳态误差。

如图 8-35 所示,线性定常离散系统稳态误差的求取可利用 z 变换的终值定理,即

$$E(z) = R(z) - C(z)$$

于是,误差脉冲传递函数为

$$\Phi_e(z) = \frac{E(z)}{R(z)} = \frac{R(z) - C(z)}{R(z)} = \frac{1}{1 + G(z)}$$

$$E(z) = \Phi_e(z) R(z)$$

如果 $\Phi_e(z)$ 的极点均分布在 z 平面上的单位圆内,则离散系统是稳定的,那么可利用 z 变换的终值定理计算采样瞬时的稳态误差为

$$e_{ss}(\infty) = \lim_{n \to \infty} e(nT) = \lim_{z \to 1}(1 - z^{-1})E(z) = \lim_{z \to 1}\frac{(z-1)R(z)}{z[1 + G(z)]} \tag{8.41}$$

注意:求取系统稳态误差的前提是系统稳定,如果系统不稳定也就无所谓稳态误

差;稳态误差可以无限大,此时并不表示系统不稳定,只能说明系统的输出不能跟踪输入。

由式(8.41)可见,离散系统的稳态误差与开环脉冲传递函数 $G(z)$ 和输入信号 $R(z)$ 的形式相关。与连续系统类似,可利用系统型别和静态误差系数的概念求解系统的稳态误差。

2. 离散系统稳态误差的计算

在连续系统中,将开环传递函数 $G(s)$ 具有 $s=0$ 的极点数作为划分系统型别的标准,当 $s=0$ 极点数为 $0,1,2,\cdots$ 时,相应的系统分别称为 0 型,Ⅰ 型,Ⅱ 型,$\cdots$ 系统。根据 s 域和 z 域的映射关系,在离散系统中,将开环脉冲传递函数 $G(z)$ 具有 $z=1$ 的极点数作为划分离散系统型别的标准,当 $G(z)$ 中 $z=1$ 极点数为 $0,1,2,\cdots$ 时,相应的系统分别称为 0 型,Ⅰ 型,Ⅱ 型,$\cdots$ 离散系统。

下面讨论不同型别的离散系统在不同输入信号作用下的稳态误差,输入信号只考虑阶跃、速度、加速度三种典型函数。

1) 单位阶跃输入时的稳态误差

单位阶跃信号的 z 变换为

$$R(z)=z/(z-1)$$

将上式代入式(8.41),得

$$e_{ss}(\infty)=\lim_{z\to 1}\frac{(z-1)R(z)}{z[1+G(z)]}=\lim_{z\to 1}\frac{1}{1+G(z)}=\frac{1}{1+\lim_{z\to 1}G(z)}=\frac{1}{1+K_p} \tag{8.42}$$

式中:K_p 称为静态位置误差系数,$K_p=\lim_{z\to 1}G(z)$。

对 0 型离散系统:$G(z)$ 在 $z=1$ 处无极点,K_p 为有限值,所以 $e_{ss}(\infty)$ 也为有限值。

对 Ⅰ 型或 Ⅰ 型以上离散系统:$G(z)$ 有一个或一个以上 $z=1$ 的极点,$K_p=\infty$,所以 $e_{ss}(\infty)=0$。

综上所述,在单位阶跃信号作用下,0 型系统在采样瞬时存在位置误差,Ⅰ 型或 Ⅰ 型以上系统在采样瞬时没有位置误差。因此,如果要求系统对阶跃输入作用不存在稳态误差,则必须选用 Ⅰ 型或 Ⅰ 型以上系统。

2) 单位斜坡输入时的稳态误差

单位斜坡函数 $r(t)=t$ 的 z 变换为

$$R(z)=\frac{Tz}{(z-1)^2}$$

将上式代入式(8.41),得

$$\begin{aligned}e_{ss}(\infty)&=\lim_{z\to 1}\frac{(z-1)R(z)}{z[1+G(z)]}=\lim_{z\to 1}\frac{T}{(z-1)[1+G(z)]}\\&=\frac{T}{\lim_{z\to 1}(z-1)G(z)}=\frac{T}{K_\nu}\end{aligned} \tag{8.43}$$

式中:K_ν 称为静态速度误差系数,$K_\nu=\lim_{z\to 1}(z-1)G(z)$。

对 0 型系统:$K_\nu=0$,$e_{ss}(\infty)=\infty$。

对 Ⅰ 型系统:K_ν 为有限值,$e_{ss}(\infty)$ 为有限值。

对 Ⅱ 型及以上系统:$K=\infty$,$e_{ss}(\infty)=0$。

综上所述,0 型离散系统输出不能跟踪单位斜坡函数,Ⅰ 型离散系统在单位斜坡函数作用下存在速度误差，Ⅱ型及以上型离散系统在单位斜坡函数作用下不存在稳态误差。

注意：速度误差的含义不是指系统稳态输出与输入之间存在速度上的误差，而是指在速度（斜坡）函数作用下，系统稳态输出与输入之间存在位置上的误差。

3）单位加速度输入时的稳态误差

单位加速度函数 $r(t)=\dfrac{t^2}{2}$ 的 z 变换为

$$R(z)=\frac{T^2 z(z+1)}{2 (z-1)^3}$$

将上式代入式(8.41)，得

$$e_{ss}(\infty)=\lim_{z\to 1}\frac{(z-1)R(z)}{z[1+G(z)]}=\lim_{z\to 1}\frac{T^2 (z+1)}{2 (z-1)^2 [1+G(z)]}$$
$$=\frac{T^2}{\lim_{z\to 1}(z-1)^2 G(z)}=\frac{T^2}{K_a} \tag{8.44}$$

式中：K_a 称为静态加速度误差系数，$K_a=\lim_{z\to 1}(z-1)^2 G(z)$。

对 0 型及 Ⅰ 型系统：$K_a=0$，$e_{ss}(\infty)=\infty$。

对 Ⅱ 型系统：K_a 为有限值，$e_{ss}(\infty)$ 为有限值。

对 Ⅲ 型及以上系统：$K_a=\infty$，$e_{ss}(\infty)=0$。

综上所述，0 型及 Ⅰ 型离散系统输出不能跟踪单位加速度函数，Ⅱ 型离散系统在单位加速度函数作用下存在加速度误差，Ⅲ 型及 Ⅲ 型以上离散系统只在单位加速度函数作用下才不存在稳态误差。

与前面情况类似，加速度误差是指系统在加速度函数输入作用下，系统稳态输出与输入之间的位置误差。

【例 8-19】 设单位负反馈离散系统如图 8-36 所示，其中 ZOH 为零阶保持器，$T=0.25$ s。当 $r(t)=2+t$ 时，欲使稳态误差小于 0.1，试求 K 值。

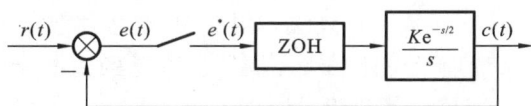

图 8-36 单位负反馈离散系统

解 系统的开环脉冲传递函数为

$$G(z)=\mathscr{Z}\left[\frac{1-e^{-Ts}}{s}\cdot\frac{Ke^{-s/2}}{s}\right]$$

依题意 $T=0.25$ s，故 $2T=0.5$ s，则

$$G(z)=\mathscr{Z}\left[\frac{1-e^{-Ts}}{s}\frac{Ke^{-2Ts}}{s}\right]=(1-z^{-1})z^{-2}\mathscr{Z}\left[\frac{K}{s^2}\right]=\frac{KT}{z^2(z-1)}$$

系统特征方程为

$$D(z)=1+G(z)=0 \Rightarrow z^3-z^2+0.25K=0$$

利用劳斯判据判断稳定性，令 $z=(w+1)/(w-1)$，有

$$D(w)=0.25Kw^3+(2-0.75K)w^2+(4+0.75K)w+2-0.25K=0$$

列出劳斯表为

w^3	$0.25K$	$4+0.75K$
w^2	$2-0.75K$	$2-0.25K$
w^1	$(-0.5K^2-2K+8)/(2-0.75K)$	0
w^0	$2-0.25K$	

解得系统稳定时 K 的取值范围是:$0<K<2.47$。

系统的输入信号为阶跃信号和单位斜坡信号的组合,由于系统的开环脉冲传递函数只有一个 $z=1$ 的极点,即系统是 Ⅰ 型系统,因此阶跃输入作用下的稳态误差为零,单位斜坡输入下的稳态误差为有限值。

静态速度误差系数为

$$K_v=\lim_{z\to 1}(z-1)G(z)=\lim_{z\to 1}(z-1)\frac{KT}{z^2(z-1)}=KT$$

系统的稳态误差为

$$e_{ss}(\infty)=\frac{1}{1+K_p}+\frac{T}{K_v}=0+\frac{T}{KT}=\frac{1}{K}$$

欲使稳态误差小于 0.1,则有 $K>10$。而系统稳定的条件为 $0<K<2.47$,所以无法使系统稳态误差小于 0.1。

8.6 线性离散控制系统的数字校正

考虑到多数实际的离散系统的动态及稳态特性可能不能令人满意,有些系统甚至不稳定,所以需要对离散系统进行校正,即在给定系统性能指标的条件下,设计出控制器的控制规律和相应的数字控制算法。

数字控制器的设计方法有经典法和状态空间设计法,其中经典法又分为模拟化设计方法和离散化设计方法两种。模拟化设计方法对控制系统按模拟化方法进行分析,求出数字部分的等效连续环节,按连续系统理论设计校正装置,再将该校正装置数字化。离散化设计方法又称直接数字设计法,对控制系统按离散化进行分析,求出系统的脉冲传递函数,按离散系统理论设计数字控制器。常见的离散化设计方法有 ω 平面频域设计法、z 平面根轨迹设计法、解析设计方法等。

本节主要介绍模拟化设计方法和利用解析法设计最少拍随动系统。

8.6.1 数字控制器模拟化设计方法

1. 模拟化设计步骤

模拟化设计方法是假定系统采样频率足够高,忽略采样器和保持器的影响,将离散系统完全按连续系统处理的设计方法。首先,用连续系统设计理论,设计满足要求并留有足够余地的连续控制器,再选用适当的离散化方法,得到所需的数字控制器。

模拟化设计方法便于熟悉连续系统校正的人员使用,但所得系统不能充分体现离散系统的优点,因为模拟化设计使系统性能变差,所得到的离散系统的性能不如原连续系统。

对于如图 8-37 所示的连续控制系统,$G_0(s)$ 为系统不可变部分的传递函数,$G_c(s)$ 是使系统满足指标要求的模拟量校正装置。模拟化方法的任务是用连续系统设计方法

确定 $G_c(s)$,再由 $G_c(s)$ 求出图 8-38 中所示的数字控制器 $G_c(z)$,使图 8-38 中所示的离散控制系统的性能逼近原连续系统的性能。模拟化设计是一种间接设计法,其实质是将数字控制器部分(采样开关、$G_c(z)$、保持器)看成是一个整

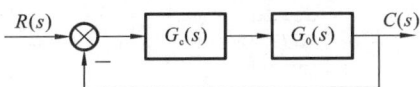

图 8-37 连续控制系统

体,它的输入和输出都是模拟量,因而可等效为连续传递函数 $G_c(s)$。

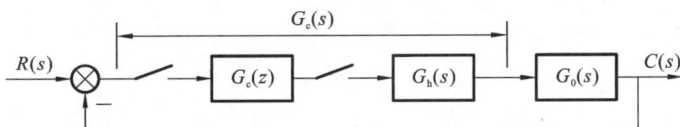

图 8-38 离散控制系统

综上所述,模拟化设计方法的步骤如下。

(1)用连续系统的设计理论确定 $G_c(s)$。

(2)采用合适的离散化方法由 $G_c(s)$ 求 $G_c(z)$。

(3)检查图 8-38 所示系统的性能是否满足要求,若满足要求进行下一步,否则重新设计。改进设计的途径如下。

① 选择更合适的离散化方法。

② 提高采样频率。

③ 修正连续域设计。

(4)将 $G_c(z)$ 化为差分算式,并编制计算机程序。

(5)检查系统设计与程序编制是否正确。

下面仅讨论第(2)步,由 $G_c(s)$ 求 $G_c(z)$ 的方法,即 $G_c(s)$ 的离散化方法。

2. 模拟校正装置的离散化

模拟校正装置离散化的基本思路是在采样周期很小的条件下,寻找一个与原连续控制器 $G_c(s)$ 等效的离散控制器 $G_c(z)$。等效是指两者有近似相同的动态特性,如脉冲响应特性、阶跃响应特性、频率特性、稳态增益等。

离散化的方法很多,但不同的离散化方法所具有的特性不同,离散后的脉冲传递函数与原传递函数相比,不能保持全部特性,且不同特性的接近程度也不一致。因此设计者要了解不同方法的特点,根据需要选择合适的方法。本节讨论几种常用的离散化方法。

1)带零阶保持器的 z 变换法

该方法是在原模拟校正装置的基础上串联一个虚拟的零阶保持器,再进行 z 变换,从而得到 $G_c(s)$ 的离散化形式 $G_c(z)$。

加虚拟零阶保持器的目的是使离散控制器 $G_c(z)$ 的输入更逼近 $G_c(s)$ 的输入,从而 $G_c(z)$ 的响应能更加真实地反映原模拟校正装置的响应。

注意:虚拟保持器只是在分析问题时人为加入的,实际系统中并不需要设置相应的硬件。

图 8-39 给出了这一离散化过程。根据图 8-39 得

$$G_c(z) = \mathscr{Z}\left[\frac{1-\mathrm{e}^{-sT}}{s}G_c(s)\right] = (1-z^{-1})\mathscr{Z}\left[\frac{G_c(s)}{s}\right] \tag{8.45}$$

图 8-39　带有零阶保持器的离散化过程

【例 8-20】　利用带有零阶保持器的 z 变换法将

$$G_c(s) = \frac{s+b}{s+a}, \quad a>b>0$$

转换成适当的数字控制器 $G_c(z)$。

解

$$G_c(z) = \mathscr{Z}\left[\frac{s+b}{s(s+a)}\right]\frac{z-1}{z} = \frac{z-[1-(1-e^{-aT})b/a]}{z-e^{-aT}}$$

带有零阶保持器的 z 变换法特点:若 $G_c(s)$ 稳定,则 $G_c(z)$ 也稳定;$G_c(z)$ 不能保持 $G_c(s)$ 的脉冲响应和频率响应。

2)差分变换法

该方法的基本思路是将给定的模拟滤波器传递函数 $G_c(s)$ 化为微分方程,再将其化为等价的差分方程,可分为后向差分法和前向差分法。

(1)后向差分法。

设模拟校正装置为

$$G_c(s) = \frac{U(s)}{E(s)} = \frac{1}{s} \tag{8.46}$$

根据导数的定义,导数可用一阶近似式代替,即

$$\frac{\mathrm{d}u(t)}{\mathrm{d}t} = e(t) = \frac{u(k)-u(k-1)}{T}, \quad u(t) = \int_0^t e(t)\mathrm{d}t$$

则后向差分方程为

$$u(k) - u(k-1) = Te(k)$$

其 z 变换为

$$U(z) - z^{-1}U(z) = TE(z)$$

故数字控制器为

$$G_c(z) = \frac{U(z)}{E(z)} = \frac{T}{1-z^{-1}} = \frac{1}{(1-z^{-1})/T} \tag{8.47}$$

由式(8.46)和式(8.47)可知,$G_c(z)$ 与 $G_c(s)$ 的形式完全相同,由此可得等效代换关系为

$$s = \frac{1-z^{-1}}{T}$$

所以后向差分法的公式为

$$G_c(z) = G_c(s)\Big|_{s=\frac{1-z^{-1}}{T}} \tag{8.48}$$

根据 s 平面到 z 平面的映射方程,可以把 s 平面的稳定区域映射到 z 平面去,其中 s 平面的稳定区域由 $\mathrm{Re}(s)<0$ 给出,则 z 平面的对应区域为

$$\mathrm{Re}\left(\frac{1-z^{-1}}{T}\right) = \mathrm{Re}\left(\frac{z-1}{Tz}\right) < 0$$

式中:T 为正数,并令 $z=x+\mathrm{j}y$,上式可以写成

$$\operatorname{Re}\left(\frac{x+\mathrm{j}y-1}{x+\mathrm{j}y}\right)=\operatorname{Re}\left[\frac{(x+\mathrm{j}y-1)(x-\mathrm{j}y)}{(x+\mathrm{j}y)(x-\mathrm{j}y)}\right]=\frac{x^2-x+y^2}{x^2+y^2}<0$$

即

$$\left(x-\frac{1}{2}\right)^2+y^2<\left(\frac{1}{2}\right)^2$$

因此，s 平面的稳定区域映射到 z 平面是单位圆内部一个以 $x=1/2,y=0$ 为中心的圆。用该方法得到的离散数字控制器的脉冲响应和频率响应特性与原连续控制器的特性相比有较大的畸变，变换精度较低，工程上的应用较少。

后向差分法的特点：使用方便，不需将 $G_c(s)$ 因式分解；$G_c(s)$ 稳定，$G_c(z)$ 也稳定；变换前后稳态增益不变，即 $G_c(s)|_{s=0}=G_c(z)|_{z=1}$；不能保持 $G_c(s)$ 的脉冲响应和频率响应。

（2）前向差分法。

前向差分法的推导过程与后向差分法类似，这里不再详细推导。

前向差分法的公式为

$$G_c(z)=G_c(s)\bigg|_{s=\frac{z-1}{T}}\tag{8.49}$$

根据 s 平面到 z 平面的映射方程可以把 s 平面的稳定区域映射到 z 平面去，其中 s 平面的稳定区域由 $\operatorname{Re}(s)<0$ 给出，则 z 平面的对应区域为

$$\operatorname{Re}\left(\frac{z-1}{T}\right)<0$$

式中：T 为正数。上式可以写成 $\operatorname{Re}(z)<1$。因此具有负实部的 s 只能保证 z 的实部小于 1，不能保证 $|z|$ 小于 1，即离散后的控制器可能是不稳定的。

前向差分法的特点：可使稳定的 $G_c(s)$ 变换为不稳定的 $G_c(z)$，故很少使用。

3）双线性变换法

由于

$$z=\mathrm{e}^{Ts}$$

则

$$s=\frac{1}{T}\ln z$$

将上式展开，得

$$\ln z=2\frac{z-1}{z+1}+\frac{1}{3}\left(\frac{z-1}{z+1}\right)^3+\cdots$$

取级数的第一项，则有双线性变换，即

$$s=\frac{2}{T}\frac{z-1}{z+1}=\frac{2}{T}\frac{1-z^{-1}}{1+z^{-1}}$$

因此

$$G_c(z)=G_c(s)\bigg|_{s=\frac{2}{T}\frac{1-z^{-1}}{1+z^{-1}}}\tag{8.50}$$

同理可以把 s 平面的稳定区域映射到 z 平面去，左半 s 平面（$\operatorname{Re}(s)<0$）映射到以下区域，即

$$\operatorname{Re}\left(\frac{2}{T}\frac{1-z^{-1}}{1+z^{-1}}\right)=\operatorname{Re}\left(\frac{2}{T}\frac{z-1}{z+1}\right)<0$$

式中:T 为正数。令 $z=x+\mathrm{j}y$,上式可写成

$$\mathrm{Re}\left(\frac{2}{T}\frac{z-1}{z+1}\right)=\mathrm{Re}\left(\frac{x+\mathrm{j}y-1}{x+\mathrm{j}y+1}\right)=\mathrm{Re}\left[\frac{x^2-1+y^2+\mathrm{j}2y}{(x+1)^2+y^2}\right]<0$$

其等价于

$$x^2-1+y^2<0 \Rightarrow x^2+y^2<1$$

上式与 z 平面的单位圆内部区域相对应。

双线性变换的特点:将整个 s 平面的左半平面映射到 z 平面的单位圆内,是一一对应的非线性映射;$G_c(s)$ 稳定,$G_c(z)$ 也稳定;使用方便,适合工程应用;变换前后稳态增益不变,即 $G_c(s)|_{s=0}=G_c(z)|_{z=1}$;不能保持 $G_c(s)$ 的脉冲响应和频率响应,高频特性失真严重。

s 平面到 z 平面是一一对应的,这一特点是依靠频率的严重非线性得到的。双线性变换使频率响应产生严重的畸变,应在设计中加以考虑,如采用修正的双线性变换法等。

综上所述,各种方法主要特点总结如下。

(1) 前向差分法计算最为简便。由于具有负实部的 s 只能保证 z 的实部小于1,不能保证 $|z|$ 小于1,那么,前向差分变换可能使稳定的 $G_c(s)$ 变换成不稳定的 $G_c(z)$,因此要慎用。

(2) 后向差分法计算较简便。具有负实部的 s 能保证 $|z|$ 小于 1,而且使 z 处于半径为 0.5 的圆内,即 $G_c(s)$ 稳定,变换后的 $G_c(z)$ 也是稳定的,但频率响应畸变严重。

(3) 双线性变换法计算略微复杂。具有负实部的 s 映射到 z 平面的单位圆内,即 $G_c(s)$ 稳定,变换后的 $G_c(z)$ 也是稳定的;频率响应畸变程度要比后向差分法好。是前向差分法、后向差分法和双线性变换法这三种变换方法中最好的方法,应优先使用。

(4) z 变换法计算要比差分变换法计算复杂,但得到的 $G_c(z)$ 易于物理实现。

【例 8-21】 已知连续控制器传递函数

$$G_c(s)=\frac{1}{s^2+0.8s+1}, \quad T=1\text{ s},0.2\text{ s}$$

试用双线性变换法离散化,并比较 $G_c(s)$ 与 $G_c(z)$ 的频率特性。

解 根据式(8.50),有

$$G_c(z)=\frac{1}{s^2+0.8s+1}\bigg|_{s=\frac{2}{T}\frac{z-1}{z+1}}=\frac{T^2(z+1)^2}{(4+1.6T+T^2)z^2-(8-2T^2)z+(4-1.6T+T^2)}$$

当 $T=1$ s 时,有

$$G_c(z)=\frac{0.1515(z+1)^2}{z^2-0.9091z+0.5152}$$

当 $T=0.2$ s 时,有

$$G_c(z)=\frac{0.0092(z+1)^2}{z^2-1.8165z+0.8532}$$

频率响应曲线如图 8-40 所示。其中实线为连续环节幅频特性,虚线为离散环节幅频特性。从图 8-40 可见,当 $T=1$ s 时,连续环节与离散环节幅频特性相差较大,仅当频率较低时,两者接近。当 $T=0.2$ s 时,连续环节与离散环节幅频特性非常一致。

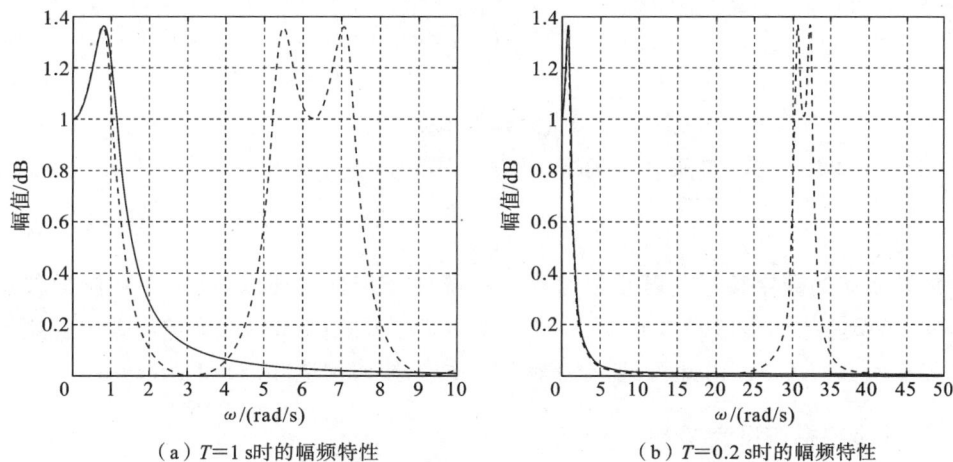

（a）$T=1$ s时的幅频特性   （b）$T=0.2$ s时的幅频特性

图 8-40 例 8-21 控制器连续系统和离散系统的频率响应曲线

8.6.2 数字控制器的脉冲传递函数

模拟控制器控制作用有限的主要原因是由于气动、液压和电子部件的实际限制，而在设计数字控制系统时可以彻底摆脱这些限制。因而许多不可能用模拟方式来实现的控制方案却可以用数字控制来实现。下面将介绍数字控制器的解析设计法——最少拍系统的设计，即在特定类型的输入作用下，在经过尽可能少的采样周期后，系统的稳态误差为零。设计最少拍系统的基本思路是先根据对系统的要求构造闭环脉冲传递函数 $\Phi(z)$，然后设计数字控制器 $G_c(z)$ 来实现 $\Phi(z)$。

考虑如图 8-41 所示的具有数字控制器的离散系统。图 8-41 中，$G_c(z)$ 为数字控制器的脉冲传递函数。在实际系统中，由计算机（数字控制器）求解差分方程，这个差分方程的输入与输出关系由脉冲传递函数 $G_c(z)$ 给出。$G(s)$ 为包括零阶保持器在内的被控对象的传递函数，其 z 变换为 $G(z)=\mathscr{Z}[G_h(s)G_0(s)]$。

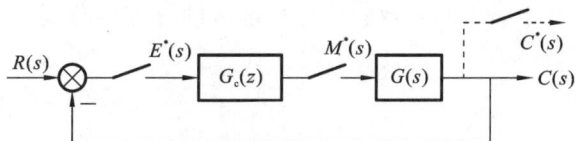

图 8-41 具有数字控制器的离散系统

由图 8-41 可求出系统的闭环脉冲传递函数 $\Phi(z)$ 和误差脉冲传递函数 $\Phi_e(z)$ 分别为

$$\Phi(z)=\frac{G_c(z)G(z)}{1+G_c(z)G(z)}=\frac{C(z)}{R(z)} \tag{8.51}$$

$$\Phi_e(z)=\frac{1}{1+G_c(z)G(z)}=\frac{E(z)}{R(z)} \tag{8.52}$$

则由式（8.51）和式（8.52）可以分别求出数字控制器的脉冲传递函数 $G_c(z)$ 为

$$G_c(z)=\frac{\Phi(z)}{G(z)[1-\Phi(z)]} \tag{8.53}$$

或者

$$G_c(z) = \frac{1 - \Phi_e(z)}{G(z)\Phi_e(z)} \tag{8.54}$$

可知

$$\Phi_e(z) = 1 - \Phi(z) \tag{8.55}$$

则式(8.53)和式(8.54)又可转化为

$$G_c(z) = \frac{\Phi(z)}{G(z)\Phi_e(z)} \tag{8.56}$$

离散系统的数字校正问题是根据离散系统性能指标的要求,确定闭环脉冲传递函数 $\Phi(z)$ 或误差脉冲传递函数 $\Phi_e(z)$,利用式(8.53)或式(8.54)可确定出数字控制器的脉冲传递函数 $G_c(z)$。由此可见,校正问题归结为如何构造 $\Phi(z)$ 和 $\Phi_e(z)$。

8.6.3 最少拍系统设计

在采样过程中,通常称离散系统的一个采样周期为一拍。所谓最少拍系统是指在典型输入作用下,能以有限拍结束瞬态响应过程,拍数最少,且在采样时刻上无稳态误差的离散系统或数字控制系统。可见,最少拍系统的设计要求是快速性和准确性。

由以上定义可见,对最少拍系统的要求如下。

(1) 对典型输入信号的稳态误差等于零。

(2) 对典型输入信号的过渡过程能在最少采样周期内结束。

(3) 数字控制器是物理可实现的。

(4) 闭环系统和数字控制器是稳定的。

为了设计方便,脉冲传递函数都采用 z^{-1} 的多项式形式,信号采用 z^{-1} 的有理分式。下面从最少拍系统的四个要求出发,讨论其设计原则,即最少拍系统的闭环脉冲传递函数 $\Phi(z)$ 和误差脉冲传递函数 $\Phi_e(z)$ 应满足的条件。

1. 系统对典型输入信号的稳态误差为零

最少拍系统的设计是针对典型输入作用进行的。常见的典型输入有单位阶跃函数、单位速度函数和单位加速度函数。这三种函数的 z 变换分别为

$$\mathscr{L}[1(t)] = \frac{z}{z-1} = \frac{1}{1-z^{-1}}$$

$$\mathscr{L}[t] = \frac{Tz}{(z-1)^2} = \frac{Tz^{-1}}{(1-z^{-1})^2}$$

$$\mathscr{L}\left[\frac{1}{2}t^2\right] = \frac{T^2z(z+1)}{2(z-1)^3} = \frac{\frac{1}{2}T^2z^{-1}(1+z^{-1})}{(1-z^{-1})^3}$$

可表示为一般形式,即

$$R(z) = \frac{A(z)}{(1-z^{-1})^m} \tag{8.57}$$

式中:$A(z)$ 是不含 $(1-z^{-1})$ 因子的以 z^{-1} 为变量的多项式。

考虑系统对典型输入信号的稳态误差为零这个条件,需要求出稳态误差的表达式。由于误差信号 $e(t)$ 的 z 变换为

$$E(z) = \Phi_e(z)R(z) = \frac{\Phi_e(z)A(z)}{(1-z^{-1})^m} \tag{8.58}$$

根据 z 变换的终值定理,离散系统的稳态误差为

$$e(\infty)=\lim_{z\to 1}(1-z^{-1})E(z)=\lim_{z\to 1}(1-z^{-1})\frac{A(z)}{(1-z^{-1})^m}\Phi_e(z) \tag{8.59}$$

式(8.59)表明,使 $e(\infty)$ 为零的条件是 $\Phi_e(z)$ 中包含有 $(1-z^{-1})^m$ 的因子,即

$$\Phi_e(z)=(1-z^{-1})^m F(z) \tag{8.60}$$

式中:$F(z)$ 是在 $z=1$ 处既无极点也无零点的 z^{-1} 的有理分式。

2. 系统对典型输入信号的过渡过程时间最短

线性定常离散系统的闭环脉冲传递函数 $\Phi(z)$ 是系统单位脉冲响应序列的 z 变换,体现了系统的过渡过程。而对于一个物理系统,如果该系统对输入的响应迅速,表现在该系统的单位脉冲响应衰减得快,相应的 $\Phi(z)$ 以 z^{-1} 为变量的展开式的项数就少。因此,从对典型输入的调整时间尽量短来考虑,要求 $\Phi(z)$ 以 z^{-1} 为变量的展开式的项数应最少。由式(8.60)可见,若取 $F(z)=1$,则既可保证典型输入时的稳态误差等于零,又可使 $\Phi(z)$ 展开式所含 z^{-1} 项数最少,这时

$$\Phi_e(z)=(1-z^{-1})^m \tag{8.61}$$

$$\Phi(z)=1-(1-z^{-1})^m \tag{8.62}$$

$F(z)=1$ 的意义是使闭环脉冲传递函数 $\Phi(z)$ 的全部极点均位于 z 平面的原点,此时 $\Phi(z)$ 是 z^{-1} 的有限项幂级数,其调节时间最短。

在式(8.62)中,令 $m=2$,则

$$\Phi(z)=1-(1-z^{-1})^2=2z^{-1}-z^{-2}=\frac{2z-1}{z^2}$$

上式表明,系统两个极点均位于 z 平面的原点,过渡过程在 2 个采样周期结束,这是离散系统特有的现象。对于连续系统,理论上过渡过程在 $t\to\infty$ 时才能结束。

注意:并非任何情况下均可令 $F(z)=1$,按上述形式选取的闭环脉冲传递函数实际上并未考虑数字控制器的物理可实现性及对系统稳定性的要求。

下面分析最少拍系统在不同典型输入作用下,数字控制器脉冲传递函数 $G_c(z)$ 的确定方法。需要注意,此时并未考虑数字控制器的物理可实现性及对系统稳定性的要求。

1)单位阶跃输入

当 $r(t)=1(t)$ 时,有 $m=1,A(z)=1$,则选取

$$\Phi_e(z)=1-z^{-1}$$

$$\Phi(z)=1-\Phi_e(z)=z^{-1}$$

根据式(8.56),得数字控制器脉冲传递函数为

$$G_c(z)=\frac{\Phi(z)}{G(z)\Phi_e(z)}=\frac{z^{-1}}{(1-z^{-1})G(z)}$$

误差脉冲序列和输出脉冲序列的 z 变换为

$$E(z)=\frac{\Phi_e(z)A(z)}{(1-z^{-1})^m}=A(z)=1$$

$$C(z)=\Phi(z)R(z)=z^{-1}+z^{-2}+z^{-3}+\cdots$$

上式表明:$e(0)=1,e(T)=e(2T)=\cdots=0,c(0)=0,c(T)=c(2T)=\cdots=1$。

最少拍系统的单位阶跃响应曲线如图 8-42 所示。可见,最少拍系统经过一拍便可

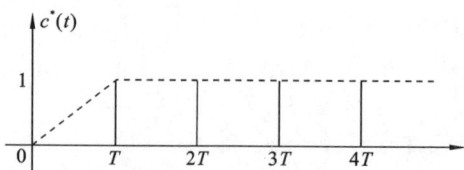

图 8-42 最少拍系统的单位阶跃响应曲线

完全跟踪输入 $r(t)=1(t)$,这样的离散系统称为一拍系统,其调节时间 $t_s=T$。

2) 单位斜坡输入

当 $r(t)=t$ 时,有 $m=2$,$A(z)=Tz^{-1}$,则选取

$$\Phi_e(z)=(1-z^{-1})^m=(1-z^{-1})^2$$

$$\Phi(z)=1-\Phi_e(z)=2z^{-1}-z^{-2}$$

根据式(8.56),得数字控制器脉冲传递函数为

$$G_c(z)=\frac{\Phi(z)}{G(z)\Phi_e(z)}=\frac{z^{-1}(2-z^{-1})}{(1-z^{-1})^2 G(z)}$$

误差脉冲序列和输出脉冲序列的 z 变换为

$$E(z)=\frac{\Phi_e(z)A(z)}{(1-z^{-1})^m}=A(z)=Tz^{-1}$$

$$C(z)=\Phi(z)R(z)=(2z^{-1}-z^{-2})\frac{Tz^{-1}}{(1-z^{-1})^2}=2Tz^{-2}+3Tz^{-3}+4Tz^{-4}+\cdots$$

上式表明

$$e(0)=0,e(T)=T,e(2T)=e(3T)=\cdots=0$$

$$c(0)=0,c(T)=0,c(2T)=2T,c(3T)=3T,\cdots,c(nT)=nT,\cdots$$

最少拍系统的单位斜坡响应曲线如图 8-43 所示。可见,最少拍系统经过二拍便可完全跟踪输入 $r(t)=t$,这样的离散系统称为二拍系统,其调节时间 $t_s=2T$。

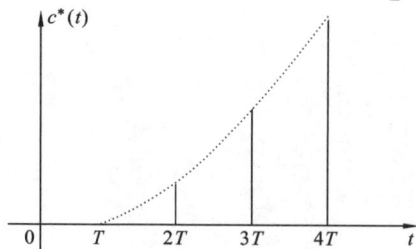

图 8-43 最少拍系统的单位
斜坡响应曲线

3) 单位加速度输入

当 $r(t)=t^2/2$ 时,有 $m=3$,$A(z)=T^2 z^{-1}(1+z^{-1})/2$,则选取

$$\Phi_e(z)=(1-z^{-1})^3, \quad \Phi(z)=3z^{-1}-3z^{-2}+z^{-3}$$

数字控制器脉冲传递函数为

$$G_c(z)=\frac{\Phi(z)}{G(z)\Phi_e(z)}=\frac{z^{-1}(3-3z^{-1}+z^{-2})}{(1-z^{-1})^3 G(z)}$$

误差脉冲序列和输出脉冲序列的 z 变换为

$$E(z)=A(z)=\frac{1}{2}T^2 z^{-1}(1+z^{-1})=\frac{1}{2}T^2 z^{-1}+\frac{1}{2}T^2 z^{-2}$$

$$C(z)=\Phi(z)R(z)=\frac{3}{2}T^2 z^{-2}+\frac{9}{2}T^2 z^{-3}+\cdots+\frac{n^2}{2}T^2 z^{-n}+\cdots$$

表明

$$e(0)=0, \quad e(T)=\frac{1}{2}T^2$$

$$e(2T)=\frac{1}{2}T^2, \quad e(3T)=e(4T)=\cdots=0$$

$$c(0)=0, \quad c(T)=0$$

$$c(2T)=1.5T, \quad c(3T)=4.5T,\cdots$$

最少拍系统的单位加速度响应曲线如图 8-44所示。可见,最少拍系统经过三拍便可完

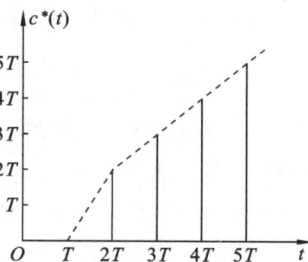

图 8-44 最少拍系统的单位
加速度响应曲线

全跟踪输入 $r(t)=t^2/2$，这样的离散系统称为三拍系统，其调节时间 $t_s=3T$。

各种典型输入作用下最少拍系统取 $F(z)=1$ 时的设计结果如表 8-6 所示。

表 8-6　最少拍系统取 $F(z)=1$ 时的设计结果

典型输入		闭环脉冲传递函数		数字控制器脉冲传递函数	调节时间
$r(t)$	$R(z)$	$\Phi_e(z)$	$\Phi(z)$	$G_c(z)$	t_s
$1(t)$	$\dfrac{1}{1-z^{-1}}$	$1-z^{-1}$	z^{-1}	$\dfrac{z^{-1}}{(1-z^{-1})G(z)}$	T
t	$\dfrac{Tz^{-1}}{(1-z^{-1})^2}$	$(1-z^{-1})^2$	$2z^{-1}-z^{-2}$	$\dfrac{z^{-1}(2-z^{-1})}{(1-z^{-1})^2 G(z)}$	$2T$
$\dfrac{1}{2}t^2$	$\dfrac{T^2 z^{-1}(1+z^{-1})}{2\,(1-z^{-1})^3}$	$(1-z^{-1})^3$	$3z^{-1}-3z^{-2}+z^{-3}$	$\dfrac{z^{-1}(3-3z^{-1}+z^{-2})}{(1-z^{-1})^3 G(z)}$	$3T$

需要注意的是，表 8-5 给出的最少拍系统的闭环脉冲传递函数只适用于开环脉冲传递函数 $G(z)$ 中不含纯滞后环节，而且在单位圆上及单位圆外无零点和极点的情形。

3. 数字控制器的物理可实现条件

在选择闭环脉冲传递函数 $\Phi(z)$ 时，还应该考虑数字控制器 $G_c(z)$ 的物理可实现性。$G_c(z)$ 若是物理可实现的，则要求其分母多项式的阶次大于或等于分子多项式的阶次，否则，控制器将需要未来的输入数据来产生当前的输出。

由于

$$G_c(z)=\frac{\Phi(z)}{G(z)\Phi_e(z)}$$

所以 $\Phi(z)$ 的分母与分子阶次之差应大于或等于 $G(z)$ 的分母与分子的阶次之差，才能保证 $G_c(z)$ 的物理可实现性。

如前所述，若选择 $F(z)=1$，即 $\Phi_e(z)=(1-z^{-1})^m$，则

$$\Phi(z)=1-(1-z^{-1})^m=\frac{z^m-(z-1)^m}{z^m}$$

其分母的阶次比分子的阶次只高一阶。所以此时，$G(z)$ 的分母比分子的阶次最多高一阶，$G_c(z)$ 才是物理可实现的。若 $G(z)$ 的分母比分子的阶次高二阶以上，则不能选择 $F(z)=1$，应该按 $\Phi_e(z)=(1-z^{-1})^m F(z)$（$F(z)$ 是 z^{-1} 的多项式）构造 $\Phi_e(z)$，但此时的调整时间也相应有所延长。

4. 闭环系统和数字控制器的稳定性条件

除物理可实现条件之外，还必须注意系统的稳定性条件，特别是当开环脉冲传递函数 $G(z)$ 中含有不稳定的零点和极点时。

最少拍系统的设计实质上是零点、极点对消原理。从式(8.51)中可以看出

$$\Phi(z)=\frac{G_c(z)G(z)}{1+G_c(z)G(z)}$$

在闭环脉冲传递函数 $\Phi(z)$ 中，$G_c(z)$ 和 $G(z)$ 总是成对出现的。这样，$G(z)$ 中对闭环系统起不利作用的零点、极点，用 $G_c(z)$ 中相应的极点、零点对消，使对消后的特性满足系统要求。但是，对于 $G(z)$ 中的不稳定的零点、极点，不能由 $G_c(z)$ 中的极点、零点对消。这是因为在工程中，获得的系统模型总会存在一定的误差，系统的参数也可能发生变

化,这会使对消变得不完全,此时将对系统的品质产生较大的影响,甚至使闭环系统变得不稳定。

对于 $G(z)$ 中出现的纯延迟环节,也不允许用 $G_c(z)$ 对消,因为这将要求作为数字控制器的计算机有超前输出,即在该环节施加输入信号之前 k 个采样周期就有输出,而这种超前输出是计算机无法实现的。

由式(8.56)可求得单位负反馈线性离散控制系统的闭环脉冲传递函数 $\Phi(z)$ 和 $\Phi_e(z)$,以及开环脉冲传递函数 $G(z)$ 与数字控制器脉冲传递函数 $G_c(z)$ 之间的关系为

$$\Phi(z)=G_c(z)G(z)\Phi_e(z) \tag{8.63}$$

由式(8.63)可知,对于 $G(z)$ 中位于单位圆上及单位圆外的极点,在保证闭环系统稳定的前提下,设计时应让 $\Phi_e(z)$ 的零点中含有 $G(z)$ 的不稳定极点,即单位圆上和单位圆外的极点。

由于 $G(z)$ 的零点可能成为 $G_c(z)$ 的极点,因此要保证数字控制器稳定,设计时应让 $\Phi(z)$ 的零点中含有 $G(z)$ 的不稳定零点,即单位圆上和单位圆外的零点。

当 $G(z)$ 中出现纯延迟环节时,应该让 $\Phi(z)$ 包含 $G(z)$ 中的纯延迟环节,从而保证 $G_c(z)$ 在物理上是可实现的。

综上所述,在最少拍系统设计时,$\Phi(z)$ 及 $\Phi_e(z)$ 的选取应遵循下述原则。

(1) $\Phi_e(z)$ 的分子中必须包含 $(1-z^{-1})^m$ 因式。其中幂指数 m 与系统响应控制输入的类型有关,在响应单位阶跃、单位速度与单位加速度输入时,m 分别取 1、2、3。

(2) 以 z^{-1} 为变量的 $\Phi(z)$ 展开式的项数应尽量少。

(3) $G_c(z)$ 应是物理可实现的有理多项式,其零点数不能大于极点数。要求 $\Phi(z)$ 的分母与分子阶次之差应大于或等于 $G(z)$ 的分母与分子的阶次之差,即 $\Phi(z)$ 中必须包含 $G(z)$ 中的纯延迟环节。

(4) $\Phi_e(z)$ 的零点必须包含 $G(z)$ 中位于单位圆上及单位圆外的极点。

(5) $\Phi(z)$ 的零点必须包含 $G(z)$ 中位于单位圆上及单位圆外的零点。

实质上,最少拍系统的闭环极点均设计在原点处。设计原则表明,闭环脉冲传递函数及误差传递函数的选取不仅与输入信号有关,还与 $G(z)$ 的不稳定零点和极点有关,最少拍数也会因此而有所不同。

5. 最少拍系统设计举例

【例 8-22】 设线性定常离散系统如图 8-45 所示。

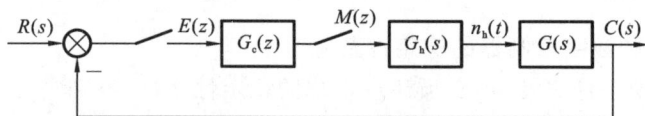

图 8-45 线性定常离散系统

在图 8-45 中,有

$$G(s)=\frac{2}{(s+2)(s+1)}$$

采样周期 $T=1$ s。若要求系统在单位阶跃输入时实现最少拍控制,试求数字控制器脉冲传递函数 $G_c(z)$。

解 系统开环脉冲传递函数为

$$G(z) = \mathscr{Z}\left[\frac{1-e^{-Ts}}{s}\frac{2}{(s+1)(s+2)}\right] = (1-z^{-1})\mathscr{Z}\left[\frac{2}{s(s+1)(s+2)}\right]$$

$$= (1-z^{-1})\left[\frac{1}{s} - \frac{2}{s+1} + \frac{1}{s+2}\right] = \frac{0.4(z+0.365)}{(z-0.136)(z-0.368)}$$

开环脉冲传递函数中不包含单位圆上或单位圆外的零点和极点,且分母比分子的阶次只高一阶,因此可按照表 8-5 选取误差脉冲传递函数和闭环脉冲传递函数,则

$$\Phi_e(z) = 1-z^{-1}, \quad \Phi(z) = 1-\Phi_e(z) = z^{-1}$$

数字控制器脉冲传递函数 $G_c(z)$ 为

$$G_c(z) = \frac{\Phi(z)}{G(z)\Phi_e(z)} = \frac{2.5(1-0.368z^{-1})(1-0.136z^{-1})}{(1-z^{-1})(1+0.365z^{-1})}$$

系统输出响应为

$$C(z) = \Phi(z)R(z) = z^{-1}\frac{z}{z-1} = 0 + z^{-1} + z^{-2} + z^{-3} + \cdots$$

可见,系统经过一拍便可完全跟踪输入 $r(t) = 1(t)$。

当开环脉冲传递函数 $G(z)$ 中包含有单位圆上或单位圆外的零点和极点时,应用 $\Phi_e(z) = (1-z^{-1})^m F(z)$ 选择 $\Phi_e(z)$ 时,有时不能再取 $F(z) = 1$,而需要使 $F(z)$ 的零点能补偿 $G(z)$ 的单位圆上或单位圆外的极点。显然,在这种情况下,线性离散控制系统响应典型控制输入的调整时间要增加,从而变成次最少拍或准最少拍系统。

【例 8-23】 设计数字控制器脉冲传递函数 $G_c(z)$,使闭环系统是响应阶跃输入的最少拍系统。已知开环脉冲传递函数为

$$G(z) = \frac{0.5z^{-1}(1+0.05z^{-1})(1+1.2z^{-1})}{(1-z^{-1})(1-0.2z^{-1})(1-0.015z^{-1})}$$

解 $R(z) = 1/(1-z^{-1})$,注意到 $G(z)$ 在单位圆上有一个极点 $z=1$,在单位圆外有不稳定零点 $(1+1.2z^{-1})$,所以设

$$\Phi_e(z) = (1-z^{-1})(1+az^{-1})$$

$$\Phi(z) = bz^{-1}(1+1.2z^{-1})$$

根据 $\Phi(z) = 1-\Phi_e(z)$,有

$$bz^{-1} + 1.2bz^{-2} = (1-a)z^{-1} + az^{-2}$$

$$\begin{cases} b = 1-a \\ 1.2b = a \end{cases} \Rightarrow \begin{cases} a = 0.545 \\ b = 0.455 \end{cases}$$

解得

$$\Phi_e(z) = (1-z^{-1})(1+0.545z^{-1})$$

$$\Phi(z) = 0.455z^{-1}(1+1.2z^{-1})$$

$$G_c(z) = \frac{\Phi(z)}{G(z)\Phi_e(z)} = \frac{0.91(1-0.2z^{-1})(1-0.015z^{-1})}{(1+0.05z^{-1})(1+0.545z^{-1})}$$

$$E(z) = \Phi_e(z)R(z) = 1 + 0.545z^{-1}$$

显然,该最少拍系统响应阶跃输入的调节时间为两拍。由于 $G(z)$ 在单位圆外存在一个零点,使调节时间比典型最少拍系统多一拍,这增加的一拍是保证控制器 $G_c(z)$ 稳定所必需的。一般来说,最短可能调节时间的增长与 $G(z)$ 中的零点或极点中位于单位圆上及单位圆外的个数成比例。

【例 8-24】 针对单位斜坡输入设计的最少拍系统,选择 $\Phi(z) = 2z^{-1} - z^{-2}$,试证明

无论在何种典型输入形式作用下,系统均有二拍的调节时间。

证明 当 $r(t)=1(t)$ 时,系统输出 z 变换为

$$C(z)=\Phi(z)R(z)=\frac{2z^{-1}-z^{-2}}{1-z^{-1}}=0+2z^{-1}+z^{-2}+z^{-3}+\cdots$$

当 $r(t)=t$ 时,有

$$C(z)=\frac{Tz^{-1}(2z^{-1}-z^{-2})}{(1-z^{-1})^2}=0+0+2Tz^{-2}+3Tz^{-3}+\cdots$$

当 $r(t)=\frac{1}{2}t^2$ 时,有

$$C(z)=\frac{T^2z^{-1}(1+z^{-1})(2z^{-1}-z^{-2})}{2(1-z^{-1})^3}=0+0+T^2z^{-2}+3.5T^2z^{-3}+7T^2z^{-4}+\cdots$$

可见,三种典型输入下的系统输出 $C(z)$ 都是从第三拍起实现完全跟踪,因此均为二拍系统,其调节时间 $t_s=2T$。图 8-46 给出了二拍系统对典型输入的输出响应。

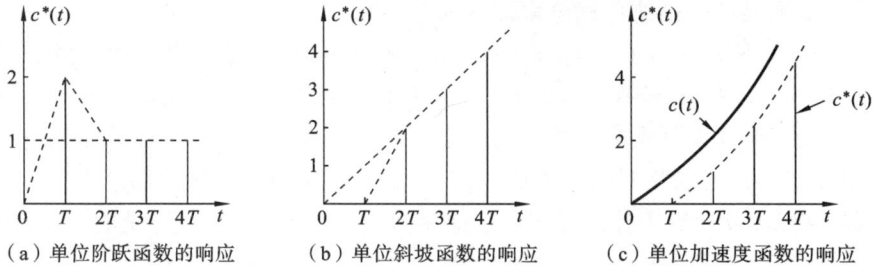

(a) 单位阶跃函数的响应　　(b) 单位斜坡函数的响应　　(c) 单位加速度函数的响应

图 8-46　二拍系统对典型输入的输出响应

由图 8-46 可知,当 $\Phi(z)=2z^{-1}-z^{-2}$ 时,无论典型输入信号是何种形式,调节时间均为二拍。因此系统的调节时间只与所选择的闭环脉冲传递函数 $\Phi(z)$ 的形式有关,而与典型输入信号的形式无关。但是针对单位斜坡函数设计的最小拍系统,响应阶跃输入时的响应过程将出现 100% 的超调,而响应加速度输入时的响应过程稳态误差不为零。这说明,最少拍系统是对输入敏感的系统,按某一典型函数输入设计的最少拍系统对其他典型函数输入就不是最少拍系统。

8.6.4　无波纹最少拍系统设计

最少拍系统的过渡过程在最少的采样周期内结束,在采样时刻上无稳态误差。但是系统进入稳态后,两个采样时刻之间的稳态误差并不为零,称为具有波纹。这种波纹会影响系统的控制性能,增加系统功率损耗和机械磨损,是工程上所不希望的,应设法消除。下面讨论无波纹最少拍系统的设计。

1. 最少拍系统产生波纹的原因

下面结合例 8-22 来讨论波纹产生的原因。

如图 8-45 所示,该系统是按单位阶跃输入设计的最少拍系统,其中 $T=1$ s,根据例 8-22 的结果,数字控制器脉冲传递函数 $G_c(z)$ 为

$$G_c(z)=\frac{\Phi(z)}{G(z)\Phi_e(z)}=\frac{2.5(1-0.368z^{-1})(1-0.136z^{-1})}{(1-z^{-1})(1+0.365z^{-1})}$$

系统输出的 z 变换为

$$C(z) = \Phi(z)R(z) = z^{-1}\frac{z}{z-1} = 0 + z^{-1} + z^{-2} + z^{-3} + \cdots$$

系统的输出信号 $c^*(t)$ 经一拍达到稳态值。

数字控制器输入的 z 变换为

$$E(z) = \Phi_e(z)R(z) = (1 - z^{-1})\frac{z}{z-1} = 1$$

同样，还可求出系统数字控制器 $G_c(z)$ 的输出 $M(z)$，即

$$M(z) = G_c(z)E(z) = \frac{2.5(1-0.368z^{-1})(1-0.136z^{-1})}{(1-z^{-1})(1+0.365z^{-1})}$$

$$= 2.5 + 0.3275z^{-1} + 1.2455z^{-2} + 0.9104z^{-3} + \cdots$$

可见，尽管数字控制器的输入 $e^*(t)$ 在一拍以后达到稳态值，但数字控制器输出 $m^*(t)$ 却一直处于波动中。$m^*(t)$ 同时又是零阶保持器的输入信号，所以零阶保持器的输出 $n_h(t)$ 为上下波动的阶梯式输出，这样的阶梯信号施加到被控对象上就产生了波纹。图 8-45 中的各点波形，如图 8-47 所示。

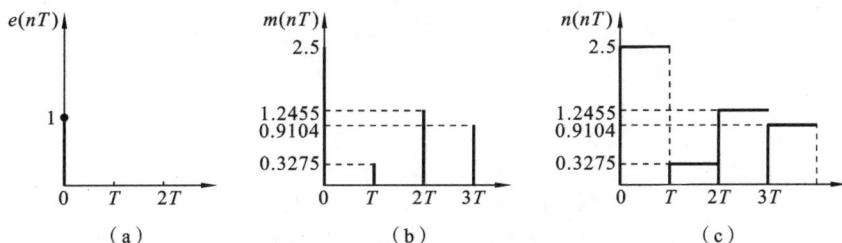

图 8-47 最小拍系统各点波形

由此可见，最少拍系统经有限拍后，尽管采样时刻的稳态误差为零，但数字控制器的输出并没有达到稳态值，而是处于不断的波动中，造成系统输出出现波纹。因此，系统要想无波纹输出就必须要求数字控制器的输出在有限个采样周期后，达到相对稳定。

2. 无波纹最少拍系统设计

根据最少拍系统产生波纹的原因可知，如果能使数字控制器的输出也在有限拍内结束其过渡过程，波纹自然也就消除了。因此，无波纹最少拍系统，不仅要求系统输出与输入间的闭环脉冲传递函数 $\Phi(z)$ 为 z^{-1} 的有限项多项式，而且要求数字控制器的输出 $M(z)$ 也是 z^{-1} 的有限项多项式。

那么如何才能使 $M(z)$ 为 z^{-1} 的有限项多项式呢？由图 8-45 可知

$$M(z) = G_c(z)E(z) = G_c(z)\Phi_e(z)R(z) \tag{8.64}$$

由最少拍系统的设计原则可知，$\Phi_e(z)$ 的零点可以完全对消 $R(z)$ 的极点。因此只要 $G_c(z)\Phi_e(z)$ 为 z^{-1} 的有限项多项式，则 $M(z)$ 就是 z^{-1} 的有限项多项式。

由于 $G_c(z) = \dfrac{\Phi(z)}{G(z)\Phi_e(z)}$，故

$$G_c(z)\Phi_e(z) = \frac{\Phi(z)}{G(z)} \tag{8.65}$$

设 $G(z) = A(z)/B(z)$，其中 $A(z)$ 为 $G(z)$ 的零点多项式，$B(z)$ 为 $G(z)$ 的极点多项式，则有

$$G_c(z)\Phi_e(z) = \frac{\Phi(z)B(z)}{A(z)} \tag{8.66}$$

可见,只要将 $G(z)$ 的零点多项式 $A(z)$ 消掉,就可以使 $G_c(z)\Phi_e(z)$ 成为 z^{-1} 的有限项多项式。

综上所述,设计无波纹最少拍系统的条件是,闭环脉冲传递函数 $\Phi(z)$ 的零点应该包含 $G(z)$ 的全部零点。这是无波纹最少拍系统与最少拍系统设计的唯一不同之处。

【例 8-25】 已知开环脉冲传递函数为

$$G(z)=\frac{3.68z^{-1}(1+0.717z^{-1})}{(1-z^{-1})(1-0.368z^{-1})}$$

式中:$T=1$ s,要求分别在单位斜坡输入、单位阶跃输入时实现无波纹最少拍控制,试设计数字控制器 $G_c(z)$。

解 (1) 单位斜坡输入,即 $r(t)=t$,则 $R(z)=\dfrac{Tz^{-1}}{(1-z^{-1})^2}$,故 $m=1$。

分析 $G(z)$ 可知,$G(z)$ 有一个纯延迟环节 z^{-1},有一个零点 $z=-0.717$,有一个单位圆上的极点 $z=1$。根据无波纹最少拍系统的设计原则,有

$$\Phi(z)=z^{-1}(1+0.717z^{-1})(a+bz^{-1})$$
$$\Phi_e(z)=(1-z^{-1})^2(1+cz^{-1})$$

根据 $\Phi(z)=1-\Phi_e(z)$,得

$$az^{-1}+(b+0.717a)z^{-2}+0.717bz^{-3}=(2-c)z^{-1}+(2c-1)z^{-2}-cz^{-3}$$

故

$$\begin{cases}a=2-c\\0.717a+b=2c-1\\0.717b=-c\end{cases}\Rightarrow\begin{cases}a=1.408\\b=-0.826\\c=0.592\end{cases}$$

则

$$\Phi_e(z)=(1-z^{-1})^2(1+0.592z^{-1})$$
$$\Phi(z)=1.408z^{-1}(1+0.717z^{-1})(1-0.587z^{-1})$$
$$G_c(z)=\frac{0.383(1-0.368z^{-1})(1-0.587z^{-1})}{(1-z^{-1})(1+0.592z^{-1})}$$

检验是否有波纹,即

$$M(z)=G_c(z)E(z)=G_c(z)\Phi_e(z)R(z)$$
$$=0.383z^{-1}+0.0172z^{-2}+0.1(z^{-3}+z^{-4}+\cdots)$$

数字控制器的输出序列为

$$m(0)=0,m(T)=0.383,m(2T)=0.017,m(3T)=m(4T)=\cdots=0.1$$

显然,$m(nT)$ 经过三拍后达到稳态值 0.1。从此,输出 $c(t)$ 无波纹跟踪单位斜坡输入 $r(t)$。

(2) 若设计响应阶跃输入的无波纹最少拍系统,设计过程为

$$R(z)=1/(1-z^{-1})$$
$$\Phi_e(z)=(1-z^{-1})(1+az^{-1})$$
$$\Phi(z)=bz^{-1}(1+0.717z^{-1})$$

得到

$$\begin{cases}b=1-a\\0.717b=a\end{cases}\Rightarrow\begin{cases}a=0.418\\b=0.582\end{cases}$$

则

$$\Phi_e(z)=(1-z^{-1})(1+0.418z^{-1})$$

$$\Phi(z)=0.582z^{-1}(1+0.717z^{-1})$$

$$G_c(z)=\frac{1.582(1-0.368z^{-1})}{1+0.418z^{-1}}$$

检验是否有波纹,即

$$M(z)=G_c(z)\Phi_e(z)R(z)=1.582(1-0.368z^{-1})$$

控制量在第二拍达到稳态值,从此,输出 $c(t)$ 无波纹、无误差地跟踪阶跃输入 $r(t)$ 。

最小拍系统的设计要求被控对象的数学模型十分准确,否则将不能达到期望的结果。而且当被控对象的数学模型含有不稳定的零极点时,数字控制器的设计会比较复杂,此时最好改用其他的设计方法,如根轨迹设计法或频域设计法等。

8.7 线性离散控制系统的分析与设计实例

1. 直流电动机速度控制系统

【例 8-26】 对某直流电动机速度控制系统,设其采样控制系统的结构图如图 8-48 所示。图 8-48 中,$R(s)$ 为期望的电动机转速,$C(s)$ 表示电动机转速,采样周期 $T=0.01\ s$。本例的目的是分析系统在阶跃、斜坡信号输入下的稳态误差。

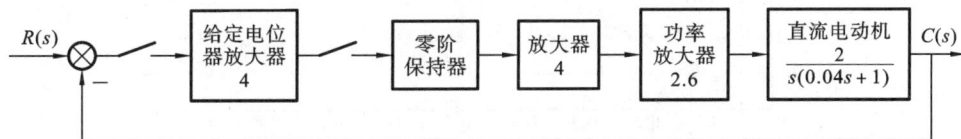

图 8-48 直流电动机速度采样控制系统的结构图

解 系统开环脉冲传递函数为

$$G(z)=4\mathscr{Z}\left[\frac{1-e^{-Ts}}{s}\frac{20.8}{s(0.04s+1)}\right]$$

$$=\frac{3.328\left[(25T-1+e^{-25T})z+1-25Te^{-25T}-e^{-25T}\right]}{(z-1)(z-e^{-25T})}$$

$$=\frac{0.0958(z+0.9201)}{(z-1)(z-0.7788)}$$

系统为 I 型单位负反馈系统,在单位阶跃输入下的稳态误差为

$$e(\infty)=\frac{1}{\lim\limits_{z\to1}[1+G(z)]}=\frac{1}{1+K_p}=0$$

在单位斜坡输入下的稳态误差为

$$e(\infty)=\frac{T}{\lim\limits_{z\to1}(z-1)G(z)}=\frac{T}{K_v}=0.008$$

则直流电动机速度采样控制系统在单位阶跃输入下的稳态误差曲线如图 8-49 所示,在单位斜坡输入下的输入与输出响应曲线如图 8-50 所示。由图 8-49 和图 8-50 可见,在单位斜坡输入下,系统具有明显的常值误差。

2. 雷达天线控制系统

雷达位置伺服控制系统由计算机控制来实现天线的位置跟踪,简称雷达天线控制

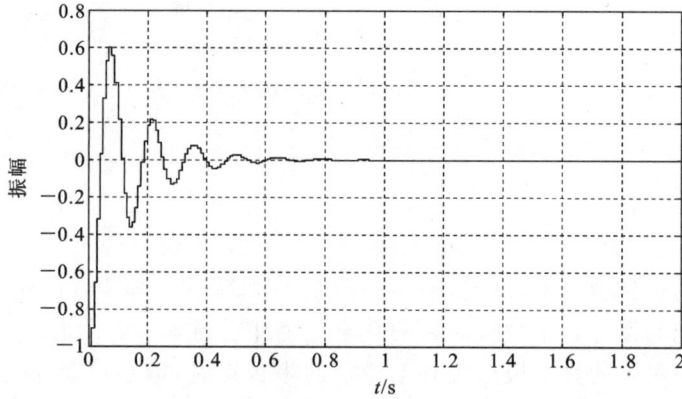

图 8-49 直流电动机速度采样控制系统在单位阶跃输入下的稳态误差曲线

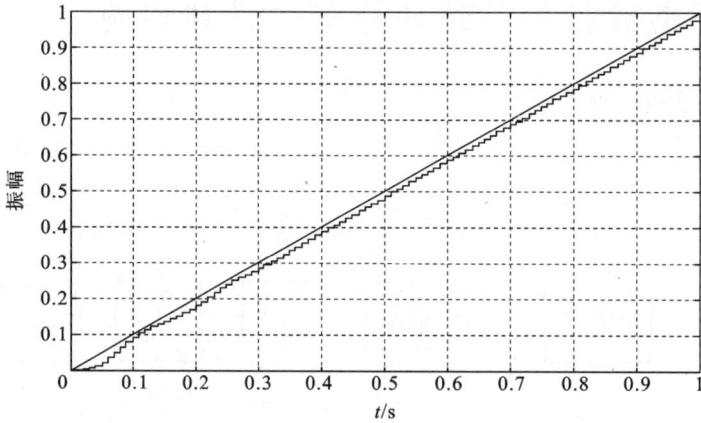

图 8-50 直流电动机速度采样控制系统在单位斜坡输入下的输入与输出响应曲线

系统。其中天线指向控制系统采用电枢控制电机驱动天线,并采用模拟式速度控制回路,实现速度负反馈控制。位置回路采用计算机控制,实现位置负反馈控制。控制算法将直接影响到雷达天线伺服系统的动态品质、跟踪精度和稳定性。

【例 8-27】 雷达天线控制系统结构图如图 8-51 所示。图 8-51 中,$R(z)$ 为期望的天线转角,$C(s)$ 示实际天线转角,选择控制器 $G_c(z) = K$。

(1) 闭环系统稳定时 K 的取值范围。

(2) 计算当 $T = 0.02$ s,$K = 10$ 时闭环系统的单位阶跃曲线。

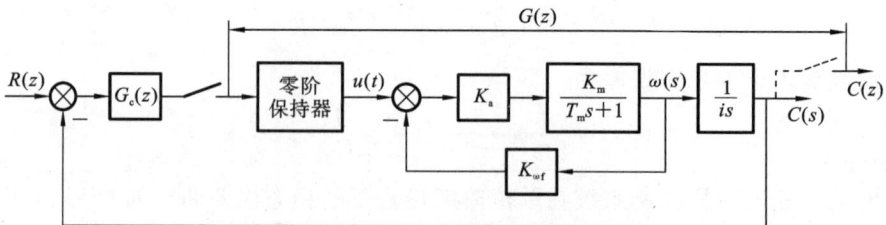

图 8-51 雷达天线控制系统结构图

解 (1) 忽略电机电磁时间常数,电枢控制的直流电动机加天线负载的传递函数为

$$G_m(s) = \frac{K_m}{T_m s + 1}$$

式中：K_m 为电机的传动系数；T_m 为机电时间常数。

在系统的速度闭环回路中，以计算机的输出电压 $u(t)$ 为输入，电动机的转速 $\omega(t)$ 为输出，通过结构图合并，可得速度闭环传递函数 $G_1(s)$ 为

$$G_1(s) = \frac{K_1}{T_1 s + 1}$$

式中：K_1 为速度回路闭环传递函数的增益；T_1 为速度回路闭环传递函数的时间常数。

天线角速度 $\omega(s)$ 与转角 $C(s)$ 的传递函数为

$$G_2(s) = \frac{1}{is}$$

式中：i 为角速度与角度之间的减速比。零阶保持器的传递函数为

$$G_h(s) = \frac{1 - e^{-Ts}}{s}$$

假定 $K_1 = 10, T_1 = 0.1 \text{ s}, i = 5$，可求得

$$
\begin{aligned}
G(z) &= \mathscr{Z}\left[\frac{1 - e^{-Ts}}{s} \frac{K_1}{T_1 s + 1} \frac{1}{is}\right] = \mathscr{Z}\left[\frac{20(1 - e^{-Ts})}{s^2(s + 10)}\right] \\
&= 2(1 - z^{-1})\left[\frac{Tz}{(z-1)^2} - \frac{(1 - e^{-10T})z}{10(z-1)(z - e^{-10T})}\right] \\
&= \frac{(2T - 0.2 + 0.2e^{-10T})z - [(0.2 + 2T)e^{-10T} - 0.2]}{(z-1)(z - e^{-10T})}
\end{aligned}
$$

闭环系统特征方程为

$$
\begin{aligned}
D(z) &= 1 + G_c(z)G(z) \\
&= (z-1)(z - e^{-10T}) + K\{(2T - 0.2 + 0.2e^{-10T})z - [(0.2 + 2T)e^{-10T} - 0.2]\} \\
&= z^2 - [1 + e^{-10T} - (2T - 0.2 + 0.2e^{-10T})K]z \\
&\quad + \{e^{-10T} - K[(0.2 + 2T)e^{-10T} - 0.2]\} \\
&= 0
\end{aligned}
$$

由朱利判据可知

$$
\begin{aligned}
D(0) &= |e^{-10T} - K[(0.2 + 2T)e^{-10T} - 0.2]| < 1 \\
D(1) &= 1 - [1 + e^{-10T} - (2T - 0.2 + 0.2e^{-10T})K] \\
&\quad + \{e^{-10T} - K[(0.2 + 2T)e^{-10T} - 0.2]\} \\
&> 0 \\
D(-1) &= 1 + [1 + e^{-10T} - (2T - 0.2 + 0.2e^{-10T})K] \\
&\quad + \{e^{-10T} - K[(0.2 + 2T)e^{-10T} - 0.2]\} \\
&> 0
\end{aligned}
$$

解得

$$0 < K < \frac{1 - e^{-10T}}{0.2 - (0.2 + 2T)e^{-10T}}$$

由此可见，随着采样周期的增大，K 逐渐减小。

(2) 当 $T = 0.02 \text{ s}, K = 10$ 时，有

$$G(z) = \frac{(2T - 0.2 + 0.2e^{-10T})z - [(0.2 + 2T)e^{-10T} - 0.2]}{(z-1)(z - e^{-10T})} = \frac{0.00374(z + 0.939)}{(z-1)(z - 0.8187)}$$

则当 $T=0.02$ s,$K=10$ 时闭环系统的单位阶跃曲线如图 8-52 所示。

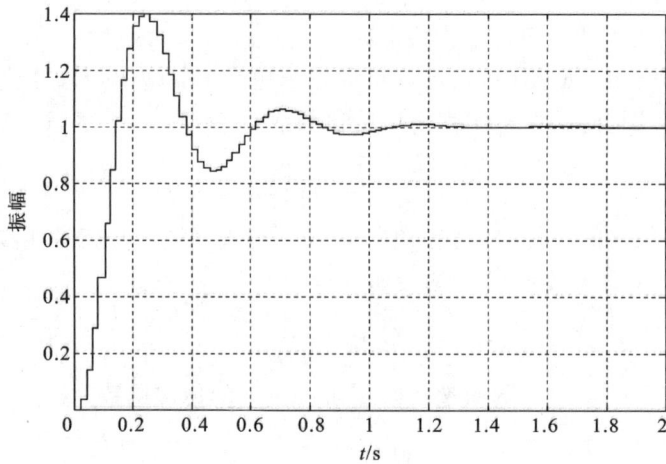

图 8-52 雷达天线控制系统的单位阶跃响应曲线

3. 船舶航向控制系统

【例 8-28】 船舶航向采样控制系统结构图如图 8-53 所示。图 8-53 中,$C(s)$ 为实际的航向,$R(s)$ 为给定的航向,$N(s)$ 为影响航向的扰动因素。

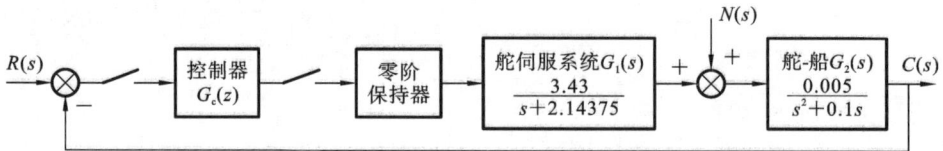

图 8-53 船舶航向采样控制系统结构图

本例设计的目的是利用模拟化设计方法设计数字控制器 $G_c(z)$,即用连续系统的设计理论确定 $G_c(s)$。并采用合适的离散化方法由 $G_c(s)$ 求 $G_c(z)$,使系统满足如下性能指标。

(1) 当扰动 $N(s)=0$ 时,系统对斜坡输入响应的稳态误差不大于斜坡幅值的 30%。

(2) 系统阶跃响应的调节时间 $t_s \leqslant 20$ s ($\Delta=5\%$)。

解 (1) 用连续系统的设计理论确定 $G_c(s)$。采用 PD 控制器,选择控制器 $G_c(s)=K_2 s+K_1$,用根轨迹法选择合适的参数 K_1 和 K_2,设系统主导极点的阻尼比 $\xi=0.4$。

由图 8-53 可知,系统开环传递函数为

$$G(s)=\frac{0.01715(K_2 s+K_1)}{s(s+0.1)(s+2.14375)}$$

显然,该系统为 Ⅰ 型系统,在斜坡输入作用下,存在稳态误差。系统的误差信号为

$$E(s)=\frac{R(s)}{1+G(s)}=\frac{s(s+0.1)(s+2.14375)R(s)}{s(s+0.1)(s+2.14375)+0.01715(K_2 s+K_1)}$$

令 $R(s)=R/s^2$,其中 R 为指令幅度,则系统的稳态误差为

$$e_{ss}(\infty)=\lim_{s\to 0}sE(s)=\frac{12.5R}{K_1}\leqslant 0.30R$$

上式表明,为了获得满意的性能,必须满足 $K_1 \geqslant 41.67$。这里,选择 $K_1=100$。

根据系统对主导极点的阻尼比要求,系统的闭环极点应位于 s 平面上 $\xi=0.4$ 的与

负实轴交角为 $\pm\arccos 0.4$ 的斜线之间；再由对系统的调节时间的指标要求可知，主导极点实部的绝对值应满足

$$t_s = \frac{3}{\sigma} \leqslant 20 \text{ s}$$

因此有 $\sigma \geqslant 0.15$。则满足设计指标要求的闭环极点应全部位于图 8-54 所示的扇形区域内。

在闭环特征方程中代入 $K_1 = 100$，则

$$D(s) = s(s+0.1)(s+2.14375) + 0.01715(K_2 s + 100) = 0$$

$$\frac{0.01715 K_2 s}{s(s+0.1)(s+2.14375) + 0.01715 \times 100} = -1$$

令 $K = 0.01715 K_2$，K 从 0 变化到 ∞，其根轨迹图如图 8-55 所示。

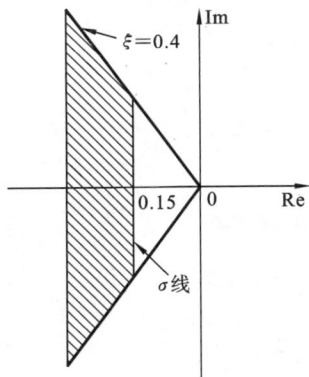

图 8-54　闭环极点的可行区域　　　　图 8-55　船舶航向控制系统的根轨迹图

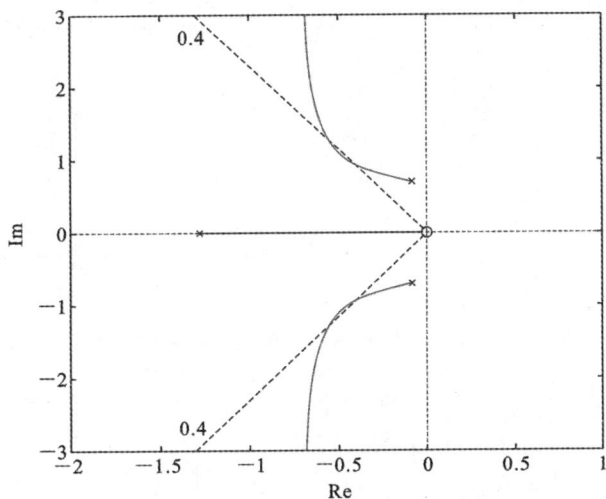

当取模值条件 $K = 0.01715 K_2 = 1.99$ 时，即 $K_2 = 116.03499$ 时，得到了满足阻尼比 $\xi = 0.4$ 的闭环主导极点 $s_{1,2} = -0.382 + \mathrm{j}0.875$，其实部绝对值 $\sigma = 0.382$，由其决定的调节时间为

$$t_s = \frac{3}{0.382} = 7.85 \text{ s} \leqslant 20 \text{ s} \ (\Delta = 5\%)$$

相应的稳态误差值 $e_{ss}(\infty) = \dfrac{12.5R}{K_1} = 0.125R$。因而 $K_1 = 100$，$K_2 = 116.03499$ 的设计值满足全部设计指标要求。

(2) 采用合适的离散化方法由 $G_c(s)$ 求 $G_c(z)$。PD 控制器 $G_c(s) = 116.03499s + 100$，选取采样周期 $T = 0.02$ s，离散化为

$$G_c(z) = \frac{116.03499}{T}(1 - z^{-1}) + 100 = \frac{5801.749z - 5701.749}{z}$$

由图 8-53 可知，系统开环脉冲传递函数为

$$G(z) = G_c(z) \mathscr{Z}[G_h(s)G_1(s)G_2(s)] = \frac{0.00013157(z-0.9828)(z+0.2649)(z+3.691)}{z(z-1)(z-0.998)(z-0.958)}$$

显然，该离散系统为 I 型系统，在斜坡输入作用下，存在稳态误差。系统的误差信号为

$$E(z) = \frac{R(z)}{1+G(z)} = \frac{z(z-1)(z-0.998)(z-0.958)R(z)}{(z+0.0001321)(z-0.9699)(z^2-1.986z+0.9865)}$$

令 $R(z) = R\dfrac{Tz}{(z-1)^2}$,其中 R 为指令幅度,则系统的稳态误差为

$$e_{ss}(\infty) = \lim_{z \to 1}(1-z^{-1})E(z) = 0.125R \leqslant 0.30R$$

稳态误差与连续系统相同,可见对于具有零阶保持器的离散系统,稳态误差的计算结果与采样周期无关。离散系统的单位阶跃响应曲线和单位斜坡响应曲线分别如图 8-56 和图 8-57 所示。可见,该系统较好地满足了给定系统的时域动态性能要求。

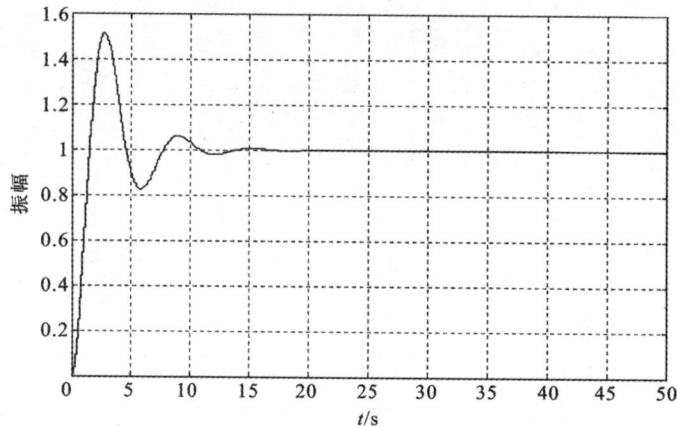

图 8-56 船舶航向采样控制系统的单位阶跃响应曲线

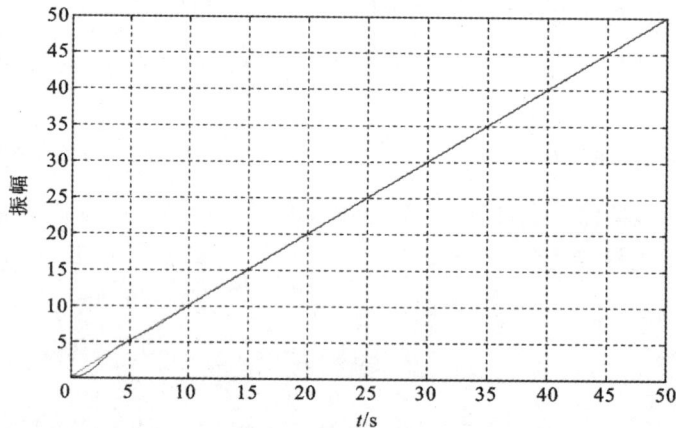

图 8-57 船舶航向采样控制系统的单位斜坡响应曲线

4. 船舶横摇减摇鳍控制系统

【例 8-29】 对于船舶横摇减摇鳍控制系统,设其采样控制系统结构图如图 8-58 所示。

图 8-58 中,$R(s)$ 为预期的横摇减摇鳍角,通常设 $R(s)=0$;$C(s)$ 为实际的横摇减摇鳍角;$N(s)$ 为影响横摇减摇鳍角的扰动因素。目前船舶横摇减摇鳍系统的控制规律通常是采取经典或现代控制方法在连续域内设计,得到的控制规律通过软件编程实现,因此需要将设计所得的控制规律离散化,变成离散的控制器。本例设计目的是根据奈奎斯特稳定判据判断离散系统的稳定性。

解 设连续控制器采用 PID 控制器,即

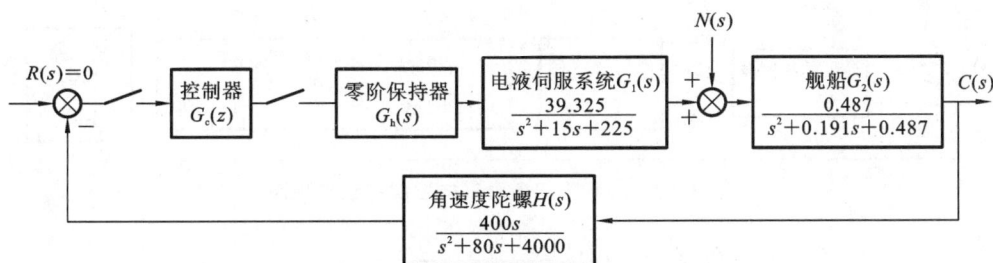

图 8-58 船舶横摇减摇鳍采样控制系统结构图

$$G_c(s) = K\left(0.2 + \frac{1}{24.607s+1} + \frac{0.0128s}{(0.18s+1)(0.064s+1)}\right)$$

设 $G_h(s) = \dfrac{1-e^{-Ts}}{s}$，采样周期 $T=0.02$ s。对 $G_c(s)$ 采用双线性变换法离散化，得到离散控制器的传递函数为

$$G_c(z) = G_c(s)\bigg|_{s=\frac{2}{T}\frac{z-1}{z+1}} = K\frac{0.2095z^3 - 0.5341z^2 + 0.4457z - 0.1211}{z^3 - 2.624z^2 + 2.276z - 0.6524}$$

该系统为非单位反馈系统，且系统 $R(z)$ 对 $C(z)$ 的开环脉冲传递函数为

$$G(z) = G_c(z)\mathscr{Z}\big[G_h(s)K_Q G_1(s)G_2(s)H(s)\big]$$

令 $K=5200$，则系统的开环奈奎斯特曲线如图 8-59 所示。

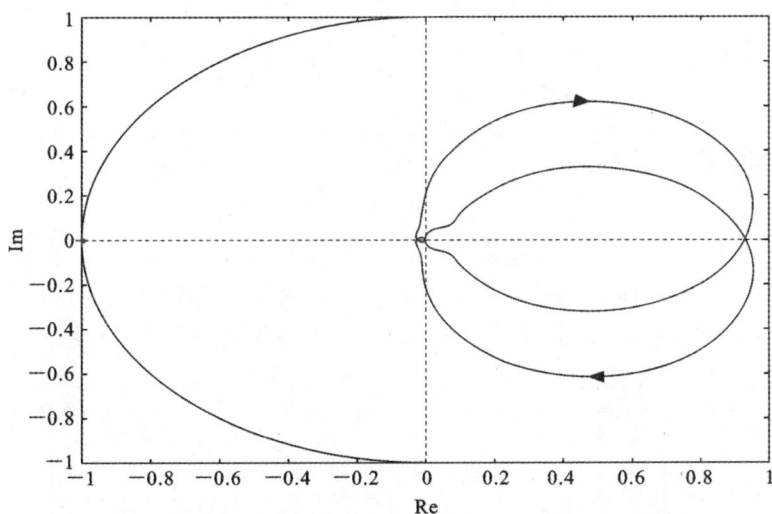

图 8-59 船舶横摇减摇鳍采样控制系统的开环奈奎斯特曲线

根据开环传递函数可得其不稳定极点数 $P=0$。由奈奎斯特判据，该曲线顺时针方向包围 $z=-1$ 的数目 $N=0$，因此 $Q=P-N=0$，此时闭环系统稳定。

5. 船载稳定平台控制系统

【例 8-30】 船载稳定平台采样控制系统结构图如图 8-60 所示。图 8-60 中，$C(s)$ 为实际的俯仰角，$R(s)$ 为给定的俯仰角，采样周期 $T=0.02$ s，ZOH 为零阶保持器。本例的目的是针对阶跃输入信号设计最少拍控制器。

解 广义对象脉冲传递函数 $G(z)$ 为

$$G(z) = \mathscr{Z}\big[G_2(s)G_3(s)G_h(s)\big] = (1-z^{-1})\mathscr{Z}\left[\frac{1}{s}G_2(s)G_3(s)\right]$$

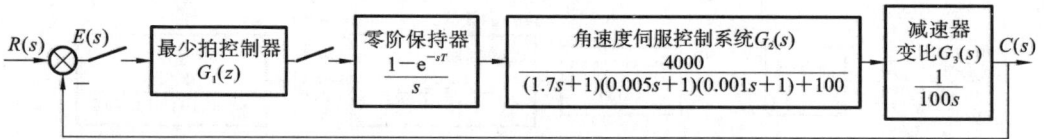

图 8-60　船载稳定平台采样控制系统结构图

$$= \frac{0.0023z^2 + 0.0043z + 0.0005}{z^3 - 1.1402z^2 + 0.1643z - 0.0241}$$

$$= \frac{(z+1.745)(z+0.1246)}{(z-1)(z-0.701-j0.1385)(z-0.701+j0.1385)}$$

$R(z)=1/(1-z^{-1})$，注意到 $G(z)$ 在单位圆上有一个极点 $z=1$，在单位圆外有不稳定零点 $(z+1.745)$，所以设

$$\Phi_e(z) = (1-z^{-1})(1+az^{-1})$$

$$\Phi(z) = bz^{-1}(1+1.745z^{-1})$$

根据 $\Phi(z)=1-\Phi_e(z)$，有

$$bz^{-1}+1.745bz^{-2} = (1-a)z^{-1}+az^{-2}$$

$$\begin{cases} b=1-a \\ 1.745b=a \end{cases} \Rightarrow \begin{cases} a=0.635 \\ b=0.364 \end{cases}$$

解得

$$\Phi_e(z) = (1-z^{-1})(1+0.635z^{-1})$$

$$\Phi(z) = 0.364z^{-1}(1+1.745z^{-1})$$

$$G_1(z) = \frac{\Phi(z)}{G(z)\Phi_e(z)} = \frac{0.364(z-0.701-j0.1385)(z-0.701+j0.1385)}{(z+0.635)(z+0.1246)}$$

$$E(z) = \Phi_e(z)R(z) = 1+0.635z^{-1}$$

　　显然，该最少拍系统响应阶跃输入的调节时间为二拍。由于 $G(z)$ 在单位圆外存在一个零点，使调节时间比典型最少拍系统多一拍。利用 MATLAB 进行仿真验证，其单位阶跃响应曲线如图 8-61 所示。由图 8-61 可见，系统超调量为零，调节时间为 40 ms，具有稳定且快速的响应。

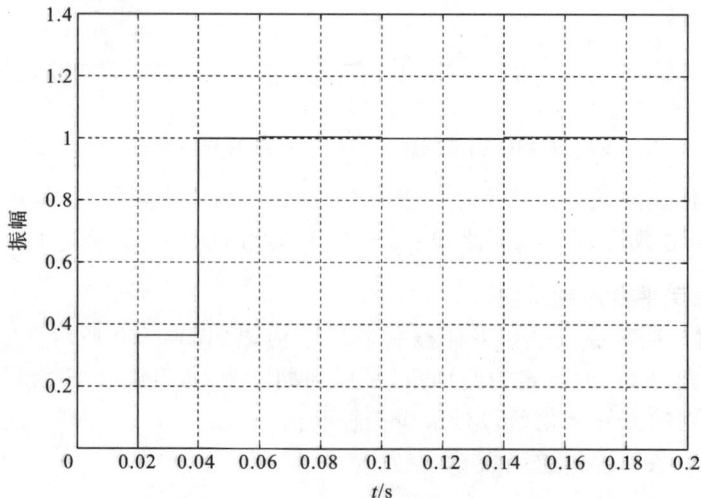

图 8-61　船载稳定平台采样控制系统的单位阶跃响应曲线

习　题　8

8-1　下述信号被理想采样开关采样,采样周期为 T,试写出采样信号的表达式。

(1) $e(t)=1(t)$;(2) $e(t)=te^{-at}$。

8-2　已知信号 $x(t)=\sin t$ 和 $y(t)=\sin(4t)$,采样角频率 $\omega_s=3$ rad/s,求各采样信号及其 z 变换 $x^*(t),y^*(t),X(z),Y(z)$,并说明由此结果所得的结论。

8-3　试用 z 变换法求解下列差分方程:

(1) $c^*(t+2T)-6c^*(t+T)+8c^*(t)=r^*(t),r(t)=1(t),c^*(t)=0\ (t\leqslant 0)$;

(2) $c(k+2)-3c(k+1)+2c(k)=r(k),c(k)=0\ (k\leqslant 0),r(t)=\delta(1)$;

(3) $c(k+3)+6c(k+2)+11c(k+1)+6c(k)=0,c(0)=c(1)=1,c(2)=0$;

(4) $c(k+2)+5c(k+1)+6c(k)=\cos\dfrac{k\pi}{2},c(0)=c(1)=0$。

8-4　已知离散系统的差分方程为

$$c(k+3)+0.5c(k+2)-c(k+1)+0.5c(k)=4r(k+3)-r(k+1)-0.6r(k)$$

试求系统的脉冲传递函数。

8-5　设开环离散系统结构图如题 8-5 图所示,试求开环脉冲传递函数 $G(z)$。

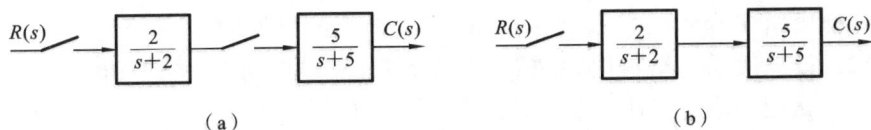

（a）　　　　　　　　　　　（b）

题 8-5 图　开环离散系统结构图

8-6　设有单位反馈误差采样的离散系统,连续部分传递函数为

$$G(s)=\frac{1}{s(s+5)}$$

输入 $r(t)=1(t)$,采样周期 $T=1$ s。试求:

（1）输出 z 变换 $C(z)$;

（2）采样瞬时的输出响应;

（3）输出响应的终值 $c(\infty)$。

8-7　以太阳能为动力的"逗留者号"漫游车,由地球上发出的路径控制信号 $r(t)$ 能对该装置实施遥控,其结构图如题 8-7 图所示。控制系统的主要任务是保证系统对斜坡输入信号具有较好的动态跟踪性能。若令数字控制器 $G_c(z)=K=2$,试求系统的闭环脉冲传递函数和系统的输出响应。

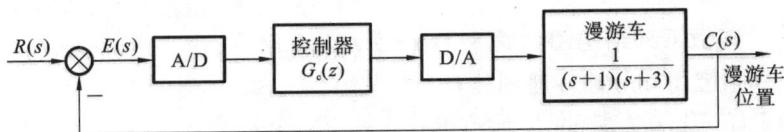

题 8-7 图　火星漫游车控制系统结构图

8-8　如题 8-7 图所示的火星漫游车控制系统,若 $G_c(z)=K,T$ 分别为 0.1 s 及 1 s,试确定使系统稳定的 K 值范围。

8-9 试判断下列系统的稳定性:

(1)已知闭环离散系统的特征方程为

$$D(z)=(z+1)(z+0.5)(z+2)=0$$

(2)已知闭环离散系统的特征方程为(要求用朱利判据)

$$D(z)=z^4+0.2z^3+z^2+0.36z+0.8=0$$

(3)已知误差采样的单位反馈离散系统,采样周期 $T=1$ s,开环脉冲传递函数为

$$G(s)=\frac{22.57}{s^2(s+1)}$$

8-10 试求题 8-10 图所示系统的闭环脉冲传递函数,并判断系统是否稳定,已知 $T=1$ s。

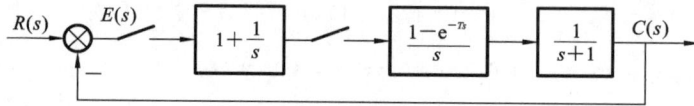

题 8-10 图　离散系统结构图

8-11 已知离散系统的开环脉冲传递函数为

$$G(z)=\frac{k(1-e^{-10T})}{z-e^{-10T}}$$

试讨论采样周期 T 为 1 s、0.1 s、0.01 s 时对系统稳定性的影响。

8-12 设离散系统结构图如题 8-12 图所示,采样周期 $T=0.2$ s,$K=10$,$r(t)=1+t+t^2/2$,试用终值定理计算系统的稳态误差 $e_{ss}(\infty)$。

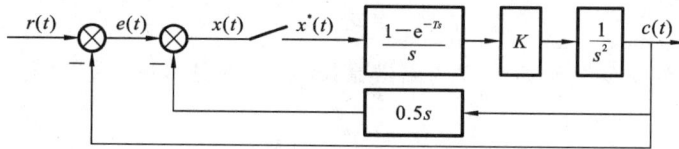

题 8-12 图　离散系统结构图

8-13 设离散系统结构图如题 8-13 图所示,其中 $T=0.1$ s,$K=1$,$r(t)=t$,试求静态误差系数 K_p、K_v、K_a,计算系统稳态误差 $e_{ss}(\infty)$,并分析误差系数与采样周期 T 的关系。

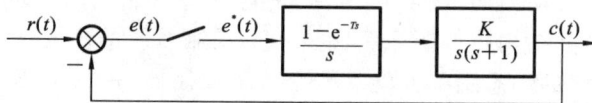

题 8-13 图　离散系统结构图

8-14 设离散系统结构图如题 8-14 图所示。

(1)计算系统闭环脉冲传递函数;

(2)确定闭环系统稳定的 K 值范围;

(3)设 $T=1$ s,$r(t)=t$,若要求其稳态误差 $e_{ss}(\infty)\leqslant0.1$,该系统能否稳定工作?

8-15 某采样系统结构图如题 8-15 图所示,采样周期 $T=2n\pi/\omega_s$,$n=1,2,\cdots$,试说明在采样时刻上,系统的输出值为零。其中

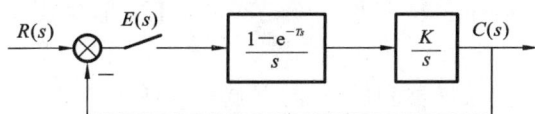

题 8-14 图　离散系统结构图

$$G_0(s)=\frac{\omega_s}{s^2+\omega_s^2}$$

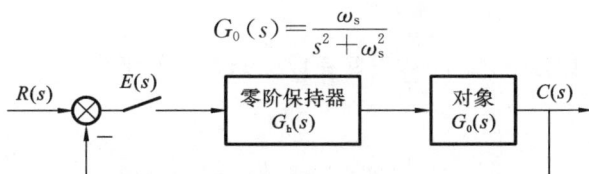

题 8-15 图　某采样系统结构图

8-16　已知连续传递函数 $G_c(s)=\dfrac{1}{s^2+0.2s+1}$，采样周期 $T=1$ s，若分别用前向差分法、后向差分法和双线性变换法将其离散化，试画出 s 域和 z 域对应极点的位置，并说明其稳定性。

8-17　已知伺服系统被控对象的传递函数为 $G(s)=\dfrac{2}{s(s+1)}$，串联校正装置为 $G_c(s)=0.35\dfrac{s+0.06}{s+0.04}$。采用合适的离散化方法，将 $G_c(s)$ 离散为 $G_c(z)$，并计算采样周期 T 分别为 0.1 s、1 s、2 s 时，离散系统的单位阶跃响应。

8-18　已知离散系统结构图如题 8-18 图所示，其中采样周期 $T=1$ s，试求当 $r(t)=R_0 1(t)+R_1 t$ 时，系统无稳态误差、过渡过程在最少拍内结束的数字控制器 $G_c(z)$。

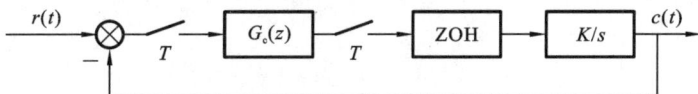

题 8-18 图　离散系统结构图

8-19　试按无波纹最少拍系统设计方法，求出题 8-18 的数字控制器 $G_c(z)$。

8-20　设数字控制系统的框图如题 8-20 图所示。已知
$$G(z)=\frac{0.761z^{-1}(1+0.046z^{-1})(1+1.134z^{-1})}{(1-z^{-1})(1-0.135z^{-1})(1-0.183z^{-1})},\ T=1\text{ s}$$
设计 $r(t)=1(t)$ 时的最少拍系统（要求给出数字控制器 $G_c(z)$ 及相应的 $C(z)$、$E(z)$）。

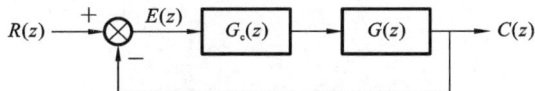

题 8-20 图　离散系统结构图

8-21　设连续控制系统结构图如题 8-21 图所示，其中被控对象
$$G_0(s)=\frac{1}{s(s+10)}$$
（1）设计滞后校正网络
$$G_c(s)=K\frac{s+a}{s+b}\quad(a>b)$$

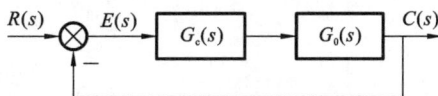

题 8-21 图　连续控制系统结构图

使系统在单位阶跃输入时的超调量 $\sigma\% \leqslant 30\%$,且在单位斜坡输入时的稳态误差 $e_{ss}(\infty) \leqslant 0.01$;

(2) 若为该系统增配采样器和保持器,并选取采样周期 $T=0.1$ s,采用合适的离散化方法设计数字控制器 $G_c(z)$;

(3) 分别绘出(1)和(2)中连续系统和离散系统的单位阶跃响应曲线,并比较两者的结果;

(4) 另选采样周期 $T=0.01$ s,重新完成(2)和(3)的工作。

参 考 文 献

[1] Richard C Dorf. Modern Control Systems[M]. 10th ed. Science Press, 2005.

[2] 刘胜,陈明杰,兰海. 我国自动化专业的特点分析研究[J]. 山东大学学报工学版,2009,39(S1):37-40.

[3] Katsuhiko Ogata. Modern Control Engineering[M]. 4th ed. Beijing:Tsinghua UniversityPublishing House,2006.

[4] 胡寿松. 自动控制原理[M]. 5版. 北京:科学出版社,2007.

[5] 刘胜. 现代船舶控制工程[M]. 北京:科学出版社,2010.

[6] 刘胜,荆兆寿. 高海情下船舶减摇鳍控制系统仿真[J]. 船舶工程,1995(02):37-41.

[7] 刘胜,姚波. 船舶减摇鳍系统最小方差控制[J]. 信息与控制,1994(03):178-184.

[8] 周恩永. 反馈与控制[M]. 北京:国防工业出版社,1986.

[9] 李友善. 自动控制原理[M]. 3版. 北京:国防工业出版社,2005.

[10] 程鹏. 自动控制原理[M]. 2版. 北京:高等教育出版社,2011.

[11] 张爱民. 自动控制原理[M]. 北京:清华大学出版社,2006.

[12] 吴麒,王诗宓. 自动控制原理(下册)[M]. 北京:清华大学出版社,2006.

[13] 王万良. 自动控制原理[M]. 北京:科学出版社,2001.

[14] 王建辉,顾树生. 自动控制原理[M]. 北京:清华大学出版社,2007.

[15] 夏德钤,翁贻方. 自动控制理论[M]. 3版. 北京:机械工业出版社,2007.

[16] 邹伯敏. 自动控制理论[M]. 3版. 北京:机械工业出版社,2007.

[17] 夏超英. 自动控制原理[M]. 北京:科学出版社,2010.

[18] 李文秀. 自动控制原理[M]. 哈尔滨:哈尔滨工业大学出版社,2001.

[19] 姚立强. 自动控制系统分析与综合[M]. 2版. 哈尔滨:哈尔滨船舶工程学院出版社,1990.

[20] 薛定宇. 控制系统仿真与计算机辅助设计[M]. 2版. 北京:机械工业出版社,2009.

[21] 金鸿章,李国斌. 船舶特种装置控制系统[M]. 北京:国防工业出版社,1995.

[22] 刘胜,方亮,葛亚明,等. 船舶航向 GA-PID 自适应控制研究[J]. 系统仿真学报,2007(16):3783-3786.

[23] 刘胜,林瑞仕,方亮. 船舶襟翼舵神经网络控制伺服系统[J]. 控制工程,2008,(15):44-48.

[24] 刘胜,宋佳,李高云. 航向保持鲁棒最小二乘支持向量机控制[J]. 控制与决策,2010,25(4):551-555.

[25] 刘胜,李高云,方亮,等.船舶航向/横摇鲁棒控制研究[J]. 电机与控制学报,2009,13(S1):129-134.

[26] 刘胜,王宇超. 船舶航向保持变论域模糊——最小二乘支持向量机复合控制[J]. 控制理论与应用,2011,28(4):485-490.

[27] 刘胜,常绪成,李高云. 船舶双舵同步补偿控制[J]. 控制理论与应用,2010,27

(12):1631-1636.

[28] 刘胜,于萍,方亮,等. 船舶舵减横摇 H^{∞} 鲁棒控制系统[J]. 中国造船,2007,48(3): 45-51.

[29] S Liu, P Yu, Y Y Li,et al. Application of H infinite control to ship steering system[J]. Journal of Marine Science and Application,2006,5(1):6-11.

[30] 于萍,刘胜. 基于 H^{∞} 设计法的非线性舵鳍联合控制系统仿真研究[J]. 系统仿真学报,2002,8:1040-1044.

[31] A M Lyapunov, Author J A,Walker,et al. The General Problem of the Stability of Motion[D]. Kharkov, Russia: Kharkov Math. Soc,1892.

[32] E J Routh. A Treatise on the Stability of a Given State of Motion[M]. London: Taylor & Francis,1975.

[33] E J Routh. Dynamics of a System of Rigid Bodies[M]. London:MacMillan and co,1892.

[34] Hurwitz A. On the conditions under which an equation has only roots with negative real parts[J]. Mathematische Annelen,1895,46:273-284.

[35] 秦化淑,林正国. 常微分方程及其应用[M]. 北京:国防工业出版社,1985.

[36] 张英林. 控制系统的稳定性分析[M]. 兰州:兰州大学出版社,1987.

[37] Hurwitz A. On the Conditions under which an Equation has only Roots with Negative Real Parts[M]. New York:Dover,1964.

[38] Gantmacher F R. Applications of the Theory of Matrices[M]. New York:Interscience,1959.

[39] 吴汝善. 线性定常系统的稳定性分析[J]. 贵州工学院学报,1981(04):02.

[40] A Liénard, H Chipart. Sur la signe de la partie réelle des racines d'une équation algébrique[J]. Math, Pures Appl,1914(10):291-346.

[41] F R Gantmacher. The theory of matrices[M]. New York:Chelsea Publishing Company,1977.

[42] 刘胜,方亮,于萍. 船舶舵/鳍联合减摇鲁棒控制研究[J]. 哈尔滨工程大学学报, 2007,28(10):1109-1115.

[43] 刘胜,荆兆寿. 舰船横摇姿态稳定控制系统最小方差控制频域设计[C]. 中国控制会议论. 北京:中国科学技术出版社,1995.

[44] 于萍,刘胜. 船舶减摇非线性系统神经网络控制研究[J]. 信息与控制,2003(6): 264-266.

[45] 刘胜,李高云,方亮. 船舶减横摇系统 FC-PID 并联控制研究[J]. 中国造船,2009, 50(2):79-86.

[46] 程鹏. 自动控制原理实验教程[M]. 北京:清华大学出版社,2008.

[47] 郑大钟. 线性系统理论[M]. 2 版. 北京:清华大学出版社,2005.

[48] 段广仁. 线性系统理论[M]. 2 版. 哈尔滨:哈尔滨工业大学出版社,2004.

[49] Katsuhiko Ogata. 离散时间控制系统[M]. 陈杰,蔡涛,张娟,译. 北京:机械工业出版社,2006.

[50] 高金源,夏洁. 计算机控制系统[M]. 北京:清华大学出版社,2007.

[51] 王春民,刘兴明,嵇艳鞠. 连续与离散控制系统[M]. 北京:科学出版社,2008.

[52] 杨国安. 数字控制系统——分析、设计与实现[M]. 西安:西安交通大学出版社,2008.

[53] 吕淑萍,李文秀. 数字控制系统[M]. 哈尔滨:哈尔滨工程大学出版社,2002.

[54] 刘胜,杨庆明,周宇英.猎雷艇声纳基阵俯仰角姿态伺服系统变结构控制[J].中国造船,1996(1):90-93.

[55] 刘胜,荆兆寿,杨翠娥.PWM BDCM 高精度伺服系统设计与实现[C].1996 年中国控制会议,1996(09):47-52.

[56] 邓志红,刘胜,李殿璞.捷联式猎雷声纳基阵动力学建模研究[J].系统仿真学报,2001,13(6):812-815.

[57] 刘胜,邓志红.舰载捷联式猎雷声纳基阵数学平台的建立与仿真研究[J].船舶工程,2001(1):50-54.

[58] 刘胜,戚磊,李冰.永磁同步电机空间矢量控制方法设计实现[J].控制工程,2009,16(2):247-250.

[59] S Liu, L M Zhou. Static anti-windup syntesis for a class of linear systems subject to actuator amplitude and rate saturation[J]. Acta automatica sinica,2009,35(7):1003-1006.

[60] 刘胜,周丽明.一类饱和不确定非线性系统静态抗饱和控制设计[J].控制与决策,2009,24(5):764-768.

[61] 刘胜,周丽明.舵机幅度与速率受限的船舶转向抗饱和控制[J].中国造船,2010,51(2):85-91.

[62] 刘胜,宋佳.基于 HGANN 的潜器全方位推进器运动学正解研究[J].中国造船,2008(12):115-122.

[63] 胡寿松.自动控制原理题海大全[M].北京:科学出版社,2008.

[64] 胡寿松.自动控制原理习题解析[M].5 版.北京:科学出版社,2007.

[65] 王晓陵.自动控制原理知识要点与习题解析[M].哈尔滨:哈尔滨工程大学出版社,2006.

[66] 李友善.自动控制原理 470 题[M].2 版.哈尔滨:哈尔滨工业大学出版社,2002.

[67] 李友善,梅晓榕,王彤.自动控制原理 360 题[M].2 版.哈尔滨:哈尔滨工业大学出版社,2002.

[68] 王晓陵,付江宁.自动控制原理·知识要点与习题解析[M].哈尔滨:哈尔滨工程大学出版社,2006.

[69] 史忠科,卢京潮.自动控制原理常见题型解析及模拟题[M].2 版.西安:西北工业大学出版社,1998.

[70] 张苏英,庞志锋,杜云.自动控制原理学习指导与题解指南[M].北京:国防工业出版社,2007.

[71] 沙塔洛夫.自动控制原理习题集[M].2 版.孙义鹍,译.北京:化学工业出版社,1998.